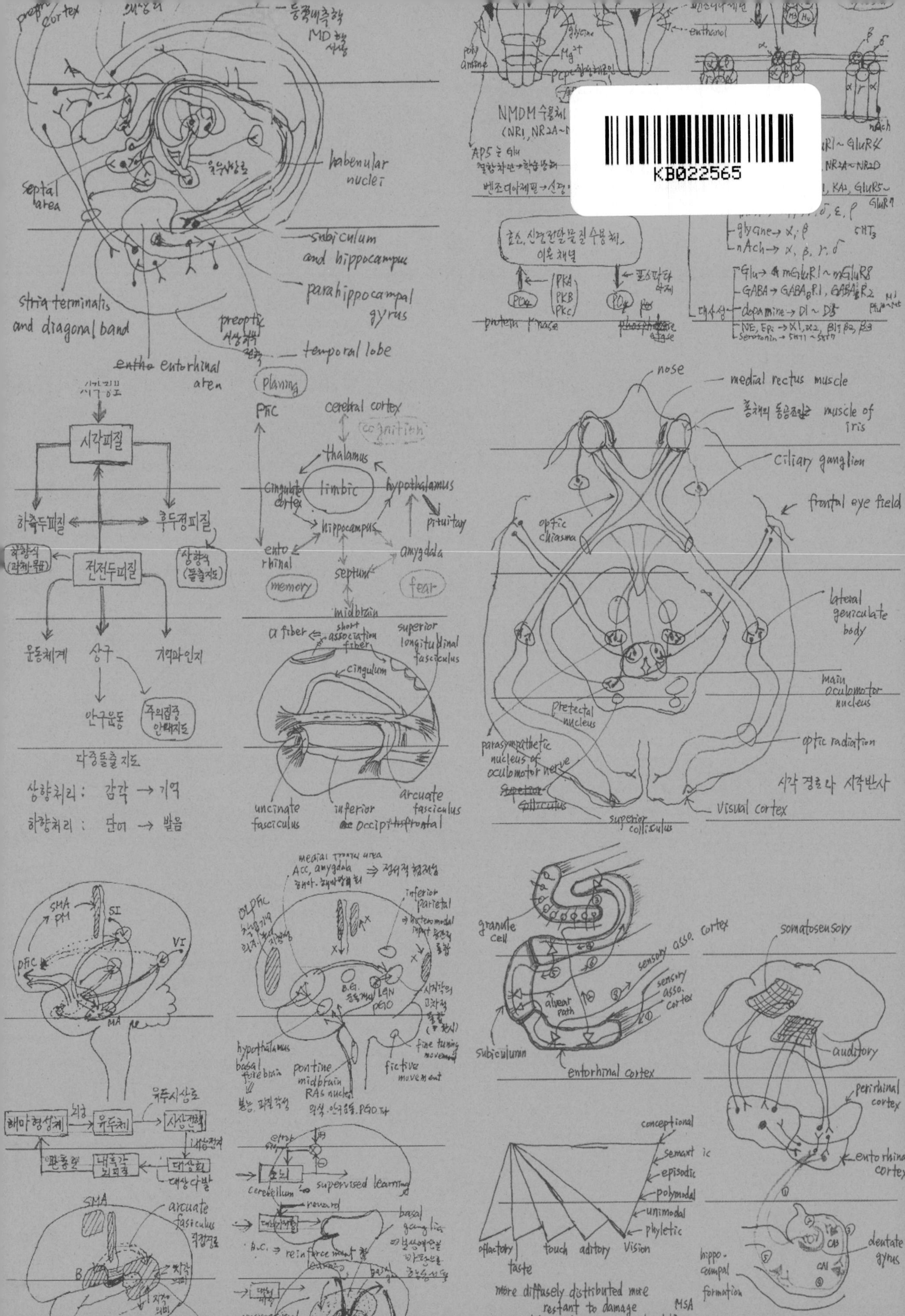

cortex
MD
habenular nuclei
septal area
subiculum and hippocampus
parahippocampal gyrus
stria terminalis and diagonal band
preoptic
temporal lobe
entorhinal area
NMDM 수용체
AP5
벤조디아제핀
KB022565
PKA
PKB
PKC
glycine
nAch
dopamine
시각피질
하측두피질
후두정피질
전전두피질
운동체계
상구
기억과 인지
안구운동
다중돌출지도
상향처리 : 감각 → 기억
하향처리 : 단어 → 발음
planing
PFC
cerebral cortex
cognition
thalamus
limbic
cingulate cortex
hypothalamus
hippocampus
pituitary
entorhinal
amygdala
septum
memory
fear
midbrain
superior longitudinal fasciculus
cingulum
uncinate fasciculus
inferior occipitofrontal
arcuate fasciculus
nose
medial rectus muscle
muscle of iris
ciliary ganglion
frontal eye field
optic chiasma
lateral geniculate body
main oculomotor nucleus
pretectal nucleus
parasympathetic nucleus of oculomotor nerve
optic radiation
superior colliculus
visual cortex
시각 경로와 시각반사
SMA
PM
SI
VI
PFC
medial frontal area
ACC, amygdala
inferior parietal
hypothalamus
basal forebrain
pontine midbrain RAS nuclei
fictive movement
fine tuning movement
granule cell
sensory asso. cortex
subiculum
entorhinal cortex
somatosensory
auditory
perirhinal cortex
entorhinal cortex
dentate gyrus
hippocampal formation
해마형성체
유두체
시상전핵
대상회
유두시상로
supervised learning
cerebellum
reward
basal ganglia
reinforcement learning
arcuate fasciculus
conceptional
semantic
episodic
polymodal
unimodal
phyletic
olfactory
taste
touch
aditory
vision
more diffusely distributed more restant to damage

그림으로 읽는

뇌과학의 모든 것

뇌과학 전문가 **박문호 박사**의 통합 **뇌과학 특강**

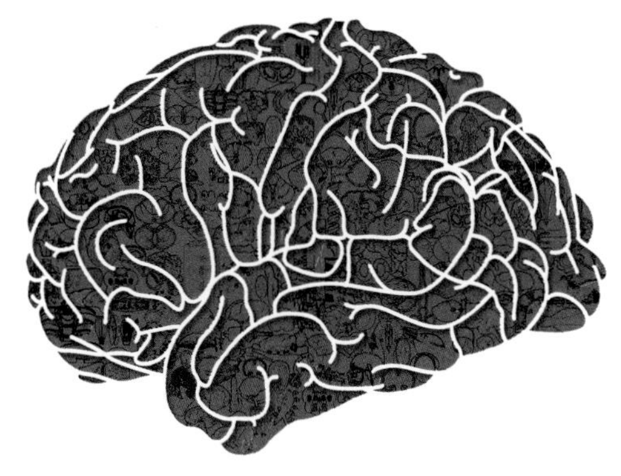

그림으로 읽는

뇌과학의 모든 것

박문호 지음

Humanist

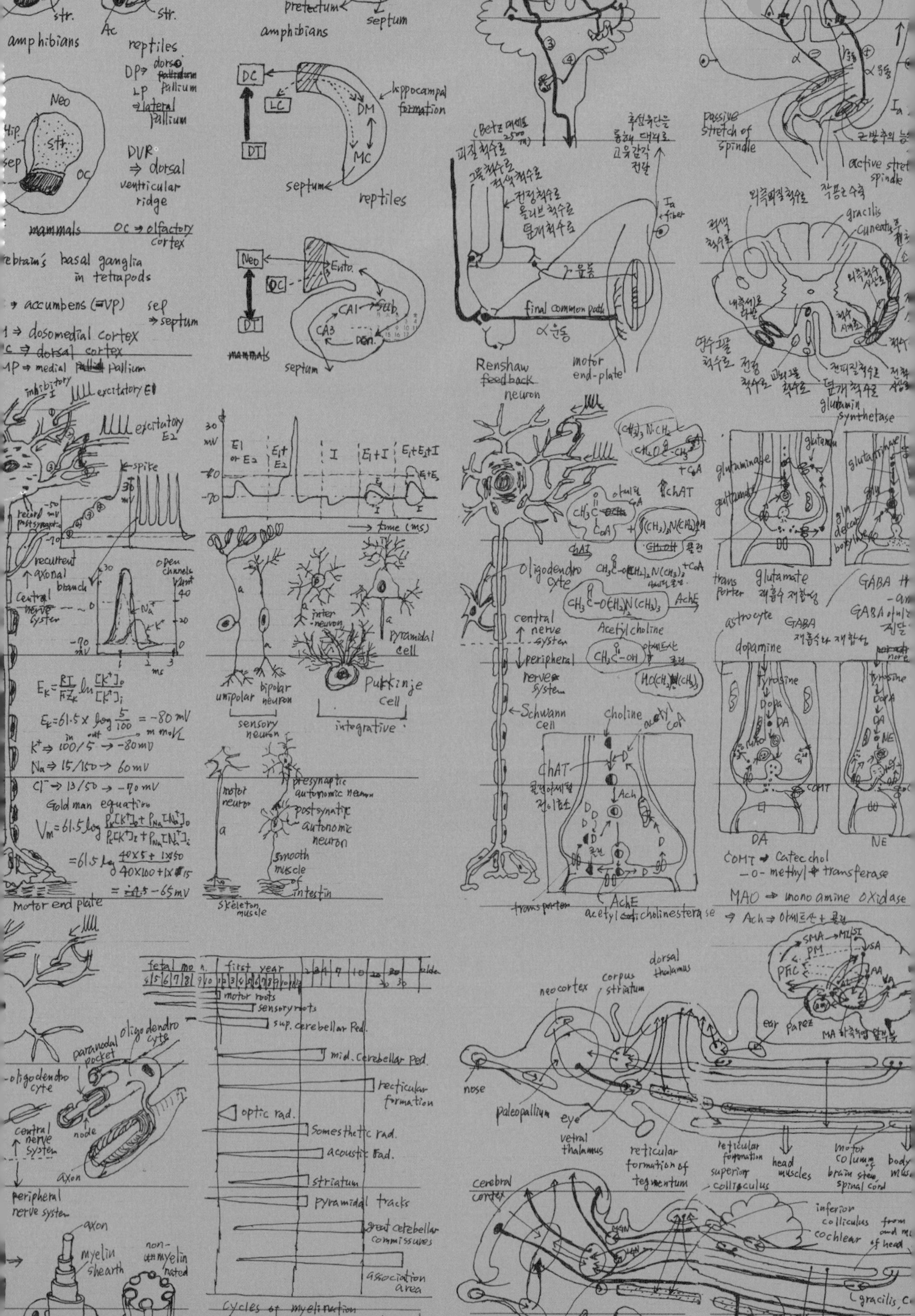

amphibians
reptiles
pretectum
septum
DP ⇒ dorsal pallium
LP ⇒ lateral pallium
Neo
Str.
DVR ⇒ dorsal ventricular ridge
mammals
OC → olfactory cortex
hippocampal formation
DC
LC
DT
DM
MC
Ento.
CA1
CA3
Sub.
Den.
basal ganglia in tetrapods
accumbens (=VP)
sep ⇒ septum
dosomedial cortex
dorsal cortex
MP ⇒ medial pallium
passive stretch of spindle
active stretch spindle
gracilis
cuneatus
final common path
α운동
motor end-plate
Renshaw feedback neuron
inhibitory I
excitatory E1
excitatory E2
spike
recurrent axonal branch
central nerve system
open channels
time (ms)
unipolar
bipolar neuron
sensory neuron
inter-neuron
pyramidal cell
Purkinje cell
integrative
motor neuron
presynaptic autonomic neuron
postsynaptic autonomic neuron
smooth muscle of intestin
skeleton muscle
$E_K = \frac{RT}{FZ_K} \ln \frac{[K^+]_o}{[K^+]_i}$
$E_K = 61.5 \times \log \frac{5}{100} = -80 mV$
$K^+ \Rightarrow 100/5 \rightarrow -80 mV$
$Na \Rightarrow 15/150 \rightarrow 60 mV$
$Cl^- \rightarrow 13/50 \rightarrow -70 mV$
Goldman equation
motor end plate
oligodendrocyte
peripheral nerve system
Schwann cell
ChAT
AchE
Acetylcholine
choline
acetyl CoA
Ach
acetylcholinesterase
transporter
glutamine synthetase
glutaminase
glutamate
transporter
astrocyte
GABA
dopamine
tyrosine
Dopa
DA
NE
COMT → Catechol-O-methyl transferase
MAO → mono amine oxidase
fetal mo
first year
motor roots
sensory roots
sup. cerebellar Ped.
mid. cerebellar Ped.
recticular formation
optic rad.
Somesthetic rad.
acoustic rad.
striatum
pyramidal tracks
great cerebellar commissures
association area
cycles of myelination
paranodal pocket
node
axon
myelin shearth
non-myelinated
neocortex
corpus striatum
dorsal thalamus
nose
paleopallium
eye
vetral thalamus
reticular formation of tegmentum
superior colliculus
head muscles
motor column brain stem spinal cord
Papez
cerebral cortex
inferior colliculus
cochlear

뇌, 세포가 춤추다

이 책은 《뇌, 생각의 출현》 출간 이후 5년간 뇌과학 강의에서 다룬 내용과 그림을 집약했습니다. 특히 뇌 구조와 기능을 강조했지요. 중요한 내용은 반복해서 설명했습니다. 핵심 개념은 되풀이해서 다양한 관점으로 제시했습니다. '뇌과학의 모든 것'이라는 제목이 다소 과장된 느낌이 들 수 있지만, 책에서 뇌의 진화, 발생, 기억, 꿈, 의식, 언어, 그리고 신경신학까지 넓은 영역을 포괄하려 노력했습니다.

이 책은 몇 가지를 염두에 두고 읽으면 효과적입니다.

첫째, 뇌 구조와 용어를 먼저 기억하자.
둘째, 그림을 자세히 보고 내용을 읽자.
셋째, 읽고 싶은 장을 먼저 읽자.

그림은 몇 페이지 앞뒤 내용과도 연결될 수 있습니다. 그림을 잘 기억해서 내용과 연결해야 합니다. 뇌는 대부분 영역들이 서로 연결되어 있지요. 그래서 대뇌피질의 어떤 영역의 역할을 구체적으로 규정하기가 쉽지 않습니다. 뇌의 기능은 신경세포의 다양한 연결에서 생기지요. 그 연결에 가담한 신경세포들의 모임이 뇌간, 변연계, 대뇌기저핵, 신피질의 구조가 됩니다. 그래서 뇌 구조 공부가 뇌 공부의 기본이지요. 뇌의 기능은 그런 뇌 구조에 익숙해지면 이해가 쉽습니다.

명료한 그림이 과학책에서 중요하지요. 특히 정확하고 자세한 뇌 구조 그림은 뇌과학책의 핵심입니다. 이 책에는 600여 장의 뇌 구조 관련 그림이 있습니다. 그림은 김양겸 학생이 대부분을 그렸고 조성재 학생이 일부를 그렸습니다. 특히 김양겸 학생은 '(사)박문호 자연과학 세상'에서 저의 뇌 강의를 4년 동안 수강하면서 뇌 구조를 공부하는 방편으로 제가 제시한 밑그림을 성실히 그대로 그렸지요. 모든 그림마다 색깔이나 설명선을 제가 요구하는 대로 되풀이해서 수정했습니다.

책 속의 그림들은 지난 5년간 '(사)박문호의 자연과학 세상' 뇌과학 강의에서 화이트보드에 그렸던 그림들입니다. 뇌 공부는 뇌 구조를 반복해서 그리는 것이 가장 효과적이지요. 수첩에 뇌 구조를 자세히 반복해서 그려서 익숙해지면 구조를 보지 않고도 언제든지 그릴 수 있습니다. 내가 나를 그리는 거지요.

감정과 기억 그리고 의식의 실체가 무엇인지 오랫동안 궁금했습니다. 대학 시절에는 철학적 내성과 종교적 체험이 이런 뇌 작용 이해에 도움이 될 것 같았지요. 그러나 이제는 주로 분자생물학, 세포학, 생리학, 뇌과학이 정답에 이르는 길이라는 느낌이 듭니다. 뇌 구조와 기능의 공부가 반복되면서 이젠 뇌가 세포배양기라는 생각이 점점 확실해집니다.

어쩌면 인간 뇌의 작용이란 신경세포라는 독립된 생명체가 살고자 하는 몸부림이지요. 글을 쓰고 있는 이 순간에도 전두엽의 성상세포, 피라미드세포, 바구니세포, 기저핵의 가시세포, 소뇌의 푸르키녜세포, 해마의 과립세포가 돌기를 뻗고 있습니다. 가만히 생각하면 가슴이 저립니다. 그들의 몸부림이 나의 감정과 생각이지요.

신경세포는 주위의 세포와 만나서 시냅스로 접속합니다. 그들에게 접속은 생존의 필수조건이지요. 함께 모여서 무한한 접속의 연결망을 만들어 세계를 출현시킵니다. 그들이 만든 세계상은 렘수면의 꿈, 감성, 아련한 추억, 그리고 초월적 일체상태이지요. 모두가 그들이 발아하는 돌기의 몸부림, 신경세포의 춤이지요.

이 책을 읽다가 생소한 신경해부학 구조를 만나면, 익숙하지 않은 막연함 대신에 그들이 뻗어내는 손짓을 느껴보십시요. 그러면 그들은 기꺼이 주위의 동료와 연결하여 우리를 만들어냅니다. 우리가 무엇이냐고요? 초등학교 첫 여름방학, 잔잔한 봄 바다와 아카시아 향기, 시골의 매미 소리, 사막에서 쏟아져 내리는 별을 보고 느끼며 전율하는 존재가 바로 우리이지요. 모두가 그들의 작품이지요.

나는 나의 기억이지요. 그래서 나를 찾아서 먼 길을 나섭니다. 생화학, 생리학, 유전학, 고생물학, 진화학, 세포생물학, 분자생물학, 신경학, 신경해부학, 비교동물학, 인지과학, 생리심리학의 많은 교과서를 만났지요. 그리고 지난 12년 동안 뇌와 생물학을 공부하면서 많은 연구자들이 축적한 학문의 결과들을 만났지요.

제럴드 에델만, 안토니오 다마지오, 로돌포 R. 이나스, 조지프 르두, 앨런 홉슨,

올리버 색스, 빌라야누르 라마찬드란, 레프 비고츠키, 스티븐 제이 굴드, 템플 글랜딘, 크리스 프리스, 엘코논 골드버그, 알렉산드르 로마노비치 루리야, 린 마굴리스, 리처드 도킨스, 앤드류 뉴버그, 닉 레인, 크리스토프 코흐, 프란시스 크릭, 스티븐 미슨, 에릭 캔델, 루이스 토마스.

좀 빽빽한 느낌이 들지요. 그럴 때 다시 물어봅니다. 이 모든 분야의 실체가 무엇인가. 결국 세포이지요. 세포 내부의 단백질 작용, 세포와 세포 사이의 결합과 소통에 관한 내용이지요. 이 책은 신경세포라는 끊임없이 형태를 변형하는 세포를 살펴봅니다. 그들은 축삭을 뻗고 절연막을 감고 화학물질을 분비하고 전압파를 만들어 지구라는 행성을 생명의 융단으로 감싸지요. 그들끼리 수군대는 소리와 포옹·결합하여 만든 회로에 흐르는 전압파가 나의 추억과 느낌이지요. 그런 관점에서 신경세포를 만나고 신경세포의 소중한 생존 환경인 뇌를 만납니다. 그리고 그들이 만든 인간 현상을 놀라워합니다.

일요일 오후 4시간 강의에 몰입하며 즐거워했던 '(사)박문호 자연과학 세상' 회원들이 제 공부의 원동력이 되었지요. 휴머니스트의 김학원 대표님, 전두현 편집자, 그리고 직원들이 다 함께 이 책에 전념했습니다. 강의 다닐 때 운전해준 집사람도 고맙지요. 모두 감사드립니다.

과학이 어렵다고요? 아니지요. 익숙하지 않은 거지요. 과학에 익숙해지면 자연의 구조가 보이지요. 그런 본연의 자연을 일생 동안 찾아가는 과정이 바로 공부이지요.

공부 목표: 지구라는 행성에서 인간이란 현상 규명
공부 방법: 시공 사유, 기원 추적, 패턴 발견

자연은 세포, 원자, 시공을 통해 자신을 드러냅니다. 세포의 춤 배경에는 원자의 춤과 시공의 춤이 있지요. 이 책은 신경세포의 춤을 통해서 본 인간 현상입니다. 언젠가 양자역학을 통한 원자의 춤과 일반상대성이론이 보여주는 시공의 춤을 정리해보고 싶습니다.

2013년 3월 박 문 호

차례

5장 작은 움직임조차 단순하지 않다
– 대뇌기저핵과 수의운동의 회로

6장 어류, 파충류, 포유류를 거치며 인간으로
– 신경계의 진화와 발생

7장 행동에서 생각까지 반사로 일어나다
– 반사회로

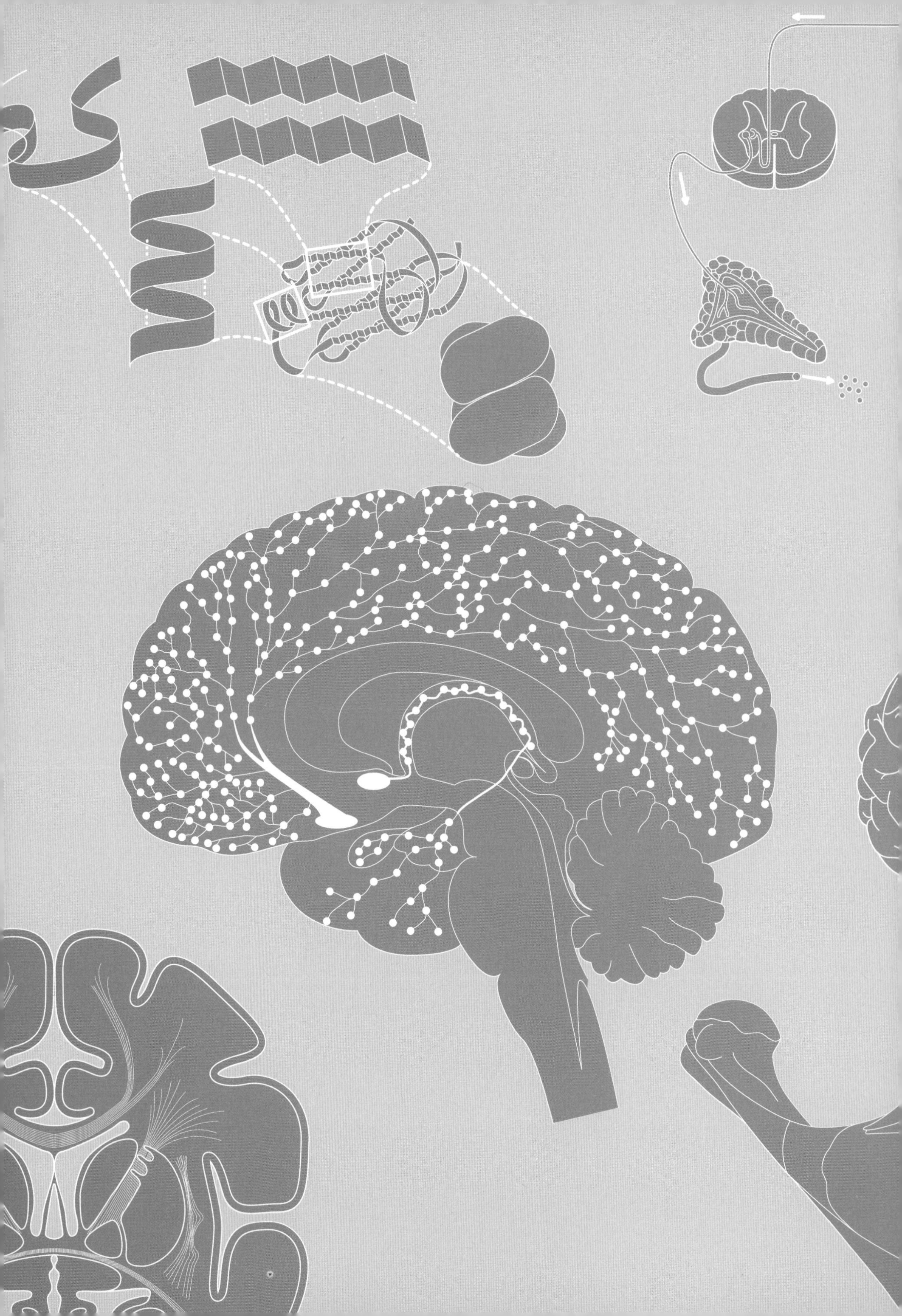

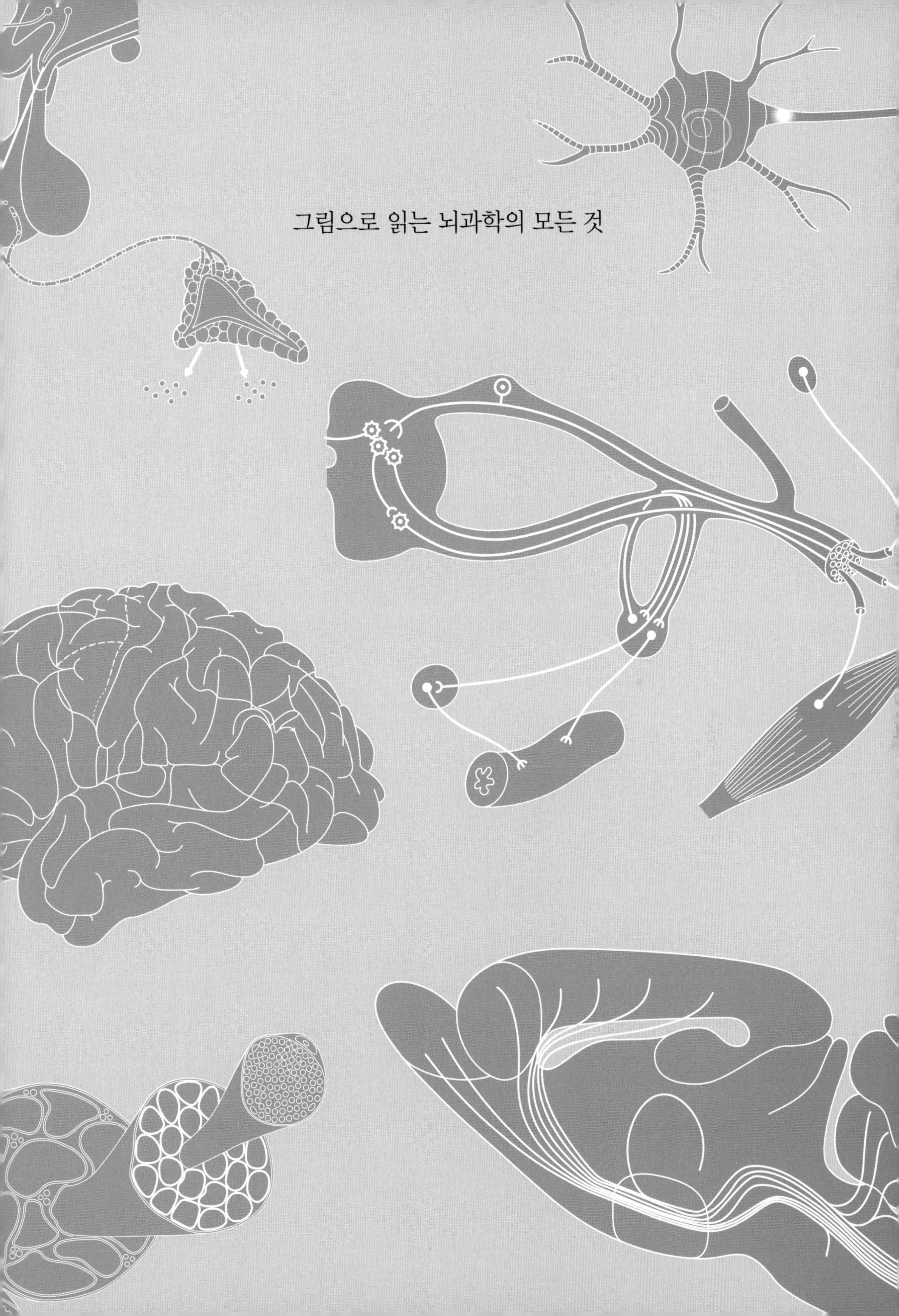
그림으로 읽는 뇌과학의 모든 것

1장

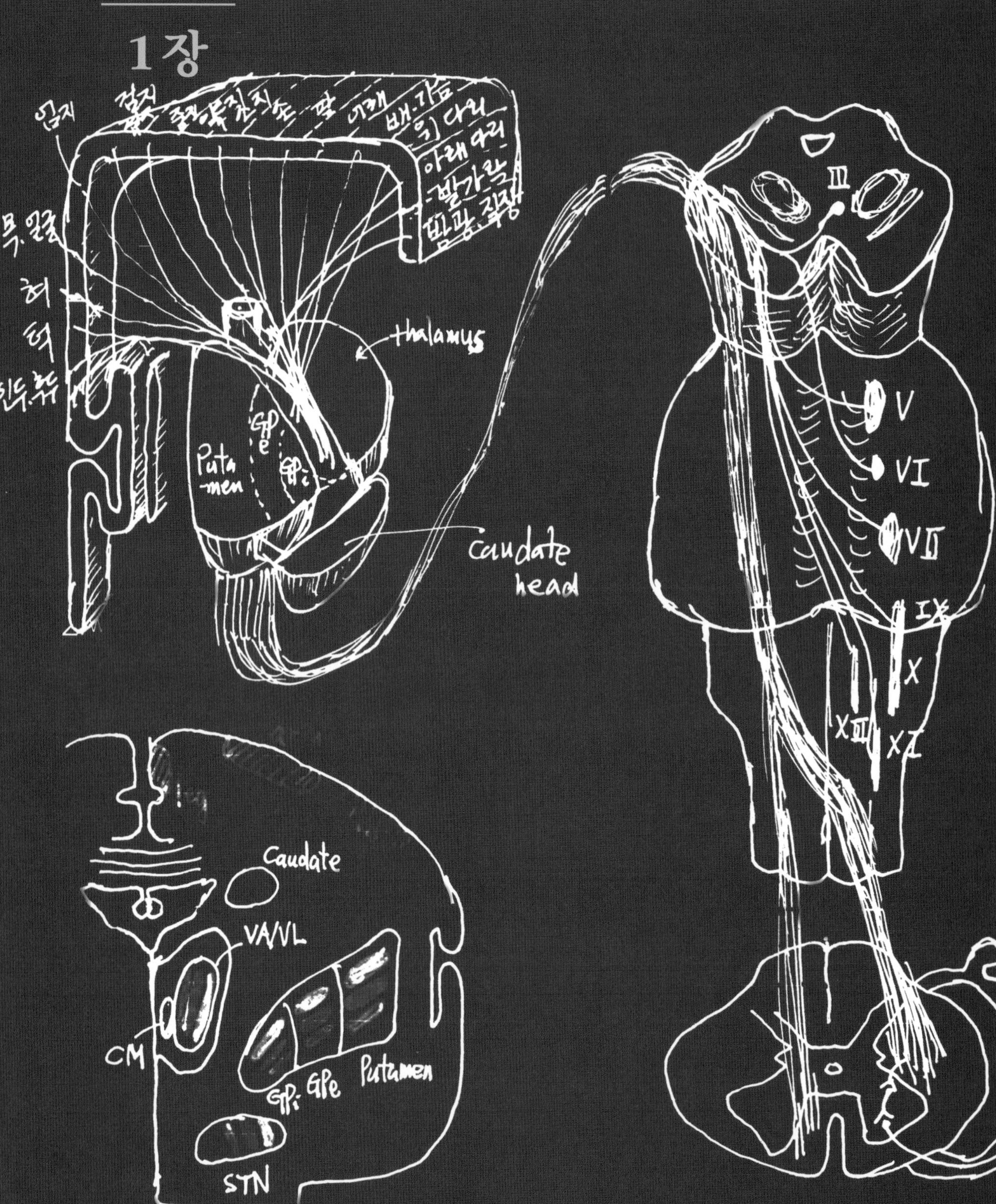

엄지
검지
손
팔
어깨
배·가슴
윗다리
아래다리
발가락
방광·직장
목·얼굴
혀
턱
인두·후두
thalamus
Puta-men
GPe
GPi
caudate head
III
V
VI
VII
IX
X
XII
XI
Caudate
VA/VL
CM
GPi GPe Putamen
STN

신경으로 온몸을 연결하다

—척수와 신경

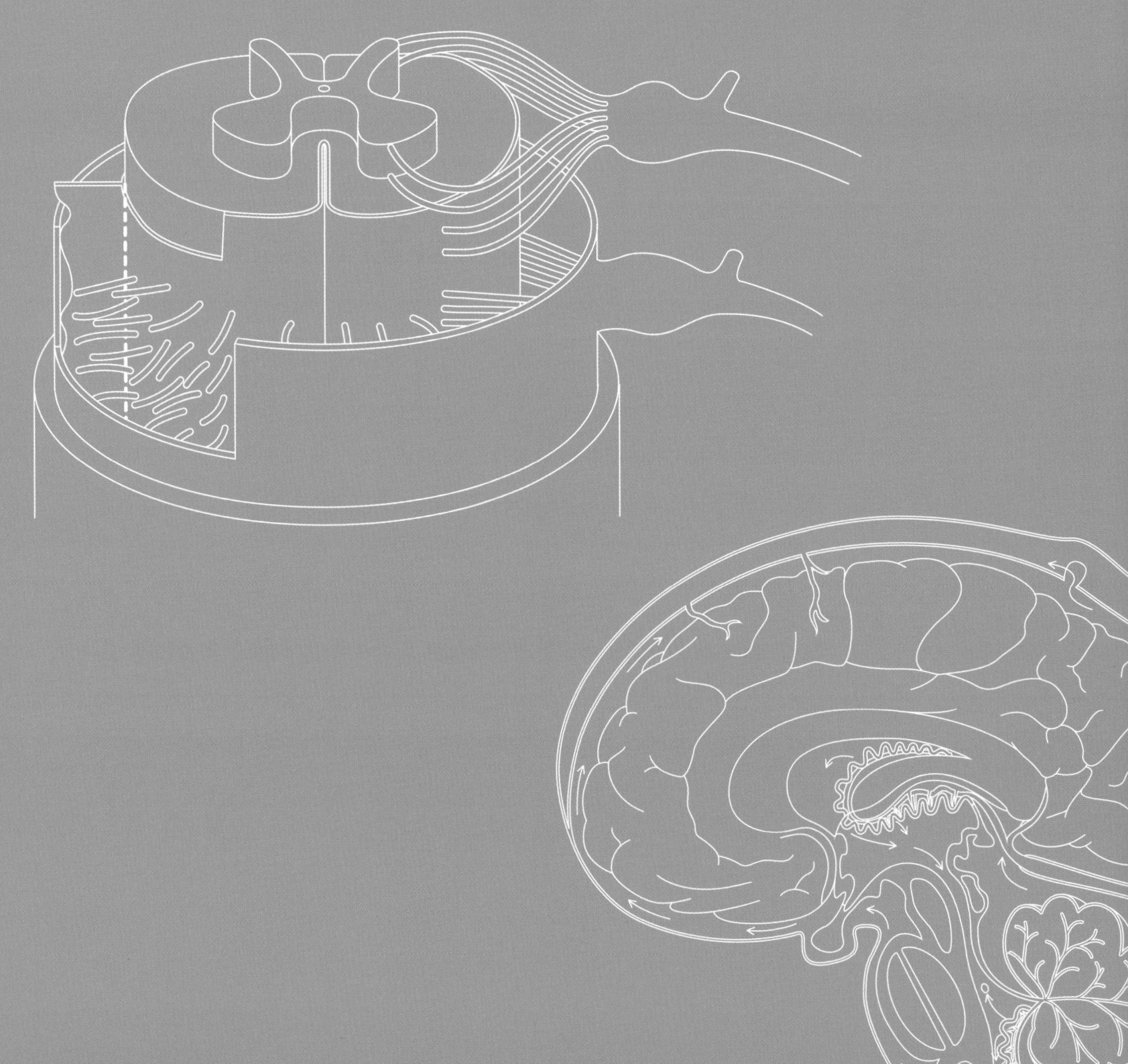

01 신경 네트워크, 머리에서 발끝까지 온몸을 지배하다

물고기는 바다에서 헤엄치고 인간은 땅에서 달리고 새는 하늘을 납니다. 바다와 육지 그리고 하늘에서 척추동물의 적응 과정은 중추신경계의 진화 과정이지요. 대뇌신피질의 팽창으로 수동적 동작에서 능동적 행동이 가능해졌지요. 연합피질의 진화로 언어와 의도적 행동이 가능한 인간이란 독특한 동물종이 지상에 출현했습니다.

인간의 몸을 구성하는 거의 모든 체세포 집단에는 신경축삭이 뿌리를 내리고 있습니다. 그래서 온몸에 분포된 감각세포를 통해 감각신호를 받아들여 매 순간 골격근과 분비샘으로 운동신호를 출력하지요. 자율신경계의 작용으로 내장근육, 심장근육, 분비샘이 작동합니다. 골격근육은 의도적으로 몸을 움직여 먹이에 접근하고 천적으로부터는 도망치도록 하지요. 인간의 신경계는 감정을 느끼고, 기억하고, 학습하고, 계획하고, 자기를 인식하는 능력을 진화시켰고, 언어라는 추상적 기호에 대한 기억 능력을 바탕으로 급격한 문화적 진화를 가능하게 해주었지요. 이러한 감각, 지각, 의식의 신경 처리 과정은 주로 대뇌피질에서 이루어집니다. 감각에서 상징까지의 다양한 인간 뇌의 기능을 이해하려면 뇌의 구조와 기능을 해부학적으로 살펴보아야 합니다. 동물의 생물학적 작용을 단계별로 살펴보면 신경회로, 신경세포, 이온채널, 그리고 마지막에 유전자 수준에 도달하지요.

뇌과학에 기초가 되는 분야는 신경해부학입니다. 왜냐하면 생물은 구조가 곧 기능을 결정하기 때문입니다. 뇌과학을 공부하는 순서는 먼저 교감, 부교감의 자율신경계와 척수와 뇌로 구성된 중추신경시스템의 구조를 학습해야 합니다. 뇌 공부의 지름길은 뇌 구조를 정확히 그려보는 거죠. 인간 행동은 몸의 각 부위가 가진 기능의 조화를 통해 이루어지고, 인체 기관의 형태는 유전자의 발현으로 인한 발생 과정에서 형성되지요. 몸의 일부인 뇌에 관해 공부하려면 뇌 구조에 관한 학문인 신경해부학에 먼저 익숙해야 합니다.

뇌는 행동을 만드는 신체 기관입니다. 행동은 신경시스템 수준에서 생성되죠. 신경세포가 모여서 신경회로를 형성하며, 신경회로의 상호연결망이 신경시스템을 구성합니다. 신경세포는 신경세포의 많은 신경돌기를 통해 모이는 아날로그 전압파를 디지털 전압펄스로 변환하는 전압파 변환기로 볼 수 있습니다. 한 개의 신경

1-1
신경계의 구성 단계

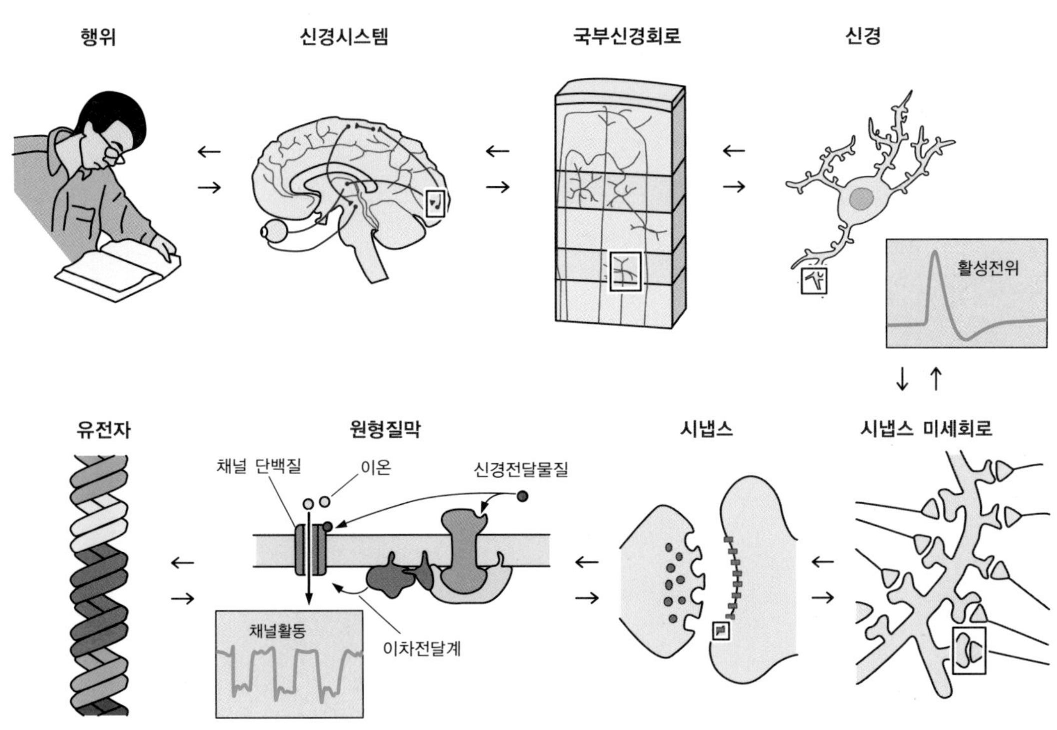

1-2

유전자 발현과 인간 행동의 연관

태아 발생 단계에서 유전자가 대규모로 발현되어 태아의 몸 형태를 만들고, 그 형태에서 생물학적 기능이 모여서 행위를 만든다.

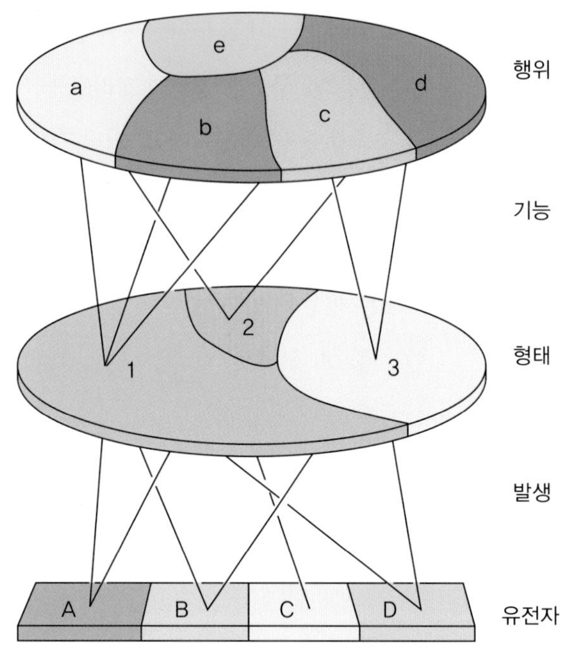

1-3

파리와 코끼리의 몸 기관 비교

(출전: Dethier, 1976)

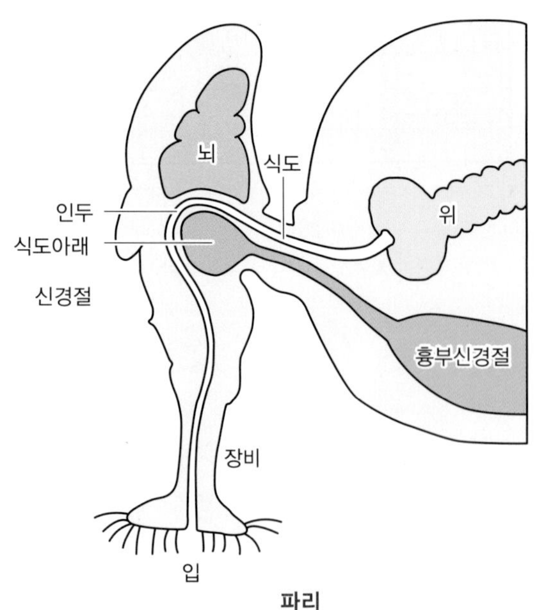

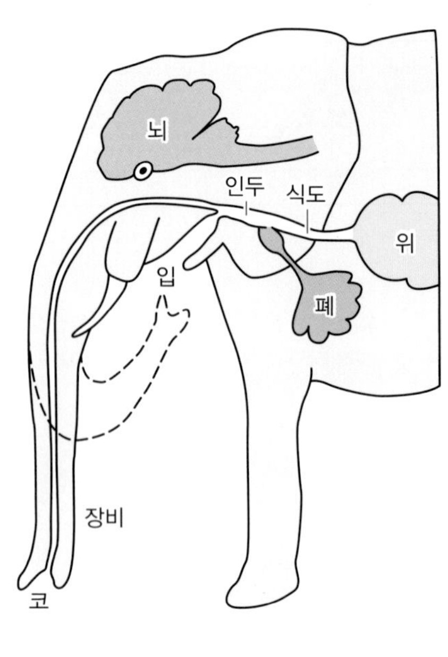

세포는 수천에서 수만 개의 시냅스를 통해 다른 신경세포와 연접합니다. 신경세포와 다른 신경세포의 돌기가 만나는 영역을 시냅스라 하며, 신경전달물질의 확산을 전압파로 변환합니다. 시냅스에는 신경전달물질이 부착되는 이온채널이 존재합니다. 이온채널은 단백질로 만들어집니다. 그리고 단백질은 핵의 유전물질인 DNA의 유전자를 아미노산 서열로 변환하여 생성됩니다.

유전자에서 행동까지 전환되는 과정은 다음과 같습니다. 유전자가 발생 과정에서 발현되어 동물의 형태를 만들죠. 동물에게 형태는 곧 기능을 규정합니다. 따라서 뇌의 기능을 알려면 뇌의 구조를 공부해야 합니다. 인간의 손과 눈과 입술의 기능이 곧 우리의 언어행동이 되죠.

1-3의 두 그림 모두 코끼리처럼 보이지만 왼쪽 그림은 조그만 파리입니다. 파리와 코끼리의 몸 크기는 비교할 수 없을 정도로 다르지만 기본 구조는 크게 다르지 않다는 원칙을 보여줍니다. 효과적인 자연과학 공부 방법을 세 가지로 요약하면 다음과 같습니다.

패턴을 발견하라
기원을 추적하라
시공을 사유하라

파리와 코끼리의 겉모양은 비교가 어렵지만 내부 기관을 그려보면 곧장 공통점을 찾을 수 있습니다. 우리가 기억하는 것은 사물과 사건에서 변하지 않고 반복되는 공통 패턴이지요. 감각입력에서 되풀이되는 공통 패턴에서 지각의 범주화가 생성됩니다.

공통 패턴을 찾기가 쉽지 않을 때는 사물과 사건의 기원을 추적하면 현재 상태를 쉽게 이해할 수 있지요. 인간의 뇌 작용을 인간끼리 비교해서는 그 특징이 드러나지 않지만, 다른 동물과 비교하면 인간 뇌 고유의 기능이 분명해집니다. 인간은 어류, 양서류, 파충류, 포유류의 과정을 통과해서 진화했기 때문에 우리 몸속에 물고기의 흔적이 있습니다. 인간에 이르는 과정을 알려면 발생과 진화라는 관점에서 공부하는 것이 지름길이지요.

시공의 사유라는 것은 생물의 생존환경을 면밀히 살펴보면서 그 동물의 몸 진화를 유추해보는 것을 말합니다. 결국 동물의 진화는 새로운 생존 환경에 적응하는 과정이지요. 어떤 공간적 환경에 적응하려는 생명체의 시간적 변천 과정이 바로 진화 과정이지요. 이러한 공부 방법을 뇌 공부에 적용하면 뇌를 발생과 진화의 관점에서 바라보게 됩니다. 뇌의 발생과 진화는 뇌 구조의 변화에 드러나지요. 그리고 뇌 기능은 뇌 구조에서 유추해볼 수 있습니다.

뇌신경해부학을 공부하려면 교과서를 여러 번 읽는 것보다 정확하게 한 번 그려보는 것이 더 효과적입니다. 몇 년 전에 소중한 뇌 진화 관련 자료를 우연히 발견했는데, 매년 그 그림을 그냥 보기만 해 구체적인 의미를 지나쳐버렸지요. 그런데 어느 날 그 복잡한 그림을 자세히 그려보니 놀랍게도 눈으로 볼 때 파악했던 내용보다 훨씬 더 중요하고 다양한 의미를 깨닫게 되었습니다. 결국 뇌 공부의 지름길은 뇌 구조와 신경연결망을 손으로 그려보는 겁니다.

뇌를 전체적으로 이해하려면 뇌라는 신체기관의 구성과 기능을 알아야 하지요. 뇌는 뇌세포로 구성되지요. 그래서 뇌 이해는 세포집단의 생존 방식과 작용을 이해하는 것이 됩니다. 그런 관점에서 뇌의 본질적 구성을 신경세포배양기로 볼 수 있지요. 그리고 패턴 발견, 기원 추적, 시공의 사유라는 공부방법론을 적용하여 뇌를 공부하여 얻어낸 관점을 요약해봅시다. 뇌의 구성과 작용을 일곱 가지로 요약하면 다음과 같습니다.

뇌는 세포배양기이다
뇌는 전압펄스를 만든다
뇌는 감각을 연합한다
뇌는 감각, 지각, 생각을 만든다
뇌는 기억을 만든다
뇌는 의도적 움직임을 만든다
뇌는 언어를 만든다

이러한 특성들을 생성하는 데 필요한 주요 세부사항을 요약하면 다음과 같지요.

뇌는 세포배양기이다 → 신경세포 분열, 증식, 이동, 성장원추

뇌는 전압펄스를 만든다 → 이온채널, 활성전위, 수초화

뇌는 감각을 연합한다 → 일차감각, 연합피질, 다중연합피질

뇌는 감각, 지각, 생각을 만든다 → 감각, 지각, 생각

뇌는 기억을 만든다 → 해마, 변연계, 다중연합감각

뇌는 의도적 움직임을 만든다 → 예측, 선택, 전전두엽

뇌는 언어를 만든다 → 도구, 상징, 가상세계

위의 특질에서 '뇌는 세포배양기이다'와 '뇌는 전압펄스를 만든다'의 두 가지 관점이 가장 중요합니다. 결국 뇌과학을 공부한다는 것은 여기 나열한 세부사항을 통해서 뇌의 구성과 작용을 이해하는 과정이죠.

이러한 뇌의 특징에서 가장 중요한 관점은 뇌를 신경세포배양기로 볼 수 있다는 겁니다. 뇌를 신경세포와 신경교세포의 독립된 생명체의 집단으로 간주하면 생명 현상에 대한 새로운 관점이 생겨나지요.

뇌를 움직이는 세포배양기로 보면 뇌가 뇌척수액이라는 액체에 담겨 있다는 사실이 새롭게 느껴집니다. 뇌척수액은 영양을 공급하고 노폐물을 제거하는 역할을 하죠. 맥락총(맥락얼기)은 모세혈관과 결합조직이 얽혀서 구성되며 뇌척수액을 분비하며 노폐물을 회수합니다. 뇌척수액의 구성 성분은 단백질, 포도당, 염소이온 그리고 림프세포이며, 전체 부피는 약 130밀리리터로 다섯 시간마다 교체됩니다. 척수 중심관은 뇌로 올라가면서 중뇌수도관cerebral aqueduct, 제3뇌실third ventricle(셋째뇌실), 제4뇌실fourth ventricle(넷째뇌실), 외측뇌실lateral ventricle(가쪽뇌실)로 이어집니다. 복측(배쪽) 가운데 부분이 중심관 근처까지 깊이 함몰되어 있는데, 이 부위를 가리켜 전정중열ventral median fissure(앞정중틈새)이라고 합니다. 배측(등쪽) 가운데로 깊이 들어간 부분은 뒤정중고랑posterior median sulcus(후정중구)이라고 하죠.

에너지 소모라는 관점에서 보면 전체 혈액의 20퍼센트나 되는 양이 뇌로 들어가지요. 뇌는 경동맥carotid artery(목동맥)과 척추동맥 그리고 거미줄처럼 얽힌 모세혈관을 통해 혈액으로부터 산소와 포도당을 신경세포로 공급합니다. 또한 뇌는 단단한 두개골과 경질막dura mater membrane, 거미막arachnoid membrane(지주막), 연질막

1-4
뇌척수액의 순환 과정
(출전: Netter's Atlas)

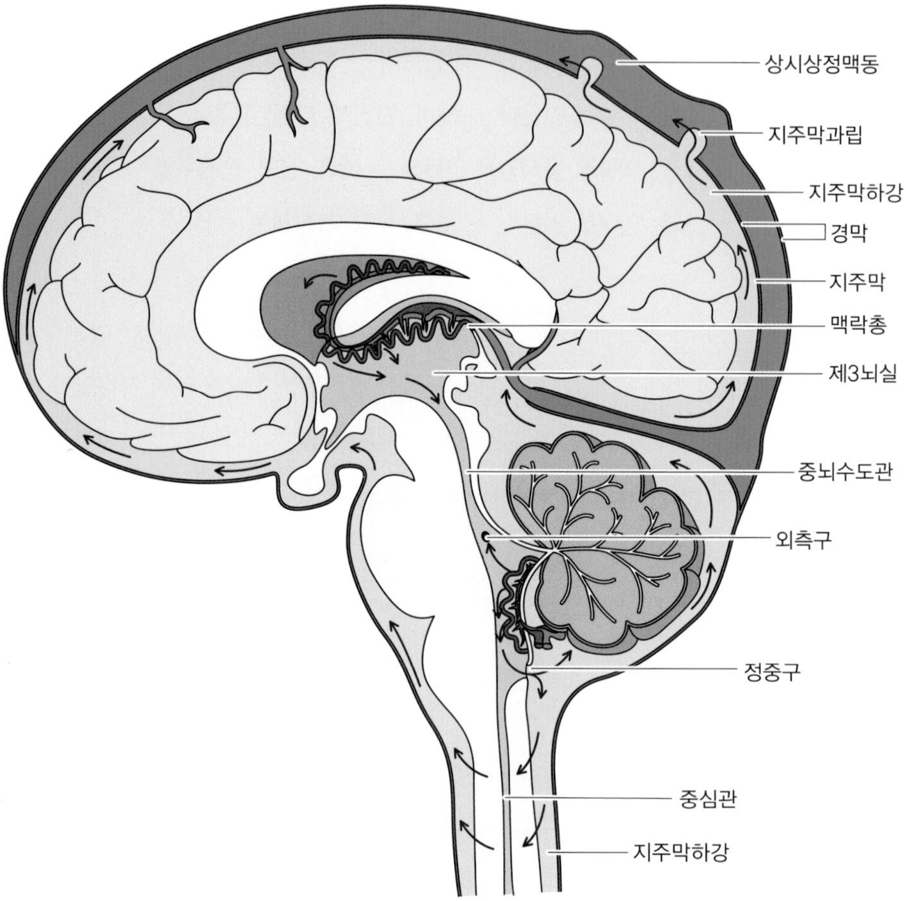

pia mater membrane으로 이루어진 뇌척수막meninges 그리고 거미막과 연질막 사이를 흐르는 뇌척수액cerebrospinal fluid에 의해 에너지와 영양물질을 공급받고 대사산물을 혈류로 보내죠. 그리고 뇌척수액은 액체 상태로 둘러싸여 충격에 안전하게 보호됩니다. 성인 뇌는 1400그램 정도 되는데 뇌척수액의 부력으로 50그램으로 가벼워집니다. 뇌를 세포배양기로 볼 수 있는 이유는 중추신경계가 뇌척수액이라는 액체에 담겨 있는 상태이고, 산소와 포도당을 항상 공급해야만 생존하기 때문입니다. 단백질과 포도당을 함유한 뇌척수액을 통해서 뇌는 에너지를 얻죠. 뇌척수액은 맥락얼기에서 끊임없이 만들어져 뇌동맥 박동에 의해 뇌실 안을 순환합니다. 두개골

1-5
쥐의 뇌 단면 확대 사진

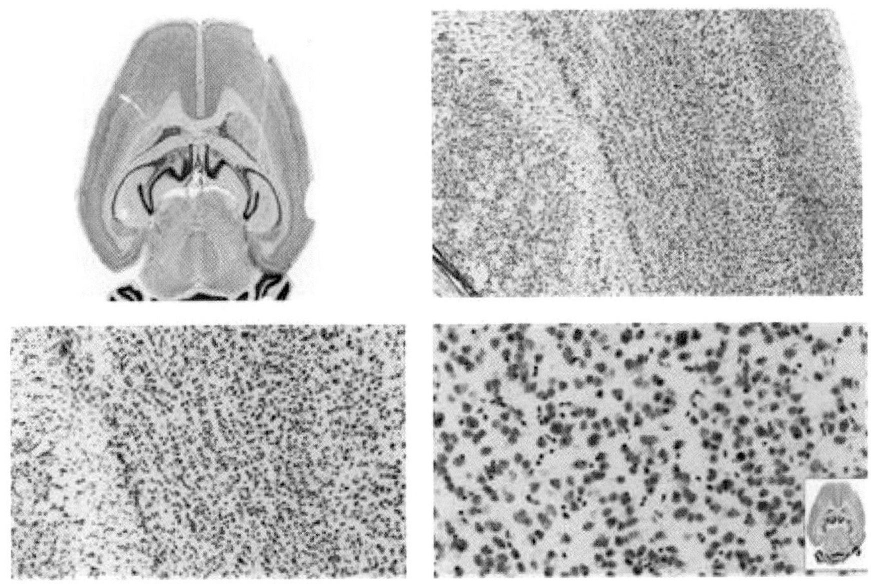

을 배양 접시, 뇌 척수액을 배양액, 맥락총의 모세혈관을 산소를 공급하고 이산화탄소를 배출하는 연결관으로 생각하면 뇌는 자연이 만든 세포배양기이지요.

1-5를 보면 쥐의 뇌를 구성하는 개별 세포를 볼 수 있습니다. 많은 세포들이 어느 정도 간격을 유지하며, 세포들 사이의 흰색 부분도 상당히 존재하지요. 세포체들 사이 영역은 신경돌기들로 가득 차 있습니다.

척수와 뇌의 해부학 용어는 방향과 위치를 나타냅니다. 전근, 후근, 전각, 후각, 전섬유단, 후섬유단, 외측섬유단 등 위치에 따라 명칭이 달라지죠. 그 밖의 부위도 마찬가지로 전, 후, 복측, 배측, 상부, 하부, 상위, 하위, 내측, 외측, 입쪽, 꼬리쪽 등 위치를 나타내는 용어를 붙여 다른 부위와 구분합니다. 신경해부학 용어는 사람보다는 사지 척추동물인 개나 고양이가 걸어가는 모습을 그려보면 분명해집니다. 이때 머리쪽을 전방anterior(앞쪽), 꼬리쪽을 후방posterior(뒤쪽)이라고 합니다. 머리가 있는 쪽을 입쪽, 꼬리뼈가 있는 쪽을 꼬리쪽이라고도 하죠. 또한 등쪽은 배측dorsal, 배쪽은 복측ventral이라고 합니다. 사지동물의 기본이죠. 인간은 다른 동물들과는 달리 직립보행을 하기 때문에 뇌와 척수가 수직으로 서게 됩니다. 그러면

1-6
뇌의 시상단면, 관상단면, 수평단면에서 방향과 위치에 관한 해부학 용어

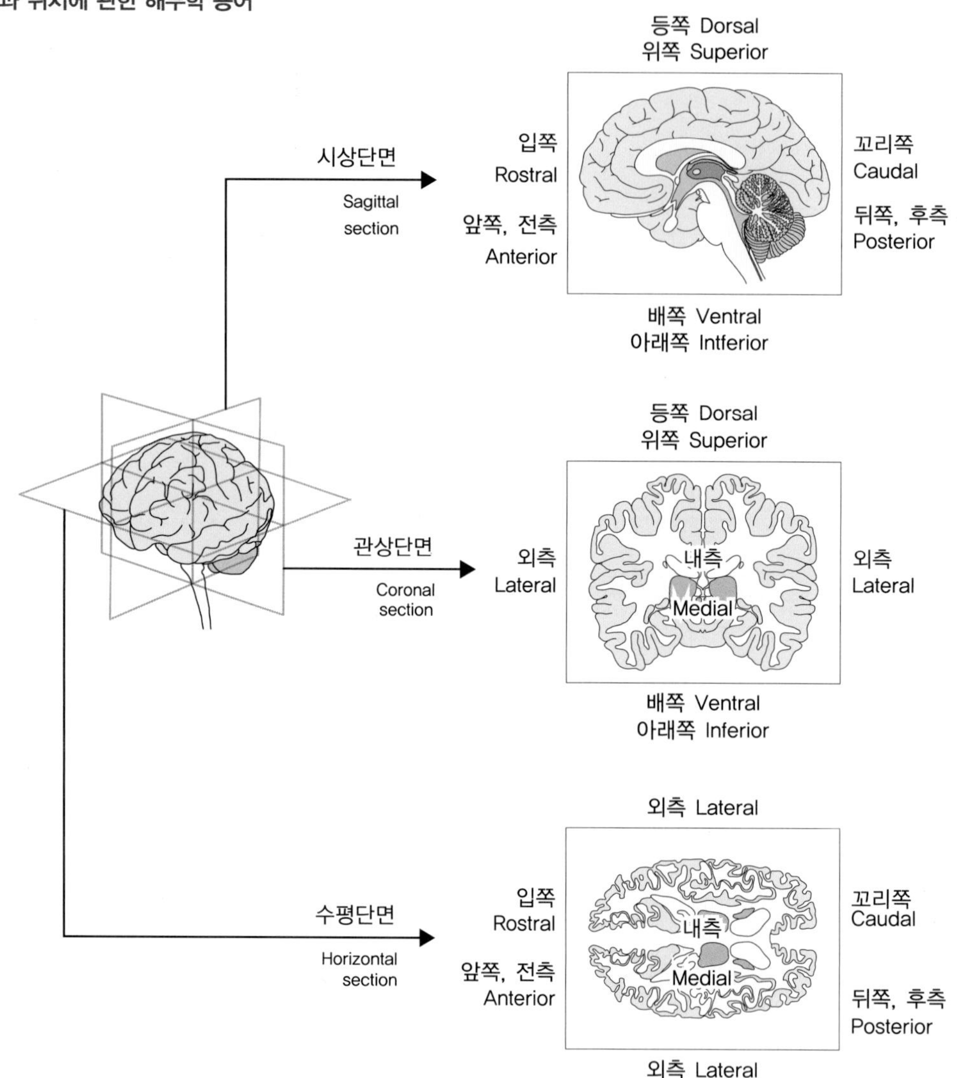

신경관의 등쪽이 상부superior(위쪽)가 되고, 배쪽이 하부inferior(아래쪽)가 되죠. 뇌의 대뇌피질에 가까운 쪽은 상위upper, 수용기나 효과기 쪽에 가까운 쪽은 하위lower입니다. 척수백색질에서 회색질 가까이에 있으면 내측medial(안쪽)이라고 하고, 그보다 더 바깥에 있으면 외측lateral(바깥쪽)이라고 하죠. 시상에도 내측, 외측이라는 말이 붙는데 시상에서 안을 향한 쪽은 내측, 바깥을 향한 쪽은 외측이라고

1-7
척추동물 신경시스템의 개념도

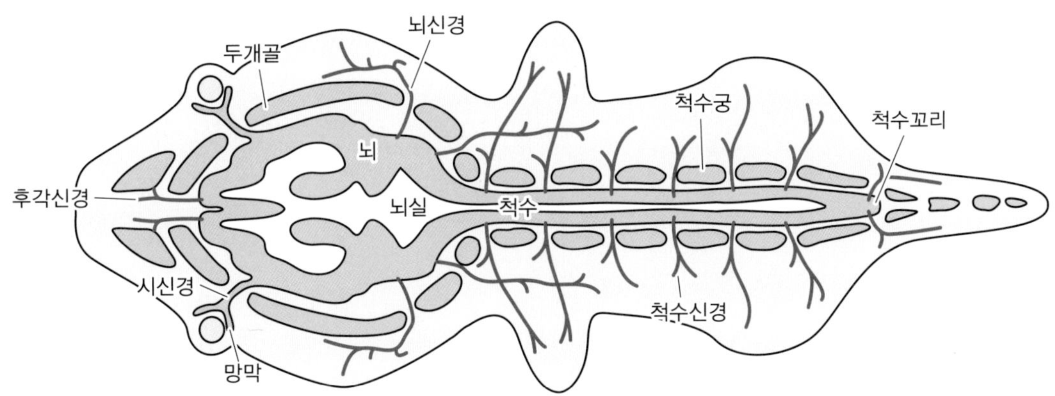

해요. 뇌와 척수 여러 부위의 위치를 머릿속에 쉽게 그리려면 방향과 관련된 명칭들에 익숙해야 합니다.

신경해부학에서 한글과 한자용어가 혼용될 때 헷갈리게 됩니다. 배쪽과 등쪽은 한글 표현으로 배와 등을 나타냅니다. 이것을 한자로 표현하면 배측은 등쪽이 되고, 복측은 배쪽이 되지요.

척추동물의 본질적인 구성은 머리와 몸통 그리고 꼬리입니다. 몸통을 중심으로 위쪽에는 팔, 아래쪽에는 다리가 좌우 대칭으로 이어져 있습니다. 몸의 앞과 뒤도 다르지요. 눈, 코, 귀, 입이 앞으로 나와 있고, 팔다리 역시 앞을 향해 움직입니다. 이 거대한 몸뚱이가 어떻게 유기적으로 연결되어 거대한 다세포 생명체인 동물이 한 몸을 형성하여 여러 세포들이 함께 반응하고 한 방향으로 움직일 수 있을까요? 다세포 동물로 진화하는 과정에서 감각세포에 접수된 감각입력을 효과기에 전달하는 역할을 담당하는 동물의 중추신경계가 바로 동물의 움직임을 목적지향적으로 만들어 한 방향으로 움직이게 하는 것입니다. 중추신경계는 뼈로 감싸인 뇌와 척수 그리고 온몸으로 가지를 낸 말초신경이 분명히 구별되지요. 1-7을 보면 망막이 중추신경계의 일부임이 분명하게 드러납니다. 척수신경은 척수 사이 구멍에서 나오죠.

신경계는 중추신경계와 말초신경계로 구분됩니다. 중추신경계는 뇌와 척수로 구성되며 뼈로 둘러싸여 있고, 말초신경계는 뇌신경과 자율신경으로 머리와 온 몸에

1-8
척추동물 중추신경계의 구성
(출전: Brain Architecture, L. W. Swanson)

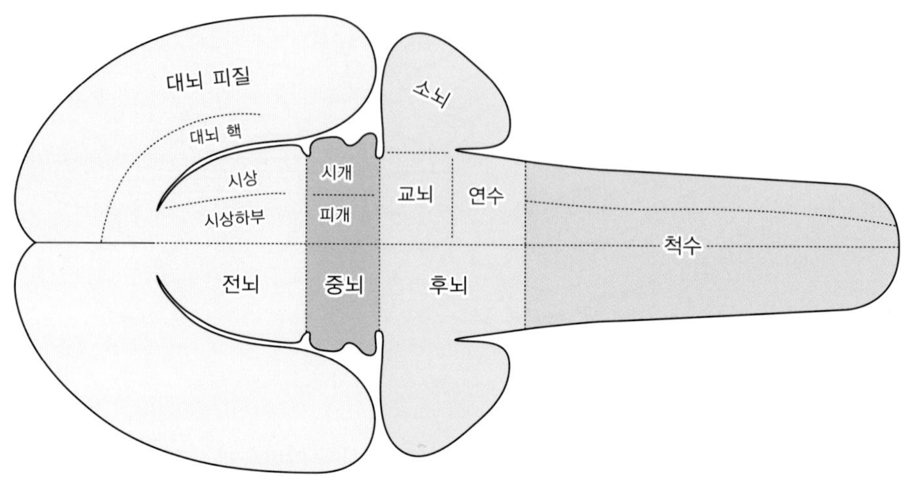

분포합니다. 뇌는 대뇌피질, 대뇌기저핵, 시상, 시상하부, 시개, 피개, 소뇌, 교뇌, 연수로 구성되지요. 척수는 연수에 연결되며 주로 손발과 몸의 움직임을 만듭니다.

중추신경계와 말초신경계는 축삭이 지방질 세포로 감기는 수초화 여부에 따라 유수신경과 무수신경으로 구분되는데, 유수신경인 경우 중추신경과 말초신경에서 수초화를 형성하는 세포가 다릅니다. 중추신경계의 수초화 세포는 희소돌기세포이며, 말초신경의 수초화는 슈반세포입니다.

중추신경계는 대부분 척수와 대뇌의 연결신경세포이며, 말초신경계는 감각기관, 근육, 그리고 분비샘과 척수를 연결하는 신경세포로 구성되죠. 중추신경계의 연결신경세포는 개재세포, 중계세포, 혹은 연합세포라고 하지요. 그리고 자극입력을 받아들이는 세포를 수용기세포 그리고 자극입력에 대한 반응출력을 만드는 세포를 효과기세포라 합니다. 그리고 수용기세포와 효과기세포 사이를 연결하는 세포가 바로 연합신경세포이지요.

동물의 중추신경계는 뇌와 척수로 구성됩니다. 척수를 자세히 그려보면 연막, 지주막, 경막 등 세 가지 막으로 싸여 있습니다. 대뇌도 연막, 지주막, 경막으로 싸여 있지요. 전각과 후각은 척수에서 신경세포가 모여 있는 회색질이며, 백질은 신경섬

1-9
중추신경계와 말초신경계의 구성

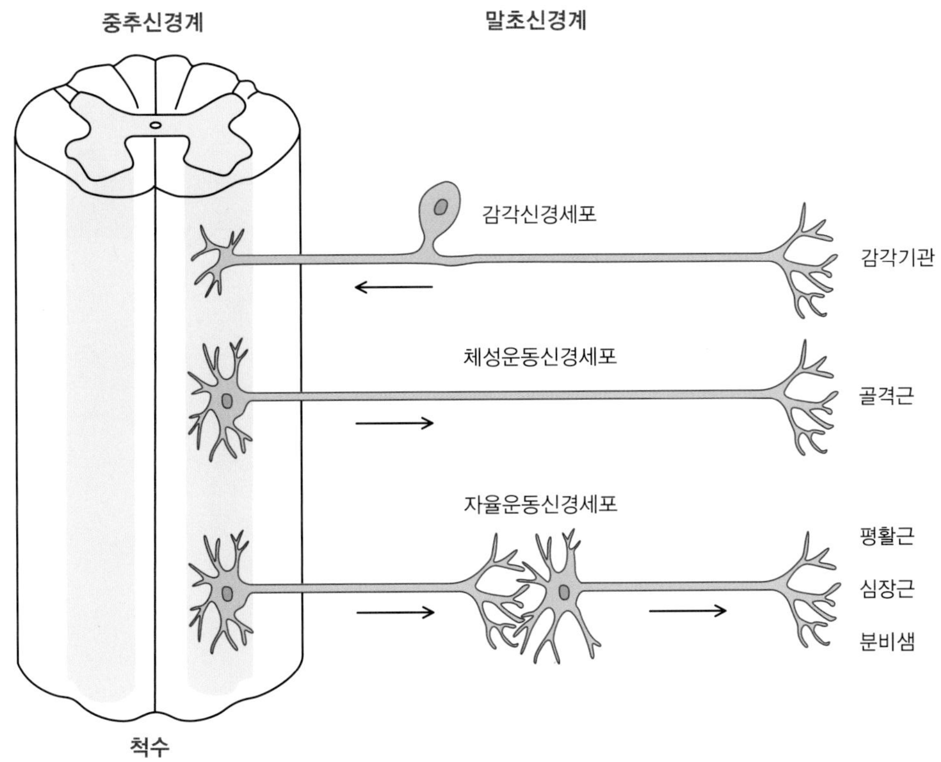

유로 구성된 신경로입니다.

중추신경계central nervous system는 머리뼈 안에 담긴 뇌와 척주뼈 안에 담긴 척수로 구성되지요. 말초신경계peripheral nervous system는 주로 얼굴근육을 움직이는 뇌신경과 몸의 골격근과 몸 내부 신체 기관의 움직임을 만드는 척수신경으로 이루어져 있습니다. 말초신경계는 주변신경계라고도 하지요. 중추신경계에 속한 신경들은 중추신경끼리 신호를 주고받거나 말초신경과 연결되고, 말초신경계에 속한 신경들은 시각, 후각, 청각, 균형감각, 미각, 촉각을 담당하는 감각세포와 중추신경을 연결하거나 근육세포 또는 분비샘secretory gland(분비선)과 중추신경을 연결하죠.

자율신경계autonomic nervous system는 교감신경sympathetic nerve과 부교감신경parasympathetic nerve으로 구성되지요. 자율신경계는 무의식적 자동반응으로 내장기관과 분비샘에 영향을 미치죠. 온몸 구석구석 신경계가 뻗어 있어요. 부교감신경

1-10
척수의 구조
척수는 대뇌와 마찬가지로 경막, 지주막, 연막으로 싸여 있다.

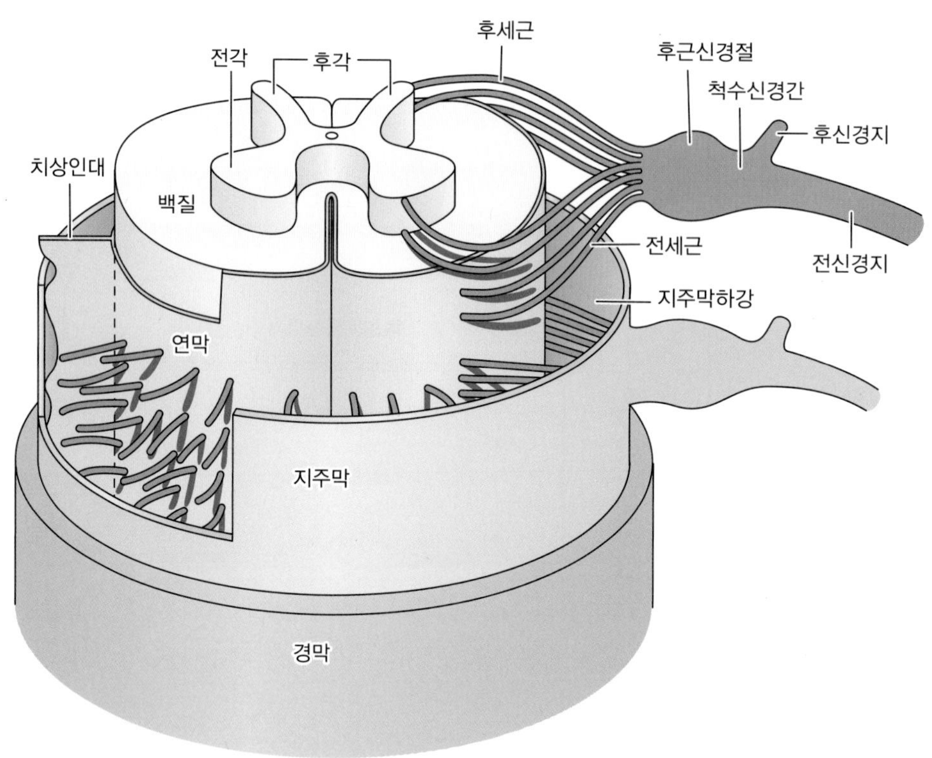

인 미주신경은 뇌간에서 출발하여 허파와 심장 그리고 내장까지 참으로 길고 복잡한 연결망을 형성합니다.

신경의 작용은 감각입력을 통합하고 경험을 기억으로 저장하여 비슷한 상황을 만나면 이전에 형성된 경험기억과 비교하여 앞으로 전개될 상황을 예측할 수 있지요. 시각, 청각, 촉각, 위치감각, 그리고 내장감각은 우리 몸 내부와 외부의 감각입력에 대해 기억을 참조하여 적절한 운동출력으로 반응합니다. 이를 위해 중추신경계와 말초신경계가 매 순간 서로 신호를 주고받으며 몸을 환경에 조화롭게 적응시킵니다.

뇌의 작용을 깊이 있게 이해하려면 뇌를 진화적 관점에서 살펴보는 것이 효과적입니다. 뇌는 지질학적으로 긴 시간 동안 환경에 적응해 진화하는 과정에서, 시각과 청각 그리고 체감각을 처리하는 감각연합피질이 확장되어 섬세한 감각을 느끼고 그 감각들을 통합적으로 처리할 수 있게 되었습니다. 연합된 감각입력을 바탕으로 한 정교한 운동이 진화하면서 전두엽이 발달하게 되었지요. 감각은 척수가 담당하는 일반감각과 뇌신경이 처리하는 특수감각으로 구분할 수 있지요. 일반감각은 피부와 근육의 감각이며, 특수감각은 시각, 청각, 그리고 균형감각이죠. 얼굴에 집중된 감각기관의 신경신호 처리로 신경세포들이 척수 끝으로 집중되었죠. 척수 끝머리 신경절이 바로 뇌라고 볼 수 있어요. 그래서 척수와 자율신경계를 먼저 공부하고 뇌를 학습하면 신경계를 진화적 맥락에서 이해할 수 있습니다.

척수에서 피부감각과 근육신경이 반사회로를 형성하고 대뇌에서 상행감각신경로와 하행운동신경로가 척수개재신경에 의해 연결되는 과정을 나타냅니다. 대뇌피질은 대부분 개재신경(연합신경) 회로를 구성하며, 척수에서 상행하는 감각신호를 처리하여 운동출력을 생성하지요.

1-11
척수신경과 대뇌신경세포의 연결

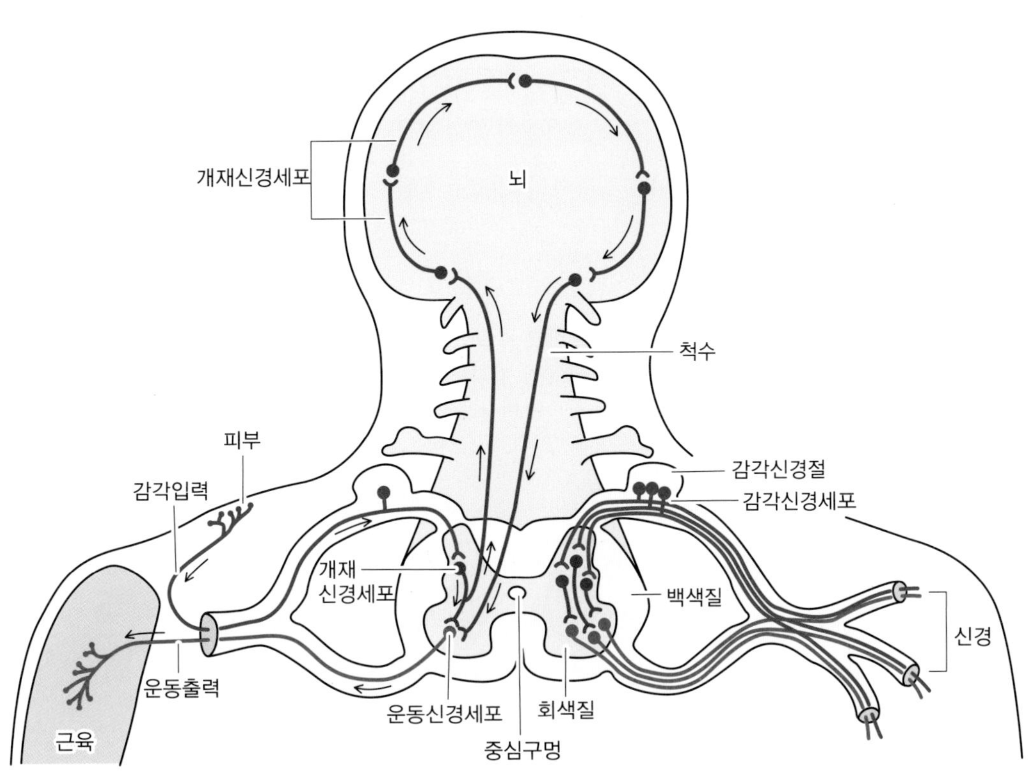

02 감각과 운동신호 전달 통로, 척수

척추뼈 구조에서 횡돌기는 영장류와 비교할 때 인간에서 그 형태가 급속히 이루어졌습니다. 요추횡돌기뼈lambar transvrese process는 인간이 달리면서 더 효율적으로 호흡할 수 있도록 진화했지요. 애런 필러는 《허리 세운 유인원The Upright Ape》에서, 영장류에서 인간으로 진화하면서 척추뼈의 횡돌기 형태가 변화하여 직립보행상태로 달릴 때 호흡과 척추뼈의 상호관계를 진화적으로 설명했습니다. 추간원판

1-12
태아 발생 과정에서 신경관을 에워싸며 척추를 형성하는 과정
태아 발생 과정에서는 경절에서 연골뼈세포들이 신경관을 감싸면서 점차 경골화되어 척추뼈를 형성한다. 척추뼈 형성 과정에 척삭은 척추뼈 사이의 추간판에 일부만 남고 나머지는 모두 사라진다.

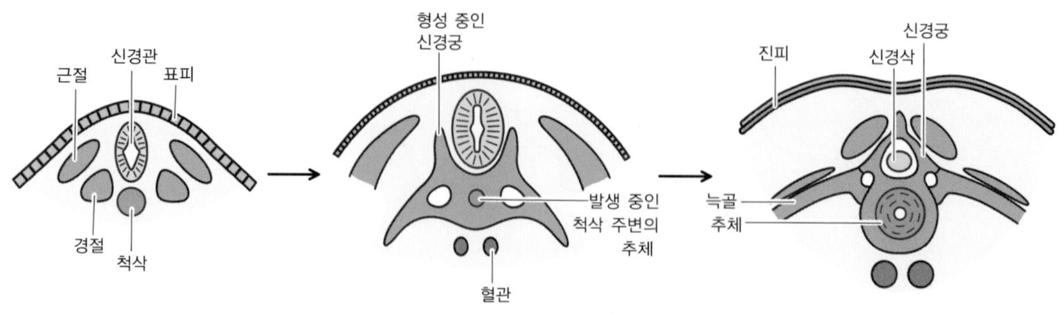

1-13

발생 과정에서 척수신경이 근육에 신경연결되는 과정

척수신경이 뼈 분절을 관통하며 연골의 뼈 분절이 경골화되면서 척추뼈로 굳어지는 과정이다. 신경관에서 뻗어 나온 신경돌기가 근육 분절에 시냅스하여 척수신경이 만들어진다.

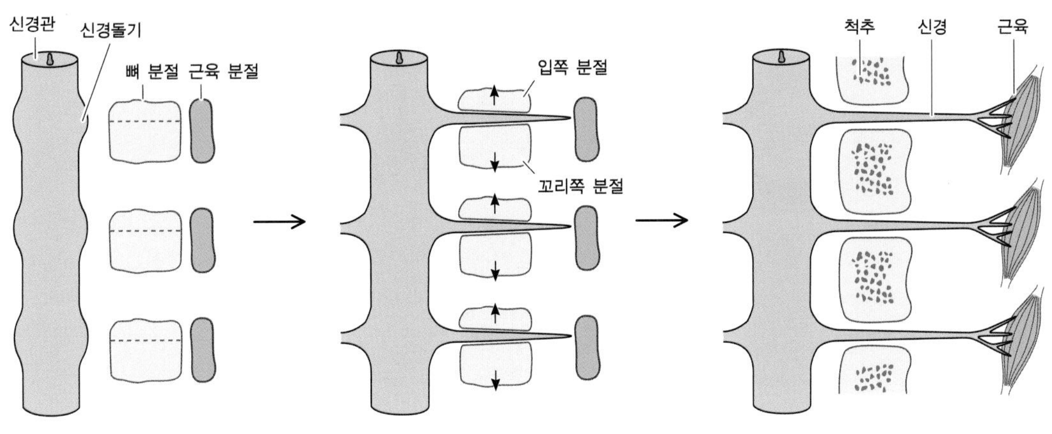

1-14

척추뼈의 구조

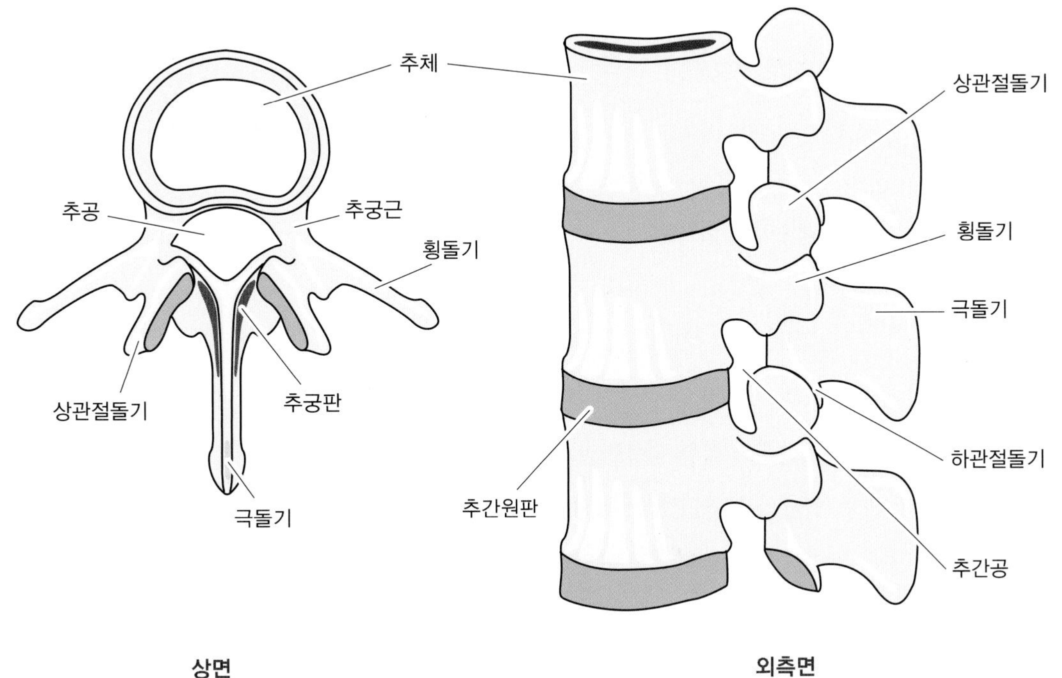

1-15
척추뼈와 척수신경의 구조

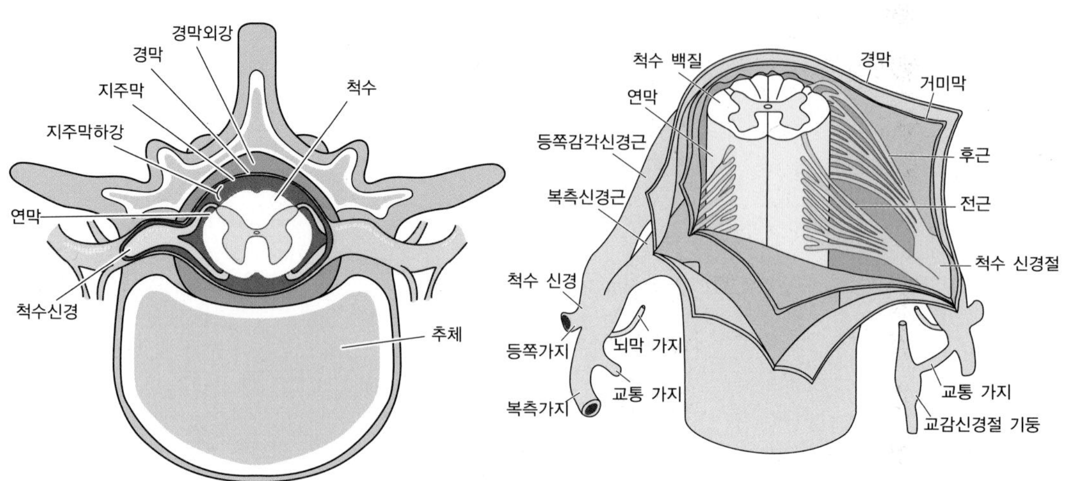

intervertebral disc(추간판, 척추사이원반)은 발생시 척삭의 일부가 핵을 형성하고 섬유질 조직이 외피로 쌓이면서 형성된 구조이지요. 추간원판 내부의 척삭이 충격에 의해 섬유질 조직에서 밀려나오는 현상이 척추디스크 질환의 원인입니다.

신경계는 대부분 세 개의 막으로 쌓여 있지요. 척수신경도 연막과 지주막 그리고 경막으로 보호되며, 대뇌처럼 지주막하 공간이 있습니다.

척추와 척수의 구조

척수는 척주 속에 있는 척주관spinal column 안에 안전하게 들어 있습니다. 척주는 고리 모양의 33개의 척추vertebra가 위아래로 연결된 것이지요. 33개의 척추 사이는 탄력이 강한 섬유연골로 만들어진 추간원판으로 연결되어 있고, 척주 주변에는 인대와 근육이 붙어 있습니다. 이런 구조 덕분에 머리와 몸통을 곧게 세울 수도, 목과 등 그리고 허리를 유연하게 움직일 수도 있지요.

척추는 C1～C8로 구분되는 8쌍의 경추cervical vertebra(목뼈), T1～T12로 구분되는 12쌍의 흉추thoracic vertebra(등뼈), L1～L5로 구분되는 5쌍의 요추lumbar

1-16
척수신경의 연결 구조

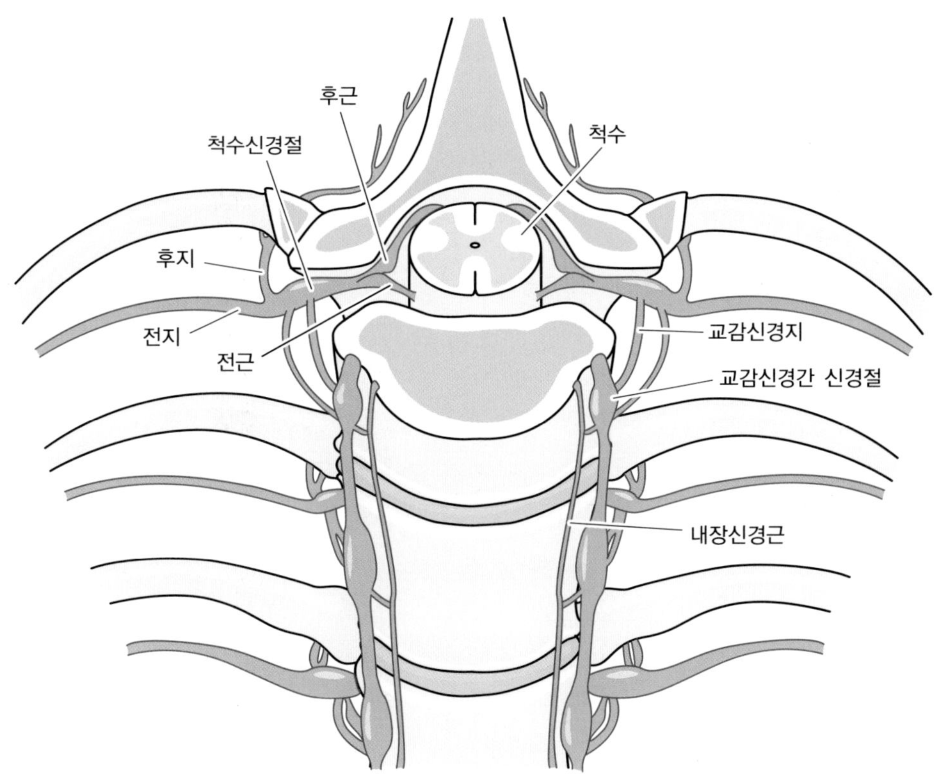

vertebra(허리뼈), S1~S5로 구분되는 5쌍의 천추sacral vertebra(엉치뼈), 4개의 척추가 하나로 합쳐진 미추coccygeal vertebra(꼬리뼈)로 이루어져 있습니다. 천추와 미추를 뺀 나머지 척추들은 자유롭게 움직일 수 있죠.

신경 조직인 척수는 척추 마디를 따라 경수, 흉수, 요수, 천수로 나뉩니다. 여기서 '경수'는 목뼈로 둘러싸인 척수신경세포조직이지요. 길이는 부위에 따라 조금씩 다르지만 9~14mm 정도 되며, 아래로 내려갈수록 점점 가늘어져 요추에서 미추까지 종말끈으로 연결됩니다.

척수신경을 개별 척추 마디의 연결 형태로 살펴보면 척수신경의 전지는 몸의 배쪽으로 향하여 대부분 내장신경이 되고, 후지는 등쪽근육에 신경연접합니다. 그리고 척수마디들의 교감신경절이 수직으로 연결되어 교감신경기둥sympathetic trunk을 형성합니다.

1-17
**척수신경의 등쪽가지,
배쪽가지, 내장신경뿌리**

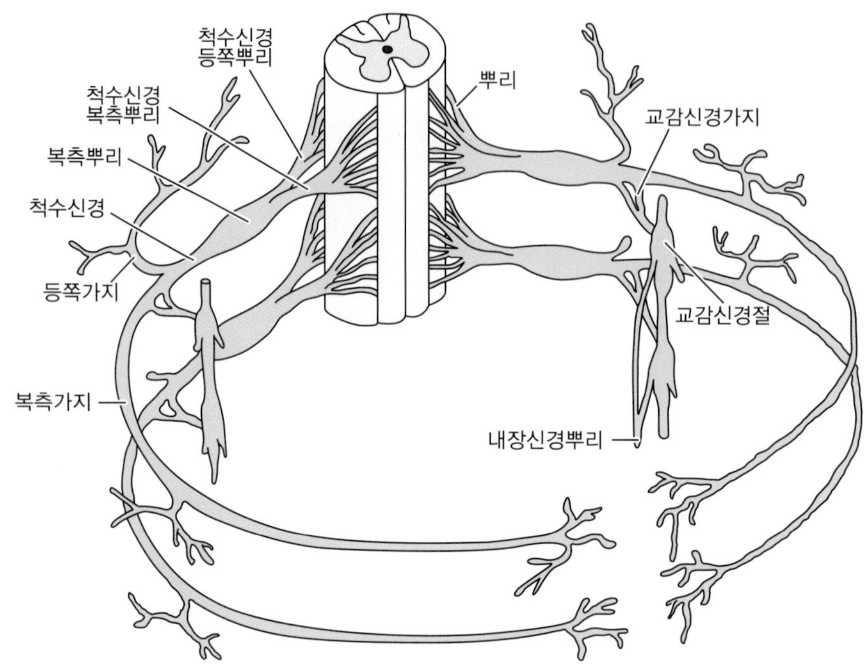

감각신경축삭으로 구성되는 등쪽뿌리와 운동신경축삭인 배쪽뿌리가 합쳐져서 척수신경이 됩니다. 척수신경의 등쪽가지는 등근육을 제어하며 배쪽가지는 몸통의 앞부분 근육운동을 만들지요. 교감신경절은 척수의 양쪽에서 척수와 나란히 아래위로 뻗어서 기둥 형태를 만듭니다. 그래서 교감신경기둥(교감신경간)이라고 합니다. 교감신경기둥에서 내부 장기를 제어하는 내장신경을 출력하지요.

교감신경기둥은 회색교통가지와 백색교통가지로 척수신경과 연결되어 있어요. 백색교통가지는 교감신경절전 신경섬유이며 척수전각에서 수초화된 신경축삭이므로 흰색입니다. 그리고 회색교통가지는 교감신경절후 신경섬유이며 축삭은 내부 장기로 출력하는 수초화되지 않은 무수신경입니다.

교감신경기둥에서 상·중·하 경부신경절이 형성되며 대·소 내장 신경과 상·하 장간막신경절은 흉수와 요수 신경세포에서 출력된 신경이 시냅스하는 신경절이지요. 몸속에는 폐, 심장, 위, 췌장(이자), 대장, 소장의 여러 내장기관이 자리를 잡

1-18
교감신경기둥과 척수신경

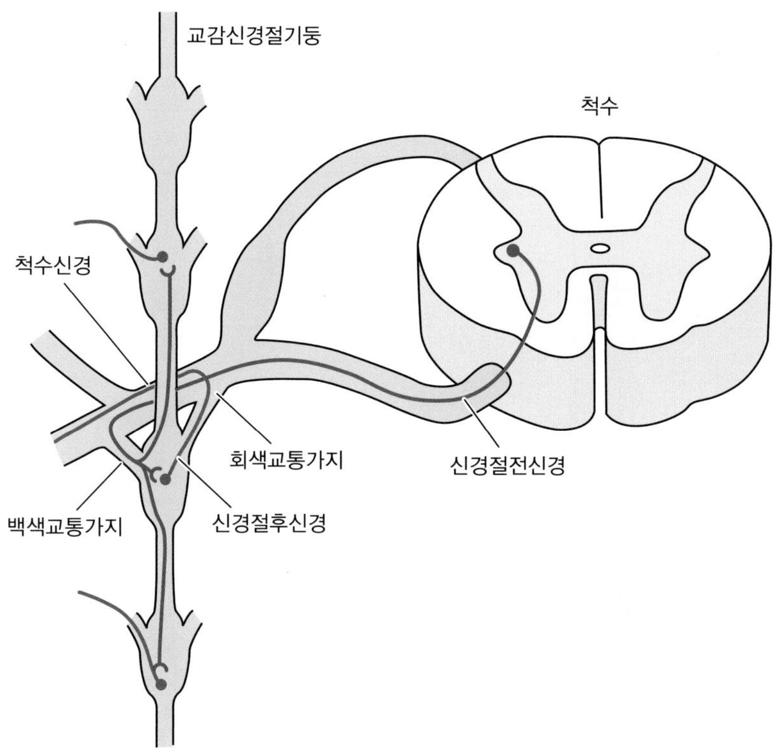

고 있고, 그 아래로 배설기관과 생식기관이 위치해 있습니다. 이렇게 우리 몸은 각각의 역할을 하는 내부 장기가 척수신경에 의해 자율적으로 조절되지요.

척수의 입체 구조

척수는 뇌처럼 경질막, 거미막, 그리고 연질막으로 구성된 뇌척수막으로 싸여 있습니다. 거미막과 연질막 사이에는 거미막밑공간subarachnoid space(지주막하강)이 있는데, 이 공간으로 뇌척수액이 흐르죠. 연질막을 걷어내면 회색기둥gray column과 백색기둥white column으로 다발을 형성하는 척수가 보입니다. 회색기둥에는 신경세포체, 백색기둥에는 신경세포체에서 뻗어 나온 축삭axon이 빽빽하게 밀집해

1-19
교감과 부교감 신경계

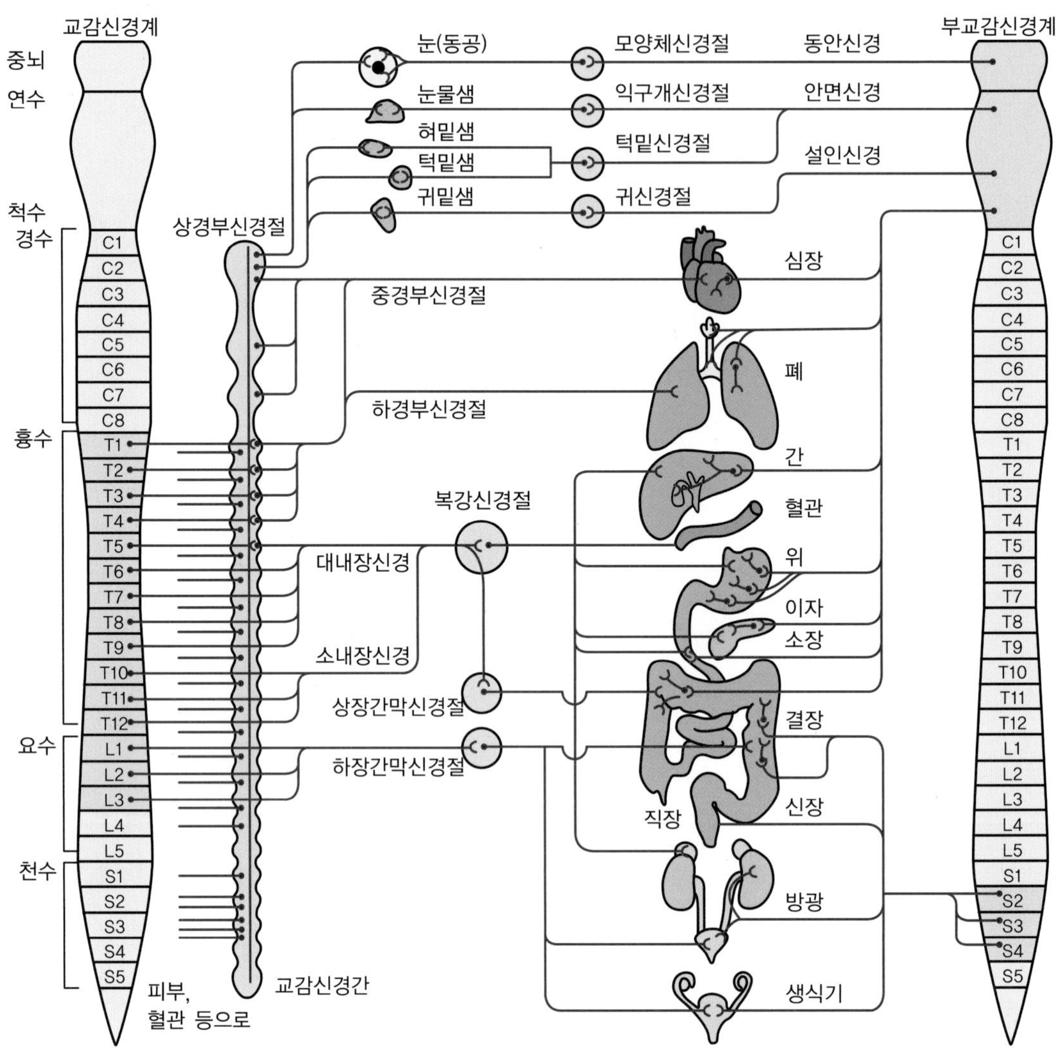

있지요. 축삭은 신경세포체에서 나온 하나의 긴 신경섬유를 말하며, 다른 세포로 전기신호를 보내는 역할을 합니다. 축삭말단 부위는 다른 신경세포의 수상돌기 dendrite(가지돌기), 축삭, 그리고 세포체에서 시냅스합니다. '시냅스한다'는 표현은 신경세포의 축삭이 다른 신경세포의 여러 부위에 수십 나노미터(nm)의 간격을 두고 연접한다는 뜻이지요. 시냅스는 이처럼 밀착된 두 신경세포 사이의 공간입니다.

축삭이 대체로 하나인 반면 수상돌기는 그 수가 많죠. 척수의 한가운데에는 중심관 central canal이 있습니다. 척수의 중심관은 대뇌의 외측내실까지 연결되어 있으며, 소뇌의 제4뇌실에서 빠져 나온 뇌척수액은 척수 외곽을 감싸며 순환하지요.

척수의 단면

1-20에서 연하게 보이는 안쪽 부분이 바로 회색질입니다. 나비처럼 보이지요. 나비의 펼친 날개에 해당하는 영역에 신경세포체가 모여 있습니다. 회색질 주위로 선들이 뻗어 나온 부분은 백색질입니다. 백색질에는 수초myelin(말이집)로 싸인 유수신경섬유myelinated nerve fiber가 모여 있죠. 백색질은 신경섬유를 감싼 수초를 형성하는 세포에 지방질이 많아서 하얗게 보입니다. 반면에 축삭이 수초로 완전히 감싸여 있지 않은 신경을 무수신경섬유unmyelinated nerve fiber라 하지요. 대뇌는 척수와 반대로 바깥에 회색질이 있고, 안쪽에 수초화된 축삭 다발인 백색질이 있습니다.

척수의 회색질 가운데로 경계구를 중심으로 아래쪽인 척수의 복측(배쪽)을 전각anterior horn(앞뿔), 위쪽인 배측(등쪽)을 후각posterior horn(뒤뿔)이라고 합니다. 전각

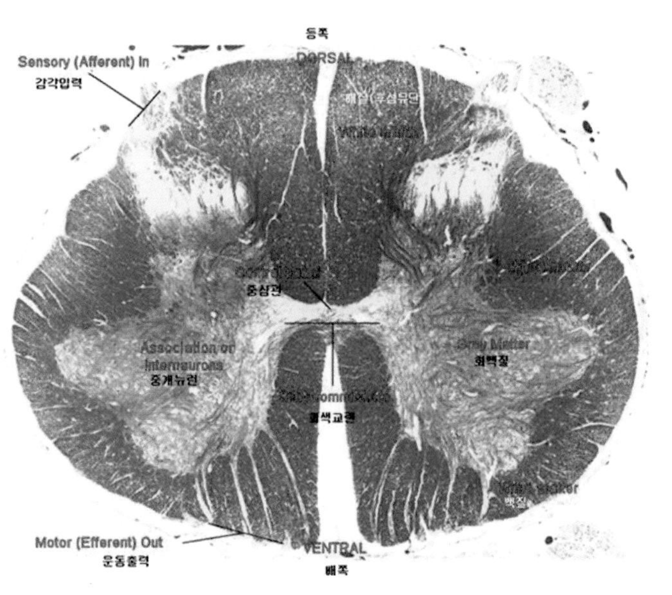

1-20
척수의 단면
사진 가운데 중심관에 작은 구멍이 있다. 또 감각입력이 들어오는 후각과 척수전각의 운동출력영역이 나타나 있다.

1-21
척수의 백질과 회색질

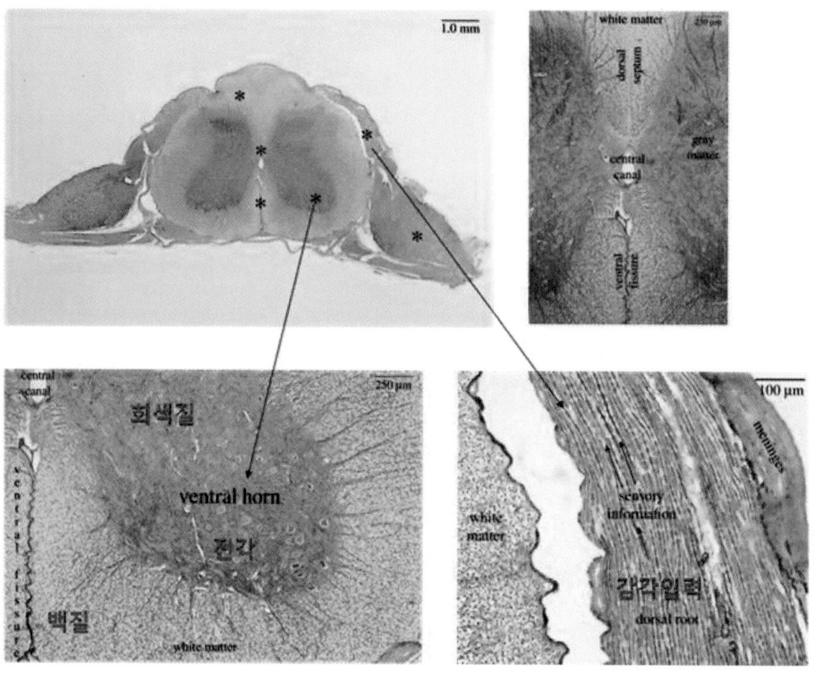

을 배쪽뿔ventral horn이라고도 합니다. 1-21에서 나비 날개 모양의 진한 색 부분이 신경세포들이 모여 있는 척수회색질입니다. 백질은 상행감각신경와 하행운동신경의 축삭다발로 구성되며, 전각에서 뻗어나온 축삭들로 보입니다. 전각에서는 척수신경절spinal ganglion에서 뻗어 나온 신경섬유가 전근anterior roots of spinal nerve(앞척수신경뿌리)을 형성하지요. 척수전각을 구성하는 신경세포에서 뻗어 나온 축삭들이 사진에서 보입니다. 후각에서 신경섬유가 뻗어 나와 후근posterior roots of spinal nerve(뒤척수신경뿌리)을 이루죠. 후근과 전근은 척수 밖에서 합쳐져 척수신경이 됩니다. 척수신경은 위에서부터 경수신경, 흉수신경, 요수신경, 천수신경으로 불리죠. 척수의 마디들은 체절somite을 형성합니다.

발생시 척수의 날개판과 기저판이 척수후각과 전각으로 변화되는 과정이 그림에 나타나 있습니다. 뇌실막층에서 신경세포가 분화 증식하여 척수회색질이 확장되면서 신경관의 단면적이 줄어들어 중심관으로 바뀌는 과정이 명확하지요.

척수에서 상행하는 감각신경로에는 척수후각의 신경원이 반복해서 등장하지요. 척수후각의 신경원은 태아 발생 초기에 신경능세포가 분화하고 이동하여 감각신경

1-22
태아 발생 시기별 척수 구조 변화

태아 발생시 척수의 날개판과 기저판이 척수후각과 전각으로 변화되는 과정이다. 뇌실막층에서 신경세포가 분화 증식하여 척수회색질이 확장되면서 신경관의 단면적이 줄어들어 중심관으로 바뀌는 과정이 보인다.

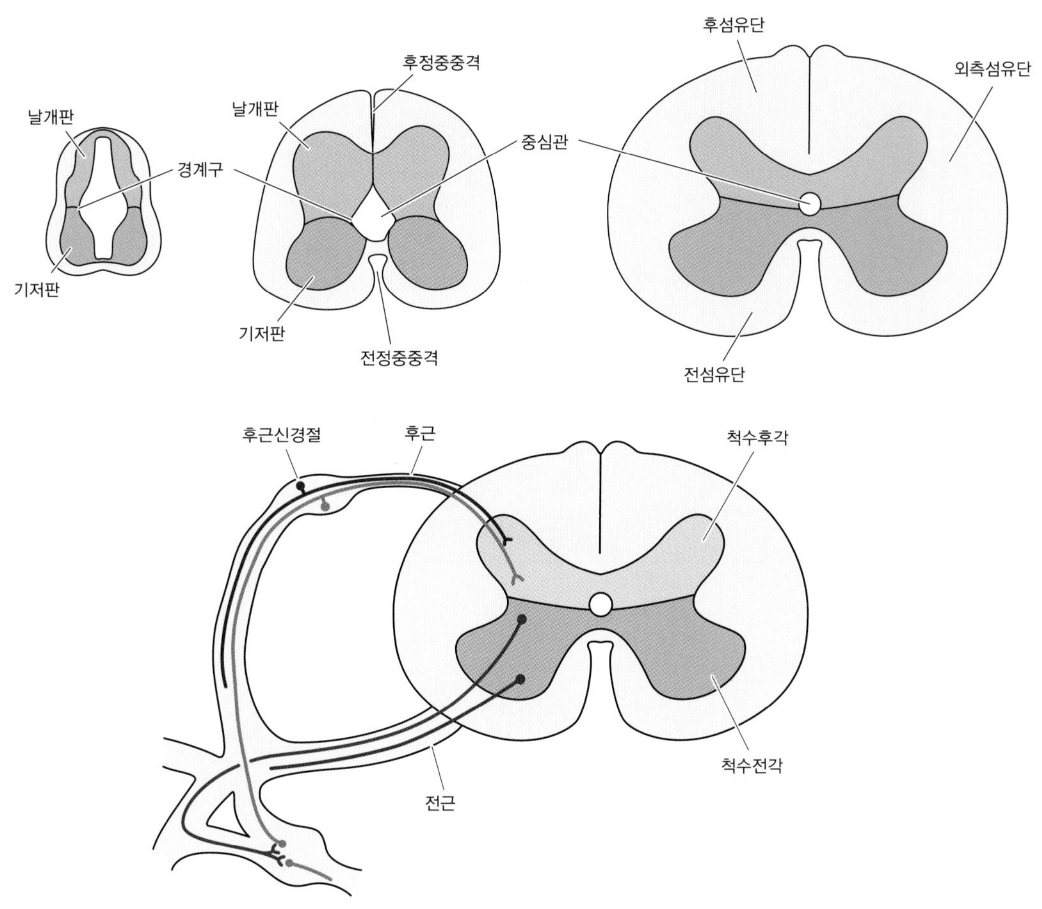

절을 형성합니다. 척수후각 신경절 감각신경세포의 축삭이 근육과 분비샘에 가지를 내지요. 이러한 감각신경절세포가 온몸에 분포하는 근육과 분비샘의 감각정보를 척수후각을 통해서 대뇌와 소뇌로 전송합니다. 척수전각에서는 알파와 감마운동신경세포가 분포합니다. 이러한 척수전각의 운동신경세포의 축삭 다발은 전근(앞쪽뿌리)을 형성하여 후근의 감각신경세포 축삭과 모여 척수신경을 형성하지요. 교감신경절의 신경세포도 그 기원이 바로 신경능세포입니다. 신경능세포는 피부의

1-23
신경능세포의 이동과 기능 분화

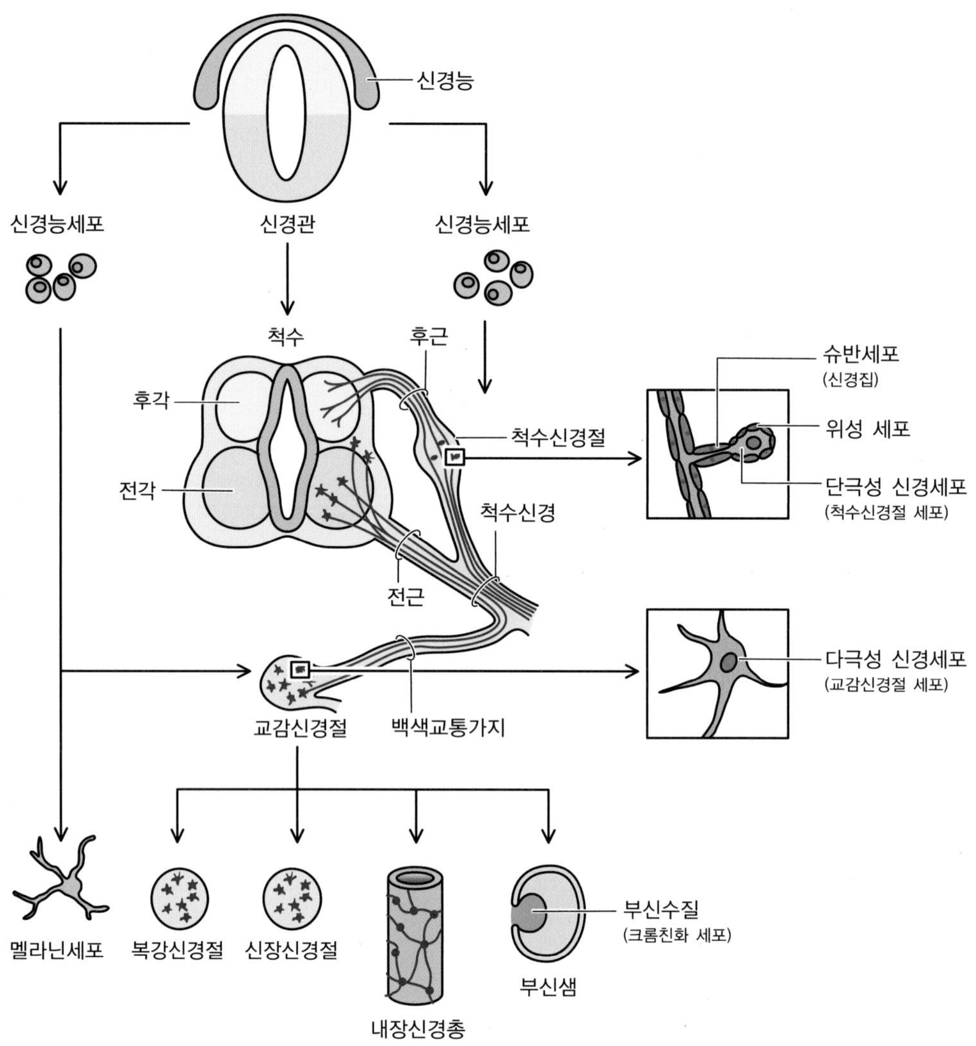

멜라닌 세포와 교감신경절세포 그리고 척수신경절세포를 만들지요. 또한 복강신경절, 내장신경총, 신장신경절 그리고 부신수질의 신경세포는 교감신경절세포가 분화 증식하고 이동하여 형성합니다. 척수를 공부할 때 전근과 후근이 중요한 이유는 발생학에서 살펴보면 쉽게 이해됩니다.

척수는 신경신호가 전달되는 통로입니다. 시각, 청각, 촉각, 위치감각, 내장감각의 수용기에서 감각신호가 시작되어 척수후각을 통해 대뇌로 올라가거나 뇌의 상위 운동신경원upper motor neuron에서 운동신호가 나와 척수전각의 하위운동신경원lower motor neuron으로 전달된 후 근육과 분비샘 같은 효과기로 출력되지요. 이렇게 척수의 후각과 전각을 지나는 신경은 성분이 다르죠. 후각으로 유입되는 신경은 감각신경이며, 전각의 운동뉴런에서 근육으로 알파와 감마운동신경이 출력되지요.

척수회색질의 4가지 신경 성분

척수를 드나드는 신경 성분을 세분하면, 전각부터 후각까지 일반체원심성general somatic efferent(GSE), 일반내장원심성general visceral efferent(GVE), 일반내장구심성general visceral afferent(GVA), 일반체구심성general somatic afferent(GSA)의 네 가지 성분으로 구분합니다. 척수신경의 감각성분은 일반감각뿐이지요. 뇌신경에서는 시각, 청각, 균형감각의 특수감각이 나타납니다. 뇌신경은 연수에서 중뇌까지 배열된 12개의 눈, 귀, 코, 혀, 그리고 안면근육을 조절하는 감각과 운동신경핵입니다. 척수는 촉감, 온도, 고유감각의 일반감각에 관련되며 뇌신경은 시각, 청각, 균형감각의 특수감각을 처리합니다.

1-24
척수회색질의 구성 성분

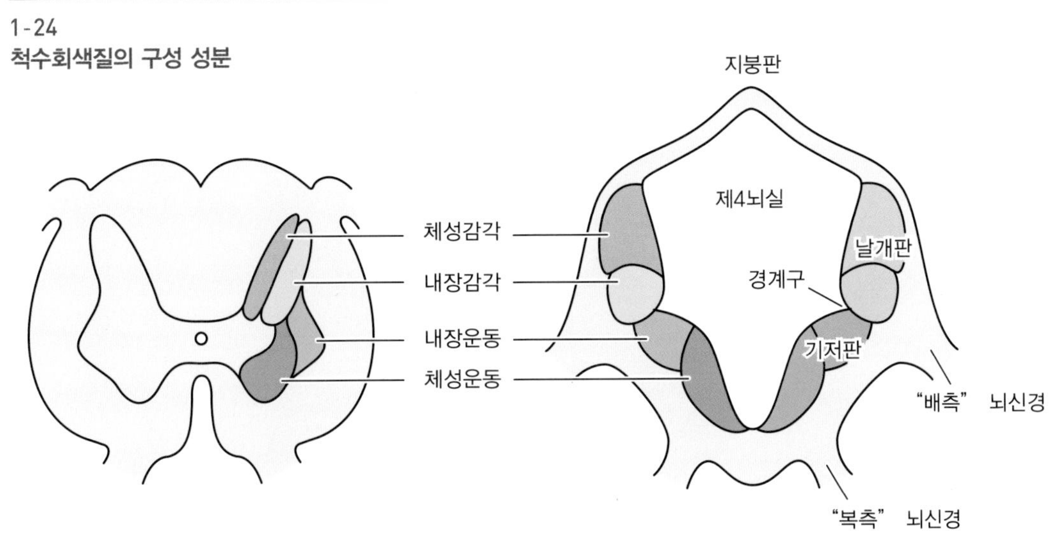

1-25
척수후근과 전근에 입 · 출력되는 척수신경의 네 가지 성분

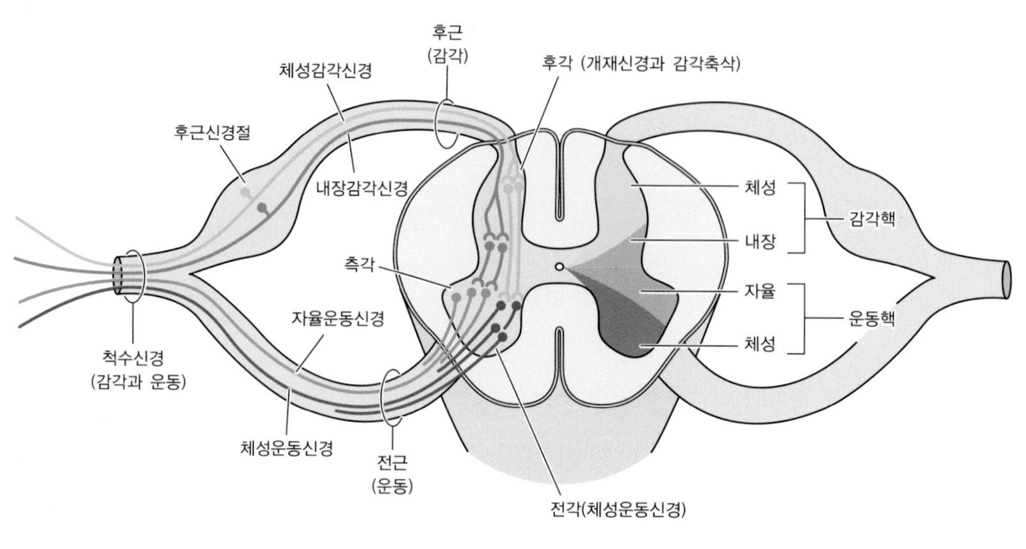

1-26
척수신경 다발의 구성

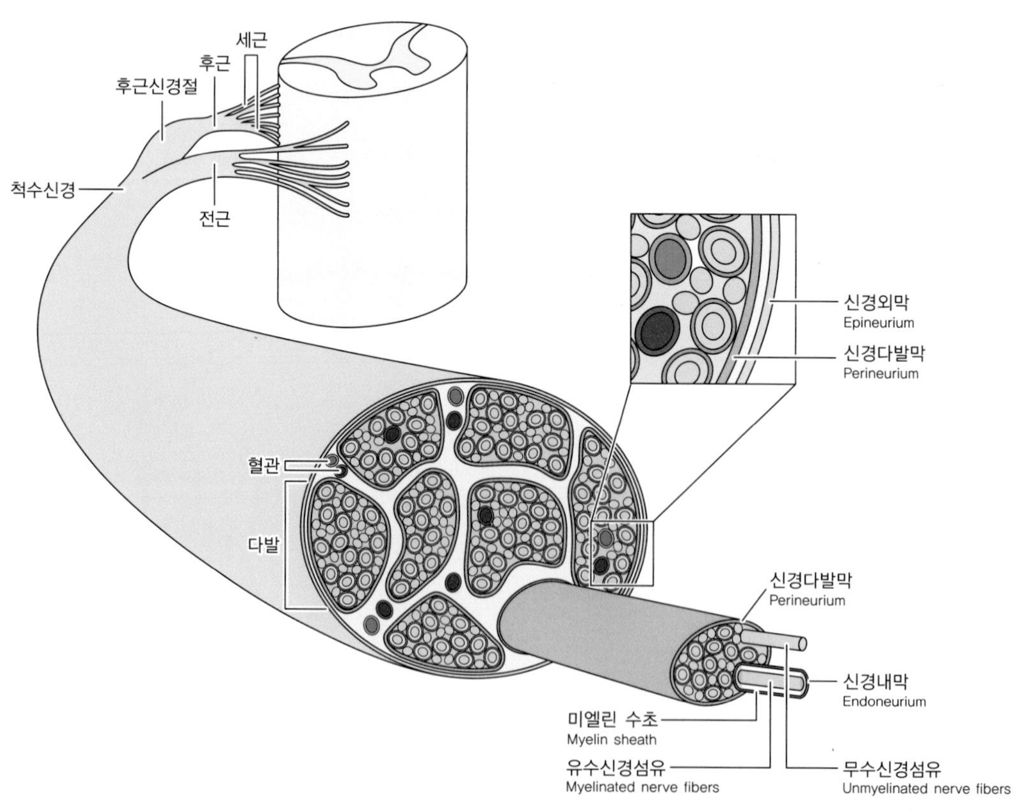

1-27
척수전각의 알파운동신경세포로 입력되는 신호

척수전각의 알파운동 뉴런은 골격근을 제어하는 신경세포이다. 척수중간뉴런, 근방추의 감각뉴런, 뇌의 상위운동뉴런에서 알파운동세포로 신경정보가 전달된다.

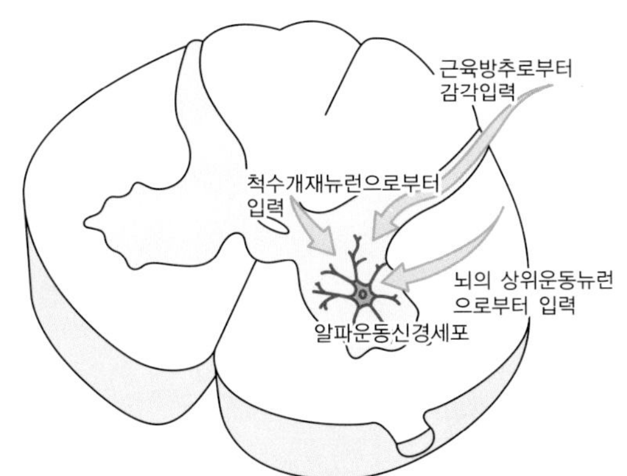

척수의 회색질 구성 성분은 아래로부터 위로 체성, 자율, 내장, 체성의 순서로 배열됩니다. 전각은 알파와 감마운동신경세포로 구성되며 후각은 감각신경섬유가 유입되지요. 전각과 후각 사이에는 내장과 자율신경세포가 분포합니다.

전근과 후근이 모여 척수신경을 구성합니다. 무수신경섬유와 유수신경섬유 다발이 신경주막으로 둘러싸여 기둥을 만들지요. 그리고 척수신경은 신경주막으로 형성된 신경다발이 여러 개 모여서 신경상막으로 둘러싸서 만들어집니다.

척수에서 출력되는 운동신경세포는 알파운동세포와 감마운동세포가 있습니다. 척수전각의 운동신경세포는 분비샘과 골격근을 제어하며, 내장과 피부감각은 감각신경세포의 축삭이 척수후근을 형성하지요. 척수신경은 내장 기관과도 연결되어 있죠. 그런데 공교롭게도 같은 분절의 피부와 내장 기관에서 동시에 통증신호가 전달되는 경우가 있습니다. 그러면 피부의 통증감각 역치가 더 낮기 때문에 내장 기관의 통증보다 피부의 통증을 먼저 느끼게 되죠. 이것이 바로 관련통referred pain(연관통)입니다. 예를 들어 심장에 이상이 있는데 겨드랑이가 아프다고 느낄 수 있어요.

심장과 연결된 척수신경이 통증신호를 받아 척수후각의 신경원과 연접하여 신호를 보냅니다. 신호를 받은 후각의 신경원은 시상으로 올라가 시상의 신경원과 연접하여 신호를 보내죠. 이 경로가 바로 척수시상로입니다. 시상에서 나간 신경섬유는 대뇌피질로 가서 종지하고, 통증을 자각하게 되죠. 겨드랑이 피부를 관장하는 신경분절도 심장과 같기 때문에 두 부위에서 나오는 신호 모두 같은 척수후각으로

1-28
척수신경 GVA, GSA, GVE, GSE 성분에 해당하는 감각수용기와 운동효과기

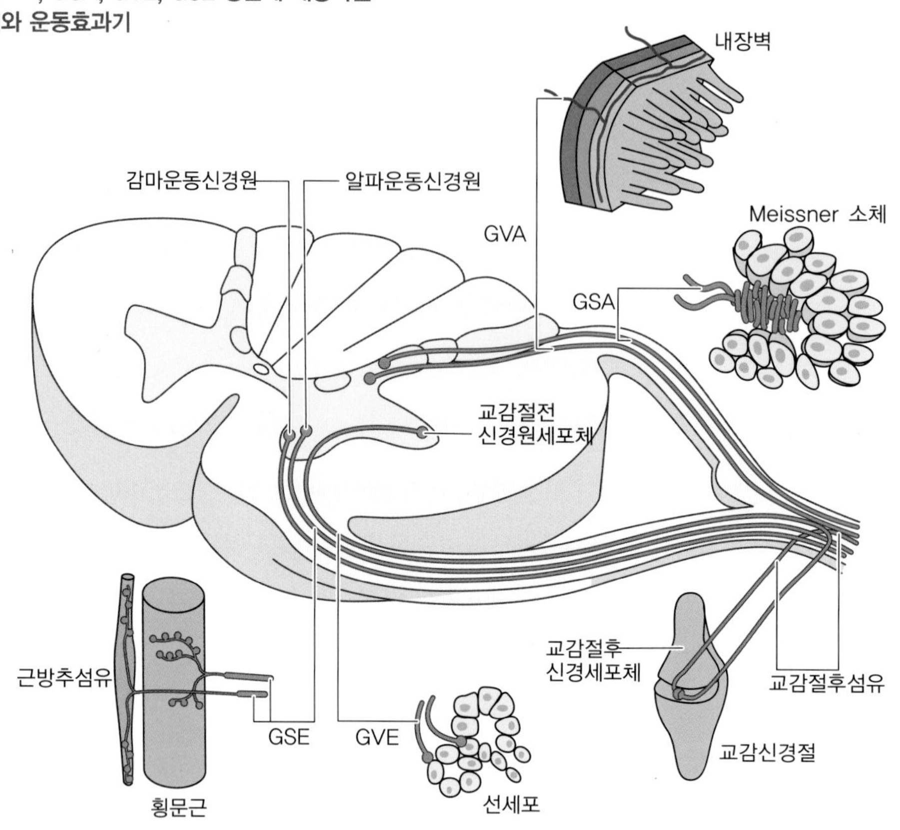

들어갑니다. 후각의 신경원이 우연히 두 신호를 함께 받아 시상과 대뇌피질로 전달하는 경우가 생겨요. 그러면 심장의 통증이 아니라 겨드랑이 쪽 피부통증을 느끼는 관련통이 일어납니다. 관련통은 뇌과학의 관점에서 중요한 의미가 있어요. 대뇌피질이 완전히 속는 거죠. 착각하는 거예요.

척수는 일반감각을 관할하며, 척수 위로 올라오면서 뇌신경이 등장합니다. 뇌신경은 시각, 청각, 평형감각인 특수감각을 포함하지요. 따라서 특수감각 성분이 추가되어 SVE, SVA, SSE, SSA 네 가지 성분이 척수의 일반성분과 합쳐 중추신경계의 뇌신경과 척수신경을 구성하지요. 이 중에서 SSE 성분은 구체적으로 확인되지 않아서 7개 성분이 통용됩니다.

우선 척수는 일반감각을 받아들여 몸과 내장 운동을 일으키죠. 일반감각은 촉각,

1-29
척수신경의 네 가지 성분이 연수 부위에 나타난 모습
(출전: Comparative Vertebrate Neuroanatomy, A. B. Butler and W. Hodos)

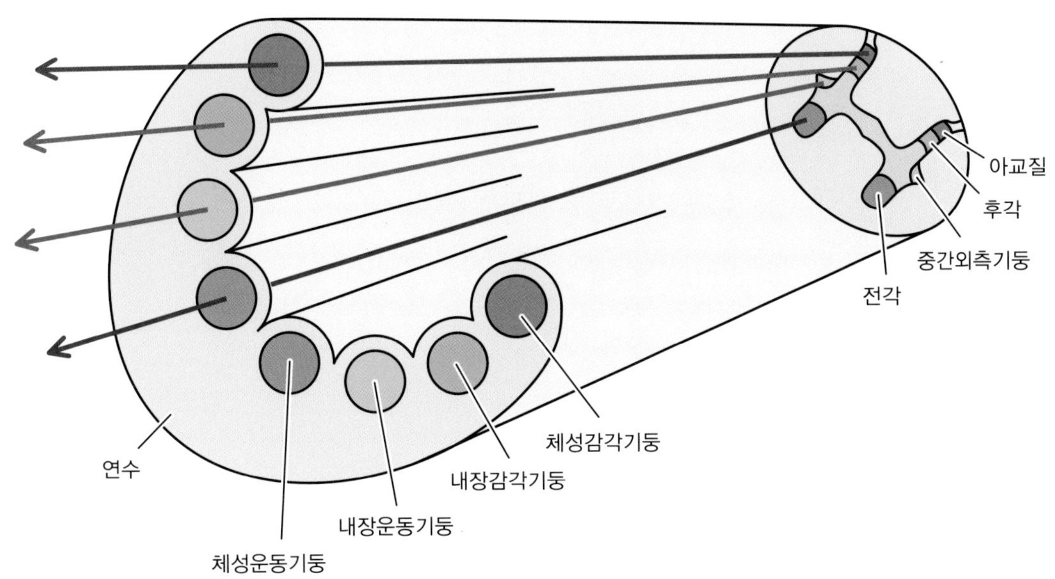

압각, 진동감각의 기계적 감각과 온도감각 그리고 유해감각으로 우리 몸의 피부와 근육 그리고 관절에서 입력되는 감각입니다. 특수감각은 시각, 청각, 후각, 미각, 평형감각으로 주로 뇌신경에서 받아들이는 감각이지요. 목 위는 특수감각, 목 아래는 일반감각으로 구분합니다. 척수신경에서는 근육과 내장에 관련된 체성분과 내장성분으로 구분하지요. 그래서 척수회색질을 네 등분하여 안쪽 두 신경세포기둥에 대해서는 '내장' 성분이라 하며, 바깥쪽 두 신경세포기둥에 대해서는 '체(몸)' 성분이라 합니다. 척수전각의 신경세포기둥은 운동신호를 내보내는 원심성분이고, 후각의 신경세포기둥은 감각신호를 받아들이는 구심성분이죠. 척수회색질의 배측(등쪽)은 감각이고 복측(배쪽)은 운동이며, 감각입력은 대뇌로 들어가고 운동신호는 근육과 내장으로 출력됩니다.

태아 발생 과정에서 척수 단면의 모양이 크게 바뀝니다. 척수신경세포의 네 가지 성분들의 분포 순서는 계속 유지되지만 신경관은 조그마한 관(중심관)으로 축소되며, 신경관에서는 거의 보이지 않던 백질이 척수의 대부분을 차지합니다. 대뇌피질

1-30
척수신경의 구성 요소
척수신경은 체성분과 내장성분에 감각과 운동이 적용되어 네 가지 성분으로 구성된다.

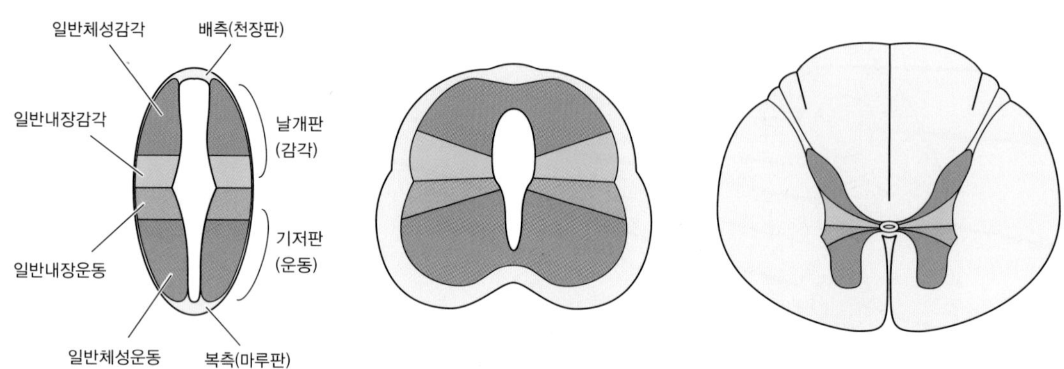

로 상행하는 감각성분과 하행하는 운동성분의 축삭다발이 크게 증가하여 백질이 가운데의 회색질 바깥으로 분포합니다.

척수는 일반내장성분과 일반체성분의 감각과 운동으로 구성됩니다. 척수는 태아의 신경관에서 형성되지요. 발생 때 가운데 큰 관이 성인 척수에서 좁은 중심관으로 변합니다. 능형뇌는 감각과 운동 신경핵들은 제4뇌실벽이 두꺼워지면서 신경세포들이 모아져서 형성됩니다. 능형뇌에서는 척수신경의 일반성분에 특수성분이 추가됩니다. 시각, 청각, 미각, 균형감각이 특수감각성분이지요. 청각과 균형감각은 능형뇌의 전정와우핵이 처리하지요. 미각은 고립로핵이 관여합니다.

초기 척추동물의 뇌신경은 척수신경 성분에 특수내장 감각과 특수내장운동 그리고 특수체성감각성분이 추가되어 7개 성분으로 구성되었습니다. 뇌신경은 나란히 순서대로 배열된 구조에서 각 성분 기둥이 여러 신경핵들로 분리되지요. 1-32에서 체성감각은 삼차신경중간핵, 삼차신경주감각핵, 삼차신경척수핵으로, 그 형태가 진화 과정에서 크게 변화지 않고 그대로 유지되었습니다. 그러나 일반내장운동성분은 자율신경의 침샘핵으로 특수내장운동성분은 의문핵, 삼차신경운동핵, 안면신경핵으로 분화되지요. 체성운동성분은 안면신경운동핵, 활차신경, 외전신경, 동안신경으로 분화됩니다.

1-31
태아와 성인의 척수와 능형뇌의 구성 성분 변화

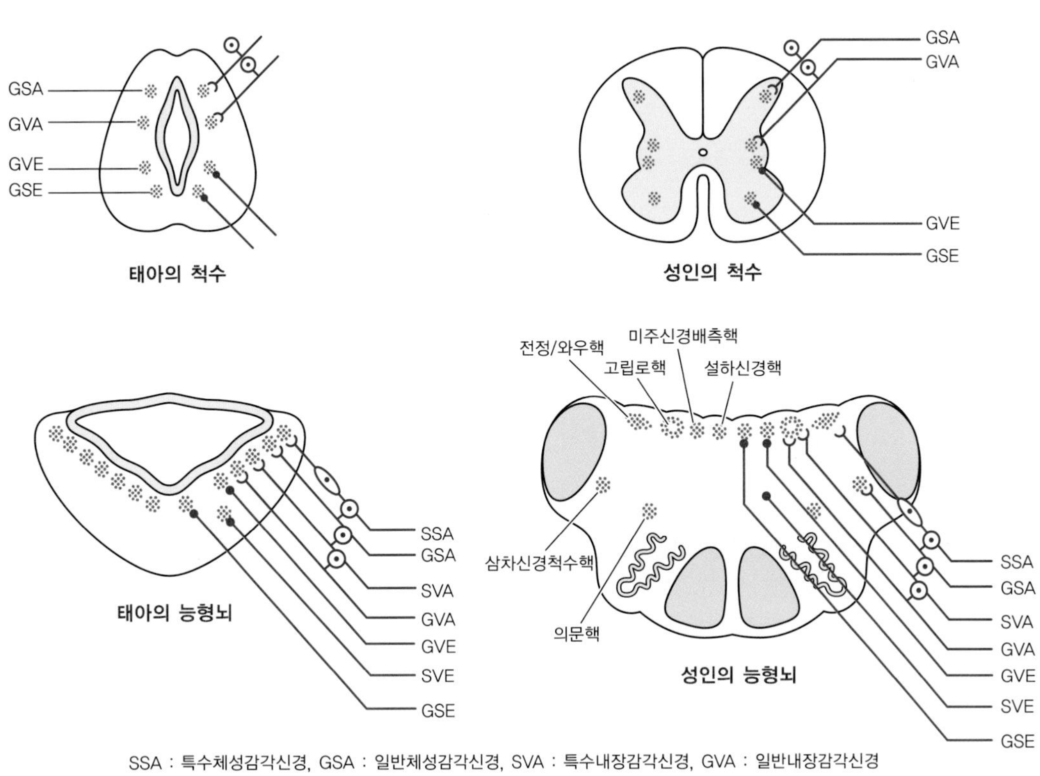

SSA : 특수체성감각신경, GSA : 일반체성감각신경, SVA : 특수내장감각신경, GVA : 일반내장감각신경
GVE : 일반내장운동신경, SVE : 특수내장운동신경, GSE : 일반체성운동신경

체성분과 내장성분은 척추동물의 몸을 구성하는 두 개의 주요 성분으로, 체성분은 몸체절로 구분된 근육과 뼈를 중심으로 한 부분이며, 내장성분은 창자와 창자관에서 파생된 기관입니다. 척수전각의 신경세포에서 뻗어 나온 전근이 바로 일반체원심성 신경입니다. 골격근을 움직이죠. 척수신경절에서 출발하여 척수후각으로 들어가는 신경다발인 후근은 일반내장구심성 신경이죠. 일반내장구심성 신경은 내장의 민무늬근과 분비샘으로 연결되며 내장에서 시작되는 여러 감각을 후각의 신경원으로 전달합니다. 일반체구심성 신경은 피부와 근육 그리고 힘줄에서 시작되는 체감각정보를 전달합니다.

1-32
척수신경이 후뇌와 중뇌에서 뇌신경으로 발달하는 양상

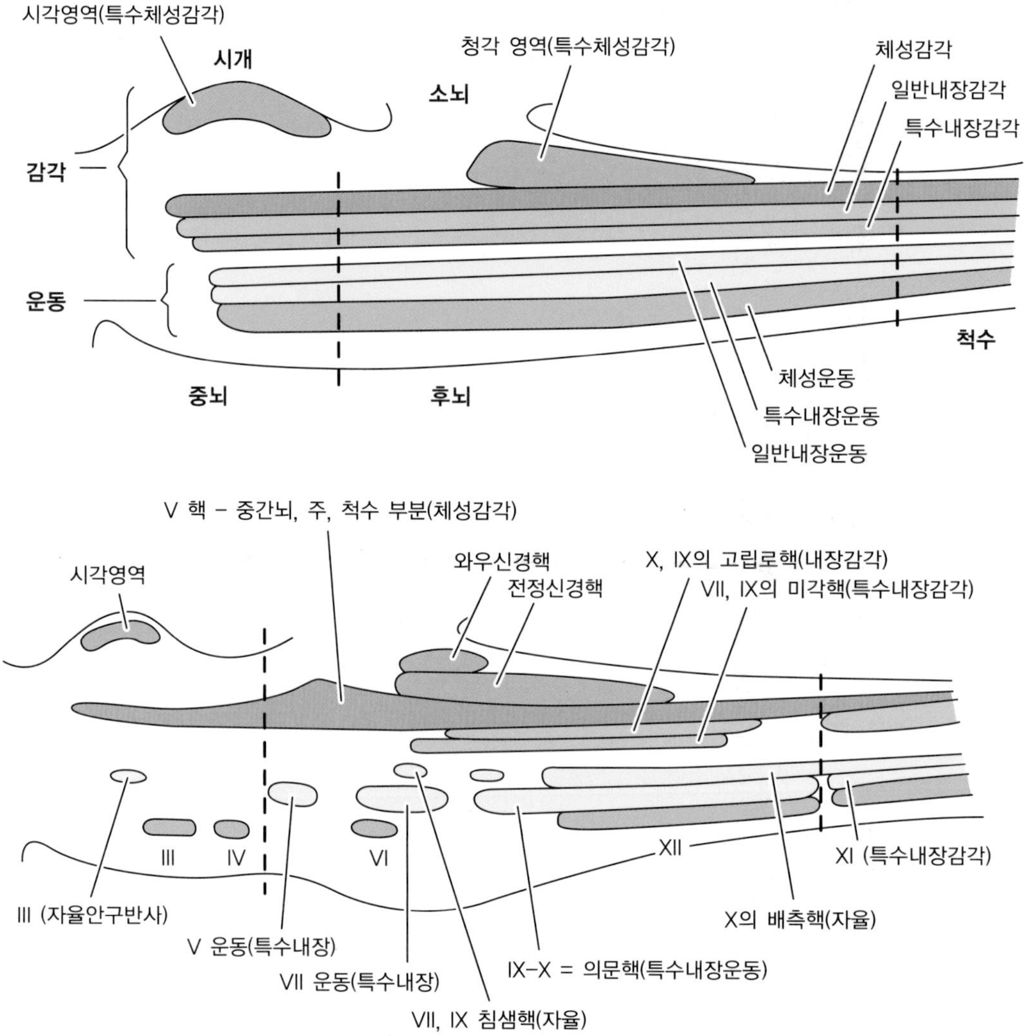

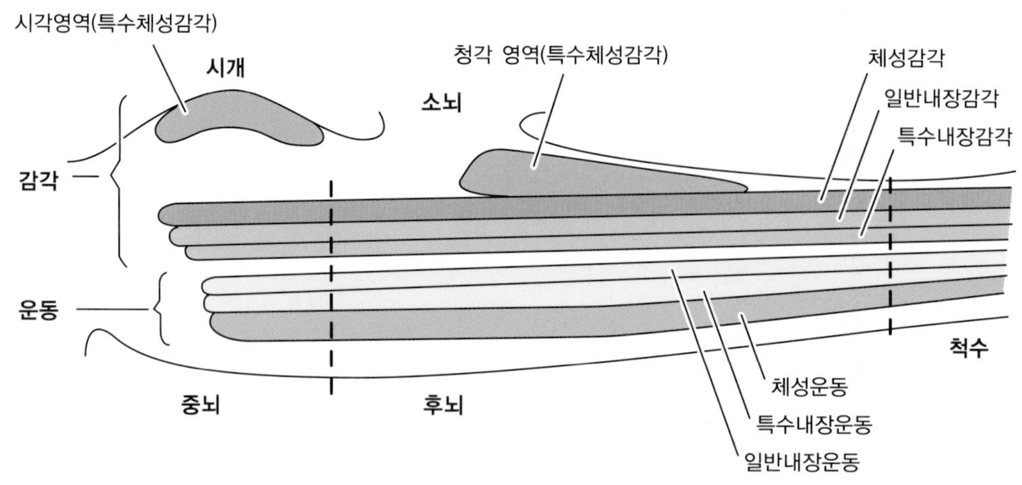

시각영역(특수체성감각)
시개
청각 영역(특수체성감각)
소뇌
체성감각
일반내장감각
특수내장감각
감각
운동
척수
체성운동
특수내장운동
일반내장운동
중뇌
후뇌
V 핵 - 중간뇌, 주, 척수 부분(체성감각)
와우신경핵
X, IX의 고립로핵(내장감각)
시각영역
전정신경핵
VII, IX의 미각핵(특수내장감각)
III
IV
VI
XII
XI (특수내장감각)
III (자율안구반사)
X의 배측핵(자율)
V 운동(특수내장)
IX-X = 의문핵(특수내장운동)
VII 운동(특수내장)
VII, IX 침샘핵(자율)

03 감각정보를 뇌로 전달하는 신경로

척수는 대뇌처럼 경질막, 거미막, 연질막으로 싸여 있습니다. 회색질 바깥의 백색질은 뇌와 척수를 연결하는 유수신경섬유 다발들로 채워져 있지요. 이런 백색질은 1-33에서처럼 후백색기둥posterior white column(후섬유단)과 전백색기둥anterior white column(전섬유단), 외측백색기둥lateral white column(외측섬유단)으로 나뉩니다. 각각의 기둥에는 감각정보나 운동 명령을 전달하는 신경섬유 다발, 즉 신경로neural tract가 있습니다.

신경로는 내장, 피부, 근육의 감각을 대뇌로 전달하는 상행감각신경로와 대뇌와 뇌간의 운동핵에서 척수로 운동신호를 전달하는 하행운동신경로가 있지요. 척수시상로는 통증과 온도감각 그리고 비분별성 촉각을 전달하는 신경로입니다. 이 신경로는 척수신경절에서 뻗어 나온 후근신경이 척수후각의 신경원들과 시냅스하고, 척수후각에서 다시 신경섬유를 뻗어 반대쪽 회색질로 교차하지요. 회색질에서 신경축삭은 뇌간을 거쳐 시상thalamus의 복측후핵ventral posterior nucleus(배쪽뒤핵)으로 들어가면서 척수시상로를 구성합니다. 척수시상로를 통해 전달된 감각신호는 시상 복측후핵에서 일차체감각영역과 이차체감각영역으로 이동하죠. 척수시상로는 통각과 온도감각을 전달하는 외측척수시상로lateral spinothalamic tract와 비분별성 촉각을 전달하는 전측척수시상로anterior spinothalamic tract로 세분됩니다. 여기서 비분별성 촉각은 분별성 촉각과는 달리 명확하게 구분할 수는 없지만 의식적으로 느낄 수는 있는 촉각을 말하죠. 척수시상로를 통증의 종류에 따라 구척추시상로와 신척수시상로로 구분하기도 합니다. 구척수시상로는 원인을 알 수 없는 만성통증, 신척수시상로는 못에 찔리자마자 바로 아픔을 느끼는 것 같은 급성통증과 관련이 있죠.

척수시상로의 작용을 요약하면 다음과 같습니다.

1-33
척수신경의 백색기둥과 회색기둥
(출전: 《의학신경해부학》, 이원택 · 박경아)

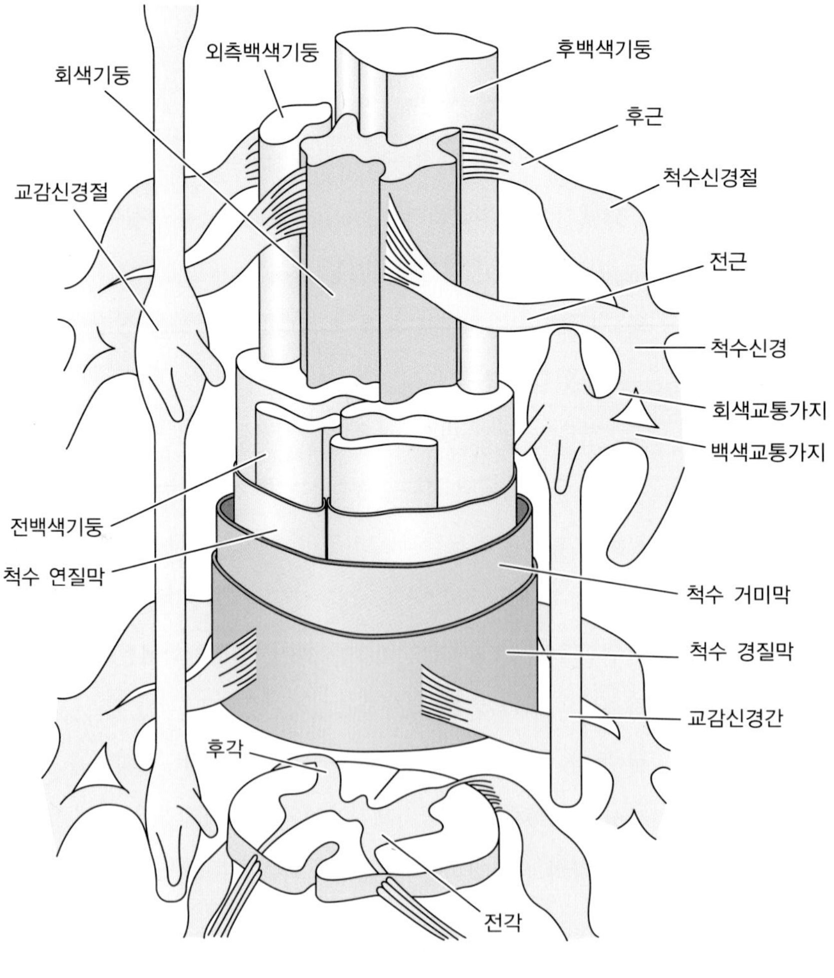

전측척수시상로: 비분별성 촉각

외측척수시상로: 온도 감각, 통각

구척수시상로: 만성 통증

신척수시상로: 급성 통증

1-34는 온도 감각과 통증을 느끼는 외측척수시상로를 목 → 팔 → 몸통 → 다리의 신체 부위 순서대로 나열한 그림입니다. 대뇌피질의 일차청각영역이 소리의 주파수 순서로 배열된 것처럼, 척수에서도 온도와 통증의 체감각이 신체 부위의 순서대로 배열되어 있지요. 이러한 감각의 배열은 중추신경계의 중요한 조직 원리로, 일차피질이 감각 영역별로 '지도화mapping' 되었다고 하지요. 일차체감각과 일차운동피질에서 존재하는 감각과 운동호문쿨루스가 바로 피질의 지도화를 나타내지요. 전전두엽 전문가 엘코논 골드버그는 연합감각피질과 전전두피질에서는 지도화 원칙이 경사원칙으로 바뀐다고 주장합니다. 지도화원칙은 지도화된 피질 모듈이 상호연결되지만, 경사원칙은 개별 신경세포 사이의 상호다중연결로 분산적이고 병

1-34
척수시상로의 영역별 기능
(출전: 《통합강의를 위한 임상신경해부학》, FitzGerald 외)

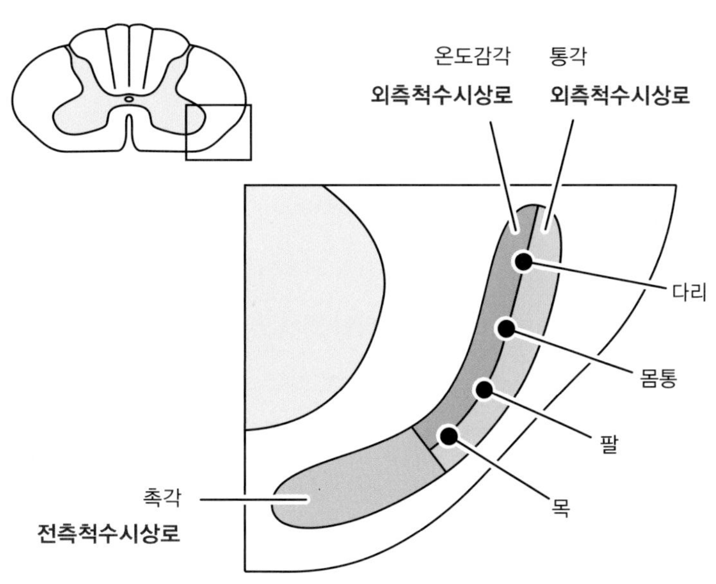

1-35
척수의 후섬유단, 척수소뇌로, 전외측로, 척수시상로

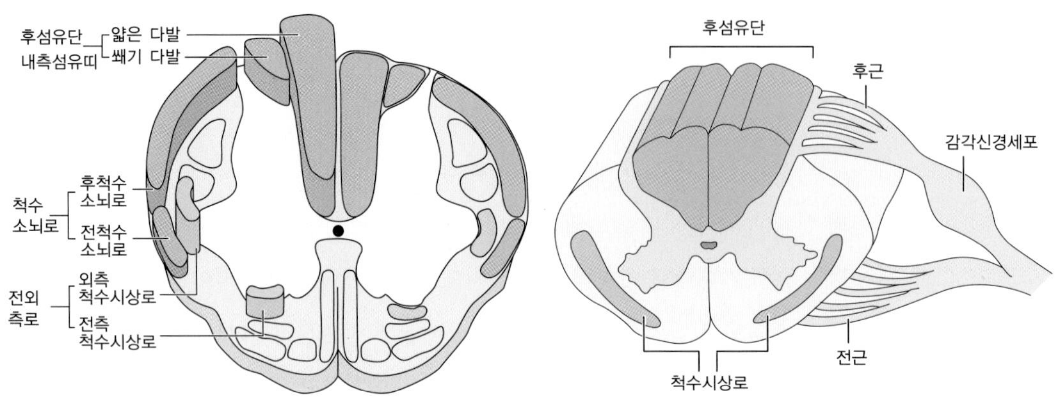

렬적인 신경처리로 발전하지요.

척수시상로가 체감각을 시상까지 전달한다면 척수덮개로는 시각을 상구로 입력하지요. 척수덮개로는 척수신경절에서 뻗어 나온 후각의 신경원들과 시냅스하고, 시냅스한 신경원들이 신경섬유를 뻗어 반대쪽 회색질로 교차하여 외측척수시상로와 전측척수시상로 사이를 지나 중뇌midbrain의 상구superior colliculus(위둔덕)로 올라가면서 만들어집니다. 중뇌의 상구는 시각을 중계하는 핵이죠. 척수올리브로 역시 후각의 신경원들과 시냅스하고, 시냅스한 신경원들이 신경섬유를 내어 반대쪽 회색질로 교차한 후 척수덮개로 옆을 지나 연수의 부올리브핵accessory olivary nucleus으로 들어가는 신경로입니다.

상행신경로에는 후섬유단도 있습니다. 후섬유단 역시 척수신경절에서 기원합니다. 후근이 척수신경절에서 뻗어 나와 연수 배측에 있는 얇은핵과 쐐기핵으로 들어가면서 두꺼운 후섬유단이 만들어집니다. 얇은핵과 쐐기핵에서도 신경섬유가 뻗어 나와 반대편으로 교차하여 교뇌, 중뇌를 거쳐 시상으로 올라갑니다. 얇은핵과 쐐기핵에서 나와 시상으로 들어가는 신경섬유다발을 내측섬유띠medial lemniscus라고 하지요. 시상에서는 대뇌피질 중심뒤이랑postcentral gyrus(중심후회)에 있는 일차와 이차 체감각영역으로 신경섬유를 뻗습니다.

분별촉각, 진동감각, 위치감각의 의식적 고유감각이 후섬유단-내측섬유띠를 통해 대뇌피질로 전해지죠. 여기서 분별촉각은 부위와 강도, 질감을 분별할 수 있는 촉각을 말합니다. 인간의 감각이 섬세한 이유가 바로 분별촉각이 발달했기 때문입니다. 의식적 고유감각인 섬세한 분별촉각을 바탕으로 정교한 손 운동이 발달하면서 인간은 도구와 문자까지 발명합니다. 반면 무의식적 고유감각은 척수소뇌로를 거쳐 소뇌피질로 전달되죠. 척수소뇌로는 상행신경로에서 후섬유단-내측섬유띠신경로 다음으로 두껍습니다.

상행신경로를 통해 감각신호가 뇌로 전달된다면, 하행신경로로는 뇌에서 출력된 운동명령을 근육과 분비샘의 효과기로 전달하죠. 대표적인 하행신경로로는 그물척수로reticulospinal tract, 전정척수로vestibulospinal tract, 덮개척수로tectospinal tract(시개척수로), 적색척수로rubrospinal tract(적핵척수로), 피질척수로corticospinal tract가 있습니다.

그물척수로는 뇌간의 그물형성체reticular formation(망상체)에서 기원하여 척수로 내려가는 신경로이며, 원시적 물고기의 꼬리 운동에서 진화되었다고 여겨집니다.

1-36
척수 단면을 통과하는 하행운동신경로

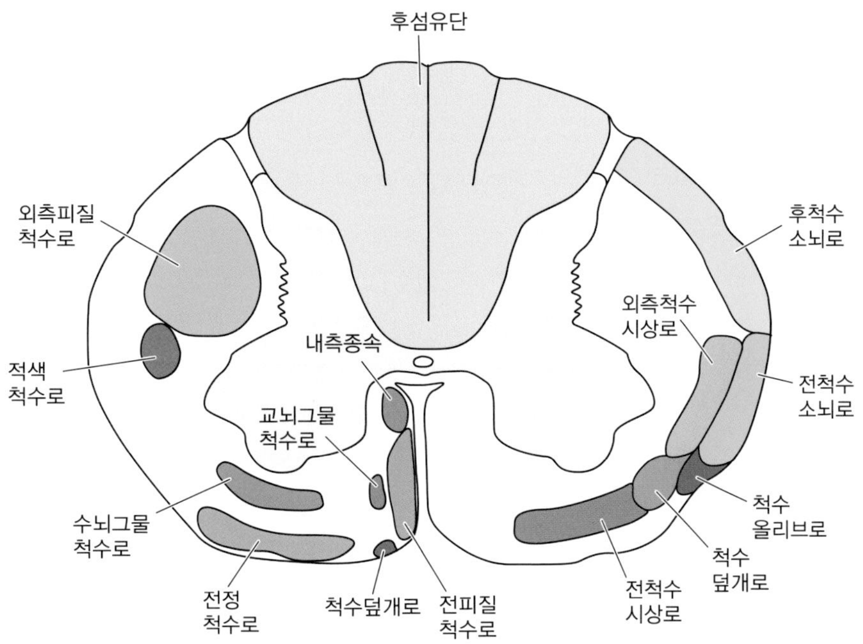

이 신경로는 교뇌그물척수로pontine reticulospinal tract와 연수그물척수로medullary reticulospinal tract로 구분됩니다. 교뇌그물척수로는 교뇌의 그물핵에서 나온 신경섬유 다발이며 같은 쪽 내측세로다발을 통해 척수로 내려가면서 만들어지고, 연수그물척수로는 연수의 그물형성체의 거대세포그물핵에서 나온 신경섬유 다발이 반대쪽으로 교차하거나 같은 쪽으로 척수를 향해 내려오면서 형성되지요. 교뇌그물척수로와 연수그물척수로는 서로 상반된 길항작용을 합니다. 교뇌그물척수로는 신근extensor muscle(펴짐근)반사와 근육의 긴장을 촉진하고, 연수그물척수로는 이와 반대로 신근반사를 억제하고 근육의 긴장을 완화합니다.

전척수소뇌로와 후척수소뇌로는 척수후각에서 소뇌피질로 올라가는 신경로입니다. 두 척수소뇌로는 다리근육과 관절에서 나가는 무의식적 고유감각을 소뇌피질에 전달합니다. 고유감각은 근육 긴장도와 근육의 길이 변화에 대한 정보를 받아들이는 감각이며, 무의식적 고유감각과 의식적 고유감각으로 구분되죠. 소뇌피질로는 무의식적 고유감각, 대뇌피질로는 의식적 고유감각이 전달됩니다. 고유감각이 없으면 자기 몸의 이미지를 그릴 수 없어요. 그러면 '나' 라는 의식은 있지만 몸의 존재감이 사라집니다. 올리버 색스의 《아내를 모자로 착각한 남자》에는 척수질환으로 신체감각이 사라진 사례가 설명되어 있습니다.

전척수소뇌로는 척수신경절에서 뻗어 나온 후근이 척수후각으로 들어가 후각의 신경원들과 시냅스하고, 시냅스한 후각의 신경원들이 신경섬유를 뻗어 반대쪽 회색질로 교차하며 시냅스하지요. 그리고 반대쪽 회색질에서 뇌간의 교뇌pons 상부에 있는 상소뇌각superior cerebellar peduncle을 거쳐 소뇌피질로 무의식적 고유감각을 전달합니다.

후척수소뇌로는 척수에서 연수medulla oblongata(숨뇌)와 하소뇌각inferior cerebellar peduncle을 지나 소뇌벌레vermis(소뇌충부)와 소뇌전엽의 피질로 들어가지요. 후척수소뇌로는 전척수소뇌로와는 달리 교차하지 않고 소뇌피질로 바로 연결되어 몸의 자세정보를 소뇌로 신속히 전달할 수 있습니다.

전정척수로는 교뇌부터 연수에 걸쳐 위치한 외측전정핵lateral vestibular nucleus에서 신경섬유 다발이 뻗어 나와 같은 쪽 척수로 내려가면서 만들어집니다. 이 신경로는 전정기관에서 전달된 평형감각을 받아 몸의 균형을 유지하는 역할을 하지요.

1-37
하행운동신경로

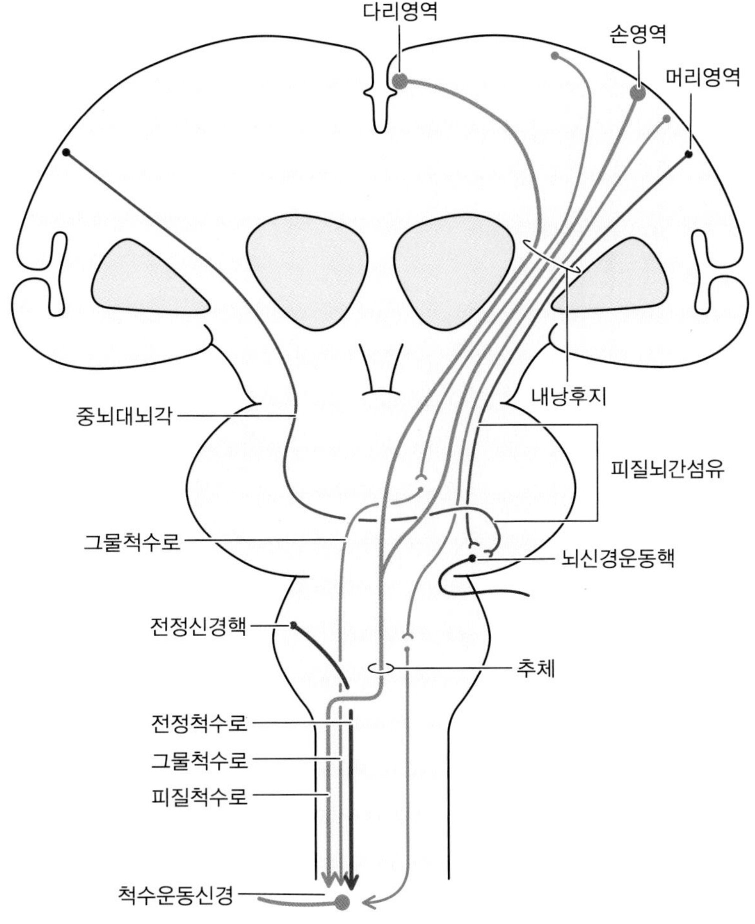

덮개척수로는 중뇌 상구에서 나온 신경섬유 다발이 반대편으로 교차하여 내측세로다발을 따라 척수로 내려오면서 만들어집니다. 덮개척수로는 눈과 목을 움직여 시각자극원을 향하게 하는 시각반사운동을 합니다. 그런 의미에서 덮개척수로를 시개척수로라고도 하죠.

적색척수로는 중뇌 적색핵red nucleus(적핵)에서 뻗어 나온 신경섬유 다발이 반대쪽으로 교차하여 외측피질척수로 앞쪽으로 내려오며 형성됩니다. 이 신경로는 팔다리, 몸통의 운동에 관여하죠. 적색핵은 사지동물에서 발달하며 인간에서는 크기

1-38
하행신경로의 척수 단면에서 위치

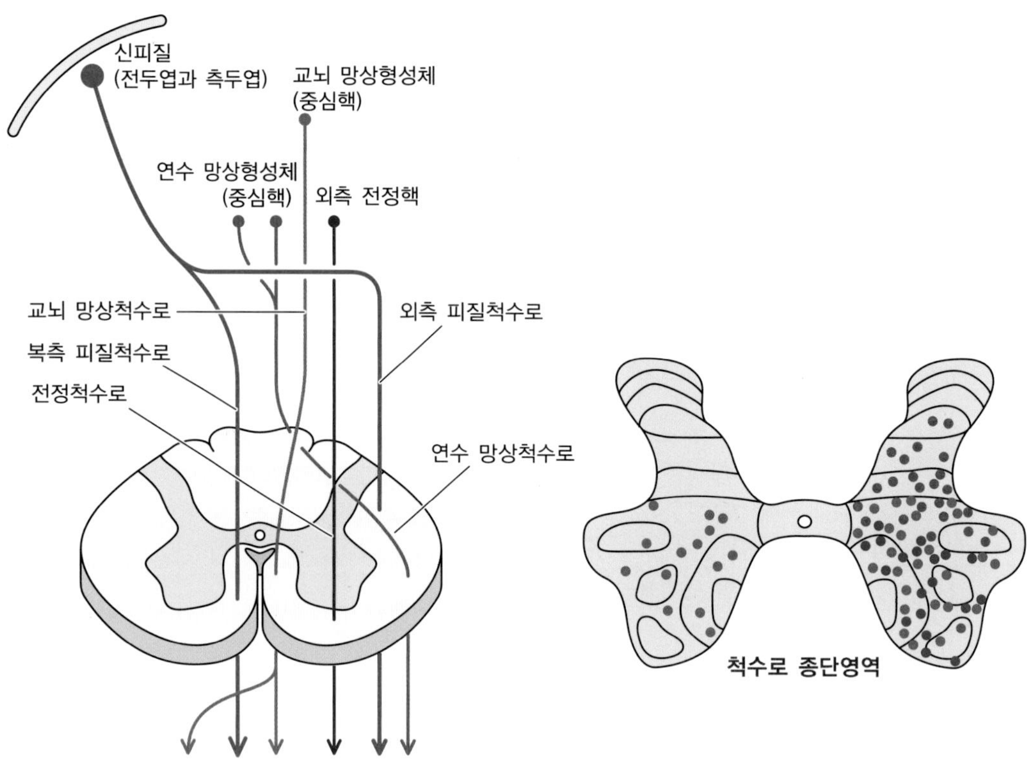

가 축소되었지요.

수용기를 통해 받아들인 감각정보를 뇌로 전달하는 신경로는 상행신경로ascending tract 또는 상행감각로ascending sensory pathway이며, 뇌에서 골격근으로 운동 명령을 전달하는 신경로는 하행신경로descending tract 또는 하행운동로descending motor pathway입니다. 상행신경로에는 전척수소뇌로anterior spinocerebellar tract, 후척수소뇌로posterior spinocerebellar tract, 척수시상로spinothalamic tract, 척수덮개로spinotectal tract, 척수올리브로spinoolivary tract로 구성되어 있습니다. 감각입력을 받아서 운동출력을 내보내는 과정의 진화는 척추동물 운동 능력 진화의 핵심입니다. 이 과정을 1-39로 요약할 수 있습니다.

1-39
하행운동신경로

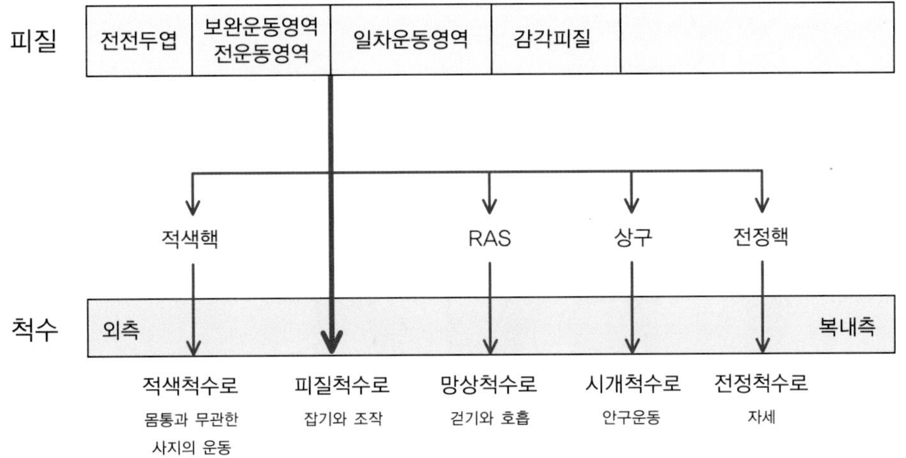

척수백색질의 하행운동로의 배치 순서는 내측에서 외측으로 전정, 시개, 망상, 적핵, 그리고 피질척수로로 구성됩니다. 이러한 배열은 자세, 안구운동, 걷기와 호흡, 사지운동, 그리고 정교한 잡기와 조작 동작으로 진화의 순서가 이루어져 왔음을 반영한다고 볼 수 있지요. 상행감각성분은 근육과 관절의 고유감각과 통증, 온도, 그리고 촉각을 전달하지요.

피질척수로는 대뇌피질의 일차운동영역primary motor area(MI)과 전운동영역premotor area(운동앞영역)에서 나온 신경섬유 다발이 내낭internal capsule(속섬유막)을 관통하고 대뇌각cerebral peduncle(대뇌다리)의 바닥 부분과 교뇌세로섬유, 연수 앞쪽의 피라미드를 거쳐 척수로 내려가면서 만들어집니다. 대뇌각에서 '각'은 한자어로 '다리'를 의미하며, 뇌간의 신경섬유다발이 대뇌를 지지하는 다리 역할을 합니다. 피질척수로는 척수로 곧바로 내려오는 것이 아니라 연수의 피라미드에서 두 갈래로 갈라집니다. 하나는 피라미드에서 반대쪽으로 교차하여 척수의 중간 백색질 바깥쪽으로 내려오는데, 이를 외측피질척수로라고 합니다. 외측피질척수로는 피질척수로의 90%를 차지하죠. 그래서 몸의 오른쪽 부위는 왼쪽 대뇌반구의 통제를 받고, 몸의 왼쪽 부위는 오른쪽 대뇌반구에 의해 조절되는 겁니다. 나머지 10%의 섬

1-40
외측피질척수로와 전피질척수로

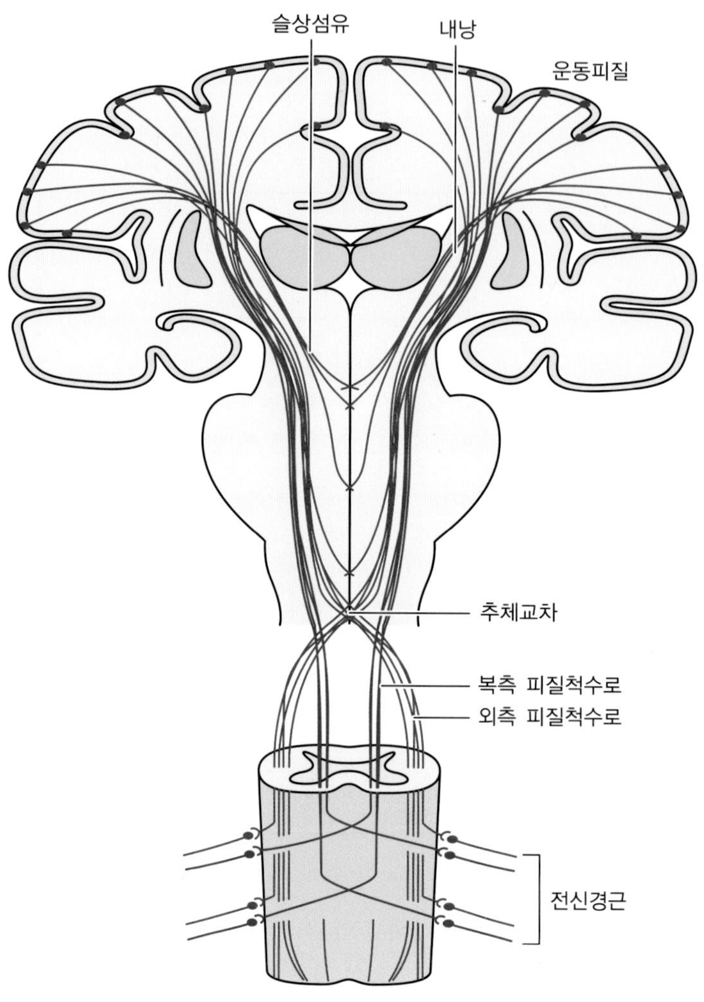

유다발은 연수피라미드에서 교차하지 않고 척수의 앞쪽백색질로 내려옵니다. 이 신경로를 가리켜 전측피질척수로라고 하죠.

피질척수로는 골격근의 수의운동을 조절하여 가슴, 어깨, 팔, 손, 손가락을 의지에 따라 움직이게 합니다. 특히 손가락과 발가락 같은 우리 몸 원위부의 움직임을 정확하게 조절하죠. 피질척수로는 인간에서 잘 발달된 신경로입니다. 침팬지와 비교해서 인간은 정교한 손가락 운동을 할 수 있습니다. 피질척수로가 발달한 덕분에 우리는 기계 조작이나 악기 연주 그리고 그림 그리기와 글쓰기 같은 섬세하고 정교한 손동작을 할 수 있습니다.

하행신경로는 외측경로와 복내측(배쪽안쪽) 경로로 구분되기도 합니다. 적색척수로와 피질척수로는 외측경로에 속하며, 두 신경로 모두 팔다리 말단의 수의운동에 관여하죠. 복내측 경로에는 교뇌그물척수로, 연수그물척수로, 전정척수로, 덮개척수로, 내측세로다발medial longitudinal fasciculus(MLF)이 있습니다. 이 다섯 가지 신경로는 몸의 자세와 균형을 유지하는 데 관여합니다. 이 가운데 내측세로다발은 하행신경로이기도 하고 상행신경로이기도 하죠. 내측세로다발 하행신경로의 경우, 뇌간의 내측전정핵medial vestibular nucleus에서 뻗어 나와 척수로 내려옵니다

척수백색질을 구성하는 신경로들을 다시 정리해보면 외측에는 후척수소뇌로, 전척수소뇌로, 척수시상로, 척수덮개로, 척수올리브로의 상행신경로와 적색척수로, 외측피질척수로의 하행신경로가 있죠. 외측에 있는 이 신경로들을 묶어 외측섬유단 또는 외측백색기둥이라고 합니다. 배쪽에는 교뇌그물척수로, 연수그물척수로, 전정척수로, 덮개척수로, 전피질척수로, 내측세로다발의 하행신경로가 있지요. 배쪽의 이 신경로들은 전섬유단 또는 전백색기둥으로 묶어 구분해요. 등쪽에는 상행신경로인 후섬유단이 있죠. 후섬유단은 후백색기둥이라고도 합니다. 척수백색질을 요약하면 다음과 같습니다.

외측 → 외측섬유단(상행, 하행)

하행: 적색척수로, 외측피질척수로

상행: 후척수소뇌로, 전척수 소뇌로, 척수시상로, 척수덮개로, 척수올리브로

전측 → 전섬유단

하행: 교뇌그물척수로, 연수그물척수로, 전정척수로, 덮개척수로, 전피질척수로, 내측세로다발

상행: 내측세로다발

등쪽 → 후섬유단

04 지배 영역이 다른 31쌍의 척수신경

척수신경은 척추와 척추 사이 공간으로 나와 척수의 후근과 전근이 합쳐서 형성되지요. 척수신경은 어느 척추 마디 사이에 있느냐에 따라 맨 위에서부터 경수신경, 흉수신경, 요수신경, 천수신경으로 불리죠. 경수신경cervical nerve(목신경)은 8쌍이며 흉수신경thoracic nerve(가슴신경)은 12쌍, 요수신경lumbar nerve(허리신경)은 5쌍, 천수신경sacral nerve(엉치신경) 역시 5쌍이지요. 미수신경coccygeal nerve(꼬리신경)은 천추와 미추 사이를 지납니다.

척수신경은 팔, 다리, 배, 가슴 그리고 등의 근육과 피부와 연결되어 일반감각을 관장하죠. 그런데 각 마디의 척수신경마다 제어하는 부위가 다릅니다. 우선 경수신경 C1~C8은 목, 어깨, 팔, 손, 가슴, 가슴과 배를 나누는 근육인 횡경막diaphragm(가로막)과 관련이 있어요. 흉수신경 T1은 팔, T2~T12는 등과 배의 근육 그리고 갈비사이근과 연결되어 있으며, 요수신경 L1~L4는 허리와 아랫배 벽과 넓적다리와 종아리 일부와 관련되어 있고, 요수신경 L5와 천수신경 S1~S4 그리고 미수신경은 항문과 생식기의 피부와 근육, 궁둥이, 넓적다리, 종아리와 발과 연결되어 있습니다. 팔과 다리는 경수신경과 요수신경이 관장해요. 그래서 척수를 보면 경수와 요수 쪽이 두껍죠. 두꺼운 이 두 부위를 각각 경수팽대부, 요수팽대부라

1-41
척추 부위별 신체 조절 영역

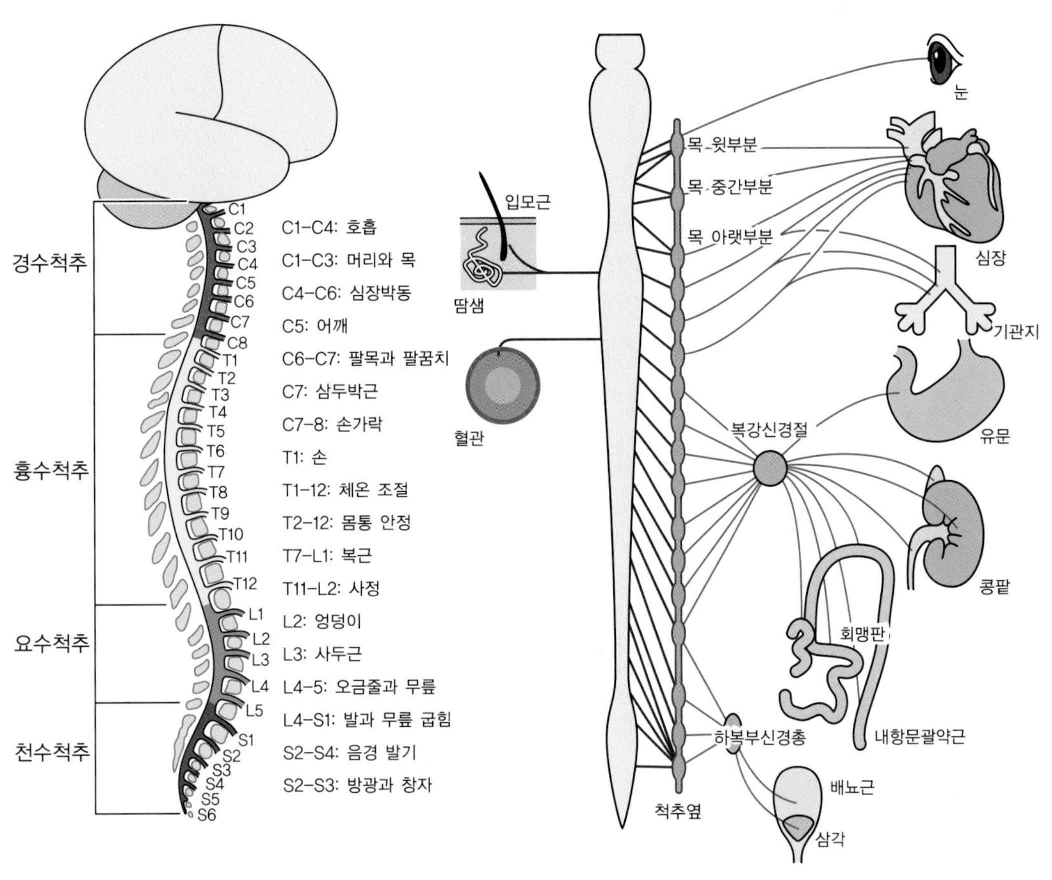

고 합니다.

척수는 경수(C1~C8), 흉수(T1~T12), 요수(L1~L5), 천수(S1~S5), 미수(Co1) 31쌍으로 동전을 쌓아놓은 것처럼 분절되어 있습니다. 그리고 척수신경을 감싸는 척추뼈의 명칭도 경추, 흉추, 요추, 천추, 미추가 되지요. 척수분절 각각은 척수신경을 통해 근육, 분비샘뿐만 아니라 피부와도 연결되는데, 그 결과 피부에서도 척수에서처럼 피부 분절이 나타납니다.

경수신경 C1에는 피부의 감각을 담당하는 신경이 없어요. 얼굴과 이마의 피부 분절은 척수신경이 아니라 뇌신경인 삼차신경과 연결되어 있습니다.

1-42
척추뼈의 연속된 두개골의 기본 형태
(출전: Vertebrates, K. V. Kardong)

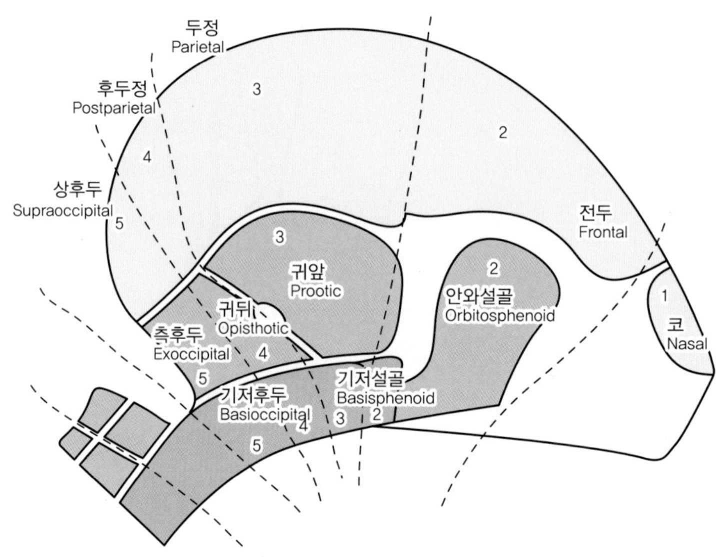

경수 첫째 분절 C1은 연수와 연결되어 있지요. 척수신경은 분절된 몸 체절의 감각과 운동을 담당하며 척수를 따라서 상하로 연결됩니다. 결국 척수의 맨 앞쪽에 거대하게 확장된 신경절이 대뇌가 되지요. 척수의 앞쪽 말단이 크게 발달하여 대뇌가 되었듯이 두개골도 척추뼈의 말단이 크게 발달한 형태로 볼 수 있습니다. 해부학자 리처드 오언은 두개골의 요소들이 척추뼈와 같은 형태라 주장했습니다.

흉수 T1~T4의 전각에서 나온 신경절전섬유와 시냅스한 교감신경절의 신경원은 심장과 연결되어 심장의 수축력을 높여 심장을 빨리 뛰게 만들죠. 흉수 T5~T12의 전각에서 나온 신경절전섬유는 교감신경절을 그대로 통과한 후 횡경막을 뚫고 배 안으로 들어가 복강신경절celiac ganglion에서 시냅스하고, 복강신경절에서 나온 신경섬유는 위, 췌장, 간, 부신, 신장으로 이어지죠. 그 결과 위의 소화효소 생산량이 줄어들고, 췌장에서 인슐린 분비량이 감소하고, 간에서 글리코겐 합성 및 저장량이 줄어들어 혈당량이 높아지며, 부신에서 스트레스 호르몬이 만들어지고, 신장에서 생성되는 소변의 양이 줄어들어요. 여기서 복강신경절도 자율신경계에 속합니다. 복강신경절은 복강신경총celiac plexus(복강신경얼기) 안에 있죠. 요수 L1~L3의 전각에서 나온 신경절전섬유 역시 교감신경절을 그대로 통과한 후 횡경막을 뚫고 들어가 자율신경계에 속하는 상장간막신경절superior mesenteric ganglion과 하장간막신경절inferior mesenteric ganglion의 신경원과 시냅스합니다. 상장간막신경절과 하장간막신경절은 소장과 대장, 방광과 항문, 생식기와 연결되죠. 그 결과 소장과 대장의 움직임이 줄고, 요도괄약근urethral sphincter(요도조임근)과 항문괄약근anal sphincter(항문조임근)이 수축하여 배뇨와 배변을 억제합니다. 여기서 장간막은 장을 복막에 고정시키는 반투명하고 얇은 막입니다.

척수신경 하측 말단에서 신경절전섬유가 나와 교감신경간의 요수신경절이나 천수신경절의 신경절후섬유와 시냅스하는 경우도 있어요. 그러면 신경절후섬유는 요수천수교감신경총lumbosacral plexus을 거쳐 다리의 혈관과 피부로 운동신호를 보냅니다.

천수 S2~S4의 전각에서 나온 신경절전섬유는 대장의 벽신경절 신경원과 시냅스하여 뇌간과 시상하부에서 시작된 운동신호를 전달하기도 합니다. 그러면 대장운동이 활발해지죠. 이 신경절전섬유는 골반신경절과도 시냅스합니다. 골반신경절에서 나온 신경절후섬유는 방광과 생식기로 이어져 방광을 수축하여 배뇨시키고 생식기를 자극하죠.

05 독립적으로 움직이는 자율신경계

척수신경은 교감신경계와 부교감신경계의 자율신경계autonomic nervous system와도 연결되어 있습니다. 뇌간과 시상하부hypothalamus에서 자율신경이 나오는데, 이것이 척수로 내려가 척수전각의 운동신경세포와 시냅스합니다. 척수전각의 신경원은 자율신경절로 신경섬유를 뻗어 자율신경절의 신경원으로 운동신호를 전달하죠. 운동신호를 받은 자율신경절의 신경원은 표적이 되는 기관으로 신호를 보내 표적기관의 움직임을 조절합니다. 자율신경계는 우리의 의지대로 조절되는 게 아니라 교감과 부교감의 신경계가 상호조절하여 몸의 항상성을 유지합니다.

1-43을 보면, 척수 옆으로 교감신경절이 마치 사슬처럼 이어져 있지요. 이 사슬을 교감신경간sympathetic trunk(교감신경줄기)이라고 합니다. 척주 양 옆에 있죠. 이 부분에 교감신경원의 세포체가 모여 있습니다. 부교감신경의 신경절은 주로 표적기관 가까이에 있어요. 교감신경기둥에 출력된 신경섬유는 내장, 피부, 혈관을 조절하지요.

창자의 근육은 횡주근(돌림근)과 종주근(세로근)으로 구성됩니다. 교감, 부교감 신경과 내장감각신경이 그물 형태로 횡주근과 종주근 사이에 배열되어 있지요. 그리고 교감, 부교감 신경과 내장감각신경이 점막 아래 신경총을 구성합니다. 창자에

1-43
척수신경의
내장, 피부, 혈관 제어

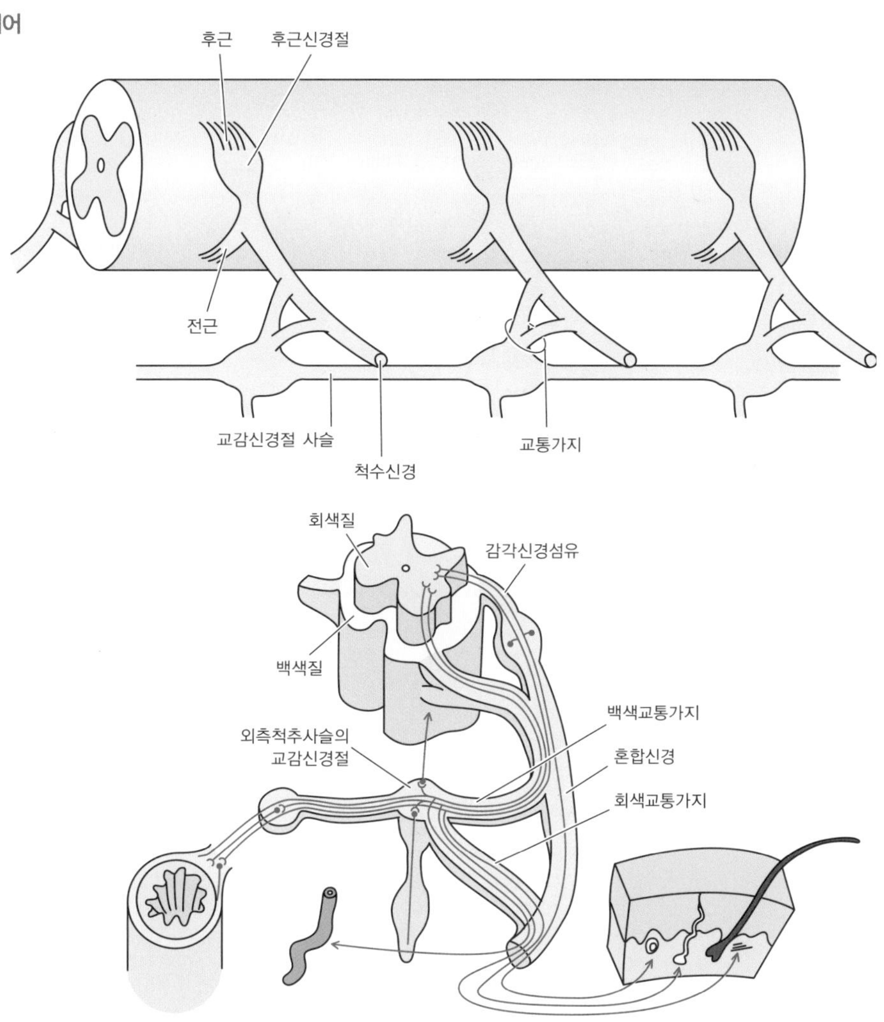

분포한 신경세포를 모두 모으면 척수에 존재하는 신경세포와 비슷한 숫자라고 합니다.

교감신경계의 경우 신경절전섬유는 짧고 신경절후섬유는 깁니다. 짧은 신경절전섬유 말단에서는 신경전달물질인 아세틸콜린acetylcholine이 나오고, 긴 신경절후섬유 말단에서는 신경전달물질인 노르아드레날린noradrenalin(노르에피네프린)이 분비되죠. 부교감신경계는 교감신경계와 반대로 신경절전섬유는 길고 신경절후섬유는 짧지요. 또한 긴 신경절전섬유와 짧은 신경절후섬유 말단 모두에서 아세틸콜린

1-44
창자에 분포하는 부교감신경, 내장교감신경, 내장감각신경

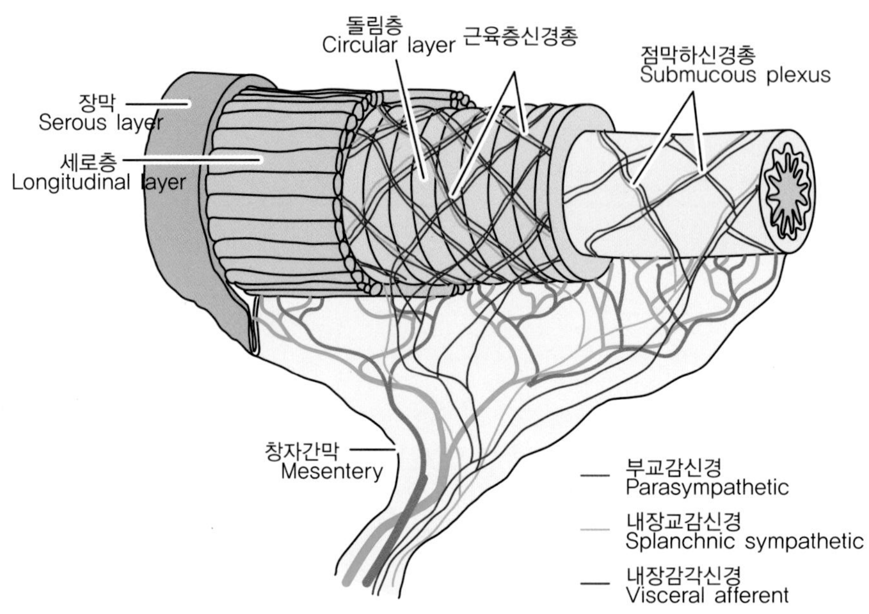

이 분비됩니다.

교감신경절과 부교감신경절에서 뻗어 나온 신경섬유는 13개 표적 기관으로 이어집니다. 13개 표적 기관은 맨 위에서부터 눈, 침샘, 폐, 심장, 위, 췌장, 간, 신장(콩팥)과 부신, 십이지장(샘창자)·공장(빈창자)·회장(돌창자)으로 이루어진 소장, 맹장(막창자)·결장(잘록창자)·직장(곧창자)으로 이루어진 대장, 방광, 생식기지요.

자율신경과 표적 기관을 연결시켜보면 이렇습니다. 먼저 교감신경계를 보죠. 위쪽의 중추 자율신경에서 운동신호를 받은 척수전각의 신경원에서 나온 신경섬유가 전근을 지나 교감신경간을 타고 이동하여 교감신경절의 신경원과 시냅스합니다. 여기서 척수전각의 신경원에서 나와 교감신경절로 들어가는 신경섬유는 신경절전섬유, 교감신경절의 신경원에서 나와 표적 기관으로 들어가는 신경섬유는 신경절후섬유라고 합니다.

교감신경간에서 가장 위쪽에는 목신경절cervical ganglion이 있습니다. 위에서부터 상목신경절superior cervical ganglion, 중목신경절middle cervical ganglion, 하목신경절

1-45
교감신경계와 부교감신경계
(출전: 《통합강의를 위한 임상신경해부학》, FitzGerald 외)

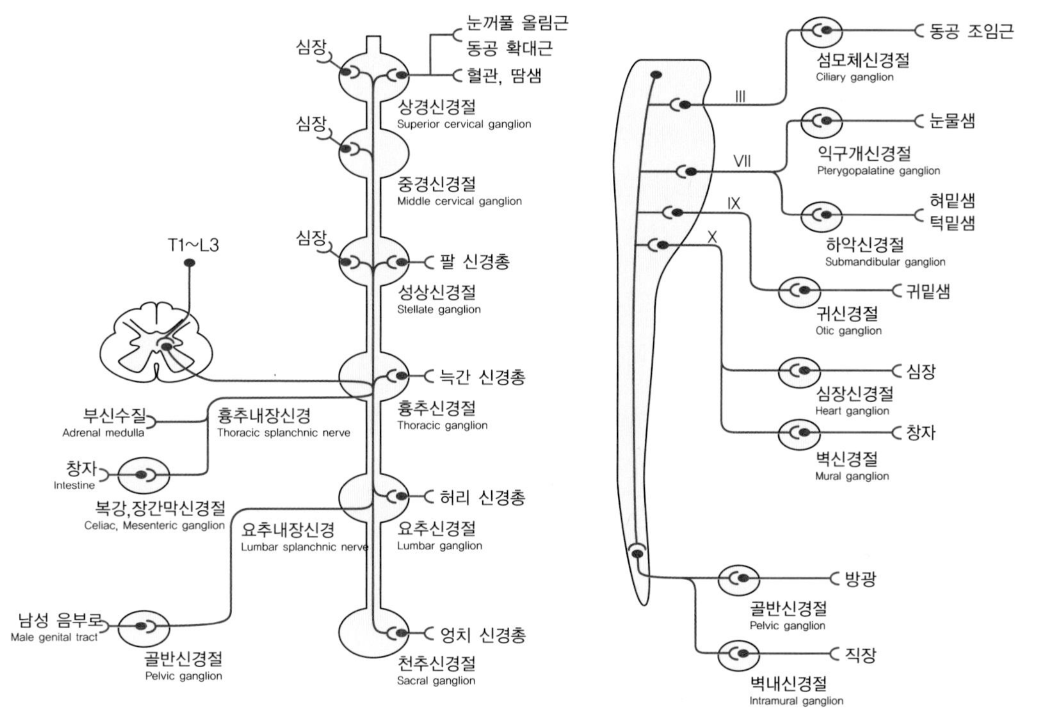

inferior cervical ganglion로 구분하죠. 상목신경절의 신경원은 섬모체신경절ciliary ganglion(모양체신경절), 익구개신경절pterygopalatine ganglion(날개입천장신경절), 하악신경절mandibular ganglion(턱밑신경절), 이신경절otic ganglion(귀신경절)과 시냅스하여 홍채의 동공확대근을 수축해 동공을 이완시키고, 침샘을 자극해 침을 분비합니다. 중목신경절과 하목신경절은 기관 가지와 폐를 확장시켜 호흡을 가쁘게 합니다. 익구개신경절은 한자 해부학 명칭이지요. '익'은 날개 모양, '구개'는 입천장을 나타내며, 그리고 '신경절'은 신경세포가 모여서 마디 형태를 이룬다는 뜻이지요.

교감신경과 반대작용을 하는 부교감신경은 우선 뇌간에서 뻗어 나와 동안신경oculomotor nerve(눈돌림신경), 안면신경facial nerve(얼굴신경), 미주신경vagus nerve의 뇌신경과 시냅스합니다. 동안신경은 뇌간의 부교감신경에서 운동신호를 받아 섬모체신경절의 신경원과 시냅스하고, 섬모체신경절의 신경원은 신경절후섬유를 통해 홍채근육과 섬모체근육으로 운동신호를 보내 동공을 축소시키거나 수정체의 초점을 가까이에 맞춥니다. 안면신경은 뇌간의 부교감신경의 신호를 받은 후 익구개신경절과 하악신경절에서 시냅스하죠. 익구개신경절에서 나온 신경절후섬유는 누선lacrimal gland(눈물샘)과 비강선nasal gland(코샘)으로 이어져 눈물과 콧물을 만들고, 턱밑신경절에서 나온 신경절후섬유는 턱밑샘과 혀밑샘sublingual gland으로 가서 신경을 자극하여 침을 분비합니다.

미주신경 역시 뇌간의 부교감신경에서 운동신호를 받아 기관지에서 심장, 위, 간, 췌장, 부신, 신장, 소장에 이르기까지 우리 몸 여러 부위에 걸쳐 광범위하게 영향을 미치죠. 미주신경은 부교감신경계에서 75%의 비중을 차지할 정도로 매우 중요한 신경입니다. 미주신경은 심장, 위, 간, 췌장, 부신, 신장, 소장 등 내장 기관의 벽신경절mural ganglion이나 벽속신경절intramural ganglion 신경원과 시냅스하여 운동 신호를 전달합니다. 그 결과 기도가 수축되고, 심장 박동이 느려지며, 소화효소가 많이 만들어져 소화가 촉진되고, 췌장에서 인슐린이 분비되고, 간에서 글리코겐이 합성되고 저장되어 혈당량이 낮아지며, 신장에서 소변 생성량이 많아지고, 소장에서 음식물의 소화가 활발하게 일어나죠.

교감신경과 부교감신경의 신경절 이전 시냅스는 아세틸콜린이 신경전달물질이고, 신경절 이후 시냅스는 교감신경인 경우는 노르아드레날린이고 부교감신경인 경우는 아세틸콜린입니다. 그리고 골격근을 움직이는 운동신경 말단은 신경-근 연접의 구조로 아세틸콜린이 신경전달물질이지요.

자율신경계는 뇌간과 시상하부에서 시작된 운동신호가 척수전각에서 한 번, 척수전각에서 신경절전섬유가 뻗어 나와 자율신경절에서 또 한 번, 자율신경절에서 신경절후섬유가 뻗어 나와 다시 한 번 시냅스하여 효과기로 전달되지요. 여기서 신경절전섬유는 수초로 감싸인 유수신경이고, 신경절후섬유는 수초가 감기지 않은 무수신경이죠. 유수신경은 신호를 전달하는 속도가 빠른 반면 무수신경은 신호를 전달하는 속도가 느려요. 그래서 자율신경계는 체신경계에 비해 반응 속도가 느립니다. 그 대신 영향을 미치는 범위가 더 넓죠.

교감신경계와 부교감신경계는 서로 반대의 작용을 합니다. 교감신경계가 액셀러레이터라면 부교감신경계는 브레이크에 해당하죠. 교감신경계는 위기 상황에서

1-46
체신경계와 자율신경계의 연결 양상

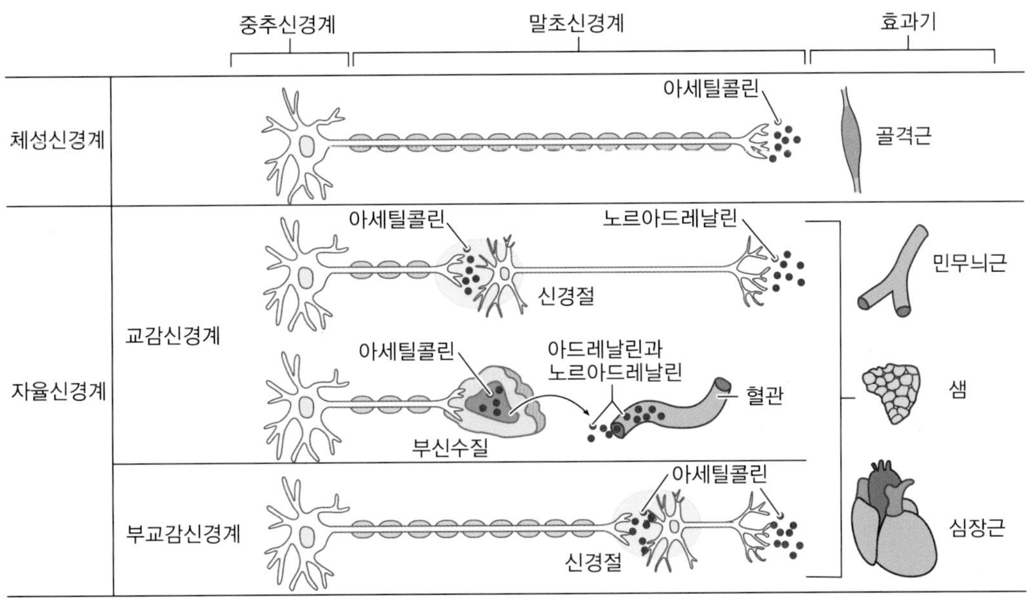

활성화됩니다. 그 결과 동공이 커지고 땀이 나며 머리털이 곤두서고 심장 박동이 빨라집니다. 소화가 잘 안 되기도 하죠. 그러다가 위기 상황에서 벗어나면 부교감신경계가 활성화되어 동공이 작아지고 심장 박동수가 줄어들고 위와 장이 활발하게 움직이죠.

중추신경계는 감각계와 운동계로 구분되지요. 체성신경은 골격근을 움직이며, 자율중추는 내부 장기와 혈관을 조절합니다. 시상하부는 교감과 부교감 신경을 조절하여 몸의 항상성을 조절하지요. 시상하부와 연결된 뇌하수체(하수체)는 자율신경, 내분비샘, 그리고 면역계와 상호연결되어 있지요.

자율신경계는 이처럼 내장근육과 혈관근육 같은 민무늬근과 심장근육, 분비샘에 영향을 미치는 신경시스템입니다. 체신경계와는 달리 의식할 수도 없고 의지대로 조절할 수도 없죠. 자율신경계는 독립적으로 움직이면서 우리 몸의 내부 환경을 조절하여 항상성을 유지합니다. 이런 자율신경계를 가리켜 '작은 뇌little brain' 라고 하지요.

1-47
각 기관에 따른 교감신경과 부교감신경의 작용

기관		교감신경작용	부교감신경작용
눈	동공	확대	수축
	모양체근	이완	수축
선	누선, 이하선, 턱밑샘	혈관수축으로 인한 분비저하	분비증가
	한선	분비증가	
심장	심장근	수축력 증가	수축력 감소
	심장동맥	확대(β수용기), 수축(α수용기)	
폐	기관지근육	이완(기관지 확장)	수축(기관지 수축)
	기관지동맥	수축	이완
위 · 장관	위장관벽의 근육	연동운동저하	연동운동증가
	괄약근	수축	이완
	위장선	혈관의 수축으로 분비감소	분비증가
간		당원질을 포도당으로의 전환 붕괴	
담낭		이완	수축
신장		동맥의 수축으로 배설감퇴	
방광	방광벽수축근	이완	수축
	방광괄약근	수축	
음경과 음핵의 발기조직			이완, 발기원인
사정		정관, 정낭 및 전립선의 평활근 수축	
전신동맥		수축	
피부의 동맥		수축	
복부의 동맥		수축(α수용기), 이완(β수용기)	
근육의 동맥		이완(choline작동성)	
부신		흥분	
피질		에피네프린과 노르에피네프린 유리	
수질			

1-48
뇌의 중추신경계와 자율신경, 내분비, 면역계의 상호연결

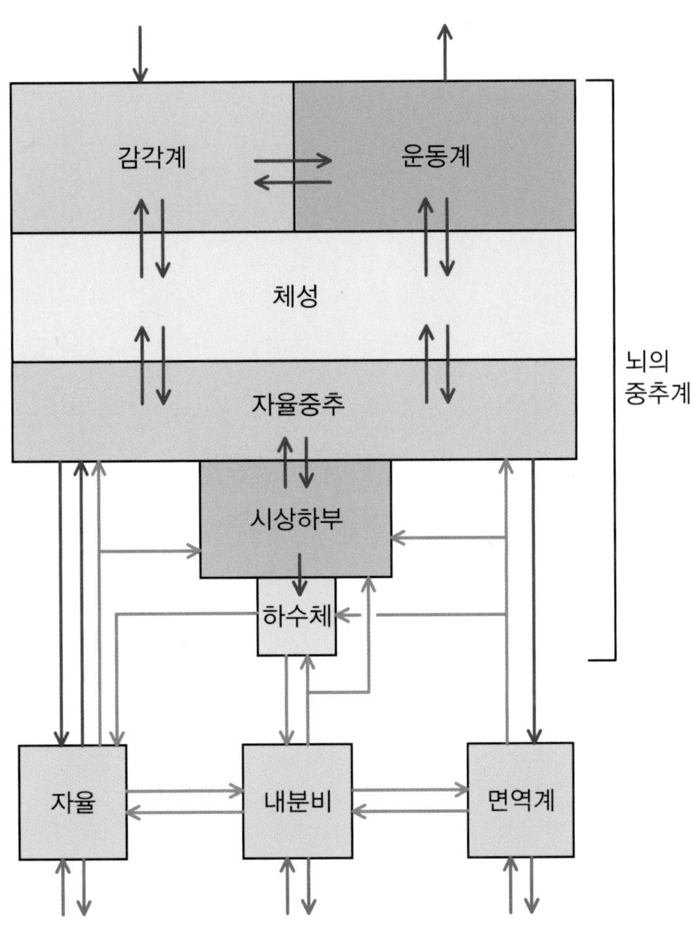

2장

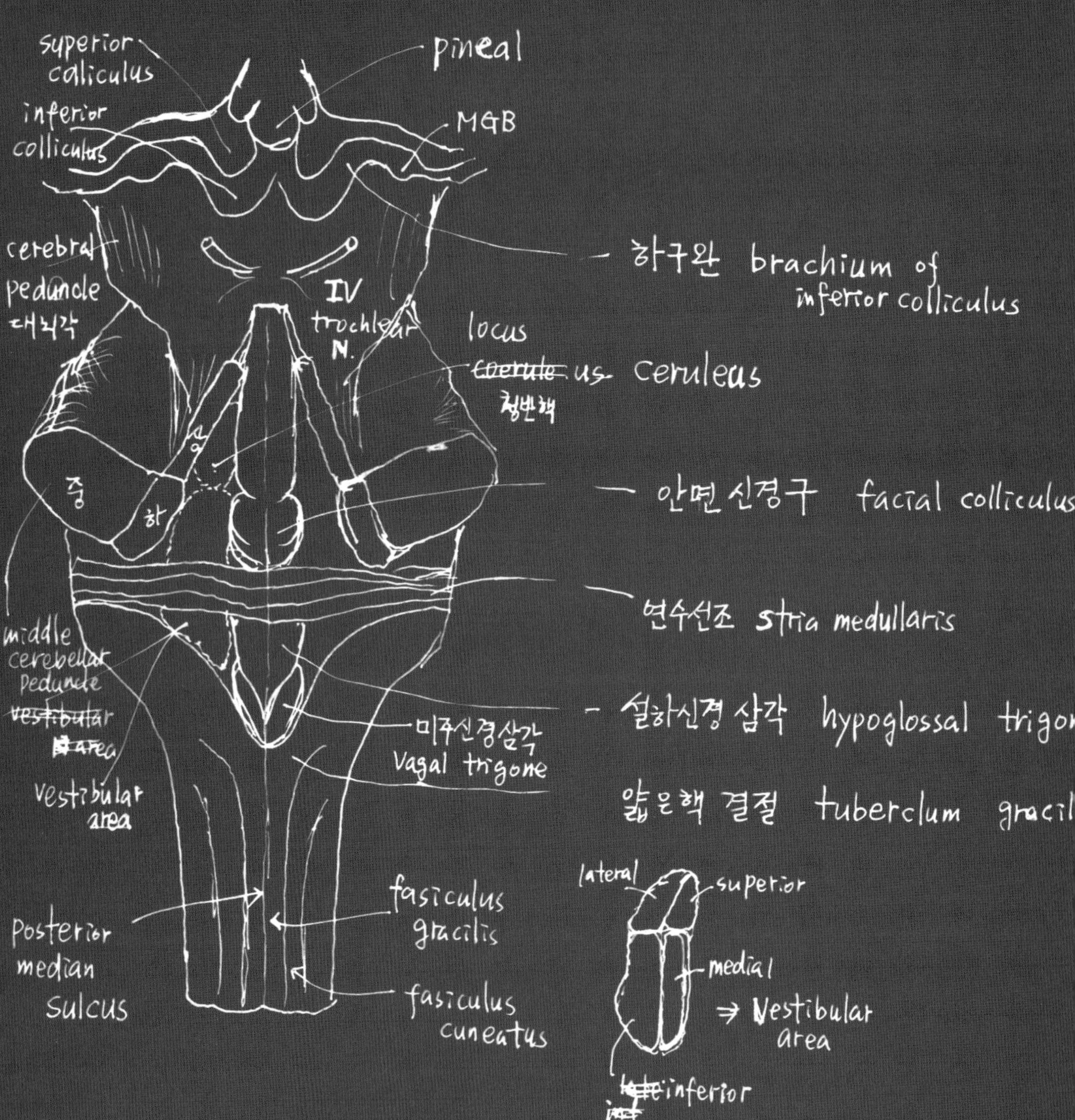

superior calliculus
pineal
inferior colliculus
MGB
cerebral peduncle
대뇌각
- 하구완 brachium of inferior colliculus
IV trochlear N.
locus
us. ceruleus
청반핵
중
하
- 안면신경구 facial colliculus
연수선조 stria medullaris
middle cerebellar peduncle
- 설하신경 삼각 hypoglossal trigo
area
미주신경삼각 Vagal trigone
vestibular area
얇은핵 결절 tuberclum gracil
lateral
superior
medial
⇒ Vestibular area
inferior
fasiculus gracilis
posterior median sulcus
fasiculus cuneatus

움직임 이전에 의식이 있었다

—뇌간과 그물형성체

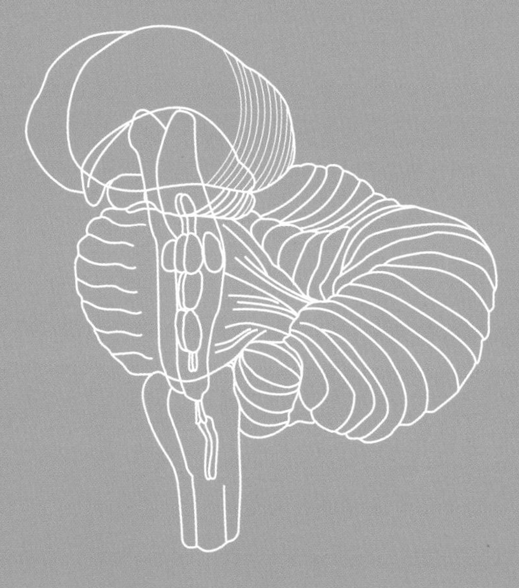

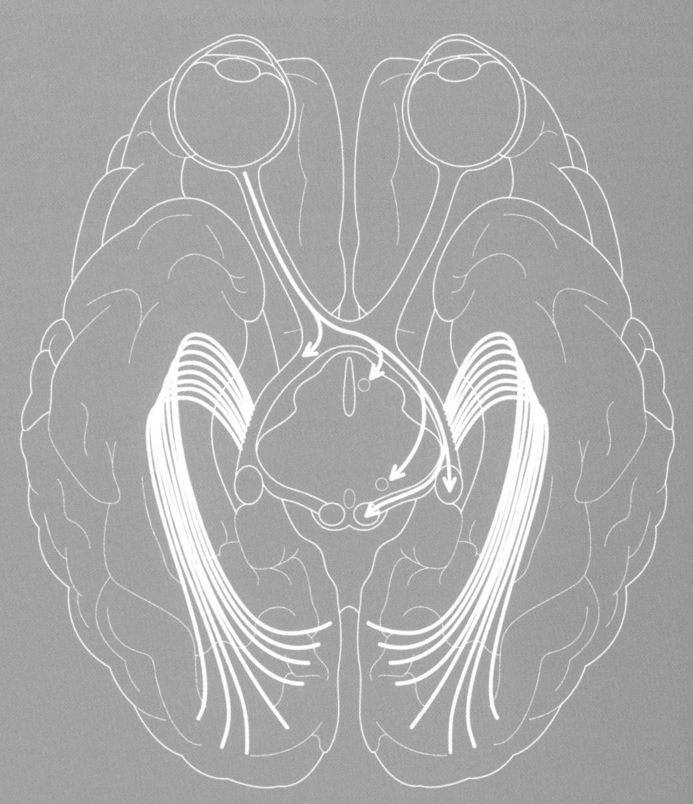

01 의식을 깨우는 상행그물활성계

뇌간과 뇌간영역에 존재하는 그물형성체는 생명 현상을 유지하는 중심적인 뇌 영역입니다. 뇌간은 중뇌, 교뇌, 그리고 연수로 구성되며 척수와 대뇌를 연결하는 위치에 있지요. 뇌간의 그물형성체에서 뻗어나온 축삭다발의 상행성분은 대뇌피질을 각성시키며 하행성분은 운동을 조절합니다. 움직이고 느끼고 생각하는 뇌 활동의 바탕에는 그물형성체의 조절작용이 있지요. 의식적 상태는 대뇌피질의 많은 신경세포가 활발히 작동한 결과로 유지되지요. 의식적 상태는 뇌간의 그물형성체 reticular formation라는 신경세포 그룹에서 분비하는 신경조절물질의 작용으로 생성됩니다.

척추동물 신경시스템의 구성을 뇌실을 중심으로 살펴봅시다. 신경관에서 생성되는 뇌실은 외측뇌실, 제3뇌실, 중뇌수도관, 제4뇌실로 구분되지요. 제4뇌실은 척수에서 좁은 중심관이 됩니다. 중추신경계의 기본 구성에서 간뇌, 중뇌, 교뇌, 그리고 연수를 합하여 뇌간이라고 하지요. 뇌간의 가운데 영역이 피개이며, 그물형성체는 뇌간의 피개영역에 분포하는 신경핵들입니다.

교뇌중심그물형성체는 척수그물로를 통해서 신경입력을 받으며, 뇌신경핵으로 조절신호를 보냅니다. 시개, 시상하부, 전운동피질로부터 중심그물핵으로 운동성 입력을 받아서 시상수질판내핵과 전뇌기저핵으로 중심그물형성체의 조절신호가

2-1
척추동물 중추신경계의 기본 구성

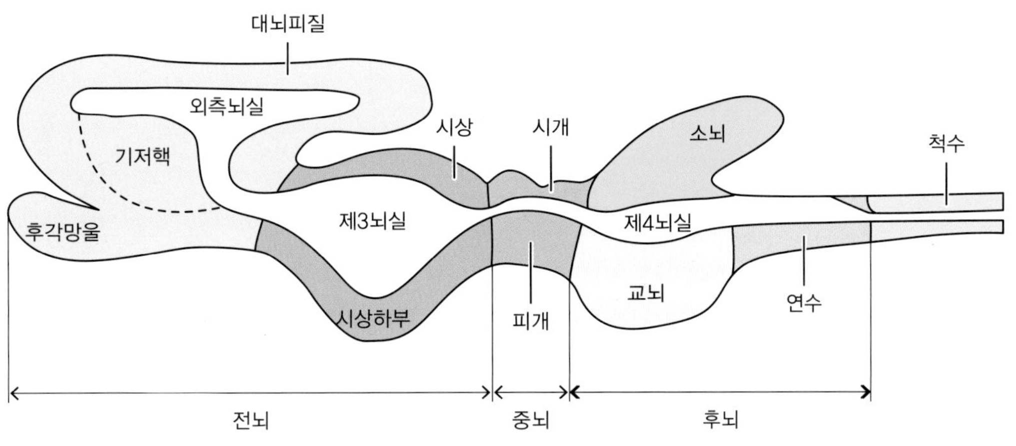

2-2
대뇌, 소뇌, 뇌간의 구분

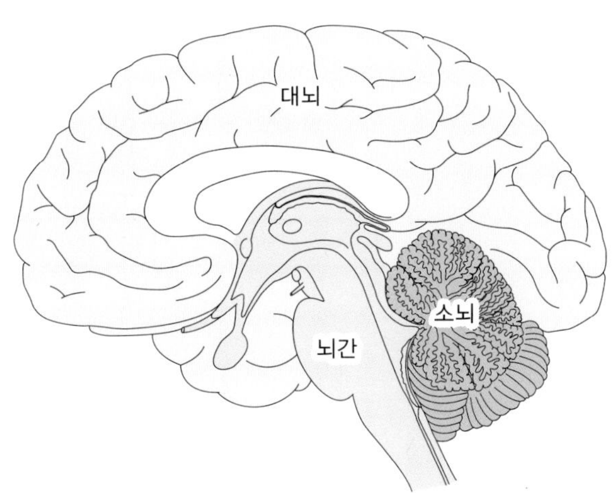

출력됩니다. 그리고 시상수질판내핵은 선조체와 대뇌피질의 광범위한 영역으로 신호를 보내 대뇌피질의 활성 상태를 조절하지요.

포유동물의 뇌는 주로 척수, 뇌간, 피개, 시상하부, 시상, 대뇌기저핵, 변연계, 그리고 대뇌피질로 구성됩니다. 변연계는 해마와 중격영역, 그리고 편도체가 주요 영역이죠. 뇌간의 등쪽에 있는 피개와 배쪽의 그물형성체에는 생명에 반드시 필요한 호흡과 수면 그리고 의식상태와 관련된 신경핵이 있죠.

제럴드 에델만은 인간의 중추신경시스템을 세 가지 작용 형태로 구분합니다. 첫

2-3
뇌간의 그물형성체

그물형성체는 시상의 간뇌영역에서 연수까지 분포하며 대부분은 교뇌피개영역에 존재한다. 교뇌그물형성체의 솔기핵은 세로토닌을 생성하는 신경핵이며, 청반핵은 노르아드레날린을 만드는 신경핵이다.

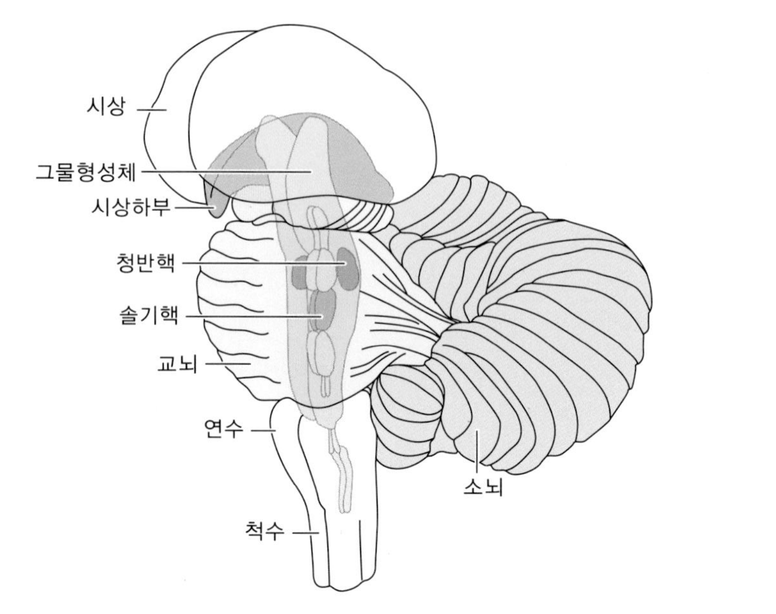

2-4
교뇌 중심 그물형성체와 연결된 영역들

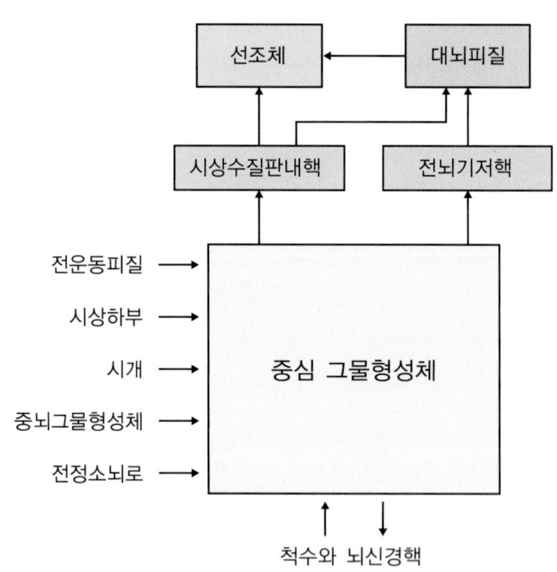

째, 시상-피질계는 감각입력을 기억하여 세계상을 신경회로의 흥분패턴으로 변환합니다. 둘째, 대뇌기저핵은 대뇌피질과 상호다중억제회로를 형성하여 운동출력을 선택합니다. 셋째, 뇌간그물형성체 상행축삭들은 대뇌피질을 활성화하고 하행축삭은 척수의 운동출력을 조절합니다. 특히 그물핵의 상행축삭이 흥분하여 의식상태

2-5
인간 뇌의 주요 영역

대뇌	시상상부	시개 (상구, 하구)	소뇌
대뇌	시상	시개 (상구, 하구)	소뇌
기저핵	시상하부	뇌간(그물체)	뇌간(그물체)

2-6
중추신경계의 세 가지 신경회로 패턴

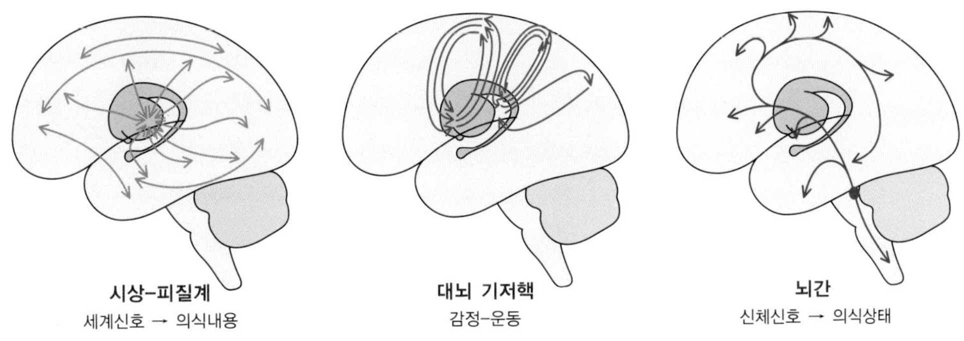

가 유지됩니다.

그물형성체는 뇌간의 피개tegmentum영역의 신경로 사이로 듬성듬성 존재하는 신경세포의 집합입니다. 신경해부학에서 형성체formation란 용어는 구조와 기능이 밀접한 부위들이 모여 있는 형태를 말합니다. 그 예로 그물형성체와 해마형성체가 있지요. 뇌간을 수평으로 잘랐을 때 등쪽, 가운데 부분, 배쪽의 세 영역으로 단면이 구분되어 보이죠. 이 중 가운데 부분이 피개입니다. 등쪽은 천장판tectum(덮개판), 배쪽은 기저부basilar part(바닥)라고 합니다.

뇌간의 피개영역에는 그물형성체가 많이 존재하지요. 뇌간 중뇌영역의 단면 구조에는 천장판, 피개, 기저부가 모두 보입니다. 그러나 제4뇌실 영역의 단면 구조

2-7
뇌간의 천장판, 피개, 기저부 구조
(출전:《의학신경해부학》, 이원택·박경아)

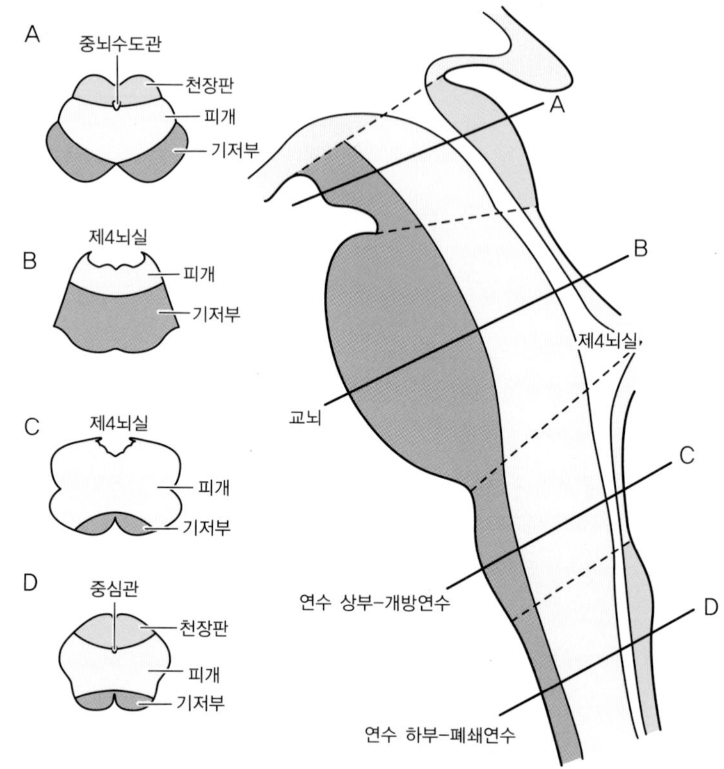

는 천장판이 소뇌와 연결되는 얇은 막이 되지요. 연수는 개방연수와 폐쇄연수로 나누어지며 폐쇄연수는 천장판, 피개, 기저부가 모두 존재합니다.

중뇌는 등쪽으로 상구와 하구, 배쪽으로 흑질, 적핵이 있습니다. 2-8을 보면 발생 시기별로 중뇌의 날개판과 기저판의 신경세포들이 이동하여 상구의 층상 구조와 적핵을 형성하지요.

뇌간 피개의 그물형성체에서 출발한 축삭이 대뇌피질의 전 영역으로 도파민, 노르아드레날린(노르에피네프린), 세로토닌, 아드레날린(에피네프린), 아세틸콜린의 신경조절물질을 대뇌피질의 신경세포 시냅스에 확산적으로 분비합니다. 신경세포체와 축삭다발이 그물처럼 뒤엉켜 있어 그물형성체라 합니다. 그물형성체는 운동패턴 생성, 호흡 조절, 수면과 각성, 감각 조절 등의 다양한 기능을 합니다. 뇌간 피개 영역의 그물형성체를 구성하는 신경세포는 상행과 하행으로 긴 축삭을 뻗지요. 그

2-8
중뇌 발생 시기별 구조 변화

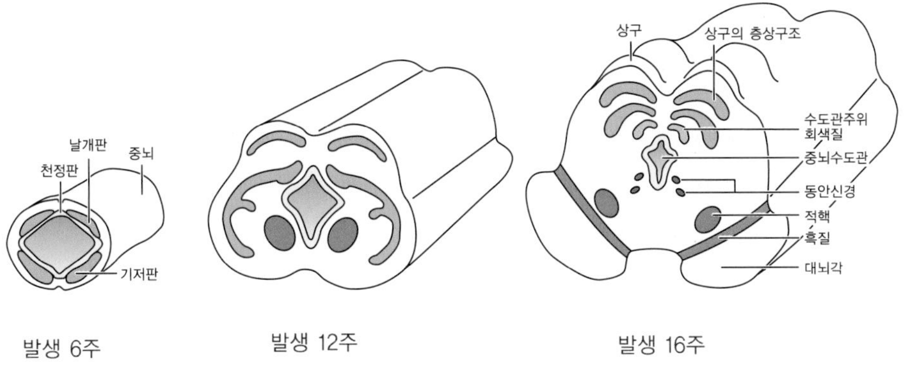

2-9
뇌간의 덮개, 피개, 기저부

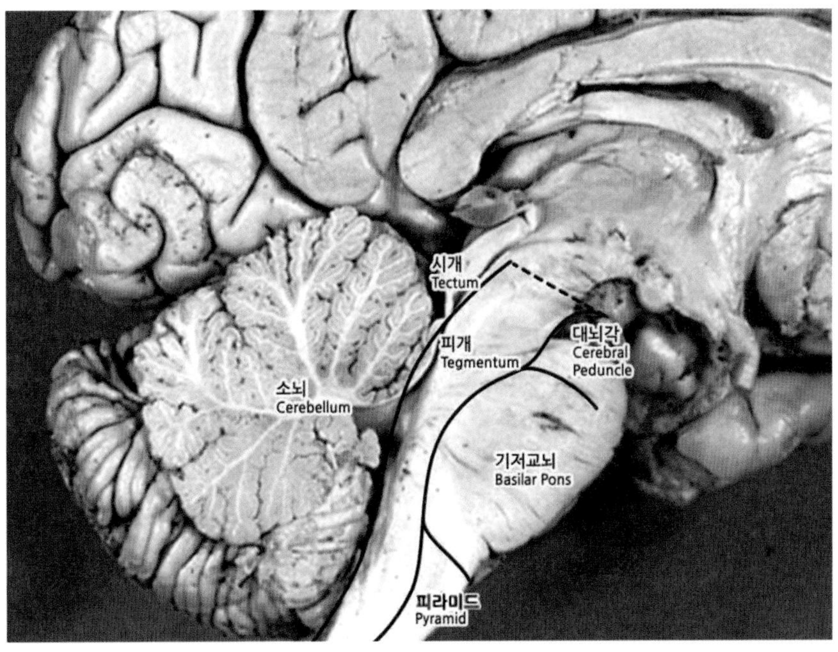

리고 축삭이 진행하는 방향에 수직으로 매우 많은 곁가지를 냅니다. 그물형성체의 상행 축삭은 상행활성계를 형성하여 대뇌피질의 각성 상태를 만들며, 하행축삭은 운동 조절 역할을 합니다.

각성상태에서는 시각이나 청각, 체감각자극에 주의를 집중하고 재빨리 반응할

2-10
상행 각성 시스템

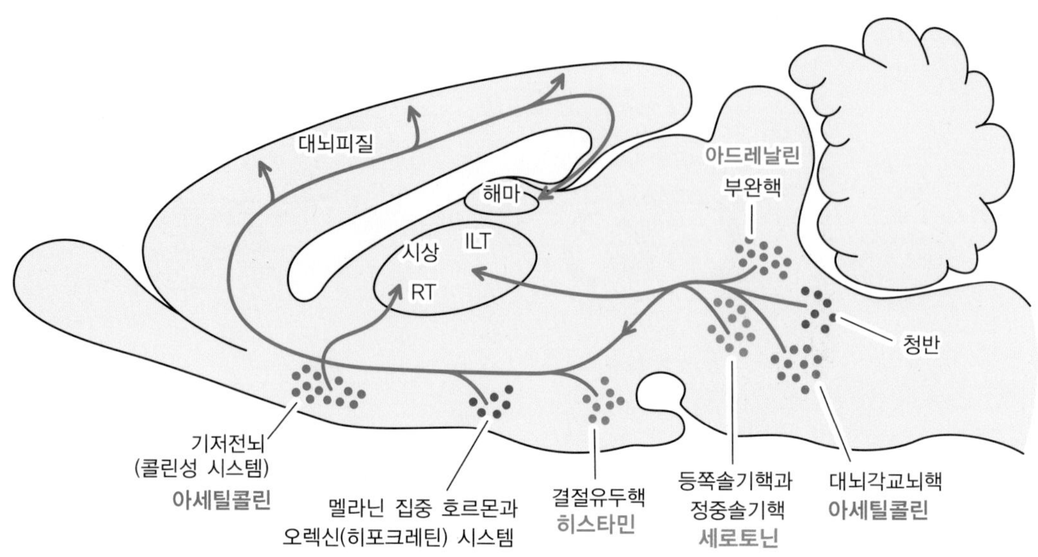

수 있어요. 이러한 대뇌피질의 각성상태를 촉발하는 신경시스템을 상행그물활성계 Ascending Reticular Activating System(ARAS)라고 합니다.

뇌간의 그물형성체는 의식상태를 조절하여 뇌를 깨어 있게 만들지요. 깨어 있는 동안 뇌가 민첩하게 활성을 유지하는 것은 청반핵에서 노르아드레날린, 솔기핵에서 세로토닌, 유두융기핵에서 히스타민, 그리고 전뇌기저핵에서 아세틸콜린을 생성하는 신경세포 축삭이 대뇌피질 전 영역으로 뻗어 있기 때문입니다. 그물형성체 신경세포들이 뇌간에서 대뇌피질로 긴 신경축삭을 보냅니다. 그 축삭말단에서 신경조절물질을 분비하여 대뇌피질 신경세포의 신경 흥분 정도를 변화시키지요. 그물형성체는 뇌간과 중뇌에 존재하며, 시상수질판내핵 intralaminal thalamic nucleus(ILT)도 그물형성체로 볼 수 있습니다. 시상의 그물핵 reticular thalamic nucleus(RT)은 이름과 달리 뇌간의 그물형성체와는 기원이 다릅니다. 시상수질판내핵은 시상 속으로 확장된 그물형성체입니다.

피개영역의 그물형성체는 축삭의 수평 기준 위아래로 길게 출력하며 뇌간 등쪽의 신경핵 축삭다발과 수직으로 만나는 구조입니다. 이러한 축삭의 배열로 그물형성체와 신경핵들은 쉽게 다중으로 시냅스할 수 있지요.

2-11
뇌간의 등쪽신경핵들과 피개영역의 그물형성체

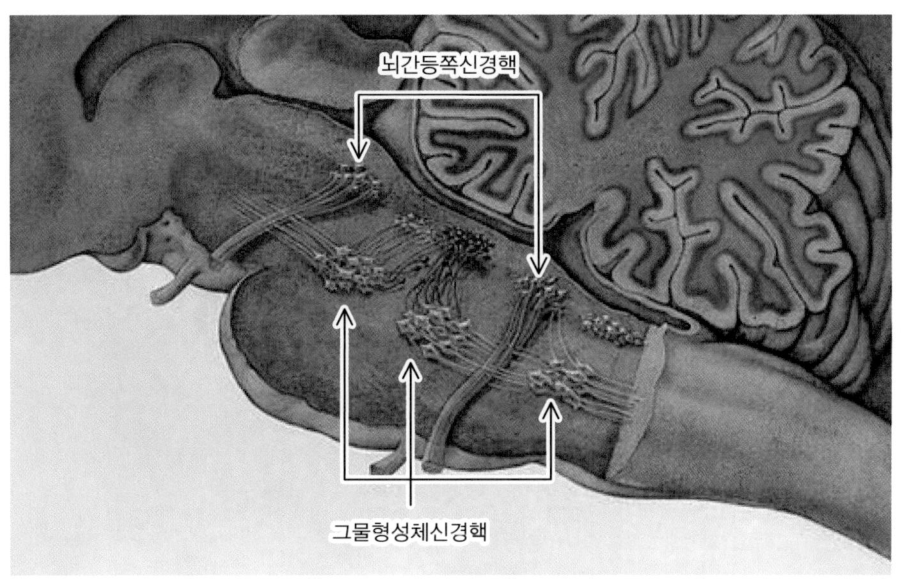

2-12
뇌간의 솔기핵과 연결된 대뇌피질과 신경핵들

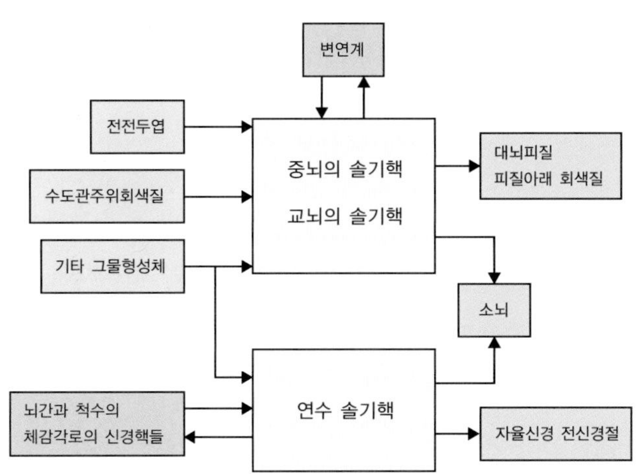

솔기핵에서 생성하는 세로토닌은 통증 조절과 기분에 관여합니다. 전전두엽와 수도관주위회색질에서 솔기핵으로 신경입력되며, 솔기핵에서 대뇌피질 아래 회색질, 소뇌, 자율신경전 신경절로 신경이 출력됩니다. 변연계는 중뇌와 교뇌의 솔기

2-13
상행그물활성계 신경핵들과 신경축삭의 대뇌 분포 양상

흑질과 복측피개영역에서 도파민, 청반핵에서 노르아드레날린, 솔기핵에서 세로토닌이 대뇌피질로 확산적으로 축삭을 출력하여 신경조절물질을 시냅스 간격으로 분비한다.

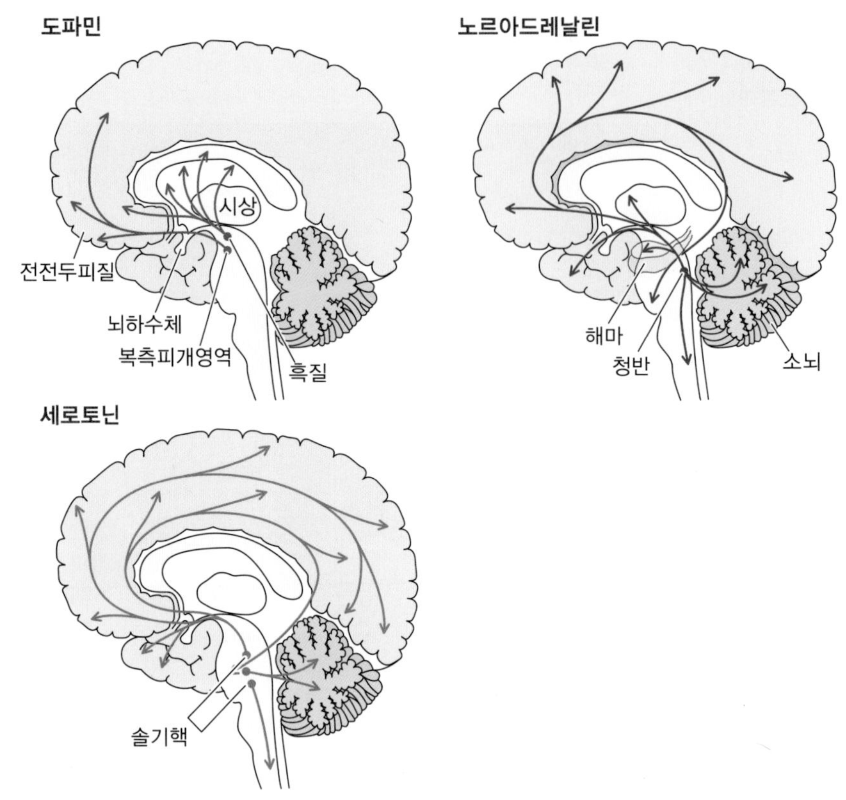

핵과 상호연결되며 뇌간과 척수 체감각로의 신경핵들은 연수 솔기핵과 상호연결됩니다.

신경조절물질이 대략 1초에 한 번씩 분출되어 상행그물체가 계속 활성화되기 때문에 각성상태가 유지되지요. 상행그물활성계의 동작 상태에 따라 잠이 들거나 졸거나 혼수상태에 빠지기도 합니다. 그물형성체, 시상수질판내핵, 그리고 대뇌피질이 손상되면 의식을 잃게 되지요. 시상수질판내핵은 시상수질판에 존재하며 간뇌 영역으로 진출한 그물형성체 구조인 것이죠. 그물형성체가 손상되면 혼수상태에 빠지거나 또는 혼미상태가 되죠. 혼수상태에서는 각성상태로 회복되기가 어려운 반면 혼미상태에서는 자극을 통해 각성상태로 회복되지요.

1964년 북유럽의 뇌과학자들이 조직화학적 형광법으로 수만 개의 신경세포가 모인 신경핵이 뇌간의 중앙을 따라 좌우 두 열씩 4열로 각각 10개 정도 신경핵이 나열된 구조를 발견했습니다. 외측에 배열된 신경핵을 A계열, 내측에 배열된 신경

2-14

뇌간 그물형성체의 A계열, B계열, C계열 신경핵의 분포

(출전: 《뇌로부터 마음을 읽는다》, 오키 고스케)

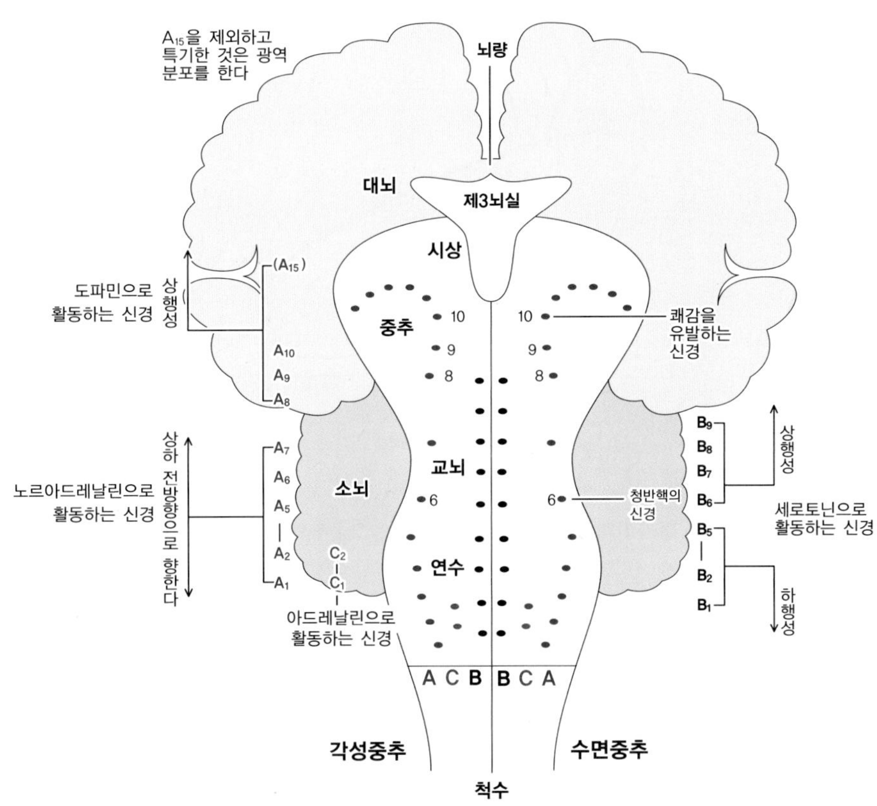

핵을 B계열로 명명하고, 뇌간의 아래에 있는 신경핵부터 위쪽으로 A1, A2, A3라는 방식으로 번호를 부여했지요. 오키 고스케는 《뇌로부터 마음을 읽는다》에서 뇌간의 신경핵에 대해서 자세히 설명합니다. A계열의 신경핵은 15개, B계열의 신경핵은 9개가 발견되었고, 그 후 A계열의 아래 부분인 연수 영역에서 A계열과 비슷한 성질의 C계열 신경핵이 2개 발견되었지요. A계열의 A8에서 A15까지는 모두 도파민으로 활동하는 신경이라는 것이 밝혀졌어요. A1에서 A7까지는 노르아드레날린(옥시도파민)을 분비하는 신경세포핵이지요. B계열은 세로토닌을 분비하며, C계열은 아드레날린(메틸옥시도파민)을 분비하는 신경세포핵입니다.

도파민의 신경로는 복측피개영역(A10)에서 전두엽으로 연결되는 중뇌전두피질

2-15
중뇌피질로, 중뇌변연로, 흑질선조의 도파민 신경로

흑질선조로
중뇌변연로
흑색질
중뇌피질로
복측피개영역

2-16
흑질치밀부와 선조체, 복측피개영역과 중뇌변연계, 흑질그물부와 전전두엽의 연결

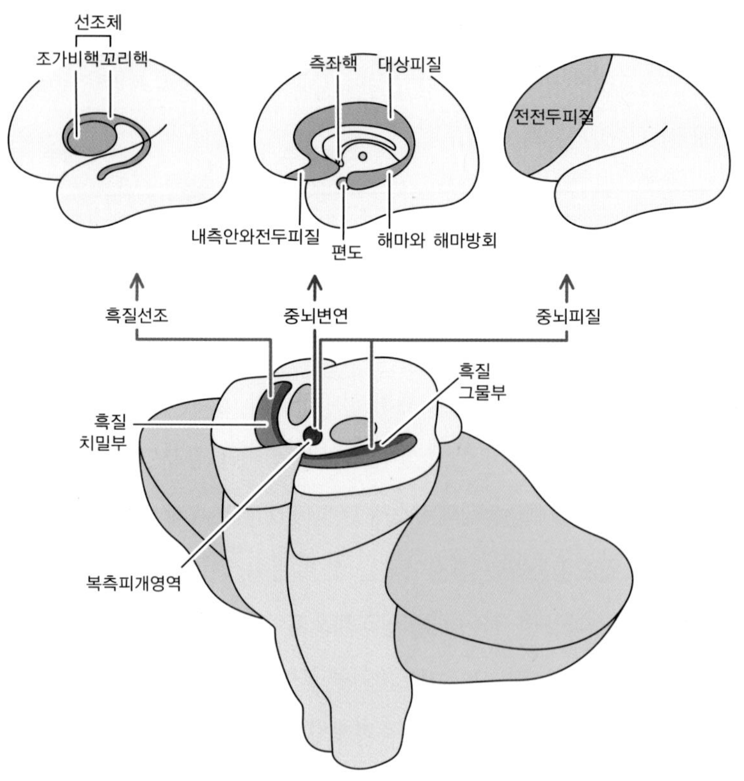

2-17
청반핵, 흑질치밀부, 복측피개영역, 봉선핵군과 연결된 신경영역

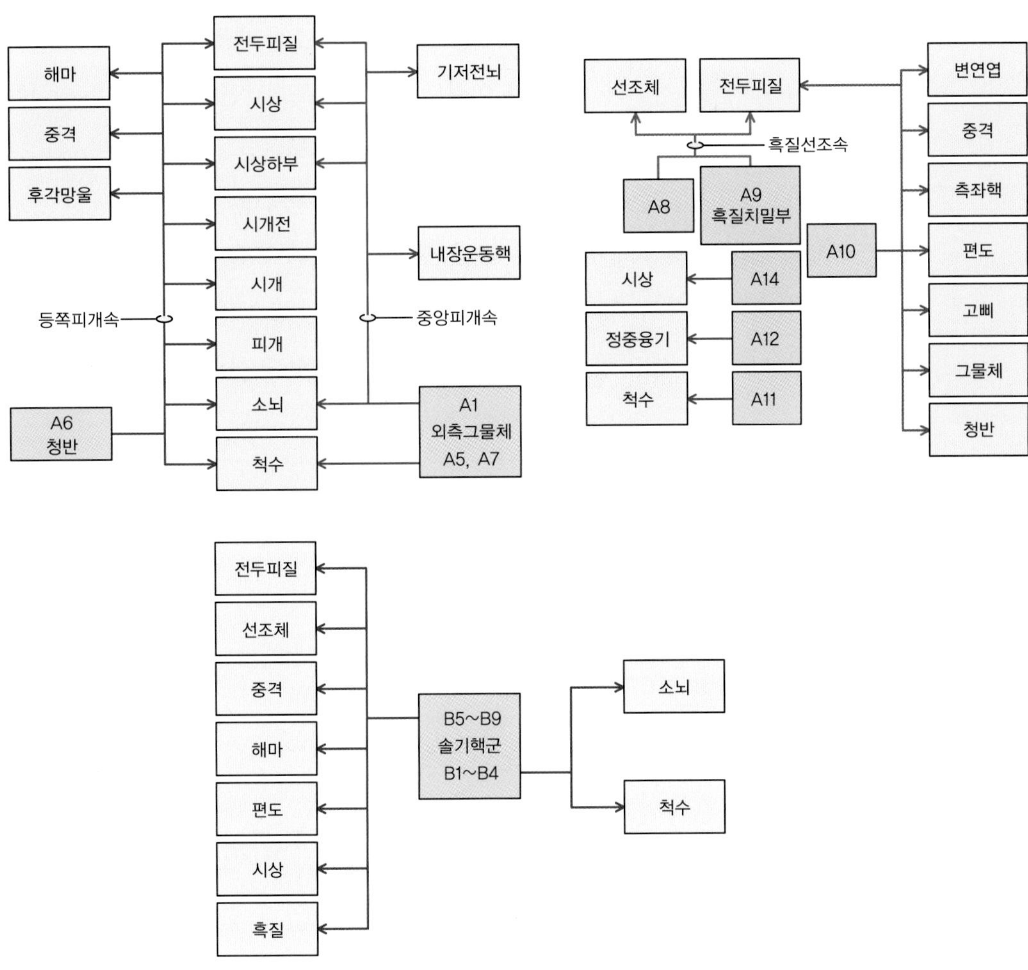

은 보상과 쾌감에 관련된 신경로이지요. 변연계로 연결되는 중뇌변연로도 감정과 본능적 욕구에 관련됩니다. 그리고 흑질치밀부의 도파민성 세포에서 선조체로 출력되는 흑질선조로는 파킨슨병과 관련되는 운동조절신경로이지요.

도파민 신경로는 인간의 감정, 본능, 중독 현상에 관여하는 신경회로입니다. 복측피개영역에서 측좌핵으로 연결되는 신경로는 내측전뇌다발의 일부로 시상하부 외측핵영역을 지나갑니다.

노르아드레날린 분비신경세포집단인 청반핵은 축삭다발이 등쪽피개속을 형성하여 대뇌피질과 피질하영역과 연결됩니다. A1, A5, A7은 외측그물핵을 형성하여 축삭다발이 중앙피개속을 만들지요. 중앙피개속에서 '속'은 신경섬유다발을 의미하는 한자입니다. A6인 청반핵은 제4뇌실부근의 색소성 세포그룹입니다. 인간의 청반핵은 4만 개 정도의 신경이 모여서 전체 노르아드레날린의 반 정도를 생성하며 푸른 반점 형태이지요. 그리고 A9는 흑질치밀부 도파민성 신경핵이며, A10는 복측피개영역의 도파민 신경핵입니다. B5에서 B9까지의 봉선핵(솔기핵)군의 상행축삭은 대뇌피질과 피질하영역에 세로토닌을 분비합니다. B1에서 B4까지의 봉선핵군의 하행축삭은 소뇌와 척수에 세로토닌을 분비하지요.

항상성 유지는 생명 현상의 기본이므로, 신경세포들도 신경전달물질의 분비량

2-18
등쪽 솔기핵, 교뇌 솔기핵, 거대 솔기핵의 신경축삭

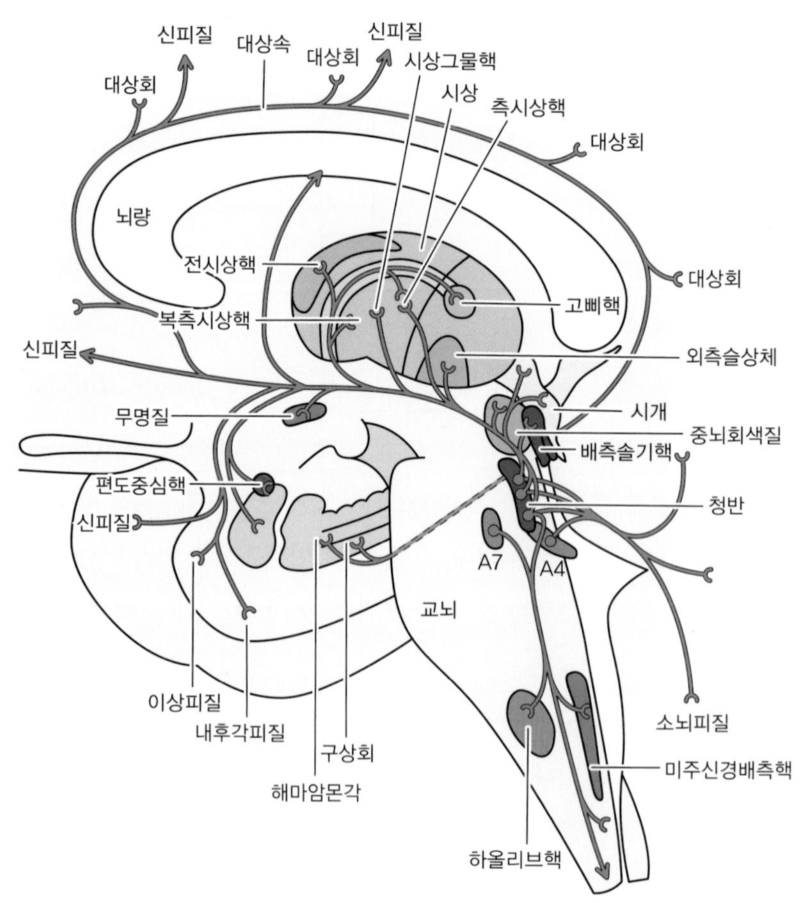

을 적절히 조절합니다. 축삭말단에는 자가수용체autoreceptor가 있어서 분비된 신경전달물질을 감지해 축삭말단 내부로 다시 회수하는 네거티브 피드백negative feedback작용을 하지요. 네거티브 피드백이란 과잉작용을 조절하는 억제작용을 말합니다. 활성이 강한 신경조절물질을 필요한 영역에만 적절한 시간에 활동하게 하는 것이죠. 네거티브 피드백이 작동해야 신경조절물질 분비가 적절히 조절될 수 있습니다. 전전두엽에서 시냅스하는 A10 세포군 축삭말단에는 자가 수용체가 없다고 합니다. 그래서 포지티브 피드백positive feedback이 작동하고 과잉 반응이 가능하다고 합니다. 인간의 중독 현상과 천재적인 독창성이 이러한 전두엽의 과잉 활동의 결과일 수 있지요. 어떤 일에 몰입하여 포지티브 피드백이 일어나 그것이 사회적으

2-19
도파민 분비 신경핵들

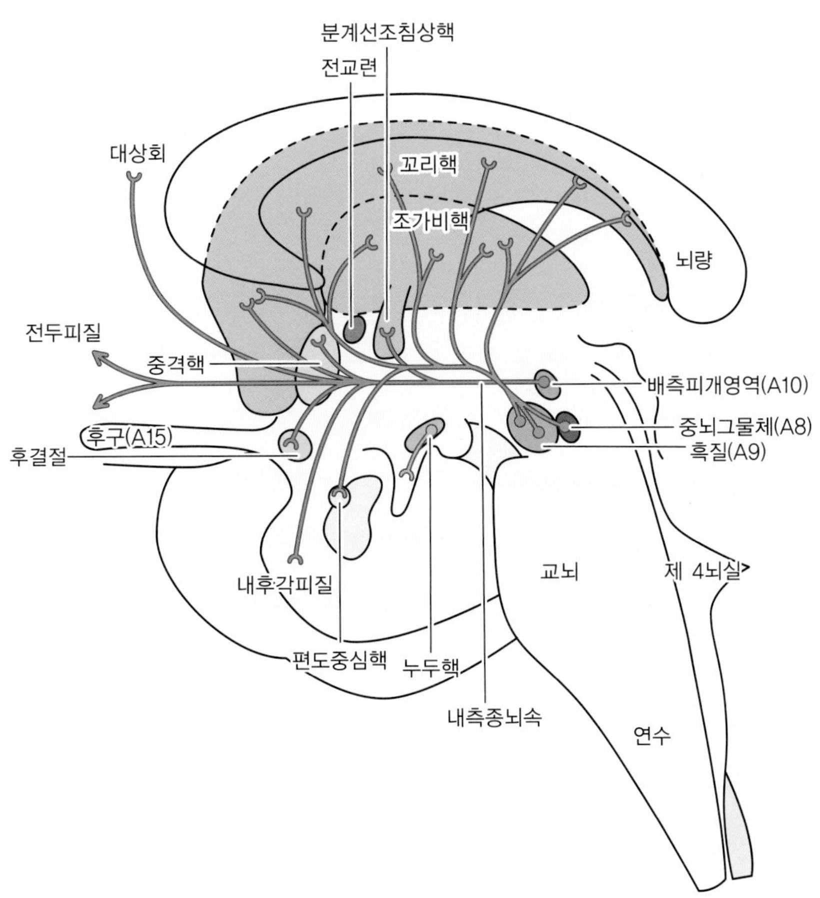

로 가치 있는 방향으로 작용하면 창의적 인간이 됩니다. 그리고 전뇌기저핵에서 분출되는 아세틸콜린은 아동의 학습기에 결정적 역할을 합니다.

각성, 졸음, 수면, 혼미, 혼수는 의식상태가 점차로 약해지는 뇌 상태의 순서입니다. 의식의 각성상태는 도파민, 노르아드레날린, 세로토닌 그리고 히스타민에 의해 만들어지며 도파민과 노르아드레날린은 깨어 있는 동안 뇌를 자극입력에 민감한 상태로 만들어줍니다. 이 신경전달물질이 분비되면 잠에서 깨어 활동할 수 있고, 세로토닌이 분비되면 수면 상태에 들어가게 되죠.

의식의 상태를 조절하는 도파민, 노르아드레날린, 세로토닌을 신경조절물질 neuromodulator이라 하며, 의식의 내용을 만드는 글루탐산glutamate과 GABA를 신경전달물질이라 합니다. 도파민과 세로토닌, 노르아드레날린은 신경세포막의 이온

2-20
노르아드레날린 분비 신경핵

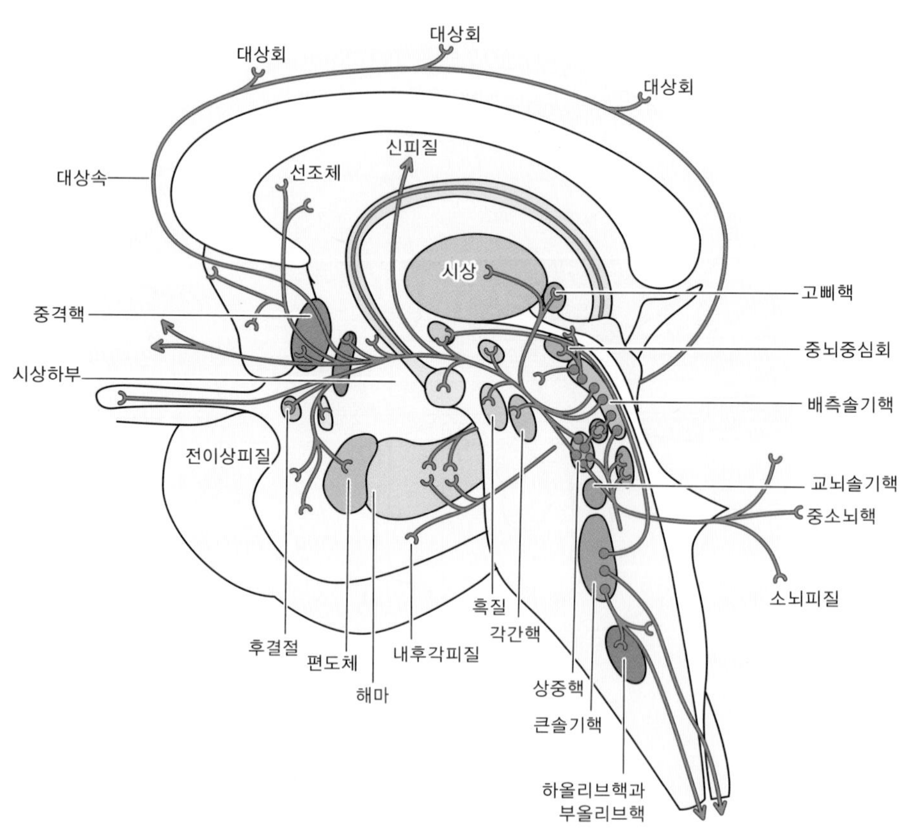

채널에 부착되면 세포질 내에 2차 신호전달시스템에 의한 신경세포내 대사성 작용이 확산적으로 일어나서 신경세포의 발화 가능성을 조절하지요. 이런 신경작용을 대사성조절이라 합니다.

도파민을 분비하는 신경로는 피개전두로와 흑질선조로 구분됩니다. 피개전두로는 복측피개영역(A10)에서 전두엽으로 출력되어 전두피질을 각성시키죠. 흑질선조로는 흑질치밀부(A9)에서 선조체로 축삭다발에 출력되어 수의운동을 출력합니다. 그외 도파민 신경핵들은 A11~A14가 시상하부의 내분비 기능과 관련됩니다.

그물형성체의 활성으로 각성상태가 유지되면 감각입력에 의한 외부 환경 정보로 구성된 의식의 내용이 대뇌피질에서 만들어집니다. 매 순간 변화하는 외부환경에 대응하기 위해 대뇌피질에서 끊임없이 신경작용이 일어나죠. 의식의 내용은 대뇌피질의 시냅스에서 1000분의 1초, 즉 밀리초(ms) 단위로 분출되는 글루탐산과 GABA에 의해 생성됩니다. 대뇌피질에서 글루탐산은 흥분성시냅스로, GABA는

2-21
뇌간 등쪽에 표시된 그물핵과 관련 신경조절물질
(출전:《통합강의를 위한 임상신경해부학》, FitzGerald 외)

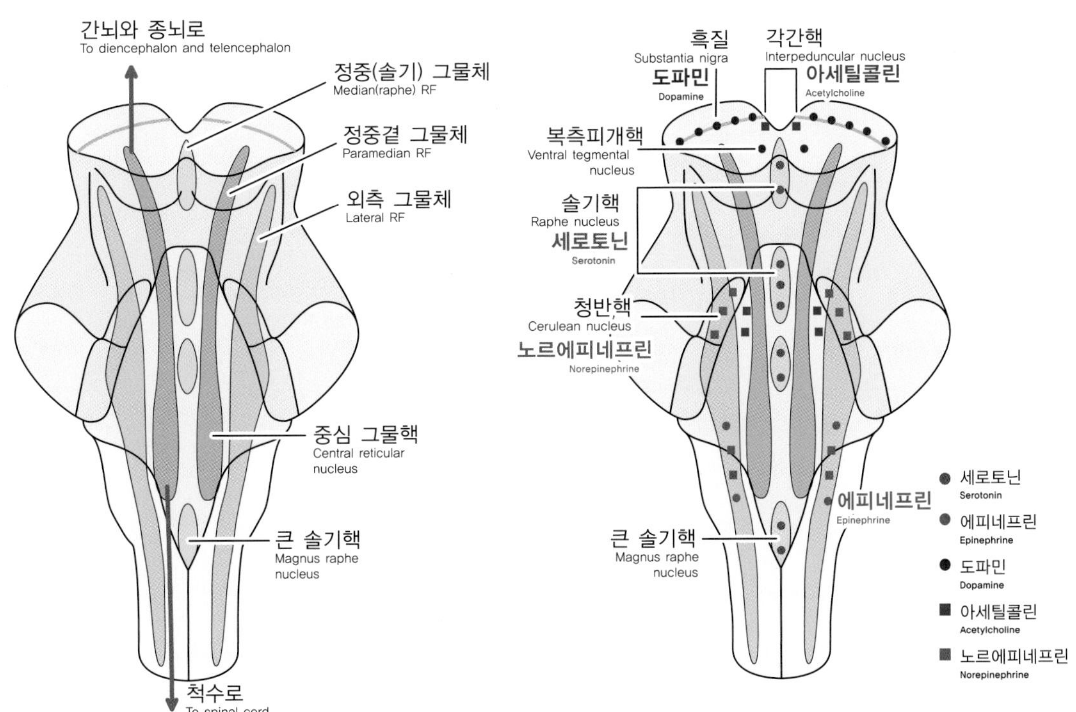

억제성시냅스로 작용하지요. 글루탐산의 수용체는 이온성 수용체와 대사성 수용체로 분류되며, 이온성 수용체는 AMPA 수용체와 NMDA 수용체가 기억 형성에 중요합니다.

그물핵을 구성하는 신경세포에서 생성되는 신경조절물질은 다음과 같습니다.

큰솔기핵, 정중솔기핵 → 세로토닌

중심그물핵, 정중곁그물핵 → 도파민

외측그물핵 → 노르아드레날린, 아드레날린

흑색질치밀부, 복측피개핵 → 도파민

각간핵 → 아세틸콜린

청반핵 → 노르아드레날린

2-22

부완핵 주위의 아세틸콜린, 세로토닌, 노르아드레날린 신경핵들

부완핵 주위의 아세틸콜린, 세로토닌, 노르아드레날린 신경핵들은 의식 각성상태와 렘수면에서 중요한 역할을 한다.

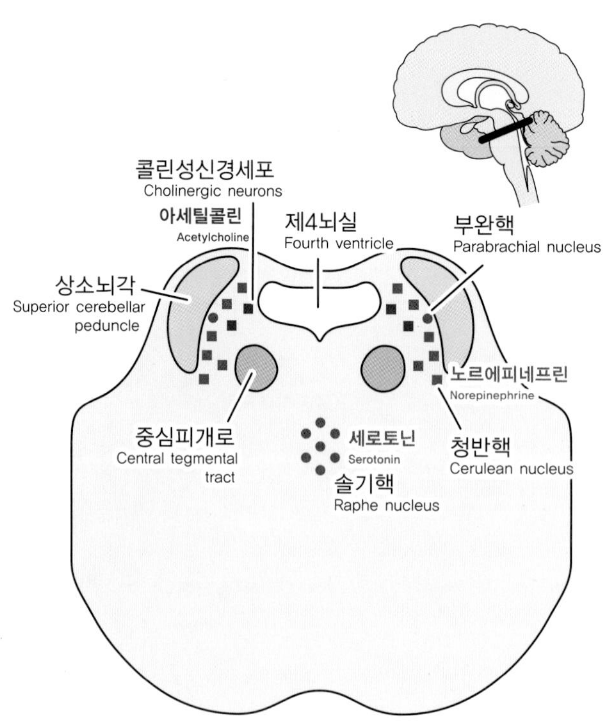

02 의식과 생존의 중추, 그물형성체

그물형성체는 의식의 상태를 결정하는 일 외에도 다양한 기능을 합니다. 우리 몸의 항상성을 유지하고 통각과 근육의 긴장도를 조절하지요. 대동맥체aortic body, 경동맥체carotid body, 대동맥동aortic sinus, 경동맥동carotid sinus, 호흡, 기침, 음식물 삼키기, 침 분비, 구토의 반사작용을 매개하기도 합니다. 심장의 박동과 호흡의 조절은 생명을 유지하는 일과 바로 연결되지요. 그래서 그물형성체가 손상되면 생명이 위험해집니다.

그물형성체는 솔기핵raphe nuclei(봉선핵), 중심핵군central group reticular nuclei, 외측핵군lateral group or reticular nuclei, 전소뇌핵군precerebellar group or reticular nuclei의 네 가지 세포군으로 분류됩니다. 제4뇌실의 바닥에서는 미주신경등쪽핵, 설하신경이 있으며 전정신경복합체 아래에 고립로핵이 있지요.

하소뇌각 절단면에 드러나는 뇌신경핵들은 미주신경등쪽핵, 설하신경, 삼차신경척수핵이 있습니다. 미주신경등쪽핵, 고립로핵, 의문핵의 신경축삭다발은 미주신경을 형성하지요. 소뇌와 연결되는 하올리브핵과 시상하부 궁상핵도 보입니다.

이 가운데 솔기핵은 뇌간 뒤쪽 한가운데, 즉 뇌실계의 정중앙부와 전정중틈새anterior median fissure를 잇는 부분에 수직으로 위치하며 세로토닌을 분비합니다. 세

2-23
연수 부위의 단면 구조와 그물형성체

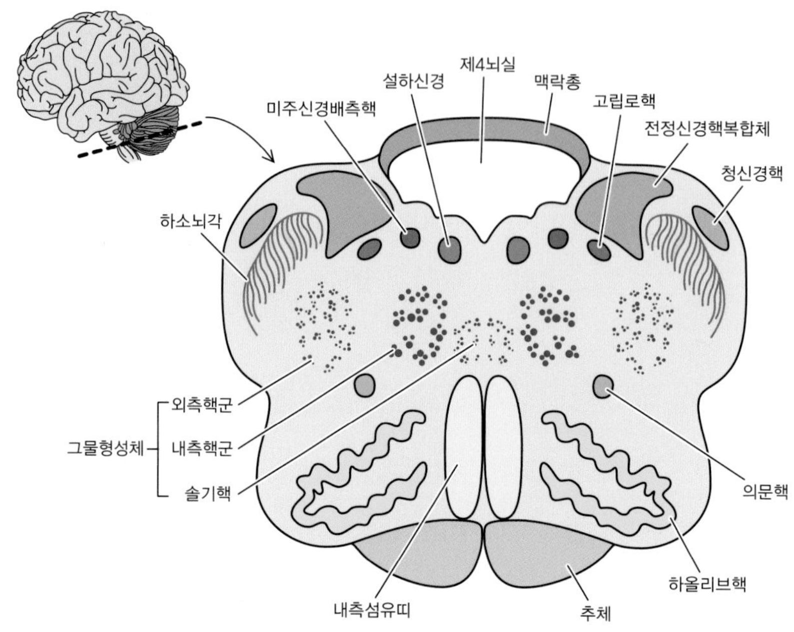

로토닌은 각성상태를 만들 뿐만 아니라 마음을 평온하게 하고 통증을 완화하죠. 중심핵군은 솔기핵의 바로 바깥쪽에 위치하며, 바로 이 부위에서 그물척수로가 시작됩니다. 솔기란 양복의 제봉선을 말하지요. 뇌가 발생할 때 신경판이 원통형의 신경관을 형성할 때 생기는 봉합선이 바로 솔기가 되고, 세로토닌을 분비하는 신경세포가 솔기선에 나열해 있기 때문에 솔기핵이라 하지요. 2-25 아래 사진을 보면 신경관이 봉합fusing neural folds되어 체절마디somites가 형성된 모습이 잘 드러납니다.

외측핵군은 그물형성체에서 가장 바깥쪽에 위치한 부위이지요. 이 부위에 속하는 교뇌 청반locus ceruleus에 노르아드레날린을 분비하는 청반핵nucleus locus ceruleus(청색반점핵)이 있죠.

푸른 반점처럼 생긴 청반핵은 대뇌와 소뇌로 축삭을 보내며, 수면 주기 조절에 관여합니다. 배쪽피개영역도 외측핵군에 속해요. 이 부위에서는 변연계limbic system로 도파민을 분비합니다. 변연계는 변연엽limbic lobe과 시상, 시상하부, 편도

2-24
제4뇌실 단면에 나타나는 신경핵들

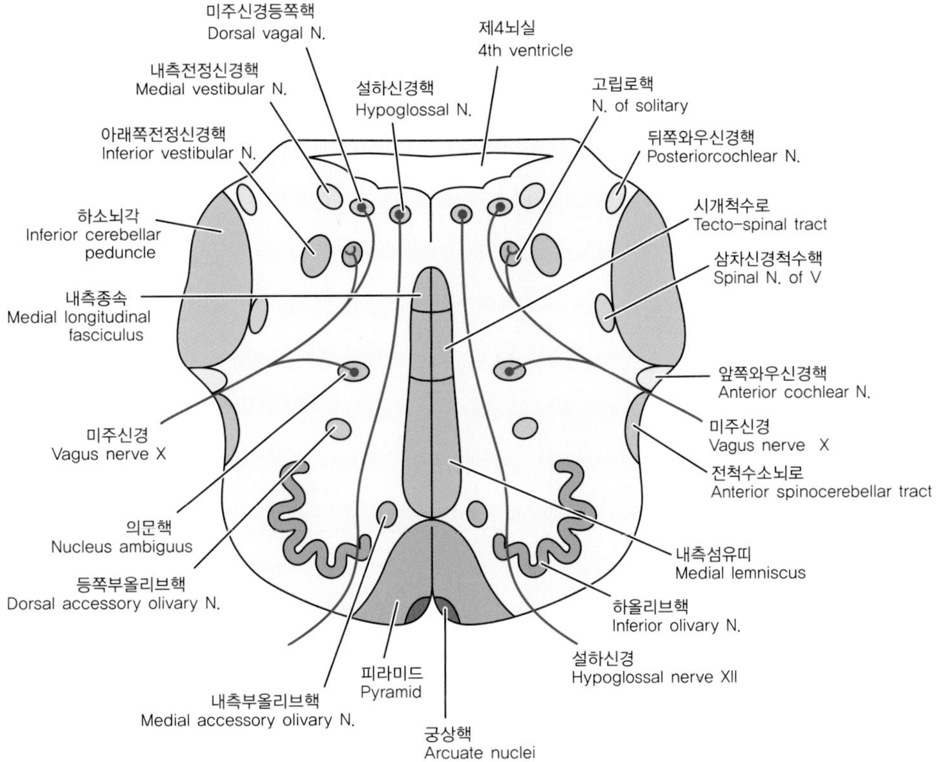

체amygdala, 중격영역septal region을 포함한 구조를 말합니다. 대뇌반구 아래 안쪽에 위치해 있죠. 변연계로 이어지는 신경신호는 전두엽으로 전달되죠. 도파민은 운동조절에 영향을 미치고 감정, 특히 쾌감 신경계를 활성화하는 중요한 신경전달물질이죠. 파킨슨병이나 약물중독, 정신분열증이 도파민 분비 세포와 관련된 이상 증상입니다. 흑질치밀부의 도파민 생성 세포가 60% 이상 줄어들면 파킨슨병이 나타나지요.

대뇌각교뇌핵pedunculopontine nucleus 역시 외측핵군에 속하며, 이 부위에는 아세틸콜린을 분비하는 신경세포가 있지요. 아세틸콜린은 근육운동을 가능하게 하고, 기억을 인출하며, 의식의 연상작용을 일으키는 중요한 신경조절물질이죠. 꿈을 꿀 때 특히 많이 분비됩니다. 그래서 꿈의 내용을 보면 시각 이미지들이 맥락 없이 전

2-25

뇌간그물형성체(위)와 태아 신경관 봉합 및 체절 형성(아래)

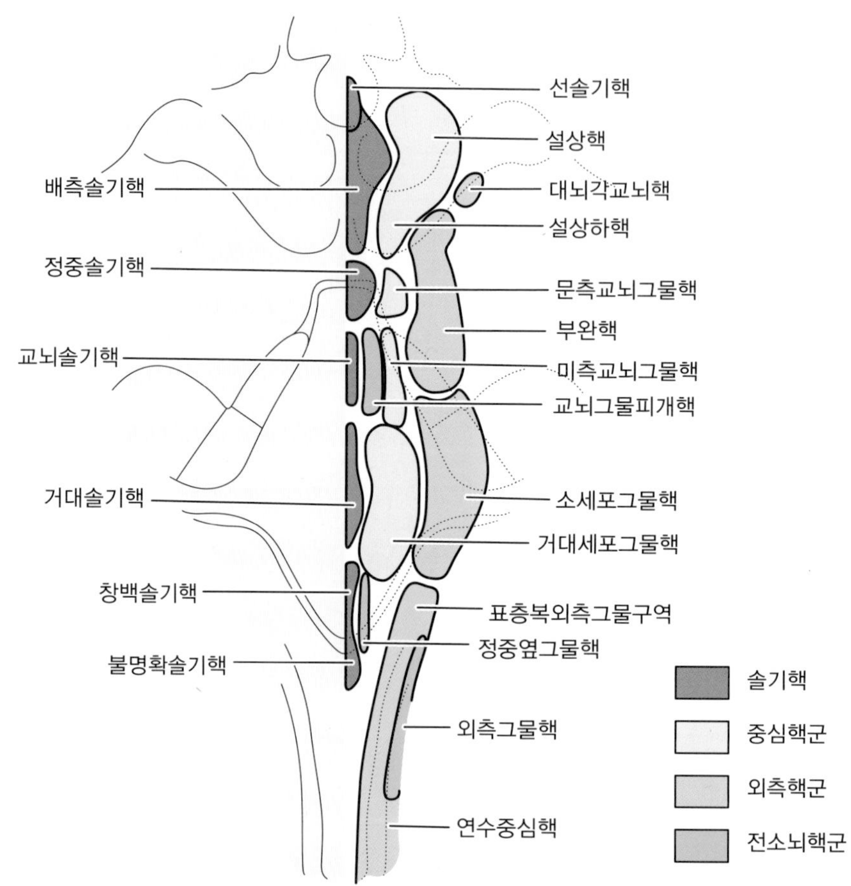

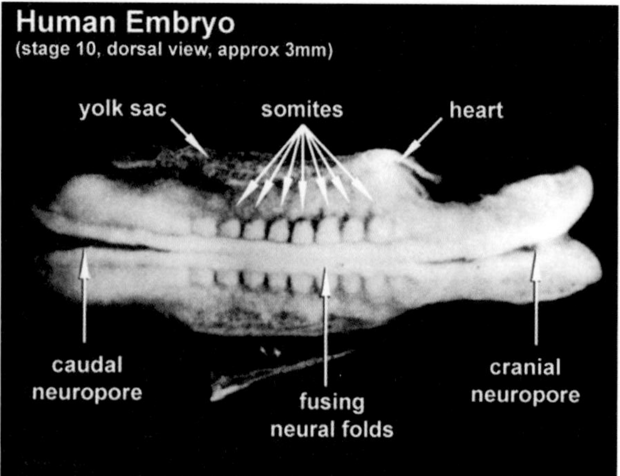

개되는 겁니다. 전소뇌핵군은 뇌간의 정중앙 옆 부분과 외측그물핵, 교뇌 피개에 위치하며 소뇌와 연결됩니다.

이렇게 그물형성체에는 의식의 상태를 결정하는 신경조절물질을 함유한 세포군들이 모여 있습니다. 이 세포군들은 도파민이나 노르아드레날린 같은 카테콜아민을 함유한 A군, 세로토닌을 함유한 B군, 아드레날린을 함유한 C군, 아세틸콜린을 함유한 Ch군으로 분류합니다. 대표적인 A군에는 노르아드레날린을 함유한 A6 청반핵이 있습니다. 그물형성체의 세포계열은 아니지만, 도파민을 함유한 A9 흑색질도 A군이죠. 흑색질에서도 치밀부에 도파민을 함유한 신경세포들이 있습니다. 흑색질의 그물부에는 GABA를 분비하는 신경세포가 있죠. 흑색질 치밀부의 도파민 분비 세포가 손상되거나 퇴화하면 근육 조직이 경직되고 떨리는 파킨슨병이 나타납니다. 솔기핵은 B군에 속합니다. Ch군에 속하는 세포군은 여섯 가지로 나뉘죠. Ch1~Ch4는 대뇌기저부에 위치합니다. 이 가운데 Ch1~Ch3는 중격핵에 있고, Ch4는 알츠하이머병과 관련이 있는 전뇌기저핵에 속합니다. 전뇌기저핵의 주요 부위가 마이네르트 기저핵basal nucleus of Meynert입니다. Ch5는 대뇌각교뇌핵, Ch6는 교뇌의 중심 회색질에 있어요.

03 뇌신경으로 감각하고 움직이다

뇌신경핵은 척수와 대뇌를 연결하는 뇌간에 대부분 존재하지요. 따라서 뇌신경은 대뇌피질의 각성상태를 조절하고 척수의 운동출력을 조절할 수 있는 위치입니다. 뇌신경은 뇌신경핵에서 출력되는 축삭다발이며 뇌신경핵은 운동성과 감각성 신경세포 그룹으로 구성되지요. 12개 뇌신경의 특성을 이해하려면 그들의 기원인 뇌신경핵의 위치와 운동성신경핵과 감각성신경핵을 구분해서 공부해야 합니다. 뇌신경핵들은 척수의 일반감각에서 뇌신경이 조절하는 특수감각을 포함해서 살펴봅시다.

뇌간의 피개에는 뇌신경핵이 있습니다. 피개의 뇌신경핵에서 신경축삭다발이 배쪽으로 뻗어나와 뇌신경을 만들지요. 뇌간의 뇌신경핵은 동안신경핵, 도르래신경핵, 삼차신경운동핵, 외전신경핵, 안면운동신경핵, 타액신경핵, 의문핵, 설하신경핵이 있습니다.

인간의 12쌍 뇌신경 가운데 I번 후각신경과 II번 시각신경을 제외한 10쌍의 뇌신경이 뇌간에서 나옵니다. 뇌신경핵의 감각핵은 시각, 청각, 체감각 신경정보가 입력되며, 운동핵은 눈동자와 혀를 움직이고 분비샘을 자극합니다.

뇌간에 있는 뇌신경에서 III번 동안신경oculomotor nerve(눈돌림신경)은 중뇌 피개에서 좌우 대뇌각 사이의 대뇌각간오목interpeduncular fossa(대뇌다리사이오목)으로 나

2-26
삼차신경 주감각핵, 미각핵, 고립로핵

머리 피부의 감각신호는 삼차신경 주감각핵에 시냅스하며, 혀의 미각신호는 미각핵, 일반내장감각은 고립로핵에서 시냅스한다. 내장감각과 미각신경세포의 축삭은 미주신경이 된다.
(출전: Comparative Vertebrate Neuroanatomy, A. B. Butler and W. Hodos)

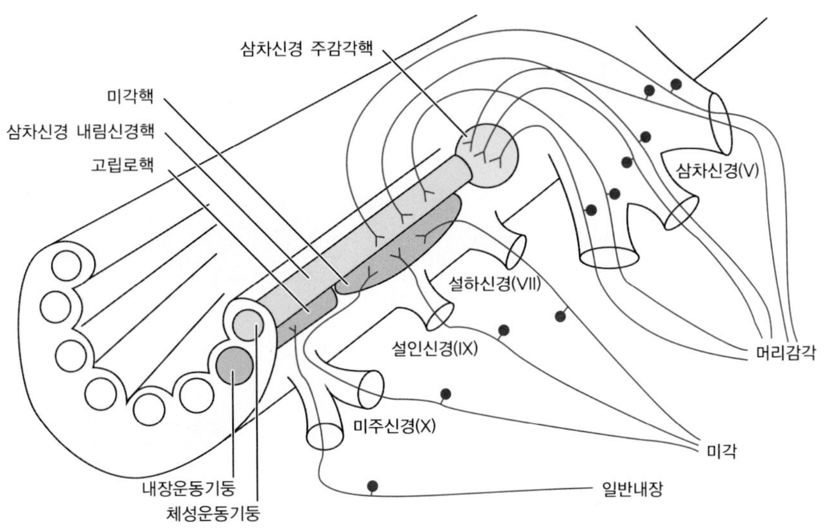

2-27
포유동물 머리 근육을 조절하는 등쪽과 배쪽의 뇌신경

(출전: Comparative Vertebrate Neuroanatomy,
A. B. Butler and W. Hodos)

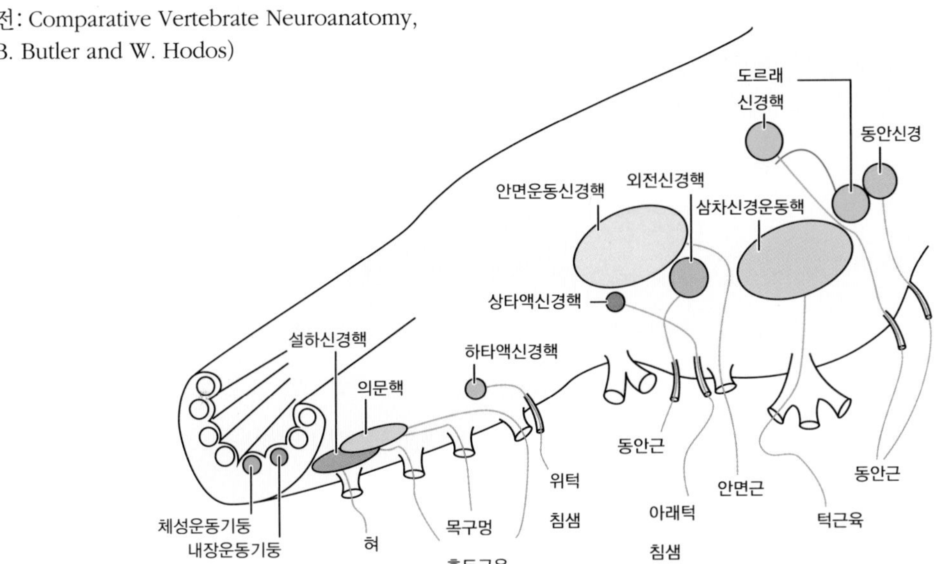

2-28
뇌간의 등쪽에 위치하는 뇌신경핵

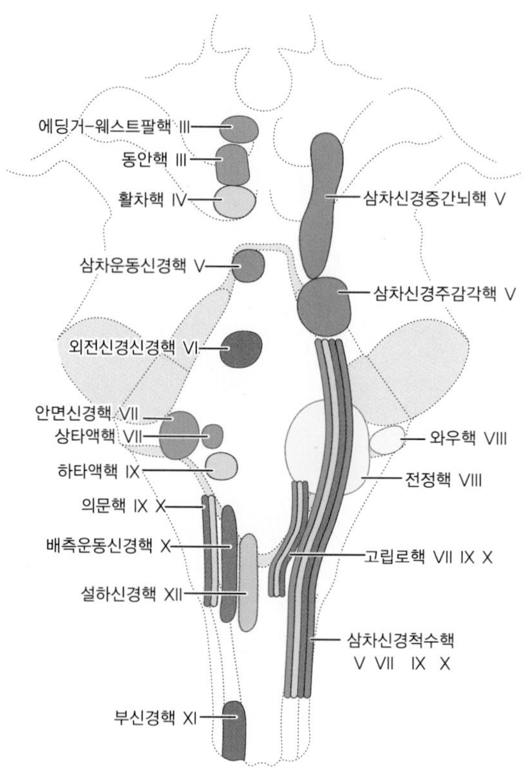

오며, 눈 근육과 연계하여 눈과 눈꺼풀을 움직이고, 홍채근육의 움직임을 조절하여 동공을 축소시킵니다. IV번 도르래신경trochlear nerve(활차신경)은 뇌신경에서 유일하게 중뇌 피개에서 중뇌 뒤쪽 천장판으로 뻗어 나오며, 안구운동 조절에 관여하죠.

V번 삼차신경trigeminal nerve(세갈래신경)은 교뇌 핵에서 뻗어 나와 안신경 ophthalmic nerve(눈신경), 상악신경maxillary nerve(위턱신경), 그리고 하악신경 mandibular nerve(아래턱신경)의 세 갈래로 갈라져 나갑니다. 삼차신경은 얼굴의 피부, 비강과 입안의 점막, 혀 앞 3분의 1, 치아, 뇌 경막에 분포하며 얼굴의 대부분에서 일반감각을 감지하죠. 삼차신경에 이상이 있으면 얼굴에 극심한 통증이 나타나는데, 이를 안면근육 신경통 또는 삼차신경통이라고 합니다. 삼차신경은 또한 음식물을 씹을 때 사용하는 근육의 운동을 조절하지요.

삼차신경척수핵과 삼차신경주감각핵의 신경축삭은 삼차섬유띠를 형성하여 시

2-29
뇌간의 뇌신경핵에서 배쪽으로 뻗어나온 뇌신경

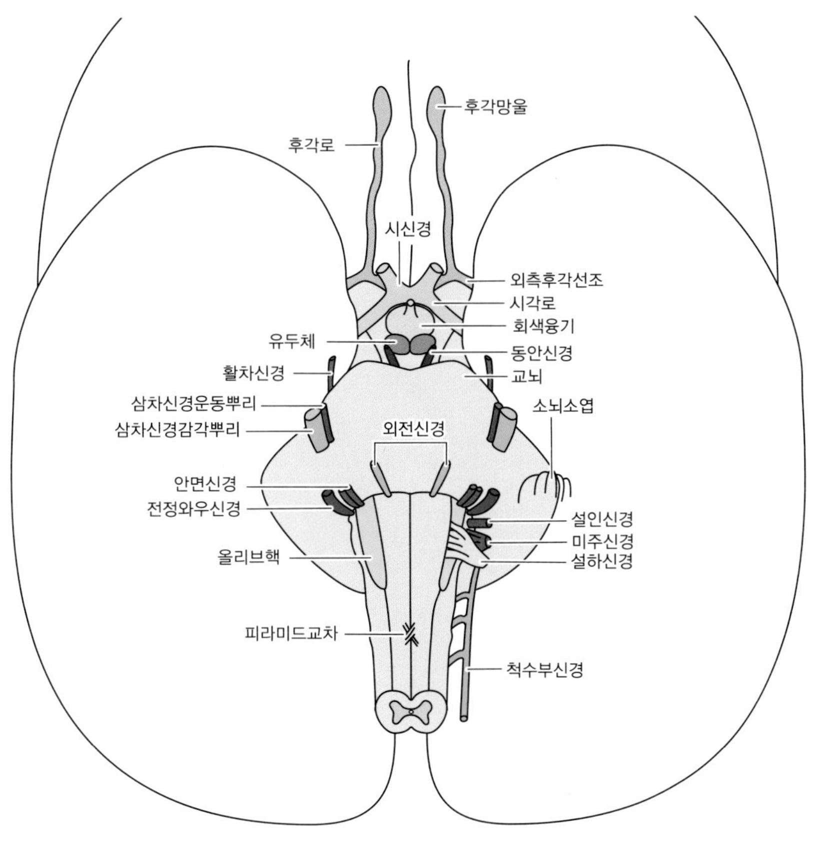

2-30
삼차신경의 안면 분포

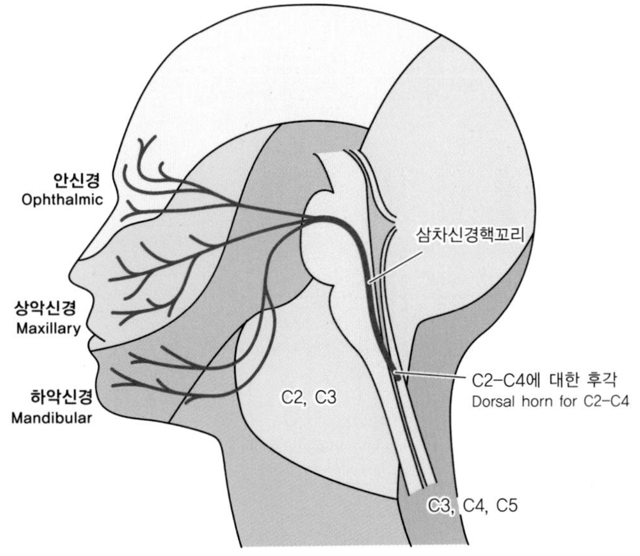

2-31
삼차신경로와 삼차섬유띠

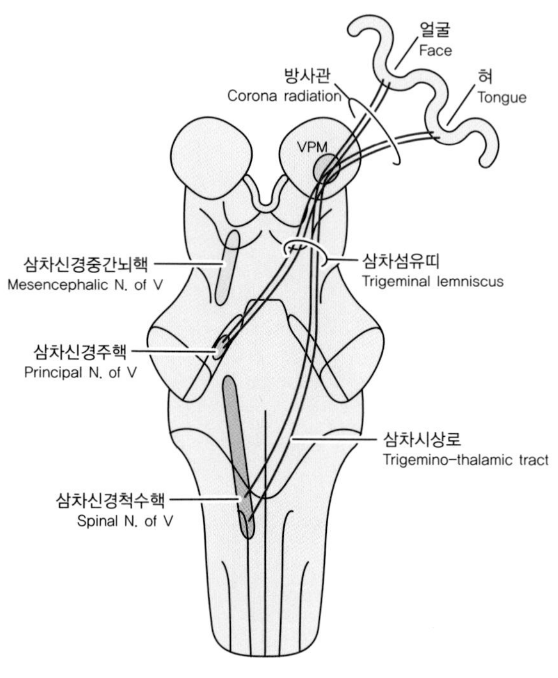

2-32
동안신경, 도르래신경, 외전신경에 의한 안구운동 조절

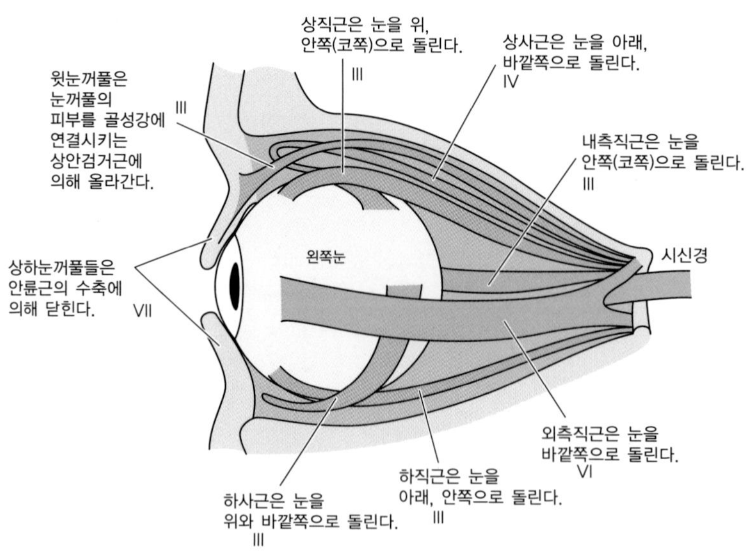

2-33
안구 움직임 관련 뇌신경핵

발생 과정에서 뇌간의 활차신경핵, 외전신경핵에서 신경축삭다발이 상사근과 외직근에 시냅스한다. 척수신경이 아가미궁 아래의 신체근육을 조절한다.

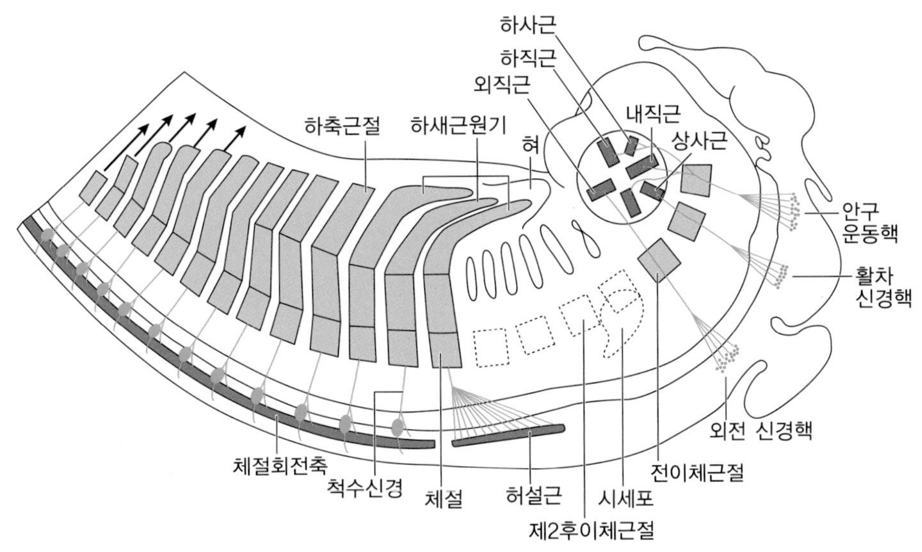

2-34
안면 신경

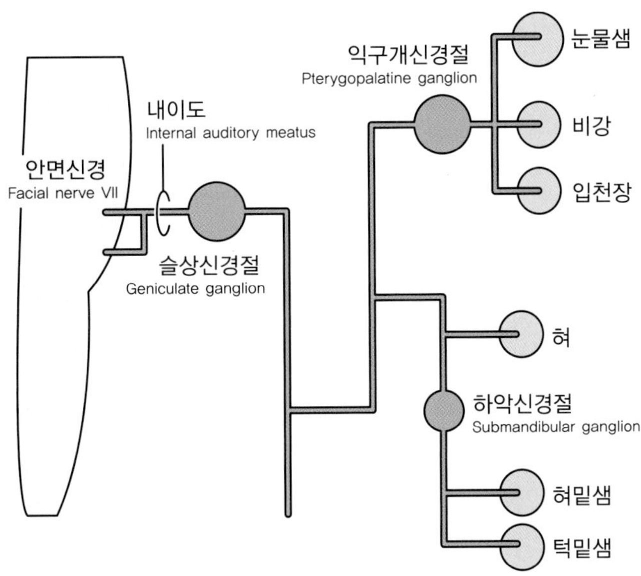

상복후내측핵(VPM)에 시냅스하지요. 시상복후내측핵에서 코로나방사conora radiation를 형성하여 대뇌일차체감각피질로 출력됩니다. 그리고 삼차신경척수핵에서 시상복후내측핵까지 신경로를 삼차시상로라 하지요.

VI번 외전신경abducens nerve(갓돌림신경)은 교뇌 하부에 위치한 신경핵에서 뻗어나와 시냅스를 통해 안구의 외직근lateral rectus muscle(가쪽곧은근)과 연결되죠. 안구는 상직근superior rectus muscle(위곧은근), 하직근inferior rectus muscle(아래곧은근), 내직근medial rectus muscle(안쪽곧은근), 외직근, 상사근superior oblique muscle(위빗근), 하사근inferior oblique muscle(아래빗근)의 작용으로 움직입니다. 이 가운데 상사근은 도르래신경에 의해 조절되지요. 그리고 상직근, 하직근, 내직근, 하사근은 동안신경에 의해 움직임이 조절됩니다.

VII번 안면신경facial nerve(얼굴신경) 역시 교뇌 아랫부분에서 뻗어 나옵니다. 안면신경은 얼굴의 표정 근육, 눈물샘, 침샘과 관련된 감각신경과 운동신경이에요. 음식을 앞을 두고 침이 얼마나 나오는지 관찰해보세요. 몇 초 지나지 않아 조건반사가 일어나서 침이 나오지요. 침과 눈물도 신경작용으로 분비되는 것입니다. 하품, 딸꾹질, 멀미, 구토, 그리고 삼키기도 반사적 신경작용입니다.

VIII번 전정와우신경vestibulocochlear nerve(전정달팽이신경)에서 전정신경은 교뇌 하부에 있는 핵에서, 와우신경(달팽이신경)은 하소뇌각에 있는 핵에서 뻗어나온 축삭 다발이지요. 전정신경과 와우신경은 다르죠. 전정신경은 평형감각, 와우신경은 청각을 담당합니다. 그런데 왜 전정신경과 와우신경을 묶어서 말할까요? 내이(속귀)의 세반고리관에서 전정신경, 와우관(달팽이관)에서 와우신경이 나오다가 모여서 다발이 만들어집니다. 각각 다른 핵에서 시작되는데 함께 다발이 형성하므로 전정와우신경이라 하지요.

IX번 설인신경glossopharyngeal nerve(혀인두신경), X번 미주신경vagus nerve, XI번 부신경spinal accessory nerve(곁신경), XII번 설하신경hypoglossal nerve(혀밑신경)은 모두 연수에서 나옵니다. 설인신경은 미각정보를 받아들이고, 혈관의 혈압 변화를 감지하며, 침샘과 구강 인두근육을 조절하는 혀, 인두(목구멍)와 관계 있는 신경입니다. 미주신경은 어지러울 미(迷), 달릴 주(走), 즉 '헷갈리게 달려간다'는 뜻처럼 목구멍, 심장, 폐, 간, 창자 등 우리 몸 여러 부위에 넓게 분포하며 내장 기관의 감각

2-35
전정와우신경

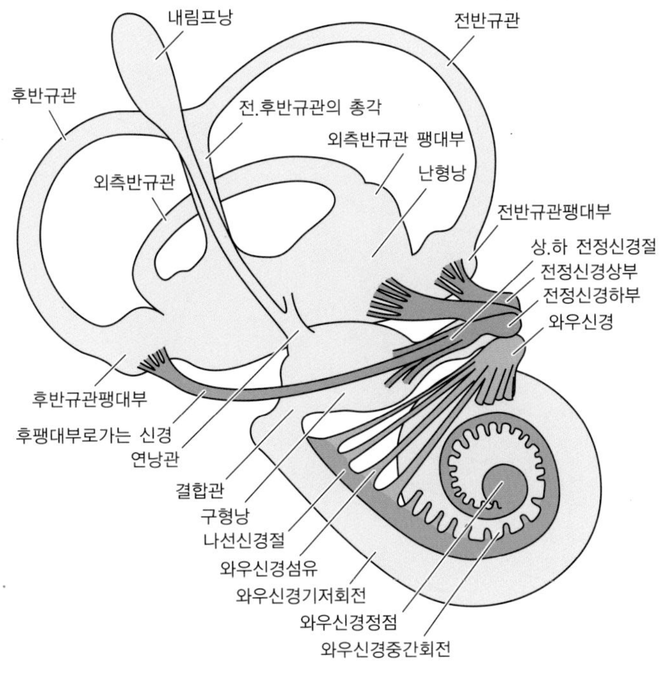
내림프낭
전반규관
후반규관
전.후반규관의 총각
외측반규관 팽대부
외측반규관
난형낭
전반규관팽대부
상.하 전정신경절
전정신경상부
전정신경하부
와우신경
후반규관팽대부
후팽대부로가는 신경
연낭관
결합관
구형낭
나선신경절
와우신경섬유
와우신경기저회전
와우신경정점
와우신경중간회전

2-36
설인신경

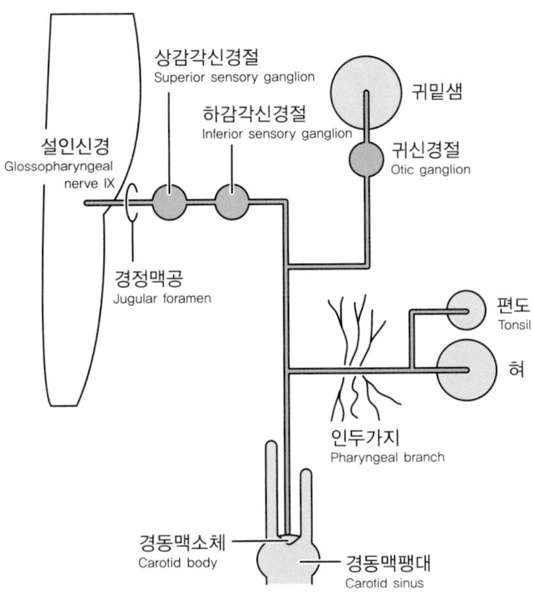
상감각신경절
Superior sensory ganglion
귀밑샘
하감각신경절
Inferior sensory ganglion
설인신경
Glossopharyngeal
nerve IX
귀신경절
Otic ganglion
경정맥공
Jugular foramen
편도
Tonsil
혀
인두가지
Pharyngeal branch
경동맥소체
Carotid body
경동맥팽대
Carotid sinus

2-37
뇌신경핵의 분포 위치

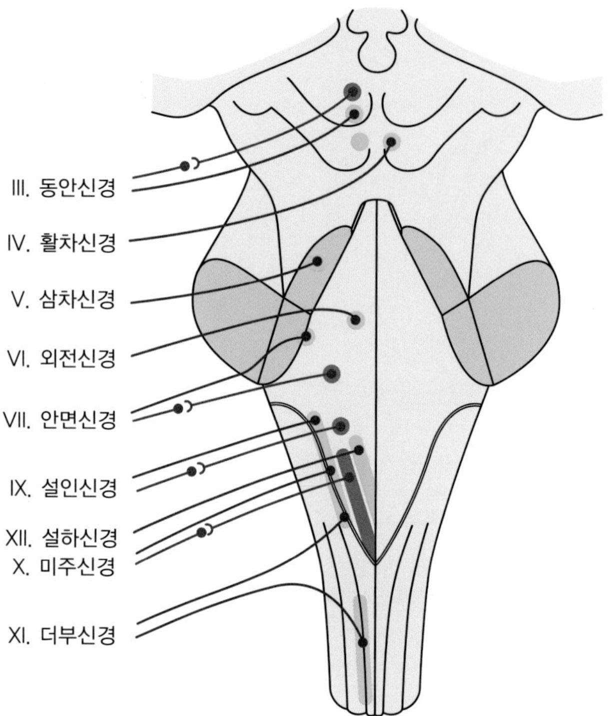

을 전달하고 내장 기관의 운동을 부교감적으로 조절하죠. 부신경이란 척수신경에 부속된 신경이라는 의미로 척수부신경이라 하지요. 척수부신경은 연수에서 나와 미주신경에 합쳐지며, 머리·목·어깨의 근육운동을 조절합니다. 설하신경은 혀 아래쪽의 운동에 관여하는 신경이죠. 설인신경, 설하신경에 문제가 있으면 발음하기가 어려워집니다.

이외에도 I번 후각신경olfactory nerve(후신경)은 후각세포에서 뻗어 나오며, 후각상피에서 후각신호를 받아 후각망울olfactory bulb(후각구)로 전달하죠. 후각망울로 전달된 후각신호는 후각로olfactory tract를 타고 측두엽temporal lobe(관자엽)의 후각영역으로 들어갑니다. II번 시각신경optic nerve(시신경)은 망막에서 나와요. 시각정보의 전달 경로는 망막의 원추세포Cone cell(원뿔세포)와 간상세포Rod cell(막대세포)에서 시각자극이 신경절 세포로 전달되고 신경절 세포에서 외측슬상체로 전송되며 외측슬상체에서 시신경방사로를 통해 후두엽occipital lobe(뒤통수엽)의 일차 시각피

2-38
시각로

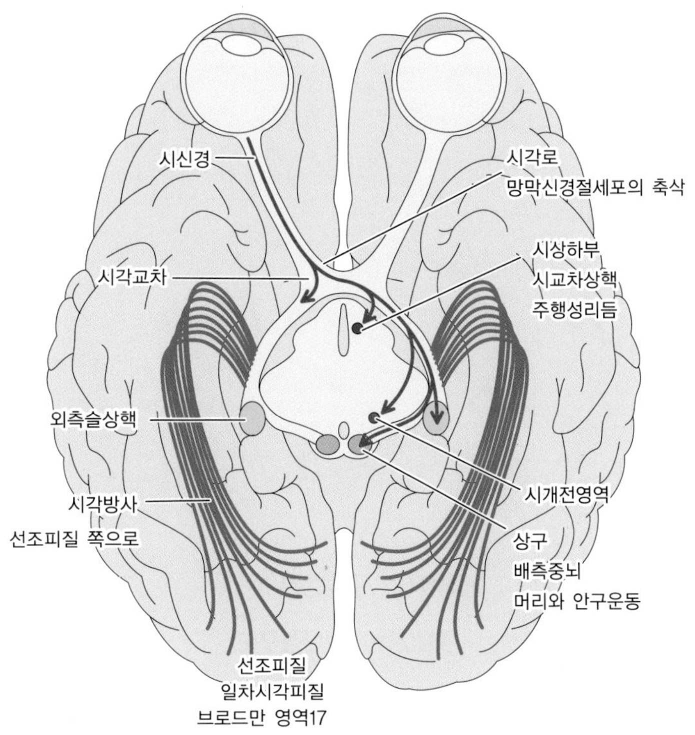

질까지 전달되지요.

이 열두 가지 뇌신경은 일반체원심성, 일반체구심성, 특수내장원심성special visceral efferent(SVE), 일반내장원심성, 일반내장구심성, 특수내장구심성special visceral afferent(SVA), 특수체구심성special somatic afferent(SSA)의 일곱 가지 성분의 신경섬유들로 구성됩니다. 일반성분과 특수성분, 내장성분과 체성분, 원심성분과 구심성분의 구분은 다음과 같이 요약할 수 있습니다. 신경의 내장성분은 내장과 관계가 있고, 체성분은 피부, 근육, 관절을 지배합니다. 운동명령을 전달하면 원심성분, 감각신호를 받아들이면 구심성분이죠. 그리고 온도, 압력, 통증을 전달하면 일반성분이고, 특수한 감각기를 통해 시각, 청각, 평형감각신호를 받거나 얼굴, 인두, 후두 등 아가미궁branchial arch에서 기원한 근육을 움직이면 특수성분이죠.

2-39
개방연수 단면에서 뇌신경 성분 분류

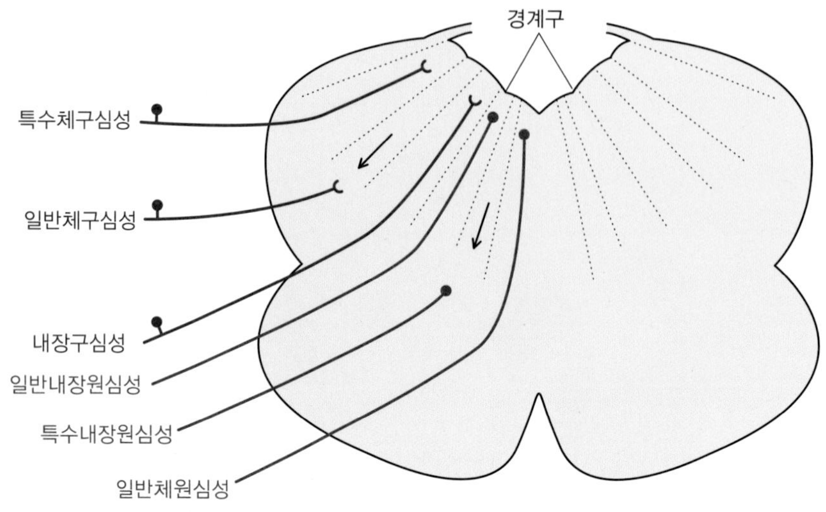

일반성분(G), 체성분(S), 구심성분(A)

특수성분(S), 내장성분(V), 원심성분(E)

이렇게 여섯 가지 성분을 조합하여 뇌신경을 일반체원심성, 일반체구심성, 특수내장원심성, 일반내장원심성, 일반내장구심성, 특수내장구심성, 특수체구심성의 일곱 가지 섬유로 구분합니다. 척수의 회색질은 일반체원심성, 일반내장원심성, 일반내장구심성, 일반체구심성 섬유의 네 가지 성분의 섬유들로 배열을 이루지요. 반면에 개방연수에서의 뇌신경 성분은 특수체구심성, 일반체구심성, 내장구심성, 일반내장원심성, 특수내장원심성, 일반체원심성 등입니다. 이러한 분류는 척수신경과 뇌신경을 진화적 관점에서 볼 때 유익하지요.

아가미궁은 배아 발생 때 나타나는 아가미처럼 생긴 구조입니다. 여기에서 외이external ear(바깥귀), 갑상선thyroid gland(갑상샘), 편도가 만들어지죠. 아가미궁은 1궁에서 6궁까지로 구분되는데, 1궁에서 발생한 구조를 삼차신경이 신경조절합니다. 2궁에서 파생된 구조는 안면신경, 3궁에서 유도된 구조는 설인신경, 4궁, 5궁, 6궁에서 만들어진 구조는 미주신경과 연결되어 있죠. 아가미궁은 상어에서 인간에 이르기까지 공통적으로 나타납니다. 고생물학자 닐 슈빈Neil Shubin의 책 《내 안의 물

2-40
태아 인두궁의 단면 사진과 인두궁의 구성 요소

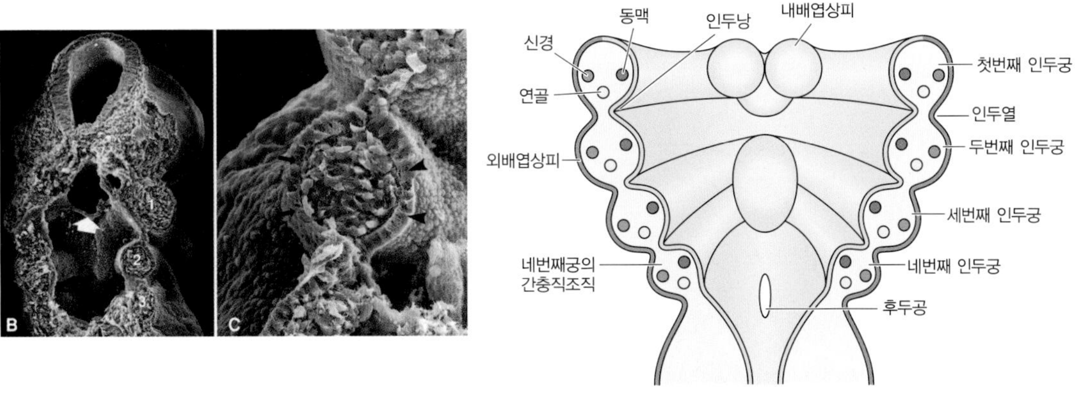

2-41
태아의 인두궁 형성 사진

태어난 지 32일 시난 태아의 사진. 위턱(상악)과 아래턱(하악)이 구별되며 35개의 체절이 생긴다. 1~4번의 인두궁이 보이며 심장과 간의 원기가 형성된다.

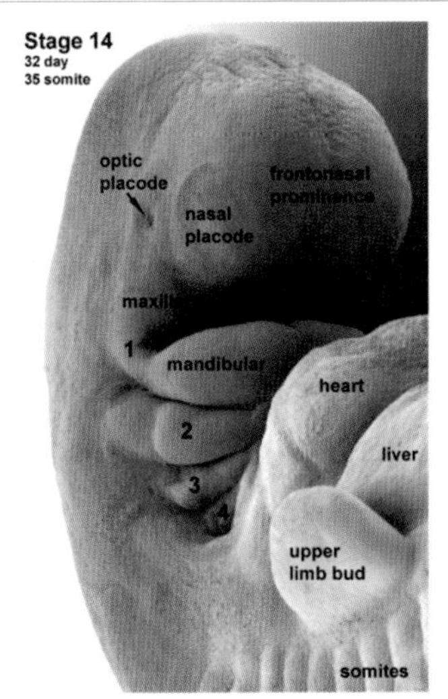

고기Your Inner Fish》를 보면 상어와 인간의 뇌신경을 비교하는 내용이 나오는데, 놀랍게도 상어 아가미근육을 움직이는 신경과 인간 턱근육을 움직이는 뇌신경의 종류와 순서가 같아요. 인간 얼굴 표정의 기원이 물고기의 아가미와 관련되어 있어요. 진화론을 바탕으로 신경해부학을 공부하면 척추동물의 진화 과정에서 뇌와 신체가 어떻게 환경에 적응하면서 변화되었는지를 짐작해볼 수 있습니다. 특히 척추동물 비교신경해부학은 인간의 뇌 작용을 이해하는 진화적 관점을 제공하지요. 인간의 얼굴 표정이 물고기의 아가미를 움직이는 근육과 관련있다는 사실은 생물 진

2-42
뇌간 등쪽과 간뇌의 구조

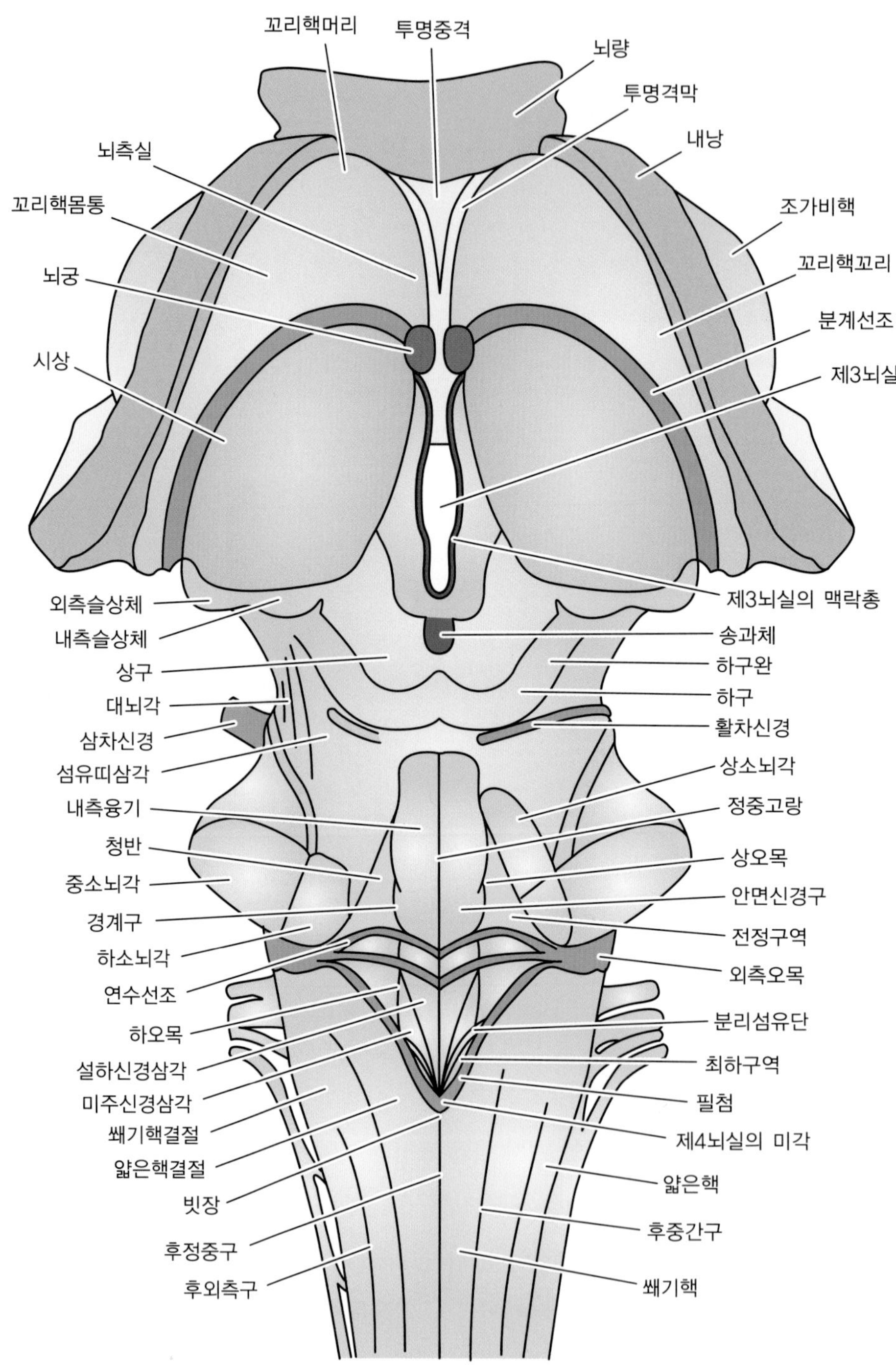

화의 관점에서 뇌의 구조를 다시 보게 합니다.

천장판에서 가장 중요한 부위는 중뇌에 있는 덮개tectum 구조입니다. 뇌간의 뒷부분을 그린 2-42에서 네 개의 반구형 모양으로 볼록하게 솟은 덮개 구조가 보이죠? 네 개의 혹이 볼록 솟아 있다고 해서 사구체corpora quadrigemina라고도 하죠. 위 둘은 상구superior colliculus(위둔덕), 하구inferior colliculus(아래둔덕)입니다. 상구는 시각자극에 따라 반사적으로 눈과 목을 움직이도록 조절합니다. 그래서 상구를 시각 덮개optic tectum, 또는 줄여서 시개라 부르기도 해요. 하행신경로 중에서 덮개척수로가 바로 상구에서 시작됩니다. 하구는 청각정보를 시상의 내측슬상체medial geniculate body(안쪽무릎체)로 전달하는 핵입니다. 내측슬상체는 대뇌피질 측두엽의 청각영역과 이어지죠. 대뇌피질에도 시각정보를 받아 처리하는 부위와 청각정보를 받아 처리하는 부위가 있죠. 대뇌피질의 두 부위에서 처리되는 시각, 청각정보는 하측두엽의 다중감각영역에서 모여 의식화될 수 있습니다. 하지만 상구와 하구로 들어가고 나가는 시각, 청각정보는 의식적으로 느낄 수 없죠.

상구완brachium of superior colliculus(위둔덕팔)은 상구를 망막, 대뇌피질과 연결하는 신경섬유다발입니다. 즉 망막에서 뻗어 나온 축삭과 대뇌피질에서 뻗어 나온 축삭이 상구로 들어가면서 만들어진 신경다발구조가 상구완이죠. 상구완에서 '완'은 팔을 뜻하는 한자입니다. 하구는 하구완brachium of inferior colliculus(아래둔덕팔)이라고 하는 신경섬유다발로 시상침 아래의 내측슬상체와 이어지죠. 내측슬상체에서 뻗어 나온 축삭이 하구로 들어가면서 만들어진 팔로 감싸는 듯한 구조가 하구완입니다. 내측슬상체는 달팽이관에서 시작된 청각신호를 받아 대뇌피질의 청각영역으로 중계하는 역할을 하죠. 시상침 아래에는 대뇌피질로 시각신호 전달을 중계하는 외측슬상체lateral geniculate body(가쪽무릎체) 핵이 있지요. 슬상체의 '슬상'은 '무릎 모양'이라는 뜻의 한자어입니다.

하구 아래 양 옆으로는 삼각형 모양의 섬유띠삼각trigonum lemnisci이 교뇌까지 이어져 있죠. 그 아래로 신경섬유다발 세 쌍이 소뇌와 연결되어 있습니다. 2-42는 소뇌를 들어낸 후의 뇌간의 등쪽 부위를 그린 것으로 소뇌의 연결 부위인 소뇌각의 신경섬유 절단면이 드러나 있습니다. 이 세 쌍의 신경섬유 다발은 소뇌각cerebellar peduncle(소뇌다리)이라고 하며 위에서부터 상소뇌각, 중소뇌각, 하소뇌각으로 구분

2-43
뇌간 개방연수 영역의 구조
(출전: Brain Architecture, L. W. Swanson)

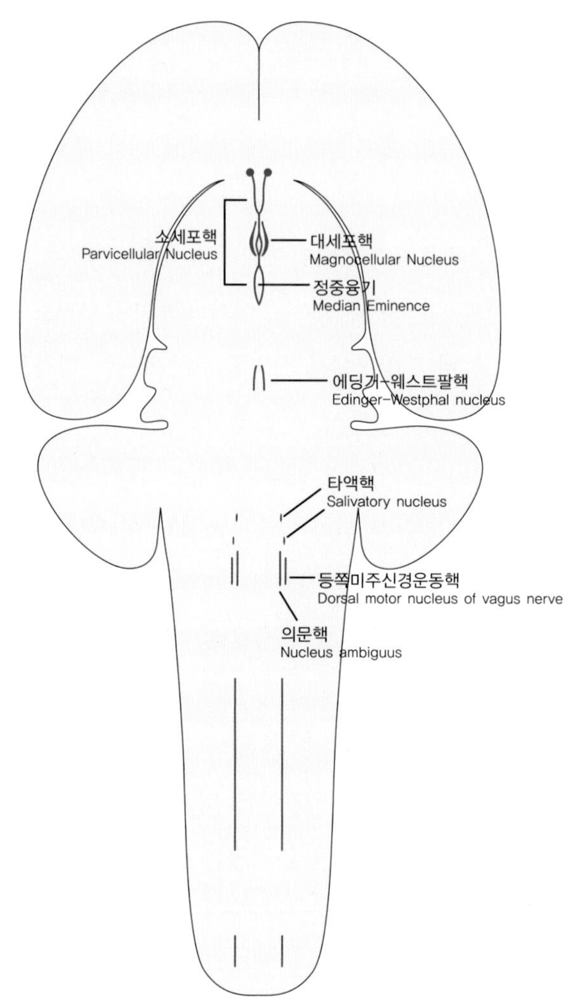

됩니다. 상소뇌각은 소뇌의 심부핵에서 뻗어 나온 섬유다발이며, 하구와 중뇌 피개의 적색핵, 시상으로 연결됩니다. 중소뇌각은 교뇌핵에서 뻗어 나오며 소뇌피질로 들어가죠. 하소뇌각은 올리브소뇌로olivocerebellar tract, 쐐기소뇌로cuneocerebellar tract, 후척수소뇌로posterior spinocerebellar tract, 전정소뇌로vestibulocerebellar tract로 구성되며, 소뇌로 들어가는 축삭 다발로 이루어져 있습니다.

양쪽 소뇌각 사이에는 마름모꼴로 생긴 부위가 연수까지 이어져 있습니다. 이 부위를 능형오목rhomboid fossa(마름모오목)이라고 합니다. 능형오목의 중앙에는 정중고랑median sulcus이 있습니다. 정중고랑 바깥쪽으로는 경계고랑sulcus limitans이 있죠. 이 두 고랑 사이는 언덕처럼 약간 솟아올라 있어요. 이 부위를 내측융기medial eminance라고 합니다. 내측융기의 아래에는 안면신경구facial colliculus가 있죠. 'colliculus'는 라틴어로 '언덕'을 뜻하는 말입니다. 그리고 능형오목의 가운데를 연수선조stria medullaris of 4th ventricle라는 신경섬유다발이 가로질러 갑니다.

경계고랑 옆쪽에 전정구역이 있습니다. 전정구역의 안쪽으로 전정핵vestibular nucleus이 교뇌 하부와 연수상부에 걸쳐 위치해 있죠. 전정핵은 상전정핵, 하전정핵, 내측전정핵, 외측전정핵으로 구성됩니다. 연수 쪽을 보면 볼록하게 올라온 부위가 두 곳 있죠. 두 곳 중 위는 설하신경삼각hypoglossal trigone(혀밑신경삼각)이고, 아래는 미주신경삼각vagal trigone입니다. 이름에서도 알 수 있듯이 삼각형 모양으로 융기해 있어요. 설하신경삼각 안쪽으로는 설하신경핵이 있습니다. 미주신경삼각의 안쪽에는 미주신경등쪽핵이 위치하며, 이 핵에서 나오는 축삭들이 미주신경을 이루죠. 그런데 뇌간의 뒤쪽으로 나오는 뇌신경은 한 개뿐이지요. 도르래신경이 뇌간 뒤쪽 중뇌와 교뇌가 이어지는 부위에서 뻗어 나옵니다.

2-44
의문핵, 척수부신경핵, 미주신경핵
(출전: 《통합강의를 위한 임상신경해부학》, FitzGerald 외)

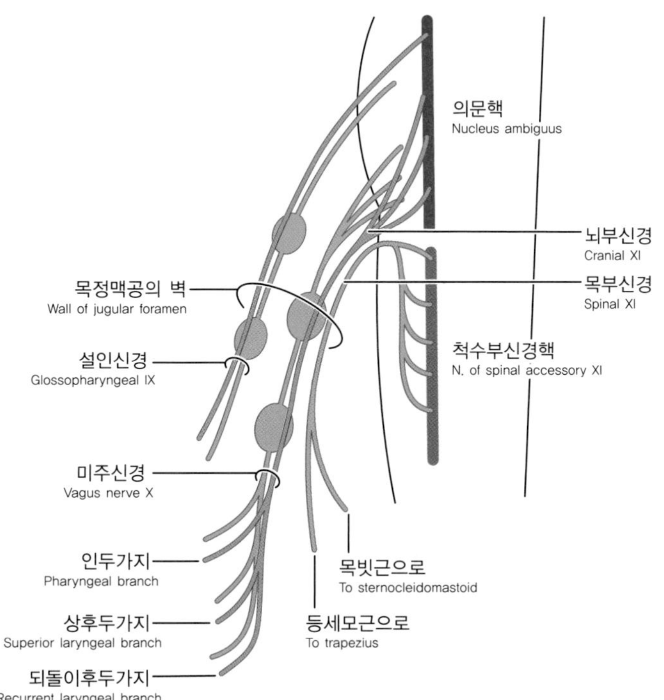

2-45
고립로핵의 기능
(출전: 《통합강의를 위한 임상신경해부학》, FitzGerald 외)

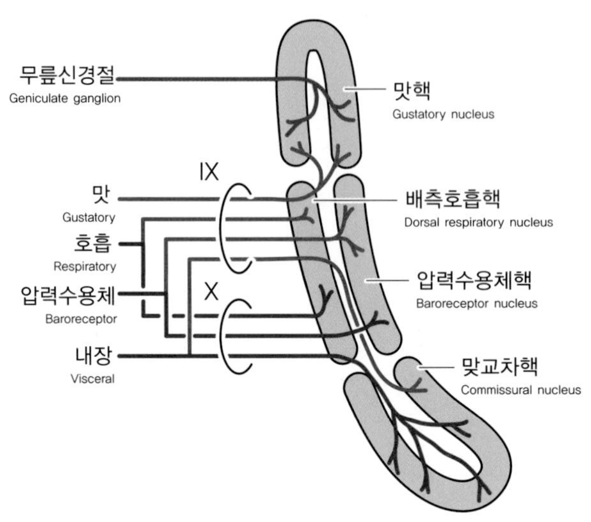

미주신경삼각에서 더 아래로 내려가면 얇은핵에서 뻗어 나온 얇은다발fasciculus gracilis(박속)이 보입니다. 얇은다발 바깥쪽으로 신경섬유다발이 하나 더 있죠. 쐐기다발fasciculus cuneatus(설상속)입니다. 쐐기다발은 쐐기핵에서 뻗어 나온 축삭이 모여 만들어진 것이죠. 척수 후근의 신경절에서 나와 연수 천장판의 얇은핵과 쐐기핵에서 시냅스하는 신경섬유다발을 가리켜 각각 얇은다발과 쐐기다발이라고 합니다. 얇은다발과 쐐기다발은 감각신호를 전달하는 후섬유단의 일부이기도 하죠. 얇은핵과 쐐기핵이 시상을 통하여 일차체감각영역으로 전달하는 촉각은 의식적 분별 촉각이지요.

뇌간핵에서 의문핵은 설하신경과 미주신경, 그리고 척수부신경의 신경섬유와 함께 축삭다발을 형성합니다. 의문핵의 신경섬유는 미주핵의 축삭과 함께 인두가지, 상후두가지, 되돌이 후각가지를 구성합니다.

고립로핵은 기능적으로 맛핵, 배측호흡핵, 압력수용체핵, 그리고 맞교차핵으로 이루어지고 미각과 내장감각을 처리합니다. 고립로핵은 설하신경과 미주신경의 축삭가지와 함께 출력됩니다. 혀의 맛봉우리 미각세포에서 고립로핵의 맛핵으로 신경출력하지요. 목동맥토리의 화학수용체가 혈액내의 이산화탄소와 산소의 농도를 측정하여 배측호흡핵으로 출력합니다.

04 신경로가 지나는 길

계통발생학적으로 보면 뇌간의 그물형성체와 피개가 가장 오래된 구조입니다. 천장판과 기저부는 나중에 덧붙여졌죠. 기저부는 인간에서 피질척수로가 발달하면서 크게 발달했으며, 우리의 정교한 손 운동과 관련됩니다.

후섬유단이 대표적인 상행로라면 피질척수로는 대표적인 하행로입니다. 피질척수로는 뇌간의 기저부를 지나요. 중뇌 양쪽에는 대뇌각기저부crus cerebri(대뇌다리바닥)가 대뇌각cerebral peduncle에서 이어지며 돌출되어 있습니다. 이 거대한 신경섬유다발이 바로 피질척수로입니다.

교뇌 앞쪽으로도 툭 튀어나온 구조가 있죠. 이를 교뇌기저부Basilar Pons(다리뇌바닥)라고 합니다. 고유교뇌pons proper라고도 부르죠. 교뇌기저부로는 교뇌핵에서 뻗어 나온 교뇌가로섬유transverse pontine fiber가 지납니다. 이 섬유는 교뇌 바깥쪽으로 이동하여 소뇌피질로 들어가죠. 이 신경섬유의 다발이 바로 중소뇌각을 이룹니다.

연수의 기저부에는 타원형으로 생긴 올리브가 바깥으로 튀어나와 있어요. 양쪽 올리브 안쪽으로는 두꺼운 피라미드가 보입니다. 앞에서 피라미드로는 피질척수로와 피질연수로로 구성된다고 했죠? 피질척수로는 손가락 움직임에 많이 쓰입니다. 정교한 손동작을 만들려면 피라미드의 두께에서 알 수 있듯이 아주 많은 신경섬유

2-46
뇌간의 구조

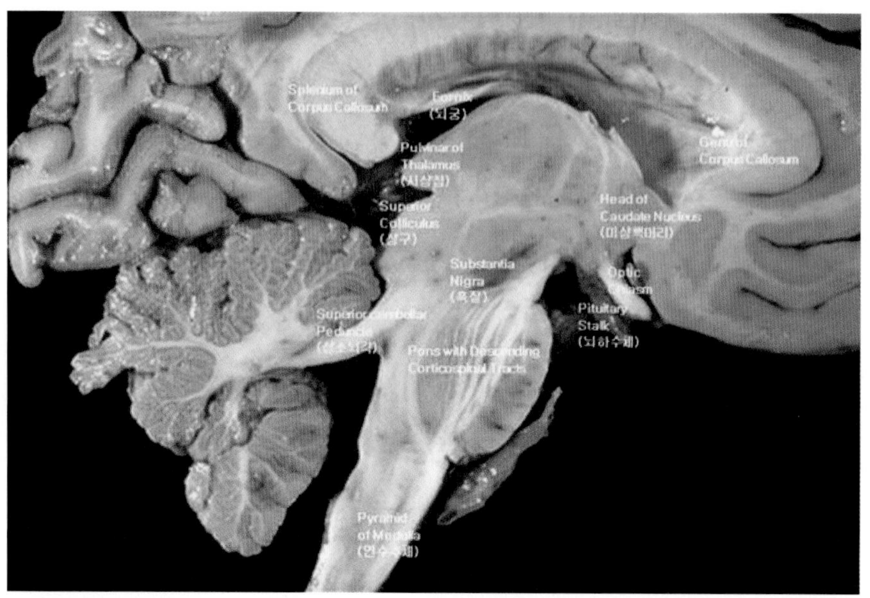

가 필요합니다.

피질척수로를 구성하는 신경섬유의 90%는 대뇌피질의 일차운동영역과 전운동영역에서 대뇌각기저부와 교뇌를 경유해 피라미드로 내려오다가 그 아래 피라미드교차 부위에서 반대쪽으로 방향을 바꿔 척수로 이동합니다. 이 신경로가 바로 외측피질척수로입니다. 나머지 10%의 신경섬유는 피라미드교차에서 교차하지 않고 그대로 척수로 내려가는데, 이것이 바로 전피질척수로예요.

대뇌 중심열 앞쪽의 일차운동피질에서 출발한 운동신호는 내낭의 하행성분 섬유다발을 형성하며 중뇌와 교뇌를 통과하여 연수에서 교차하는 피라미드로가 됩니다. 피라미드로의 일부 섬유는 중뇌영역에서 동안신경핵과 연결되며 교뇌에서 삼차신경핵, 도르래신경핵 그리고 안면신경과 연결됩니다. 연수 부분에서 피라미드로는 설인신경핵, 미주신경핵, 부신경핵, 그리고 설하신경핵과 연결되는 축삭다발이 피질연수로를 형성하지요. 중뇌, 교뇌, 연수에서 뇌신경핵들과 시냅스하는 피라미드로의 성분을 제외한 나머지 축삭다발들은 피질척수로가 됩니다. 그리고 피질척수로는 연수에서 교차하는 외측피질척수로와 교차하지 않고 동측으로 진행하는

2-47
피직철수로의 섬유다발

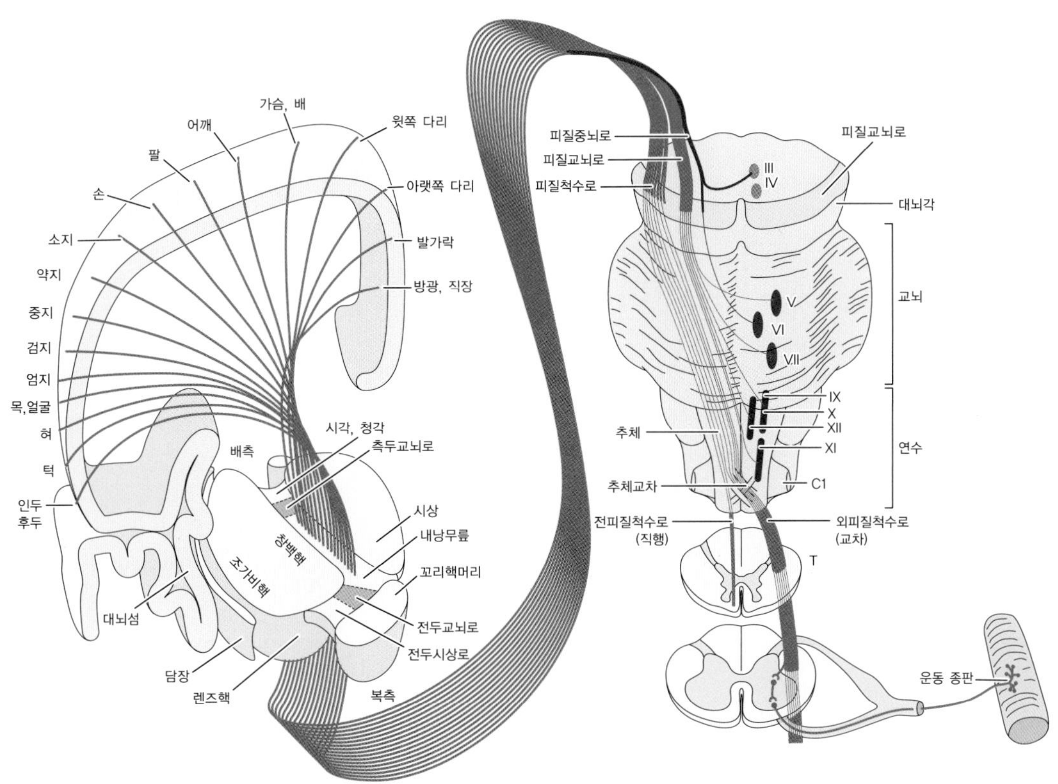

전측피질척수로로 구분되지요.

그물척수로, 전정척수로, 덮개척수로, 적색척수로 같은 하행신경로와 분별 촉각이나 진동감각을 전달하는 상행신경로는 피라미드외로(추체외로)에 속하죠. 피라미드외로의 하행신경로는 피개를 통과하여 척수로 내려갑니다. 또한 대부분의 감각신호를 처리하는 상행신경로 역시 피개를 통과하지요.

다시 피라미드외로의 하행신경로를 보세요. 그물척수로, 전정척수로, 덮개척수로, 적색척수로 모두 뇌간에서 기원하지요. 그물척수로는 그물형성체, 전정척수로는 외측전정핵, 덮개척수로는 상구, 적색척수로는 적색핵에서 나와 척수로 뻗어갑니다.

하행신경로는 동물이 진화하면서 점차 발달했습니다. 운동을 하려면 당연히 의식이 깨어 있어야 하죠. 의식상태에서는 그물척수로가 중요해요. 의식이 깬 다음에

2-48
하행운동로와 최종 공통 경로에 의한 신경-근 연접

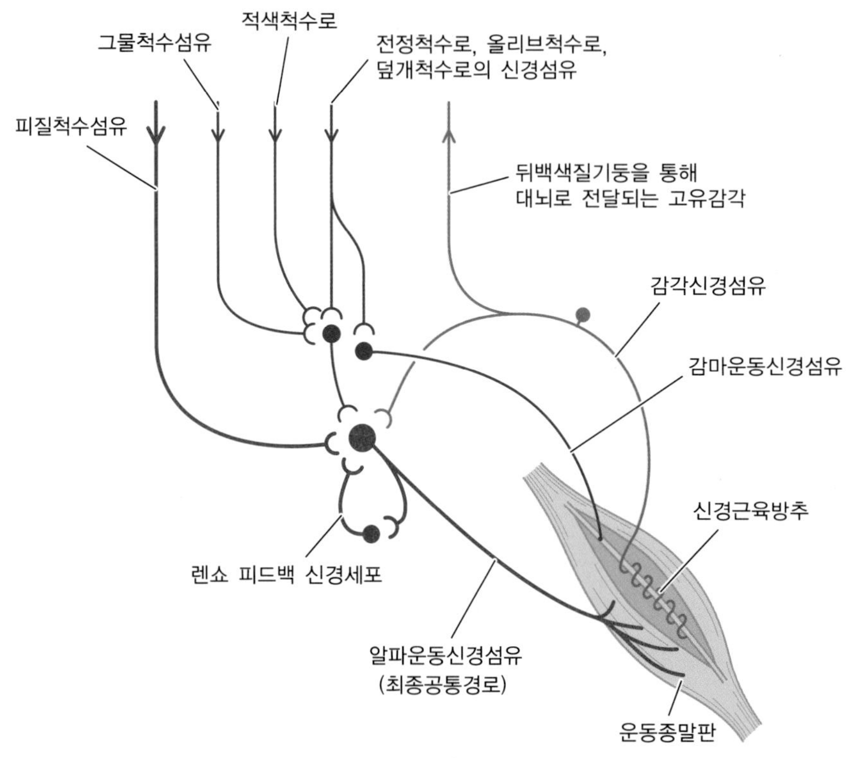

2-49
뇌간 피개영역을 통과하는 상행감각로와 하행추체외로

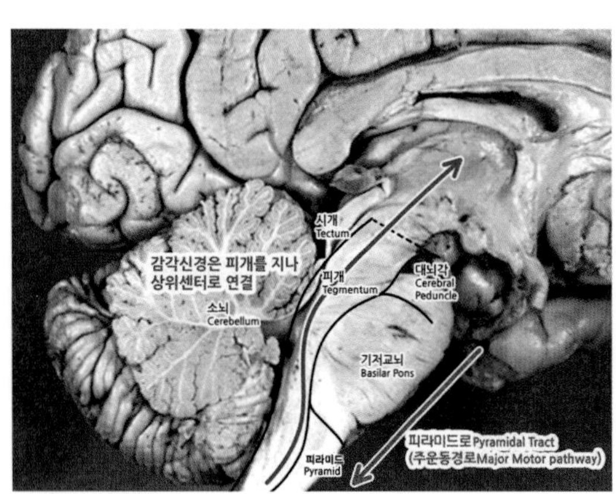

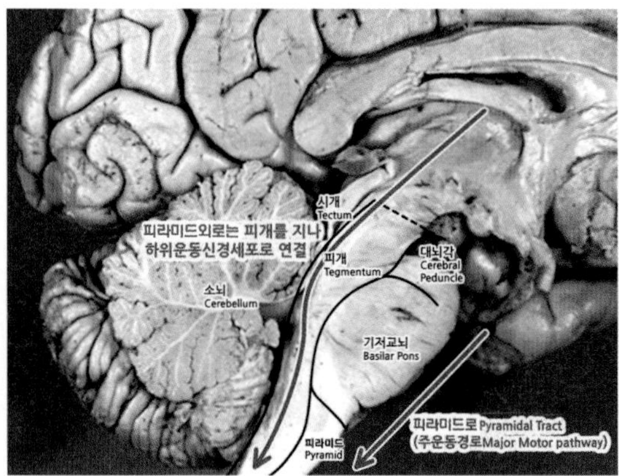

는 움직일 때마다 몸의 균형을 유지해야 합니다. 균형이 잡히지 않은 상태로는 제대로 움직일 수가 없죠. 이를 가능하게 하는 하행신경로가 전정척수로입니다. 고생대 데본기에 부레로 균형을 잡는 물고기가 파충류로 진화하고 육지로 올라오면서 육상척추동물이 생겨났습니다. 육지로 올라오면서 가장 중요했던 일이 사지를 이용해 균형을 잡는 것이었어요.

골격근을 움직이는 수의운동은 네 가지 형태로 분류할 수 있습니다.

2-50
하행운동신경로의 네 가지 형태

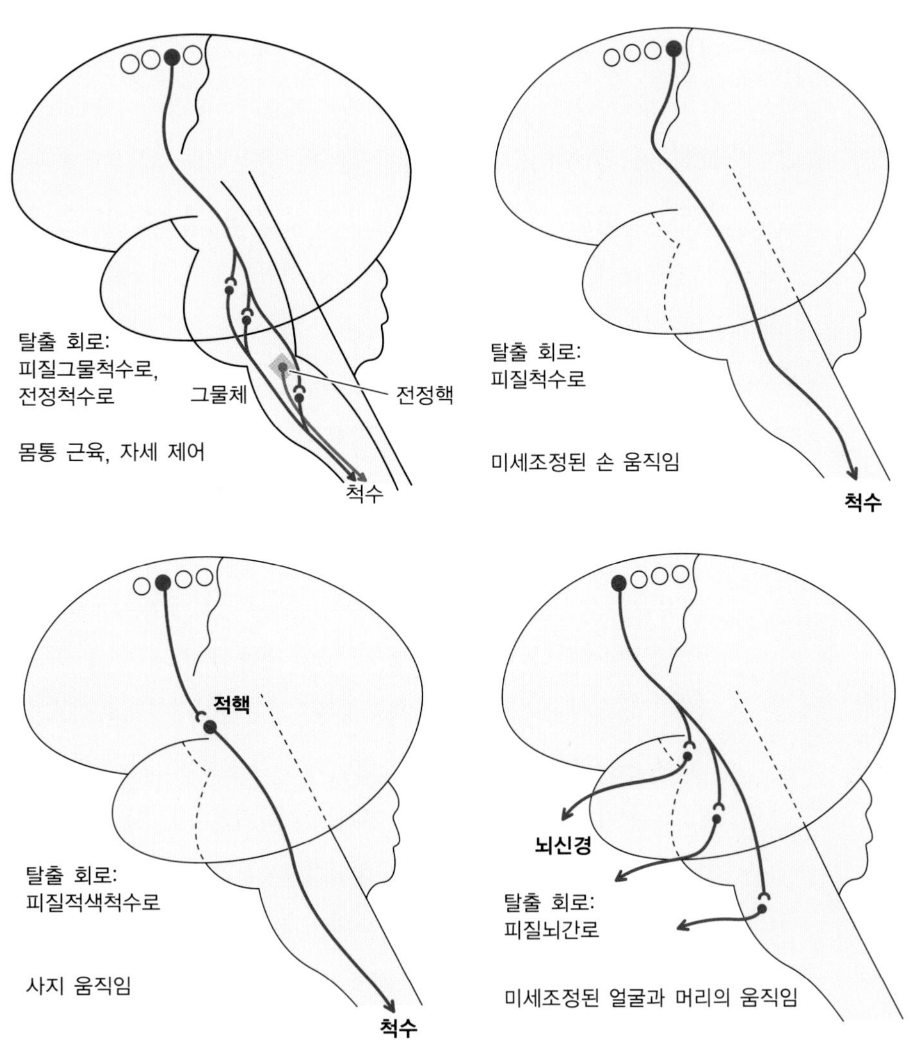

피질그물척수로, 전정척수로: 운동피질 → 그물형성체, 전정핵(몸통근유, 자세제어)

피질적색척수로: 운동피질 → 적핵 → 척수운동신경세포(팔, 다리운동)

피질척수로: 운동피질 → 척수운동신경세포(손의 미세한 움직임)

피질뇌간로: 운동피질 → 삼차신경, 안면신경, 미주신경(얼굴과 머리의 미세한 움직임)

아칸소스테가Acanthostega와 같이 최초로 육지로 올라온 원시 사지동물이 이를 잘 보여주죠. 균형을 잡은 후에는 먹잇감이나 몸을 피할 목표물이 있는 방향으로 이동해야 합니다. 그러려면 앞을 잘 볼 수 있어야 하죠. 덮개척수로는 투명한 공기 속에서 드러난 시야의 시각정보를 처리합니다. 목표물을 확인한 후에는 사지와 몸통을 자유롭게 움직여 나아갈 수 있어야 하죠. 사지운동과 몸통운동에는 적색척수로가 관여합니다. 어류에서는 창백핵이 최고위 운동중추이지만 양막류에서는 선조체와 소뇌가 운동을 담당하지요. 선조체는 렌즈핵과 꼬리핵으로 구성되는데, 렌즈핵은 조가비핵과 창백핵으로 되어 있지요. 조가비핵과 꼬리핵은 내낭의 축삭 다발이 관통하면서 두 영역으로 나뉘었는데, 기원이 같은 세포로 구성되어 있지요.

네 가지 추체외로의 하행신경로는 근육의 운동을 무의식적으로 조절합니다. 감각기관을 통해 들어온 감각 정보가 척수, 뇌간, 소뇌, 대뇌기저핵, 시상을 거쳐 대뇌피질로 입력되어 처리되면 대뇌피질의 일차운동영역에서 운동신호가 출력되고, 이 운동신호는 소뇌와 대뇌기저핵으로 연결되지요. 소뇌에서 조절된 운동신호는 추체외로계를 형성하는 그물핵, 전정핵, 덮개핵으로 전달됩니다. 피라미드로(추체로)는 피질척수로와 적색척수로로 구성되죠. 그리고 피질척수로는 외측피질척수로와 복측(전측)피질척수로 나뉩니다. 운동신호를 받은 교뇌그물핵, 연수그물핵, 외측전정핵에서 다시 척수로 축삭을 뻗어 척수전각의 운동신경원으로 신호를 보냅니다.

하행운동로를 기능적으로 구분하면 반사적 운동의 그물척수로, 몸의 균형을 유지하는 전정척수로, 시각반사를 관장하는 덮개척수로, 사지운동을 가능하게 하는 적색척수로로 나눌 수 있죠. 반면 대뇌피질에서 피라미드 쪽으로 곧장 내려오는 피질척수로는 근육, 특히 골격근의 운동을 의식적으로 조절하죠. 이때 추체외로계의 네 가지 하행신경로는 교뇌그물핵과 연수그물핵, 그리고 전정핵에서 출발하여 척

2-51
대뇌운동피질과 하행운동로

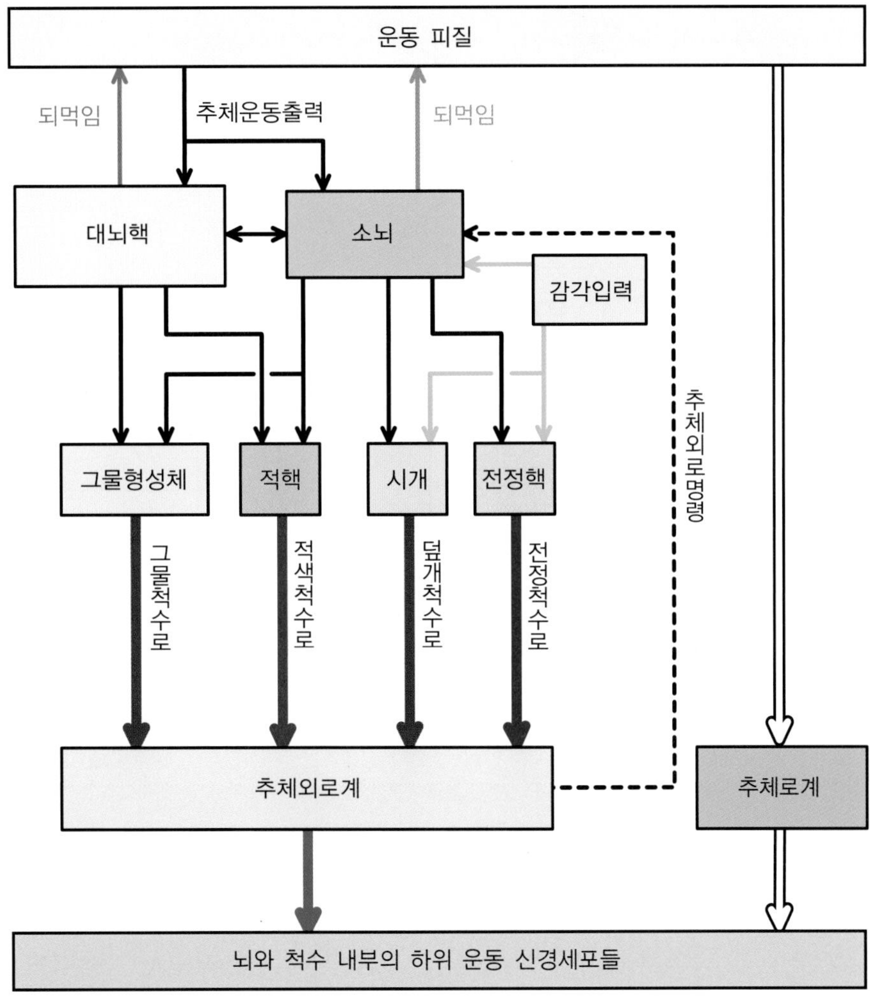

수전각의 개재뉴런에 시냅스합니다. 그리고 개재뉴런은 다시 척수전각의 알파운동뉴런과 시냅스하여 피질척수로를 조절하지요. 이처럼 대뇌피질에서 척수전각의 알파운동뉴런에 직접 시냅스하는 피질척수로는 추체외로의 추가적 조절작용을 받아서 손과 발의 섬세한 운동을 만들지요.

상행감각신경과 하행운동신경의 전도 속도는 신경세포축삭의 수초화 정도에 따

2-52
하행운동신경로

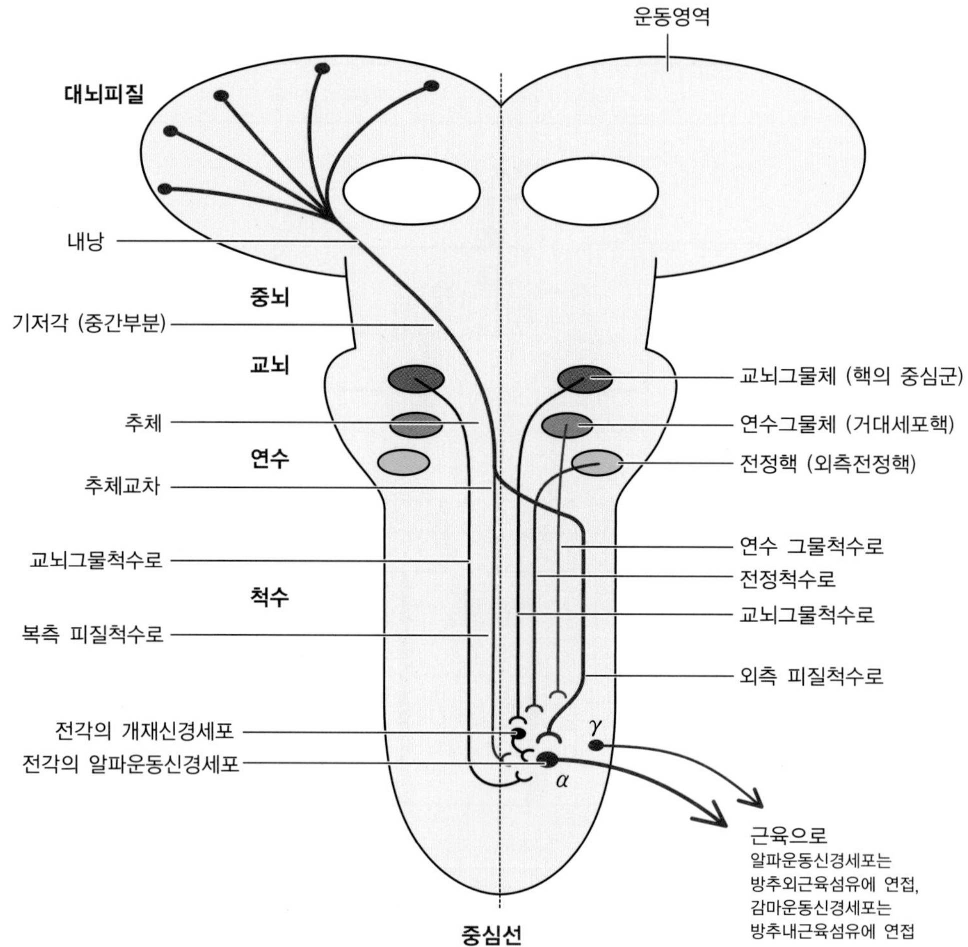

라 다르지요. 신경축삭이 수초화되는 시기는 유아의 몸 자세와 걷기운동 과정의 발달과 밀접한 관계가 있지요. 뇌 영역별 수초화 진행 시기를 살펴보면 감각과 운동피질의 수초화는 태아 때부터 진행되지만 인지작용을 통합하는 연합피질의 수초화는 어린 시절부터 성인이 된 이후에도 계속됨을 알 수 있습니다. 나이에 따라 수초화가 계속 진행되기 때문에 종합적인 사고판단은 어느 정도 나이에 비례하는 경향이 있지요.

대뇌와 척수회색질은 중추신경계이며 척수전근과 후근으로 구성되는 척수신경은 말초신경입니다. 이러한 구분은 수초화를 만드는 축삭절연세포가 다르기 때문

2-53
중추신경계와 말초신경계의 수초화

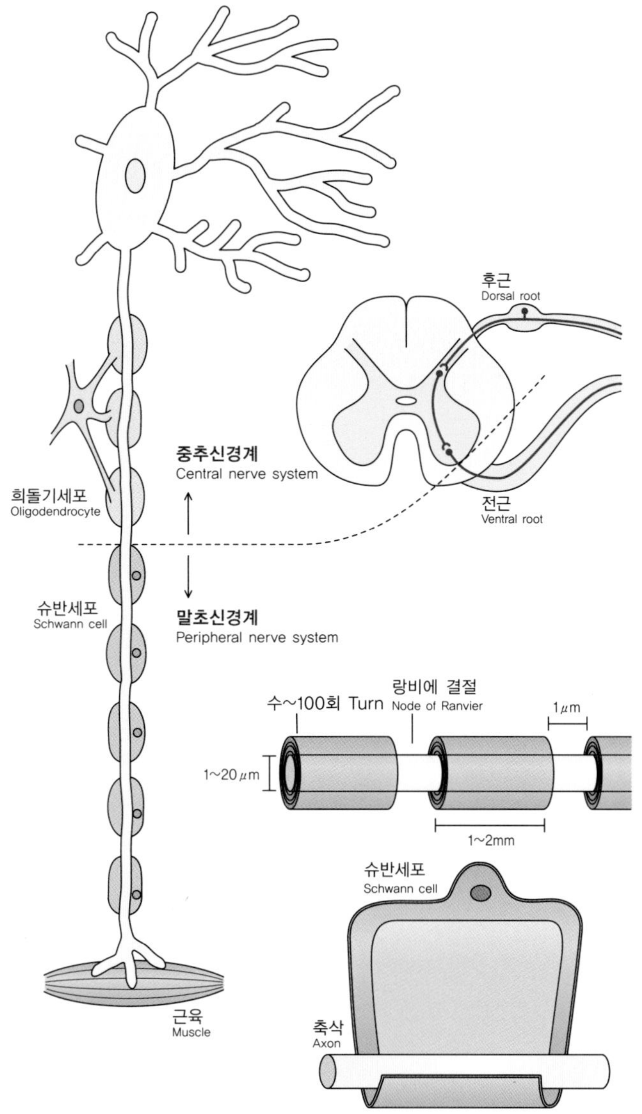

입니다. 대뇌에서 척수전각까지의 중추신경계에서 신경세포의 축삭은 희소돌기세포oligodendrocyte로 축삭이 감겨서 전기적 절연이 됩니다. 반면에 척수전각에서 출력되는 말초신경은 축삭이 슈반세포Schwann cell로 절연됩니다. 척수전각의 신경세포는 한 개의 희소돌기세포가 축삭을 따라서 여러 곳에 절연감기를 하지만 말초신경계의 슈반세포는 한 개 세포가 한 마디씩으로 독립된 절연감기를 하지요. 이러한 차이로 말초신경계는 재생 가능하지만 중추신경계는 재생이 어렵지요. 슈반세포는 축삭을 따라서 수십 개 이상으로 감기고, 감기는 부분 길이는 1~2mm이며, 감기는 횟수는 수십~수백 회 정도까지 감길 수 있습니다. 수초와 수초 사이의 간격은 1㎛로 랑비에 결절Ranvier's node이라 하지요. 랑비에 결절에는 이온채널이 고밀도로 축삭막에 존재해서 전달된 활성전위를 재생하여 전달할 수 있지요.

희소돌기세포에 의한 미엘린 수초형성영역에는 수초말이집 내에 단백질합성을 위한 리보솜에 mRNA가 부착되어 단백질을 생성합니다. 이렇게 축삭말단에서 생성된 단백질은 장기기억 생성과 관련됩니다.

슈반세포에 의한 미엘린 수초화 과정에서도 미세소관을 통해 이동해온 mRNA가

2-54
희소돌기세포에 의한 미엘린 박막 형성
(출전: Diane L. Sherman & Peter J. Brophy, Nature Reviews Neuroscience 6, 683-690)

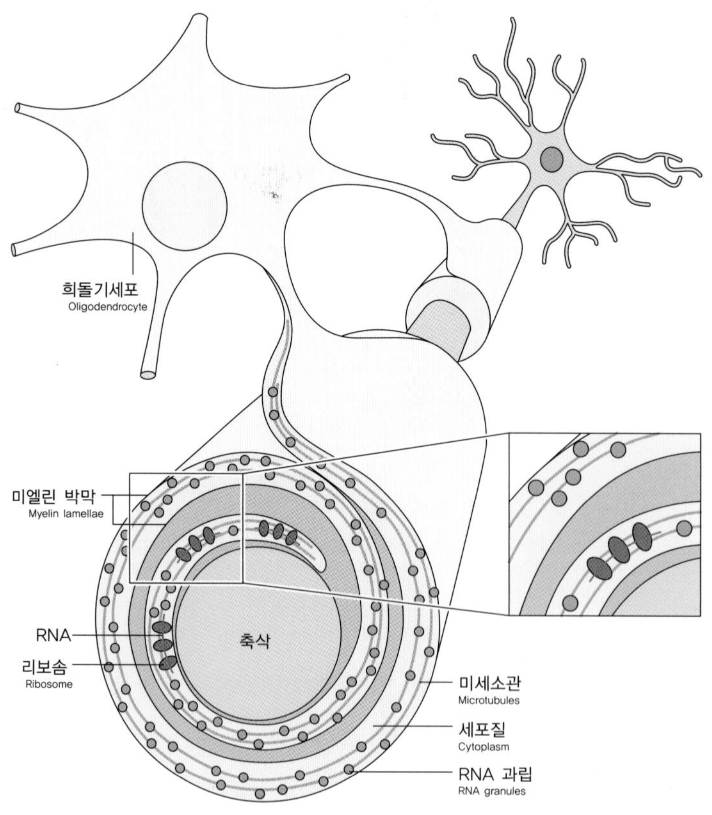

리보솜에서 단백질로 번역됩니다. 슈반세포와 축삭은 결합단백질에 의해 결합되어 있지요. 결합이 약해지면 탈수초화현상이 생기지요. 한센병은 원인균인 나균이 피부와 말초신경의 슈반세포를 주로 침해하는 면역질환입니다.

대부분의 수의운동은 몸의 균형이 잡혀야 가능하므로 전정기관에 있는 신경세포의 축삭은 뇌 전체에서 가장 먼저 수초화가 진행됩니다. 뇌과학자 리즈 엘리엇의 《우리 아이 머리에선 무슨 일이 일어나고 있을까》에 의하면 태아는 임신 3개월의 마지막 주가 되면 수초화가 시작되며, 임신 5개월이면 전정기관은 완전한 크기와 모양으로 자라나고, 눈과 척수로 가는 전정로의 수초화가 시작되며, 전반적인 기능이 매우 성숙해집니다. 전정계의 형성이 이렇게 일찍 시작되기는 하지만, 전정로의 완전한 수초화는 사춘기가 되어야 끝나지요.

2-55
슈반세포에 의한 미엘린 수초화
(출전: Diane L. Sherman & Peter J. Brophy, Nature Reviews Neuroscience 6, 683-690)

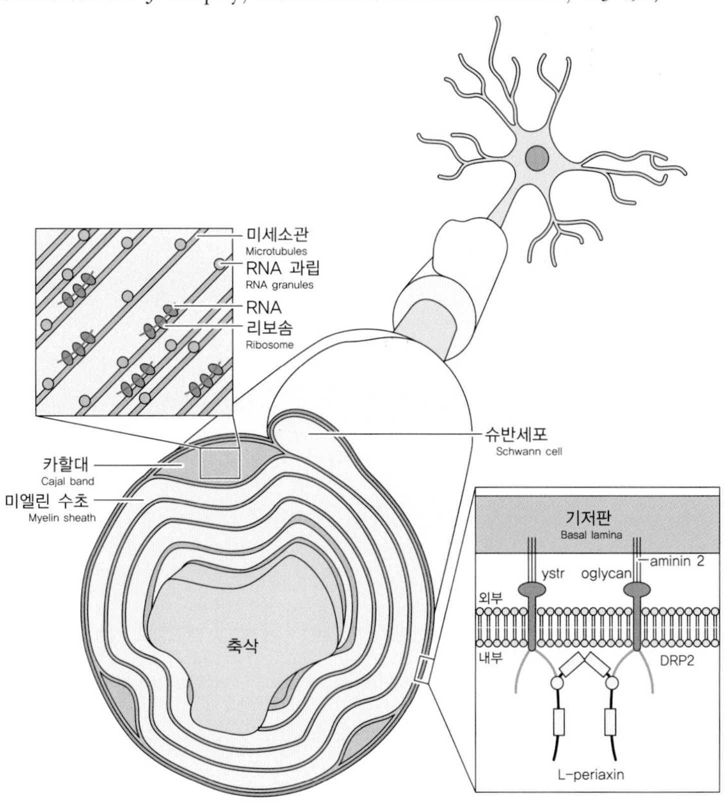

2-56
뇌 영역별 수초화 진행 시기

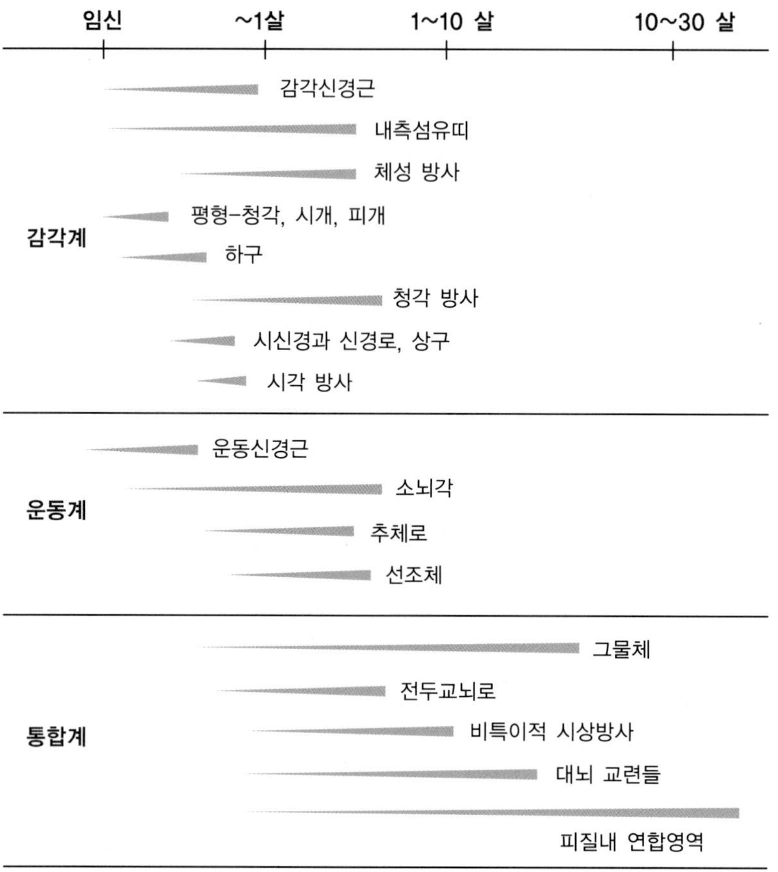

아이들이 빙빙 돌다가 갑자기 멈추면 눈이 좌우로 왔다 갔다 하지요. 이러한 안구의 움직임을 안구진탕nystagmus(안진)이라고 합니다. 회전이 멈춘 후에도 전정계가 몸이 계속 회전하고 있다고 여겨서 회전의 반대 방향으로 눈을 움직이려 하기 때문에 나타나는 현상입니다. 안구진탕이 보이지 않는 아이들은 운동 발달이 느려집니다.

3개월에서 15개월 된 아이들을 회전의자에 앉히고, 한 주에 4회씩 4주 동안 회전운동을 시켰더니 이 아이들의 반사와 운동 기술이 아무런 회전자극을 주지 않은 대조군에 비해 눈에 띄게 좋아졌다는 연구 결과가 있습니다. 특히 앉거나 기거나 서거나 걷는 운동 기술이 두드러지게 발달했죠. 전정계에 기능 장애가 생기거나 또는

2-57
뇌 부위별 수초화 시기
(출전: 《뇌로부터 마음을 읽는다》, 오키 고스케)

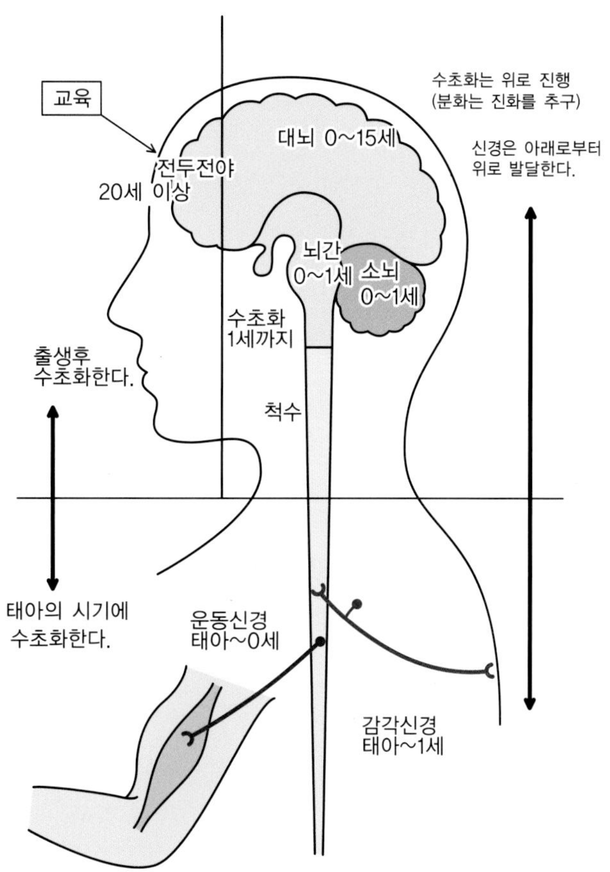

전정계에서 오는 정보와 시각정보가 엇갈릴 때도 어지러움을 느낄 수 있습니다. 멀미는 몸의 계속적인 움직임은 느끼지만 눈으로는 차나 배 안의 고정된 세계를 볼 때 일어나지요. 반대로 운동을 느끼지는 못하는데 눈에서 세계가 너무 많이 움직이는 것처럼 보일 때도 현기증이 생기지요.

운동과 감각신경, 소뇌 그리고 뇌간 신경세포의 축삭은 태아기에서 시작하여 생후 1년쯤에 수초화가 완료되며, 대뇌는 사춘기에 이르면 대부분 수초로 감기지요. 그러나 전전두엽은 20세가 넘어서도 계속하여 수초화가 진행됩니다. 다양한 측면을 고려하여 판단을 내리는 영역인 전전두엽의 수초화가 평생 지속된다는 사실은 학습이라는 관점에서 중요합니다. 미엘린 수초로 축삭이 감싸인 수초화는 신경전달의 속도를 높여주므로 인지작용의 속도를 향상시켜줍니다. 무척추동물은 슈반세포나 희소돌기세포와 같은 수초화 세포가 존재하지 않아서 무수신경으로 운동을 하지요. 오징어의 거대축삭 직경은 1mm 정도이며 인간의 가장 큰 축삭의 직경은 20㎛입니다. 그러나 오징어 축삭의 직경이 50배나 크지만, 신경전압 전달 속도는 인간 유수신경의 흥분전도 속도가 오징어의 무수신경보다 다섯 배 정도 빠르지요. 그래서 인간 지능 발달의 핵심적인 요소는 대뇌피질 신경세포의 수초화입니다.

척수와 뇌간이 조절하는 움직임은 무의식적 반사동작이지만, 대뇌 연합피질 신경세포축삭의 수초화가 진행되면 이런 움직임은 점차 사라집니다. 출생 직후에는 뇌줄기와 척수가 아기의 움직임을 지배합니다. 피질척수로는 진화적으로 최근에 형성된 것으로, 포유류에만 존재하고 영장류에서 더 발달했지요. 물론 사람의 피질척수로가 가장 큰데, 아기들의 경우 가장 늦게 성숙되는 신경로입니다. 피질척수로에는 긴 신경섬유들이 포함되어 있어서, 이들의 수초화 여부가 신속한 수의적 행동을 결정짓는 가장 중요한 요소가 됩니다. 수초화는 무수신경에 비해서 신경전압파

2-58

쥐의 삼차신경에서 슈반세포가 미엘린 수초를 형성하는 과정

(좌) 슈반세포의 핵을 지나는 단면사진. M: 미엘린 수초가 감긴 축삭영역, B: 시냅스전막을 형성하는 미엘린 수초가 감기지 않은 영역. (우) A: 축삭단면, N: 슈반세포핵.
(출전: Atlas of Ultrastructural Neurocytology, http://synapses.clm.utexas.edu/atlas/)

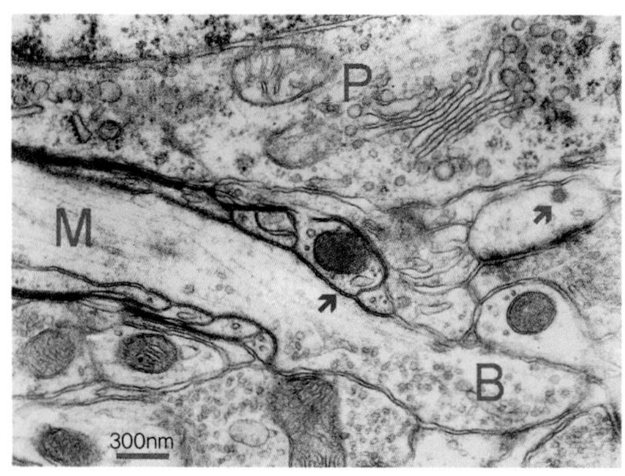

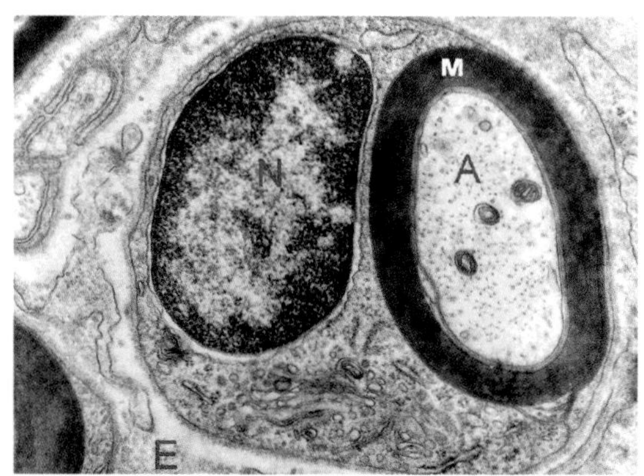

2-59
수초화된 유수신경에서 활성전위 전파 과정(좌)와 무수신경과 유수신경의 신경전달 속도

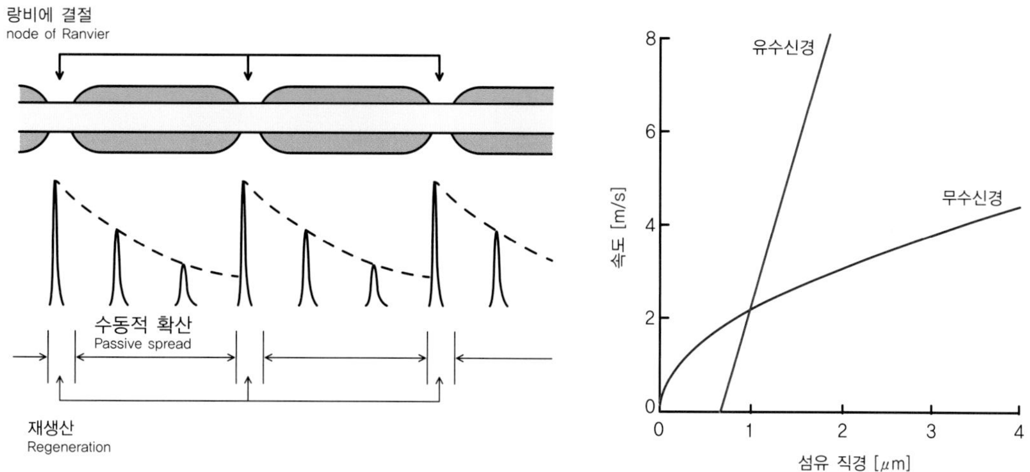

의 전파 속도가 훨씬 빠르지요.

바빈스키 반사를 이용하면 아기의 피질척수로가 얼마나 성숙되었는지 알 수 있습니다. 아기의 발바닥을 뾰족한 물체로 긁었을 때 발가락이 쫙 펴지는 바빈스키 반응은 출생 후 4개월 동안 관찰되는데, 그 이후에는 발가락을 긁으면 오히려 발가락이 움추러듭니다. 이것은 하행 피질척수로가 동작하기 시작했다는 뜻입니다. 그런데 질병이나 사고로 이 신경로에 손상을 입으면 다시 바빈스키 반사가 나타납니다. 아기에서 바빈스키 반사가 6개월 이상 지속되면 신경학적 지체가 있다는 뜻이 되죠.

뇌는 다른 감각보다 시각에 더 많은 영역을 제공합니다. 자연의 경치와 미술 작품을 감상할 수 있는 것은 대뇌피질의 30% 정도를 차지하는 시각 영역과 시각을 처리하는 복합적인 신경망 덕분이지요. 생후 2개월까지 아기의 시각을 담당하는 곳은 상구입니다. 시각계의 형성은 비교적 일찍 시작되지만 모든 체계가 구비되고 가동되려면 출생 후 몇 개월이 지나야 하지요.

그리고 모든 경로가 견고하게 안정되려면 그 후로 또 몇 년이 더 지나야 합니다. 임신 11주가 되면 외측슬상핵 내의 모든 신경세포가 형성되지요. 그리고 임신 초기가 끝나갈 무렵이면 망막의 신경절 세포와 첫 번째 시냅스를 형성하여 대뇌피질

2-60
유아의 시각발달

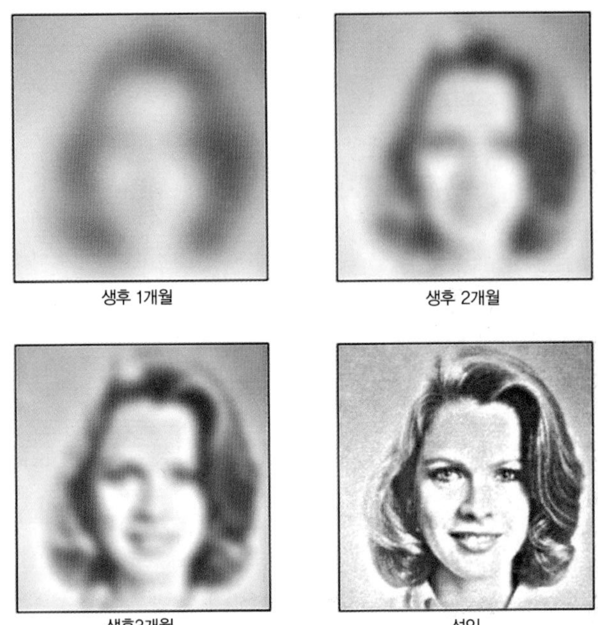
생후 1개월 / 생후 2개월 / 생후3개월 / 성인

세포와 연결됨으로써 대뇌피질이 시각 기능을 조절하게 됩니다.

갓난아기는 시각 능력이 미숙하여 대상을 제대로 인식하지 못해요. 빛에 반응만 할 뿐입니다. 생후 6개월까지 시각작용이 서서히 발달하죠. 가장 처음 동공반사가 일어나고, 가까운 거리 안에서 빛의 밝기와 명암을 구별할 수 있게 되며, 물체에 초점을 맞출 수 있게 되고, 대상의 움직임을 눈으로 쫓을 수 있게 됩니다. 시신경이 조금 더 발달하면 색을 구분하고, 생후 6개월 이후에는 움직이는 대상을 보고 붙잡을 수도 있게 되죠. 2-60은 생후 3개월 동안 아이의 시각이 발달하는 과정을 보여 줍니다. 1개월 된 아이의 눈은 초점이 맞지 않아서 엄마의 흐릿한 형태만 보이죠. 그러나 시각적 노출에 반복되어 시각학습이 3개월 정도 진행되면 엄마의 얼굴이 점차 분명해집니다. 이처럼 시지각도 아주 어린 시절에 무의식적으로 학습한 결과이지요.

학습은 자신만의 독특한 경험에 따라 뇌가 스스로 변형시키는 능력이 나중에 나타나는 것이라고 할 수 있지요. 리즈 엘리엇은 《우리 아이 머리에선 무슨 일이 일어

2-61
태아, 유아, 성인의 수초화 과정
(출전: Flechsig, 1920)

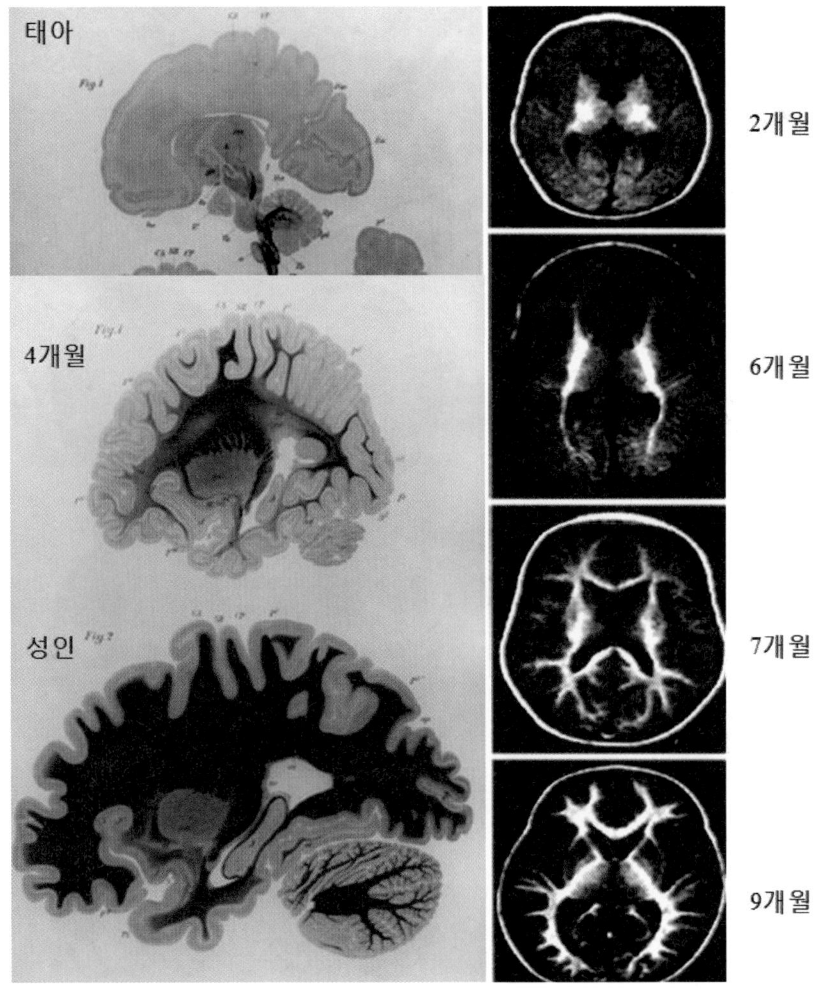

나고 있을까》에서, 해마는 대뇌피질보다 빨리 발달하기 시작하지만 그 진행이 매우 느리며, 해마 치아이랑 세포의 20% 정도는 출생 후 9개월 이내에 새로이 만들어진다고 합니다. 해마의 입출력 경로의 수초화는 매우 느리게 진행되며, 해마와 시상을 연결하는 뇌궁fornix(뇌활)의 수초화는 출생 후 2년이 지나도 시작조차 하지 않는다고 하지요. 출생 후 수 년 이내의 기억이 없는 이유는 일화기억을 만드는 해

2-62
성인 뇌에서 대규모 출삭다발사진

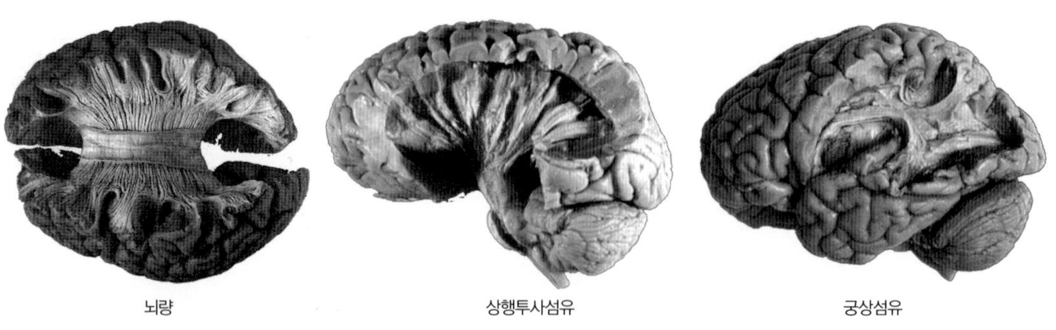

2-63
미엘린 수초화 과정

축삭방사 영역의 수초화는 생후 1년 후반에서 2년 사이에 완료된다. [출전: Inversion Recovery MRI Image(Van der Knaap & Valk)]

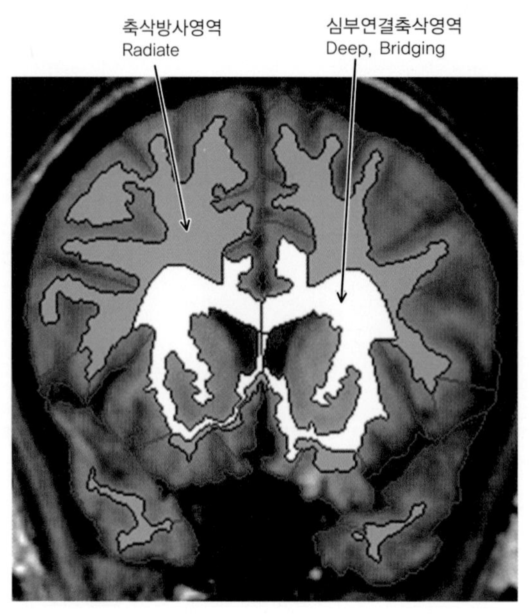

마의 출력 신경다발인 뇌활의 수초화가 미숙해서 생긴 현상일 수 있지요.

2-61의 플레쉬그의 뇌 단면 사진은 태아와 생후 4개월 그리고 성인 뇌의 수초화 정도를 보여줍니다. 왼쪽 사진에서 대뇌피질 아래의 검은 영역은 미엘린 수초가 염색된 영역입니다. 오른쪽 사진에서는 흰색이 수초화된 축삭다발영역입니다.

임신 중 태아의 대뇌는 대부분 수초화가 되지 않은 상태이며, 출생 후 4개월경에는 대뇌피질 아래 영역에서 상당히 수초화가 진행됩니다. 성인 뇌에서는 수초화된 축삭다발이 뇌 부피의 반 이상을 차지합니다. 신경세포는 출생 직후 그 수가 가장 많지만 대략 생후 2년 이내에 반으로 줄어듭니다. 유아기 때에는 대뇌피질의 신경세포영역인 회색질이 두껍지만, 어른이 되면서 검은색으로 드러난 축삭인 백색질이 대뇌의 대부분을 차지합니다.

중추신경계는 피질과 수질로 구분할 수 있습니다. 피질은 신경세포체로 구성되며, 수질은 신경세포 사이의 연결섬유이며 축삭다발로 채워지는 영역이지요. 피질 영역은 대뇌피질, 대뇌기저핵, 적핵, 흑색질, 교뇌핵, 뇌간 그물핵, 올리브핵, 그리고 척수회색질이 있지요. 2-64에서 대뇌피질 아래의 큰 흰색 영역 그리고 소뇌피질 안쪽의 영역이 수질 영역입니다.

2-64
중추신경계의 신경세포 밀집 영역과 신경섬유 밀집 영역
피질은 신경세포 밀집 영역으로 노란색 부분, 수질은 신경섬유 밀집 영역으로 흰색 부분이다.

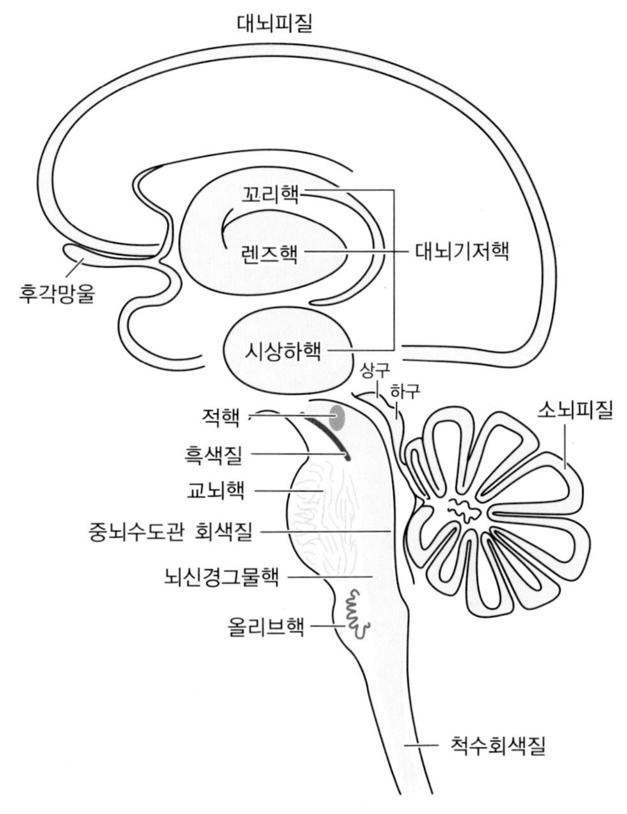

3장

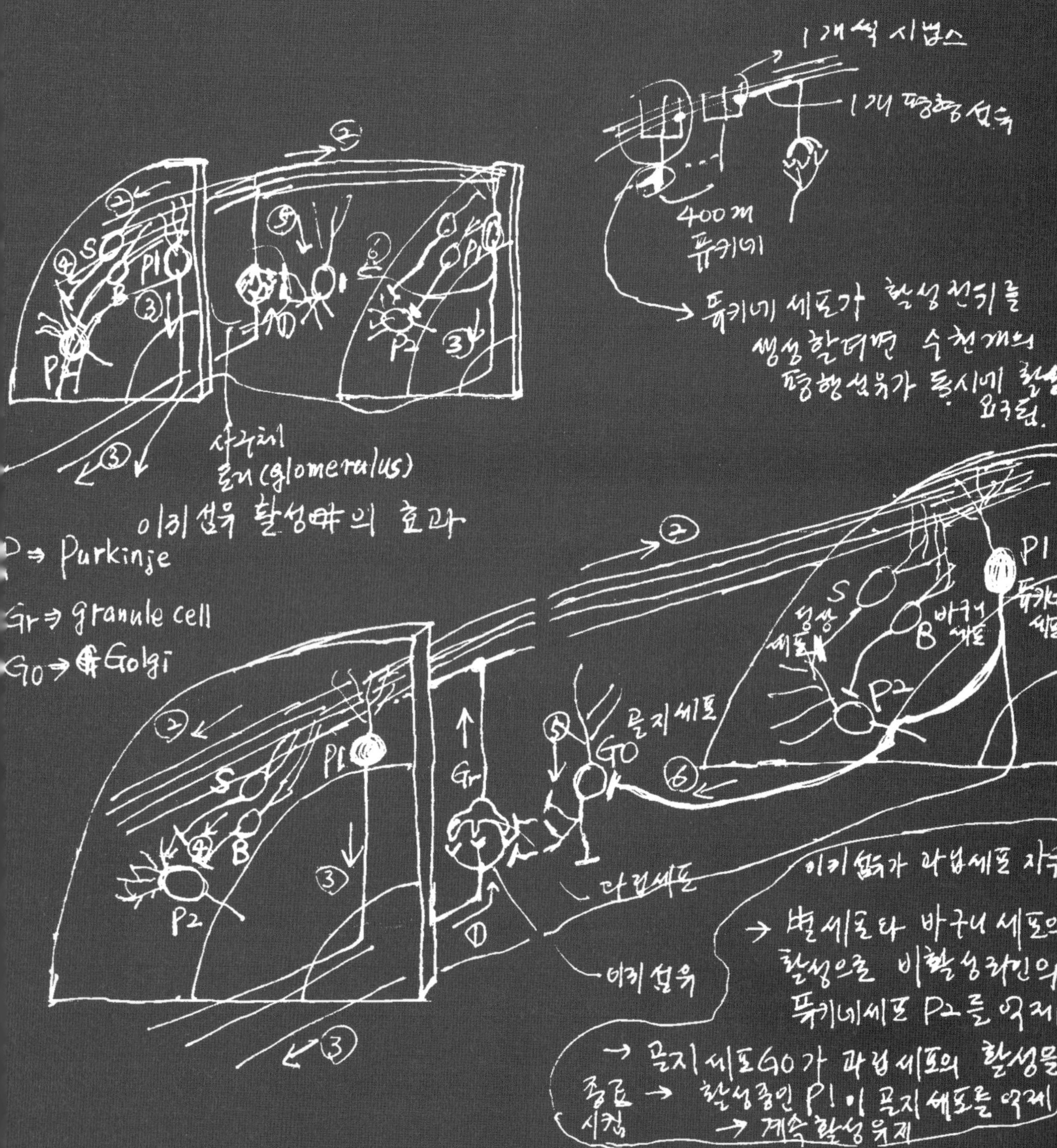
1개씩 시냅스
1개 평행섬유
400개
퓨키니
→ 퓨키니 세포가 활성전위를
생성하려면 수천개의
평행섬유가 동시에 활성
요구됨.
P1
S
B
P2
사구체
토리(glomerulus)
이끼섬유 활성화의 효과
P ⇒ Purkinje
Gr ⇒ granule cell
Go ⇒ Golgi
Gr
GO
골지세포
과립세포
이끼섬유
성상 세포
바구니 세포
퓨키니 세포
이끼섬유가 과립세포 자극
→ 별세포와 바구니 세포의
활성으로 비활성라인의
퓨키니세포 P2를 억제
→ 골지 세포GO가 과립세포의 활성을
종료시킴 → 활성중인 P1이 골지 세포를 억제
→ 계속 활성 유지

더 자연스러워지고
더 정교해지는 움직임

—소뇌

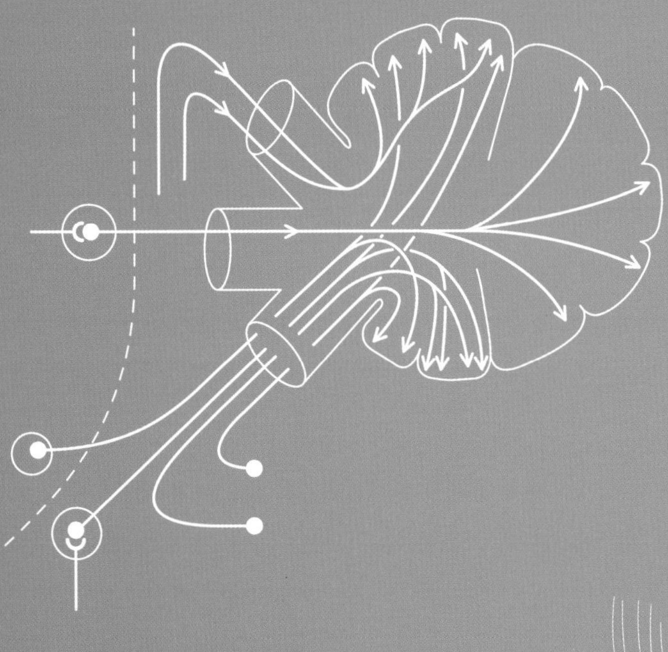

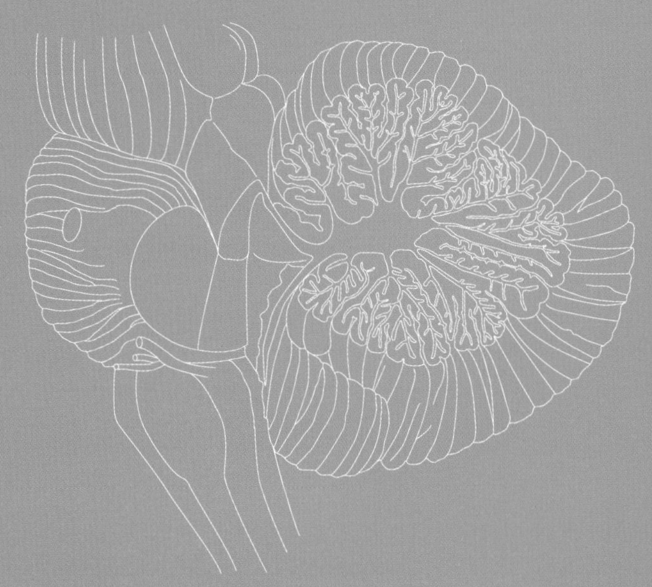

01 '잘' 운동하게 하는 소뇌

소뇌는 골격근 운동을 조절합니다. 특히 몸의 균형을 잡고 동작을 계획하고 실행하는 일에 관여하죠. 소뇌에 입력되는 정보는 근육 긴장도와 근육 길이 변화입니다. 근육 긴장도와 근육 길이 변화를 고유감각이라고 해요. 소뇌는 고유감각정보를 운동피질과 그물형성체, 적색핵, 그리고 전정핵으로 출력하죠. 운동피질과 뇌간 신경핵들은 모두 하위운동신경원인 척수전각의 알파와 감마운동신경세포와 시냅스하죠. 소뇌가 대뇌운동영역에서 시작하는 운동정보들과 근육에서 시작하는 고유감각을 끊임없이 비교 분석하지요. 소뇌는 운동계획과 운동결과를 비교하여 하위운동신경원의 작용을 조절합니다. 이러한 과정은 알파와 감마운동뉴런이 흥분과정의 시기와 순서를 조절하여 이루어집니다. 또한 소뇌는 대뇌운동영역에 정보를 되보냄으로써 동조신경세포를 억제하고 억제성 신경세포를 자극하여 수의운동의 범위를 제한하지요.

척추동물 신경시스템의 발생 과정은 다음과 같습니다. 먼저 외배엽의 신경판에서 신경관이 생성됩니다. 신경관이 외측뇌실, 제3뇌실, 중뇌수도관, 제4뇌실로 구분되지요. 외측뇌실벽이 두꺼워지면서 대뇌피질, 기저핵이 형성됩니다. 그리고 제3뇌실벽은 시상과 시상하부의 간뇌영역을 생성하고 중뇌수도관영역에서 시개와

3-1
대뇌운동피질, 소뇌, 뇌간 운동신경핵, 하위운동신경의 연결

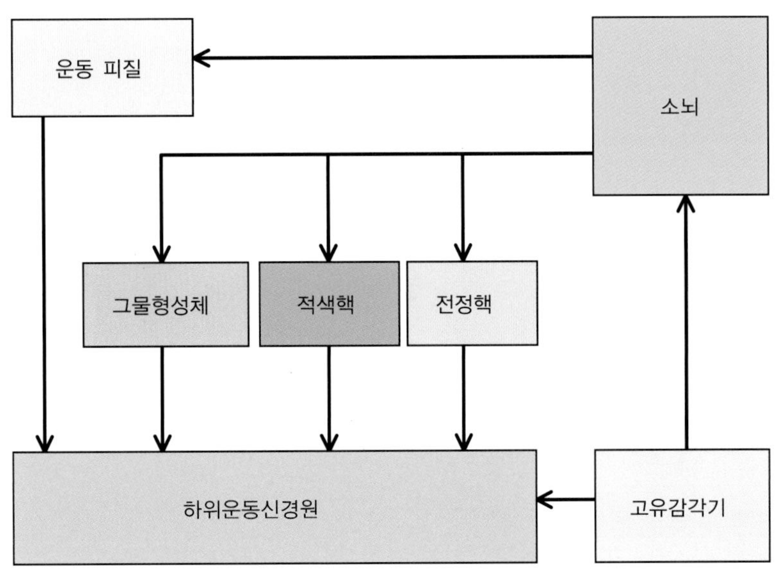

3-2
척추동물 신경관의 발생 과정

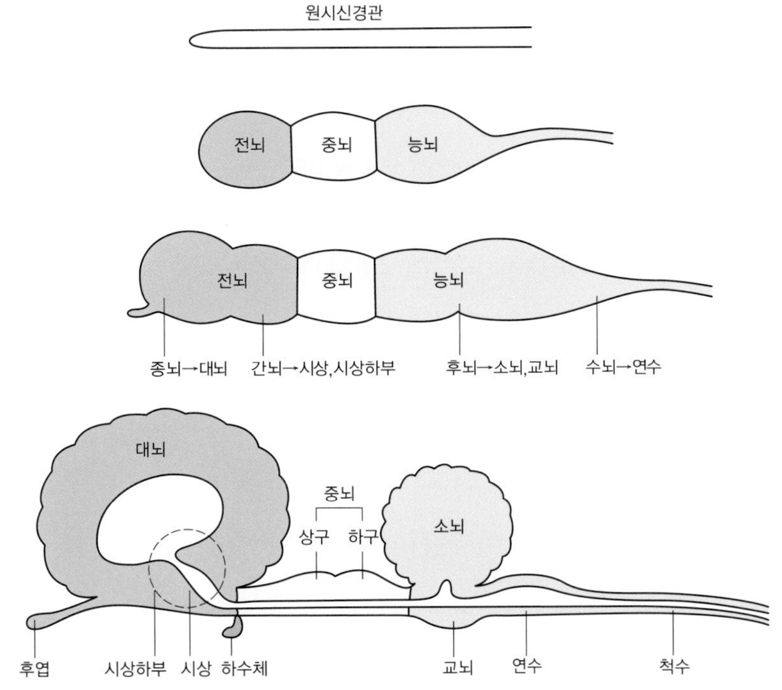

3-3
소뇌의 외부 구조

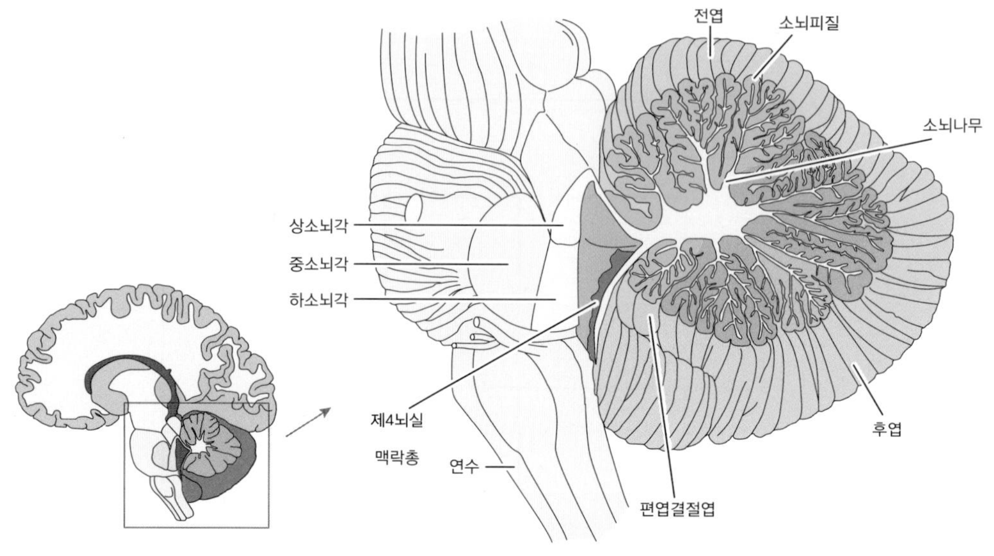

피개의 중뇌가 형성됩니다. 제4뇌실벽은 소뇌와 교뇌를 만들지요.

소뇌는 중뇌 아래의 등쪽피질이 크게 팽창한 모양입니다. 상소뇌각, 중소뇌각, 그리고 하소소뇌각의 섬유다발로, 중뇌와 교뇌 그리고 연수와 연결되지요. 소뇌피질 아래는 신경섬유다발영역인 백색질이 있어요. 소뇌 깊은 곳의 백색질영역 속에 치상핵, 중간위치핵, 그리고 꼭지핵이 존재하는데, 이 핵들을 소뇌심부핵이라 합니다. 소뇌심부핵의 출력신경다발이 상소각을 형성하며, 소뇌이끼섬유가 중소뇌각을, 하올리브핵과 척수소뇌로의 섬유가 하소뇌각을 구성합니다.

소뇌와 연결된 위쪽 피질이 상구와 하구의 중뇌이며 배쪽에는 교뇌가 있지요. 교뇌를 수평으로 지나는 교뇌가로섬유다발이 소뇌이끼섬유입니다. 적핵과 시상 그리고 대뇌피질이 소뇌와 상호연결되어 운동회로를 형성하죠.

발생 과정에서 일차 뇌소포의 능뇌영역이 이차 뇌소포에서는 후뇌와 수뇌로 분화됩니다. 후뇌는 다시 교뇌와 소뇌로 분화되지요. 수뇌영역은 연수가 되며 연수 아래로 척수가 이어집니다. 척수에서부터는 뇌실이 급격히 좁아지면서 중심관으로 바뀌지요.

뇌실벽을 구성하는 신경세포가 분열하여 신경세포가 많아지면서 뇌실벽이 두꺼

3-4
소뇌의 수평 단면 모양과 소뇌와 교뇌의 연결

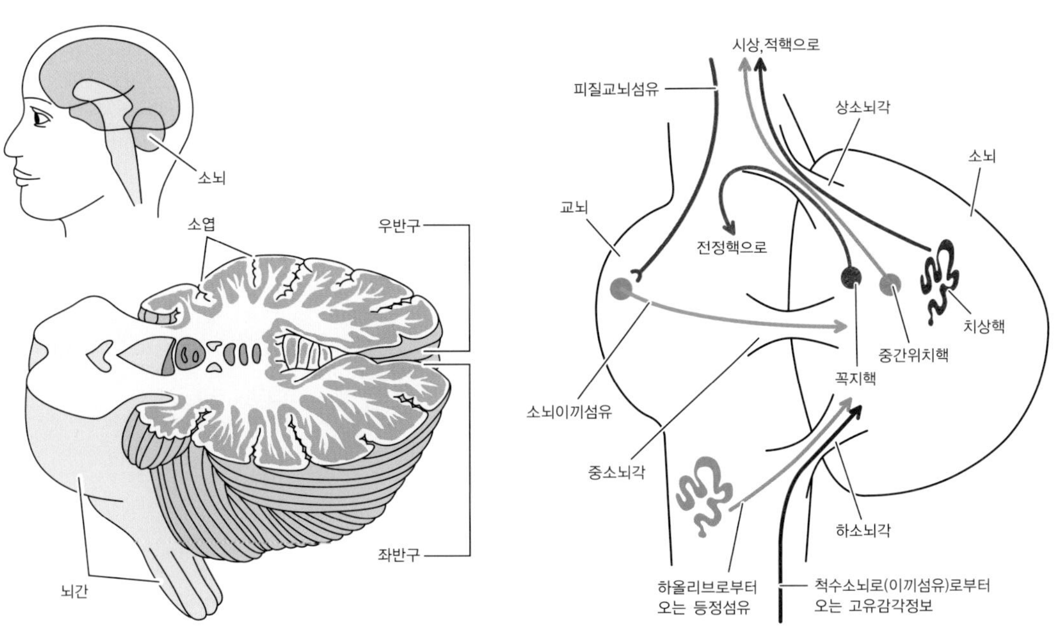

3-5
신경관의 발생 과정에서 뇌실 주변에 형성된 뇌 구조

신경관	일차 뇌소포	이차 뇌소포	뇌 구조	뇌실
앞	전뇌	종뇌	대뇌반구 대뇌기저핵	외측내실 제3뇌실 상부
		간뇌	시상 시상하부	제3뇌실
	중뇌	중뇌	상구 하구	중뇌수도관
	능뇌	후뇌	교뇌	제4뇌실
			소뇌	
		수뇌	연수	
뒤			척수	중심관

3-6
소뇌, 연수, 척수의 뇌실과 중심관 주변의 발생 과정

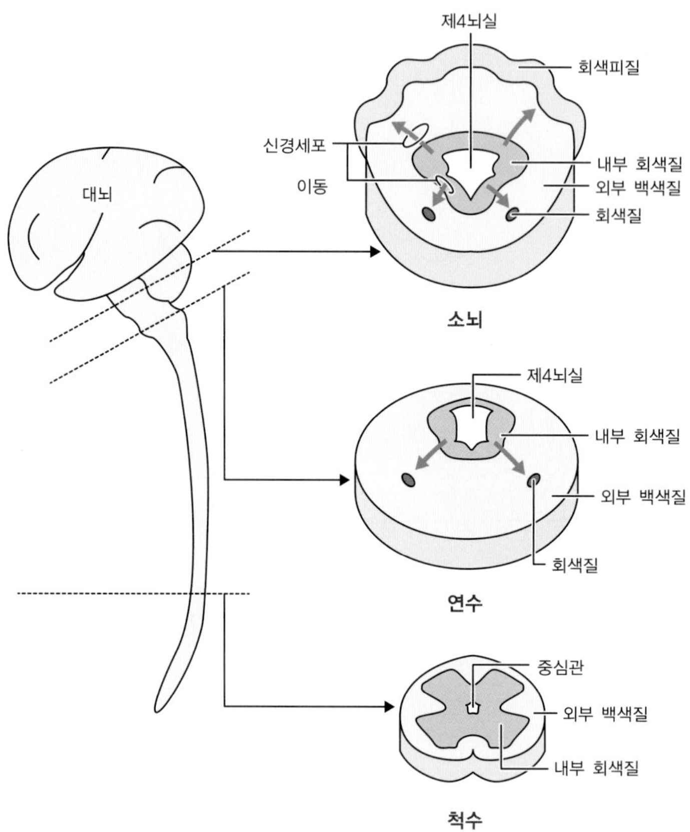

워집니다. 태아 발생기에 제4뇌실 주변의 신경세포의 분열과 이동으로 소뇌 회색피질이 형성되지요. 회색질 아래에는 축삭으로 구성된 백색질 그리고 소뇌심부핵이 있지요. 연수는 제4뇌실에서 분화된 신경세포의 이동으로 회색질의 핵과 신경축삭영역인 외부백색질 그리고 뇌실주변의 내부회색질로 구성됩니다. 척수에서부터 제4뇌실이 중심관으로 바뀌며 중심관 주변에 내부회색질이 존재하고 그 둘레로 외부백색질이 분포합니다.

소뇌는 외측의 피질과 내부의 심부핵으로 구성됩니다. 상소뇌각, 중소뇌각, 하소뇌각의 신경섬유다발로 소뇌와 뇌간은 연결되지요. 소뇌의 위쪽은 중뇌와 간뇌가 연결됩니다. 중뇌는 상구와 하구가 위치하며 간뇌는 시상과 시상하부영역이지요.

소뇌의 심부핵과 교뇌의 그물형성체 그리고 중뇌의 적핵은 중요한 운동성 신경

3-7
소뇌의 심부핵과 소뇌각

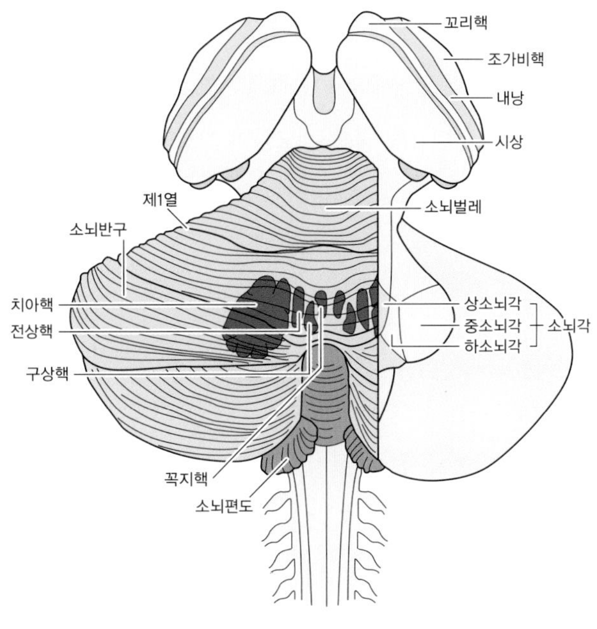
꼬리핵
조가비핵
내낭
시상
소뇌벌레
제1열
소뇌반구
치아핵
전상핵
구상핵
상소뇌각
중소뇌각
하소뇌각
소뇌각
꼭지핵
소뇌편도

3-8
중추신경계의 단면 구조

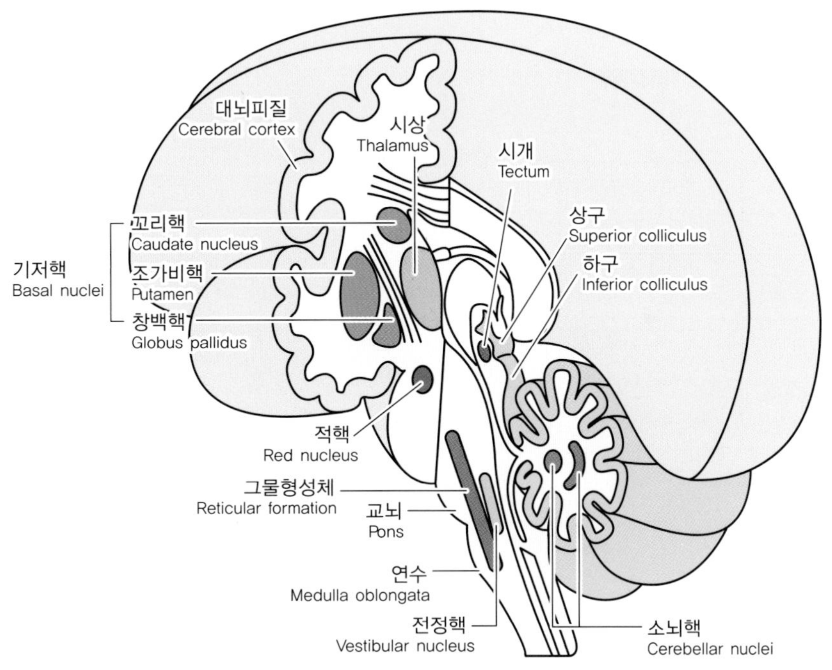
대뇌피질
Cerebral cortex
시상
Thalamus
시개
Tectum
상구
Superior colliculus
하구
Inferior colliculus
기저핵
Basal nuclei
꼬리핵
Caudate nucleus
조가비핵
Putamen
창백핵
Globus pallidus
적핵
Red nucleus
그물형성체
Reticular formation
교뇌
Pons
연수
Medulla oblongata
전정핵
Vestibular nucleus
소뇌핵
Cerebellar nuclei

핵들이지요. 간뇌의 시상과 대뇌기저핵은 대뇌피질 아래의 주요한 신경핵들로 대뇌피질과 연결되어 감각과 운동의 정보처리 회로를 구성하지요. 뇌의 단면 입체 구조에 익숙해져야 뇌의 각 부분의 연결을 기억하기 쉽습니다. 신경세포가 많이 분포하는 피질과 신경축삭다발로 구성되는 백색질영역을 항상 구분해야 합니다. 피질에서 신경세포들이 집단적으로 모여서 신경핵을 형성하지요. 신경세포집단을 중추신경계에서는 신경핵nucleus이라고 하며 말초신경계에서 신경절ganglion이라고 합니다.

척수, 전정핵, 하올리브핵은 중심선을 교차하지 않고 하소뇌각을 통하여 소뇌피질과 연결되며, 전두운동피질과 두정엽은 교뇌에서 시냅스한 후 중소뇌각을 통하여 중심선을 가로지르면서 소뇌피질과 연결됩니다. 중소뇌각은 교뇌에서 입력되는 이끼섬유가 주요 구성성분이지요.

진화적으로 소뇌는 원시소뇌archicerebellum, 구소뇌palaeo-cerebellum, 신소뇌neocerebellum의 세 부분으로 나눌 수 있지요. 어류는 소뇌의 대부분이 포유류의 결절nodulus에 해당하는 원시소뇌로 구성되어 있으며, 구소뇌에 속하는 부분은 매우 작지요. 파충류에서는 작은 신소뇌neocerebellum가 나타나며 결절과 연결되어 타래

3-9
소뇌피질과 연결된 신경핵과 대뇌피질

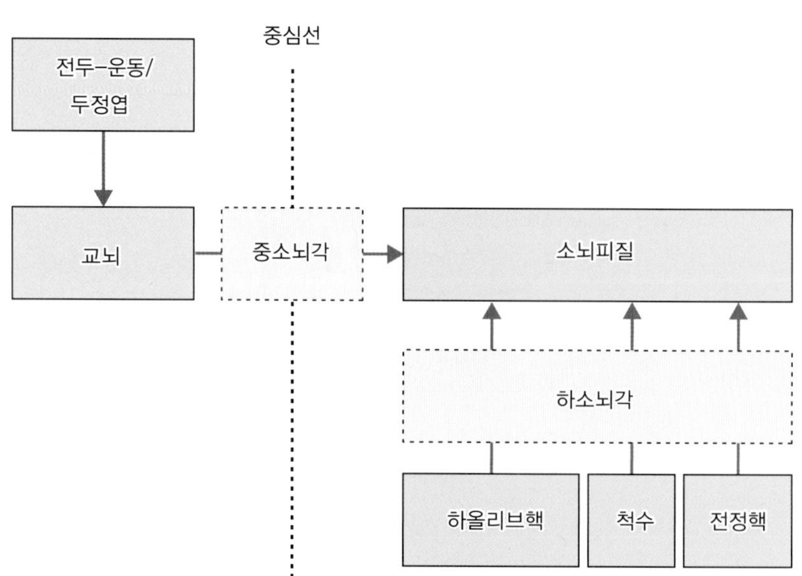

3-10
소뇌의 계통발생
(출전: 《의학신경해부학》, 이원택·박경아)

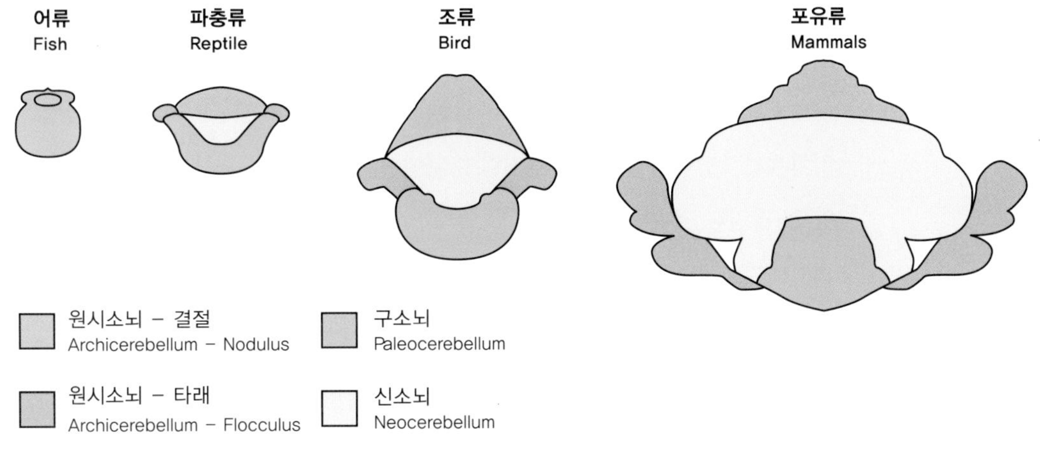

3-11
소뇌의 발생 과정

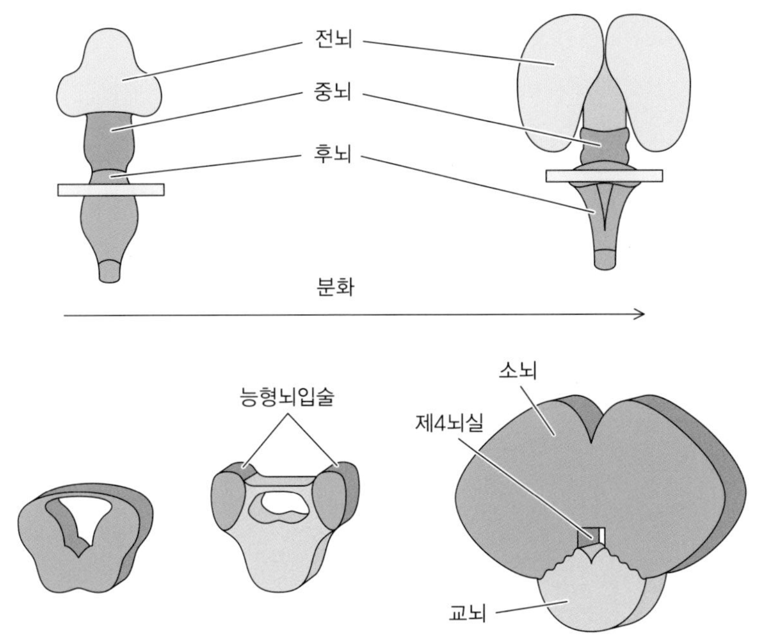

flocculus가 등장합니다. 조류의 소뇌는 파충류보다 더 크지요. 포유류에서는 신소뇌가 크게 발달하며, 네발동물에서는 사지의 균형을 유지하는 데 필요한 타래가 조류보다 더 발달합니다.

소뇌반구는 팔다리와 손발의 움직임을 제어합니다. 이 부분이 손상되면 양팔을 벌려 어깨 높이로 올린 상태를 유지할 수 없죠. 양팔이 곧장 아래로 내려옵니다. 소뇌의 영역별 역할을 나타내는 소뇌호문쿨루스라는 것이 있습니다. 일차운동영역과 일차체감각영역의 호문쿨루스처럼 소뇌에도 소뇌 영역과 관련된 몸 부위별 지도가 있죠. 망막과 달팽이관의 기저막, 그리고 피부의 감각신경세포에서 대뇌 일차감각피질까지 투사된 지도가 바로 감각호문쿨루스입니다. 호문쿨루스homunculus는 라틴어에서 온 말로 '작은 인간'을 뜻합니다. 일차체감각영역과 일차운동영역 그리고 소뇌피질에 호문쿨루스가 존재한다는 것은 몸 동작에 기본적인 감각과 운동이 유전자에 의해 어린 시절부터 결정된다는 의미입니다. 그러나 연합감각피질은 출생 후 학습의 결과로 개인마다 달라질 수 있는 영역이죠. 일차감각피질 호문쿨루스는 대부분의 인간에게 대부분 동일한 순서로 배열로 되어 있습니다.

그런데 소뇌가 없다면 어떻게 될까요? 운동을 할 수 있을까요? 놀랍게도 훈련을 하면 운동이 가능합니다. 어린 시절 소뇌에 문제가 생기면, 대뇌피질이 어느 정도

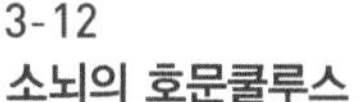
3-12
소뇌의 호문쿨루스

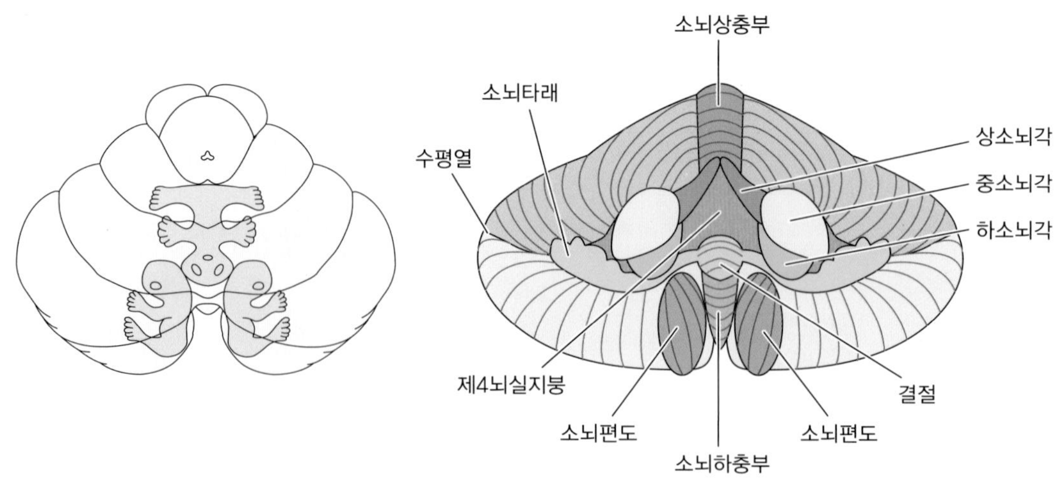

소뇌의 기능을 대신할 수 있죠. 소뇌는 신경계에서 대뇌 다음으로 큰 영역인데도 소뇌 없이도 간단한 운동을 할 수 있습니다. 팔을 원하는 대로 뻗거나 물건을 잡고 다리를 의도하는 방향으로 움직여 걷거나 뛸 수도 있죠. 그런데 소뇌가 손상되면 정상 상태와 비교해 미묘한 차이가 생기기 시작합니다.

소뇌와 관련된 대표적인 증후군으로 두 가지를 들 수 있어요. 소뇌벌레증후군과 소뇌반구증후군입니다. 소뇌 역시 대뇌처럼 좌우의 두 반구로 이루어져 있죠. 이 두 반구를 잇는 것이 바로 소뇌벌레영역vermal zone입니다. 주름이 가로로 나 있어서 벌레처럼 보인다 해서 붙은 이름이죠. 소뇌벌레는 머리와 몸통의 움직임을 조절합니다. 그래서 소뇌벌레에 문제가 생기면 머리와 몸통의 운동이 힘들어지죠. 정상적인 상태에서는 머리와 몸통을 똑바로 세우고 차려 자세를 취할 수 있지만, 소뇌벌레에 이상이 있으면 혼자서 바로 서 있을 수도 없고 고개를 반듯하게 세울 수도 없죠. 가만히 서 있다가 앞이나 뒤로 넘어지기도 합니다.

소뇌반구의 이상으로 길항운동실조증이 나타나기도 합니다. 길항운동은 상반된 운동을 상호 조율하는 것을 말합니다. 가령 길항운동실조증이 있는 사람에게 손을

3-13
소뇌의 단면 사진

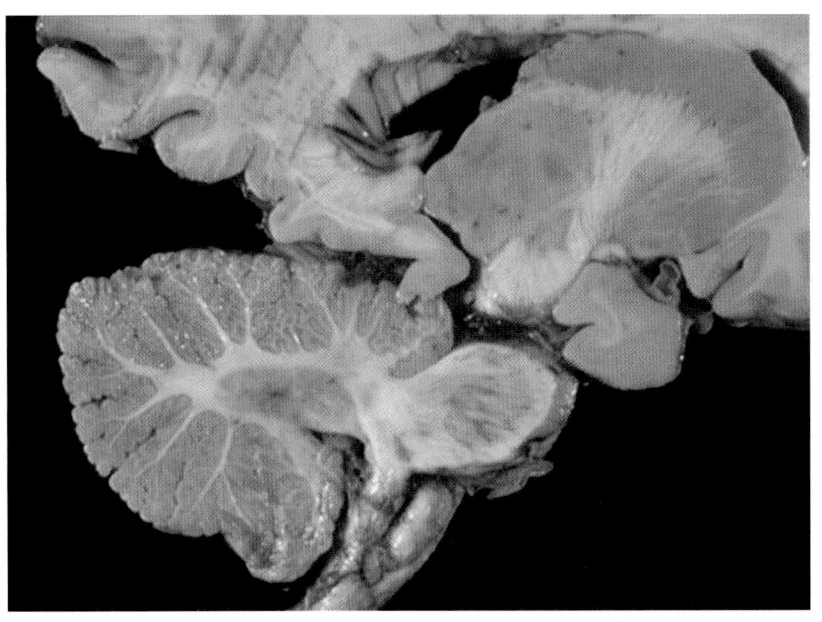

앞뒤로 번갈아 뒤집는 놀이를 시켜보면, 처음 어느 정도까지는 수행하다가 이내 동작이 꼬여 손을 벌벌 떱니다. 타이밍을 맞춘 순서운동을 쉽게 하지 못하는 거죠. 협동운동이 안 되면 운동을 순서에 맞춰서 신속히 할 수가 없어요. 운동분해증 환자들의 증상과 유사하지요. 손발의 운동은 많은 근육이 협동하여 관절을 움직여 동작을 매끄럽게 잇는 것이죠. 한마디로 말해 운동은 많은 근육들의 협연인 셈입니다. 운동분해증 환자들은 연속동작운동을 할 때 운동들이 쪼개져 나와 로봇처럼 부자연스럽게 움직입니다. 협동운동을 해야만 부드러운 운동이 가능하죠.

제럴드 에델만은 소뇌에 의한 부드러운 운동이 불가능하면 개념의 범주화가 어렵다고 주장합니다. 개념의 범주화가 일어나야 인간 뇌의 고차적 활동이 가능해지지요. 소뇌반구의 이상은 발가락의 운동에도 문제를 일으킵니다. 정상적인 상태에서는 발뒤꿈치를 바닥에 대지 않고도 발가락 끝으로 걸을 수 있죠. 그런데 소뇌반구증후군이 있는 사람은 이렇게 까치발로 걷기가 힘들지요.

소뇌반구증후군의 또 하나의 증상은 말을 더듬는 것입니다. 말이 단어로 분절되어 로봇처럼 발음하게 되죠. 자연스럽게 대화를 하려면 여러 근육들이 속도를 맞춰 협력해야 하는데 후두 근육이 소뇌에서 운동신호를 제대로 전달받지 못해서 이런 증상이 생기죠.

이처럼 소뇌는 근육의 긴장도를 조절하고 운동출력의 타이밍을 맞춰서 정확한 협연운동을 만들지요. 소뇌는 운동학습에 관여하는 기관이기도 합니다. 배구나 축구 경기를 볼 때마다 훈련된 소뇌 기능들의 경연장 같다는 생각이 듭니다. 운동 선수들은 수 년간 강도 높은 근육 훈련을 한 결과 운동신경들이 골격근들을 신속하고 정확한 시간에 맞춰 제어하는 능력을 체득하게 되지요. 운동학습을 통해서 동작을 흉내만 내는 것이 아니라 동작을 능숙하게 익혀 더 잘 움직이는 겁니다. 스포츠만이 아니라 몸을 움직이는 대부분의 활동에서 반복 연습에 의해 운동이 능숙해집니다. 손과 발동작은 반복 훈련에 의해 기술이 크게 향상하죠. 설정한 목표에 도달하기 위해 소뇌는 반복 시행으로 끊임없이 실수를 교정하기 때문이죠.

02 균형의 회로, 운동실행의 회로, 운동계획의 회로

소뇌는 대뇌 후두엽 아래쪽에 위치해 있죠. 또한 소뇌는 신경축삭 다발인 상소뇌각, 중소뇌각, 하소뇌각으로 이루어진 소뇌각으로 교뇌와 연결되어 있어요. 소뇌반구가 좌우 양쪽으로 있고, 정중앙에 가로로 주름져 벌레처럼 보이는 소뇌벌레가 있습니다. 소뇌벌레의 바로 옆 부위는 소뇌벌레옆구역paravermal zone이라고 하지요. 소뇌의 부위별 역할을 요약하면 다음과 같습니다.

3-14
소뇌피질의 구조와 영역별 기능

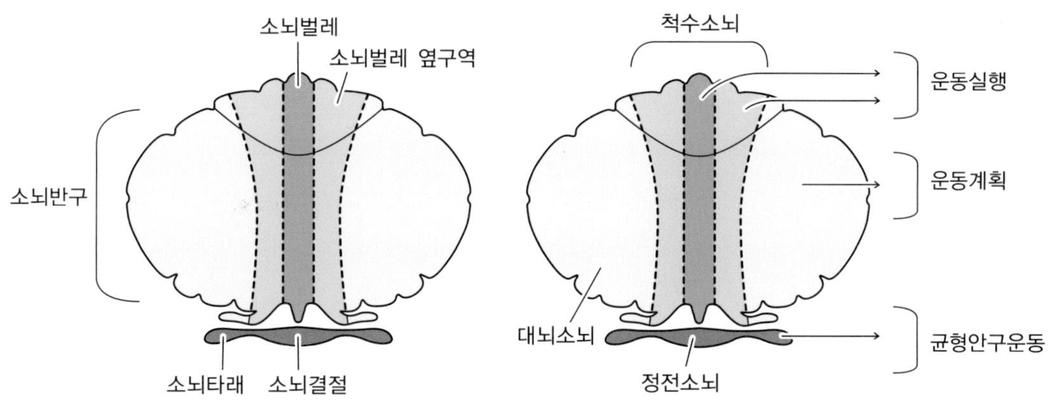

3-15
소뇌피질과 소뇌심부핵의 구성

(출전:《의학신경해부학》, 이원택·박경아)

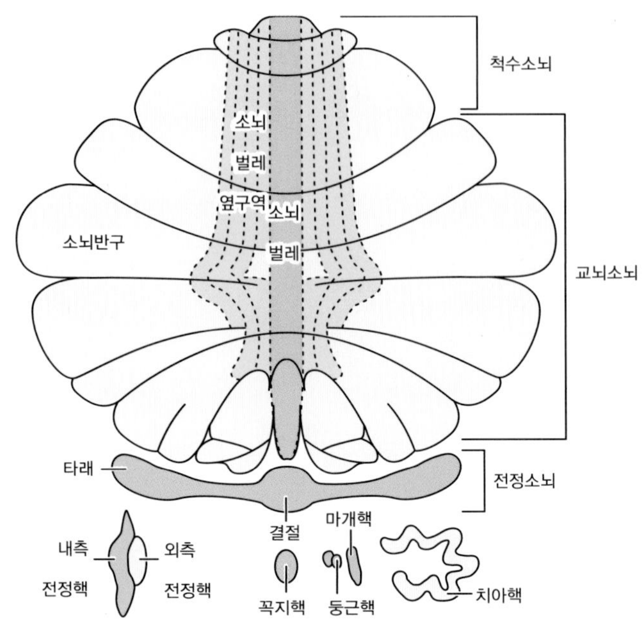

3-16
소뇌피질과 소뇌심부핵 연결

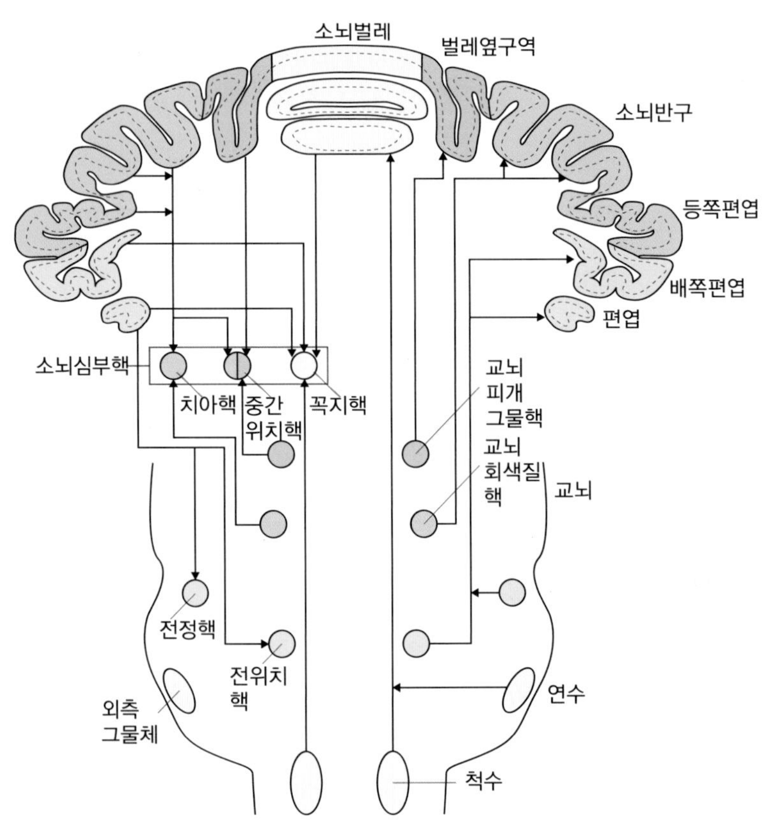

원시소뇌: 타래결절엽 → 균형과 안구운동

구소뇌: 소뇌벌레, 벌레옆구역 → 운동 실행

신소뇌: 소뇌반구 → 운동계획

소뇌벌레와 타래결절엽은 내측전정핵, 꼭지핵과 연결되며 소뇌벌레옆구역은 둥근핵, 마개핵과 연결됩니다. 그리고 소뇌반구는 치아핵과 연결되지요. 소뇌꼭지핵은 척수, 소뇌벌레, 배쪽편엽, 편엽에서 입력을 받으며, 소뇌중간위치핵은 벌레옆구역, 배쪽편엽, 교뇌피개그물핵에서 신호가 입력됩니다. 그리고 소뇌치아핵은 소뇌반구, 등쪽편엽, 교뇌회색질핵에서 신호가 입력됩니다.

소뇌는 위숨뇌천장판과 연결되며 소뇌피질의 굴곡된 부분은 소뇌반구를 형성하지요. 제4뇌실의 맥락총에서 뇌척수액이 생성되어 정중구멍을 통해 외부로 유출됩

3-17
소뇌의 단면 구조

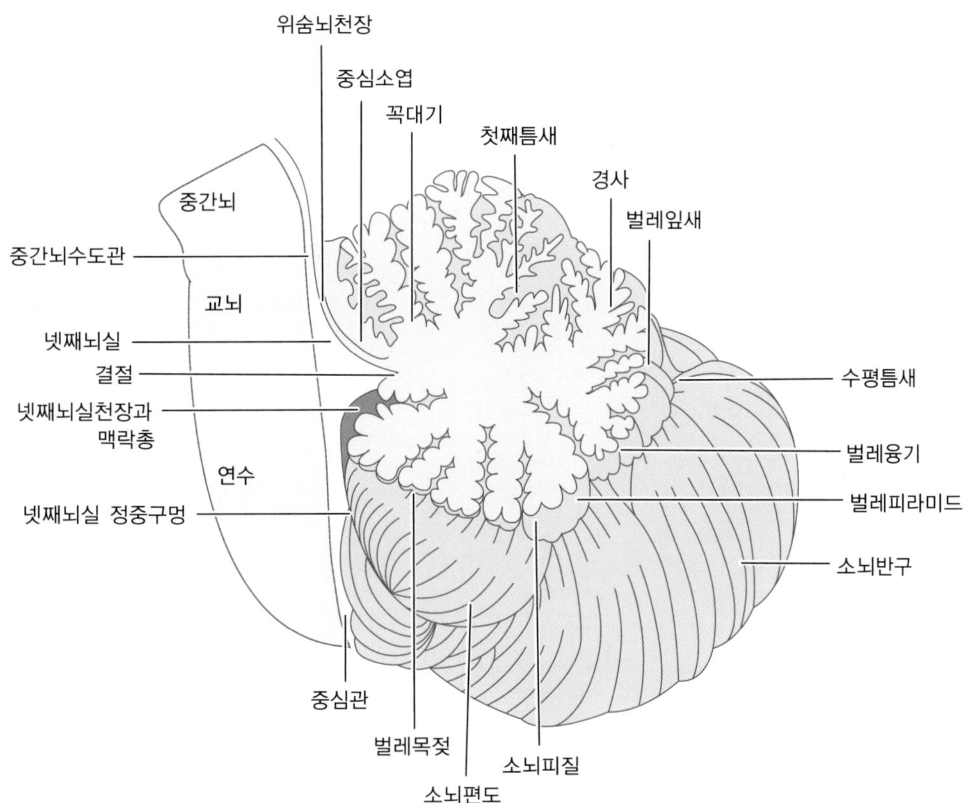

니다.

소뇌 역시 대뇌처럼 회색질인 피질과 백색질인 속질로 이루어져 있으며, 피질은 위치에 따라 구분됩니다. 밑에서부터 타래결절엽flocculonodular lobe, 후엽posterior lobe, 전엽anterior lobe으로 나뉘죠. 여기서 타래결절엽은 소뇌 반구의 후외측틈새 posterolateral fissure 아래에 있는 타래flocculus(소절)와 소뇌벌레 아래에서 제4뇌실 천장 쪽으로 돌출되어 있는 결절nodulus(편엽)로 이루어져 있습니다. 이 타래결절엽은 소뇌피질에서 가장 오래된 부위죠. 그래서 타래결절엽을 가리켜 원시소뇌라고 합니다. 그다음으로 전엽이 진화했고, 후엽은 나중에 만들어졌죠. 전엽은 구소뇌, 후엽은 신소뇌라 합니다.

3-18
소뇌의 부위별 명칭

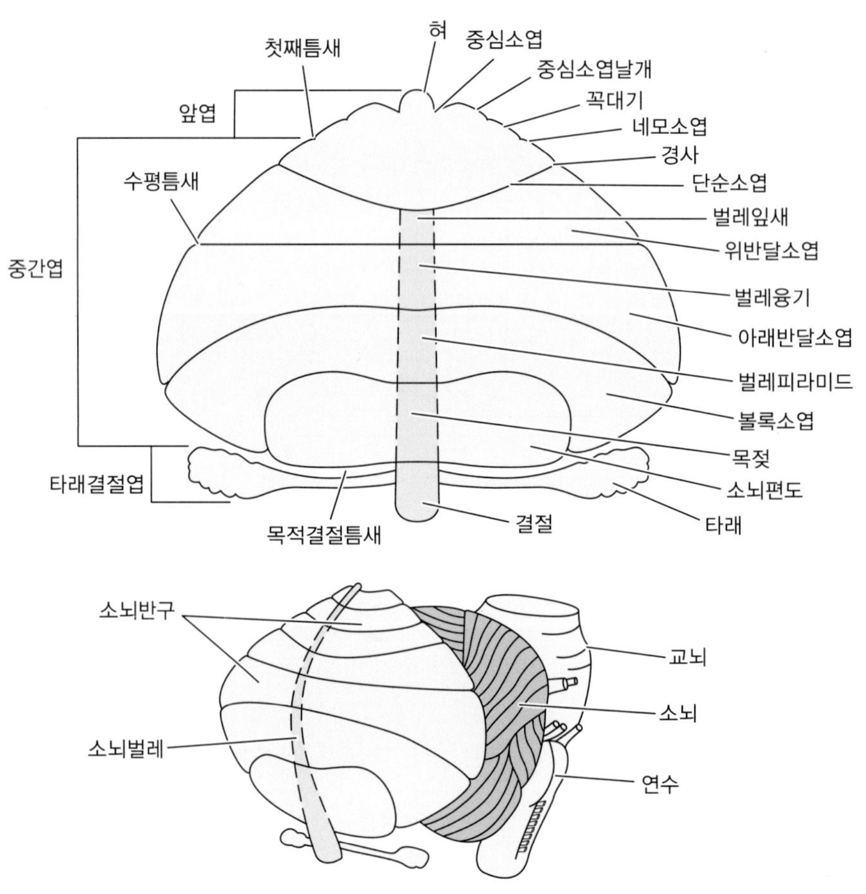

3-19
소뇌피질과 교뇌 사진(좌), 소뇌와 교뇌의 단면 사진(우)

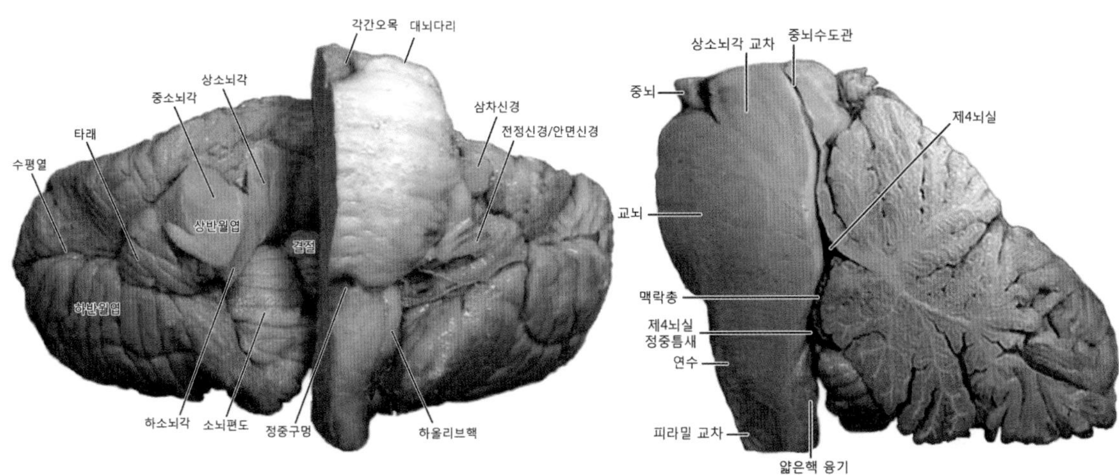

원시소뇌, 구소뇌, 신소뇌는 역할이 각각 다릅니다. 원시소뇌는 전정신경핵과 연결되어 평형감각과 안구운동을 조절합니다. 그래서 전정소뇌라고도 하죠. 평형감각과 안구운동은 서로 연결되어 있습니다. 그래서 넘어지려고 할 때 시선이 넘어지는 쪽으로 향하죠. 전정소뇌가 손상되면 눈동자가 정지하지 않고 휙 돌아가거나 눈이 흔들리는 안구진탕증(안진)이 생기지요. 구소뇌는 척수소뇌라고 하며, 척수에서 들어오는 신호를 받아 대뇌운동피질과 연계하여 운동을 실행합니다. 신소뇌는 교뇌핵에서 들어오는 신호를 받아 소뇌피질의 정보를 대뇌피질로 전달합니다. 그래서 신소뇌를 교뇌소뇌 또는 대뇌소뇌라고 합니다. 운동계획과 관계가 있죠. 소뇌피질의 세 부분을 정리하면, 원시소뇌-전정소뇌-균형감각, 구소뇌-척수소뇌-운동실행, 신소뇌-대뇌소뇌-운동계획으로 요약할 수 있지요.

소뇌피질 안쪽에는 중추신경계의 수초화 세포인 희소돌기세포로 감긴 축삭다발인 수질영역이 있죠. 소뇌피질에 신경세포체가 주로 모여 있다면, 소뇌 수질에는 신경섬유들이 빽빽이 있습니다. 수질에서 더 안쪽으로 들어가면 신경세포들이 모여 있는 신경핵들이 보이죠. 소뇌벌레의 결절 가까이에 있는 핵은 꼭지핵fastigial nucleus(실정핵)입니다. 꼭지핵은 몸의 균형을 담당하는 원시소뇌와 연결되어 있지요. 소뇌벌레옆구역 안쪽에는 둥근핵globose nucleus(구상핵)과 마개핵emboliform

3-20
소뇌피질의 구조

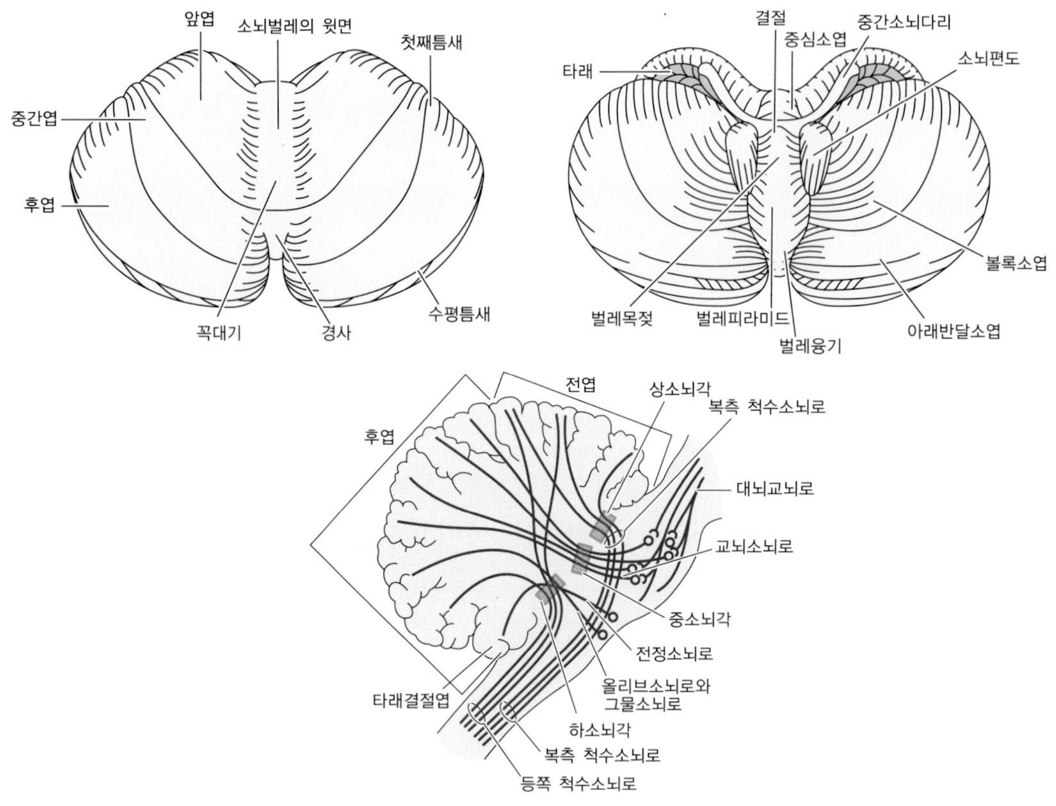

nucleus(전상핵)이 있는데, 이 두 핵을 합쳐서 중간위치핵interposed nucleus이라 부르죠. 중간위치핵은 운동을 실행하는 구소뇌와 연결됩니다. 소뇌벌레옆구역에서 수질 쪽으로 더 들어가면 위아래 이처럼 생긴 치아핵dentate nucleus(치상핵)이 있어요. 치아핵은 중간위치핵보다 크기가 크며, 운동을 계획하는 신소뇌와 이어집니다.

그러면 원시소뇌와 꼭지핵, 중간위치핵과 구소뇌, 치아핵과 신소뇌가 어떻게 연결되는지 살펴봅시다. 원시소뇌는 타래결절엽 부분에 해당하며, 평형감각을 담당하지요. 전정기관을 통해 평형감각신호가 전정신경절에서 뻗어 나온 신경섬유를 타고 두 가지로 경로를 거쳐 타래결절엽으로 이동합니다. 하나는 전정신경절에서 꼭지핵을 거치지 않고 타래결절엽으로 직접 입력되지요. 다른 하나는 뇌간의 전정신경핵에서 시냅스해서 타래결절엽으로 신호가 전달되죠. 전정신경절에서 전정신

3-21
소뇌와 교뇌 사진

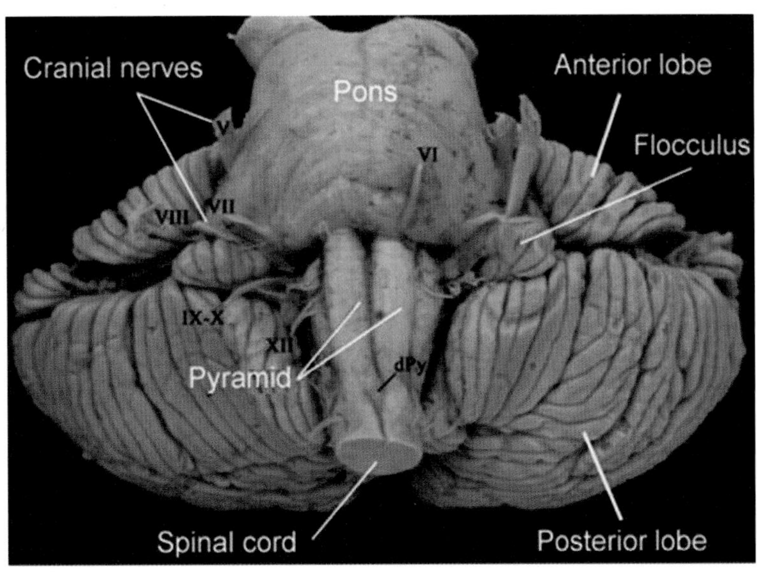

3-22
원시소뇌 신경 연결

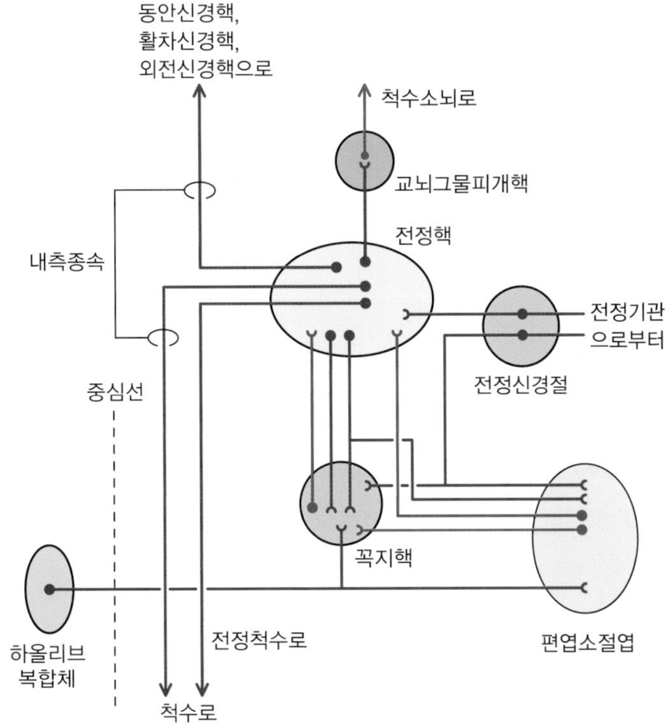

경핵으로 들어가는 신경섬유를 제1전정신경섬유, 전정신경핵에서 타래결절엽으로 곧장 들어가는 신경섬유는 제2전정신경섬유라고 합니다. 타래결절엽에서 출발한 평형감각정보는 시냅스를 통해 꼭지핵으로 전달되고, 꼭지핵에서 신경섬유가 뻗어 나가 소뇌 안쪽으로 휘돌아 전정신경핵으로 가서 시냅스합니다. 꼭지핵에서 전정신경핵으로 이어지는 섬유 다발은 하소뇌각의 일부를 이루죠. 그리고 하소뇌각은 후척수소뇌로, 쐐기소뇌로, 올리브소뇌로, 전정소뇌로, 제1전정신경섬유, 그물소뇌신경섬유로 구성되지요. 오른쪽 소뇌 반구의 꼭지핵에서 신경섬유 다발이 나와 왼쪽 전정신경핵으로 교차하여 가기도 합니다. 이 신경섬유 다발을 러셀갈고리다발uncinate fasciculus of Russell이라고 합니다. 전정신경핵까지 이동한 평형 신호는

3-23
원시소뇌, 구소뇌, 신소뇌의 입력과 출력신호

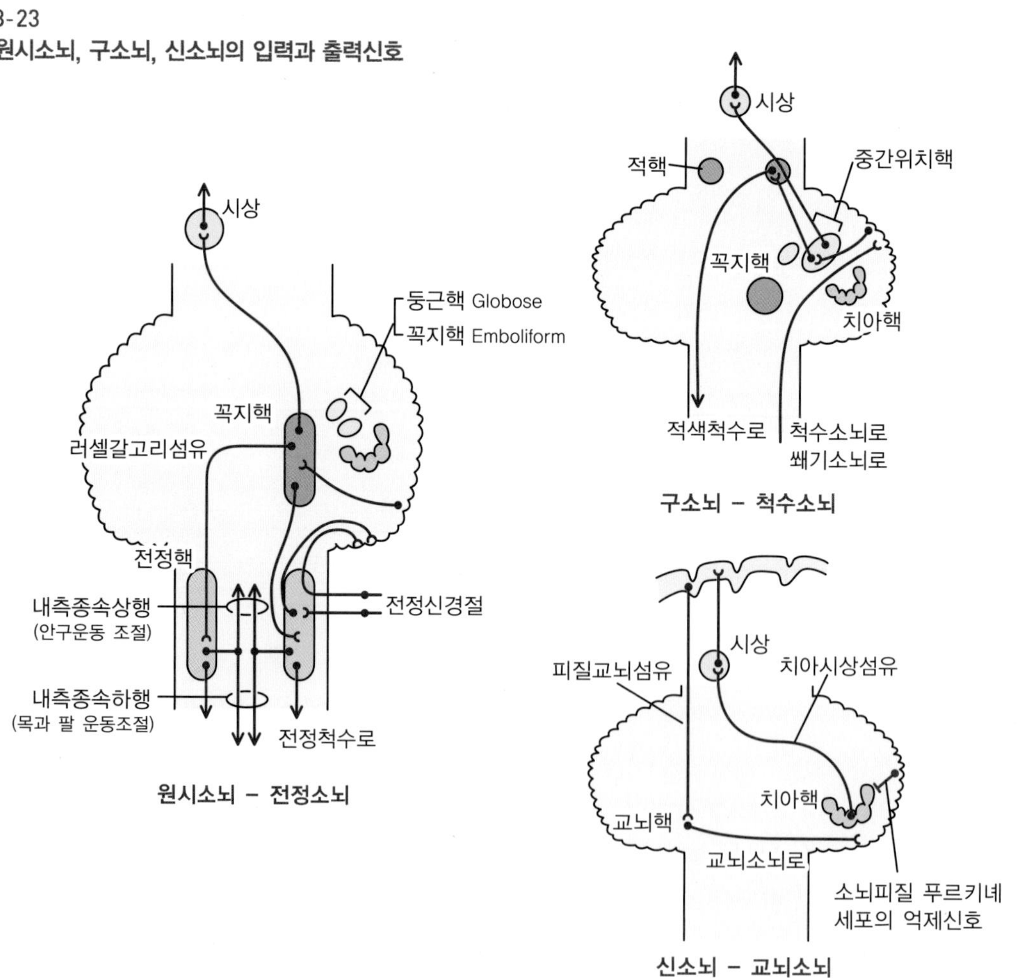

3-24
소뇌와 전정핵에 연결된 균형감각신호

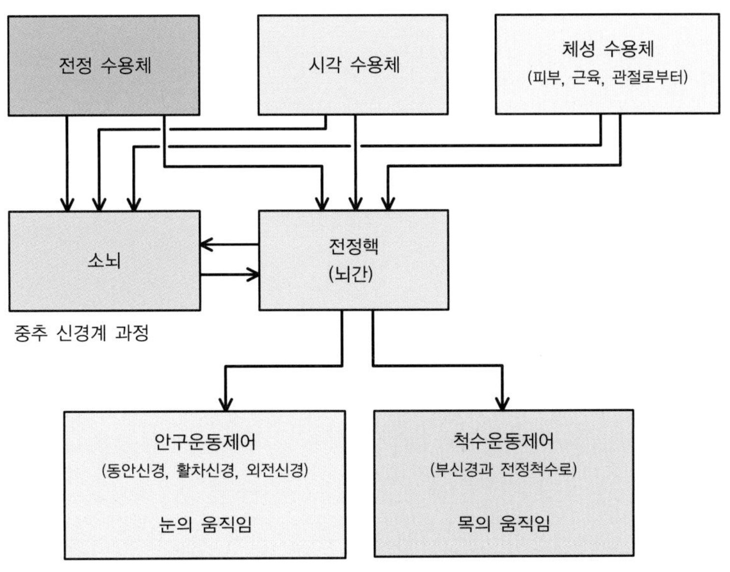

전정척수로를 타고 척수로 내려가 운동을 출력합니다.

타래결절엽에서 나온 운동신호는 꼭지핵과 시상을 거쳐 대뇌피질로 올라가기도 합니다. 전정신경핵에서 두꺼운 내측세로다발medial longitudinal bundle(내측종속)을 통해 척수로 운동신호가 전달되기도 하죠. 내측세로다발은 전정척수로보다 더 안쪽에 위치해 있는데, 이 신경로에는 상행성분과 하행성분이 있지요. 상행성분은 안구조절운동과 관계가 있어요. 균형을 잃고 넘어지려 할 때 균형이 무너진 쪽으로 시선이 무의식적으로 이동해서 다시 균형을 잡죠. 하행성분은 몸의 균형이 무너졌을 때 척수로 내려가서 목과 팔을 움직여 다시 균형을 잡도록 합니다.

몸의 균형이 무너지면 무의식적으로 팔을 벌리거나 어깨의 위치를 조절하지요. 눈을 감고 한쪽 발을 들어올린 상태에서 오랫동안 넘어지지 않고 균형을 유지하는 능력은 나이에 반비례하지요. 나이가 들면서 점차 균형감각이 저하되기 때문입니다. 3-24는 전정핵이 눈과 목의 움직임을 제어하여 균형을 유지하는 신경연결을 보여줍니다. 전정수용체, 시각수용체, 체성수용체가 전정핵과 소뇌로 신경자극을 입력하지요. 그리고 소뇌와 전정핵은 상호연결되어 균형을 유지하기 위한 정보를 상호전달합니다.

구소뇌는 전엽에 해당하며, 사지와 몸통의 운동을 조절하지요. 척수에서 소뇌전엽으로 근육의 길이 변화와 근육 긴장도의 감각정보가 입력됩니다. 구소뇌의 입력로인 척수소뇌로와 쐐기소뇌로를 통해 골격근의 길이 변화와 근육 긴장 정보가 소뇌로 올라오지요. 이 고유감각 신호는 둥근핵과 마개핵의 중계를 통해 중뇌 피개의 적색핵으로 연결되며, 적색핵에서 시냅스한 후 반대쪽으로 교차하여 적색척수로를 타고 척수로 내려가 척수전각의 알파운동뉴런으로 출력되죠. 둥근핵과 마개핵에서 일부 신호는 적색핵과 시상에서 시냅스하여 대뇌피질로 올라가기도 합니다. 척수로 하행하는 신호는 매 순간의 몸 움직임을 만들며, 시상을 경유하여 대뇌피질로 올라가는 신호는 운동학습과 관련이 있습니다.

전두엽의 운동출력신호는 대뇌기저핵의 선조체와 연결됩니다. 전전두엽의 출력신호는 교뇌핵에서 시냅스하고 교뇌핵에서 신경축삭은 중소뇌각을 통하여 소뇌피질로 출력되지요. 교뇌핵에서 시냅스하여 소뇌로 입력되는 축삭은 이끼섬유를 형성하지요. 3-25에서 X 표시는 좌뇌와 우뇌 신경섬유의 교차를 나타냅니다.

3-25
전두엽의 운동출력 연결
(출전: Brain Evolution and Cognition, G. Roth and M. F. Wullimann)

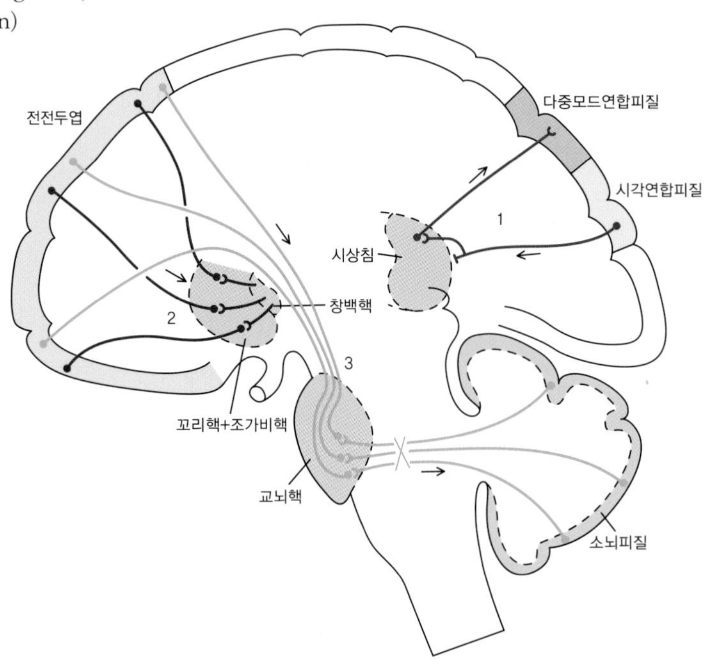

3-26
소뇌피질의 출력신호
(출전: Brain Evolution and Cognition, G. Roth and M. F. Wullimann)

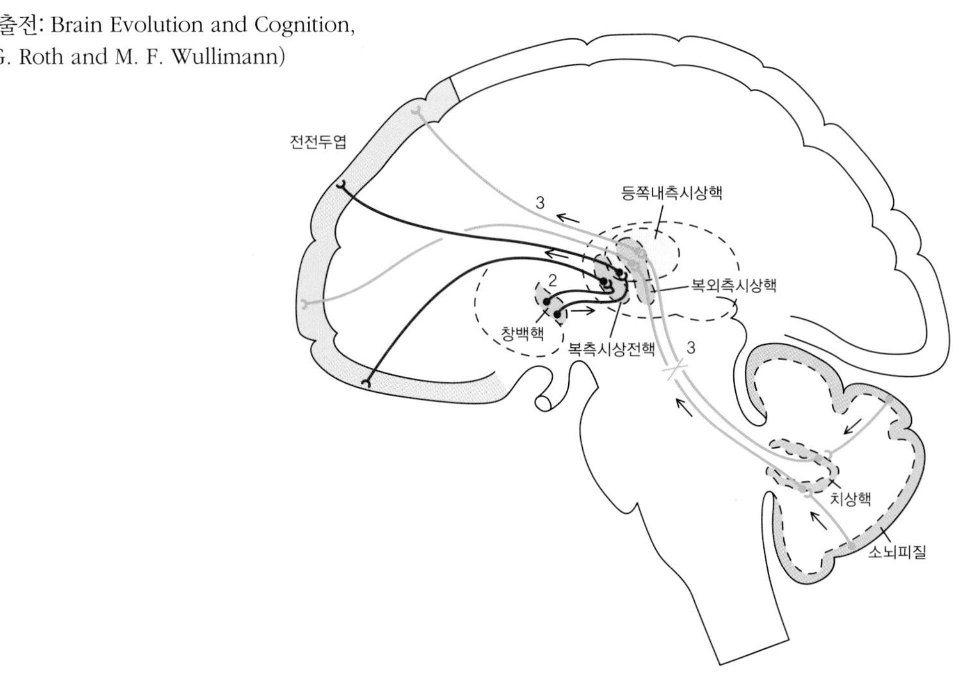

3-27
하소뇌각, 중소뇌각, 상소뇌각의 신경연결

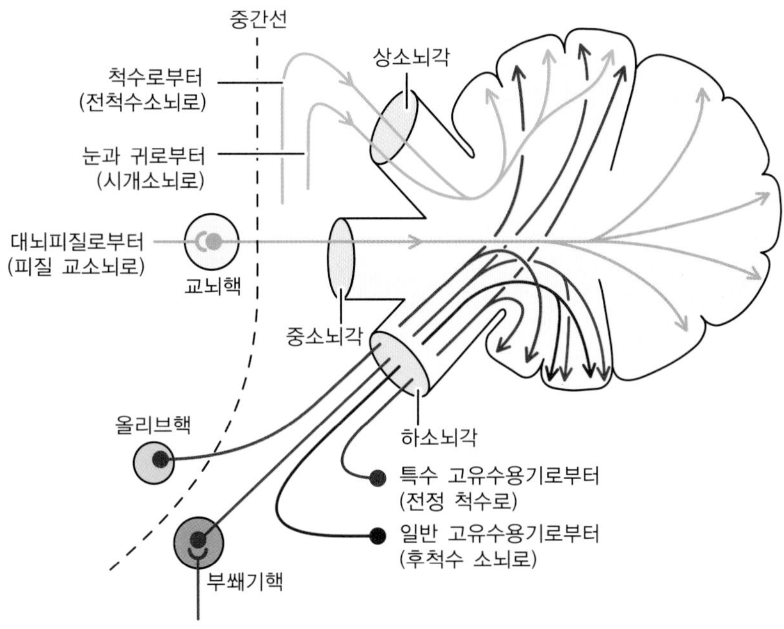

소뇌피질의 푸르키녜세포의 축삭은 치아핵에 억제성시냅스를 합니다. 치아핵에서 출력은 시상복외측핵(VL)과 복측시상전핵(VA)에 시냅스하고 시상핵은 전전두엽피질로 출력합니다.

소뇌 반구는 세 개의 신경섬유 다발, 즉 상·중·하소뇌각을 통해 신경계의 다른 부위와 연결됩니다. 그리고 소뇌로 들어가는 대부분의 감각섬유는 곁가지를 소뇌 심부핵으로 보내지요. 소뇌로 입력되는 신경정보를 요약하면 다음과 같습니다.

상소뇌각: 전척수소뇌로를 통해 운동신호의 강도에 관한 정보, 시개소뇌로를 통해 뇌과 귀로부터 정보가 상소뇌각을 통하여 소뇌전엽으로 입력

중소뇌각: 피질교뇌소뇌를 통해 대뇌운동피질의 운동계획정보가 소뇌후엽으로 입력

하소뇌각: 올리브핵에서는 척수에서 오는 고유감각 및 피부정보를 소뇌타래결절엽으로 입력

부쐐기핵으로부터는 목과 팔에서 오는 신호가 소뇌타래결절엽으로 입력

후척수소뇌로는 근육의 수축과 관절의 운동 관련 정보가 소뇌타래결절엽으로 입력

전정척수로를 통해 특수·고유수용기의 감각정보가 소뇌타래결절엽으로 입력

3-28
소뇌의 출력신경로

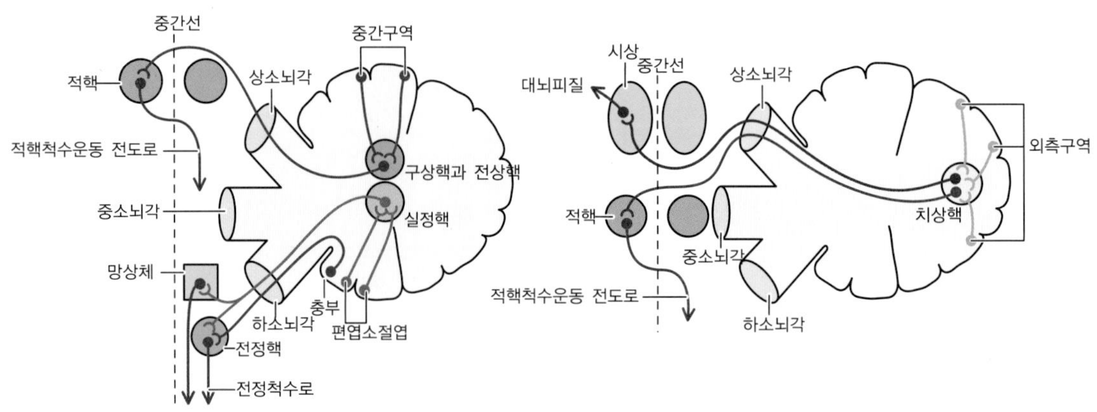

3-29
소뇌의 출력신경로

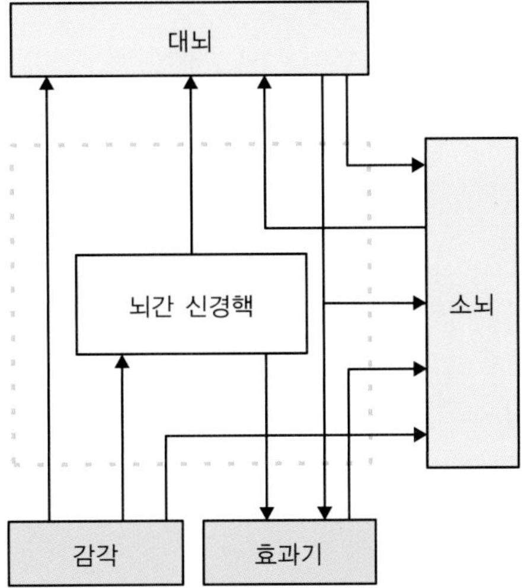

그리고 전정소뇌로를 통해 머리의 위치와 머리의 가속운동에 관한 정보가 유입되지요. 이처럼 소뇌는 사지와 몸통의 대한 계획된 운동정보를 계속 받습니다. 의식 이하의 수준에서 정보를 받아들이기 때문에 소뇌의 작용을 느끼지는 못하지요.

소뇌에서 나가는 신경로는 소뇌 중간 구역에서는 중간위치핵과 반대편 적핵으로 신호를 보내지요. 소뇌벌레는 전정핵으로 신호를 보내 자세를 조절합니다. 소뇌외측피질은 치상핵으로 신호를 보내고, 치상핵은 시상으로, 그리고 시상은 대뇌피질로 신호를 전달하지요. 또한 작은 투사섬유를 반대편의 적핵으로 보내 적핵척수로의 활동에 영향을 주지요. 대뇌피질이 목적한 운동을 생성하는 동안 고유수용기들은 계속적으로 근육과 관절의 위치 변화에 대한 정보를 소뇌로 보내죠. 그다음 소뇌는 이 정보를 대조하여 운동의 범위와 방향을 조절하기 위한 신호를 출력합니다.

소뇌의 입력신호는 감각입력과 효과기입력이 있습니다. 효과기는 골격근이며, 근육 길이 변화와 근육 긴장도의 정보를 소뇌로 입력하지요. 소뇌는 대뇌운동피질과 상호연결되어 소뇌에 입력된 감각정보와 효과기정보를 대뇌에 전달합니다. 대뇌운동피질은 뇌간 신경핵과 소뇌의 정보를 바탕으로 피질척수로를 통해 골격근을 직접 제어할 수 있지요. 소뇌가 대뇌운동피질에 제공하는 핵심 정보는 골격근 상태

3-30
소뇌, 알파운동뉴런, 감마운동뉴런의 신경회로

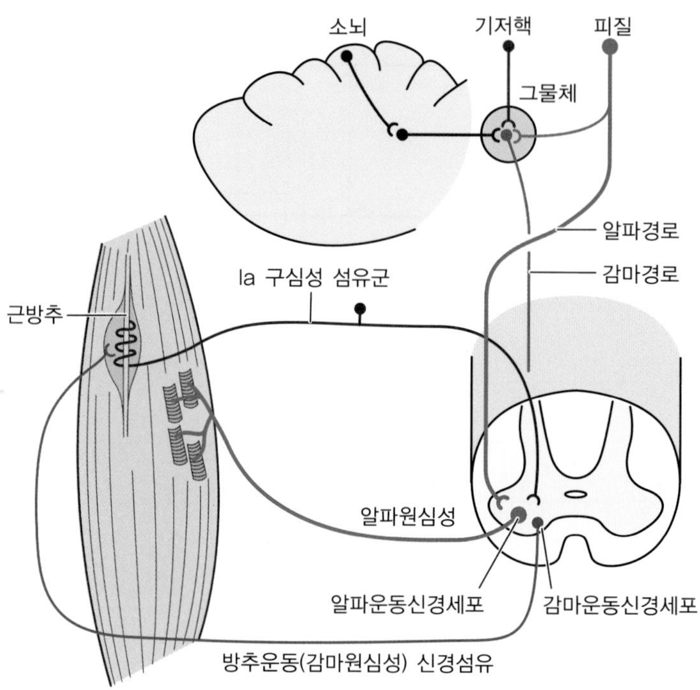

에 대한 고유감각입니다. 소뇌가 처리하는 고유감각은 팔과 다리의 위치와 몸자세를 무의식적으로 감지하고 조절하는 것입니다.

근방추는 골격근의 일부였는데, 차차 골격근의 수축 상태를 감지하는 역할을 담당하게 되었습니다. 근육조직이 감각기관으로 변화된 것이지요. 수의운동에서 근육은 직접경로와 간접경로로 전달되는 신경자극에 의해 수축되죠. 직접경로는 대뇌운동피질에서 피질척수로를 통하여 척수전각의 알파운동신경세포를 흥분시킵니다. 간접경로는 소뇌, 기저핵 및 운동피질에서 출발하여 중뇌 그물형성체를 지나서 척수 전각의 감마운동신경세포를 흥분시키지요. 그리고 감마운동신경세포의 축삭은 방추내근섬유에 시냅스합니다. 이 두 전도로는 동시에 활성화되는데, 이를 알파-감마 연동이라 하며 근방추가 골격근의 변화를 항상 감지할 수 있게 하지요. 대뇌피질은 운동을 계획하고 소뇌는 계속해서 운동을 탐지하고 조절합니다. 그래서 소뇌와 관련된 운동 장애는 대부분 골격근을 적절히 조절하지 못해 생기지요.

3-31
척수소뇌의 신경 연결

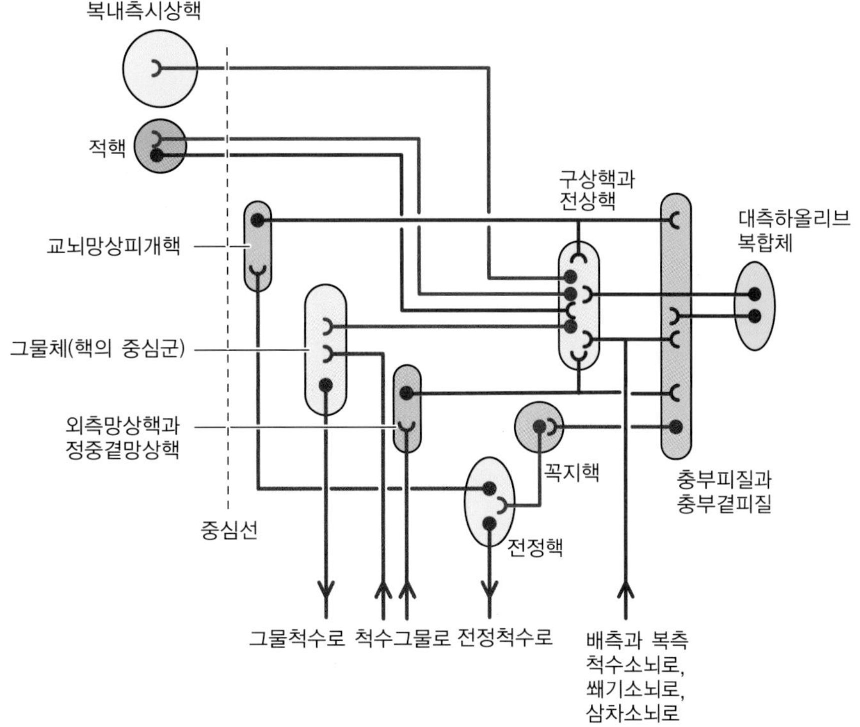

척수소뇌는 운동을 실행합니다. 소뇌피질의 벌레영역과 벌레옆영역은 척수소뇌로, 쐐기소뇌로, 삼차소뇌로를 통하여 입력된 감각 정보를 적핵과 대뇌피질로 보내 운동실행을 조절하죠. 소뇌피질은 벌레영역과 벌레옆영역에서 중간위치핵(구상핵과 전상핵)과 연결되며, 중간위치핵은 그물핵과 적핵 그리고 시상과 연결됩니다. 소뇌 중간위치핵과 연결되는 전정척수로와 그물척수로가 척수 운동신경을 조절하지요. 반대쪽 하올리브핵의 축삭은 소뇌피질의 푸르키네세포와 시냅스하여 새로운 운동을 학습합니다.

신소뇌는 후엽에 해당하며, 운동계획에 관여합니다. 후엽은 교뇌핵과 연결되지요. 대뇌피질에서 교뇌핵으로 운동신호가 내려오면 이 신호는 중소뇌각을 통해 후엽으로 입력됩니다. 후엽을 거쳐 나온 운동신호는 시냅스를 통해 치아핵으로 전달되고, 다시 치아핵에서 상소뇌각의 일부가 되어 시상을 거친 후 대뇌피질로 들어가죠. 신소뇌의 신경로는 운동을 직접 출력하지 않고 운동계획에 관여하므로 신경섬

3-32
교뇌와 소뇌의 신경 연결

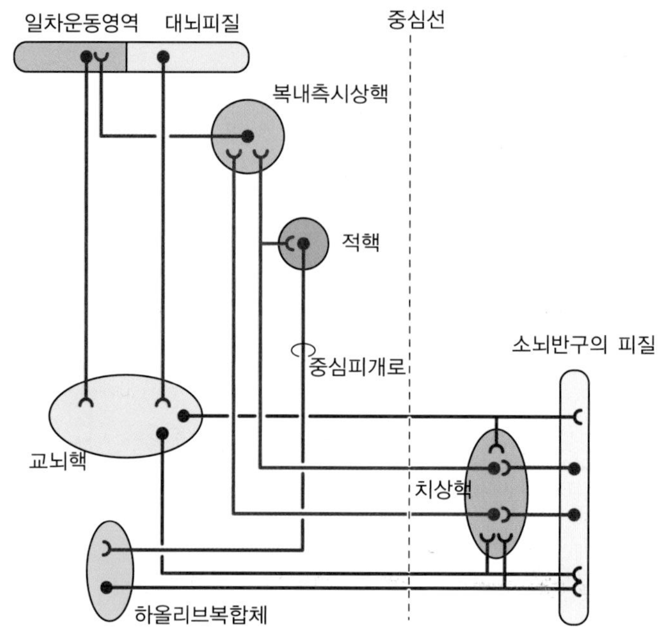

3-33
근육과 피부관절의 감각입력에 대한 운동출력신호 연결

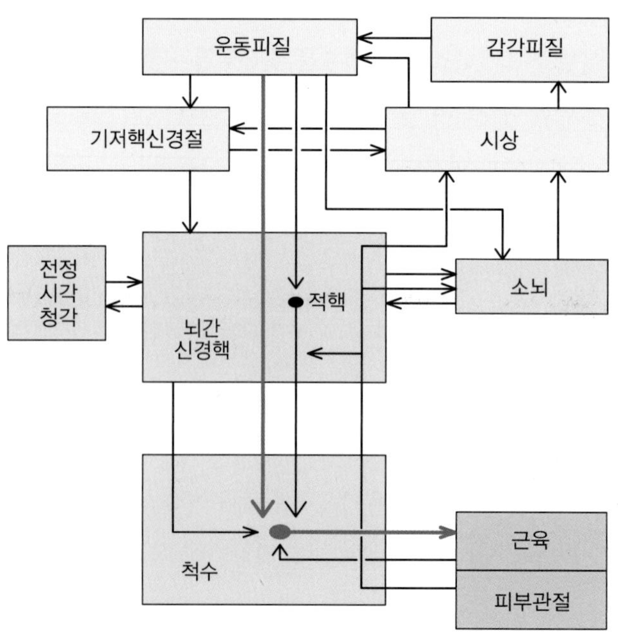

유가 척수로 출력되지 않고 시상을 통해 대뇌운동피질과 연결되지요.

후엽은 주로 의식적인 운동에 관여합니다. 소뇌반구증후군을 다시 떠올려보죠. 소뇌반구에 이상이 생기면 까치발로 걸을 수도 없고, 발음도 더듬거리고, 의지대로 팔다리를 움직일 수도 없어요. 팔다리의 운동신호는 대뇌피질의 일차운동영역에서 내려옵니다. 그래서 후엽은 대뇌피질에서 내려온 명령을 참조할 수 있지요. 무거운 물건을 옮기려면 무게를 짐작해야 합니다. 무게에 대한 짐작은 대뇌피질이 합니다. 그런데 무게 예측을 의식화하기 수십 밀리초(ms) 전에 이미 종아리근육과 팔근육이 동작하기 시작해요. 무의식중에 움직일 준비를 하고 있는 겁니다. 대뇌피질에서 짐작한 무게와 근육의 움직임을 비교해서 준비 동작을 미리 취하는 거죠. 예측이 행동을 결정하는 셈이죠. 뇌는 일종의 예측 장치입니다. 예측은 감각에 앞서고, 행동에 선행하여 여러 가능한 동작에서 예측된 동작을 선택하게 하죠.

근육의 길이 변화와 근육 긴장도에 관한 신경정보는 고유감각이라 하며 신체의 위치와 자세를 알려주지요. 피부의 촉각, 압력, 온도에 관한 신경자극과 고유감각은 척수를 통하여 소뇌와 시상으로 전달되며 시상에서 대뇌감각피질로 출력됩니다. 대뇌피질에 입력된 감각신호는 운동피질을 자극하여 하행운동신호가 대뇌기저핵, 적핵, 소뇌를 통하여 전달되거나 직접 척수운동뉴런을 자극합니다.

03 운동학습은 어떻게 일어나는가

소뇌에서 처리되는 고유감각과 운동 관련 정보의 처리 과정을 공부하려면 소뇌의 신경회로를 살펴보아야 합니다. 소뇌피질은 맨 안쪽부터 과립층granular layer, 푸르키녜세포층Purkinje cell layer(조롱박세포층), 분자층molecular layer의 세 층으로 비교적 뚜렷하게 구분되죠. 맨 안쪽 과립층에는 척수소뇌로, 전정소뇌로, 전정섬유가 소뇌로 들어가는 이끼섬유를 형성합니다. 그리고 이끼섬유는 과립세포와 시냅스하여 사구체를 형성합니다.

3-34에서 점처럼 보이는 것은 평행섬유의 단면으로, 과립세포의 축삭돌기가 양방향으로 갈라져 평행으로 출력하기 때문에 평행섬유라고 합니다. 과립세포는 과립층에 500억 개 이상 모여 있죠. 푸르키녜세포층에는 푸르키녜세포의 세포체가 모여 있어요.

인간 소뇌의 푸르키녜세포는 2000만 개 가량으로 다른 세포들에 비해 수는 적지만 크기가 더 크고 시냅스의 수가 월등히 많죠. 바깥의 분자층으로 전나무 가지처럼 엄청나게 많은 수상돌기를 냅니다. 분자층에는 바구니세포basket cell와 골지세포Golgi cell, 별세포stellate cell(성상세포), 신경아교세포의 세포체들이 있습니다. 이 층에는 과립층의 과립세포에서 뻗어 나온 평행섬유parallel fiber도 있죠.

3-34

소노피질을 구성하는 신경세포층과 소뇌 심부핵

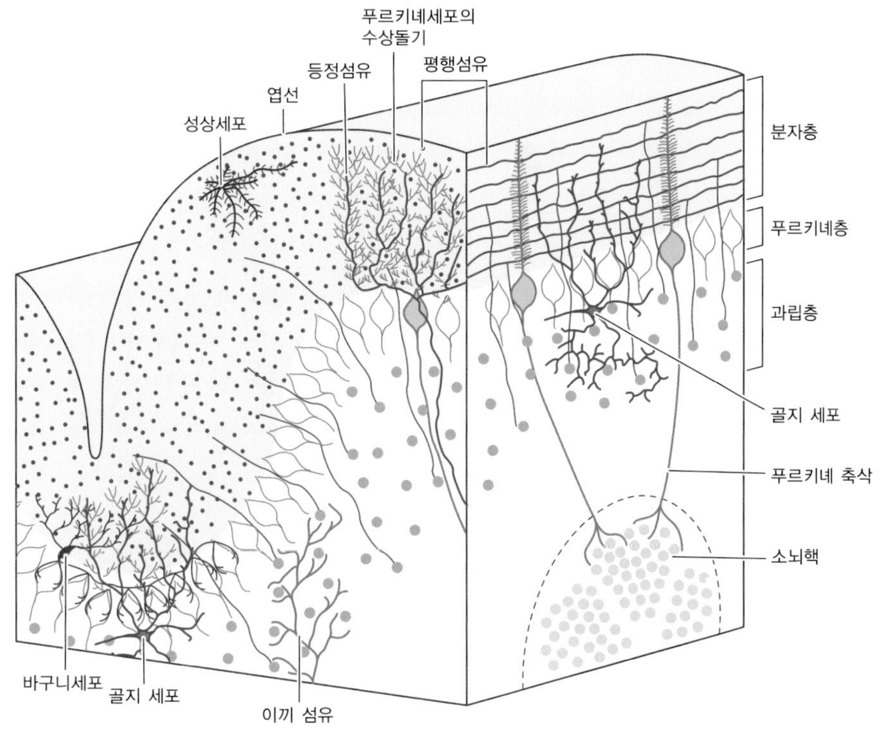

3-35

소뇌 평형섬유의 단면(A)과 푸르키녜세포의 수상돌기(D)

(출전: Atlas of Ultrastructural Neurocytology, http://synapses.clm.utexas.edu/atlas/)

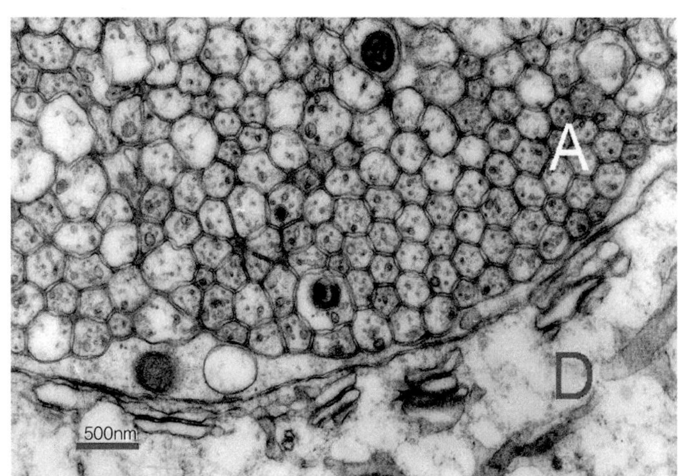

3-36
푸르키네 세포의 수상돌기와 시냅스하는 평행 섬유

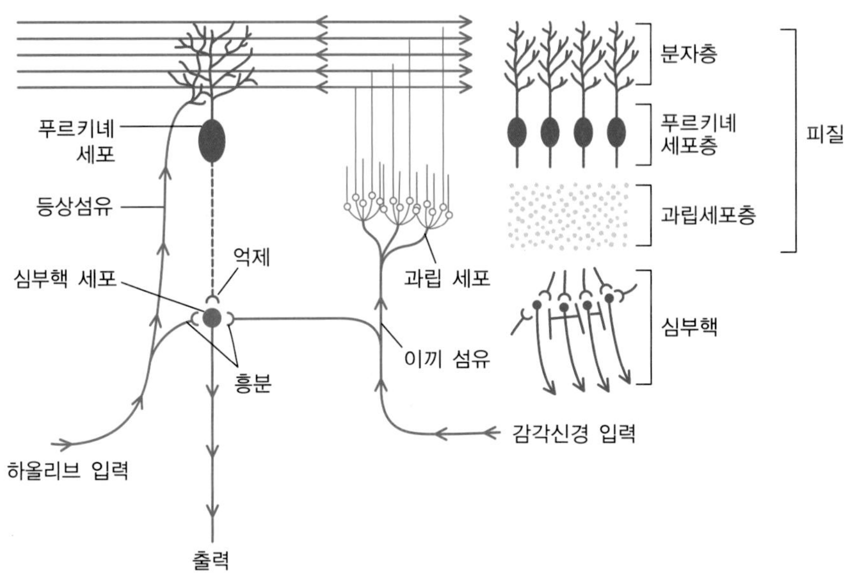

3-37
소뇌피질의 과립세포층, 푸르키네세포층, 분자층의 사진

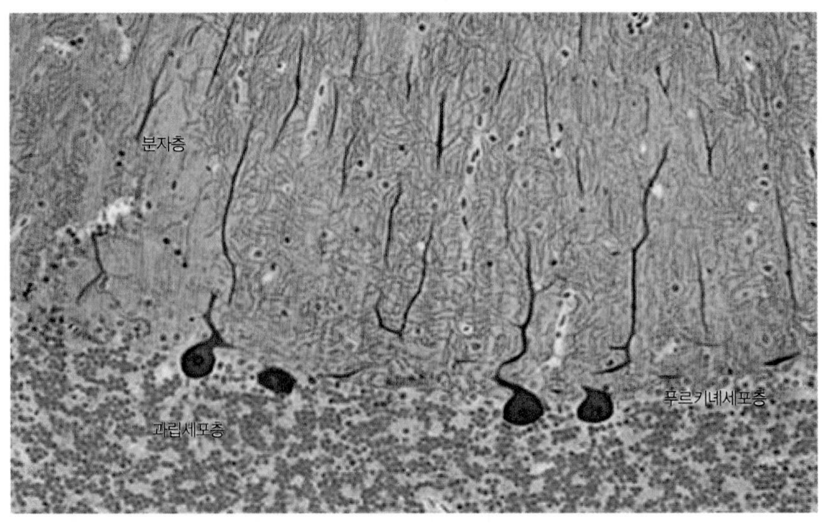

3-38
소뇌피질의 분자층, 푸르키녜층, 과립층

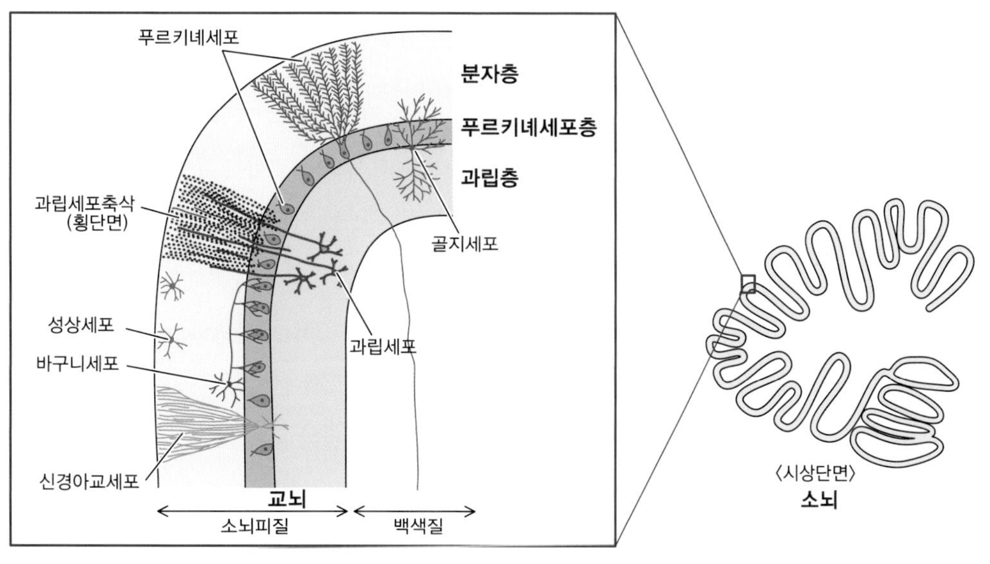

3-39
소뇌피질 신경회로 이끼섬유에 의한 흥분자극 영향
(출전: 《통합강의를 위한 임상신경해부학》, FitzGerald 외)

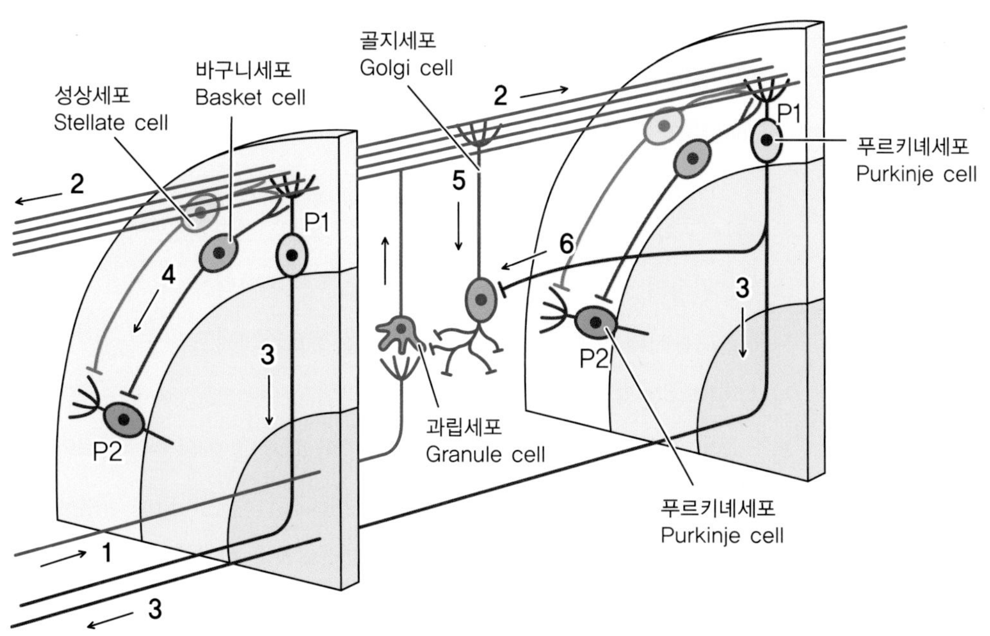

소뇌는 운동훈련을 통해 정확하고 빠른 몸 운동을 만드는 뇌입니다. 척수의 신경세포들, 척수에서 소뇌로 이어지는 신경로들, 소뇌심부핵, 그리고 소뇌피질이 대뇌 운동피질과 신경회로를 형성하여 소뇌는 새로운 운동 기능을 학습하죠. 척수, 쐐기핵(설상핵), 그물핵(망상핵), 그리고 교뇌핵의 출력신경섬유로 구성된 이끼섬유(태상섬유)는 과립세포와 시냅스합니다. 이끼섬유는 골격근 운동에 관한 신경정보를 소뇌로 전달하지요. 이끼섬유가 소뇌피질로 전달하는 운동 관련 정보를 신경로와 함께 정리해봅시다.

척수소뇌로와 쐐기소뇌로: 근육과 관절의 고유감각정보

전정소뇌로: 몸 자세와 움직임에 관한 피드백 신호

대뇌교뇌소뇌로: 운동판단, 결정, 사고에 관한 운동 조절

이끼섬유에 의한 신경자극으로 푸르키녜 섬유가 활성 상태를 유지하는 과정을 중심으로 소뇌에 의한 운동학습을 살펴봅시다. 이끼섬유의 활성화에 의한 푸르키녜세포의 흥분 과정을 나타낸 3-39의 순서를 정리하면 다음과 같습니다.

이끼섬유가 과립세포를 흥분시킴 → 과립세포에서 평행섬유로 흥분 전파 → 평행섬유와 시냅스하는 푸르키녜세포의 활성 → 푸르키녜세포에 의한 소뇌심부핵의 억제 → 골지세포가 과립세포의 흥분을 종료 → 활성 상태의 푸르키녜세포가 골지세포를 억제하여 평행섬유의 활성이 유지

과립세포의 수상돌기로 형성되는 평행섬유와 푸르키녜세포의 수상돌기가 시냅스하는 과정이 3-40에 나타나 있습니다. 오른손 손가락을 쫙 펴고 바닥과 수직이 되게 올려봅시다. 이때 오른손의 손가락들을 푸르키녜세포의 수상돌기라고 가정합시다. 이번에는 왼손 손가락을 쫙 펴서 손바닥과 수평으로 해서 수직으로 올린 오른손 손가락과 교차시켜보세요. 바닥과 수평이 되게 놓인 왼손 손가락들이 바로 과립세포체에서 뻗어 나온 평행섬유에 해당합니다. 왼손 손바닥은 과립세포, 왼팔은 과립세포와 시냅스하는 이끼섬유이지요. 하소뇌각을 형성하는 신경섬유의 대부분

3-40
푸르키녜세포 수상돌기와 과립세포 축삭의 시냅스

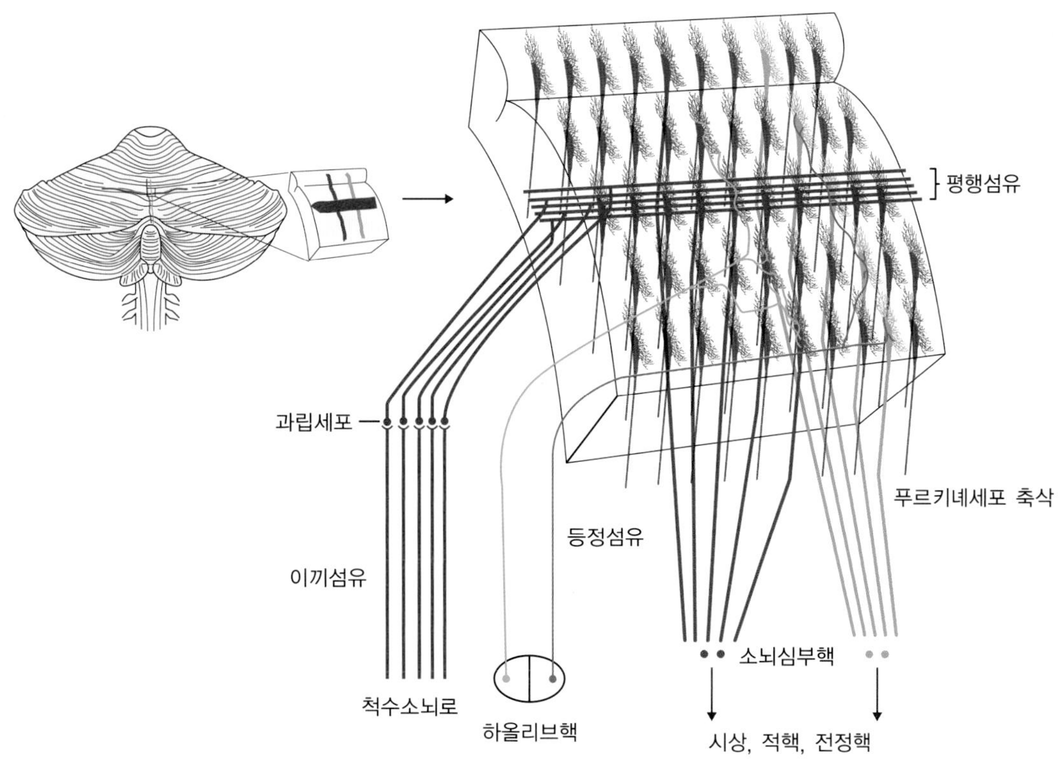

이 이끼섬유이지요.

감각신호는 척수로 들어와 여러 신경로를 타고 소뇌로 들어가 이끼섬유를 형성합니다. 이 이끼섬유는 소뇌피질의 과립층에서 과립세포와 시냅스해요. 그러면 과립세포가 흥분하여 분자층으로 뻗은 평행섬유로 신호를 전달합니다. 평행섬유는 과립층에서 올라와 분자층에서 T자 형태로 양방향으로 분지된 후 수평으로 뻗어나가지요. 그래서 평행섬유라 합니다. 이 평행섬유와 푸르키녜세포가 수상돌기의 윗부분에서 시냅스합니다. 그런데 시냅스한 평행섬유와 푸르키녜세포의 수상돌기는 격자 구조를 이루죠. 신경계의 다른 부위에는 이런 구조가 드물죠. 몇몇 예를 살펴보면, 뇌간의 그물형성체는, 세포체에서 일부는 대뇌피질에까지 이르는 긴 축삭을 뻗고, 해마구조에서는 신경로가 폐회로를 형성하지요. 그러나 소뇌피질에서는 격

3-41
소뇌피질층의 구성 요소

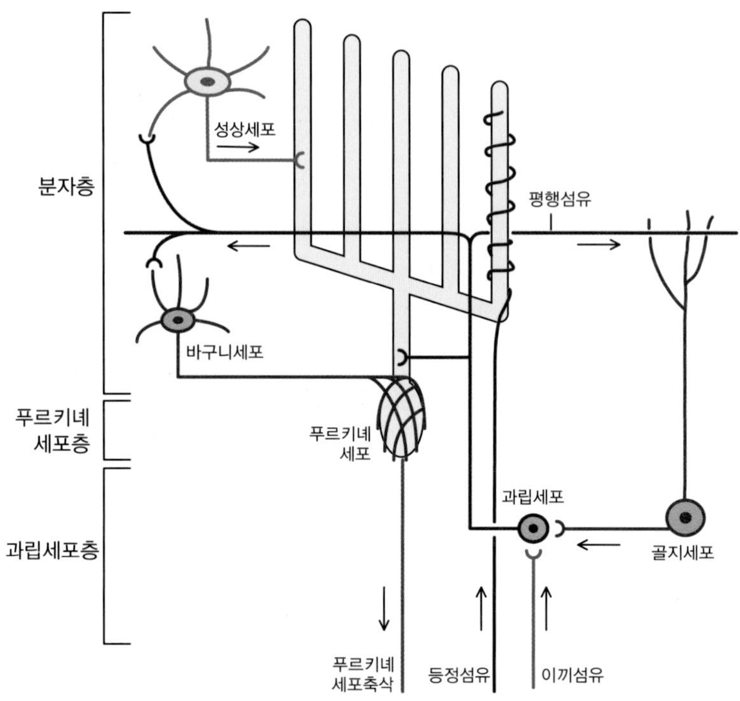

자 구조의 시냅스를 만들죠.

신호를 전달받아 흥분한 푸르키녜세포는 소뇌의 심부핵으로 억제성 축삭을 출력합니다. 소뇌심부핵에는 몸의 균형과 관계된 꼭지핵이나 운동 실행과 관련된 둥근핵과 마개핵, 운동계획과 관계 있는 치아핵이 있지요. 푸르키녜세포는 소뇌심부핵에 GABA를 분비합니다. GABA가 시냅스 후막에 있는 GABA 수용체에 결합하면 시냅스후신경세포에서 활성전위 생성이 억제되지요. GABA는 주로 염소이온채널에 결합하는데, 수용체와 결합하여 이 채널이 열리면 세포막 바깥에 있던 염소이온이 세포 안으로 쏟아져 들어가죠. 그러면 세포막 안쪽은 더 마이너스 상태가 되어 활성전위가 일어날 확률이 낮아집니다. 그 결과 시냅스후 신경세포에서 활성전위가 생성되기 어렵지요.

GABA는 감마-아미노뷰티르산γ-Aminobutyric acid의 약자이며 포유류의 중추신경계에 작용하는 억제성 신경전달물질입니다. 식물과 미생물 대사 생성물로 알려졌으나, 1950년 GABA가 포유류의 중추신경계에 필수적인 요소인 것이 발견되었지요.

골지세포 역시 평행섬유와 시냅스하여 운동학습 회로를 멈추게 합니다. 평행섬유를 통해 자극을 받은 골지세포가 과립세포로 억제 신호를 보내는 거죠. 그러면 과립세포의 전압이 떨어집니다. 신경세포가 가만히 있을 때, 즉 안정전위일 때는 전압이 세포 외부에 대해서 -70mV쯤 됩니다. 여기서 대략 -50mV 이상으로 전압이 상승하면 활성전위가 생겨요. 반면 안정전위 상태에서 GABA에 의한 염소이온의 작용으로 -75mV 안정전위보다 더 낮은 전위로 떨어지죠. 이 상태에서는 흥분이 일어나지 않아 시냅스후신경세포가 억제되지요. 이렇게 억제된 신경세포가 다음 단계의 억제성 신경세포와 시냅스하면 그 세포는 억제가 되지 않지요. 즉 억제의 억제인 탈억제가 되어 활성전위 생성 가능성이 높은 흥분 상태가 되지요.

또한 이 푸르키녜세포는 신경섬유에서 곁가지를 내어 골지세포로 억제신호를 보냅니다. 골지세포는 과립세포를 억제하고 있었는데, 이제 골지세포가 억제되어 과립세포의 흥분을 막는 억제가 제거되는 거죠. 그 결과 푸르키녜세포의 흥분 상태가 유지되면서 대뇌운동영역과 연결된 운동학습의 회로가 계속 활성을 유지하게 됩니다. 즉 운동학습이 계속되는 거죠.

과립세포의 평행섬유는 푸르키녜세포 수상돌기의 윗부분에서 대부분 시냅스하지만 푸르키녜세포와 시냅스하는 등정섬유climbing fiber(오름섬유)는 푸르키녜세포 수상돌기의 아랫부분과 시냅스합니다. 등정섬유는 하올리브핵에서 출발하여 올리브소뇌로를 구성하는 신경섬유를 말합니다. 올리브소뇌로는 하올리브핵에서 나와 하소뇌각을 타고 반대편 소뇌로 들어가는 신경로입니다. 등정섬유가 푸르키녜세포의 수상돌기를 덩굴처럼 감고 올라가며 푸르키녜세포의 수상돌기와 시냅스합니다. 그러면 푸르키녜세포가 흥분하죠. 이때 10Hz 정도의 펄스가 생긴다고 합니다. 신경과학자 로돌포 R. 이나스Rodolfo R. Llinás에 따르면, 이 회로에는 상한선이 있다고 합니다. 1초에 10회 정도의 활성전위를 만들지요. 이 회로뿐만 아니라 근육을 움직이는 모든 운동회로에는 상한선이 있습니다.

평행섬유는 어떻게 목표로 하는 푸르키녜세포로 정확히 신호를 전달할까요? 과립세포는 타깃이 되는 푸르키녜세포와 시냅스하는 동시에 별세포와 바구니세포로

3-42
소뇌의 신경연결망

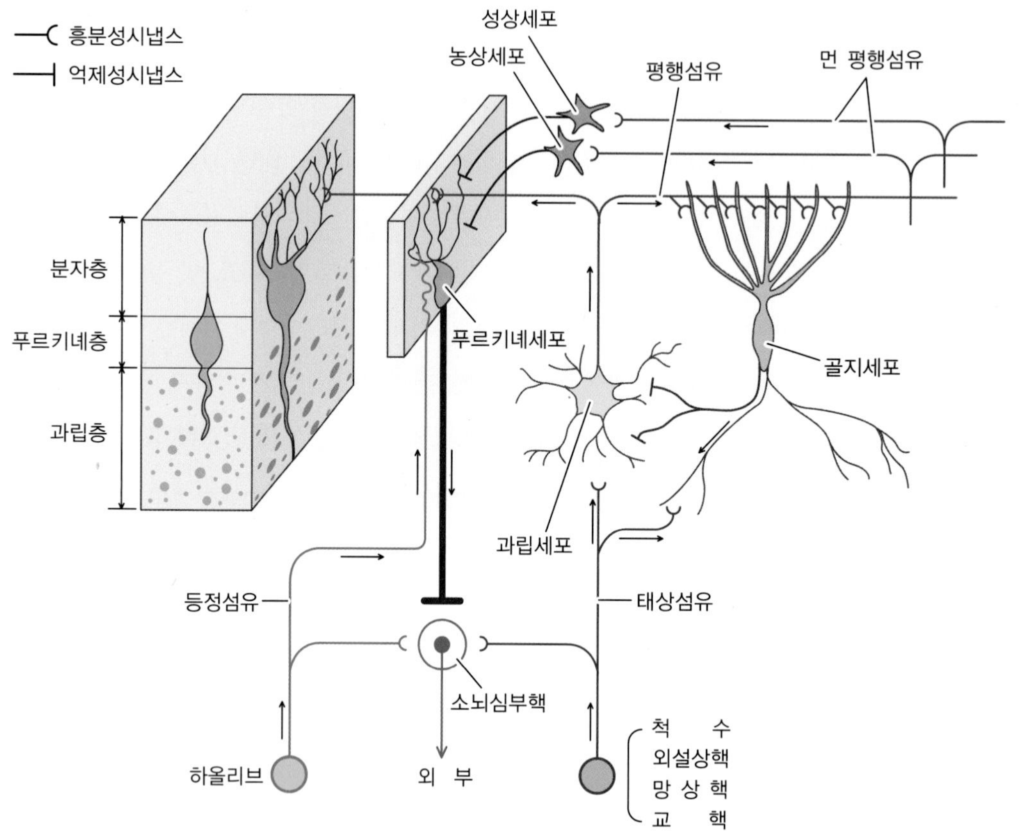

도 평행섬유를 보냅니다. 별세포와 바구니세포는 신호를 받아 흥분하고 시냅스를 이용해 타깃이 되는 푸르키녜세포 주변에 억제신호를 보내죠. 그 결과 타깃이 되는 푸르키녜세포만 활성 상태가 되지요. 대뇌와 소뇌피질에서 작용 중인 피질 영역만 활성화되고, 그외 영역은 신경세포 작용이 억제되어야 합니다. 이것을 측방향 억제라고 하며, 소뇌피질에서도 골지세포가 푸르키녜세포 사이에서 측방향 억제가 일어나지요.

하올리브핵의 축삭은 푸르키녜세포의 수상돌기를 감고 올라가기 때문에 등상섬유라 부릅니다. 등상섬유는 푸르키녜세포를 흥분시키고 푸르키녜세포는 소뇌 심부핵을 억제하지요. 각 등상섬유는 1~10개 정도의 푸르키녜세포에 시냅스하지만 각

3-43
소뇌피질 평형섬유와 푸르키녜 수상돌기의 시냅스

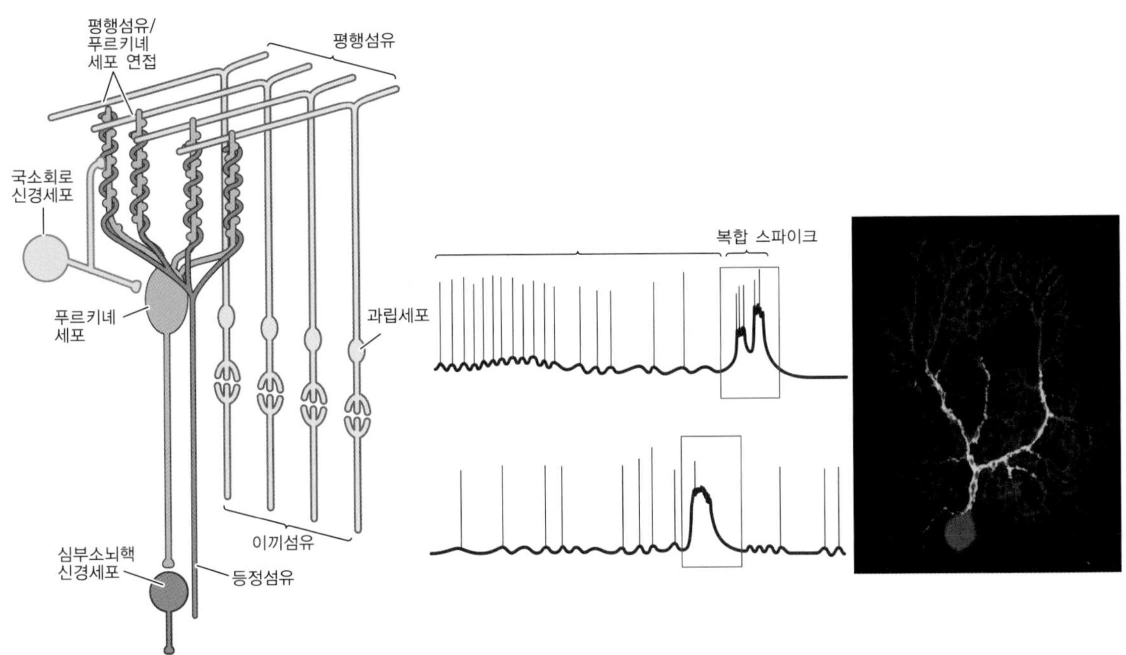

푸르키녜세포는 한 개의 등상섬유로부터 입력을 받지요. 그래서 등상섬유의 활성 전위는 푸르키녜세포가 복합 스파이크를 발생하게 합니다.

이끼섬유는 조절작용을 위한 신경정보를 전달합니다. 척수소뇌로와 쐐기소뇌로는 근육과 관절로부터 정보를 소뇌로 전달하며 전정소뇌로는 몸 자세와 운동에 관한 피드백 신호를 소뇌로 전달하지요. 그리고 대뇌피질 교뇌소뇌로는 판단과 결정 운동 조절 신호를 대뇌연합피질에서 소뇌로 전달하지요.

대뇌운동영역에서 출발하는 하행운동 신경섬유는 내낭의 일부를 형성하지요. 그리고 곁가지를 내어 꼬리핵, 조가비핵, 창백핵, 시상복외측핵, 적핵과 시냅스합니다. 계속해서 운동신경섬유는 교뇌핵과 시냅스하고 연수에서 교차하여 척수전각의 알파와 감마운동신경세포와 시냅스하지요. 꼬리핵과 조가비핵에서 다시 대뇌운동영역으로 신경신호가 입력되어서 운동학습이 되지요.

소뇌 푸르키녜세포, 소뇌심부핵, 평행섬유, 등정섬유, 이끼섬유를 형성하는 신경

3-44
대뇌기저핵, 시상, 소뇌와 연결된 피라미드 운동신경로

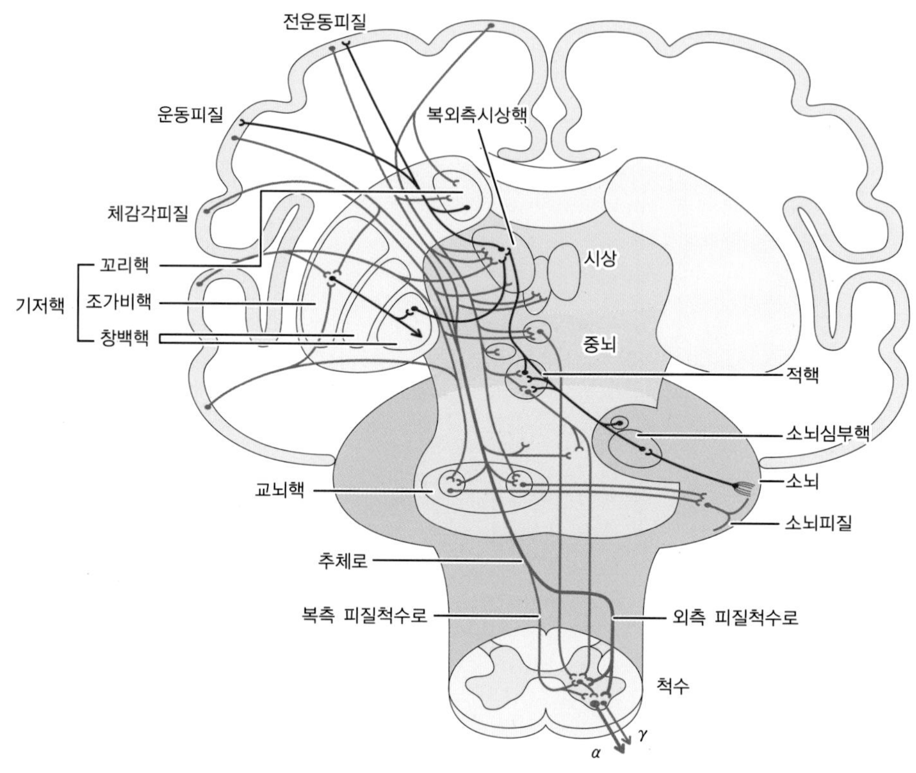

세포를 정리하면 다음과 같습니다.

억제성 뉴런: 별세포, 바구니세포, 골지세포
흥분성시냅스: 등정섬유, 평행섬유
이끼섬유 구성원: 척수와 뇌간의 신경핵, 단극솔세포

하올리브핵의 축삭다발인 등정섬유는 푸르키녜세포, 골지세포, 그리고 소뇌심부핵에 흥분성시냅스를 합니다. 푸르키녜세포의 축삭은 소뇌심부핵, 바구니세포, 골지세포, 그리고 다른 푸르키녜세포의 수상돌기에 곁가지를 내지요.

대뇌운동피질과 감각피질은 서로 신경정보를 신속히 주고받습니다. 그래서 운

3-45
소뇌신경회로
(출전: The Human Central Nervous System, R. Nieuwenhuys, J. Voogd and C. van Huijzen)

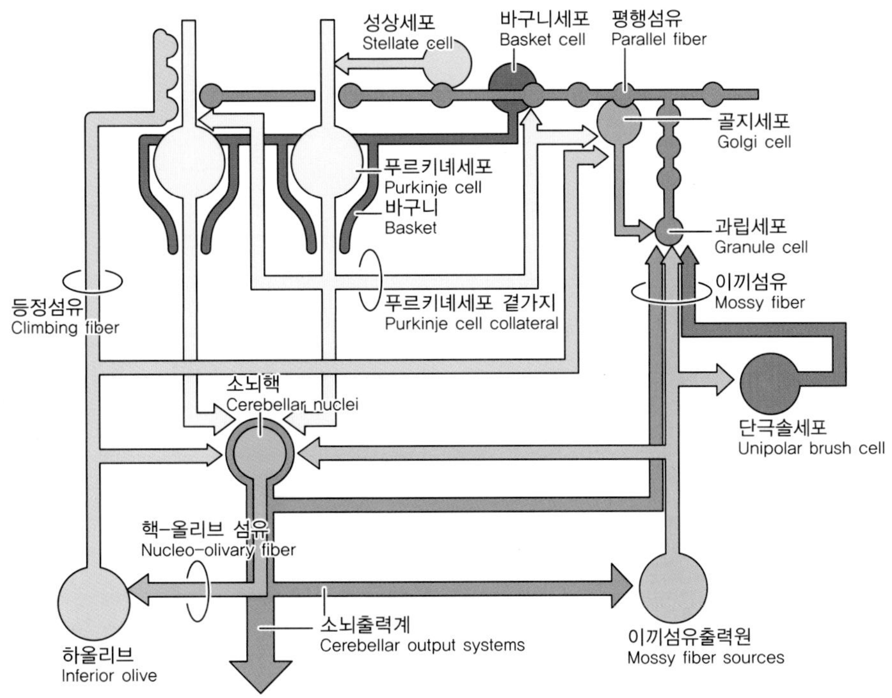

동 명령이 추체로와 추체외로를 통하여 출력되는 동시에 감각피질도 운동출력이 척수로 내려갔음을 알게 되지요. 근육이 운동 명령을 실행하고 그 결과를 감각기관을 통해 대뇌감각피질로 통보합니다. 그러나 대뇌감각피질은 미리 그 운동결과를 예측할 수 있지요. 왜냐하면 운동명령의 내용을 이미 알고 있기 때문이죠. 이처럼 수의운동의 대부분은 그 결과를 뇌가 미리 예측합니다. 운동 명령의 결과가 예측과 일치할 때 의식적 주의를 주지 않고, 예측과 어긋날 때만 그 자극을 의식적으로 인식하게 됩니다. 예측이 실패할 때 우리는 학습할 수 있지요. 시행착오를 통해서 점차 실수를 줄여가는 과정이 바로 운동학습이지요.

운동신호가 소뇌 푸르키녜세포의 축삭에서 소뇌심부핵으로 출력된 후에는 과립세포에 대한 골지세포의 억제작용으로 회로 작동이 중단됩니다. 예를 들어 냉장고

3-46
운동출력의 추체로 시스템과 추체외로 시스템

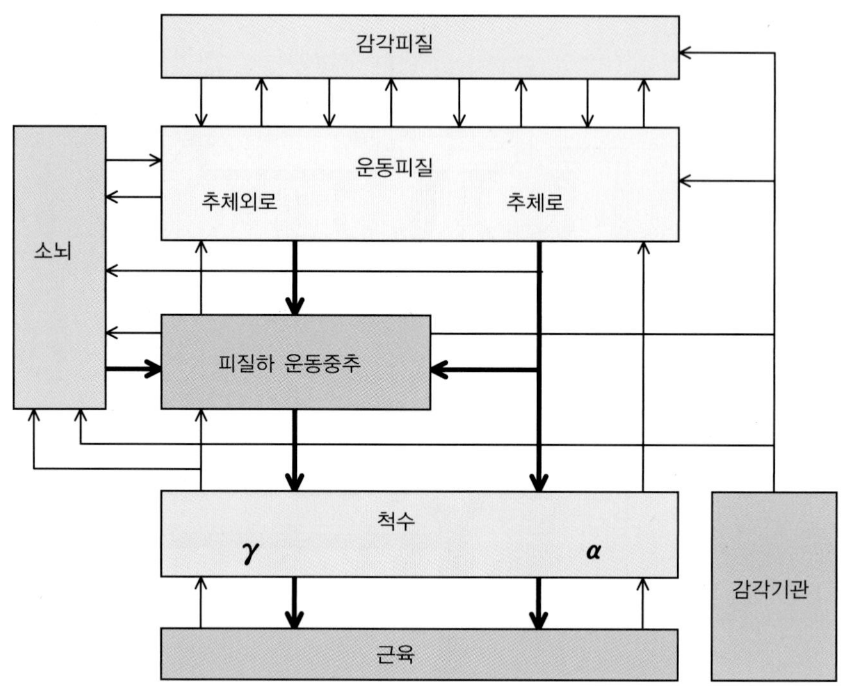

3-47
다리근육의 예측적 반응

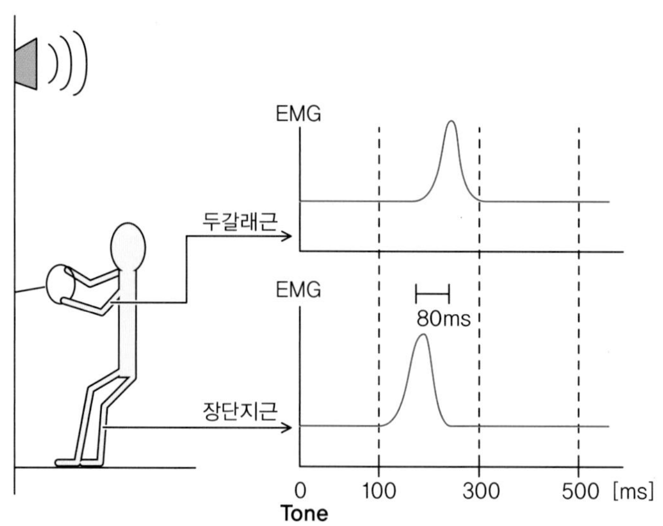

3-48
하올리브회로와 등상섬유

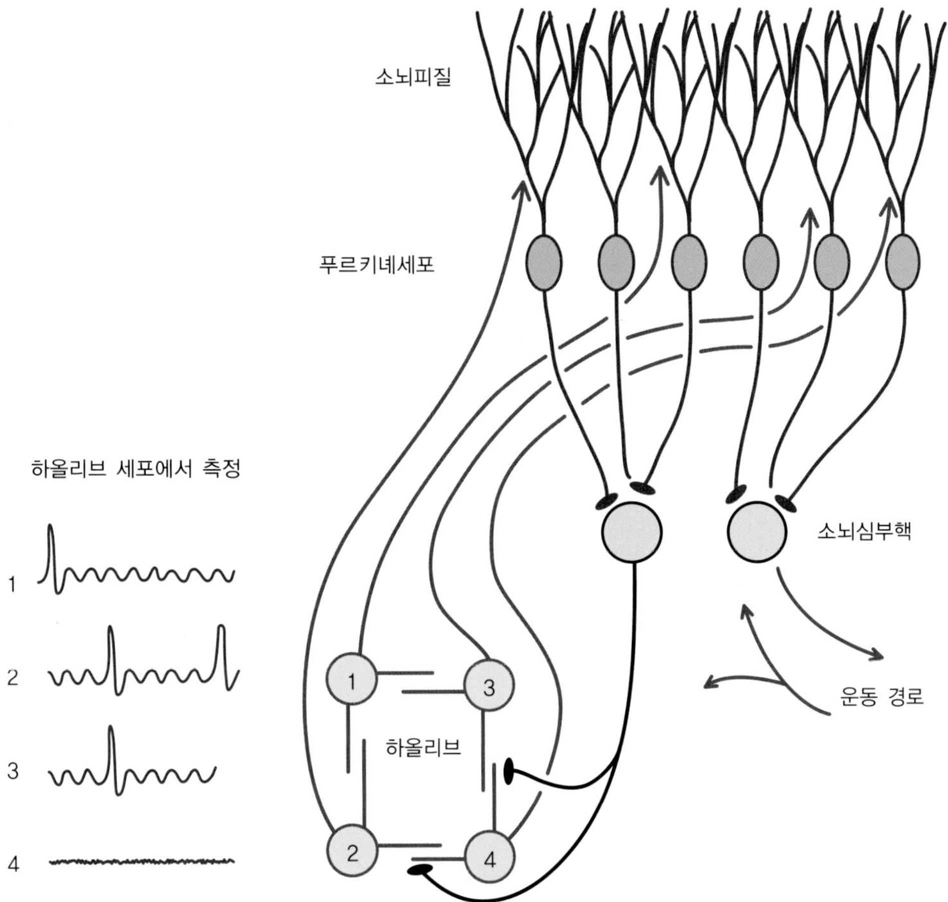

문을 열고 우유를 꺼낸다고 해보죠. 우리는 무의식적으로 우유가 항상 놓여 있던 자리를 향해 팔을 뻗어요. 그런데 우유의 위치가 바뀌었네요. 그러면 뻗은 팔을 바뀐 위치로 움직여야 하죠. 이럴 때 운동학습 회로가 입력에서 출력으로 끝나는 게 아니라 출력의 일부가 다시 입력으로 들어가 회로를 움직여 에러를 수정합니다. 이때 피질척수로를 통해 전달되는 운동출력의 일부를 다시 소뇌피질로 입력하는 것이 바로 하올리브핵이죠. 이 회로가 계속 되풀이되면서 시행착오를 통해 학습이 이루어집니다. 뉴욕 시내 한복판에서 관광객이 물어요. '카네기홀에 어떻게 갑니까?' 그러자 뉴요커가 이렇게 대답했다죠. '연습하면 됩니다.' 그렇죠. 실수는 연습

3-49
피질-올리브-소뇌 신경로

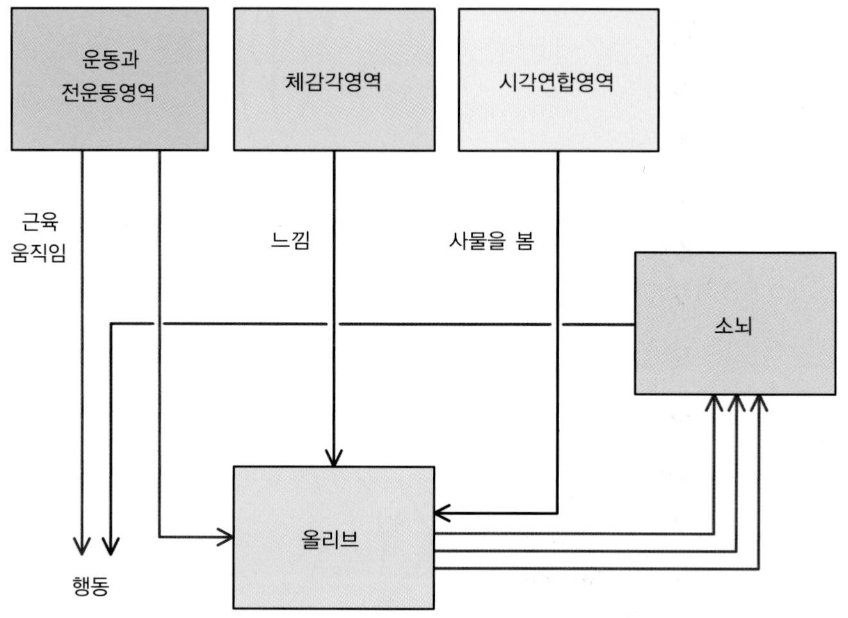

을 반복할수록 더 나은 방향으로 수정됩니다.

근방추는 근육의 길이 변화, 골지건기관은 근육의 긴장도 정보를 감지합니다. 운동학습 회로에서 골격근의 근방추와 골지근에서 생성하는 고유감각은 소뇌피질로 입력됩니다. 하올리브핵에서 나온 등상섬유 축삭은 푸르키녜세포의 수상돌기 아랫부분에 시냅스하죠. 푸르키녜세포의 수상돌기에서 등상섬유와 평행섬유의 시냅스가 동시에 활성화되면 그 흥분작용의 영향을 받아, 후속되는 신경자극에 대해 평행섬유의 시냅스가 활성화될 확률이 변화합니다. 이러한 평행섬유 활성도의 변화가 바로 새로운 운동학습을 가능하게 합니다. 하올리브핵에서 일정한 간격으로 발화하는 신경자극 덕에 운동학습 과정에서 이러한 시간적 조율이 가능하지요. 하올리브핵의 축삭 다발인 등상섬유가 일정한 순서로 활성전압파를 만드는 겁니다.

새로운 운동학습 단계를 만나면 하올리브핵은 소뇌로 복합펄스를 출력합니다. 소뇌는 하올리브핵과 연계하여 고난이도의 운동을 학습하고, 골격근을 조절하여 행동으로 표출합니다. 새로운 운동학습으로 체감각과 시각도 함께 섬세하고 정확해집니다. 섬세한 감각을 바탕으로 운동출력이 점차 정교해집니다. 운동학습의 숙달로 정확하고 신속하게 행동하게 된 것입니다.

4장

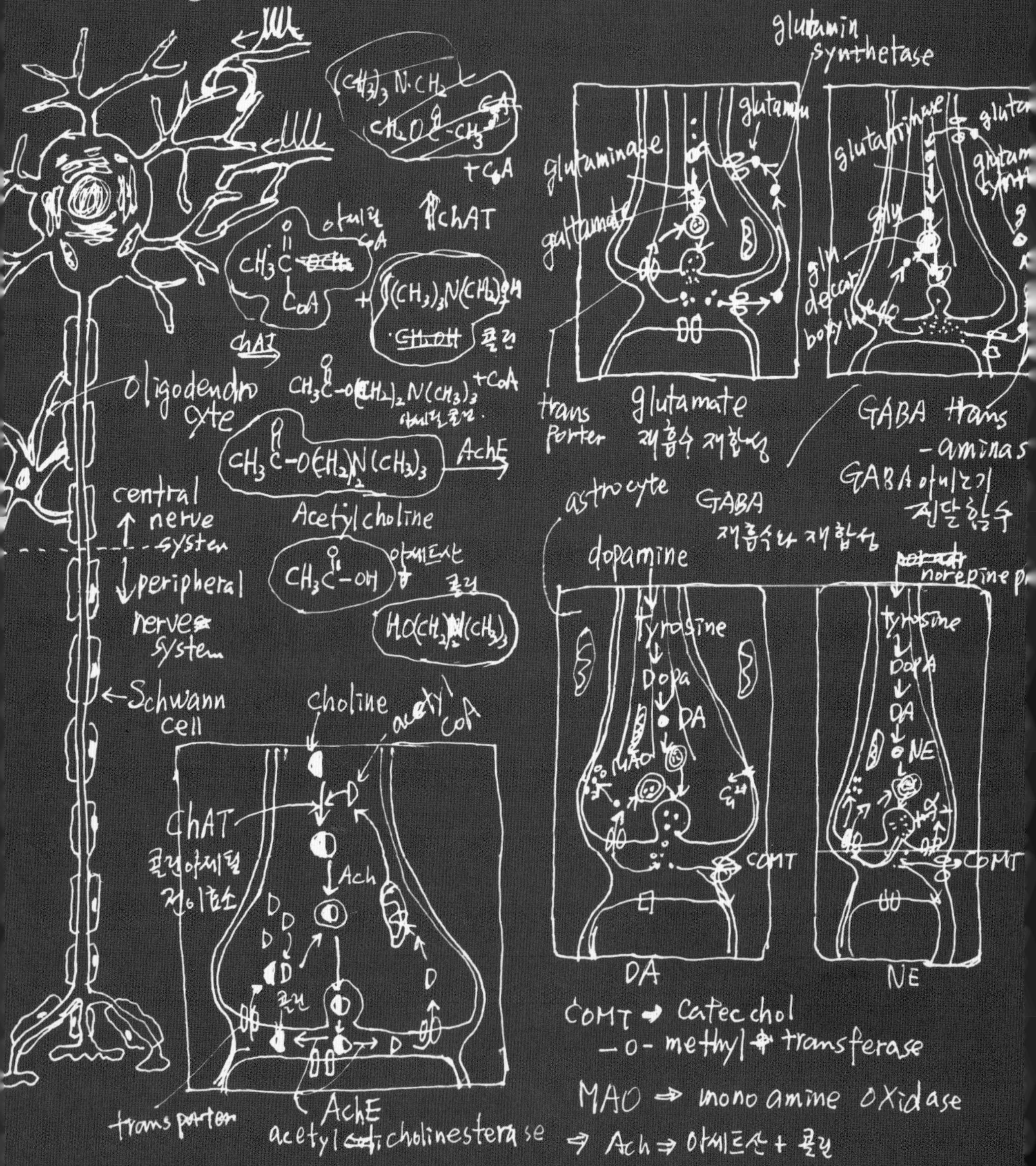

Oligodendrocyte

central ↑ nerve system

↓ peripheral nerve system

← Schwann cell

ChAT

Acetylcholine

AchE

아세트산

콜린

choline

acetyl CoA

ChAT 콜린아세틸 전이효소

Ach

trans porter

AchE

acetyl cholinesterase

glutamin synthetase

glutaminase

glutamate

glutamin

trans porter

glutamate 재흡수 재합성

GABA trans -aminase

GABA 아니므기 전달함수

astrocyte

GABA 재흡수와 재합성

dopamine

norepinephrine

Tyrosine

Dopa

DA

MAO

COMT

NE

COMT → Catecchol -o- methyl transferase

MAO → mono amine Oxidase

⇒ Ach ⇒ 아세트산 + 콜린

신경이 근육을 만나 몸을 움직이다

—근육운동의 생화학적 메커니즘

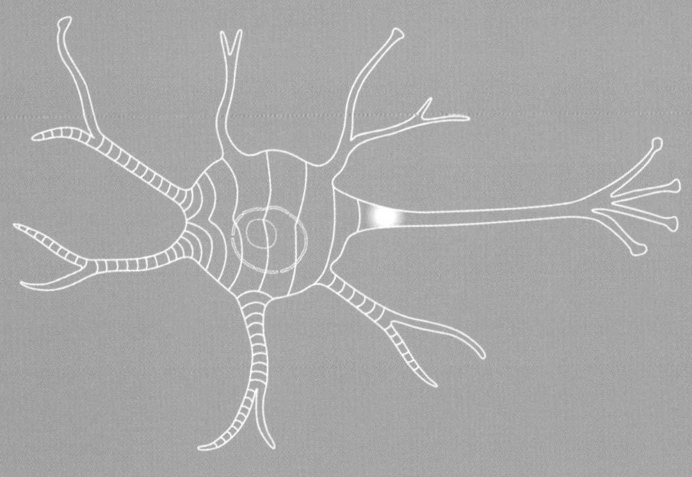

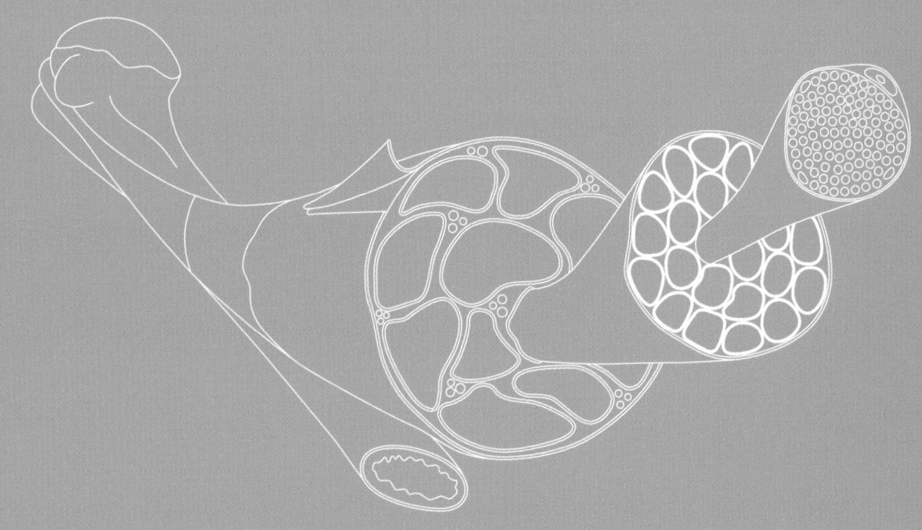

01 운동신호, 대뇌운동영역에서 골격근까지

뇌의 운동출력 과정은 상위운동신경원인 대뇌운동피질에서 하위운동신경원인 척수전각의 알파운동뉴런까지 신경세포에 의한 전기펄스의 전달현상입니다. 대뇌감각피질의 시각, 청각, 체감각의 감각입력, 전두엽의 운동계획, 기저핵의 운동선택 그리고 소뇌의 운동 타이밍이 매 순간 효율적으로 연계되어 인간의 목적지향적 운동이 생성되는 것이죠. 소뇌, 기저핵, 전전두엽의 운동신경 처리과정은 일차운동피질에서 척수로 전달되어 골격근의 근섬유muscle fiber를 수축시켜 수의적 운동을 만들지요. 척수전각의 피라미드세포인 알파운동뉴런의 축삭은 최종공통신경로를 형성하여 골격근에 신경-근 연접을 만듭니다. 감각신경세포로 외부자극을 받아들여 운동신경세포를 통해 근육에 신경자극을 전달하여 운동하게 되지요. 감각입력과 운동출력 사이에 있는 연결신경세포가 대뇌피질의 대부분을 차지합니다. 연결신경세포망에 저장된 과거의 경험 기억을 참조하여 현재의 감각입력에 대한 운동출력이 생성되지요. 결국 감각입력으로 자극된 생각이 운동으로 출력되어 외부자극에 반응할 수 있게 됩니다. 신경세포는 자신의 흥분상태를 다른 신경세포로 전달합니다. 한 세포에서 다른 세포로 정보를 전달하는 것은 생명체가 자신을 둘러싼 환경에 적응하는 과정에서 획득한 능력이죠.

4-1
세포 간 정보전달 방식

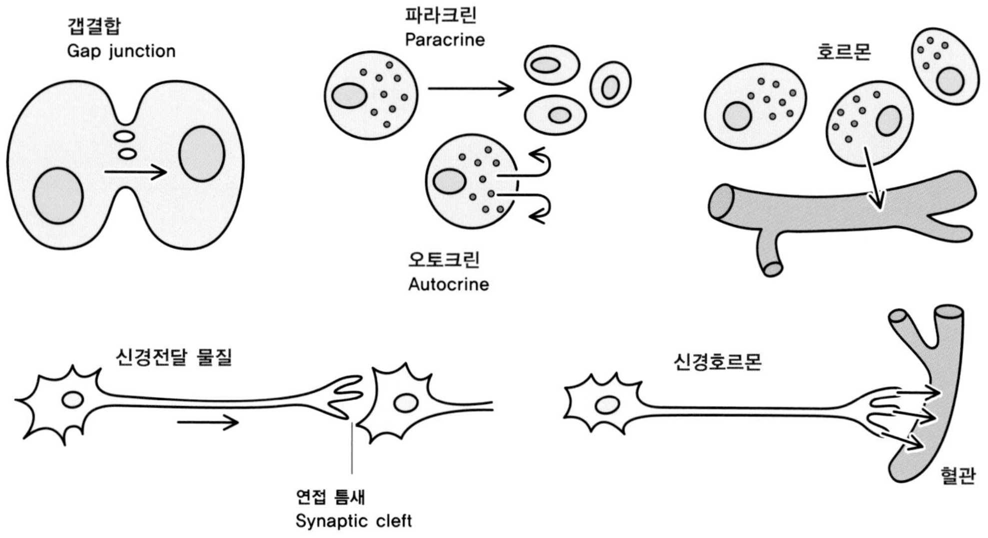

가장 직접적인 정보전달은 두 세포의 원형질막이 접촉한 상태인 갭결합gap junction입니다. 갭결합은 두 세포의 원형질막에 상호간 물질 이동이 가능한 이온채널의 무수한 구멍이 생긴 형태입니다. 갭결합에 의한 정보전달은 신속하고 동시에 일어나서 심장근에서처럼 많은 근육이 동시에 수축합니다. 분리된 세포 사이의 신호전달은 오토크린autocrine과 파라크린paracrine 방식이 있지요. 오토크린은 세포 외부로 분비한 호르몬을 자신이 재흡수하는 방식이며, 파라크린은 분비된 호르몬을 다른 세포가 흡수하는 방식입니다. 그리고 신체 내 여러 부위에 작용하는 호르몬 분비 형태는 방출된 호르몬이 모세혈관을 통하여 온몸으로 전달되는 방식입니다. 두 세포 사이의 호르몬 전달 방식은 신경세포가 출현함에 따라 전달 속도와 전달 방식이 크게 발전합니다. 신경세포의 호르몬 방출과 전달은 신경세포-혈관과 신경세포-신경세포 방식으로 구분할 수 있죠. 신경세포-혈관 방식의 예는 시상하부 실방핵과 시삭상핵의 축삭말단에서 옥시토신과 바소프레신 호르몬이 분비되는 방식이 있습니다. 분비된 호르몬은 뇌하수체후엽의 혈관을 통해서 온몸으로 전달되지요. 신경세포-신경세포 신호 전달 방식은 중추신경계의 대부분에서 일어나며, 호르몬이 신경세포 주변의 모든 방향으로 확산되지 않기 때문에 두 신경세포 사이의 일정한

4-2
축삭과 수상돌기 사이에 형성된 시냅스 구조

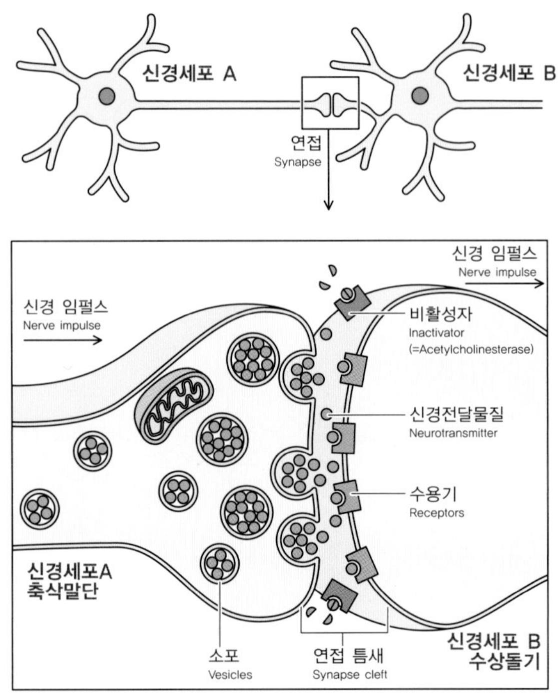

극소적인 영역인 시냅스(연접틈새)에서만 호르몬 전달이 일어납니다. 신경세포 사이에 전달되는 호르몬을 신경전달물질이라 하지요. 신경세포-신경세포 방식도 신경전압펄스가 이동하는 축삭의 형태에 따라 무수신경과 유수신경으로 구분합니다.

시냅스 구조에서 신경펄스를 송신하는 세포의 축삭말단을 시냅스전막이라 하고 수신하는 세포의 수상돌기 말단의 막을 시냅스후막이라 합니다. 시냅스전막과 시냅스후막 사이에 수십 나노미터의 간격이 있는데, 전막에서 분비된 신경전달물질이 확산되는 공간이지요. 축삭돌기말단까지 전파된 전압펄스에 의해 소낭으로 포장된 신경전달물질이 화학적 확산으로 분비되어 시냅스후막의 수용기에 결합하지요. 수용기 단백질에 신경전달물질이 결합하면 시냅스후막에 전압파가 생성되어 신경세포체로 전파됩니다. 이처럼 신경세포는 화학물질을 확산시켜 자신의 흥분상태를 다른 신경세포로 전달합니다. 신경전달물질을 받아들인 신경세포는 전기적으로 흥분되어 활성전위를 생성합니다.

신경계를 구성하는 신경세포는 감각신경세포, 운동신경세포, 연결신경세포로

4-3
감각신경세포와 운동신경세포

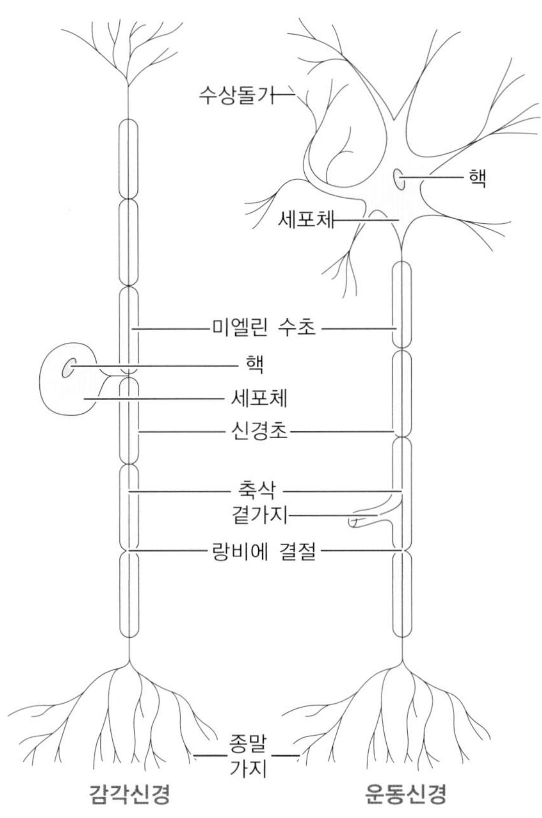

구성됩니다. 감각신경세포는 세포체에서 양방향으로 축삭이 뻗어나가 신호전달에 효과적 구조이지요. 운동신경세포는 세포체 부근의 수많은 수상돌기와 한 개의 긴 축삭으로 구성되며 축삭에 곁가지가 있기도 하지요. 4-3에서 신경초는 미엘린수초라고도 하는데, 신경전류가 새어나가지 않고 축삭말단으로 전달하기 위해 축삭을 감싸는 절연체입니다. 신경초를 형성하는 절연체도 독립된 세포이지요. 중추신경계에서는 희소돌기세포, 말초신경계에서는 슈반세포가 신경초를 만듭니다.

운동신경세포가 생성한 활성전위는 축삭을 통하여 다른 신경세포로 전달되어 최종적으로 척수전각의 알파운동뉴런에 도달합니다. 알파운동뉴런의 발화는 근육을 수축시키며 근육의 수축 정보는 감각신경을 통해 중추신경계로 전달됩니다. 중추신경계의 운동뉴런 축삭다발에 의해 형성된 운동신경로를 살펴봅시다. 대뇌운동

4-4
감각입력과 하행운동신경로

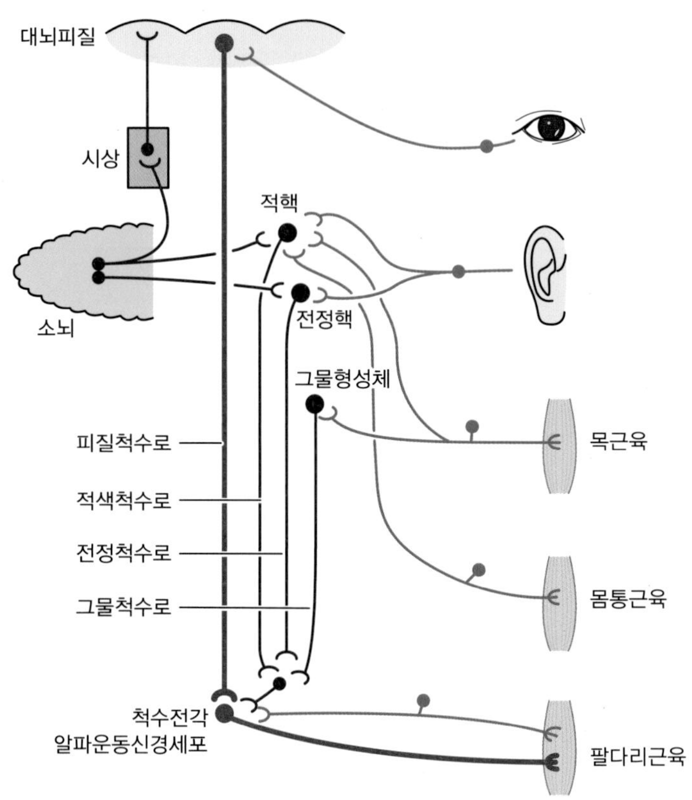

피질에서 운동출력은 그물척수로, 전정척수로, 덮개척수로, 적색척수로, 올리브척수로, 피질척수로의 하행신경로를 만들지요. '피질척수로'에서 피질은 운동신호의 출발 영역이며, 척수는 운동 명령의 목표 영역입니다. 신경로의 이름은 이처럼 출발지와 목적지를 순서대로 기술합니다.

대뇌운동영역, 적핵, 전정핵 그리고 그물핵의 신경세포가 활성전위를 생성하는 상위운동신경원이고, 척수전각의 알파운동뉴런이 하위운동신경원이죠. 그물척수로는 뇌간의 그물형성체에서 척수로 연결되어 골격근에 시냅스하여 몸 운동을 만들죠. 전정척수로는 교뇌와 연수의 외측전정핵에서 시작되어 척수로 내려오며, 전정기관에서 평형감각정보를 받아 몸의 균형을 유지합니다. 덮개척수로는 중뇌 덮개tectum의 상구에서 시작해 척수에 이르는 신경로이며, 시각의 반사운동을 만들지요. 적색척수로는 중뇌의 적색핵에서 시작되고, 팔다리의 자동적 운동을 생성하

4-5
대뇌-소뇌 회로와 소뇌-올리브 회로

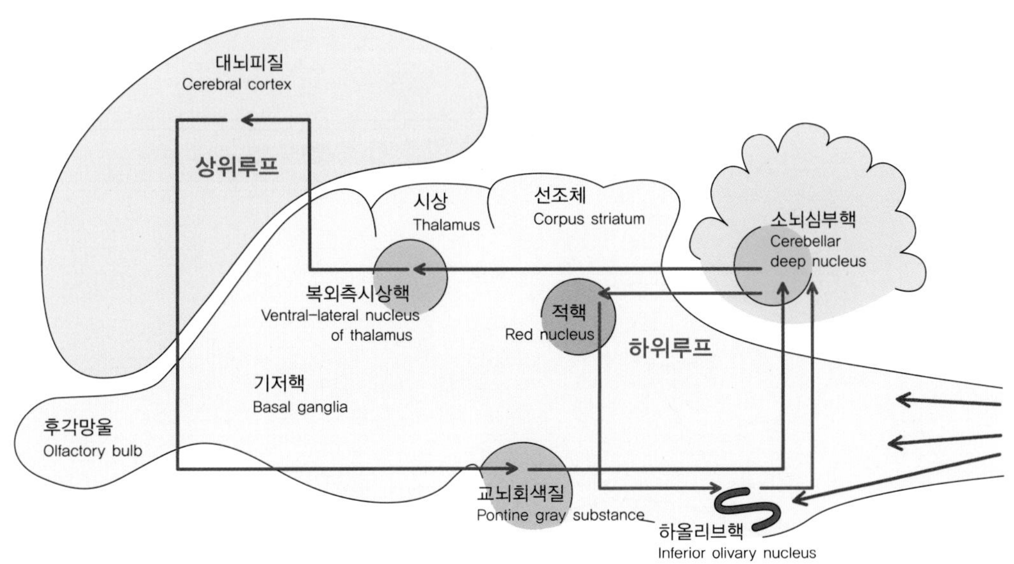

지요. 수영을 하고 자전거를 타는 운동학습은 단계별로 수준이 높아집니다. 이러한 운동학습은 대뇌피질, 소뇌, 하올리브핵의 운동학습 회로에 의한 것이지요.

올리브척수로는 새로운 운동학습에 관여합니다. 올리브척수로는 피질척수로의 곁가지 신경다발이 하올리브핵에 시냅스하고 하올브핵에서 소뇌로 유입되는 경로이지요. 피질척수로는 대뇌 피질에서 척수로 곧장 내려오며, 골격근의 수의운동을 조절하죠. 피질척수로에서 일부 신경섬유가 적핵과 하올리브핵에 시냅스하지요. 4-5에 소뇌와 관련된 운동회로로 대뇌-소뇌회로와 소뇌-올리브회로가 표시되어 있습니다. 대뇌-소뇌회로는 소뇌심부핵, 시상복외측핵, 그리고 교뇌회색질의 연결이고, 소뇌-올리브회로는 적핵과 하올리브핵 그리고 소뇌심부핵의 연결이죠. 상위회로인 대뇌-소뇌로는 외부자극에 대한 몸 운동을 생성하며 하위 회로인 소뇌-올리브 회로는 새로운 운동학습에 관련되지요.

1장에서 뇌는 세포배양기로 볼 수 있으며, 뇌는 전압파를 생성한다고 강조했지요. 구체적으로는 신경세포가 전압파를 만듭니다. 신경세포가 전달하는 정보의 실체는 전압펄스이지요. 뇌가 만드는 감각, 지각, 생각은 모두 전압파의 생성과 전파 과정입니다. 이런 관점에서 신경세포가 전압파형을 생성하고 전파하는 과정을 살

4-6
무수신경과 유수신경의 전압 전도 방식

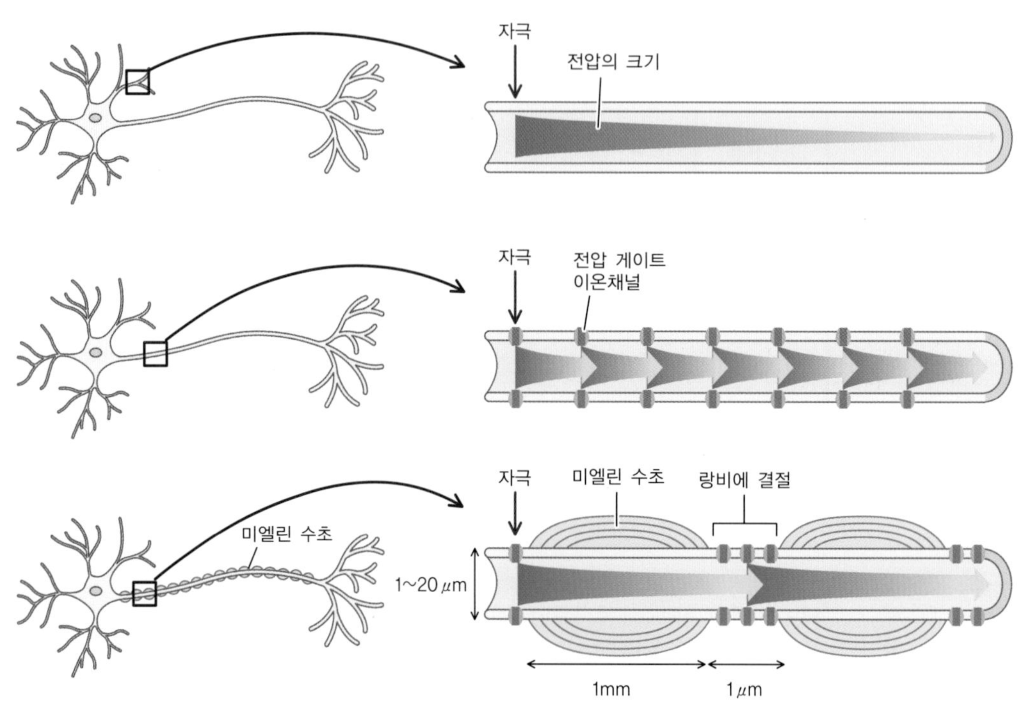

펴봅시다.

4-6은 신경세포 전기 전도의 세 가지 양상을 나타낸 것입니다. 맨 위의 그림을 보시죠. 수상돌기에 생성된 전압파는 세포체로 전달되는 과정에서 빠르게 소멸되어 축삭으로 전달될 활성전위를 생성하지 못합니다. 가운데 그림에서, 무수신경 축삭을 통해 전달되는 활성전위는 전압 개폐voltage gate 이온채널까지 전달되는 과정에서 전류 누설로 전압파의 감쇄가 크지요. 반면에 아래 그림에서, 유수신경 축삭을 통한 활성전위의 전달은 미엘린 수초로 누설 전류가 크게 줄어들고, 랑비에 결절에 이온채널 밀도가 높아서 낮은 전압 감쇄와 빠른 신경 전달 속도를 보입니다. 무척추동물은 유수신경이 없어요. 미엘린 수초로 작용하는 세포가 해양 무척추동물에서는 진화하지 못했죠. 척추동물 신경시스템의 진화에서 가장 중요한 현상은 유수신경세포의 진화로 볼 수 있습니다. 무척추동물에 비해서 육상 포유동물의 다양하고 신속한 운동은 전류 누설을 방지한 수초화된 유수신경의 출현으로 가능해진 거죠.

4-7
신경세포체와 수상돌기에 형성된 시냅스

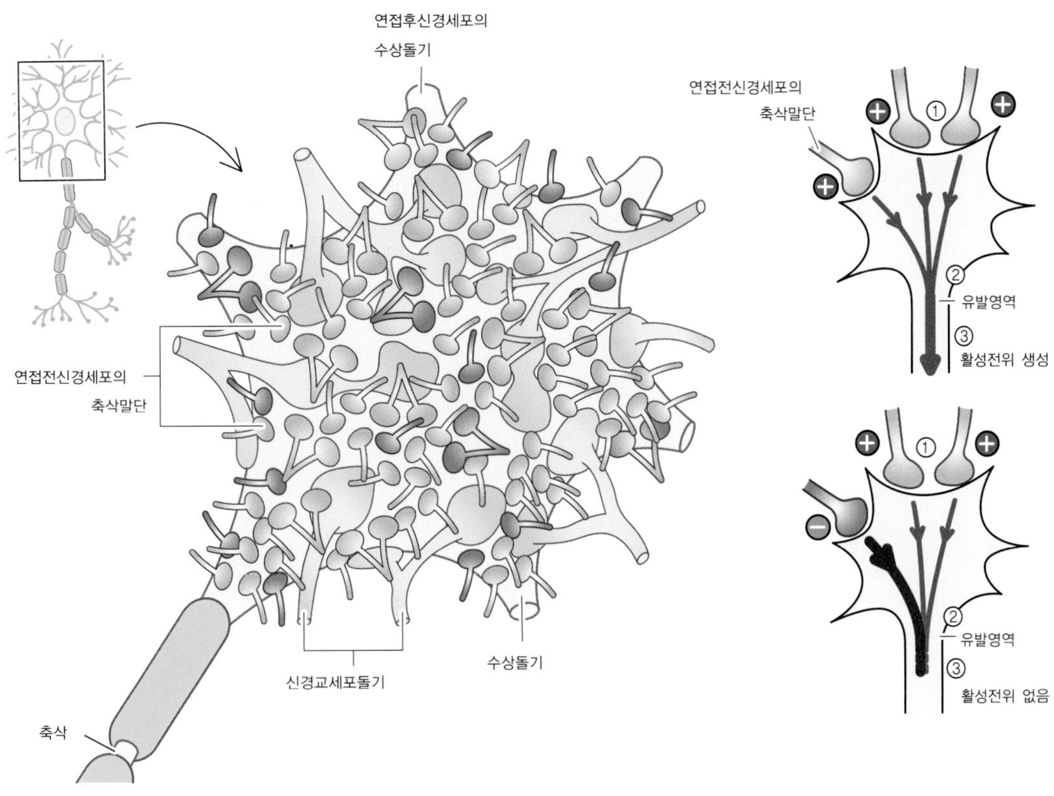

4-8
시냅스후 전위의 공간적 가중과 시간적 가중

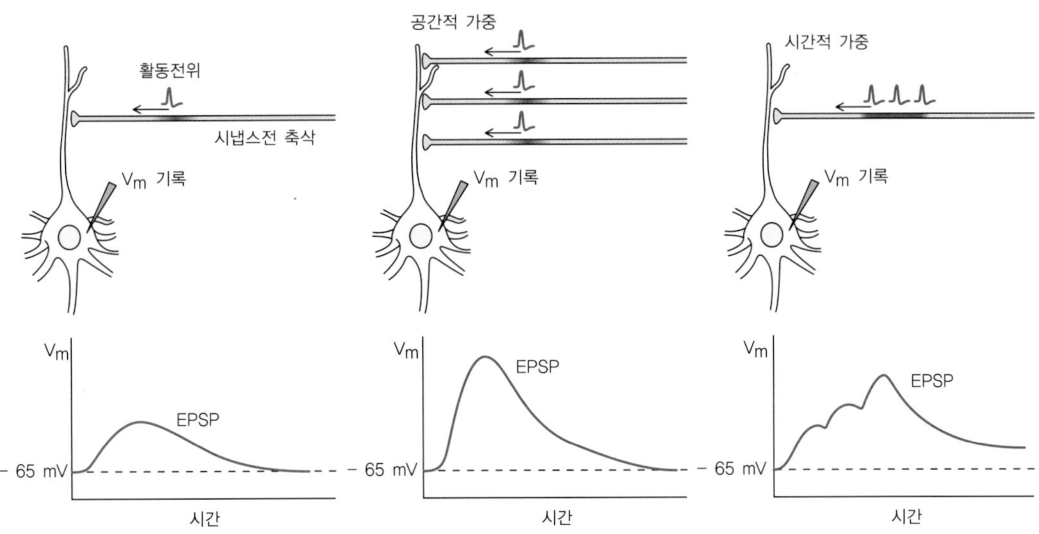

한 개의 신경세포에는 수천에서 1만 개 정도의 시냅스가 형성되며, 수상돌기와 세포체 그리고 축삭에도 시냅스가 생성될 수 있습니다. 시냅스는 신경세포 내의 전압을 높이는 흥분성시냅스와 전압을 낮추는 억제성시냅스가 존재합니다. 이 모든 시냅스가 생성하는 전압파가 모두 더해져서 축삭의 최초 분절에서 활성전위가 생성될 가능성을 결정하지요.

신경세포체, 수상돌기, 그리고 축삭에 형성된 시냅스를 통하여 확산되는 전압흥분파는 축삭이 시작되는 영역에서 일정한 크기의 전압파 연쇄인 활성전위로 변환됩니다. 디지털화된 활성전위는 시간적 가중과 공간적 가중이 가능하지요. 수많은 신경돌기에 여러 개의 활성전위가 동시에 도달하면 전기자극이 신경세포체에서 공

4-9
흥분성시냅스의 시간적 가중으로 활성전위가 생성되는 과정

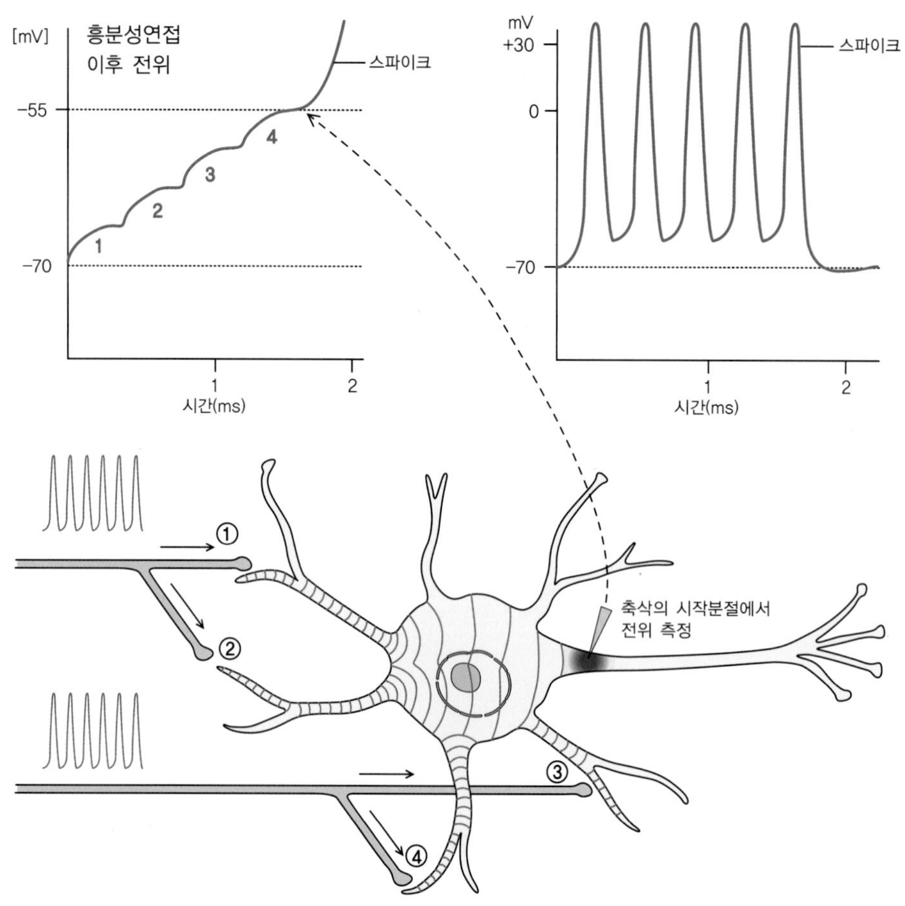

간적으로 모여 세포체 내의 기록전위가 상승하죠. 또한 시간상 연속되는 자극은 큰 자극으로 합해져서 신경세포를 전기적으로 흥분시킵니다.

한 개의 활성전위에 의해 생성되는 신경세포의 전위 변화는 미약하지만, 한 신경세포가 수천에서 1만 개 정도의 다른 신경세포와 시냅스하므로 이들의 동시다발적 활성전위의 자극을 받은 신경세포는 흥분 상태가 되어 다시 활성전위를 생성할 수 있게 됩니다. 예를 들어 한 개의 신경세포에 4개의 활성전위가 도달한다고 해보죠. 자극이 없을 때는 -70mV의 상태였다가 활성전위의 가중에 의해 4번째 활성전위가 유입되면 대략 -50mV를 초과하게 되어 자극받은 신경세포가 활성전위를 생성할 수 있게 됩니다. 활성전위는 초당 수천 개의 빈도로 생성되는 일정한 크기의 전

4-10
흥분성시냅스와 억제성시냅스가 모두 작용할 때의 시냅스 후막전위

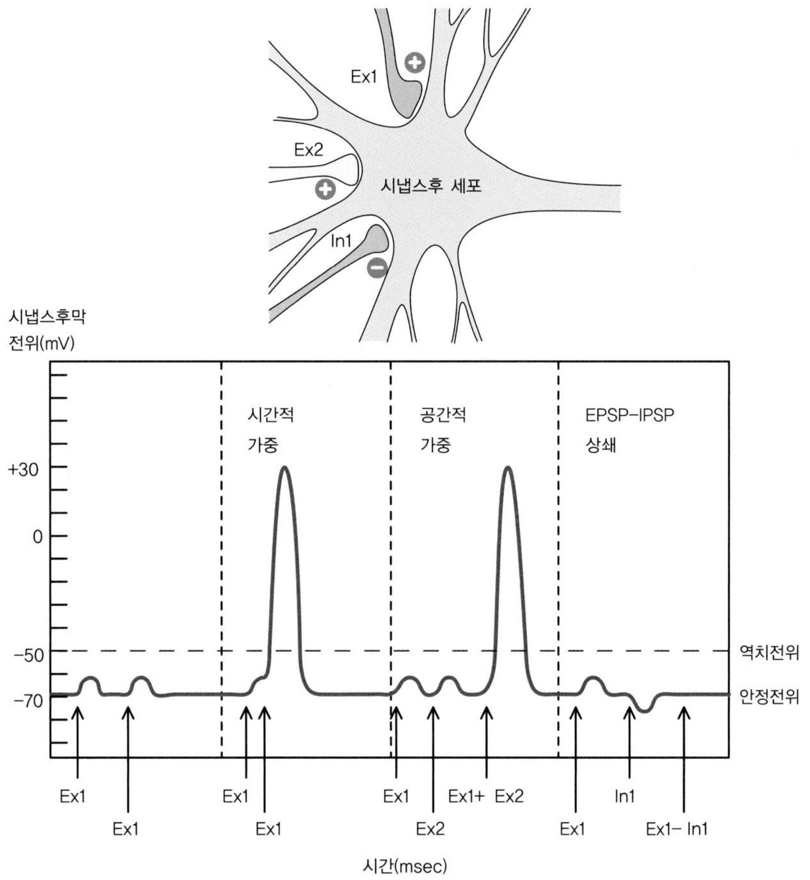

압파 행렬입니다. 따라서 신경세포는 아날로그의 전압파를 디지털 활성전위로 변환하는 전압파형 변환기라고 볼 수 있지요.

신경전달물질인 글루탐산에 의한 흥분성시냅스와 GABA에 의한 억제성시냅스가 동시에 작용하면 4-10처럼 활성전위 생성과 억제가 시냅스 종류에 따라 조절될 수 있지요. 두 개의 흥분성시냅스에 의해 활성전위가 생성되는 동시에 억제성시냅스가 함께 동작하면 활성전위가 생성되는 문턱값에 도달하지 못해 안정 상태에 머물지요.

활성전위는 신경세포 내로 나트륨이온이 유입되면 세포 내부 전압이 세포 외부보다 높아져 상승하여 탈분극할 때 생성됩니다. 세포 내부 전압이 대략 −50mV에 도달하면 나트륨이온 게이트가 닫히고 칼륨채널이 열려서 세포 내부의 칼륨이 세

4-11
활성전위 생성 과정

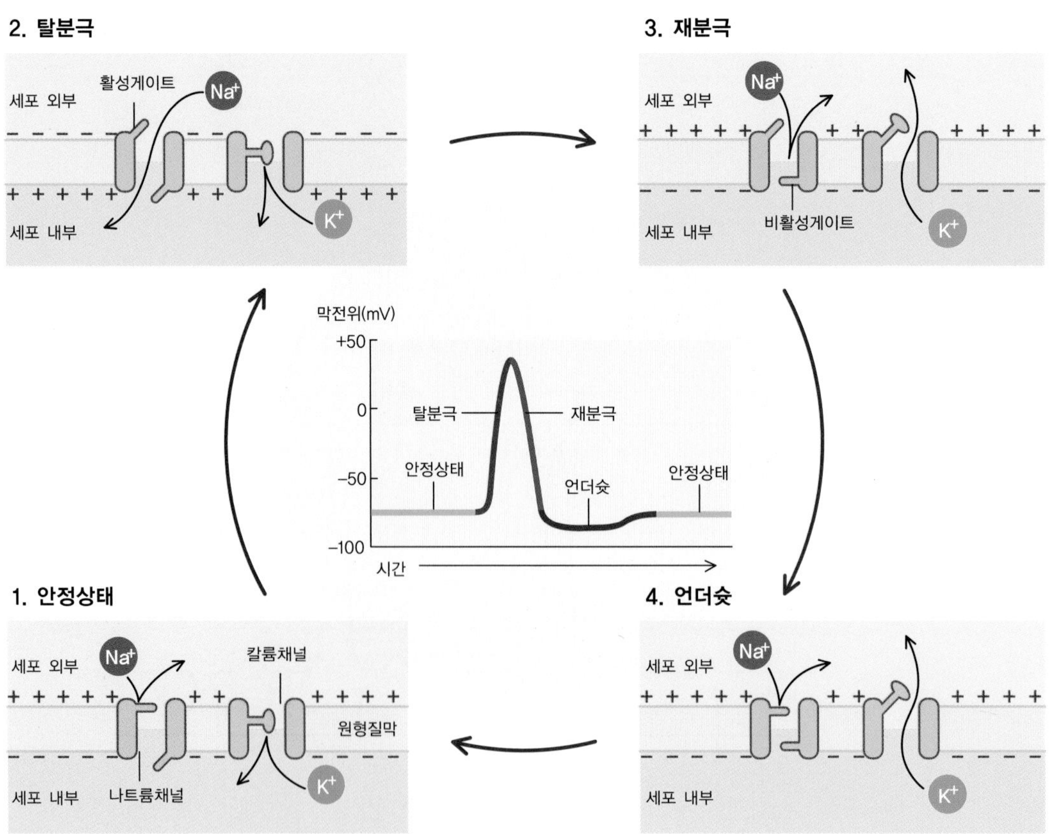

포 외부로 확산되고 전압이 -70mV로 급속히 낮아져 다시 마이너스 전압이 되어 재분극되죠. 재분극 과정으로 전압 값이 안정 상태보다 더 낮아지는 언더슛 상태가 잠시 나타나지요. 후속되는 자극이 없으면 신경세포는 안정 상태를 유지합니다. 이러한 과정을 통해 시냅스전막에서 분비된 신경전달물질에 의해 시냅스후막신경세포에 막전위가 생성됩니다. 시냅스 후막전위가 신경세포의 축삭에 도달하여 일정한 크기의 전압펄스를 형성하면 활성전위가 됩니다.

신경세포의 수상돌기, 축삭, 그리고 세포체에 시냅스하여 생성된 흥분 전압파의 흐름은 모두 합쳐져서 신경세포 축삭돌기가 시작되는 축삭막의 최초 분절로 모입니다. 축삭막 최초 분절에 모인 전압파는 흥분성시냅스후막전위(EPSP) 혹은 억제성시냅스후막전위(IPSP)를 형성합니다. 후막전위가 상승하면 흥분성, 하강하면 억제성이 됩니다. 흥분성시냅스후막전위가 대략 -50mV를 초과하면 일정한 크기의 펄스 형태 전압파인 활성전위가 됩니다. 신경세포의 수상돌기와 세포체를 통하여 전파되는 전압파는 아날로그 타입의 파형이지만, 축삭 최초 분절에서 생성되는 활

4-12
흥분성시냅스와 억제성시냅스에 의한 흥분성시냅스후막전위와 억제성시냅스후막전위

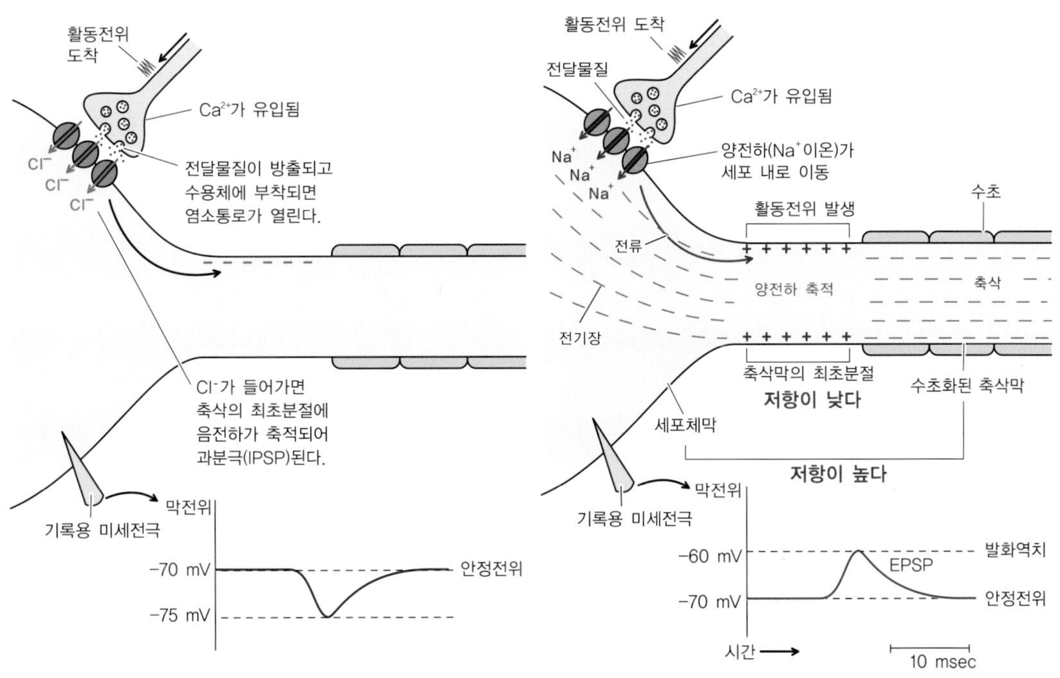

성전위는 일련의 디지털 전압파형이 됩니다. 인체는 대략 200종류의 서로 다른 기능을 하는 세포로 구성됩니다. 그중에서 전압펄스를 만드는 세포를 신경세포 neuron라 합니다. 다양한 형태로 변형하는 젤리 같은 무정형의 세포에서 이처럼 가지런한 전압파가 생성되다니 놀랍지요. 대뇌피질의 신경전달물질인 글루탐산은 흥분성시냅스후막전위를 생성하고 GABA는 억제성시냅스후막전위를 생성하죠.

대뇌피질의 신경전달물질 80%는 글루탐산이며 20% 정도가 GABA입니다. 흥분성 신경전달물질인 글루탐산은 기억 생성에 관련되며, GABA는 억제성이지요. 도파민, 세로토닌, 노르아드레날린은 신경조절물질로 주로 세포내의 2차 전달 단

4-13

글루탐산, GABA, 도파민, 노르아드레날린 생성과 재활용

(출전: 《통합강의를 위한 임상신경해부학》, FitzGerald 외)

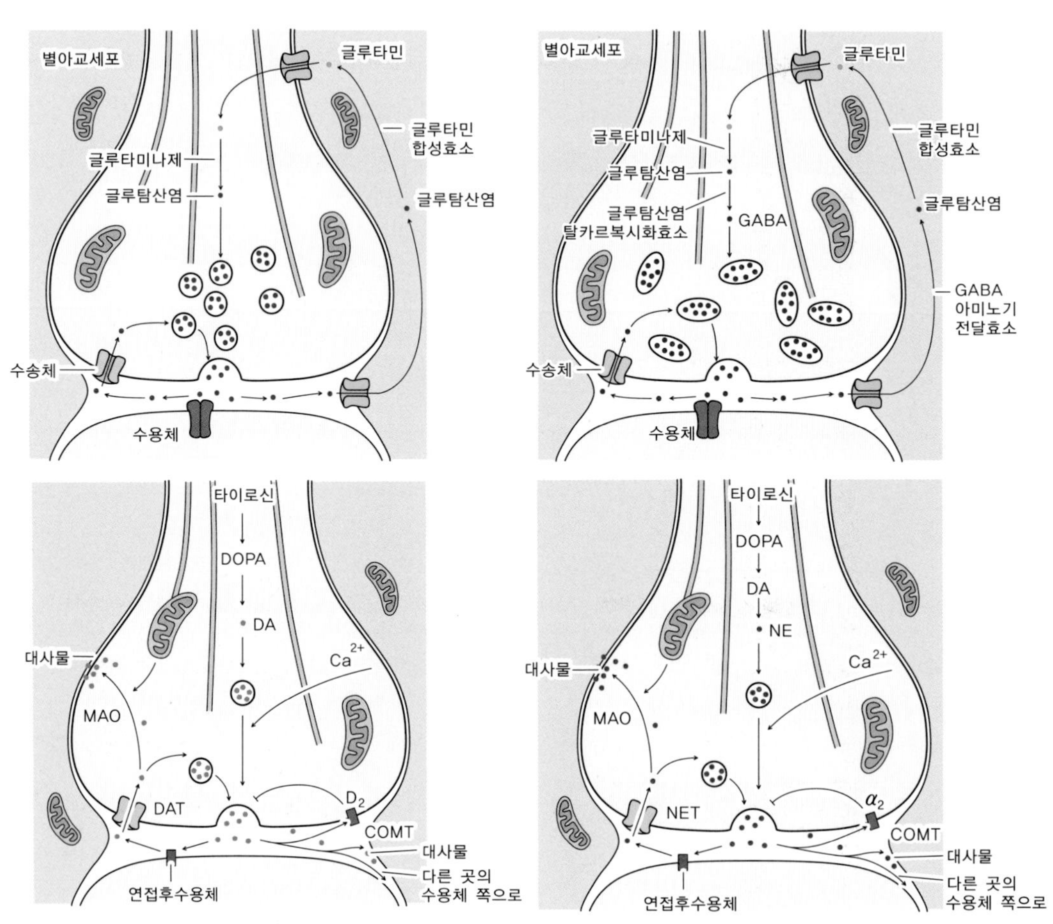

4-14
신경전달물질의 함유 장소

기관	함유장소
AcetylCholine(Ach)	신경근육 연접, 자율신경절, 부교감신경 신경세포, 뇌신경 운동핵, 미상핵과 피각, Meynert 기저핵, 변연계
Norepinephrine(NE)	자율신경계통(교감신경절후섬유) 청반핵, 외측피개
Dopamine(DA)	시상하부, 중뇌흑질, 선조체계통
Serotonin(5-HT)	소화관에 있는 부교감신경 신경세포, 송과체, 교뇌의 대봉선핵
Gamma-amino-butyric acid(GABA)	소뇌, 해마, 대뇌피질, 선조흑질계통
Glycine	척수
Glutamin acid	척수, 중추신경계통

4-15
글루탐산과 GABA의 분자식

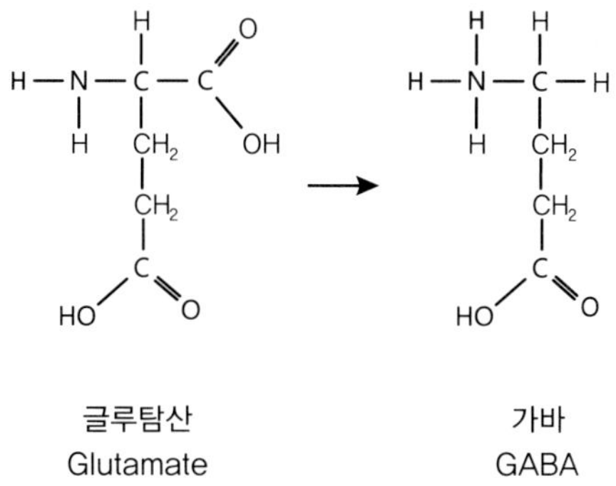

글루탐산
Glutamate

가바
GABA

백질의 활성을 촉발하는 대사성 작용을 합니다. 신경조절물질은 신경세포의 신경 흥분 정도를 조절합니다. 이러한 신경전달물질과 신경조절물질을 생성하는 신경세포집단을 도표로 요약하면 4-14와 같습니다.

시냅스 전막세포로 글루타민이 유입되고, 글루타민은 글루타미나아제 효소에 의해 글루탐산으로 변환되어 소낭에 저장됩니다. 글루탐산(글루탐산염)이 탈카르복시화효소에 의해 카르복실기(COOH-)가 탈락되면 GABA가 됩니다. 도파민은 아미노산인 타이로신이 DOPA로 변환되고 DOPA에서 도파민이 생성되지요. 시냅스

공간으로 분비된 도파민은 대부분 재흡수 수용체에 의해 시냅스후막세포로 회수됩니다. 회수된 도파민은 재사용되거나 분해되지요.

신경축삭과 시냅스하는 스파인의 투과전자현미경(TEM) 4-16에서 시냅스간격이 보이지요. 이 경우 축삭의 원형질막은 시냅스전막이 되며 분비소포가 보이지요. 스파인의 원형질막은 시냅스후막이됩니다. 축삭과 스파인을 둘러싸는 파란색 영역은 성상세포의 돌기이지요. 성상세포의 돌기에는 글리코겐입자가 보이지요. 성상세포돌기에서 글리코겐입자는 포도당으로 분해되어 신경돌기로 전달되지요. 신경세포에서 돌출된 모든 가지들을 신경돌기neuropil라 하지요.

글루탐산에 의해 흥분성시냅스후전위가 중첩되면 활성전위가 생성될 임계전압값에 도달할 가능성이 높아집니다. 반대로 GABA에 의해 억제성시냅스후전위가 중

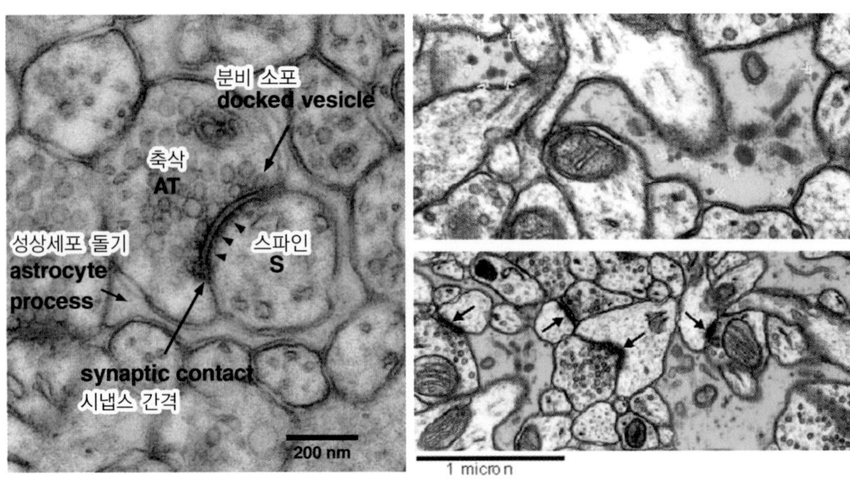

4-16
축삭과 스파인 사이에 형성된 시냅스를 둘러싼 성상돌기(좌)와 성상세포 내 글리코겐 입자(우)
노란색으로 표시된 것이 글리코겐 입자이다. (출전: http://synapses.clm.utexas.edu/anatomy/astrocyte/glycogen.stm)

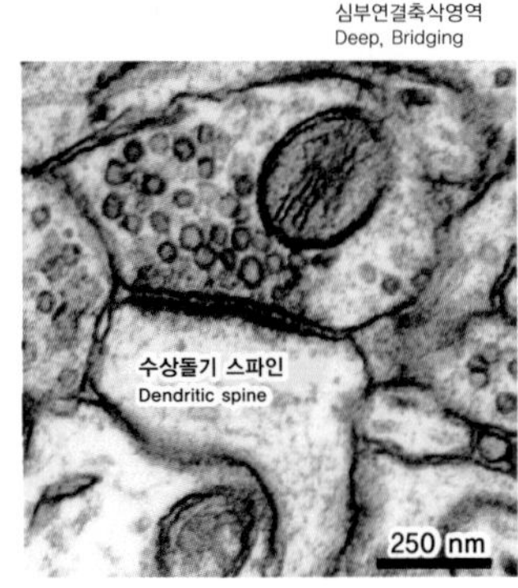

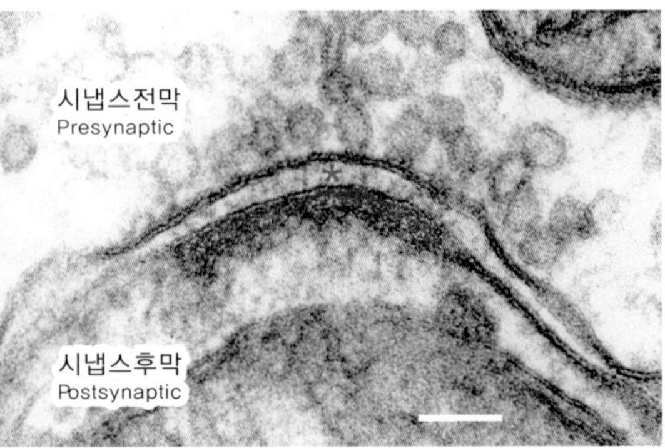

4-17
축삭과 스파인의 Gray I 타입 시냅스(좌)와 시냅스전막과 시냅스후막 사이의 시냅스 공간(우)
별표로 표시된 곳이 시냅스 공간이다.

4-18
시냅스전막과 시냅스후막

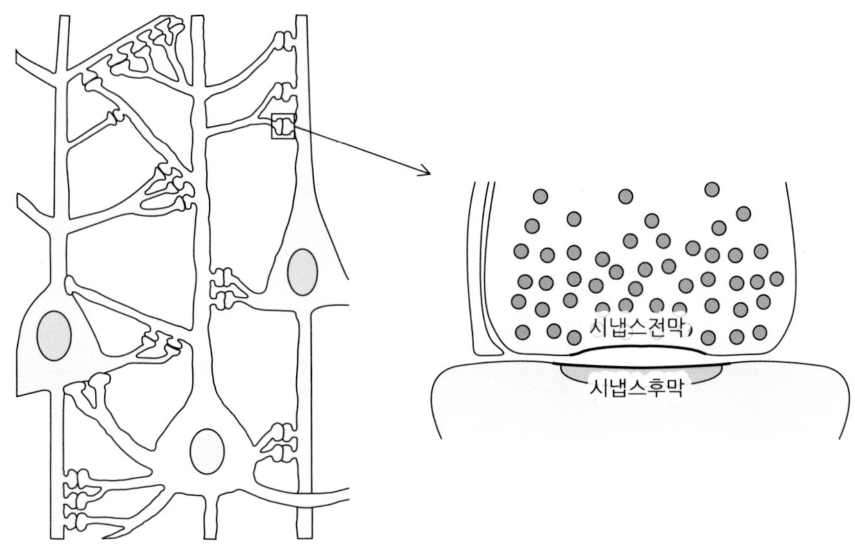

첩되면 신경세포는 안정시의 전압값보다 낮은 -80mV가 될 수 있지요. 이렇게 시냅스 후막세포가 안정 상태의 전압보다 더 낮아져 활성전위 생성 전압값인 -50mV에서 더 멀어지는 상태를 신경세포가 억제되었다고 하지요.

하위운동신경원에는 알파운동뉴런과 감마운동뉴런이 있습니다. 알파운동뉴런은 축삭 지름이 13~20㎛이며 척수 신경세포에서 가장 굵은 축삭으로, 신경펄스 전도 속도도 80~120m/s로 가장 빠르며 골격근에 시냅스하지요. 반면에 감마운동뉴런은 크기가 작고, 알파운동뉴런 사이 여기저기에 흩어져 있습니다. 신경세포는 디지털 전압펄스를 생성하는 세포입니다. 신경세포의 전압펄스가 흘러가는 전선이 바로 축삭이죠. 전선에 절연피복이 없으면 전류가 누설되고 전압파 전달 속도가 떨어집니다. 인간 중추신경계에서 빠른 정보 전달이 필요한 영역은 대부분 축삭이 희소돌기세포oligodendrocyte로 감겨 있는 유수신경입니다. 말초신경계의 수초화 세포는 슈반세포죠. 알파운동뉴런은 골격근의 방추외근섬유extrafusal muscle fiber를 제어하고, 감마운동뉴런은 신경근방추neuromuscular spindle 안에 있는 방추내근섬유intrafusal muscle fiber를 지배하죠. 여기서 신경근방추는 근육 속에 있는 고유감각 수용기를 말합니다. 골지힘줄기관Golgi tendon organ과 더불어 근육과 관절에 대한 고

4-19
흥분성시냅스와 억제성시냅스

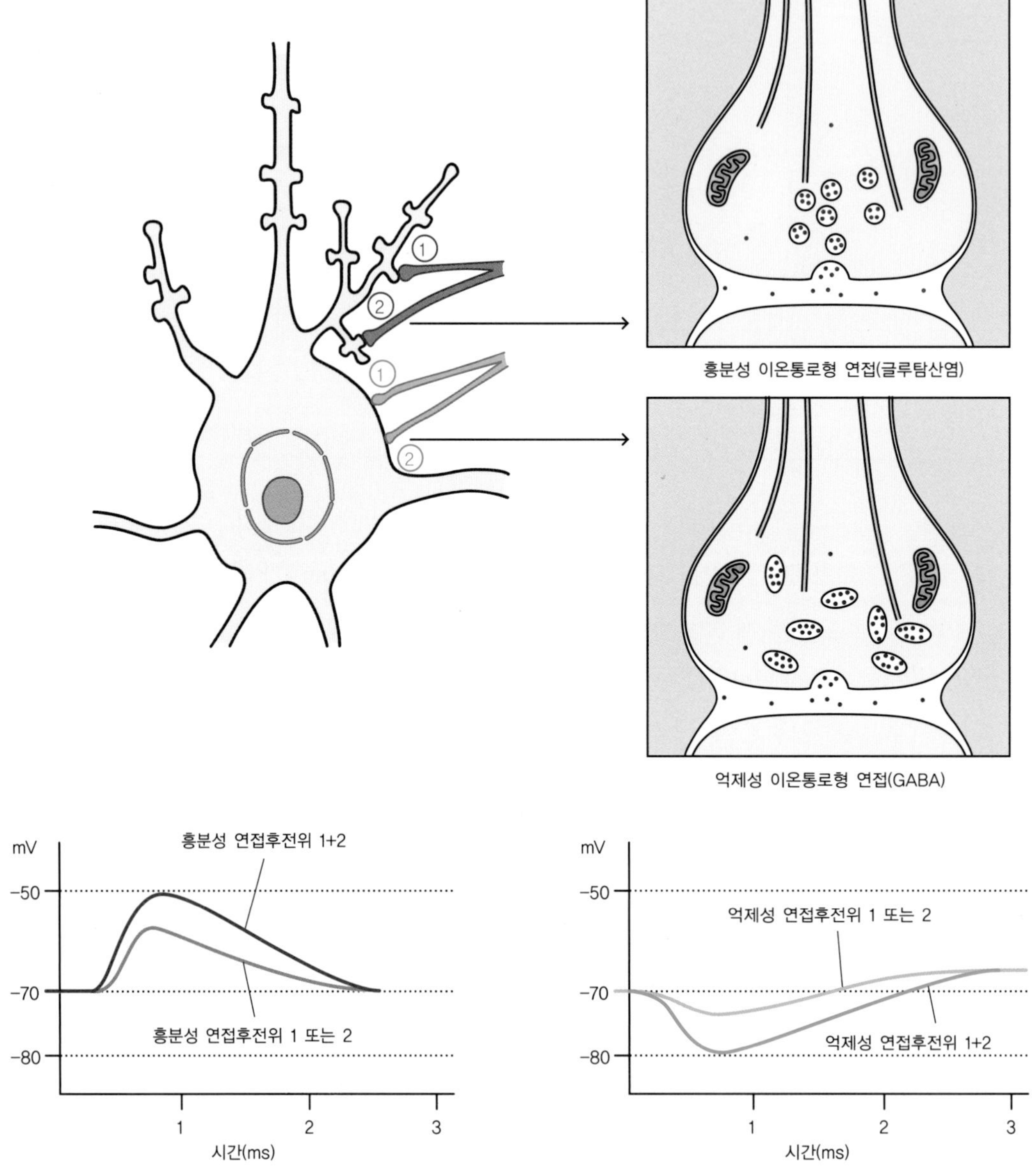

4-20
신경섬유의 분류

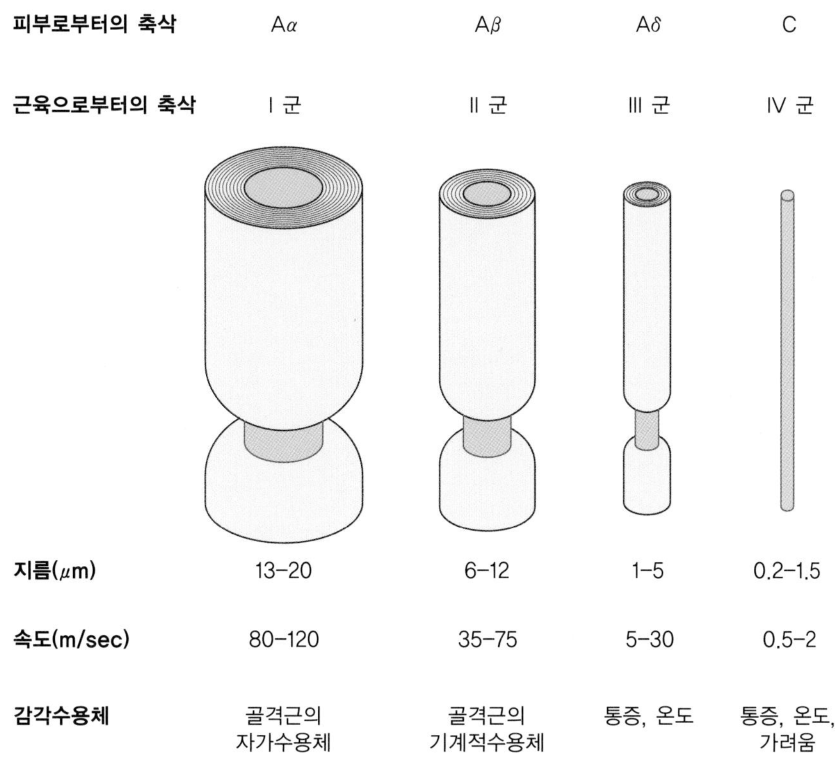

피부로부터의 축삭	Aα	Aβ	Aδ	C
근육으로부터의 축삭	I 군	II 군	III 군	IV 군
지름(μm)	13–20	6–12	1–5	0.2–1.5
속도(m/sec)	80–120	35–75	5–30	0.5–2
감각수용체	골격근의 자가수용체	골격근의 기계적수용체	통증, 온도	통증, 온도, 가려움

유감각을 감지하죠. 고유감각은 근육 긴장도와 근육 길이 변화 정보로 몸의 자세와 움직임에 대한 정보를 제공하는 감각입니다. 근육에 시냅스하는 신경섬유의 굵기에 따라 신경 전달 속도가 달라지며 신경 단면적이 클수록 전달 속도가 빨라집니다.

근방추에서 오는 근육 긴장에 대한 정보와 골지힘줄기관에서 오는 골격근의 길이변화정보는 척수를 통해 대뇌로 전달됩니다. 대뇌운동피질의 운동명령은 직접척수로 전달되거나 뇌간핵을 통해 척수로 전달됩니다. 시상은 고유감각정보를 대뇌피질로 전달하고 대뇌피질은 소뇌로 운동 관련 신호를 출력하지요. 수의운동의 결과는 골격근의 수축입니다. 척수전각의 운동신경축삭이 골격근에 시냅스하고 골격근의 변화를 감각뉴런이 척수와 대뇌로 전달하는 과정을 살펴봅시다.

신경근방추는 막으로 싸여 있으며, 중간이 볼록해 실을 감는 물레의 방추spindle처럼 생겼습니다. 신경근방추 안에는 방추내근섬유가 있죠. 이 방추내근섬유 양쪽

4-21
근방추와 골지건기관의 고유감각과 운동출력

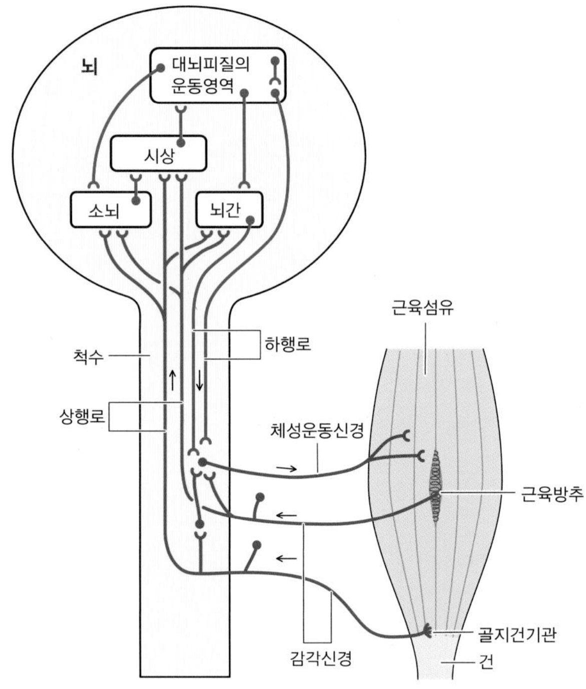

끝부분에서 감마운동뉴런 축삭과 시냅스가 일어납니다. 방추내근섬유는 근육의 길이 변화를 감지하는 Ia 신경섬유로 감겨 있죠. Ia 신경섬유는 감각신경으로, 구심성 유수신경이지요. 신경근방추 바깥에는 근섬유가 많습니다. 이 근섬유들을 방추외근섬유라고 하며, 알파운동뉴런의 축삭이 방추외근섬유에 시냅스합니다.

알파운동뉴런과 동시에 감마운동뉴런도 활성화되죠. 이 과정을 '알파-감마운동뉴런 동시발화'라 합니다. 두 운동신경의 동시발화 과정을 요약하면 다음과 같습니다.

① 방추내근의 수축정보가 Ia 신경을 통해 척수전각 알파운동뉴런에 전달

② 알파운동뉴런이 방추외근을 수축

③ 감마운동뉴런이 방추내근을 수축

④ 상위운동피질에서 알파운동뉴런과 감마운동뉴런을 동시에 활성

4-22
근방추와 골지건기관과 대뇌운동영역의 신경 연결

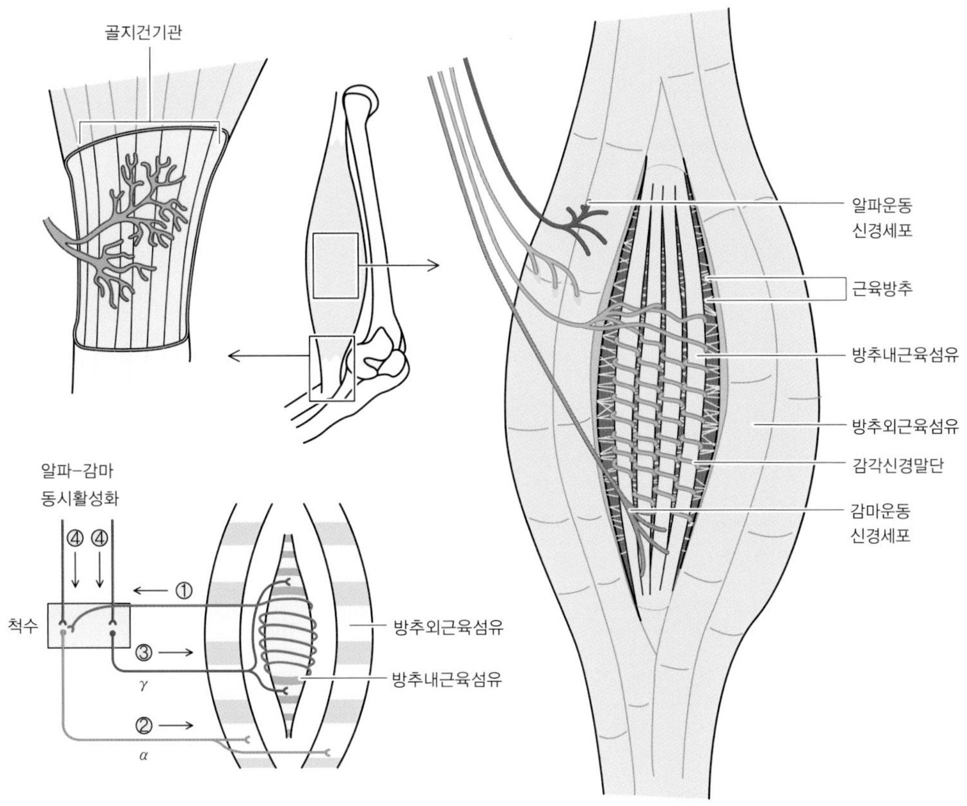

알파운동뉴런이 신경발화하여 방추외근섬유가 수축하면 근육은 짧아집니다. 근육이 수축되어 근방추의 긴장이 풀어지면 Ia 축삭은 비활성 상태가 되며 근방추는 근육길이 변화에 대한 정보를 제공하지 못하지요. 그러나 방추외근섬유가 줄어드는 동시에 감마운동뉴런이 근방추의 양쪽 끝 부근을 수축하기 때문에 비수축성의 근방추 중심 부근을 양쪽으로 잡아당겨 Ia가 활성화 상태를 유지할 수 있지요.

근방추가 근섬유와 평행하게 위치하는 반면 골지건기관은 근육과 직렬로 연결되어 있습니다. 근육과 직렬로 골지건기관에 시냅스하는 Ib 감각신경의 흥분으로 근육 긴장 정도의 신경정보가 전달되지요.

골지건기관은 근육에 가해진 긴장도에 따라 반응하여 Ib 축삭을 통해 정보를 보내지요. 4-24를 보면 근육의 길이에는 변화가 없기 때문에 Ia 축삭이 활동하지 않지요.

상위운동신경원 가운데 전정척수로, 덮개척수로, 올리브척수로의 신경섬유가 각각 감마운동뉴런과 시냅스합니다. 신호를 받은 감마운동뉴런은 방추내근섬유 양

4-23
알파운동신경의 근방추외근 수축으로 인한 감마운동신경의 방추내근 수축작용

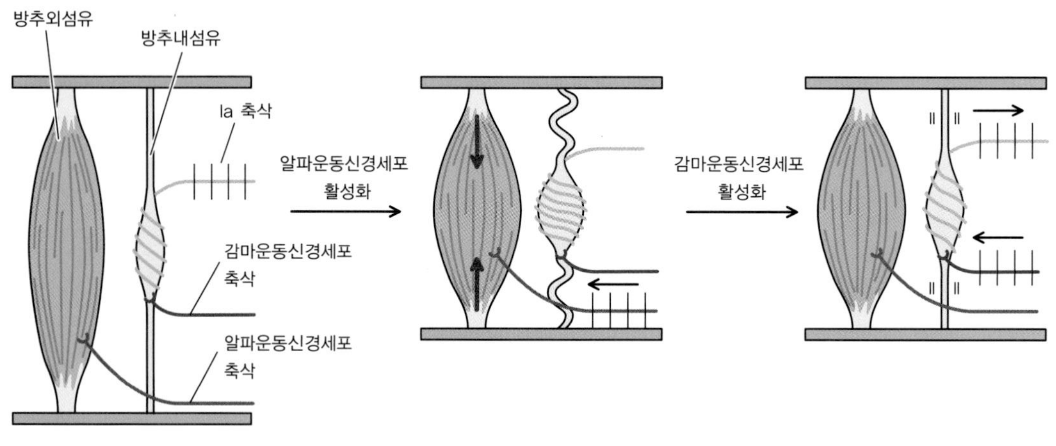

4-24
골지건기관의 작용

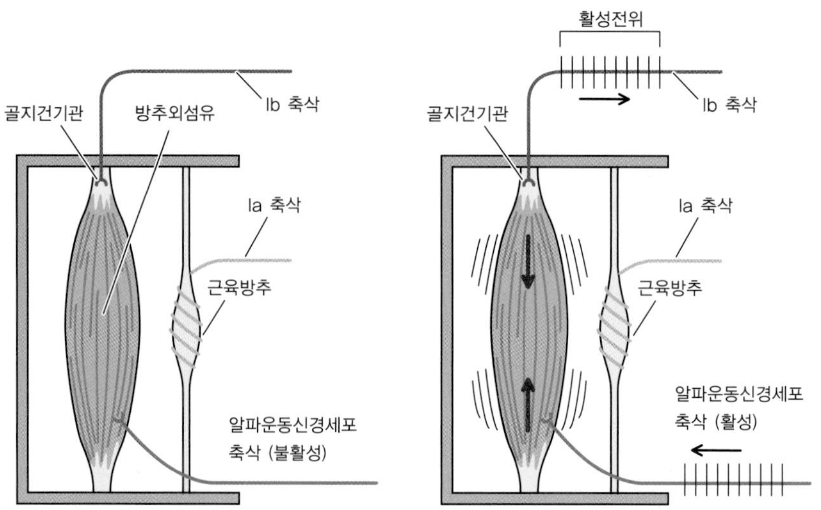

쪽 끝으로 신호를 보냅니다. 그러면 방추내근섬유는 흥분하고 근섬유의 수축작용이 일어나죠. 이때 방추내근섬유를 감싼 Ia 신경섬유로도 펄스가 흘러 Ia 감각신경이 활성상태가 되고, 신경근방추를 통해 감지한 근육의 길이 변화에 대한 정보를 후섬유단으로 보냅니다.

이 정보는 후섬유단-내측섬유띠신경로를 타고 대뇌 피질로 전달되어 의식적 고유감각이 되며, 후척수소뇌로를 통하여 소뇌에 전달되어 무의식적 고유감각이 됩니다. Ia 신경섬유의 다른 가지는 후근을 통해 척수로 들어가 분지하여 척수전각에 있는 알파운동뉴런으로도 정보를 보냅니다. 움직임이 계속되면 근육의 길이 변화에 대한 정보가 끊임없이 전달되고, 그에 맞게 근육의 수축 정도가 조절되지요.

피질척수로는 정교한 손가락 운동과 관련되며 피질척수외로계의 신경들이 피질척수로를 조절하지요. 피질척수로를 제외한 하행신경로, 즉 그물척수로, 전정척수

4-25
Ia 감각신경의 출력 경로

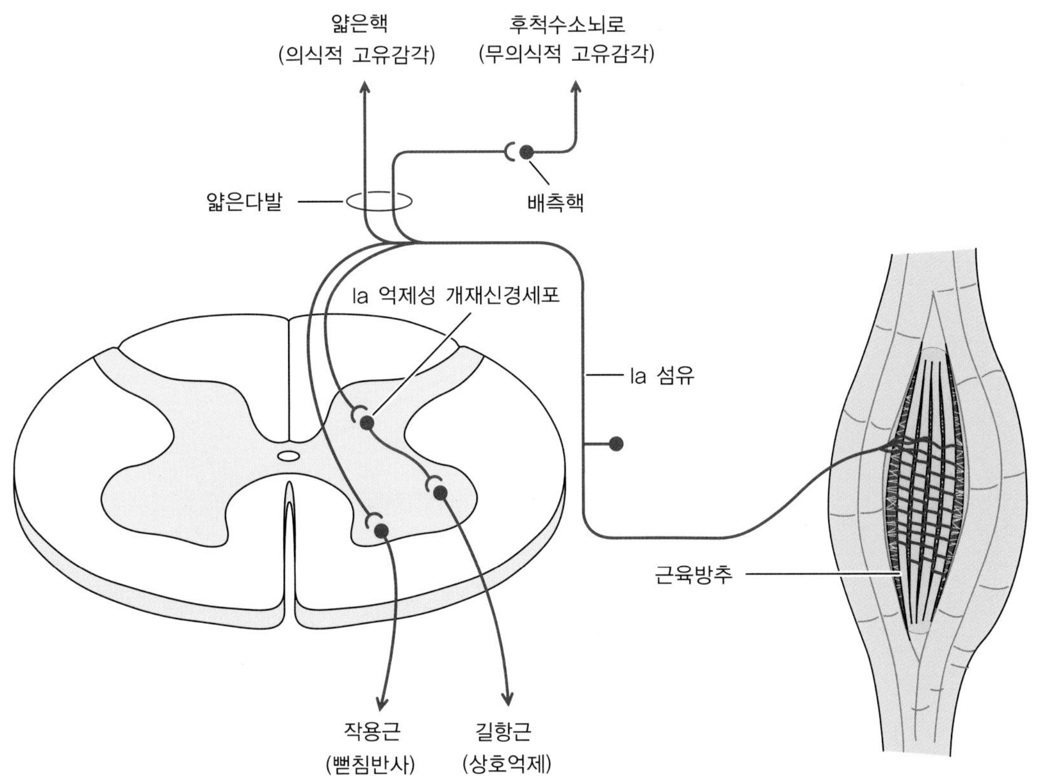

로, 덮개척수로, 적색척수로, 올리브척수로로 내려오는 신호는 알파뉴런으로 직접 전달되지 않고 상위운동신경원과 알파운동뉴런 사이에 있는 중간신경원interneuron을 거칩니다. 중간신경원은 사이신경세포 혹은 개재뉴런이라고 합니다. 이 신경원이 상위운동신경원과 시냅스하여 운동신호를 받아 알파운동뉴런으로 전달하죠. 그러면 알파운동뉴런이 흥분하여 골격근의 방추외근섬유에 시냅스하여 활성전위를 전파하지요. 그런데 한 번 더 알파운동뉴런을 제어하는 과정이 있어요. 렌쇼세포Renshaw cell라는 억제성 중간신경원이 등장합니다. 렌쇼세포는 이 세포를 연구했던 신경생리학자인 버지 렌쇼Birdsey Renshaw(1911~1948)의 이름을 딴 것이죠. 이 렌쇼세포가 알파운동뉴런의 신경섬유에서 나온 곁가지와 시냅스하여 신호를 받은 후 다시 알파운동뉴런으로 억제신호를 보냅니다. 알파운동뉴런이 과도하게 흥분하는 것을 막는 거죠. 그 결과 운동목표 달성을 위해 미세하게 근육을 조절할 수 있습니다.

근방추의 길이는 수~10mm이며 10개 미만의 방추내섬유로 구성되지요. 방추내섬유는 작은 골격근이지만 중앙 부근에는 액틴과 미오신이 거의 존재하지 않아서

4-26
척수 신장반사
근방추와 골지건기관이 알파운동뉴런 활성을 조절한다. 골격근이 신장될 때 근방추가 알파운동뉴런으로 신경자극을 보내면 방추내근과 방추외근이 모두 수축한다.

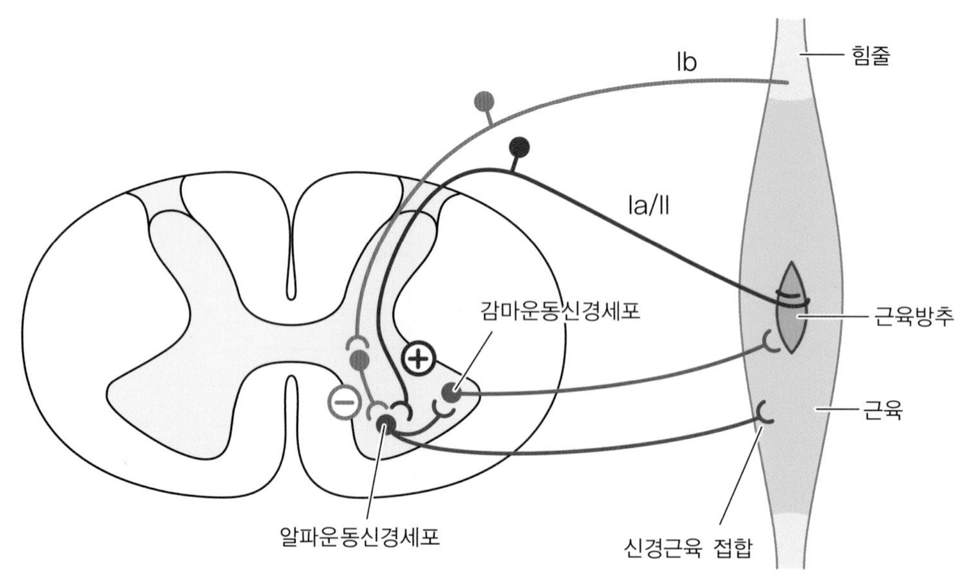

방추내근섬유가 수축하더라도 중앙 부위는 수축하지 않지요. 그래서 감각수용기로 작용합니다. 근방추에는 두 종류의 감각신경인 일차원심성섬유 Ia와 이차원심성섬유 II가 존재합니다. Ia 타입 신경섬유는 평균 직경이 17㎛이며 감각신호를 척수까지 전달하지요. 이차원심성섬유 II는 평균 직경이 8㎛이며 일차섬유와 동일한 방법으로 방추내섬유를 둘러싸지요. 핵사슬방추내섬유는 일차신경섬유와 이차신경섬유에 의하여 조절되기 때문에 핵사슬섬유는 주로 정적반응에 관여하지요. 그

4-27
근방추의 구조

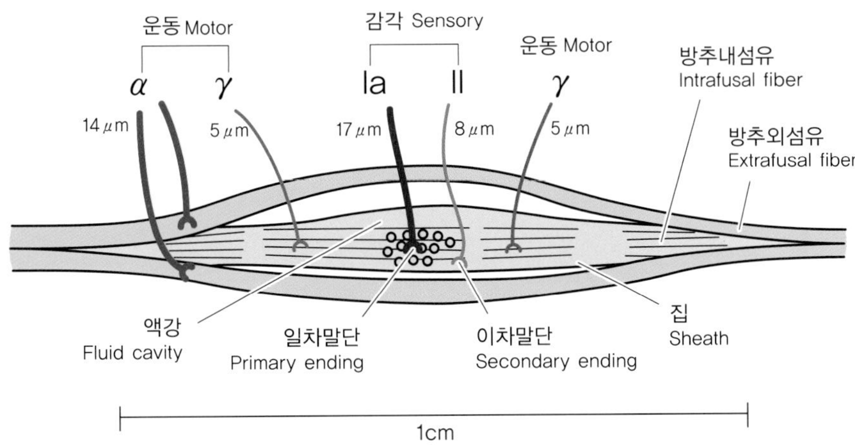

4-28
핵주머니 섬유와 핵사슬 섬유

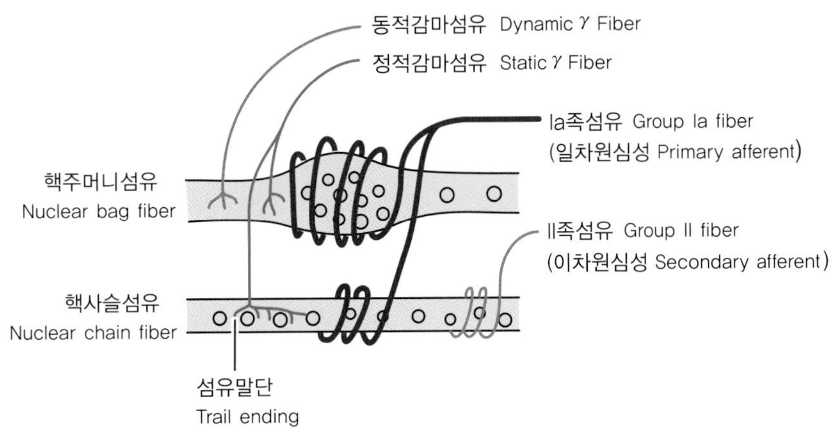

4-29
알파운동신경뉴런 축삭에 의한 신경-근 연접

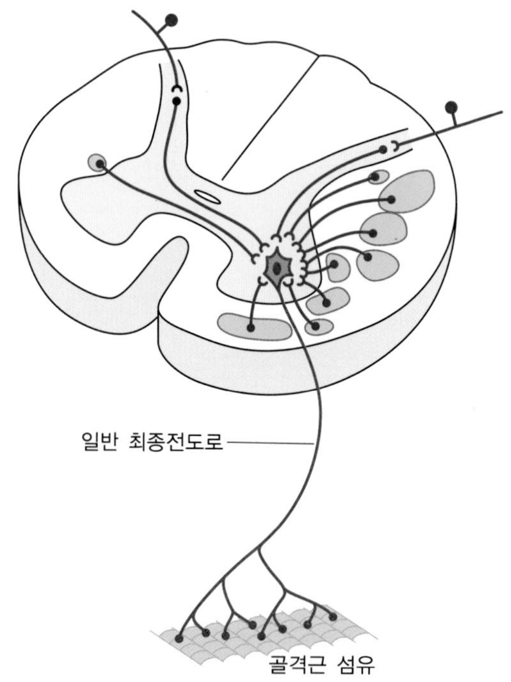

러나 근방추수용기의 길이가 갑자기 증가할 때 Ia 신경은 정적반응에 의한 자극보다 강하게 반응하지요. Ia 신경에 의한 이러한 강한 자극을 동적반응이라 합니다. 동적반응은 근방추 길이 변화에 강하게 반응하지요.

몸의 부위별 움직임을 관찰하면, 각 부위에 따라 운동의 강도와 섬세함이 달라요. 운동 단위motor unit가 달라서 그렇죠. 알파운동뉴런과 연결된 근섬유를 묶어 운동 단위라고 하는데, 이 운동 단위에 속한 근섬유의 숫자에 따라 운동의 정밀도가 달라집니다. 예를 들어 등을 움직이는 근육 부분에서는 알파운동뉴런 하나가 수십 개의 근섬유를 지배하는데, 눈동자를 돌리는 근육에서는 알파운동뉴런이 하나의 근섬유와 시냅스합니다. 운동 뉴런이 시냅스하는 근육 섬유의 수가 적을수록 그 근육은 섬세한 운동을 할 수 있지요.

02 케이블 속 케이블

근섬유는 놀랍게도 하나의 세포입니다. 수축할 수 있도록 액틴과 미오신섬유가 길이 방향으로 길게 정렬된 다핵세포이지요. 세포의 변형 능력이 얼마나 놀라운가를 느끼려면 근세포를 면밀히 관찰해보세요. 세포 내부가 섬유성 단백질로 가득 차 있지요. 근섬유는 바깥으로는 근형질막sarcolemma으로 싸여 있고, 안으로는 직경이 1~2마이크로미터, 즉 머리카락 굵기의 100분의 1 정도밖에 안 되는 근원섬유의 다발들로 이루어져 있지요. 근섬유 안에는 근원섬유가 수백에서 수천 개 있어요. 형광물질로 표지를 한 후 근원섬유를 관찰하면, 세포의 골격을 이루는 가는 미세섬유thin filament와 굵은 미세섬유thick filament가 한 방향으로 가지런히 빽빽하게 들어 찬 게 보입니다. 근육의 수축이라는 한 가지 목적을 위해 다발로 모여 있죠. 4-31 아래 사진은 알파운동뉴런이 골격근에 시냅스하는 신경-근 연접을 보여줍니다. 알파운동뉴런과 근섬유가 시냅스하는 이 부위를 신경근육이음부neuromuscular junction라고 합니다.

가는 미세섬유가 바로 세포의 근육이라고 할 수 있는 액틴섬유actin filament입니다. 그 사이에 굵은 미세섬유인 미오신섬유myosin filament가 있죠. 미오신섬유는 콩나물처럼 생긴 머리와 꼬리로 이루어져 있습니다. 이 섬유들은 단백질로 되어 있

4-30
근육다발과 근육세포의 구조

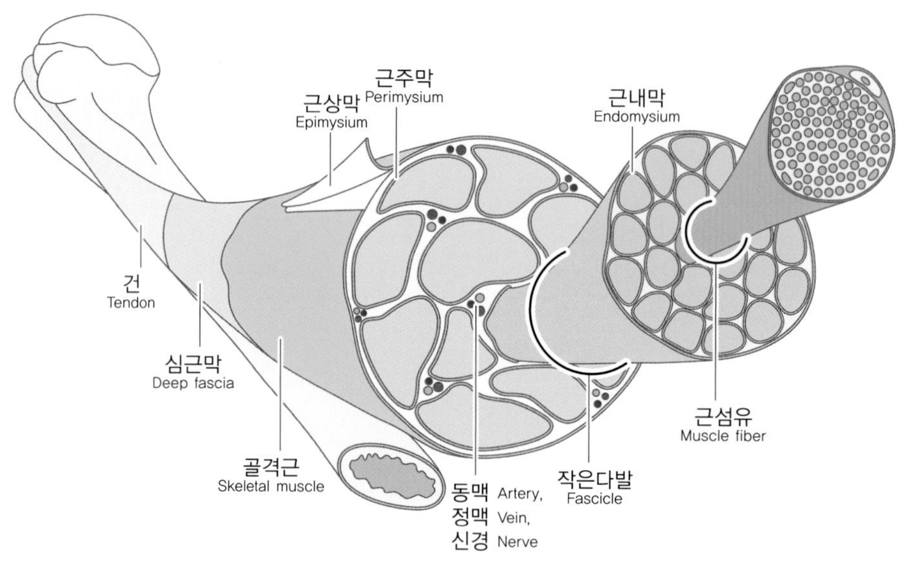

4-31
신경–근 연접 구조와 사진

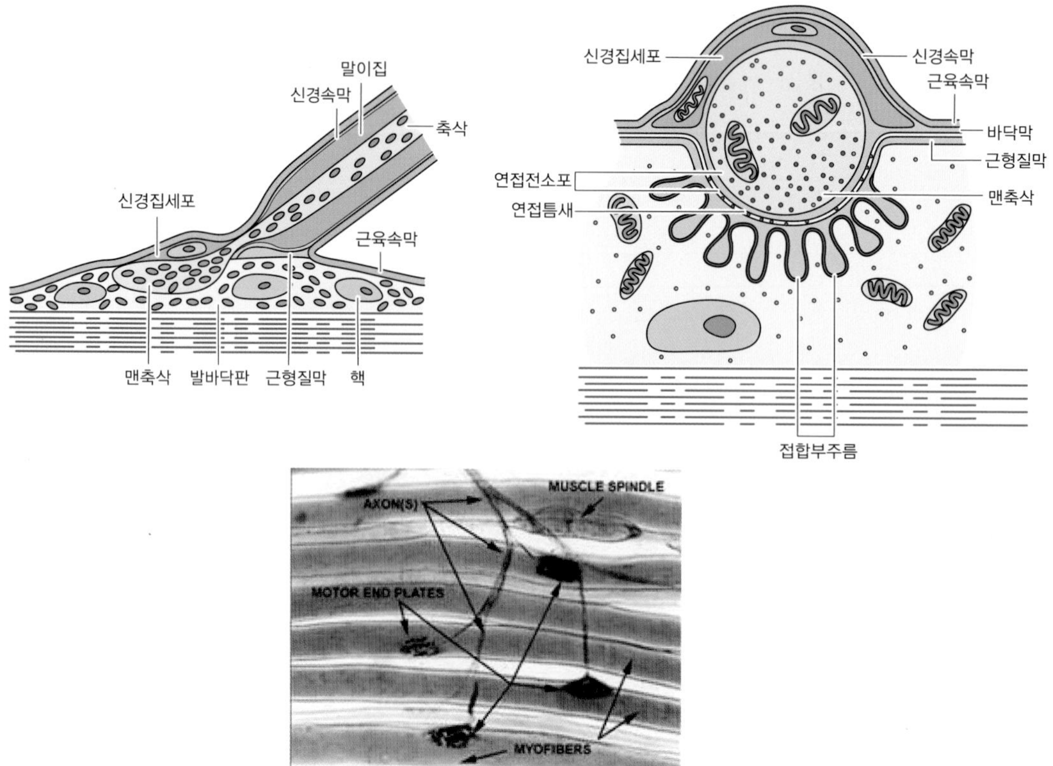

죠. 액틴섬유는 액틴이라는 단백질로, 미오신섬유는 미오신이라는 단백질로 구성되어 있습니다.

근원섬유는 Z선Z line에 의해 분절로 나뉩니다. Z선과 Z선 사이의 분절을 근원섬유마디sarcomere라고 하죠. 양쪽 Z선에 액틴섬유가 고정되어 있습니다. 양쪽 액틴섬유 사이에 미오신섬유가 나란히 놓여 있죠. 이 액틴섬유와 미오섬유가 결합과 분리를 반복하면서 근육의 움직임이 생깁니다. Z선과 Z선 사이가 짧아지면서 근수축이 일어나죠. 골격근의 실체는 액틴과 미오신 단백질의 다발입니다. 근원섬유(액틴과 미오신)가 모여 근원섬유다발인 근육다발이 되며, 근육다발이 바로 골격근이 되지요.

근세포 안에는 다른 세포들처럼 미토콘드리아도 있습니다. 미토콘드리아는 독자적인 DNA와 리보솜을 가진 세포 내 소기관인데, 세포 내에서 에너지 생산 공장의 역할을 하죠. 운동을 하면 근섬유 안의 미토콘드리아가 자극을 받아 이분법으로 계속 분열합니다. 운동량이 많은 사람은 그렇지 않은 사람에 비해 근세포 당 미토콘드리아의 수가 많아집니다. 동물과 식물세포 내에는 많은 수의 미토콘드리아가 존재합니다. 루이스 토머스는 《세포라는 대우주》에서 인간의 몸에서 물을 제거하여 완전히 건조하면, 나머지 몸무게의 거의 절반은 미토콘리아가 차지한다고 했습니다. 신경축삭말단에는 미토콘드리아가 존재하여 많은 ATP 분자를 생성해 신경돌기의 성장과 분화가 활발히 생기지요. ATP 분자는 미토콘드라아 내막에 삽입된

4-32
세포 내의 액틴섬유(초록색)와 미토콘드리아(주황색), 신경세포 내 액틴섬유의 분포

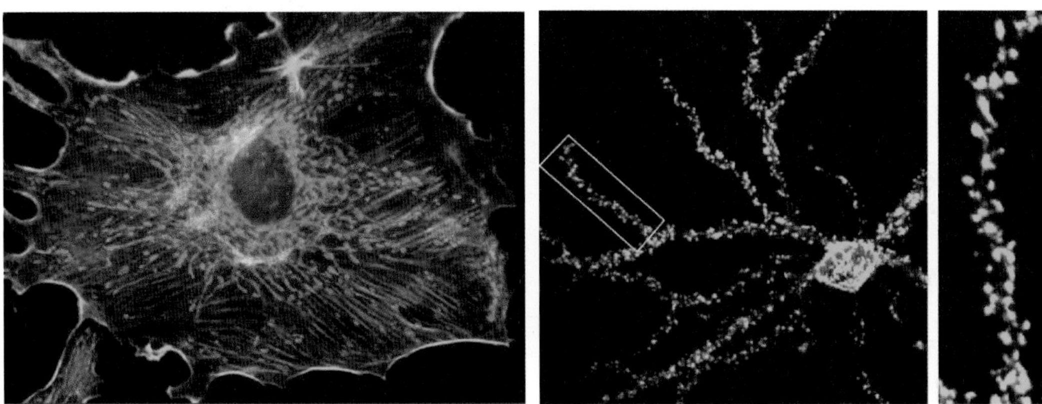

4-33
ATP-액틴과 ADP-액틴 결합 상태의 변화로 인한 액틴섬유 사슬의 성장과 수축 과정

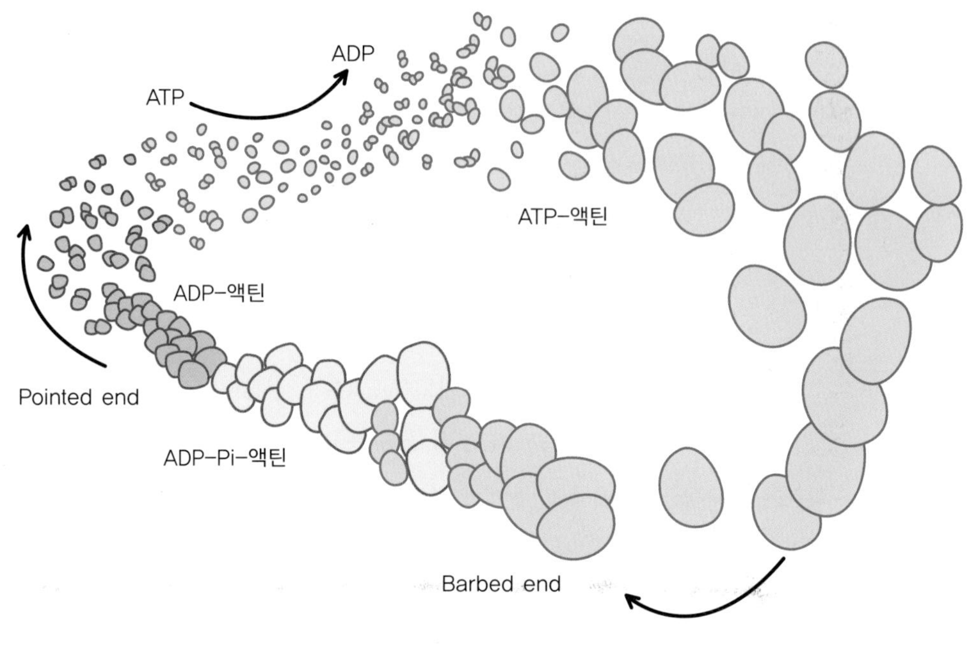

4-34
해마 신경성장원추 내부의 미세소관(흰색)과 액틴섬유(초록색)
(출전: Forscher, JCB 158: 139-152)

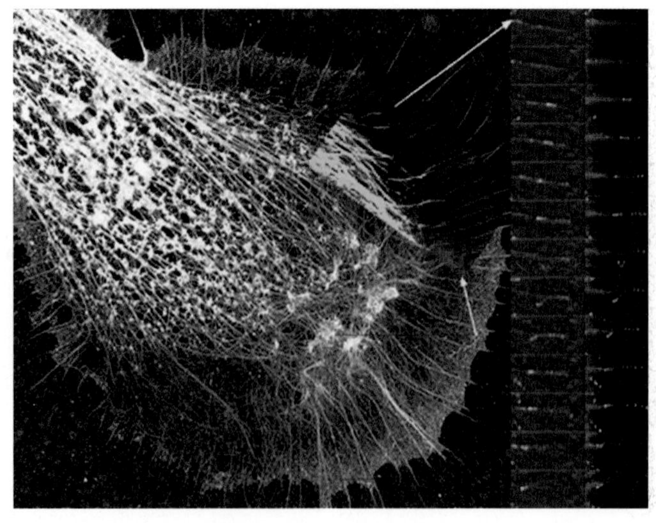

ATP 합성효소가 ADP에 인산기를 부착하여 만들지요. 미토콘드리아 내막에는 대략 3만 개 정도의 ATP 합성효소가 있으며, 어른인 경우 하루 동안 무려 50Kg 정도의 ATP 분자를 만들지요. 생성된 ATP는 생명 활동의 거의 대부분 과정에 사용되어 짧은 시간에 ADP로 분해됩니다. 분자 수준에서 본다면 생명 현상의 주인공은 DNA와 ATP 합성효소입니다.

세포 내에서는 매 순간 액틴 단백질 사슬이 형성되고 분해됩니다. ATP와 액틴이 결합한 ATP-액틴 상태에서는 단백질 사슬이 성장하지만 ATP-Pi-액틴 상태를 거

4-35
축삭돌기의 성장(위)과 성장원추(아래)

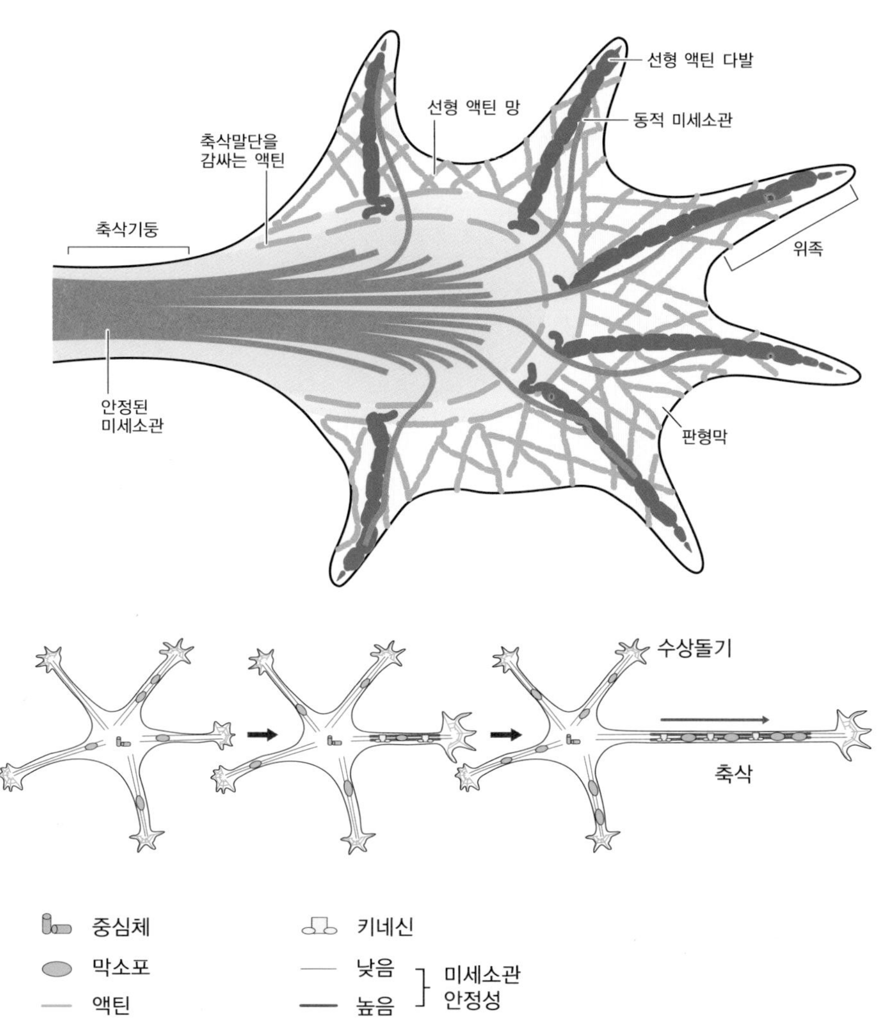

4-36
성장원추와 축삭의 성장 과정

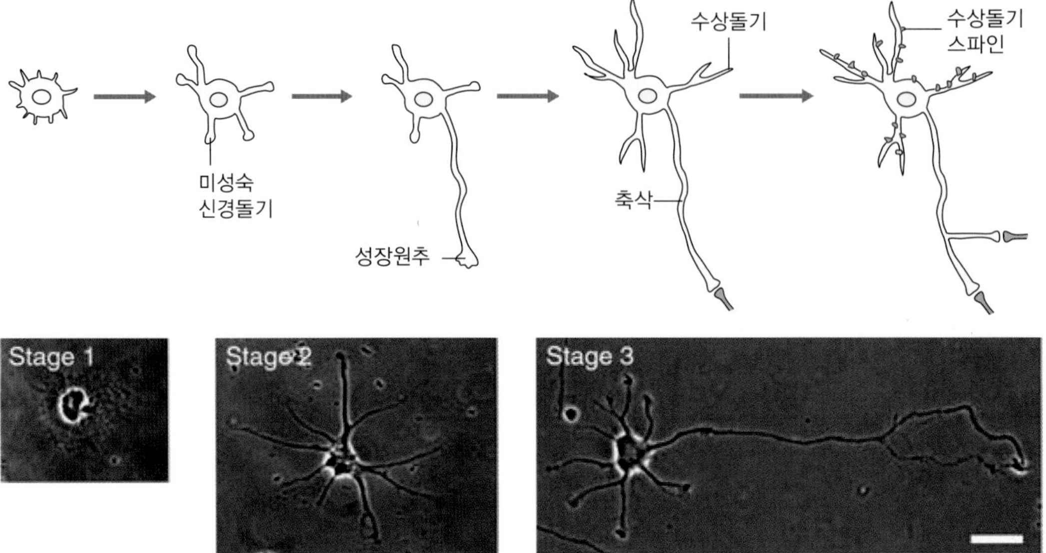

쳐 ADP-액틴 상태에서는 사슬이 분해되고 있지요. 이러한 액틴 단백질 사슬의 성장과 분해가 동시에 일어나서 사슬이 움직이게 됩니다. 신경세포에서 생성되는 수상돌기와 축삭에는 다양한 형태의 액틴 단백질 사슬이 존재합니다.

뉴런에는 신경돌기neurites라는 신경세포체에서 뻗어나온 가지가 있어요. 신경돌기는 축삭과 수상돌기로 구분되며, 신경돌기의 수에 따라 뉴런을 분류할 수 있습니다. 1개의 신경돌기를 가지면 단극성unipolar 뉴런, 2개를 가지면 양극성bipolar뉴런, 3개 이상의 신경돌기를 가지면 다극성multipolar 뉴런이라고 하죠. 뉴런은 모양으로도 분류하는데, 대뇌피질에서 성상세포(별세포)와 피라미드세포의 두 가지 형태가 많지요. 또 다른 형태상의 분류는 수상돌기에 있는 가시의 유무에 의한 것입니다. 가시가 있으면 '가시가 있는spiny' 수상돌기, 없으면 '가시가 없는aspinous' 수상돌기로 분류됩니다. 긴 축삭을 가진 일부 뉴런을 골지 제1형 뉴런Golgi type I neuron 혹은 투사신경원projection neuron이라고 합니다. 다른 뉴런들은 세포체 부위를 벗어나서 뻗지 않는 짧은 축삭을 가지며, 골지 제2형 뉴런Golgi type II neuron 혹은 국소 회로 신경원local circuit neuron이라고 합니다.

신경세포는 원형질막이 위족처럼 뻗어나가 성장원추가 되지요. 성장원추는 목

4-37
신경세포 성장원추

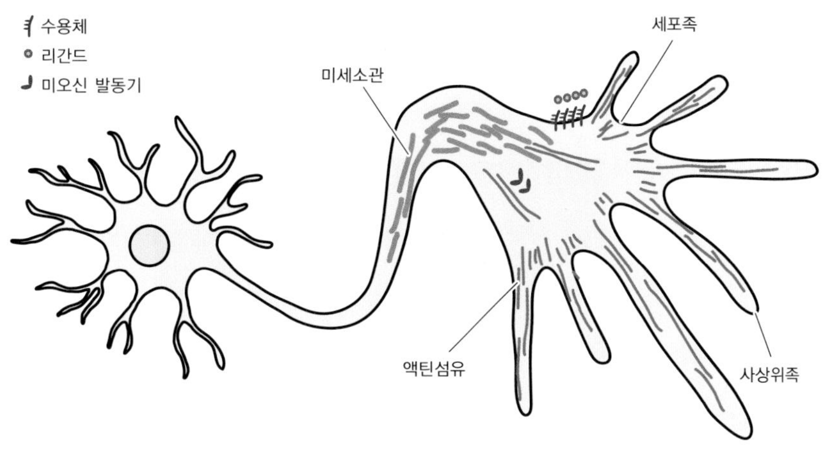

4-38
성장원추 위족의 자발적 회전과 성장원추의 방향전환

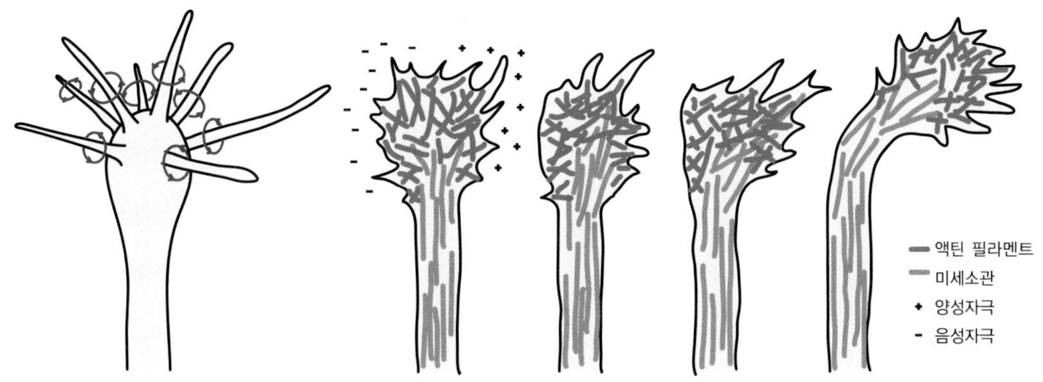

표세포에서 분비되는 화학물질에 나아가는 방향이 결정됩니다. 성장원추가 목표세포에 도달하면 성장원추는 축삭말단이 되어 그 세포에 시냅스를 형성하지요.

사상위족filopodia 속에서 액틴이 다량체로 결합되면서 사상위족이 촉수처럼 목표세포로 뻗어나가죠. 사상위족은 가는 실처럼 생긴 이동성 다리라는 뜻입니다. 상황이 달라지면 미오신단백질 모터에 의해 위족이 수축하기도 합니다. 그리고 위족은 회전을 하며 방향도 바꿉니다. 액틴섬유와 미세소관이 향하는 방향으로 성장원추가 계속적으로 방향을 전환합니다. 액틴 단백질 사슬의 분해와 결합으로 세포원형질막의 돌출 부위가 끊임없이 유동적으로 움직이지요. 결국 기억과 생각의 본질은 신경세포막의 동적 활동이지요. 그 움직임의 바탕에는 액틴 단백질 사슬의 결합

4-39
신경세포의 수상돌기에 농축된 필라멘트 액틴(F-actin)

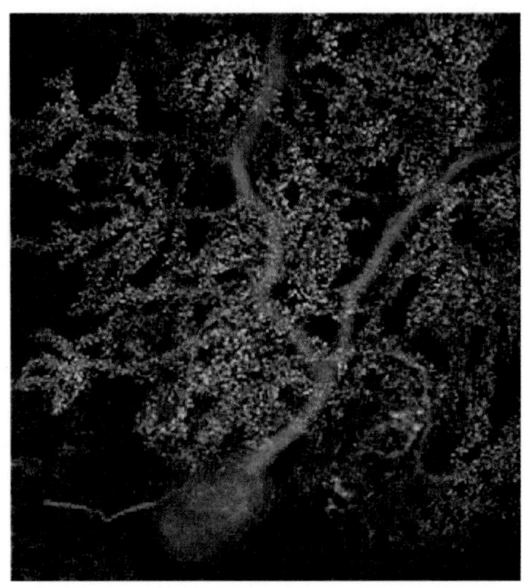

4-40
골격근의 구조

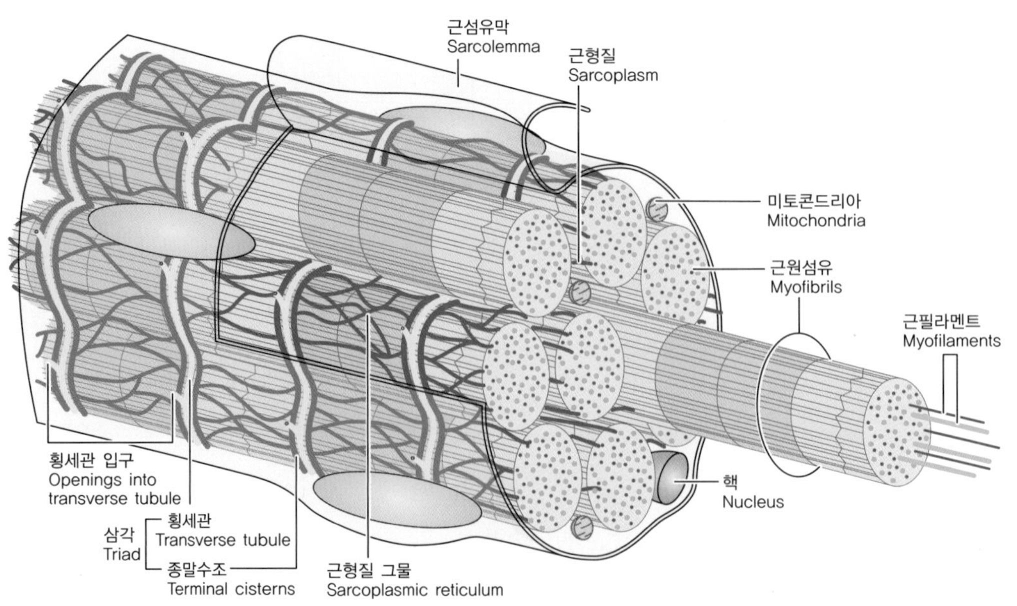

과 분해 그리고 ATP 분자에 의한 에너지 공급이 있지요. 액틴 단백질 사슬의 결합이 분해보다 활발하면 성장원추는 앞으로 진행하게 됩니다.

세포체 내에도 많은 액틴섬유가 존재하며 신경세포의 수상돌기에도 액틴섬유가 있지요. 액틴단백질의 결합과 분해가 세포의 동적변화를 일으킵니다. 액틴섬유는 신경세포 성장원추을 뻗어가게 하며 액틴과 미오신단백질의 협동 작업은 근육을 수축시키지요. 의도적 움직임이 인간 현상의 본질이라면, 움직임과 사고작용의 바탕에는 액틴과 미오신이란 단백질이 존재합니다. 근육운동을 공부하는 과정에서 사고작용을 만나지요. 근육의 움직임을 살펴봅시다.

근원섬유다발은 근세포형질세망arcoplasmic reticulum으로 싸여 있습니다. 근세포형질세망은 소포체가 그물과 같은 형태로 배열된 것으로, 거기에 칼슘이 들어 있

4-41
액틴과 미오신섬유 다발 수축에 의한 내장근육의 움직임

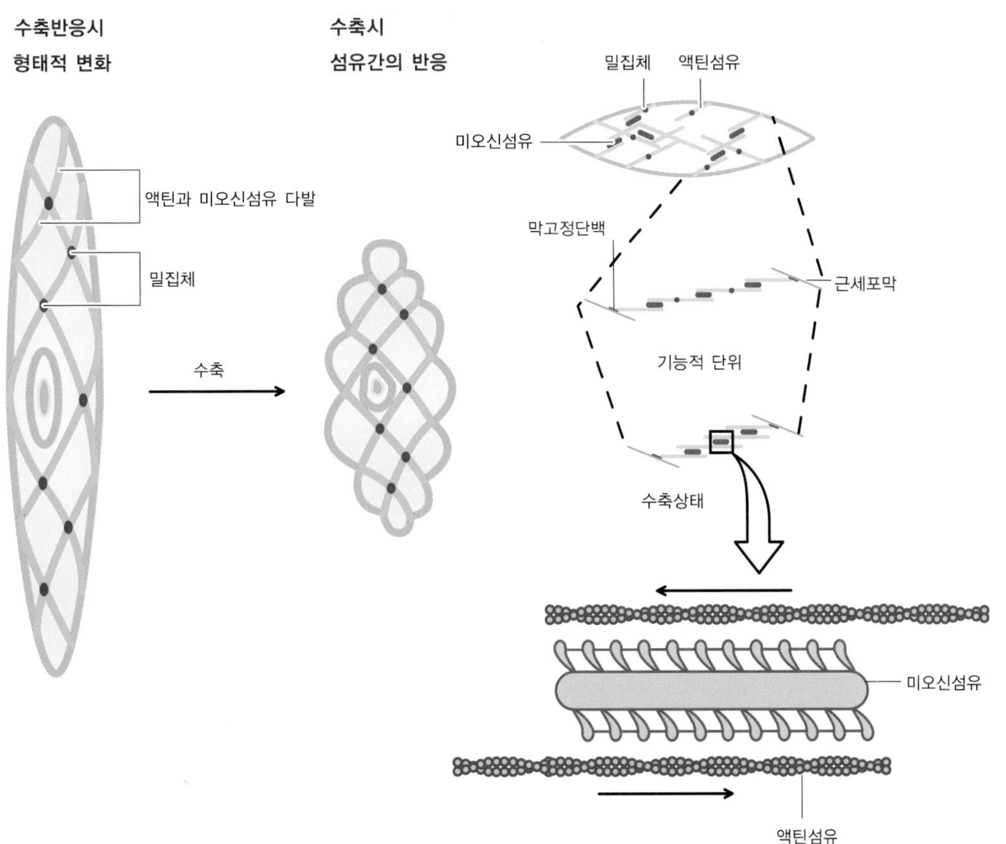

죠. 이 칼슘은 근세포형질세망과 연결된 도랑처럼 생긴 통로, 즉 T형관T tubule(횡세관)을 따라 이동합니다.

이렇게 액틴섬유와 미오신섬유가 모이고 근세포형질세망으로 싸여 근원섬유를 이루고, 근원섬유들이 모여 근원섬유다발을 만들지요. 그리고 근원섬유다발들이 모여서 근형질막으로 싸여 근섬유가 만들어집니다. 근섬유는 모여서 다발을 이루고, 근섬유다발들이 근주막perimysium(근육다발막)으로 싸여 근육이 되며, 근육이 모여 근육다발을 이루고, 근육다발들이 근상막epimysium(근육바깥막)으로 싸여 골격근이 만들어집니다. 굵은 케이블 안에 가는 케이블들이 들어 있고, 가는 케이블 안에 더 가는 케이블들이 들어 있으며, 더 가는 케이블 안에 더욱더 가는 케이블들이 채워진 구조이지요. 이렇게 만들어진 골격근은 근섬유다발 주위를 지나는 모세혈관을 통해 산소와 포도당을 공급받아요. 그런데 골격근이 뭐죠? 뼈대에 붙어 있는 근육입니다. 골격근은 섬유결합조직인 건tendon(힘줄)에 의해 뼈와 연결되어 있지요. 골격근 구조에서 근섬유막 내에는 다수의 핵(푸른 타원)이 존재합니다. 근육세포는 다핵세포이고 세포 골격에 해당하는 액틴과 미오신단백질이 가지런히 배열되어 있지요. 세포는 놀라운 변형 능력을 가지고 있어 감각세포는 빛과 소리를 포획하고, 근육세포는 근원섬유의 수축으로 움직임을 만들지요. 액틴과 미오신사슬의 배열형태에 따라 심장근, 내장근, 그리고 골격근의 고유한 운동이 생기지요.

03 근육 구성 단백질섬유의 대이동

그렇다면 골격근은 어떻게 움직이는 걸까요? 그 답은 아세틸콜린과 칼슘, 액틴섬유와 미오신섬유의 상호작용에 있습니다. 대뇌 피질에서 출력된 운동명령은 운동신경로를 통해 척수전각의 하위운동신경원으로 전달됩니다. 운동신호를 받은 하위운동신경원은 신경-근 연접 부위에 아세틸콜린을 분비하죠. 아세틸콜린은 아세트산과 콜린이라는 두 분자가 결합된 신경전달물질입니다. 이 아세틸콜린은 근육 수축에 영향을 줄 뿐만 아니라 의식, 기억과도 매우 관계가 깊습니다. 아세틸콜린은 약자로 ACh라고 표시하죠. 영장류의 뇌 안에는 아세틸콜린을 함유한 세포군이 여섯 군데 있습니다. 이 세포군들을 Ch1에서부터 Ch6까지로 구분하는데 Ch1~Ch3는 대뇌기저부의 중격핵, Ch4는 대뇌기저부의 마이네르트기저핵에 위치해요. Ch5는 대뇌각교뇌핵, Ch6는 교뇌의 중심 회색질에 있는 아세틸콜린 분비 신경세포핵입니다.

중추신경계와 말초신경계 모두에서 아세틸콜린은 중요하지요. 중추신경계의 골격근을 움직이는 체성신경은 효과기인 골격근에 아세틸콜린을 분비합니다. 자율신경계의 부교감신경은 신경절과 효과기 모두에서 아세틸콜린을 분비하지요. 그리고 교감신경은 신경절인 부신수질에서도 아세틸콜린을 분비하며, 효과기에서는 혈류

4-42
중추신경계와 말초신경계의 아세틸콜린

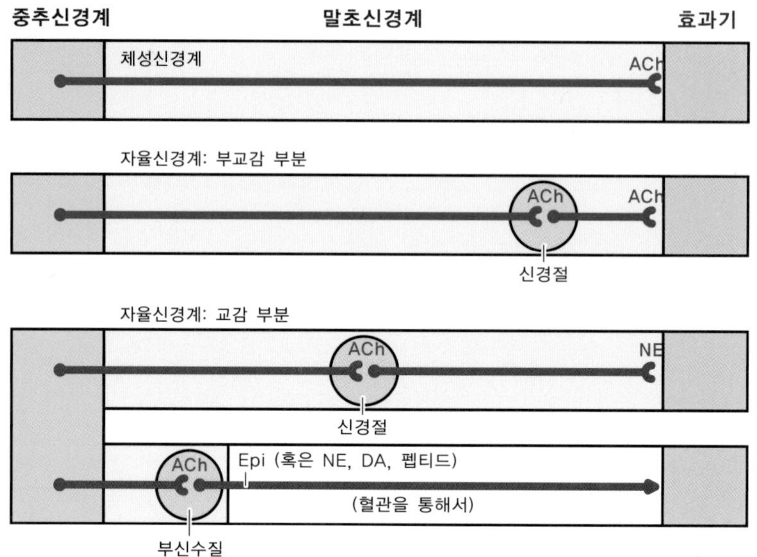

를 통해 노르아드레날린과 아드레날린을 분비합니다.

그런데 아세틸콜린은 어떻게 분비될까요? 운동신경원이 전기적 신경신호를 받으면 운동신경원의 세포체에 있는 아세틸콜린을 함유한 소낭vesicle이 신경축삭 안의 미세소관microtubule을 타고 시냅스말단으로 이동하죠. 축삭을 따라 전도되는 활성전위에 의해 원형질막 안으로 칼슘이온이 유입되어 아세틸콜린이 담긴 소낭을 시냅스막 가까이로 밀어냅니다. 시냅스말단으로 이동한 소낭은 막과 접촉하죠. 접촉 순간 시냅스전막이 소낭의 막과 접촉하는 그 접점에서 융합하여 소낭의 막이 열리게 되지요. 그 결과 소낭 안에 있던 아세틸콜린이 시냅스막 밖으로 나가 시냅스간극으로 분비되죠. 소낭 하나에 아세틸콜린 분자가 1만 개쯤 들어 있는데, 분출될 때마다 소낭이 100개 정도 작용하지요.

세포 내에서 물질들은 이런 방법으로 세포 안 또는 바깥을 향해 이동합니다. 음식을 섭취하기 전에는 위벽 점막에서 단백질 분해효소인 펩신이 만들어져 나옵니다. 펩신이 만들어지면 위 안으로 분비해야 하지요. 그러려면 펩신을 담은 소낭이 세포막과 융합하여 그 내용물이 분비되지요. 세포가 자극에 반응하여 운반단백질

4-43

신경-근육 연접

활성전위가 운동뉴런의 축삭말단에 도착 → 전압개폐성 칼슘이온 채널이 열리고 칼슘이온이 유입됨 → 칼슘이온에 신경전달물질을 담은 소낭을 세포외 시냅스 간격으로 분비를 유도함 → 분비된 아세틸콜린이 이온채널에 부착되어 나트륨이온을 유입하고 칼륨이온을 세포 밖으로 유출함 → 아세틸콜린이 분해되어 시냅스후막 이온채널이 닫힘

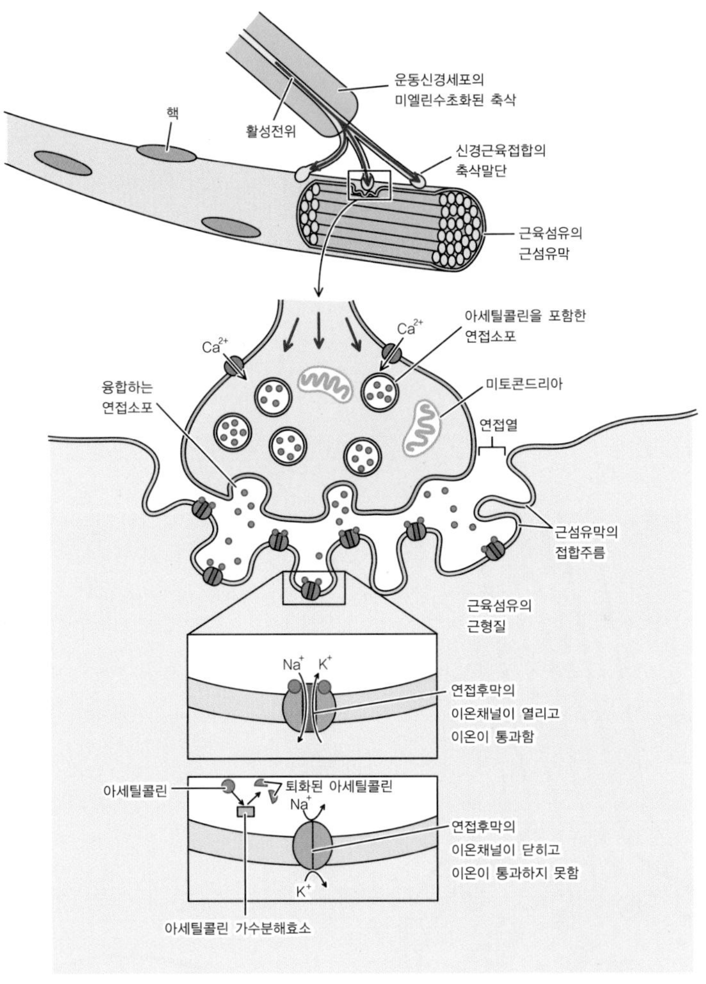

들이 인산화되면서 활동하기 시작하고요. 소화효소와 신경전달물질들은 소낭으로 패키지되어서 미세소관을 타고 막 쪽으로 이동합니다. 소낭이 막에 도착하면 시냅스후막과 결합하여 인지질이중막이 하나로 통합됩니다. 그 결과 소낭 속의 단백질 분해효소가 세포 사이의 공간으로 쏟아져 나오게 되지요. 신경세포인 경우는 시냅스 간격으로 분비되지요.

하위운동신경원에서 분비된 아세틸콜린은 근섬유를 싸고 있는 근형질막의 아세틸콜린 수용체와 결합합니다. 근형질막도 다른 세포들처럼 인지질 두 층으로 되어 있습니다. 세포의 안과 밖을 구분하는 원형질막은 인지질이중막으로 구성되지요. 이 인지질막을 구성하는 두 층은 물과 친한 머리 부분은 물이 대부분인 세포 내부 및 세포 외부와 접촉하며, 물에 친화성이 없는 소수성 꼬리는 꼬리끼리 마주해서 물이 없는 내부 영역을 만들지요. 이 두 인지질 층에 수용체, 이온채널 같은 세포막 단백질과 당단백질 분자, 콜레스테롤, 그리고 탄수화물 사슬이 박혀 있죠.

시냅스 공간에서 아세틸콜린은 아세틸콜린 가수분해효소 작용에 의해 아세트산과 콜린으로 분해됩니다. 콜린과 아세트산은 축삭말단의 시냅스전막을 통하여 재흡수되죠. 재흡수된 아세트산은 미토콘드리아에 흡수되어 아세틸조효소 A로 바뀝

4-44
시냅스의 입체 구조

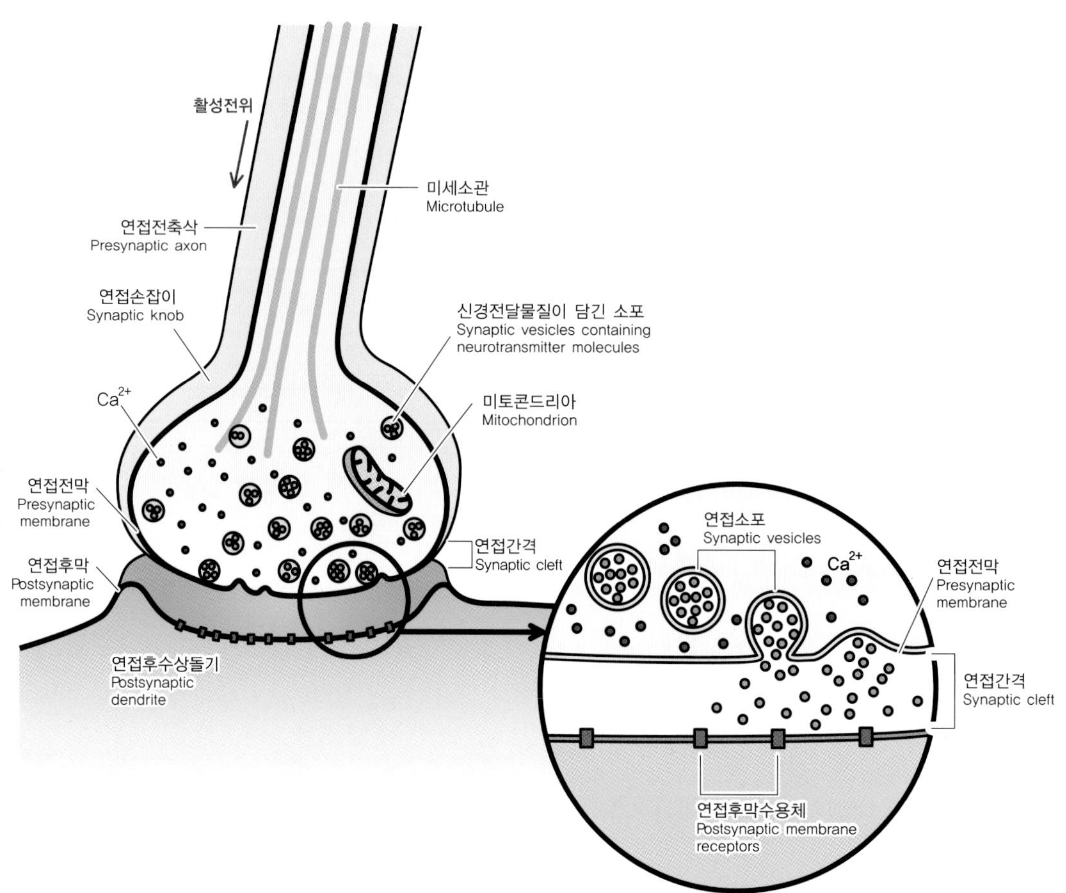

4-45
아세틸콜린 생성과 분해

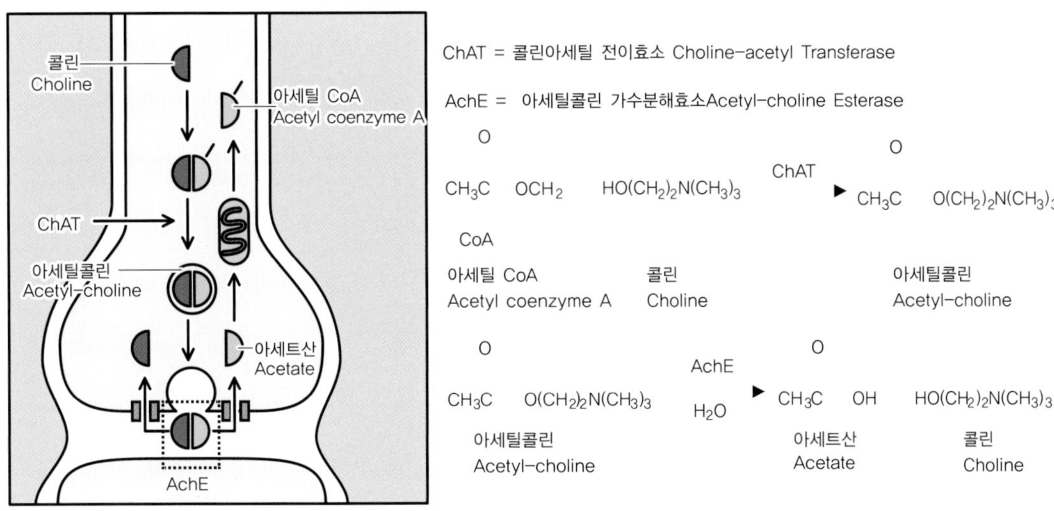

니다. 콜린아세틸전이효소의 작용으로 아세틸조효소 A는 아세트산으로 변환된 후 콜린과 결합하여 소낭에 패키징됩니다. 소낭은 다시 축삭말단의 원형질막과 융착하여 아세틸콜린을 시냅스공간으로 분비합니다. 강력한 가수분해를 일으키는 아세틸콜린 가수분해효소의 작용으로 시냅스공간으로 분비된 후에 아세틸콜린의 농도는 급격히 감소합니다. 유기인산화합물은 아세틸콜린 가수분해효소를 억제시킴으로써 아세틸콜린을 시냅스공간에 축적시킵니다. 그래서 시냅스후막의 탈분극을 증가시켜 아세틸콜린이 방출된 후에도 아무런 반응을 하지 않아서 신경근육이 마비됩니다. 이런 방식으로 유기인산화합물들은 곤충의 살충제로 사용되죠.

아세틸콜린이 근형질막의 아세틸콜린 수용체와 결합하면 이온채널ion channel이 열립니다. 이온채널은 특정 이온이 세포막 안팎으로 이동할 수 있도록 통로 역할을 하는 단백질이죠. 이온채널이 열리면 그 통로를 통해 근형질막 밖에 있던 나트륨이온(Na^+)이 근형질막 안쪽으로 쏟아져 들어갑니다. 그러면 근형질막에서는 -70mV 정도로 안정전위가 유지되고 있다가 갑자기 -50mV 정도로 세포막전위가 상승하면서 활동전위로 바뀝니다. 세포막 안팎의 전위차로 인해 칼륨이온(K^+)은 세포막 바깥으로 나가고, 다시 안정전위로 바뀝니다. 나트륨이온의 유입과 칼륨이온의 유출

4-46
근육형질세망에서 분출된 칼슘 이온 작용(위)과 근육 수축 과정(아래)
(출전: 《생리학》, Dee Unglaub Silverthorn)

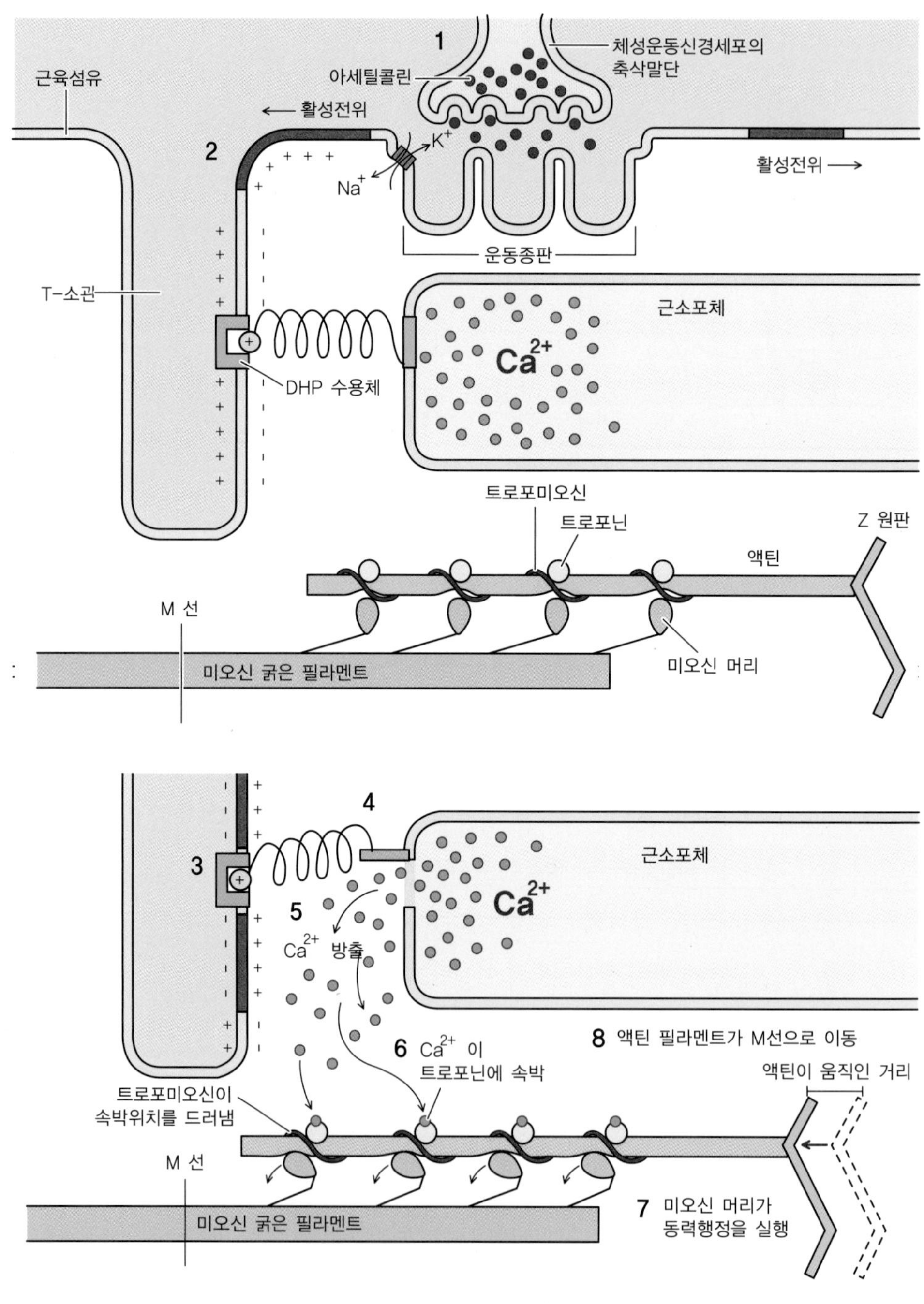

로 형성된 활성전위 펄스의 흐름은 T형관에 있는 DHP 수용체로도 이어지죠. T형관은 근원섬유를 싸고 있는 근세포형질세망과 연결되어 있어요. 그 결과 자극을 받은 DHP 수용체의 통로가 열리면서 근세포형질세망의 판막이 열리고 근세포형질세망 안에 있던 칼슘 이온(Ca^{2+})이 근육세포 내의 근원섬유 쪽으로 확 분출됩니다.

근원섬유는 미오신섬유와 액틴섬유로 형성되며 미오신섬유는 머리와 꼬리로 이루어진 미오신분자가 실 다발처럼 꼬여서 만들어지죠. 액틴섬유는 두 가닥의 액틴 사슬이 나선 형태로 감겨 있습니다. 거기에 두 가닥의 트로포미오신tropomyosin이 꼬여 있어요. 트로포미오신에는 트로포닌troponin이 붙어 있는데, 액틴섬유의 활성 부위를 막는 역할을 합니다. 이 트로포닌에 근세포형질세망에서 분출된 칼슘이온이 결합해요. 그러면 트로포미오신이 회전하고, 트로포미오신의 위치가 바뀌면서 미오신 머리가 결합할 수 있는 활성 부위가 노출되죠. 활성 부위가 드러나면 액틴섬유와 약한 결합으로 살짝 붙어 있던 미오신 머리가 이 부위로 가서 강한 결합을 합니다. 강한 결합으로 미오신의 머리가 꺾이면서 액틴섬유가 한 단계 움직여가죠. 이 과정이 반복되면서 10억 분의 몇 미터를 당기며 움직입니다. 근섬유의 수축 작용은 이렇게 일어나는 겁니다.

이 과정에서 아데노신삼인산Adenosine triphosphate(ATP)이 작용합니다. ATP가 아데노신이인산 adenosine diphosphate(ADP)과 무기인산기inorganic phosphate(Pi)로 분해되어 미오신 머리에 붙어 있다가 미오신 머리가 액틴섬유의 활성 부위에 결합할 때

4-47
액틴사슬과 미오신 복합체의 결합과 분리에 의한 근육 운동

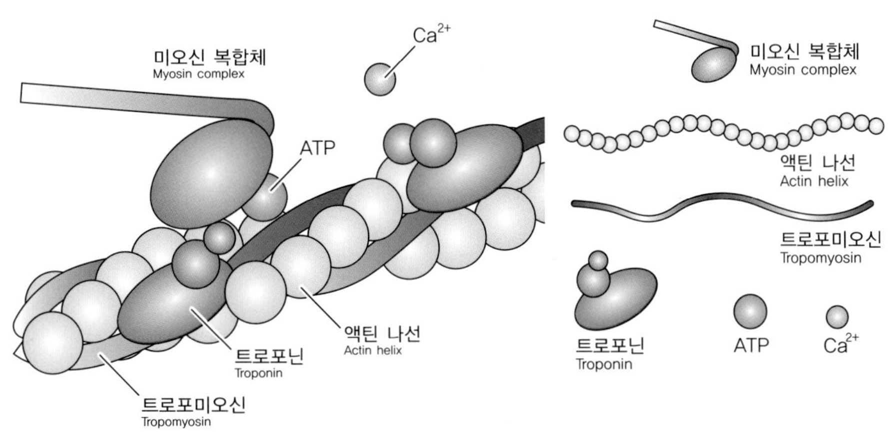

에너지를 방출하면서 떨어져 나가죠. 이때 생기는 에너지로 미오신 머리가 액틴섬유에서 떨어지면서 미오신의 머리가 제자리로 돌아갑니다. 그러고 나서 미오신 머리의 ATP 결합 부위가 노출되고 다시 ATP가 미오신 머리에 붙습니다. 조정 선수들이 노를 젓는 모습과 같죠. 미오신의 머리가 액틴섬유와 결합하면 액틴섬유를 따라 앞으로 이동하면서 근육이 수축되고 떨어지면 수축이 중지됩니다. 다시 결합하면 액틴섬유를 따라 앞으로 이동하면서 근육이 수축되고 떨어지면 수축이 중지되죠. 근육을 움직이는 일이 분자 수준에서는 이렇게 일어나고 있습니다. 수많은 미오신의 머리가 동시에 그리고 연달아 앞으로 움직였다가 멈췄다가 앞으로 움직였다가 멈췄다 하는 모습을 상상해보세요. 이런 과정을 상세히 이해하는 것이 중요합니다. 뇌가 하는 가장 중요한 역할은 몸 운동을 만드는 것이지요. 걷고, 말하고, 소화하는 인간의 모든 행동은 결국 근육의 운동에서 생긴 것이지요. 감정도 운동이지요. 'emotion(감정)'도 얼굴근육의 밖으로 표현된 움직임(out motion)입니다.

근육을 움직이는 데는 칼슘이 결정적인 역할을 합니다. 움직일 필요가 없을 때는 분출된 칼슘을 근세포형질세망으로 다시 회수해야 하죠. 회수되지 않으면 위험한 상황이 벌어집니다. 세포질에는 인산(H_3PO_4)이 많습니다. 그런데 칼슘이 있으면 H_3가 분리되고 그 자리에 칼슘이온이 결합하여 인산칼슘($Ca_3(PO_4)_2$)이 됩니다. 인산칼슘은 뼈의 주성분입니다. 그러니까 세포 속에 뼈가 생기는 겁니다. 세포 속이 고형화되어 뻣뻣해지면 생화학 작용이 중단되죠. 생명 현상이 더 이상 일어나지 않아요. 그래서 근수축을 일으킨 다음 재빨리 칼슘을 근세포형질세망으로 회수해서 가둬놓아야 합니다.

생명 현상을 유지하려면 세포 속은 고체가 아니라 액체 상태여야 합니다. 물이 대부분인 액체 상태에서는 물 분자가 H^+와 OH^-로 분리되어 주변의 다른 분자들과 활발한 전자기 상호작용을 하지요. 때문에 세포 속에서는 많은 원자들이 전기를 띨 수 있는 이온 형태를 유지합니다. 자연에는 빅뱅 초기에 자발적 대칭성 붕괴로 분리된 네 가지 힘이 존재합니다. 중력, 강한상호작용, 약한상호작용, 그리고 전자기 상호작용이 우주에 존재하는 힘이지요. 결국 생명 현상은 자연의 네 가지 힘 중 '전자기 상호작용'의 구체적 사례라고 할 수 있지요.

04 운동이라는 조화로운 세계

우리의 일상을 떠올려보세요. 몸의 움직임이 얼마나 많습니까? 얼굴과 몸통, 어깨와 팔꿈치, 무릎과 골반, 손목과 발목, 손가락과 발가락처럼 머리부터 발끝까지 중추신경계와 연결된 모든 골격의 근육을 사용하여 다양하게 움직입니다. 얼굴의 근육으로 표정을 짓고, 몸통의 근육으로 자세를 유지하고, 관절로 연결된 근육으로 걷거나 뛰거나 앉거나 서거나 눕거나 물건을 들거나 옮기거나 하면서 몸을 자유자재로 움직입니다. 손가락의 근육으로는 뭔가를 만들거나 조작하거나 악기를 연주하는 등 매우 섬세한 일을 하죠. 그런데 이 모든 동작은 상위운동신경원과 하위운동신경원, 근섬유가 서로 연결된 상태로 호흡을 맞춰 동작해야 가능합니다.

근위축성 축삭경화증amyotrophic lateral sclerosis(ALS)이라는 퇴행성 근육질환이 있습니다. 루게릭병Lou Gehrig's disease으로 더 많이 알려져 있죠. 이 병에 걸리면 알파운동뉴런이 손상되며, 알파운동뉴런과 연결된 상위운동신경원까지 영향을 받습니다. 처음에는 몸통과 팔다리 근육의 힘이 점점 약해져서 근육이 쉽게 피로하고 잘 움직이지 못해요. 나중에는 목과 혀, 호흡작용에 관여하는 근육까지 약해져서 말하는 데 어려움을 겪고 음식물을 삼키고 숨 쉬는 일까지 힘들어집니다.

근형질막에 있는 아세틸콜린 수용체에 이상이 생겨도 근육운동이 원활하게 일

4-48
하행운동신경로와 하위운동신경의 연결

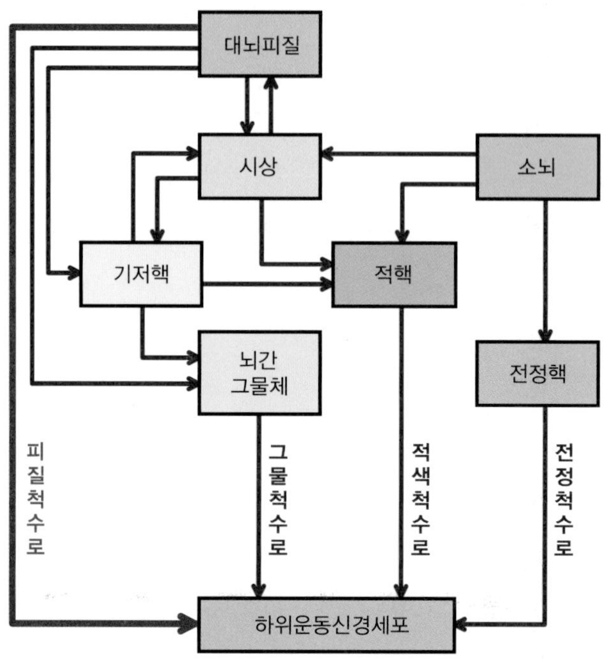

어나지 않습니다. 근 수축이 잘 이루어지지 않기 때문이죠. 중증근육무력증이 그런 질환의 대표적인 예입니다. 아세틸콜린이 많이 분비되어도 수용체에 이상이 있으니 신경자극이 잘 전달되지 않지요. 그래서 근육이 쇠약해지고 쉽게 피로감을 느낍니다. 이 질환은 얼굴, 특히 눈 주위에서 주로 발생하며, 호흡과 관련된 근육에 발병하면 호흡이 멈춰 생명이 위험해지죠.

흔한 근육성 질환이 마비입니다. 마비는 우리 몸 전체에서 광범위하게 일어나죠. 이 질환은 앞의 두 질환과는 달리 대뇌피질의 운동영역이나 척수에 문제가 생겨 발생합니다. 척수에서도 어느 분절이 손상되었느냐에 따라 마비 부위가 달라지죠. C1과 C2, 즉 경수의 윗부분이 잘못되면 생명이 위험해집니다. C4~C7, 즉 경수의 아랫부분이 잘못되면 몸통과 팔다리에서 마비가 일어납니다. 머리 아래로는 움직일 수가 없죠. 흉수, 요수, 천수 쪽에 문제가 생기면 하반신이 마비됩니다.

이처럼 상위운동뉴런, 하위운동뉴런, 근섬유 가운데 어느 하나라도 문제가 생기면 그 결과가 곧바로 몸으로 나타납니다. 움직임이 약해지며 조금만 움직여도 힘들어서 운동이 불가능해집니다. 동물의 생사 여부도 우리는 움직임으로 판단하지요. 움직이면 살아 있고 움직일 수 없으면 생명 현상이 종료된 것이죠.

중추신경계의 하향운동성분은 계층적 구조로 되어 있지요. 대뇌운동피질은 계획, 운동 개시, 지향, 수의적 움직임을 형성하고 뇌간은 자세 제어를 합니다. 기저핵은 운동 시작과 운동 종료, 소뇌는 감각-운동의 조정 작업에 관여하지요. 척수와 뇌간의 신경회로는 반사조절, 하위운동신경세포는 골격근을 움직입니다.

다세포 동물의 진화는 운동성의 진화라고 할 수 있습니다. 상위운동피질과 대뇌 기저핵, 시상, 소뇌, 뇌간, 그리고 척수에 이르는 운동 시스템은 척추동물이 5억 년 간 진화한 과정의 산물이죠. 동물의 환경 적응도는 숙달된 개별 운동의 숫자에 비례합니다. 운동은 상위운동뉴런과 하위운동뉴런, 근섬유의 정교하고 조화로운 작용의 결과이며 환경에 적응하면서 생긴 진화의 산물입니다. 인간은 4년마다 한 번씩 올림픽을 열어 숙달된 새로운 운동 기술을 경쟁하죠. 물고기는 헤엄치고, 새는 날고, 인간은 달립니다. 걷고 달리는 운동으로 인간은 이동을 할 수 있게 되었고, 생존 영역을 확장했죠.

4-49
골격근 조절 관련 신경시스템

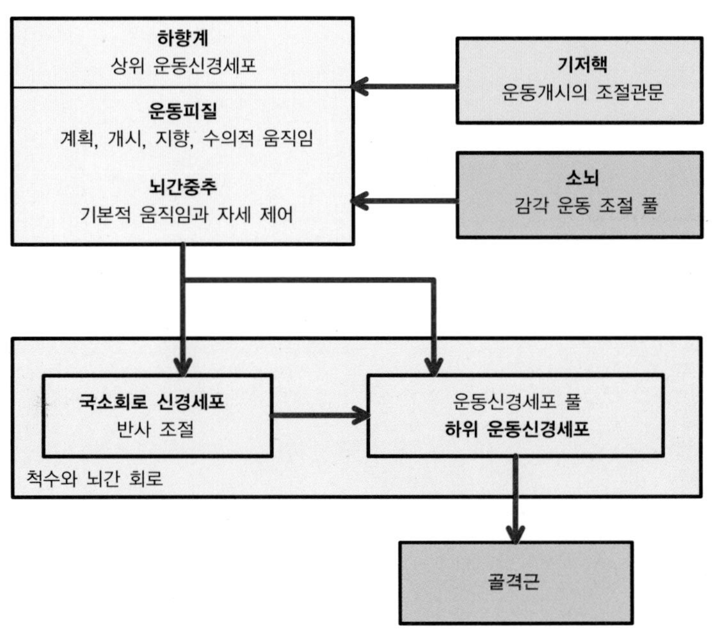

5장

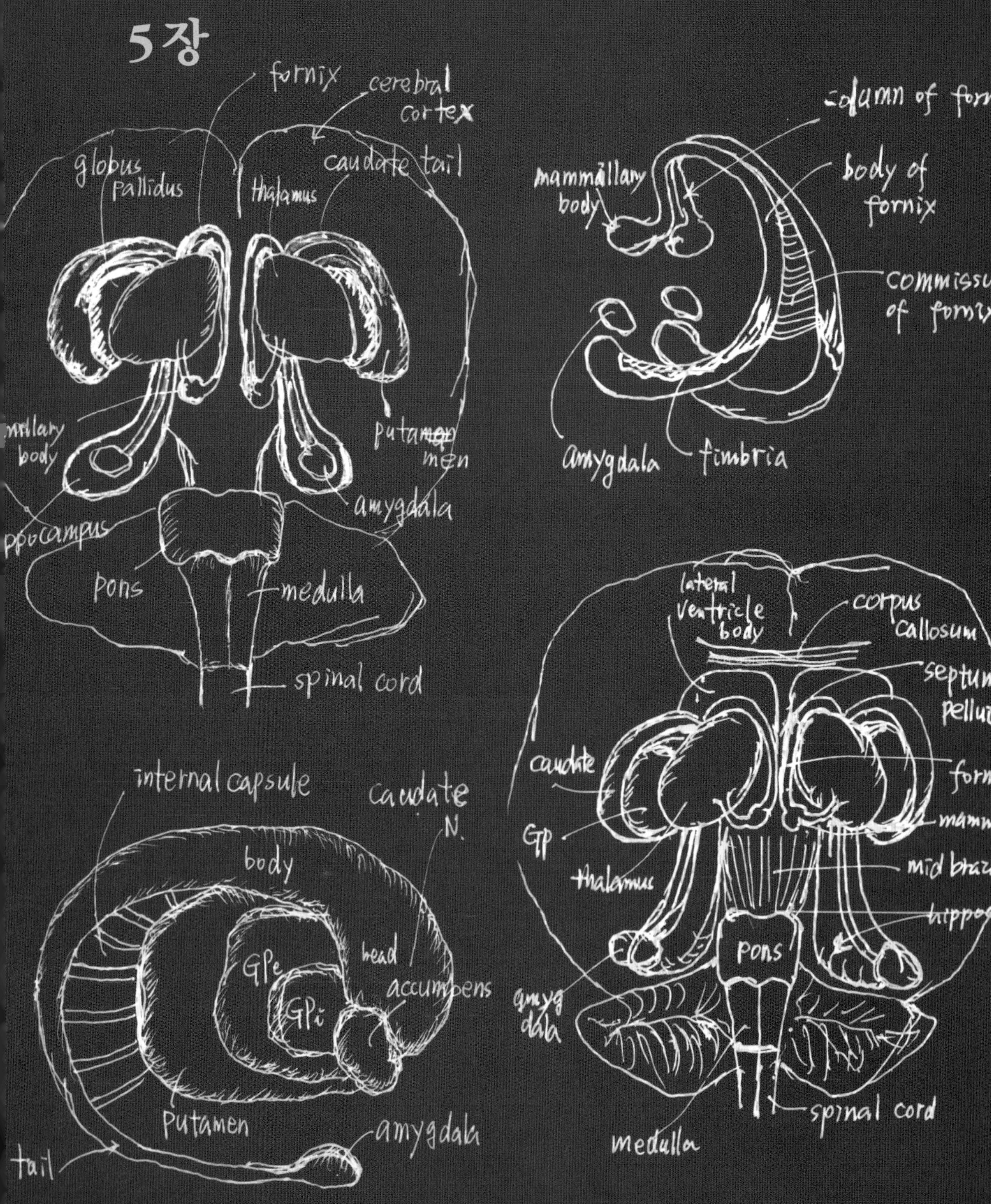

fornix
cerebral cortex
globus pallidus
thalamus
caudate tail
putamen
mmillary body
ppocampus
amygdala
pons
medulla
spinal cord
column of forn
mammillary body
body of fornix
commissu of fornix
amygdala
fimbria
internal capsule
caudate N.
body
head
GPe
GPi
accumbens
putamen
amygdala
tail
lateral ventricle body
corpus callosum
septum pelluc
caudate
forn
mamm
GP
thalamus
mid brai
hippoc
pons
amyg dala
spinal cord
medulla

작은 움직임조차 단순하지 않다

— 대뇌기저핵과 수의운동의 회로

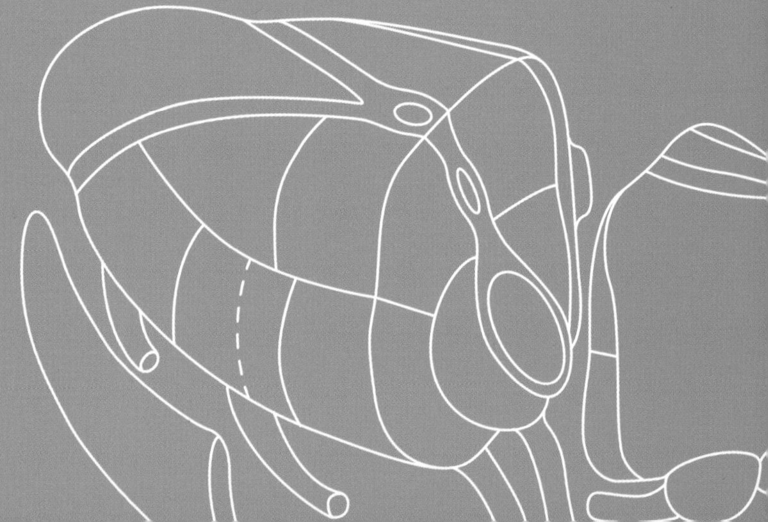

01 수의운동을 조절하는 대뇌기저핵

우리의 몸동작은 무의식적으로 자연스럽게 이루어집니다. 그러나 인간이 유연하고 신속하게 손발 운동을 할 수 있게 된 것은 척추동물의 뇌 속 운동신경시스템이 기나긴 세월을 거쳐 진화한 결과입니다. 동물의 진화는 움직임을 통해 자연환경의 변화에 적응하는 과정에서 이루어졌습니다. 원하는 방식으로 정확하게 운동하려면 몸의 균형을 조절해야 하고, 움직임을 계획해야 하며, 목표물에 주의를 집중해야 하죠. 몸동작에는 항상 목적성이 잠재되어 있습니다. 목적 없는 움직임은 생명 없는 물체의 물리적 움직임일 뿐이죠. 인간의 행동은 의도를 가집니다. 목적성을 획득한 움직임이 바로 행동입니다. 인간만이 미래의 목표를 향한 행동을 할 수 있습니다.

운동학습과 운동조절에 관여하는 뇌 영역은 대뇌운동피질, 소뇌 그리고 대뇌기저핵basal ganglia(대뇌바닥핵)입니다. 대뇌기저핵은 전두엽, 보완운동영역, 시상과 서로 연결되어 운동의 인지, 학습, 정서 그리고 주의집중 과정을 만들어 냅니다. 눈과 입술 그리고 손가락의 정교하고 신속한 움직임은 다른 동물과 구별되는 인간종의 특징이며, 인간이 사회와 문화를 만든 원동력이죠.

대뇌기저핵을 기준으로 대뇌를 수평으로 자른 단면을 보면, 대뇌기저핵이 가운

5-1
대뇌기저핵의 구조

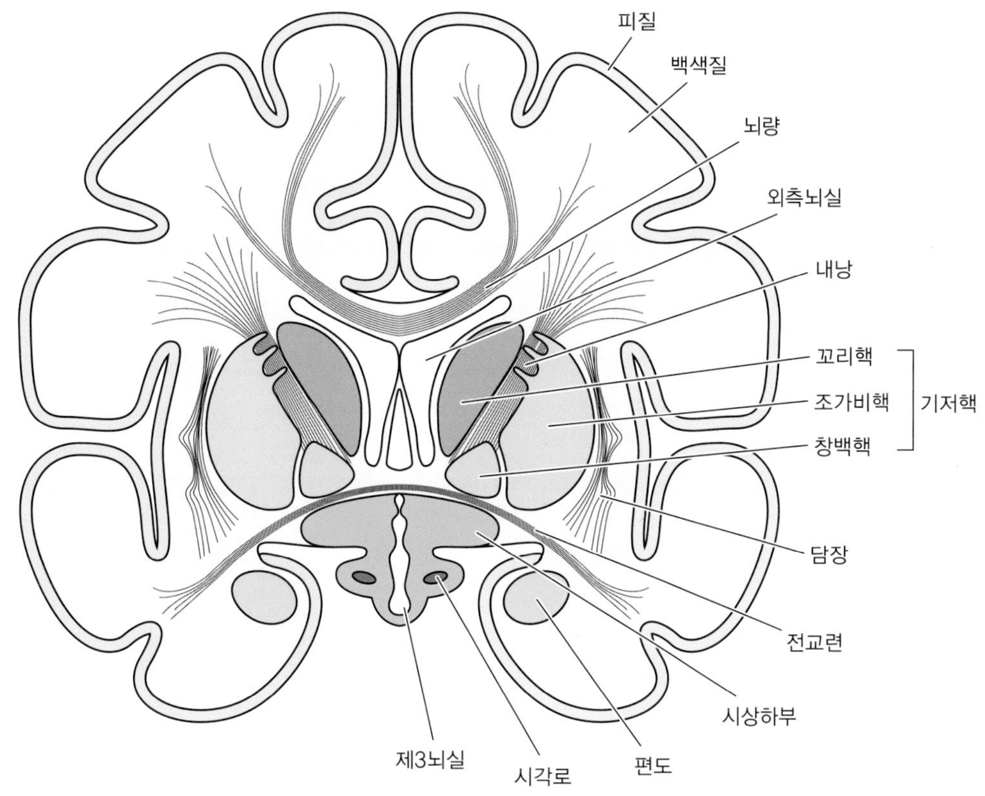

데 큰 영역을 차지하고 있죠. 대뇌의 가운데 뇌량 아래에는 뇌척수액이 흐르는 외측뇌실이 있고, 그 외측뇌실에서도 전각anterior horn(앞뿔) 부분이 중심을 차지하고 있습니다. 외측뇌실은 중심부가 있고 중심부에서 전두엽 쪽으로 전각, 측두엽 쪽으로 하각inferior horn(아래뿔), 후두엽 쪽으로 후각posterior horn이 뿔처럼 나와 있습니다.

대뇌기저핵과 내낭internal capsule의 발생 과정을 살펴보는 것은 뇌 구조를 이해하는 데 도움이 되지요. 시상과 시상하부를 통과하는 절단면은 대뇌피질과 간뇌가 분리된 구조임을 보여줍니다. 외측뇌실 아래쪽의 세포들이 선조체로 분화됩니다. 발생 과정이 진행되면서 간뇌에서 뻗어 나오는 축삭다발이 내낭을 형성하지요. 내낭의 축삭다발이 선조체를 관통하면서 조가비핵과 꼬리핵을 분리합니다. 발생 과정에 간뇌와 확장된 대뇌가 융합합니다. 5-2를 보면 융합경계를 내낭이 통과하지요. 꼬리핵은 꼬리핵머리에서 꼬리핵꼬리까지 반원형의 굽어진 원통형 구조이지요.

5-2
대뇌기저핵과 내낭의 발생 과정

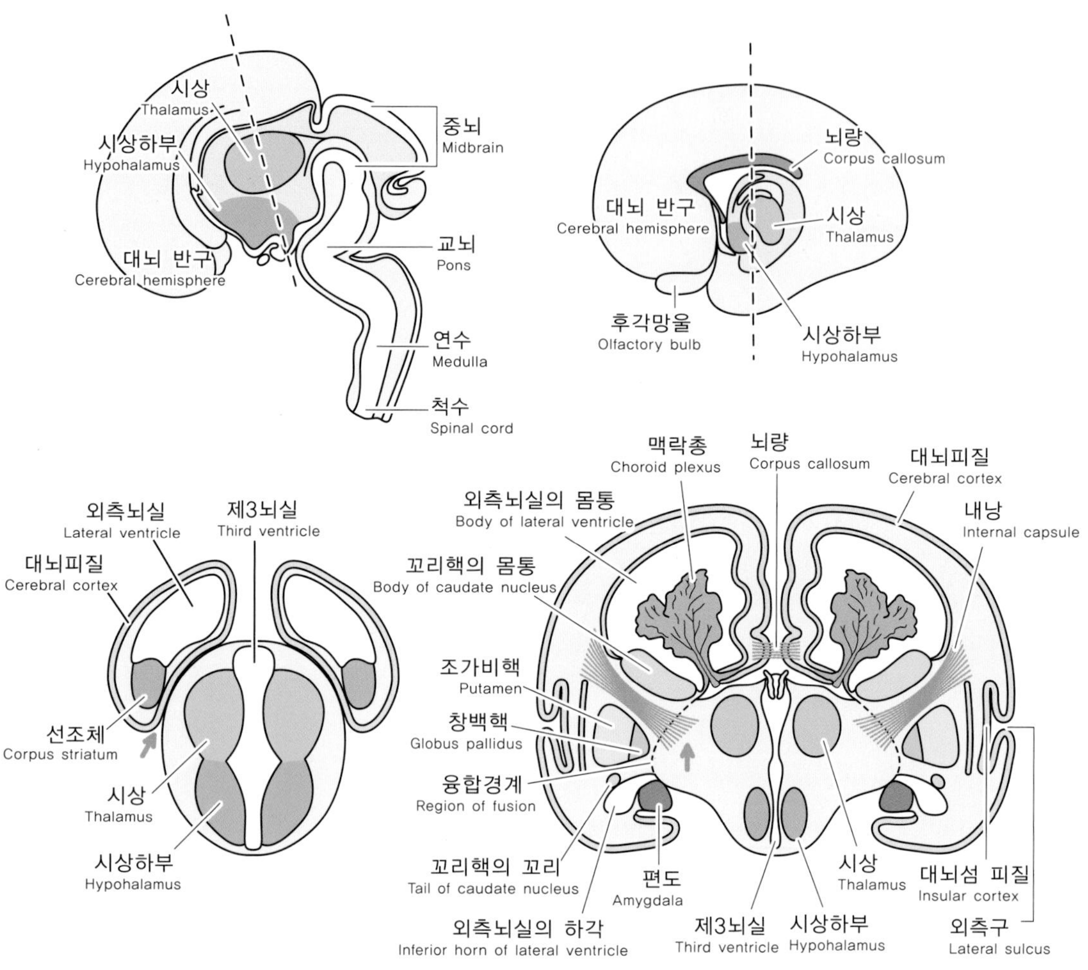

대뇌기저핵은 꼬리핵, 조가비핵 그리고 창백핵으로 구성되는데, 내낭의 신경섬유다발이 꼬리핵과 조가비핵 사이를 통과하면서 원래 동일한 기원의 신경세포가 두 그룹으로 분리되었습니다. 내낭 전지fore limb of internal capsule를 구성하는 섬유다발이 조가비핵과 꼬리핵 사이에 나타나 있죠. 시상과 선조체 사이를 통과하는 신경섬유다발인 내포는 전지와 무릎 그리고 후지로 구분됩니다.

변연계와 간뇌의 내부 구조를 머릿속으로 그려보는 효과적인 방법은 제3뇌실벽에서 안에서 밖으로 시상과 창백핵, 그리고 신선조체(꼬리핵과 조가비핵)를 밀착

5-3
외측뇌실과 제3뇌실을 주변으로 시상, 꼬리핵, 조가비핵이 배치되는 모양

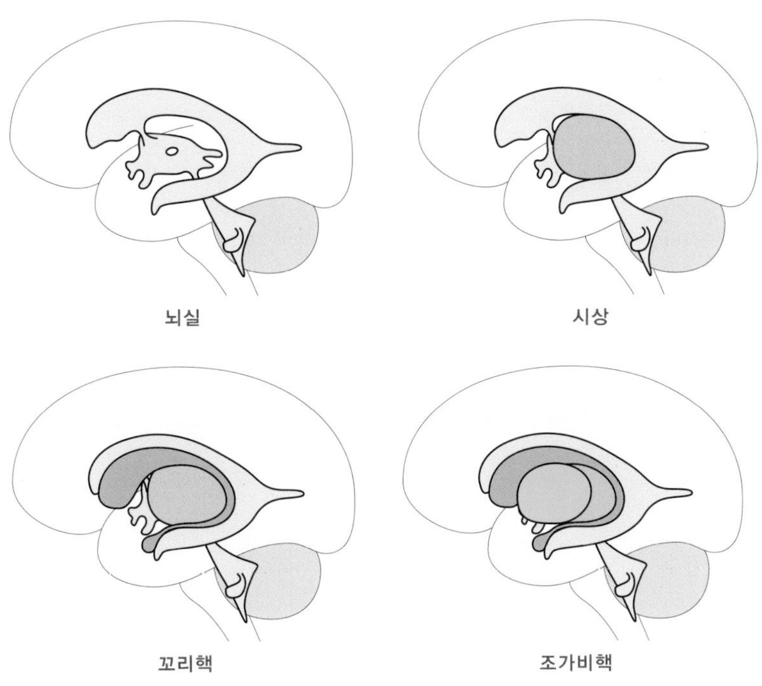

5-4
**해마, 편도체, 시상,
대상회의 모양과 위치**

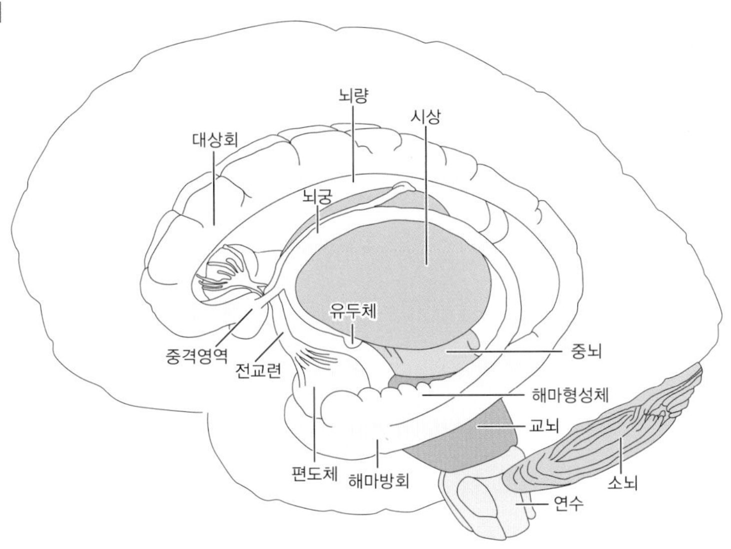

5-5
대뇌기저핵의 입체 구조

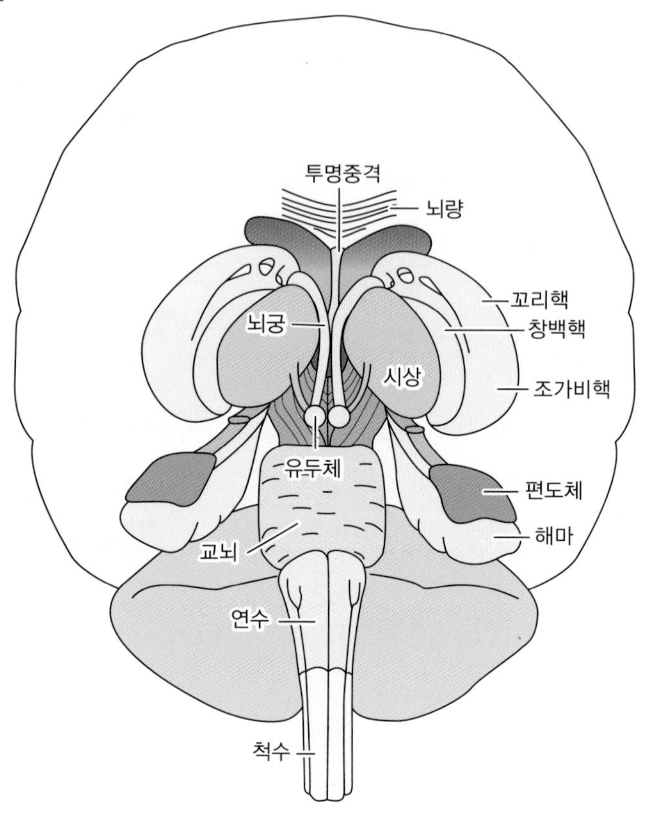

하여 채워나가면 됩니다. 제3뇌실을 중심으로 채워나가면 꼬리핵이 외측뇌실과 접하게 됩니다.

뇌실을 중심으로 시상, 꼬리핵, 조가비핵을 채워가면 대뇌기저핵의 입체 구조가 만들어집니다. 중격영역에서 신경축삭이 해마형성체로 입력되지요. 좌뇌와 우뇌의 편도체는 전교련으로 연결됩니다. 뇌궁은 해마의 신경축삭다발로 형성되며 유두체로 입력되지요.

대뇌기저핵은 대뇌피질 아래의 대규모 신경핵들의 그룹이지요. 꼬리핵과 조가비핵을 합쳐서 선조체라고 합니다. 꼬리핵꼬리 쪽에 빈 구멍처럼 보이는 구조는 내낭의 신경섬유다발이 관통하는 영역이지요. 투명중격은 뇌실 가운데 수직의 얇은 막 형태의 신경섬유 구조입니다. 뇌실 위로 좌뇌와 우뇌를 연결하는 신경섬유다발인 뇌량이 통과하지요.

5-6
뇌실 주변 신경핵들

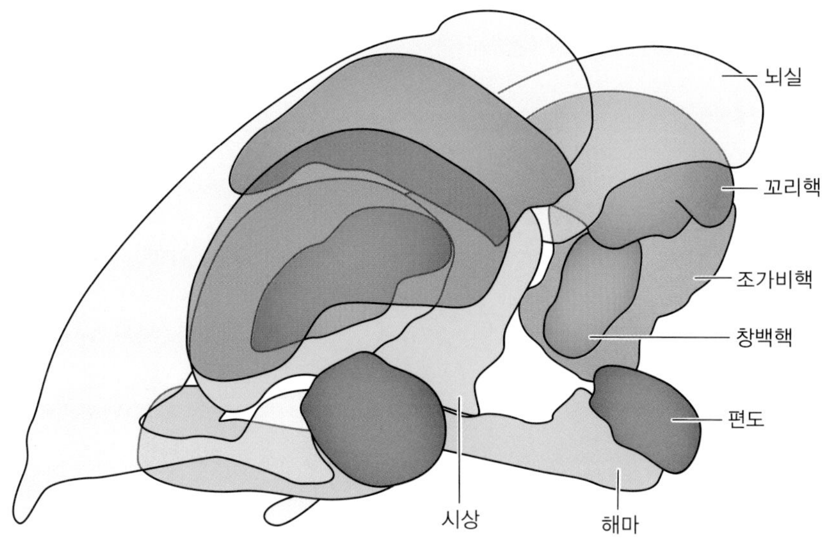

창백핵은 조가비핵의 내측에 부착되며 편도체는 해마발 위에 위치합니다. 꼬리핵은 큰 머리 영역에서부터 급격히 꼬리가 작아지는 활처럼 휘어진 구조입니다. 조가비핵과 창백핵을 합친 영역의 단면 구조가 렌즈 형태여서 이 두 핵을 합쳐서 렌즈핵이라 하지요.

대뇌피질로 상행하는 감각신호와 대뇌운동피질에서 하위운동영역으로 하행하는 운동신호를 전달하는 대규모의 신경축삭이 시상과 렌즈핵 사이로 통과합니다. 이 신경섬유다발을 내낭이라 하며 내낭의 축삭다발에 의해 조가비핵과 꼬리핵이 분리됩니다. 내낭을 형성하는 신경다발은 시상피질로와 피질원심로로 구분됩니다. 시상피질로는 감각입력이 시상에서 대뇌피질로 상행하는 신경섬유다발이며 피질원심로는 대뇌피질에서 운동출력이 하행하는 섬유다발입니다. 시상피질로는 청방사, 시방사, 전시상방사, 그리고 상시상방사로 구성됩니다. 그리고 5-7에서 붉은색으로 표시된 피질원심로는 전두교뇌섬유, 피질교뇌섬유, 피질척수로이지요.

유두체는 유두시상로mammillothalamic tract를 통해 시상전핵으로 이어집니다. 시상전핵은 다시 시상피질방사thalamocortical radiation를 통해 대상회와 연결되죠. 시상피질방사에서 방사radiation는 신경섬유가 모여서 다발을 형성하여 진행하다가

5-7
내낭의 구조와 주변 신경핵

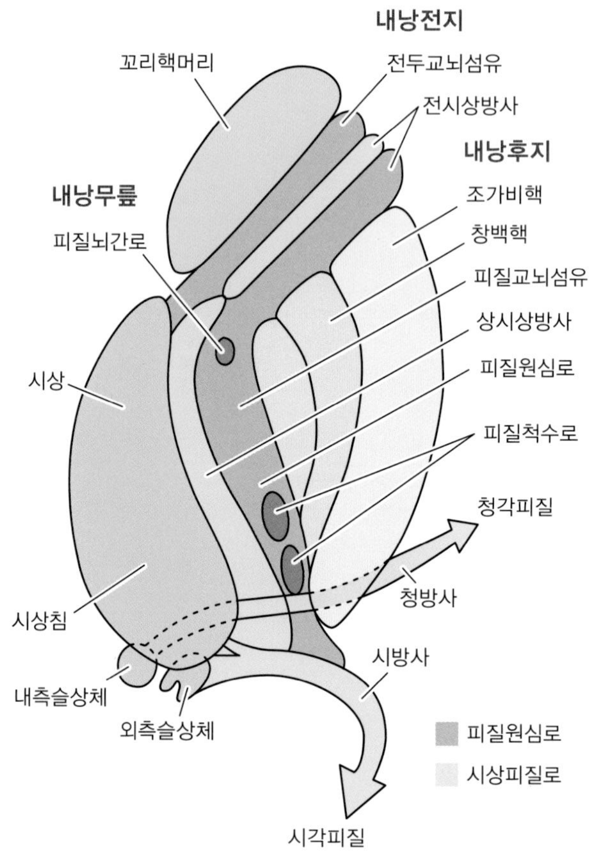

부챗살처럼 쫙 펼쳐지는 부위를 말해요. 이런 방사가 인간 뇌 안에 몇 군데 있죠. 시각방사optic radiation(시각로부챗살), 청각방사auditory radiation(청각로부챗살)가 시각과 청각을 대뇌피질로 전달합니다. 교련은 좌우로 연결되는 방사로, 주로 상하로 연결되는 섬유다발이지요. 또한 시상피질방사는 대상회로 들어가면서 내낭의 전지anterior branch(앞가지)를 통과합니다. 내낭은 전지와 후지 그리고 무릎으로 구별되는 신경섬유다발이죠. 파페츠회로의 일부인 시상전핵에서 대상회로 방사되는 시상피질방사는 내낭의 전지를 형성하지요.

대뇌 안쪽은 신경섬유다발인 백색질입니다. 신경섬유다발이 뇌량과 전교련anterior commissure(앞맞교차)과 후교련posterior commissure(뒤맞교차), 뇌궁교련

5-8
뇌량과 내낭 신경섬유다발

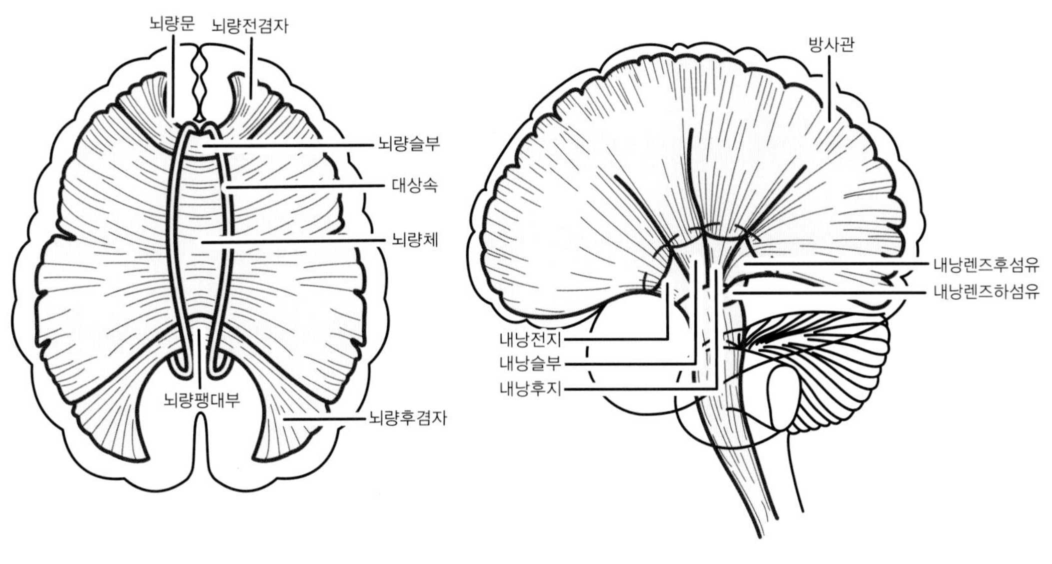

5-9
좌뇌와 우뇌를
연결하는 교련섬유

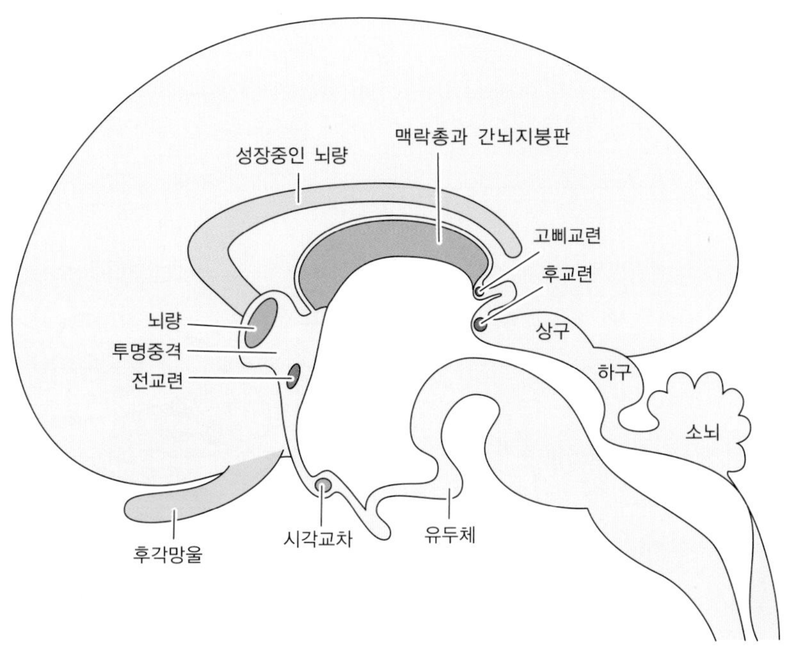

5-10
대뇌기저핵과 해마형성체의 내측두엽

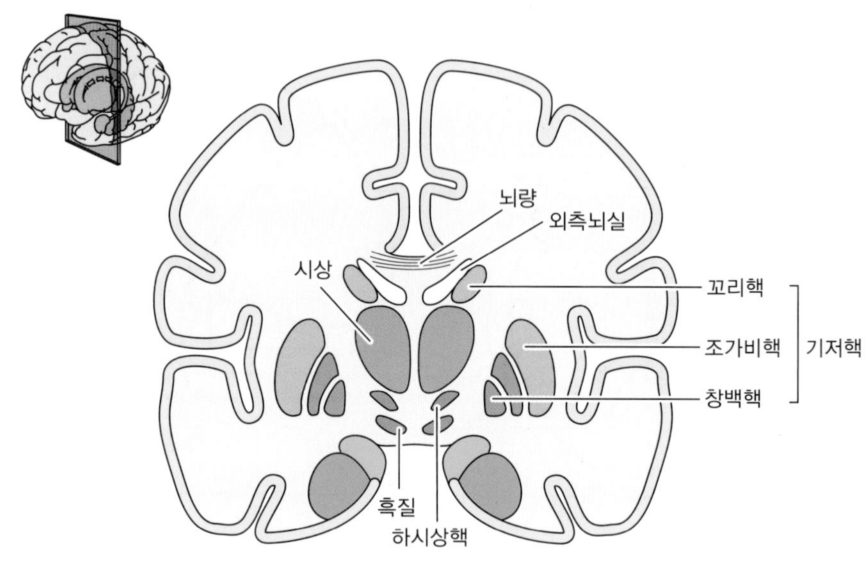

5-11
대뇌기저핵의 수평 단면 구조

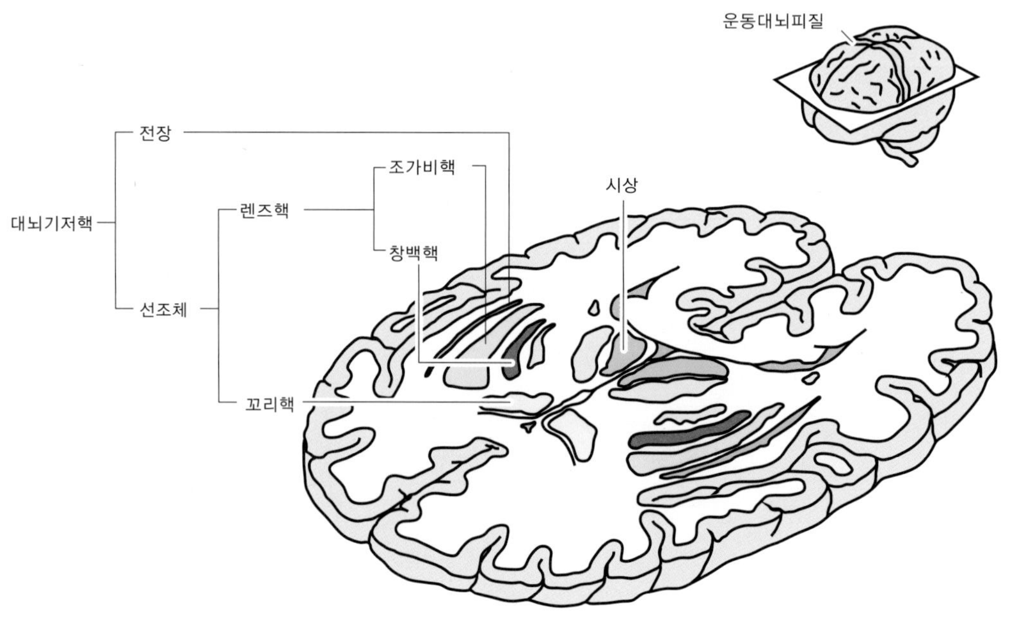

commissure of fornix(뇌활맞교차)은 서로 같은 영역의 좌뇌와 우뇌를 연결하지요. 대뇌방사corona radiata(대뇌부챗살)는 뇌간에서 대뇌피질까지 방사형으로 축삭을 뻗으며, 연합섬유association fiber는 같은 대뇌반구 안에서 다른 부위의 피질을 연결합니다. 교련commissure은 좌뇌와 우뇌를 연결하는 신경섬유다발이며 신경섬유의 일부만 좌뇌와 우뇌로 교차할 경우 교차chiasma라 하지요. 시각교차 위에 위치하는 핵은 시교차상핵supra optic chiasmic nucleus(SCN)으로 신체의 일주기를 감지하지요.

대뇌기저핵의 구조는 대뇌의 수직절단면에 잘 드러납니다. 수직 단면이 대뇌기저핵을 통과하면 조가비핵과 창백핵으로 구성된 렌즈 형태의 렌즈핵이 분명하게 나타나고, 꼬리핵의 머리 부분이 따로 분리된 형태로 단면이 외측뇌실 아래에 보입니다. 대뇌기저핵 관련 해부 용어를 정리해 봅시다. 대뇌기저핵은 꼬리핵, 조가비핵, 창백핵, 시상밑핵으로 구성된 대뇌피질 아래 바닥을 형성하는 커다란 운동관련 신경핵들의 집합입니다. 어떤 책에서는 해부학 용어를 한글로, 어떤 책에서는 한자로 표현하기 때문에 두 가지 표현에 모두 익숙해져야 합니다. 한자 표현으로 꼬리핵은 미상핵, 조가비핵은 피각핵, 내섬유막은 내낭, 줄무늬체는 선조체, 바닥핵은 기저핵이지요.

대뇌기저핵을 통과하는 뇌의 수평 단면 구조에서 노란색의 큰 영역이 꼬리핵머리이며 전장, 조가비핵, 창백핵이 나란히 보이지요. 선조체와 대뇌기저핵과 관련된

5-12 대뇌기저핵의 구성핵

<table>
<tr><td>꼬리핵
Caudate nucleus</td><td>꼬리핵
Caudate nucleus</td><td rowspan="2">선조
Striatum</td><td rowspan="2">신선조
Neostriatum</td></tr>
<tr><td rowspan="2">렌즈핵
Lenticular nucleus</td><td>조가비핵
Putamen</td></tr>
<tr><td>창백핵
Globus pallidus</td><td>창백
Pallidum</td><td>구선조
Paleostriatum</td></tr>
<tr><td>편도체
Corpus amygdaloideum</td><td>편도체
Corpus amygdaloideum</td><td>편도체
Corpus amygdaloideum</td><td>원시선조
Archistriatum</td></tr>
</table>

용어는 명확히 구별해서 기억해야 합니다. 그렇지 않으면 아무리 공부하더라도 개념들이 분명하게 잡히지 않습니다. 신선조체를 흔히 선조체라 합니다. 선조체는 꼬리핵과 조가비핵으로 구성되며, 렌즈핵은 조가비핵과 창백핵이 합친 렌즈 모양의 핵입니다. 진화 관점에서 편도체는 원시선조, 창백핵은 구선조 그리고 꼬리핵과 조가비핵은 신선조체라고 합니다.

뇌의 작용을 요약하면 '감각입력을 바탕으로 운동출력을 생성한다'라고 할 수 있습니다. 경험감각에 생존에 중요한 내용이 입력되면 해마복합체에서 기억하여 미래의 행동선택을 결정합니다. 중추신경계의 운동영역은 대뇌운동피질, 소뇌, 대뇌기저핵, 그리고 척수입니다. 소뇌는 주로 직접적 외부입력에 반응하는 운동을 산출

5-13

태아 발생시 제3뇌실 및 선조체의 형성(위)과 내낭 섬유다발에 의한 꼬리핵과 렌즈핵의 분리(아래)

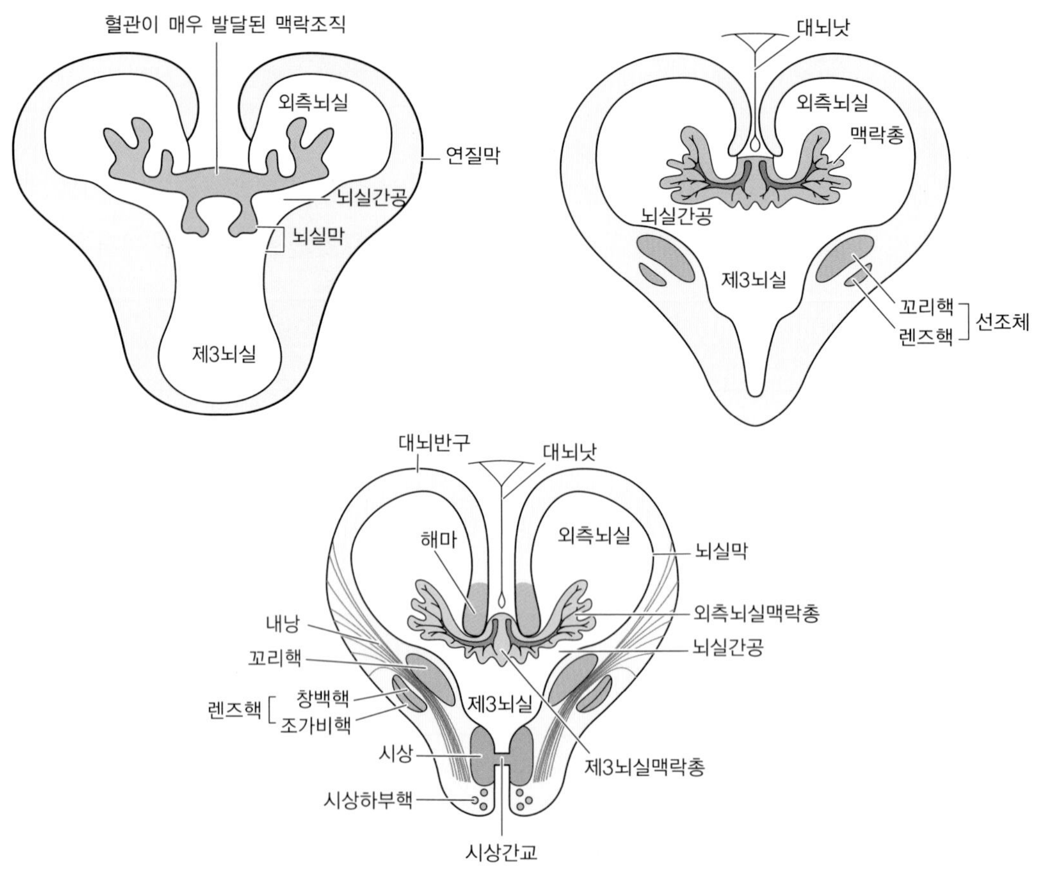

하며, 대뇌기저핵은 언어 같은 내부 생성 운동에 관여합니다. 대뇌기저핵은 전두엽, 전대상회, 상구와 연결하여 운동학습, 인지학습, 그리고 감정학습을 수행하는 신경망을 구성합니다.

뇌해부학을 공부하는 지름길은 대뇌 각 영역의 발생 과정을 그림으로 이해하는 것입니다. 뇌 발생 과정의 변화를 그림으로 파악할 수 있다면, 성인 뇌의 구체적인 모습을 쉽게 이해할 수 있죠.

5-13을 보면 태아 뇌의 선조체가 만들어지는 과정에서 꼬리핵과 렌즈핵의 초기 형태가 나타나는 모습을 볼 수 있습니다. 그리고 내낭 섬유다발에 의해 꼬리핵과 렌즈핵이 분리되는 모습과 렌즈핵을 구성하는 조가비핵과 창백핵이 분화되는 모습도 볼 수 있죠. 맥락총은 모세혈관 다발인데, 뇌 구조상 맥락총이 있는 영역은 산소와 영양물질 공급으로 발생시 세포 증식이 활발한 곳입니다.

설치동물인 쥐의 대뇌기저핵은 꼬리핵과 조가비핵이 분리되지 않은 한 개의 조

5-14
포유동물의 대뇌기저핵 비교
쥐(왼쪽), 인간(오른쪽)

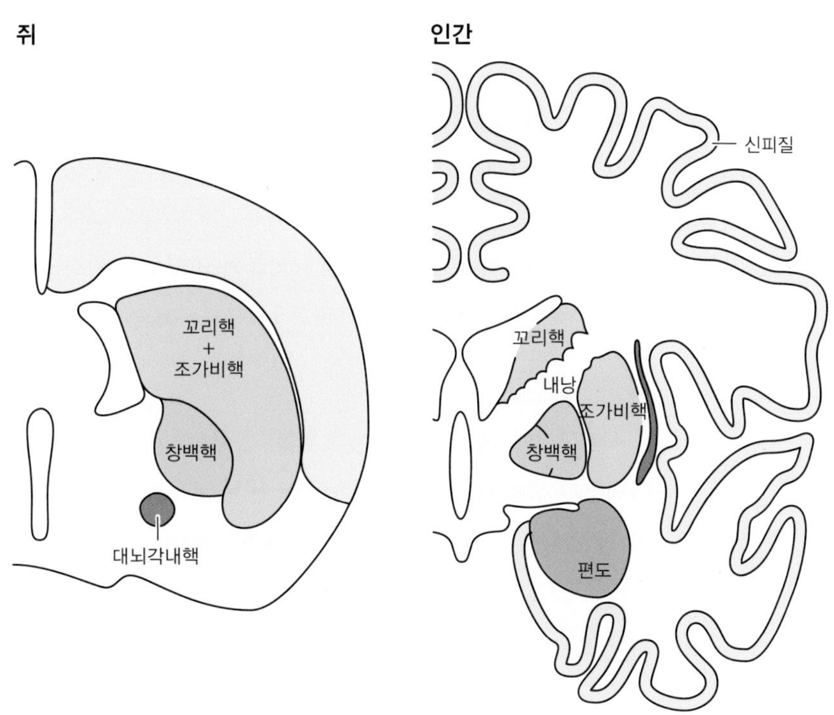

5-15

전뇌 단면 비교

왼쪽: 고슴도치, 오른쪽: 마카크 원숭이

(출전: The Human Central Nervous System, R. Nieuwenhuys, J. Voogd and C. van Huijzen)

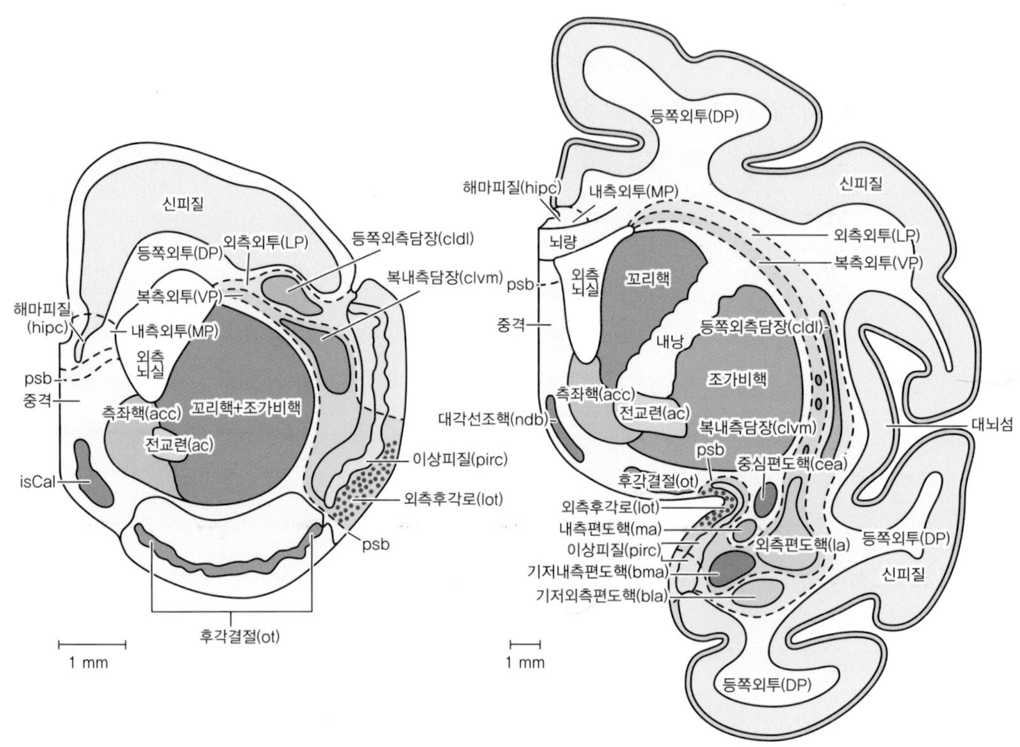

직입니다. 인간은 시각과 청각의 감각입력을 대뇌피질로 전달하는 감각신경섬유와 하행운동신경축삭에 의한 내낭 구조가 발달했지요. 그래서 내낭의 축삭다발이 꼬리핵과 조가비핵을 분리합니다. 설치류에 비해서 대뇌피질이 크게 확장되면서 피질이 얇아지고 굴곡집니다. 신경세포 사이의 연결섬유다발로 구성되는 백질이 크게 늘어나지요.

고슴도치와 마카크 원숭이의 전뇌 단면을 비교해보면, 고슴도치의 꼬리핵과 조가비핵은 분리되지 않지만 원숭이는 내낭에 의해 분리됩니다. 측좌핵은 고슴도치가 상대적으로 더 크지요. 고슴도치는 신피질이 확장되지 않아서 이상피질과 후각결절이 큰 영역을 차지합니다. 원숭이는 이상피질과 후각결절이 확장되는 신피질 안으로 밀려들어가 줄어들지요.

원숭이의 조가비핵과 뇌섬 사이의 외측외투(LP) 영역에서 회색질 조직인 담장이 생기지요. 대뇌신피질도 급격히 늘어나서, 피질이 안으로 들어가 대뇌섬을 형성합니다. 편도체의 내측핵, 중심핵, 외측핵, 기저외측핵, 기저내측핵이 보이지요.

5-16
내낭의 신경축삭다발에 의한 꼬리핵과 렌즈핵의 분리

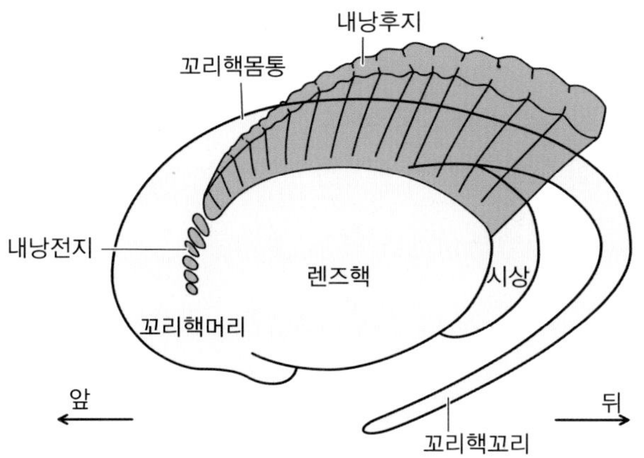

5-17
안에서 밖으로 본 선조체 구조

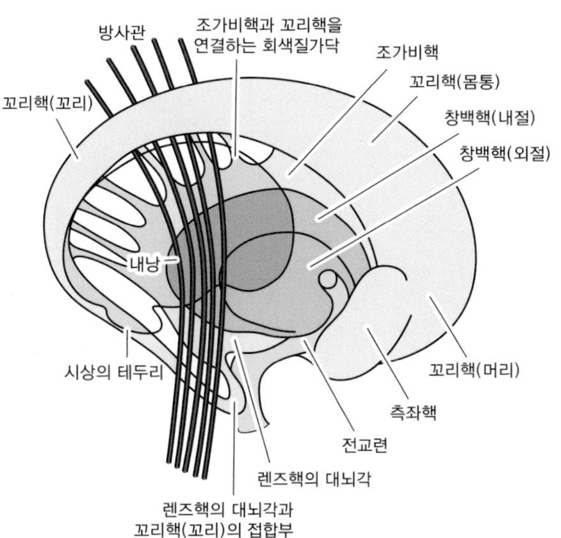

대뇌기저핵의 핵심 영역인 선조체의 구조를 이해하려면 안쪽에서 바깥으로 선조체를 들여다보아야 합니다. 내낭전지가 꼬리핵머리 부분을 관통하며 내낭후지가 조가비핵과 꼬리핵을 분리합니다. 바깥에서 본 선조체는 렌즈핵을 구성하는 조가비핵이 보이며 창백핵은 조가비핵에 가려져 보이지 않지요.

내낭신경섬유다발이 관통하면서 조가비핵과 꼬리핵의 연결 부분에 있는 세포가 바퀴살의 형태를 만듭니다. 이 가는 선 구조는 회색질로서 신경세포가 많은 부분이며, 인접한 빈 공간처럼 보이는 부분은 신경섬유다발의 단면입니다. 이 구조에서 주목해야 할 부분은 측좌핵이 꼬리핵 머리 부분에 존재한다는 겁니다. 측좌핵의 독립적인 모습을 입체적으로 보려면 대뇌기저핵을 안쪽에서 살펴본 그림을 봐야 합니다. 측좌핵은 중격의지핵 혹은 기댐핵이라고도 하는데, '의지'와 '기댐'은 측좌핵이 투명중격핵에 기대고 있다는 데서 생긴 이름입니다. 내낭의 신경섬유 다발에 의해 형성된 선조체와 꼬리핵의 구조를 바깥과 안쪽에서 본 구조를 함께 공부하는 것이 효과적입니다.

선조체를 안에서 살펴본 5-19를 보면 측좌핵이 꼬리핵머리 부근에 위치합니다. 복측피개영역, 측좌핵, 내측전전두엽은 상호연결되어 본능적 요구와 중독 현상과

5-18
바깥쪽과 안쪽에서 본 선조체의 구조

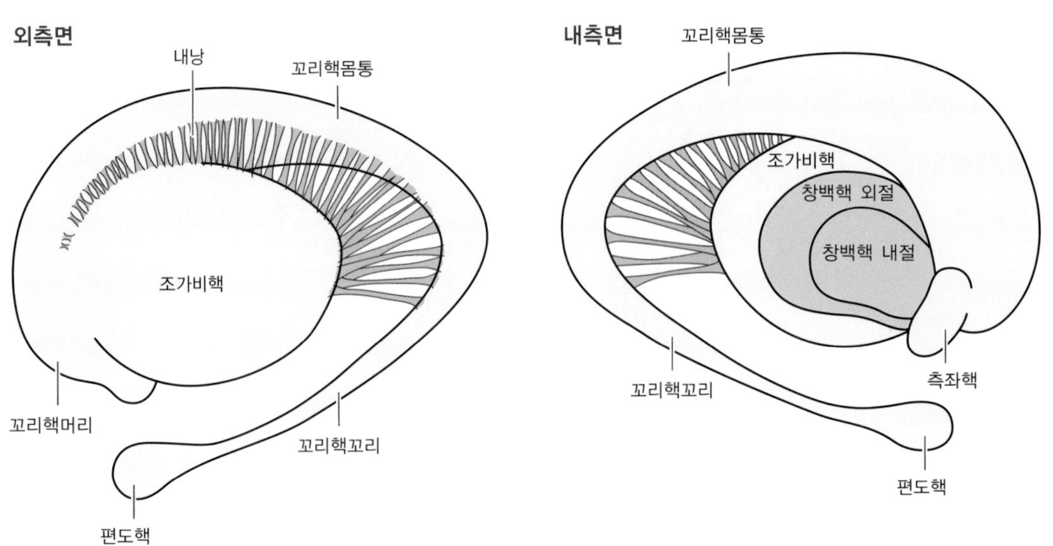

5-19
선조체, 측좌핵, 편도체의 연결

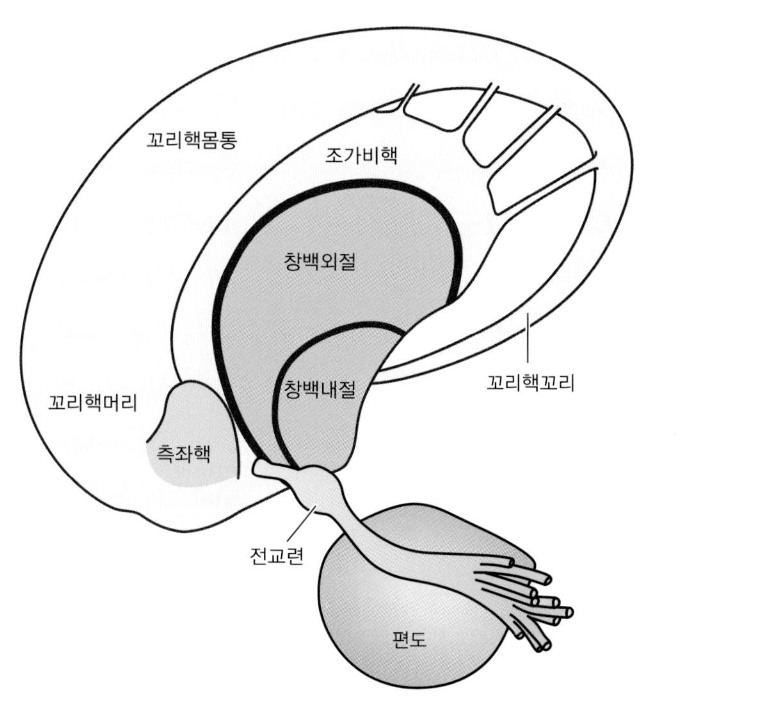

5-20
선조체, 시상, 시상밑핵의 신경 연결

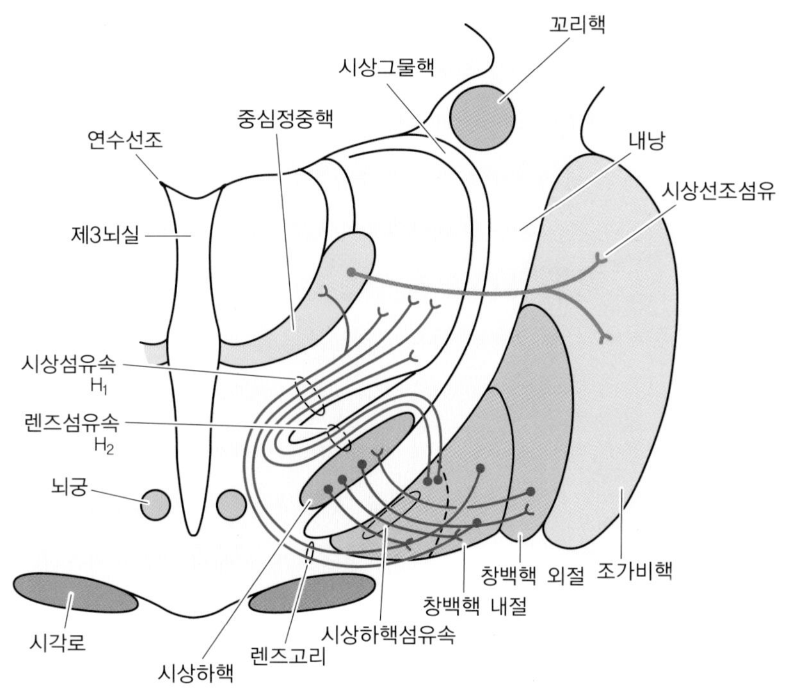

관련되지요.

5-21은 대뇌기저핵과 붙어 있는 시상과 대뇌기저핵 아래 부분에 있는 시상하부, 시상밑핵, 적핵, 흑색질, 그리고 편도체를 보여주고 있습니다. 이 그림에서는 여러 신경핵들 사이의 연결에 주목해야 합니다. 렌즈고리ansa lenticularis(AL)는 창백핵 외절에서 시상으로 출력되는 신경섬유다발을 나타냅니다. 창백핵 내측에서 시상밑핵을 감싸면서 시상으로 입력되는 신경다발이 포렐Forel 구역 2의 렌즈섬유속으로 형성됩니다. 렌즈고리와 렌즈섬유속 다발이 모여서 시상섬유속을 형성하여 시상다발thalamic fasciculus의 포렐 구역 1을 통과하죠. 시상밑핵은 대뇌기저핵의 간접회로가 경유하는 신경핵으로, 파킨슨병과 관련된 부위입니다. 이처럼 창백핵에서 출력된 대규모의 신경세포축삭이 섬유다발을 형성하여 시상으로 입력됩니다. 창백핵

5-21
꼬리핵, 조가비핵, 창백핵, 시상, 시상밑핵, 적핵, 흑질의 입체 구조

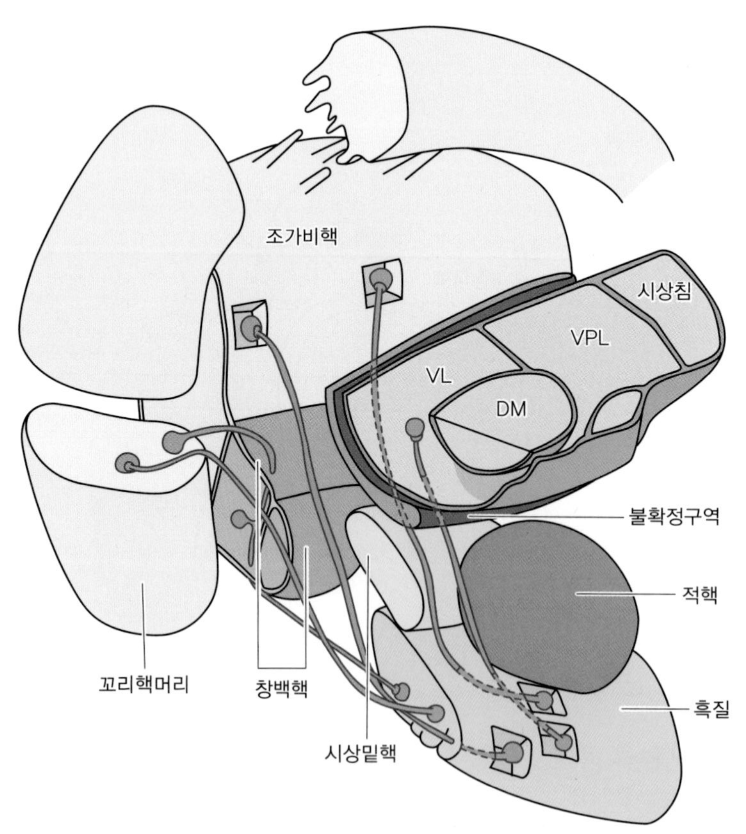

5-22
대뇌피질과 상호연결된 선조체영역

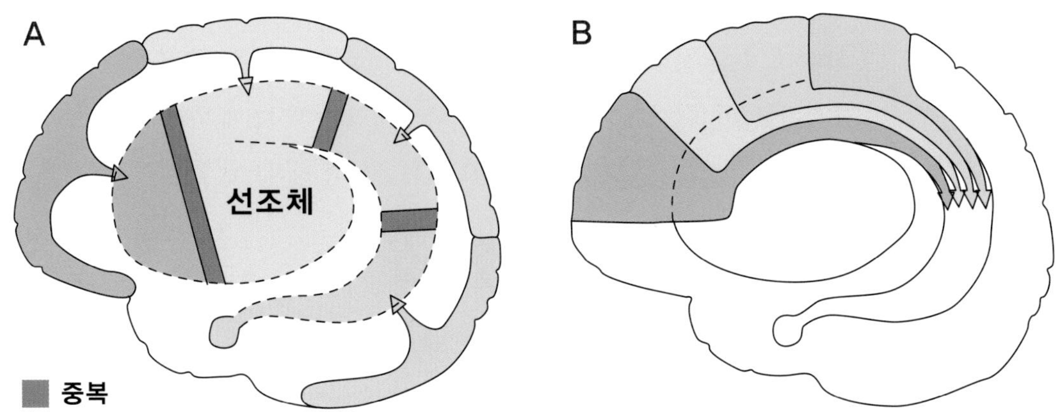

내절은 선조체의 출력 부위죠.

대뇌기저핵을 구성하는 꼬리핵, 조가비핵, 창백핵을 시상과 함께 입체적으로 살펴봅시다. 시상그물핵 위에 꼬리핵 머리 부위가 있으며 꼬리핵의 몸체와 꼬리 부위가 반원 형태로 3차원의 구조를 만듭니다. 조가비핵과 시상 복외측핵(VL) 사이의 신경연결이 보입니다. 시상밑핵은 조가비핵, 꼬리핵머리 그리고 창백핵과 연결됩니다. 불확정구역zona incerta이 시상과 시상밑핵 사이에 위치하죠.

5-21에서 꼬리핵을 절단하여 조가비핵과 꼬리핵 사이의 연결섬유가 보이지요. 시상, 시상밑핵, 적핵이 입체적으로 드러나 있지요. 시상은 복외측핵, 등쪽내측핵, 복후외측핵, 시상침이 나타나있지요 시상 아래쪽에는 대뇌기저핵 사이를 중개하는 시상밑핵subthalamic nucleus(시상하핵)이 있죠. 시상밑핵은 영장류, 특히 인간에 이르러 더욱 커진 부위입니다.

5-22는 대뇌피질의 각 부위에서 선조체영역으로 신경섬유가 투사되는 양상을 그린 것입니다. 전두엽은 꼬리핵머리 부위로, 일차운동영역은 조가비핵과 꼬리핵 몸체로, 후두엽은 꼬리핵꼬리 부위로 투사하죠. 투사가 중복되는 선조체 영역은 붉은색으로 나타나 있습니다. 선조체의 각 영역에 대응하는 대뇌피질 영역이 지정된다는 것은 대뇌기저핵도 뇌의 모듈성 원칙을 따른다는 의미입니다. 뇌의 모듈성 원칙은 감각판과 일차감각피질 사이에 일대일 관계로 신경섬유가 투사하는 현상을

말합니다. 여기서 감각판은 시각의 망막처럼 감각신경세포가 평면으로 분포하는 형태를 말하죠.

엘코논 골드버그는 《내 안의 CEO, 전두엽》에서 대뇌피질의 조직원리로 일차감각피질의 '모듈성 원칙'이 인간 뇌의 전두엽 진화에서는 '경사원칙'으로 변화한다고 주장했습니다. 경사원칙이란 전두엽의 연결망이 많아짐에 따라 신경세포 사이의 연결이 복잡해지면서 모듈성 연결보다는 점대점 방식으로 많은 신경연결이 그물망처럼 형성된다는 의미입니다.

대뇌기저핵의 입체 구조와 선조체의 신경연결회로를 공부했다면 실제 뇌에서 대뇌기저핵의 구조를 확인해봅시다. 5-23을 보면 꼬리핵머리가 외측뇌실과 만나고 있는 모습을 볼 수 있습니다. 뇌섬피질insular cortex과 조가비핵putamen 사이의 얇은 띠 형태의 피질이 전장입니다. 전장은 '담장'이라고도 번역하며, 기능은 명확하지 않지만 연합감각피질과 연결되어 있지요. 전장과 조가비핵 사이의 얇은 흰색 영역이 외낭external capsule이지요. 창백핵globus pallidus과 시상thalamus 사이에 내

5-23
선조체 영역의 대뇌 단면 사진

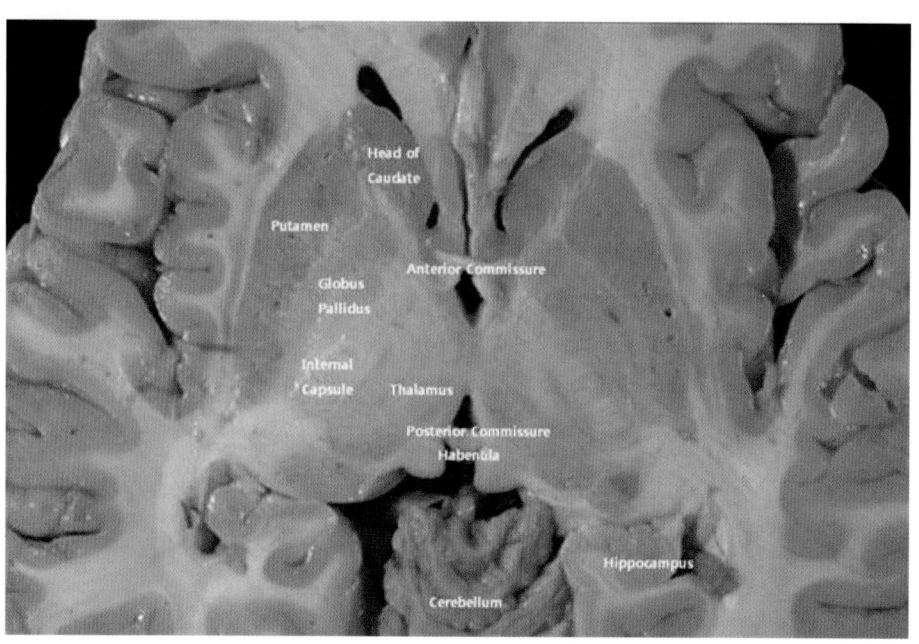

낭internal capsule이 두껍게 보이죠. 전교련anterior commussure 아래에 제3뇌실이 있고, 후교련posterior commussure 아래에 고삐핵hanbenula nucleus이 보입니다. 이러한 실제 뇌 단면 사진을 자세히 보면서 각 부위 별로 신경핵들을 확인하는 것이 중요합니다.

대뇌 정중앙으로 들어가면 외측뇌실과 제3뇌실이 있습니다. 그 옆의 시상 위, 즉 대뇌의 바닥 중심부에는 꼬리핵이 있고, 꼬리핵 옆으로 창백핵(담창구)과 조가비핵이 위치해 있죠. 창백핵의 다른 이름인 담창구는 오래된 표현으로, 창백핵이 흔히 사용되는 용어입니다. 이 꼬리핵과 창백핵, 조가비핵, 그리고 시상밑핵을 합쳐서 대뇌기저핵이라고 합니다. 선조체를 배쪽과 등쪽으로 구분하여 분류하기도 합니다. 지금까지 등장한 선조체 구조를 등쪽선조와 등쪽창백이라 하고, 이와는 별도로 측좌핵을 배쪽선조, 무명질 영역을 배쪽창백이라 합니다. 등쪽선조와 등쪽창백은 운동학습과 운동선택에 관련되며 배쪽선조(측좌핵)와 배쪽창백(무명질)은 운동에 대한 욕구를 일으키는 영역으로 대뇌기저핵 쪽으로 확장된 변연계로 볼 수 있지요.

측두엽 안쪽으로는 뇌섬엽이 있습니다. 이 부위는 안으로 완전히 말려들어가 있

5-24
대뇌기저핵을 지나는 대뇌 단면 사진

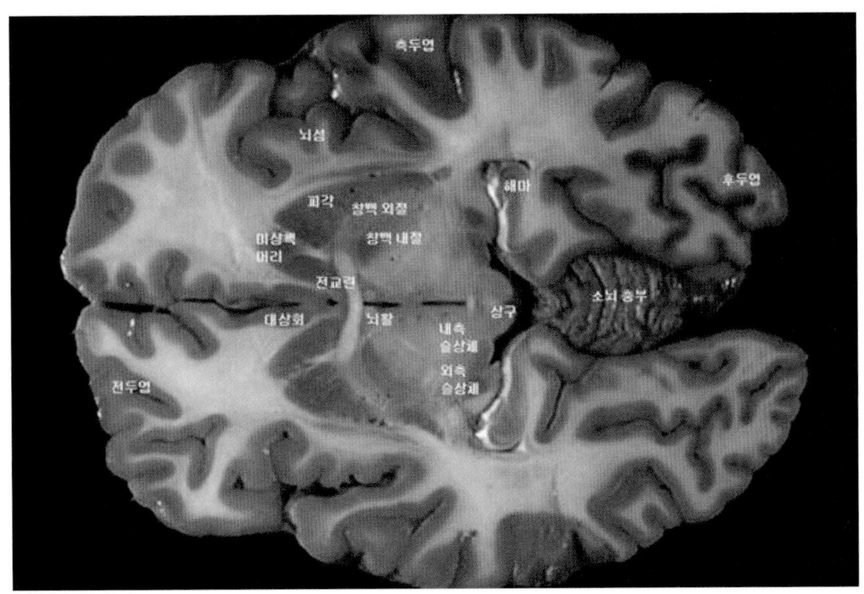

는 피질이지요. 뇌섬엽은 미각 및 내장 감각과 관계가 있으며, 이 부위를 다친 환자가 치료 후 금단증상 없이 담배를 끊게 되었다는 연구 결과가 발표되기도 했습니다. 뇌섬엽의 안쪽과 조가비핵 사이에는 전장claustrum(담장)이라는 얇은 회색질 부위가 있습니다. 후두엽 쪽으로 시각로optic tract도 보입니다. 시각로는 망막의 바깥쪽에서 나와 시상의 외측슬상체로 들어가는 신경섬유다발이죠. 해마를 감싸면서 튀어나온 부위는 갈고리이랑uncus(구)이라고 합니다. 대상회의 입체 모습은 사진에서 위쪽으로 활 모양으로 튀어나와 있는 반원형의 띠 형태 회색질을 상상해보면 됩니다.

뇌해부학 공부는 수많은 해부학 용어와 뇌 구조를 기억해야 합니다. 공부한 내용을 기억하는 세 가지 방법은 다음과 같습니다.

1. 순서화: 물리적 현상과 생명 현상은 시간 순서로 전개되기 때문에 상호작용

5-25
꼬리핵과 렌즈핵의 입체 구조

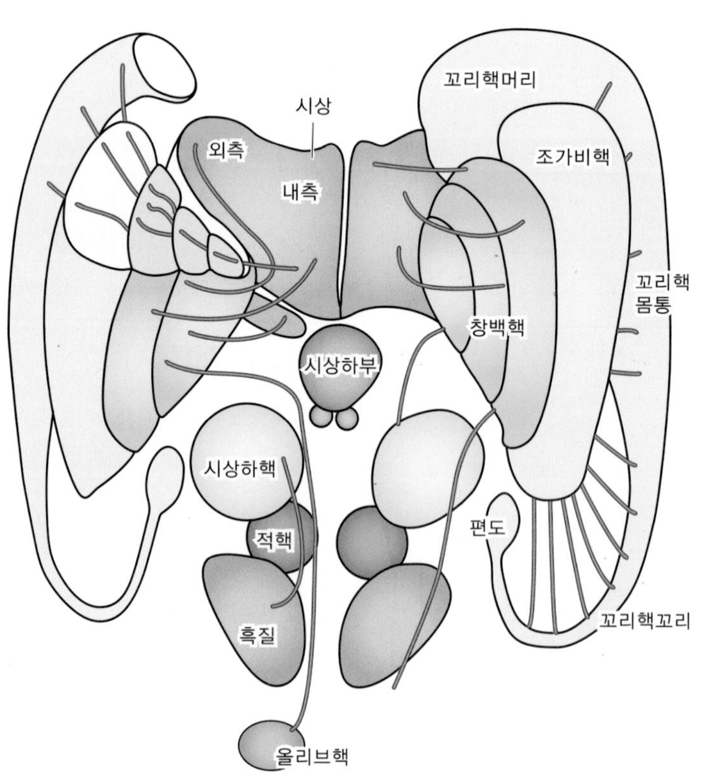

의 순서를 기억하면 그 바탕에 존재하는 인과관계를 파악할 수 있다.

2. 대칭화: 생물에서 구조와 기능은 상호 연관되며, 대칭 구조를 찾으면 쉽게 기억된다.
3. 배경화: 기억해야 할 내용을 오랫동안 생각하여 배경의식 상태로 만들면 그 내용 관련 항목들이 쉽게 기억된다.

이렇게 공부하는 과정에서 뇌 구조의 대칭 요소를 찾아 반복해서 상세히 그려보는 것이 최상의 방법입니다. 왜냐하면 동물에게 있어 구조는 곧 기능을 반영하기 때문입니다. 뇌의 부위별 세부 구조를 언제든 그릴 수 있고, 신경핵들 사이의 연결 회로가 익숙해지면 뇌 기능에 대한 공부는 가속되지요.

5-25에서 꼬리핵 몸통 안쪽으로 세 층으로 구분되어 보이는 부분이 있죠? 안쪽

5-26
대뇌기저핵의 입출력 신경 연결

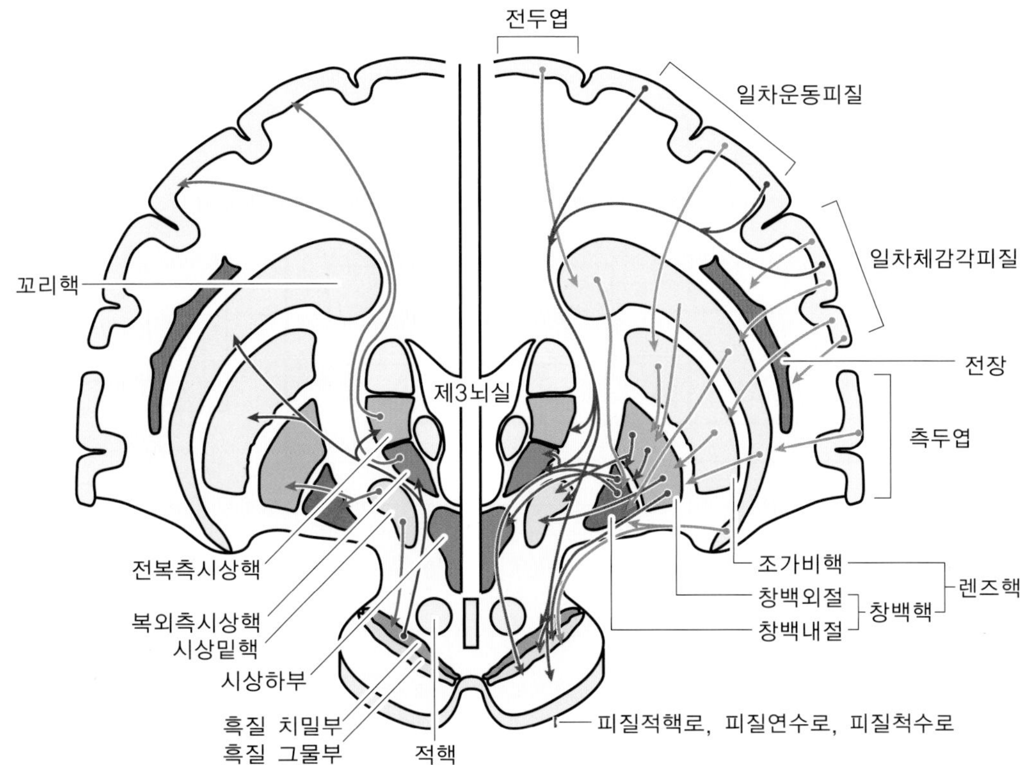

에서부터 두 층은 창백핵입니다. 두 층 가운데 안쪽은 창백핵 내절internal segment of globus pallidus(GPi), 바깥쪽은 창백핵 외절external segment of globus pallidus(GPe)입니다. 그 바깥으로 조가비핵이 있습니다. 창백핵 내절, 창백핵 외절, 조가비핵, 이 세 부분을 묶어 렌즈핵lentiform nucleus이라고 합니다. 창백핵 아래로 꼬리핵의 꼬리가 보입니다. 꼬리핵은 머리, 몸통, 꼬리로 이루어진 큰 핵입니다. 머리 부분은 크고 꼬리 부분은 가늡니다. 꼬리핵꼬리 부위에 편도체가 있지요.

전두엽에서 신경축삭이 뻗어나와 꼬리핵머리에서 시냅스합니다. 대뇌기저핵의 신경로는 직접경로와 간접경로로 구분합니다. 직접경로는 대뇌피질 → 창백내절 → 시상 → 대뇌피질의 회로를 만들지요. 직접경로는 목표로 하는 운동을 수행하는

5-27
대뇌기저핵의 신경 연결

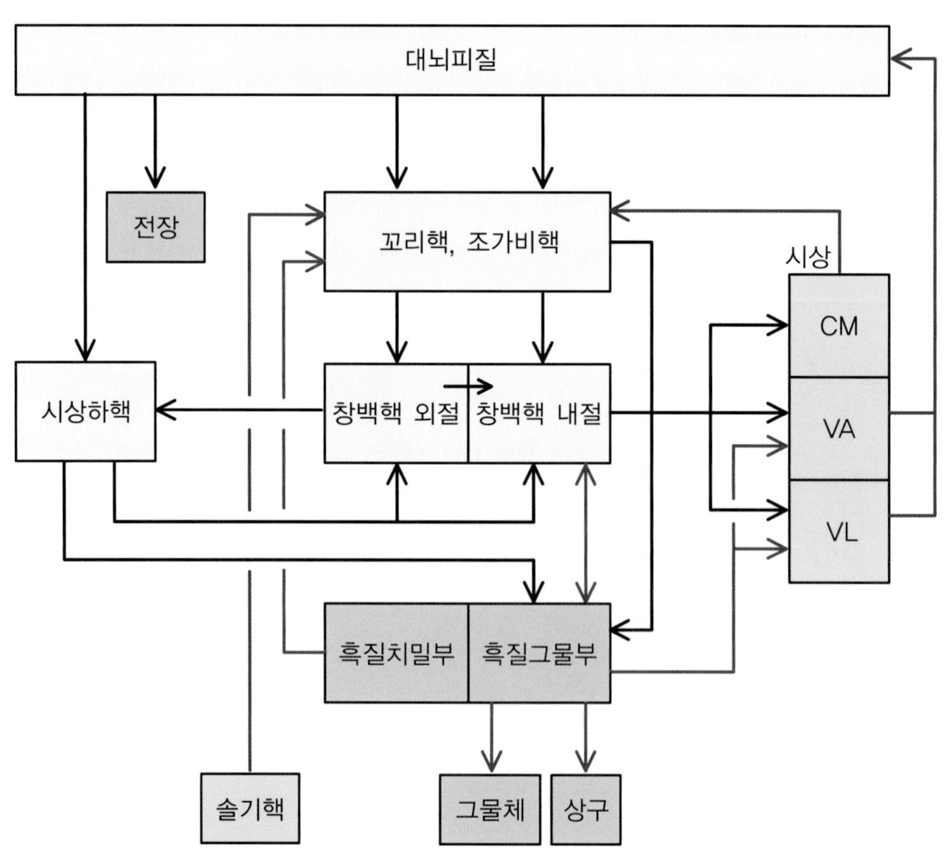

회로입니다. 그리고 간접경로는 대뇌피질 → 창백외절 → 시상밑핵 → 창백내절의 회로를 형성합니다. 간접경로는 직접경로가 목표하는 움직임 외의 동작을 억제합니다. 대뇌기저핵의 주요 출력부는 창백내절과 흑질그물부입니다. 흑질은 그물부와 치밀부가 있으며 흑질 치밀부는 도파민성 세포집단이지요.

조가비핵과 꼬리핵으로 구성된 선조체는 대뇌피질, 시상, 솔기핵, 흑질치밀부에서 신경정보가 입력되며 흑질그물부와 창백내절로 출력합니다. 흑질그물부는 뇌간 그물형성체와 상구로 신경정보를 출력하지요. 시상의 복측전핵과 복외측은 흑질그물부에서 입력을 받고 대뇌피질로 출력하지요.

꼬리핵은 조가비핵과 연결된 회색질 다리로 연결되어 있습니다. 꼬리핵과 조가비핵은 세포의 성질이 비슷합니다. 그래서 이 둘을 묶어 선조체corpus striatum(줄무늬체)라고 하는 것입니다. 세포의 성질이 비슷하면 발생시의 기원이 같을 수 있습니다. 그런데 왜 이 둘을 묶어 선조체라고 할까요? 꼬리핵과 조가비핵을 관찰하면, 가운데 희끗희끗한 줄무늬가 보입니다. 대규모의 신경섬유가 다발을 이루어 뚫고 지나가면서 이런 모양이 생기는 거죠. 이렇게 신경섬유다발이 관통하면서 줄무늬가 나타나기 때문에 선조체線條體라고 부릅니다. 조가비핵과 꼬리핵 사이를 관통해 지나가는 신경섬유다발은 내낭internal capsule(속섬유막)이라고 합니다. 선조체의 배쪽에는 Ch4군에 속하며 마이네르트 기저핵이 속해있는 전뇌기저핵이 있습니다. 전뇌기저핵은 대뇌기저핵과는 다르죠. 대뇌기저핵을 간단히 기저핵이라고도 합니다. 'Ch'는 영장류 뇌에서 아세틸콜린 분비세포가 존재하는 영역으로, Ch1는 내측중격핵, Ch2와 Ch3는 브로카대각선조핵, Ch5는 대뇌각교뇌핵, 그리고 Ch6는 교뇌중심회색질에 있습니다.

02 감각과 운동신호를 중개하는 시상

대뇌기저핵에 의한 운동회로, 인지회로, 감정회로, 안구운동회로를 설명하기 위해서는 시상에 대한 공부가 필요합니다. 왜냐하면 시상은 열 개 이상의 시상신경핵들로 구성되며 이들 각각의 핵들이 대뇌피질과 상호연결되어 감각과 운동 그리고 의식작용에 직접 관련되기 때문입니다.

운동과 감각을 중개해주는 시상은 대뇌 구조에서 중요한 역할을 합니다. 뇌에서 시상이 맡은 역할을 이해하는 것은 뇌 공부의 향상과 직결될 만큼 필수적인 과정입니다. 후각을 제외한 시각, 청각, 체감각의 감각신호를 시상의 핵들이 대뇌피질로 전달합니다. 그리고 시상핵과 대뇌연합피질과의 상호연결 상태를 제럴드 에델만은 'dynamic core'라 부르며 인간의 의식작용이 생성되는 영역으로 설명합니다. 시상핵은 대뇌피질의 연결과 그 역할에 따라 네 가지 유형으로 분류할 수 있습니다.

특수감각핵: 복후외측핵(VPL), 복후내측핵(VPM), 내측슬상체(MGN), 외측슬상체(LGN)

운동핵: 복측전핵(VA), 복외측핵(VL), 중심핵(CM)

변연계 연결핵: 전핵(AN), 등쪽내측핵(MD)

5-28
시상의 구조

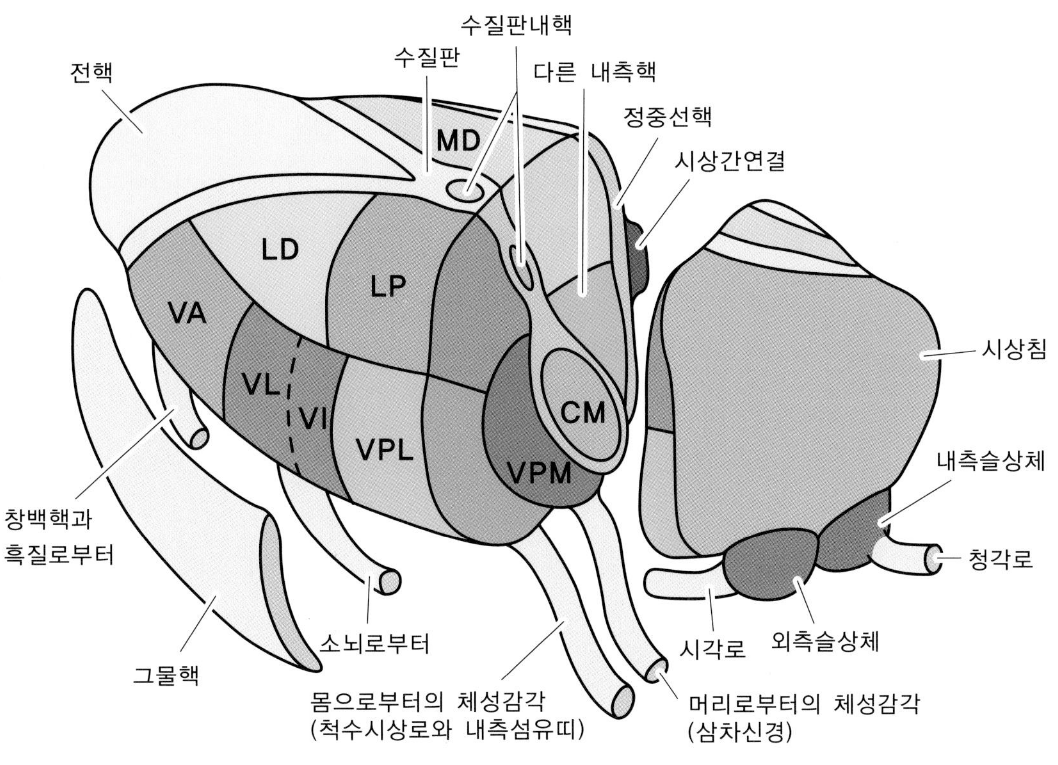

5-29
시상 외측슬상핵과 시상침에 의한 시각 중계

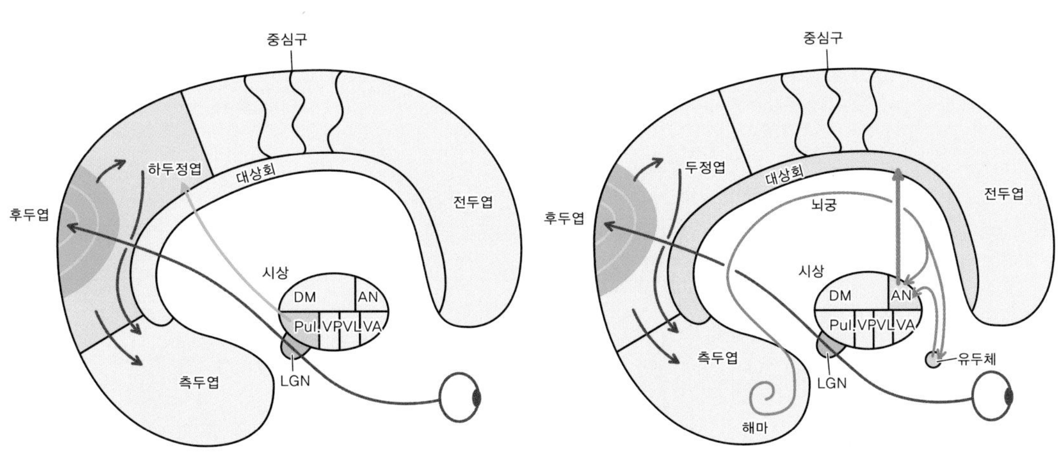

비특수핵: 시상그물핵(TRN), 시상수질판내핵(ILN)

시상침 아래 시각을 중개하는 시상특수감각핵인 외측슬상체 lateral geniculate nucleus(LGN)가 망막에서 입력된 시각 신호를 후두엽의 일차시각피질로 전달합니다. 그러면 일차시각피질에서 주변의 피질로 시각입력의 추가적인 신호 처리 과정이 하두정엽과 측두엽으로 진행됩니다. 하두정엽으로 진행하는 시각처리는 대상의 움직임을 지각하고 손 운동을 유도하는 무의식적 시각입니다. 하두정엽은 모서리이랑 angular gyrus(각회)와 모서리위이랑 supramarginal gyrus으로 구성되는데, 모서리이랑은 언어생성영역이며, 모서리위이랑은 손 동작에 의한 도구 사용에 관련된 영역입니다. V. S. 라마찬드란은 《명령하는 뇌, 착각하는 뇌》에서 하두정엽의 언어와 도구기술적 능력에 대해 상세히 설명합니다. 반면에 측두엽의 시각처리는 형태와 색깔 그리고 사물을 인식하는 의식적 시각정보입니다. 5-29에서 후두엽은 진한 녹색으로 표시되어 있지요. 오른쪽 그림은 후두엽의 연합시각 정보가 내측두엽의 해마형성체로 입력되는 과정을 보여주고 있습니다. 시각정보는 해마에서 유두체로, 그리고 유두체에서 시상전핵으로, 또 시상전핵에서 대상회로 입력되어 파페츠회로 Papez Circuit를 형성합니다.

5-30
시상 복측전핵, 복외측핵, 복후측핵에 의한 체감각과 운동정보 전달

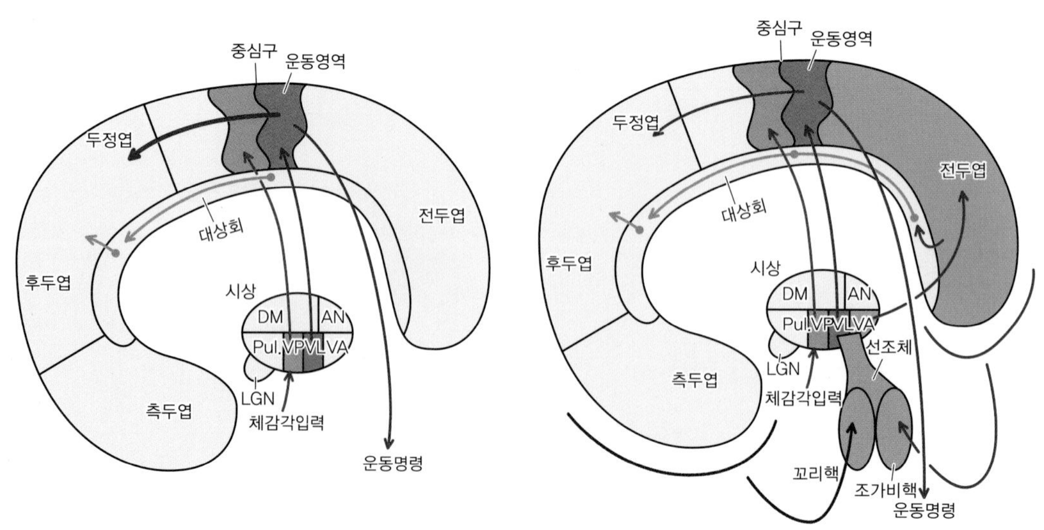

다리와 팔에서 척수후섬유단과 내측섬유띠를 통해 뇌간으로 상행하는 고유감각은 뇌간의 얇은핵과 쐐기핵에서 시냅스합니다. 얇은핵과 쐐기핵의 중개로 시상에 전달되는 감각은 신체에서 올라오는 골격근의 길이 변화와 근육 긴장도입니다. 그러한 신체감각은 시상 복후측핵(VP)에 전달되죠. 팔과 다리의 신체 감각은 척수시상로를 통해 복후외측핵(VPL)으로, 그리고 얼굴에서 전달되는 감각은 삼차신경을 통해 복후내측핵(VPM)으로 입력됩니다. 5-30의 오른쪽 그림에서 조가비핵과 꼬리핵의 출력은 시상 복측전핵(VA)과 시상 복외측핵(VL)으로 입력됩니다. 복측전핵의 신호는 전두엽으로 입력되어 대상회를 통하여 후두엽과 연결되죠.

편도체에 들어온 신경정보는 시상의 등쪽내측핵을 통하여 전두엽과 연결됩니다. 이 회로는 본능적 감정이 판단과 예측의 뇌 영역인 전두엽과 연결되어 인지작용에서 감정의 중요성을 분명히 보여줍니다.

감정과 느낌에 관련된 뇌연결 회로를 요약하면 다음과 같습니다.

감정학습: 편도체 → 시상 등쪽내측핵 → 안와내측전전두엽

본능적 정서표출: 안와내측전전두엽 → 편도체 → 시상하부 → 교감신경계

중독과 쾌감회로: 중뇌복측피개영역(VTA) → 측좌핵 → 안와내측전전두엽

5-31
편도체-시상등쪽내측핵-전두엽의 연결

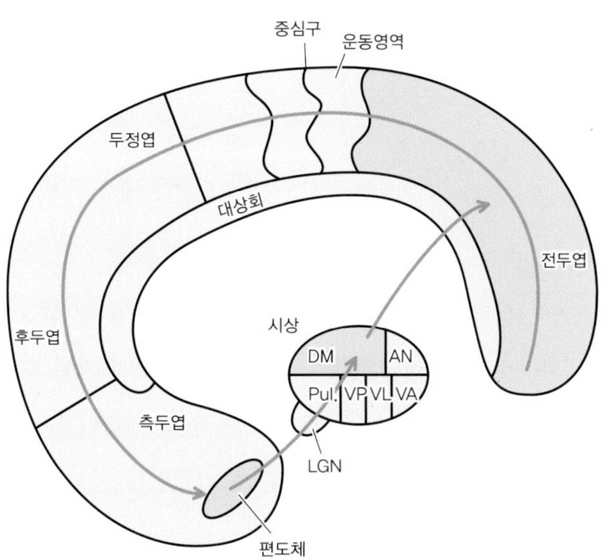

5-32
파페츠회로와 대뇌기저핵의 연결

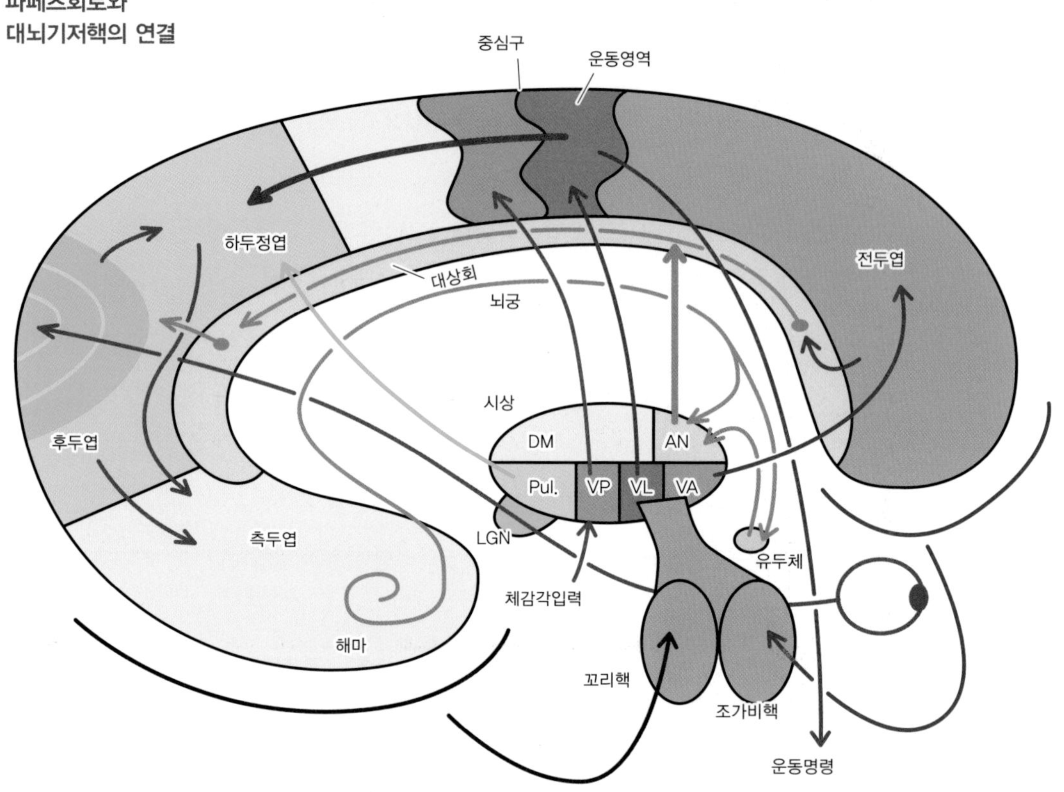

5-32는 시상과 대뇌피질 그리고 선조체의 상호연결을 통합적으로 잘 보여줍니다. 이 그림에서 시상침은 하두정엽과 연결됩니다. 시상침은 연합시각피질과도 연결되어 공간상의 시각적 이미지에 주의집중하는 역할을 합니다. 주의집중은 전두엽과 두정엽 그리고 시상침의 상호연결에 의해 가능해진, 다른 동물과 구별되는 인간의 중요한 능력입니다.

복후측핵(VP)은 일차체감각피질로, 복외측핵은 일차운동피질로, 시상전핵은 대상회로 입력되지요. 기억의 파페츠회로와 운동계획의 전두엽 그리고 운동학습의 선조체가 시상과 연결되어 하나의 거대한 뇌 회로를 형성합니다. 시상은 상행감각을 대뇌피질로 전달하며, 하행운동출력을 산출하기 위해 전두엽과 기억회로 그리고 운동학습회로를 상호연결시킵니다. 이러한 시상의 중개 역할을 바탕으로 대뇌기저핵과 대뇌피질 그리고 시상이 서로 연결되어 운동회로, 인지회로, 감정회로,

그리고 안구운동회로를 형성합니다.

시상은 감각자극을 대뇌피질로 중계해줍니다. 후각은 후각피질에서 시상 등쪽 내측핵(MD), 얼굴의 촉각은 복후내측핵(VPM), 손과 발에서 올라오는 자극은 복후외측핵(VPL), 청각은 하구를 거쳐 내측슬상핵(MG), 시각은 상구를 거쳐 외측슬상핵(LG)을 통해 대뇌피질로 중계됩니다.

시상이 대뇌피질로 올려 보내는 감각입력은 대뇌피질에 이미 기억된 내용보다 이전 기억에 없는 새로운 감각입력을 우선적으로 전달하죠. 그래서 우리는 무의식적으로 새로운 사실에 주목하며 기억도 잘하게 됩니다. 이미 기억된 정보와 비슷한 감각입력은 대뇌피질에서 의식적으로 분석하지 않고 무의적 습관화 반응으로 처리

5-33
시상에 의한 감각입력의 대뇌피질로 중계

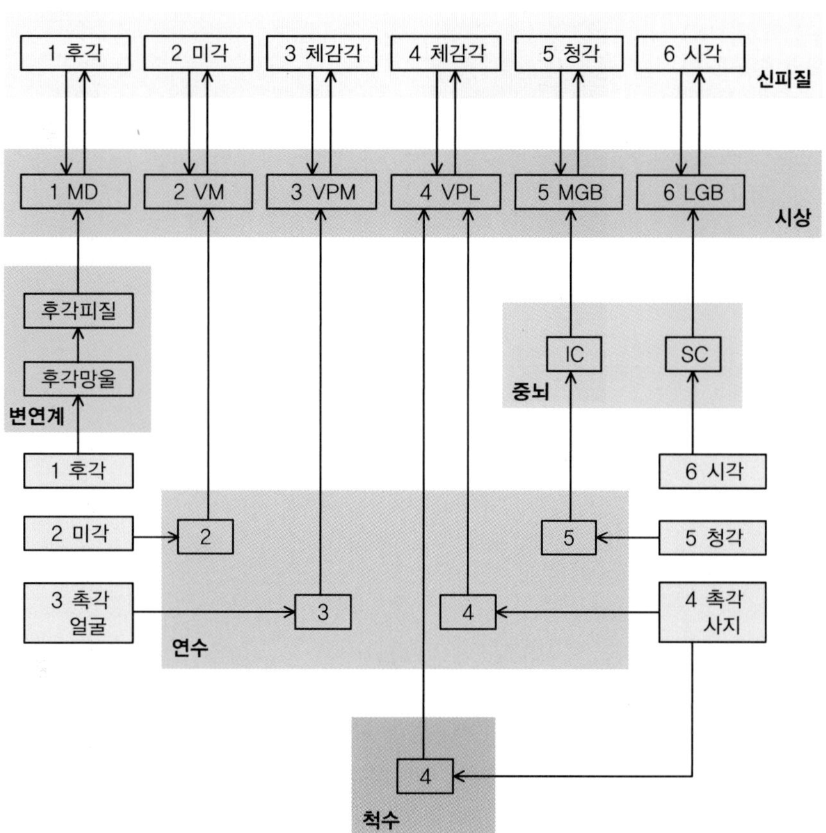

5-34
시상핵의 감각신호 전달

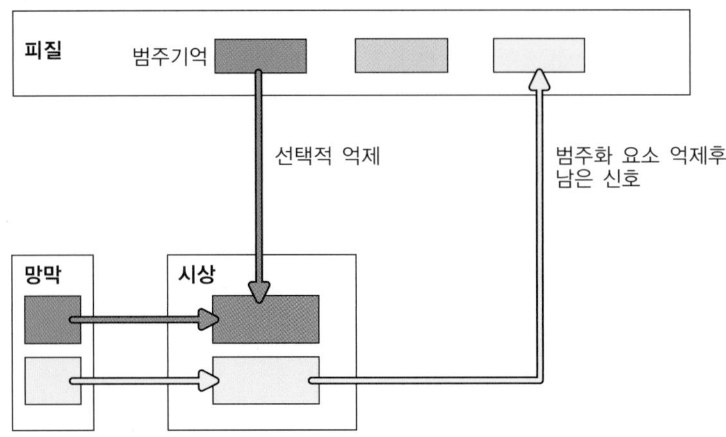

5-35
학습 진행 중(왼쪽)과 학습 후(오른쪽)의 대뇌피질 활성화
(출전: Schneider, W. (2003), "Automaticity in complex cognition," Center for Cognitive Brain Imaging at Carnegie Mellon University)

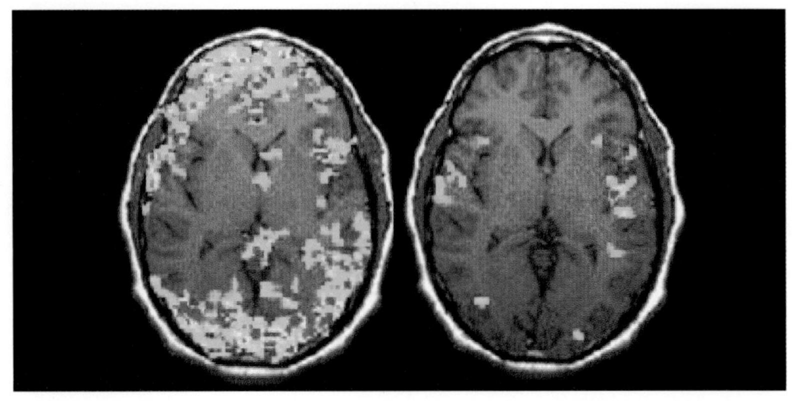

하여 대뇌피질에 인지적 부담을 줄여줍니다. 5-35에서 새로운 학습을 하는 동안은 대뇌피질의 전두엽, 두정엽, 측두엽이 모두 활성되지만 학습한 후에는 대뇌피질이 거의 활성화되지 않지요.

그러나 기존의 범주화된 기억 내용에 새로운 정보가 추가되면서 사건과 사물에 대한 범주화는 점점 더 확장되고 분화되지요. 이처럼 세계에 대한 범주화가 적응적으로 바뀌는 과정이 바로 인지학습입니다. 뇌간 그물형성체의 활성에 의해 대뇌피질이 흥분하여 의식적 각성상태를 유지합니다. 대뇌피질이 의식적 각성상태로 동

5-36
시상그물핵의 관문 기능
(출전: How our Brain Works, Donald A. Millers)

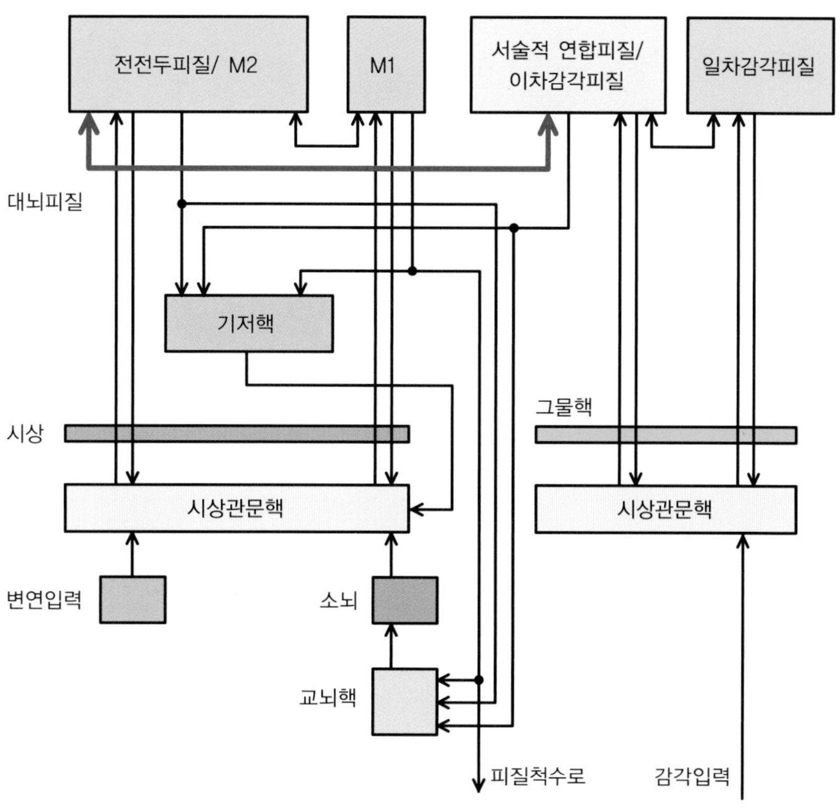

작하는 바탕에서 시상핵과 신피질의 상호연결로 대뇌피질에 범주화된 세계상이 만들어집니다. 즉 그물형성체에 의한 '의식상태'에 감각입력에 의한 '의식 내용'이 채워집니다.

시상감각핵은 새로운 감각이 입력될 때, 시상그물에 의한 억제 상태를 일시적으로 탈억제하여 감각입력을 대뇌피질로 올려 보냅니다. 소뇌와 기저핵의 운동정보 역시 시상그물핵의 탈억제에 의해 일차운동피질과 전전두엽으로 전달됩니다. 이처럼 시상그물핵은 감각입력이 시상핵들을 억제하고 있다가 중요한 감각신호나 운동출력이 요구되는 상황에서는 시상그물핵이 탈억제로 활성화되어 관련 대뇌피질로 신경자극을 전달합니다.

03 의지적 운동, 인식, 감정, 안구운동이 모여 행동이 되다

대뇌피질, 기저핵, 그리고 시상은 함께 운동회로, 인식회로, 감정회로, 안구운동회로를 구성합니다. 의식적 운동을 구성하는 수의운동회로motor loop, 인식회로cognitive loop, 변연회로limbic loop, 안구운동회로ocularmotor loop를 차례로 살펴봅시다. 인간 중추신경계의 운동회로는 파충류에서 포유류로 진화하면서, 다양한 신체운동을 제어하는 과정에서 발달했습니다. 냉온동물인 파충류의 순간적이고 강렬한 운동에서, 항온동물인 포유동물의 유연하고 연속적인 움직임으로 운동의 진화가 진행되었습니다. 선조체는 시상의 중개 기능을 통하여 대뇌운동피질과 연결회로를 형성하고, 대뇌운동과 관련한 피질에서는 전전두엽과 보완운동영역, 그리고 전두안구운동영역이 운동학습회로를 형성합니다.

게리 린치는 《빅 브레인》에서 후각-해마 중심의 파충류적 뇌회로에서, 선조-시상-피질회로 중심의 포유류 뇌로 진화하는 과정을 설명합니다. 파충류와 포유류의 선조체는 근육을 관장하는 원시적인 뇌 구조물인 후뇌와 뇌간에 신호를 보내며, 뇌간은 경련과 같은 미세한 동작을 일으키죠. 분리된 단일 동작들이 모여서 원시적인 행동이 일어납니다. 선조체에는 후뇌와 관련된 근육계를 활성화하는 회로와 억제하는 회로가 있습니다. 따라서 선조체를 자극하면 근육의 활성과 억제가 조절된

5-37
후뇌, 선조체, 연합피질의 자극 반응 형태

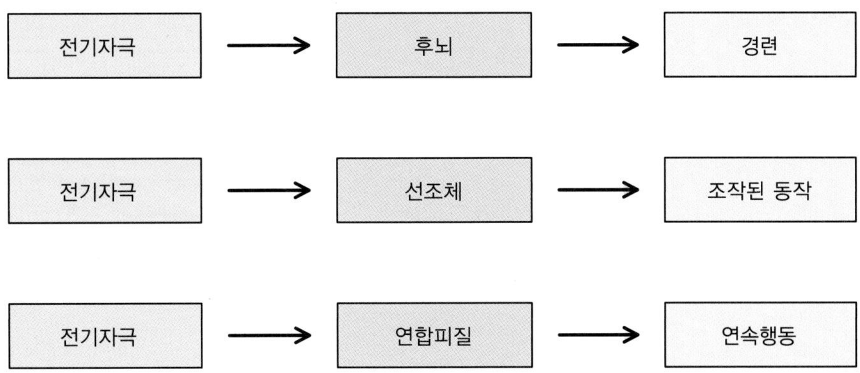

동작이 나타납니다.

피질에서 선조체로 들어가는 메시지는 활성과 억제회로를 통해 '이동'이나 '멈춤' 신호를 발생시킬 수 있으며, 따라서 피질에서 지각한 냄새는 동물을 움직이거나 얼어붙게 할 수 있습니다. 후뇌에 전기자극을 가하면 일부 근육군에 경련이 발생하죠. 하지만 선조체에 전극을 대면 선조체 특유의 일관성 있고 조직적인 동작이 나타납니다.

선조체가 뇌간의 근육조절 구조까지 포함하여 길게 여러 번 협응운동을 일으키면, 전두엽이 이 운동을 점검하고 학습회로를 통해 운동의 결과를 예상하기 시작합니다. 전두엽이 선조체와 상호연결되어 동작하면서 특정 상황에서 어떤 운동을 선택할지 판단할 수 있게 되었고, 그 결과 계획 능력이 생겨나게 됩니다. 또한 해마와 편도체는 모두 선조체에 신호를 보내고, 선조체는 다시 다른 피질과 시상-피질 회로에 연결됩니다.

전두엽에는 출력신호가 나가는 세 가지 경로가 있습니다. 첫째 경로는 신체 근육의 운동지도가 담겨 있는 운동피질에 연결되고, 둘째 경로는 선조체에 연결되며, 여기서 다시 시상-피질 회로로 되돌아가서 폐쇄형 회로를 만듭니다. 피질에서 선조체로, 선조체에서 시상으로, 시상에서 다시 피질로 연결되는 회로이지요. 셋째 경로는 전두엽과 감각연합피질 사이의 양방향 연결입니다. 이 세 가지 경로를 통해 운동을 계획하고, 시간을 조절하고, 사고를 조율하는 역할을 합니다. 따라서 운동

5-38
전두연합영역과 연결된 선조체, 운동피질, 감각연합피질

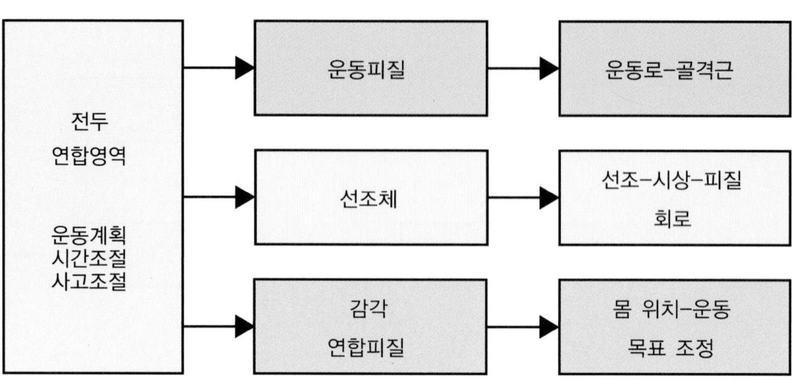

5-39
대뇌피질의 수초화 순서와 감각과 운동이 개념화되는 단계
(출전: Fuster)

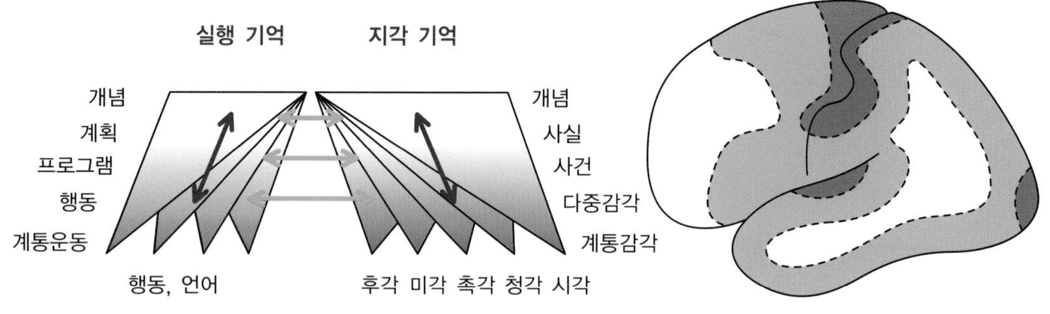

은 추상적 단위에서 유발됩니다. 추상적인 시간-동작의 지도 그리기에 의해 운동이 생성된다는 것입니다.

축구와 농구 같은 운동도 추상적인 개념으로 선수들의 몸동작이 조절됩니다. 일차감각피질과 일차운동피질에서 신경정보가 처리될 때는 동물종마다 고유한 특징이 드러나지요.

감각과 행동이 동물종의 고유한 특징 수준에서는 분리된 특질로 감각적 속성과 운동적 속성으로 구분되지요. 그러나 연합피질에서 감각이 연합되어 다중감각이 되면 감각과 운동의 구분이 점차로 약해집니다. 사건과 사실 기억 수준에서 감각과 운동 기억의 구분이 더 희미해지며 전전두엽에서는 감각과 운동 모두 언어적 개념으로 바뀝니다. 그래서 전전두엽에서 의식적으로 인식하는 과정은 언어로 처리되지요. 축구선수는 공과 다른 선수들의 움직임을 예측해야 하지요. 이러한 예측은 언어적 사고 과정이며 추상적 개념을 사용합니다.

대뇌는 바깥에서부터 분자층, 바깥과립층, 바깥피라미드층, 속과립층, 속피라미드층, 다형층의 여섯 층으로 구성됩니다. 대뇌피질은 회색질입니다. 피질 부분에 신경세포체가 모여 있죠. 또한 대뇌피질은 표면이 많이 접혀 주름져 있습니다. 주름의 표면이 드러난 부분을 회gyrus(이랑), 회와 회 사이 안쪽으로 들어간 부분을 구sulcus(고랑)라고 합니다. 대뇌피질은 전두엽, 두정엽, 측두엽, 후두엽으로 구분되지요. 뇌섬엽은 측두엽 윗부분의 가쪽고랑lateral sulcus(외측구) 안쪽에 묻혀 있지요.

계획을 세우고 그것을 실행하기까지 뇌 영역은 연속으로 작동합니다. 전두엽은 저장된 동작 중에서 운동 유형을 선택하고, 운동피질을 활성화시킨 뒤 척수의 운동뉴런에 직접 축삭을 통해 정보를 전달하여 적절한 운동을 시작합니다. 정보가 피질 아래로 내려가면서 소뇌와 뇌간에도 곁가지로 보내 신체 모든 부분을 조화롭게 움직이게 하지요. 나아가 선조체와 전두엽이 연결된 회로에도 메시지가 상호 전달됩니다. 이러한 상호연결회로는 전두엽의 활성 시간을 늘려서 전체 과정이 순차적으

5-40
대뇌피질의 기능적 영역

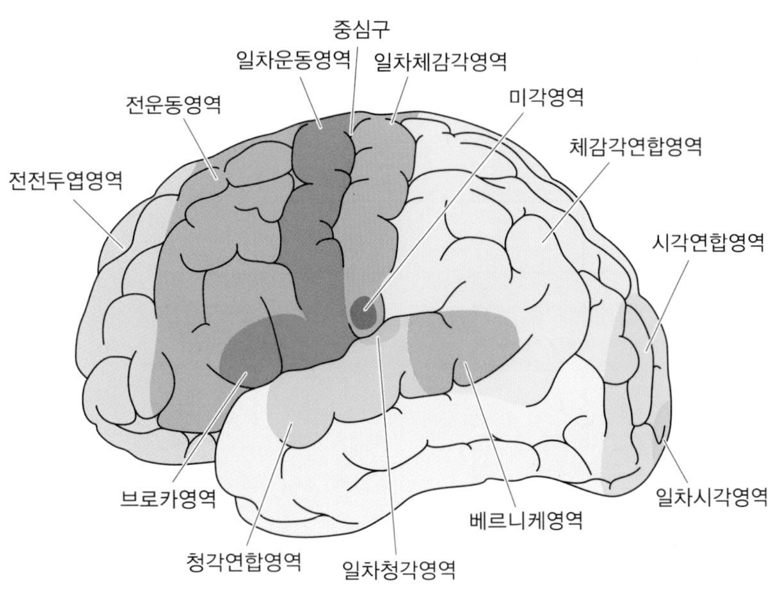

로 작동할 수 있게 해줍니다. 마지막으로 감각연합피질에서 전두엽으로 입력되는 정보는 운동의 목표에 맞게 몸의 위치를 끊임없이 바꿔줍니다.

테니스를 치는 모습을 상상해봅시다. 한 손에는 테니스 라켓을 들고 공의 방향에 따라 몸통과 팔다리, 손발을 움직입니다. 수의운동이 일어나고 있지요. 수의운동의 출력신호는 주로 상위운동신경원인 대뇌피질의 일차운동영역에서 나옵니다. 일차운동영역은 대뇌피질 가운데에 있는 중심고랑central sulcus 앞의 중심전이랑precentral gyrus 부분에 해당하며, 신체의 각 영역에 보내는 운동출력지도인 운동호문쿨루스가 존재합니다. 중심후이랑postcentral gyrus 부분은 일차체감각영역으로 감각호문쿨루스가 있지요. 중심고랑을 기준으로 앞은 운동, 뒤는 감각이죠. 일차운동영역에서 운동신호를 연수의 피라미드를 통해 척수전각의 알파운동뉴런으로 보내죠. 이것이 바로 추체로(피라미드로) 신경로인 피질척수로입니다. 추체로는 구체적으로 일차운동피질, 보완운동피질, 그리고 전운동피질에서의 출력이 합쳐서 형성됩니다. 추체로는 피질척수로와 피질연수로 구분됩니다.

테니스처럼 정교한 운동을 하려면 몸의 자세를 정확하게 제어해야 합니다. 이것은 대뇌기저핵과 두정엽 그리고 전두엽이 협동해야 가능합니다. 대뇌피질의 일차운동영역과 보완운동영역supplementary motor area(SMA)에서 조가비핵으로 신경섬유를 뻗어 신호를 보냅니다. 조가비핵에서 이 신호는 창백핵 외절을 통과하고 창백핵 내절에서 억제성시냅스를 하지요. 창백핵 내절에서 시상으로도 억제성 신경연

5-41
대뇌기저핵과 보완운동영역에 의한 운동회로(motor loop)
(출전: 《의학신경해부학》, 이원택·박경아)

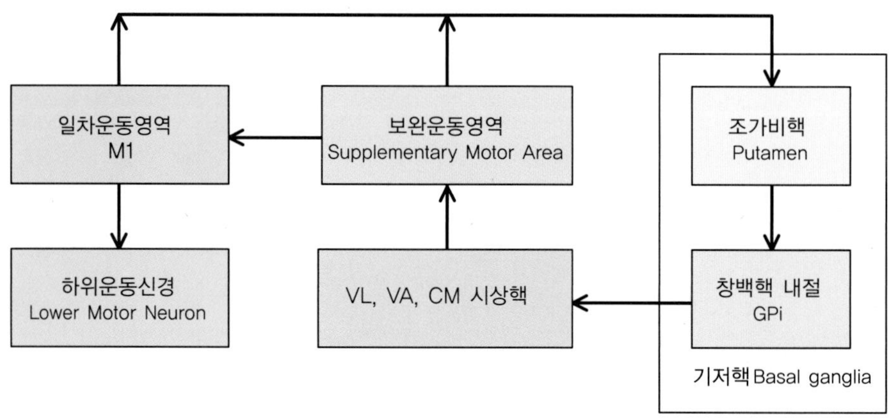

결이 이어집니다. 선조체와 연결된 운동성 시상핵은 복외측핵(VL), 전복측핵(VA), 중심정중핵(CM)이 있습니다.

신호를 받아 흥분한 시상의 복외측핵, 전복측핵, 중심정중핵은 다시 대뇌피질의 보완운동영역으로 신경자극을 출력합니다. 보완운동영역은 일차운동영역 앞쪽이랑 영역입니다. 좌뇌와 우뇌 보완운동영역의 활동을 억제하면 수의적 행동이 힘들지요. 운동 욕구가 생기지 않습니다. 우리의 행동에는 대부분 행동하려는 의욕인 동기가 있지요. 전전두엽과 함께 보완운동이 아마도 그러한 운동 욕구를 만듭니다. 운동신호는 한번 나가면 수정하기 어렵죠. 의지대로 움직이기 위해 보완운동영역에서 운동에 대한 의욕이 생성되어 일차운동영역으로 신호를 출력합니다.

이로써 일차운동영역에서 나와 조가비핵, 창백핵 내절, 시상의 복외측핵, 전복측핵, 중심정중핵, 보완운동영역, 일차운동영역으로 다시 돌아가는 회로가 완성됩니다. 따라서 운동회로가 계속적으로 활성화되면서 일차운동영역에 유입되는 신경신호는 점점 더 신속하고, 정확하고, 그리고 강한 신경신호가 되겠지요. 그래서 일차운동피질은 대뇌운동피질에서 최소의 자극으로도 운동이 유발되는 영역입니다. 이처럼 반복 훈련에 의한 학습된 신경신호가 척수전각의 알파운동신경세포로 신호를 보내어 습관화된 몸 운동이 출력되는 것입니다. 운동피질에 대한 역할을 정리하면 다음과 같습니다.

전운동영역(PM): 팔과 몸통을 목표쪽으로 향하는 운동의 시작 단계. 주로 시각영역에서 입력을 받음.

보완운동영역(SMA): 운동의 유형과 순서에 관여함. 주로 체감각에서 입력을 받음.

일차운동영역(M1): 정밀하고 민첩한 수의운동의 시작 단계에 관여함.

테니스를 처음 배울 때와 어느 정도 훈련을 한 뒤를 비교해보면 자세부터 다릅니다. 대뇌기저핵에 저장된 운동회로가 몸의 반복된 움직임에 따라 계속 강화되면서 운동 프로그램이 끊임없이 향상되기 때문이죠.

테니스 선수는 자신의 숙련된 운동학습을 바탕으로 상대방의 운동계획을 인지합니다. 상대방의 동작과 표정을 읽고 판단한 후 그 판단에 따라 의도적으로 몸을 움직이죠. 그러기 위해서는 인식회로가 작용해야 합니다. 인식회로 역시 일차운동영역에 연결됩니다. 일차운동영역과 전전두엽에서 신경섬유가 나와 꼬리핵에서 시냅스합니다. 꼬리핵에서는 흑질그물부substantia nigra pars reticulate(SNr)로 신호를 보내죠. 흑질그물부는 중뇌 피개의 앞부분에 있는 신경세포들이 모인 부위입니다.

5-42
운동회로에서 소뇌와 올리브핵의 연결
대뇌기저핵의 운동회로에 소뇌, 올리브핵, 적핵이 연결되면 새로운 운동학습을 수행하는 회로가 된다. 특히 하올리브핵과 소뇌는 고난도의 새로운 운동 과정을 학습할 때 활발히 동작한다.

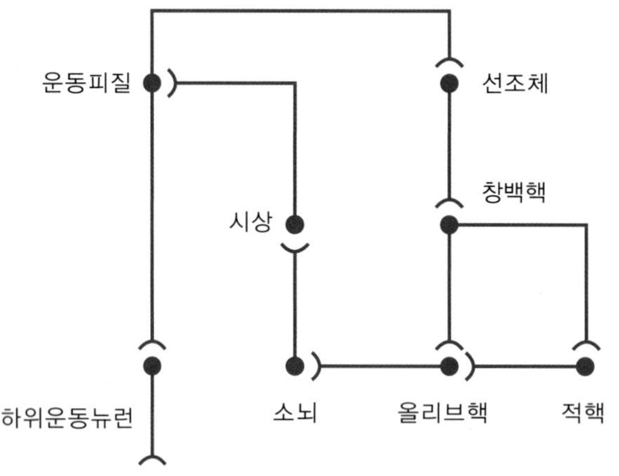

5-43
대뇌기저핵과 전전두엽의 운동인지학습회로(cognitive loop)

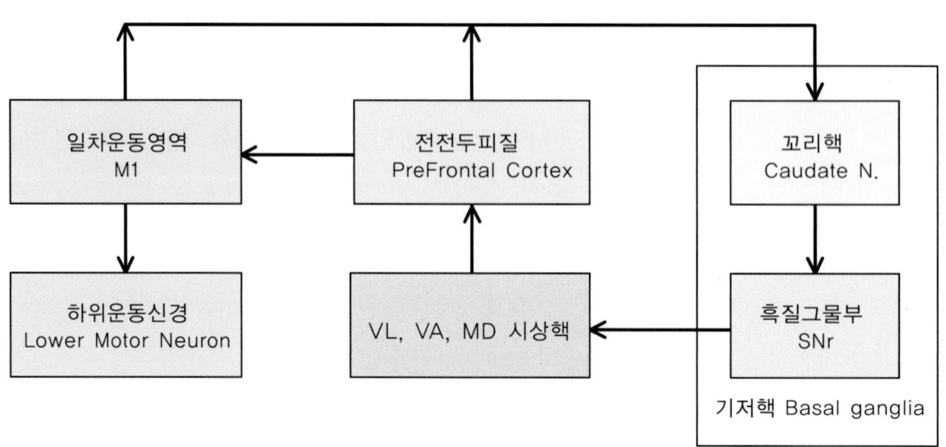

도파민 신경세포로 이루어진 흑질치밀부substantia nigra pars compacta(SNc)와 붙어 있죠.

흑질그물부에서는 다시 시상 복외측핵과 전복측핵, 배내측핵으로 신경섬유를 보내어 신호를 전달합니다. 시상의 복외측핵, 전복측핵, 배내측핵에서 전전두엽 prefrontal cortex(PFC)으로 연결됩니다. 그래서 테니스를 할 때 상대방의 운동계획을 미리 파악하고 공이 어느 방향으로 올지 예측을 할 수 있죠. 예측은 모든 운동경기에서 운동선수들이 가져야 하는 핵심적인 능력이지요. 전전두엽에서는 일차운동영역으로 계획된 운동신호를 보냅니다. 이 과정의 반복이 바로 운동인지학습이지요. 일차운동영역에서 시작해 꼬리핵, 흑질그물부, 시상의 복외측핵, 전복측핵, 배내측핵, 전전두엽, 다시 일차운동영역까지 인식회로가 한 바퀴 돌게 되지요. 계획된 운

5-44
배외측전전두엽과 상호연결된 뇌 영역

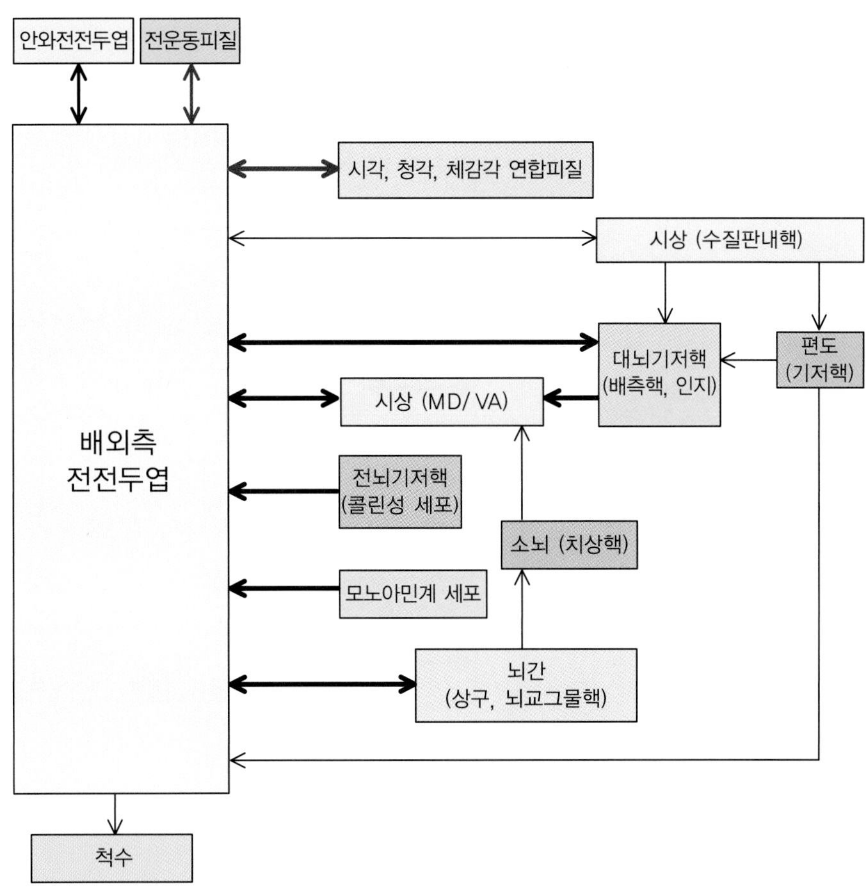

동신호를 받은 일차운동영역에서는 이를 하위운동신경원으로 보내고 골격근을 통해 상대방의 운동을 예측하여 계산된 운동이 출력됩니다.

전전두엽은 배외측전전두엽dorsolateral prefrontal cortex(DLPFC)과 안와내측전전두엽orbitomedial prefrontal cortex(OMPFC)으로 구분됩니다. 배외측전전두엽이 예측, 추론, 판단, 그리고 목적지향적 운동을 계획하기 위해서 감각연합피질, 해마, 대뇌기저핵, 전뇌기저핵, 뇌간과 상호연결됩니다. 배외측전전두엽은 작업 기억에 관여하는 실행 기능 피질이지요. 반면에 안와내측전전두엽은 변연계와 연결되어 정서와 자아감을 만드는 전전두피질입니다. 따라서 운동인지학습에 관여하는 피질은 배외측전전두엽이지요. 배외측전두엽에서 운동영역을 뺀 부분이 전전두엽입니다. 배외측전전두엽은 인식하고 판단하고 예측하지요.

5-45
안와내측전전두엽과 상호연결된 뇌 영역

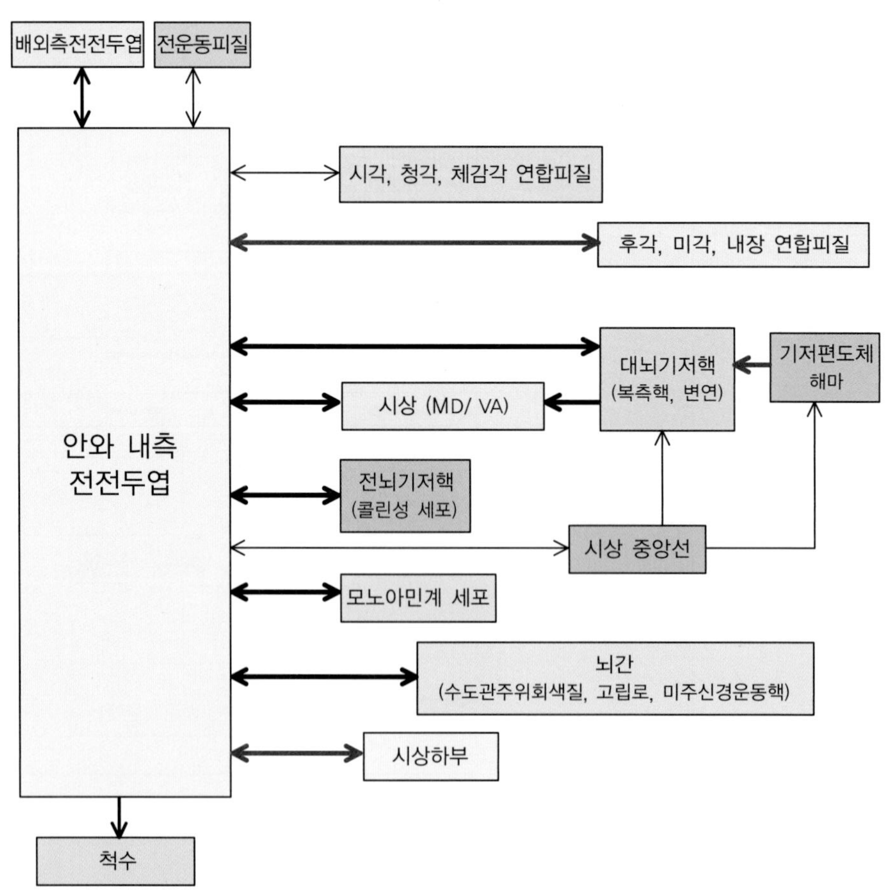

반면에 안와내측전전두엽은 후각, 미각, 그리고 내장감각과 상호연결되어 본능적 욕구와 감정을 처리하여 느낌과 자아감을 생성하지요. 동물의 생존을 위해서는 에너지 섭취와 생식 기능이 필수조건이지요. 먹이와 생식을 위한 대상은 모두 동물의 몸 외부에 존재하지요. 그래서 동물의 생존은 자신이 본능적 요구에서 생성되는 감정과 자아감으로 외부환경정보를 처리합니다. 이것이 바로 지각의 범주화 과정이며 배외측전전두엽과 안와전전두엽의 상호작용에서 가능해진 능력이지요. 본능적 욕구는 '교감신경 → 시상하부 → 대뇌변연계 → 안와내측전전두엽의 신경작용'을 거치면서 사회적 적응력이 향상된 정서적 느낌으로 변화합니다. 감정적 운동출력은 시상하부가 담당하며 감정의 정서적 처리는 대뇌변연계가 처리하지요. 변연계에서 특히 전대상회는 감정과 인지작용을 연결하여 감성적 집중과 인지적 유연성을 확장합니다.

대뇌피질과 대뇌기저핵 그리고 시상핵들의 상호연결에 의한 운동회로, 인지회로가 설명됩니다. 이제 감정적 욕구를 처리하여 운동목표를 향한 동기를 유발하는 전대상회와 관련된 감정회로를 살펴봅시다.

테니스 시합을 하다 보면 승부욕이 일어납니다. 승부욕이 일어나는 데 관여하는 부위는 변연계입니다. 변연계에서도 개인의 기호와 관계 있는 전대상회anterior cingulate gyrus(앞띠이랑) 부위가 많이 활성화되죠. 전대상회는 대상회에서 전두엽과 가까운 부위를 말합니다. 전전두엽과 전대상회의 상호연결은 아주 밀접합니다. 전대상회를 포함한 대상회는 대뇌반구 안쪽의 뇌량을 둘러싸고 있는 피질이죠.

승부욕은 운동의 감정적 측면에 해당합니다. 표정과 몸짓을 통해 감정을 몸 운동으로 표출하는 것이죠. 변연회로limbic loop는 대뇌기저핵으로 이어지는데, 대뇌기저핵에서도 배쪽선조체ventral striatum(복측선조체)로 신호가 들어갑니다. 배쪽선조체는 중격의지핵nucleus accumbens 부위인데, 구체적으로는 전뇌기저부에서 마이네르트핵을 제외한 부위가 창백핵과 이어져 있어서 배쪽창백(복측창백)이라 합니다. 배쪽선조체에서는 배쪽창백ventral pallidum으로 신경섬유를 뻗어 신호를 보냅니다. 배쪽선조체와 배쪽창백은 대뇌기저핵의 배쪽 부분으로 변연계적 성격이 강한 대뇌기저핵 영역이죠. 반면에 기존의 선조체(꼬리핵과 조가비핵)와 창백핵은 등쪽선조(배측선조)와 등쪽창백으로 배쪽기저영역과 구별되죠. 운동 선택이 등쪽선조와 등쪽창백의 기능이라면 배쪽선조와 배쪽창백은 운동을 하려는 의욕을 생성하는 동기 부여 기능을 담당한다고 생각됩니다. 흰색의 지방질 수초로 감긴 유수신경섬유들이 창백핵을 뚫고 지나가면서 희끗희끗하게 보이죠. 그래서 회색 바탕에 약간 하얗게 보여서 창백핵이라 합니다.

그런데 대뇌피질 일차운동영역과 선조체는 대략 1000 대 1, 선조체와 창백핵은 100 대 1로 수렴converge합니다. 이는 운동회로에서 관련된 신경세포의 비율이, 대뇌운동피질에서 1000개의 신경세포의 신호가 꼬리핵과 조가비핵으로 구성된 선조체의 신경세포 1개로 수렴하고, 100개의 선조체 신경세포는 1개의 창백핵 신경세포로 수렴한다는 것입니다. 표면이 많이 접혀 주름져 있는 대뇌피질을 쫙 펴면 놀라울 정도로 면적이 넓어집니다. 이렇게 넓은 대뇌피질의 여섯 층에 140억 개 가량의 신경세포가 서로 연결되어 모여 있는 겁니다. 대뇌피질과 선조체에 비해 창백핵은 신경세포 수가 적죠. 창백핵에는 신경세포가 듬성듬성 모여 있습니다.

다시 변연회로로 돌아가서, 신호를 받은 배쪽창백핵에서는 시상의 배내측핵(MD)과 중심선midline으로 신호를 보냅니다. 중심선 역시 신경핵이 있지요. 시상의 입체 그림에서 정중선핵으로 표시된 곳입니다. 시상의 배내측핵과 중심선을 거친 신호는 전대상회로 들어갑니다. 전대상회에서 인식된 정보의 감정적 내용에 반응

5-46
배쪽창백핵, 배쪽선조체, 전대상회 연결에 의한 운동의 감정학습회로(limbic loop)

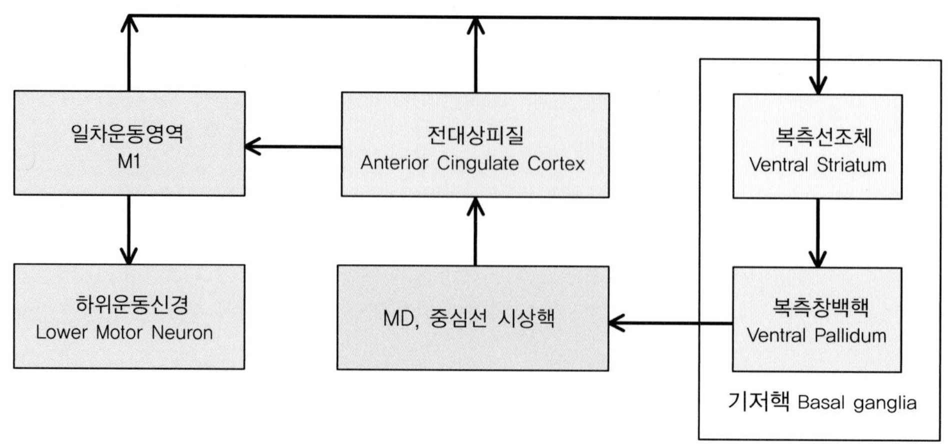

하죠. 전대상회에서 다시 일차운동영역으로 신경섬유를 뻗어 신경신호를 내보냅니다. 이를 받은 일차운동영역에서 척수전각의 하위 운동신경원으로 신호를 내보내고, 골격근을 통해 감정이 담긴 운동이 출력됩니다.

운동이라는 큰 회로 안에서 복측선조체, 복측창백핵, 시상 배내측핵, 시상 중심선, 전대상회로 작은 회로가 돕니다. 이 회로가 돌면 어떤 일이 일어날까요? 감정이 속으로 되뇌면서 증폭됩니다. 욕망에 사로잡히고 감정에 중독되죠. 시상 배내측핵은 전전두엽과 상호연결되고, 전전두엽은 측좌핵, 복측피개 영역과 연결되는 도파민 관련 연결이 운동중독과 관련됩니다. 그리고 이것이 테니스 경기에서는 경쟁심으로 나타나죠.

테니스 경기에서 상대방이 보낸 공을 받고 다시 건너편으로 공을 쳐서 보내려면 시선, 즉 눈동자를 계속 움직여 시각정보를 입수해야 합니다. 우리 뇌에는 이를 가능하게 하는 시각 추적 기관이 두 가지 있습니다. 의식적으로 움직이는 목표물을 추적하는 시각신호를 처리하는 곳은 전두안구영역frontal eye field(전두눈운동영역)입니다. 전두안구영역은 전두엽의 앞쪽 아래, 안구 위쪽에 위치해 있습니다. 또 다른

5-47
꼬리핵, 흑질, 전두안구영역, 상구 연결에 의한 안구운동회로(oculomotor loop)

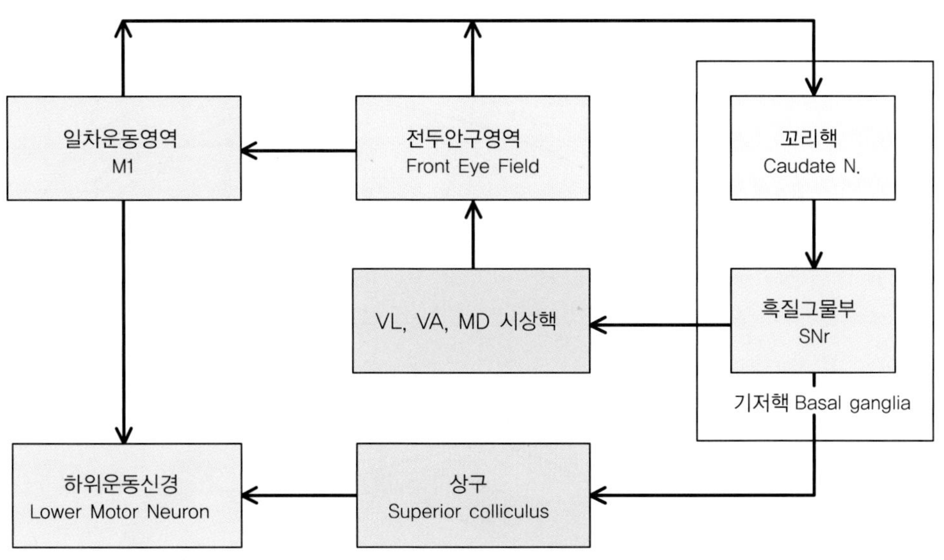

시각 영역은 상구입니다. 상구를 통한 안구운동은 무의식적으로 일어납니다. 작은 자극이 일어나도 시선이 그쪽을 향해 반사적으로 움직이는 거죠. 그 결과 몸과 얼굴까지 자극이 일어나는 쪽으로 무의식적으로 움직입니다.

이런 안구운동회로 역시 일차운동영역에서 시작합니다. 일차운동영역에서 선조체로 신경신호를 보내죠. 이 신경신호는 선조체의 꼬리핵 몸체에서 흑질그물부, 흑질그물부에서 시상의 복외측핵, 전복측핵, 배내측핵을 거쳐 전두안구영역으로 연결되어 다시 일차운동영역으로 들어갑니다. 그리고 운동, 인식, 감정회로와 마찬가지로 하위운동신경원으로 운동신호가 내려가 근섬유를 통해 안구운동으로 출력됩니다. 이 안구운동으로 우리는 의식적으로 주의집중을 할 수 있게 됩니다. 동시에 흑질그물부에서 상구로 신호를 보내고, 상구에서 하위 운동신경원으로 운동신호가

5-48
대뇌기저핵과 운동회로, 인지회로, 감정회로의 신경 연결
(출전: The Human Central Nervous System, R. Nieuwenhuys, J. Voogd and C. van Huijzen)

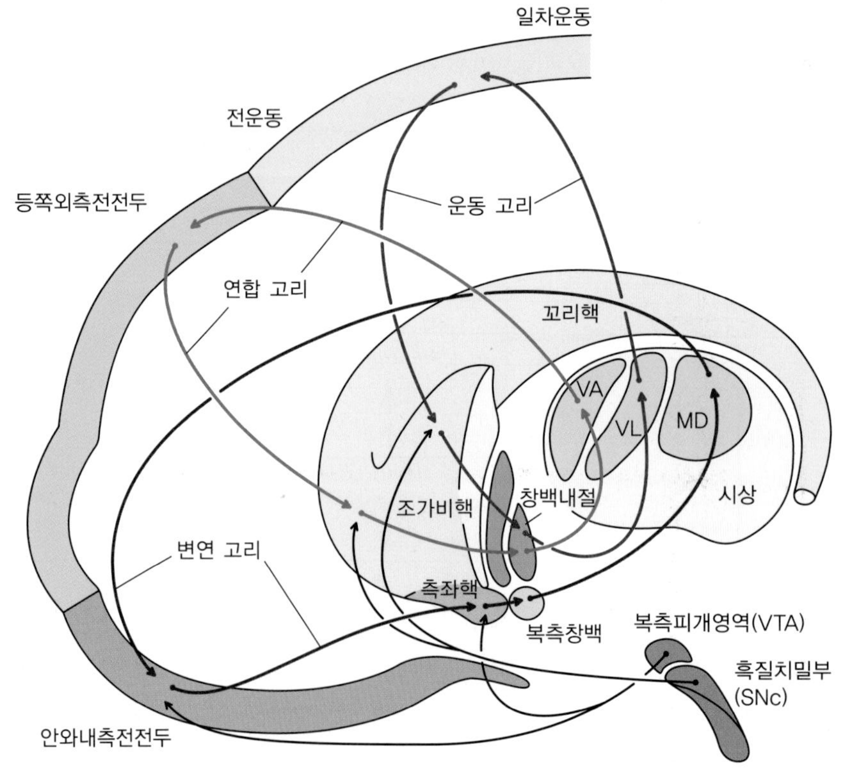

내려가 근섬유를 통해 무의식적 안구운동이 출력됩니다. 대뇌기저핵과 대뇌운동피질 그리고 시상이 상호연결되어 작동하여 운동의 인지적, 정서적, 그리고 실행적 특성들이 함께 어우러져 인간의 행동이 되지요.

변연고리: **안와내측전전두엽**orbitomedial prefrontal cortex(OMPFC) → **측좌핵**accumbens nucleus(AC) → **배쪽창백**ventral pallium(VP) → **등쪽내측핵**(MD) → **안와내측전전두엽**

연합고리: **배외측전전두엽**dorsolateral prefrontal cortex(DLPFC) → **꼬리핵**caudate nucleus(C) → **창백핵 내절**globus pallidus internal(GPi) → **배쪽전핵**(VA) → **배외측전전두엽**

운동고리: **전운동영역**premotor(PM) → **조가비핵**putamen(P) → **창백핵 내절**(GPi) → **배쪽외측핵**(VA) → **전운동영역**

인간의 운동은 이처럼 다양한 뇌회로가 반복적으로 작용한 결과입니다. 수의운동회로, 인식회로, 변연회로, 안구운동회로의 네 가지 회로가 함께 작용하여 목적지향적 운동을 학습하고 훈련하는 것이죠. 동물의 운동과는 구별되는 행위를 만들고 있어요. 행위는 목적이 분명합니다. 목적지향적 행동은 계획하고, 욕망하고, 주의를 집중해야 합니다. 단순한 반사운동과는 확실히 다르죠. 이러한 대뇌운동피질과 선조체 그리고 시상 연결회로의 지속적인 활성화로 동물의 수동적 반응과 달리 인간은 능동적으로 목적지향적 행동을 합니다.

운동피질, 선조체, 감각연합피질은 전전두엽과 상호연결되어 몸 운동을 생성합니다. 전전두엽과 운동피질의 연결로 운동 계획이 출력되지요. 선조체와 시상 그리고 전전두엽의 연결로 시간 조절과 사고 조절이 가능하며 감각연합피질의 입력으로 몸 위치와 목표 조정이 가능해집니다.

대뇌피질의 광범위한 영역이 활성화되어 선조체와 창백핵으로 수렴하고, 시상을 통해 대뇌피질과 연결되어 인지회로와 감정회로 그리고 운동회로가 작동합니다. 대뇌기저핵의 주요 기능은 운동 선택입니다. 동물은 자극에 대해 '수동적 반응'을 하지만 인간은 '능동적 행동'을 하지요. 동물의 수동적 반응에서 인간의 능동적 행

5-49
대뇌피질-선조체-창백핵
-시상의 연결회로

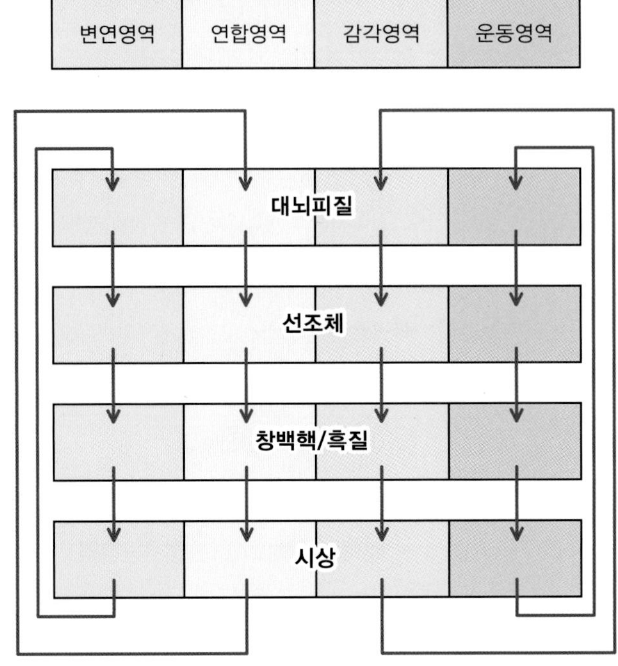

5-50
조가비핵-창백핵-시상
-대뇌피질의 신경 연결

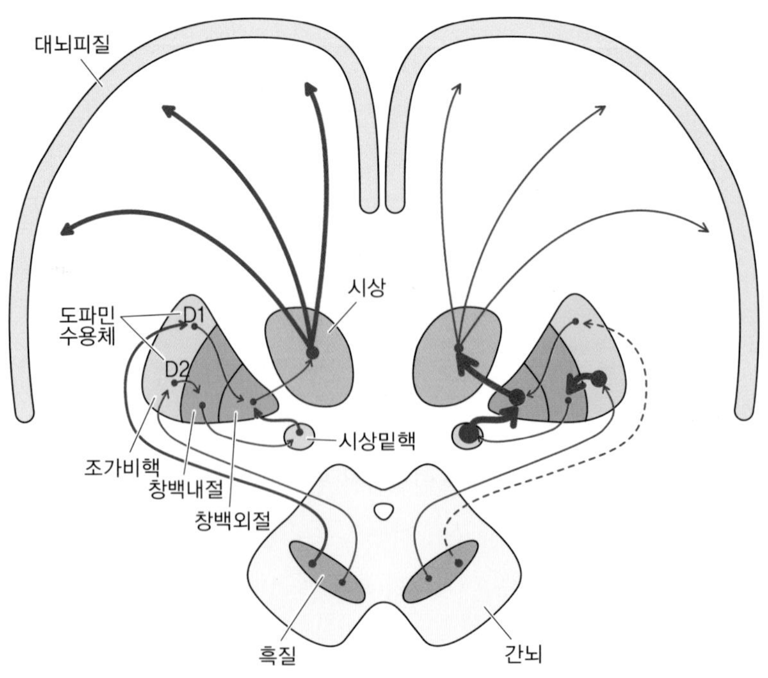

동으로 진화하게 된 것은 전두엽의 인지 기능과 변연계의 감정 능력이 운동영역의 작용과 상호연결되어 대뇌기저핵의 운동 선택 기능이 발달했기 때문입니다.

대뇌기저핵의 신경연결은 직접경로와 간접경로로 구분됩니다.

직접경로: 대뇌피질 → 창백내절 → 시상 → 대뇌피질

(목표로 하는 운동을 수행하는 회로이다.)

간접경로: 대뇌피질 → 창백외절 → 시상밑핵 → 창백내절

(직접경로가 목표하는 움직임 외의 동작을 억제한다.)

대뇌기저핵의 운동 선택 작용을 요약하면 다음과 같습니다.

대뇌피질 흥분

직접경로: 흑질 도파민성 세포 비활성 → 조가비핵 D_1수용체 억제 → 창백내절 억제 → 시상운동핵 활성 → 대뇌피질 활성

간접경로: 흑질 도파민성 세포 비활성 → 조가비핵 D_2수용체 억제 → 창백외절 활성 → 시상밑핵 억제 → 창백내절 억제 → 시상운동핵 활성 → 대뇌피질 활성

대뇌피질 억제

직접경로: 흑질 도파민성 세포 활성 → 조가비핵 D_1수용체 활성 → 창백내절 활성 → 시상운동핵 억제 → 대뇌피질 억제

간접경로: 흑질 도파민성 세포 활성 → 조가비핵 D_2수용체 억제 → 창백외절 활성 → 시상밑핵 비활성 → 창백내절 비활성 → 시상운동핵 억제 → 대뇌피질 억제

그런데 이러한 네 가지 회로 가운데 특정한 회로에 문제가 생기면 어떻게 될까요? 뇌성마비를 예로 들어보겠습니다. 뇌성마비는 조가비핵이 손상되어 수의운동회로가 제대로 작동되지 않아서 일어납니다. 자신의 의지대로 몸을 능숙하게 움직이려면 운동기억이 저장되어 있어야 하죠. 학습된 운동기억은 조가비핵과 대뇌피질 전체에 저장됩니다. 이 가운데 조가비핵에는 수의운동에 대한 절차기억들이 저장되어 있죠. 그런데 조가비핵에서는 기억이 순서대로 쌓이는 게 아니라 각각 분리되어 저장됩니다. 그러다가 조가비핵으로 운동신호가 들어오면 운동에 맞게 여러 운동 단위인 서브유닛subunit이 순서대로 나열되죠. 여기서 서브유닛이란 입자나 고분자에서처럼 기본이 되는 구성 단위입니다. 우리가 하는 모든 수의운동은 여러 단위 운동의 순차적 연결로 구성됩니다. 단위운동의 연결 순서가 잘못되면 각 동작이 뒤죽박죽으로 배치되어, 의도하는 것과 다른 방향으로 움직여 목표에 도달할 수 없게 됩니다. 이런 증세가 나타나는 대표적인 질환이 바로 뇌성마비죠. 뇌성마비는 수의운동회로에서 운동이 순서대로 인출되지 않아 생긴 현상일 수 있습니다. 그러나 감정회로, 인식회로는 정상적으로 작동합니다.

04 운동출력이 너무 강하거나 너무 약할 때

운동회로를 구성하는 부위 중 하나라도 손상되면 몸의 움직임이 정상상태에서 벗어나게 됩니다. 즉 자신의 의지에 따라 몸을 제대로 움직일 수 없게 되는 것입니다. 운동은 선조체와 흑질치밀부, 시상밑핵, 시상 그리고 대뇌운동피질이 상호연결되어 생성됩니다. 동물의 운동은 이처럼 대뇌피질과 피질하영역의 상호억제다중회로가 작동한 결과로 나타납니다. 이러한 과정의 조절에 이상이 생기면 운동장애가 발생합니다. 흑질치밀부가 손상되면 과소운동증hypokinetic disease인 파킨슨병이 나타나고 조가비핵과 꼬리핵이 손상되면 과잉운동증hyperkinetic disease인 헌팅턴병이 생기지요.

과소운동증의 대표적인 질환인 파킨슨병Parkinson's disease을 보겠습니다. 파킨슨병은 뇌 기능이 점차 해체되어가는 전형적인 만성 퇴행성 질환입니다. 파킨슨병의 특징은 가만히 있는데도 몸의 특정 부분이 떨리는 겁니다. 운동 중에 떠는 소뇌 질환과는 다릅니다. 과잉운동증의 대표적인 질환인 헌팅턴병Huntington's disease은 의지와는 달리 춤을 추는 것처럼 몸이 제멋대로 움직이는 증상을 보입니다. 그래서 헌팅턴병을 무도병chorea이라고도 하죠. 헌팅턴병은 1872년 이 질환을 처음 발표한 미국의 의사 조지 헌팅턴George Huntington의 이름을 따서 명명되었습니다. 파킨

5-51
파킨슨병의 흑질치밀부 도파민 분비 세포의 변화

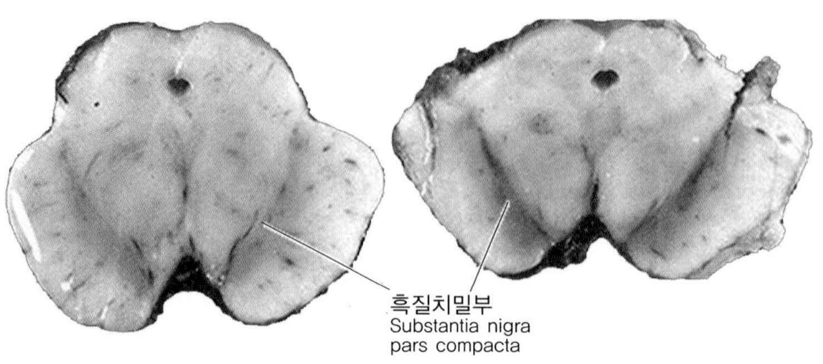

5-52
헌팅턴병 환자와 정상인의 선조체 비교

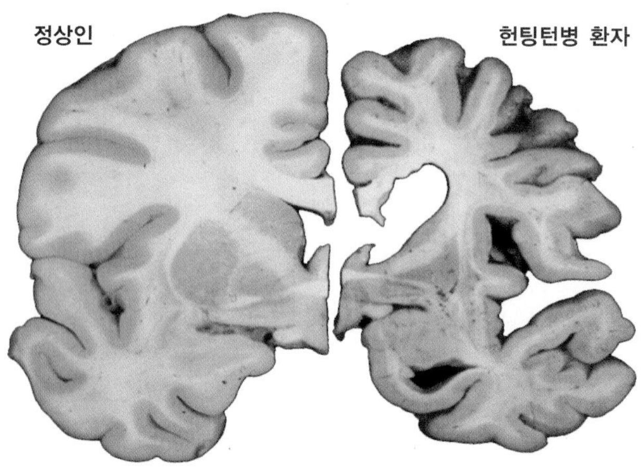

슨병 역시 처음 발표한 사람의 이름을 딴 것입니다. 제임스 파킨슨James Parkinson이라는 영국 의사가 1817년 《떨리는 마비에 대한 에세이An Essay on the Shaking Palsy》라는 글에서 파킨슨병을 처음으로 자세히 밝혔습니다. 헌팅턴병은 유전병이어서 흔하지 않지만, 파킨슨병은 발생률이 더 높죠.

파킨슨병은 5-53과 같은 메커니즘으로 일어납니다. 우선 대뇌피질에서 조가비핵과 꼬리핵, 즉 선조체로 신경신호를 전달합니다. 선조체와 시냅스하여 글루탐산을 분비하는 거죠. 분비된 글루탐산이 선조체의 글루탐산 수용체와 결합하면 신경세포 내 전압이 올라갑니다. 그러면 활동전위가 일어날 확률이 높아져 선조체는 시

5-53
파킨슨병의 메커니즘
(출전: Delong, 1990)

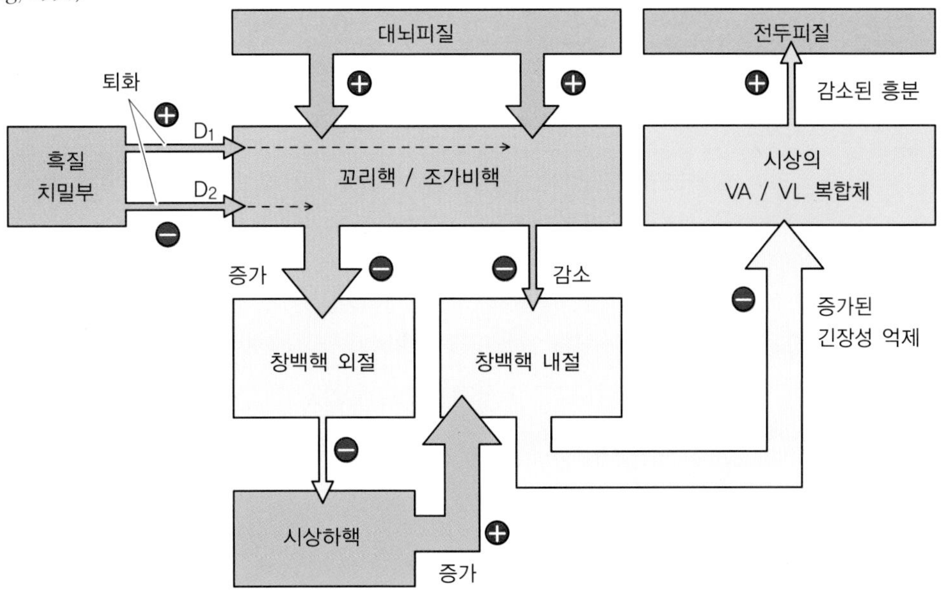

냅스후신경세포로 신경전달물질을 더 많이 분비하게 되죠.

흑색질 치밀부에서도 신경섬유를 내어 선조체와 시냅스해 도파민을 분비합니다. 도파민은 주로 흥분을 일으키는 글루탐산과 달리, 수용체에 따라 흥분과 억제라는 상반되는 작용을 일으킵니다. 선조체의 억제성 도파민 수용체에 도파민이 결합하면 시냅스 후막 신경세포의 전압이 내려가고, 활동전위가 생성될 확률이 더 낮아져 시냅스후신경세포로 신경전달물질을 적게 분비하게 됩니다. 여기서 '흥분' 혹은 '억제'란 용어는 시냅스후신경세포의 활성도를 나타냅니다. 시냅스후세포에서 활동전위action potential가 발생할 확률이 높아지면 '흥분성시냅스' 그리고 활성전위가 발생할 확률이 낮아지면 '억제성시냅스'라고 합니다.

선조체에는 다섯 종류의 도파민 수용체가 밝혀졌습니다. 그중 D_1, D_2가 대표적입니다. 그런데 도파민 수용체 D_1과 D_2는 역할이 다릅니다. 도파민이 D_1 수용체에 결합하면 흥분이 일어나고, D_2 수용체에 결합하면 억제가 일어나죠. 받아들이는 물질은 같은데 이 물질이 어떤 수용체와 결합하는지에 따라서 달라집니다.

운동회로는 선조체와 시상핵 그리고 전두피질의 연결 양상에 따라 직접경로와 간접경로로 구분됩니다. 직접경로는 창백핵 내절에 간접경로는 창백핵 외절에 시냅스합니다. 간접 경로와 관련된 선조체의 수용체는 신호를 억제하는 D_2입니다. 그런데 흑질치밀부의 세포들이 괴사하면서 D_2 수용체로 분비되는 도파민의 양이 정상 상태보다 줄어들어서 억제가 덜 일어납니다. 그 결과 활동전위가 발생할 확률이 높아져 선조체에서 창백핵 외절로 많은 양의 신경전달물질이 방출되죠. 이때 방출되는 신경전달물질은 GABA입니다. 방출된 GABA는 창백핵 외절의 GABA 수용체와 결합하여 억제작용을 합니다.

시냅스후신경세포의 막에는 신경전달물질을 받는 수용체가 수십 개 이상 생깁니다. 이 수용체는 이온성 수용체와 대사성 수용체로 구분되는데, 이온성 수용체의 대표적인 예가 글루탐산 수용체와 GABA 수용체죠. 대뇌피질의 글루탐산 수용체는 그 수가 GABA 수용체보다 8 대 2 정도로 많습니다. 두 수용체는 서로 반대 작용을 하죠. 글루탐산 수용체는 대부분 흥분성 수용체여서 글루탐산이 결합하면 시냅스후막 신경세포의 전압이 올라갑니다. 그러면 활동전위가 발생할 확률이 높아지죠. GABA 수용체는 억제성 수용체여서 GABA가 결합하면 신경세포 내의 전압이 세포 외부에 비해 더욱 낮아지죠. 그 결과 신경세포후막을 통한 활동전위가 생성되기 더 어려워집니다.

도파민 수용체는 주로 대사성 수용체입니다. 대사성 수용체는 글루탐산 수용체나 GABA 수용체처럼 이온채널을 열어 세포막 안이나 밖으로 이온이 통과하는 것이 아니라, 신경세포의 흥분과 억제에 대한 민감도를 조절합니다. 대사성 수용체의 작용으로 신경세포내 2차 전달 현상이 활성화되죠. 그 결과 세포핵 내로 활성단백질이 확산되고, 유전자 전사인자를 자극하여 최종적으로 단백질이 생성됩니다.

다시 창백핵 외절로 돌아가봅시다. 선조체에서 분비한 GABA가 창백핵 외절 신경세포의 GABA 수용체와 결합하여 억제가 일어나면, 활동전위가 발생할 확률이 낮아져 창백핵 외절에서 분비되는 신경전달물질의 양이 정상상태보다 적어집니다. 창백핵 외절에서 나오는 신경전달물질 역시 GABA죠. 그런데 간접경로에서는 창백핵 외절에서 인접한 창백핵 내절로 신호를 바로 보내지 않고 시상밑핵에서 시냅스합니다. 창백핵 외절에서 분비된 GABA는 시상밑핵의 GABA 수용체에 결합하죠. GABA의 양이 정상 상태보다 적어서 시상밑핵에서 억제가 덜 일어납니다. 그러면 활동전위가 발생할 확률이 높아지고, 시상밑핵에서 창백핵 내절로 많은 양의 글루탐산이 분비됩니다. 글루탐산은 흥분작용을 일으키는데, 그 결과 활동전위가 발생하여 창백핵 내절에서 시상 복외측핵(VL)과 전복측핵(VA)으로 많은 양의 GABA가 분비됩니다.

GABA가 시상 복외측핵과 전복측핵의 GABA 수용체와 결합하면 억제가 일어납니다. 그러면 활동전위가 발생할 확률이 낮아지고, 분비되는 신경전달물질의 양이 정상상태보다 줄어들죠. 시상 복외측핵과 전복측핵에서 분비되는 신경전달물질은 글루탐산이죠. 분비된 글루탐산이 운동 관련 전두피질에 작용합니다. 그런데 정상상태보다 글루탐산이 적게 분비된다고 했지요? 따라서 활동전위가 일어날 확률이 낮아집니다. 그리고 정상상태일 때보다 운동이 발생하기 힘들지요.

직접회로에서는 선조체에서 창백핵 외절을 거치지 않고 바로 창백핵 내절로 신호가 전달되며, 시상밑핵의 신호는 받지만 창백핵 내절에서 시상밑핵으로 신호를 전달하지는 않습니다. 또한 창백핵 내절에서 시상 복외측핵, 전복측핵으로 바로 시냅스합니다.

대뇌피질에서는 신경섬유를 내어 선조체와 시냅스해 글루탐산을 분비합니다. 흑질치밀부에서는 선조체로 도파민을 분비하죠. 흑질substantia nigra은 치밀영역compact과 그물영역reticular의 두 개의 다른 조직이 결합되어 있습니다. 그래서 흑질치밀부는 SNc로 표시하고 흑질그물부는 SNr로 표시합니다. 흑질치밀부는 도파민을 분비하는 신경세포들의 집합입니다. 흑질그물부는 창백핵 내절과 조직적으로 유사하면서 창백핵 내절과 함께 선조체의 출력부이죠. 선조체에서 도파민을 받는 수용체는 D_1입니다. D_1에 도파민이 결합하면 흥분이 일어나죠. 그런데 흑질치밀부가 손상되면 분비된 도파민의 양이 정상 상태에 미치지 못합니다. 그래서 흥분이 덜 일어나 선조체에서 창백핵 내절로 나가는 GABA의 양이 줄어듭니다. 창백핵 내절의 GABA 수용체에 GABA가 결합하면 억제가 일어나는데, GABA의 양이 적으니 억제 정도도 낮아지죠.

이때 시상밑핵에서 창백핵 내절로 많은 양의 글루탐산이 분비됩니다. 그러면 창백핵 내절에서 흥분이 일어납니다. 억제 정도가 낮고 흥분이 높으니 활동전위가 발생할 확률이 높아집니다. 그러면 창백핵 내절에서 많은 양의 신경전달물질이 분출되

5-54
파킨슨병에서 흑질-선조로의 변성

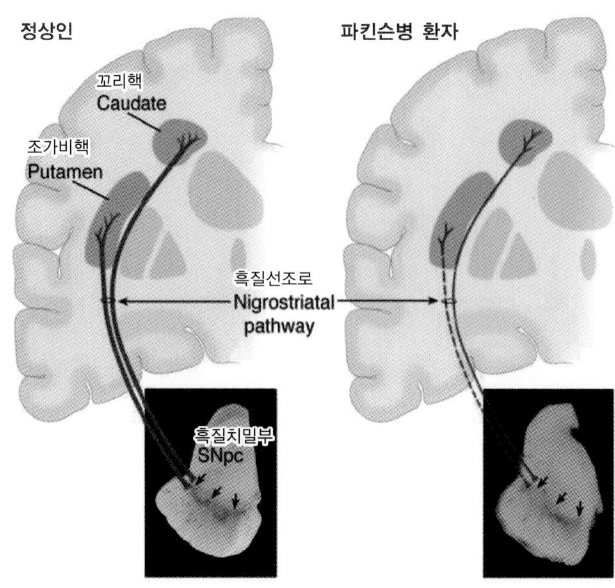

죠. 창백핵 내절에서 분출되는 신경전달물질은 GABA이며, 시상 복외측핵과 전복측핵을 향합니다. 많은 양의 GABA가 시상 복외측핵과 전복측핵의 GABA 수용체와 결합하면 강한 억제가 일어나요. 그 결과 시상 복외측핵과 전복측핵에서 전두피질로 나가는 글루탐산의 양이 확 줄어듭니다. 글루탐산 수용체에 글루탐산이 결합되면 흥분이 일어나는데, 분비된 글루탐산의 양이 줄어들었지요. 그래서 활동전위가 발생할 확률이 낮아집니다. 전두피질은 주로 운동피질인데, 전두피질은 전전두피질과 다릅니다. 전두피질은 전두엽 전체를 가리키고, 전전두피질은 전두엽 앞쪽만을 말합니다. 전두피질에서 활동전위가 일어날 확률이 적으면 당연히 운동출력이 감소하겠지요.

흑질치밀부가 손상되면 간접회로와 직접회로 모두 운동출력이 줄어드는데, 그 결과 나타나는 증상이 바로 과소운동증, 즉 파킨슨병입니다. 그래서 파킨슨병에 걸리면 운동하기가 어려워지죠. 운동의 시작이 잘 안 되죠. 하지만 감정회로나 인식회로는 정상이어서 몸이 덜덜 떨리며 의지대로 몸을 움직이지 못하는 자신을 인식하고, 감정을 느낄 수 있습니다.

파킨슨병은 나중에 치매로 진행될 수 있습니다. 처음에는 운동장애가 일어나다가 점점 감정 표현이 어눌해지고 마지막으로 인지 기능이 저하되죠. 의식과 관련된 기능이 가장 나중에 무너집니다. 파킨슨병이 발병해서 이 정도로 진행되기까지는 오랜 시간이 걸립니다. 파킨슨병은 많이 연구되고 치료법도 다양해진 분야입니다. 그중 병세 완화를 위해 L-도파 투여와 함께 전기자극 치료법을 많이 쓰죠. 시상밑핵에 전기침을 꽂고 고주파로 전기자극을 해 억제작용을 하는 도파민의 분비를 유도하는 겁니다.

운동이란 걸 가만히 생각해보세요. 하고 싶으면 하고 하기 싫으면 안 하는 겁니다. 해야 하는 동작은 촉발하고 할 필요가 없는 움직임은 억제하는 거죠. 우리는 스스로 선택해서 움직임을 생성합니다. 간접회로와 직접회로가 서로 협조하여 정확히 움직여주기 때문에 가능한 일이죠. 직접회로는 하고 싶은 운동, 해야 하는 운동을 선택하게 합니다. 간접회로는 나머지 가능성들을 억제합니다. 직접회로와 간접회로가 제대로 작동하지 않으면 무수하게 많은 운동이 그대로 다 표출되어 의지와는 상관없는 불필요한 행동까지 일어나죠. 하고 싶은 운동, 해야 하는 운동을 선택하는 직접회로는 비교적 간단한데, 필요 없는 운동을 억제하는 간접회로는 복잡합니다. 이렇게 운동 하나가 일어나는 데도 전두엽과 선조체, 시상 그리고 시상밑핵으로 구성된 신경회로의 동작 과정이 필요합니다.

헌팅턴병은 조가비핵과 꼬리핵, 즉 선조체가 손상되어 신경세포가 괴사하면서 나타납니다. 대뇌피질에서 뻗어 나온 신경섬유가 선조체와 시냅스해 글루탐산을 분비하죠. 흑질치밀부에서도 선조체로 도파민을 분비합니다. 간접회로에서는 선조체의 억제작용을 하는 D_2 수용체에 도파민이 결합합니다. 그러면 활동전위가 발생할 확률이 줄어듭니다. 그런데 정상 상태에서보다 더 많이 줄어들죠. 선조체의 신경세포들이 대량으로 괴사했고, 그 결과 선조체에서 창백핵 외절로 분비되는 GABA의 양이 많이 감소합니다. GABA의 양이 정상 상태보다 줄어들어 억제가 덜 일어나 창백핵 외절에서 활동전위가 생길 확률이 높아집니다. 그러면 창백핵 외절에서 시상밑핵으로 분비되는 GABA의 양이 많아집니다. GABA의 양이 많아지면 억제 정도가 높아져 활동전위 발생 확률이 낮아지죠. 그래서 시상밑핵에서 분비되는 신경전달물질의 양이 적어집니다.

시상밑핵에서는 창백핵 내절을 향해 글루탐산이 분비되는데, 그 양이 정상 상태보다 적습니다. 그러면 창백핵 내절에서 흥분이 덜 일어나고, 시상 복외측핵과 전

5-55
헌팅턴병의 메커니즘
(출전: Delong, 1990)

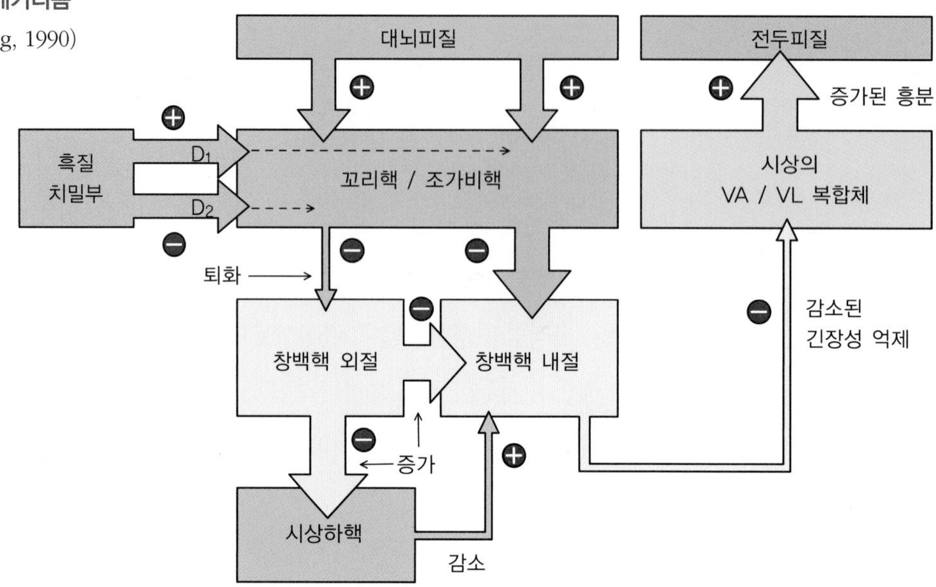

복측핵으로 내보내는 GABA의 분비량이 확 줄어들어 억제가 덜 일어나 활동전위가 생길 확률이 높아집니다. 시상 복외측핵과 전복측핵에서 활동전위가 많이 생성되어 전두운동피질로 글루탐산이 과도하게 분비되죠. 따라서 흥분된 전두운동피질의 작용으로 과잉운동증이 발생합니다. 이러한 과잉운동증이 헌팅턴병입니다.

직접회로에서도 대뇌피질에서 선조체를 향해 글루탐산을 분비하고, 흑질치밀부에서도 선조체로 도파민을 분비합니다. 흑질치밀부에서 분비된 도파민은 선조체의 D_1 수용체에 결합되어 시냅스후막 신경세포에 흥분작용을 일으켜 활동전위가 발생할 확률을 높입니다. 선조체에서 나오는 신경전달물질은 GABA인데, 과도한 양의 GABA가 분비되어 창백핵 내절로 갑니다. GABA에 의한 억제작용으로 창백핵 내절의 신경세포는 발화하기 어렵게 되지요. 따라서 창백핵 내절에서 시상 복외측핵과 전복측핵으로 분비되는 GABA가 줄어듭니다. 그 결과 시상 복외측핵과 전복측핵에서 억제 정도가 낮아져 활동전위가 일어날 확률이 높아지고, 전두피질로 분비되는 글루탐산의 양이 많아집니다. 글루탐산이 글루탐산 수용체와 결합하면 흥분이 일어나죠. 흥분의 정도가 정상상태보다 훨씬 높습니다. 그러면 전두피질에서 운동출력이 많이 나가죠. 과잉운동이 일어나는 것입니다.

05 수의운동은 학습되고 기억된다

5-56에서 왼쪽 그림이 선조체의 안쪽, 오른쪽 그림이 선조체의 바깥쪽 영역입니다. 선조체에서 둥근 아래쪽 부위가 조가비핵이고, 조가비핵에서 꼬리처럼 길게 이어져 있는 부위가 꼬리핵입니다. 안쪽으로 조가비핵에 접촉하여 창백핵의 외절과 내절이 있지요. 조가비핵과 창백핵은 렌즈 형태로 합쳐지기 때문에 렌즈핵이라 하

5-56
조가비핵과 꼬리핵의 신체영역 지도

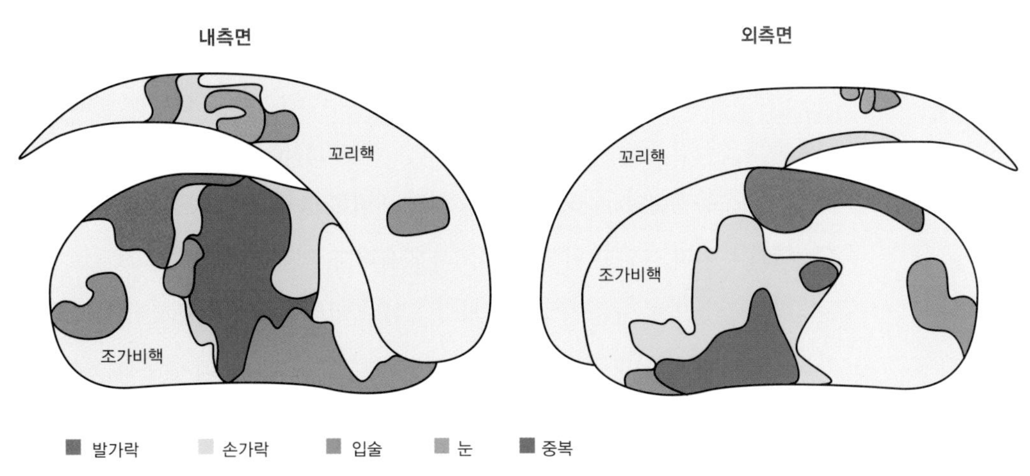

지요. 조가비핵과 꼬리핵에는 운동지도가 있습니다. 손가락, 발가락, 입술, 눈 운동에 관여하는 운동신체지도입니다. 종이에 그려진 복잡한 도형을 가위로 오려내는 손가락 운동을 할 때 무의식중에 입술을 움직이지요. 이 현상은 조가비핵의 손가락 영역과 입술운동영역에서 중복되는 부위가 존재한다는 사실과 관련됩니다. 꼬리핵에서는 손가락영역과 입술영역 그리고 눈운동영역이 중첩됩니다. 이런 운동 영역의 중첩으로 인간의 대화는 눈짓과 손짓의 협연으로 강한 정서적 의미를 전달합니다.

손가락, 발가락, 입술, 그리고 눈운동의 학습 결과가 조가비핵과 꼬리핵에 운동학습지도로 저장되어 있지요. 정교한 운동을 반복해서 익힌 능숙한 운동 과정들이 기억되어 있지요. 그래서 손가락으로는 뭔가를 만지고 잡고 집고 옮기고 모양을 변형시키는 다양한 행동을 할 수 있습니다. 발가락으로는 몸의 중심을 잡아 쓰러지지 않으면서 몸을 자유자재로 움직일 수 있죠. 선조체에서 입술과 관련된 기억에 해당하는 부위를 보세요. 발음은 다양한 입술 움직임의 결과입니다. 이뿐만 아니라 선조체에는 꼬리핵의 눈운동지도와 상구 그리고 운동피질이 연결된 안구운동회로가 있습니다.

선조체가 관계하는 운동회로는 학습 초기에는 전두엽이 활발히 작동하는 의식적 수의운동입니다. 수의운동은 학습되는 운동입니다. 학습되는 운동이라는 말을 곱씹어보세요. 어떤 운동들은 본능적으로 일어납니다. 잡고 빨고 기고 걷고 서는 행동은 누가 가르쳐주지 않아도 가능합니다. 그런데 운동 경기 종목들은 대부분 반복적으로 연습해야만 잘할 수 있죠. 이런 운동을 배우고 연습할 때마다 우리 몸 여러 부위의 움직임에 대한 습관화된 운동정보가 선조체 운동지도에 저장됩니다. 다시 그 동작을 생각하거나 동작을 취할 때 저장된 운동기억이 자동적으로 인출되어 익숙하게 움직일 수 있게 되는 것이죠. 이런 운동학습도 처음에는 의식적으로 학습하는 수의운동입니다. 우리 신체에서 가장 빈번히 움직이는 부위를 찾아보면 바로 손가락과 눈동자 그리고 입술임을 알 수 있습니다. 인간은 손가락 움직으로 도구와 문자를 만들었으며, 눈동자 움직임의 정교한 제어를 바탕으로 중요한 시각적 주의력을 길러 고등한 분별력을 높였으며, 입술과 혀 그리고 후두의 협동적 움직임으로 다양한 발음을 하게 되어 언어를 만들어냈습니다. 인간은 눈과 손과 입술의 정교한 움직임으로 사물과 사람을 맥락적 관계로 이어 사회와 문화를 창조한 존재입니다. 우주에서 아마도 최초로 행성 지구 표면에서 의도적인 움직임이 출현한 것이지요. '목적지향적 운동'은 척추동물의 진화사를 관통하는 핵심 키워드입니다.

동물과 비교하여 인간의 고유한 능력은 도구와 기호의 사용입니다. 몸의 확장인 도구는 자연을 조작하고 변경하여 자연에서 인간의 생존 영역을 끊임없이 확장하도록 하였습니다. 언어를 통한 상징 작용인 기호는 인간의 의식을 생성해주었죠. 결국 도구와 기호를 통하여 의도를 갖는 인간의 행동이 출현합니다. 의식작용에 의한 인지기능이 결국 의도적 운동인 인간 행동을 만든 것입니다. 드디어 행성 지구에서 의도적 행동이 가능한 동물이 진화한 겁니다. 동물의 수동적 반응에서 인간의 능동적 행동으로 나아간 것이지요.

6장

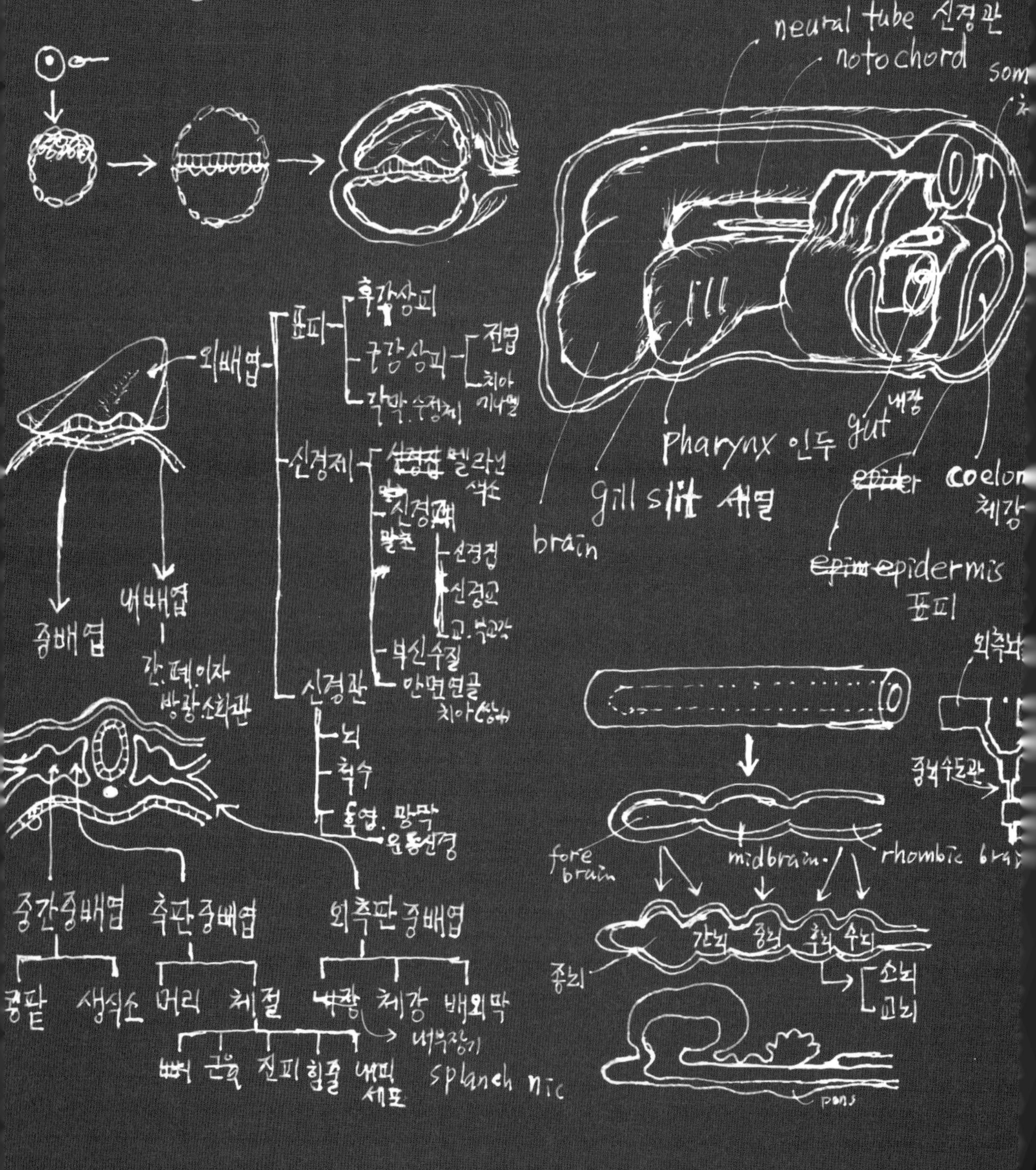
neural tube 신경관
notochord
pharynx 인두
gut 내장
gill slit 새열
coelom 체강
brain
epidermis 표피
외배엽
표피
후강상피
구강상피
각막.수정체
신경제
신경관
뇌
척수
내배엽
중배엽
간.폐.이자 방광.소화관
중간중배엽
축판중배엽
외측판중배엽
콩팥
생식소
머리
체절
체강
배외막
splanchnic
fore brain
midbrain
rhombic brain
간뇌
중뇌
후뇌
수뇌
종뇌
소뇌
교뇌
pons

어류, 파충류, 포유류를 거치며 인간으로

—신경계의 진화와 발생

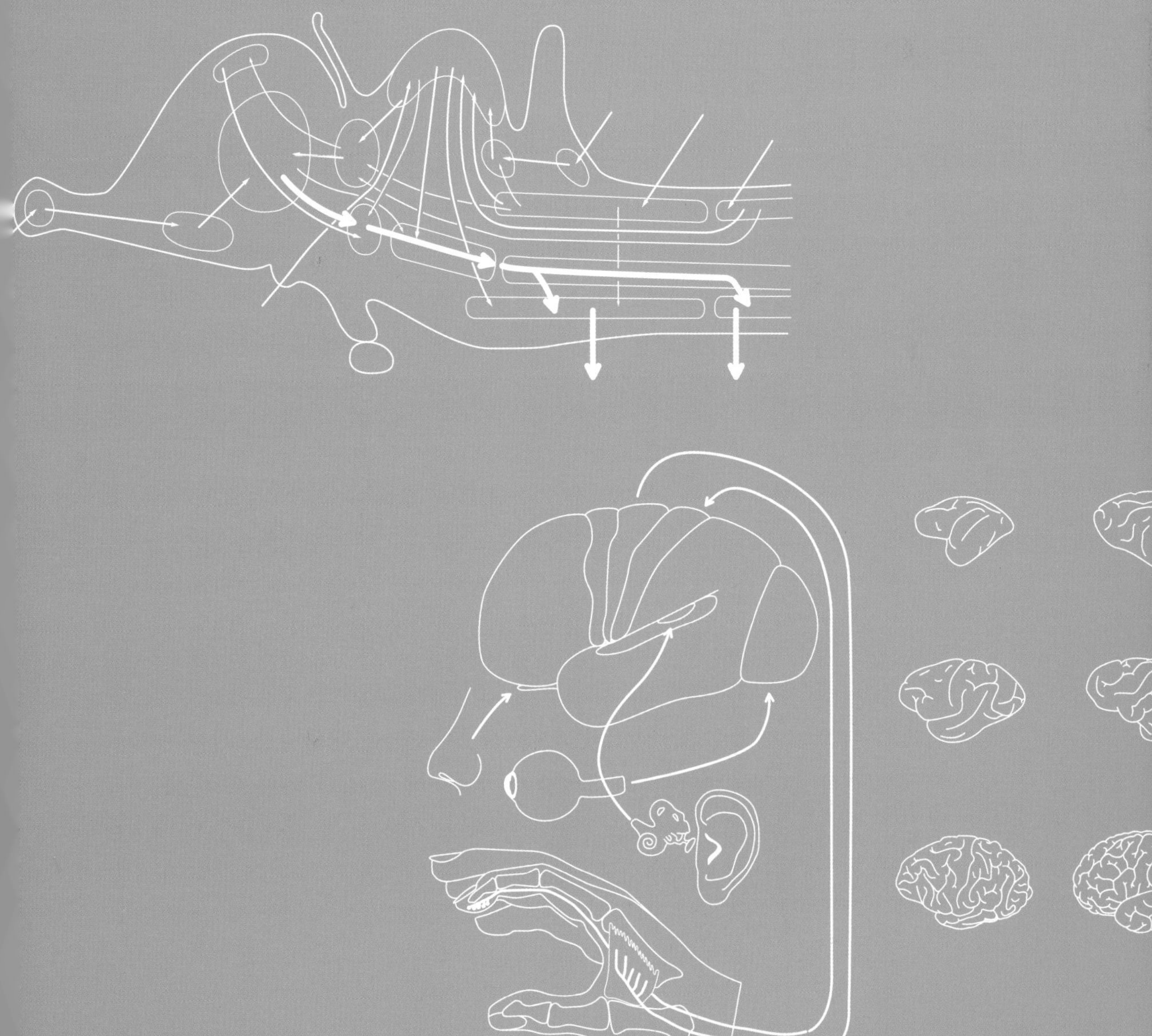

01 척추동물 신경계의 진화

독립된 형태와 기능을 갖춘 신경세포의 시초는, 원시 후생동물이 운동을 시작해 앞으로 움직이기 시작할 때 이 동물의 표피를 구성하는 세포의 일부가 변한 것으로 생각됩니다. 동물이 앞으로 움직일 때 표피세포는 외부자극에 부딪치게 되는데, 이때 일부 표피세포가 환경자극에 더 민감해져서 세포 내부를 흥분 상태로 변하게 하는 성질을 획득한 것이지요. 이 중 일부 세포가 표피 내부로 들어가 세포의 형태를 변화시켜 다른 세포와 연결을 형성하게 되며, 표피에 남은 신경세포는 감각을 수용하는 역할을 합니다. 내부로 들어간 신경세포는 양쪽으로 가지를 만들어 가지의 한쪽은 표피에 남아 감각을 수용하는 세포와 연결되고, 다른 한쪽은 운동을 일으키는 효과기와 연결되죠. 신경계와 피부가 발생학적으로 동일한 기원을 가진다는 사실은 신경세포의 진화 과정에 대한 이러한 추측을 간접적으로 지지합니다.

신경세포에 의해 감각기와 효과기가 연결되면, 먹이에서 발산되는 화학물질이나 빛, 소리 등 환경을 구성하는 감각자극에 따라 신경세포는 흥분하게 되고, 이 흥분이 효과기에 전달됩니다. 감각정보가 효과기로 전달되면 동물은 반사적인 운동을 일으키는데, 이처럼 환경자극을 탐지할 수 있게 되면 먹이에 접근하고 천적의 위험을 피하는 반사신경회로가 형성됩니다.

6-1
해면동물과 강장동물에서 효과기세포, 감각세포, 운동신경세포의 진화

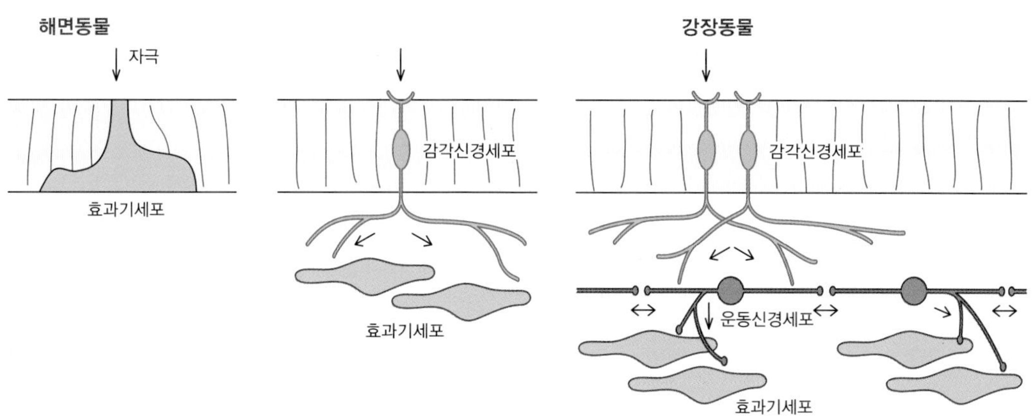

해면동물인 스폰지는 단일세포에서 감각과 운동이 함께 일어나지만 강장동물인 히드라는 감각세포, 운동세포, 효과기세포로 기능이 분화되지요. 감각세포는 양극성세포, 효과기세포는 근육 혹은 분비샘, 운동신경세포는 효과기에 다른 운동세포로 신경정보를 전달합니다.

감각뉴런과 운동뉴런이 직접연결되면 반사적인 운동은 가능하지만 상황에 따른 유연한 행동은 어렵죠. 예를 들면 동일한 자극에 대해서도 경우에 따라서는 상반되는 반응들을 수행해야 생존에 유리할 수 있습니다. 즉 전방에 탐지된 물체는 접근해야 할 먹이일 수도 있지만 회피해야 할 천적일 수도 있는 것입니다. 감각정보에 의해 운동이 반사적으로 결정되는 신경계를 가진 동물은 접근과 회피동작을 상황에 맞게 선택하기 쉽지 않지요. 그래서 동물은 달리는 차를 향해 뛰어드는 겁니다.

목표지향적인 유연한 행동을 하려면 '반응지연' 능력이 있어야 합니다. 정확한 반응을 위해서는 입력된 환경에 대한 감각정보를 처리하는 단계가 필요한데, 이를 위해선 감각과 운동 사이를 매개하는 세포 집단이 출현해야 합니다. 반응지연은 중개뉴런에 의해 감각입력을 자세히 처리해서 운동출력을 보내는 능력이지요. 그래서 단순히 반사적인 감각-운동 단계에서 감각-처리-운동의 단계로 진화하게 됩니다. 이러한 신경 처리 과정이 진화했기 때문에 인간은 섬세한 감각과 정교한 운동으로 의도적 행동이 가능해집니다.

뇌는 감각과 운동 사이에서 신경 전기신호 처리를 담당하는 기능을 가진 신경세포들이 척수의 말단에 집중되어 진화했습니다. 즉 머리신경절head ganglion을 가진 동물이 출현합니다. 척추동물의 대뇌는 절지동물의 머리신경절이 확대된 형태로 볼 수 있지요.

원색동물의 하나인 괄태충은 신경관만 있고 뇌는 없죠. 뇌가 처음 나타난 것은 먹장어와 칠성장어가 속하는 척삭동물이지요. 척추동물은 척삭동물문의 아문입니다. 어류와 포유류의 뇌는 생존 환경 차이로 부위별 기능이 다를 수 있지요. 전뇌는 인간에게는 인지 활동이 전개되는 곳이지만, 어류와 칠성장어에서는 주로 물속에 있는 냄새자극을 분석하는 곳입니다. 한편 개구리, 도마뱀의 양서류에서는 그 기능이 약간 복잡해집니다.

물에서 육지로 올라온 양서류는 건조한 환경에 적응하기 어려웠죠. 어류는 물에 녹은 물질의 냄새를 느낄 수 있지만 육지에 올라온 양서류가 냄새를 맡기 위해서는 먼저 콧속의 액체로 냄새 나는 물질을 녹인 후에야 비로소 후각이 가능해집니다. 양서류의 후각수용기는 새로운 육상 조건에 제대로 적응하지 못하고 전뇌에 아무런 정보도 주지 못해요. 이 때문에 전뇌는 다른 감각정보처리로 기능이 바뀌게 됩니다. 그 결과 양서류의 전뇌는 시각, 청각의 자극 분석에 참여하게 되지요. 이에 따라 모든 정보가 집중되는 뇌 부분이 비로소 출현하게 됩니다.

백악기 말에 공룡이 멸종되고 신생대에서는 전 지구적으로 포유류의 방산확산이 일어납니다. 육상에서 포유류와 현화식물의 생태계가 확산되면서 포유동물에게선 시각, 청각, 후각, 피부자극만을 전담하여 분석하는 각각의 대뇌감각피질이 확장됩니다. 더욱이 고등한 포유류에서는 개개의 감각영역 사이에 작은 섬같은 연합피질이 나타나지요. 이 연합피질은 뇌가 진화함에 따라 더욱 커지고 다른 영역과 연결이 많아집니다. 원숭이와 사람에게는 연합피질이 대뇌피질의 상당부분을 차지하고 있지요. 일화기억, 목적의식, 그리고 언어 같은 인간고유의 뇌기능을 수행하는 대뇌피질이 연합피질입니다.

02 하등동물에서 인간까지, 신경계가 진화하다

지금까지 신경계가 우리의 온몸과 어떻게 연결되어 어떤 작용을 하는지 살펴보았습니다. 신경계는 한마디로 외부의 자극을 받아들이고, 그 자극을 세포 사이에 전달하는 세포연결망이라고 할 수 있죠. 그런데 우리 몸의 신경계는 외부자극에 대해 단순히 반사반응보다 더 복합적인 역할을 하는 중추신경계, 즉 뇌와 척수가 있어서 정보를 종합하고 분석하고 판단하여 선택한 반응을 할 수 있습니다. 등뼈 속에 길게 연결된 신경세포 연결 덩어리인 척수는 척추동물의 고유한 특징이지요. 따라서 척추동물의 특징은 무척추동물과 비교해 보면 잘 드러납니다. 신경세포들이 서로 전압펄스를 내보는 축삭에서 척추동물은 무척추동물과 다릅니다. 무척추동물은 유수신경을 진화시키지 못했습니다. 즉 신경 전달 속도가 빠른 수초화된 유수신경은 척추동물의 고유한 특징이죠.

척추동물 세포의 다양성 진화로 중추신경계와 말초신경계에 수초로 작용하는 특별한 세포가 출현했어요. 무척추동물이지만 오징어는 움직임이 빠르죠. 이는 특별한 경우로 축삭의 굵기가 육안으로 식별될 만큼 거대해져서 신경 전달 속도가 향상된 겁니다. 해양 무척추동물은 다른 유형의 세포가 대략 100개 미만이지만 인간은 200종류가 넘는 다양한 세포가 존재하지요. 오징어 같은 해양 무척추동물은 미

6-2
동물종에 따른 세포유형의 개수

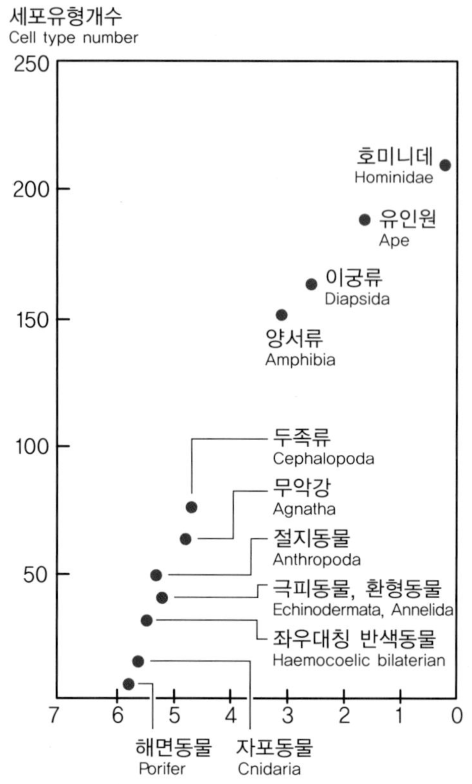

엘린 수초로 기능하는 세포가 생겨나지 않습니다. 뇌를 세포배양기로 본다면, 무척추동물의 신경계는 척추동물의 희소돌기세포와 슈반세포 같은 수초화 세포를 배양하지 못했지요.

인간 뇌의 경우 지름이 20μm인 유수신경으로도 100m/s의 신경 전달 속도를 낼 수 있습니다. 왜냐하면 축삭에서 전파펄스가 수초로 절연되지 않은 영역인 랑비에 결절로 점핑하면서 빠른 속도로 전파되기 때문이지요. 척추동물의 중추신경계는 수초화에 의해 무척추동물에 비해 단면적이 작은 신경축삭으로 빠른 신경 전달 속도를 냅니다.

무척추동물의 신경계는 그물 형태, 방사 형태, 사다리 형태를 띱니다. 히드라, 말미잘 등의 강장동물들은 그물 형태의 신경계를 형성하며, 절지동물과 환형동물 같은 체절동물은 신경세포가 모여 형성된 신경절이 체절마다 나타나는 신경계이지

6-3
동물 신경시스템의 진화

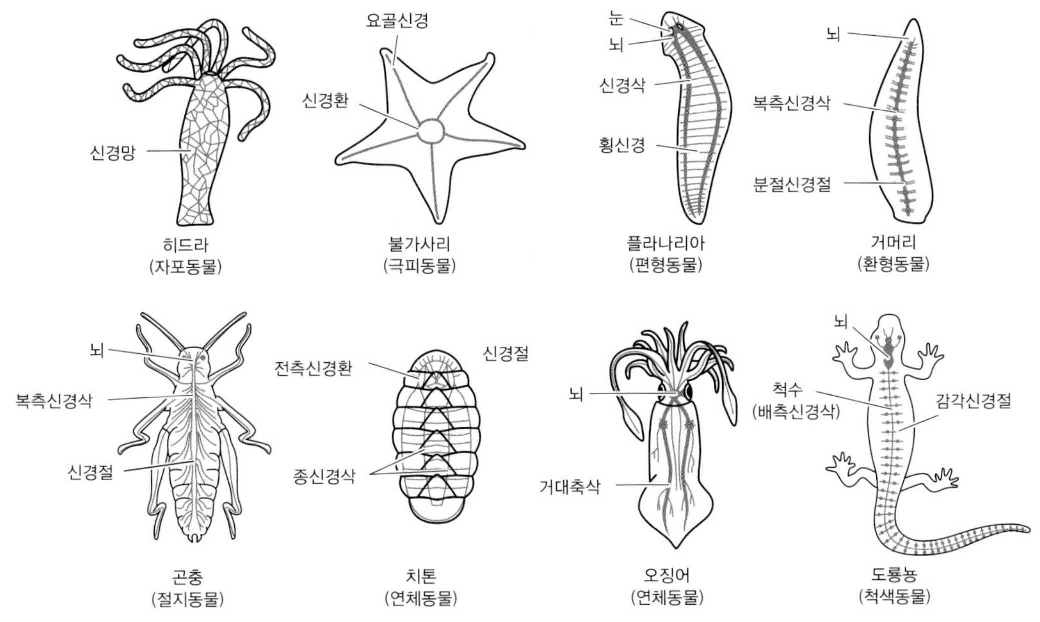

요. 인간의 등뼈 속에 존재하는 척수도 일종의 체절 형태의 신경계입니다. 플라나리아 같은 편형동물은 사다리꼴 신경계죠. 입과 눈에 해당하는 안점의 감각 수용기가 있는 앞쪽에 신경세포가 밀집하여 만들어진 머리신경절head ganglion을 갖는 신경계를 볼 수 있죠. 지렁이(환형동물)와 메뚜기(절지동물)는 감각신경과 운동신경을 연결하는 개재신경이 많아지며, 신경절이 더 커지고 머리신경절이 좀 더 복잡해집니다. 동물은 신경계가 단순할수록 주로 자극에 대한 자동적 반사운동을 하지요. 척추동물의 신경계는 중추신경계와 말초신경계로 구성되지요. 특히 시각, 청각, 그리고 체감각 정보를 수준 높게 처리하는 포유류는 중추신경계의 발달이 가속됩니다. 후각은 자극원이 분명하지 않을 수 있으며 공간에 넓게 확산되지요. 반면에 청각과 시각은 원거리 감각telesensory입니다. 빛과 소리가 감각기관에 도달하는 데는 수초에서 수밀리초가 소요됩니다. 이 시간 범위는 뇌의 신경처리 시간과 비슷합니다. 공간에서는 빛이 소리보다 빠르지만 뇌 속에서는 청각이 시각보다 빠르죠. 그래서 두 다른 속도의 자극을 시간적으로 동조하기 위해 연합피질이 발달합니다. 시

6-4
원시 다세포동물에서
척삭동물로의 진화 과정

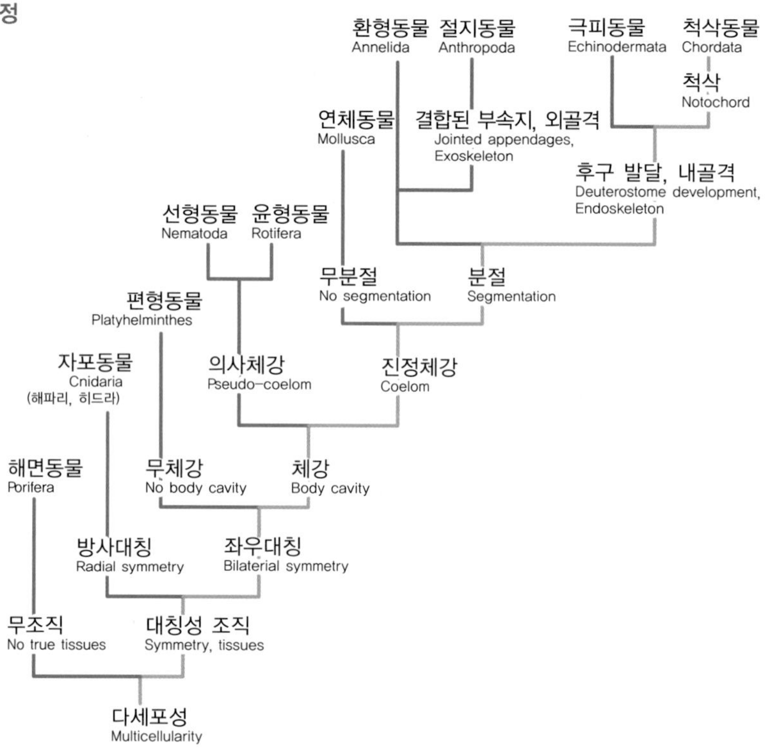

각과 청각에 대한 자극원의 방향과 거리를 산출하는 대뇌피질영역도 발달하지요.

동물 신경계의 진화를 파악하려면 동물의 몸을 구성하는 각 기관의 변화 과정을 다세포동물 초기부터 살펴봐야 합니다. 대기 중의 산소농도가 증가하면서 대략 10억 년 전 다세포동물이 출현했지요. 그리고 대기 중의 산소농도가 20%에 도달하는 5억 4000만 년 전의 캄브리아기 생명의 대폭발로부터 척추동물을 포함한 대부분 동물문이 출현합니다. 6-4는 이러한 지난 10억 년간의 다세포동물 진화를 도표로 정리한 것입니다.

대략 40억 년 전 최초의 원핵세포에서 20억 년 전 진핵세포가 출현했지요. 그리고 6억 년 전 에디아카라 동물군에서 대칭성 몸 구조가 화석에 나타납니다. 체형의 좌우대칭성은 동물 분류의 주요한 기준이지요. 지렁이의 환형동물부터 체절이 진화하지요. 척삭동물은 척삭과 내골격이며 절지동물은 부속지와 외골격이 특징이지요.

6-5
척추동물의 진화 과정

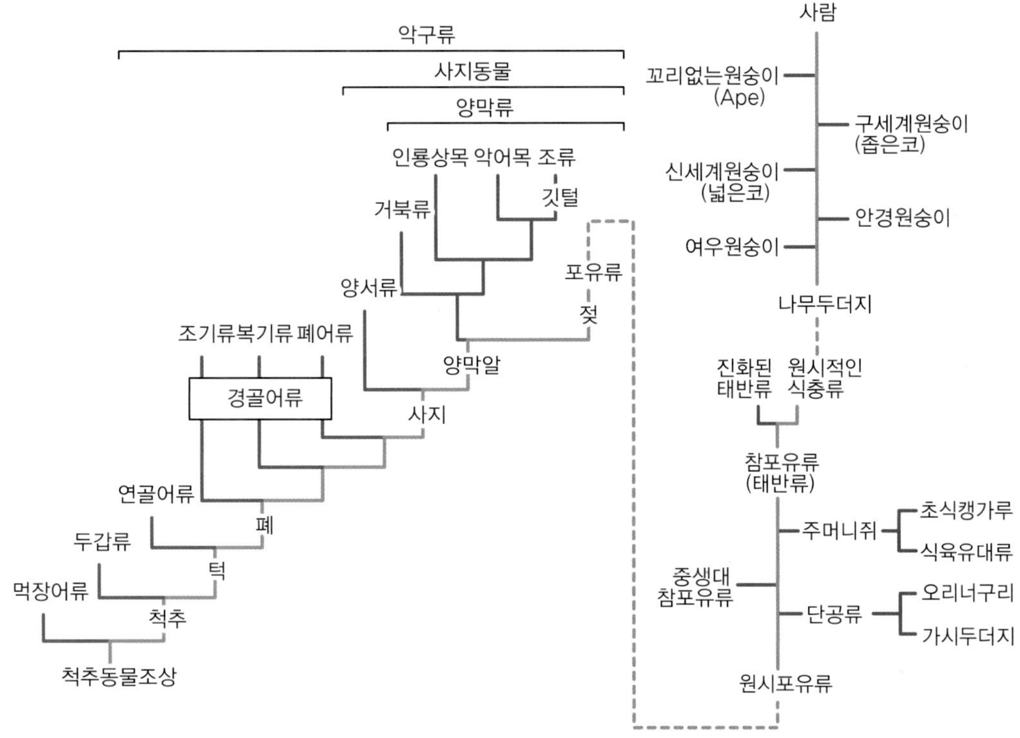

척삭동물에서 진화한 척추동물은 척수가 척삭의 유도작용으로 형성되지요. 초기 어류에서 턱이 출현하면서 악구류가 바다 생태계를 지배하지요. 육지 환경에 적응하는 과정에서 파충류, 조류, 포유류를 포함하는 양막동물이 진화합니다. 포유류는 단공류, 유대류, 태반류로 분화하며 젖과 털이 발달하지요. 단공류는 초기 포유류로 오리너구리와 가시두더지 등 몇 종류뿐입니다. 유대류는 남아메리카 대륙에 많은 종이 있었지만 대부분 멸종하고 현재는 오스트레일리아의 주요 동물종으로 남아 있지요. 포유동물의 대부분은 태반류입니다. 식충류에서 진화한 영장류가 호모 사피엔스까지 연결되지요.

6-6은 척삭동물에서 기원하는 척추동물의 진화를 지질학 시대별로 나타낸 것입니다. 미삭류와 두삭류는 척삭동물이며 무악어류는 턱이 없는 초기 물고기이지요. 턱이 없는 어류는 씹을 수 없어서 해양바닥의 유기물을 진공청소기처럼 흡입하여

6-6
척삭동물, 척추동물, 사지동물, 양막류의 진화

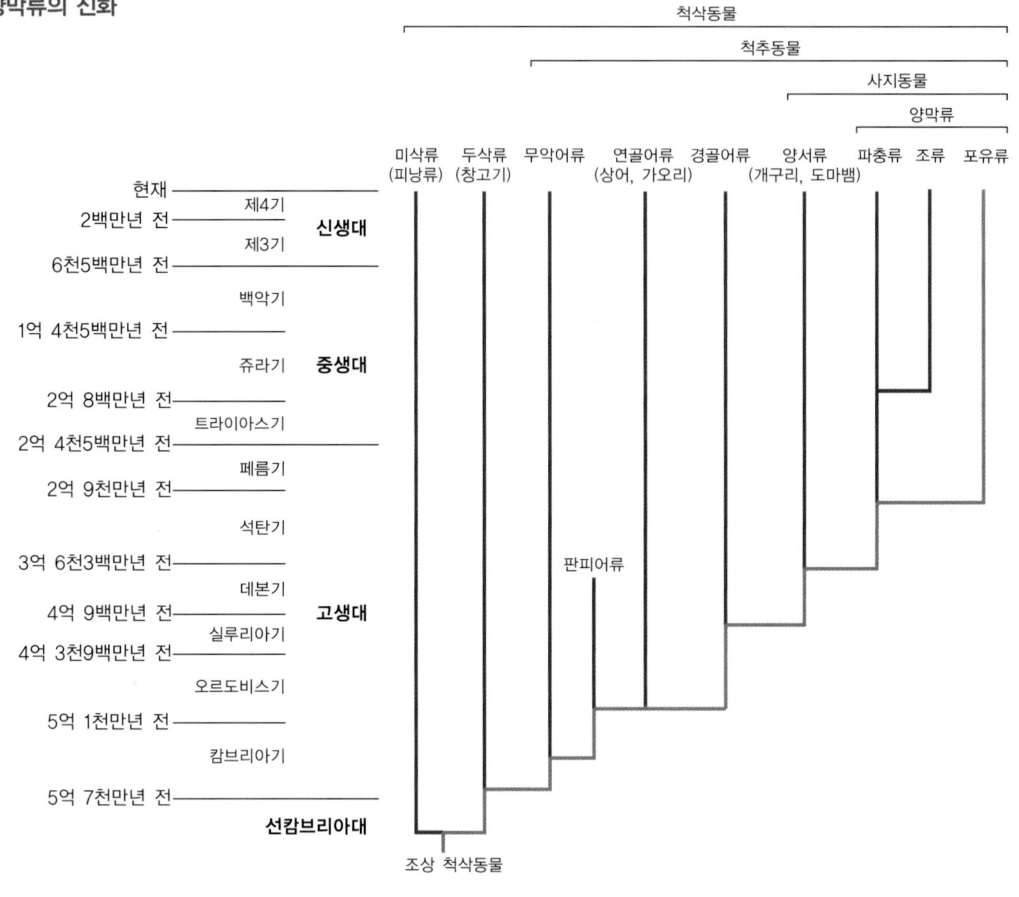

여과 섭취했지요. 턱이 있는 악구류가 출현하여 다른 물고기를 포식하자 이에 대한 방어수단으로 몸 전체에 뼈로 된 피부를 만든 판피어류가 나타납니다. 판피어류는 고생대 데본기에 멸종하지요. 포유류의 선조는 포유류형 파충류mammal-like reptiles이지요. 포유류형 파충류는 고생대 석탄기에서 백악기까지 2억 년 동안 진화와 멸종을 되풀이합니다. 중생대 트라이아스기에 키노돈류에서 현재의 포유류가 탄생한 것으로 생각하지요. 포유류형 파충류는 파충류에서 파생된 생물종으로, 크게 두 무리로 나눌 수 있지요. 최초에 나타난 원시적인 포유류형 파충류 무리가 반룡목이고, 좀 더 진보한 또 다른 무리가 수궁목이지요.

또한 척추동물은 내골격이 발달하는데, 중추신경계인 뇌와 척수가 각각 두개골과

6-7
척추동물 뇌의 진화
(출전: Vertebrates, K. V. Kardong)

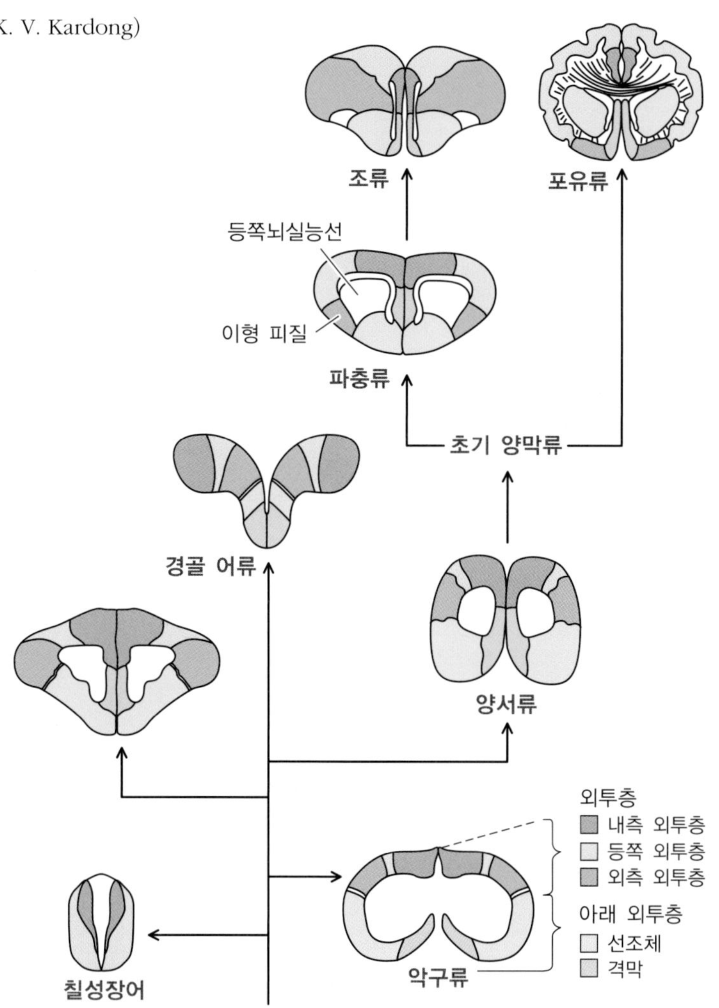

척주에 싸이게 되죠. 어류, 양서류, 파충류, 조류, 포유류로 진화할수록 뇌는 커지고 복잡해집니다. 또 신경세포 중에서도 감각입력과 운동출력을 연결하는 연합뉴런이 대뇌에서 점점 더 많아집니다. 인간의 중추신경계는 대부분 연합뉴런으로 이루어져 있습니다. 이 연합뉴런이 감각뉴런과 운동뉴런을 연결하고 서로 전압펄스를 주고받으면서 감각경험을 신경회로망에 기억하는 놀라운 능력이 출현했지요. 그리고 기억된 과거 경험을 참고로 하여 운동을 계획하고 선택합니다. 뇌가 진화하는 과정에서 신피질이 확장하면서 대뇌연합피질이 확대됩니다. 환경입력을 섬세하게 분별하여

6-8
경골어류와 경골어류외 척추동물의 발생시 뇌 구조 변화

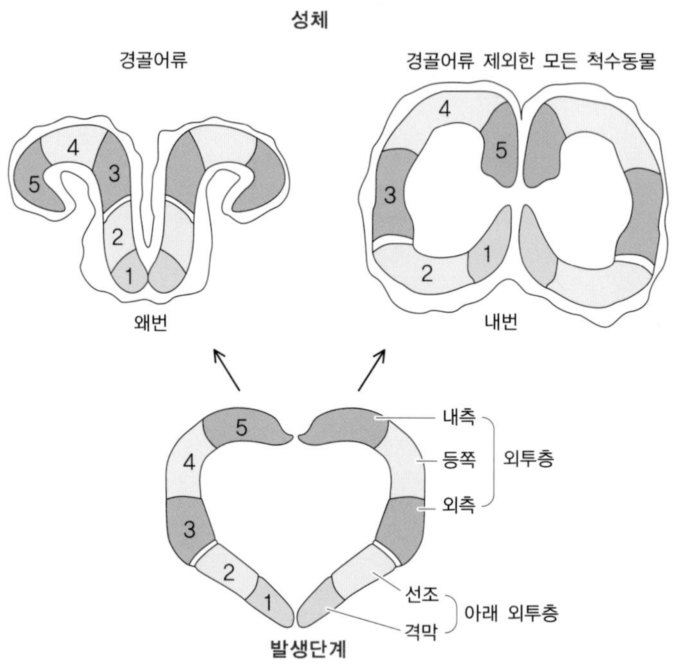

목적지향적인 정교한 행동이 대뇌 연합영역의 팽창으로 가능해집니다.

제프 호킨스Jeff hawkins는 《생각하는 뇌, 생각하는 기계》에서 신피질이 극적으로 팽창한 것은 겨우 200만 년 전이었고 주장합니다. 인간은 상대적으로 큰 신피질 덕에 자신이 있었던 장소를 기억하고, 다음에 무슨 일이 일어날지 예측할 수 있죠. 먼저 생각을 하고, 그것이 원인이 되어 생각을 실현시키는 행동이 가능해집니다. 왜냐하면 행동에 수반하는 의도가 언어로 대뇌피질에서 처리되면서 단어와 단어에 수반되는 의미로 바뀌게 됩니다. '행동 : 의도 → 단어 : 의미'라는 관계로 뇌 신경계에 내면화되었지요. 따라서 단어로 구성된 인간의 언어는 내면화된 행동입니다. 동물 진화를 행동진화의 관점에서 생각해보면 말은 본질적으로 행동을 유발할 수 있습니다. 인간도 구체적인 생각이 없을 때 동물처럼 감각입력에 의해 촉발된 반사적 행동을 합니다. 그러나 언어를 사용하면서부터 행동이 감각이 아니라 생각에서 나오게 되죠. 동물은 감각작용을 근거로 반사적으로 운동출력을 산출하지만, 인간은 확장된 신피질로 대규모의 기억을 저장해 경험기억을 형성할 수 있지요. 비슷한 환경에서는 이런 경험기억을 불러와서, 즉 언어적으로 생각해서 적절한 행동을 할 수 있게 됩니다.

동물들의 행동은 주로 뇌의 오래된 부위를 통해 이루어지는 반면, 인간은 새롭게 늘어난 전두 엽합 영역의 신피질이 뇌의 다른 부위로부터 운동 통제권을 대부분 인계받은 셈입니다. 요점은 대뇌 신피질이 주로 세계에 대한 기억을 저장하는 기능을 갖게 되었다는 거죠. 즉 신경세포로 구성된 특별한 회로가 감각입력 자극을 처리하면서, 동물에게 과거 경험을 기억하는 능력이 출현합니다. 동물이 과거 경험과 비슷한 상황에 처해 있다는 것을 지각하면, 기억이 회상되면서 다음에 무슨 일이 일어날지 예측할 수 있게 되죠. 따라서 지능과 이해는 예측을 감각입력에 끼워넣은 기억체계로써 출발했지요. 이 예측이 인간 행동의 본질입니다. 무엇을 안다는 것은 그것을 예측할 수 있다는 의미이지요.

6-9
척추동물 뇌 구조의 변화

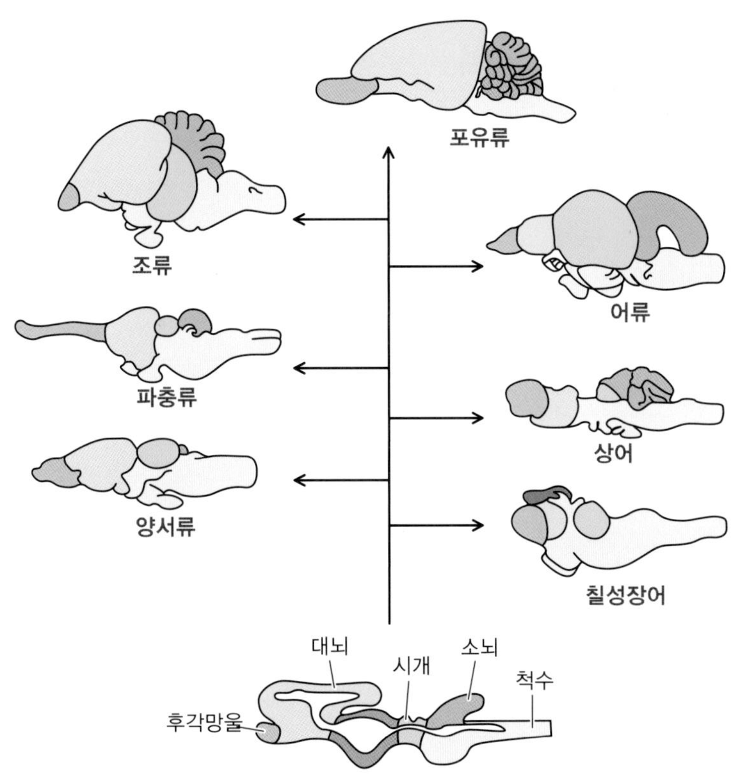

6-10

설치류와 인간의 뇌 구조의 변화

(출전: The Human Central Nervous System, R. Nieuwenhuys, J. Voogd and C. van Huijzen)

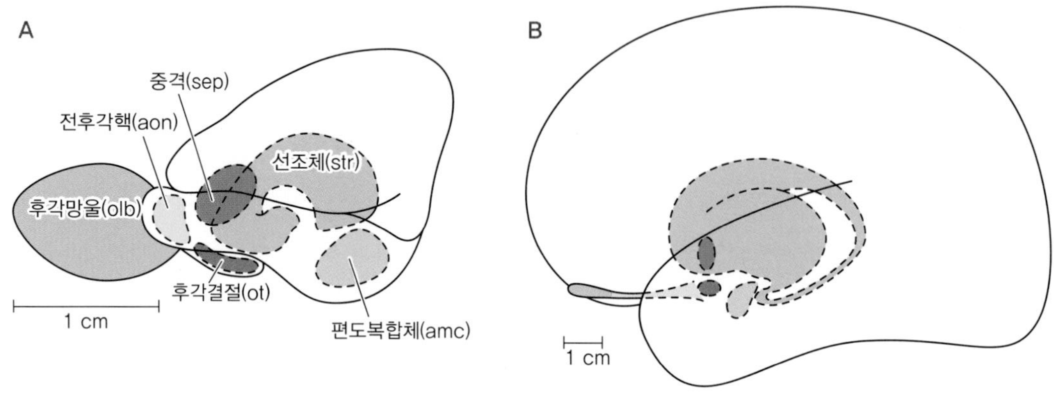

6-11

위와 옆에서 본 척추동물 신경계의 주요영역

nV – 삼차신경, nVII – 얼굴신경, nVIII – 속귀신경, nIX – 혀인두신경, nX – 미주신경
V – 삼차신경, VII – 안면신경, VIII – 전정와우신경, IX – 설인신경, X – 미주신경
(출전: Principles of Brain Evolution, G. F. Striedter)

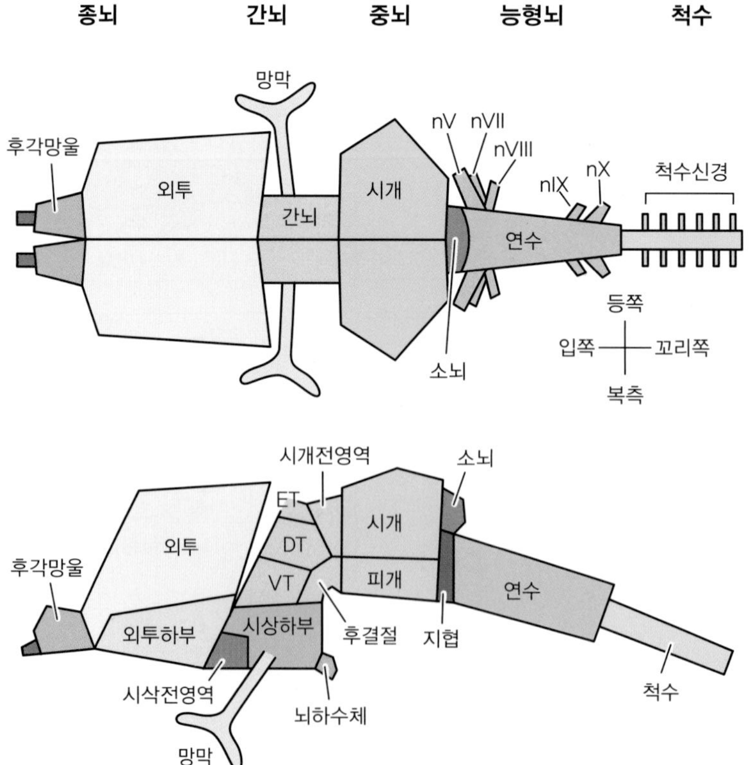

포유류 설치동물의 뇌에서 전방으로 돌출한 후각망울은 대뇌피질 측두엽 정도로 매우 크지요. 하지만 인간의 후각망울은 축소되어 안와전전두엽에 덮여 있습니다. 편도체와 중격영역은 인간에게서 상대적으로 줄어듭니다. 감정처리영역이 편도체와 중격영역으로 축소되고 대뇌신피질이 확장되어 인간은 어느 정도 본능적 감정을 전두엽으로 억제할 수 있지요.

척추동물 신경계의 주요 영역인 후각망울, 외투층은 포유류의 대뇌피질에 해당하며, 그 피질아래 신경핵들의 집합인 외투하부는 대뇌기저핵이 되지요. 시삭전영역preoptic area(POA)과 시상하부는 본능적 욕구를 처리하는 영역이지요. 시상하부 위로 배쪽시상(VT), 등쪽시상(DT), 그리고 후각 관련 시상상부(ET)가 차례로 배열되지요. 중뇌와 교뇌의 배쪽에는 피개영역, 등쪽에는 시개영역이 있지요. 연수에서는 삼차신경(V), 안면신경(VII), 전정와우신경(VIII), 설인신경(IX), 그리고 미주신경(X)이 출력됩니다.

척추동물 중추신경계는 후각망울, 대뇌, 시개, 소뇌, 그리고 척수로 구성됩니다. 후각을 처리하는 후각로와 후각망울이 맨 앞쪽에 위치하며, 칠성장어, 상어, 어류에서는 대뇌가 상대적으로 작으며 척수가 큰 부분을 차지합니다. 조류와 포유류에 이르러 대뇌가 크게 확장되지요. 어류, 양서류, 파충류, 조류 그리고 포유류의 전형적인 뇌 구조를 비교하면서 각 종에 속한 동물의 행동을 관찰해 봅시다. 그러면 뇌와 동물의 움직임 사이의 상관관계를 알 수 있지요. 여러 종의 동물 행동을 뇌 구조의 진화와 연계하여 공부하는 방식은 신경계의 진화를 이해하는 데 효과적이지요.

원시적인 뇌에서 대부분의 기능은 분화되지 않은 소수의 신경세포들이 담당하지만, 진화를 거치면서 점차 특수한 기능을 하는 세포집단이 분화하여 발달하게 됩니다. 이러한 발달 과정에서 점점 더 많은 신경세포들이 서로 연결되었으며, 한정된 공간에 신경세포를 더 많이 수용하는 과정에서 대뇌피질에 굴곡이 생기게 됩니다. 이러한 대뇌피질의 굴곡은 영장류 대뇌피질에서 발달되었으며, 인간 대뇌에서는 신경계의 통합적인 기능을 담당하는 대뇌연합피질이 크게 확대됩니다.

동물 뇌의 감각신경과 운동신경의 진화 과정을 살펴봅시다. 대뇌감각피질의 진화 과정을 이해하는 것은 중요합니다. 동물들이 점차 발달하면서 여러 가지 감각을 분별하는 것이 새로운 환경 적응에 필수불가결한 요소가 되었기 때문이죠. 감각과

6-12
척추동물 신경시스템의 진화

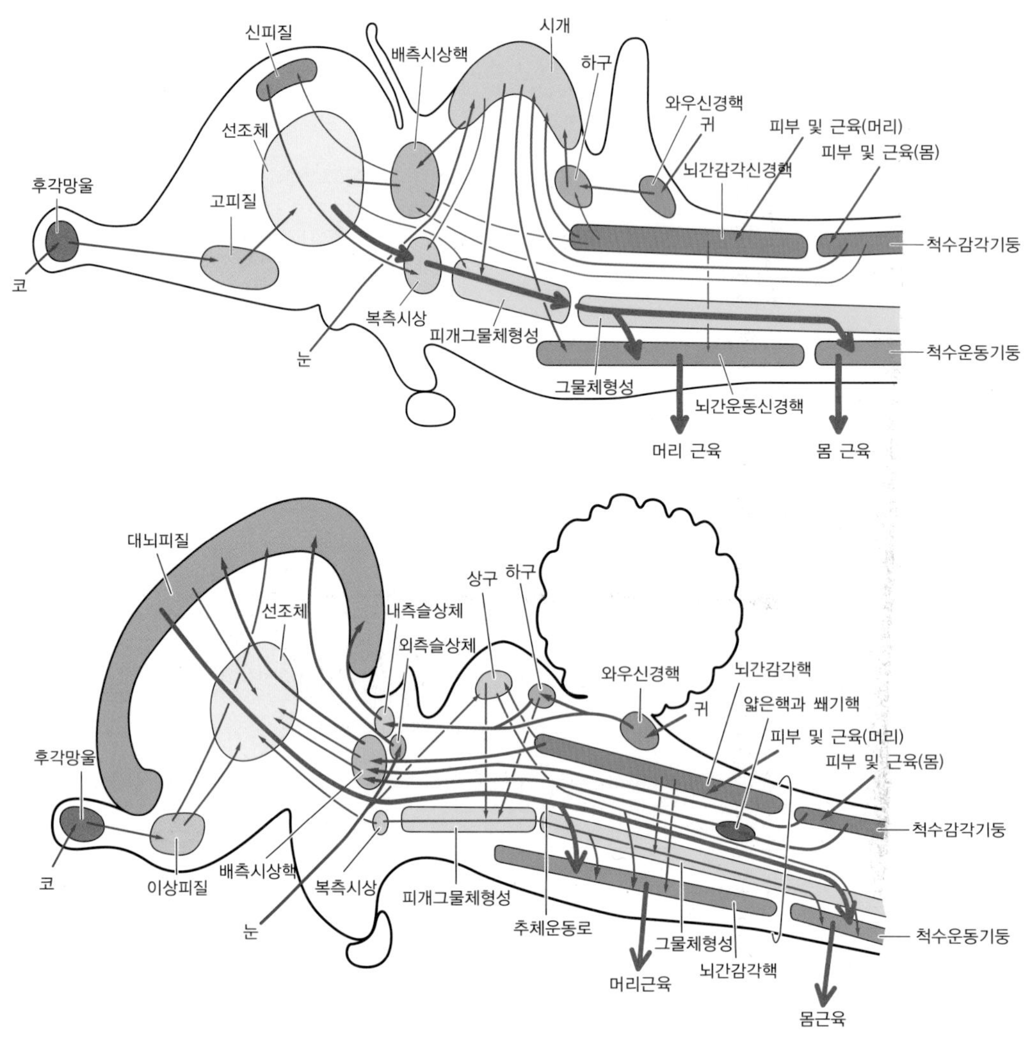

관련된 구조는 뇌의 등쪽에 주로 발달했습니다. 뇌에서 가장 앞쪽에는 후각olfaction을 담당하는 부분이 발달하여 시상상부epithalamus의 고삐핵habenular nuclei이 후각의 중추로 기능을 하게 되었고, 그 뒤쪽에는 시각을 담당하는 부분인 시각덮개optic tectum가 상구superior colliculus로 발달하게 되었으며, 그 뒤쪽에는 청각을 담당하는 부분인 하구inferior colliculus가 진화했습니다. 하구 아래로 평형감각을 담당하는 부분인 소뇌cerebellum가 제4뇌실 천장판에서 발달하였으며, 소뇌 아래로 촉각을 담당하는 쐐기핵nucleus cuneatus과 얇은핵nucleus gracilis이 출현했죠. 6-12를 자세히 보면 시개 영역이 단순히 시각만 처리한 것이 아니라 청각과 체감각입력을 모두 처리하여 복측시상으로 출력하는 것을 볼 수 있습니다. 초기 파충류에서는 신피질 발달이 미약하여 시각피질이 대부분의 감각입력을 처리하는 대뇌피질 역할을 했음을 알 수 있죠. 따라서 어류와 양서류에서는 시개 영역에서 감각입력을 받는 선조체가 최고위 운동중추가 됩니다. 이러한 감각피질의 진화는 계통발생 과정에서 일정한 순서에 따라 발달하는 것이 아니라, 그 동물이 처한 환경에 따라 필요한 감각이 분화되었다고 생각됩니다.

동물의 포식 활동 영역이 다양해짐에 따라 뇌의 등쪽 부분에서 처리하던 감각 기능들은 주변 환경을 좀 더 명확하게 분석할 필요성이 생겼습니다. 이런 기능을 처리하기 위해 많은 감각과 운동신경세포들이 필요하게 되었습니다. 점차적으로 새로 발달하는 피질cortex은 이러한 기능을 하기에 적합하여, 감각의 중추는 뇌간의 등쪽 부분에서 점차 확장되는 대뇌신피질로 옮겨가게 되었고, 뇌의 등쪽 부분에 있

6-13
대뇌감각피질의 진화
(출전: 《의학신경해부학》, 이원택·박경아)

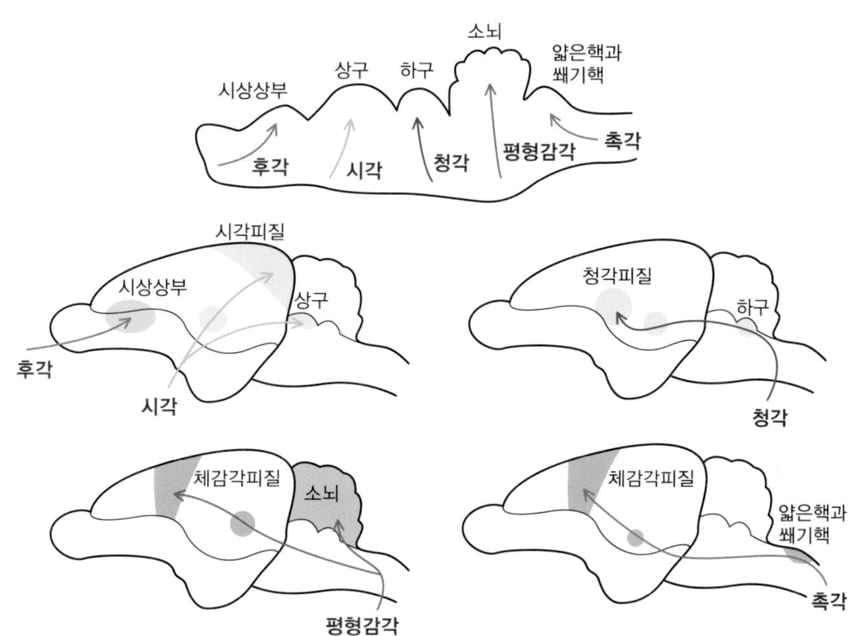

던 감각중추는 상구와 하구의 중개핵이 되거나 일부 기능만을 수행하게 되었습니다. 후각은 후각뇌rhinencephalon의 구피질paleocortex에서 담당하게 되었고, 시각은 시각영역visual area, 청각은 청각영역auditory area, 촉각은 체감각영역somesthetic area에서 그 기능을 떠맡게 됩니다. 이러한 감각 성분을 대뇌피질로 연결해주는 중개핵인 시상thalamus도 피질과 함께 점차 발달했습니다. 평형감각만은 소뇌에도 피질이 발달했으므로 대뇌피질보다 소뇌에서 대부분 처리하게 되었죠. 오히려 근육이나 관절에서 오는 정보와 평형감각에 대한 정보가 소뇌피질에 집중되었으므로, 대뇌피질과 소뇌피질을 연결하는 신경 경로가 크게 발달하여 상소각과 중소뇌각이 형성됩니다.

뇌의 등쪽에서 시작된 감각 기능은 대뇌피질로 옮겨가서 대뇌감각피질로 발달했습니다. 반면에 운동 기능은 대뇌피질 하부 영역인 대뇌기저핵과 보완운동영역이 연계되어 수의운동과 몸 자세 관련 운동이 발달하고, 소뇌와 두정엽 그리고 전운동영역의 연결회로가 발달하여 외부자극에 대한 정교한 반응 운동이 신속히 출력되죠. 동물의 반사적 운동은 척수와 뇌간에 있는 운동신경원이 최종적으로 근육세포를 흥분시켜 생성됩니다. 운동신경로는 손가락, 발가락 등 신체 부속에서 먼 지점을 정교히 제어하는 피질척수로와 몸통에 가까운 팔과 다리 운동을 제어하는 피질척수로 외의 운동신경로인 적핵척수로, 시개척수로, 전정척수로 그리고 그물척수로가 있습니다.

뇌의 운동 기능을 진화 관점에서 살펴봅시다. 뇌의 운동 기능은 근육을 직접 움직이는 척수운동뉴런을 조절하는 하행신경로를 통해 이루어집니다. 그리고 뇌간과 척수의 운동신경원을 조절하는 하행로는 물고기 같은 원시적인 동물의 경우 그물형성체reticular formation에서 그물척수로reticulospinal tract를 통해 형성되죠. 좀 더 발달한 단계에서는 몸의 평형을 유지하는 기능이 중요하며, 근육이나 측선lateral line으로부터 오는 감각과 관련된 전정척수로vestibulospinal tract가 이러한 평형 기능을 조절하죠. 또한 먹이를 찾고 위험을 회피하려면 시각의 발달이 중요한데, 이에 따라 시각과 관련된 덮개척수로tectospinal tract가 발달하게 됩니다. 약 3억 7000만 년 전 고생대 데본기에 수중 생활을 하던 어류가 육지 생활을 하는 양서류로 진화한 이후 척추동물은 사지가 발달하고, 사지 운동을 조절하는 적색척수로rubrospinal

6-14
양서류, 파충류, 포유류의 뇌 단면 구조
(출전: Principles of Brain Evolution, G. F. Striedter)

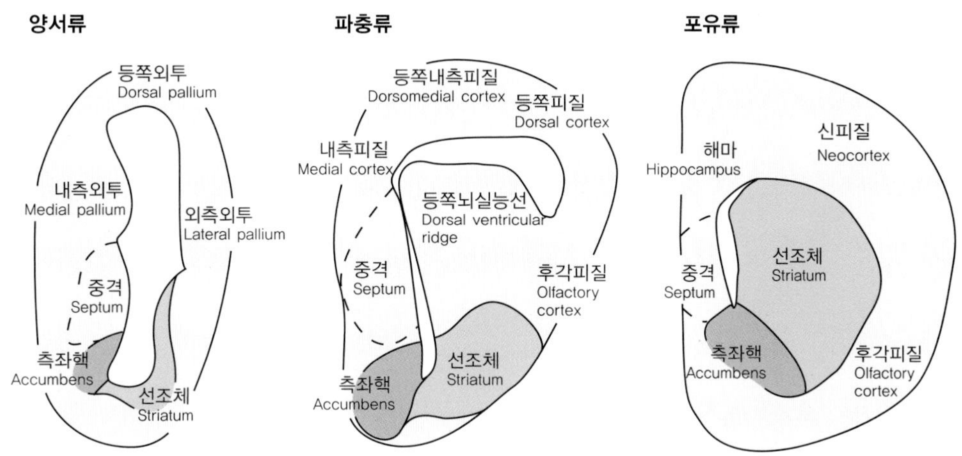

tract가 발달합니다. 조류에서는 기저핵basal ganglia에서 뇌간으로 내려오는 신경로가 발달하였고, 포유류에서는 대뇌피질에서 운동신경세포들을 통제하는 피라미드로pyramidal tract가 발달하지요. 인간의 적핵척수로는 어깨와 팔의 움직임을 조절하죠. 또한 대뇌피질이 발달되어 모든 감각과 통합 기능이 대뇌피질에서 이루어지는 경우에는, 피질에서 직접 운동신경원을 통제하는 피라미드로가 인간에서 특별히 발달했습니다.

운동에 관련된 새로운 신경로가 덧붙여질 때마다 새로운 기능들이 추가되며, 보다 정교한 운동을 할 수 있게 됩니다. 그러나 계통발생학적으로 오래된 하행신경로의 기능은 없어지지 않고 새로운 하행신경로를 보완해주는 역할을 하지요. 또한 새로운 신경로가 손상되었을 경우 이를 대체하는 기능을 합니다. 동물의 운동성이 진화한 과정은 파충류, 조류, 그리고 포유류 중 양막동물의 운동신경로의 변화 과정을 살펴보면 명확해집니다. 여기서 양막동물은 양서류에서 파충류로 진화하는 과정에서 건조한 육지에서 생존하기 위해 수분 유출은 막고 산소는 유입할 수 있는 막을 갖춘 알이 진화하면서 번성하게 되었습니다.

포유류의 해마형성체에 해당하는 상동기관이 양서류에서는 내측외투, 파충류에서는 내측피질입니다. 중격영역과 배쪽선조체인 측좌핵은 양서류, 파충류, 그리고 포유류에서 중요한 감정적 본능처리영역이지요. 운동을 담당하는 등쪽선조체는 포유류에서 크게 확장되었죠. 동물종에 따라 변화하는 대뇌피질과 피질하영역의 상대적 크기를 비교할 수 있지요. 포유류의 가장 큰 특징은 신피질의 확장입니다.

6-15에서 신경축삭 연결 중 강한 것은 실선으로 표시했고, 점선은 가장 약한 연결 빈도를 나타냅니다. 이러한 신경연결 강도로 대뇌기저핵을 통한 정보 흐름의 정도를 추정할 수 있지요. 양서류는 등쪽시상, 파충류와 조류는 등쪽뇌실능선dorsal ventricular ridge(DVR), 포유류는 신피질에서 선조체로 중요한 신경 정보가 입력됩니다. 그리고 선조체로 들어온 신경 정보는 양서류와 파충류에서는 덮개tectum, 포유류에서는 등쪽시상으로 출력되지요. 양서류는 신피질이 거의 발달하지 않아서 등쪽외투층dorsal Pallium(DP)이 약하게 선조체와 등쪽시상에 연결되죠. 양서류에서 운동은 시상감각핵에서 선조체로 강한 감각입력이 투사되며, 창백핵과 시개 등으로 출력됩니다. 창백핵에서 시상감각핵으로 피드백되는 신호도 약하지요. 결국 양서류는 감각입력에 더 종속하게 됩니다.

신피질은 좀 더 진화한 후기 파충류에서부터 출현합니다. 따라서 파충류에게 포유류의 신피질에 대응하는 것은 감각피질인데, 이것은 등쪽뇌실능선dorsal ventricular ridge에서 발달하여 감각입력을 처리하여 연결해줍니다. 포유류에 와서야

6-15
양서류, 파충류, 포유류의운동신경로 변화

(출전: Principles of Brain Evolution, G. F. Striedter)

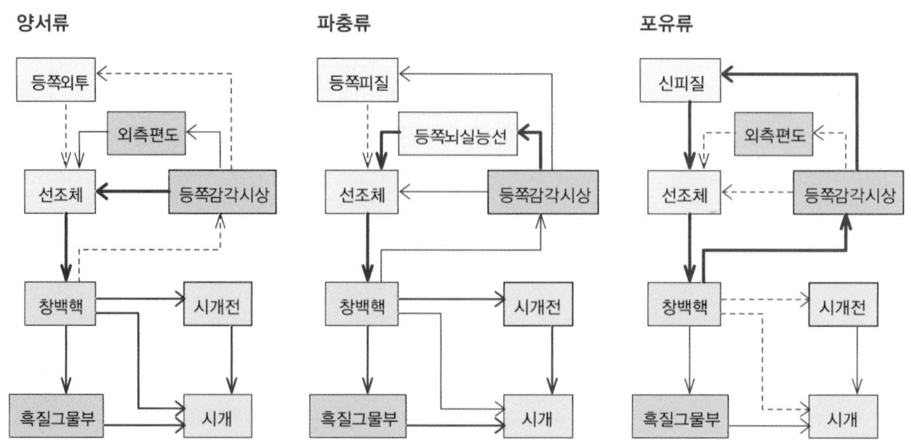

6-16
양서류, 파충류, 포유류의 해마 관련 신경로의 변화
(출전: Principles of Brain Evolution, G. F. Striedter)

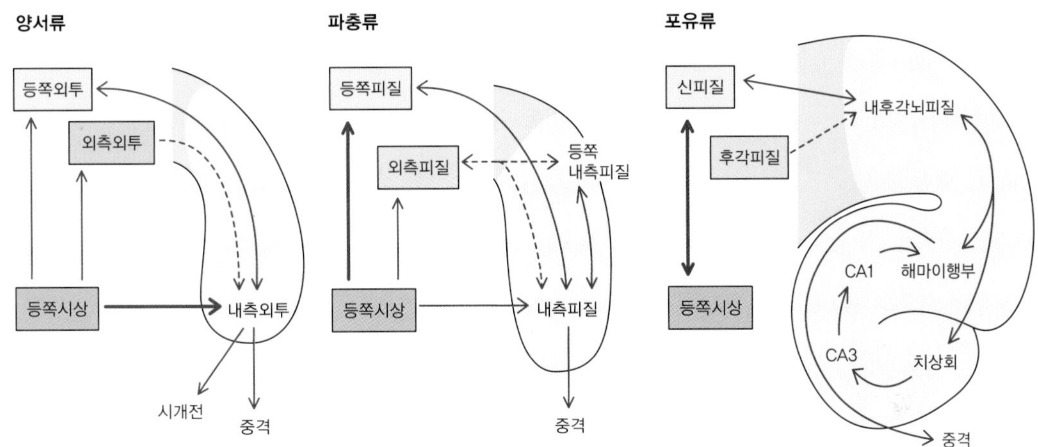

발달한 대뇌신피질이 시상을 통한 대규모의 감각입력을 처리하여 강력한 운동출력을 생성하지요. 그러한 진화의 정점인 피질척수로는 인간에 이르러 크게 발전합니다. 또한 포유류에서는 창백핵-시상-대뇌신피질의 피드백 신경로가 강화되어 운동학습의 기억이 강화되지요. 이러한 양서류-파충류-포유류에 이르는 운동의 진화가 척추동물 중추신경계 진화의 핵심입니다. 건조한 육지 환경에 적응하는 과정이 바로 양막류의 진화 과정이며, 그 과정에서 복잡해지는 생존 환경에 대한 정보를 저장하는 기억 능력이 함께 발달해야만 했죠. 이 과정은 6-16에서처럼 포유동물의 해마형성체에 해당하는 영역의 진화를 살펴보면 알 수 있습니다.

양막류의 진화 과정에 따라 다른 명칭을 갖지만, 포유류의 해마형성체에 해당하는 상동피질이 양서류와 파충류에 존재합니다. 양서류에서는 내측외투가 해마형성체에 해당하며, 등쪽시상에서 입력을 받아서 시개전영역과 중격영역으로 신경 신호를 출력하지요. 파충류의 해마형성체는 내측피질과 등쪽내측피질로 구성되어 있으며, 내측피질은 등쪽시상으로부터 직접 입력을 받고 중격으로 출력합니다. 포유동물에게 해마형성체는 내후각뇌피질, 해마지각, 치상회, 암몬각으로 구성되며 시상등쪽 감각핵으로부터 직접 입력을 받지 않고 내후각뇌피질을 통하여 신피질과 신호를 주고받지요. 등쪽외투-등쪽피질-신피질로 발달하면서 포유동물에서는 등

6-17
상어, 쥐, 인간의 해마 진화
(출전: Sarnat, Netsky)

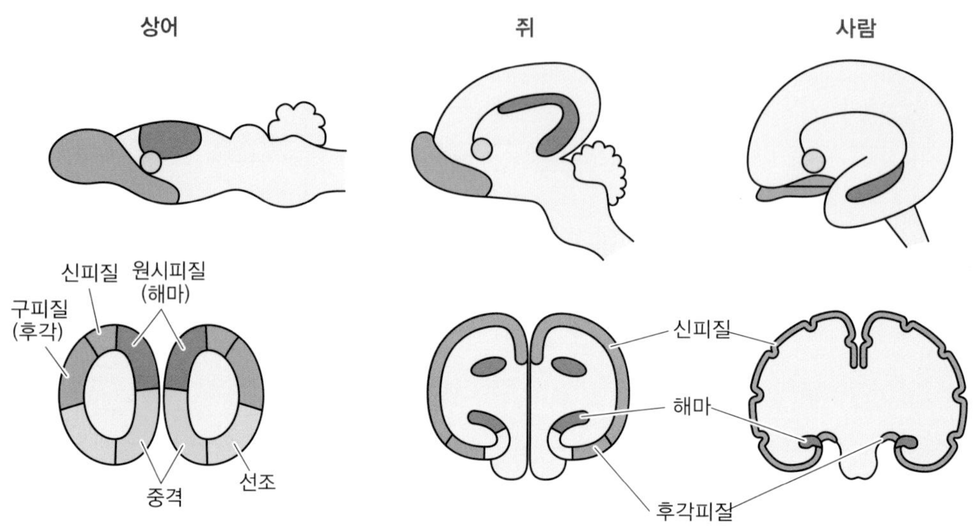

쪽시상이 대규모로 시각과 청각 그리고 체감각 신호를 신피질로 투사합니다. 그리고 신피질이 경험감각입력을 해마형성체에서 장기기억으로 형성하여 다시 신피질에 저장합니다.

척추동물의 상어와 쥐 그리고 인간에 이르는 대뇌피질의 진화 과정은 신피질의 급격한 확장입니다. 확장되는 신피질에 밀려서 원시피질은 대뇌피질 내부로, 구피질은 대뇌피질 아래로 이동합니다. 증가된 대뇌피질영역은 두정엽과 후두엽의 감각연합피질과 전두엽의 운동연합피질이지요. 감각연합피질의 확장으로 시각과 청각 그리고 체감각을 통합하여 사물에 대한 다감각적 표상이 가능해졌지요. 그리고 운동연합피질의 확장으로 동물의 반사적 동작에서 인간의 능동적 행동으로 동물의 운동이 발전합니다.

파충류에서 포유류에 이르는 뇌 진화의 핵심은 신피질의 확장입니다. 초기 척추동물의 대뇌피질은 후각피질에 연결된 구피질뿐이지요. 양서류는 구피질에서 분화된 원시피질과 기저핵이 나타납니다. 원시파충류에서는 기저핵이 대뇌피질 아래로 들어가 대뇌기저핵이 되지요. 진화된 파충류에서부터 신피질이 출현합니다. 진화

6-18
양서류, 파충류, 포유류의 뇌 진화

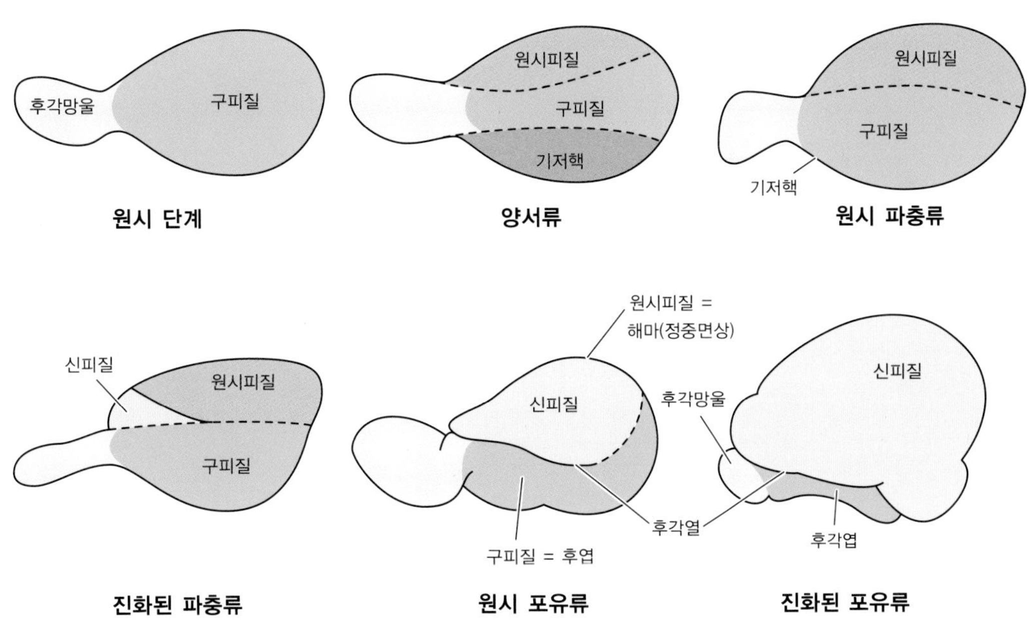

6-19
오리너구리와 부시베이비의 운동피질과 체감각피질 영역
(출전: Comparative Vertebrate Neuroanatomy, A. B. Butler and W. Hodos)

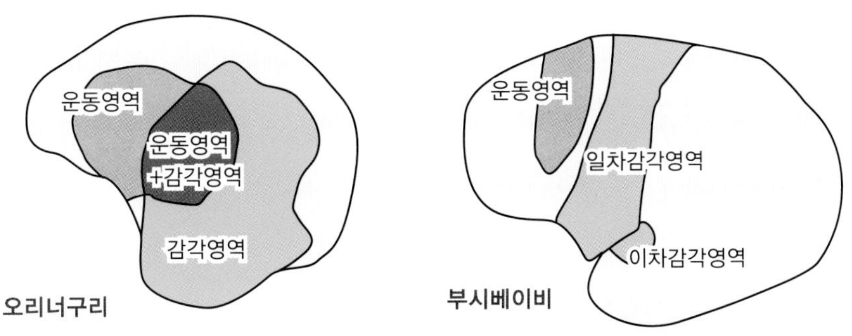

6-20
뾰족뒤쥐와 인간의 대뇌피질 기능별 구분

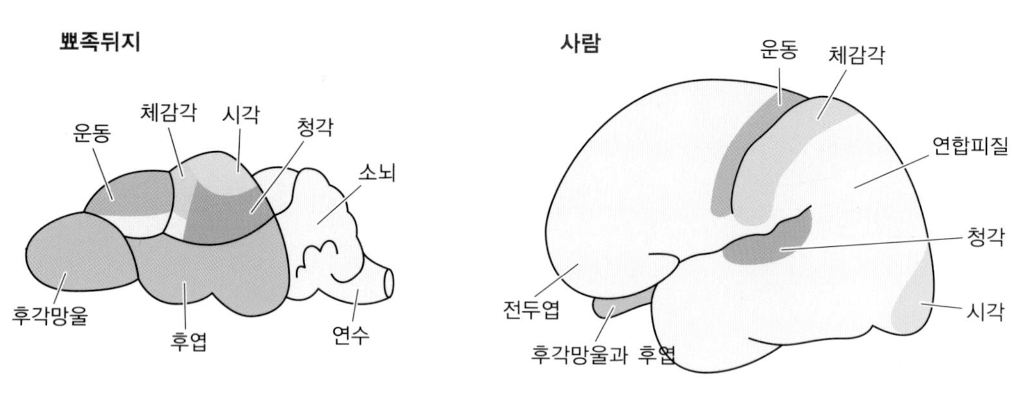

6-21
쥐와 원숭이의 미각과 체감각신경
(출전: Neurobiology, Gordon M. Shepherd)

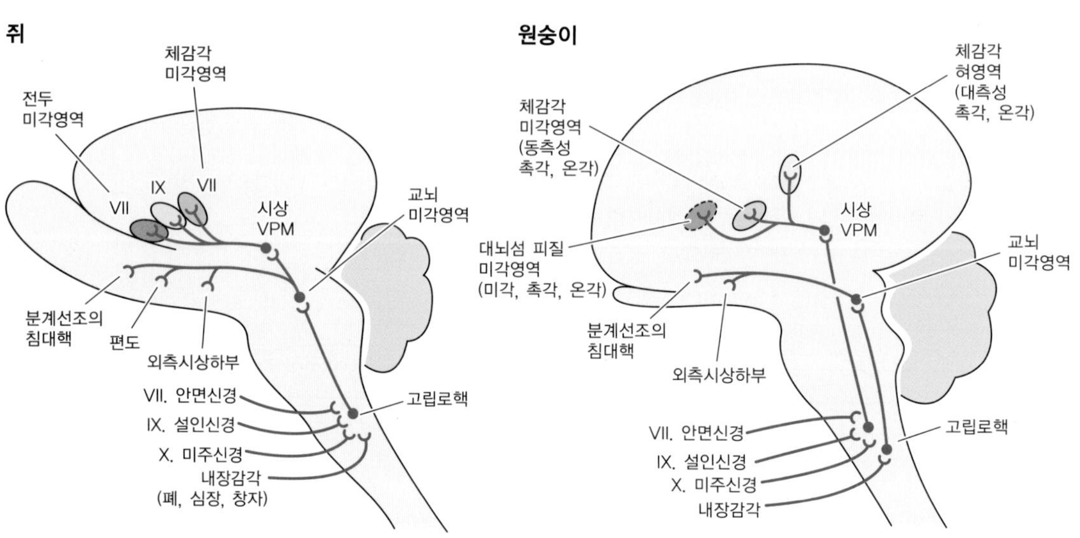

된 포유류에서는 신피질이 크게 확장되어 원시피질이 안으로 밀려들어가 해마가 되고, 구피질은 후각엽이 됩니다.

초기포유동물인 단공류는 바늘두더지와 오리너구리가 있지요. 오리너구리의 부리는 전기를 감지하는 특별한 기관입니다. 그래서 오리너구리의 체감각피질이 크게 확장되어 운동피질과 중첩되는 영역이 존재합니다. 야행성 영장류인 부시베이비galago(갈라고)는 체감각피질이 일차피질와 이차피질로 분화되며 운동피질과 분리됩니다. 대뇌피질의 영역들은 동물종의 감각과 운동의 발달을 살펴볼 수 있지요.

뾰쪽뒤지는 설치류로 일차감각영역이 대뇌피질의 큰 영역을 차지하지만 인간에서는 일차감각영역이 대뇌후반부의 일부영역에 국소적으로 분포하며 연합피질이 크게 확장되면서 대뇌피질의 대부분 차지하지요. 대략 200만 년 전 인간이 사냥과 육식을 하면서 대뇌연합피질이 확장됩니다. 인간에서 연합피질이 크게 확장된 현상은 감각의 통합, 언어의 출현, 행동의 목적지향성의 발달을 가져옵니다.

쥐의 미각 관련 뇌신경은 안면신경, 설인신경, 미주신경입니다. 미각 관련 신경들이 고립로핵에서 시냅스하지요. 고립로핵에서 출력한 축삭은 교뇌미각영역에서 시냅스하고 시상복후내측핵으로 전달되지요. 쥐의 경우는 시상복후내측핵에서 체감각미각영역과 전두미각영역으로 투사합니다. 반면에 원숭이의 미각 경로는 시상복후내측핵에서 체감각미각영역, 체감각혀영역, 대뇌섬피질에서 처리합니다. 체감각혀영역에서 대측성 촉각과 온도감각도 감지되어 음식의 차고 따듯한 정도도 미각에 영향을 줍니다.

03 삼배엽 배아의 신경계 발생

생명 현상에서 진화와 발생은 시간적 팽창과 축소입니다. 진화는 지질학적으로 긴 시간에서 서서히 환경에 적응하는 과정이지요. 반면에 발생은 수정란에서 순식간에 일어나는 세포의 분열, 증식, 이동이지요. 생명체의 구조와 기능은 발생에서 시작합니다.

태아 발생 과정에서 신경계의 발달을 살펴봅시다. 발생중 신경판에서 신경관이 형성되고 신경관에서 척수와 대뇌가 형성되지요. 중추신경계의 발생은 인간 뇌 구조의 형성 과정을 이해하는 지름길이지요.

척수동물의 전뇌, 중뇌, 그리고 능형뇌의 변화 과정은 뇌실막층 세포의 분화와 증식으로 신경관이 두께워져서 이루어집니다. 전뇌는 종뇌와 간뇌로 분화되며 능형뇌는 후뇌와 수뇌를 만들지요. 그리고 후뇌는 교뇌와 소뇌로 바뀌고 수뇌는 연수가 됩니다.

외측뇌실과 제3뇌실 주위 피질은 대뇌반구와 시상, 시상하부를 만들며, 대뇌수도관(중뇌수도관)주변피질은 중뇌를 형성하지요. 제4뇌실 등쪽으로 소뇌가 생겨며 배쪽으로 교뇌가 됩니다.

인간의 신경계는 배아 단계에서 만들어집니다. 배아는 수정란 세포에서 시작되

6-22
척수동물의 전뇌, 중뇌, 능형뇌의 변화 과정
(출전: Vertebrates, K. V. Kardong)

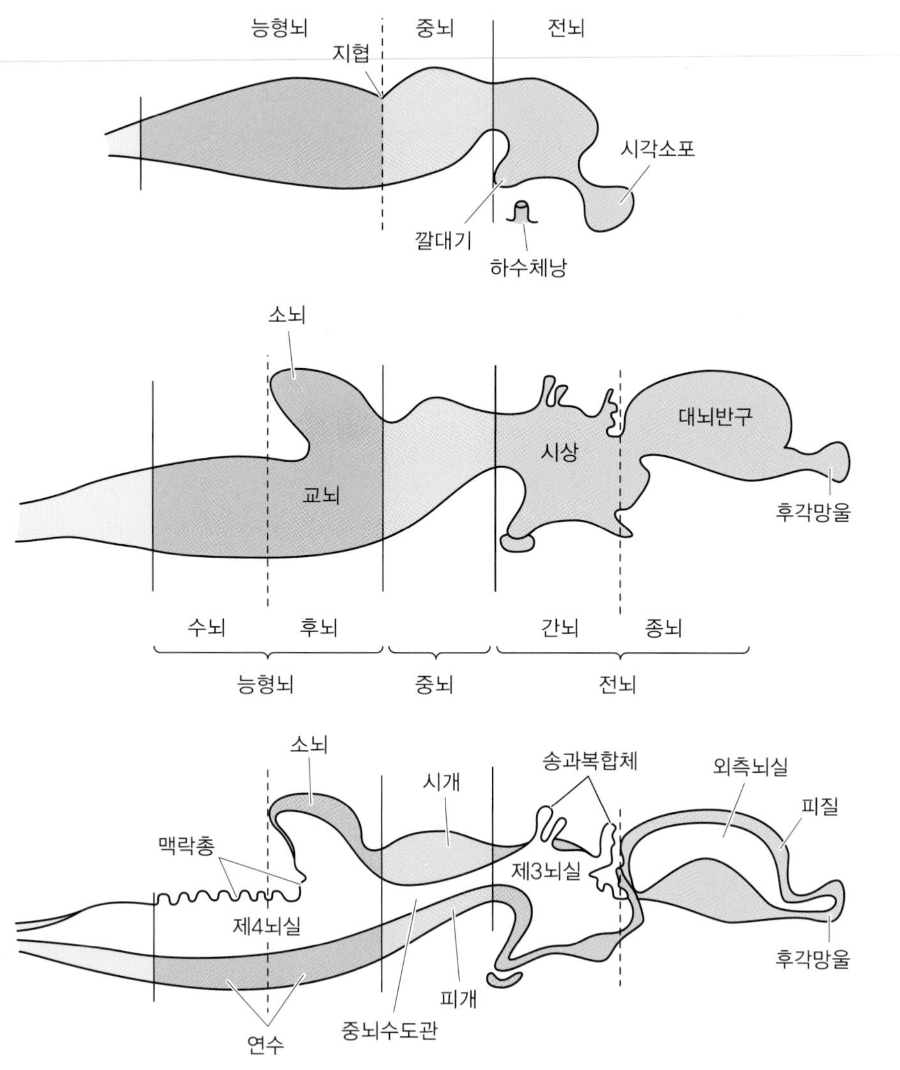

죠. 자궁관uterine tube(나팔관)에 있는 난자 세포 속으로 정자 세포의 DNA가 들어 있는 머리 부분이 들어가 수정fertilization하여 정자와 난자에서 받은 23쌍의 염색체가 담긴 하나의 세포, 즉 수정란이 만들어지죠. 수정란은 자궁관을 지나면서 세포 2개로 분열되고, 곧이어 세포 4개로 분열되죠. 16~32개까지 분열된 후에는 세포

6-23
척추동물 뇌실과 뇌실주위에 형성된 중추신경계

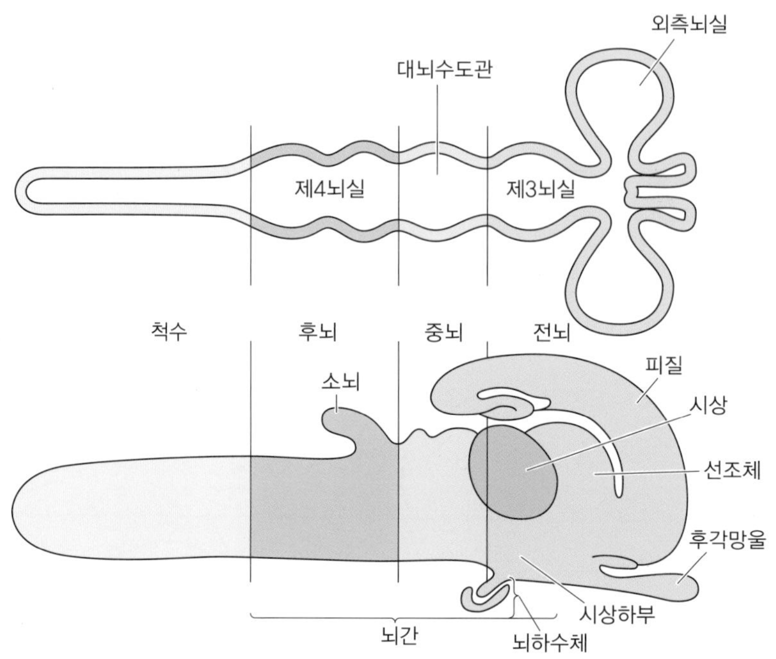

6-24
태아 발생단계별 사진

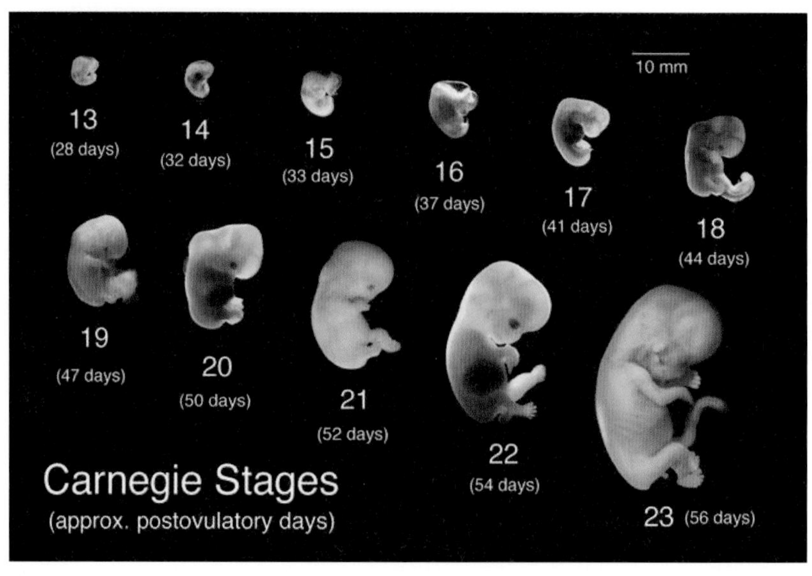

들 각각이 뭉쳐 뽕나무 열매 모양의 상실배morula(오디배)가 되면서 자궁 안으로 들어갑니다. 자궁 안으로 들어가면서 상실배는 그 안에 주머니처럼 빈 공간이 생겨 낭배blastocyst(주머니배)가 되죠. 낭배는 자궁내막으로 파고들어 착상합니다.

낭배 속에 빈 공간이 만들어지고, 그 안에서 분열 중인 세포들이 한쪽에 응집하면서 속세포더미가 형성되지요. 이 속세포더미는 곧 양막 공간을 만드는 세포층과 낭배 공간의 세포층으로 나뉘죠. 두 층의 세포들은 각각 양막 공간 주변과 낭배 공간 가장자리로 이동하여 양막amnion과 난황주머니yolk sac(난황낭)를 만듭니다. 양막은 태반을 이루는 막이 되고, 난황주머니는 영양소를 감싸는 주머니가 되지요.

내세포집단이 분화되어 위판과 아래판의 이배엽이 형성됩니다. 위판은 배반상엽층이 되어 배아조직을 만들고 아래판은 배반하배엽이 되어 배아외조직이 되지요. 배아외조직은 배반하엽층과 영양포에서 유래하지요. 영양포세포는 영양막세포층으로 분화되고 영양막세포층은 합포체영약막으로 발달하지요. 위 판과 아래 판의 이배엽의 세포판 사이로 중배엽이 형성되면서 삼배엽성 배자를 형성합니다. 이 과정은 양막 공간에 접한 위판의 꼬리 쪽에 있는 중앙선, 즉 원시선primitive groove(원시고랑) 속으로 세포들이 함몰되면서 양막 공간과 난황 공간 사이의 틈으

6-25
수정란의 발생과정별 생성 세포

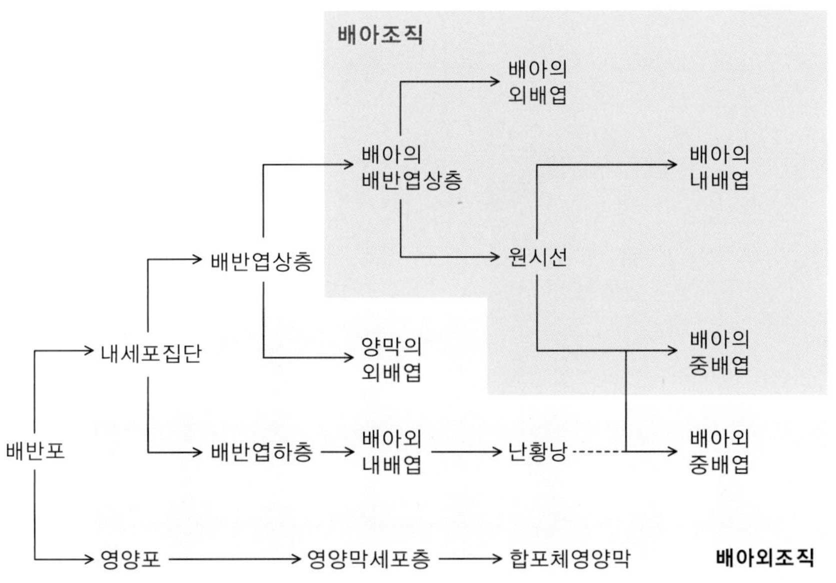

로 위판의 세포들이 몰려들어와 안으로 이동합니다. 그 결과 양막 공간 쪽에 외배엽ectoderm이 형성되고, 외배엽이 원시선에서 안으로 말려들어가다 세포들이 아래 판을 대체하면서 난황 공간 쪽에 내배엽endoderm이 만들어지죠.

그후 다시 외배엽의 세포들이 원시선을 중심으로 안으로 말려들어가다가 외배엽과 내배엽 사이의 공간을 채워서 세포층을 만들어요. 이 세포층이 바로 중배엽mesoderm이 됩니다. 중배엽 세포들이 분화하고 이동하고 응집하여 중간중배엽, 축판중배엽, 그리고 외측판중배엽을 형성합니다. 중간중배엽에서 콩팥과 생식소를 만들고, 축판중배엽에서 뼈, 근육, 진피로 분화하는 체절을 만들고, 외측판중배엽에서 내부 장기와 체강과 배외측막이 생성되지요. 내배엽은 간, 폐, 이자, 방광, 소화관을 형성하지요. 그리고 외배엽은 표피와 신경제 세포 그리고 신경관으로 분화

6-26
외배엽, 내배엽, 중배엽에서 생성되는 신체 기관

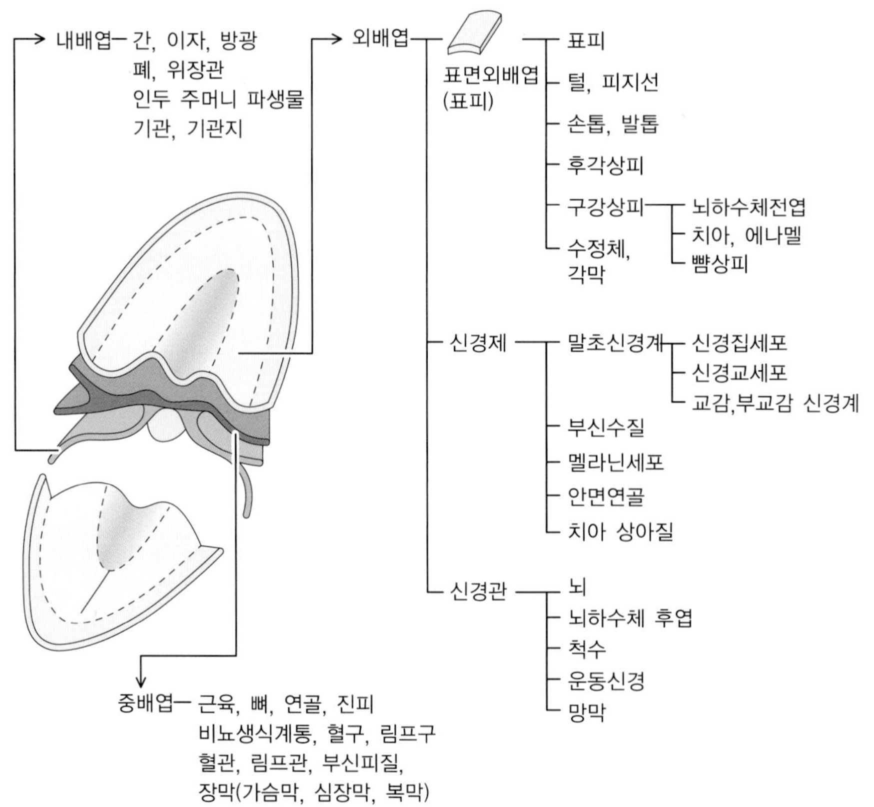

6-27
이배엽형성단계(A), 원시선조형성(B), 척삭돌기진행(C), 중배엽형성(D)

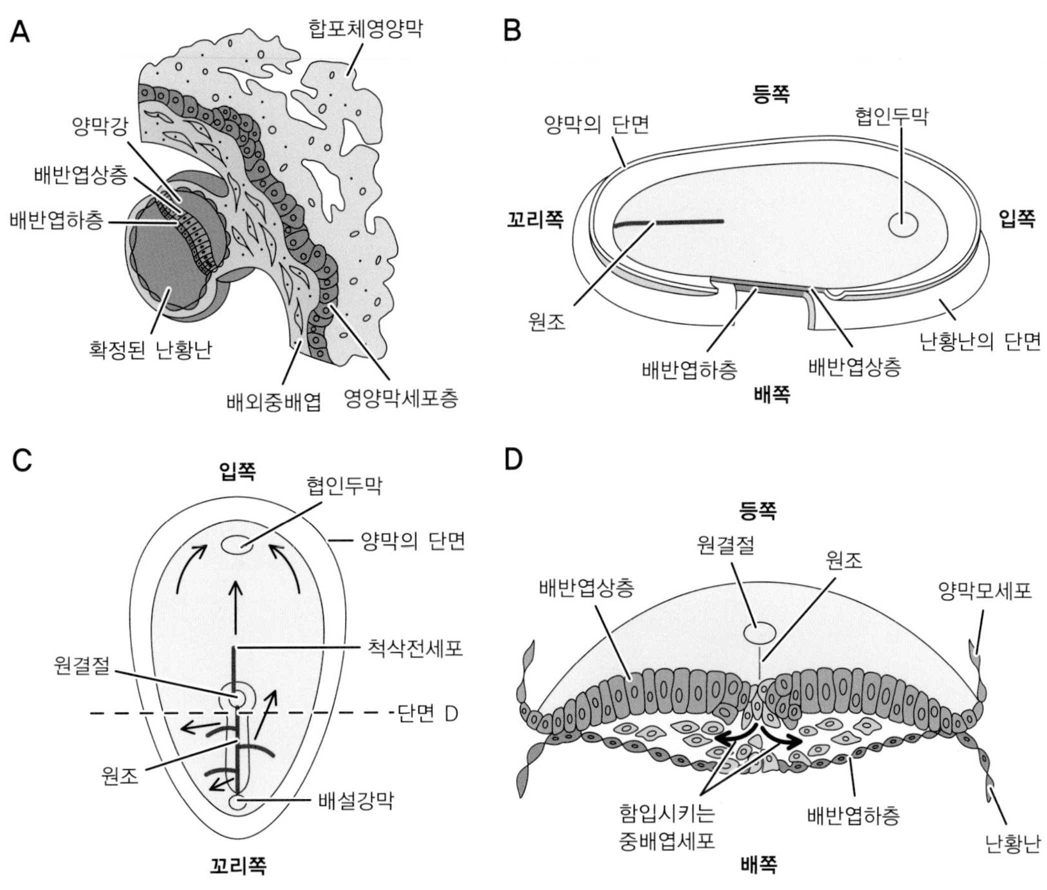

합니다. 표피 조직은 후각상피와 구강상피로 세분되며, 신경제 세포에서 신경집, 신경교, 교감 및 부교감의 자율신경계가 나옵니다. 마지막으로 신경관에서 뇌와 척수 그리고 망막과 뇌하수체 후엽이 생기지요. 수정란의 단일 세포에서 신경시스템을 만들어가는 과정은 뇌를 그 출발점부터 철저히 공부하기 때문에 뇌 구조의 기원을 추적하는 지름길입니다.

수정난의 속세포더미가 분화되어 배반상배엽상층과 배반엽하층의 이배엽을 형성합니다. 이배엽의 위판의 세포가 두 판 사이로 이동하면서 중배엽이 형성되지요. 이 과정은 외배엽의 신경판에 뒤쪽에서부터 직선형태의 함몰선인 원시선(원조)이

6-28
척삭돌기 형성 과정

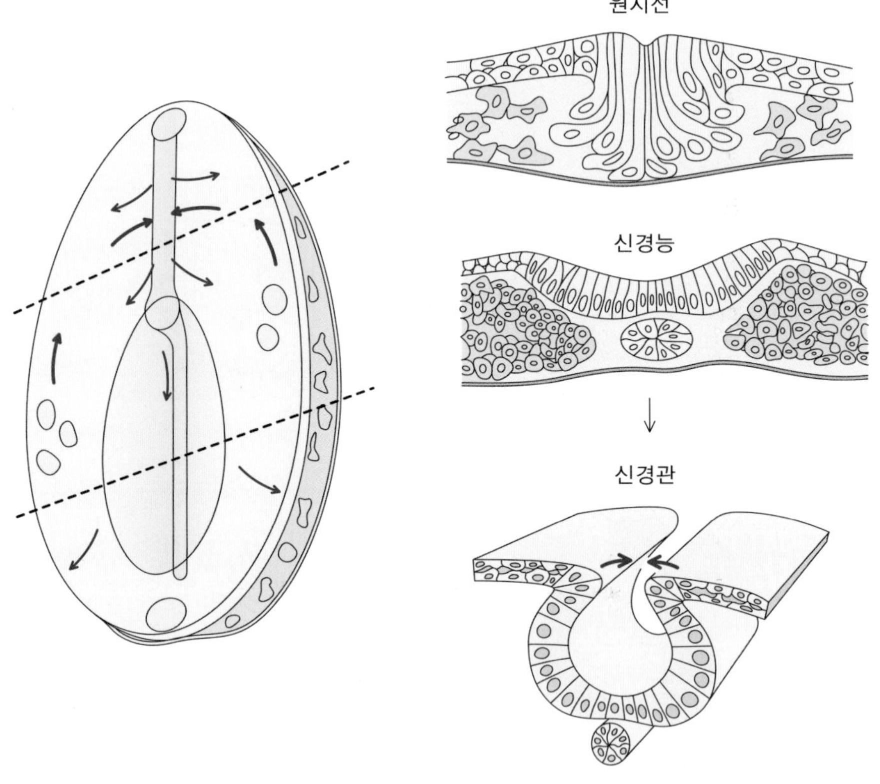

생깁니다. 원조는 함입하는 위판세포가 중배엽을 형성하는 과정이 표면에 드러난 선입니다.

원시선을 따라서 위판 세포가 위판과 아래판 사이로 유입되면서 척삭돌기 notochord process 형성이 시작됩니다. 척추동물의 앞뒤축을 형성하는 척삭은 태아 시기에만 존재하고 출생 후에는 사라집니다. 발생시에 존재하는 척삭에 의해 신경판이 신경고랑이 되고 결국 신경고랑의 입구 부분이 폐쇄되면서 신경관이 만들어지지요. 척추동물 발생에서 핵심적인 단계는 외배엽의 일부가 신경판이 되고 신경판이 척삭에서 분비되는 Shh라는 유도성 물질에 의해서 안으로 함몰되어 신경도랑이 되고 신경도랑에서 신경관이 생성되는 과정입니다. 신경관의 세포들이 증식하여 신경관이 두꺼워지고 분화되어 전뇌, 중뇌, 후뇌 그리고 척수의 중추신경계를 형성

6-29
척추동물 신경예정판

alr anterolateral ridge, cr cardiac region, **CN** cerbral nuclei, **CTX** cerebral cortex, **HYP** hypothalamus, **TH** thalmus, **Hn** Hensen' s node, **Vpla** trigeminal placode, **VIIp** facial placode, **VIIIp** otic placode **IX/Xp(d, p)**, glossopharyngeal, vagal placodes(distal, proximal), **Olp** olfactory, **opm** oropharyngeal membrane, **prs** primitive streak. (출전: L. W. Swanson, Structure of the Rat Brain)

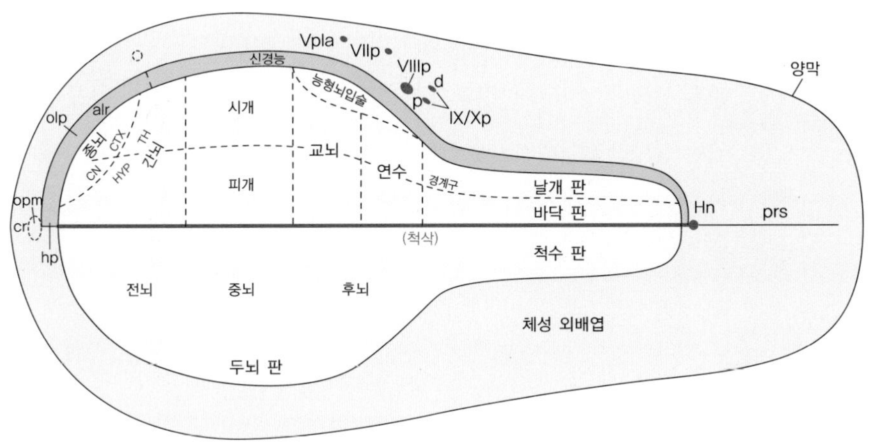

6-30
원시선과 뇌와 척수의 위치

(출전: Brain Architecture, L. W. Swanson)

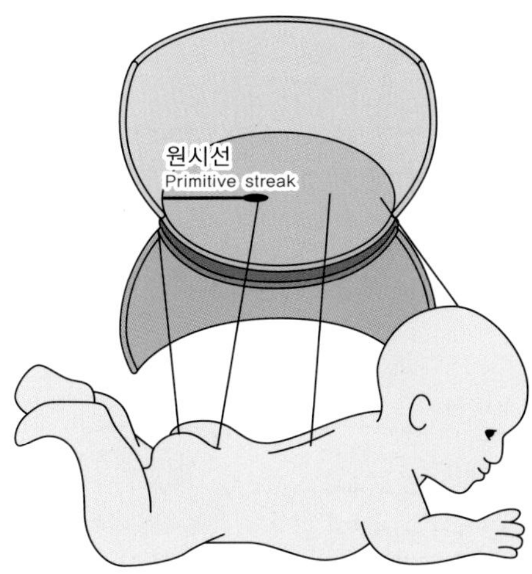

하지요.

척추동물인 쥐의 신경예정판은 발생 시기에 외배엽의 신경판에서 형성됩니다. 신경판이 아래로 굽어지면서 신경고랑을 만들고 신경고랑에서 신경관이 만들어집니다. 신경예정판에서 대뇌피질(CTX)은 외부로 대뇌기저핵(CN)은 피질아래를 차지합니다. 마찬가지로 시상(TH)은 시상하부(HYP)의 위쪽에 위치하지요. 이러한 중추신경계의 구성요소들의 발생 후의 위치는 예정판에서 위치를 생각하면 이해가 됩니다. 시개가 피개 위쪽에 위치하며 날개판이 바닥판 위에 존재하는 이유는 예정판을 둥글게 말아서 신경관의 원기둥을 만들면 원기둥 위와 아래에 위치하는 뇌 영역이 분명해집니다. 그래서 척수의 운동성분인 바닥판이 척수 아래에 위치하며 감각성분인 날개판이 위에 위치하는 방식은 대뇌까지 적용되어 중심열 앞쪽의 대뇌

6-31
중배엽 형성

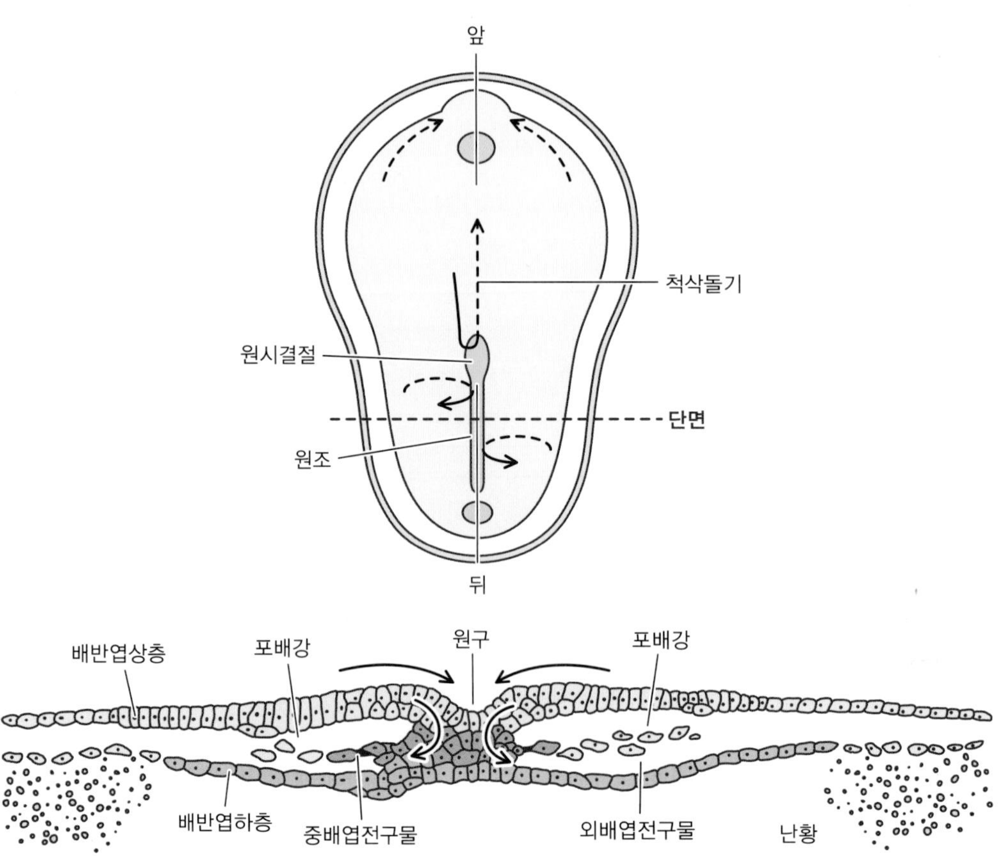

피질은 운동을 담당하며 뒤쪽의 대뇌피질은 감각을 처리하지요.

태아 발생에서 원시선primitive streak(prs) 이 시작하는 부분이 항문이 됩니다. 원시선이 척삭돌기 형성 과정으로 바뀌면서 척삭돌기가 앞쪽으로 형성되면서 입인두막oropharyngeal membrane(opm)까지 진행하지요. 척삭돌기에서 신경관이 유도되고 신경관에서 척수와 뇌가 만들어지지요.

외배엽에서는 신경관이 형성되고 신경제 세포가 분화가 분화되는데, 신경제는 언덕 구조를 이루며 형성되므로 신경능이라고도 합니다. 신경능세포들은 외배엽, 중배엽, 내배엽과 더불어 제4의 배엽이라고 불릴 만큼 동물 신경계 형성에 중요합니다. 신경능에서 미엘린 수초를 형성하는 신경집, 신경교, 그리고 교감, 부교감의 자율신경계가 생성됩니다. 6-31은 외배엽과 그 아래 중배엽의 수평 단면을 간단하게 그린 겁니다. 이 그림을 보면 가장 위에 신경판neural plate이 있죠. 얇은 판 모양을 하고 있던 외배엽의 등쪽 한가운데 부분이 두꺼워지면서 만들어진 구조입니다. 이 평평했던 신경판이 등쪽 한가운데에서 안쪽을 향해 말려들어가죠. 그러면서 아래로 푹 파여 신경고랑neural groove이 생기고, 신경고랑 양쪽 바깥으로 신경주름neural fold이 만들어지죠. 곧 이 신경주름의 등쪽 좌우가 양쪽 바깥에서 중앙을 향

6-32
신경판에서 척삭 형성 과정

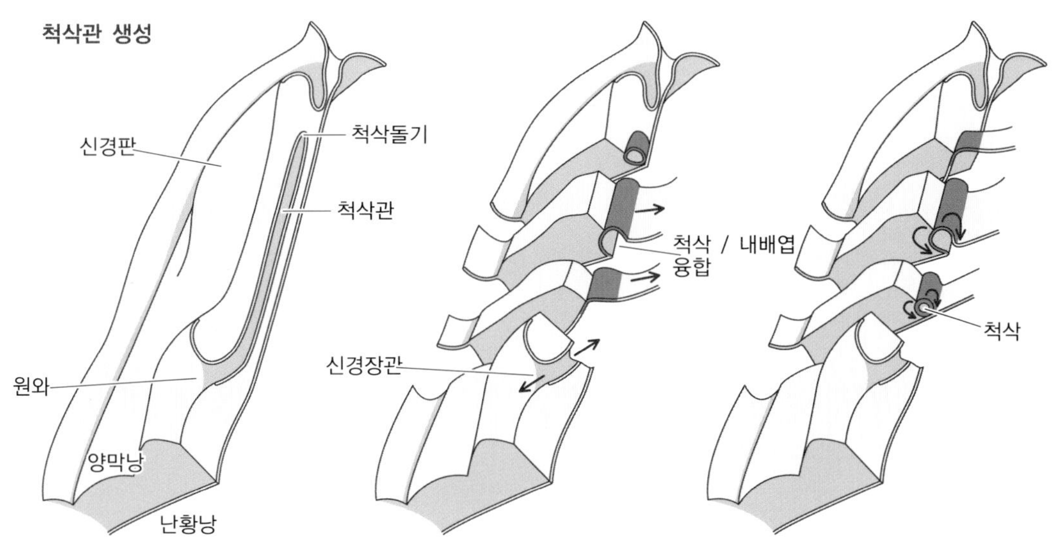

해 움직이면서 서로 융합한 후 신경판에서 분리되어 신경관neural tube이 길게 형성됩니다. 신경관 안의 내강lumen(속공간)은 신경수관neural anal이라고 합니다.

신경관 밑에는 연골로 되어 있는 척삭이 줄 모양으로 죽 뻗어 있습니다. 보통 notochord를 척색이라고 번역하고 사전에도 척색을 표준어로 인정한 반면 척삭은 척색의 잘못된 표현으로 나오지만, 이 같은 일은 축삭 혹은 축색으로 번역되는 axon과 마찬가지로 索을 잘못 읽은 것입니다. 索은 찾을 '색'과 동아줄, 노, 새끼 '삭'이라는 두 가지 음이 있지요. 아마 영어를 일본어로 번역한 용어를 우리말로 옮기는 과정에서 비롯된 잘못으로 추정됩니다. 그리고 영어 용어의 원래 뜻에 비추어 보면 '삭'이라고 하는 것이 옳다고 생각됩니다. 따라서 notochord는 척삭으로, axon은 축삭으로 하는 것이 적확한 표현일 수 있지요. 척삭에서는 아주 중요한 두 가지 물질이 분비됩니다. 하나는 뼈형성단백질 Bone Morphogenetic Protein(BMP)입니다. BMP의 종류는 20개 정도 됩니다. 그 가운데 BMP4한 가지만 기억합시다. 척삭

6-33
척삭동물

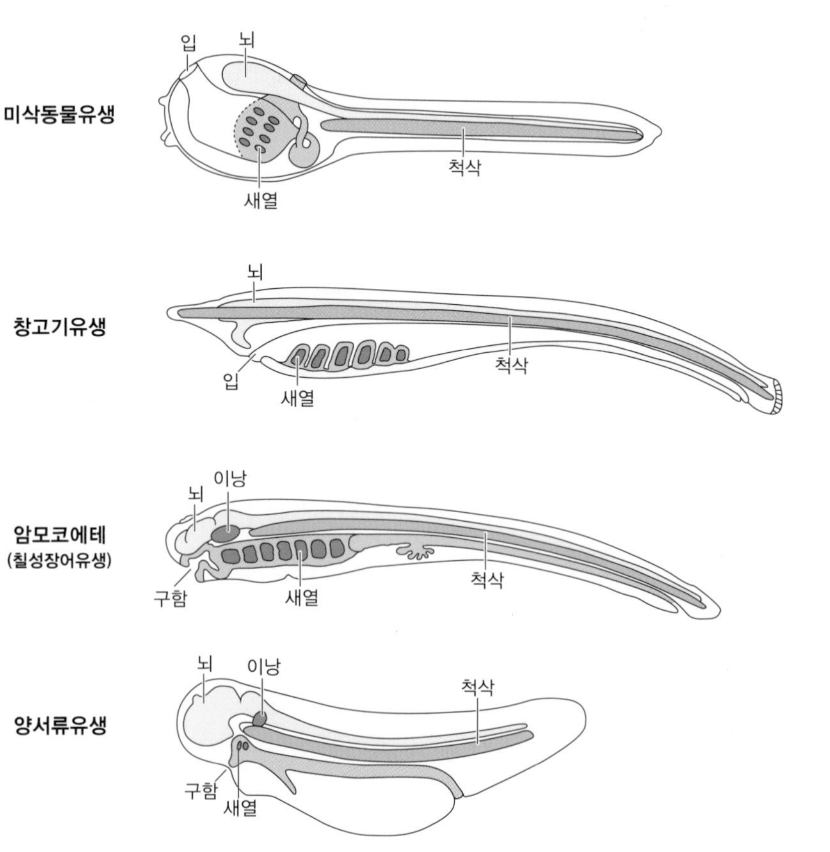

에서 보통 세포로 BMP4가 분비되면 뼈를 만들 수 있는 형질의 세포로 바뀌죠. 뼈를 만들려면 칼슘 분비를 조절할 수 있어야 해요. 세포를 그렇게 바꿔주는 겁니다. 피부, 근육 등 다른 부위의 세포들도 이런 식으로 형질이 바뀌면서 생겨납니다.

다른 하나는 소닉 헤지호그Sonin Hedgehog Homolong(SHH)입니다. 척삭에서 신경관 아래쪽에 있는 세포들로 분비해 세포들의 형질 변화를 유도하죠. SHH는 이름에 '고슴도치hedgehog'라는 단어가 들어 있는데, 생김새가 그런 건 아니에요. 발생생물학에서 쓰이는 용어들을 추적해보면, '곱사등이'라든지 '불구자' 같은 단어가

6-34
신경관의 발생과정 사진
왼쪽 사진은 신경판이 아래로 굽어져서 신경도랑을 형성하고, 신경도랑이 봉합되어 신경관이 형성되는 과정이다. 오른쪽 사진은 척삭과 신경관 생성에 관여한 세포들의 집단적 형태가 바뀌는 모습이다. 맨 아래 사진은 신경관이 봉합되고 분화되어 몸 체절이 형성된 모습이며, 머리와 꼬리 부분은 봉합이 완성되지 않은 상태이다.

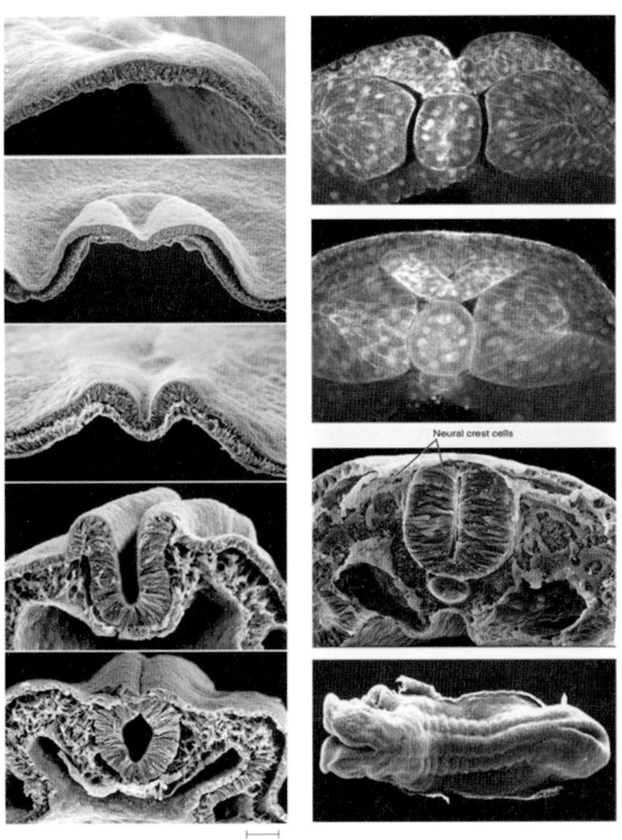

있습니다. 발생생물학과 관련된 연구들이 대부분 유전병에서 출발하는데, 실험동물을 대상으로 인공적으로 돌연변이를 일으켜서 만들어진 모양에 이름을 붙였죠. 척추동물은 척삭동물에서 기원합니다. 따라서 척삭동물의 척삭과 신경계는 척추동물의 신경시스템과 진화적으로 관련됩니다. 6-33에 척삭이 꼬리쪽에 있는 미삭동물인 멍게 유생과 척삭이 머리까지 뻗어있는 두삭동물인 창고기가 있지요.

척삭동물은 반삭동물, 미삭동물, 두삭동물로 분류됩니다. 멍게의 유생은 미색동물로 바닷속에서 헤엄쳐 다닙니다. 척수와 뇌가 있어서 근육의 움직임을 조절하지요. 그러나 멍게가 되기 위해서 바위에 부착하면 48시간 이내로 뇌가 퇴화하지요. 멍게가 부착 생활을 하면서 움직일 필요가 없습니다. 그래서 운동을 만드는 신경계가 사라집니다. 뇌가 운동을 만드는 기관이란 명확한 증거입니다. 두삭동물인 창고기는 머리가 없어요. 두개골뼈로 덮힌 머리는 척추동물인 어류에서부터 출현하지요. 창고기는 몸체형을 결정하는 혹스 유전자가 원시척삭동물에 비교해서 네 벌로 증가하는 현상이 발견되었지요.

6-35
척삭 단면 구조와 척삭의 움직임
(출전: Vertebrates, K. V. Kardong)

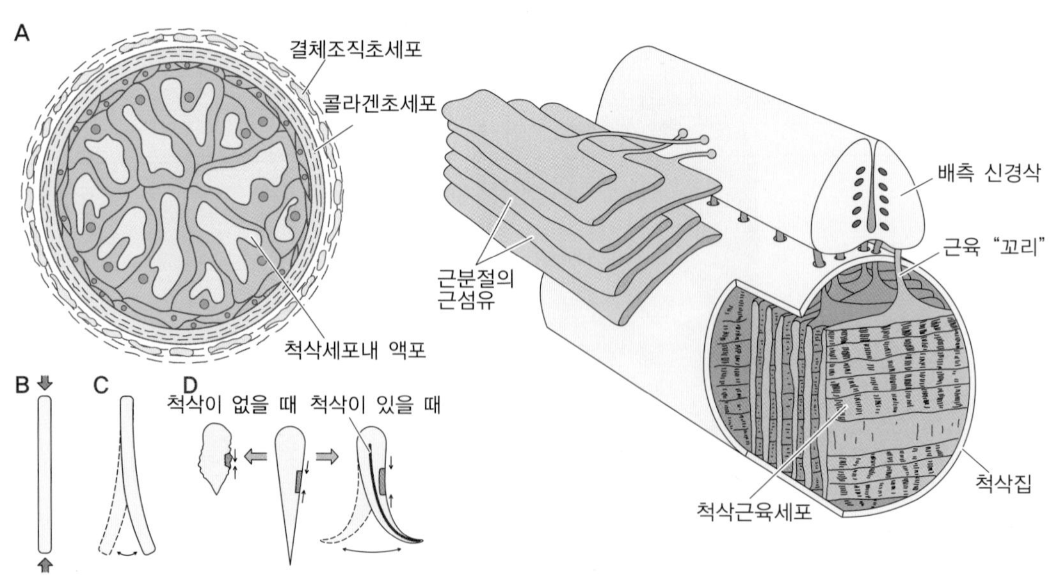

6-36
외배엽에서 신경관이 형성되는 과정

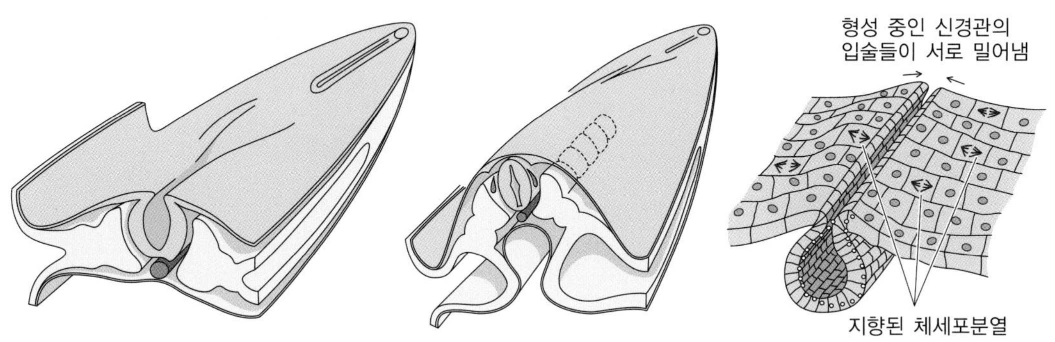

척삭은 콜라겐초세포의 외피와 내부에 액포가 존재해서 탄력있는 막대 모양을 띱니다. 척삭동물은 척삭의 탄력성으로 체축 기준으로 좌우로 움직일 수 있죠. 척추동물의 척수는 척삭 위에 부착된 형태로 척삭과 나란히 뻗어 있습니다. 척삭은 척추보다 더 먼저 생겨났죠. 척삭동물은 머리 쪽에 척삭이 있는 두삭동물cephalochordate, 꼬리 쪽에 척삭이 있는 미삭동물urochordate 그리고 반삭동물로 분류되지요. 척추동물은 척삭동물의 아문亞門이지요. 발생 과정에서도 척삭이 신경관보다 먼저 형성되지요. 척추를 만들고 나면 척삭은 퇴화합니다. 그래서 태아 때까지는 척삭이 있지만 태어난 후에는 흔적만 남아요. 그 흔적이 척추와 척추 사이에 있는 연골 조직인 추간판disk이죠. 흔히들 디스크라고 하는 겁니다. 척추 사이에서 빠져 나와서 말썽을 일으키곤 하는 디스크, 그게 바로 척삭이 퇴화한 흔적입니다. 닐 슈빈의 책《내 안의 물고기》를 보면 나오죠. 척삭과 추간판은 인간 척추 속에 물고기의 흔적이 그대로 남아 있는 겁니다. 동물의 몸은 진화의 오랜 기억들을 간직하고 있지요. 물고기부터 포유류까지 진화의 흔적이 우리 몸의 여러곳에 남아 있습니다.

신경판의 외배엽과 내배엽 사이에 중배엽이 있지요. 중배엽은 가운데 있는 신경관에서 좌우 바깥을 향해 가면서 축방중배엽paraxial mesoderm, 중간중배엽intermediate mesoderm, 측판중배엽lateral plate mesoderm(가쪽판중배엽)으로 분화됩니다.

이 셋 가운데서 신경관 바로 옆에 있는 축방중배엽의 발생 과정이 중요하지요. 축방중배엽이 6-37에서는 단면으로 표현되어 있지만 실제로는 기둥처럼 되어 있

6-37
중배엽에서 형성되는 몸의 부위

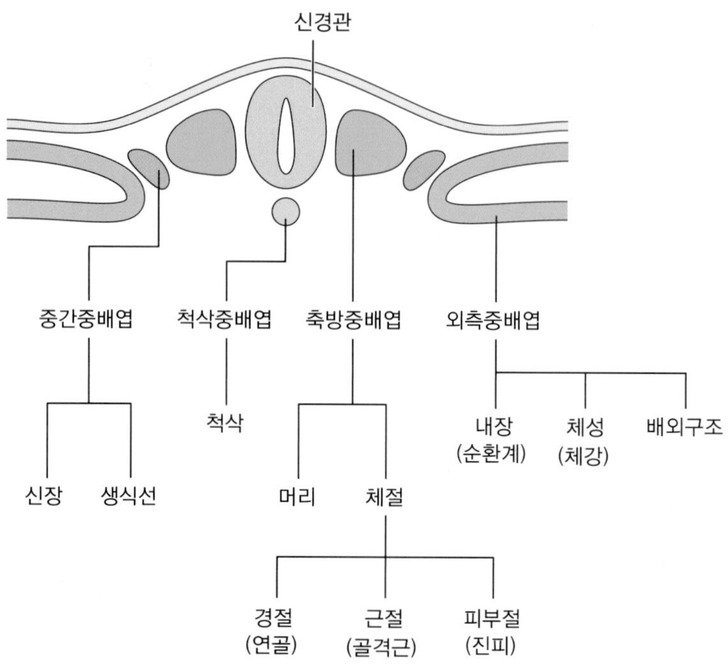

죠. 이 구조가 앞뒤로 척추를 따라서 이어져 있지요. 이 축방중배엽에서 머리와 체절이 만들어집니다. 머리는 간단하게 머리가 되는데, 체절은 간단치 않아요. 체절은 몸의 마디를 말하죠. 이것은 물고기에서 인간에 이르기까지 어떤 척추동물에서든 볼 수 있습니다. 예외가 없어요. 그래서 척추동물의 몸 구조는 체절을 중심으로 봐야 하죠.

체절을 구성하는 축방중배엽은 피부분절, 근육분절, 뼈분절로 구성되며 분화되어 체절을 구성하는 피부, 근육, 뼈, 인대, 그리고 힘줄을 만들지요. 맨 안쪽은 뼈분절입니다. 이 뼈분절의 세포는 연골세포로, 나중에 경골로 바뀌면서 척추를 형성하지요. 이나스는 척추동물의 형태를 가리켜 동전을 포개어놓은 것 같다고 했죠. 층층이 포개진 동전 같은 척추 마디 하나하나가 독립적인 분절입니다. 중배엽에서 몸 체절이 형성됩니다. 중배엽 단면을 척추 방향으로 연장하여 입체 형태를 만들면 바로 발생 초기의 태아 모양이 되죠. 가는 막대 형태의 척삭과 그 위의 신경관 그리고 신경관을 따라서 양옆으로 체절이 형성됩니다. 체절에서 내부에 빈 영역은 체강

6-38
태아 발생에서 신경관, 척삭, 인두, 그리고 체강의 형성

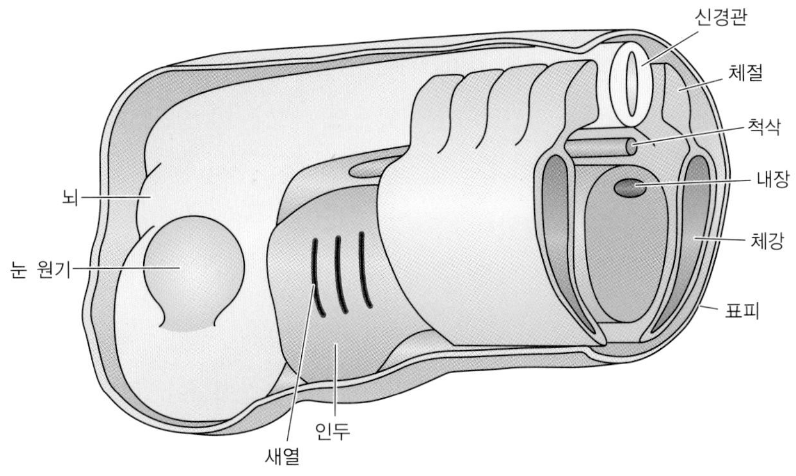

이 됩니다. 조류에서는 난황주머니 내부의 난황이 발생 과정에 모두 사용되며 난황의 빈주머니는 창자가 됩니다. 창자와 구강을 연결하는 부위에 인두가 존재하지요. 인두는 물고기 아가미 구조에서 유래하는 조직이며, 인간도 태아 시기에 인두열이 존재합니다. 인간도 결국 육지 환경에 적응한 물고기의 후손입니다.

척추동물의 뼈에는 연골cartilage(물렁뼈)과 경골tibia(굳은뼈) 두 종류가 있죠. 뼈 분절에서 말하는 뼈는 태아에서는 경골이 아니라 연골입니다. 물고기는 연골어류chondrichthyes와 경골어류osteichthyes으로 분류되지요. 대표적인 연골어류가 상어와 가오리입니다. 연골어류는 몇 없죠. 지구상에 있는 대부분의 물고기는 경골어류입니다. 경골어류의 종류는 20만 종이 넘지요.

힘줄은 뼈대 근육과 뼈를 이어주는 섬유 결합 조직이지요. 근육도 여러 종류가 있는데 근육 분절에서 말하는 근육은 골격근입니다. 골격근은 의식적으로 움직일 수 있는 수의근이죠. 인대ligament는 관절 사이를 연결하는 섬유 결합 조직입니다. 피부는 다시 안에 있는 내피 분절, 바깥에 있는 진피 분절로 나뉩니다.

축방중배엽 바깥쪽 옆으로 중간중배엽이 있죠. 중간중배엽은 신장과 생식기관, 수뇨관으로 분화됩니다. 중간중배엽 바깥쪽 옆에는 측판중배엽이 있습니다. 측판중배엽에서는 세 가지 기관이 만들어지죠. 첫 번째는 내부 장기입니다. 위, 간, 췌장, 비장spleen(지라), 소장, 대장이 모두 중간중배엽에서 생성되지요. 두 번째로는 체강coelom(몸공간)이 만들어집니다. 언젠가 폐 수술 현장을 직접 본 적이 있는데, 가슴 부분을 절개했더니 가슴과 배 그리고 등 사이 공간이 체벽으로 싸여 있고 내장으로 가득 차 있었습니다. 흉골sternum(복장뼈) 안쪽 체벽을 보니 폐가 붙어 있고, 내장에는 장간막이 붙어있지요. 체강은 이 장기들과 체벽 사이의 빈 공간을 말하죠. 가슴 쪽의 흉강thoracic cavity(가슴공간)이나 배쪽의 복강abdominal cavity(내장공간)이 바로 체강입니다.

이배엽 동물에는 체강이 없어요. 원생동물, 해면동물, 그리고 강장동물coelenterata이 이배엽 동물이지요. 히드라, 말미잘, 해파리 같은 강장동물은 구조가 매우 단순하고 내부 기관이 뚜렷하게 분화되어 있지 않습니다. 또 입과 항문의 구별이 없고 구멍이 하나여서 먹이가 들어간 구멍으로 배설물이 나오죠. 외배엽, 내배엽, 중배엽을 갖춘 삼배엽 동물은 되어야 내부 기관들이 체강이라는 공간 안에 구분되어 배치됩니다. 먹이가 들어가는 구멍과 배설물이 나가는 구멍도 몸의 머리쪽과 꼬리 쪽으로 구별되죠. 삼배엽 동물의 배아 발생시 상실배에서 원구blastopore(주머니배구멍)가 안쪽으로 함몰되면서 원장archenteron(원시창자)이 생기고 낭배가 만들어집니다. 원구는 원장의 입구죠. 이 원구에서 입이 생기면 선구동물protostome, 항문이 생기면 후구동물deuterostome로 구분됩니다. 진화상으로 보면 선구동물이 먼저 나타나고 후구동물이 나중에 생겨났습니다. 척추동물은 후구동물이죠.

세 번째로 측판중배엽에서 배외막extraembryonic membrane이 만들어집니다. 배외막은 배를 보호하고 영양을 공급하며 노폐물을 배출하는 막이죠. 양막, 장막, 요막, 난황주머니 등이 배외막에 속합니다. 난황이 다 쓰이고 난 후 난황주머니가 안으로 들어가서 형성되는 게 바로 창자이지요. 그밖에도 측판중배엽에서 심장, 혈구, 혈관, 림프세포, 림프관, 내분비선endocrine gland(내분비샘), 복막이 생겨납니다. 내배엽에서는 소화기관, 호흡기관, 비뇨생식 기관의 내벽뿐 아니라 갑상선, 가슴선thymus gland(가슴샘)과 같은 내분비선, 그리고 간, 이자의 관 등이 만들어지죠.

04 신경관에서 척수가 시작되다

신경관의 형성 과정

외배엽 신경판에서 만들어지는 신경관을 다시 한번 봅시다. 6-39처럼 신경판이 등쪽 한가운데에서 안을 향해 말려들어가면서 신경고랑이 생기고, 신경고랑 바깥으로 신경주름이 만들어진 후, 등쪽의 좌우 신경주름이 중앙으로 이동해 합쳐지면서 신경판에서 떨어져 나와 신경관이 만들어지죠. 신경관은 가운데부터 합쳐지며 머리 쪽과 꼬리 쪽으로 봉합이 진행되지요. 뇌간 뒤편 가운데를 보면 솔기핵이 있죠? 이 부분이 바로 발생 과정에서 생긴 봉합선 부분의 신경핵입니다.

신경관을 앞뒤로 척추를 따라 연장해봅시다. 그러면 신경관이 머리 쪽 끝에서 꼬리 쪽 끝까지 이어지겠죠? 이때 머리 쪽에 있는 구멍은 전신경공anterior neuropore(앞신경구멍)이라 하고, 꼬리 쪽에 생긴 구멍은 후신경공posterior neuropore(뒤신경구멍)이라 합니다. 전신경공이 봉합되고 후신경공까지 봉합되면 신경관은 완전한 모습을 갖추게 됩니다.

여기서 신경관이 완전히 닫히지 않으면 어떻게 될까요? 신경관의 머리 쪽이 닫히지 않을 경우에는 무뇌증anencephaly이 나타납니다. 무뇌증, 즉 뇌가 없는 아기는

6-39
신경판에서 신경관이 형성되는 과정

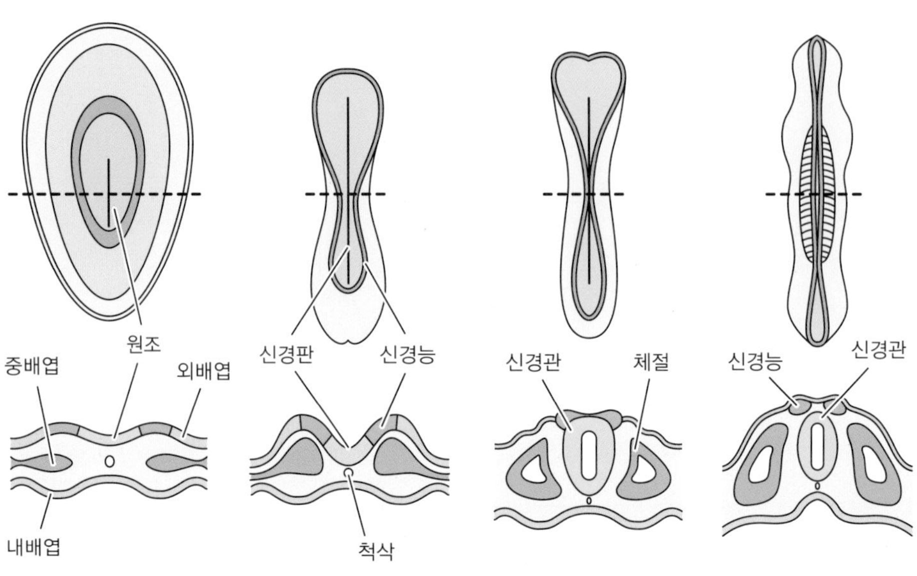

6-40
신경관, 척삭, 중배엽 구조의 사진

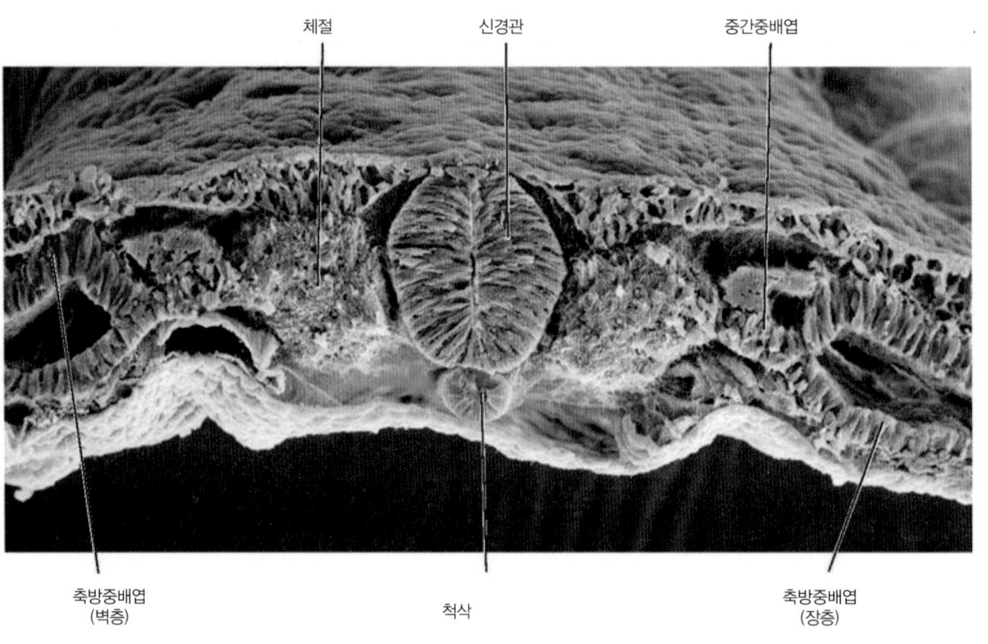

6-41
신경구에서 신경관이 형성되는 과정

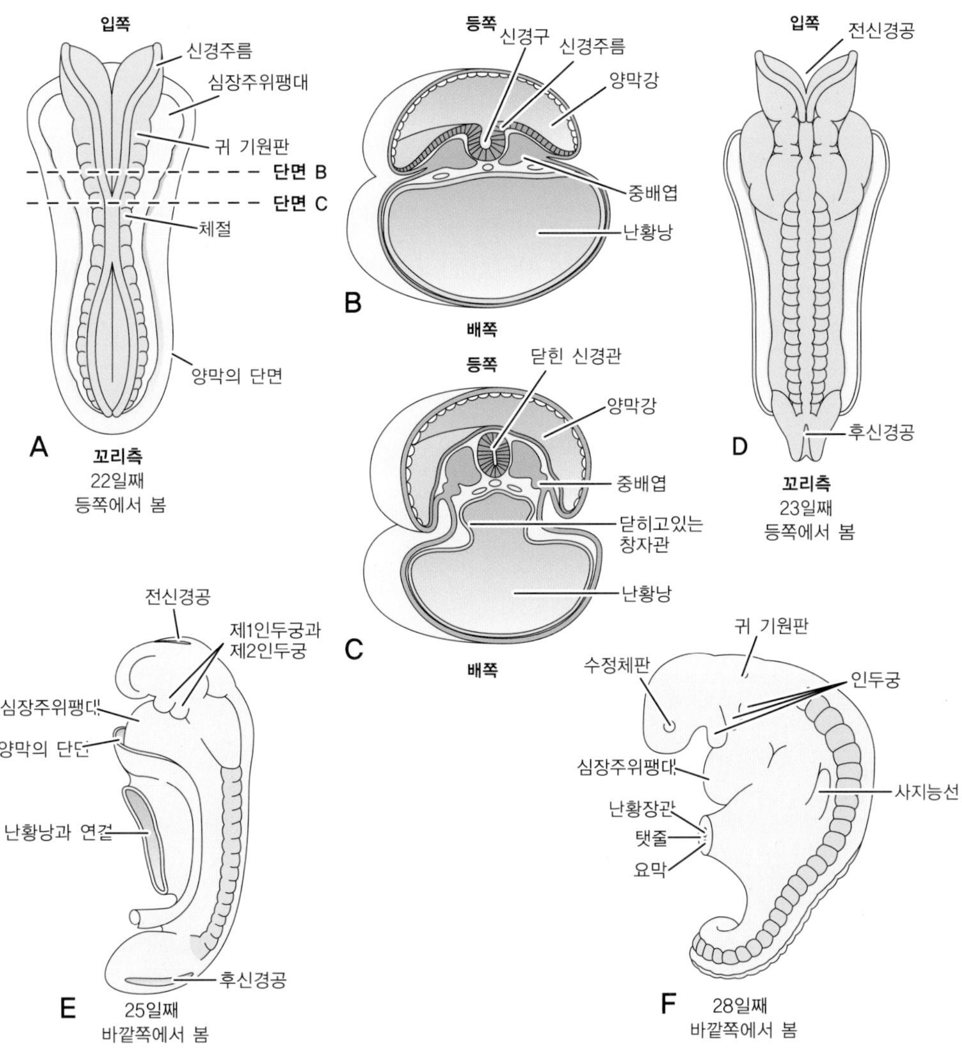

태어날 수는 있지만 거의 대부분 태아기에 사망하죠. 신경관의 꼬리 쪽이 닫히지 않으면 척수갈림증spina bifida 같은 기형이 나타납니다. 신경관의 꼬리 쪽이 머리 쪽보다 봉합되지 않는 사례가 더 많아요. 신경관이 다 봉합된 후에는 신경관의 꼬리 쪽으로 척수가 형성되고 머리 쪽은 여러 번 변형되면서 뇌가 만들어집니다.

그런데 신경관의 형성 과정을 보면, 시냅스 막에서 신경전달물질을 분비하는 과정과 비슷하죠? 3차원 공간에서 세포막이 접히고 접촉해 융합하고 나서 분리되지요. 이런 '세포막 변형의 무한한 춤'은 신경관이 생길 때만이 아니라 발생 과정에서 몸의 어디에서든 일어납니다. 동물 세포인 경우 세포막은 원형질막이지요. 또한 세포막의 다양한 변형은 음식물을 섭취하고 소화하여 노폐물을 배출하고, 시냅스전 신경세포가 신경전달물질을 분비해 신경신호를 전달하는 것처럼 발생 후에도 세포와 세포 사이에서 일어나죠.

신경관 바깥으로는 신경능neural crest이 있죠. 신경능은 신경관을 형성하는 과정에서 외배성 세포 일부가 떨어져 나와 언덕 모양으로 배열되어 만들어진 세포 집합입니다. 이 신경능은 '제4의 배엽'이라고 일컬어질 정도로 발생 과정에서 매우 중

6-42
태아 발생 단계별 사진

왼쪽 위: 신경관, 체절형성
오른쪽 위: 인두궁, 심장원기
왼쪽 아래: 전뇌, 중뇌, 후뇌, 사지분화
오른쪽 아래: 손과 발원기, 코 함입부

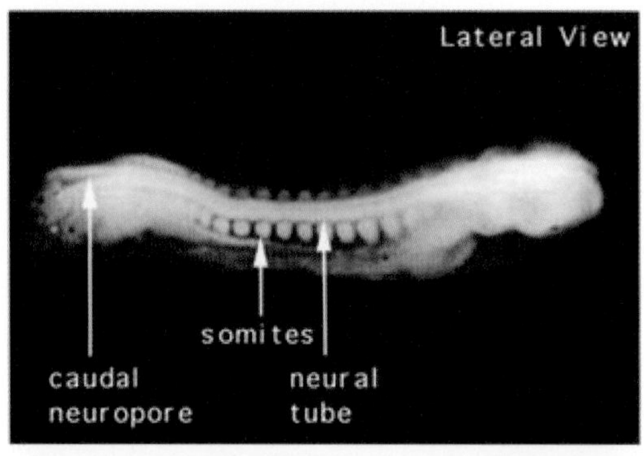

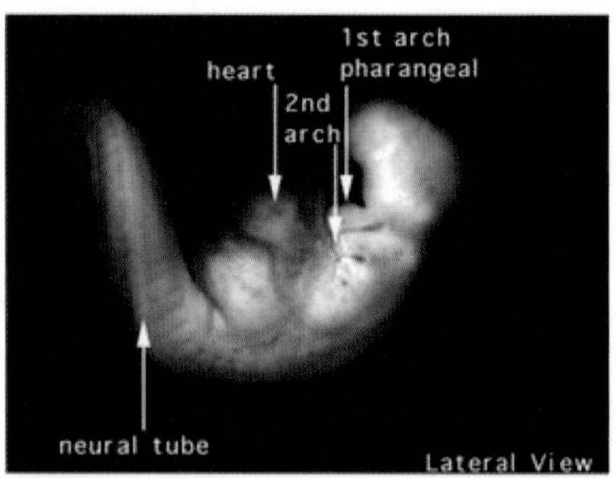

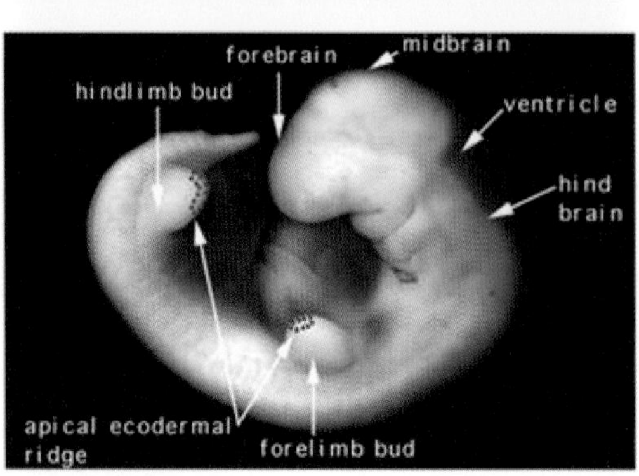

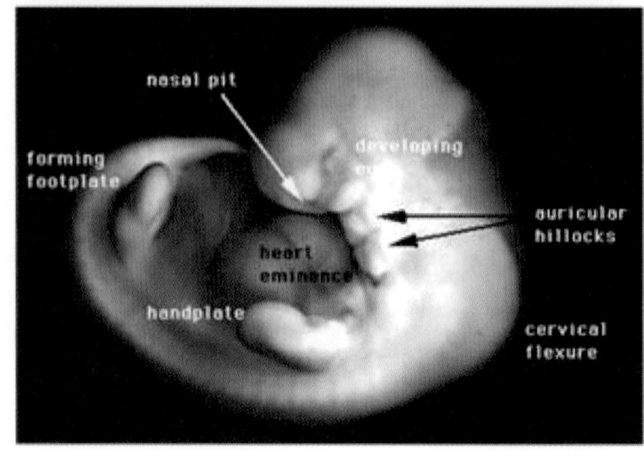

6-43
척추동물의 척삭, 척수, 내장의 형성

양막류의 창자는 낭황낭에서 만들어진다. 조류의 알에서 발생 중에 난황(난자)이 에너지원으로 소모되어 빈 난황낭이 창자로 바뀐다. 인간은 태아 때에는 척삭이 존재하지만 태어나면 척삭이 사라지고 일부가 추간판에 남아 있게 된다.

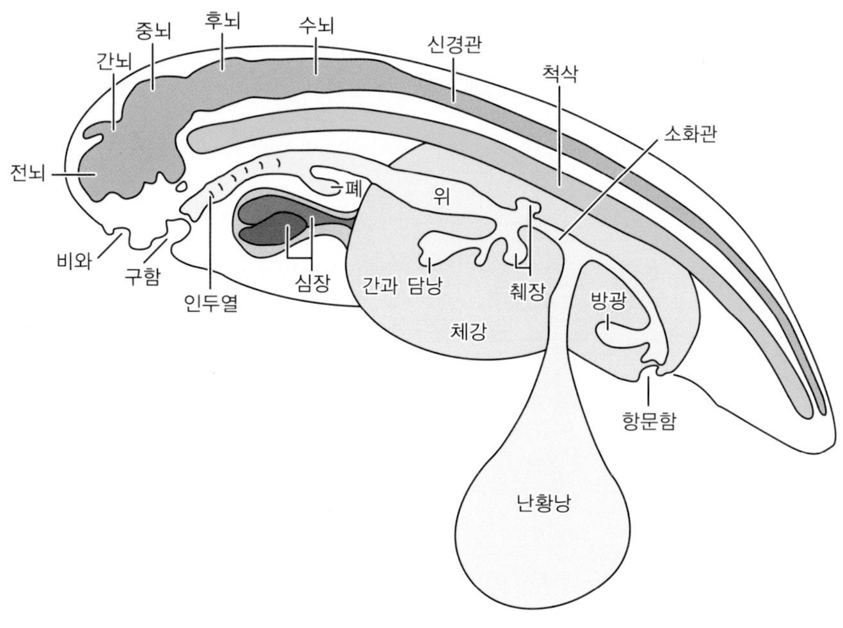

6-44
신경관과 체절의 형성

체절 형성 단계의 태아는 아가미궁과 심장원기가 형성되며 시각과 청각영역이 분화된다. 머리와 꼬리 방향으로 얇은 외배엽 아래에 신경관이 계속 형성된다. 그림에서는 문측(머리쪽)과 미측(꼬리쪽)에 신경구가 신경관으로 봉합되기 전 상태이다.

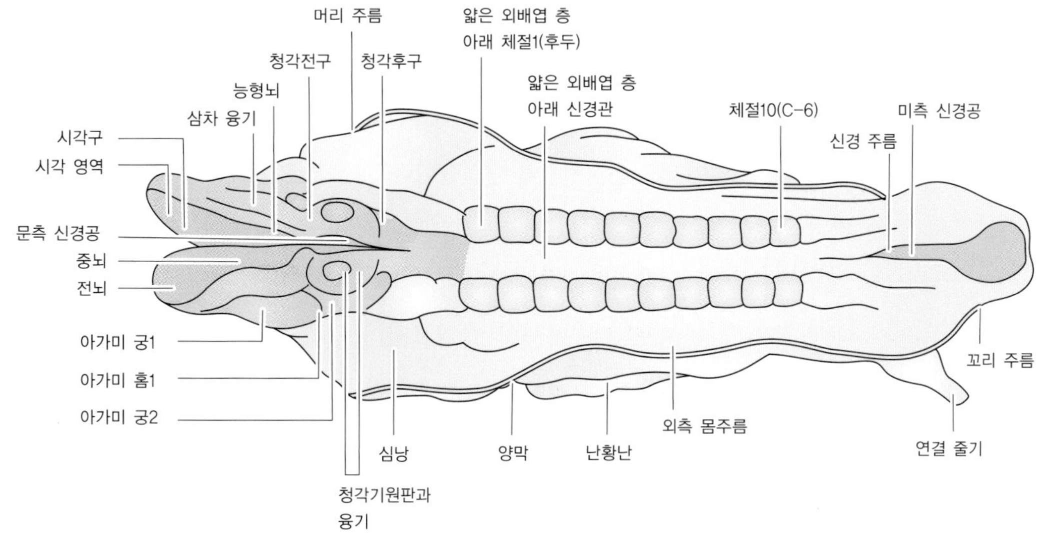

6-45
신경능세포에서 척수신경 형성 과정

신경관에서 날개판과 바닥판 형성(왼쪽), 대뇌반구의 형성(가운데), 시상과 시상하부 분화(오른쪽)

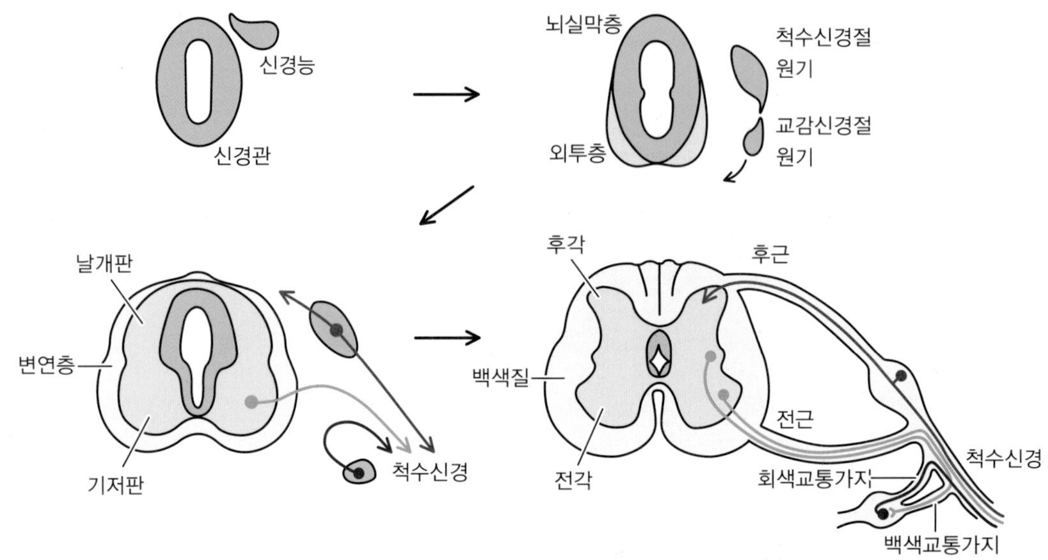

요하지요. 신경능세포들은 이동을 잘합니다. 신경능세포가 이동해 신경원으로 분화하여 척수신경절 원기primordium를 만들고, 또 이동을 해서 교감신경절 원기를 형성합니다. 원기는 '기원이 되는 덩어리'라는 뜻이죠. 해부학은 용어에 답이 다 있어요. 용어를 그냥 넘겨버리면 의미를 놓칩니다. 척수신경절에서는 척수 등쪽의 날개판alar lamina으로 축삭을 냅니다. 이 축삭들이 모여 후근이 만들어지죠. 후근은 날개판이 분화되어 만들어진 후각으로 들어가 뇌간, 소뇌, 시상, 대뇌피질로 감각 신호를 전달하지요.

척수 단면에서 감각은 등쪽, 운동은 배쪽입니다. 체절마다 존재하는 교감신경절은 상호연결되어 교감신경기둥을 형성합니다. 교감신경기둥은 척수와 나란한 좌우의 두 기둥 형태이며 교감신경기둥에서 내부 장기를 조절하는 신경이 출력합니다.

동물신경계는 구성세포들의 대부분이 신경능세포에서 기원합니다. 신경능세포에서 분화되는 세포들을 자세히 살펴봅시다. 신경능세포에서 신경아교세포neuroglial cell, 피부의 멜라닌세포melanocyte, 치아모세포odontoblast가 생성됩니다. 신경능세포에서 생성되는 세포는 성상세포, 희소돌기세포, 뇌실막층세포, 슈반세

6-46
신경관에서 뇌의 형성과정 사진
신경관에서 날개판과 바닥판 형성(왼쪽), 대뇌반구의 형성(가운데), 시상과 시상하부 분화(오른쪽)

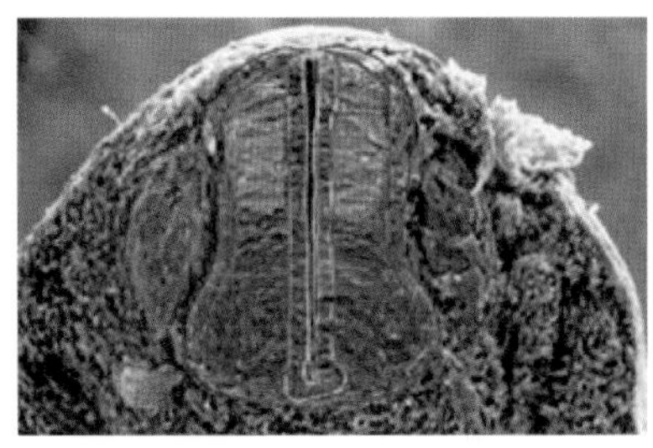
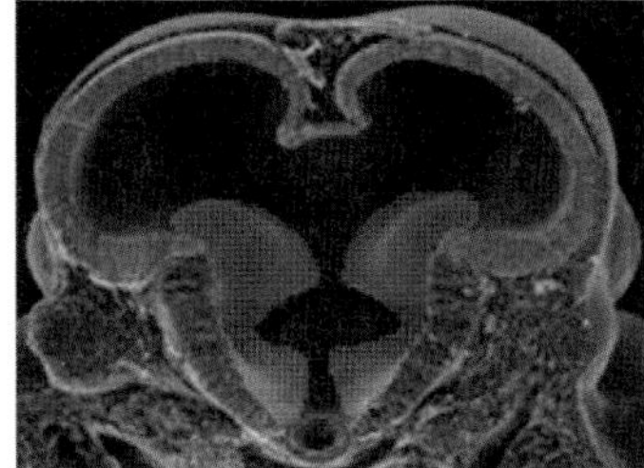
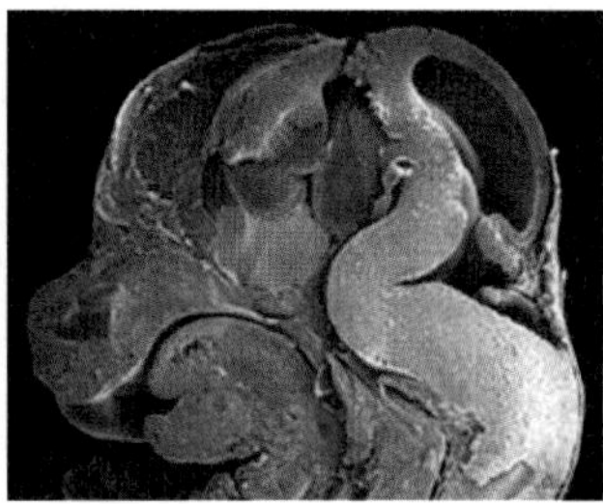

6-47
척수와 대뇌의 발생

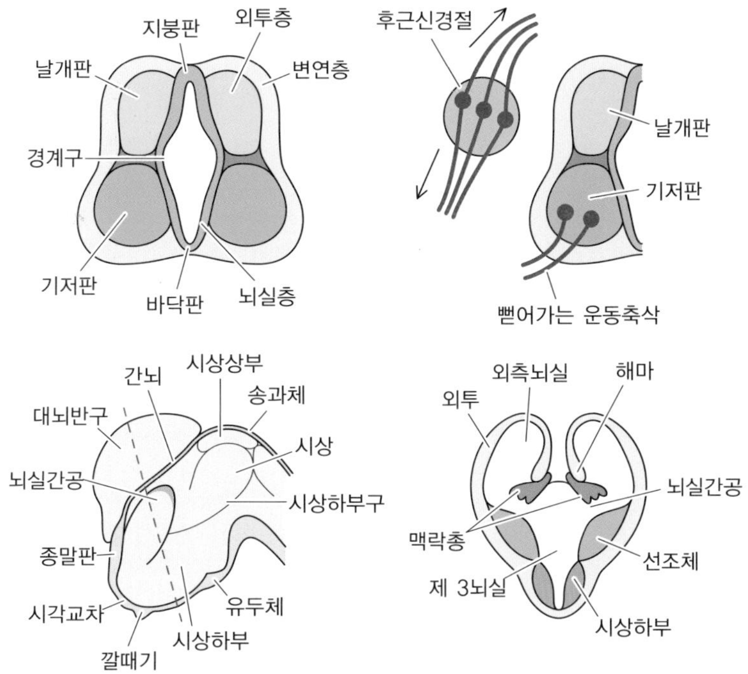

포, 미소신경교세포, 거막층세포, 연막층세포, 부신수질세포, 자율신경절세포, 양극세포, 그리고 배측신경절세포가 있습니다. 결국 신경능에서 분화되는 세포들이 중추신경계와 말초신경계를 만들지요. 이처럼 뇌 신경시스템의 형성 과정을 항상 세포 수준에서 이해하려는 관점이 중요합니다. 신경세포의 분화와 증식 그리고 이

6-48
신경능세포 형성 과정

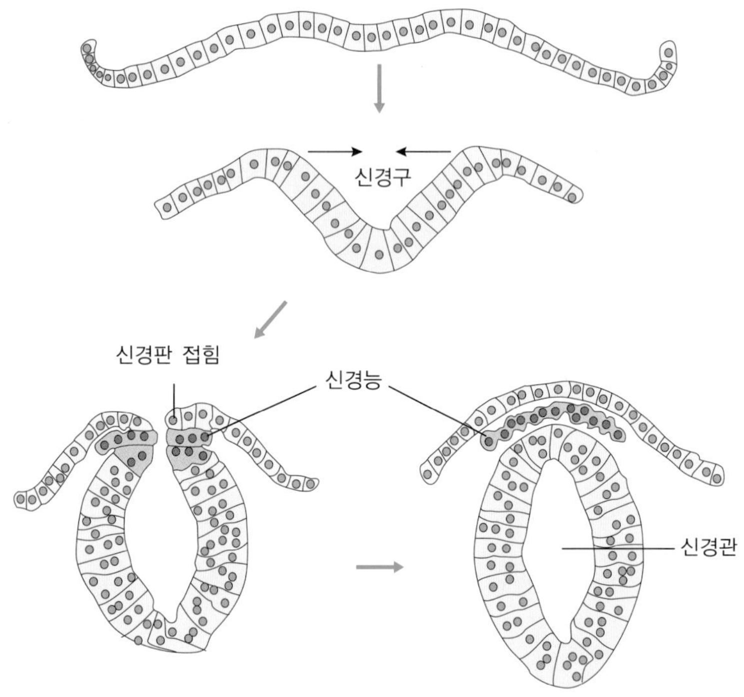

동은 발생생물학의 핵심 내용이지요. 신경능세포가 다양한 기능의 세포로 분화되고 증식되어 신체 여러 부위로 이동하여 신경시스템을 구성합니다. 신경능세포에 대한 상세한 공부는 뇌의 구조와 기능을 이해하는 데 많은 도움이 됩니다.

신경능세포가 생성되는 과정은, 신경판이 신경구를 형성하면서 도랑 형태를 만들지요. 신경구의 양쪽 봉우리가 서로 접촉하는 부위의 세포들이 신경능세포로 바뀝니다. 신경능세포가 생성되면 신경관이 형성되고 신경능세포는 외배엽과 신경관 사이에 존재합니다. 그리고 신경능세포는 이동하여 신경계를 형성하는 다양한 세포로 분화됩니다. 신경능에서 생성되는 주요한 세포는 성상세포, 희소돌기세포, 슈반세포, 신경교세포, 연막층세포, 부신수질세포, 자율신경절, 양극세포, 그리고 배측신경절 세포가 있지요.

신경능세포는 이동하여 피부의 색소세포, 척수신경절, 그리고 교감신경절을 형성합니다. 또한 교감신경절세포는 이동하여 발생중인 부신수질 속으로 들어가서 크롬친화성세포가 되며 척추 앞쪽으로 이동하여 추전총을 형성하며 창자벽으로 이

6-49

신경관과 신경능에서 신경조직 관련 세포들

(출전: Neurobiology, Gordon M. Shepherd)

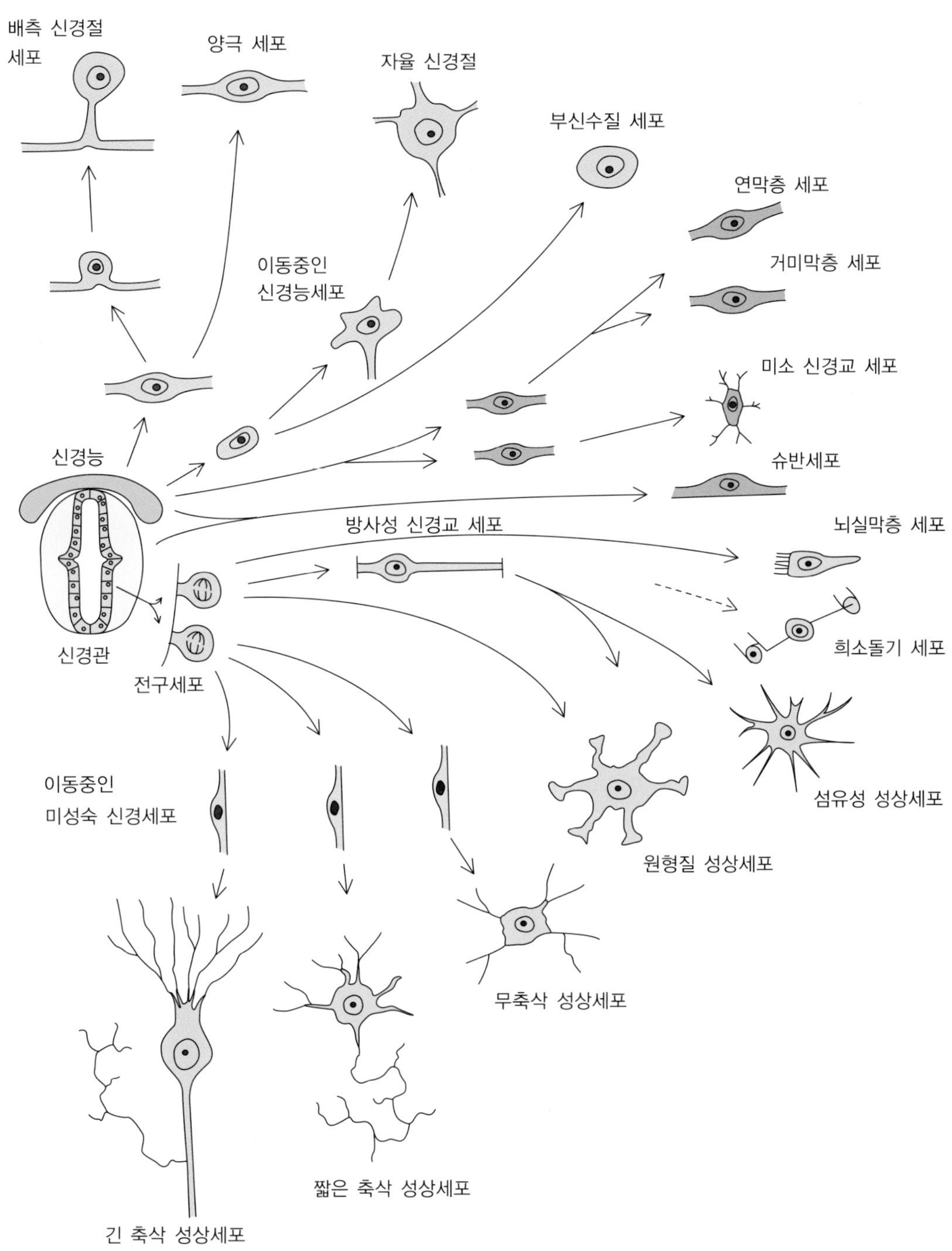

6-50
신경능세포의 이동 경로

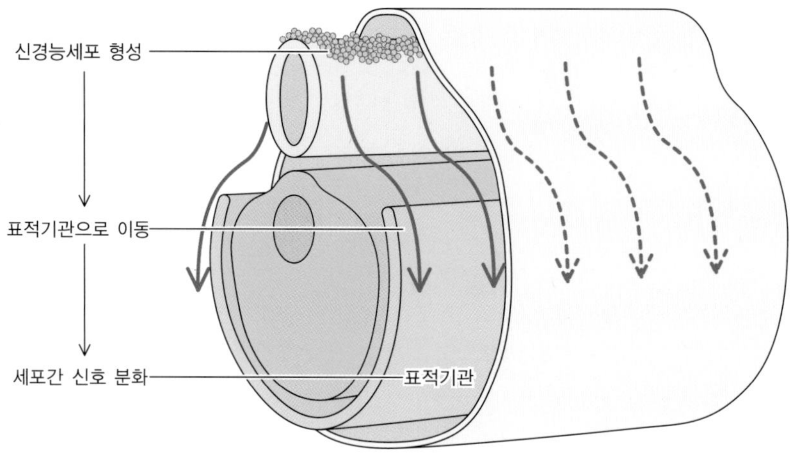

신경능세포 형성
표적기관으로 이동
세포간 신호 분화
표적기관

6-51
신경능세포의 이동과 분화

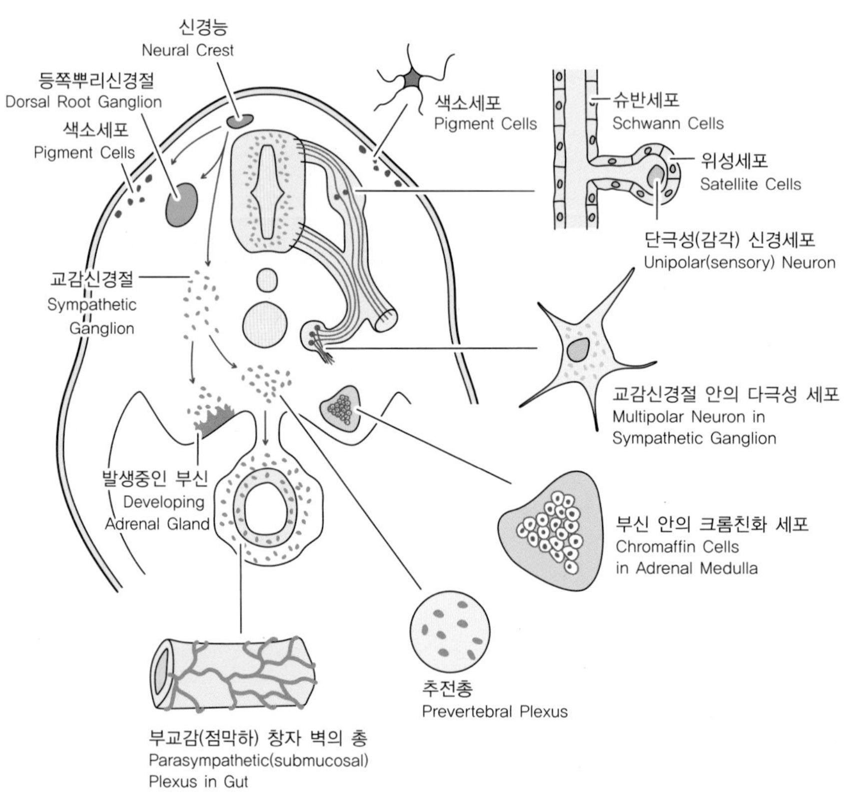

신경능
Neural Crest
등쪽뿌리신경절
Dorsal Root Ganglion
색소세포
Pigment Cells
교감신경절
Sympathetic Ganglion
발생중인 부신
Developing Adrenal Gland
색소세포
Pigment Cells
슈반세포
Schwann Cells
위성세포
Satellite Cells
단극성(감각) 신경세포
Unipolar(sensory) Neuron
교감신경절 안의 다극성 세포
Multipolar Neuron in Sympathetic Ganglion
부신 안의 크롬친화 세포
Chromaffin Cells in Adrenal Medulla
추전총
Prevertebral Plexus
부교감(점막하) 창자 벽의 총
Parasympathetic(submucosal) Plexus in Gut

6-52
신경능세포의 이동 경로

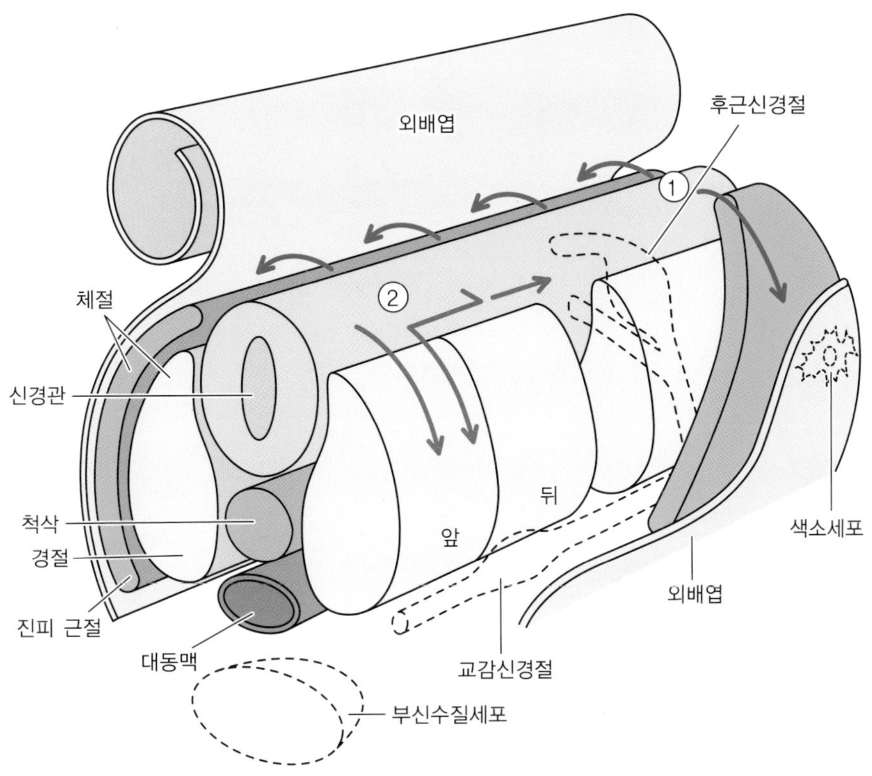

동하여 창자점막 아래의 부교감신경이 됩니다.

상피세포는 피부, 소장, 대장 표면을 덮고 있는 세포입니다. 코 점막에도 상피세포가 있죠. 이 상피세포는 활동성이 아주 강해요. 알레르기 비염이 있는 사람이면 쉽게 이해할 겁니다. 송홧가루 날리는 5월이면 알레르기 비염이 더 심해지죠. 물을 잔뜩 머금은 스펀지처럼 코의 점막에서 점액을 계속 만들어내요. 그 정도로 활동성이 강합니다. 척수의 뇌실막층에서 날개판과 기저판이 생성되지요. 인간 뇌의 경우 성장 후에도 뇌실막 세포, 해마 치상회, 그리고 척수의 중심관에서 줄기세포가 활동하여 새로운 세포를 생성하기도 합니다.

척수는 신경관의 가장 안쪽 세포층인 뇌실막층ependymal layer에서 빠른 속도로 세포가 분열하여 세포 수가 증가하면서 다양한 세포가 만들어집니다. 신경관은 형성될 초기에는 신경수관을 둘러싼 한 층의 신경상피neuroepithelium 층인 뇌실막층에서 생겨나

6-53
뇌실 주변 신경상피세포의 분화

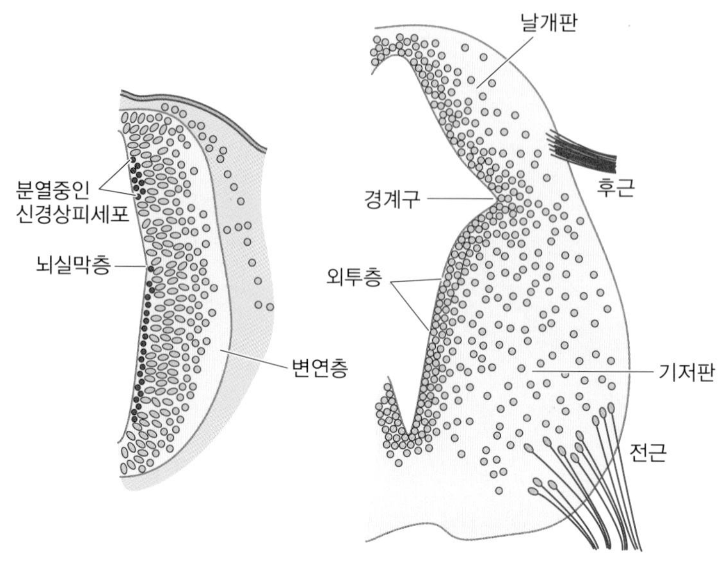

6-54
해마치상영역의 세포 증식

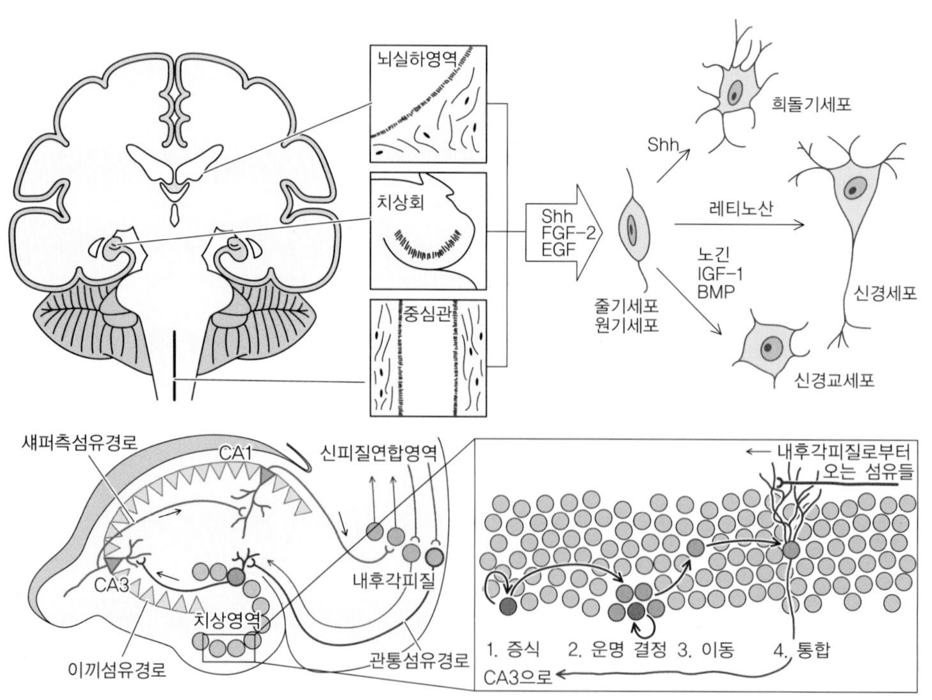

지요.

뇌실에 인접한 세포층에서 줄기세포가 Shh에 의해 회돌기세포, 레티노산에 의해 신경세포, 그리고 BMP에 의해 신경교세포로 분화되어 이동합니다. 해마의 치상영역에서도 줄기세포가 증식하고 이동하지요. 이러한 치상회의 과립세포들의 수상돌기는 내후각피질세포와 시냅스하여 흥분신호를 해마 암몬각의 CA3세포로 전달합니다.

신경 상피세포는 내강을 마주하는 부분에서 세포분열을 하고 일부 세포는 신경모세포neuroblast가 됩니다. 신경모세포는 분열해서 뇌실막층 바깥쪽에서 외투층mantle layer을 형성합니다. 이 외투층이 날개판과 기저판basal lamina으로 분화되지요. 외투층의 신경모세포는 아래쪽으로 축삭을 냅니다. 그래서 외투층 바깥쪽에 축삭으로 구성된 변연층marginal layer이 형성되죠. 이때 축삭은 아직 수초에 싸이지 않은 무수축삭입니다. 그런데 신기하게도 변연층 밖으로 뚫고 나가는 부위부터 축삭이 수초로 싸이고, 나중에는 신경세포체에서 축삭이 시작되는 영역을 제외한 축

6-55
신경모세포의 축삭돌기 형성과 희소돌기세포와 슈반세포에 의한 수초화 과정

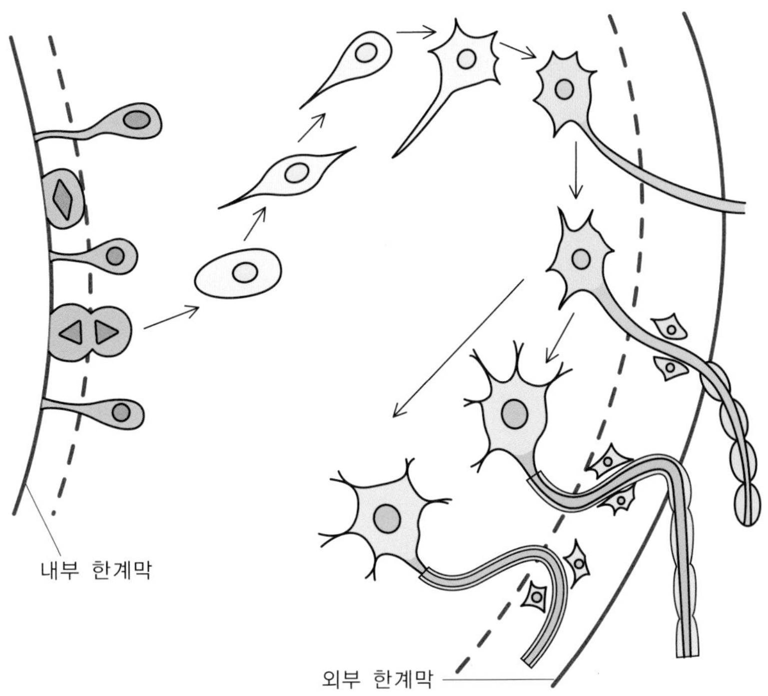

6-56
희소돌기세포와 신경집세포(슈반세포)가 척수전각 운동신경세포 축삭을 감싸는 모양

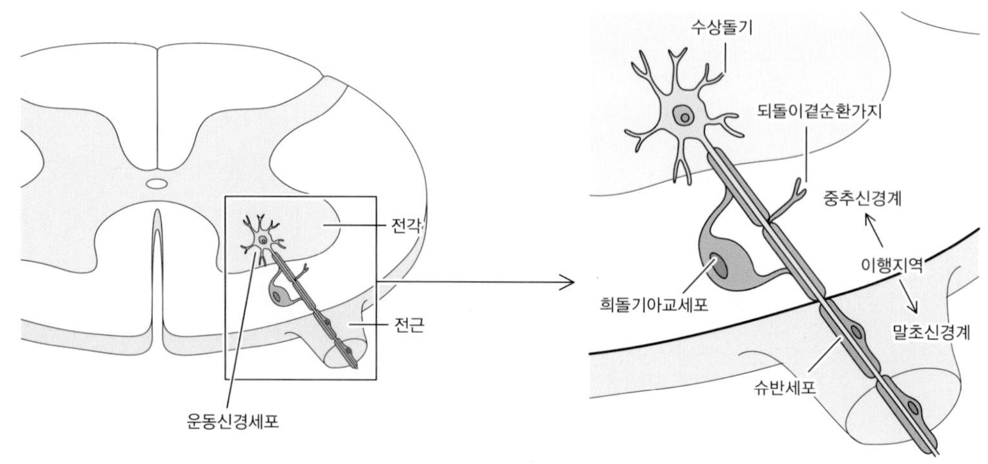

삭의 대부분이 수초화됩니다. 무수축삭이었던 것이 유수축삭이 되지요. 이런 과정을 거치며 변연층은 백색질이 됩니다. 반면 외투층 부위는 신경세포체가 많은 회색질입니다. 그러니까 바깥은 백색질, 안쪽은 회색질이에요. 그래서 척수는 안쪽이 주로 세포체로 구성된 회색질이고, 바깥은 수초화된 축삭으로 구성된 백색질입니다. 그러나 대뇌는 반대로 되어 있죠. 대뇌의 바깥은 회색질, 안쪽은 백색질입니다. 축삭다발로 이루어진 백색질의 흰색은 미엘린 수초를 형성하는 세포들의 색깔로 희게 보이지요.

중추신경계에서는 희소돌기세포가, 말초신경계에서는 슈반세포가 축삭을 수초화합니다. 그래서 말초신경계는 척수백색질에서부터 시작합니다. 이 과정을 함께 관찰할수 있는 영역이 척수전각입니다. 희소돌기세포와 신경집세포(슈반세포)가 척수전각 운동신경세포 축삭을 감싸지요. 발생 과정에서 날개판은 후각, 기저판은 전각으로 발달합니다. 뿔처럼 생겼다고 해서 각(horn)이라는 이름이 붙었죠. 척수의 수평단면은 나비 모양이지만, 길이방향으로 확장시키면 뿔모양 기둥구조가 되지요.

6-57은 인간 대뇌 신피질의 신경축삭이 수초화된 모습입니다. 작은 파란색 화살표는 축삭내부의 미세소관의 단면입니다. 작은 붉은색 화살표는 뉴로필라멘트 neurofilament이며 축삭의 지름을 조절하고 축삭구조를 유지하는 축삭내부의 세포

6-57
희소돌기세포로 축삭이 수초화된 모양

(출전: Atlas of Ultrastructural Neurocytology, http://synapses.clm.utexas.edu/atlas/)

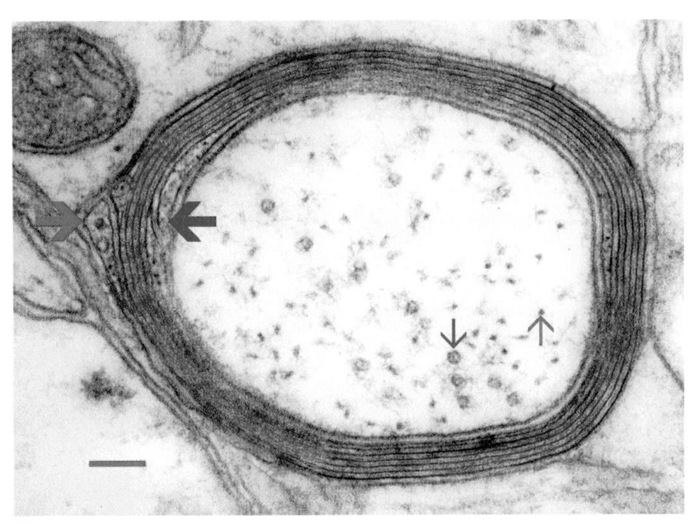

6-58
뇌실 주변의 신경세포가 희소돌기세포에 의해 수초화된 모습

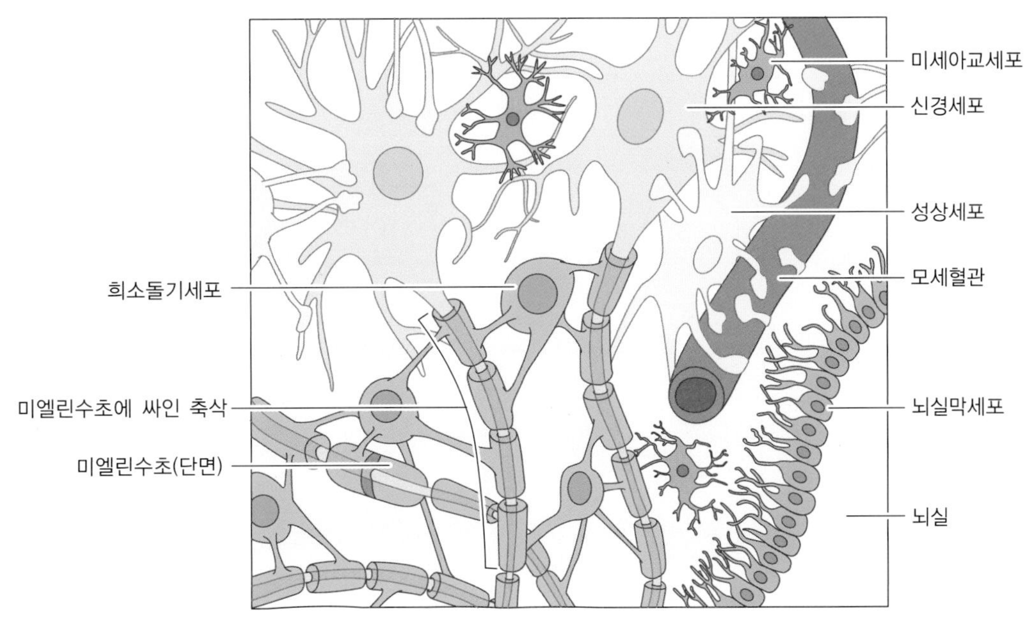

골격 cytoskeleton입니다.

신경세포의 축삭을 감싸는 수초화는 중추신경계와 말초신경계가 다릅니다. 중추신경계의 수초화 세포를 희소돌기세포라 합니다. 수 십개의 신경축삭을 하나의 희소돌기세포가 감싸는 경우도 있지요. 여러 개의 신경세포에서 나온 축삭들을 하나의 희소돌기세포가 수초화하기 때문에 중추신경계의 재생은 쉽지 않지요. 말초신경계의 수초화세포는 슈반세포라 합니다. 수 십개 이상의 개별 슈반세포가 말초신경세포의 축삭을 감싸지요. 축삭이 손상되고 새로운 축삭이 생겨나면 동시에 새로운 슈반세포가 수초화를 진행합니다. 그래서 말초신경계의 손상은 쉽게 재생됩니다.

성상세포는 모세혈관을 신경세포체에 결합시키지요. 모세혈관에서 포도당과 산소가 성상세포에 의해 신경세포로 공급됩니다. 6-58에서 한 개의 희소돌기세포가 두 개의 신경세포 축삭을 감고 있지요.

척수 배쪽의 기저판에서도 축삭이 나옵니다. 이 축삭의 신경원은 피라미드세포인 알파운동뉴런이지요. 세포가 크다는 건 아주 중요합니다. 큰 세포는 활성이 강하지요. 축삭도 굵습니다. 축삭은 전기선과 같은 겁니다. "전류의 세기는 전기저항에 반비례한다." 옴의 법칙 Ohm's law이죠. 전선이 굵으면 저항이 작습니다. 그래서

6-59
외측뇌실, 제3뇌실, 제4뇌실 구조

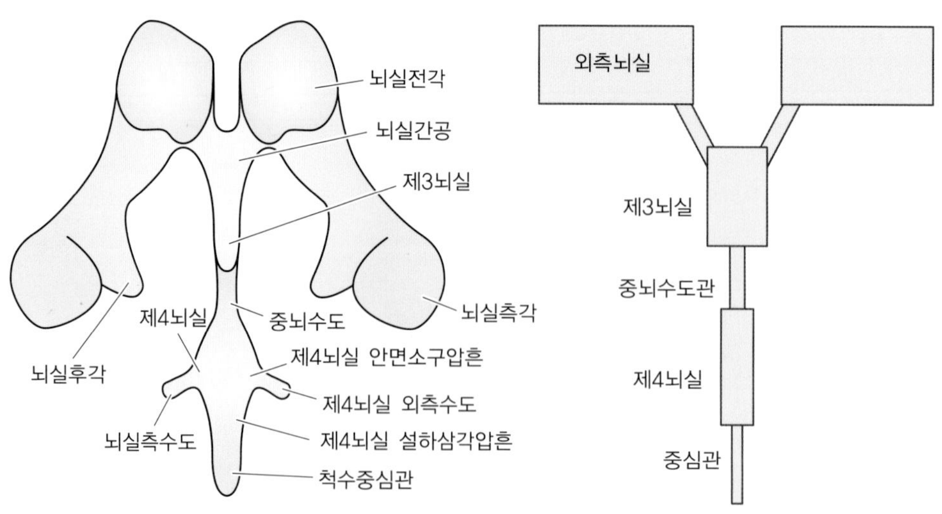

6-60

신경관에서 발생 중인 대뇌 구조

(출전: 《헨리 그레이의 인간 해부학》, 헨리 그레이)

<table>
<tr><th>중추신경</th><th>뇌포</th><th>뇌 구분</th><th>구조물</th><th>신경관</th></tr>
<tr><td rowspan="6">뇌
Encephalon
(brain)</td><td rowspan="2">전뇌
Prosencephalon
(forebrain)</td><td>종뇌
Telencephalon</td><td>대뇌 반구 Hemisphere
선조체 Corpus striatum
후뇌 Rhinencephalon</td><td>측뇌실
Lateral
ventrical</td></tr>
<tr><td>간뇌
Diencephalon</td><td>시상 뇌 Thalamencephalon
시상 상부 Epithalamus
시상 후부 Metathalamus
시상 Thalamus
시상 하부 Hypothalamus</td><td>제3뇌실
Third
ventrical</td></tr>
<tr><td>중뇌
Mesencephalon
(midbrain)</td><td>중뇌
Mesencephalon</td><td>중뇌개 Tectum of mesencephalon
대뇌각 Cruscerebri
피개 Tegmentum</td><td>중뇌 수도
Cerebral
aqueduct</td></tr>
<tr><td rowspan="3">능뇌
Rhombencephalon
(hindbrain)</td><td rowspan="2">후뇌
Metancephalon</td><td>소뇌 Cerebellum</td><td rowspan="3">제4뇌실
Forth
ventrical</td></tr>
<tr><td>교 Pons</td></tr>
<tr><td>수뇌
Myelencfephalon</td><td>연수 Medulla oblongata</td></tr>
<tr><td colspan="4">척수 Spinal cord</td><td>중심관
Central cord</td></tr>
</table>

전기의 이동 속도가 빨라요. 마찬가지로 신경세포의 축삭이 굵으면 전기 신호가 빨리 전달됩니다. 전달 속도가 빠른 축삭은 주로 팔과 다리의 운동을 담당하죠. 도망을 가거나 날아오는 공을 피해야 하는 긴박한 상황에서는 빨리 움직여야 하지요. 척수전각의 신경원이 그런 역할을 합니다. 피질척수로의 하행운동신호는 척수전각의 알파운동뉴런에 시냅스하며, 알파운동뉴런의 축삭이 골격근에 시냅스하여 신속한 운동이 생성되지요.

기저판은 곧 전각으로 분화하고, 기저판에서 뻗어 나온 축삭들은 다발을 형성하여 전근이 되죠. 전각의 신경원에서도 축삭을 뻗어 교감신경절로 보냅니다. 이 축삭을 신경절전섬유라고 하죠. 교감신경절로 가는 축삭들은 지방질의 수초로 싸여 있어 백색으로 보입니다. 그래서 이 축삭을 백색교통가지white rami communicantes라고 합니다. 반면 교감신경절 신경원에서 말초로 보내는 축삭은 신경절후섬유라고 하고, 수초로 싸여 있지 않아 회색으로 보이죠. 그래서 이 축삭을 회색교통가지 gray rami communicantes라고 합니다.

뇌는 외배엽의 신경관에서 생성된다고 했지요. 결국 신경관의 관벽이 두꺼워져 뇌가 형성되지요. 대뇌의 외측뇌실에서 간뇌의 제3뇌실, 소뇌의 제4뇌실 그리고 척수의 중심관으로 하나로 연결된 관이 뇌 형성의 출발 영역이지요. 척수 발생의 최종 단계가 되면, 발생 초기에 굉장히 컸던 신경관이 계속 줄어들어서 내강이 좁은 중심관이 됩니다. 수 밀리미터 정도로 줄어들죠. 중심관은 척수에서는 좁은 관이지만 뇌로 올라가 제4뇌실, 중뇌수도관, 제3뇌실, 외측뇌실로 구성되는 뇌실계 ventricular system로 분화되면서 커져요. 제4뇌실은 능형뇌rhombencephalon의 안쪽, 중뇌수도관은 중뇌mesencephalon의 중심부, 제3뇌실은 간뇌의 안쪽, 외측뇌실은 종뇌telencephalon(끝뇌) 가운데 위치해 있죠. 이 뇌실의 안쪽 벽은 막으로 덮여 있는데, 이 막을 뇌실막이라고 합니다. 이 뇌실막에는 성인이 되어서도 새로운 세포를 생성하는 능력이 있습니다.

척수에서 발생학적으로 눈여겨보아야 할 점이 두 가지 있습니다. 신경관이 닫혔느냐 그렇지 않느냐, 회색질과 백색질이 구분되느냐 그렇지 않느냐 하는 것이죠. 인간의 척수는 신경관이 닫혀 있으며, 회색질과 백색질이 확연히 구분됩니다. 하지만 같은 척삭동물이라도 두삭류cephalochordate에 속하는 창고기는 신경관이 닫혀 있지 않아요. 그래서 신경관이 완전히 형성되지 않죠. 역시 척삭동물인 원구류 cyclostomes에 속하는 칠성장어는 신경관은 닫혀 있지만 회색질과 백색질이 거의 구분되지 않습니다. 회색질과 백색질이 구분되지 않는다는 것은 신경세포체와 신경섬유가 뒤엉켜 있다는 거죠. 인간의 뇌에도 이런 부위가 있죠? 뇌간 피개의 그물형성체입니다. 그물형성체는 척삭동물의 뇌에서 가장 오래된 구조 중 하나이며 피개를 통과하는 신경섬유다발 사이로 듬섬듬성 존재하는 신경세포의 총칭입니다. 피개는 라틴어로 tegmentum 이라하는데, 이는 '덮는다'라는 뜻이지요.

중뇌 영역의 그물형성체는 시상 피질과 대뇌 피질의 신경세포들이 발화하는 형태를 조절하지요. 콜린성 세포, 청반핵, 솔기핵으로부터 아세틸콜린, 노르아드레날린, 세로토닌의 신경조절물질을 전뇌영역의 신경세포에 분비하여 뇌 흥분 정도를 조절하지요. 즉 중뇌피개영역의 그물형성체는 의식의 각성 상태와 수면 상태를 조절하지요. 그리고 연수피개영역의 그물형성체는 뇌간과 척수에 있는 내장운동신경과 체성운동신경의 활동을 조절합니다. 재채기, 딸꾹질, 하품, 구토의 구강안면반사를 일으킵니다. 원시 어류의 경우 그물형성체에 거대세포giant cell가 발달되어 있는데, 이 세포가 척수의 신경세포를 움직입니다. 거대세포는 축삭이 굉장히 굵고 수초도 아주 두꺼워서 전도 속도가 빨라요. 그래서 꼬리를 재빨리 움직일 수 있죠. 연골어류인 상어는 척수의 회색질과 백색질이 구분됩니다. 그리고 양서류부터는 척수의 부위에 따라 모양이 조금씩 다르긴 하지만 인간의 척수와 기본 구성이 거의 동일합니다.

05 신경관이 변형되어 만들어지는 뇌

그렇다면 뇌는 어떻게 만들어질까요? 6-61은 의대에서 해부학 교재로 많이 사용하는《헨리 그레이의 인간 해부학》에 실린 그림입니다. 1858년 영국에서 처음 출간된 이래 지금까지 꾸준히 개정되고 있는 해부학의 고전입니다. 그림을 보면 뇌가 척수처럼 신경관에서 유래했다는 걸 알 수 있지요. 신경관의 특정 부분이 두꺼워지거나 얇아지고, 구부러지거나 접히고, 세포가 증식하고 이동하면서 뇌의 여러 부위가 만들어지는 모습이 보입니다.

뇌는 신경관의 머리 쪽에서 만들어지죠. 신경관의 전신경공이 닫힌 후 신경관의 머리 쪽이 구부러지고 접혀 세 부분으로 구분된 후 커지고 신경관 벽도 두꺼워집니다. 세 부분의 앞쪽은 전뇌prosencephalon(앞뇌)인데, 4주된 인간 배아에서 전뇌 부위를 살펴보면 각 영역과 뇌섬, 후각, 그리고 해마 부위의 상대적 위치를 확인할 수 있습니다. 그리고 6-62의 아래 그림으로 표시된 5주 때 배아에서 대상회와 전전두엽이 같은 피질로 표시되어 있지요. 전대상회와 전전두엽의 감정과 인지작용에서 구조와 기능의 유사성을 발생 과정에서 유추해볼 수 있지요.

뇌 발생 과정이 계속되면서 중뇌와 능형뇌 사이에 굴곡이 생기고, 전뇌와 중뇌 사이 그리고 뇌에서 척수로 이어지는 부분이 구부러집니다. 또한 전뇌의 바닥에서

6-61
신경관에서 발생중인 대뇌구조

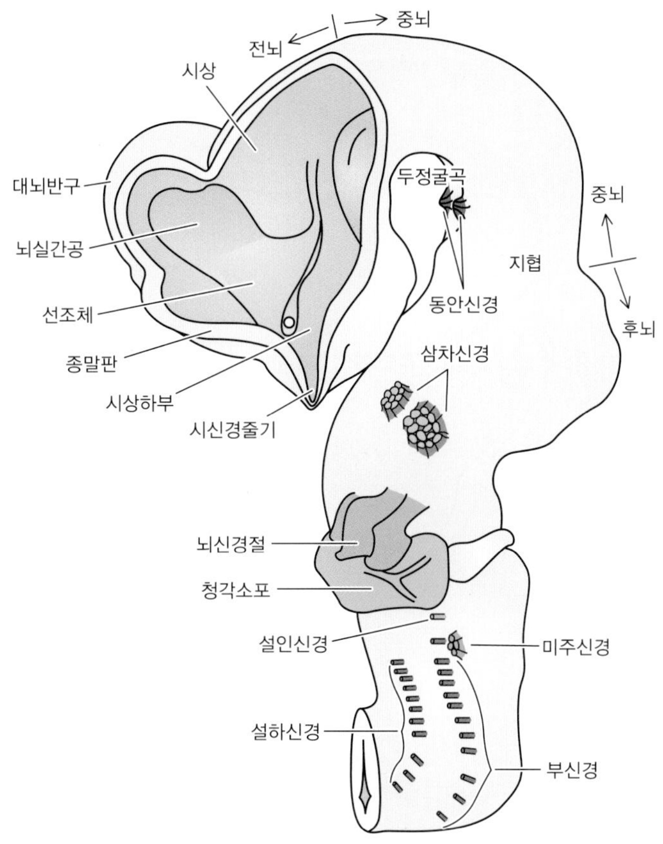

시각신경, 망막, 홍채를 만드는 눈소포optic vesicle가 형성됩니다.

머리 쪽의 전뇌는 종뇌telencephalon(끝뇌)와 간뇌diencephalon(사이뇌)로 분화되고 꼬리 쪽의 능형뇌는 후뇌metencephalon(뒤뇌)와 수뇌myelencephalon로 발생 후에 분화합니다. 후뇌 부분은 다시 구부러지면서 굴곡이 생기죠. 종뇌는 대뇌반구를 형성하고, 간뇌는 외측슬상체, 내측슬상체, 내측전핵, 중심전핵, 등쪽전핵 등 여러 핵들로 분화되다가 점차 시상상부, 등쪽시상, 배쪽시상, 시상하부로 구분되기 시작합니다. 여기서 시상하부의 일부 조직이 자라 깔때기 형태가 만들어지고, 이 깔대기가 구강상피에서 분화된 라트케 주머니를 만나 전엽과 후엽으로 구성되는 뇌하수체가 되죠. 후뇌에서는 능형뇌입술rhombic lip이 등쪽으로 자라 소뇌가 만들어지면서 교뇌와 소뇌로 나뉘고, 소뇌는 연수가 됩니다.

6-62
발생 4주 인간 뇌 구조
(출전: L.W. Swanson, Brain Res. 2000, vol. 886)

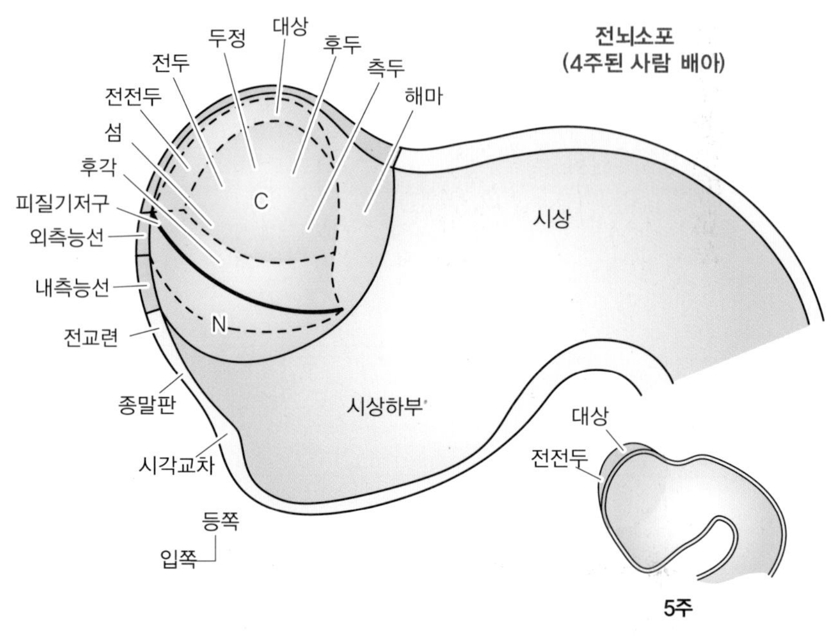

6-63
뇌실 주변의 대뇌 발생 과정

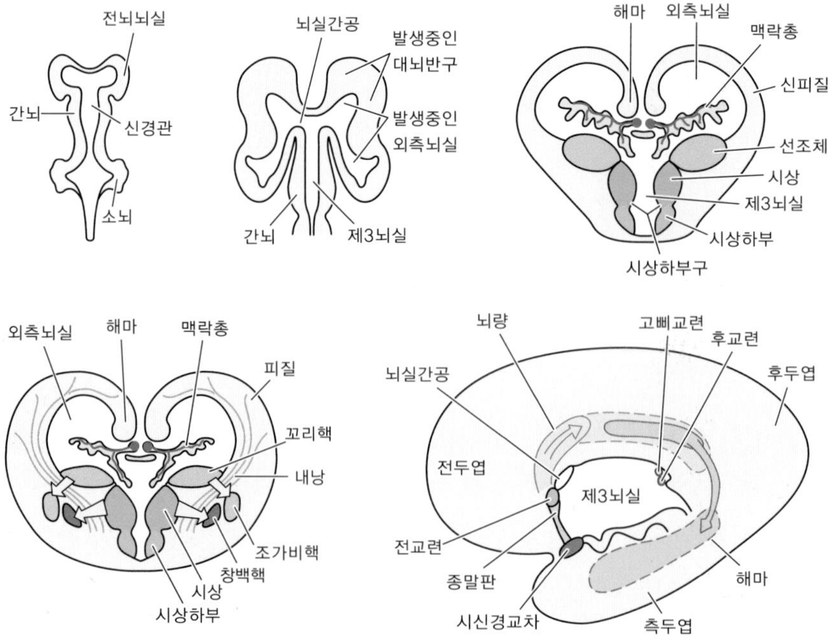

6-64

대뇌반구의 절단면에 드러난 뇌실구조와 맥락총

대뇌반구의 단면구조에서는 맥락총이 뇌실 안으로 뻗어나온 모습이 보인다. 맥락총과 뇌 조직은 뇌실막층세포로 외막을 형성한다. 뇌실 속 뇌척수액에 맥락총이 노출되어 있다.

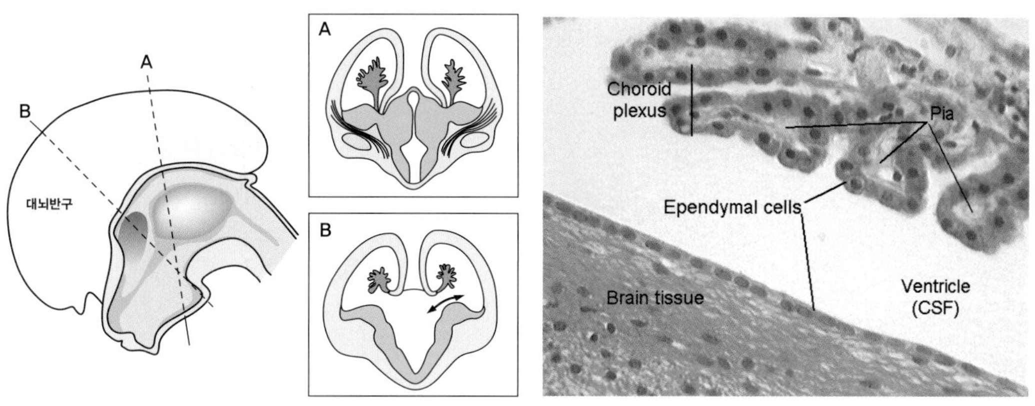

6-65

뇌실 아래 줄기세포의 이동

발생기에 뇌의 형성은 뇌실 아래 분화성세포가 이동하며 신피질이 확장된다. 해마와 꼬리핵도 외측뇌실이 확장과 함께 곡선 모양으로 확장된다. (출전: The Human Central Nervous System, R. Nieuwenhuys, J. Voogd and C. van Huijzen)

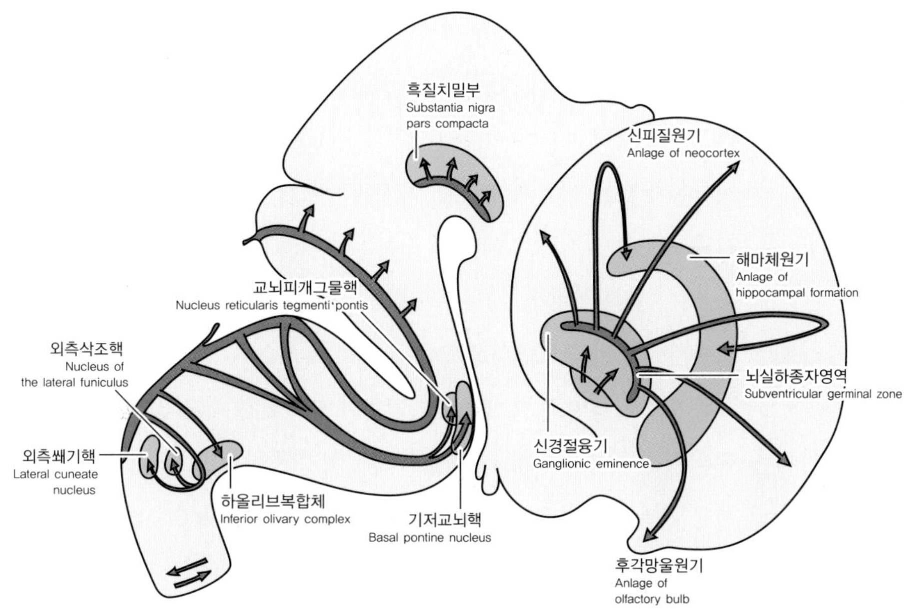

6-66
태아 뇌의 세부 영역 발달
(출전: The Human Central Nervous System, R. Nieuwenhuys, J. Voogd and C. van Huijzen)

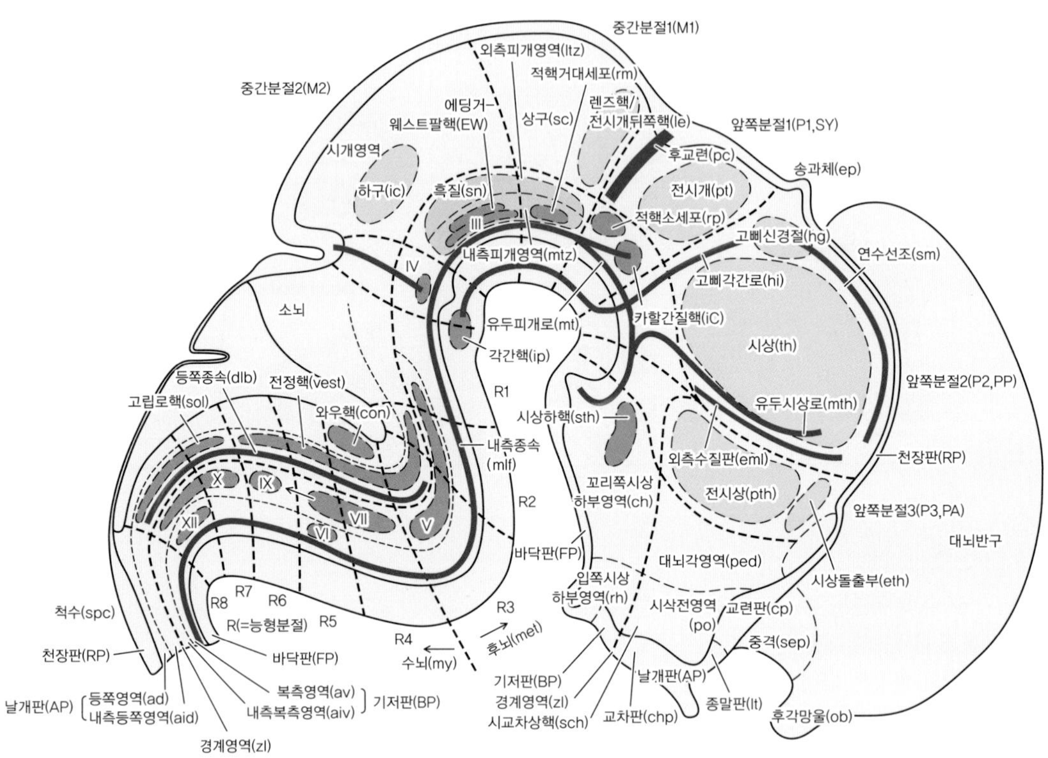

제3뇌실 아래의 중뇌수도관과 제4뇌실을 관 형태로 둘러싸고 중뇌, 교뇌, 연수가 이어집니다. 중뇌에서 연수까지를 뇌간brain stem이라 하죠. 뇌간의 단면을 보면 척수의 단면과 비교가 됩니다. 뇌간이나 척수나 모두 신경관에서 유래한 구조이고 서로 이어져 있지만, 날개판과 기저판이 다르게 분화되죠. 뇌간은 등쪽에서부터 배쪽으로 천장판, 피개, 기저부로 나뉩니다. 소뇌는 뇌간의 천정판이 크게 팽창하고 접혀서 형성된 구조이지요.

등쪽의 천정판은 날개판이 발달하여 만들어진 구조입니다. 연수 아래쪽 천정판에는 분별촉각과 관계 있는 얇은핵과 쐐기핵이 생기고, 중뇌 쪽 천정판에는 상구, 하구 핵과 신경다발이 생깁니다. 이 천정판을 덮개 혹은 시개라고도 합니다.

가운데 피개의 중심에는 그물형성체가 나타나는데, 피개가 천정판과 기저부보

6-67
뇌 발생의 단계별 형태

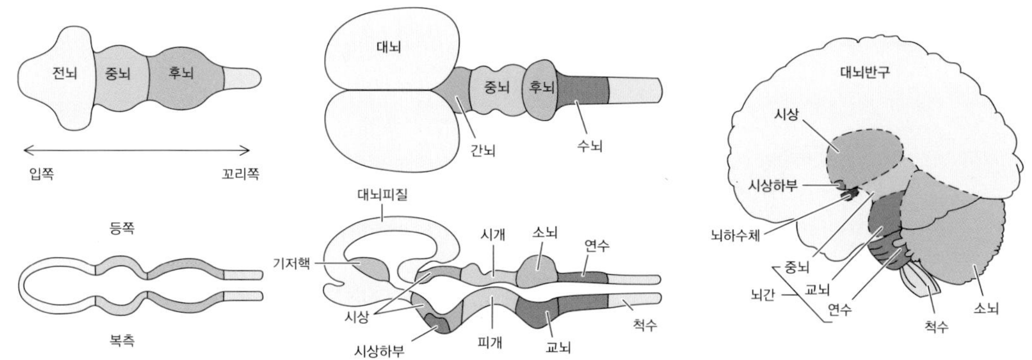

다 발생학적으로 오래된 구조임을 알 수 있습니다. 뇌신경핵들도 피개에서 만들어집니다. 연수 아래쪽에 설하신경과 부신경, 연수 위쪽에 미주신경과 설인신경, 연수와 교뇌 사이에 안면신경과 전정달팽이신경, 교뇌 아래쪽에 외전신경, 교뇌 위쪽에 삼차신경, 중뇌에 동안신경과 도르래신경이 나타나죠. 삼차신경, 안면신경, 설인신경, 미주신경의 이 네 가지 뇌 신경핵은 아가미궁에서 기원하죠. 뇌 신경핵뿐만 아니라 이 피개 부분에는 피질척수로를 제외한 이른바 추체외로계의 하행운동신경로가 모여 있습니다. 하행운동신경로는 적핵척수로, 전정척수로, 시개척수로, 그물척수로가 있지요. 이와 더불어 중뇌 부분의 피개에 형성되는 중요한 핵이 두 가지 있죠. 적색핵과 흑색질입니다.

배쪽의 기저부는 대뇌피질에서 내려와 척수로 이어지는 피질척수로와 대뇌피질에서 뇌간으로 이어지는 피질뇌간로로 구성됩니다. 이 두 신경로를 피라미드로라고 합니다. 연수의 피라미드 부위를 지나요. 피라미드로는 포유류에서만 나타나는 구조입니다. 피라미드로는 피질척수로와 피질연수로로 구성되는데, 피질척척수로의 발달로 인간은 매우 정교한 손가락 운동을 할 수 있죠. 또한 이 기저부에서도 여러 핵이 만들어집니다. 연수가 되는 수뇌 등쪽의 날개판에 있던 신경모세포의 일부가 배쪽 바깥으로 이동해서 하올리브핵으로 분화되며, 후뇌에서 날개판의 신경모세포의 일부가 배쪽 안으로 이동하여 교뇌핵을 형성하지요. 하올리브핵과 교뇌핵은 모두 소뇌와 연결되지요.

6-68
신경관에서 생성된 부위별 뇌실의 모습

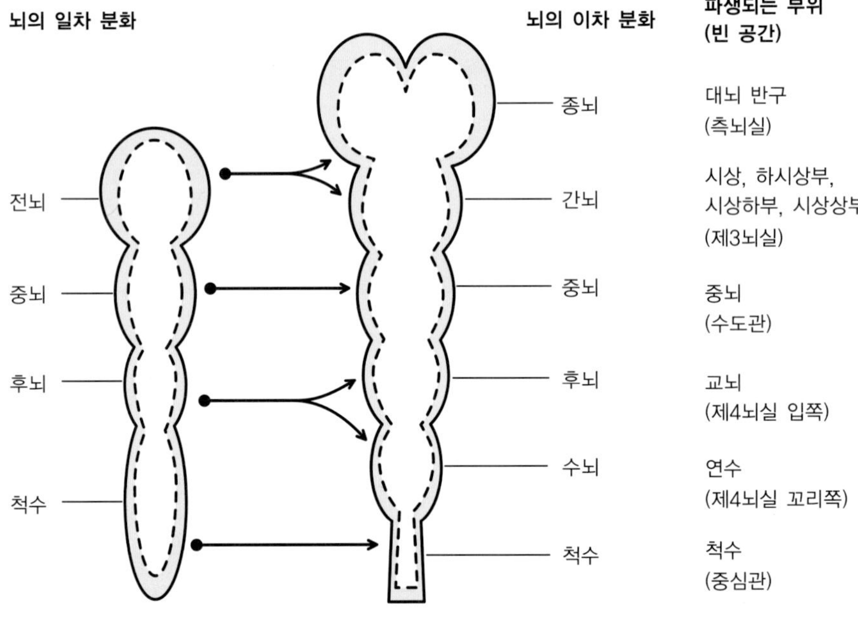

6-69
간뇌 구조의 발생

전뇌 영역은 발생 과정에서 종뇌와 간뇌로 분화되고 간뇌는 시상, 시상하부 그리고 종뇌기저부로 발달한다. 시상의 윗부분은 외측뇌실과 만나고 시상 중간과 아랫부분은 제3뇌실과 접한다.

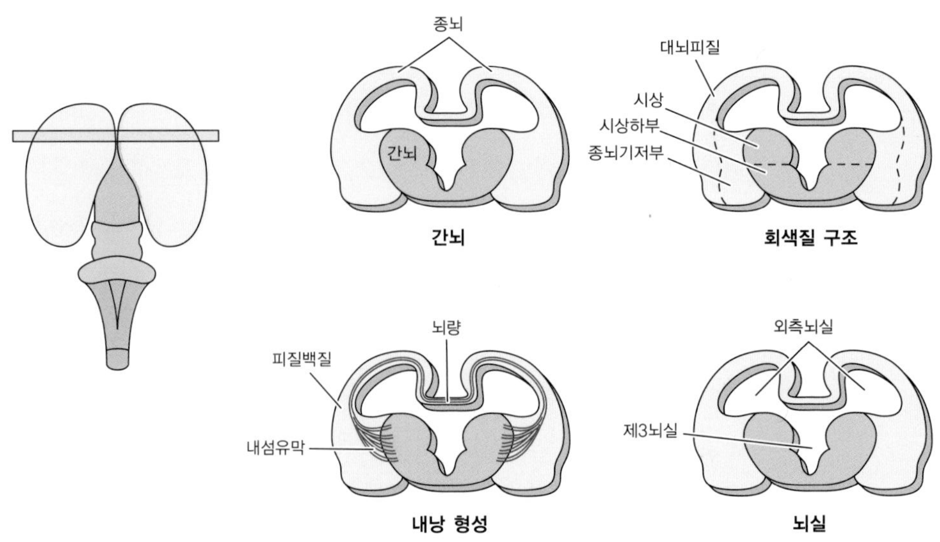

6-70
중뇌 구조의 발생

중뇌의 등쪽 부위로 시개가 분화되며 배쪽으로 교뇌가 형성된다. 중뇌 가운데는 중뇌수도관이 관통하며, 중뇌수도관 주위에 신경세포로 된 세로토닌 생성 신경세포집단인 회색질이 바로 중뇌수도관주위회색질(PAG)이다.

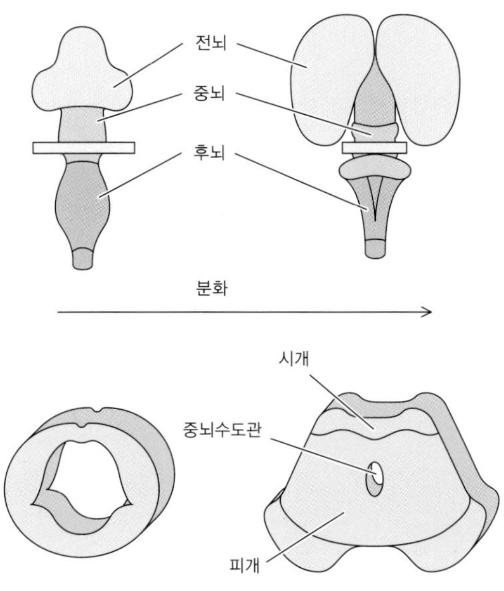

6-71
개방연수의 발생

소뇌 아래 개방연수와 아래로 폐쇄연수가 제4뇌실 둘레에 형성된다. 연수는 척수로 연결되며 척수에서는 신경로인 백질과 신경세포로 구성된 회색질이 분화된다. 연수에서 제4뇌실 끝부분은 척수에서 척수중심관으로 이어진다.

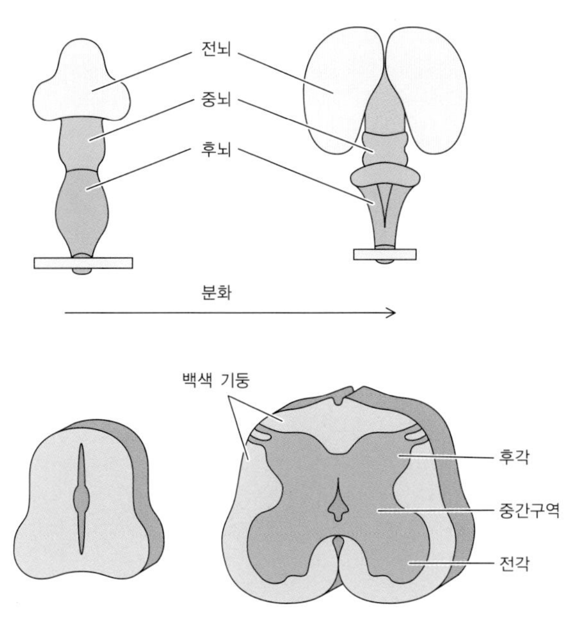

6-72
척수의 발생

척수를 구성하는 신경세포는 척수중심관의 모체 영역 내의 세포들이 분열하고 이동하여 중심관벽이 두꺼워져 척수 회색질을 만든다. 신경능에서 분화된 양극성 감각세포가 척수 쪽으로 축삭을 출력하여 후근을 형성하고 척수 아래쪽의 다극성 운동신경세포들이 축삭을 뻗어서 척수전근이 된다.

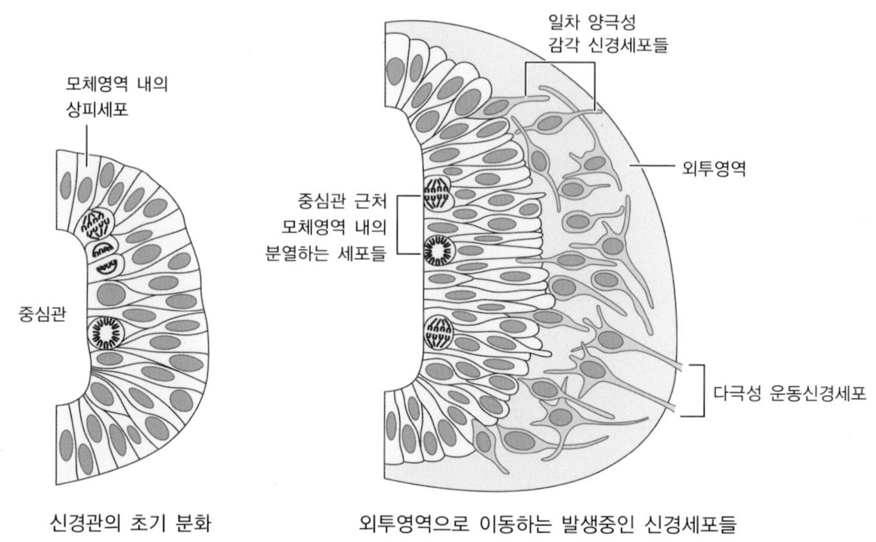

신경관의 초기 분화　　외투영역으로 이동하는 발생중인 신경세포들

6-73
신경관에서 연수와 척수 형성

발생 초기 신경관의 날개판과 기저판이 척수에서 후각과 전각으로 분화되며 연수에서는 운동신경핵과 감각신경핵으로 발전한다.

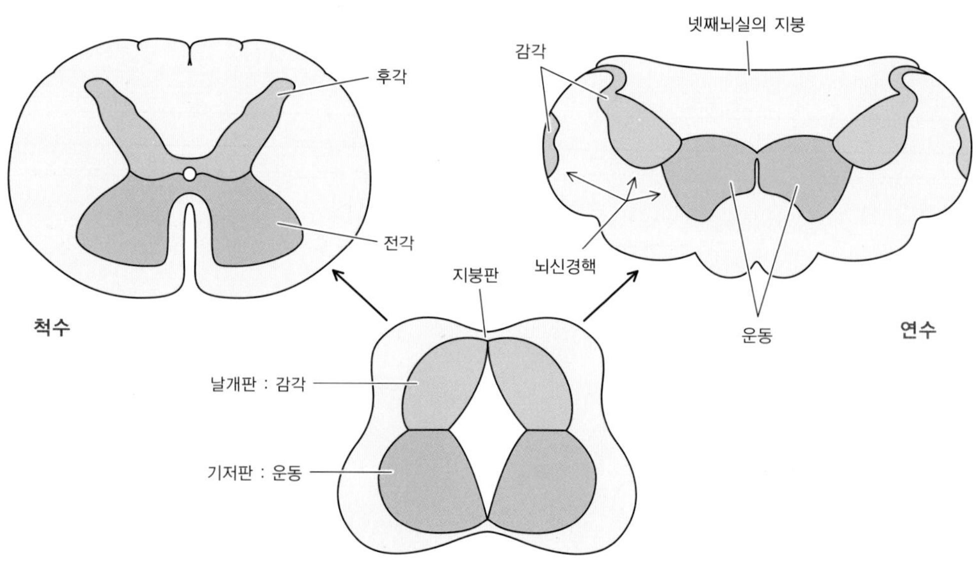

6-74

신경관에서 척수 생성 과정

척수신경관은 뇌실막층(상의층)과 외투층 그리고 변연층으로 분화되고, 외투층은 회색질로, 변연층은 축삭다발 영역인 백색질이 된다. 회색질은 후각과 외각 그리고 전각으로 구분한다.

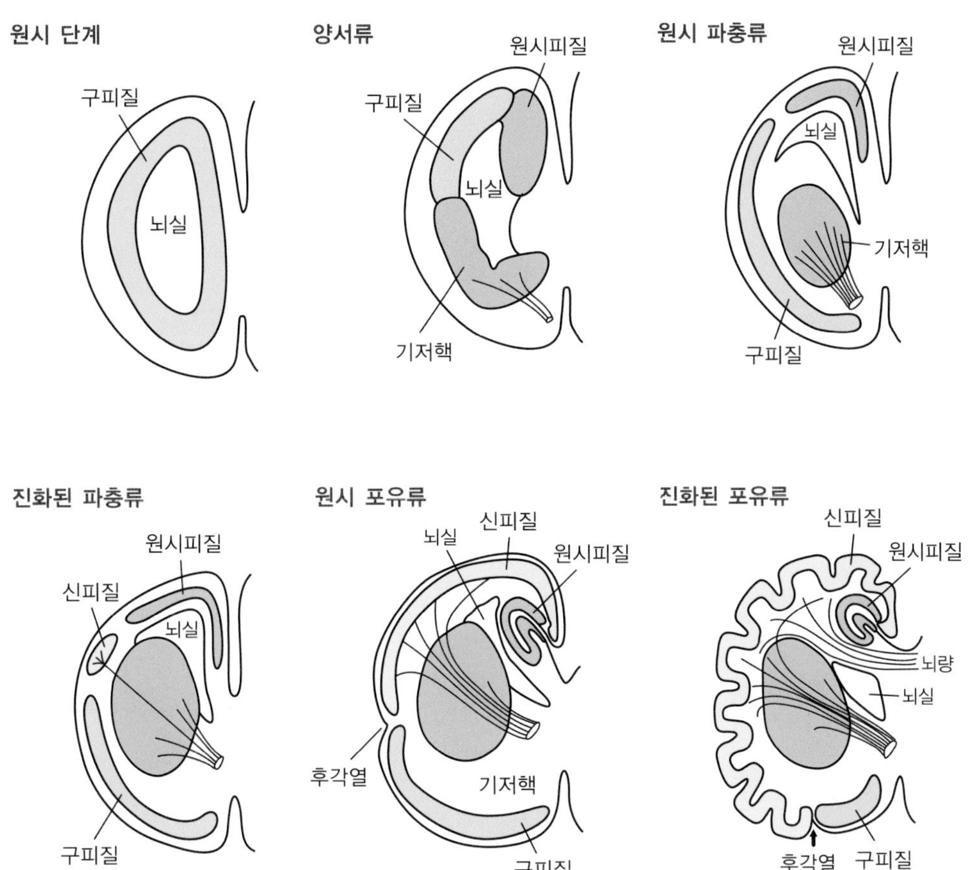

06 대뇌반구, 신피질로 덮이다

대뇌피질의 발생 과정

대뇌피질은 종뇌 안 뇌실을 둘러싸고 있는 뇌실막층에서 만들어집니다. 종뇌 안의 뇌실은 외측뇌실이죠. 이 외측뇌실 주변의 뇌실막층에서 신경세포들이 분열하고 성장하면서 두꺼운 외투층이 생깁니다. 외측뇌실 외투층에서도 바닥 부분에서 대뇌기저핵이 만들어집니다. 대뇌기저핵에서 '기저'란 '바닥'을 의미하죠. 대뇌기저핵과 헷갈리기 쉬운 부위로 전뇌기저핵이 있어요. 전뇌기저부는 작은 영역이지요. 대뇌기저핵은 창백핵과 조가비핵, 꼬리핵으로 구성되지요. 선조체는 외측뇌실 바닥에서 생겨납니다. 선조체 원기에서 창백핵이 만들어져서 배쪽으로 이동하고, 다시 조가비핵이 만들어져서 창백핵보다 더 배쪽 바깥으로 이동하죠.

나란히 붙어 있는 조가비핵과 창백핵은 렌즈핵이라고 하죠. 꼭 돋보기 렌즈 모양으로 생겼어요. 꼬리핵도 선조체의 원기에서 만들어져요. 꼬리핵은 머리가 먼저 생기고 외측뇌실이 늘어나면서 꼬리가 나타납니다. 렌즈핵과 꼬리핵은 내낭으로 구분되죠. 내낭은 대뇌기저핵과 시상 사이를 지나 대뇌피질로 이어지는 신경섬유다발입니다. 내낭이 세포와 세포 사이를 지나가면 신경 덩어리에 구멍이 생깁니다.

6-75
대뇌피질의 진화

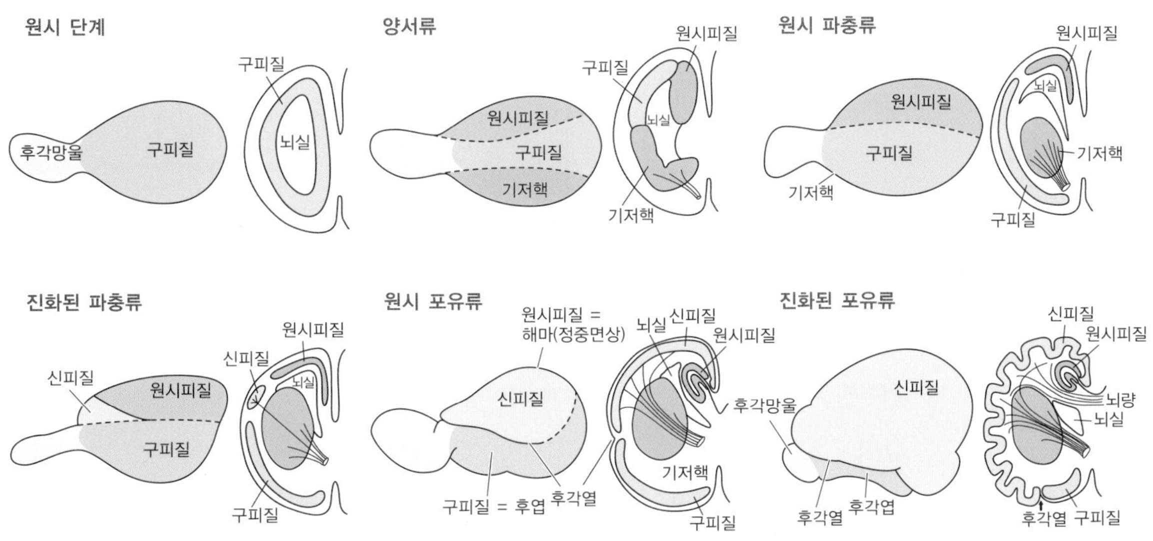

선조체를 통과하는 내낭 부분의 단면을 보면 마치 줄무늬처럼 보이죠. 그래서 선조체라는 이름이 붙은 겁니다.

대뇌기저핵 바깥으로는 후각망울, 후각로와 이어지는 구피질paleocortex(후각피질)이 자랍니다. 외측뇌실 바깥으로는 원시피질archicortex이 나타나죠. 계통발생적으로 구피질이 원시피질보다 더 오래된 피질이지요. 원시피질은 구피질 다음에 나오죠. 어류의 피질은 후각과 관련된 구피질밖에 없어요. 양서류에서부터 구피질에서 원시피질까지 나타나고, 파충류에 이르러 비로소 신피질이 등장하죠. 원시피질은 해마형성체hippocampal formation의 피질에 해당합니다. 해마형성체는 대뇌 신피질의 확장으로 밀려서 안으로 말려들어간 구조가 되었지요. 대뇌기저핵도 마찬가지로 안으로 말려들어가 있죠? 말려들어가서 구 모양의 덩어리를 만들어요. 외측뇌실은 점점 줄어듭니다.

진화된 파충류의 대뇌피질을 보면, 드디어 대뇌반구의 배측(등쪽)에 신피질이 등장하죠. 원시포유류의 대뇌피질 그림이 중요합니다. 조그맣던 신피질이 엄청나게 확장되면서 원시피질인 해마형성체 부위가 안으로 확 말려들어갑니다. 신피질의 급격한 팽창으로 대뇌피질의 구조가 크게 바뀝니다. 해마가 바깥에서 보이지 않는 이유가 바로 신피질이 확장되면서 원시피질이 말려들어가기 때문이죠. 해마형성체는 안쪽에서부터 치상회 dentate gyrus(치아이랑), 해마 hippocampus, 해마이행부 subiculum로 분화합니다. 그런데 쥐의 해마와 인간의 해마를 비교해보면, 쥐의 해마는 전체 뇌의 3분의 1 정도를 차지하지요. 반면 인간의 해마는 학습에 중요한 역할을 하지만 그 크기는 뇌 전체에서 작은 부분에 불과하고 위치도 신피질이 커지면서 안으로 말려들어가죠.

구피질 쪽에도 말려들어가는 틈새가 보이죠. 이 틈새를 후열 rhinal fissure(후각뇌틈새)이라고 합니다. 후열 아래는 코에서 들어오는 냄새 정보와 관련 있는 피질이 있지요. 후각피질, 편도, 해마 모두 후각과 관련된 영역이지요. 구피질에서는 내후각뇌피질 entorhinal cortex(후각속겉질)과 해마방회 parahippocampal gyrus(해마옆이랑)가 만들어지죠.

6-75의 마지막 그림을 보세요. 신피질이 모든 방향으로 계속 늘어나고 있어요. 처음에는 밋밋했는데 신피질이 엄청나게 확장되어 변형되면서 이랑과 고랑이 많이 생기고 고랑의 깊이가 깊어졌죠. 드디어 신피질이 대뇌반구 옆, 위, 앞쪽까지 덮으면서 대뇌피질을 완전히 장악했어요. 그 결과 후열과 구피질이 대뇌반구의 아래 안쪽으로 밀려들어갑니다.

6-76
뇌실주변세포에서 뇌피질의 발생 과정

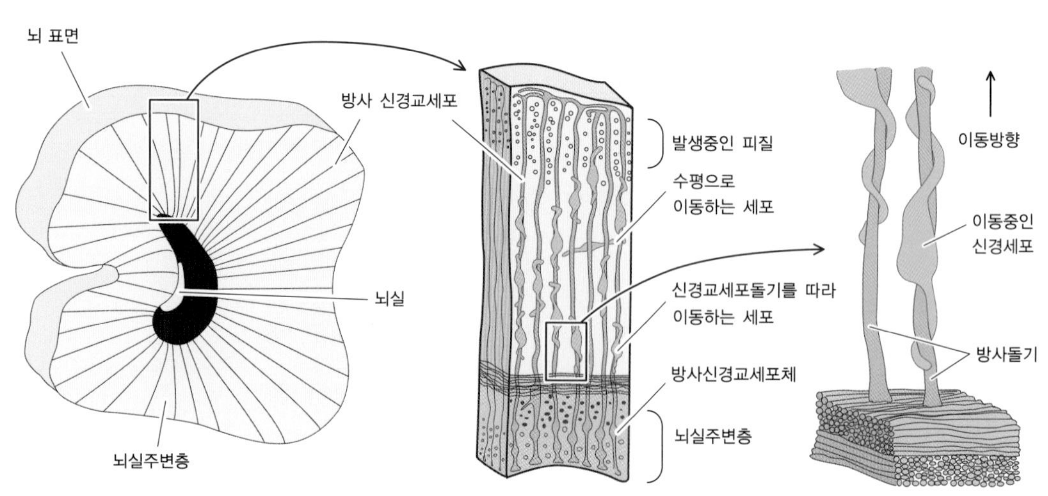

6-77
신피질 6개 세포층의 발생 과정

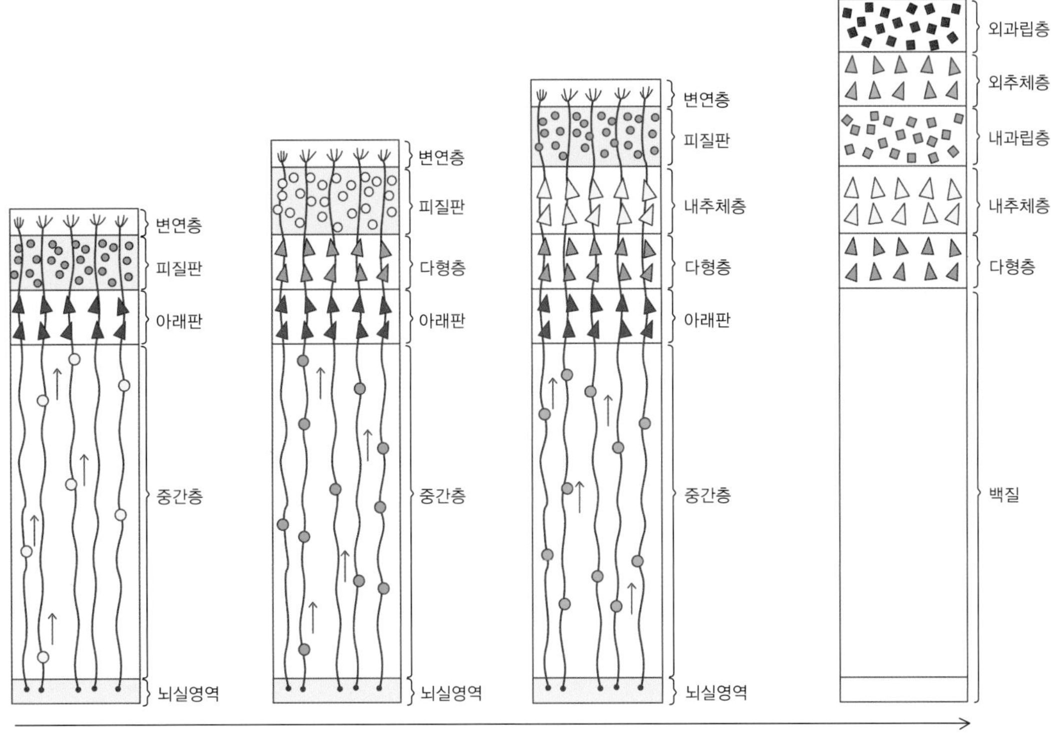

원시피질, 구피질, 신피질은 발생 과정과 위치, 크기뿐만 아니라 세포층도 다르죠. 원시피질은 세 개의 세포층으로 이루어져 있어요. 구피질도 6개 세포층으로 되어 있죠. 그런데 신피질은 여섯 개의 세포층으로 구성되어 있습니다. 단면을 잘라서 보면 세 피질은 해부학적으로 구분이 되지요.

신피질 세포층의 분화 과정은 뇌실 영역을 구성하는 세포의 증식에서 시작합니다. 뇌실 영역에서 세포분열로 숫자가 늘어난 세포가 방사성 신경교세포에 의해 형성된 축삭가지를 타고 뇌실 영역 바깥으로 이동하여 아래판 위에 피질판을 형성합니다. 후속하여 이동하는 세포들은 이미 형성된 신경판 아래 영역에 다형층과 내피라미드층을 차례로 만들지요. 최종 과정에서는 아래판과 피질판이 사라지고 중간층은 백색질로 바뀝니다. 변연층과 피질판 영역이 외과립층, 외피라미드층 그리고 내과립층으로 분화합니다.

07 본능의 뇌, 기억과 감정의 뇌를 거쳐 사고의 뇌로

미국의 신경과학자 폴 D. 매클린Paul D. MacLean(1913~2007)은 동물의 뇌를 진화 과정에 따라 원시파충류 뇌protoreptilian brain, 구포유동물 뇌paleomammalian brain, 신포유동물 뇌neomammalian brain로 구분했지요. 원시파충류 뇌는 뇌간의 피개, 그중에서도 그물형성체 부위와 시상하부를 중심으로 발달한 뇌죠. 그물형성체와 시상하부는 본능적 움직임을 만들지요. 구포유동물 뇌에서는 원시파충류 뇌 위에 변연계가 발달하지요.

6-78
본능의 뇌, 감정의 뇌, 추론의 뇌

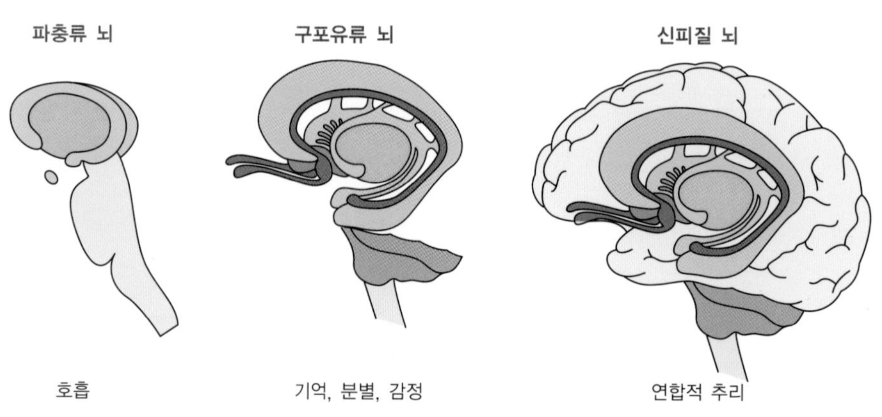

6-79
양막류 뇌의 기본 형태

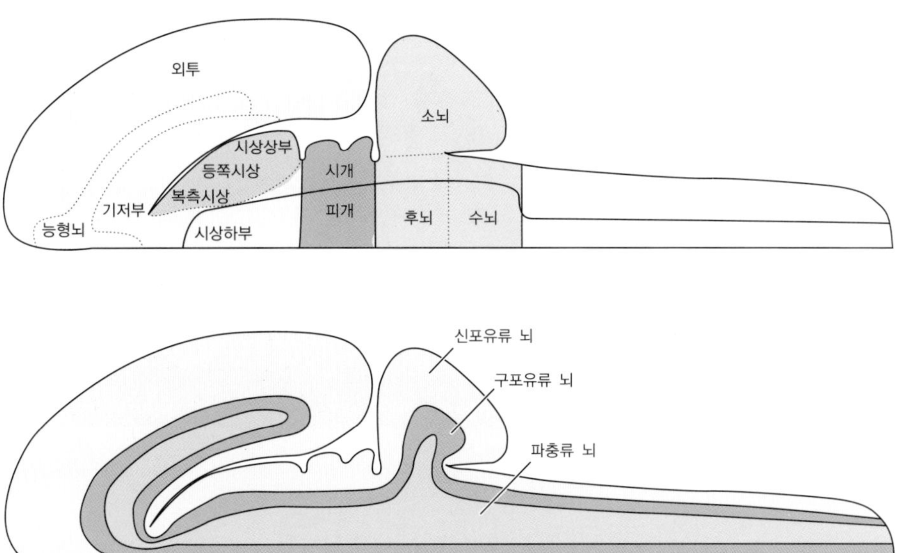

파충류의 뇌에서부터 신피질이 조그마하게 생겨납니다. 대뇌피질은 외투pallium층이 확장되면서 아래쪽 외투층subpallium이 안으로 들어가서 대뇌기저부가 되지요. 대뇌기저부와 인접하여 시상이 발달합니다. 시상영역은 시상상부, 시상, 시상하부로 분화됩니다. 시상하부 아래로 중뇌영역인 상구와 하구가 시개영역에서 발달합니다. 시개 아래로 그물형성체가 형성되는 피개영역이 있지요. 변연계는 해마와 편도 그리고 대상회가 서로 연결된 대뇌피질아래의 피질들이지요. 변연계는 회로를 구성하여 기억과 감정이 생성되는 영역이지요.

신포유동물 뇌에서는 신피질이 발달합니다. 대상회는 해마형성체와 함께 원시피질에 속하는데, 신포유동물 뇌로 진화하면서 이 대상회 위를 신피질이 완전히 덮은 상태입니다. 대상회는 뇌량을 에워싸고 있는 피질입니다. 신경세포가 빠른 속도로 분화해 신피질이 대규모로 늘어나 대뇌반구를 덮으면서 대뇌피질 영합감각영역과 전두엽이 크게 발달하지요. 감각정보를 연합할 수 있고, 감각경험을 바탕으로 주변상황을 분석하고 판단하고 예측할 수 있게 되죠. 통합적 사고를 할 수 있게 된 거지요. 이런 진화과정에 따라 감각도 섬세해지고, 운동도 정교해집니다.

6-80을 보면서 포유동물의 뇌를 비교해봅시다. 쥐에서 원숭이, 침팬지, 돌고래,

6-80
포유동물의 뇌 사진

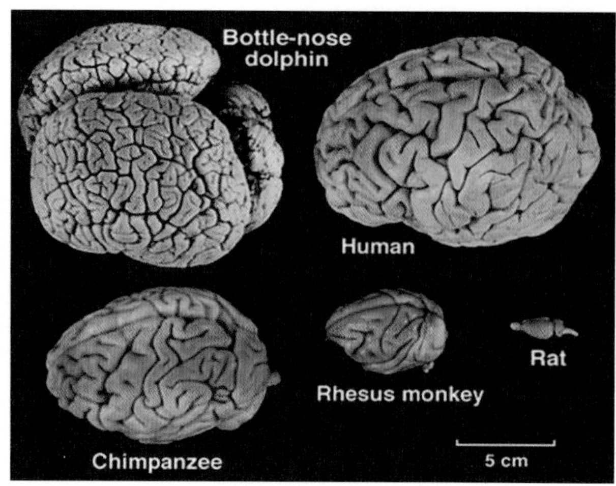

인간까지 뇌가 나란히 있죠. 인간의 뇌보다 큰 것도 있죠. 돌고래의 뇌입니다. 돌고래의 뇌는 주름도 사람의 뇌보다 더 많습니다. 하지만 인간보다 지능은 높지 않죠. 예전에는 돌고래가 인간처럼 지능이 높다고 알려져 있었는데, 청각과 운동능력이 발달했지요. 돌고래는 좁은 수족관에서 하루 종일 점프를 해도 벽에 부딪히지 않죠. 돌고래의 운동은 주로 청각과 관련 있어요. 그러니까 돌고래의 청각-운동 시스템은 굉장히 발달한 반면 시각 쪽은 약합니다. 인간은 청각 시스템, 시각 시스템 모두 균형 있게 발달했죠. 뇌의 발달에서 감각피질 발달의 균형이 중요합니다. 매와 독수리의 시각, 개의 후각, 그리고 철새의 방향감각은 인간보다 탁월합니다. 인간 대뇌피질은 감각연합영역을 확장하여 개별감각을 연합하는 능력이 진화했지요. 감각연합피질과 운동연합피질의 발달은 다른 동물과 차별되는 인간 진화의 방향입니다. 그 결과 인간은 청각 신호와 시각 신호를 결합하여 언어라는 다른 동물에서는 찾아보기 힘든 상징 능력을 만들어냈어요.

대뇌피질에서 언어가 생성되는 영역은 시각과 청각 그리고 체감각이 모두 만나는 하두정엽입니다. 인간에 이르면 대뇌피질의 연합영역이 급격히 발달해요. 쥐의 뇌를 보면, 피질 전체의 대략 80%가 감각에 할당된 영역이죠. 연합영역이 일차감각영역에 비해 상대적으로 좁은 영역이지요. 침팬지와 인간에서는 연합영역인 대뇌피질 앞쪽의 전두엽이 확장되지요. 인간에 오면 전두엽이 더욱 커지고 발달합니

6-81
인간 전전두엽과 포유동물의 전전두엽 진화

(출전: The Symbolic Species, Terrence W. Deacon)

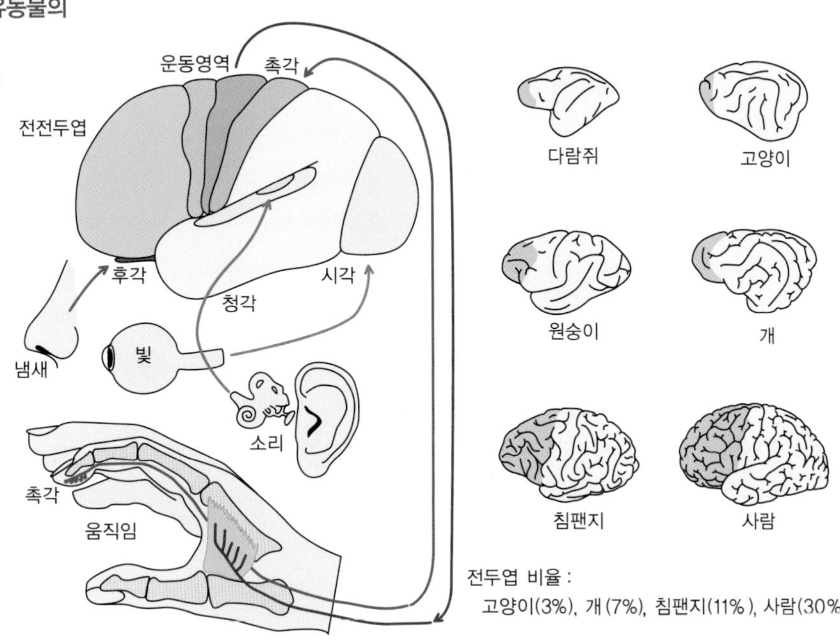

다. 특히 전두엽 앞쪽의 전전두엽이 발달해요. 전두엽은 사고 기능과 관련된 피질입니다. 인간의 대뇌피질을 보면 전두엽의 비율이 30% 나 되지요.

인간의 전두엽은 왜 이렇게까지 커졌을까요? 억제 기능과 관련 있습니다. 전두엽은 운동연합영역이지요. 감각자극이 곧장 운동출력을 만드는 동물들은 자신의 운동을 무의식적으로 즉시에 표출하지요. 반면에 인간은 발달된 전두엽이 반사적인 충동적 행동을 억제할 수 있지요. 대뇌피질에서 전두엽이 차지하는 면적의 비율이 고양이는 3%, 개는 7%, 침팬지는 11%, 그리고 인간은 30%입니다. 이 전두엽 크기의 비율이 정확히 운동 반응을 지연시키는 능력과 비례합니다. 결국 인간은 운동 반응을 출력하기 전에 이전의 경험기억과 현재의 감각입력을 비교하여 상황에 가장 적합하게 운동할 수 있지요. 이러한 억제 능력으로 당장은 본능의 욕구를 충족하지 못하지만 장기적으로 생존에 도움이 되는 행동을 선택하여 실행하게 되지요. 이러한 전전두엽의 억제 기능이 중요하지 않은 자극에 대한 반응을 억제하여 의도적인 운동에 집중하여 장기적인 목표를 달성하는 집행을 가능하게 한 겁니다. 그런 장기간의 목적지향적 행동이 인간 행동의 본질적 능력이지요.

7장

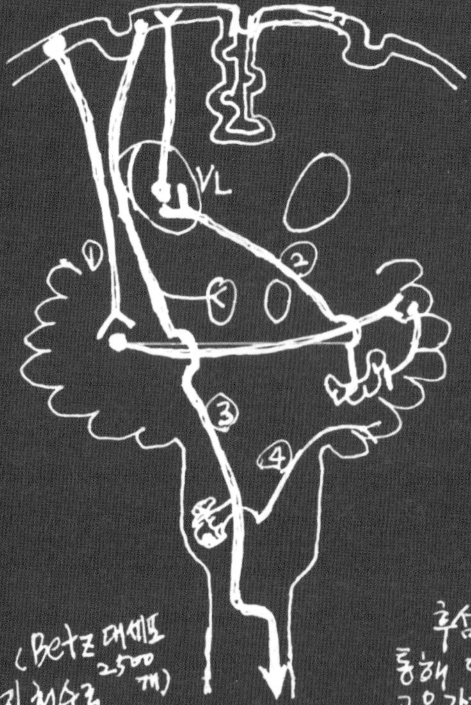

VL
①
②
③
④
(Betz 대세포 2,500개)
피질척수로
passive stretch of spindle
α
γ운동
α운동
active stretch spindle
작용근 수축
후섬유단을 통해 대뇌로 고유감각 전달 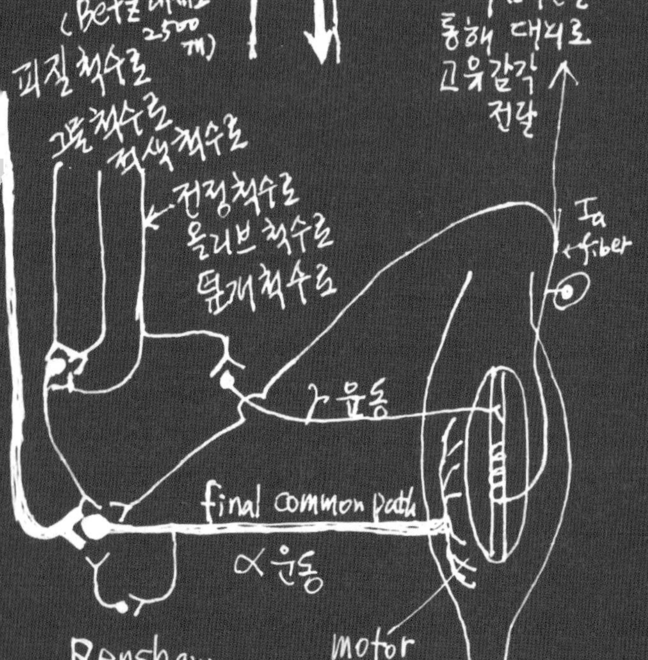
그물척수로
적색척수로
전정척수로
올리브척수로
덮개척수로
Ia fiber
γ운동
final common path
α운동
Renshaw feedback neuron
motor end-plate
외측피질척수로 
gracilis
cuneatus
적색척수로
내측세로다발
외측척수시상로
척수시개로
연수그물척수로
전정척수로
교뇌그물척수로
전피질척수로
덮개척수로
전척수시상로

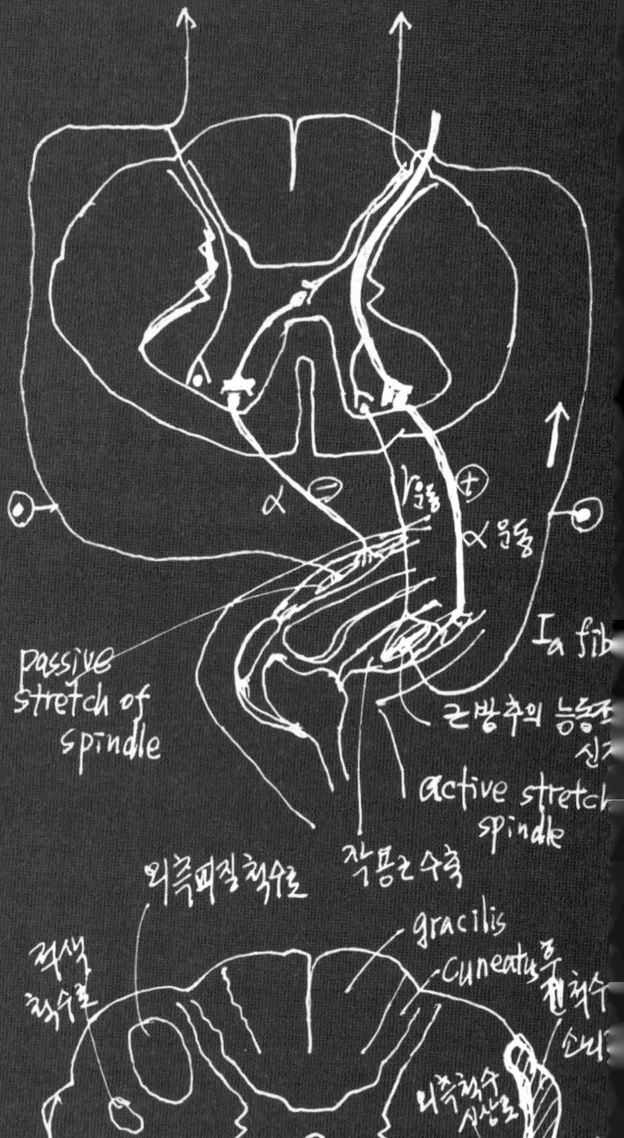

행동에서 생각까지 반사로 일어나다

—반사회로

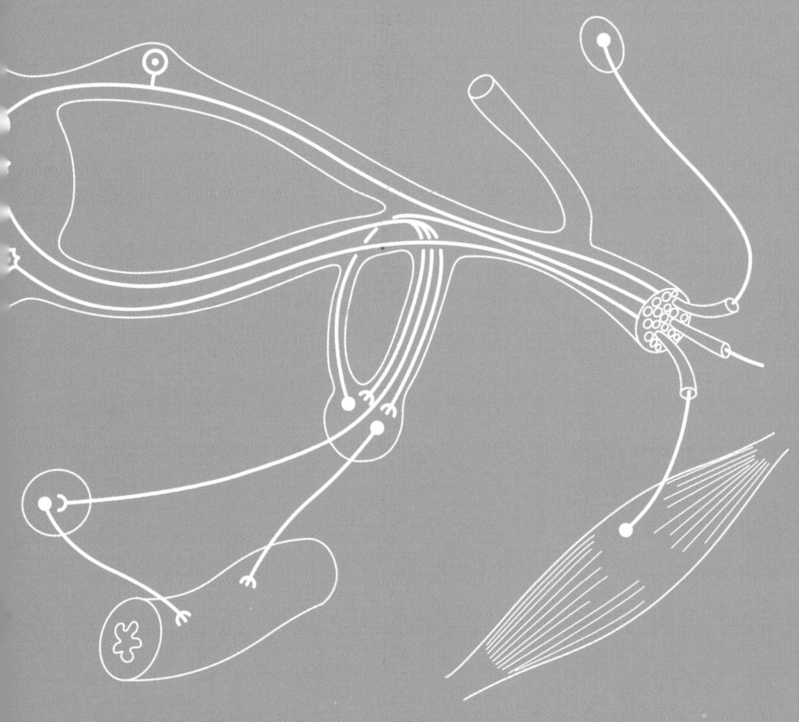

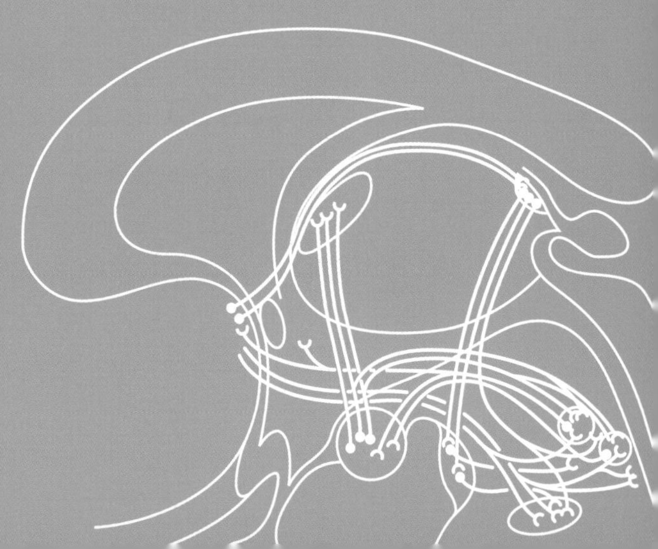

01 무조건반사와 조건반사

인간 행동의 95%는 의식되지 않습니다. 행동의 대부분은 무의식적으로 습관화된 반응이지요. 무의식적 반응은 대부분 습관화된 조건반사운동입니다. 반사는 무조건반사와 조건반사로 구분됩니다. 무조건반사이란 먹이를 줄 때 개가 침을 흘리는 것처럼 그 자극 자체만으로 생리적으로 일으키는 반응이지요. 이 경우는, 학습으로 연결된 신경회로가 즉시에 활성화되어 반응 속도가 빠릅니다.

척수가 관여하는 반사에는 무릎반사 같은 신장반사stretch reflex(뻗기반사)와 배변반사, 배뇨반사 등이 있죠. 또한 구강안면반사는 하품, 기침, 음식물 삼키기, 침 분비, 구토반사작용을 일으키지요. 연수의 그물형성체는 대동맥체aortic body, 경동맥체carotid body, 대동맥동aortic sinus, 경동맥동carotid sinus, 혈관의 단면적을 조절하는 반사를 일으키지요. 동맥 혈관의 굵기를 반사적으로 조절하죠. 교감신경이 작동하면 평활근의 수축으로 혈관이 수축하고, 교감성 긴장이 풀리면 평활근이 이완되어 혈압에 의해 혈관이 확장되지요. 우리 몸의 항상성은 이런 의식화되지 않는 반사로 매 순간 조절됩니다.

이 반사작용들은 생존과 직결됩니다. 이처럼 대부분의 반사는 신체 기관의 작용을 상황 변화에 맞게 조절하지요. 시상하부와 대뇌변연계의 반사작용은 식욕, 성

7-1
동맥의 굵기를 조절하는 반사

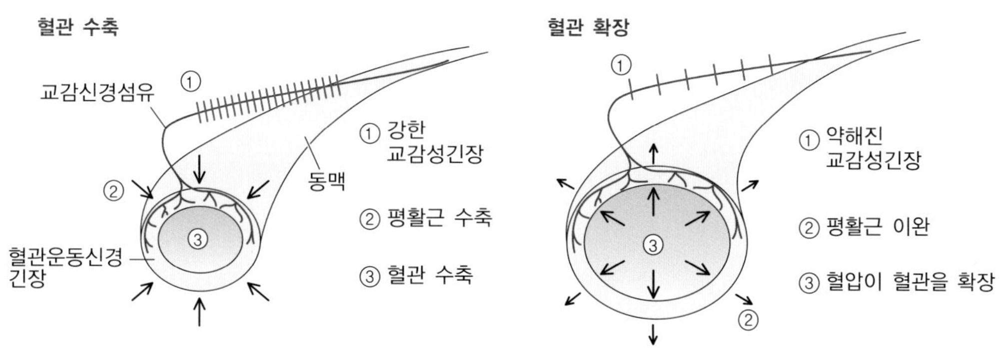

7-2
신경세포의 기원

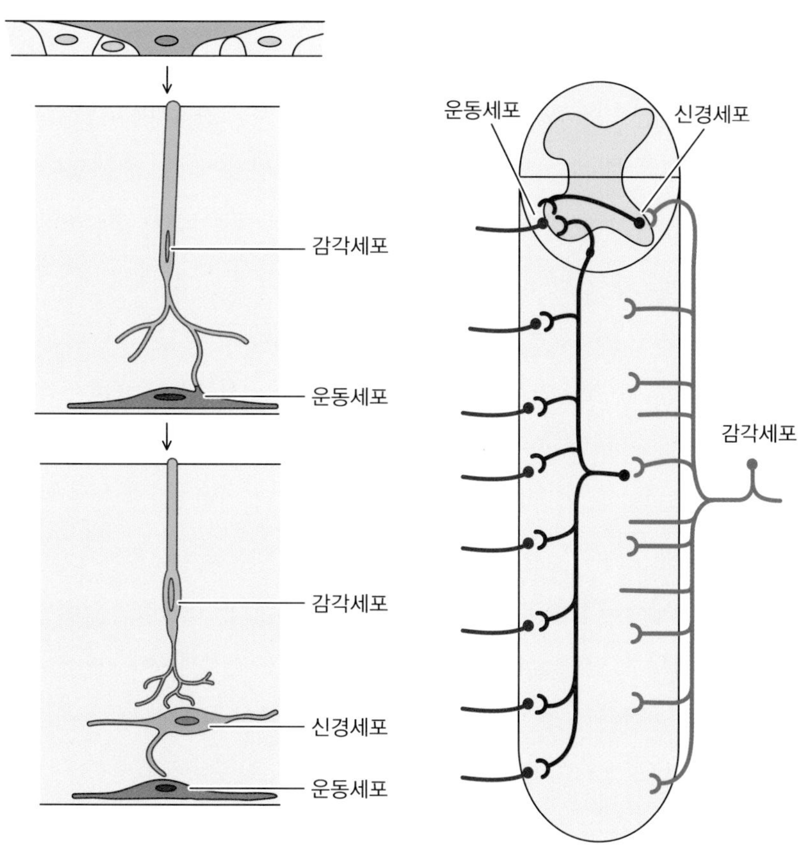

욕, 체온 조절, 감정 표현을 만들죠. 척수의 반사는 즉각적 위험에서 신체를 벗어나게 하며, 뇌간의 반사는 호흡과 심장박동을 조절합니다. 오랜 진화 과정에서 확립된 반사동작의 무의식적이고 지속적인 활동으로 동물은 생존 가능성이 향상되었습니다. 자극에 무의식적으로 반응하는 메커니즘의 진화 과정을 신경세포의 기원에서 살펴봅시다.

단세포 생물은 하나의 세포가 생명 현상 전체를 담당하지요. 기능이 분화될 다른 세포가 없어요. 따라서 감각과 운동이 모두 한 세포에서 생깁니다. 그런 단세포가 모여 대략 10억 년 전에 다세포 생명체가 출현했지요. 세포들이 응집하면서 세포 기능이 분화되었습니다. 외부자극을 받아들이는 수용기세포와 이동을 담당하는 근육세포로 기능이 전문화되었죠. 이 단계에서는 수용기세포가 직접 근육세포를 자극합니다. 감각과 운동이 직접 연결되지요. 다음 단계는 신경세포가 분화되어 수용기세포와 운동세포 사이를 중계하는 세포가 생깁니다. 수용기세포는 표피와 근육 그리고 분비샘의 세포입니다. 바다에서 육지로 생존 환경이 바뀜에 따라 다양한 운동이 출현합니다. 그런 생존 환경의 변화에 대한 적응으로 감각과 운동을 중개하는 신경세포가 많아지고 그 연결이 다양해지면서 시각과 청각 그리고 균형감각이 물고기보다 더 정교해지는 사지동물의 중추신경계가 진화했습니다. 결국 동물의 뇌는 감각입력을 바탕으로 적절한 운동출력을 산출해내는 기관이지요. 감각세포와 운동세포를 연결하는 신경세포가 그 모든 과정을 수행하지요.

어떤 기능을 갖는 신경세포들의 연결된 상태를 신경회로라 합니다. 그래서 뇌를 공부한다는 것은 구체적으로 밝혀진 여러 신경회로의 기능을 이해하는 것이지요. 가장 단순하고 생존에 필수적인 신경회로가 반사회로입니다. 척수, 뇌간, 시상하부, 소뇌, 변연계, 기저핵, 대뇌피질에 존재하는 신경회로들은 동물 진화의 산물이며, 동물의 감각과 운동을 생성합니다. 감각입력에서 운동출력으로 신경자극이 전달되는 구체적 과정은 피부에 뜨거운 물체를 접촉할 때 반응하는 신경세포의 연결을 보면 잘 알 수 있습니다. 가장 단순한 신경연결은 감각세포에서 운동세포가 직접 연결된 단일 반사궁reflex arc이지요. 그러나 대부분의 신경회로는 많은 수의 연합신경세포에 의해 입력과 출력이 조절됩니다. 대규모의 연합신경세포의 집합체가 바로 중추신경계이며, 대뇌피질은 연합신경세포의 거대한 집합체로 이루어져 있지요.

7-3
감각입력과 운동출력을 연결하는 연합신경세포

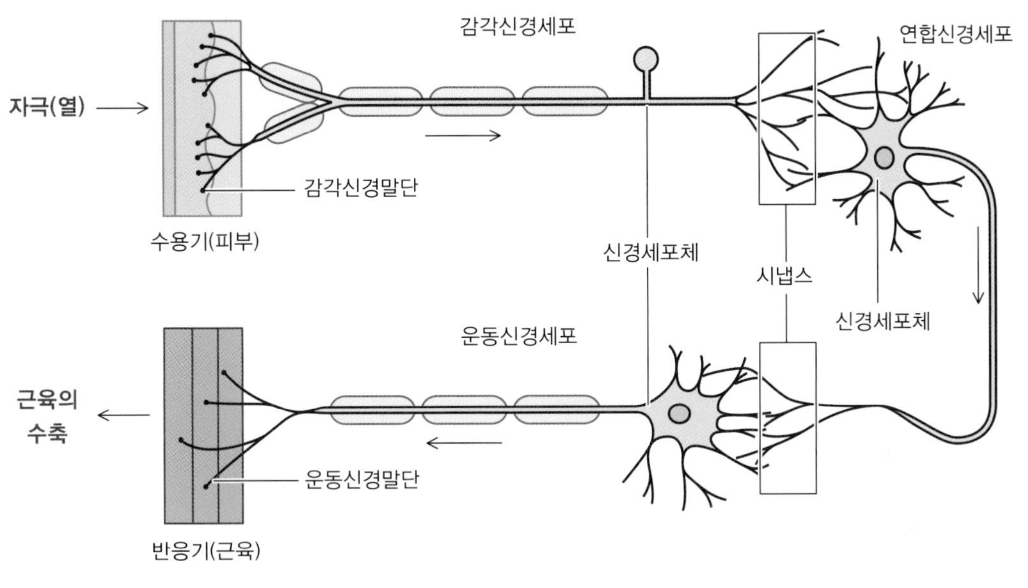

7-4
교감신경과 부교감신경

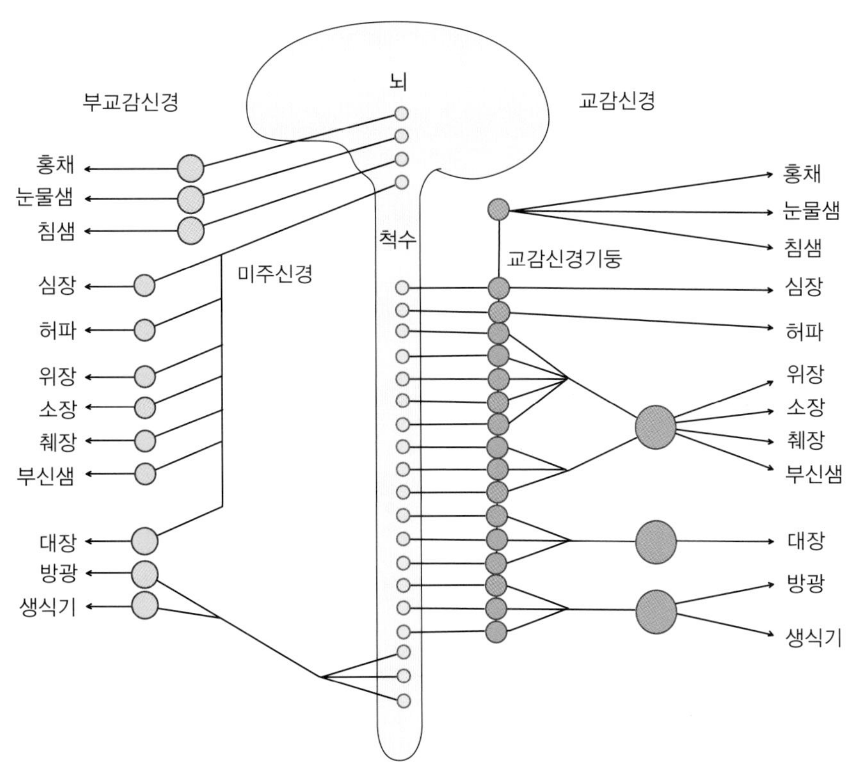

척수에서 반사운동은 척수전각의 운동뉴런과 근방추의 감각뉴런이 폐회로를 만들어 자극에 즉각적 반응을 만들지요. 심장박동, 위장관의 소화운동, 그리고 분비샘에서 발생하는 반사작용은 교감·부교감의 자율신경중추에서 조절합니다. 그리고 척수와 연결된 교감기둥에서 출력되는 신경이 내장운동을 조절하지요. 교감 자율신경의 작용을 바탕으로 포식자부터 도망치기 위해 호흡과 심장박동이 빨라지고, 부신피질에서 코르티졸이 분비되어 신속한 도피운동을 합니다.

인간의 신경시스템은 뇌와 척수의 중추신경계와 말초신경계로 구성되지요. 중추신경계는 뇌와 척수, 말초신경계는 감각과 운동성분으로 구성됩니다. 말초신경계의 감각성분은 체성감각과 내장감각 신경이 있지요. 그리고 말초신경의 운동성분은 근육과 분비샘을 자극하지요. 말초신경의 운동성분은 체성운동과 자율신경계로 구분됩니다. 체성운동신경은 골격근을 수축하여 의도적 운동을 만들지요. 자율

7-5
중추신경계와 말초신경계의 구성

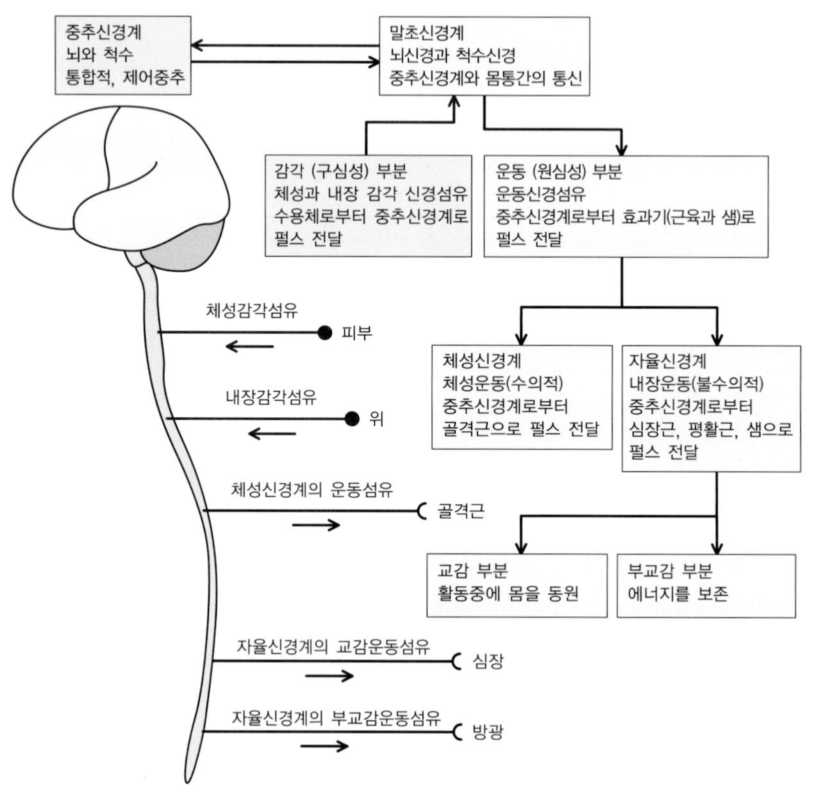

신경계는 교감부교감 신경으로 구분되며 심장근, 평활근, 분비샘을 자극합니다. 자율신경계가 '운동성'과 관계있다는 것이 중요합니다. 심장근과 내장 민무늬근의 움직임은 자율신경의 지속적인 운동출력의 결과이지요.

감각입력과 중추신경계가 작용하여 외부 환경으로부터 온 자극을 지각하여 인식하고, 감각 경험을 통합하여 기억으로 저장합니다. 운동은 현재 가해지는 자극에 대한 지각과 기억 그리고 내부 신체 이미지를 바탕으로 출력됩니다. 요약하면 인간 중추신경계의 기능은 감각입력을 바탕으로 운동출력을 생성합니다. 운동출력을 보내기 전에 자신의 신체상태와 기억을 참조하여, 운동 목표를 무의식적으로 달성하게 됩니다. 동물의 반사운동에 관한 생리학적 공부가 신경계의 작동을 이해하는 출발점이 됩니다.

먹이를 줌과 동시에 종을 울린다면 종소리에 대한 반응은 조건반사가 됩니다. 조건반사 하면 '파블로프의 개 실험'이 생각나지요. 러시아의 생리학자 이반 파블로프Ivan Petrovich Pavlov(1849~1936)가 행했던 조건반사 실험이죠. 1900년대 초에 있었던 이 실험으로 조건반사의 중요성이 알려지기 시작했습니다.

그렇다면 조건반사란 무엇일까요? 무조건자극에 조건자극을 연합시켜 반응을

7-6
감각-운동 처리 과정

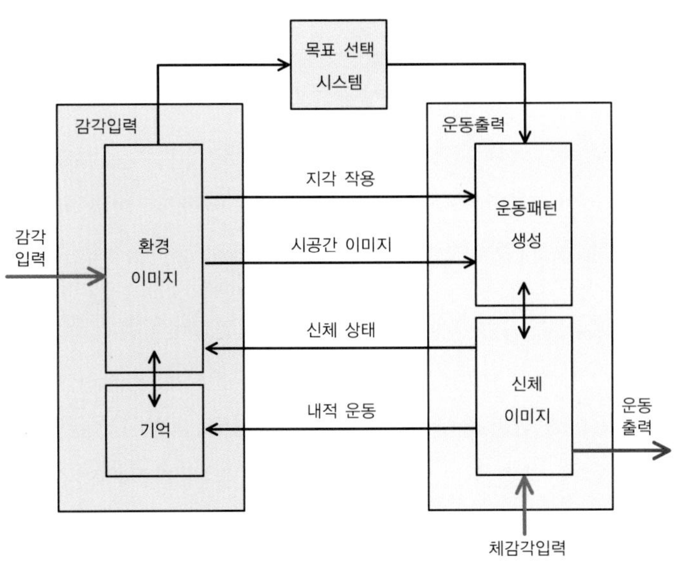

7-7
파블로프의 조건반사

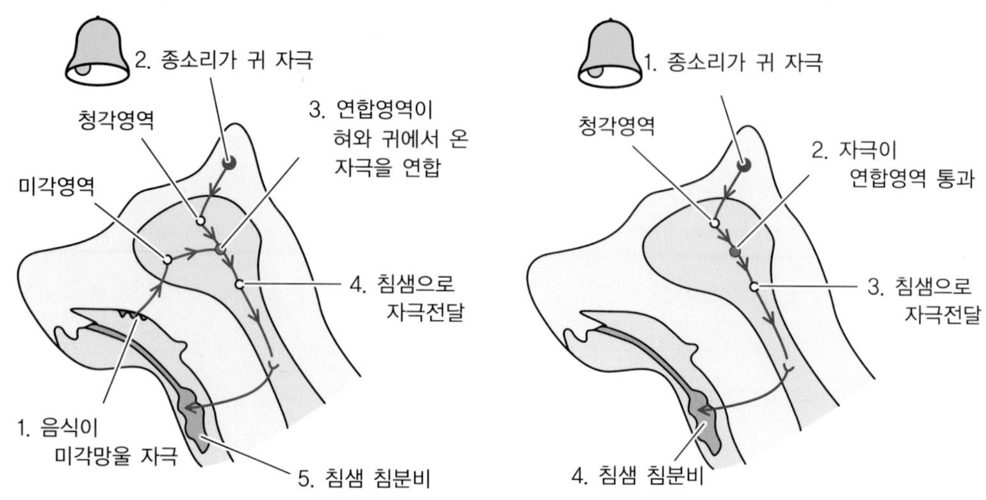

습관화하는 겁니다. 종을 치는 동시에 개에게 먹이를 줍니다. 그러면 청각신호가 개의 달팽이관에서 대뇌피질로 전달 되죠. 먹이를 삼키면서 자극을 받은 혀에서는 미각신호가 대뇌피질로 전달됩니다. 이 두 신호는 대뇌피질의 연합영역에서 만나요. 연합영역에서 처리된 신호는 뇌간의 신경핵으로 전달됩니다. 뇌간 신경핵의 출력 신호는 침샘으로 전달되어 침이 나오지요.

이때 중요한 사실은 먹이와 종소리는 물리적으로 아무 관련이 없다는 겁니다. 단지 두 가지 자극을 동시에 주었을 뿐인데 서로 상관없는 두 자극이 결합합니다. 조건자극과 무조건자극이 연합한 뒤부터는 어떤 일이 일어날까요? 먹이를 주지 않고 종만 쳐도 개가 침을 흘리게 됩니다. 이런 조건반사의 비밀은 대뇌피질의 연합영역에 있습니다. 연합영역에서 반사회로가 연결된 겁니다. 그래서 후각과 혀에 자극을 주지 않아도 달팽이관으로 들어간 청각신호가 대뇌피질에서 처리된 후 뇌간의 신경핵에서 침 분비 신경자극이 출력된 겁니다.

조건반사는 누구나 아는 상식입니다. 그런데 곰곰이 생각해보면 참 묘한 현상입니다. 종소리 그 자체는 먹이와는 아무런 관련이 없습니다. 단지 먹이와 동시에 울린 종소리만 신경회로를 구성할 뿐이죠. 이처럼 신경회로를 형성하여 자신의 욕구와 환경입력을 결합하는 것이 동물이 환경에 적응하는 방식이고, 생존전략이죠. 생존에 직접적 영향을 주는 자극을 '무조건적 자극'이라 하는데, 이는 먹이 섭취와 위험 회피동작처럼 학습 없이 태어나면서부터 반응할 수 있는 자극을 말합니다.

반면에 '조건자극'은 무조건적 자극과 동시에 제시되었을 때에만 뇌 신경회로가 무조건자극과 함께 활성화되어 중요성을 획득한 자극이지요. 개에게 먹잇감은 무조건 자극이지만 종소리는 조건자극이지요. 조건자극은 원래 생존에 중립적인 '배경자극'이었지만 먹이와 동시에 제시되어 '배경자극에서 조건자극'으로, '배경에서 전경'으로, 즉 생존에 의미 있는 자극으로 바뀌었습니다. 원래는 배경 소음처럼 의식하지 않았지만, 우연히 본능적 욕구를 자극하는 신호와 동시에 존재하여 배경이 전경의 중요성을 획득한 겁니다.

이런 '배경의 전경화'가 일어나는 곳이 바로 해마복합체이며, 해마가 경험학습의 배경을 그 학습이 일어나는 상황과 연계하여 배경정보를 맥락화합니다. 그래서 해마가 생성하는 기억은 맥락적, 관계적 그리고 공간적 속성을 갖게 됩니다. 이처럼 해마에서 경험 내용을 그 배경과 더불어 맥락적으로 형성하는 기억이 바로 '일화기억'이지요. 조건반사 동물은 학습을 통해 그 자신을 둘러싼 배경 환경의 가치를 평가해 의미 있는 공간으로 변화시킵니다. 따라서 동물이 마주하는 생존 환경은 정서적 감정으로 가치가 매겨진 지도화된 공간이 되지요. '배경의 전경화' 능력을 바

7-8
척수신경과 뇌신경의 비교

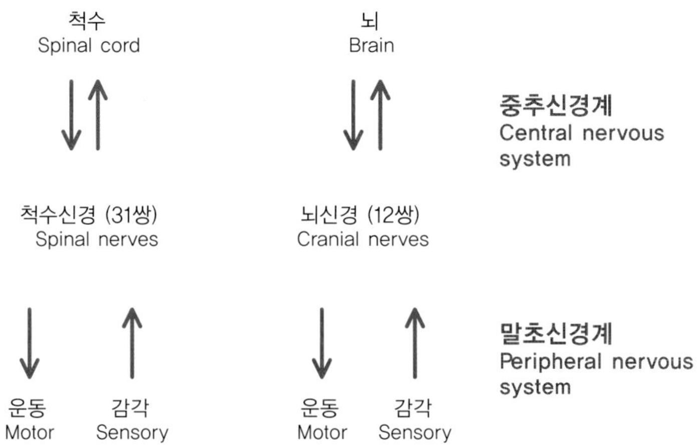

탕으로 인간은 '생존환경'을 가치와 의미로 가득 찬 '생활환경'으로 변화시킵니다.

척수신경spinal cord은 사지와 몸통에서 감각입력을 받아서 근육 움직임을 생성하고, 대뇌 신경시스템은 뇌신경cranial nerve을 통한 머리 감각입력을 처리하지요. 사지와 몸통의 감각은 온도, 통증 그리고 근육 긴장도와 근육 길이 변화 정보인 대뇌체감각영역에서 인식되는 의식적 고유감각과 소뇌에서 처리되는 무의식적 고유감각 들이죠. 머리에 입력되는 감각은 시각, 청각, 미각, 그리고 평형감각으로, 이들은 척수의 일반감각과 달리 특수감각이라 합니다. 요약하면 다음과 같습니다.

척수신경 감각성분: 고유감각 → 온도, 촉각, 통증, 의식적 고유감각, 무의식적 고유감각

머리의 감각성분: 특수감각 → 시각, 청각, 미각, 평형감각

02 근육과 척수 사이, 무조건반사

척수반사회로와 함께 교감신경과 부교감신경의 자율신경회로가 동작하여 심장과 폐의 움직임과 내장의 연동운동을 조절하지요. 척수신경인 일반체원심성, 일반내장원심성, 일반체구심성, 일반내장구심성 신경성분이 있지요. 척수신경은 몸의 근육, 피부, 관절 그리고 내장을 조절하는 신경회로를 구성합니다.

골격근의 반사동작을 이해하기 위해 무릎반사를 살펴봅시다. 무릎뼈 아래 무릎인대patellar ligament를 툭 치면 그 위로 연결된 넓적다리 근육이 늘어나면서 무릎이 뻗죠. 무릎 신장반사에 의해 자신의 의지와는 상관없이 기계적으로 다리가 펼쳐지는 겁니다. 무릎인대를 자극하면 넓적다리 근육 속에 폭 파묻혀 있는 신경근방추가 자극을 받지요. 신경근방추는 고유감각 수용기입니다. 센서가 달린 근육이라고 할 수 있지요. 신경근방추 안에는 방추내근섬유가 있습니다. 방추내근섬유에 근육의 길이 변화를 감지하는 Ia 신경섬유가 나선 모양으로 감겨 있어요.

신경근방추가 자극을 받아들이면 활성화된 Ia 신경섬유가 척수후각으로 들어가 전각의 알파운동뉴런과 시냅스합니다. 활성화된 알파운동뉴런은 자극을 내보낸 근육의 방추외근섬유와 시냅스하여 운동신호를 전달하죠. 그 결과 근섬유가 수축하여 무릎을 뻗게 됩니다. 척수전각에 또 다른 감마운동뉴런이 축삭을 뻗어 방추내근

7-9
척수신경과 수용기, 효과기의 반사 신경연결

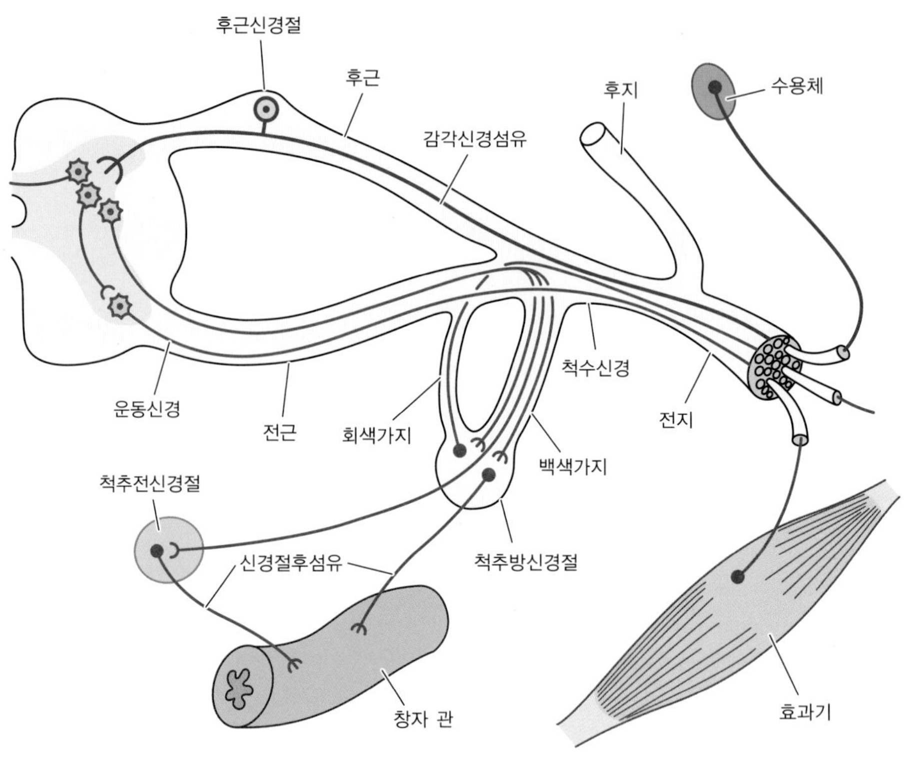

7-10
무릎의 신장반사

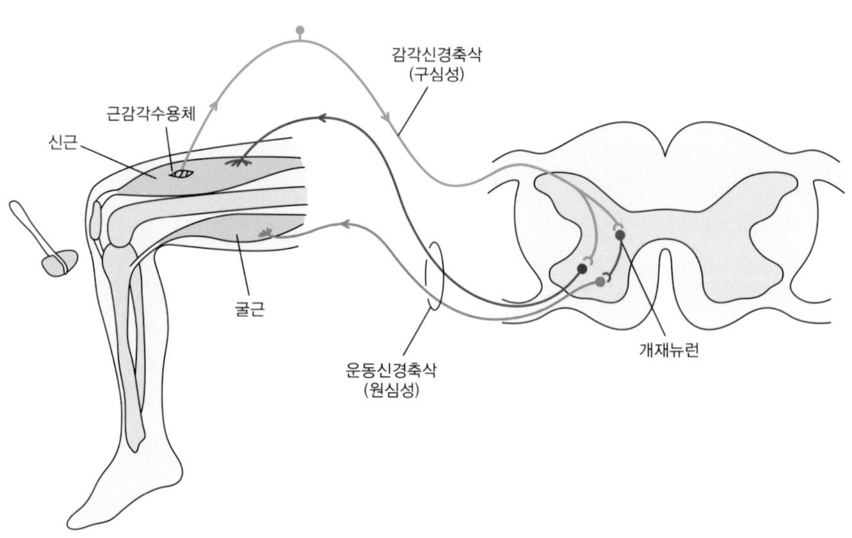

7-11
알파-감마운동뉴런의 동시 활성

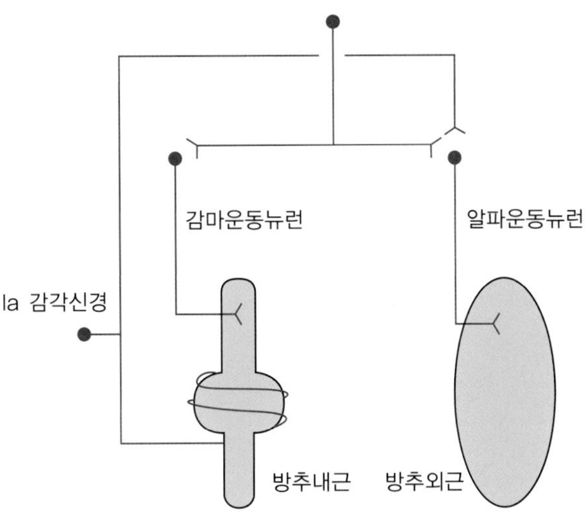

섬유 양쪽 끝에서 시냅스합니다.

알파운동뉴런이 수축하여 근육 길이가 줄어들면 그 속에 존재하는 근방추의 근육에 긴장도가 줄어들지요. 그 결과 근방추에 시냅스하는 Ia 신경섬유의 활성이 사라집니다. Ia 신경섬유의 활성을 유지하려면 근육 수축과 동시에 근방추에 존재하는 감마운동뉴런이 동작하여 근방추의 활성도를 유지해야 합니다. 이 과정을 알파-감마운동뉴런 동시활성이라 합니다. 유수신경은 굵기가 20㎛에서 2㎛로 줄어드는 순서에 따라 알파, 베타, 감마, 델타 신경이라 하며, 신경 전달 속도는 신경 축삭 단면적에 반비례하여 120m/s에서 5m/s로 감소하지요. 무수신경인 C 섬유는 단면적은 2㎛ 이하고 전달 속도는 2m/s 이하입니다.

뼈에 부착되는 근육 부위를 골지건이라 합니다. 골지건에 직렬로 연결된 신경을 골지힘줄기관Golgi tendon organ(골지건기관)이라고 하죠. 골지힘줄기관을 골지힘줄신경방추neurotendinous spindle(신경건방추)라고도 하는데, 근육이 힘줄과 이어지는 부위에 위치하고 피막에 싸여 있죠. 골지힘줄기관은 근육의 수축 정도를 감지하여 상행신경로를 통해 근육 긴장도를 알려주지요.

고유감각의 주요 내용은 다음과 같습니다.

7-12
척수회색질에서 시냅스하는 신경회로

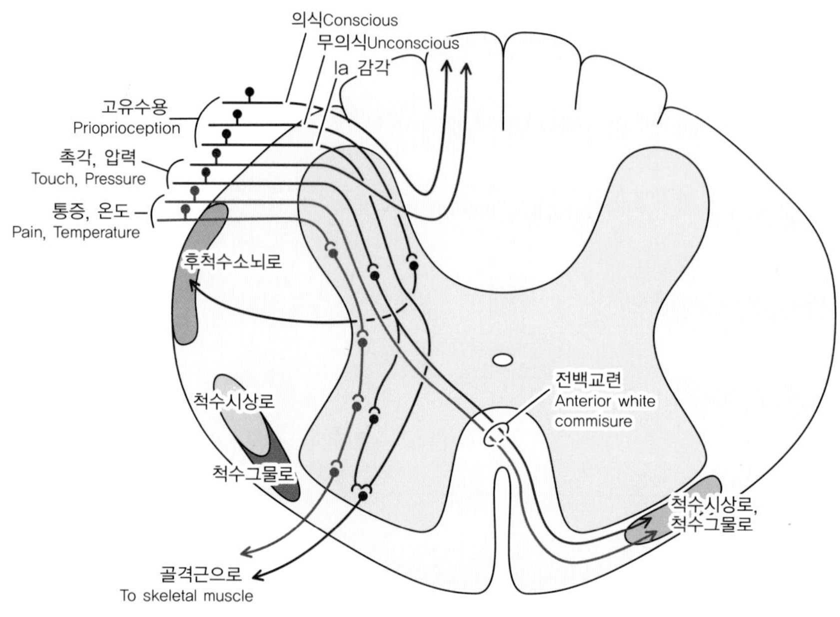

근방추: 근육과 병렬 → 근육 길이 변화 정보

골지건기관: 근육과 직렬 → 긴장도

척수회색질 중간에는 척수전각의 알파운동뉴런 수의 30배가 넘는 중간뉴런이 존재합니다. 온도, 통증, 촉각, 고유감각의 감각입력이 척수후각을 통해 입력되어 척수중간뉴런에 시냅스하지요. 중간뉴런에 시냅스한 감각입력들은 교차하여 척수시상로, 척수그물로로 출력하지요. 교차하지 않고 척수전각의 운동뉴런에 시냅스하여 골격근으로 출력하는 감각입력도 있습니다.

척수회색질에서 시냅스하는 척수의 감각로는 다음과 같습니다.

의식적 고유감각: 후섬유단의 얇은 다발을 통해 대뇌 일차체감각영역

무의식적 고유감각: 후척수소뇌로 통해 소뇌 피질로 전달

촉각과 압력: 얇은다발을 통해 대뇌 일차체감각영역, 척수시상로를 통해 시상

통증과 온도: 척수시상로, 척수그물로

걷기 운동을 할 때 두 다리가 교대로 뻗고 구부리는 동작을 자동적으로 반복하는 것은 척수의 중추패턴발생회로의 작용이지요. 척수 중추패턴발생회로가 동작하는 것은 뇌로 들어오는 지속적인 입력신호가 척수의 억제성 개재세포의 상호억제작용을 통해 교대로 운동출력을 활성화함으로써 이루어집니다. 굽히기근육이 억제되어

7-13
척수의 교번 동작 생성 회로

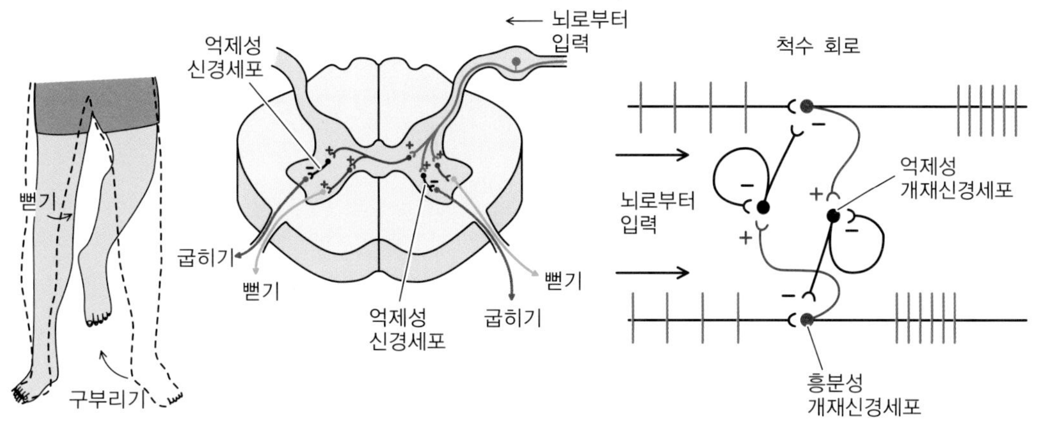

7-14
소장 근육과 수정체 조절 근육의 신경작용

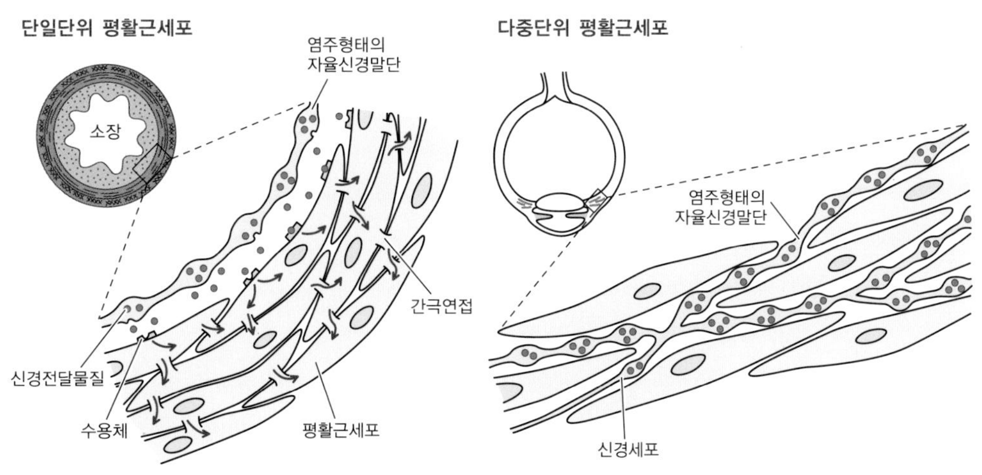

근육 이완이 이루어지고, 동시에 뻗기근육이 활성되어 근육이 수축하지요. 이런 유형의 측방향 억제신경회로는 망막과 소뇌 그리고 대뇌피질에 존재하는 뇌신경회로의 연결 방식입니다.

환경자극에 대한 반응으로 반사동작은 여러 신체 기관에서 항상 일어나고 있습니다. 자극에 대한 자율적인 반사운동은 7-14처럼 소장 근육과 수정체 조절 근육의 신경작용에서 볼 수 있죠.

심장과 소장근육의 간극연접은 세포 사이에 연결된 통로를 통하여 신경 흥분을 신속히 전달합니다. 소장 민무늬 근육세포는 간극연접gap junction으로 연결되어 모든 세포들이 단일한 세포처럼 함께 수축합니다. 반면에 동공괄약근은 하나의 염주 형태의 자율신경말단으로부터 여러 근육세포들이 함께 자극을 받죠. 이 경우도 자율신경계는 운동성분이지요. 감각입력에 대한 운동출력에서 출력은 신체와 내장 근육에 의해 수행되지요. 신체를 움직이는 골격근은 수의적 운동, 그리고 내부 장기를 움직이는 심장과 민무늬근은 자율적 운동을 만들지요.

감각입력에서 이러한 다양한 운동출력이 가능한 것은 입력과 출력 사이의 신경세포 연결이 운동출력의 특성에 맞춰서 적응했기 때문입니다. 특정한 신경 정보를 처리하는 신경세포의 연결 방식은 발산회로, 피드백회로, 반향회로 그리고 병렬후

7-15
특정한 신경정보를 처리하는 신경세포의 연결 방식

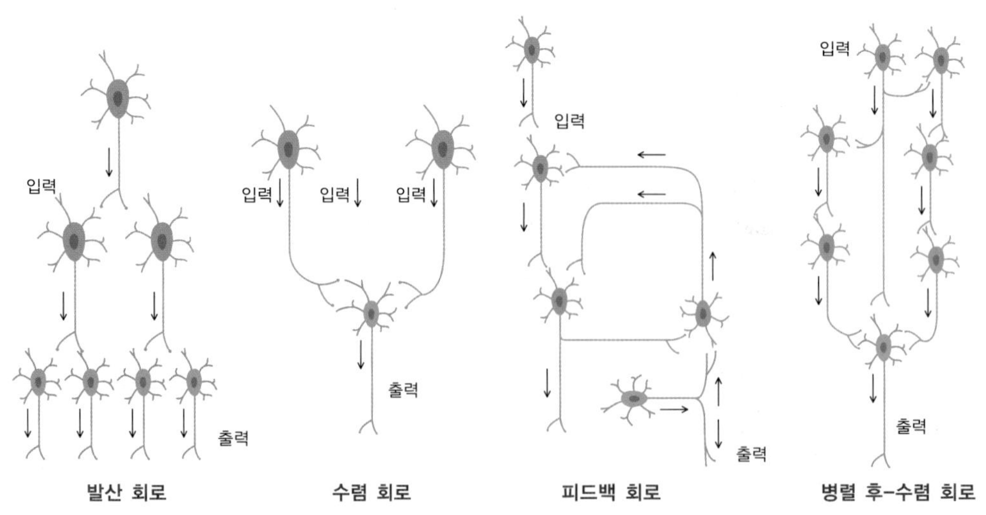

수렴회로로 분류할 수 있죠. 발산회로는, 하나의 신경자극을 대뇌피질의 광범위한 영역으로 전파하는 상행각성그물형성체의 작용에 적당하죠. 수렴회로는 대뇌운동피질에서 조가비핵으로, 조가비핵에서 창백핵으로 신경연접이 수렴된 형태입니다. 피드백회로에는 해마복합체의 기억 관련 파페츠회로 그리고 대뇌기저핵의 운동회로, 인지회로, 감정회로, 안구운동회로가 있지요. 반향회로는 피드백회로로, 출력이 다시 입력을 피드백하기 때문에 학습 관련 회로는 반향회로가 적합합니다.

뇌신경회로에서 대부분의 연결은 앞서 언급한 네 가지 연결 방식이 모두 함께 작동하여 이루어집니다. 7-16에서 1번과 2번은 수렴회로, 2번과 4번은 발산회로, 4번과 5번은 반향회로의 구성이죠. 골격근과 내장근을 움직이는 운동출력이 나가고 감각입력이 피드백되어 하나의 완성된 폐회로를 형성하는 신경회로의 양상이 나타나 있죠. 내부되먹임 신경로는 운동결과를 예측할 수 있는 구조입니다.

7-16
대뇌피질의 운동명령이 실행되는 과정

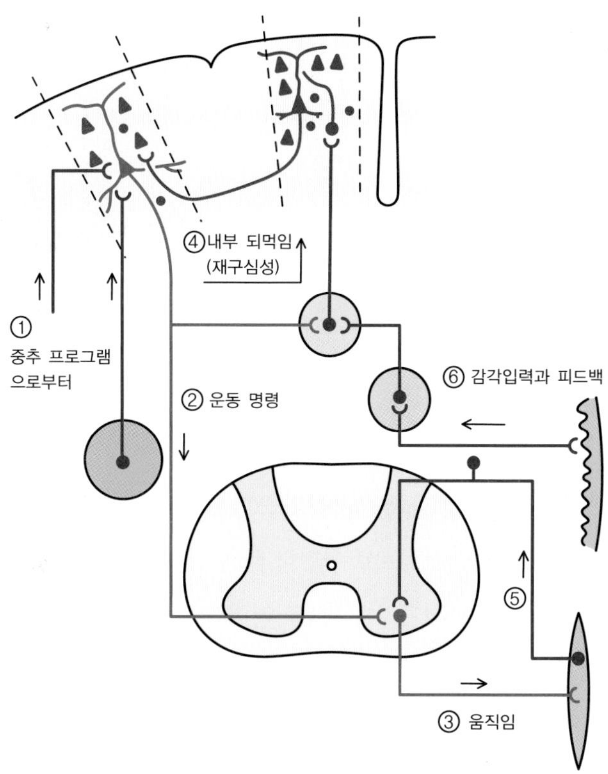

운동과 감각신경회로의 작용에서는, 대뇌운동피질에서 운동출력이 발생하는 동시에 일부 신경가지가 감각피질로 동시에 입력되는 현상이 중요합니다. 이러한 운동출력의 내용이 동시에 감각피질로 입력되는 내부되먹임 작용으로 우리의 대뇌피질은 자신의 운동명령이 사지를 통해 수행되기 전에 미리 어떤 운동명령이 내려졌는지를 알게 됩니다. 따라서 그 운동결과를 예측할 수 있게 됩니다. 그래서 운동명령의 실제 결과와 내부되먹임에 의해 예측된 운동결과가 일치할 때 이런 운동은 의식화되지 않고 무의식적으로 처리됩니다. 그러나 예측한 운동결과가 직접 감각입력에 의해 감지된 운동결과와 일치하지 않을 때 우리는 그런 운동에 대해 의식적 자각을 합니다.

정지된 에스컬레이터를 올라설 때 흠칫 놀라게 되는 경우가 여기에 해당합니다. 예상이 빗나갈 때 우리는 비로소 그 상황을 의식할 수 있습니다. 이처럼 우리의 움직임은 항상 예측에 의해 안내되고, 나아가 그 예측을 실현하기 위해 행위를 유도하기도 합니다. 인간 행동에서 예측성은 신경회로가 만들어낸 핵심적 생존능력입니다.

영국의 신경생리학자 찰스 스코트 셰링턴Charles Scott Sherrington(1857~1952)은 이런 말을 했습니다. "사고 작용이라는 건물은 조건반사라는 벽돌로 지어졌다." 인간의 복잡한 사고작용 역시 조건반사라는 단순한 반사작용의 중첩으로 볼 수 있다는 것이죠. 1950년대부터 신경과학계의 주류를 형성하고 있던 셰링턴 반사학파의 연구에 따르면, 사고작용은 중추신경계의 반사적 인지과정으로 볼 수 있다고 합니다. 간단히 말해 사고작용은 '한 생각이 또 한 생각을 불러온다'라고 표현할 수 있습니다. 신경세포가 시냅스를 통해 서로 연결되어 함께 작용하지요. 그런 신경회로가 서로 중첩되어 한 자극이 여러 신경회로를 활성화할 수 있지요. 그래서 생각이 꼬리를 물고 떠오르는 겁니다.

여행하면서 들었던 음악을 다시 들으면 여행 당시의 풍경이 떠오르지요. 하나는 청각정보, 하나는 시각정보로 완전히 다른 감각작용임에도 음악을 들으면 풍경이 기억납니다. 어떤 조건기억이 형성되어 있으면 그것과 관계없는 자극이 들어왔을 때 대뇌피질에서 자극입력에 의해 이전의 기억흔적이 재활성화됩니다. 여행을 하든 사람들 만나든 학습을 하든 일을 하든 조건반사가 아닌 경우를 찾아보기 힘들

정도입니다. 습관화된 자극에 대한 반응은 인지적 무의식으로 처리되지요. 그처럼 인출되는 과정을 의식할 수 없는 이미지들의 연쇄가 바로 생각입니다. 인지학자인 레이코프는 인간 뇌의 작용을 세가지로 요약합니다.

첫째, 인지적 무의식
둘째, 체화된 마음
셋째, 은유적 사고

여기서 인지적 무의식은 바로 추상적 이미지의 자동적 인출과 그 이미지의 연쇄로 구성되는 생각의 본질을 드러냅니다. 체화된 마음은 사고작용이 인간의 몸 속에 생리적으로 뿌리내리고 있다는 겁니다. 은유적 사고는 인간의 의식이 진화하는 과

7-17
동공반사
동공반사는 빛의 양을 조절하여 과도한 빛 자극으로부터 망막을 보호하며 초점의 길이를 증가시켜 망막 영상의 선명도를 높인다.

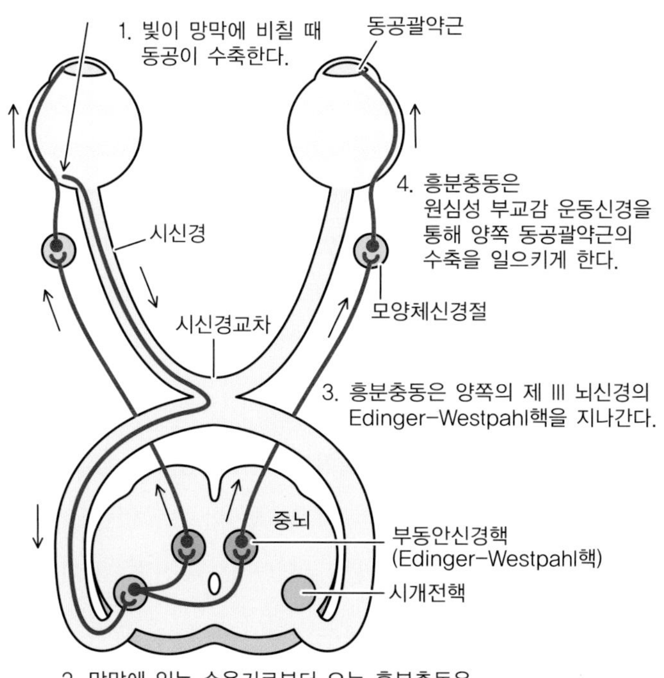

정에서 가장 먼저 출현했으며, 현재 인간의 사고도 대부분 은유적 표현이라는 주장이 있습니다.

동안반사회로를 통해 무조건반사가 어떤 과정을 거쳐 일어나는지 살펴보죠. 빛이 들어오면 눈동자, 즉 동공이 무의식적으로 수축합니다. 이런 동공반사는 다음과 같은 경로로 일어납니다. 각막cornea을 통해 빛이 들어오죠. 들어온 빛은 굴절되면서 수정체를 지나고 유리체액vitreous humor(초자체액)을 통과하여 망막에 도달합니다. 망막으로 들어간 빛은 망막의 간상세포와 원추세포에서 신경신호로 바뀌어 신경절세포로 전달되죠. 망막의 신경절세포에서 신경섬유가 뻗어 나와 시신경을 이룹니다. 시신경은 시교차optic chiasma(시각교차) 부위에서 교차해 시각로optic tract를 타고 전시개핵pretectal nuclei(덮개앞핵)에서 시냅스하죠. 시개를 덮개라고도 하는데, 전시개핵은 상구와 하구로 이루어진 중뇌 덮개 앞쪽에 있는 핵입니다.

전시개핵의 시냅스 부위에서 신경섬유가 두 갈래로 뻗어 나옵니다. 하나는 뇌척수액이 흐르는 중뇌수도관을 돌아서 반대쪽으로 가고, 다른 하나는 같은 쪽으로 나가 부동안신경핵accessory oculomotor nucleus(곁눈돌림신경핵)에서 시냅스합니다. 부동안신경핵은 발견한 학자의 이름을 따서 에딩거-베스트팔 신경핵Edinger-Westphal nucleus이라고도 합니다. 전시개핵, 부동안신경핵 모두 중뇌에 있는 핵들입니다.

신경신호를 받은 부동안신경핵에서 신경섬유를 뻗어 시각로를 그대로 통과해 섬모체신경절ciliary ganglion에서 시냅스합니다. 섬모체는 수정체를 붙들고 있는 불수의근이에요. 마지막으로 섬모체신경절에서 신경섬유가 뻗어 나와 동공 괄약근sphincter pupillae muscle(동공 조임근)과 시냅스하여 카메라 조리개처럼 동공으로 들어오는 빛의 양을 조절합니다.

주변이 밝아지면 동공이 조여져 빛이 덜 들어옵니다. 어두운 데로 가면 동공이 늘어나서 빛을 더 많이 받아들이지요. 이런 동공의 움직임은 무의식적으로 일어나기 때문에 알 수도 없고 의식적으로 제어할 수도 없습니다. 이것이 바로 동공반사죠. 빛이 들어가는 양에 따라서 무의식적으로 신경회로가 작동하지요. 동공반사는 다른 쪽 눈에서도 마찬가지 경로로 일어납니다. 양쪽 눈 망막에서 시작된 동공반사의 경로는 완전히 대칭이죠. 대칭은 척추동물의 몸 설계에 있어 기본 원칙이지요.

7-18
전정안구반사

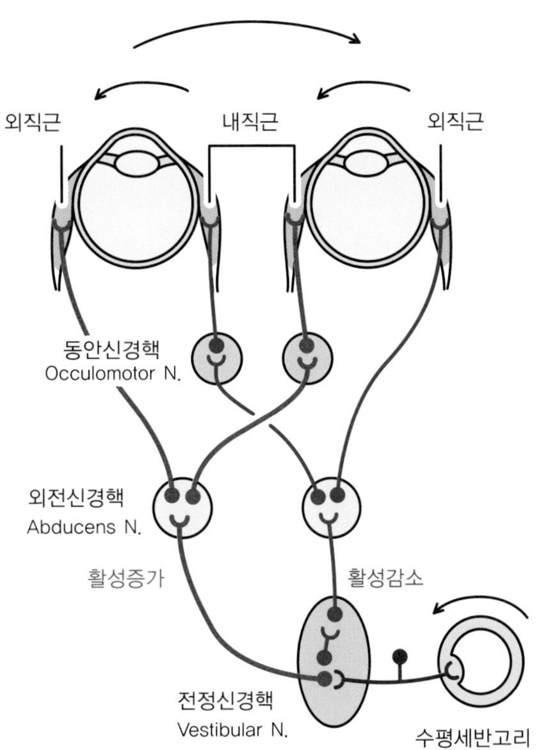

사물을 보다가 얼굴을 돌리면 관찰하던 대상이 사라집니다. 그러나 중요한 대상을 시야에 계속 유지하려면 얼굴 움직임과 무관하게 망막에 맺힌 이미지를 유지해야 합니다. 얼굴 움직임을 순간적으로 보상하여 눈동자를 고정시키는 반사동작이 바로 전정안구반사이지요. 전정안구반사는 머리가 움직이는 동안 시각적 이미지를 고정시킵니다. 눈동자의 움직임은 대부분 두 동공이 함께 같은 방향으로 움직입니다. 눈 운동을 관찰해보면 두 눈이 주로 수평으로 함께 움직이는 것을 쉽게 확인할 수 있죠. 두 눈의 수평 움직임은 수평세반고리관의 회전에서 시작합니다. 세반고리관에서 머리의 회전을 감지하고 신경자극을 전정핵vestibular nucleus으로 보내지요. 전정핵에서는 흥분과 억제의 상반된 자극을 외전신경abducens nucleus으로 출력합니다. 활성증가 자극을 받은 외전신경은 눈동자를 움직이는 외전신경을 수축하고 눈동자를 정면에서 벗어나게 움직이지요. 그리고 다른 눈의 동안신경occulomotor nucleus을 흥분시켜 그 눈의 내직근을 수축시킵니다. 활성 감소로 자극을 받은 외전신경은 동안신경을 억제하여 내직근을 이완시킵니다. 그리고 일부는 다른 쪽 눈의 외직근을 이완하죠. 외전신경은 외직근을 움직이며, 동안신경은 내직근을 제어합니다. 이 과정을 통해 두 눈이 함께 수평 방향으로 동시에 움직여서 초점을 대상에 고정하게 되지요.

공동수평주시운동은 대부분 수평 방향으로 두 눈이 함께 움직이는 반사동작입니다. 두 눈동자가 각각 다른 방향으로 주시하기 어렵지요. 두 눈동자의 움직임은 상호교차로 결합되어 있기 때문입니다. 설하신경 앞쪽에 위치한 설하신경전핵이 외전신경을 자극하고 외전신경은 동안신경을 활성화하여 내직근이 수축합니다. 그리고 동시에 외전신경축삭의 곁가지가 다른 쪽 눈의 외직근을 수축하지요. 대뇌피질에서 출력된 축삭이 정중곁교뇌그물체에서 시냅스하지요. 대뇌시각명령에 따라

7-19
안구 공동수평주시운동

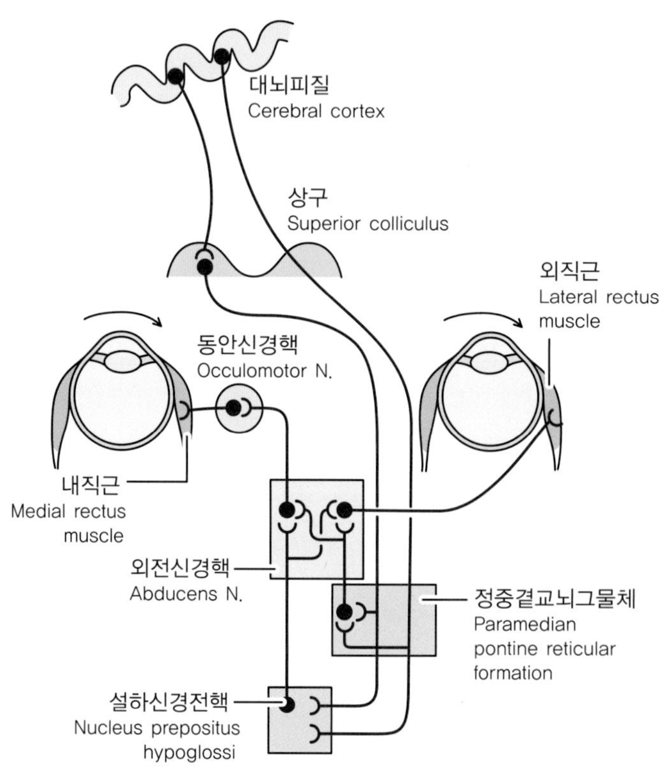

정중결교뇌그물체의 출력이 동일한 방식으로 외전신경을 조절하여 두 눈동자를 함께 움직이게 하여 공동수평주시운동이 생깁니다. 두 눈동자의 움직임이 신경회로로 함께 얽매어 있지요.

근접조절반사는 눈의 초점을 거리에 따라 무의식적으로 조절하는 반사신경 작용입니다. 두 눈이 바라보는 시선의 초점이 먼 곳에 있는 물체에서 가까운 물체로 바뀌면 안구의 내직근이 수축하여 양쪽 눈의 시선과 물체의 각도가 변합니다. 이때 섬모체근육이 이완하여 수정체가 두꺼워지고 굴절율이 증가하며 수정체의 끝부분을 통과하는 빛을 제한하기 위해 동공이 축소되죠. 이를 근접조절반사라합니다. 입력 자극은 시각신경, 시각교차, 시각로, 외측슬상체, 시각방사와 시각피질을 차례로 통과합니다. 후두 시각피질은 전두 안구영역으로 연결된다. 전두 안구영역에서 신경축삭이 내낭을 통해 주동안신경핵으로 연결되지요. 주동안신경은 동공의 내직

7-20
눈의 초점을 거리에 따라 무의식적으로 조절하는 근접조절반사
(출전: 《스넬 임상신경해부학》, Richard S. Snell)

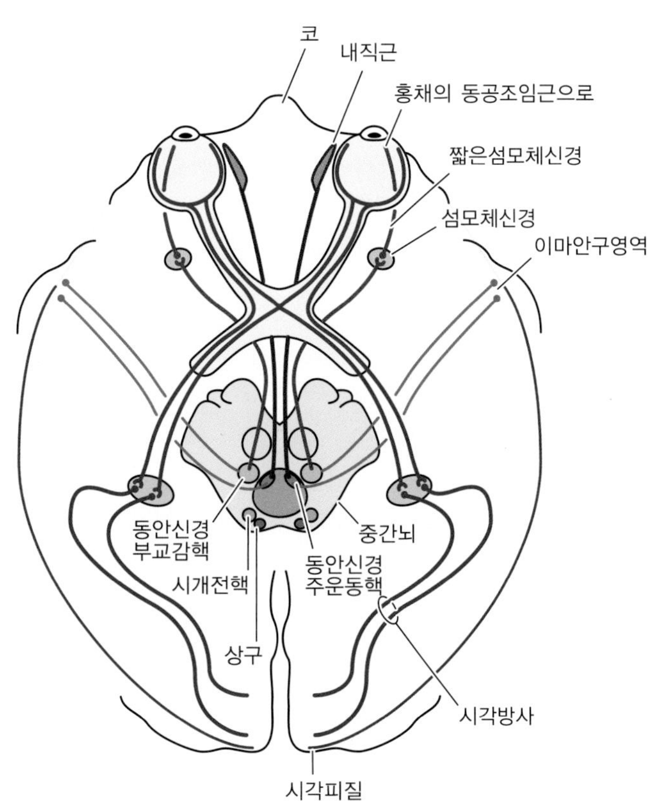

근으로 전달되죠. 일부 전두안구영역 신경들은 양쪽 동안신경 부교감핵에서 시냅스합니다. 부교감 신경섬유는 동안신경을 거쳐 섬모체신경절로 연결되지요. 신경절이후 부교감 신경섬유가 섬모체 신경절을 거쳐 섬모체근과 홍채의 동공조임근을 수축합니다.

눈의 근접조절반사동작은 독서를 할 때처럼 눈의 초점을 중심와에 맞추어 선명한 영상을 만드는 시각의 주요 반사동작입니다. 근접조절반사는 수정체의 굴절률 차이에 의한 색수차를 줄이기 위해 수정체의 중앙 부근으로만 빛이 들어오게 하려고 동공을 축소하고, 또 초점 거리를 조절하기 위해 양쪽 동공을 안쪽으로 모으고 수정체 굴절률을 높이기 위해 섬모체 모양근을 이완하는 작용이 동시에 일어나는 놀라운 반사동작입니다. 수정체는 이완되면 탄성력에 따라 원래 형태인 구형으로 바뀌지요.

무릎의 신장반사는 척수반사신경회로가 동작한 결과이며 동공반사와 조절반사는 중뇌에서 형성된 반사신경회로의 작용입니다. 단일 시냅스반사는 발뒤꿈치의 아킬레스건에서도 일어납니다. 그런데 우리 몸에서 일어나는 단일 시냅스반사는 드뭅니다. 나머지 반사들은 대부분 다중 시냅스를 거쳐 발생하죠. 시상하부, 해마, 기저핵 그리고 대뇌피질로 점차 복잡해지는 신경시스템에서는 다중시냅스의 신경회로가 서로 연결되어 다양한 뇌 기능이 발현되지요. 하지만 기본 원리는 단일 시냅스반사와 같습니다.

03 조건반사, 대뇌피질로 올라가다

조건반사는 신장반사와 동공반사 같은 무조건반사보다 회로가 더 복잡합니다. 배뇨반사를 통해 조건반사의 회로를 살펴보죠. 우리 몸은 배뇨반사로 소변을 저장하고 배출합니다. 방광이 소변을 저장할 수 있는 최대량은 500ml 정도인데, 200ml쯤 차면 방광 배뇨근이 수축하고 요도 괄약근urethral sphincter(요도 조임근)이 이완되어 소변이 밖으로 나와 방광이 비워집니다. 이런 배뇨반사는 두꺼운 방광벽에서 시작합니다.

방광벽 내의 부교감신경절은 방광벽과 연결되어 있습니다. 방광에 소변이 200ml쯤 차면 방광의 감각수용기가 방광이 늘어난 정도를 감지하고 천수(S2~S3) 후각으로 신호를 보내죠. 신호를 받은 천수 후각의 신경세포는 중간신경원을 통해 전각의 운동신경세포로 신호를 전달하고, 운동신경원은 방광벽의 부교감신경절로 신경섬유를 내어 운동신호를 출력합니다. 그러면 부교감신경이 활성화되고 신경절후섬유가 뻗어 나와 방광벽의 방광 배뇨근과 시냅스하죠. 그러면 방광 배뇨근이 수축하여 소변이 아래로 내려갑니다.

방광 아래로 소변이 나가는 통로인 요도가 있지요. 요도는 속요도괄약근internal urethral sphincter과 바깥요도괄약근external urethral sphincter으로 조절되는데, 이 가

7-21
배뇨반사

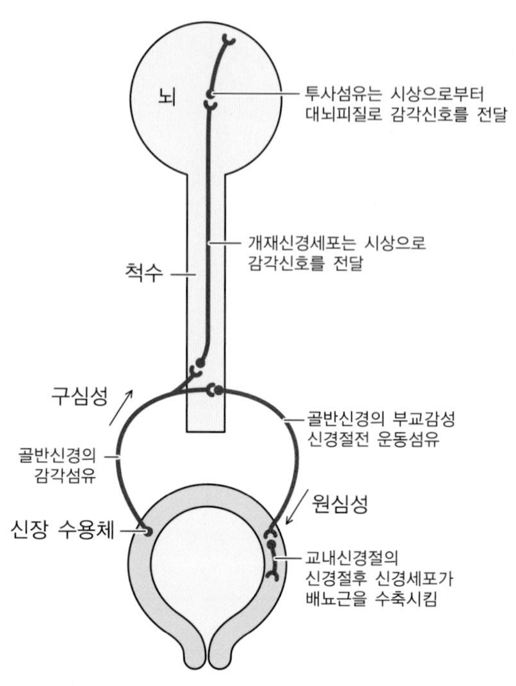

운데 속요도괄약근이 이완되면 바깥요도괄약근 역시 천수에서 나온 신경의 영향으로 이완되죠. 속요도괄약근과 바깥요도괄약근이 모두 이완되면 요도가 열려 소변이 몸 밖으로 나옵니다.

여기까지는 무의식적 배뇨반사 회로입니다. 배뇨훈련이 안 된 어린아이는 무의식적 회로만으로 배뇨를 합니다. 그러다가 배뇨훈련을 하게 되면 시상을 거쳐 대뇌피질까지 신호가 올라가 의식적 반사회로가 작동되죠. 부모가 아이의 배뇨를 도우면서 "쉬~ 쉬~" 하는 소리를 내죠. 그러면 배뇨를 억제하던 뇌가 청각신호를 받아 배뇨명령을 내리게 됩니다. 이 신호는 척수를 거쳐 천수로 내려가 천수 전각에서 뻗어 나간 신경을 통해 바깥요도 괄약근으로 전달되어 조여 있던 바깥요도괄약근을 이완시킵니다. 바깥요도괄약근은 수의근이지만, 곧 불수의근인 속요도괄약근도 풀려 느슨해져서 요도가 열립니다. 그 결과 소변이 밖으로 나오죠. 이러한 의식적 배뇨반사에서는 방광에 소변이 200ml 이상 차지 않아도 나옵니다.

훈련을 통해 배뇨를 수의적으로 조절할 수 있다는 것은 참 놀라운 일입니다. 배뇨훈련이 안 된 아이들은 자기 의지로 소변을 못 가리니 소변이 차면 몸 밖으로 바로 배출해버립니다. 무의식적인 신경반사여서 그렇죠. 이 반사를 그대로 내버려두면 소변을 가리지 못하죠. 그래서 일정한 때가 되면 부모가 배뇨를 가르치고 훈련시키죠. "화장실 가고 싶으면 이야기해."라고 아이에게 말하지요. 부모의 말을 들은 아이는 화장실에 가야 할 때를 알고 자기 의지로 이를 조절합니다. 뭔가를 스스로 느끼고 안다는 건 벌써 대뇌피질까지 신호가 올라갔다는 거죠.

이렇게 배뇨는 무의식적으로 일어나기도 하고 의식적으로 조절되기도 합니다. 그러다가 어떤 원인으로 의식적 조절이 힘들어지면 다시 무의식적 배뇨반사, 즉 요실금이 일어나죠. 자기 의지와 상관없이 소변이 나오는 겁니다. 소변이 가득 찼을 때 참아야 한다고 생각은 하는데 억제가 안 되는 거죠. 의식적으로 소변을 참고 있을 때는 수의근인 바깥요도괄약근을 꽉 잡고 있어서 바깥요도괄약근뿐 아니라 속요도괄약근도 이완되지 않는데, 바깥요도괄약근을 제어하지 못해 자동반사가 일어나면 순서가 뒤바뀌어 속요도괄약근이 풀리고 이어서 바깥요도괄약근까지 풀려버립니다. 그러면 방광을 채우고 있던 소변이 무의식중에 나와버리죠.

소뇌는 끊임없이 대뇌운동피질에서 시작되는 운동 정보들과 근육으로부터 올라오는 고유감각을 비교·분석하여 하위운동신경세포에 영향을 미침으로써 정교한 운동을 조절합니다. 이러한 과정은 알파운동, 감마운동신경세포의 흥분을 조절하여 이루어집니다. 소뇌는 다시 대뇌피질의 운동영역에 신호를 보냄으로써 협동근을 억제하고 길항근을 자극하여 수의적 운동의 범위를 제한할 수 있죠.

7-22
비교·측정 장치의 작용을 하는 소뇌

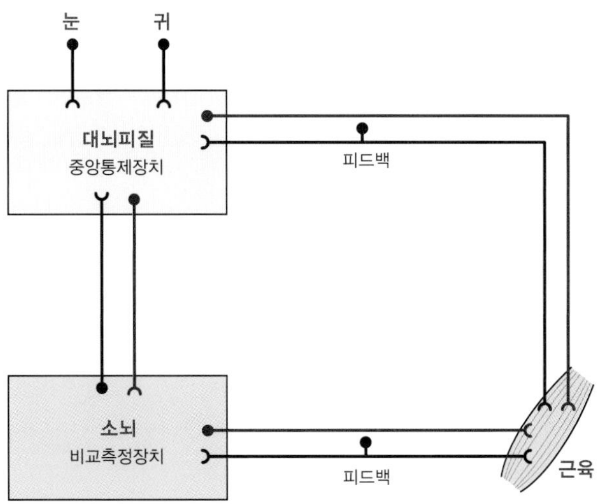

04 척수, 뇌간, 대뇌피질에서 일어나는 다중시냅스 반사

무릎의 신장반사, 동공반사, 무의식적 배뇨반사는 모두 단일시냅스 반사입니다. 우리 몸에서 이렇게 단일 시냅스로 일어나는 반사궁은 드물지요. 대부분은 감각입력과 운동출력 사이에 여러 연합신경 시냅스가 존재하는 다중시냅스의 반사궁입니다. 다중시냅스 반사궁에서 시냅스가 일어나는 지점을 크게 세 가지 수준으로 나눠 볼 수 있습니다. 첫째는 척수 수준, 둘째는 뇌간 수준, 셋째는 대뇌피질 수준이죠.

척수 수준에서는 근육, 관절 그리고 내장에서 척수로 들어오는 감각뉴런이 척수 중간신경원과 시냅스합니다. 운동뉴런이 중간신경원과의 시냅스를 통해 근육의 효과기세포와 시냅스하여 운동을 일으키죠. 뇌간 수준에서 일어나는 시냅스는 크게 세 가지로 구분됩니다. 적색핵 · 전정핵 · 그물핵의 추체외로계에 속하는 신경핵과 소뇌, 시상입니다. 대뇌피질 수준에서 연결되는 시냅스는 신경세포가 대규모로 상호연결되어 있지요. 대뇌피질에는 많은 연결뉴런이 있는데, 그 수가 운동뉴런, 감각뉴런보다 압도적으로 많죠. 프란시스코 바렐라는 《인식의 나무》라는 책에서 인간의 신경계에서 운동뉴런, 감각뉴런, 연합뉴런이 차지하는 비율은 1 대 10 대 10만이라고 추정하지요.

척수 수준, 뇌간 수준 그리고 대뇌피질 수준의 전체적 신경연결에서 분명한 것

7-23
중추신경계의 신경세포 연결

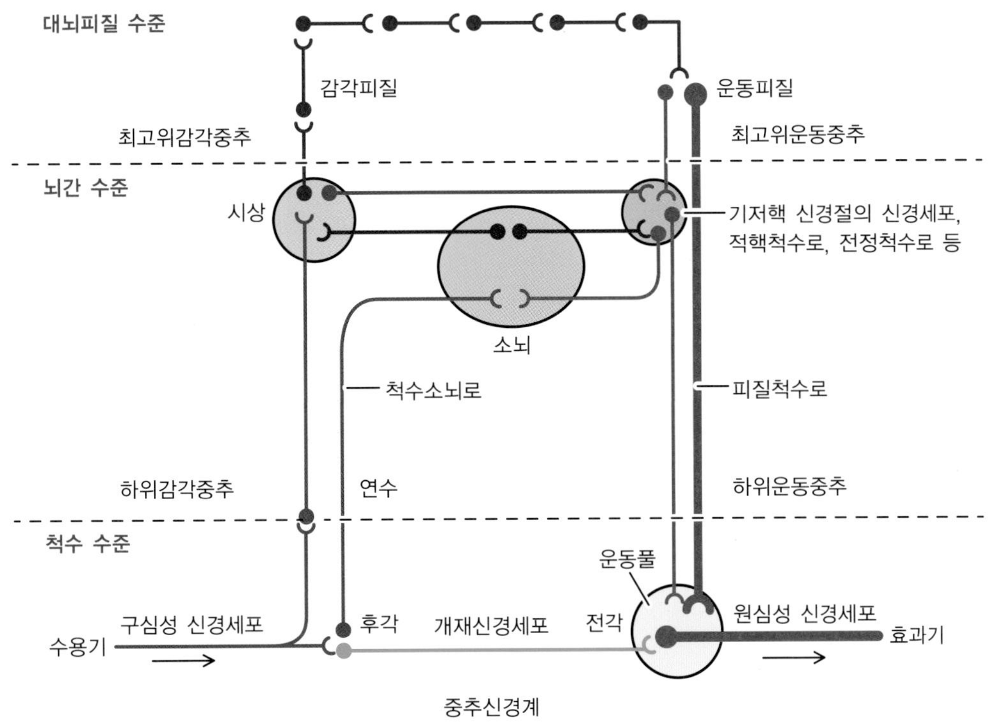

은, 인간의 중추신경계는 발산하고 수렴하고 피드백하는 신경세포의 다양한 연결이라는 것입니다. 이러한 전체적 연결을 국소적으로 확대하여 수십 개의 신경세포 수준에서 본다면, 미세한 반사회로가 모여 구성되어 있죠. 대뇌피질에서 신경연결은 6개 층으로 구분되며 수직으로는 기둥 형태로 어느 정도 구획되지요. 어떤 중심적인 뇌세포 집단이 중심적인 역할을 하기보다는 많은 영역들이 연결되어 동시적 신경활성화로 인지적 현상이 나타난다고 생각됩니다.

그러나 뇌의 척수 수준과 뇌간 수준 그리고 대뇌피질 수준 사이에는 뇌 작용의 단계가 어느 정도 구분됩니다. 각 수준에서는 수평적 발산형 연결이 주로 있다면, 수준 사이에는 수렴형 연결이 많지요. 그리고 운동출력은 최종적으로 척수전각의 알파와 감마운동뉴런으로 수렴되며, 특히 알파운동뉴런의 출력을 헤링턴은 '최종

7-24
팔과 다리의 교차하는 감각로와 교차하지 않는 감각로

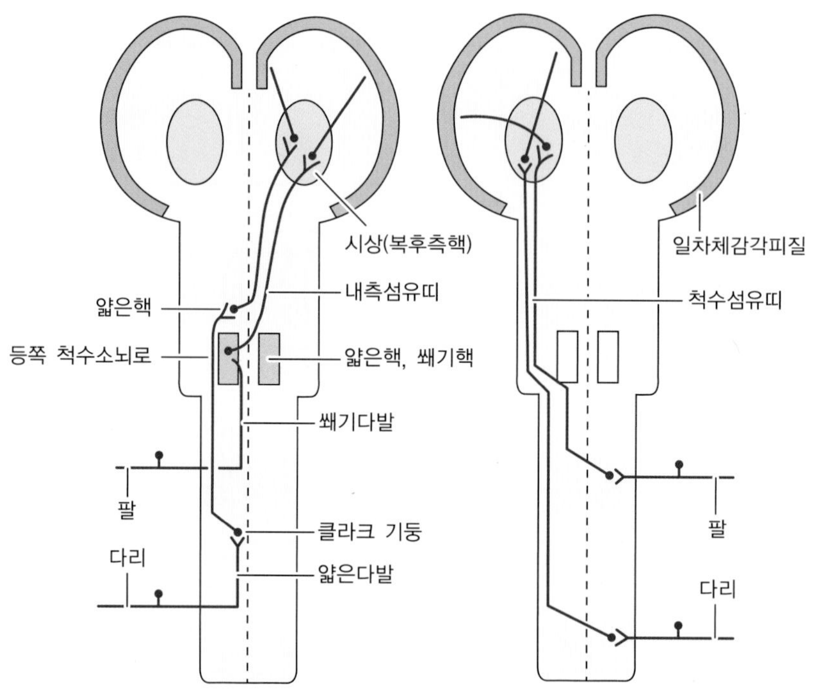

공통경로final common path'라고 불렀습니다. 최종적으로 알파운동뉴런이 골격근에 신경-근 연접을 형성하죠. 인간의 의도적 움직임은 알파운동뉴런에 의한 골격근의 수축 현상이라 할 수 있죠.

팔과 다리의 근육과 관절에서 상행하는 고유감각은 후척수소뇌로를 통해서 소뇌로 입력되는 무의식적 고유감각과 대뇌체감각영역으로 전달되는 의식적 고유감각이있지요. 의식적 고유감각은 교차하는 감각로와 교차하지 않는 감각로로 구분됩니다. 그리고 팔과 다리의 촉각은 일차체감각피질에서 분별적 촉각이 되지요. 교차하는 경우는 얇은핵과 쐐기핵에서 시냅스하고 신경섬유가 교차하여 내측섬유띠가 되지요. 내측섬유띠를 구성하는 축삭은 시상복후외측핵에서 시냅스하여 일차체감각피질에 도달하지요. 교차하지 않고 동측으로 전달되는 감각은 척수섬유띠를 형성하여 시상에서 시냅스하여 일차감각피질에 전달되지요.

7-25
시상하부와 뇌간의 신경핵들 사이의 신경연결회로

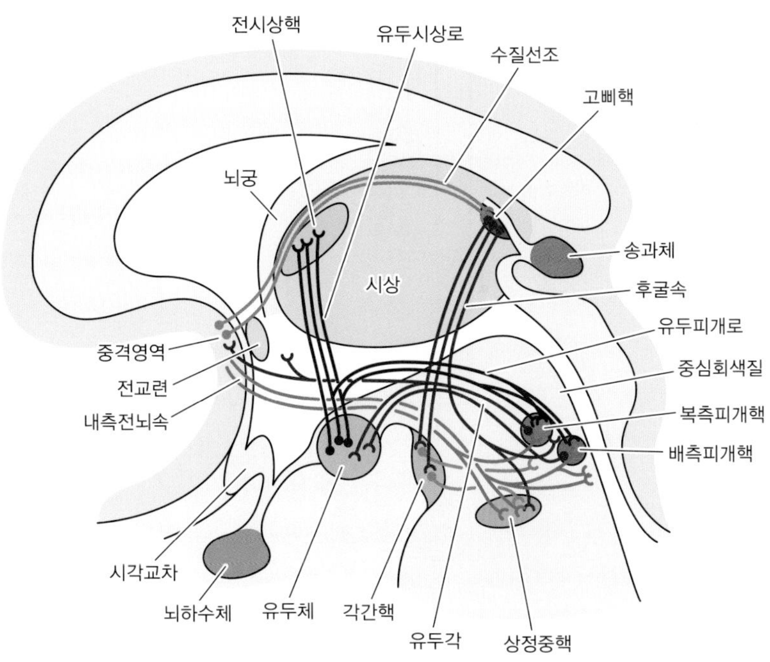

시상하부와 뇌간의 신경연결들은 상호연결회로를 형성하지요. 기억과 감정은 주로 신경회로에 의해 생성됩니다. 신경작용이 회로의 폐루프를 계속적으로 활성화하여 경험한 사건의 정서적 측면은 편도체에서 기억화되고, 사건의 사실적 내용은 해마에서 기억으로 만들어집니다. 이처럼 기억과 감정 그리고 의식도 여러 신경핵들이 참여하는 대규모 신경회로에 의해 형성됩니다. 결국 대뇌에서 일어나는 고등한 분별작용도 척수의 단순한 반사회로의 다중연결형태라 볼 수 있지요.

신경회로 구성관점에 소뇌의 운동회로를 다시 살펴봅시다. 운동정보 전달 과정을 네 단계로 구분해보면 다음과 같습니다.

첫째: 대뇌운동피질에서 운동신경신호가 교뇌핵에서 시냅스, 교뇌핵에서 신경섬유가 소뇌피질의 신경세포에 시냅스

둘째: 소뇌피질의 푸르키녜세포의 축삭이 치상핵을 억제, 소뇌 치상핵의 출력이

7-26
신소뇌의 운동신경회로

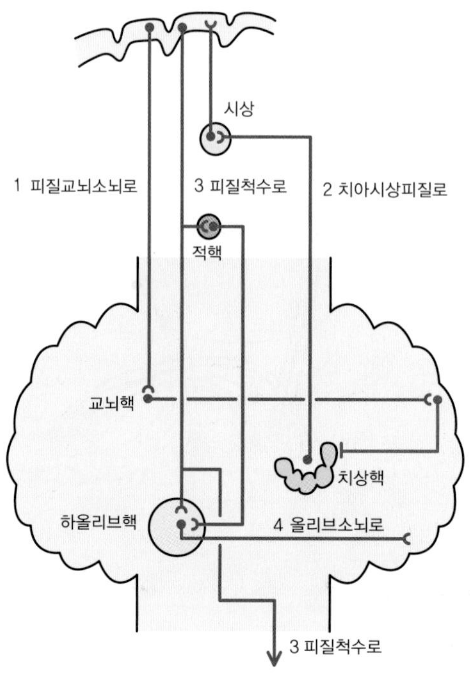

시상핵과 시냅스, 시상핵이 대뇌운동피질과 시냅스

셋째: 대뇌운동피질의 운동명령이 척수로 내려옴

넷째: 하행운동신경축삭에서 일부 축삭이 하올리브핵에 시냅스, 하올리브핵에서 출력축삭이 소뇌피질에서 시냅스

운동출력을 만드는 과정에는 이처럼 다양한 신경연결이 존재합니다. 운동학습을 통해 신경로를 지속적으로 활성화하여 우리는 새로운 운동능력을 학습할 수 있지요.

하행운동신경은 최상위 운동중추인 대뇌연합피질에서 척수운동신경세포로 신경자극이 내려오지요. 여기서 연합피질은 전전두엽에 해당하며, 전전두엽의 기능은 운동실행을 계획하기 위해 비교, 추론, 예측, 그리고 판단을 합니다. 전전두엽에서 이차운동영역인 전운동premotor 영역과 보완운동영역으로 운동신호가 전달되

7-27
척수운동 단계별 관련 뇌피질과 운동핵의 상호연결

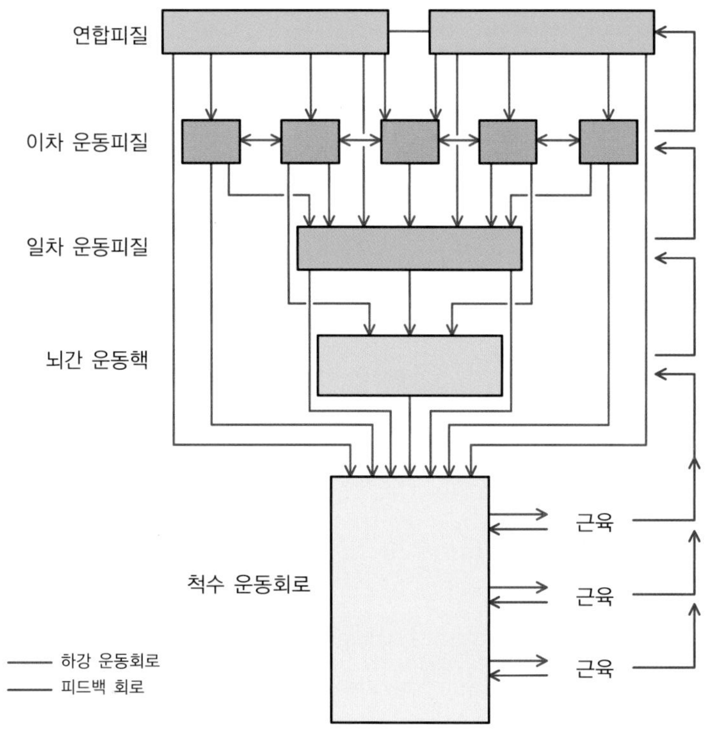

7-28
상호억제하는 신경회로에 의한 운동패턴 생성

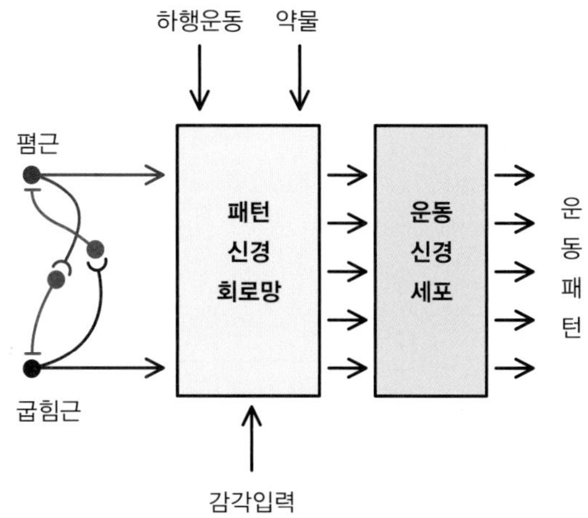

7-29
축삭곁가지와 측방향억제

축삭곁가지에 의한 측방향억제는 뇌신경회로의 중요한 동작 방식이다. 축삭곁가지가 억제뉴런에 흥분성시냅스를 하면 억제뉴런이 활성화되어 주변의 신경세포를 억제한다.

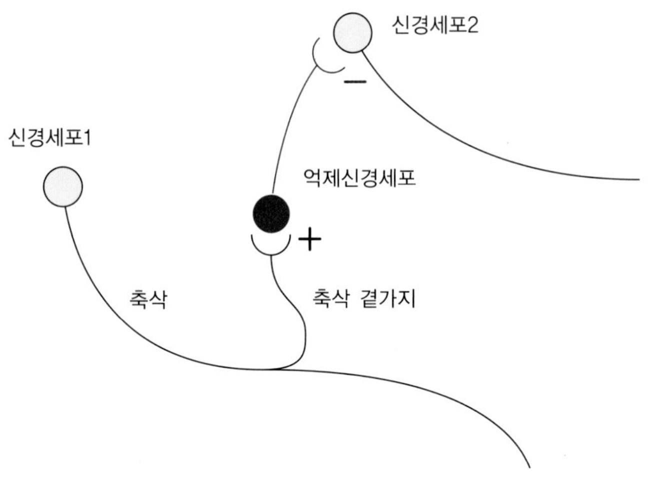

7-30
렌쇼세포의 억제성시냅스후막전위 생성

알파운동뉴런을 조절하는 뉴런의 곁가지가 렌쇼세포를 흥분시키면 렌쇼세포의 축삭이 운동뉴런을 억제한다. 이러한 측방향억제 방식으로 손가락근육을 정교하게 조절한다.

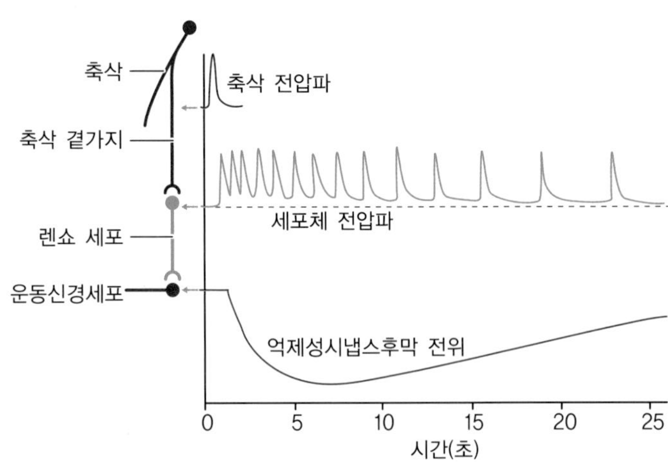

7-31
시상그물핵의 측방향억제회로

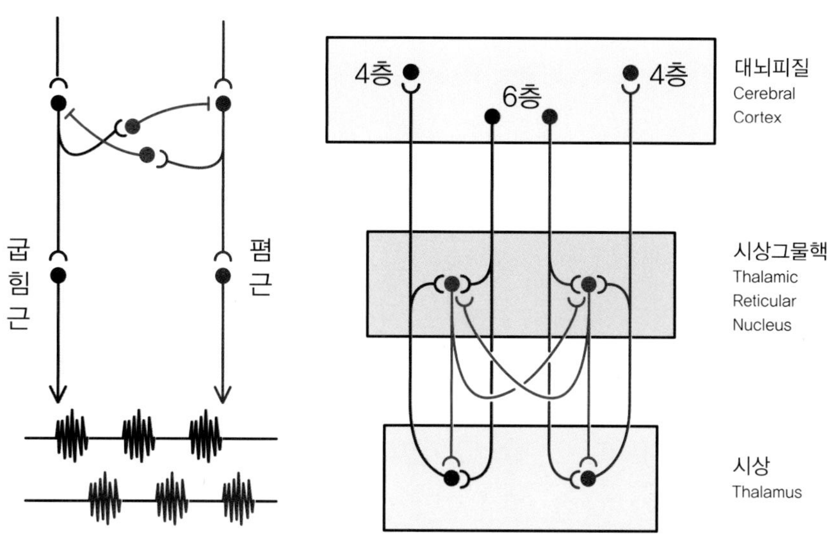

7-32
시상피질계의 작용과 운동명령 실행 단계

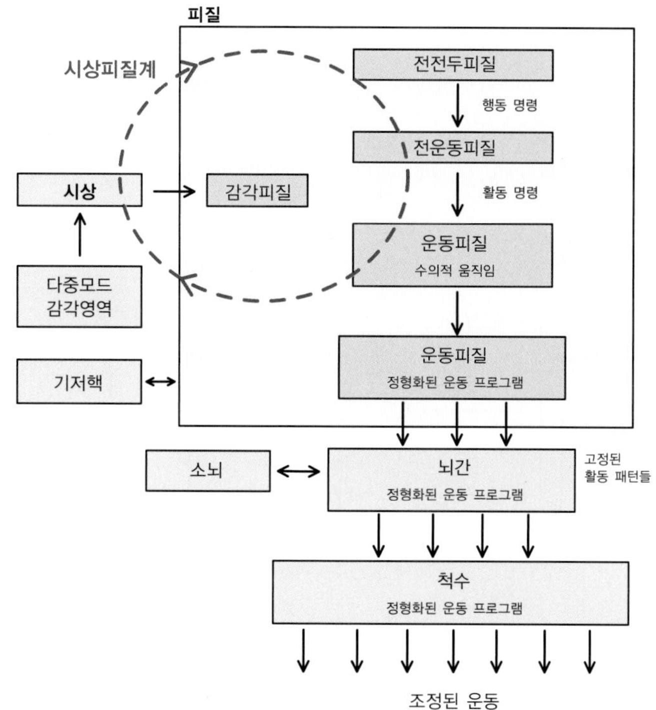

지요. 이차운동피질에서 운동의욕이 일어나면 일차운동피질로 운동신호가 전달되어 뇌간 운동핵과 척수 운동회로로 전파되어 최종적으로 골격근의 수축으로 의도적 운동을 하게 됩니다.

팔과 다리의 움직임은 폄근과 굽힘근이 교대로 활성화됩니다. 상호교번으로 동작하는 근육은 폄근과 굽힘근이 상호억제하는 신경의 조절작용을 받지요. 상호억제신경연결로 자동적 교번동작을 만드는 패턴생성기가 됩니다. 척수와 뇌간에는 자동적인 신경패턴회로망이 존재하여 운동신경세포를 교번으로 활성시킵니다. 동물의 반사적인 교번동작은 신경패턴회로에 작용으로 폄근과 굽힘근이 교대로 활성되기 때문에 생기지요.

폄근과 굽힘근을 자극하는 신경의 측방향억제에 의한 교차활성은 시상그물핵과 시상중계핵 사이에도 존재하지요. 시상그물핵은 시상핵을 측방향억제를 합니다. 대뇌피질 6층에서 신경출력이 시상그물핵과 시상핵에 시냅스하며 시상핵은 대뇌

7-33
운동피질과 연결된 신경핵들
시상은 소뇌와 대뇌기저핵의 운동신호를 대뇌운동피질로 전달하고 운동피질의 출력은 그물형성체에 시냅스한다. 그물형성체는 척수운동뉴런을 조절한다. 소뇌로 입력되는 신호는 근육과 관절에서 상행하는 고유감각과 전정핵에서 입력되는 균형감각이다.

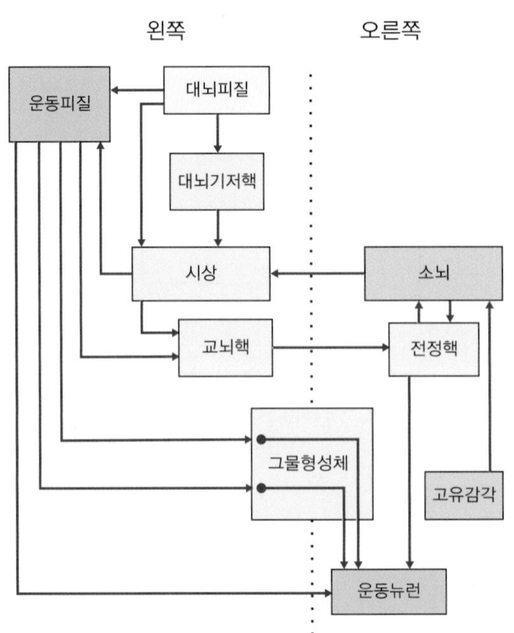

피질 4층으로 입력하지요. 대뇌피질의 신경세포와 시상핵은 상호결합되어 있지요. 대뇌피질과 시상핵의 결합된 상호연결을 에델만은 '동적 핵심부dynamic core'라 하지요. 시상과 대뇌피질의 상호작용으로 의식적 각성상태가 유지됩니다.

대뇌피질에서 어떤 중간 부위도 거치지 않고 척수로 내려가는 신경로가 뭐죠? 팔다리와 손가락·발가락을 움직이게 하여 정밀한 손동작을 만들어 주는 신경로, 즉 피질척수로입니다. 피질척수로는 척수로 내려와 전각의 알파운동뉴런과 시냅스합니다. 알파운동뉴런에는 피질척수로뿐만 아니라 추체외로계의 운동신경들도 함께 시냅스하지요.

대뇌피질에는 시각, 청각, 체감각이 함께 모여드는 다중모드감각영역이 발달되어 있습니다. 그래서 대뇌피질의 일차 시각, 청각, 체감각영역으로 들어온 감각정보들을 종합적으로 판단해 운동명령을 내보낼 수 있지요. 감각정보를 받아 바로 운동으로 내보내지 않고 판단을 거친다는 말은 자극에 대한 반응을 곧장 출력하지 않고 자극에 대한 반응을 지연하여 뇌 신경회로가 운동출력을 선택할 수 있습니다. 사회생활을 원활하게 하려면 기분 나쁜 일이 있어도 즉각적으로 반응하기보다 다

7-34
척추동물 중추신경계의 연결회로

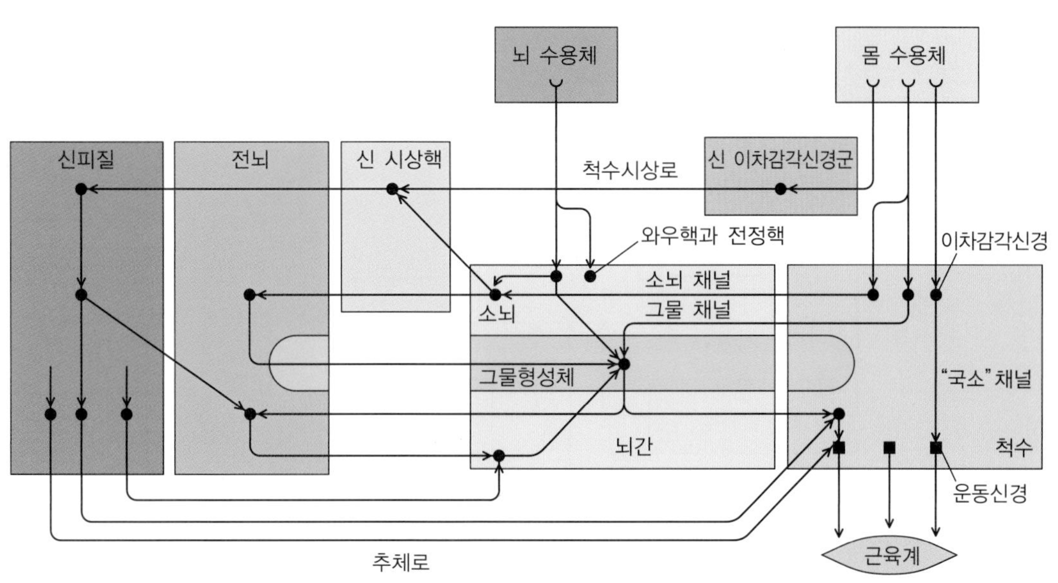

른 측면들을 고려한 후에 반응하지요. 이처럼 반응을 지연하는 것이 인간 뇌 작용의 주요 능력입니다.

또 지금 해야 할 일이 있으면 다른 자극에 끌려가서는 안 되지요. 동물문에 따라 움직임을 지연하는 정도가 다릅니다. 벼 이삭에 매달린 메뚜기는 이삭이 흔들리면 곧장 날아갑니다. 곤충은 감각입력과 운동출력을 연결하는 연합신경의 연결망이 포유동물에 비해 빈약하여 반사적 반응이 많죠. 비둘기 역시 지연 시간이 짧아서 사람이 가까이 다가가면 천천히 걷다가 곧장 날아갑니다. 그러나 인간의 대뇌피질은 대부분 연합신경으로 구성되어 있어 장시간 반응을 지연할 수 있지요. '지연된 반응'은 그만큼 여러 가지 변수를 종합하여 유연하게 판단할 수 있는 능력입니다. 동물의 '반사적 반응'에서 인간의 '의도적 행동'으로 발전하게 된 원동력이 바로 반응을 지연할 수 있는 능력입니다.

포유류의 사지동물은 팔다리운동 그리고 인간에서는 손가락의 미세한 운동이 발달하지요. 사지동물에서 인간에 이르는 운동기능의 진화는 뇌간의 그물형성체의 조절작용이 발달한 결과이지요. 포유류의 신피질 확장은 시각, 청각, 체감각의 발달로 시상의 감각핵들이 분화되어 신피질로 대규모의 감각정보를 입력하지요. 섬

7-35
운동피질과 시상, 기저핵, 소뇌의 연결

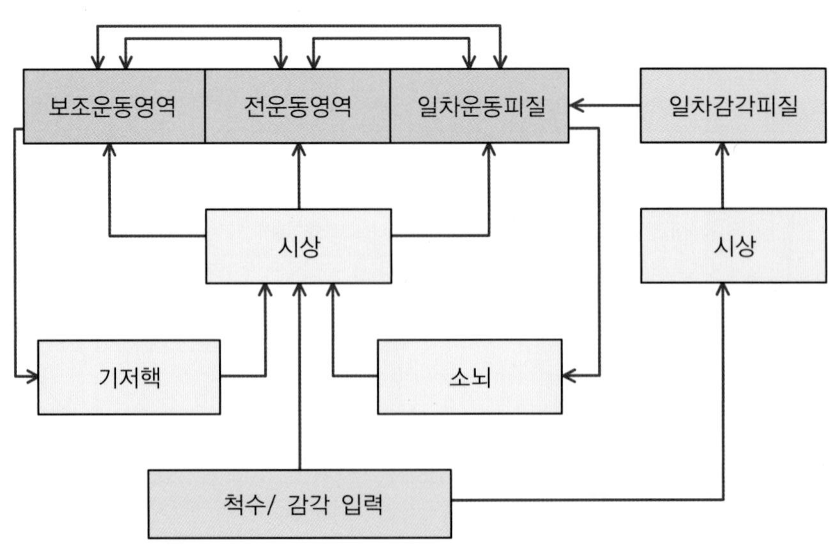

세한 감각정보를 바탕으로 신피질은 대뇌기저핵과 소뇌와 연계해서 운동출력을 조절하여 정교한 운동이 가능해집니다. 신피질에서 뇌간과 척수중간뉴런에 시냅스합니다. 그리고 피질척수로는 신피질에서 척수전각 운동뉴런에 직접 시냅스하지요.

척추동물 중추신경계는 몸 수용체에서 입력되는 일반감각과 머리수용체의 특수감각을 처리하여 얼굴의 감각과 신체의 움직임을 생성하죠. 7-34에 척수반사회로가 직접 동작하는 국소채널과 척수전각 알파운동뉴런에 직접 입력하는 추체로와 척수중개뉴런에 연결되는 추체외로의 운동로가 표시되어 있습니다. 전뇌forebrain 영역까지 확장된 그물형성체는 하행운동로를 조절합니다. 인간 뇌 운동신경시스템은 척수회로의 반사적 동작과 그물형성체의 조절작용, 그리고 신피질에 의한 척수운동뉴런의 직접 제어와 뇌간을 통한 간접 조절 과정이 함께 동작하지요.

중추신경계의 운동체계는 대뇌피질과 피질아래 핵과 척수로 구성됩니다. 여기서 피질아래 핵subcortical nucleus은 시상과 기저핵 그리고 소뇌입니다. 에델만은 이들 피질아래 핵들을 '시간성 기관'이라 부르며, 고차의식이 진화하는 데 기반이 되는 핵들이라 주장하지요. 이러한 운동신경시스템의 신경회로는 대뇌피질 운동영역에서의 발산적 상호연결과 시상핵으로의 수렴적 입력 그리고 척수-시상-대뇌피질의 피드백 회로로 구성됩니다. 결국 뇌과학 공부는 개별 신경세포들의 상호연결인 신경회로의 작용을 이해하는 것이고, 신경세포의 상호연결은 시냅스에서 일어나는 신경전달물질의 작용과 신경세포막에 존재하는 이온채널작용으로 연결되지요.

연합영역에서 수많은 연합뉴런들이 시냅스하는 모습을 그려보세요. 그런데 연합영역에서 일어나는 작용 역시 단순반사에서 비롯된 겁니다. 대뇌에서 일어나는 의식, 감정, 그리고 사고작용 같은 높은 차원의 기능도 사실은 단순반사작용의 중첩으로 볼 수 있지요. 신경세포 차원에서 보면 더 단순해지죠. 결국 신경 작용의 실체는 시냅스전막과 시냅스후막 사이의 전압펄스의 전달 과정입니다. 화학적 시냅스의 작용은 신경자극을 전압펄스voltage pulse로 전달하고 시냅스전막에서 시냅스후막으로 신경전달물질을 분비·확산하는 작용이지요.

신경세포를 아무리 들여다봐도 뇌의 고차 기능은 나오지 않습니다. 뇌의 고차 기능은 신경세포의 회로망이 작용한 결과죠. 자동차를 아무리 분해하여 살펴보아도

교통 체증의 원인은 밝혀내기 어렵지요. 그와 마찬가지로 뇌를 세부적으로 분해해도 감정과 생각의 출현을 이해하기는 어렵습니다. 왜냐하면 우리는 물리적 실체와 그 실체에 의해 생성되는 현상적 작용을 혼동하기 때문이죠. '실체적 존재'와 '현상적 작용'은 함께 존재할 수는 있지만 분리되는 순간 모순이 생기지요.

05 습관도 감정도 조건반사

자신의 습관을 가만히 들여다보면 이것 역시 조건반사임을 알 수 있습니다. 어떤 습관이 형성된 장소를 지나치기만 해도 습관적으로 어떤 행동이 표출되지요. 특정 행동을 학습해 무의식중에 반복하는 겁니다. 이런 게 바로 조건반사죠. 반복학습으로 형성된 조반반사 행동이 바로 우리의 습관이죠. 습관은 습관적 반응을 일으키는 단서가 제시되면 습관 행동이 일어나고, 원하는 보상을 얻게 됩니다. 보상은 신경회로를 흥분시키고, 그 흥분을 지속하기 위해 습관적 행동을 반복하게 됩니다. 그래서 해로운 습관을 없애려면 단서 노출은 줄이고, 보상은 대체보상으로 바꾸는 것이 효과적입니다.

반대로 생각하면, 습관으로 만들고 싶은 행동이 있거나 고치고 싶은 행동이 있을 때는 조건반사화하면 됩니다. 단서와 보상을 의도적으로 기획할 수 있죠. 단서 제시와 반복 행동 그리고 보상 획득 과정을 조건반사화하는 겁니다. 업무를 시작하기 전에 운동하는 걸 조건반사화한 적이 있습니다. 출근하자마자 악력기를 꺼내 들고 손가락 힘의 한계를 느낄 때까지 운동을 한 후 악력기를 놓고 의자에 앉는 동작을 매일 똑같이 반복했죠. 조건반사의 조건이 명확하죠? 힘들거나 하기 싫어도 의식적으로 반복하다 보면 1주일쯤 후에는 할 만합니다. 2주쯤 되면 숙달이 되죠.

한 달쯤 지나서는 버릇이 됩니다. 이 과정에 대한 보상은 습관화 과정을 이해하면 유익한 행동을 쉽게 습관화할 수 있다는 자신감을 얻는 것이죠.

그런데 면밀히 살펴보면 조건반사, 즉 습관은 중독이라는 걸 알 수 있습니다. 나쁜 습관이든 좋은 습관이든 중독이죠. 중독되었는지 아닌지 어떻게 알죠? 한 달쯤 똑같은 동작을 반복하면서 습관화한 후에 탈습관화해보세요. 예를 들면 출근하자마자 메일을 체크하다가 중단해보는 겁니다. 그러면 아주 어색합니다. 바로 자리에 앉아 일을 하는데 왠지 모르게 마음에 걸리죠. 한번 습관화된 행동을 탈습관화하는 데는 일주일 정도 걸리는데, 그 일주일간 답답함을 느끼죠. 유익한 새로운 습관을 만들려면 기존에 형성된 습관의 관성을 제거해서 탈습관화해야 합니다. 그래야만 옛 습관에서 자유로워져 우리가 원하는 행동을 반복해서 새로운 습관으로 만들 수 있지요.

탈습관화는 학습의 일종으로 '소거학습'이라 합니다. 소거학습은 내측전전두엽이 관여하며, 망각과 달리 적극적인 학습의 과정이지요. 어떤 형태의 학습이든 시냅스의 활성도를 바꾸어 대뇌피질의 신경 연결망을 다르게 만듭니다. 새로운 신경 연결망이 생기는 것이죠. 더 많이 반복하면 그 신경 연결망은 더욱 견고해지죠.

그런데 생각이 일어나는 대뇌피질만으로는 습관을 만들기에 부족합니다. 왜냐하면 습관은 일종의 운동학습 기억에서 근육을 비롯해 몸 전체가 따라줘야 하기 때문이죠. 결국 신체가 따라주어야 한다는 것입니다. 척수신경과 자율신경이 새로운 환경에 적절히 적응하는 것이 중요하죠. 좋은 습관을 들이는 가장 빠른 길은 의도적으로 반복하는 겁니다. 반복적 운동을 하려면 일정 기간 그 운동 자세를 유지하기 위한 지구력이 필요합니다. 결국 몸이 튼튼해야 인내력이 생기고 대뇌피질도 더 효율적으로 작동하죠. 뇌는 결국 몸을 위해 존재하지, 그 반대는 아닙니다. 뇌는 우리 몸의 안전을 지키기 위해 예측과 느낌을 통해 위험으로부터 몸을 보호하지요. 더 나아가 몸의 생존 가능성을 높이기 위해 뇌는 삶의 환경을 변화시킵니다. 안토니오 다마지오는 '확장된 항상성'이라 개념으로 뇌 작용이 이룩한 환경 변화를 설명합니다. 그에 따르면 법률, 도덕, 민주주의, 교육, 종교도 뇌에 의해 고안된 확장된 항성성 시스템이지요.

행동뿐만 아니라 감정도 알고 보면 조건반사적 속성이 있습니다. 그래서 감정회로가 활발해지면 감정에서 쉽게 빠져나올 수 없어요. 감정이 가득한 생각에 몰입하면 감정이 점점 강화되지요. 그리고 감정은 자신의 신체 상태에 대한 자각과 관련이 있지요. 그래서 자신의 고유한 속성인 감정은 타인으로부터 영향은 받지만 명령은 받지 않지요.

생각해보세요. 어떤 사람이 좋으면 그 사람이 무슨 말을 해도 좋죠. 심지어는 그 사람의 주변 사람들까지 좋아져요. 반대로 어떤 사람이 싫으면 그 사람이 하는 말, 행동 모두 싫습니다. 파블로프의 개 실험처럼, 그 사람과 처음 만났을 때 좋은 조건 또는 나쁜 조건이 각인되지요. 해마는 직접적 자극 정보뿐만 아니라 그 배경 상황까지도 조건화합니다. 그러면 그 사람에 대한 직접적 정보와 더불어 그 주변 상황까지도 함께 기억하게 되죠. 해마는 이러한 배경을 맥락화하여 하나의 장면기억을 만듭니다. 이처럼 어떤 배경장소에서 시간적 순서로 경험한 기억을 일화기억이라 합니다. 인간만이 오래 지속되는 자전적 일화기억을 형성할 수 있지요.

공부를 많이 하고 수행을 많이 했다 하더라도 감정의 조건반사에서 자유로울 수 없어요. 이럴 때 자신의 반복되는 패턴을 관찰하는 겁니다. 반복되는 패턴을 관찰하다 보면 '아, 내가 감정 회로에 갇혀 있구나' 하고 깨닫는 순간이 오죠. 그러면 감정적 자극에 대한 반응을 지연하거나 보류할 수 있지요. 실존주의 철학 용어처럼 '판단보류'를 하는 거지요. 만일 감정에 영향을 받아 어리석은 판단을 하고 있음을 깨달았다면 바람직한 방향으로 새로운 행동을 습관화하려고 시도해봅시다. 유익한 행동을 조건반사화하는 것이지요.

8장

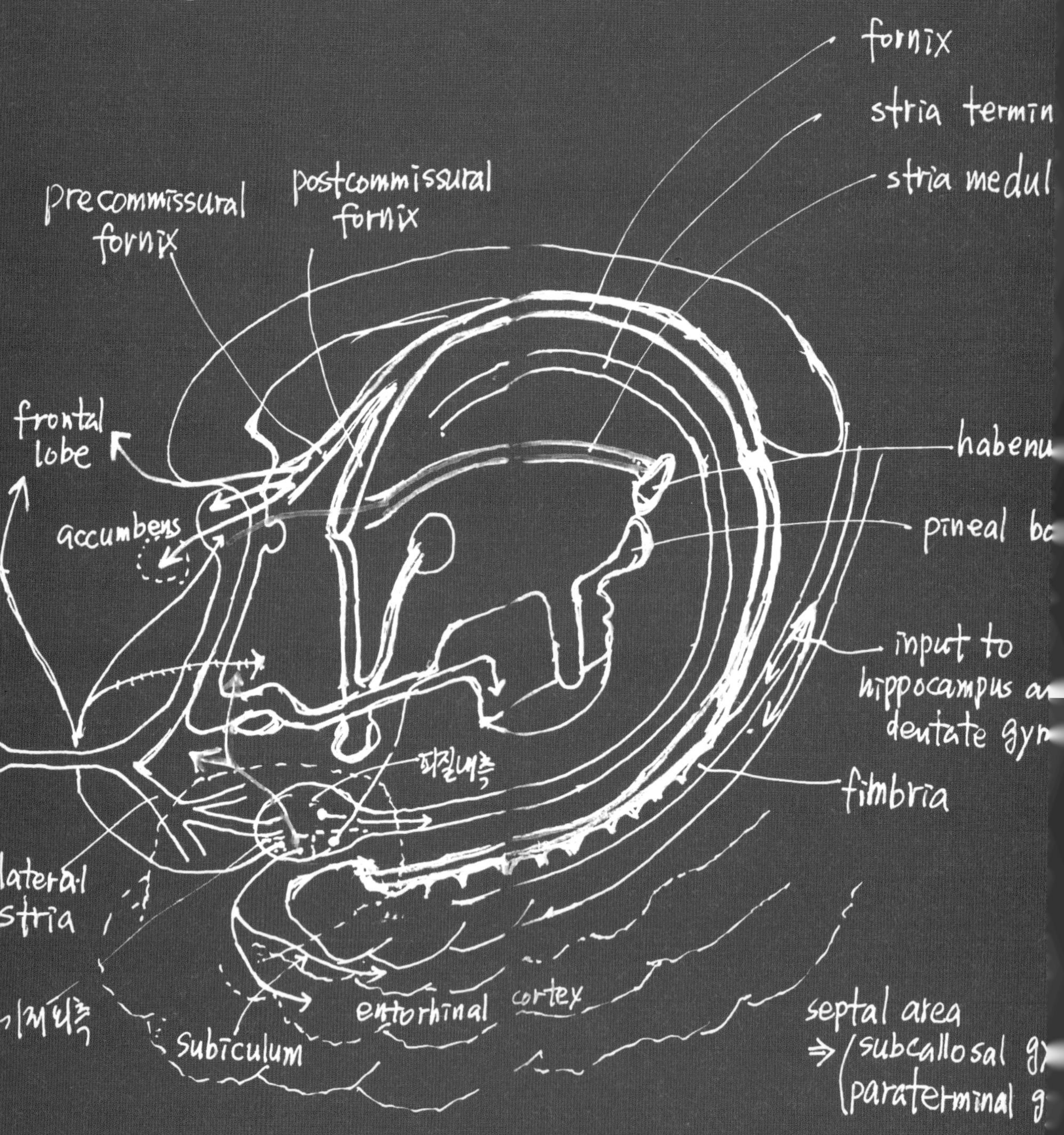

fornix
stria termin
stria medul
precommissural fornix
postcommissural fornix
frontal lobe
accumbens
habenu
pineal b
input to hippocampus a
dentate gyr
fimbria
피질내측
lateral stria
기저외측
entorhinal cortex
subiculum
septal area
⇒ (subcallosal g
paraterminal g

감정이 뇌에 동원령을 내리다

—변연계와 감정회로

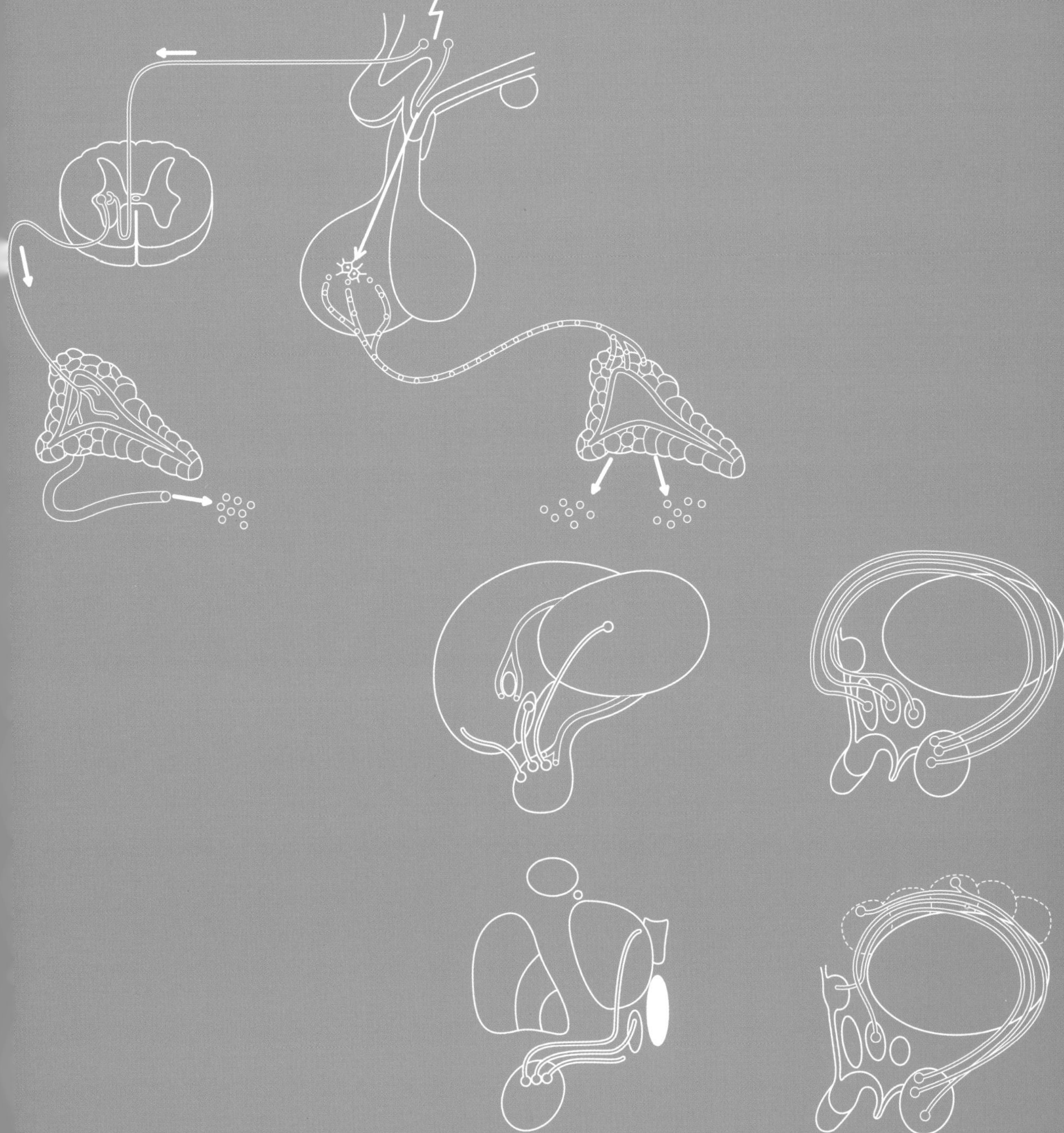

01 감정을 일으키는 변연 시스템

분노와 공포 같은 일차적 감정은 무의식적 조건반사라고 볼 수 있습니다. 가만히 있는 사람을 뒤에서 툭 쳐보세요. 바로 화를 냅니다. 이 자극이 무엇인지 생각하기 전에 당황한 느낌과 함께 화가 불쑥 나지요. 예측하지 않은 신체자극에 대한 반응으로 무의식적 반사처럼 감정이 표출됩니다. 이런 감정은 본능적 정서반응이 반사적으로 표출된 것이죠. 그런데 무의식적으로 일어나는 반사라는 의미는 이미 경험한 자극과 비슷한 상황에 처했을 때 비슷한 감정반응을 보인다는 것이죠. 어떻게 이런 일이 일어날까요? 대뇌피질 안쪽에 변연계limbic system 회로와 시상하부 핵들의 작용이지요.

대상회, 해마, 편도체, 그리고 시상하부가 변연계의 주요 영역이지만 전전두엽까지 포함한 확장된 변연계의 구성은 감정과 느낌을 생성합니다. 시상하부에서는 주로 본능과 같은 일차감정을 처리하지만, 전전두엽에는 감정을 정서적으로 조절해 느낌을 생성합니다. 다마지오는 감정emotion과 느낌feeling을 구별하는데, 감정은 무의적 반사로 표출되지만 느낌은 전전두엽의 넓은 피질 영역이 동원되는 의식적 상태이죠. 감정과 느낌은 본능적 욕구를 표현하고 행동의 동기를 만듭니다. 이처럼 중요한 확장된 변연계의 작용을 이해하려면 시상하부, 대상회, 해마형성체, 편도체

8-1
감정과 느낌을 생성하는 확장된 변연계의 신경연결

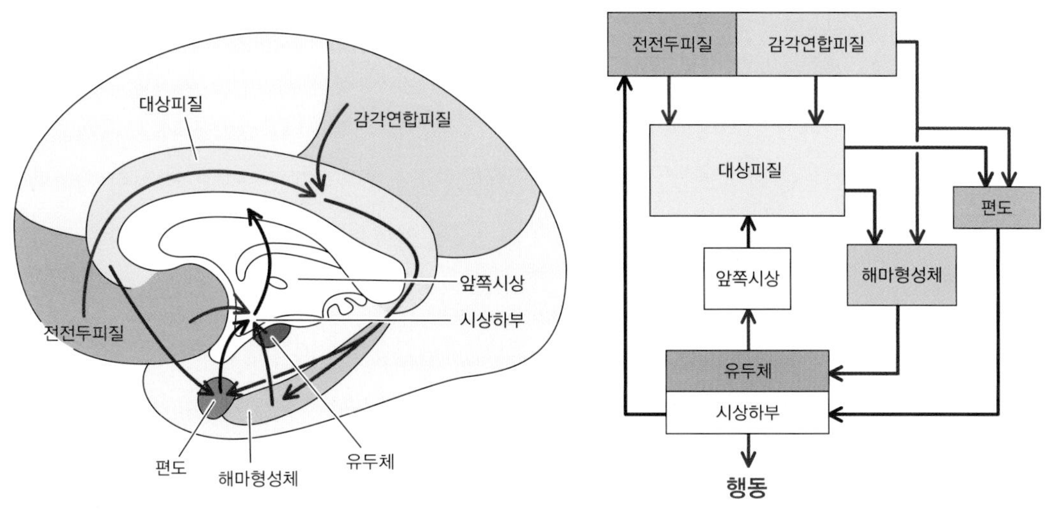

8-2
변연계의 구조

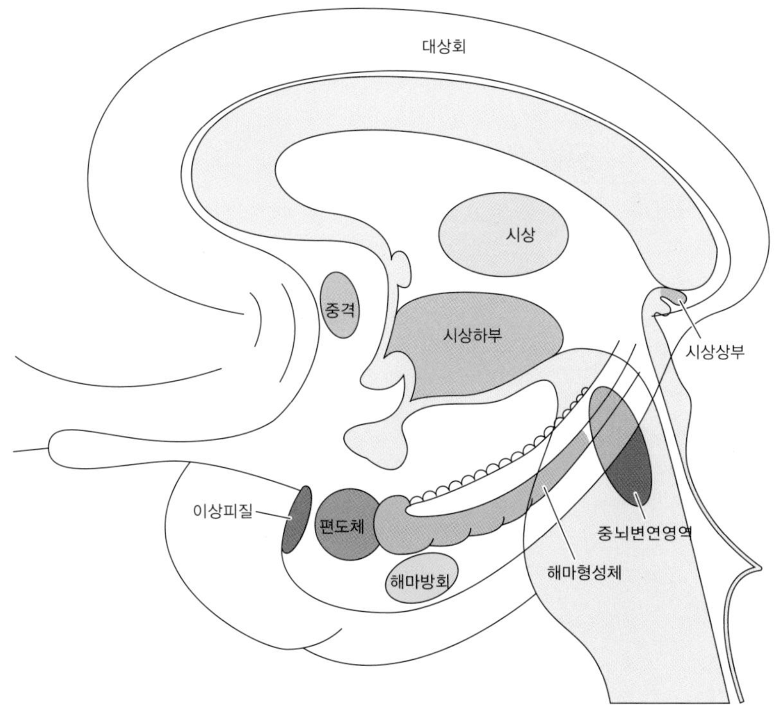

그리고 전전두엽 사이의 상호연결회로에 익숙해져야 해요.

변연계의 구조는 이중회로라고 볼 수 있어요. 내부 회로에 해당하는 파페츠회로가 '해마형성체 → 유두체 → 시상전핵 → 대상회 → 해마형성체'로 연결되어 경험기억을 생성하죠. 그리고 외부 회로는 '감각연합피질 → 편도 → 시상하부 → 전전두피질'로 구성되어 감각입력에 대한 감정적 반응과 느낌을 만듭니다. 그리고 내부 회로와 외부 회로가 대상피질로 매개되어 상호연결되어 있지요. 이처럼 기억과 감정은 신경회로에서 구조적으로 연결되어 있어요. 그래서 인지 처리 과정은 본질적으로 감정에 물든 기억으로 구성되는 것입니다.

변연계에서 쾌감과 중독에 관련된 신경연결은 중뇌변연영역에서 시상하부 그리고 중격부를 연결하는 내측전뇌다발의 신경로입니다. 사건기억을 형성하는 해마형성체는 해마본체와 해마지각, 치상회를 합친 영역입니다. 해마형성체는 측두엽 안

8-3
변연계 피질영역과 변연엽의 분리된 구조

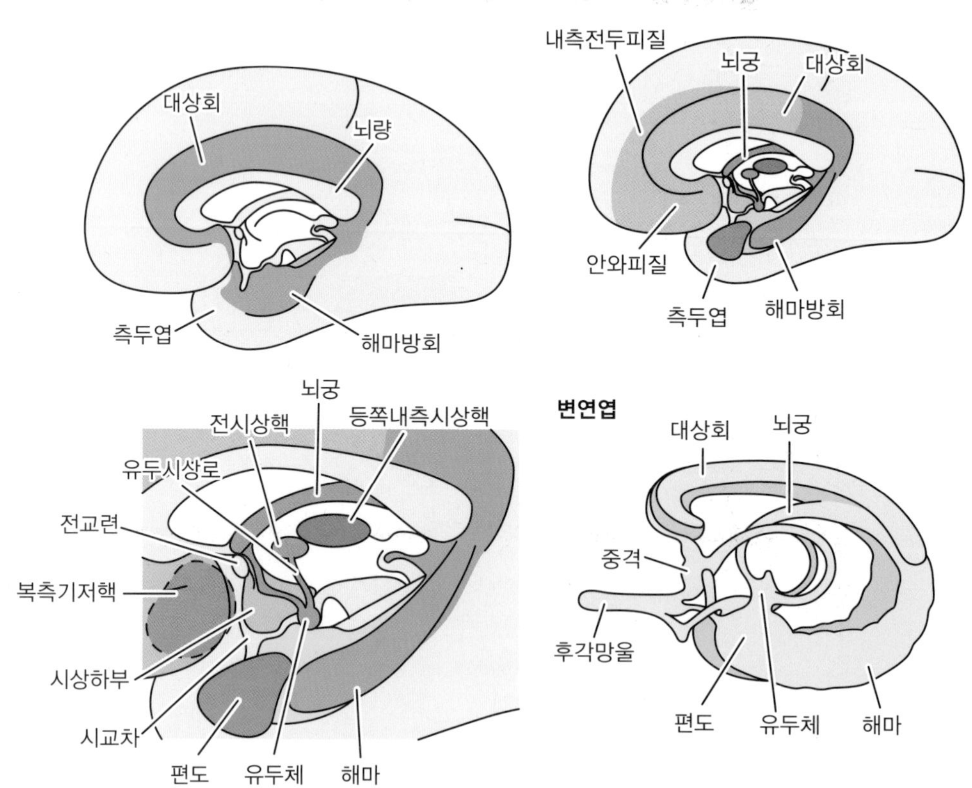

쪽으로 말려 들어가서 내측두엽이 되죠. 대상회, 시상, 시상하부와 더불어 이 세 부위와 연결된 편도체, 해마, 중격영역 그리고 대상회를 포함한 구조는 감정 및 기억에 관련된 영역이지요. 대상회, 시상, 시상하부는 파페츠회로의 구성 요소입니다. 파페츠회로는 처음에 감정을 주관하는 영역으로 발표되었는데, 훗날 기억과 더 밀접한 회로라는 것이 밝혀졌지요.

연결회로를 따라가면서 변연계의 구조를 살펴봅시다. 그림에서 대상회와 해마방회로 둘러싸인 영역이 변연계이지요. 안와전두피질과 내측전두피질도 확장된 변연계에 포함됩니다. 시상하부는 교감신경의 조절중추이며 본능적 감정을 운동으로 표출합니다. 감정을 뜻하는 영어 단어 'emotion'은 밖으로 표출된 운동인 'out motion'입니다. 감정을 진화적 관점에서 연구하는 판크세프는 감정을 '진화적 운동evolutionary motion'이라 주장합니다.

생존에 중요한 사건들은 사건의 감정적 측면과 사실적 내용으로 구성됩니다. 사건의 감정적 분위기는 편도체에서 기억되며 사건의 사실적 내용은 해마에서 기억으로 만들어집니다. 그리고 감정에 대한 의식적 지각인 느낌은 내측전두엽에서 처리됩니다. 내측전두엽과 중격영역, 해마방회, 해마, 편도를 함께 전방 변연계anterior limbic 시스템이라 하며, 본능감정과 사회정서가 생성되는 영역입니다. 그리고 렘수면시 활발히 작용하여 꿈 내용에 정서적 특징을 갖게 합니다. 변연계의 중

8-4
파충류 뇌, 구포유류 뇌, 포유류의 뇌

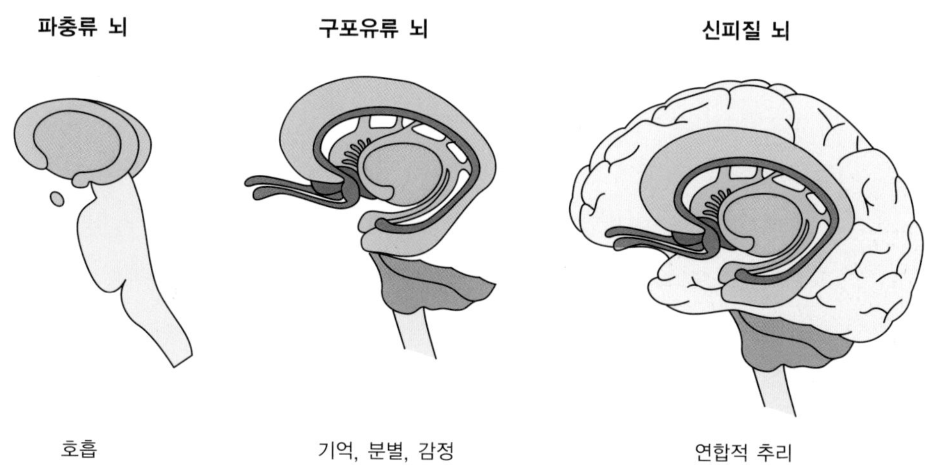

심영역에는 일화기억을 생성하는 파페츠회로가 일련의 연결구조를 형성하죠. 감정적 내용이 많은 사건이 잘 기억되고 그러한 기억이 오래 지속됩니다. 감정적 내용이 많은 사건이 더 잘 기억되는 것은 중격영역에서 해마로 뇌궁을 통하여 신경정보가 입력되기 때문이지요. 이 경로를 중격해마로라 하며 파페츠회로가 해마의 출력회로라면 중격해마로는 해마의 입력 회로인 셈이죠. 파페츠회로는 개인의 일상사가 저장되는 일화기억의 핵심 영역입니다. 요약하면 다음과 같습니다.

파페츠회로 : 해마 → 유두체 → 시상전핵 → 대상회 → 해마방회 → 내후각뇌피질 → 해마

화살표에 해당하는 신경로: 뇌궁, 유두시상로, 내낭전지, 대상다발, 관통로

중추신경계의 진화는 파충류의 본능적 뇌와 구포유동물의 감정적 뇌 그리고 인간에서 급속히 진화한 신피질의 뇌로 구분할 수 있지요. 구포유류의 뇌는 변연계적 특성을 나타내며 감정 관련 부위인 후각로와 중격영역 그리고 대상회가 파충류의 뇌 위로 덮힌 상태입니다. 그리고 인간의 뇌는 구포유동물 뇌에서 대뇌신피질이 변연계를 완전히 덮은 구조입니다. 그리고 인간의 뇌는 구포유류의 뇌에서 대뇌 신피질이 변연계를 완전히 덮은 구조입니다. 후각은 주변 환경에 대한 정서적 분위기를 감지합니다. 향기는 좋은 감정을 일으키고, 유독한 냄새는 위험을 알리지요. 냄새는 접근과 회피반응을 촉발하고요. 그래서 후각은 냄새가 확산되어 있는 공간 그 자체에 대한 느낌을 만들지요. 후각은 편도체와 중격영역에 신경축삭을 뻗어서 감정에 대한 행동 반응을 일으킵니다. 편도체와 중격영역은 해마와 연결되어 있기 때문에, 감정과 기억이 신경회로를 통해 연결됩니다.

어류는 물속에 녹아든 화학물질의 냄새에서 주요한 후각정보를 얻으며 후각망울과 후각엽이 발달했습니다. 먹장어, 농어, 개구리는 대뇌반구 앞쪽에 후각엽이 있죠. 조류와 파충류에서도 후각엽이 대뇌반구와 연속해서 존재합니다. 인간은 후각로가 내측전두엽에 가느다란 띠 형태로 있고, 편도체 및 중격영역과 연결됩니다. 인간의 해마에는 후각보다 시각이 더 많이 연결되어 있죠. 그러나 어류, 양서류, 파충류에서는 후각이 변연피질과 더 많이 연결됩니다. 변연피질은 기억과 감정을 처

8-5
동물종에 따른 후각피질의 진화

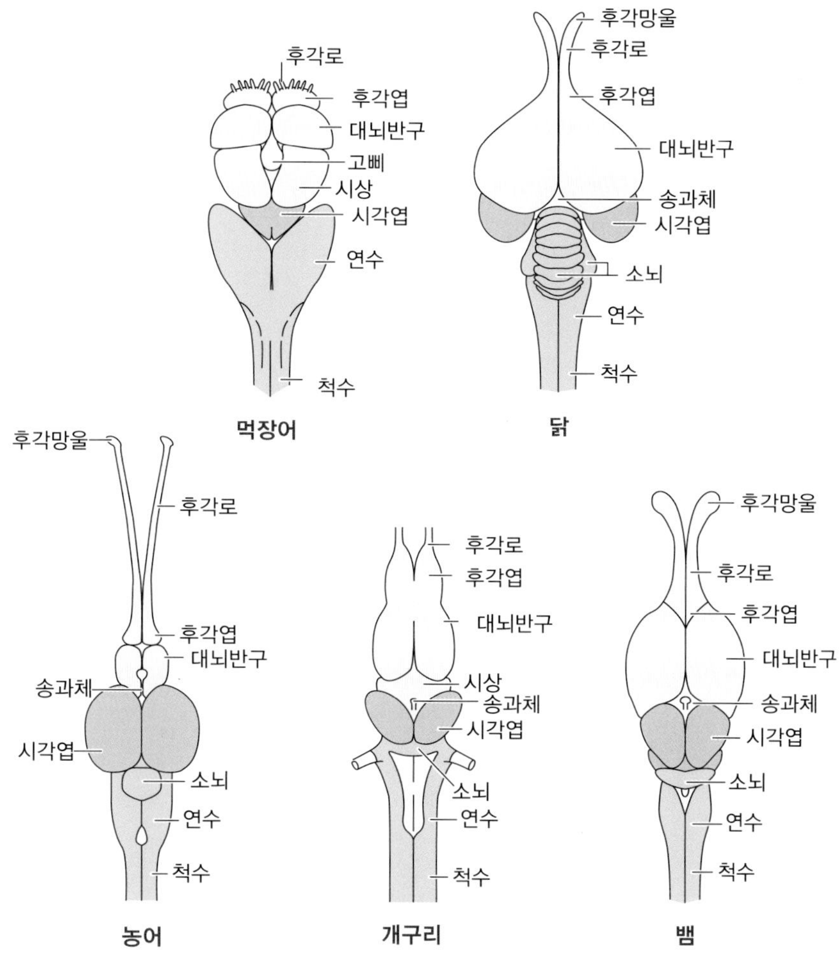

리하는데, 따라서 진화적으로 본다면 후각과 기억은 관련이 깊지요.

쥐, 고양이, 원숭이, 그리고 사람의 변연피질과 신피질의 변화 과정을 살펴봅시다. 쥐의 대뇌피질을 보면, 변연피질이 크고 신피질은 상대적으로 빈약하지만, 인간에게는 신피질이 더 크지요. 변연피질이 신피질에 비해 상대적으로 클수록 공포나 분노의 본능정서가 행동을 주도하게 되며, 반대로 인간처럼 신피질이 대규모로 확장되면 거친 본능적 감정들이 신피질에 의해 어느 정도 조절되지요. 동물학자인 템플 그랜딘은 《동물과의 대화》에서 동물에서 압도적인 정서는 공포 감정이라고 주장합니다. 인간은 신피질이 변연피질의 일차적 감정들을 억제하기 때문에 공포

8-6
포유동물의 대뇌 신피질과 변연피질의 변화

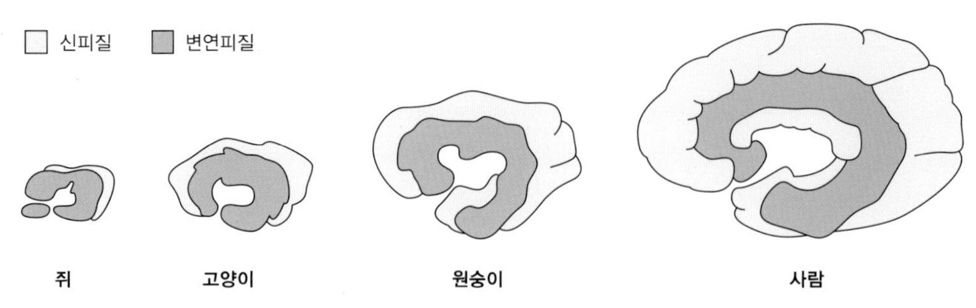

8-7
변연계의 구성

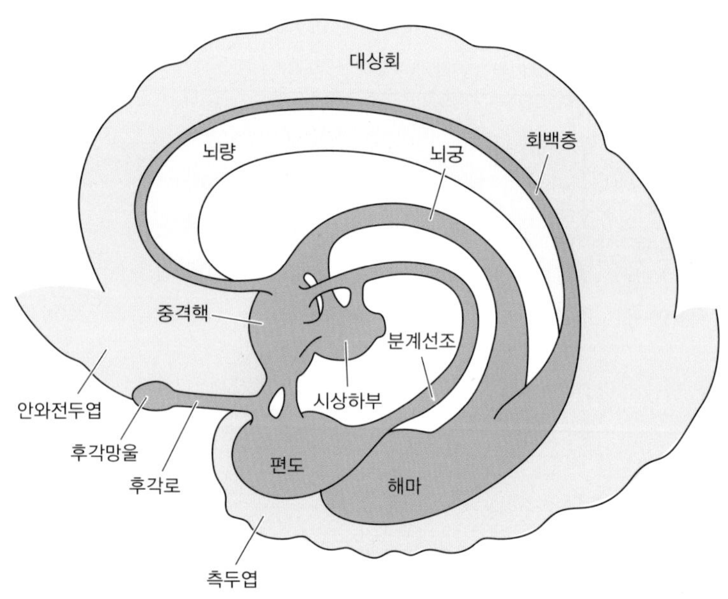

반응이 어느 정도 제어되지요.

인간의 변연피질에는 대상회와 해마형성체, 중격영역 그리고 편도체가 있지요. 변연계는 신피질 아래 위치하며 감정과 기억을 형성하는 뇌피질입니다. 인간의 후각망울은 다른 동물에 비해 상대적으로 줄어들어 안와내측 전전두엽피질에 접하고 있지요. 변연계 회로는 중격영역과 편도체 그리고 해마복합체가 서로 다중으로 연결되지요.

감정과 느낌을 오랫동안 연구해온 다마지오는 감정은 시상하부에서 처리되는 본능욕구와 관련되지만 느낌은 대뇌피질에서 처리되는 의식적이고 고차적인 뇌 기능이라 설명합니다. 느낌은 의식으로 처리되는 각성상태이며 생존에 필요한 명확한 주변환경에 대한 배경정보를 제공하지요. 다마지오는 "느낌은 관련된 신경지도에 '주의'라는 도장을 꽝 찍어주는 셈이다."라 표현합니다. 느낌은 자신의 신체적 상태에 대한 의식적인 지각과 외부자극에 대한 전반적인 상황 판단의 근거가 됩니다. 느낌이 필요한 이유는 그것이 정서 및 정서 아래에 자리 잡고 있는 여러 요소들을 심적 수준에서 표현하는 것이기 때문이지요. 그리고 오직 완전한 의식적 수준의 생물학적 절차만이 현재와 과거와 미래를 충분히 통합할 수 있지요.

대뇌피질의 넓은 영역이 동시에 작용하면 의식수준에 도달합니다. 의식수준에 도달한 정서처리결과인 느낌을 통해서 자신의 자아에 대한 관심을 창조해낼 수 있지요. 그래서 우리는 새로운 일을 시작할 때나 모르는 사람을 만났을 때 장차 전개될 미래의 느낌을 '왠지~'라고 표현하죠. '왠지 이번 일은 잘될 것 같다'는 느낌이 들지요. 이처럼 미지의 상황에 대해서 예측할 때 우리는 느낌에 의존합니다. 그것은 느낌이 많은 정보들을 종합하여 그 결과에 대한 전망을 의식수준으로 드러내주기 때문이죠. 시상하부의 본능감정이 의식 수준의 느낌으로 변화되기 위해서는 전대

8-8
대상회의 기능적 구분

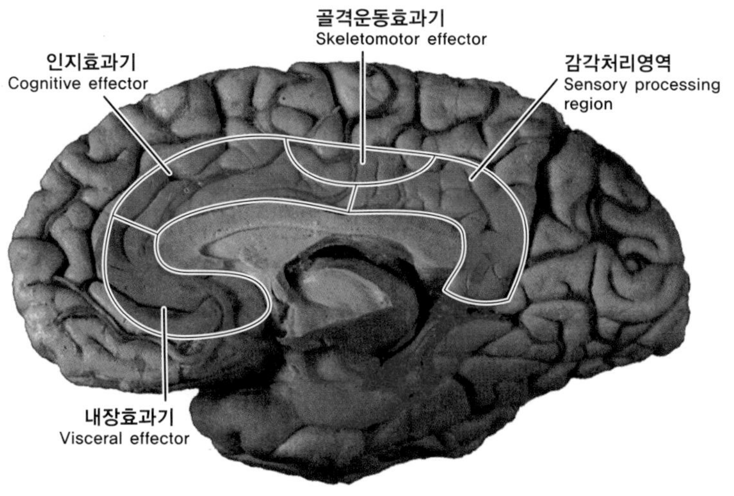

상회와 전전두엽에서 조절작용이 요구됩니다.

대상회는 전대상회와 후대상회로 구분됩니다. 전대상회는 내장과 인지효과기로 기능하며, 후대상회는 감각을 처리하는 영역이죠. 전대상회화 후대상회의 중간영역은 골격운동 효과기 역할을 합니다. 8-8에서 붉은색의 내장효과기영역은 진화적으로 오래된 구피질에서 기원하며, 푸른색의 영역은 원시피질에서 기원하지요. 감각처리영역과 이어진 해마 영역은 원시피질이지요.

전대상회는 파페츠회로의 일부로서 시상전핵으로부터 입력을 받아서 대상다발을 통해 해마방회와 연결됩니다. 전대상회는 인지와 정서처리에 중요한 피질로, 기능에 따라 6개의 구역으로 구분할 수 있지요. 전대상회의 실행영역은 배외측전전두엽, 보완운동영역과 연결되며 수의운동에서 보완운동영역보다 먼저 활성화되어 운동을 선택하지요.

전대상회의 감정영역은 즐거운 생각을 할 때 활성화되고 슬픈 생각을 할 때는 억제됩니다. 그리고 전대상회의 자율신경영역은 감정상태와 관련된 내장반응을 유발하며, 대상회의 뒷부분인 후대상회는 시각, 청각 및 체감각의 연합영역과 연결되어 경험자극정보를 해마로 보냅니다.

8-9
전대상회의 부위별 기능

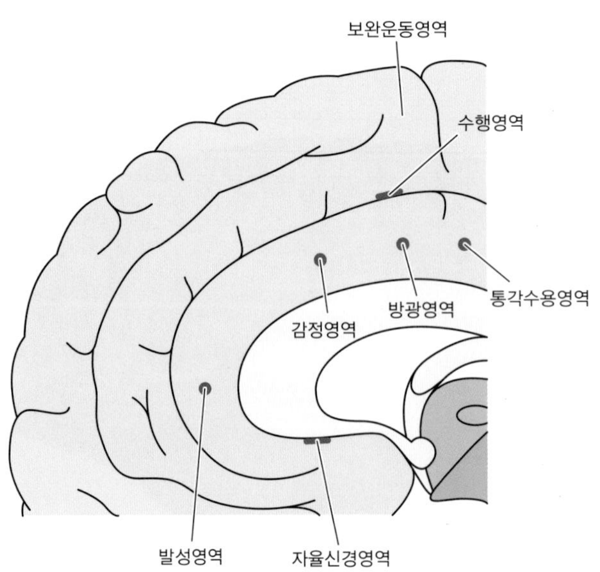

8-10
대상회와 전두엽의 연결회로

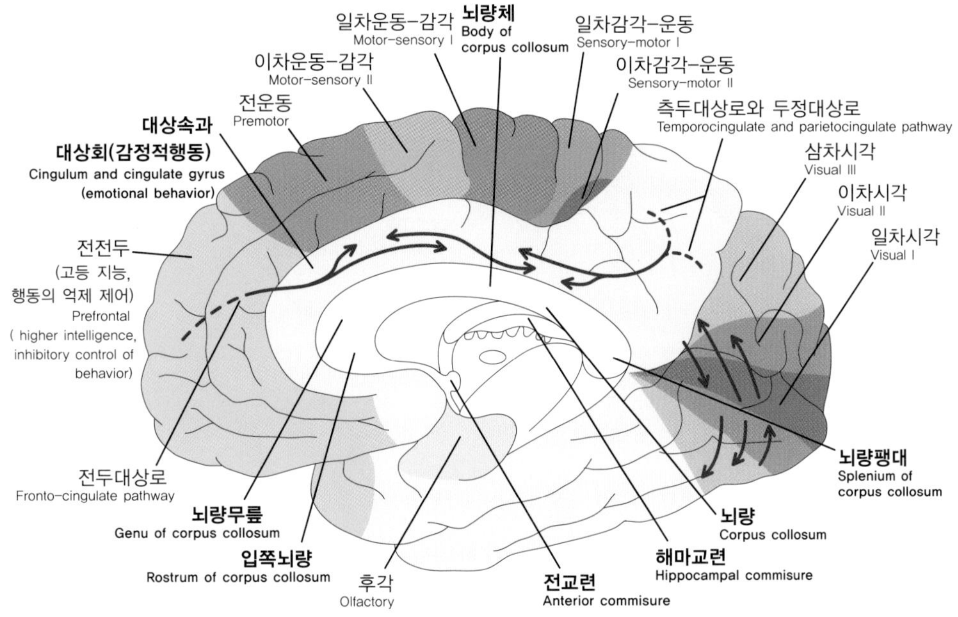

대상회는 두정대상로temporocingulate pathway를 통하여 전두엽과 두정엽을 연결합니다. 대상회의 전방 영역인 전대상회는 두정엽과 측두엽에서 연합된 시각과 청각 그리고 체감각을 전두엽으로 보내, 사람에게 '인지적 융통성'을 줍니다. 인지적 융통성은 흐름을 따라가고, 변화에 적응하며, 새로운 문제들을 성공적으로 해결하는 능력이죠.

전대상회의 각 영역이 해마 및 전두엽피질과 연결되어 대상회는 한 가지 일에서 다른 행동으로, 한 생각에서 다른 생각으로 주의를 전환하도록 해주고, 많은 선택사항들을 살펴보도록 해주는 띠 모양의 뇌피질이지요. 대상회가 비정상적일 때 사람들은 한 가지 일을 고수하고, 어떤 일들에 사로잡히고, 같은 생각을 계속해서 반복하는 경향이 있지요. 이처럼 대상회는 인지작용과 정서작용 모두에 관여합니다.

뇌 구조에서 좌뇌와 우뇌를 연결하는 섬유다발을 교련섬유commussure라 하는데, 전교련, 후교련, 해마교련이 있습니다. 그리고 좌우 대뇌반구를 연결하는 교련이 뇌량입니다. 뇌궁섬유다발의 일부가 갈라져서 전교련 앞쪽과 뒤쪽을 통과하지

8-11

제3뇌실과 변연계 부위

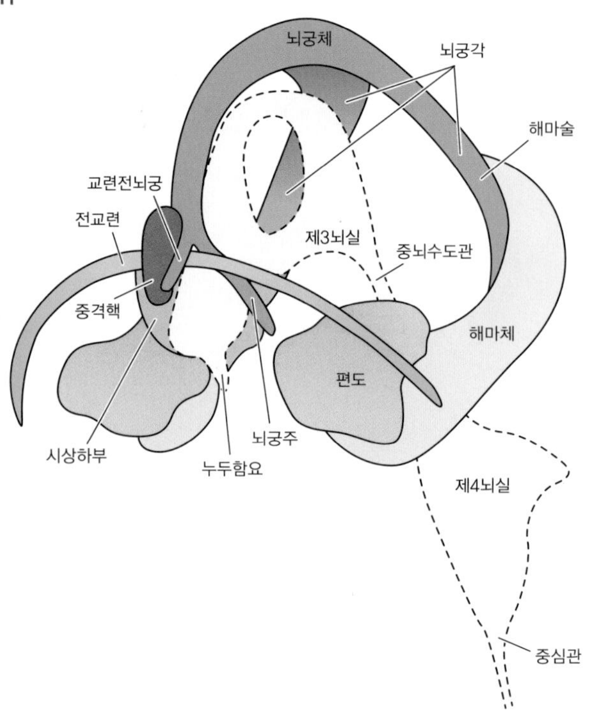

요. 전교련 뒤쪽 뇌궁가지는 뇌궁주를 형성하면서 유두체로 연결됩니다. 제3뇌실 가운데 구멍은 2개의 시상을 좌우로 연결하는 시상간교interthalamic adhesion의 섬유다발이 지나는 통로죠. 중뇌수도관은 제3뇌실과 제4뇌실 사이의 뇌척수액이 흐르는 좁은 관으로 상구와 하구 앞쪽에 있습니다. 누두함요는 시상하부의 궁상핵 부근에서 수직으로 아래로 내려가는 뇌하수체와 연결되는 구조입니다. 변연계와 간뇌의 내부 구조를 머릿속으로 그려보는 효과적인 방법은 제3뇌실벽에서 안에서 밖으로 시상과 창백핵, 그리고 선조체(꼬리핵과 조가비핵)를 밀착하여 채워나가는 것입니다. 제3뇌실을 중심으로 채워나가면 꼬리핵이 측뇌실과 접하게 됩니다.

감정의 정서적 측면은 시상하부-중격-전전두엽의 연결에서 처리되지요. 감정의 운동적 측면은 복측피개영역(VTA)-측좌핵-전전두엽의 연결로, 행동의 동기를 유발하지요. 보상은 동물을 행동하게 합니다. 도파민이라는 보상을 추구하는 행동이 바로 중독 현상입니다. 복측피개영역 신경세포의 축삭이 중격핵과 측좌핵에 도파민을 분비합니다. 그리고 이 두 영역은 판단과 운동계획영역인 전전두엽과 연결

8-12
감정과 보상중추회로

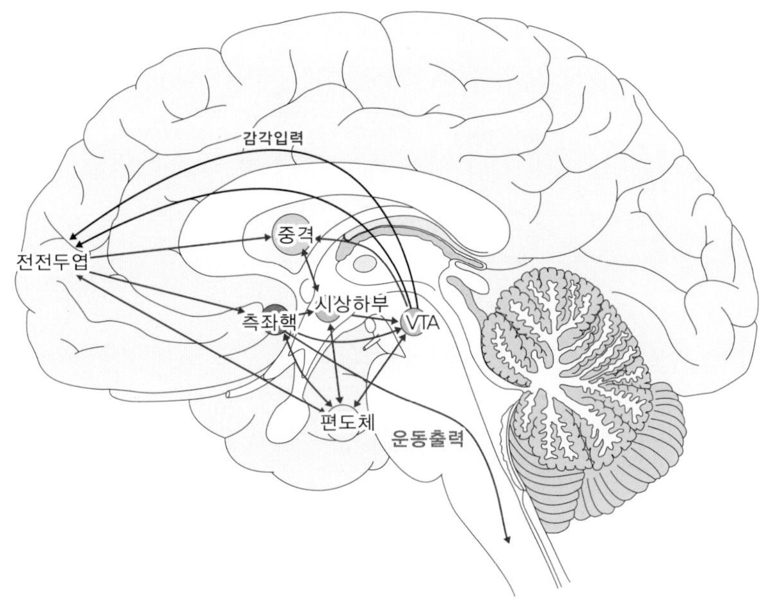

되어서, 동물은 감정에 의존하여 운동을 계획하게 하지요. 인간은 전전두엽이 발달해 감정에 대한 억제력이 향상되어 즉각적인 만족보다는 미래의 보상을 예측하여 행동할 수 있죠. 그래서 인간은 동물의 반사동작에 머물지 않고 유연한 능동적 행동을 할 수 있습니다. 전전두엽은 감각연합영역과 연결되어 기억된 환경에 대한 정보를 인출할 수 있지요. 동물의 감각에 구속된 동작에서 인간의 제어된 감정에 기반한 행동까지 이어지는 과정을 이해하려면 변연계의 신경연결과 더불어 대뇌피질의 신경연결을 살펴보아야 합니다.

시각경로는 두정엽과 측두엽으로 구분됩니다. 두정측두이종연합영역parieto-temporal heteromodal association(PTHA)에서 시각, 청각, 체감각이 연합되어 전전두엽과 상호연결되죠. 두정측두이종연합영역은 공간지각과 신체감각을 통합합니다. 따라서 이 연결로 전전두엽은 행동의 운동적 측면을 생성할 수 있게 되죠. 일차운동영역과 일차체감각영역이 상호연결되어 있기 때문에, 운동명령이 출력되는 동시에 축삭 곁가지를 통해 일차체감각피질로 신경정보가 전달될 수 있지요. 대뇌피질에서 운동과 감각이 연결되기 때문에 운동에 따른 결과를 예측할 수 있죠.

8-13
대뇌피질의 신경정보 연결
(출전: The Human Central Nervous System, R. Nieuwenhuys, J. Voogd and C. van Huijzen)

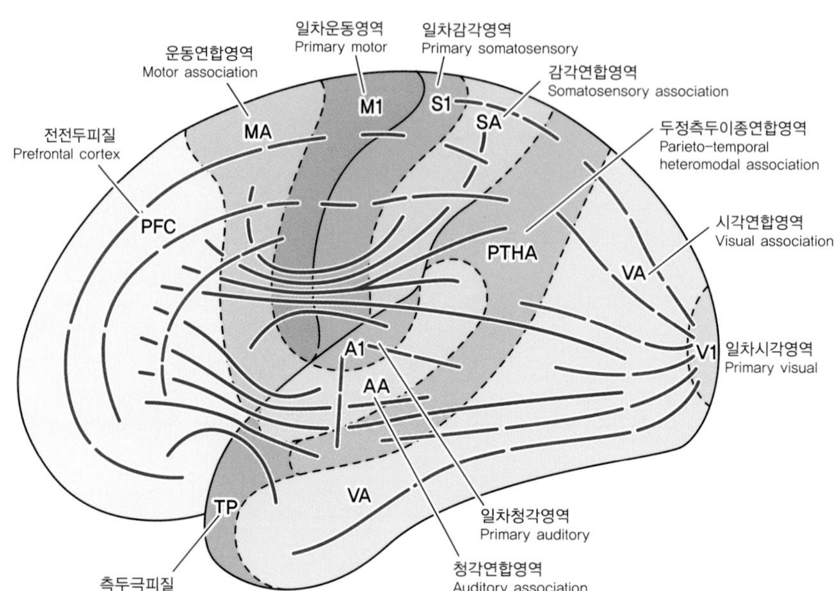

전전두엽은 상측두엽과 하측두엽과 상호연결됩니다. 상측두엽은 소리를 인지하는 청각재인 영역이며 하측두엽은 대상을 인지하는 시각재인영역이죠. 따라서 전전두엽은 보고 듣는 현상을 인식할 수 있어요. 그리고 전전두엽은 대뇌피질과 변연계를 상호연결합니다. 전전두엽은 외부자극에서 생존에 유익한 자극에 주의를 집중할 수 있도록 합니다. 전전두엽은 시상하부와 연결되어 본능적 욕구와 연계되고, 동시에 감각연합피질과 연결되어 외부자극을 함께 수렴하는 피질영역이죠.

시상하부가 본능적 감정을 조절하는 교감신경의 중추라면, 변연계는 시상하부와 연결되어 감정적 사건의 정서적 측면에 더 많이 관여하지요. 감정과 기억은 신경자극이 신경회로를 따라가는 과정에서 더 강화되거나 지속되는 경향이 있어요. 변연계에서 해마형성체, 유두체, 시상전핵, 대상회, 내후각뇌피질은 서로 연결되어 회로를 형성합니다. 파페츠회로라고 하는 기억의 회로죠. 파페츠회로는 1930년대 미국의 신경해부학자 제임스 파페츠James Papez가 인간의 감정경로라고 생각했던 변연계 내부의 회로입니다. 그때부터 감정회로로 알려져 왔었죠. 하지만 지금은 감정회로보다는 기억회로 쪽에 가깝다고 밝혀졌습니다. 중격영역과 편도체가 해마와 연결되어 있기 때문에 감정과 기억은 생성 과정에서부터 상호연계되어 있지요.

대상회는 대뇌 안쪽의 띠 모양을 띤 뇌피질입니다. 대상회 아래쪽으로 뇌량이 지나가죠. 대상회의 '회gyrus'는 바깥으로 돌출된 피질 부위를 말하고, 접혀서 형성된 들어간 피질 영역은 '구sulcus'라고 합니다. 변연계의 신경연결은 해마와 편도체의 입출력 신경로가 핵심입니다. 해마의 출력은 뇌궁이며, 편도체의 출력은 분계선조와 복측편도원심로이죠. 8-14를 보면 중격영역과 고삐핵을 연결하는 시상연수선조가 노란색으로 표시되어 있어요. 변연계는 척추동물의 후각과 연계하여 발달합니다.

후각신호는 편도체와 중격핵연결 신경로로 전달됩니다. 측좌핵과 중뇌피개영역과 연결하는 내측전뇌속medial forebrain bundle이 시상하부외측을 통과하죠. 투명중격septum pellucidum에서 'luci'는 빛이라는 뜻이에요. 그래서 빛이 통과하는 투명한 사이막인 거죠. 이 투명중격 안에도 조그만 핵들이 있으며, 이 핵들을 투명중격

8-14
변연계 구조

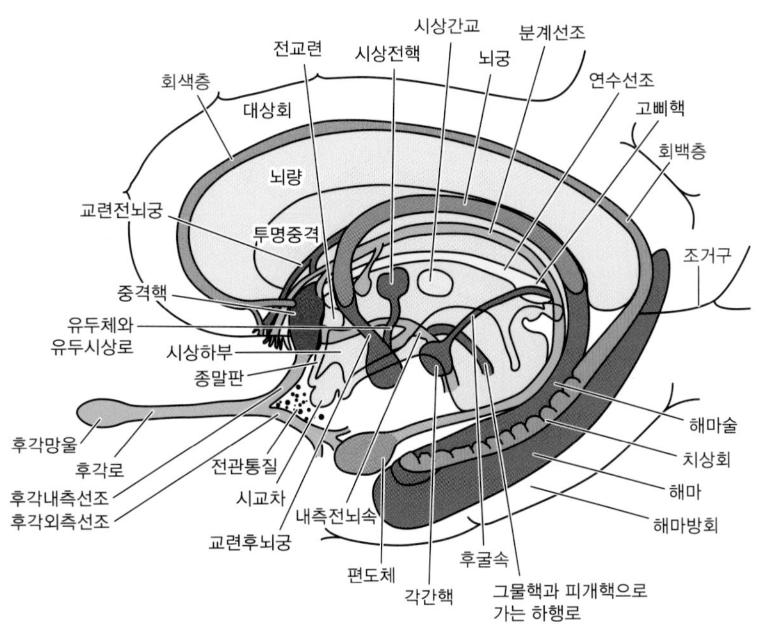

핵이라고 합니다. 중격 영역 아래로 내려가다 보면 앞으로 돌출되어 나온 부위가 보입니다. 후각신경과 연결된 후각망울olfactory bulb(후각구)이죠. 후각망울은 후각로로 이어져 측두엽의 후각 영역으로 들어갑니다. 여기서 좌뇌와 우뇌의 후각로가 전교련으로 연결되어 있죠. 또한 후각로는 후각로삼각olfactory trigone에서 두 갈래로 갈라진 후 한 갈래는 중격영역, 편도체, 이상엽pyriform lobe(배모양엽) 피질로 연결되고, 다른 한 갈래는 전관통질anterior perforated substance과 브로카 대각선조diagonal band of Broca로 연결되지요.

시상은 시상하부의 뒤쪽에 위치해 있습니다. 시상의 등쪽 위는 시상상부가 있지요. 시상상부에는 시상선조가 입력되는 고삐핵habenular nucleus이 있습니다. 시상선조는 시상수질선조stria medullaris thalami 혹은 연수선조stria medullaris of 3th ventricle라고도 불리죠. 이 고삐핵은 후굴속fasciculus retroflexus(굽이후섬유다발)이라고 하는 신경섬유다발을 통해 교뇌에 있는 각간핵interpeduncular nucleus(다리사이핵)으로 연결됩니다.

시상상부에는 송과체pineal body(솔방울체)도 있습니다. 송과체는 송과선pineal

8-15
중격영역, 등쪽내측시상핵, 안와피질의 신경연결

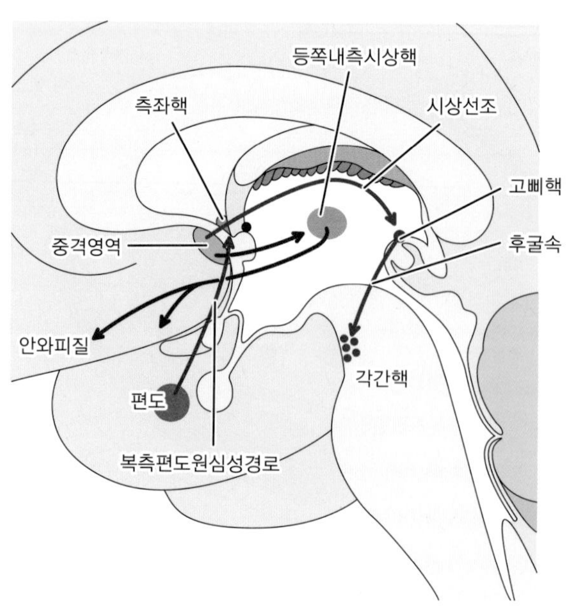

8-16
분계선조와 시상수질선조

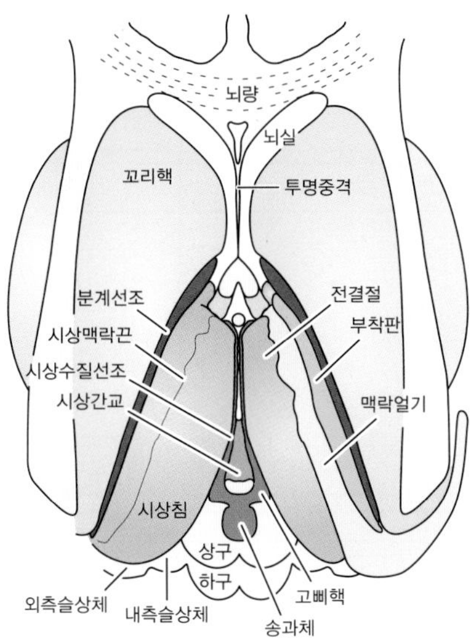

gland(솔방울샘)이라고도 하는데, 일주기를 조절하고 수면을 촉진하는 호르몬인 멜라토닌melatonin을 분비하죠. 멜라토닌은 세로토닌에서 합성되는데, 나이가 들면 그 양이 줄어들어요. 그래서 나이가 들수록 수면 시간이 줄어드는 것이죠. 송과체는 뇌의 단층 촬영 사진을 판독하는 데 이용되기도 해요. 뇌의 단층을 촬영하면 송과체가 밝게 보이는데, 이를 기준점으로 삼는 거죠. 이것은 30세 이후부터 송과체에 칼슘이 농축되기 때문이에요. 송과체 앞에는 후교련이 있습니다. 좌우 대뇌반구를 연결하는 신경섬유를 가리켜 교련이라고 하지요.

뇌량 앞부분의 피질아래영역을 중격영역septal area라고 합니다. 중격영역은 구체적으로 뇌량하피질subcallosum gyrus과 종말판옆피질paraterminalis gyrus영역입니다. 중격영역에는 중요한 핵이 있죠. 뇌에서 아세틸콜린이 분비되는 여섯 개의 신경핵에서 Ch3가 중격핵입니다. 중격핵은 뇌궁으로 출력이 나가지요. 중격핵은 중격의지핵nucleus accumbens(측좌핵)과 다른 핵입니다. 중격의지핵accumbens nucleus은 측좌핵으로 불리는데 이 명칭은 중격핵에 기대어 '의지'한다는 뜻이지요. 측좌핵은 측핵으로 불리며 복측선조체라고도 합니다. 중독과 관련된 핵이지요. 복측선조체, 복측창백핵, 시상배내측핵, 전대상회, 편도체 그리고 내측전전두엽이 연결되

8-17
변연계 신경연결

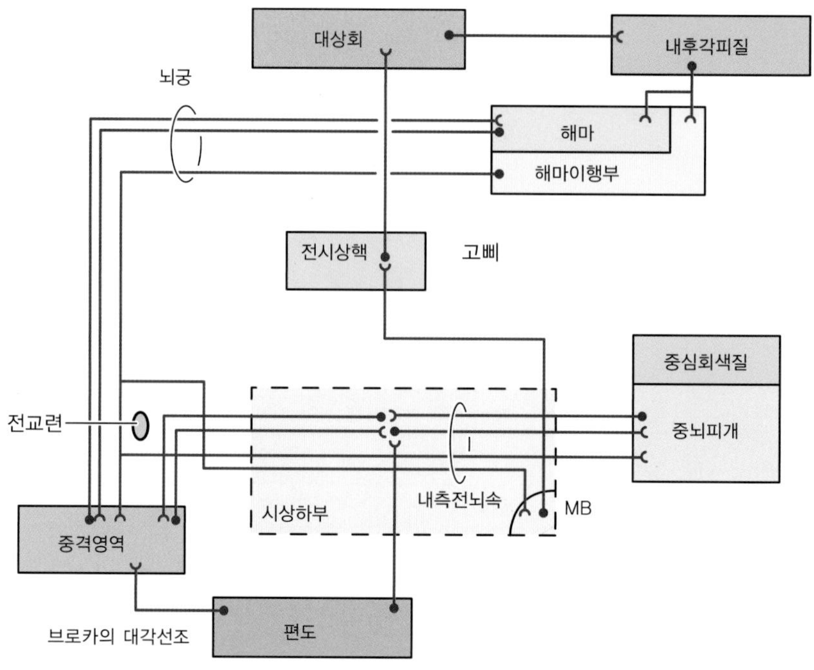

어 정서적 기억을 만듭니다.

종말판lamina terminalis, 전교련anterior commissure(앞맞교차) 앞쪽에 있는 종판방회paraterminal gyrus(종말판옆이랑)와 뇌량밑이랑subcallosal gyrus이 중격영역에 속하죠. 중격영역과 중격septum은 달라요. 중격은 외측뇌실 안에서 앞쪽의 뇌량과 뒤쪽의 뇌궁을 잇는 얇은 막인 투명중격septum pellucidum(투명사이막)과 그 앞 피질 아래 회색질을 포함한 부분입니다. 중격 관련 용어를 정리하면 다음과 같습니다.

중격영역: 종말판옆 이랑, 뇌량밑 이랑

측좌핵: 중격의지핵, 기댐핵, 측핵 (측좌핵이 이렇게 4가지 용어를 혼용하고 있음)

해마방회는 해마를 감싸고 있는 피질입니다. 안쪽으로 말려들어가서 앞쪽 끝 부분이 갈고리처럼 휘어져 있지요. 언덕처럼 보이기도 합니다. 그래서 이 부위를 해마구uncus(구상회) 또는 갈고리이랑이라고 합니다. 해마방회에서 '방'은 한자어로

8-18
후각로와 해방방회

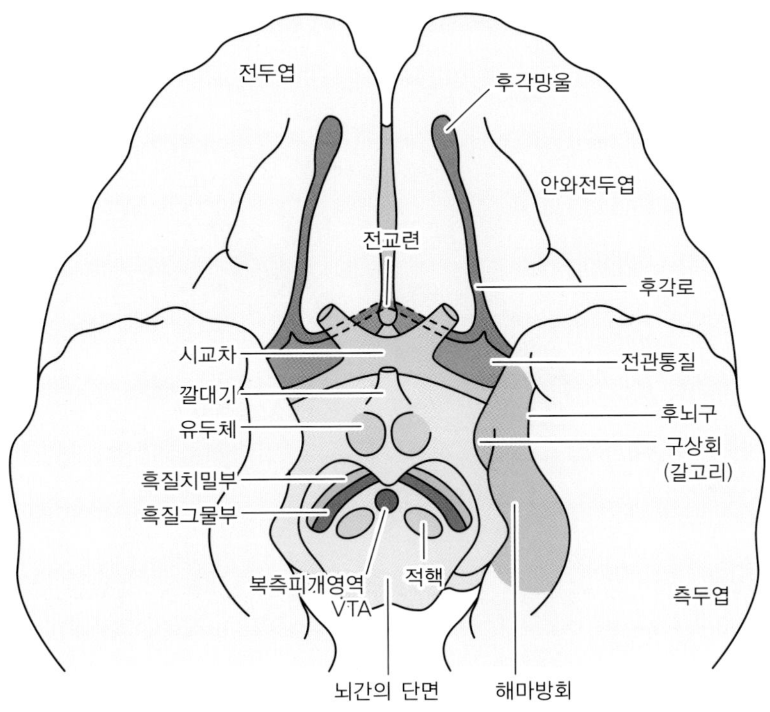

'곁에 있는'이라는 뜻이죠. 시상하부의 실방핵도 마찬가로 뇌실 곁에 붙어 있는 신경핵이란 의미죠.

변연엽의 안쪽 고리에는 좌뇌와 우뇌를 잇는 거대한 유수신경 섬유다발인 뇌량과 내측두엽에 위치한 해마형성체가 있습니다. 뇌량은 뇌량슬genu of corpus callosum(뇌들보무릎)과 뇌량팽대splenium of corpus callosum(뇌들보팽대) 그리고 뇌량몸체로 이루어져 있죠.

코 내부의 후각상피에서 입력된 후각자극은 후망울에서 후각로 축삭과 시냅스합니다. 후각로는 전후각핵, 후각결절, 편도체, 이상피질, 그리고 내후각피질로 입력되지요. 그리고 후각결절에서 시상수질선조를 통하여 시상배내측핵과 시냅스하지요. 시상배내측핵은 안와전두엽으로 후각자극을 출력합니다. 후각계통은 편도체와 변연계로 연결되지요. 또 후각신경으로부터 입력을 받는 영역으로 이상엽이 있습니다. 이상엽은 서양 배를 뜻합니다. 전이상엽피질prepiriform cortex, 편도체주위

8-19
후각신호 연결 영역

(출전: The Human Central Nervous System, R. Nieuwenhuys, J. Voogd and C. van Huijzen)

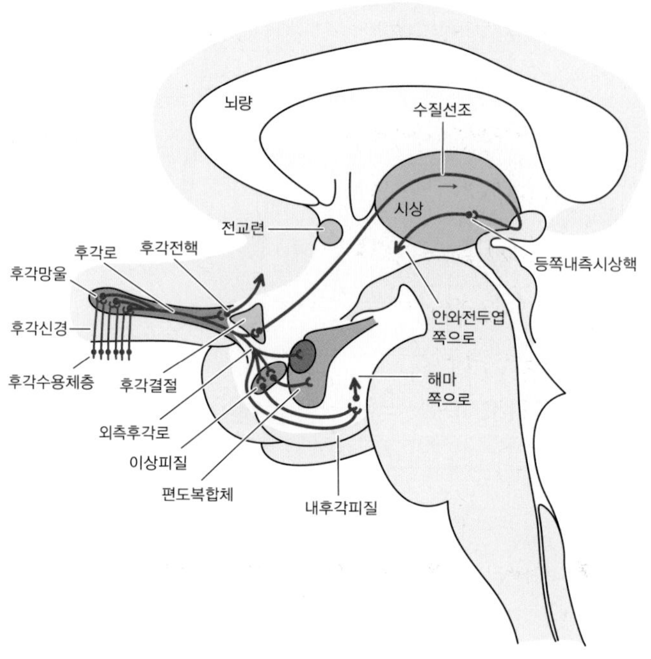

8-20
대상회, 해마, 편도체의 상호연결

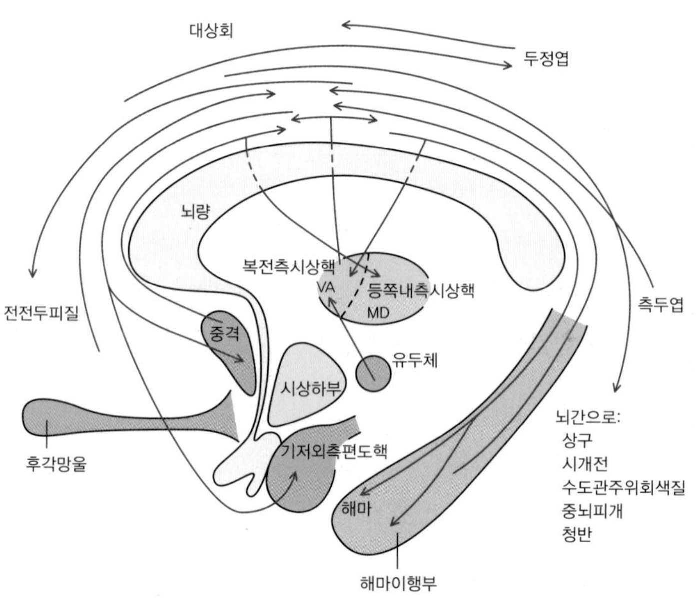

피질periamygdaloid cortex, 내후각피질entorhinal cortex(속후각겉질)이 이 이상엽에 속하죠. 여기서 내후각피질은 후각을 처리하는 피질 안쪽에 있습니다. 내후각피질은 내후각뇌피질로 번역되기도 합니다. 내후각뇌피질은 해마방회 앞부분에 있으며, 해마형성체로 감각연합 입력이 들어오는 영역이지요. 후각망울은 대뇌기저부, 변연계뿐만 아니라 전두엽과도 연결되어 있습니다.

대상회 내의 신경섬유 다발인 대상다발은 전전두피질, 두정엽, 측두엽, 해마형성체, 그리고 편도체를 상호연결하지요. 대상다발을 경유하는 중요한 상호연결은 중격영역과 해마형성체, 시상 전복측핵과 대상회, 해마와 대상회, 그리고 전전두피질과 대상회입니다. 이러한 상호연결로 대상회는 다양한 영역의 신경정보를 처리하여 인지적 유연성을 갖게 됩니다.

후각망울에서 나온 축삭다발은 중격영역, 시상하부 그리고 편도체의 세 영역으로 입력되지요. 복측피개야ventral tegmental area(VTA) 영역에서 출발하는 도파민성 축삭다발은 시상하부 외측핵을 통과하여 측좌핵에 시냅스하고 측좌핵은 안와내측 전전두엽과 연결되죠. 이 회로가 중독과 관련된 내측전뇌다발입니다. 해부학에서

8-21
내측전뇌다발과 전시상방사
내측전뇌다발은 편도체, 시상하부, 중격영역으로 입력된다. 후각신경섬유는 중격영역과 편도체에서 시냅스한다. 시상전핵에서 대상회로 전시상방사가 투사되고, 전시상방사는 내낭전지를 구성한다.

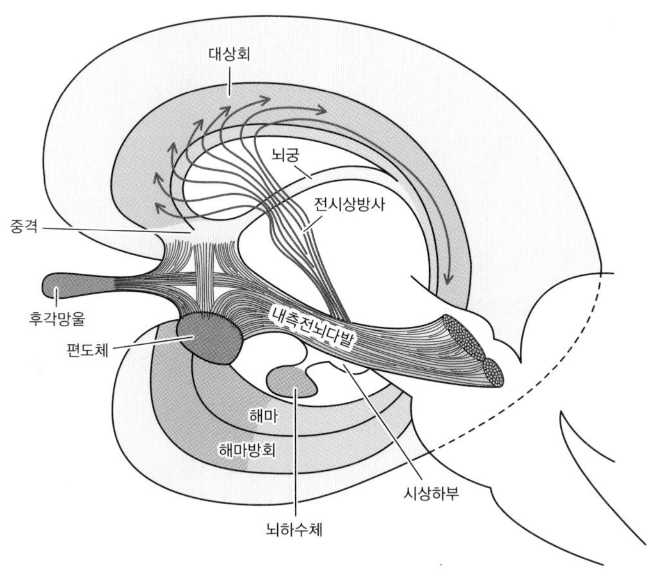

8-22
복측피개영역과 연결된 뇌 영역

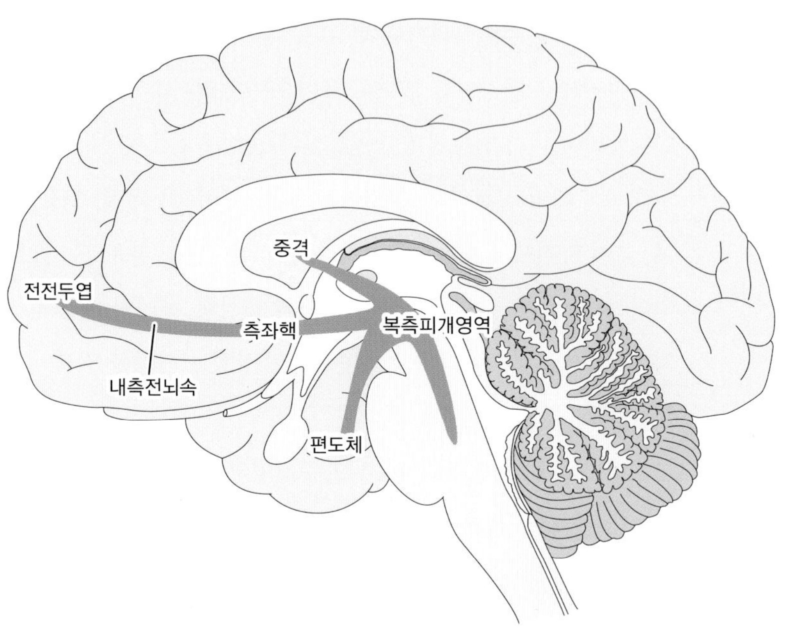

는 신경다발을 한자어로 '속'이라 합니다. 그래서 내측전뇌다발을 내측전뇌속이라 하죠. 중뇌 단면 구조에서 복측피개영역은 각간오목interpeduncular fossa부위에 위치하며 양옆으로 흑질과 연접해 있지요. 각간오목에서 '각'은 다리의 기둥을 의미하는데, 뇌간의 신경섬유다발이 대뇌를 다리처럼 지지하는 형태에서 생긴 명칭입니다. 오목은 안으로 들어간 신경구조이지요. 복측피개야와 더불어 중뇌의 주요 회색질 영역으로 중뇌수도관을 주변을 에워싸는 수도관주위회색질periaqueductal gray(PAG)이 있지요.

후각망울에서 출발하는 후각신호는 중격영역, 시삭전영역, 시상하부, 그리고 중뇌변연영역을 통과합니다. 이들 영역과 편도체, 대상회, 해마형성체, 그리고 해마방회가 연결되죠. 이처럼 변연계는 상호연결된 영역들이 폐회로를 형성합니다. 이런 회로에서 감정과 기억이 형성됩니다. 감정과 기억이 시간이 경과하면서 강화되거나 소멸하는 특성을 보이는 것은 이러한 회로적 속성 때문이죠.

변연계의 신경섬유 다발은 후각관련 축삭다발, 내측전뇌다발, 복측원심편도로, 전시상방사 그리고 대상다발이 중요합니다. 이러한 일정한 방향의 신경축삭다발은

8-23
중격-시상하부-중뇌변연계의 연결

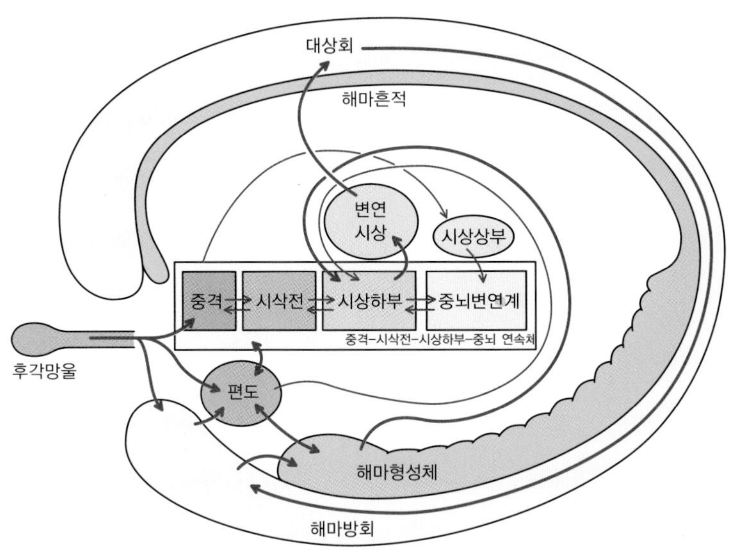

8-24
내측전뇌속의 연결영역

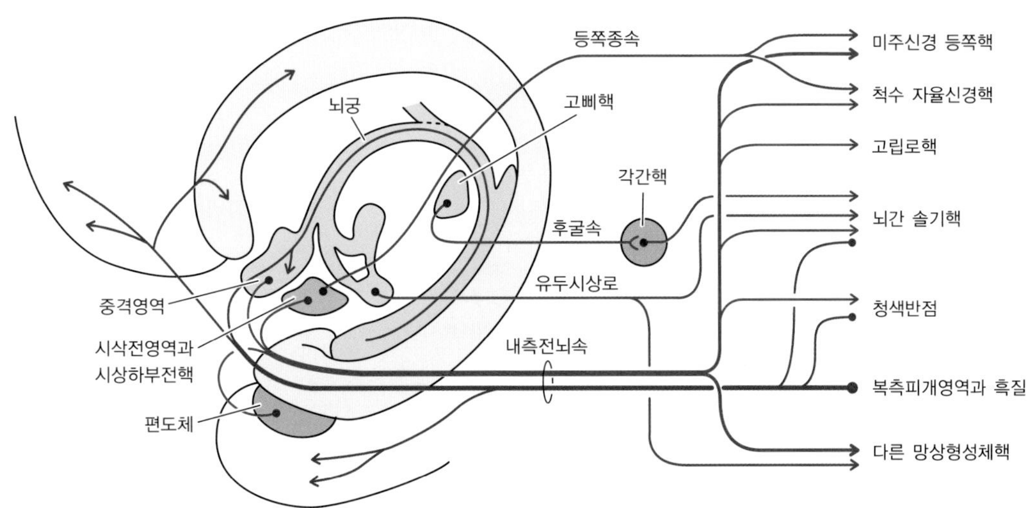

폐회로를 형성하여 감정과 기억회로를 만들지요. 내측전뇌다발 혹은 내측전뇌속 medial forebrain bundle은 A_{10} 신경의 출발 영역인 복측피개야(VTA)에서 측좌핵을 경유하여 전전두피질에 시냅스하지요. 오키 고스케는 《뇌로부터 마음을 읽는다》에서 중독과 관련해서 복측피개영역의 A_{10} 도파민성 신경핵의 작용을 강조합니다.

내측전뇌속의 연결 영역을 요약하면 다음과 같습니다.

내측전뇌속의 상행성분

시작 영역: 뇌간 솔기핵, 청반핵, 복측피개영역, 흑질

도착 영역: 중격영역, 대상회, 전전두엽

내측전뇌속의 하행성분

시작 영역: 중격영역, 시삭전영역, 시상하부 전핵,

도착 영역: 미주신경 배측핵, 척수 자율신경핵, 고립로핵, 뇌간 솔기핵, 청반핵

8-25
복측피개영역-측좌핵-전전두엽을 연결하는 신경로
(출전: 《뇌로부터 마음을 읽는다》, 오키 고스케)

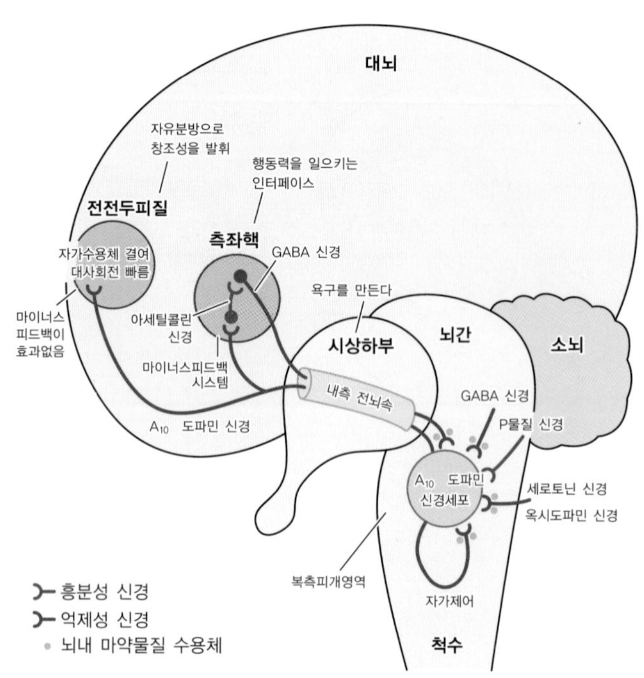

대부분의 시냅스 전막에는 전막에서 분비된 신경전달물질을 회수하는 자가수용체가 존재하는데, A_{10} 신경축삭 말단이 전전두엽에서 시냅스하는 접속에서는 자가수용체가 결핍되어 도파민이 시냅스 사이 공간에 계속 잔류하지요. 그 결과 전전두엽이 계속 흥분 상태를 유지하게 되는데 이 현상이 바로 중독이며, 그 중독이 또한 몰입력을 높여 창의성을 높인다고 합니다.

오키 고스케는 시상하부는 욕구 생성, 측좌핵은 행동력, 그리고 전전두엽은 창조성을 발휘하는 영역이라 했습니다. 중뇌 복측피개영역에서 출발하는 도파민 분비 축삭 다발이 내측전뇌속을 형성하며, 측좌핵과 전전두엽으로 흥분 신호를 전달합니다. 후각계는 시상배내측핵medial dosal nucleus(MD)과 연결되고, 시상배내측핵은 전전두엽 피질과 연결되므로 후각은 정서와 기억을 바탕으로 주변 환경을 파악하죠. 냄새를 맡는다는 것은, 인간에게는 상황 파악과 같은 의미일 수 있어요. 전전두

8-26
측좌핵과 연결된 확장된 변연계 시스템

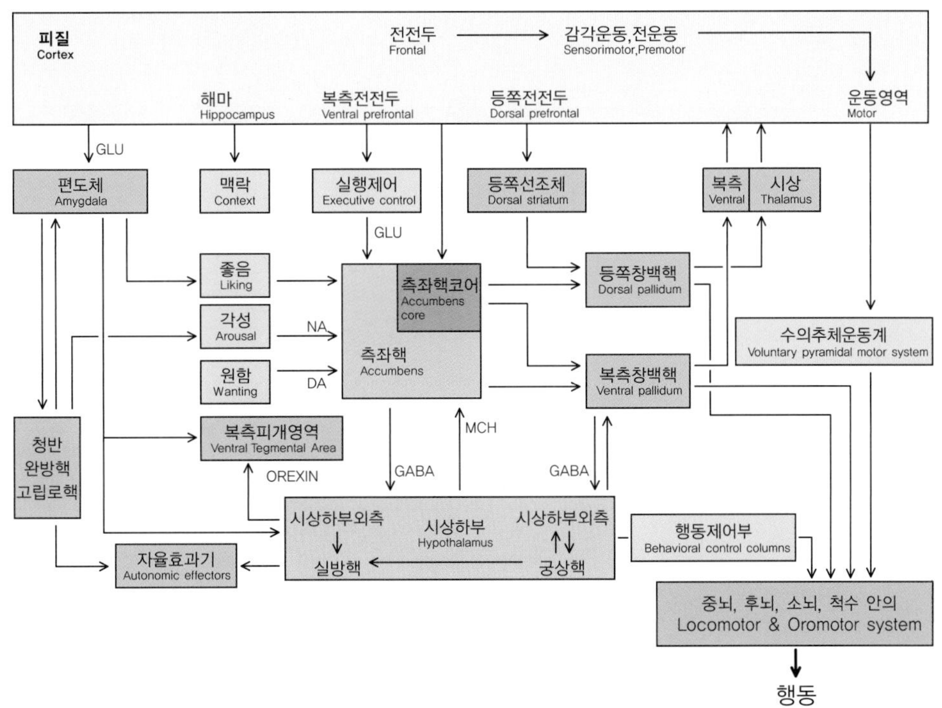

엽과 시상배내측핵과의 신경섬유연결은 후각과 내장감각에서 올라오는 본능욕구와 운동계획 영역인 전전두엽이 연결된다는 의미입니다. 비교, 추론, 예측 그리고 판단을 하는 전전두엽과 본능적인 움직임을 하는 내장 감각이 서로 연결되어 있다는 것은, 인간의 판단이 감정에 영향을 받는다는 사실을 잘 드러내죠.

감정과 운동의 상호연계성과 관련해서 배쪽선조체와 등쪽선조체의 신경정보 전달에 주목해야 합니다. 등쪽선조는 대뇌기저핵의 선조체와 창백핵으로 구성되지요. 반면에 배쪽선조는 측좌핵(배쪽선조)와 무명질(배쪽창백)로, 변연계가 관련됩니다. 8-26에서 주황색은 배쪽선조 회로이며 파란색은 등쪽선조입니다. 배쪽선조는 복측전전두엽 측좌핵 시상하부 복측피개영역으로 연결되어 운동의 동기를 유발하지요. 등쪽선조는 배측전전두엽 배쪽선조체 배쪽창백핵 복측시상 대뇌전운동피질

8-27
후각신경과 편도주위피질의 상호연결
(출전: The Human Central Nervous System, R. Nieuwenhuys, J. Voogd and C. van Huijzen)

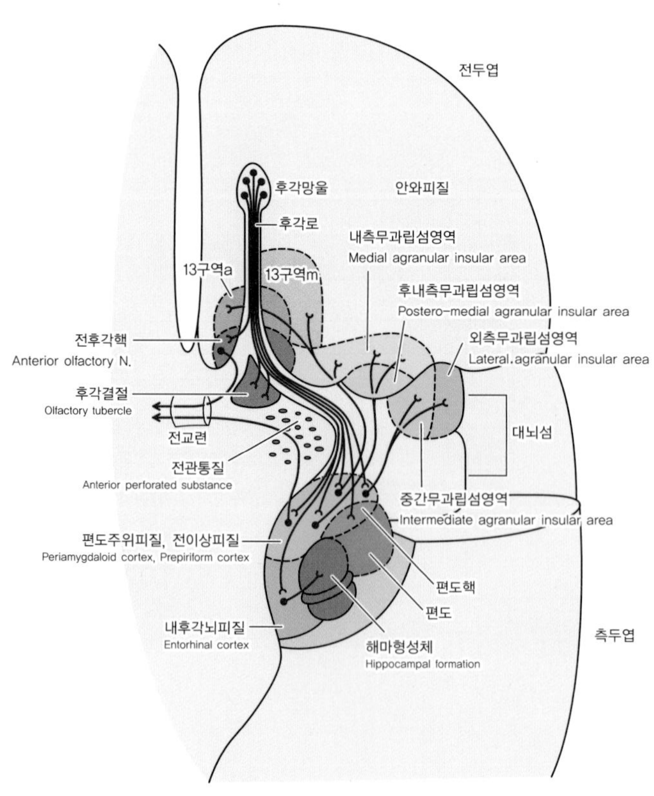

로 연결되어 수의운동을 출력합니다. 측좌핵 코어는 전전두엽의 입력을 받아 등쪽과 배쪽창백핵으로 출력하죠. 편도체와 연결된 청반핵(LC), 부완핵parabrachial nucleus(PBN), 고립로핵(NTS)은 자율신경효과기를 조절합니다. 변연계는 신경핵들과 신경로들의 다양한 연결로 감정과 기억을 형성하는 영역이지요. 상세하고 다양한 변연계 구조들을 반복적으로 그려보면서 각 구조들의 신경연결을 기억합시다.

뇌량과 종말판, 전교련을 거쳐 내려가다 보면 양쪽 시각신경이 교차되는 지점인 시교차가 나옵니다. 시교차 위에는 시교차상핵suprachiasmatic nucleus(SCN)이 있죠. 시교차상핵은 우리 몸에서 일주기에 관여하는 중요한 핵이지요. 시교차상핵을 이루는 신경세포는 대략 1만 개 정도에 불과하죠. 시교차 뒤쪽으로는 깔때기infundibulum가 있고, 그 위로 시상하부 핵들이 모여 있으며, 그 뒤쪽으로 유두체가 보입니다. 시교차에서 시교차상핵, 깔대기, 시상하부핵, 유두체를 둘러싼 이 영역이 시상하부에 속하죠. 깔때기에서 아래로 돌출된 부위 끝에는 뇌하수체가 달려 있죠.

후각을 전달하는 후각신경로의 일부는 전후각핵과 후각결절에 시냅스하며, 대부분은 편도주위피질, 편도핵, 내후각뇌피질에 시냅스합니다. 편도주위피질에서

8-28
편도체, 내후각뇌피질, 편도주위피질의 사진
사진에서 편도체는 상당한 크기의 균일한 피질로 보이지만 실제로는 서너 개의 핵으로 구분된다.

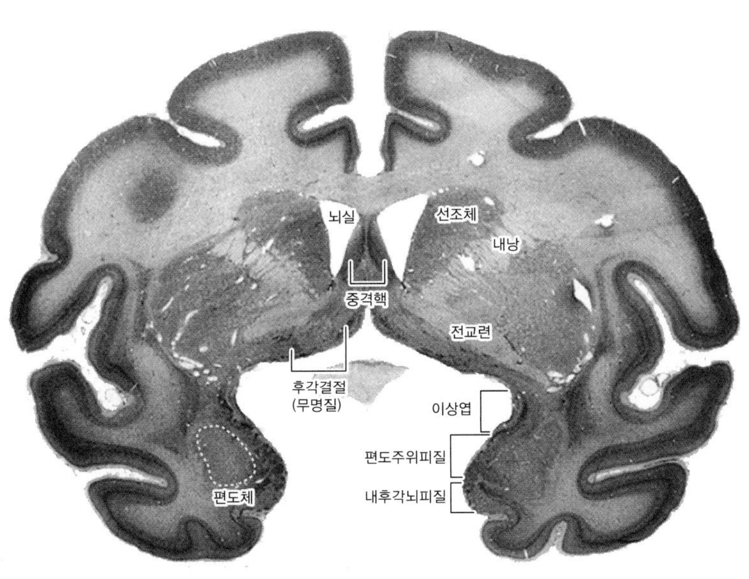

8-29
편도체 중심핵, 내측핵, 기저외측핵의 위치

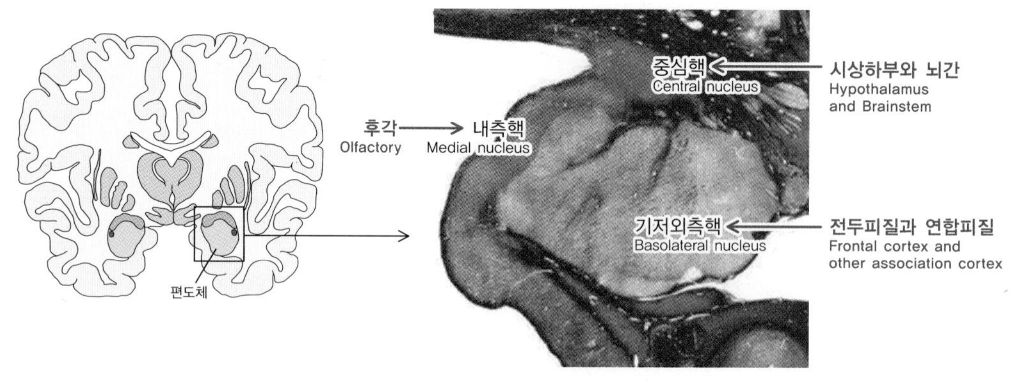

8-30
편도체의 구성핵들과 편도체 입출력 연결

후각로는 외측과 내측으로 갈라지며 외측후각로로 편도체에 후각이 입력된다. 복측편도원심로는 편도체의 출력신경섬유이다.

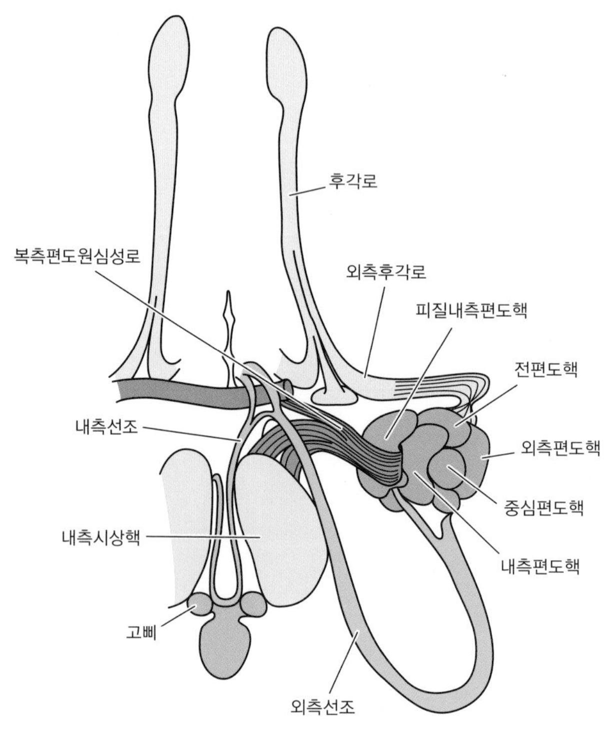

후각신호는 뇌섬영역insular area으로 출력하지요. 그리고 후각로의 일부는 전교련의 구성 성분이 되어 좌우 반구에 서로 연결됩니다. 해마형성체에서 후각 정보는 내후각뇌피질에서 관통로를 통해 입력됩니다. 후각은 편도체와 편도주위피질을 신경흥분시키지요.

편도체라는 이름을 들으면 독립된 구조가 떠오를 겁니다. 편도체는 갈고리이랑 안쪽에 있는 회색질 부분을 말하죠. 아몬드를 뜻하는 '편도'라는 이름처럼 아몬드 모양으로 생겼습니다. 편도체는 아래쪽에 있는 기저외측핵basolateral nucleus, 그 위쪽의 내측핵medial nucleus, 위쪽 바깥 중앙에 있는 중심핵central nucleus의 세 개 피질 영역으로 이루어진 복합체입니다. 이 세 부분은 각각 기능이 달라요. 기저외측핵은 전두엽과 연합감각피질로부터 신경정보 입력을 받고, 내측핵은 후각에서 시냅스하지요. 시상하부와 뇌간의 신경정보는 중심핵으로 입력됩니다.

이 가운데 기저외측핵은 전전두엽과 성질이 비슷해 발생학적으로 기원이 같다고 보죠. 기원이 같으면 동질성을 띱니다. 세포가 모여서 변형되거나 다른 영역으로 이동해도 본래의 특성은 그대로 유지할 수 있지요. 그래서 기원이 같은 세포들은 비슷한 기능을 하죠. 이런 관점에서 편도 기저외측핵이 전전두엽 피질과 기원이 같다는 사실은 시사하는 바가 큽니다.

감각연합영역에서 편도체로 다양한 감각이 입력되죠. 그리고 편도체에서 청각 입력에 대한 조건화 반응이 일어나기 때문에 우리는 뒤에서 다가오는 소리에 민감하지요. 편도체는 분노, 공포와 같은 동물적인 정서 반응과 관련이 있죠. 이것은 편도체 기능의 일부입니다. 편도체는 그것보다 더 많은 중요한 역할을 합니다.

02 편도체, 논리까지 감정으로 물들이다

편도체가 뇌의 작용에 미치는 영향력은 지속적이고 광범위합니다. 그래서 편도체의 강한 작용으로 감정이 인지 과정에 영향을 주며, 거친 일차감정이 의식을 장악하기도 하지요.

우리가 매순간 마주치는 일상 활동은 주로 작업기억이 처리합니다. 작업기억은 배외측전전두엽이 일상에서 벌어지는 상황을 처리하는 실행 기능이지요. 현재의 감각입력을 과거 기억과 무의식적으로 비교하여 즉시 운동을 선택하지요. 작업기억은 외부 세계에서 일어나는 정보를 감각피질을 통해 알게 됩니다. 그래서 감각자극을 처리하는 영역에 변화가 생기면 작업기억에 공급하는 현재의 감각입력이 달라지지요. 편도체는 피질에 있는 감각 영역들과 연결되어 있으므로 편도체 활성은 감각정보의 처리 과정을 변형시킬 수 있지요.

감각피질에서는 감각작용 과정 중 마지막 단계에서 편도체로 연결을 보내는 반면, 편도체에서는 모든 감각 처리 단계들에 연결들을 보내어 신피질의 초기 신호 처리 과정에도 영향을 줍니다. 연합감각피질이 작업기억에 중요한 입력들을 보내기 때문에 편도체는 감각피질의 처리 과정을 변화시켜 인식 과정에 영향을 미칠 수 있지요.

전대상회와 안와전두영역은 정서를 처리하는 피질입니다. 이 두 영역이 편도체와 기억저장 영역을 연결합니다. 그래서 기억을 떠올리면 그때 당시의 감정적 상태에 영향을 받게 됩니다. 정상적인 경우 하나의 자극에 주의를 기울이면 다른 자극들은 무시하게 되는데, 이것을 선택적 주의집중이라고 합니다. 그래서 한 가지 작업에 몰두할 수 있게 되는 거죠. 그러나 두 번째 자극이 감정적으로 중요한 자극이면 선택 과정에 침범하여 인식 과정 속으로 끼어들죠. 그런데 편도체가 손상되면 이런 일이 일어나지 않아요. 즉, 편도체는 암묵적으로 처리되는 감정적 자극들을 의식 속으로 보내는 통로의 역할을 수행합니다.

편도체로부터 입력되는 감정 신호는 행동 조절자 역할을 하는 전두엽과 운동중추인 선조체, 전운동영역premotor area에 각각 영향을 주어, 행동 출력이 감정의 영향을 받게 됩니다. 따라서 우리의 논리는 자기 주관에 갇혀 감정적 판단에서 벗어나기 어렵지요. 논리정연한 토론들도 대부분 감정적 논쟁으로 끝나지요. 신경회로의 구조를 봐도 논리가 감정을 억누르기 힘들게 생겼습니다. 이것은 뇌 신경회로 자체를 봐도 드러납니다. 전전두엽에서 편도체로 나가는 것보다 편도체에서 전전두엽으로 들어가는 신경섬유의 수가 많기 때문이지요. 이러한 전전두엽과 편도체

8-31
감정에 의한 행동표현의 영향

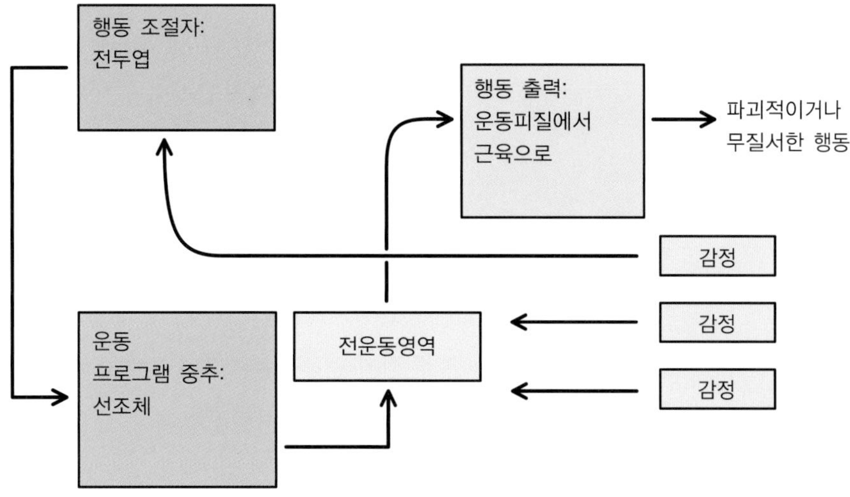

8-32
중격영역과 등쪽내측시상핵

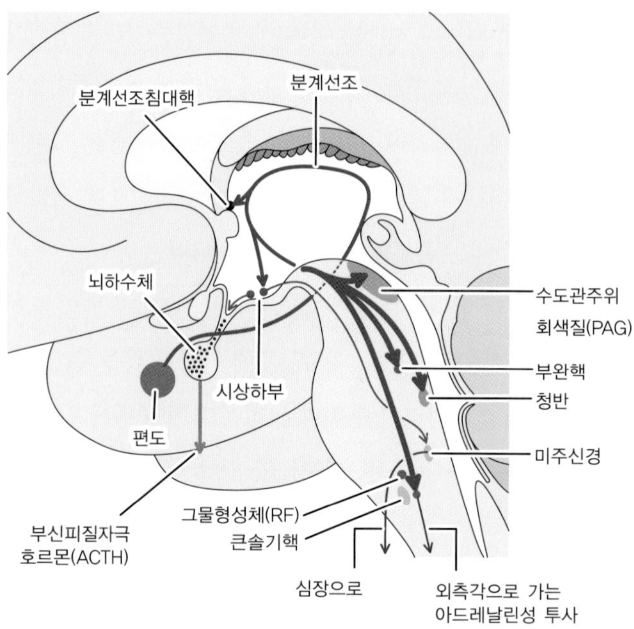

는 상호연결되어 있어서 대부분의 논리적 토론이 시간이 지나면서 감정적으로 바뀌는 것이죠.

구조는 기능을 결정합니다. 비슷한 기능의 세포들이 모여서 신체기관을 형성하므로 생명체에서 구조와 기능은 서로 연관되지요. 편도체의 회로는 조금 복잡하지요. 편도체 안에서도 피질내측핵과 기저외측핵 그리고 중심핵의 연결 양상이 또 다르죠.

편도체의 출력은 피질내측핵에서 섬유다발인 분계선조stria terminalis(분계섬유줄)를 형성하여 네 영역으로 들어갑니다. 첫 번째로 들어가는 영역이 중격의지핵이죠. 중격의지핵은 쾌감과 관련된 신경전달물질인 도파민을 분비하는 핵이지요. 도파민을 분비하는 버튼을 누른 후 쥐의 반응을 관찰했더니 먹고 자는 것도 잊어버린 채 탈진할 때까지 그 버튼을 누르고 있었다는 실험 결과로 잘 알려진 부위죠. 그래서 중격의지핵은 중독과 관련이 있습니다. 중격의지핵은 여러 다른 이름이 있어요. 기댐핵, 측좌핵, 측핵이 모두 중격의지핵의 다른 번역어들입니다. 그리고 배쪽선조도 중격의지핵입니다.

분계선조가 두 번째로 향하는 영역은 중격구역이에요. 중격구역에 있는 대표적인 핵은 중격핵이죠. 중격핵은 두꺼운 신경섬유다발인 내측전뇌속medial forebrain bundle(내측전뇌다발)을 통해 본능과 관계된 시상하부 그리고 도파민이 분비되는 중뇌변연핵, 즉 배쪽피개영역ventral tegmental area과 연결됩니다. 중격핵, 시상하부, 배쪽피개영역의 세 부위를 잇는 회로는 한마디로 '욕망의 하이웨이'라 할 수 있지요. 중독과 관련된 신경연결로이기 때문입니다.

분계선조가 세 번째로 들어가는 곳은 시상하부, 네 번째로 가는 부위는 시상의 배내측핵입니다. 시상의 배내측핵에서는 어디로 연결될까요? 전전두엽으로 연결된다고 강조했지요. 편도체의 피질내측핵에서 시상의 배내측핵을 거쳐 전전두엽으로 신경자극이 전달됩니다. 편도체가 비교, 판단, 추리, 예측을 하는 전전두엽을 감정으로 물들이는 겁니다. 그래서 순수한 논리는 존재하기 어렵죠. 측좌핵(배쪽선조)

8-33
파페츠회로와 편도체의 입출력

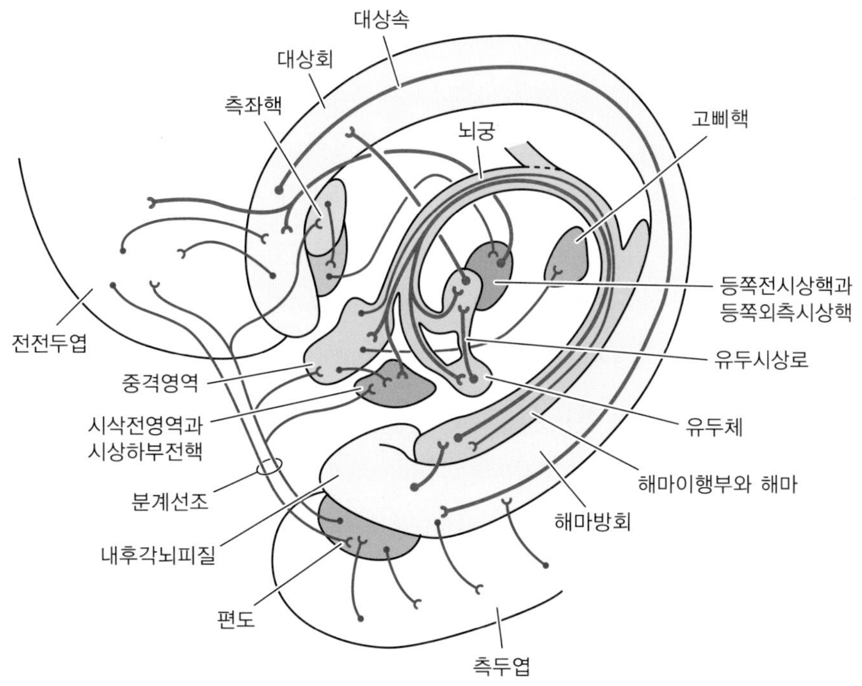

8-34
분계선조의 연결

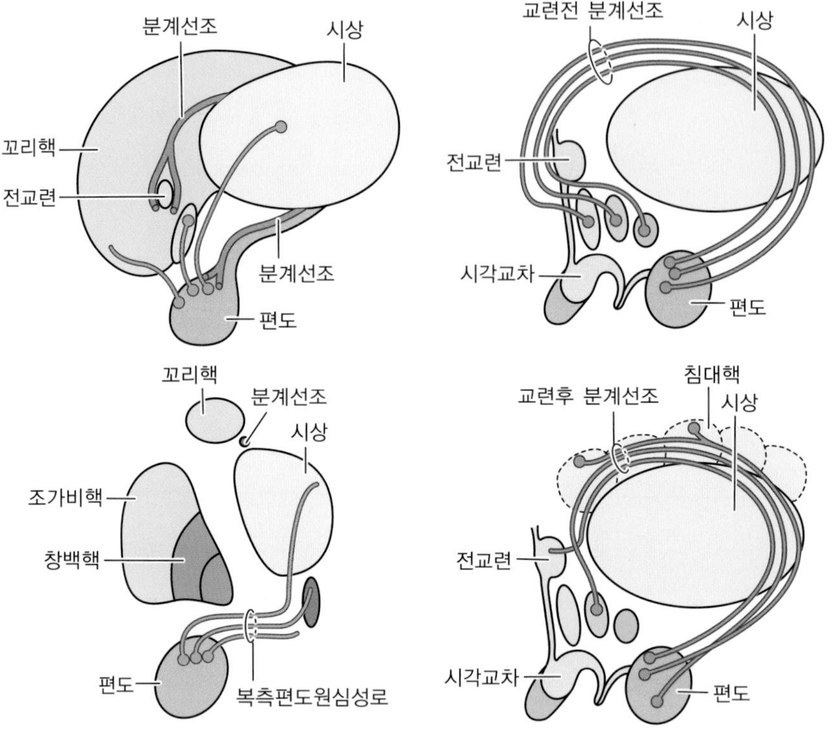

은 배쪽창백(무명질)으로 연결되고 배쪽창백은 시상과 연결됩니다. 시상에서 전전두엽으로 이어지는 신경로는 변연계 고리limbic loop라 하는데, 변연계 고리의 측좌핵과 무명질은 대뇌기저핵의 배쪽 영역에 해당합니다. 이 대뇌기저핵의 배쪽 영역이 변연계적 특성, 즉 감정을 처리하는 감정회로 영역이죠.

편도체에는 분계선조와 복측편도로 이어지는 두 개의 출력로가 있습니다. 분계선조는 교련전 분계선조와 교련후 분계선조로 구분할 수 있습니다. 교련전 분계선조는 전교전 섬유다발을 앞쪽으로 감싸고 시상하부핵들에 종지하며, 교련후 분계선조는 분계선조침대핵에 섬유다발의 일부가 시냅스하고, 나머지는 전교련 뒤쪽에서 시상하부핵들에 종지합니다. 분계선조stria terminalis의 영문 이름에서 터미널terminalis은 무언가가 끝나는 경계라는 의미입니다. 이름이 암시하듯이 꼬리핵과 시상을 구분하는 경계 영역을 따라 존재하는 편도체의 출력 신경섬유다발이죠. 이와 비슷하게 시상수질선조stria medullaris는 시상과 제3뇌실에 인접한 신경섬유다발입니다.

편도기저외측핵과 중심핵에서는 출력된 신경정보는 복측편도원심로ventral amygdalofugal pathway를 통하여 시상하부로 들어갑니다. 복측편도원심로에서 편도원심로amygdalofugal pathway라는 용어는 라틴어에서 유래했는데, 앞에서 나온 멜로디를 다음 멜로디가 앞서거니 뒷서거니 하면서 전개되는 음악 장르인 푸가처럼 '편도로부터 도주하는 경로' 정도로 옮길 수 있지요. 기저외측핵과 중심핵에서 뇌량하부로 바로 들어가는 회로도 있습니다.

전전두피질, 대상회, 내후각뇌피질, 측두엽, 그리고 시상 등쪽내측핵에서 편도체의 기저외측핵으로 신경신호가 입력되지요. 그리고 그 신경신호는 중격영역과 시상하부 복내측핵 그리고 교뇌 그물형성체에서 편도체의 중심핵으로 입력됩니다. 후각로에서 편도체 피질내측핵으로 신호가 입력되는 것이죠. 뇌 구조는 신경세포와 신경교세포로 구성되고, 신경세포는 긴 축삭으로 서로 연결되죠. 뇌는 신경세포

8-35
편도체 입력신호
(출전: Neurobiology, Gordon M. Shepherd)

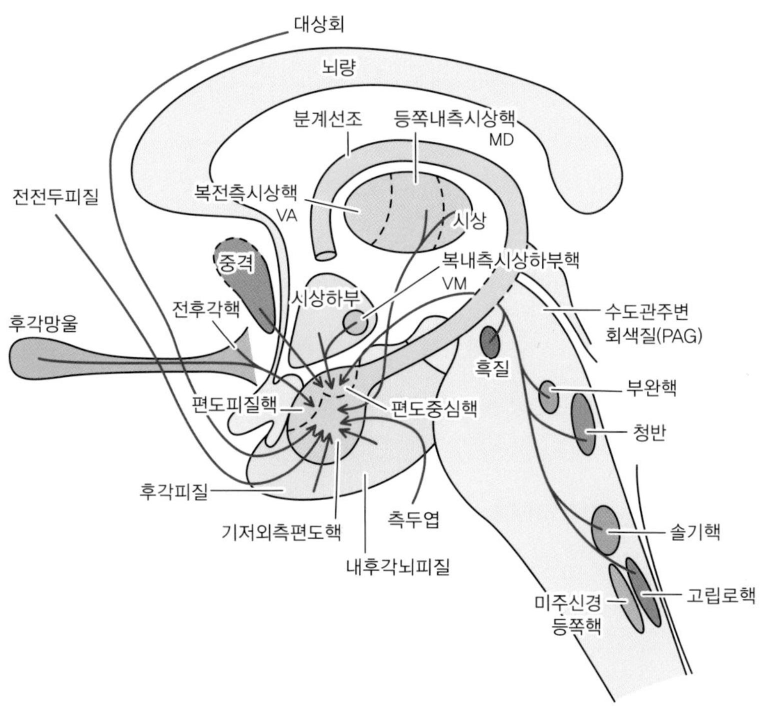

8-36
편도체 출력신호
(출전: Neurobiology, Gordon M. Shepherd)

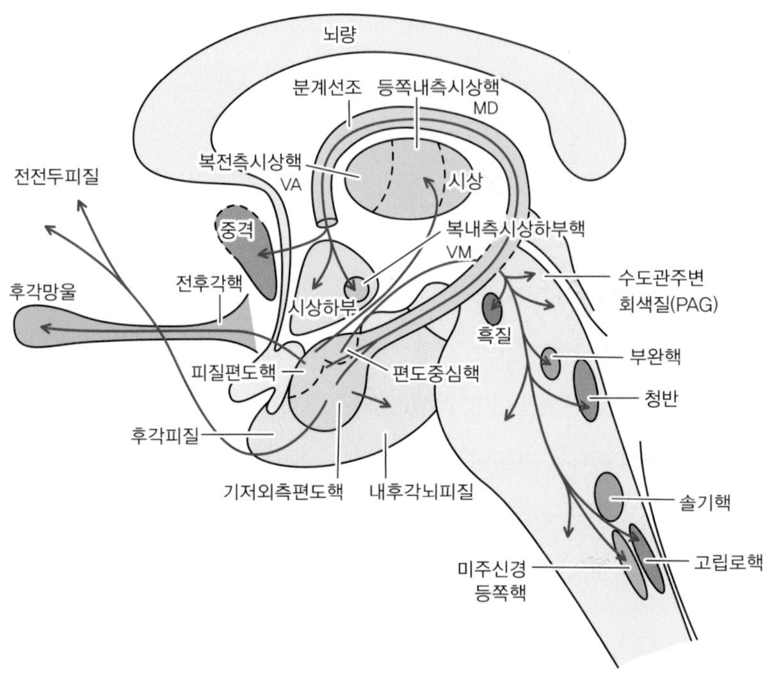

와 신경세포의 연결선인 신경섬유로 구성된다고 볼 수 있습니다. 뇌의 기능이란 신경세포들 사이의 연결로 생기죠. 따라서 뇌 신경핵들 사이의 연결을 정확하게 공부하는 것이 뇌 공부의 핵심입니다.

편도체의 주요 출력은 기저외측핵에서 전전두피질과 내후각뇌피질로 향하는 출력과, 분계선조를 통하여 시상하부와 중격영역으로 향하는 출력이 있죠. 편도중심핵에서 교뇌 그물형성체와 시상 등쪽내측핵으로 출력되죠. 편도중심핵에서 뇌간의 중뇌수도관주변회색질, 흑질, 부완핵, 청반핵, 솔기핵, 고립로핵, 미주신경 등쪽핵으로 신경정보를 출력하지요. 편도체의 출력을 요약하면 다음과 같습니다.

기저외측핵: 전전두엽, 중격영역, 무명질, 대상회, 하측두엽, 해마방회, 내후각뇌피질

중심핵: 측좌핵, 중격핵, 시상하부, 시상등쪽

8-37
편도체 복측편도원심로와 중심핵의 출력부위

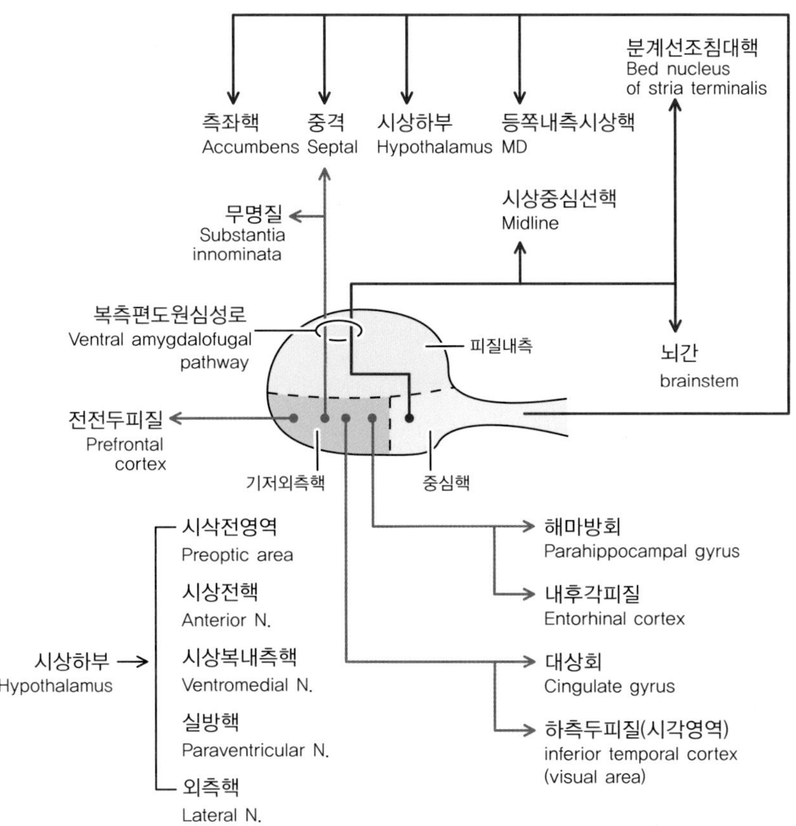

8-38
편도체와 연결된 피질영역

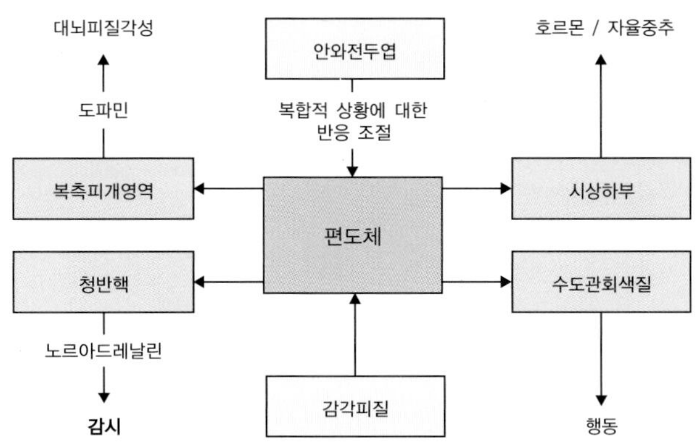

내측핵: 분계선조침대핵, 시상중심선, 뇌간

복측편도원심로는 기저외측핵과 중심핵에 출력되는 신경섬유의 일부로 중격, 무명질, 뇌간, 분계선조침대핵, 시상중심선핵으로 신경정보를 보내지요.

편도체는 감각피질로부터 외부 환경의 감각자극을 입력받고, 안와전두엽으로부터 복합적 상황에 대한 반응 조절을 신호를 받지요. 편도체는 복측피개영역을 자극하여 대뇌피질에 도파민을 분비하여 피질을 각성시킵니다. 편도체는 청반핵에 신경자극을 출력하여 위험한 상황을 감지하게 하고, 수도관주위회색질을 자극하여 행동을 실행하게 하죠. 또 시상하부를 제어하여 시상하부로 하여금 자율중추를 조절하게 합니다. 감정 정보에 대한 뇌의 조절 체계는 안와전두엽 편도체 시상하부 자율신경으로 요약할 수 있죠. 결국 내장과 호르몬 시스템을 통해 시상하부가 본능 욕구를 통제하는데, 시상하부는 편도체에 의해 조절되며 편도체는 안와전두엽의 통제를 받는 것이죠.

시상하부의 외측핵과 복내측핵, 시상의 수질판내핵 그리고 중격핵에서 편도체

8-39
편도체 입력 부위

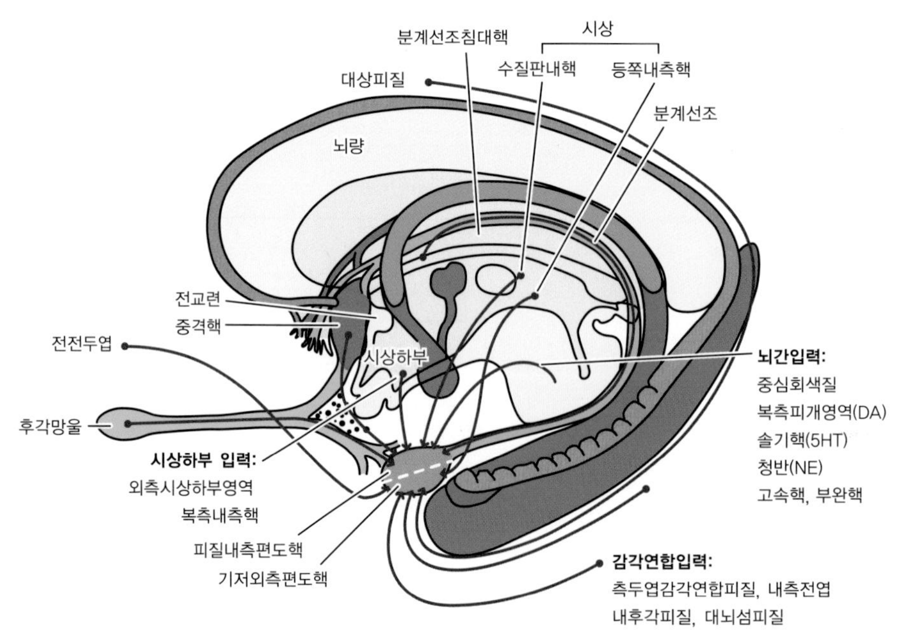

8-40
편도체 회로 정보전달
(출전: 《시냅스와 자아》, 조지프 르두)

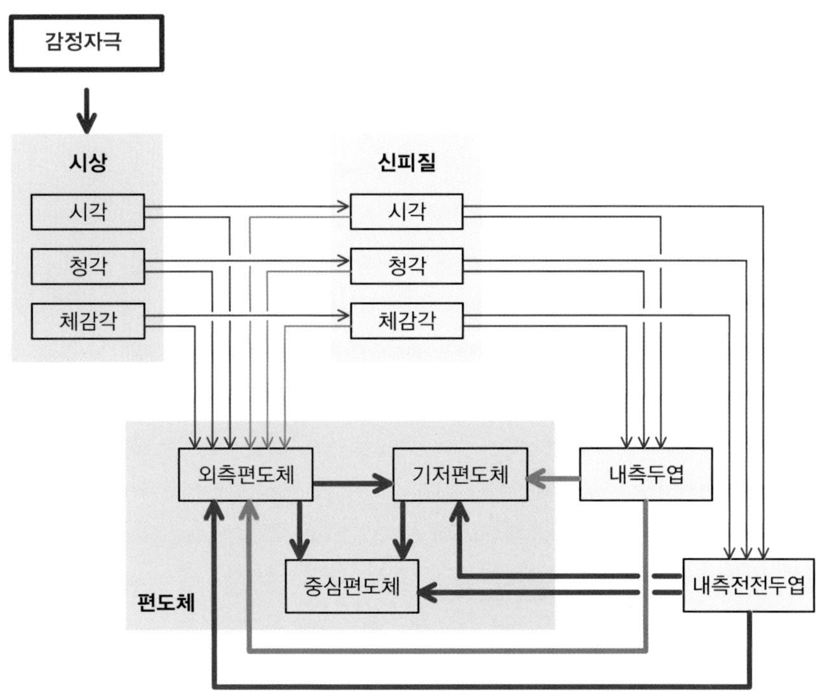

피질내측핵으로 신경신호가 입력됩니다. 후각망울, 시상 배내측핵, 대상회, 감각연합피질과 전전두엽에서는 편도체 기저외측핵으로 신호가 연결되지요.

공포 감정과 관련된 신경핵으로 생각했던 편도체가 대뇌피질처럼 모든 감각 입력이 들어가고 해마와 내측전전두엽에 연결되어 정서적 인지 과정에 영향을 줍니다. 편도체를 연구한 조지프 르두는 편도체의 조건화된 공포 학습 과정을 밝혔습니다. 공포는 동물의 생존에 중요한 자극이며, 진화적으로도 중요한 감정이지요. 외측편도체에서 시상으로부터 시각, 청각, 체감각입력을 받으며 내측전전두로부터 연합된 감각이 입력됩니다. 편도체는 내측전전두엽과 연결되어 감각입력의 정서적 느낌을 기억합니다. 르두의 두 권의 책 《시냅스와 자아》, 《느끼는 뇌》에 편도체에 관한 자세한 연구 내용이 잘 기술되어 있습니다.

반면에 해마는 정서적 사건의 사실적 내용을 기억합니다. 인간의 경우 강한 정서적 사건을 경험하면 그 사건에 대한 정서적 측면은 편도에서 장기간 기억되지만 해마에서 기억되는 그 사건에 대한 사실적 내용은 얼마 후 사라지죠. 그후 그와 비슷한 상황을 만나면 정서적 기억만 다시 살아나죠. 그래서 우리는 처음 접하는 환경에서도 느낌과 분위기를 쉽게 간파할 수 있습니다. 왜냐하면 의식적으로 그런 느낌

8-41
정서와 인지의 상호조절로 행동출력이 제어되는 회로
후각자극에 의한 무조건적 감각입력으로 감정적 반응이 촉발된다. 반사적인 감정반응이 인지와 정서의 상호조절작용으로 조율된 행동으로 출력된다.

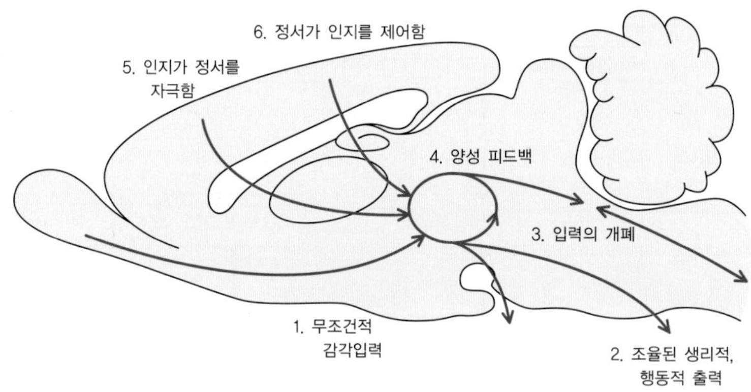

8-42
시상하부를 지나가는 내측전뇌다발

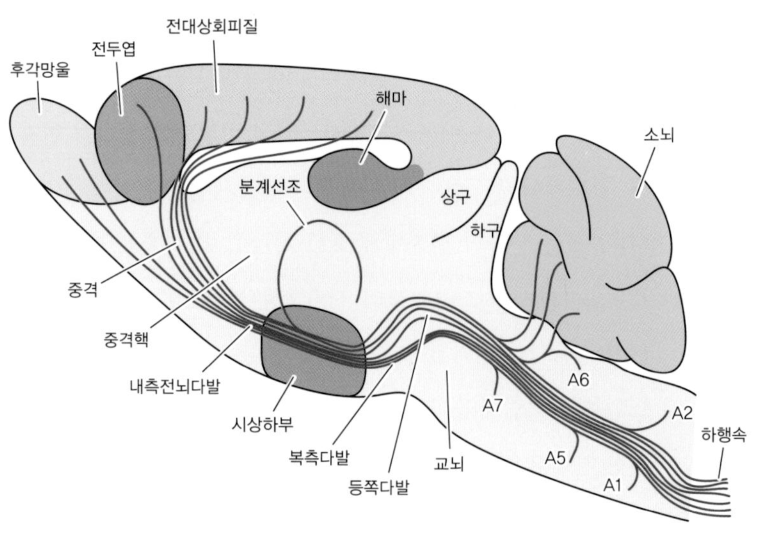

을 유발하는 구체적 내용은 잊어버렸지만, 그 상황에 대한 감정은 오래 지속되기 때문입니다.

동물의 감정 시스템을 오랫동안 연구한 자크 판세프는 얼굴, 혀, 인두, 후두의 움직임을 조절하는 전뇌와 시상하부핵, 뇌간 피개의 일부 핵, 그리고 뇌간 핵이 모두 구애, 도망, 웃음, 울음 등에 관여하는 정서를 만드는 영역이라 했습니다. 그런 신경핵들의 작용으로 얼굴 표정, 목소리, 자세, 특정 유형의 행동(달리기, 얼어붙은 듯 꼼짝않기, 구애하기, 자식 돌보기)이 나타나게 되죠. 정서가 인지를 제어하여 조율된 생리적·행동적 출력에 관여합니다. 정서란 이와 같은 동요, 또는 신체적 격동을 의미합니다.

우리가 관찰하는 일련의 복잡한 활동들은 위에서 언급한 각 핵들이 동시에 또는 조화로운 순서에 따라 만들어내는 절묘한 협응작용의 결과이지요. 모든 정서에서 동시다발적으로 나타나는 신경 및 생리반응은 일정 시간 동안 신체의 내부 환경, 내장, 근골격계에 일정 유형의 변화를 초래하죠. 정서와 느낌에 대한 뇌과학적 연구는 다마지오의 《스피노자의 뇌》에서 깊이 있게 잘 설명되어 있습니다. 특히 《스피노자의 뇌》에서 동물 감정의 근원이 세포 수준의 작용인 대사조절, 조건반사, 면역반응에서 기원한다고 주장하죠. 다마지오의 주장을 8-43으로 요약해보았습니다.

8-43
세포 수준 작용의 통합으로서 느낌과 감정의 단계

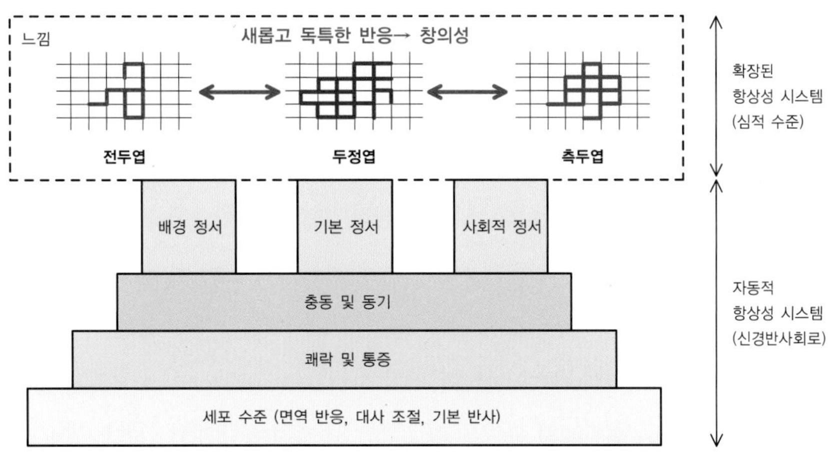

8-44
편도체 출력 영역

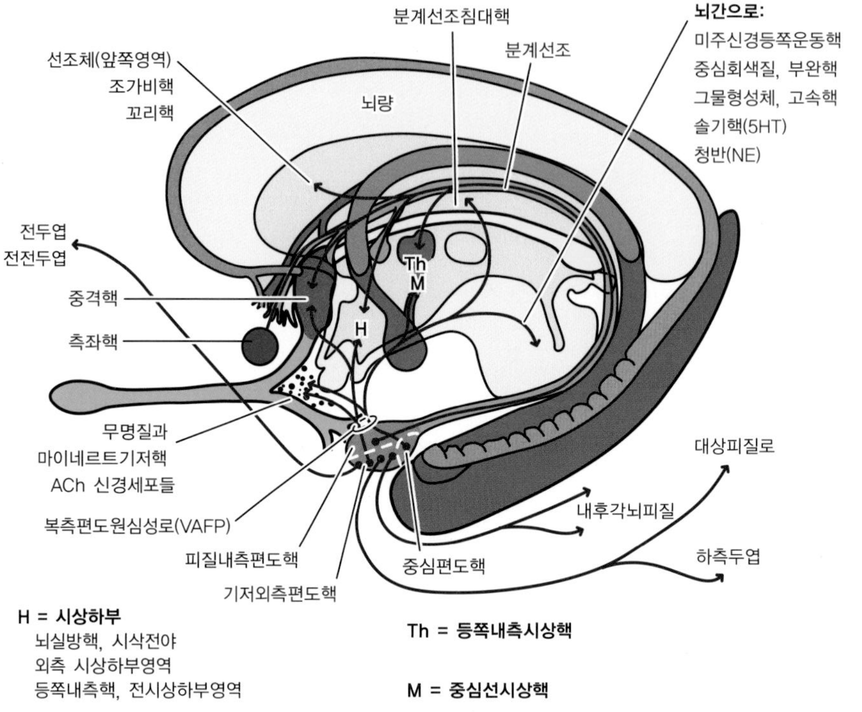

세포 수준의 작용이 척수 수준에서 쾌락과 통증으로 모아져서 충동과 동기로 작용하지요. 충동적 욕구들은 시상하부에서 감정적 운동으로 표출되어 배경 정서, 기본 정서, 그리고 사회적 정서를 형성합니다. 이러한 정서 혹은 감정은 신경회로적 반사동작이며, 뇌각과 척수의 자동적 항상성 시스템이 작용한 결과이죠. 무의식적 신경반사회로의 거친 감정들이 대뇌피질에서 억제되고 조절되어 의식적 느낌으로 표현되죠. 따라서 느낌은 전두엽, 두정엽, 그리고 측두엽이 관여하는 분명한 의식적 뇌 작용입니다. 그래서 다마지오는 느낌을 '확장된 항상성 시스템'의 작용이라고 한 것입니다. 의식의 심적 수준에서 학습된 기억을 새롭고 독특하게 조합하여 불확실한 입력에 적응하는 과정이 바로 창의성이죠. 인간의 인지작용은 대부분 기억을 바탕으로 합니다. 창의성도 기억을 새롭게 조합하는 과정이기 때문에 기억된 지식의 축적이 선행되어야 하지요.

편도체의 출력은 편도체의 핵 각각에 대해서 다음과 같은 경로를 통해 이루어집

8-45
시상과 시상하부가 자리하는 간뇌

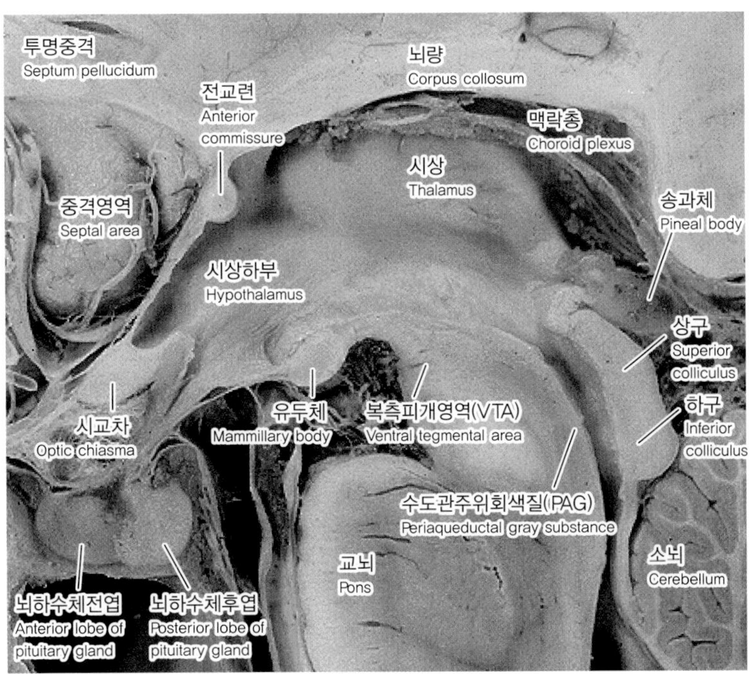

니다.

피질내측핵 출력: 측좌핵, 중격핵, 시상하부, 시상 등쪽내측핵

기저외측핵 출력: 전전두엽, 무명질, 대상회, 하측두엽, 내후각뇌피질, 해마방회

중심핵 출력: 시상정중선핵, 분계선조 침대핵, 뇌간

피질내측핵의 출력은 분계선조를 형성하고, 기저외측핵의 출력 일부와 중심핵의 출력이 합쳐서 복측편도원심로를 형성하지요.

03 본능을 운동으로 바꾸는 시상하부

시상하부의 기능은 스트레스 반응을 보면 잘 드러납니다. 스트레스를 받으면 신경 흥분이 시상하부에서 신경섬유를 통하여 척수로 전달되고, 척수에서는 부신 안쪽의 수질에서 시냅스를 하지요. 그러면 부신수질에서 아드레날린과 노르아드레날린이 분비되어 모세혈관을 따라 온몸으로 퍼집니다. 부신(콩팥)의 수질과 피질은 발생적으로 다른 조직입니다. 부신피질은 주로 코르티졸을 분비하는 분비샘이며, 부신수질은 변형된 교감신경입니다.

그리고 부신피질의 코르티졸에 의한 스트레스 반응 연결을 시상하부-뇌하수체-부신피질 경로라 하죠. 이 과정이 코르티졸에 의한 단기 스트레스 반응입니다. 카테콜아민인 아드레날린과 노르아드레날린이 분비되어 작용을 하면 혈압이 상승하고 호흡이 증가하죠. 단기 스트레스에 대응하기 위해 빨리 에너지를 모아야 하니 소화 기능이 떨어지고 신장의 이뇨작용도 중단됩니다. 이렇게 모은 에너지원인 포도당으로 골격근을 움직여 싸우거나 도망가는 반응을 하지요. 이런 단기 스트레스 반응은 자동적이고 신속한 행동을 만들지요.

장시간 지속적인 스트레스가 가해지면 시상하부 실방핵paraventricular nucleus(PVN)에서 뇌하수체 전엽으로 부신피질자극호르몬방출인자corticotropin

8-46
뇌하수체-시상하부-부신피질 연결

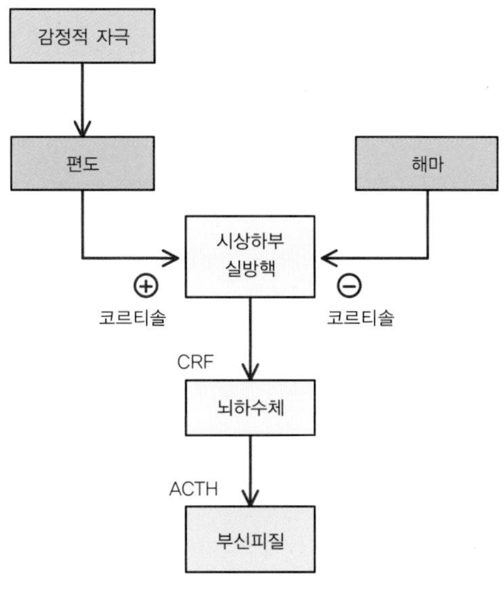

8-47
시상하부와 뇌하수체 전엽의 신경호르몬 작용

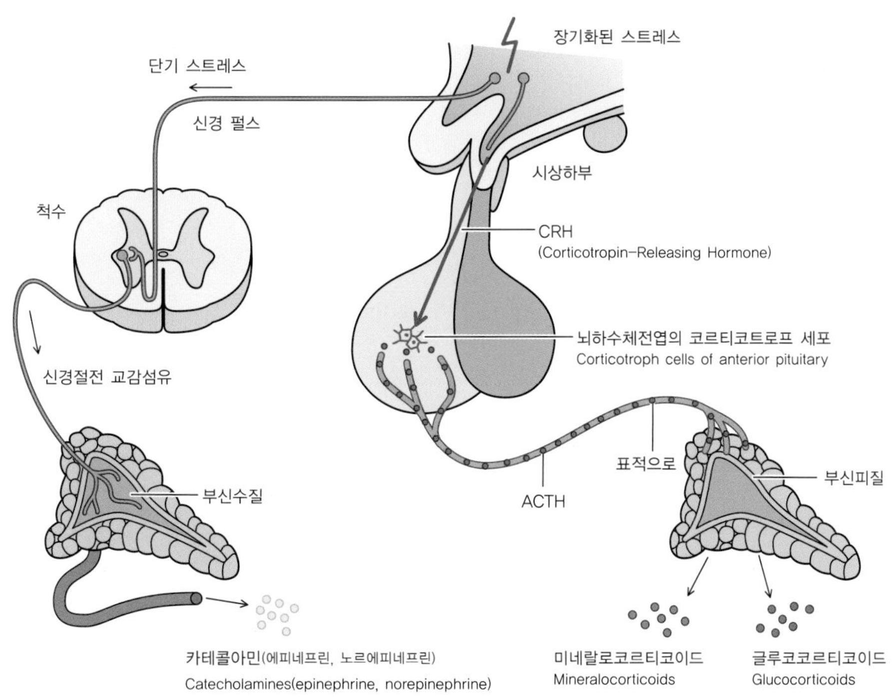

releasing factor(CRF)를 분비하죠. 그러면 뇌하수체 전엽에서 부신피질자극호르몬adrenal corticotropic hormone(ACTH)을 생성해 부신피질로 내려보내요. 부신피질자극호르몬을 받은 부신피질에서는 스트레스에 대항하는 스테로이드 호르몬인 코르티솔cortisol을 분비합니다.

코르티솔은 무기질 코르티솔과 당질 코르티솔로 구분됩니다. 무기질 코르티솔은 나트륨 이온과 수분을 보존하고, 칼륨 이온은 방출하죠. 당질 코르티코이드는 단백질과 지방을 분해해서 글루코스, 즉 포도당으로 바꾸죠. 그 결과 혈압이 올라가고 호흡이 빨라지며 면역력이 떨어지고 염증 반응이 억제됩니다.

그런데 단백질과 지방을 분해하면서 포도당이 많아지면 혈당이 확 높아져요. 혈당이 높아지면 해마가 영향을 받아 해마에 있는 시원세포가 파괴됩니다. 그래서 장기간 스트레스를 받으면 기억력이 저하되지요. 장기간 스트레스를 받으면 혈당이 계속 높은 상태가 되어 해마의 시원세포들이 소멸되어 해마의 크기가 축소됩니다.

8-48
쥐 신경하수체의 신경분비 투과전자현미경 사진.
신경분비과립(화살표)과 모세혈관의 내강(c)이 나타나 있다.
(출전: Atlas of Ultrastructural Neurocytology, http://synapses.clm.utexas.edu/atlas/)

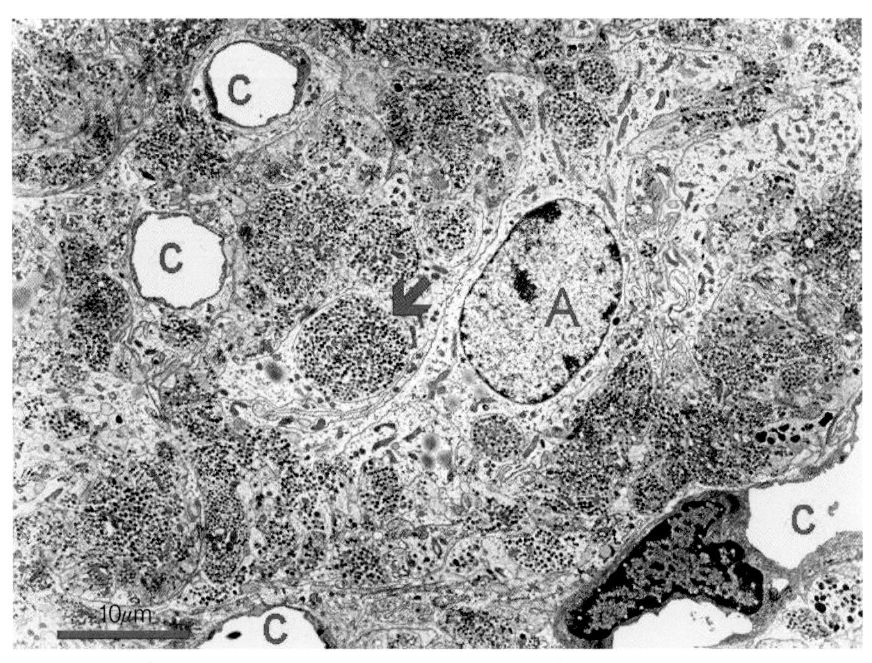

줄어든 해마는 회복이 어렵죠. 해마의 위축은 장기적인 기억장애를 초래합니다. 단기 스트레스를 받았을 때 우리는 커피, 사탕, 과자 같은 탄수화물 함량이 높은 음식을 먹죠. 이런 탄수화물은 포도당으로 빨리 분해되어 뇌에 에너지를 제공하여 즉각적 효과를 보입니다. 하지만 탄수화물 섭취가 지나치면 문제가 생깁니다. 혈당이 높아지죠. 혈당이 한번 높아져버리면 조금만 떨어져도 높은 상태로 돌아가려고 하기 때문에 또 탄수화물을 먹어야 합니다. 중독에 빠지는 거죠. 포도당을 섭취하지 않으면 우리 몸은 근육에 저장된 글루코겐을 분해해서 포도당으로 만들어냅니다. 신속히 포도당으로 분해되는 과자보다 천천히 포도당으로 전환되는 다당류를 섭취하는 것이 비만과 체질개선에 효과적입니다. 달리기 운동을 하면 혈중 포도당 농도가 낮아집니다.

단기 스트레스 반응이든 장기 스트레스 반응이든 결국 포도당을 에너지로 사용하여 대응합니다. 단기 스트레스 반응에 사용되는 포도당은 탄수화물, 장기 스트레스 반응에 사용되는 포도당은 단백질과 지방에서 나온다는 점에서 차이가 있지만,

8-49
감각자극의 이중경로
붉은선: 감각입력 → 시상 → 편도체의 신속한 직접경로
파란선: 감각입력 → 시상 → 전두엽 → 편도체의 지연된 인지적 간접경로

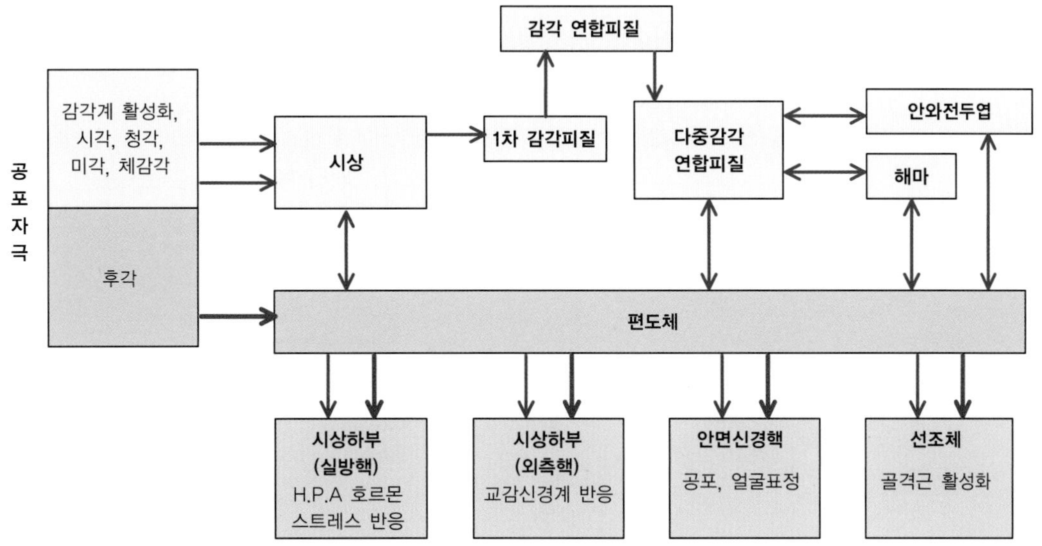

8-50
편도체 중심핵의 출력

편도체의 중심핵은 공포자극에 대한 즉각적 반응을 촉발하는 신경자극을 출력한다. 편도체 중심핵은 시상하부를 자극하여 교감신경과 HPA 경로를 활성화시킨다. 그리고 중심핵은 수도관주위회색질을 자극하여 동물이 회피동작을 하게 한다.

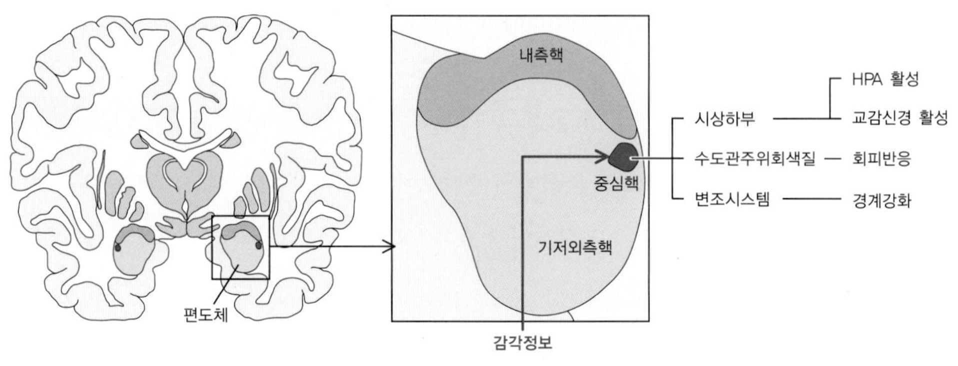

8-51
변연계 주요 영역들의 기능

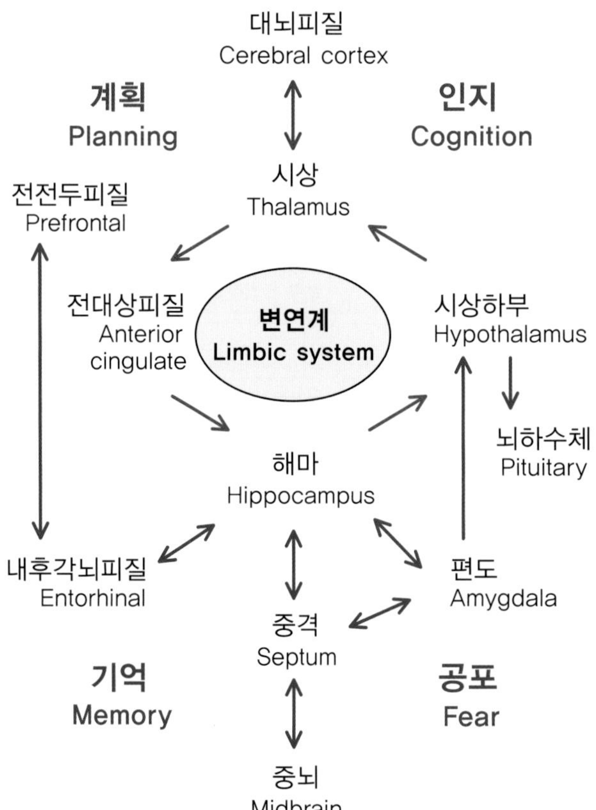

혈당량을 높이기는 마찬가지입니다.

생존에 직접 영향을 미치는 감각입력은 신속한 행동으로 도피 반응을 만들어냅니다. 그 상황을 우선 피하는 것이 생존 확률을 높이기 때문이죠. 안전한 곳으로 물러난 후 그 자극을 자세히 살펴보게 됩니다. 신경시스템에서는 위험한 상황에 관한 감각입력은 시상을 거친 후 편도체에서 즉각적 행동으로 출력하며, 자세한 분석이 필요한 자극은 시상에서 감각피질을 순차적으로 거치면서 다중적으로 처리합니다. 일차감각피질에서 연합감각피질로 시각, 청각, 체감각의 개별 감각이 더욱 세부적으로 처리되어 다중연합감각영역으로 하나의 대상에 대한 모든 감각이 모입니다. 그리고 안와전두엽에서 그 감각에 대한 정서적 평가인 느낌을 생성하죠. 감정자극의 이중경로를 요약하면 8-49와 같습니다.

변연계는 편도, 시상하부, 시상, 전대상회, 해마가 상호연결되어 공포자극을 학습합니다. 공포에 대한 조건학습은 동물의 생존에 중요한 요소죠. 공포에 싸인 감정은 편도에 기억되지만, 해마는 공포 반응의 배경을 기억합니다. 비슷한 환경을

8-52
편도체와 신피질의 사용연결 강도

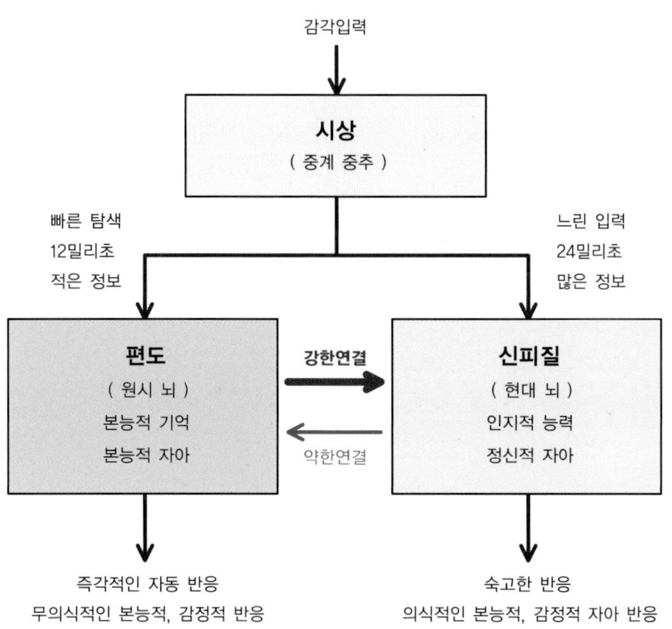

만나면 전전두피질은 기억을 비교하여 전개될 상황을 예측하죠. 그래서 해마와 전전두피질의 경험학습을 바탕으로 위험자극에 대한 반응을 어느 정도 조절할 수 있게 되죠. 그래서 동물은 항상 공포 반응에 즉각적으로 반응을 하지만 인간은 두려워하면서 상황을 인지하려고 하지요.

시상에서 편도체의 경로는 즉각적인 자동반응과 무의식적인 본능적 반응을 신속하게 만듭니다. 반면에 조금 더 지연된 시상에서 신피질의 경로는 숙고된 인지적 반응을 만들어서 행동에 유연성이 높아집니다. 시상에서 편도체로 가는 적은 내용의 빠른 신호는 시상에서 신피질로 가는 신경전달보다 12밀리초 정도 빨라요. 이 짧은 시간의 차이로 위험을 피하면 생명을 구할 수 있습니다. 편도체에서 신피질로 가는 신경연결이 신피질에서 편도로 입력되는 연결보다 강하지요. 인간은 대략 200만 년 전 호모에르가스테로부터 신피질이 급격히 늘어나서 호모 사피엔스로 이르는 진화가 가속되었지요. 다른 영장류에 비해서 인간의 신피질은 전전두엽이 거의 두 배나 증가했죠.

8-53

편도체와 감각입력 연결

다중감각영역(MA)에서 편도체로 감각정보가 입력되며 편도체에서 변연계로 출력된다. 편도체의 입력을 받는 변연계는 기억과 행동을 촉발하고 내장반응을 일으킨다. (출전: 《의학신경해부학》, 이원택·박경아)

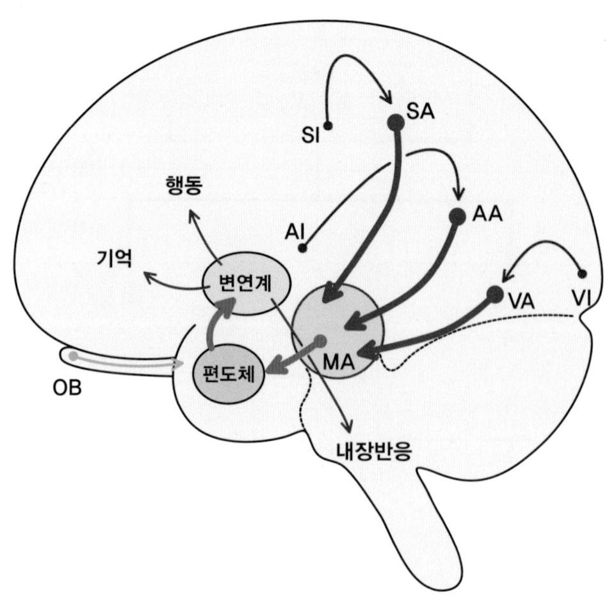

스트레스 반응의 경로에서 시상하부, 뇌하수체, 부신피질이 하나의 시스템으로 연결되어 있다는 사실을 기억합시다. 그런데 부신피질 세포들은 중배엽, 부신수질에 있는 세포들은 외배엽에서 기원하는 신경능세포로부터 만들어집니다. 부신수질은 물고기에서부터 인간 뇌까지의 진화를 추적하는 데 주목해야 할 기관입니다. 부신수질을 원초적인 뇌의 일부로 볼 수 있다는 거죠. 그래서 부신수질에서도 뇌에서처럼 아드레날린, 노르아드레날린을 분비합니다.

외부에서 감각자극이 들어와 편도체를 중심으로 한 변연계 회로를 통해 감정이 만들어지고, 이 감정에 대한 반응이 시상하부를 거쳐 운동으로 표출되지요. 한마디로 시상하부는 본능적 감정을 운동으로 표출하는 신경핵들과 신체의 항상성을 조절하는 신경핵들의 집합이죠. 시상하부 시삭전핵의 복외측영역ventrolateral preoptic area(VLPA)은 남성의 성중추이며, 시상하부복내측ventromedial nucleus(VM)핵은 여성의 성중추입니다.

04 감정에 중독된다는 것

인간에게 나타나기 쉬운 강력한 3대 중독이 있어요. 설탕중독, 알콜중독, 감정중독이지요. 중독 현상은 반응 동작을 멈추기 힘든 상태를 말합니다. 뇌 작용이 반복되는 폐회로를 맴도는 것과 같은 현상이죠. 감정중독 현상은 점차로 커지는 나선형 소용돌이 같아요. 그래서 감정은 점점 강해지면서 주변의 뇌 활동 영역을 잠식하지요. 결국 뇌의 모든 활동이 감정의 단일한 소용돌이에 모두 빨려들면서 우리 뇌는 감정 상태에 점령되죠.

증가하는 나선형의 회로를 돌기 때문에 한 바퀴 돌아서 제 위치로 왔을 때는 처음에 입력된 값과 다르죠. 이 루프가 또다시 돌면서 처음 입력된 값에서 계속 증폭합니다. 피드백 루프가 걸리는 증폭 회로를 수학식으로 표현하면 다음과 같습니다.

$$P_{out} = P_0/(1 - \square)$$

여기서 □의 값이 1이 되면 출력인 P_{out}은 무한대로 발산합니다. 경보기나 라디오의 동조회로에서 코일과 콘덴서의 값을 조정하면 웽 하는 소리가 계속 나죠. 이때가 바로 위 식의 분모가 0이되는 발진현상입니다. P_{out}인 출력이 바로 변연계의 감정 증폭 과정의 출력과 유사하죠. 피드백 루프를 한 바퀴 돌면 앞의 출력값이 다시 입력값이 되어 폐회로는 계속 작용하지요. 이 루프가 두 번, 세 번, 그 이상 계속해서 돌면 출력값이 계속 커져요. 걷잡을 수 없이 커지죠. 우리의 감정은 '가설 부풀림' 현상으로 매번 입력값이 증가하여 그 결과 감정 출력은 계속 확대되어 뇌의 전 영역을 장악해버리지요. 그래서 감정 상태는 뇌에 '동원령'을 발동하게 됩니다. 이처럼 감정의 힘이 강해져서 '영향은 받지만 명령은 받지 않는' 상태가 되어버립니다. 이런 감정의 모습과 비교할 때 의식의 특징은, '군림하지만 통치하지는 않는다'라고 표현할 수 있습니다.

누군가와 사랑에 빠질 때 어떻습니까? 한 가지 생각으로 뇌가 몰입하는 상태에 빠집니다. 그전에는 옆에 있는 줄도 모르고 관심도 없었던 사람인데, 어느 순간 그 사람만 보이고 그 사람의 모든 행동이 좋아지는 거지요. 서로 관심이 깊어지는 동안 뇌의 관련 영역이 '열린 분산 회로'에서 '닫힌 증폭 회로'로 변환된 현상일 수 있어요. 싸울 때도 보세요. 처음에는 아무것도 아닌 일로 시작됩니다. 그런데 한마디 한마디 주고받다 보면 감정이 격해지죠. 어떻게 그렇게 되죠? 감정이 닫힌 회로를 돌아서 그런 거죠. 사랑이든 싸움이든 쉽게 못 빠져나옵니다. 감정이 닫힌 회로를 돌면서 감정 기억을 계속해서 자극하기 때문입니다.

감정은 들불처럼 확산되고 전염되지만 조만간에 사라지지요. 감정적 상태는 에너지가 많이 소모되므로 우리 신체의 부교감 신경이 이를 억제하여 안정한 상태로 회복시킵니다. 그러나 의식은 감정처럼 전면에 드러나지 않지만 배경처럼 존재하여 각성상태를 유지하지요. 의식은 마치 바다와 같고, 생각은 파도와 같지요. 하지만 의식은 직접 명령을 내리지는 않습니다. 그래서 뇌과학자들은 뇌 속에는 명령센터가 없다고 말해요. 감정은 누구의 명령도 받지 않습니다. 감정은 감정 고유의 것이고, 또한 독재자입니다. 누구도 감정을 피해갈 수 없어요. 이런 감정을 가리켜 다마지오는 "뇌에 동원령을 내린 상태"라고 했습니다. 동원령이 떨어지면 분산된 자원이 한곳에 모두 집결하게 됩니다. 감정이 바로 그렇습니다.

본능 욕구의 일차감정과 보상 욕구를 처리하는 뇌 영역이 변연계입니다. 기본적인 변연계에 전전두엽까지 포함한 확장된 변연계는 거친 감정을 제어하여 순화된 정서와 느낌을 만들죠. 확장된 변연계의 각 영역의 중요한 기능을 정리하면 8-54

8-54
기억, 동기, 운동제어의 뇌 영역

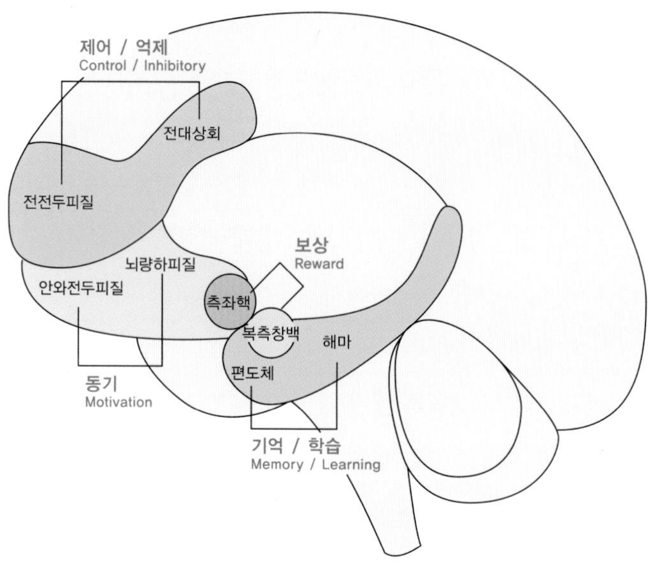

와 같습니다.

기억과 학습: 해마와 편도체

보상: 측좌핵, 복측창백

동기: 안와전두피질, 뇌량하피질

억제: 전전두피질, 전대상회

이러한 피질 영역의 기능들이 서로 연결되어 인간은 의도적 행동을 하게 됩니다.

편도체, 시상하부 모두 목적지향적 실행 중추인 전전두엽과 연결되어 있습니다. 대뇌피질 후반부의 감각영역으로부터 시각, 청각, 체감각의 감각정보가 전전두엽으로 들어가죠. 본능적 욕구 정보가 척수, 뇌간, 시상하부에서 올라오고 외부세계에 대한 감각정보가 감각연합피질에서 안와내측전전두엽으로 모이면서 몸 자체의 본능정보와 감각입력에 의한 외부 환경 정보가 배외측전전두엽에서 처리됩니다. 이 두 전전두엽이 서로 연결되어 본능에서 기원한 감정이 지각에 영향을 줍니다. 자기도 모르게 욕망이나 가치에 물든 채로 바깥 세상을 인식하고 분별하게 되는 것이죠. 감정에 휘둘리지 않게 되는 것은 인간 진화에서는 아직 힘든 일입니다. 왜냐하면 감정이란 우리가 활동하면서 만나는 사람과 사물에 대해 반응을 촉발하는 정서적 꼬리표를 부여하는 과정이기 때문이죠. 그래서 감정으로 지도화된 환경을 구성하여 그 속에서 우리의 행동을 일으키는 동기가 작동하는 겁니다. 감정이 없다면 반응을 선택할 수 없고, 결국 수동적 동작에서 능동적 행동으로 나아가기 힘들죠.

동물의 감정은 본능적 욕구에 구속되어 있지만 인간은 전전두엽이 발달해 감정의 본능적 표출을 억제하여 사회적으로 순화된 정서로 바꾸지요. 전전두엽의 중요 기능이 억제인 것은 바로 본능적 감정의 직접적 표출을 억제한다는 것입니다. 술에 취한 상태에서 조리 없는 감정적 말과 행동을 반복하는 것은 전전두엽의 제어력이 약화되었기 때문이죠.

이러한 전전두엽의 활발한 작용으로 감정적 상태에 대한 인식작용이 발달하여 의식화된 느낌이 생성되지요. 감정회로에서 벗어나는 방법은 우선 멈추는 겁니다. 감정적 반복 패턴을 관찰해 감정회로에 갇혀 있음을 깨닫고 멈추는 거죠.

감정과 본능에 의해 동기가 유발되는 행동은 두 가지 신경회로에서 이루어집니

8-55
복측피개영역, 측좌핵, 편도체, 전전두피질의 연결

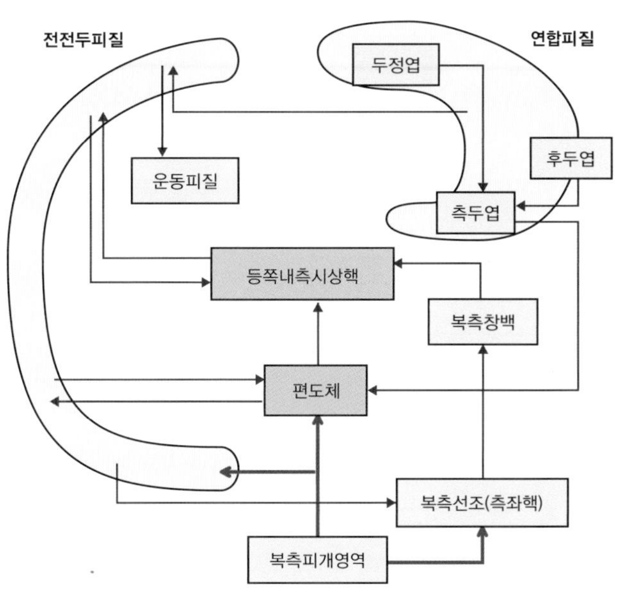

다. 운동조절과 동기유발의 측면에 따라 구분해보면 다음과 같습니다.

운동 조절: 복측피개영역 → 편도체 → 등쪽내측시상핵 → 전전두피질 → 운동피질

동기 유발: 복측피개영역 → 측좌핵 → 복측창백 → 등쪽내측시상핵

측좌핵과 복측창백은 정서적 흥분을 전전두엽으로 전파하여 보상에 대한 욕구를 표출하지요. 전두엽이 중독 대상에 몰입하게 되면 욕망 경로인 내측전뇌속 medial forebrain bundle(MFB)은 복측피개영역(VTA)의 도파민 분비신경핵과 측좌핵을 연결하지요. 그리고 측좌핵은 전전두엽과 상호연결됩니다. 그래서 운동 계획 영역인 전전두엽에 본능적 욕구가 전달되지요. 이런 신경연결로 인간의 행동이 능동적 의도를 갖게 됩니다.

편도체 회로에서 감정이 일어나면, 그 감정이 시상하부로 전달되어 감정반응이

8-56
복내측 전전두엽의 행동에 대한 영향

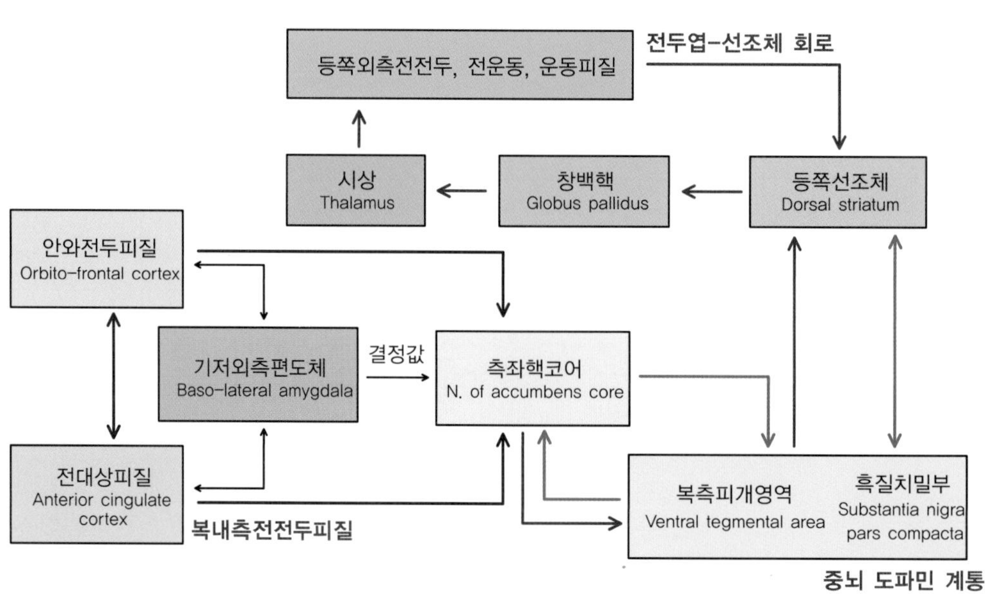

나오죠. 그런데 시상하부에 대한 전전두엽의 제어력이 약해지면 우리는 어린아이처럼 되죠. 생존이 감정에 전적으로 의존하는 상태가 되는 겁니다. 그래서 유아들은 웃거나 울어서 자신의 욕구를 달성하지요.

도파민 생성핵인 복측피개영역(복측피개야)과 흑색질에서의 운동출력회로인 전두엽-선조회로 도파민성 축삭이 신경연결되고, 복내측 전전두엽과 대상회 그리고 편도체가 측좌핵에 신경연결됩니다. 이러한 신경연결을 통하여 복내측전전두엽에서 생성된 정서적 정보가 운동출력에 영향을 줍니다.

시상하부가 전전두엽의 영향에서 벗어나면 이 본능들이 그대로 표출되어버릴 겁니다. 그러면 동물과 다르지 않지요. 인간의 사회적 정서 교감이 발달한 것은 시상하부의 거친 동물적 감정 표출이 전전두엽의 억제로 순화되었기 때문이지요. 사회적 정서를 조절하는 내측전전두엽에 문제가 생긴 환자를 연구하면서 다마지오는 적절한 사회적 감정이 제어되지 않으면 판단력이 제대로 작동하지 않음을 밝혔지요. 결국 이성적 판단은 감정의 도움이 필요합니다. 정서적 감정은 인간이 상황에 맞는 행동을 선택하게 하는 중요한 수단이지요.

9장

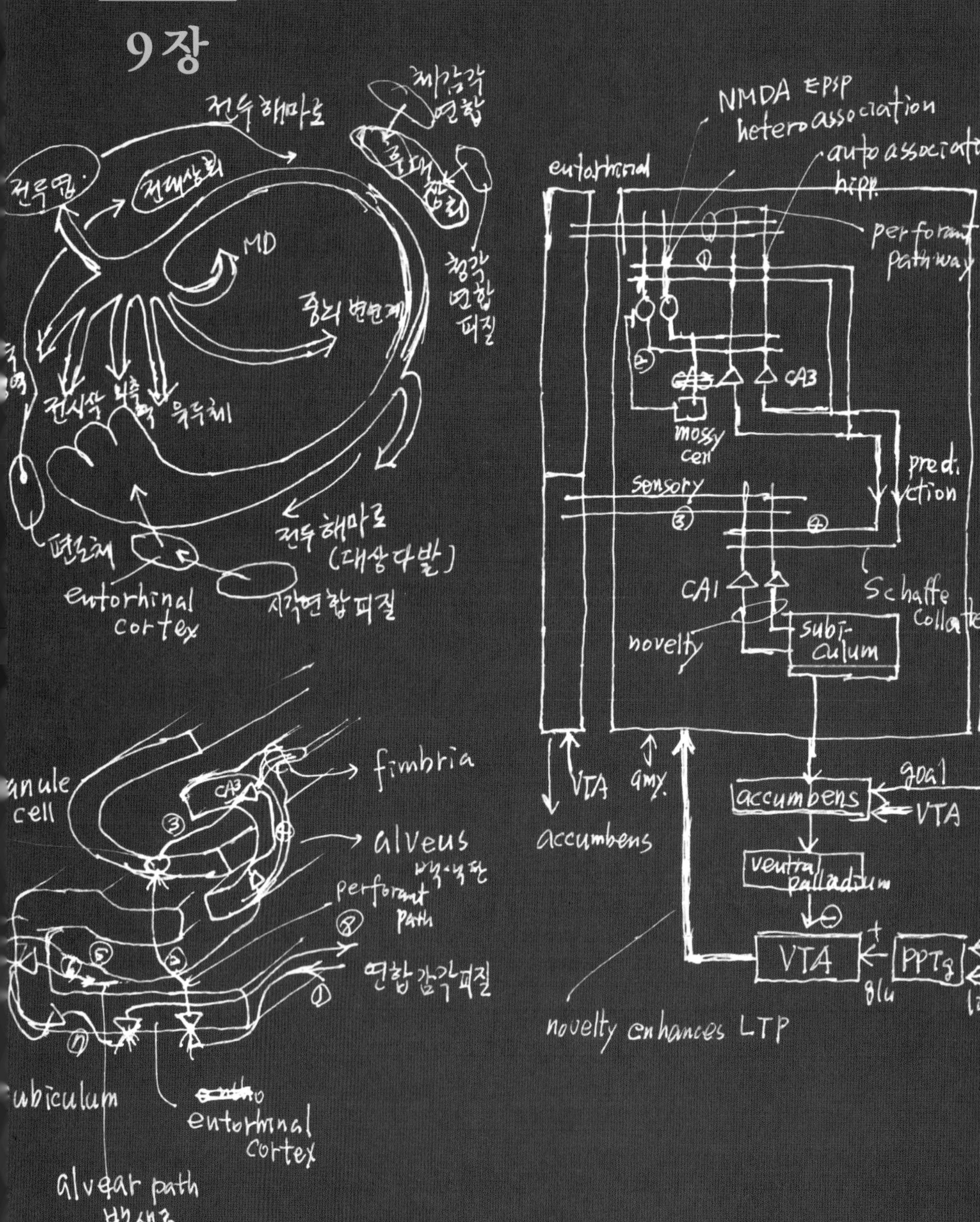

전두해마로
MD
entorhinal cortex
시각연합피질
fimbria
alveus
perforant path
연합감각피질
subiculum
entorhinal cortex
alvear path
NMDA EPSP
hetero association
auto association
entorhinal
perforant pathway
CA3
mossy cell
sensory
prediction
CA1
Schaffer collateral
novelty
subiculum
VTA
amy.
accumbens
goal
ventral palladium
PPTg
glu
novelty enhances LTP

기억으로 존재하다

— 시냅스와 장기기억

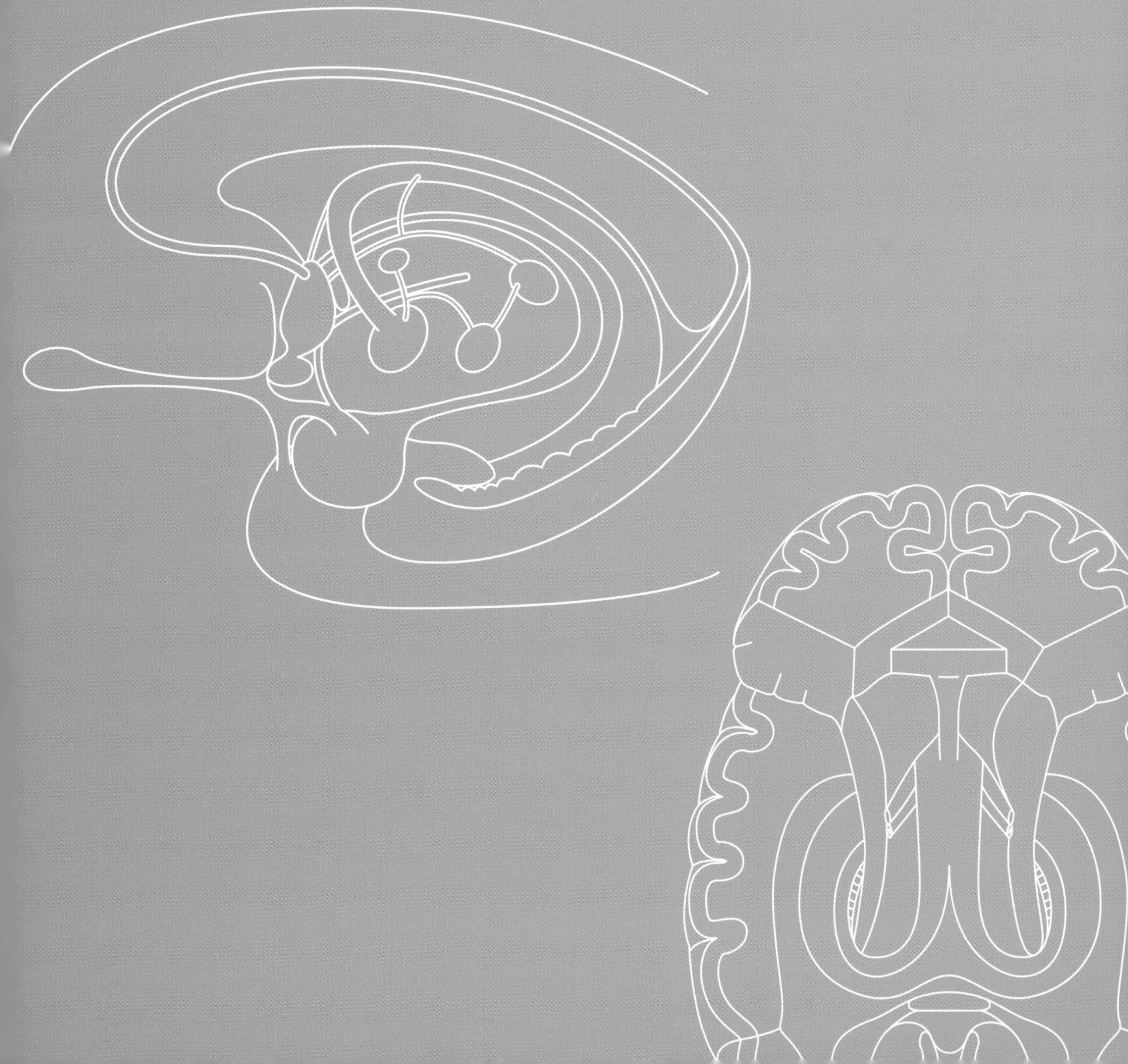

01 기억을 연결하여 대상을 지각하다

우리의 뇌 구조를 손으로 만들어봅시다. 두 손 모두 엄지손가락을 안으로 넣고 주먹을 쥐고 안쪽이 마주 보도록 붙여봅시다. 그 상태로 양팔을 마주붙여서 수직으로 만듭니다. 수직으로 세운 팔이 척수에 해당하지요. 손안으로 들어간 엄지손가락이 기억을 형성하는 내측두엽의 해마복합체에 해당합니다. 두 손이 각각 중심열 central sulcus을 기준으로 앞쪽뇌와 뒤쪽뇌가 됩니다. 대뇌피질은 중심열을 기준으로 앞쪽은 운동, 뒤쪽은 감각을 처리하지요. 좌뇌, 우뇌의 구분보다 더 중요한 뇌 기능의 분류는 '앞쪽 뇌는 운동', '뒤쪽 뇌는 감각'입니다. 그리고 '안쪽 뇌는 기억'이죠. 안쪽은 내측두엽medial temporal lobe이며, 해마복합체가 기억을 형성하는 영역입니다.

자극이 느껴지는 상태가 감각입니다. 무엇인가 보이지만 그것이 구체적으로 알지 못하는 상태인 것이죠. 모르는 외국어를 듣는다면, 소리는 들리지만 무슨 말인지 알 수 없는 상태가 감각입니다. 지각은 감각된 대상이 무엇인지 알 수 있지요. 지각은 기억을 참조하여 감각 대상이 무엇인지를 알 수 있습니다. 지각되는 사물이나 사건에서 자신에게 중요한 내용인 경우 우리는 주의를 하게 됩니다. 지각되는 대상에서 일부에만 주의를 하지요. 주의상태는 전전두엽에서 작동하는 작업기억과

9-1
감각, 지각, 주의집중, 작업기억, 장기기억의 상호관계

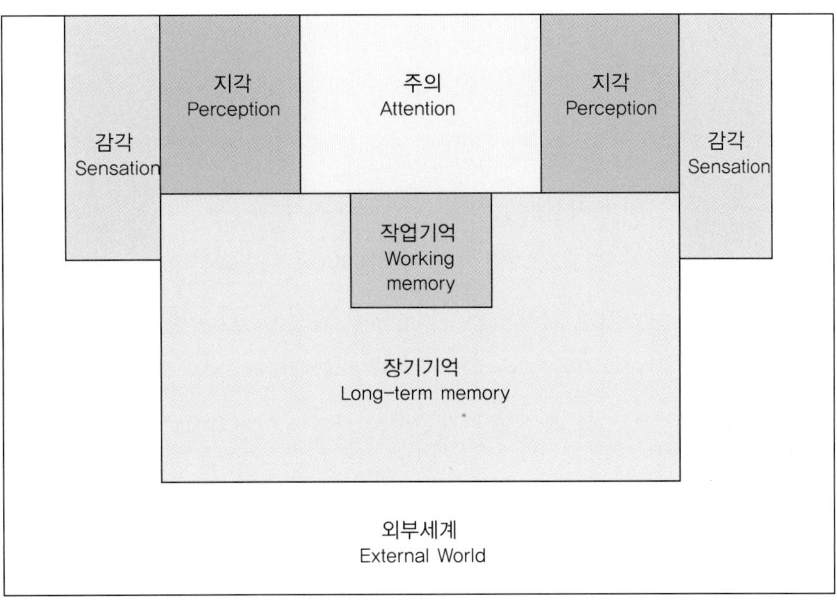

9-2
감각자극에서 장기기억까지 수용되는 정보의 단계

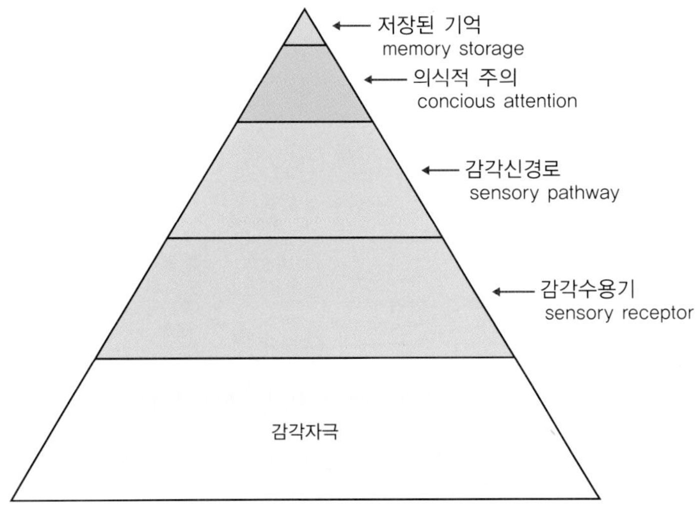

관련됩니다. 주의집중하는 사물과 사건은 장기기억으로 기억될 가능성이 높아요. 외부환경에서 들어오는 자극입력의 일부가 감각수용기에서 처리되며, 감각신경로로 전달된 신경자극의 일부가 의식 수준에 도달하지요. 장기기억으로 저장되기 위해서는 의식적으로 주의집중해서 반복학습해야 합니다. 따라서 감각입력에서 생존에 중요한 일부만이 장기기억으로 저장됩니다.

외부 환경은 감각과 지각과 주의라는 단계적 과정을 거쳐 뇌 신경회로 속에서 기억의 자취로 남습니다. 인간의 지각과 운동은 대부분 기억을 참조하는 뇌 기능입니다. 그래서 기억 형성 과정은 뇌 공부의 핵심적 과제입니다.

대뇌 안쪽으로 말려들어간 엄지손가락을 움직여보세요. 이 엄지손가락 영역이 일화기억을 만드는 내측두엽에 해당합니다. 현재의 감각입력에 대한 운동출력을 생성할 때 기억을 참고하는 과정이 인지처리의 중심적인 작동 방식입니다. 이러한 감각→기억→운동의 신경정보 처리 과정을 살펴봅시다. 외부에서 들어온 감각정보는 어디로 가죠? 대뇌피질 뒤쪽의 일차시각영역, 일차청각영역, 일차체감각영역으로 들어갑니다. 일차시각영역, 일차청각영역, 일차체감각영역에서는 감각정보를 처리한 후 시각연합영역, 청각연합영역, 체감각연합영역으로 이를 다시 내보냅니

9-3
감각입력에서 기억형성과 운동출력 과정
(출전: 《의학신경해부학》, 이원택 · 박경아)

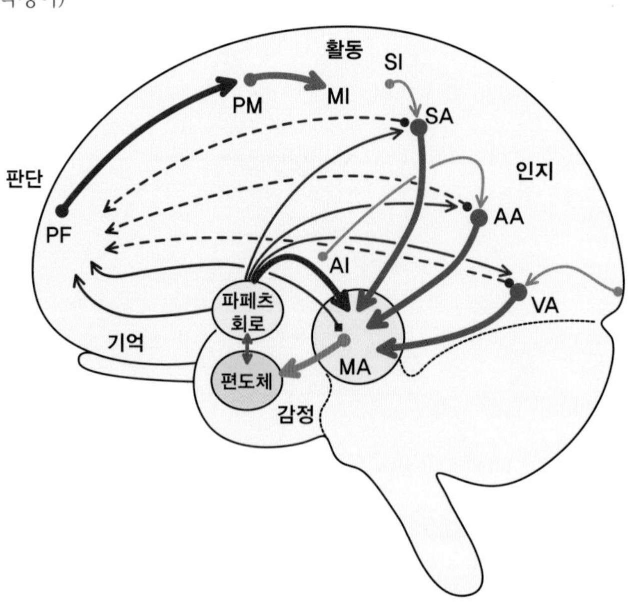

다. 그러면 시각연합영역, 청각연합영역, 체감각연합영역에서는 입력된 감각자극들이 시냅스의 활성화된 형태로 흔적이 남지요. 감각연합피질에서 감각입력이 반복해서 자극되면 그 공통된 지각 패턴은 범주화된 기억이 되지요. 이 현상이 에델만이 주장하는 '지각의 범주화'입니다.

시각, 청각, 체감각 연합영역에서 연합된 각각의 감각정보들은 하측 측두엽에 있는 다중감각연합영역으로 보내집니다. 그 결과 시각, 청각, 체감각의 감각정보가

9-4
해마, 내후각뇌피질, 후각주위피질, 해마방회

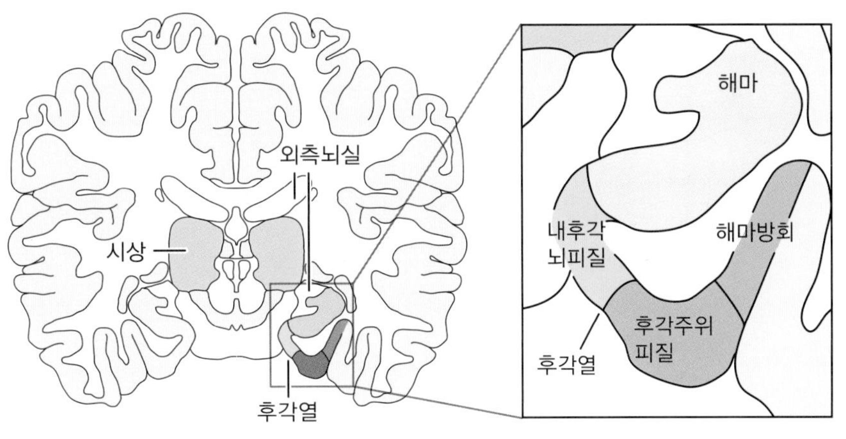

9-5
파페츠회로

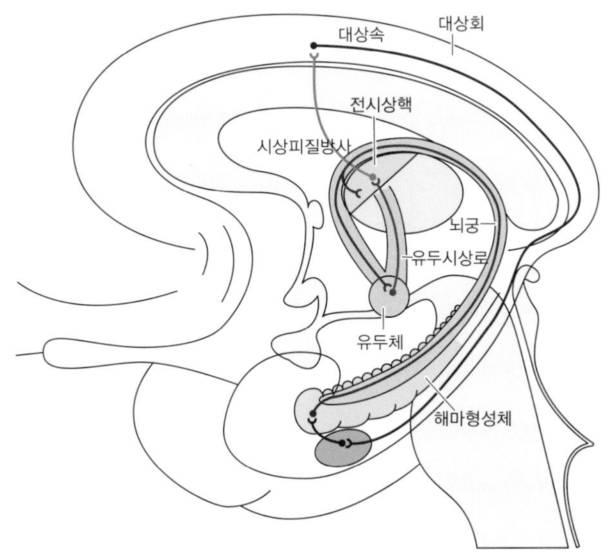

결합되어 개별적 사물로 인식되죠.

다중감각영역multisensory association(MA)에서 모인 경험감각입력은 내측두엽의 해마형성체로 입력되죠. 해마형성체는 해마고유, 해마지각, 치상회로 구성됩니다. 일화기억을 만드는 뇌 회로인 파체츠 회로가 해마형성체를 통과하죠. 일화기억을 생성하는 감각입력은 해마고유에서 시작되어 뇌활을 따라 유두체로, 유두체에서 유두시상로를 통해 시상전핵으로, 시상전핵에서 시상피질방사를 따라 대상회로, 대상회에서 대상다발을 통해 내후각뇌피질로, 내후각뇌피질에서 관통로를 거쳐 다시 해마고유로 연결되어 파페츠회로라는 신경회로를 형성합니다. 이 기억회로의 신경정보는 시각, 청각, 체감각의 일차감각피질에서 감각연합피질로 입력되죠. 연합감각영역에서 유입된 감각입력은 하측두엽의 다중감각영역에서 결합되어 해마복합체로 입력되어 경험이 기억으로 변환되지요.

우리가 일상생활을 할 때 어떤 장소에서 어떤 행동을 하였는가를 기억하는 것이 일화기억이지요. 그래서 일화기억을 사건기억이라고 하지요. 사건에는 장소와 시간 그리고 행위가 핵심 정보죠. 해마형성체에서 감각입력을 일화기억으로 만드는

9-6
외현기억의 신경 연결

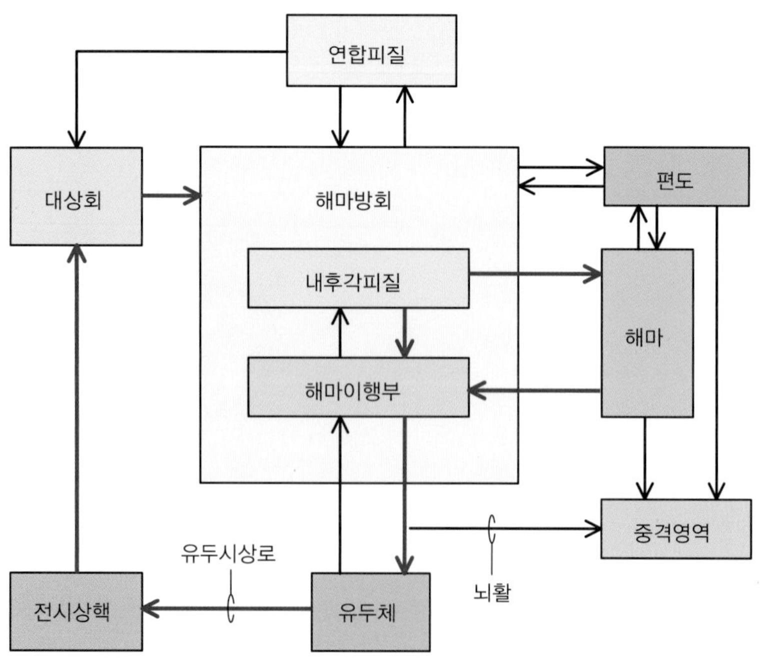

방식은 자신의 직접 경험과 그 주변 환경을 함께 맥락적으로 결합하여 하나의 장면을 형성하는 것입니다. 일상에서의 경험감각이 뇌 속 신경회로의 자극 흔적으로 보존되어 장기기억이 됩니다. 동물이 진화하면서 신경세포의 연결패턴으로 생존에 중요한 경험을 나타내는 능력을 얻게 된 거죠. 기억회로에 자극을 남기는 신경 활성 패턴은 환경자극에 따라 바뀝니다. 그래서 변화하는 패턴에서 공통 부분을 그룹화하는 지각의 범주화가 감각연합피질에서 생겨나죠. 이런 과정을 거쳐 형성된 범주화된 기억 패턴은 전전두엽과 연결되어 작업기억이 되죠. 먹이를 찾거나 위험을 피했던 생존 경험이 연합감각피질에 흥분패턴으로 기록된 것입니다.

인간 뇌의 중요한 세 가지 기능은 감각과 기억 그리고 운동입니다. 뒤쪽 대뇌피질은 감각, 안쪽 내측두엽피질은 기억형성, 앞쪽 대뇌피질은 운동입니다. 그리고 해마복합체에서 형성된 기억은 대뇌 연합피질에서 장기기억으로 저장되죠. 그런데 감각, 기억, 운동은 어떻게 연결될까요? 우선 감각과 운동은 입력과 출력으로 연결됩니다. 시각, 청각, 체감각이 시상 감각핵의 중계로 대뇌 중심열 뒤쪽피질로 들어가서 대뇌 앞쪽피질을 통해 운동출력으로 나오죠. 감각경험을 기억해서 비슷한 상

9-7
해마형성체
편도체의 출력인 분계선조와 해마의 출력인 뇌궁 그리고 중격핵과 고삐핵사이의 신경다발인 시상수질선조를 볼 수 있다.

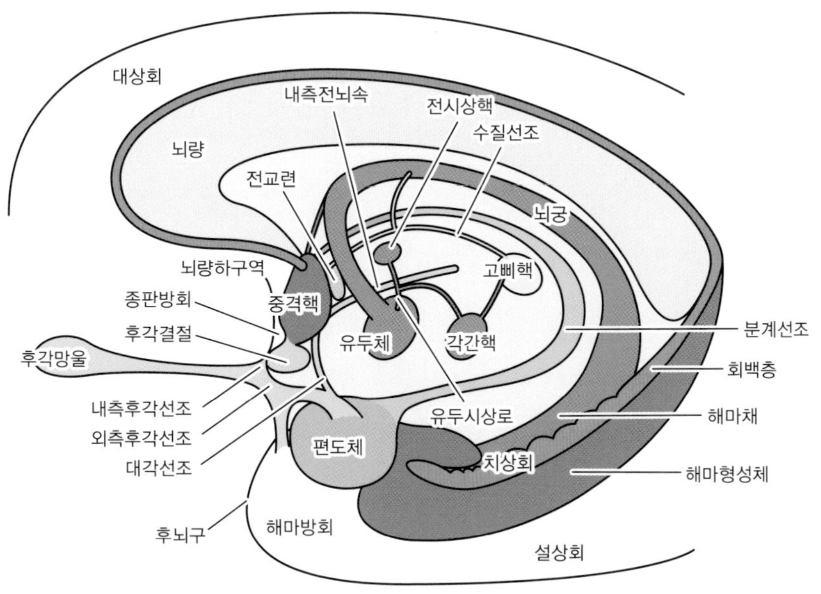

황을 만나면 기억을 바탕으로 그 자극에 맞는 운동을 출력하죠. 운동출력을 산출하는 과정에서 전전두엽은 운동 계획, 대뇌기저핵은 운동 선택, 그리고 소뇌는 운동출력을 위한 골격근 정보를 조절하지요.

사과가 하나 있다고 합시다. 우리는 눈, 코, 귀, 혀, 피부로 사과의 형태를 보고, 냄새 맡고, 맛을 보고, 촉감을 느낄 수 있죠. 이처럼 감각은 여러 감각기관을 통해 들어온 선별되지 않은 자극입니다. 지각은 다르죠. 사과를 보는 순간 우리는 그것이 무엇인지 압니다. 그게 어떻게 가능하죠? 기억을 참조하는 겁니다. 하측두피질에 존재하는 사물에 대한 기억을 참조해 우리는 사과를 지각할 수 있어요. 우리가 무엇을 안다는 것은 그 사물의 속성을 인식한다는 것이고, 속성을 인식한다는 것은 그 사물에 대한 우리의 감각작용의 결과를 예측할 수 있다는 거죠. 감각과 지각 그리고 예측은 모두 기억이라는 재료를 사용합니다. 왜냐하면 우리가 무엇을 감각하는 순간 이미 무의식적으로 기억을 참조하게 되지요. 기억을 참고로 한 감각이 바로 지각입니다.

해마와 편도체의 출력부인 뇌궁과 분계선조 고리의 위치를 외측뇌실과 함께 공부하면 변연계의 입체 구조를 이해하는 데 도움이 됩니다. 두 고리 가운데 바깥쪽 고리에는 대상회와 해마방회가 있어요. 측뇌실과 접하는 꼬리핵caudate nucleus 꼬리와 뇌궁fornix 그리고 분계선조stria terminalis의 단면 구조가 9-8에 나타나 있어요. 꼬리핵은 대뇌기저핵에 속하지만 변연계의 뇌궁 및 분계선조와 함께 그 구조를 살펴보는 것이 효과적입니다.

해마의 신경출력다발인 뇌궁과 꼬리핵의 구조는 외측뇌실을 따라 형성됩니다. 따라서 뇌궁과 꼬리핵은 외측뇌실 곁에 붙은 구조이며, 외측뇌실의 각 부위별 단면에서 뇌궁과 꼬리핵의 변화하는 위치를 이해하는 것이 중요합니다. 편도체는 해마발 부위와 꼬리핵꼬리 부근에 존재하며, 편도체의 출력 경로는 분계선조와 복측편도원심로입니다. 치상회는 과립세포로 구성된 이빨 모양의 구조입니다. 꼬리핵머리 부분에서 꼬리핵꼬리까지 네 곳의 단면 구조를 살펴보면 외측뇌실의 크기 변화와 뇌실벽에 접하는 꼬리핵, 뇌궁, 분계선조의 위치별 크기를 알 수 있죠. 꼬리핵몸통 부근을 나타낸 단면 그림을 보면, 뇌궁은 투명중격막에서 수직 아래로 뇌실중앙에 위치합니다. 뇌궁의 구조가 꼬리핵에 가려져 있지만, 꼬리핵과 나란히 굽어

9-8
뇌실, 꼬리핵, 해마의 구조와 부위별 단면 모양
(출전: Handelman, 2000)

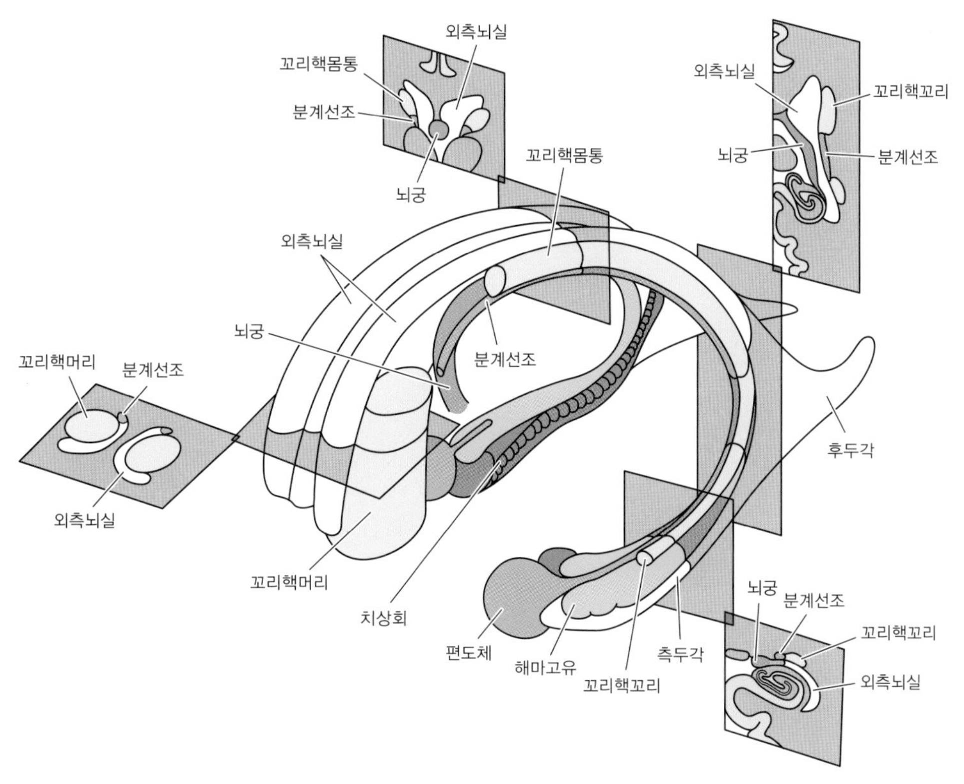

9-9
뇌실과 내측두엽에 나타난 해마 두 부위의 단면 사진

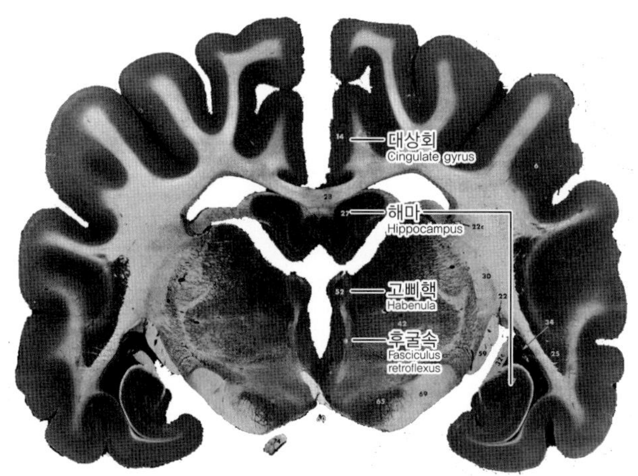

9-10
해마형성체와 뇌궁

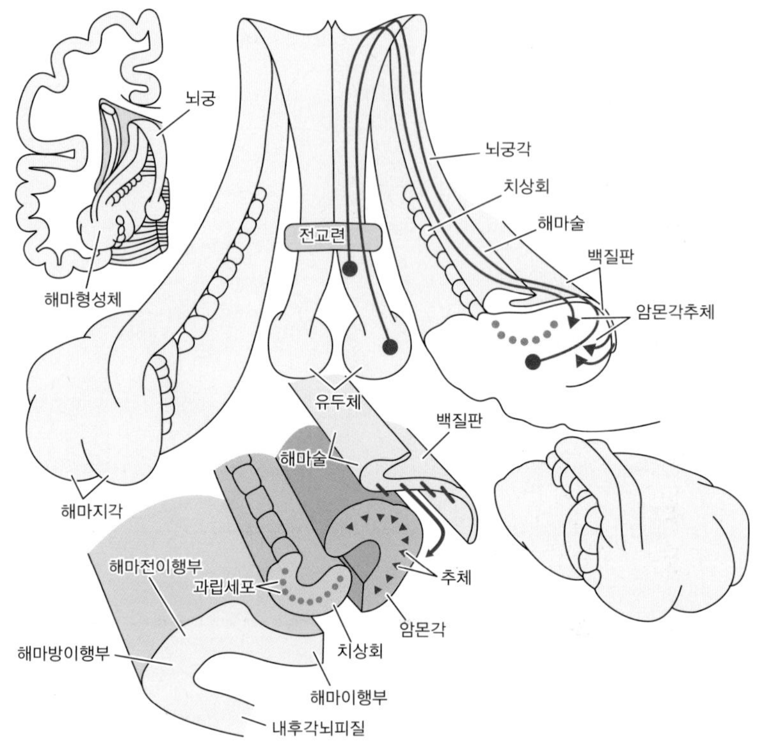

져 함께 포개지는 형태를 띱니다. 그러나 후두각 부근에서 양쪽의 뇌궁은 뇌궁교련(해마교련)으로 연결된 구조여서 외측뇌실을 가로지르는 단면 구조입니다. 뇌실과 인접하는 뇌 부위를 기억해두면 뇌 구조에서 다른 부위들의 상대적 위치를 파악하는 데 도움이 됩니다.

일화기억을 형성하는 해마복합체는 해마이행부, 치상회, 암몬각 그리고 백색판으로 구성되어 있지요. 백색판 혹은 백질판은 해마의 출력 신경축삭다발인 해마술이 판 모양으로 형성된 구조입니다. 해마술은 뇌궁을 형성하죠. 뇌궁이 수직 기둥 형태로 된 부분이 뇌궁각이며, 전교련 뒤로 내려온 뇌궁은 유두체와 연결되지요. 해마이행부는 내후각피질과 연결되며 내후각피질은 해마로 입력되는 피질 영역이지요.

해마교련은 좌우의 해마를 연결하는 신경섬유다발이며, 해마피질은 대상회와 연결되어 회백초 내측과 외측종선조를 형성하지요. 해마복합체는 해마, 해마지각, 치

9-11
해마와 뇌궁의 구조

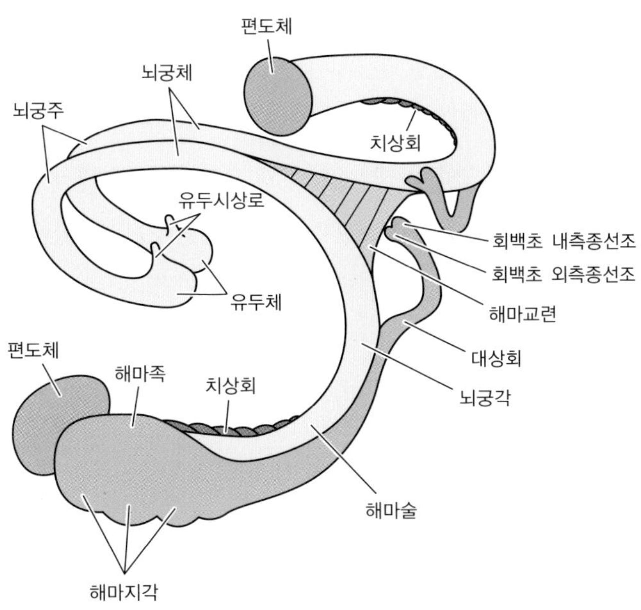

9-12
모스코비치의 기억과정 6단계

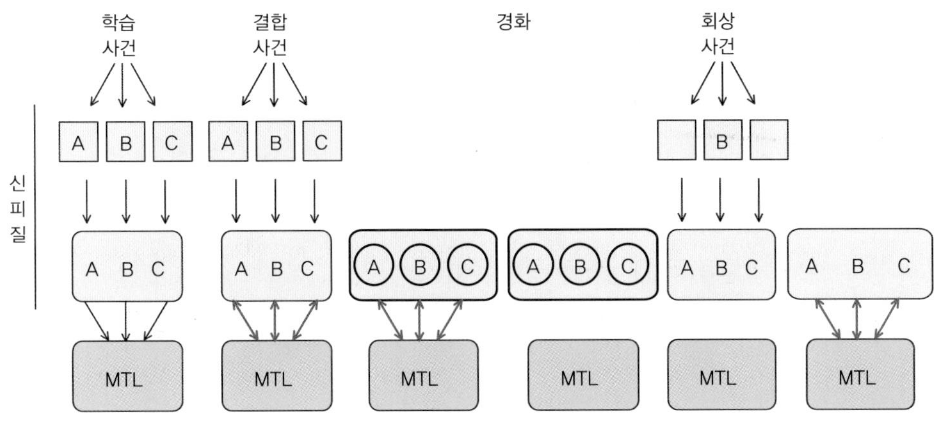

상회로 구성되지요. 치상회는 과립세포, 해마의 암몬각은 대부분 추체세포이지요.

장기기억이 해마의 내측두엽과 연결되어 옛 기억의 자취가 재활성화되지요. 내측두엽에서 처리되는 신경작용은 입력되는 감각정보와 관련된 기억들을 조합하여 기억의 연결망을 만드는 것입니다.

심리학자 모스코비치Moscovitch의 기억이론에 의하면 기억 과정은 여섯 단계로 설정되어 있습니다. 1단계는 A, B, C 3가지 요소로 구성된 한 사건을 학습합니다. 이때는 감각피질에 유입된 감각입력이 내측두엽의 파페츠회로로 입력되죠. 2단계에서 내측두엽과 감각연합피질은 서로 연결되어 기억 자취를 생성하기 시작하고, 3단계에 이르면 외부 사건 자극이 더 이상 입력되지 않더라도 내측두엽-감각연합피질 연결이 유지될 수 있지요. 4단계는 기억이 단단해지는 경화consolidation 과정

9-13
내측두엽을 잘라내어 해마를 드러낸 사진

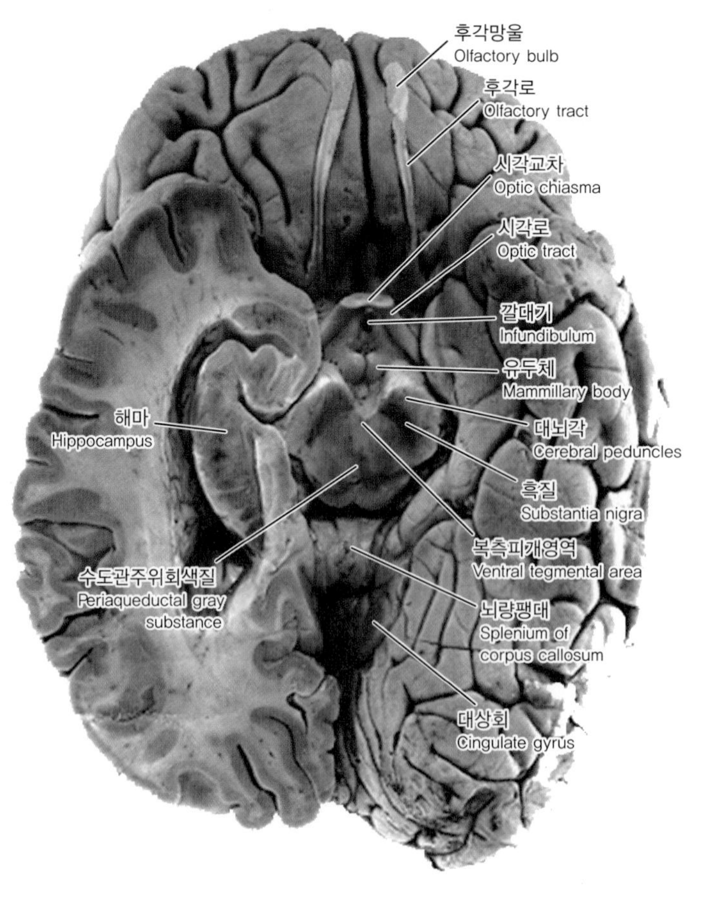

9-14
해마, 유두체, 유두시상로, 전시상핵의 사진

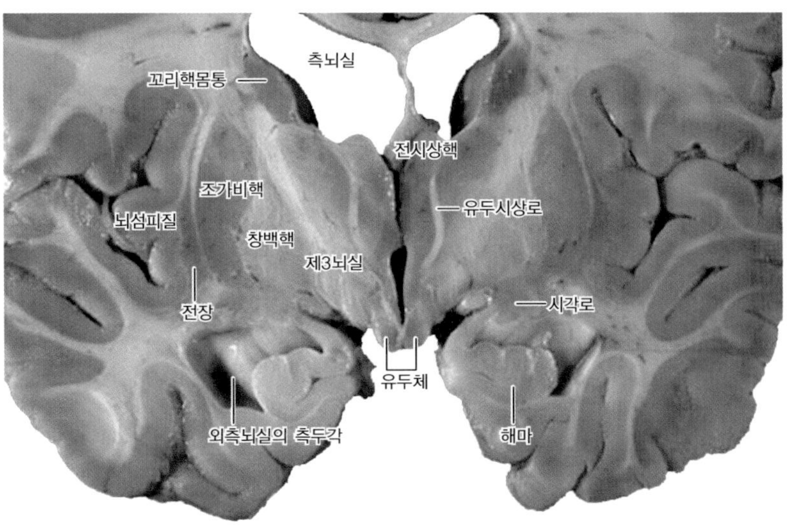

으로, 개별적인 기억 흔적들이 시냅스 변화를 통해 내측두엽과 감각연합피질에서 만들어집니다. 경화 과정이 완료되면 내측두엽과 신피질의 기억 흔적은 별개로 구분되어 존재합니다. 5단계에서 원래 사건 A-B-C의 B요소가 회상 단서로 제시되고, 6단계에서 A-B-C의 기억 흔적들이 내측두엽과 신피질 사이의 연결에 의해 활성화되지요. 이 단계에서 사건 기억이 원래의 자극 없이도 회상되는 것입니다. 신경회로에 저장된 장기기억은 회상 단서가 우연히 제시되어도 전체 기억이 인출되지요. 기억 인출의 자발성이 강해서 다른 생각에 몰두하는 과정에서 그 생각과 무관한 기억이 자발적으로 인출되기도 합니다.

다중감각연합영역에서 통합된 정보는 해마로 이동하여 기억을 형성합니다. 해마는 단기기억이 장기기억으로 정착될 때까지 기억이 경화되는 기간 동안 계속 관여하지요. 그렇게 만들어진 기억은 해마에서 대뇌피질로 옮겨져 장기기억으로 저장됩니다. 1장에서 시작해 여기까지 읽어오면서 많은 정보들이 장기기억으로 넘어갔을 겁니다. 단기기억은 한 시간 안에 장기기억으로 바뀔 수도 있고, 수 개월에 걸쳐 서서히 바뀌기도 하고, 곧장 넘어가기도 합니다.

해마에서 대뇌피질로 들어간 기억은 대뇌피질로 이동한 뒤에도 초기에는 여전

9-15
장기기억과 의식적 작업공간

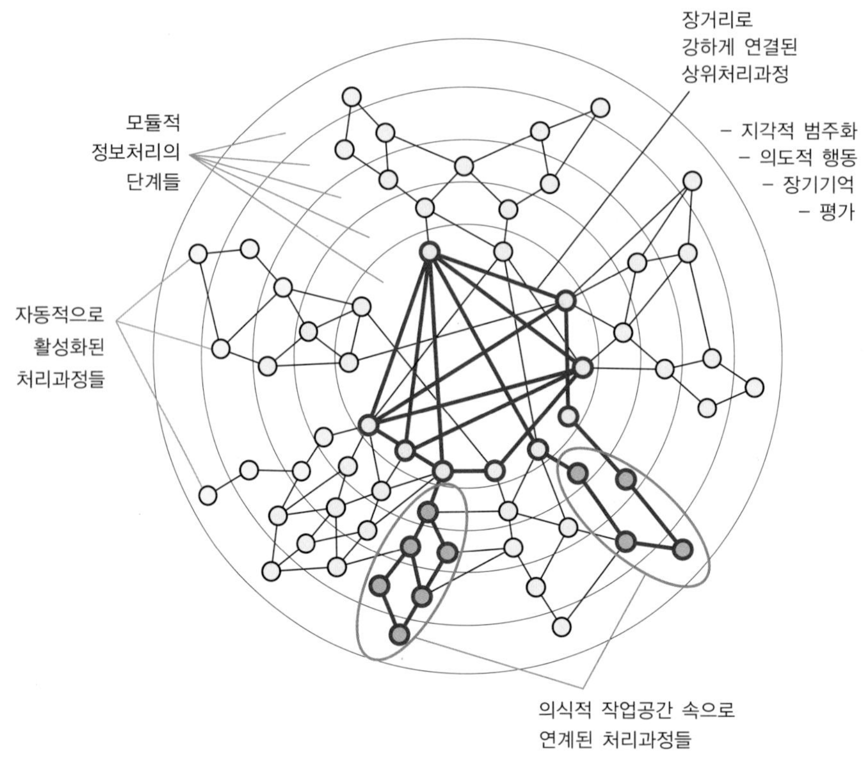

히 해마와 연결되어 있어요. 그후 경화 과정을 거쳐 시간이 흐르면 완전히 분리됩니다. 결정적인 증거로 'H. M.'으로 알려진 한 남성의 사례가 있어요. 그는 열 살 때부터 간질 증세를 보였는데, 나이가 들수록 그 증세가 더 심해졌습니다. 그래서 스물일곱이 되던 1953년에 좌뇌와 우뇌의 측두엽 안쪽, 즉 해마와 주변 조직 일부를 제거하는 수술을 받았습니다. 수술은 성공적이었죠. 발작은 줄어들었지만 생각지도 못했던 기억상실 증세가 일어났습니다. 그것도 하나가 아니라 두 가지 증세를 보였죠.

하나는 역행성 기억상실retrograde amnesia이었습니다. H. M.은 수술 전 11년 동안의 기억을 떠올리지 못했어요. 그 기억들이 갑자기 사라져버렸죠. 그런데 열여섯 살 이전의 일들은 기억해요. 열여섯 살 이전의 기억은 대뇌피질로 이동해서 장기기억으로 저장되었기 때문에 해마와 연결이 끊어진 겁니다. 만일 열여섯 살 이전의 기억들이 그때까지도 해마와 연결되어 있었다면 수술로 절제한 부위들과 함께 사라져버렸을 겁니다.

H. M.이 보인 또 다른 증세는 진행성 기억상실anterograde amnesia이었습니다. 수술을 받은 후부터 새로운 단기기억을 장기기억으로 바꾸지 못하게 된 겁니다. 그래서 H. M.을 40년 넘게 연구한 브렌다 밀너 박사는 그를 만날 때마다 자기가 누군지 설명해야 했죠.

해마와 주변 조직 일부를 제거한 H. M.은 기억상실뿐만 아니라 길을 찾는 데도 어려움을 겪었다고 합니다. 해마는 공간을 지각하고 기억하며 위치를 찾는 데 관여하죠. 이와 관련된 연구 결과가 있습니다. 런던에서 일하는 택시 기사들의 뇌를 MRI 영상으로 확인했더니 해마가 평균치보다 더 커진 것으로 나타났죠. 여러 지역의 도로 정보를 기억하고 미로 같은 도로에서 효율적으로 운전을 하다 보니 공간에 대한 수많은 정보를 기억하게 되었던 거죠. 그 결과 해마가 커진 것으로 해석되죠.

시각, 청각, 체감각 연합영역에서 부호화된 감각 정보가 해마에서 기억으로 저장된 후에 인출이 되죠. 인출은 저장된 기억을 떠올리는 겁니다. 아무 기억이나 떠올리느냐? 아니죠. 현재 상황과 맥락에 맞는 기억을 떠올리죠. 그런데 맥락에 맞지 않는 기억이 갑자기 떠오를 때가 있어요. 무의식적 기억이 의식화되는 과정이죠. 신문을 보고 있는데 갑자기 어제 저녁에 만났던 사람이 생각나는 식입니다. 신문 기사와는 아무 관계가 없죠. 공부를 하거나 회의 중이거나 책을 보다가 잠깐 잠깐 딴생각이 들기도 하죠. 지금 하고 있는 일과 상관없는 기억이 갑자기 진행 중인 의식적 정보처리 과정과 연결되기도 하죠. 해마에서 분리된 장기기억들이 무의식중에 연결될 때 이런 일이 일어난다고 추정하고 있습니다. 바스의 전역적 의식이론에 의하면, 무의식적 장기기억들이 현재 진행되고 있는 기억 과정들과 연결되어 의식화되는 과정을 짐작할 수 있습니다.

02 뇌와 척수 여러 부위에 저장되는 다양한 기억들

기억은 대뇌 신피질과 해마가 관련된 뇌의 핵심 기능으로, 에릭 캔들의 연구진은 바다달팽이의 기억 형성 과정을 연구해 기억에 관한 분자 수준의 이해를 밝혀냈습니다. 차츰 기억에 대한 연구 결과가 쌓이면서 기억을 정의하고 분류할 수 있게 되었습니다. 9-16는 신경과학자 래리 스콰이어Larry Ryan Squire의 분류 방법으로, 다양한 양식의 기억을 보여줍니다.

장기기억은 서술기억declarative memory과 비서술기억nondeclarative memory으로 구분됩니다. 서술기억은 외현기억explicit memory, 비서술기억은 암묵기억implicit memory이라고도 하죠. 서술기억은 해마를 중심으로 하여 내측두엽에서 생성됩니다. 내측두엽은 관자놀이 쪽에 있는 측두엽 안쪽 부위를 말하죠. 해마형성체, 해마방회, 내후각뇌피질 모두 기억에 관여하지요. 기억 연구의 초기에는 해마에만 집중했었죠. 하지만 기억과 관련된 것으로 밝혀진 부위가 해마에서 해마형성체, 해마방회, 내후각뇌피질으로 넓어졌어요. 뇌 영역에서는 다양한 기억들이 형성되는데, 그 중에서 해마는 일화기억과 의미기억에 관련되며, 소뇌는 새로운 운동학습기억, 편도체는 정서기억, 선조체는 절차기억, 전전두엽은 작업기억 그리고 대뇌피질은 개념기억, 의미기억 그리고 점화기억을 형성하지요.

9-16
기억의 분류

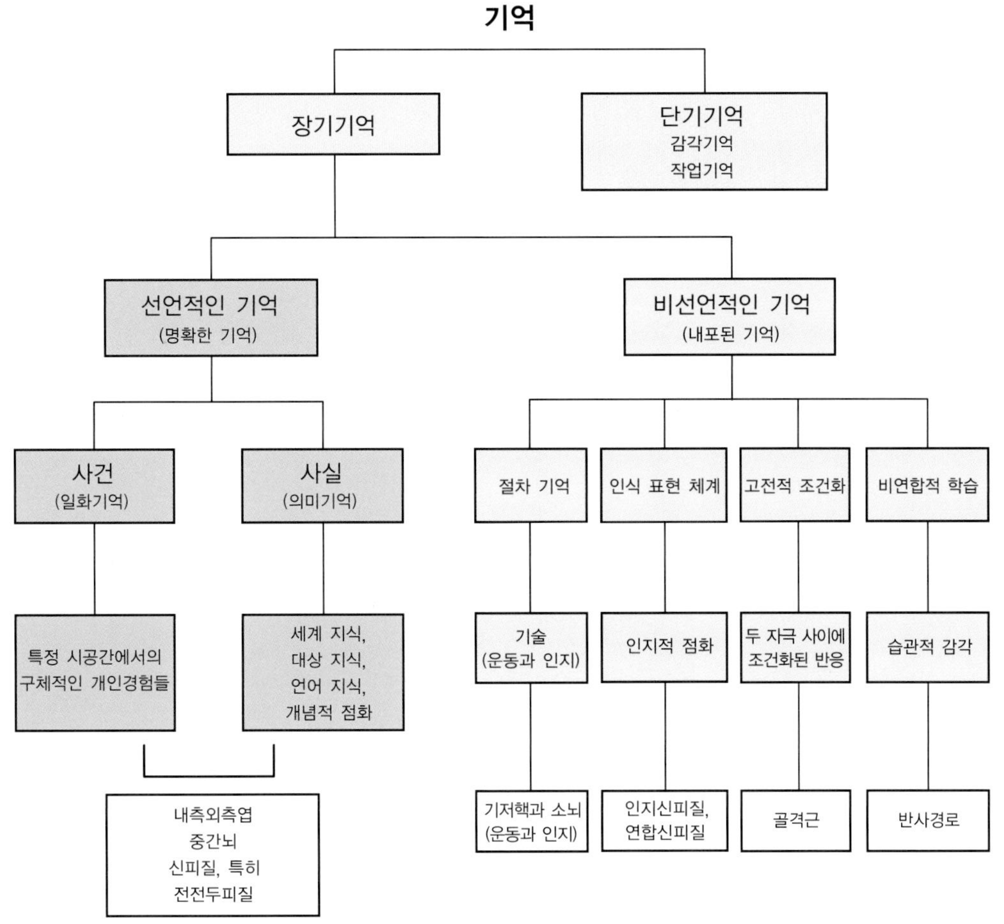

암묵기억은 말로 표현하기 어렵지만 동작으로 보여줄 수 있는 기억 형태입니다. 비서술기억은 크게 기술과 습관, 점화기억, 고전적 조건형성, 비연합학습의 네 가지로 구분됩니다. 기억을 잃어버린 사람이 있었어요. 전자현미경으로 사진 찍는 일을 하던 사람이었는데, 신기하게도 직장 동료의 얼굴은 알아보지 못하는데 자신이 습득한 기술에 대한 기억은 그대로 갖고 있었어요. 기술과 습관화된 몸 동작은 신선조체(조가비핵과 꼬리핵)와 관련되어 있습니다.

점화기억은 관련된 기억에 대한 정보를 접한 후 곧장 떠오르는 기억을 말합니다. 말 그대로 기억에 불을 붙이는 거죠. 단어 카드로 암기 훈련을 할 때 카드를 늘어놓고 외운 후 제대로 기억했나 확인하는 겁니다. 단어가 기억나지 않을 때 첫 글자로 힌트를 주면 그 단어를 금방 기억해내죠. 이런 점화기억은 일상에서 흔하게 일어납니다. 누군가를 보면 갑자기 어떤 기억이 떠오르고, 어떤 물건을 보면 그 물건과 관련된 기억이 생각나지요. 한 생각이 또 한 가지 생각을 불러옵니다. 어떤 정보를 제시해주면 그 정보와 연계된 기억의 전체 정보를 인출해낼 수 있는 부위, 바로 점화기억이 저장된 신피질이지요. 신피질의 뉴런들은 서로 다중으로 연결되어 있어서 단어나 소리, 이미지 등 단서의 일부만 입력되어도 전체 기억이 동시에 회상됩니다.

고전적 조건 형성은 파블로프의 실험으로 밝혀졌습니다. 한 자극에 다른 자극을 연결시켜서 조건반사를 형성하죠. 그래서 무조건자극이 없어도 조건자극만으로도 습관적으로 반응하게 됩니다. 습관은 행동기억입니다. 고전적 조건형성은 정서 반

9-17
기억 종류별 관련 뇌 영역

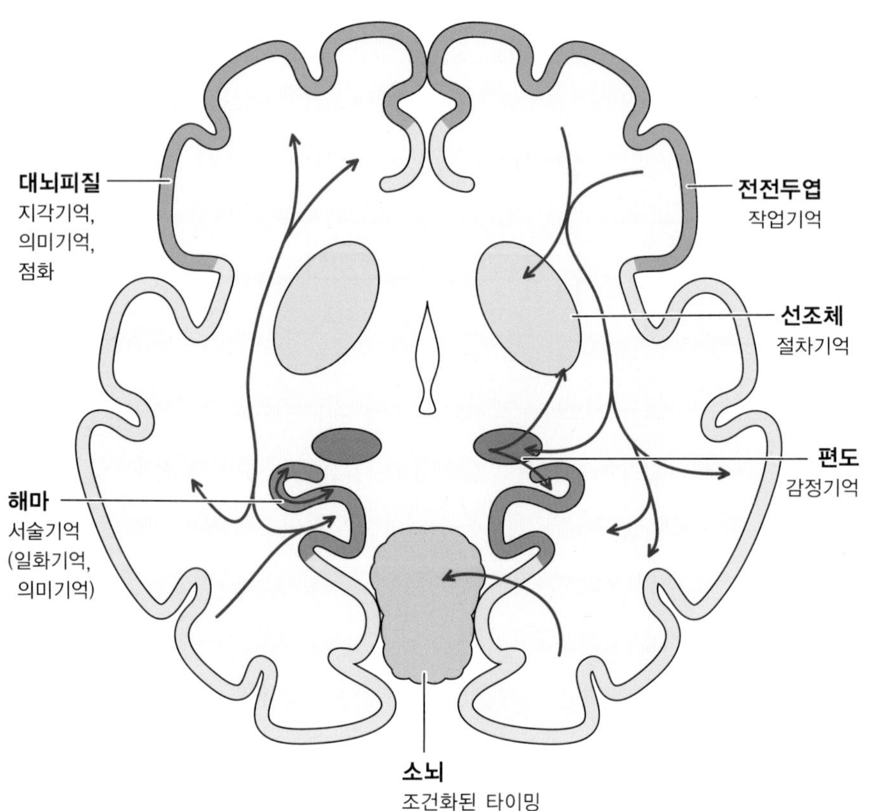

응과 운동학습으로 일어납니다. 인간 기억의 대부분은 습관화된 절차기억과 감정기억이지요. 사실기억과 의미기억은 의식화되지만 절차기억, 점화기억, 감정기억은 무의식적으로 인출되어 순식간에 행동으로 나타나죠.

서술기억은 사건기억과 사실기억으로 구분되며, 사건기억은 일화기억episodic memory이라고도 합니다. 해마를 중심으로 내측두엽에서 일어나는 일화기억은, 개인의 일상사를 뇌신경회로가 일기장처럼 기록하는 기억입니다. 인간은 일화기억을 인출하여 주관적 관점에서 자신의 일생을 회상할 수 있죠. 어린 시절부터 현재에 이르기까지 경험기억들이 끊임없이 인출되어 자전적 회상을 만들죠. 이러한 자전적 기억의 회상이 바로 우리의 자아감을 지속시켜줍니다.

일화기억의 회상 능력은 탁월합니다. 그것은 일화기억이 시간과 공간이라는 분류별 꼬리표를 달아 경험한 사건들을 구별해주기 때문이지요. 이런 분류표에 해당

9-18
해마형성체와 대뇌피질의 연결

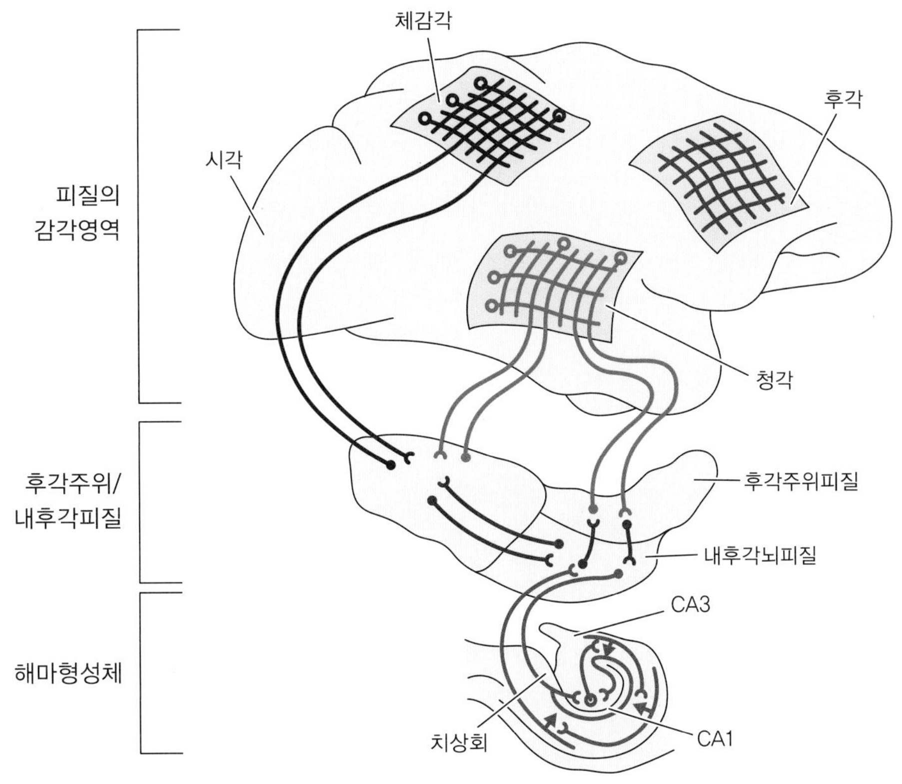

하는 공간 정보는 해마와 관련되며 시간 정보는 전두엽에서 형성되는데, 나이가 들어 전두엽 기능이 약해지면 일화기억에서 시간과 공간 정보가 먼저 사라집니다. 그래서 어떤 이야기를 들었을 때 그 내용은 익숙한데 언제 어디서 들었는지는 잊어버리는 '출처기억상실증'이 생기지요. 우리는 살아가면서 많은 사건들을 체험하고 학습하죠. 그 대부분이 내측두엽에서 기억으로 형성됩니다. 그런데 내측두엽에 단순히 저장되는 게 아니죠. 내측두엽과 대뇌신피질이 연결되어 함께 작동하면서 기억으로 굳어진 후 대뇌신피질에 저장되는 것입니다.

9-19를 보면 왼쪽 그림이 무엇인지 알 수 없지요. 그러나 오른쪽 그림을 보면 왼쪽의 무의미한 조각들이 알파벳 'B'가 가려진 형태임을 알게 됩니다. 무의미한 시각 형태에서 'B'라는 지각 패턴으로 바뀐 거죠. 나무 뒤로 꼬리만 보여도 사자임을 짐작하듯이, 시야가 가려진 사물을 지각하는 것은 생존에 필수적인 능력이지요. 정보가 없는 부분을 존재 확률이 높은 상황으로 채워 넣는 것입니다. 채워 넣는 시각의 인지적 구성 능력입니다. 시각이 기억을 참고할 때 시지각이 되죠.

시지각은 가려진 사물을 밝혀내는 방향으로 진화했어요. 배경에 가려진 사물을 재구성하는 능력이 탁월해서 인간은 우발적 파편은 무엇인지 알 수 없지만 가려진 형태로 제시되면 즉시 그 실체를 파악할 수 있죠. 우연적 현상은 자연에서 일어날 확률이 낮아요. 인지 시스템은 발생 확률이 높은 사건은 익숙해서 쉽게 알아차립니다. 발생 확률이 낮은 우연의 일치가 일어나면 인간은 그 배후에 있는 상황에 주목하게 됩니다. 오른쪽 그림에서 존재하지 않는 흰색의 삼각형은 시지각이 만들어냅

9-19
감각과 지각

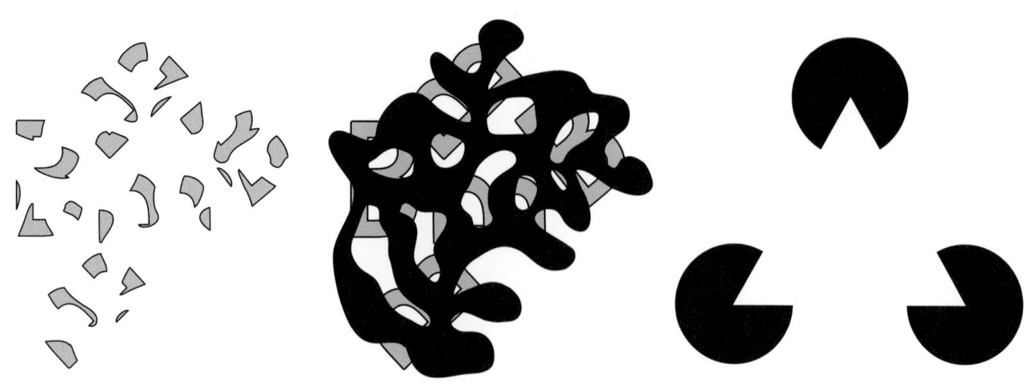

니다. 동일한 크기로 일부가 잘린 검은색 삼각형이 정삼각형의 꼭짓점에 우연히 존재할 가능성은 희박해요. 하얀색 삼각형이 검은색 원을 덮을 가능성이 더 높지요. 그래서 흰색의 정삼각형이 검은 원을 가렸다고 무의식적으로 해석합니다. 인식 과정이 확률이 높은 상황을 생성하는 이유는 예측 가능성 때문이지요. 지각은 기억을 참고하여 다음에 벌어질 가능성이 높은 상황을 예측합니다. 지각 과정을 거쳐 예측하고 운동으로 출력하지요. 야마도리 아츠시는 《기억의 신경심리학》이란 책에서 인간 기억의 특징을 세 가지로 요약합니다.

첫째, 작업기억은 의식과 주의의 기반을 형성하며 현재 자체이다.
둘째, 기억 기능은 인지 과정의 한 종류가 아니라 인지 과정 자체이다.
셋째, 기억은 시간 경과에서 축적되는 신경 활동의 총체이며 과정을 반복하는 유기체 자체이다.

이런 관점에서 본다면, 기억은 인간 존재 그 자체예요. 따라서 기억의 생성과 저장 그리고 인출 과정은 인간 뇌 공부의 핵심이죠.

그런데 만약 기억을 참조할 수 없으면 어떻게 될까요? 어린 시절 시골에서는 길가에 목줄을 묶어 염소를 놓아 키웠어요. 저녁에 염소를 데리러 가보면 꼭 묘한 일이 벌어지곤 했습니다. 염소가 줄에 목이 감겨서 살려달라고 울는 겁니다. 왜 스스로 줄을 풀지 못하고 감긴 채로 있었을까요? 인간이라면 줄에 감기기 바로 전 시점까지 거슬러가며 기억을 떠올렸겠죠. 그러고 나서 감긴 줄을 반대 방향으로 풀어서 문제를 해결할 겁니다. 하지만 동물들은 순서를 기억하기 힘들지요. 그러니 기억을 더듬을 수 없습니다. 또한 순서를 기억하려면 일어난 사건들을 기억해야 하고 시간적 순서에 대한 의식이 있어야 하지요. 인간과 달리 동물에게는 시간에 대한 의식이 약하죠. 단지 스냅사진 같은 현재만 있을 뿐이죠. 현재만 있기 때문에 시간이 흘러가지 않습니다. 에델만의 의식이론에 의하면, 언어라는 상징기호의 사용으로 현재입력을 과거기억과 비교하면서 시간 의식이 생겨납니다.

꿈은 특별한 기억 인출 과정이지요. 꿈의 특징은 시각적 이미지가 정서적으로 분출된다는 것이죠. 꿈에서는 예전 기억들이 떠오르고 시각적 연상작용이 계속 일어

9-20
모스코비치의 뇌 영역별 기억 분류
(출천:《인지, 뇌, 의식》, Bernard J. Baars and Nicole M. Gage)

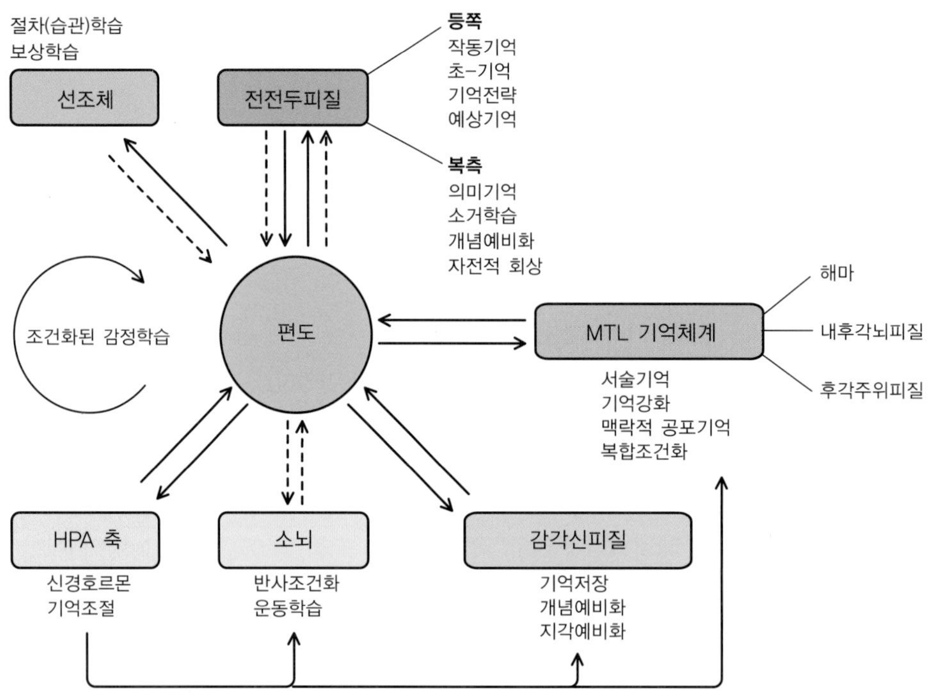

납니다. 그런데 꿈의 내용을 구성하는 시각적 이미지를 회상해보면 비상식적이죠. 왜냐하면 꿈을 꿀 때는 외부자극이 개입하지 않은 상태에서 연합시각영역의 온갖 기억들이 맥락 없이 결합해서 엮이기 때문이지요.

꿈과 현실의 주요 차이는 꿈의 내용은 예측 불가능하지만 현실은 어느 정도 정해진 일상의 반복이어서 예측 가능하다는 것입니다. 꿈과 현실 모두 기억을 불러오지만 꿈은 기억된 과거 경험을 바탕으로 전개되고, 현실은 계속적으로 감각자극이 입력되어 미래를 향해 진행되지요.

모스코비치가 정리한 뇌의 다중학습체계를 살펴보면 측두엽은 서술적 외현기억들을 학습하고 경화하며 회상하는 과정에 관여합니다. 전전두피질은 세분해서 살펴보면, 배외측전전두엽은 작업기억과 예상기억에 관련되며, 복내측전전두엽은 의미기억과 자전적 회상에서 활성화되지요. 지각적 범주화는 감각연합피질이 관여하고, 운동학습과 고전적 조건화는 소뇌에서 학습하지요.

일화기억은 한 개인의 일생에서 일어난 모든 일을 의식 수준에서 회상할 수 있는 기억입니다. 사람들은 아침에 일어나서 샤워를 했고, 신문에서 어떤 기사를 봤고, 아침식사로 무엇을 먹었고, 날씨가 어땠으며, 직장에서 어땠는지 하루 동안 겪은 여러 사건을 기억하죠. 일화기억은 대단한 기억 용량으로 인간에게만 존재하는 기억 능력입니다. 어린시절부터의 자전적 일화를 기억함으로써 자아가 형성되지요. 일화기억은 개인의 생애 기록이며 각자의 삶의 역사이지요.

운동학습은 소뇌와 관련됩니다. 소뇌의 운동학습 회로를 다시 살펴봅시다. 감각신호가 이끼섬유를 통해 소뇌피질의 과립세포로 들어가죠. 그리고 과립세포에서 평행섬유를 타고 푸르키네세포로 전달되고요. 푸르키네세포에서는 소뇌 심부핵으로 GABA를 분비하는 억제성시냅스를 합니다. 골지세포도 과립세포에 억제신호를 보내죠. 소뇌 심부핵에는 몸의 균형과 관계있는 꼭지핵, 운동 실행과 연관된 둥근핵과 마개핵, 운동 계획에 관여하는 치아핵이 있죠. 하올리브핵에서 올라온 신호는 등정섬유를 타고 푸르키네세포로 들어가 푸르키네세포를 자극하죠. 푸르키네신경의 수상돌기에서 평행섬유과 등정섬유가 동시에 신경발화를 하게 되면 복합신경펄스가 측정됩니다. 복합신경펄스가 발생한 후 평행섬유의 발화율이 변화한다는 사실이 소뇌를 배울 때 가장 중요한 내용이며, 이를 알바스 이론이라고 합니다. 새로운 운동을 처음 배울 때는 서툴죠. 시행착오를 통해 실수를 줄여가면서 몸의 동작이 능숙해집니다.

비서술기억의 또 다른 형태는 비연합학습입니다. 비연합학습의 구체적인 예는 척수반사죠. 단순 척수반사는 입력된 신경신호가 뇌까지 올라가지 않고 척수에서 처리되어 행동으로 곧장 나가는 것입니다. 뜨거운 물체 또는 차가운 물체에 피부가 닿았을 때, 그 물체에서 반사적으로 몸을 떼는 동작, 날카로운 물체에 몸의 일부를 찔리면 무의식적으로 몸을 움직여 자극의 원인으로부터 재빨리 벗어나는 동작은 모두 척수반사입니다.

서술기억은 내측두엽, 기술과 습관은 선조체, 점화기억은 신피질, 정서기억은 편도체, 운동학습은 소뇌, 비연합학습은 척수와 관련되어 있어요. 이처럼 기억은 뇌 전체 여러 부위에서 생성되고 있죠.

9-21
해마의 입력신호와 편도체 출력영역

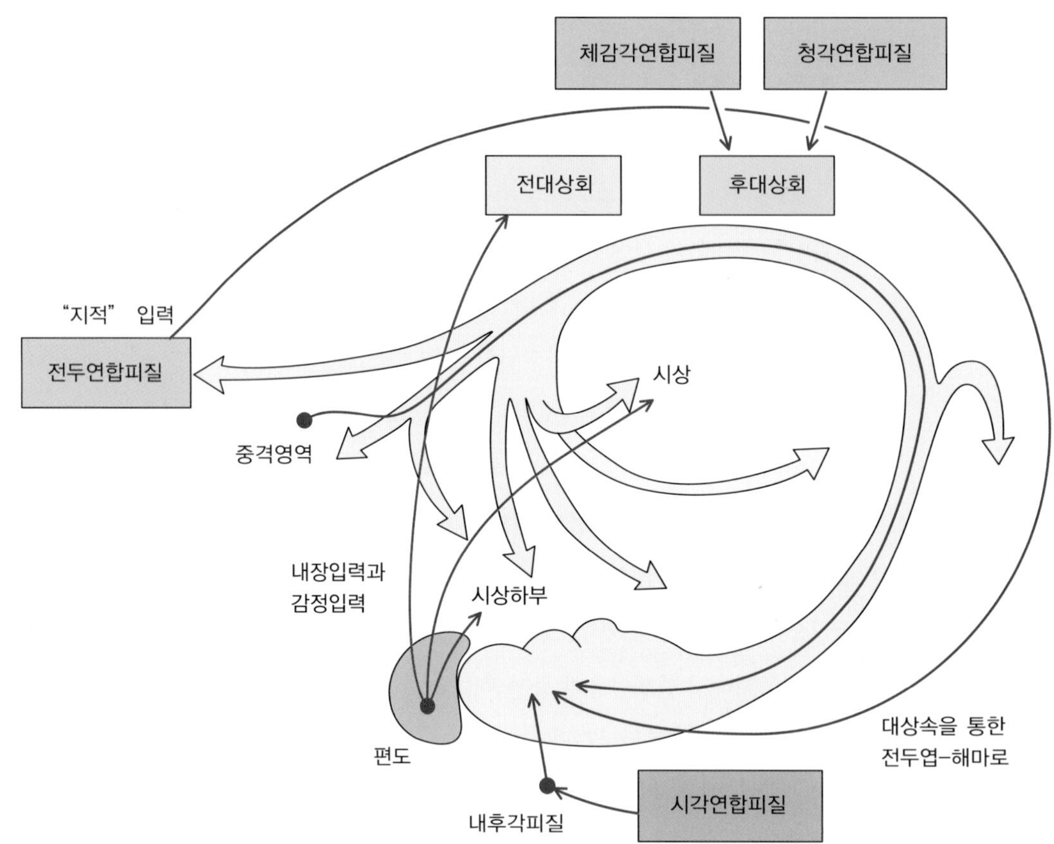

대상회는 전대상회anterior cingulate gyrus(앞띠이랑)와 후대상회posterior cingulate gyrus(뒤띠이랑)로 나뉩니다. 전대상회와 후대상회는 해부학적으로는 하나의 구조로 연결되어 있지만 기능은 달라요. 전대상회는 대뇌의 전두엽과 가깝죠. 특히 행동을 집행하는 기능을 맡는 전전두엽과 가깝습니다. 전대상회를 잘 보면 배쪽으로 갈수록 경계가 흐릿해지다가 전전두엽으로 연결되지요. 전대상회는 전전두엽, 해마와 연결되어 있기 때문에 우리의 정서와 인식작용에 관련이 있습니다. 그래서 프랜시스 크릭Francis Crick(1916~2004)은 전대상회를 '인간의 의식이 머무는 자리'라고 표현했죠. 후대상회는 연합체감각과 연합청각을 대상다발을 통해 해마로 전달해줍니다. 연합시각은 내후각뇌피질을 통해 해마로 연결됩니다. 이처럼 시각, 청각, 체감각의 연합감각입력이 해마로 모이므로 해마가 기억을 형성할 때는 개별 감각이 공

9-22
변연계 신경회로 연결 구조

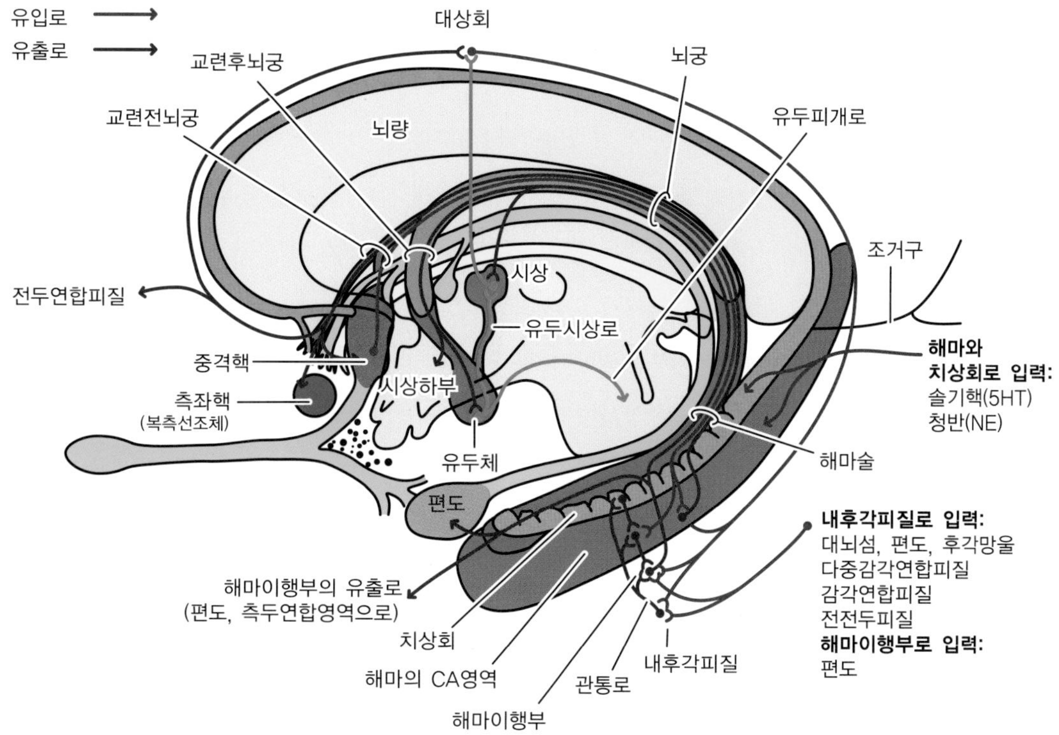

간적, 연합적, 맥락적으로 통합되죠.

인간의 뇌 기능은 척추동물 신경시스템의 진화라는 관점에서 살펴보면 이해가 깊어집니다. 이는 동물이 환경에 적응하는 과정에서 발생하는 신체 구조와 기능의 변화를 추적해보자는 뜻이죠. '기원의 추적'은 생물학 공부의 지름길입니다. 파충류는 분노와 공격성 같은 거친 본능적 감정이 강하지만, 포유동물은 사회적 감정과 어미와 자식의 유대감이 강하죠. 인간은 시상하부에서 거친 본능을 운동으로 표출하고, 대뇌변연계에서 본능의 정서적 특징을 드러냅니다. 시상하부에서 올라온 본능은 내측전전두엽을 거치며 의식적으로 제어되어 사회적 정서와 느낌으로 전환됩니다. 인간은 다양한 운동학습기억과 외현기억이 크게 확장되었지요. 특히 외현기억 중 일화기억은 대규모의 장기기억을 형성하는 인간 고유한 기억 능력이지요. 따라서 기억을 만드는 변연계와 파페츠회로의 여러 부위들의 연결과 구조를 학습하는 것은 인간의 감정과 기억을 이해하는 데 중요하지요. 변연계와 시상하부 영역의 세부 구조를 삼차원으로 그릴 수 있다면 뇌 공부는 훨씬 쉬워질 겁니다. 계속해서 대뇌변연계의 기억회로 구조를 익혀봅시다.

해마에 입력된 감각입력은 해마의 출력 신경섬유 다발인 뇌궁을 따라 유두체로 입력됩니다. 뇌궁 앞쪽, 즉 뇌궁주 아래쪽으로는 시상하부에 속하는 유두체가 이어집니다. 인간의 유두체는 다른 동물에 비해 상당히 크죠. 유두체는 기억과 관련되어 있습니다. 알코올중독 등으로 유두체가 손상되는 경우가 있는데, 손상 정도가 심하면 알코올성 치매가 나타나죠. 그러면 단순한 기억상실증이 아니라 작화증 confabulation(말짓기증)이라는 증세가 생깁니다. 작화증은 지난 경험들을 시간 순서를 무시하고 엮어서 상황에 맞지 않게 마구잡이로 이야기를 만드는 거죠. 예전 기억의 단편들이 현재 상황에 맥락없이 결합되어 계속되는 이야기의 연쇄를 만드는 현상이 작화증입니다. 작화증과 렘수면시의 꿈은 이야기에 맥락이 없다는 점에서 유사하지요. 작화증과 렘수면시 전두엽의 작동이 원할하지 않아서 생긴 현상으로 볼 수 있죠.

유두체에서 시상전핵으로 입력되는 경로가 유두시상다발이고, 시상의 앞쪽핵인 시상전핵은 변연계핵으로 분류됩니다. 시상전핵에서 대상회로 이어지는 신경전달은 내낭섬유의 앞가지 다발을 형성하지요. 대상회를 관통하여 해마방회로 입력되는 신호는 대상다발이 전달하지요. 해마방회에서 다시 해마고유로 입력되는 경로는 관통로입니다.

9-22에서 해마의 출력 신경섬유다발은 붉은색으로 표시된 뇌궁이며, 편도의 출력은 파란색의 분계선조입니다. 해마술이 모여서 뇌궁을 형성하며, 중격핵과 고삐핵 사이의 연결이 시상수질선조를 형성합니다. 그림을 자세히 살펴보면 중격핵에서 교련전 뇌궁으로 이어진 입력로가 보입니다. 이 신경 입력은 중격해마로를 형성하며 중격 영역에 입력되는 다양한 신경정보를 해마로 연결해주는 중요한 신경로이지요. 초록색의 후각로는 등쪽으로 중격핵과 연결되며, 배쪽으로는 세 갈래로 분지하여 편도체과 연결되지요. 후각로와 시상하부 사이의 영역에 점으로 표시된 곳이 바로 전뇌기저부로 마이네르트 기저핵이 있는 곳이죠. 아세틸콜린 분비의 마이

9-23
뇌 부위별 기억의 종류

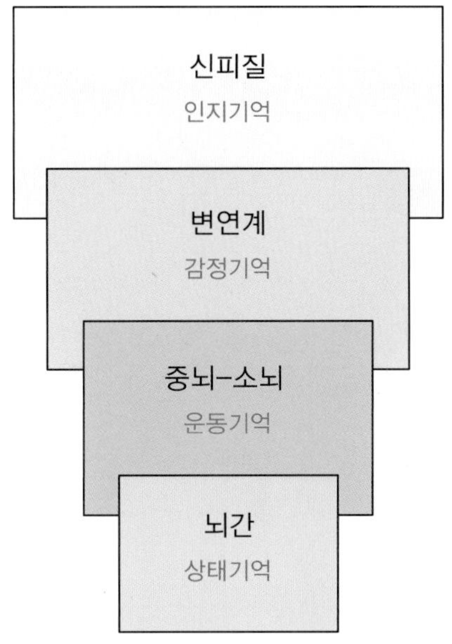

네르트 기저핵과 주변 신경조직을 합쳐서 무명질substantia innominata이라 합니다. 기존의 선조체 개념은 등쪽선조에 해당하는 신선조체(조가비핵과 꼬리핵) 그리고 등쪽창백핵(창백핵 내절, 창백핵 외절)이며, 이에 대해 대뇌기저핵의 배쪽 영역에 배쪽 선조인 측좌핵과 배쪽창백인 무명질이 있지요.

다음은 기억에 관한 뇌의 연결도에서 직접 관련되는 영역만 간단히 표현한 파페츠회로 관련 영역을 살펴봅시다. 뇌궁주는 유두체로 연결되는 뇌궁이 수직 기둥 모양이어서 붙은 이름이며, 유두체에서 시상전핵으로 유두시상로가 나타나 있지요. 시상전핵에서 대상회로 시상피질섬유가 부챗살처럼 뻗어나가지요. 이러한 부챗살 모양의 신경섬유다발을 신경방사라 하는데, 시신경방사optic radiation가 대표적이지요. 대상회 내부의 선은 대상다발을 표시하며, 해마방회로 입력되지요.

파페츠회로를 다시 설명하는 이유는 뇌의 전체 작용에서 기억이 매우 중요하기 때문입니다. 기억이 형성되고 유지되고 인출되는 과정을 이해하는 것이 뇌 공부의 핵심입니다. 단세포 생명체에게도 기억이란 현상이 있지요. 인간 기억은 외현기억과 암묵기억으로 구분할 수 있지만, 다른 측면에서 중추신경계 전체가 기억과 관련

9-24
해마형성체와 시상 그리고 대뇌기저핵 구조

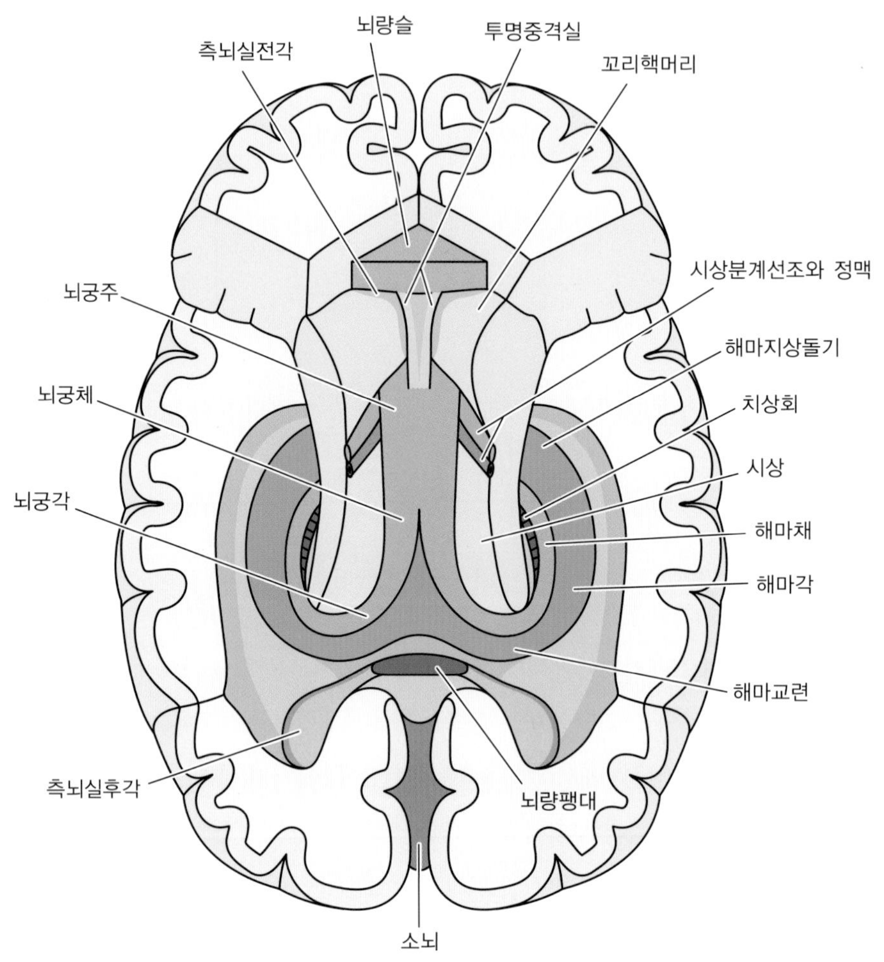

된다고 볼 수 있지요. 그렇다면 이런 관점에서 볼 때 기억은 뇌간에서의 신체 상태에 대한 상태기억과 소뇌에서의 운동기억, 변연계에서의 감정기억 그리고 대뇌피질에서의 인지기억으로 분류할 수 있지요.

해마형성체에서 생성되고 대뇌 연합피질에서 저장되는 기억은 사건기억과 사실기억이 있습니다. 사건기억을 일화기억이라고 한다면, 사실기억은 의미기억 semantic memory입니다. 수업 시간에 또는 책을 통해 배운 내용들은 대부분 사실기억이지요. 직접 체험으로 만들어지는 사건기억과 달리 의미기억은 그 기억을 형성할 때의 시간과 공간정보가 없습니다. 그래서 사건기억(일화기억)은 기억하기 쉽고, 사실기억(의미기억)은 기억하기가 어렵습니다.

사건기억과 사실기억은 상호연계되어 있습니다. 비슷한 사건기억이 여러 번 반복되면 공통 패턴이 형성되지요. 비슷한 사건이 주는 반복되는 정보의 공통 패턴이 바로 지각의 범주화입니다. 범주화된 지각이 정서적 색채를 더하게 되면 하나의 의미를 갖게 됩니다. 시간이 지나면서 공통 패턴에서 시간과 공간의 정보가 사라지고 일화기억의 내용에서 범주화된 지각의 공유된 특성만 모여 의미기억이 생겨나지요. 의미기억은 우리를 에워싸는 현실을 구성합니다. 왜냐하면 현실이란 일상 속에서 만나는 사물과 사건의 반복되는 패턴이기 때문입니다. 반복되기 때문에 예측 가능하죠. 흔히들 현실성이 없을 때 '꿈' 같다고 하죠. 꿈에서 나타나는 시각 영상은 예측할 수 없어요. 그래서 꿈과 현실을 구별하는 중요한 기준이 예측 가능성이죠.

일화기억이 반복되어 더욱 공고해지면 어떻게 될까요? 절차기억procedural memory으로 바뀝니다. 절차기억은 생존에 꼭 필요한 기억이며 일생 동안 유지되는데, 이 기억은 습관화된 운동패턴으로 무의식중에 작동합니다. 현관문의 비밀번호

9-25
일화기억, 의미기억, 절차기억의 상호관계

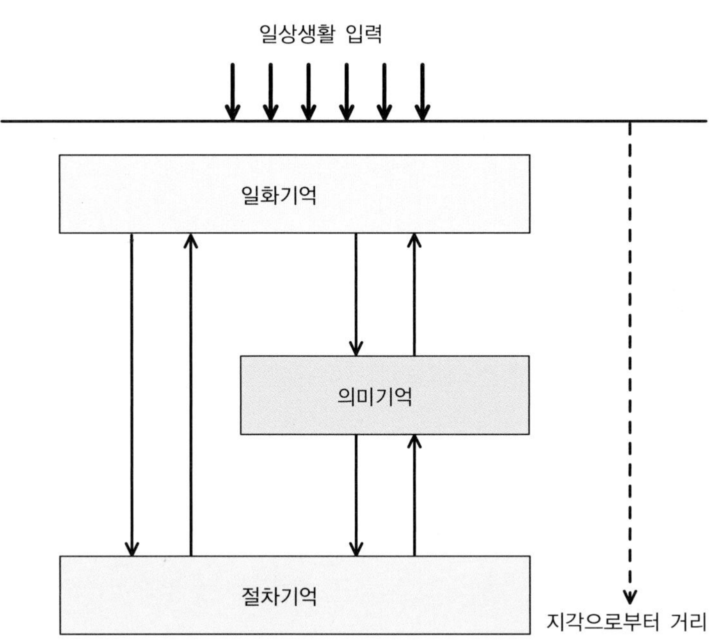

를 기억하지는 못하는데 문 앞에 서자마자 자동으로 손가락이 움직이는 경우가 있을 겁니다. 이처럼 절차기억은 기억이 형성된 조건이 제시되면 습관화된 동작을 따라 무의식적으로 표출되지요. 절차기억은 의식화되지는 않지만 언제든 무의식적으로 인출해낼 수 있습니다. 절차기억은 생각하고 설명하기 어려울 뿐이지 늘 잠재되어 있지요. 그래서 절차기억을 암묵기억이라고도 합니다.

일화기억이 절차기억으로 바로 바뀔 수도 있습니다. 절이나 예배당 등 종교 시설에 처음 가본 사람은 어떻게 해야 할지 몰라 어색해하지요. 일화기억이 반복되어 무의식적 절차기억으로 습관화되지 않아서 그렇습니다. 그런데 자주 가본 사람은 몸에 배어 어색해하지 않고 자연스럽게 행동합니다. 일화기억이 쌓여 절차기억으로 바로 넘어간 거지요.

일화기억에서 의미기억, 의미기억에서 절차기억으로 공고화될 때 큰 영향을 미치는 요인은 반복입니다. 뭔가를 배울 때 그 내용을 여러번 반복하면 공통 패턴, 즉 의미기억이 서서히 형성되지요. 거기서 더 반복하면 절차기억으로 넘어가 의미기억이 완전히 체화되어 힘을 발휘하기 시작합니다. 그래서 사건이나 사물의 의미는 체험된 강도에 따라 사람마다 느끼는 정도가 달라질 수 있지요. 의미는 평면적으로 펼쳐진 것이 아니라 깊이의 차원을 갖는 입체적 구조에 가깝지요. 그런 입체적 속성으로 의미는 보는 관점에 따라 달라질 수 있지요.

운동학습뿐만 아니라 개념을 공부한 경우도 반복되면 절차기억이 될 수 있어요. 예를 들면 '에델만의 의식 모델'을 수년 동안 공부했다고 합시다. 지금은 그렇게 만들어진 기억이 사실기억 단계를 넘어 절차기억 수준이 되었지요. 에델만 모델이 몸의 일부가 된 것이죠. 사건기억이 사실기억을 넘어 절차기억까지 가야 비로소 기억을 다양하게 활용할 수 있습니다. 만약 오랫동안 배웠는데도 배운 지식을 활용하지 못한다면 사실기억의 문턱도 못 넘은 것은 아닌지 의심해봐야 합니다. 이처럼 학습에서는 의미가 나중에 형성됩니다. 사실기억들이 풍부해지면, 그 사실들의 공통 패턴이 바로 의미가 되지요. 패턴들이 중첩되어 공통 부분이 분명해질수록 그 의미는 명확해집니다.

기억에 관한 공부는 변연계 → 파페츠회로 → 해마형성체 → 해마신경회로 순서로 전체에서 세부 내용 순으로 공부하면 효과적입니다. 공부는 전체 구조 속에서

9-26
해마형성체의 발생 과정과 구조

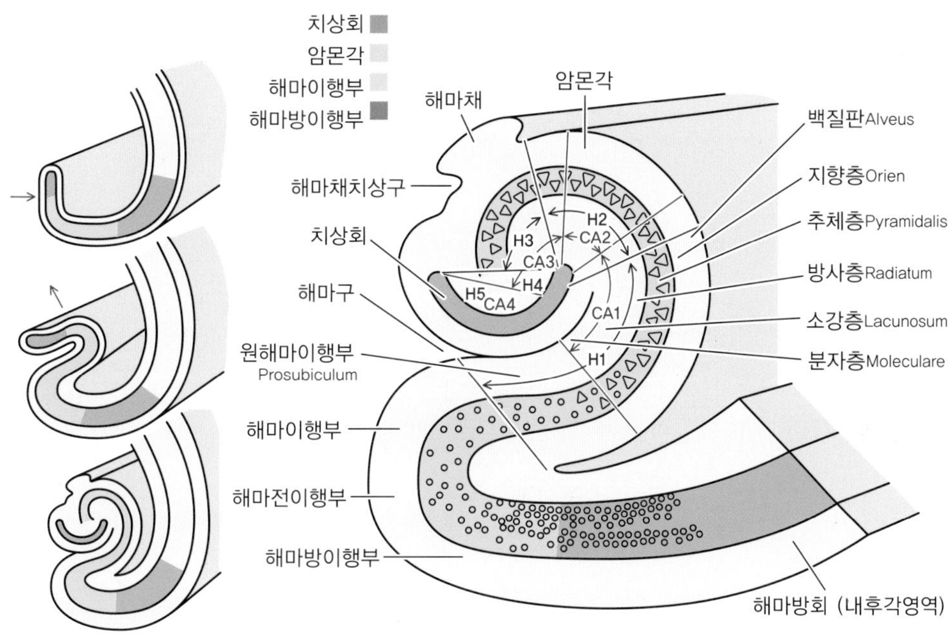

개별 영역이 어떻게 연결되는가를 살펴보아야 이해가 쉽지요. 해마형성체는 원시피질이 신피질에 밀려서 대뇌 안쪽으로 말려들어간 형태입니다. 치상회는 과립세포로 구성되고, 암몬각에는 CA1~CA4의 추체세포층이 있지요. 암몬각은 해마지각과 내후각뇌피질 그리고 해마방회로 계속 이어집니다. 특히 내후각뇌피질 entorhinal cortex은 연합감각이 입력되는 해마의 입력부이며, 대뇌피질의 여러 영역과 연결되어 있지요. 내후각뇌피질의 이름은 '안쪽ento에 있는 후각을 처리하는 뇌피질rhinal cortex'을 의미하며, 해마의 입출력 부위입니다.

해마형성체는 외측뇌실 쪽에서부터 바깥으로 해마와 이빨이 나란히 놓인 것처럼 보이는 해마치상회dentate gyrus(치아이랑), 그리고 해마이행부subiculum로 구성되지요. 이들 부위는 해마와 성질이 비슷한 피질로 구성되어 있습니다. 이 셋 가운데 해마는 고유해마hippocampus proper라고 부르며, 다른 부위와 구분하기도 합니다. 해마는 이집트 신화에 나오는 머리가 숫양처럼 생긴 반인반수 신 암몬의 이름

9-27
해마형성체의 입체 구조
(출전: Handelman, 2000)

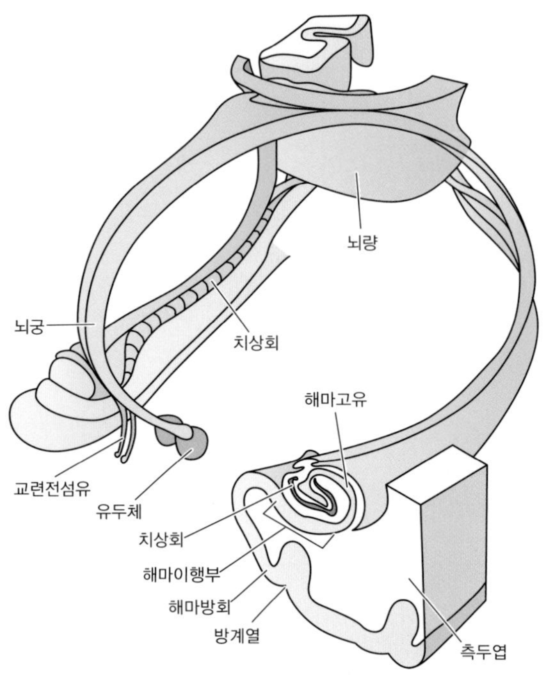

을 따서 암몬각Ammon's horn(암몬뿔)이라고도 합니다. 해마의 모양이 해마처럼 생기기도 했지만 숫양의 뿔로도 보이기 때문입니다. 해마의 앞쪽은 동물의 발처럼 생겼습니다. 그래서 해마발pes hippocampi(해마족)이라는 이름이 붙었죠. 외측뇌실 쪽에는 해마와 해마이행부에서 나온 신경섬유다발로 형성된 해마술fimbria hippocampi이 있습니다. 해마술은 옷이나 덮개 끝에 달린 술 장식처럼 생겼고, 그 아래로 치상회가 있죠. 해마술은 해마의 출력 신경섬유다발인 뇌궁fornix(뇌활)을 형성하며, 그것과 연결되어 있어요.

뇌궁은 해마술과 연결된 부위부터 안쪽 끝까지 뇌궁각crus of fornix(뇌활다리), 뇌활몸통body of fornix(뇌궁체), 뇌궁주column of fornix(뇌활기둥)로 이어지며 활처럼 뻗어 있습니다. 또한 뇌량 아래서 휘어지고 뇌궁각에서 뇌궁체로 가면서 좌뇌, 우뇌 양쪽의 뇌궁이 서로 연결되지요. 이 두 뇌궁 사이를 연결하는 신경섬유를 뇌궁교련commissure of fornix(뇌활맞교차)이라고 하죠. 뇌궁은 120만 개의 신경섬유가 모여 만들어진 다발입니다. 뇌궁은 해마에서 나온 출력신호가 다른 뇌 영역으로 나가기도

9-28
해마복합체의 구조

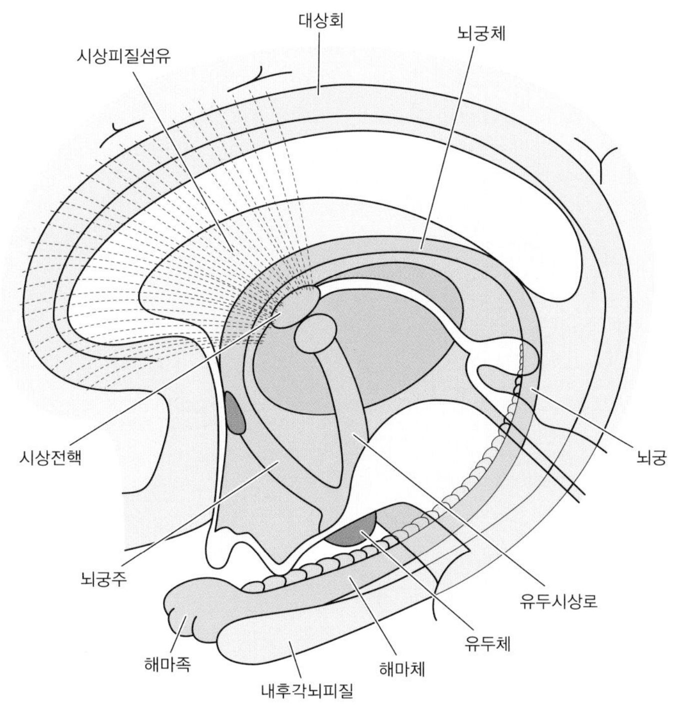

9-29
쥐의 뇌 절단면에서 해마

쥐의 해마는 상당히 큰 피질로 치상회가 뾰족하게 보이며, 안쪽으로 수직 방향의 긴 선이 CA1~CA4 추체세포가 나란히 배열된 암몬각이다. 사진에서 중뇌수도관이 아주 조그마한 구멍으로 보인다. 수도관 주위를 둘러싼 회색질이 중뇌수도관주위회색질(PAG)이다.

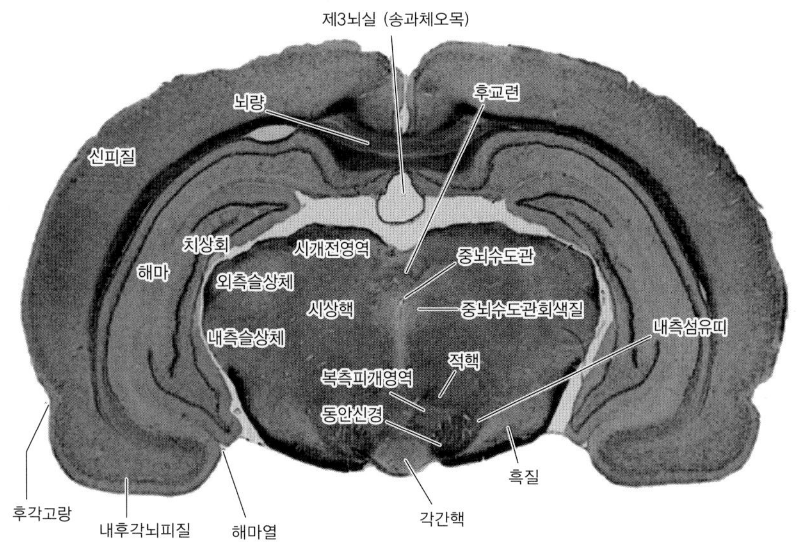

9-30
주머니쥐와 사람의 해마

주머니쥐는 유대류이다. 포유동물은 단공류, 유대류, 태반류로 진화한다. 태반류로 진화하면서 신피질이 크게 확장하여 이상피질이 줄어들고 안으로 밀려든다. 해마피질도 신피질의 확장으로 밀려들어 측두엽내측에 위치하게 된다. 그래서 해마복합체는 내측두엽에 존재한다.

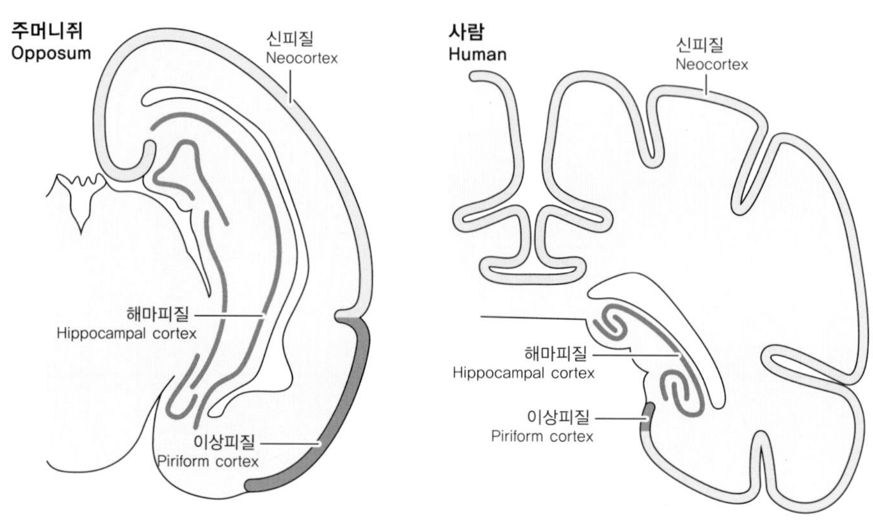

9-31
해마의 암몬각과 치상회의 사진

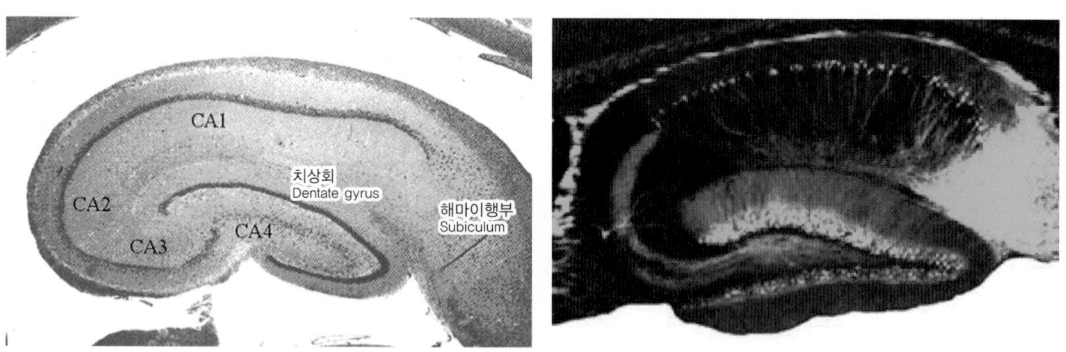

하고 중격영역에서 해마로 신호가 들어오기도 하는 입출력 혼합 신경로이지요.

해마에서 구체적인 신경경로는 내후각뇌피질의 파라미드세포와 치상회의 과립세포 그리고 암몬각의 주세포principal cell 사이의 연결로입니다. 기억 형성에 중요한 해마의 신경경로를 요약하면 다음과 같습니다.

9-32
해마의 입력과 출력 신경회로
(출전: 《통합강의를 위한 임상신경해부학》, FitzGerald 외)

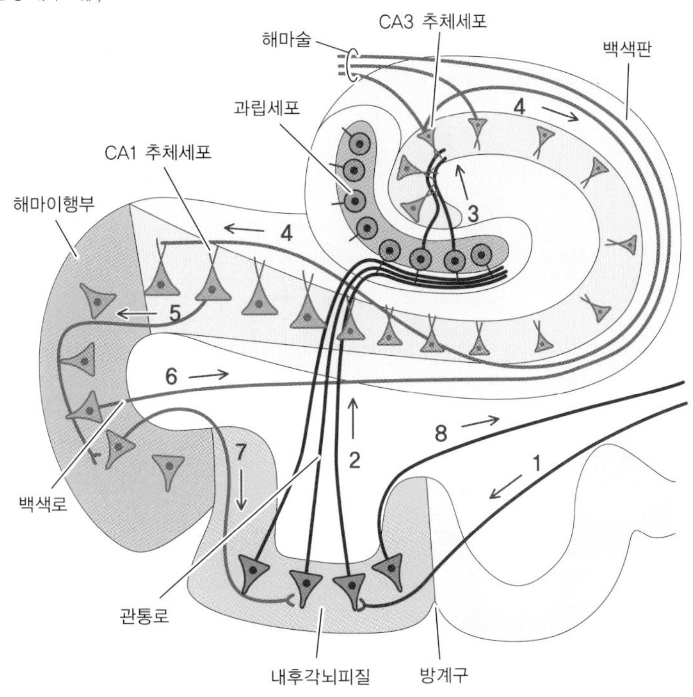

① 감각연합영역에서 입력정보는 내후각뇌피질에서 시냅스
② 내후각뇌피질의 출력 축삭은 관통로를 통해 치상회의 과립세포에 시냅스
③ 치상회 과립세포(DG)는 CA3의 피라미드세포 수상돌기에 시냅스
④ CA3 주신경세포 축삭다발은 해마술을 형성하여 뇌궁으로 입력되며 일부 축삭은 CA1 피라미드세포의 수상돌기에 시냅스
⑤ CA1의 주신경세포는 해마이행부의 피라미드세포의 수상돌기에 시냅스
⑥ 해마이행부의 주신경세포는 백색로를 형성하며 일부 세포는 내후각뇌피질 신경세포의 수상돌기에 시냅스
⑦ 내후각뇌피질의 피라미드세포는 감각연합영역으로 신경연결

해마 신경세포의 연결을 체계적으로 그려보면 내후각뇌피질entorhinal cortex(EC)의 2번 층과 3번 층에서 치상회dentate gyrus(DG)로 입력되며 CA3 영역은 출력이

9-33
해마형성체의 신경연결회로

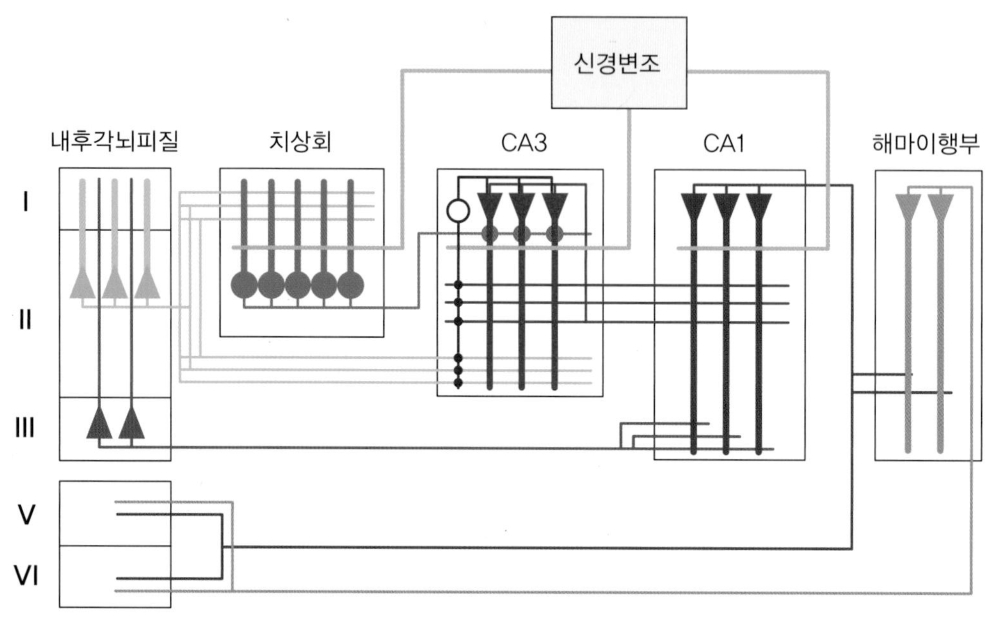

다시 입력되는 재입력 회로를 형성하지요. 치상회의 과립세포와 CA1과 CA3 세포에는 외부변조신호가 입력되지요. CA1의 신경축삭은 해마지각subiculum(SUB)으로 출력되며, 해마지각은 내후각뇌피질의 5번과 6번 층에 연결됩니다. 리스만의 이론에 의하면 CA3의 신경세포는 출력이 다시 자신에게 재입력되는 현상이 시간 지연을 만들며, 이렇게 지연된 출력이 예측신호로 작용하여 CA1에서 EC 3번 층에서 입력되는 신경축삭과 시냅스하여 현재 입력과 예측 입력을 비교할 수 있지요.

9-34는 쥐의 해마와 내후각뇌피질entorhinal cortex(EC)의 연결도입니다. 치상회의 과립세포와 암몬각의 주세포들이 일렬로 배열됩니다. 이처럼 중추신경시스템에서 신경세포의 특이한 배열들은 그 영역의 특별한 기능과 관련되지요. 소뇌에서 보이는 푸르키녜세포와 과립세포의 평행섬유의 바둑판 같은 배열은 근육과 관절에서 오는 무의식적 고유감각과 관련되며, 외측슬상체의 6층으로 구분되는 세포 배열들은 등쪽시각 및 배쪽시각 처리와 관련 있지요. '특별한 신경세포의 배열→특별한 기능'은 뇌과학의 일반적인 특징으로 볼 수있지요.

9-34

내후각피질과 해마의 신경연결

(출전: Wei Deng, James B. Aimone & Fred H. Gage, Nature Reviews Neuroscience 11, 339-350)

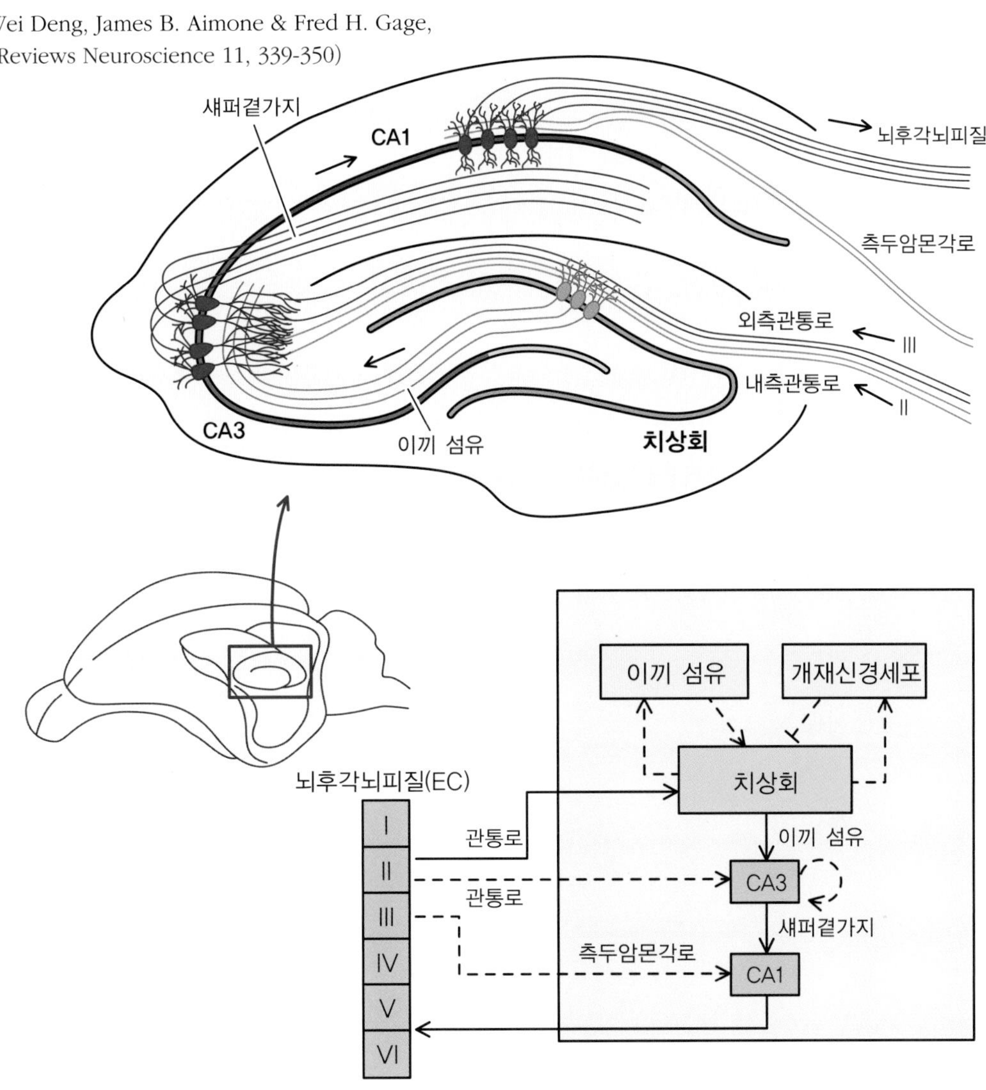

그래서 새롭고 어려운 분야를 공부할 때는 의미를 충분히 이해하지 못해도 조급해 할 필요가 없습니다. 오히려 학습 초기 단계에는 공부의 욕구를 키우는 것이 더 효과적입니다. 강력한 학습 욕구가 오래 지속되면 공부에 급속한 탄력이 생깁니다. 의미를 알아야 한다는 부담에서 자유로워지면, 뇌 활동이 더 유연해지고, 학습하는 내용을 기존의 기억과 연결하기가 더 쉽지요. 그래서 의미의 구조가 점차 늘어나면서 공부를 좋아하게 됩니다.

해마형성체의 출력부는 백색판을 형성합니다. 암몬각 주세포들의 축삭들이 모여서 해마술을 만들고, 판형으로 연속된 해마술의 구조가 백색판을 형성하죠. 결국 해마의 출력 섬유다발이 시상과 시상하부 영역에서 뇌궁(뇌활)을 만들지요. 내후각뇌피질은 해마의 입력부가 됩니다. 그림을 반복해서 그려보면 이러한 해마형성체의 입체적 구조가 쉽게 기억될 겁니다.

해마형성체와 해마주변피질이 연결되는 곳이 장기기억이 생성되는 영역입니다. 해마주변피질perihippocampal cortex은 비주위피질과 해마방회parahippocampal gyrus입니다. 이 두 피질의 신경축삭은 해마의 입력피질인 내후각뇌피질 2층과 3층으로 입력되지요. 2층으로 입력된 신경정보는 치상회의 과립세포와 시냅스하고 과립세포는 암몬각의 CA3와 시냅스하지요. 뇌후각뇌피질 3층 신경세포는 CA1으로 입력하고, CA1은 해마이행부로 출력합니다. 해마이행부는 다시 내후각뇌피질로 입력되며, 내후각뇌피질은 전두엽과 대상회피질로 연결되어, 결국 해마와 주변피질과의 신경회로가 완성됩니다.

9-35
해마형성체의 입체 구조

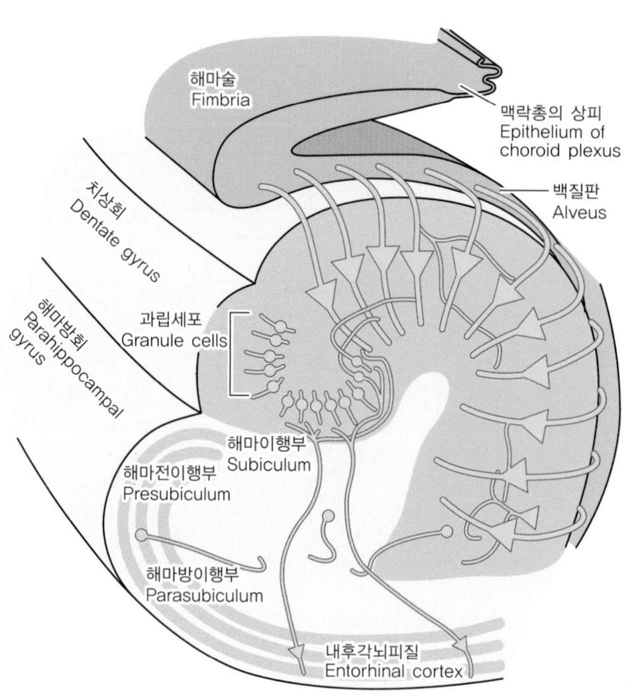

9-36
해마형성체 구조

신경해부학의 그림들은 대부분 절단면을 보여주는 평면 구조지만 뇌는 삼차원 구조이다. 신경해부학 공부는 그림에서처럼 단면 구조를 연결해서 입체 구조를 머릿속으로 재구성해야 한다. 그림에서처럼 해마복합체의 입체 구조는 실제 뇌의 치상회와 암몬각을 구체적으로 알려준다.

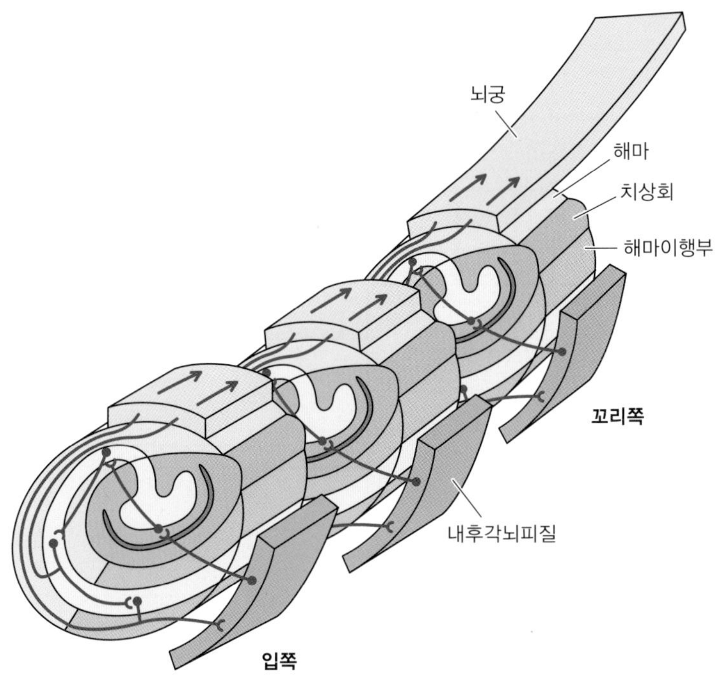

중격영역은 뇌량아래피질과 종말판옆피질로 구성되며, 편도체와 복측피개영역으로부터 신경정보를 입력받습니다. 본능 욕구와 관련된 내측전뇌속이 중격영역에서 시냅스하기 때문에 중격영역은 본능 욕구와 쾌감을 처리하지요. 그리고 중격영역은 뇌궁 속의 중격해마신경로를 통해 해마와 연결되죠. 학습은 즐겁게 해야 이해력이 높아지고 기억도 잘되지요. 바로 중격영역이 해마에 신경연결되어 있기 때문이에요. 해마의 자극입력에서 새롭고 재미있는 정보가 장기기억이 될 확률이 높지요.

해마기억은 배경과 맥락 정보가 중요합니다. 여기서 주목해야 할 내용은, 해마복합체로 유입되는 신호는 연합시각, 연합청각, 연합체감각에서 모두 처리된 개별 감각신호가 다시 통합된 연합감각신호라는 겁니다. 따라서 해마에서는 감각을 통합하여 개별 사물에 대한 속성이 모입니다. 시각, 청각, 체감각을 통해 얻은 속성을 통합해 언어 능력을 바탕으로 하나의 사물을 하나의 단어로 지칭할 수 있게 된 것

9-37
해마형성체의 입출력 연결

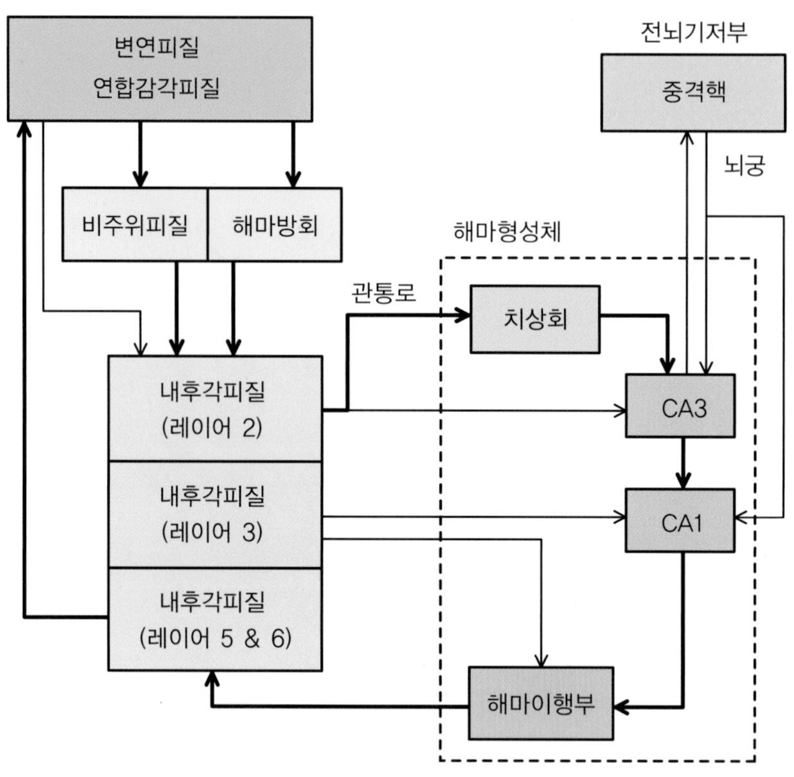

9-38
중격영역과 해마의 신경로

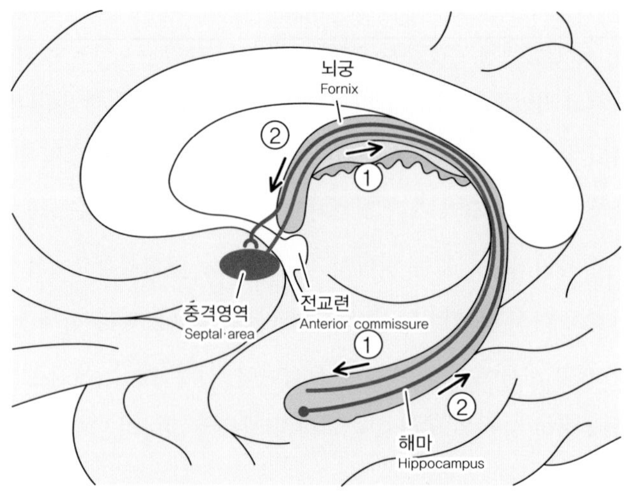

이 인간의 뇌 진화가 가져온 놀라운 능력이지요. 해마의 사물에 대한 기억 생성 능력과 언어의 출현으로 인간은 자연적 사물과 사건에 언어적 대응관계를 생성하여 자연을 신경시스템의 구조 속에 포착할 수 있게 된 것입니다.

해마는 기억을 형성하는 영역이지, 저장하는 영역은 아닙니다. 해마와 신피질의 연결로 짧게는 수분에서 며칠에 걸친 기억이 공고하게 다져집니다. 기억이 되는 과정 동안은 해마와 신피질이 상호연결 상태를 유지합니다. 대뇌신피질에서 저장된 기억 사이에 연결이 만들어지는 과정에서도 해마와 신피질은 연결 상태를 유지합니다. 신피질에 저장된 기억 사이의 연결이 강해지면 안정된 장기기억이 되지요. 기억이 신피질에서 장기기억이 되면 해마와 신피질 사이의 연결이 끊어집니다.

기술과 습관은 절차기억으로, 비서술기억에서 중요한 부분입니다. 기술도 기억이고 습관도 기억이지요. 일상생활에 필수적인 기억들이죠. 이런 기술과 습관은 뇌의 어느 부분에 기억되어 있을까요? 바로 꼬리핵과 조가비핵으로 이루어진 신선조체입니다. 신선조체는 대뇌기저핵에서 큰 영역을 차지합니다. 대뇌기저핵은 대뇌 바닥에 위치하는 큰 신경핵 구조이죠. 퍼브스의 신경과학 교과서에 의하면 조가비핵과 꼬리핵은 각각을 구성하고 있는 세포가 진화적으로 기원이 유사한 가시신경세포로, 두 영역이 대략 1억 개의 가시신경세포로 구성되며, 조가비핵은 창백핵으로 축삭을 보냅니다. 창백핵은 내절과 외절로 구분되는데, 70만 개의 신경세포가 있지요. 따라서 대략 100대 1의 비율로 조가비핵의 출력이 창백핵으로 수렴합니다. 조가비핵과 꼬리핵은 대뇌피질의 일차감각영역처럼 관련 몸 영역과 대응하는 지도가 있습니다. 지도화된 영역을 밝혀내면 뇌 영역과 몸의 운동 관계가 명확해져

9-39
해마와 신피질의 기억 공고화 과정의 모델

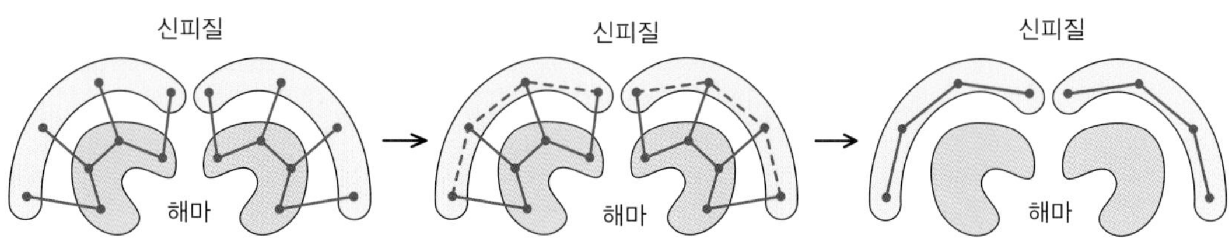

9-40
꼬리핵과 조각비핵의 체성운동, 연합운동, 변연운동지도(왼쪽)와 얼굴, 팔, 다리지도(오른쪽)

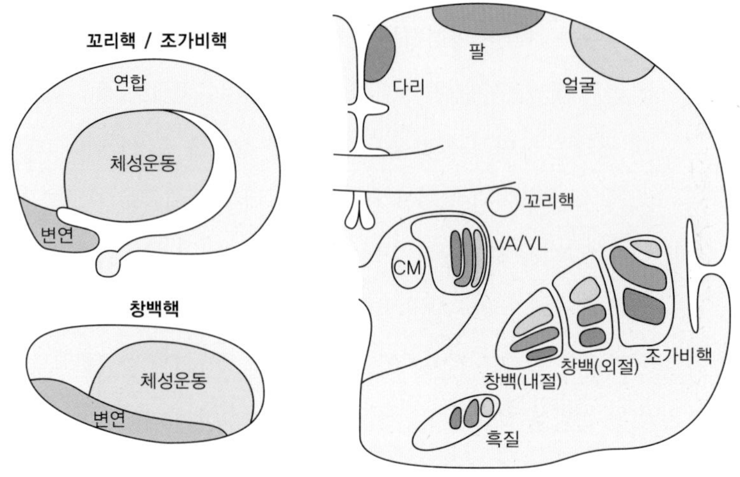

뇌 활동을 이해하는 데 효과적이지요.

9-40을 보면 선조체, 흑질, 시상에서 얼굴, 팔, 다리 순서로 신체 운동이 지도화되어 있지요. 지도화된 영역은 반복 동작으로 그 신경회로가 뇌 피질의 특정한 영역에 지도처럼 고정되어 있다는 의미입니다. 선조체의 조가비핵과 꼬리핵도 체성운동, 연합피질, 변연계에서의 입력이 지도화되어 있지요. 물론 영구적으로 고정되지는 않아서 새로운 학습으로 해당 영역이 변경될 수 있지요. 이처럼 집중적 학습으로 새로운 운동 기능이 피질에 형성되는 현상이 바로 피질가소성이죠.

후각신경로는 세 갈래로 분지합니다. 각각 외측후각선조, 내측후각선조, 중심후각선조입니다. 중심후각선조는 편도체 내측핵, 내후각뇌피질, 갈고리회로 신경축삭을 출력하지요. 이처럼 후각 정보가 편도체와 해마로 입력되어 기억과 감정이 후각의 영향을 받게 됩니다. 시각과 청각은 자극원과 자극 방향이 정확한 원거리 감각이지만, 후각은 우리를 에워싼 모든 방향으로 펴져 있는 접촉감각입니다. 따라서 후각은 명확하지 않지만 일정한 범위를 갖는 어떤 장소의 배경 정보 역할을 합니다. 포유동물은 중생대 쥐라기와 백악기의 1억 년 이상 공룡과 함께 존재했어요. 포유동물의 선조는 지금의 쥐만 한 크기로, 공룡이 활동하지 않은 밤에만 활동했지

9-41
후각신경로의 출력피질

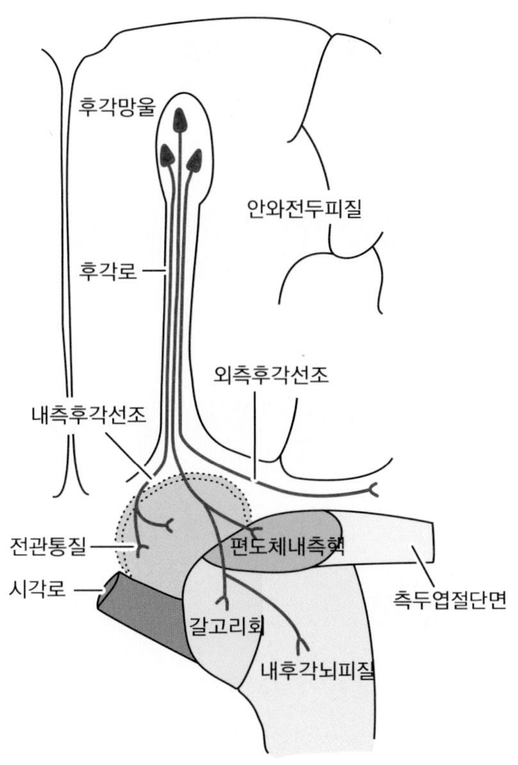

요. 그래서 시각보다 후각이 더 중요했어요. 후각 기억이 포유동물의 생존에 중요했고, 따라서 해마와 편도에 후각신경이 많이 입력되었지요.

초기 포유동물의 후각에 의한 기억 특성의 흔적이 인간에게도 일부 남아 있다고 볼 수 있어요. 인간의 후각을 담당하는 유전자의 상당 부분은 활동하지 않는 잠자는 유전자입니다. 그만큼 인간 후각의 분별력은 감소했으며, 후각 기억은 세분화되지 않은 배경 분위기를 만들죠. 그래서 인간 기억의 특징은 바로 '애매성'입니다. 기억을 인출하는 그 시점에서의 정서적 느낌에 영향을 받아 기억의 '감정적 내용'이 평가되기 때문이지요. 기억의 '사실적 내용' 변화에 저항하지만 기억의 감정적 내용은 바로 그 기억을 인출할 당시의 뇌의 감정상태에 직접 영향을 받기 때문에 결국 사실적 내용은 상황에 따라 어느 정도 왜곡될 수 있지요. 어떤 한 사건에 대한 사실적 내용은 해마에서 기억화되며 감정적 상태는 편도에 저장되지만 해마와 편도가 서로 연결되어 있어 사실적 내용이 감정 상태에 따라 왜곡될 수 있지요.

03 학습으로 신경이 바뀌다

나이가 들어 새로운 학습이 줄어들면 신경세포의 수상돌기의 수가 줄어듭니다. 잎이 다 떨어진 외로운 겨울나무가 되죠. 일상에서 사용하는 언어가 수십 단어에 불과하며, 몇 개의 문장을 반복해서 사용하지요. 그러면 생각이 다양성을 잃고 자기 주장만 강해집니다. 이야기를 들어보면 비슷한 주제의 내용을 반복하지요. 하지만 끊임없이 어렵지만 새로운 분야를 학습하는 사람은 나이가 들수록 사고의 영역이 확장되고 유연해지죠. 학습을 통해 새로운 시냅스들이 계속 만들어지기 때문입니다.

9-43의 A는 전자현미경으로 신경세포를 찍은 겁니다. B는 이 신경세포가 찍힌 사진을 조금 더 크게 확대한 것이죠. C, D를 보세요. 신경세포의 변화를 분 단위로 포착해냈어요. D의 3번 사진에 화살표로 표시된 것은 새로 생긴 시냅스입니다. 통통해져서 V자로 선명히 갈라져 나온 게 보이지요. 자극을 많이 받은 후 단 몇 분 만에 신경세포의 형태가 이렇게 변했어요. 새로운 돌기가 생기는 과정을 보세요. 신경돌기가 생성되고 변화하는 과정은 대단히 역동적이지요. 이 과정이 세포 수준에서 일어나는 자극에 대한 반응이며, 학습 과정이지요. 강한 자극을 받아 신경돌기가 통통해졌다가 갈라져 새로운 돌기가 나오는 현상으로, 변화된 환경에서 생존하기 위해 신경세포가 보이는 생존의 몸부림에 따른 결과죠. 신경세포는 학습을 통해

9-42
나이에 따른 신경돌기의 변화

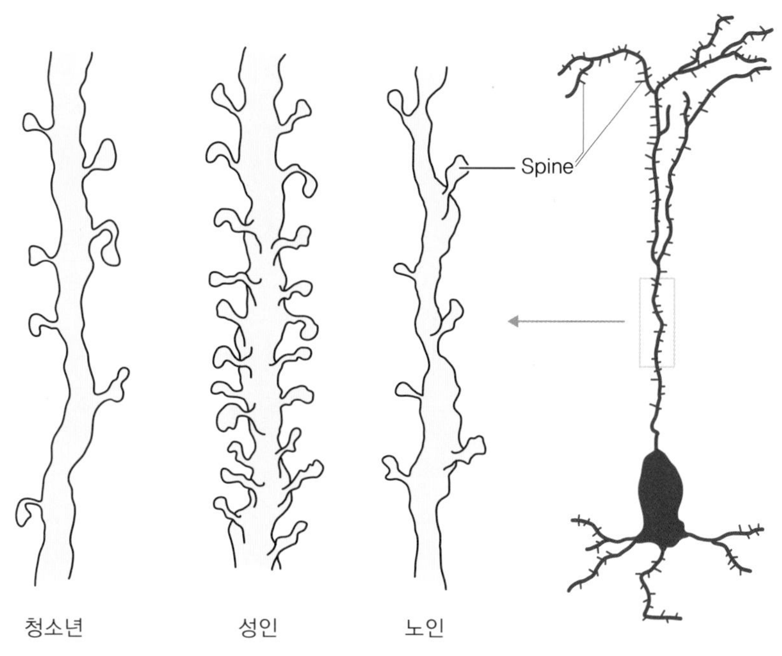

9-43
생쥐 CA1 피라미드 신경세포의 수상돌기 성장과정

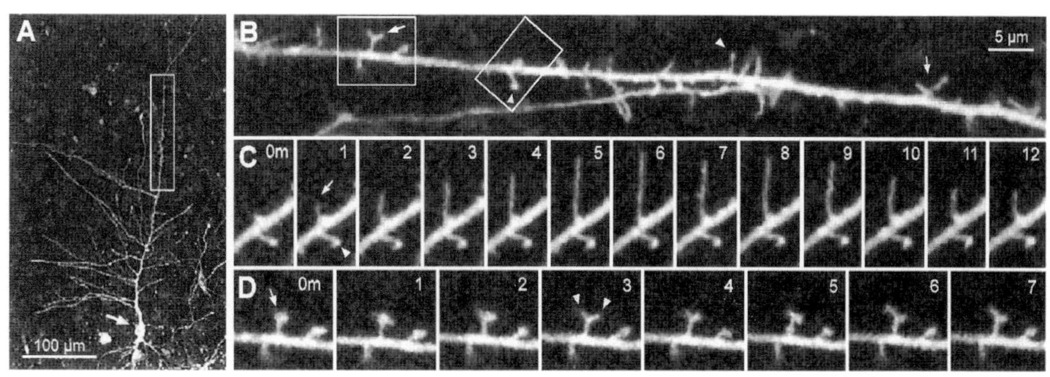

이렇게 물리적으로 변화합니다. 그래서 학습한다는 것은 뇌가 조금씩 바뀌는 과정인 것이죠.

수상돌기가 풍성해지면서 시냅스가 더 많은 신경전달물질을 분비하게 되고, 자

9-44
신경돌기가 분화하는 과정

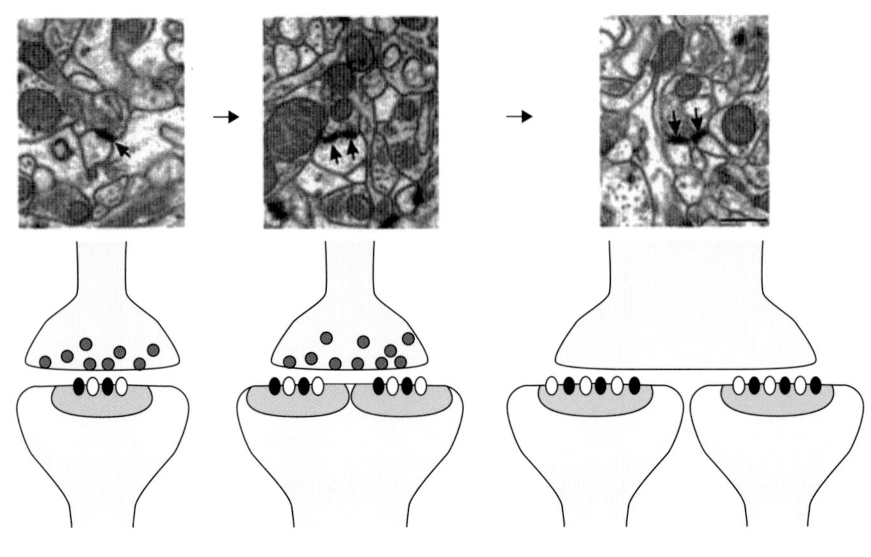

9-45
습관화와 민감화 반응에 의한 시냅스 변화

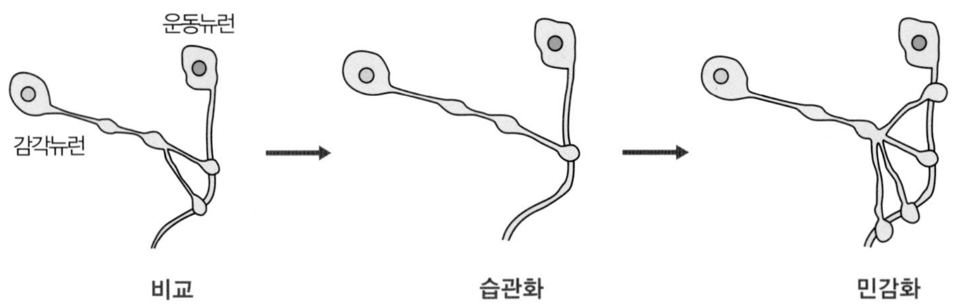

극 반응에 신속하고 강하게 반응하는 민감화 상태가 됩니다. 하지만 동일한 자극을 반복해서 경험하면, 신경세포는 반응 감도를 낮춰서 습관화 상태가 되지요. 습관화 과정은 신경계가 익숙한 상황을 의식적으로 처리하지 않고 무의식적 습관 반응으로 대처하기 때문에 피질에 정보처리의 부담을 줄여주는 장점이 있지요. 그러나 새로운 학습을 하기 위해서는 주의집중하여 시냅스 연결이 많아지는 민감화가 필요하지요. 이처럼 학습은 새로운 사실을 받아들여 기억하는 과정이고, 신경세포에 새로운 시냅스가 생기는 현상입니다. 따라서 기억한다는 것은 뇌가 물리적으로 점차 바뀌는 과정이지요.

오키나와 과학기술연구원의 켄지 도야 박사는 학습을 세 가지로 패턴으로 구분하여 설명합니다. 하나는 무감독학습unsupervised learning, 또 하나는 보상학습reinforcement learning, 다른 하나는 감독학습supervised learning이죠.

소뇌의 감독학습은 자전거 타기처럼 숙달해야 할 명확한 목표가 있고 그 목표를 달성하기 위해 실수를 줄여가는 과정의 학습입니다. 달성해야 하는 목표치와 현재 운동출력을 비교해서 목표치에 도달하지 못하면 오류신호가 학습회로에 전달되죠. 소뇌와 대뇌피질 그리고 하올리브핵이 상호연결되어 운동학습을 숙달하는 과정이 감독학습입니다. 대뇌기저핵의 강화학습은 보상을 얻기 위해 학습이 계속되는 현상으로, 흑색질의 도파민이 보상자극을 제공하죠. 감독학습은 대뇌피질에서 일어납니다. 피질에 새로운 신경연결망이 생성되는 현상이지요. 그런데 무감독학습은 입력이 되면 출력으로 그냥 나가버려요. 입력되는 순간에는 '아, 알았다' 하지만 감독, 즉 목표치가 없기 때문에 기억에 오래 남지 않습니다. 그래서 나중에 기억이 나

9-46
소뇌, 대뇌기저핵, 대뇌피질의 학습회로

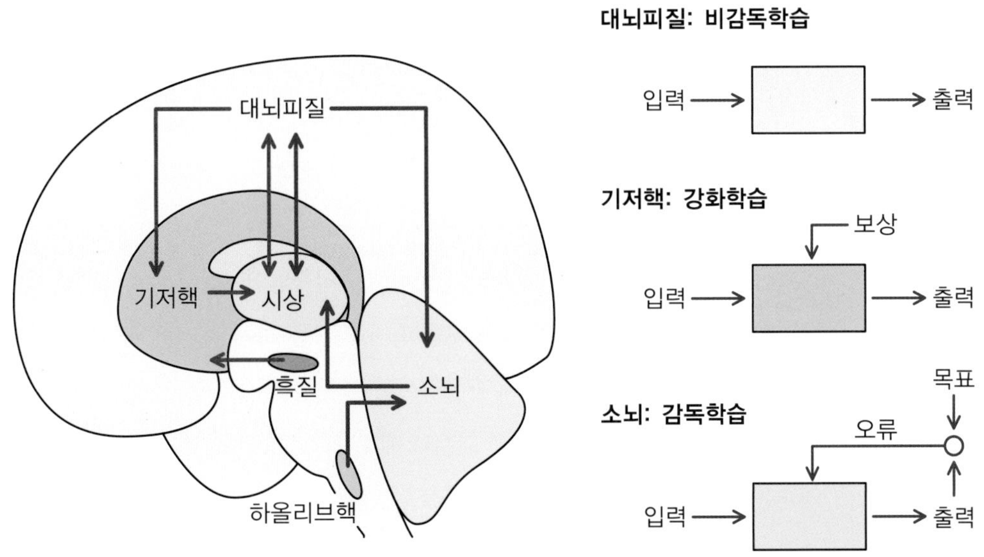

지 않죠. 학습이란 대뇌피질에 기억들이 서로 자발적으로 연계하여 의식의 흐름을 만드는 현상인데, 일정한 목표의식이 없을 때에는 여러 갈래로 분산되어 연기처럼 사라지는 공상이 되지요.

학습한 내용들을 잊지 않으려면 어떻게 해야 할까요? 학습한 내용이 장기기억으로 정착될 때까지 계속해서 학습한 내용에 주의를 집중해야 합니다. 학습 내용을 기억해야 한다는 의도적 노력을 해야만 의식화된 학습 개념이 전전두엽에서 의지력을 계속 활성화시키지요. 이러한 주의집중상태가 대뇌피질 아래 변연계까지 전달되어 무의식적으로 발현되면 공부는 가속되지요. 이때 감각을 이용하는 게 좋습니다. 그려보고 만져보고 소리 내보고 동작으로 표현해서 의식하지 않아도 기억이 인출되는 상태가 되죠.

이와 더불어 지속적 목표의식으로 시간과 에너지를 학습에 집중시켜야 합니다. 자전거를 한번 배우고 나면 평생 탈 수 있지요. 수영도 한번 할 수 있게 되면 언제든 다시 할 수 있습니다. 절차기억의 놀라운 힘이죠. 이런 절차학습이 바로 몸 근육에 새겨진 기억이라 볼 수 있지요. 기억의 지름길은 반복입니다. 모호함이 사라질 때까지 반복해야 합니다. 모호함이 사라지면 명료해지면서 범주화되죠. 그렇게 명료해진 기억들을 연결하여 지식의 연결망을 만들어야 합니다. 기억된 학습 정보가 많아질수록 새로운 것을 배우는 일은 더 빨라집니다. 새로운 정보가 결합할 연결고리가 많아졌기 때문이지요.

보상학습은 대뇌기저핵과 관계가 있습니다. 보상학습은 한마디로 말하면 일종의 보상 시스템입니다. 개를 훈련시킬 때를 보세요. 잘하면 칭찬을 하거나 먹이를 줍니다. 그러면 더 잘하려고 하고, 더 많은 보상을 받지요. 학습 효과가 보상에 의해 지속됩니다. 사람의 경우도 마찬가지입니다. 이런 보상학습은 흑색질에서 도파민이 분비되면서 일어나죠. 도파민이 분비되면 전두엽이 활발하게 활동하지요.

자전거를 배우거나 바이올린을 배울 때처럼 처음 하는 기술을 숙련하는 과정은 대뇌 전두엽과 두정엽을 강하게 활성화시킵니다. 손 동작과 몸 동작은 학습 대상에 집중해야만 학습할 수 있습니다. 그러나 새로운 기술에 익숙해지면 습관화된 운동기술은 대뇌기저핵에 운동 신체 지도로 기억되어 학습 행위는 무의식적 자동반응으로 바뀌게 됩니다. 따라서 더 이상 대뇌신피질이 흥분하지 않지요. 운동학습이 자동화된 습관이 되면 학습 내용이 무의식적으로 자동 인출되어 대뇌피질에는 인지적 부담을 주지 않지요. 스포츠나 예술 분야의 전문가들은 고난이도의 기술을 습관화한 사람인 겁니다.

감독학습은 소뇌에서 일어납니다. 소뇌는 근육 학습과 관련이 있죠. 소뇌의 주요 기능은 근육 긴장도 조절, 신체 평형 유지, 그리고 운동 협연입니다. 소뇌는 골격근

9-47
해마-복측피개영역 루프에 의한 도파민 분비와 해마에서 새로운 자극에 대한 리스만의 이론

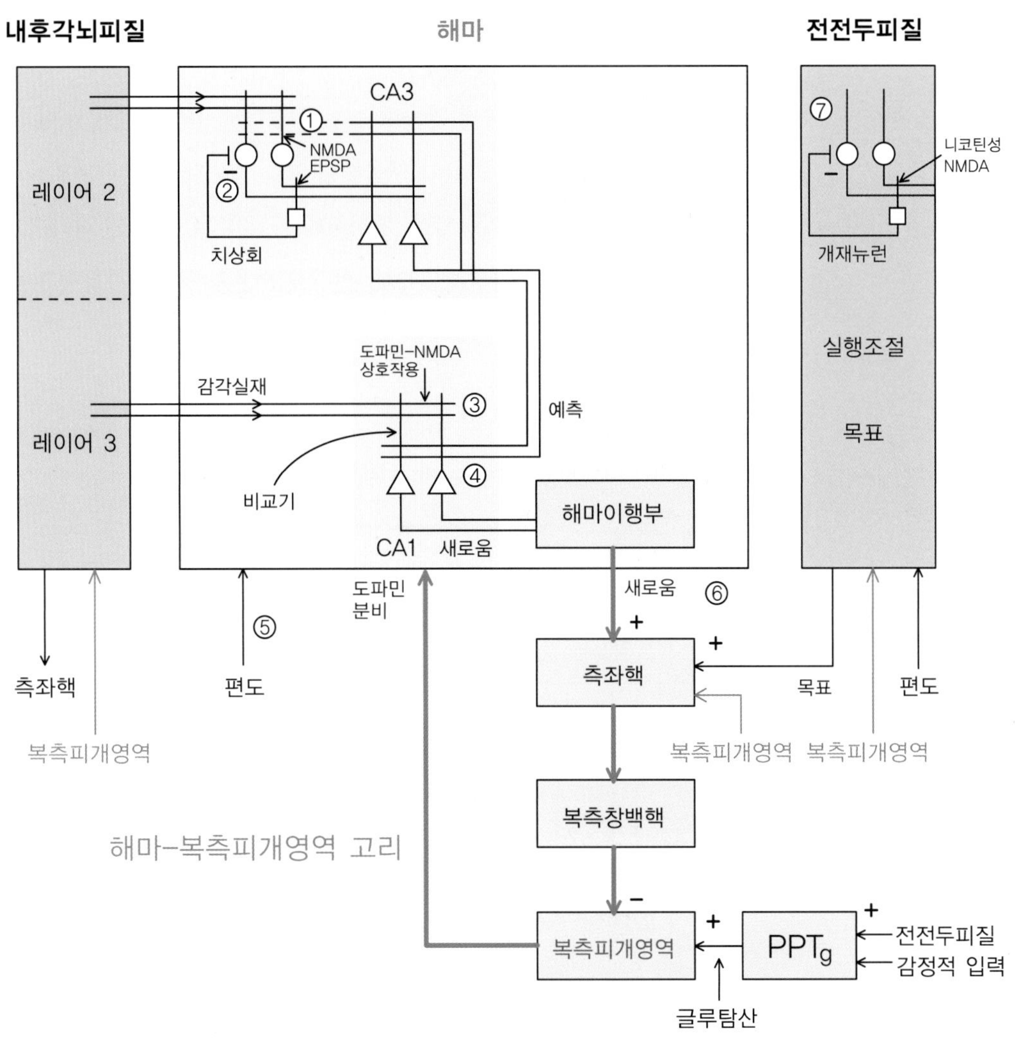

의 긴장도를 조절하여 유연하고 적절하게 근육의 움직임을 조절하지요.

근육 운동에 의한 운동학습은 항상 목표치가 있어서 그 목표치에 도달할 때까지 움직이죠. 운동출력의 일부가 소뇌로 전달되어 목표치와 비교해 실수를 수정하기 때문에 매번 실수가 줄어들면서 기술이 향상되지요. 에러 신호는 하올리브핵에서 소뇌피질의 푸르키녜세포로 전달되지요.

대뇌피질의 무감독 학습은 계획과 감독 없이 좋아하는 분야를 자신의 판단에 따라 수행합니다. 그래서 체계적인 방법론 없이 자신이 선호하는 방식을 반복하고, 반복해서 굳어진 습관에 안주하죠. 그래서 어른이 되면 새로운 학습을 하기가 쉽지 않은 겁니다. 익숙해진 상황은 이미 기억된 내용이어서 해마가 활성화되지 않아요. 해마는 새로운 사건과 사물에 민감하게 반응하기 때문이죠.

해마복합체가 새로운 자극입력에 반응하는 과정에 대해서는 해마에 대한 도파민의 영향을 주장하는 리스만의 이론에 주목해서 보면 됩니다. 내후각뇌피질 2층에서 해마치상회로 신경자극이 입력되며, 치상회의 과립세포는 CA3의 피라미드세포와 시냅스하지요. 여기서 특이하게도 CA3 신경세포의 축삭에서 곁가지가 다시

9-48
항상성조절, 보상처리, 학습기억, 실행조절의 상호연결

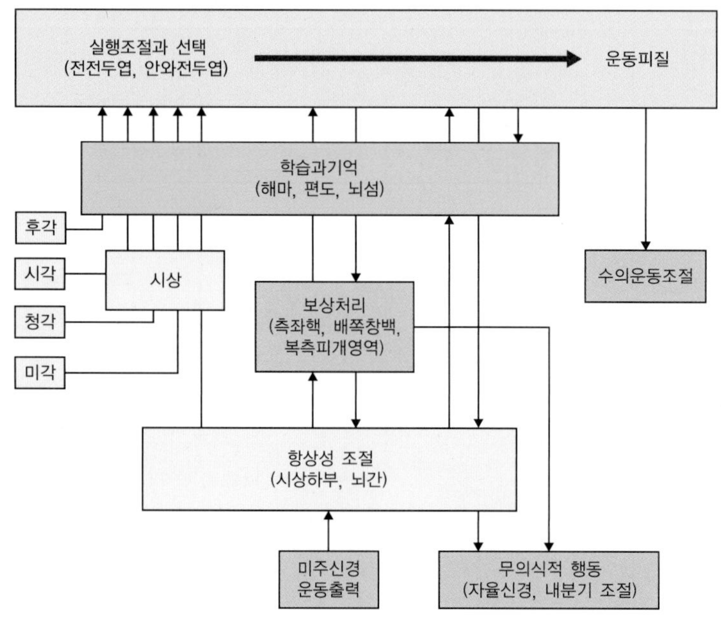

자신의 수상돌기와 치상회 과립세포로 재입력됩니다. 바로 이 과정에서 재입력 신경전달에 소요되어 내후각뇌피질 3층으로 입력된 자극에 비해 시간 지연이 발생하지요. 이 결과 CA3의 축삭출력은 자극에 대한 예측 능력을 갖게 됩니다. 내후각뇌피질 3층으로 입력된 감각신호는 예측신호와 CA1의 수상돌기에서 동시에 만나게 되지요. 따라서 CA1의 수상돌기는 시간 지연을 갖는 두 자극에 대한 '비교기'로 기능할 수 있지요. 비교 결과 예측하지 못한 새로운 자극이면 비교기가 흥분하여 '새로움'이란 신경출력을 해마이행부로 보내지요. 해마이행부에서 측좌핵으로, 측좌핵에서 복측창백핵으로, 복측창백핵은 도파민성 신경핵인 복측피개영역을 자극하여 결국 해마로 도파민을 분비합니다. 해마에서 도파민은 '도파민-NMDA수용체' 상호작용을 거쳐 비교기와 치상회의 과립세포가 더욱 흥분하게 되어 우리는 새로운 입력에 더 민감하게 집중하게 되지요. 리스만은 이러한 구조를 '해마-복측피개고리'라 언급하면서 학습에서 새로운 자극의 중요성을 강조합니다. 어렵고 새로운 분야를 집중적으로 공부하는 것이 해마의 활성을 높이는 길입니다.

학습과 기억을 항상성 조절과 보상 처리 영역과 연계하여 살펴봅시다. 항상성 조절 신호, 보상 처리, 학습과 기억, 실행 조절과 선택은 수준별로 상호연결된 신경시스템에 의해 조절되지요. 해마와 편도체의 학습과 기억은 측좌핵, 복측피개영역의 보상처리영역과 상호연결되지요. 해마와 편도는 전전두엽과 안와전두엽과 상호 연결되어 실행과 선택을 위한 정보를 제공합니다.

04 기억에서 튀어나오는 창의성

창의성은 인류가 계속되는 자연 환경과 사회 문화의 변화에 적응함에 따라서 진화해온 인지 시스템의 능력입니다. 문화와 과학을 발전시킨 원동력이 바로 개개인의 창의성이죠. 기업에서는 창의성이 생존과 연결될 정도로 중요합니다. 그렇다면 무엇을 창의성이라고 할까요? 에델만은 《세컨드 네이처Second Nature》에서 창의성의 본질을 축퇴성, 우발성, 모호성이라고 주장합니다.

첫째, 축퇴성은 기억된 정보들이 쌓여 겹치는 현상입니다. 그런데 기억된 정보가 없으면 아무것도 떠오르지 않죠. 기억된 정보들이 중첩되어 겹치게 연결되어 있어야만 외부에서 비슷한 정보가 들어왔을 때 새로운 생각이 떠오르죠. 외부에서 어떤 정보가 들어온다고 해봅시다. 그러면 시냅스가 활발해지죠. 시냅스를 통해 저장된 기억 패턴들이 활성화됩니다. 따라서 이 정보에 대응할 수 있는 기억 패턴이 선택되고, 그 기억 패턴은 운동으로 출력되죠. 여기까지는 동물 시스템에서 매일 일어나고 있는 습관화된 반응입니다.

이번에는 이전에 경험하지 못한 새로운 정보가 들어옵니다. 대응하는 기억 패턴이 없으면 새로운 정보가 자리를 잡지 못해 곧 사라져버리지요. 이럴 때 무엇을 할 수 있을까요? 새로운 기억 패턴을 만드나요? 물론 시간적 여유가 있다면 그 상황에 대처할 새로운 학습을 하겠죠. 그러나 상황이 급변한다면 대신 여러 기억 패턴을 불러와서 기억의 조합을 이전과 다르게 할 수 있습니다. 이 기억 패턴에도 맞춰보고 저 기억 패턴에도 맞춰보는 거죠. 그러다가 어느 순간 새로운 입력에 효과적으로 대응할 수 있는 기억의 조합이 생성될 수 있죠. 이처럼 새로운 상황에 대처하기 위해 이전에 학습한 기억 내용을 새로운 방식으로 조합하여 대처하는 과정이 창의성 발현입니다.

창의성은 이렇게 저장된 기억을 새로운 조합으로 연결하여 불확실한 입력에 대응하는 과정입니다. 이 과정을 정리해보면 새로운 정보를 학습하고, 반복하고, 잠시 그대로 두었다가 다른 환경에서 비슷한 정보를 접하고, 기억 패턴들이 겹쳐 순간 연결되면서 하나의 패턴으로 선명해집니다. 저는 사람들과 기억에 관한 이야기를 할 때면 암기 교육을 다시 불러와야 한다고 말합니다. 암기 교육이 창의성과 반대라고 생각하는 사람들이 있는데, 그렇지 않죠. 학습의 기본은 암기입니다. 암기의 사전적 정의는 기억하는 것이지요. 뇌에 기억된 게 없으면 아무것도 조합할 수 없습니다. 기억된 학습 내용이 없다면 창의성은 기대할 수 없지요. 기억된 정보가 많아야 이해가 되며, 새로운 기억이 다양하게 결합하여 창의성을 갖추고 의미가 발현됩니다. 창의성은 장기기억이 새로운 패턴으로 조합되고 발현되는 것입니다. 창의성은 새로운 관점에서 나올 수 있지요. 그런데 사물이나 사건이 새롭다는 것은 어떻게 알 수 있나요? 새롭다는 것은 그 사물이나 사건이 이전에 경험한 내용에 비교해서 다르다는 것이지요. 그래서 우리가 새로움을 인식하려면 이전의 경험기억이 선행되어야 합니다. 즉 기억된 정보는 창의성의 필수조건입니다. 그래서 인류 문화를 변화시킨 대부분의 독창적 사상이나 창의적 예술 작품들은 전문가들의 학습된 지식이 창의적으로 표현된 것이죠.

창의성의 두 번째 특성은 우발성입니다. 감성적 만남은 우연히 일어날 수 있어요. 20년쯤 전 직장 동료들과 변산반도에 있는 내소사에 간 적이 있어요. 겨울 해질녘이었죠. 내소사에 들어가야 하는데, 다들 피곤해서 쉬겠다고 하는 바람에 혼자 내소사로 걸어 들어갔어요. 경내에는 아무도 없었습니다. 천년고찰과 그 뒤의 능가산, 겨울 저녁 공기가 마치 선정에 잠긴 듯했어요. 침묵하고 있는 이 시공이 깨질까 차마 다음 발을 내딛지 못하고 잠시 서 있었습니다. 저녁 어스름 속에 침묵하던 내소사 풍경이 아직도 생생합니다. 그후로도 내소사에 몇 번을 갔지만 그날 같은 풍경은 아니었어요.

새로운 느낌은 이렇게 우연히 만나게 되는 거지요. 내소사가 이럴 것이다 하고 예상했다면 그날 그런 경험은 못했겠죠. 대부분 본질적 만남은 예상하지 못한 곳에서 일어나지요. 정서적 창의성은 그런 환경에 우연히 노출될 때 발현될 가능성이 크지요.

그렇다고 해서 아무것도 없이 나오는 건 아니지요. 씨앗을 뿌려야 싹이 트죠. 자기 분야에서 특출한 재능을 발휘하는 사람들을 보면 어린 시절의 경험에서 영향을 받은 경우가 많습니다. 자기 분야와 관련된 환경에 일찍부터 노출된 거죠. 이렇게 씨앗이 뿌려지면 오랜 시간이 흐른 후에야 발아가 됩니다. 그래서 뇌과학적으로 봤을 때 창의성은 10년 이상 해당 분야와 관련된 기억을 축적한 전문가들에게서 일어날 확률이 높지요.

창의성의 세 번째 특징은 모호성입니다. 인간 기억의 특징은 애매함이지요. 기억이 정확하지 않고 애매하기 때문에 회상된 기억은 매번 달라질 수 있습니다. 기억이 모호하기에 확장성과 유연성을 갖게 되었지요. 그래서 변화하는 환경에 능동적으로 대처할 수 있지요.

느낌이 적당한 상태는 몸의 상태와 관계가 있어요. 몸의 긴장이 풀려 편안할 때 그런 느낌을 우연히 만나지요. 미국에서 유학할 때 몇 가족과 함께 공원에 간 적이 있어요. 공원은 넓고 한적했습니다. 함께 간 사람들과 호숫가에 자리를 잡고 분주하게 저녁 준비를 하다가 멀리 떨어진 화장실에 가서 잠깐 있었어요. 그런데 좁은 창문 틈으로 호수 건너편 숲으로 해가 떨어지는 풍경이 들어오는 겁니다. 얼마나 평온하고 아름답던지 그 풍경은 아직도 제 기억의 한순간으로 남아 있습니다. 그때 제 몸은 편안한 상태였고 넋을 놓고 있었죠. 불교에서 말하는 방하착放下着처럼 내려놓으면 그 순간이 오는 거예요. 창의성은 순발력과 유사하지요. 순간적으로 새로운 시선으로 사물이나 사건을 바라보는 거지요. 그래서 습관화된 관점에서 그동안 보지 못했던 상황이 홀연히 나타날 수 있지요.

새로운 것을 학습하면 할수록 기억 시스템은 달라집니다. 그 결과 생각이 더 넓어지고 더 깊어지죠. 그 넓이와 깊이는 얼마나 많은 시간과 에너지를 투자하느냐에 따라 달라집니다. 많은 사실기억들이 촘촘하게 연결되면서 의미기억이 생기고, 의미기억이 점점 더 공고해지면서 깊이를 갖게 되지요. 의미가 깊이의 차원을 획득해야만 학습한 내용이 힘을 발휘하게 되죠. 이때 기억 정보가 쌓은 의미의 깊이가 세부적인 학습 내용을 전체적인 관점에서 바라볼 수 있게 하죠. 세부에 얽매이지 말고 학습된 내용을 총체적으로 간파해야 순간적으로 다른 관점이 드러나지요.

그런데 새로운 것을 학습하는 일은 어려운 일입니다. 대뇌기저핵의 직접회로와 간접회로를 살펴봤죠? 직접회로는 해야하는 행동을 선택하고, 간접회로는 필요없는 행동을 억제합니다. 해야 하는 일을 하기 위해 불필요한 행위를 하지 않는 것이 핵심이지요. 학습된 기억을 새롭게 조합하는 것이 바로 인지훈련이지요. 창의적 전문가가 되는 길은 한 가지 목표를 수십 년간 추구하고, 그 나머지 모든 자극을 그 목표에 지속적으로 연결하여 목표지향적 인지 훈련을 습관화하는 것입니다.

10장

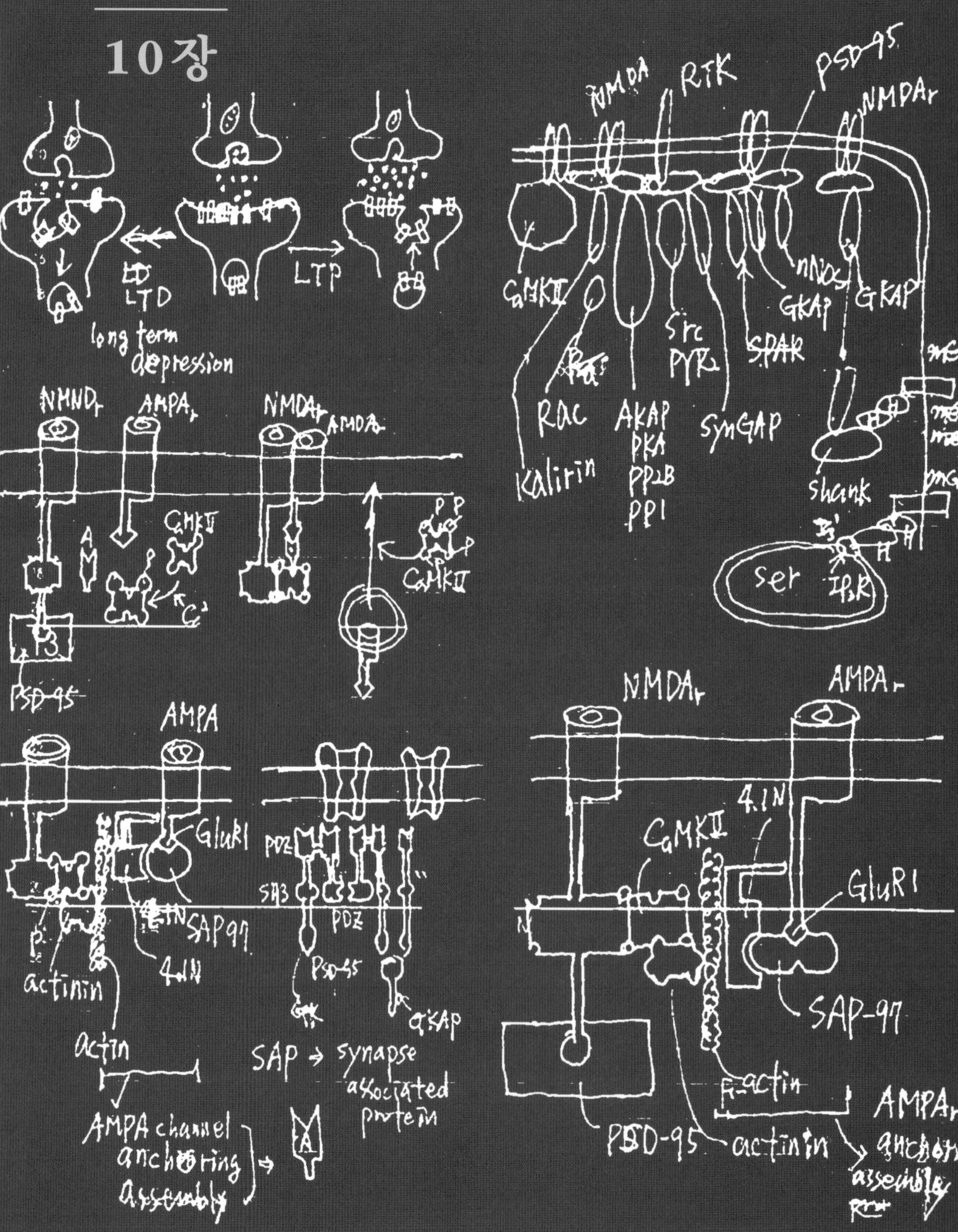

LTD
LTP
long term
depression
NMDA
RTK
PSD-95
NMDAr
CaMKII
nNOS
GKAP
GKAP
Src
PYK2
SPAR
Rac
AKAP
PKA
PP2B
PP1
SynGAP
Kalirin
Shank
ser
IP3R
NMNDr
AMPAr
NMDAr
AMDA
CaMKII
CaMKII
PSD-95
AMPA
GluR1
PDZ
SH3
PDZ
SAP97
4.1N
PSD-95
actinin
GKAP
actin
SAP → synapse
associated
protein
AMPA channel
anchoring
assembly
NMDAr
AMPAr
4.1N
CaMKII
GluR1
SAP-97
F-actin
PSD-95
actinin
AMPAr
anchor
assembly

기억의 실체

—기억의 실체는 시냅스

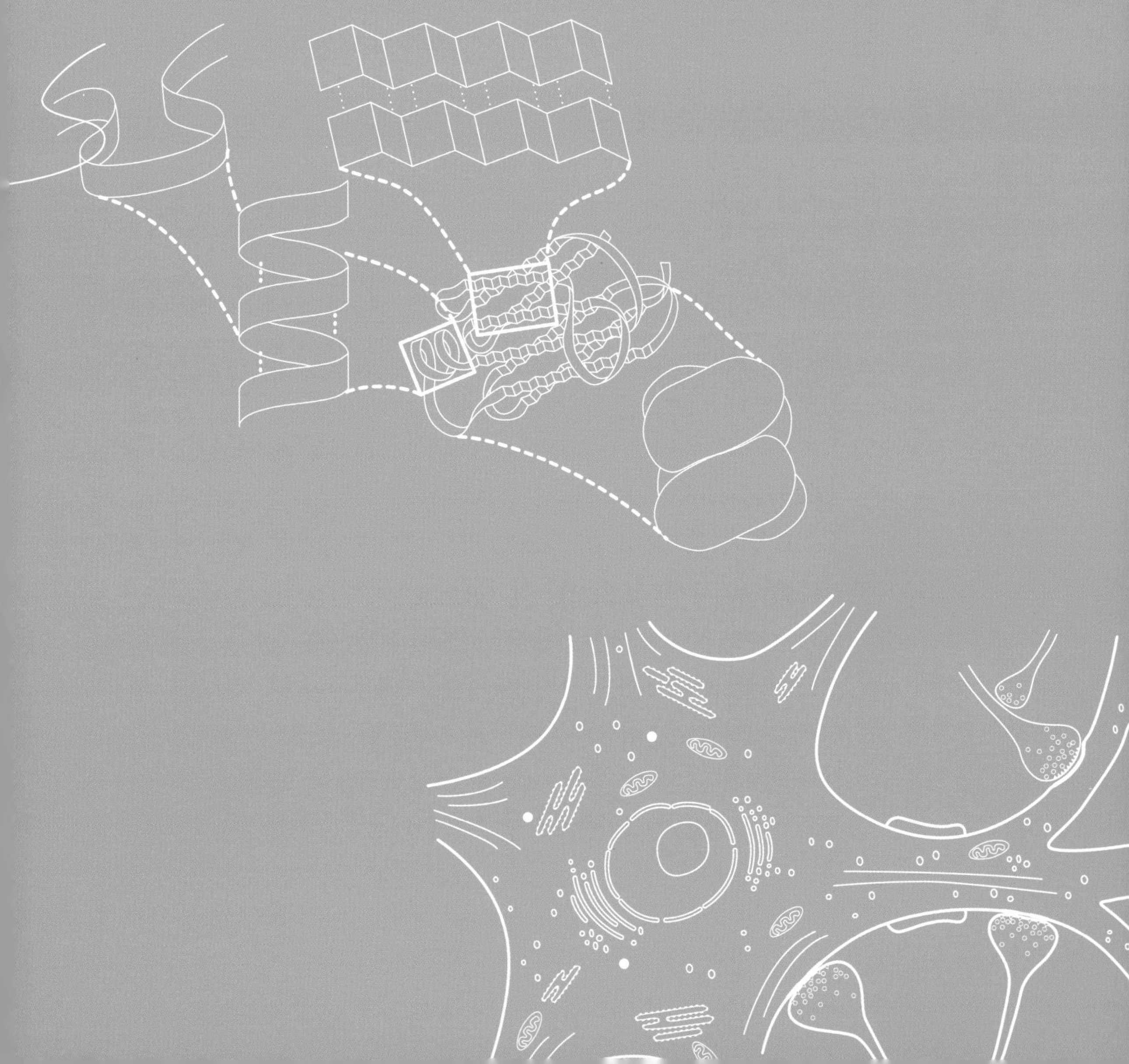

01 기억으로 존재하다

인간은 살아가는 데 필요한 중요한 정보들을 기억으로 저장하며, 저장된 기억들을 연결해 사고하여 움직입니다. 이처럼 기억은 인간을 인간으로 만드는 놀라운 뇌의 기능이죠. 그런데 이런 기억의 물리적인 실체는 뭘까요? 바로 신경세포의 시냅스입니다. 신피질, 내측두엽, 선조체, 편도체, 소뇌, 척수를 이루는 신경세포들이 시냅스로 연결되어 기억이 형성되지요. 기억과 학습은 신경세포 수상돌기의 성장과 관련됩니다.

10-1을 보면 신경돌기인 스파인spine이 보입니다. 한 신경세포의 스파인이 다른 신경세포의 스파인과 수십 나노미터 간격으로 접촉하듯 마주하고 있는 영역이 바로 시냅스이지요. 그리고 감정, 운동 그리고 기억이 바로 시냅스 작용이지요. 인간 뇌의 신경세포마다 수천 개에서 수만 개의 시냅스가 형성된다고 합니다.

출생시에는 시냅스 연결이 드뭅니다. 신경세포의 수가 많긴 하지만 시냅스는 듬성듬성하죠. 그러다가 생후 1년 사이에 여러 경험을 통해 자극을 받아 시냅스가 많아지고 복잡해지면서 신경망이 촘촘하게 형성됩니다. 초등학교에 들어갈 시기인 6세 이후부터는 시냅스 연결이 오히려 줄어들어 14세쯤에는 반복해서 자극받는 시냅스 이외의 연결들은 소멸되지요.

10-1

학습 후 수상돌기의 스파인이 성장하는 사진

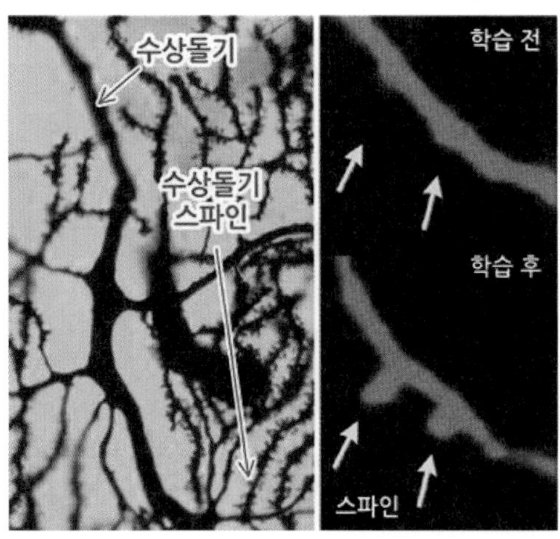

10-2

스파인 분화 과정

시냅스를 형성하는 스파인은 자극을 받으면 내부에서 액틴단백질이 많아진다. 스파인 내부에 단백질이 많아지면 둘로 분열되어 두 개의 스파인이 된다. 이 과정은 1시간 이내에 일어날 수 있다.

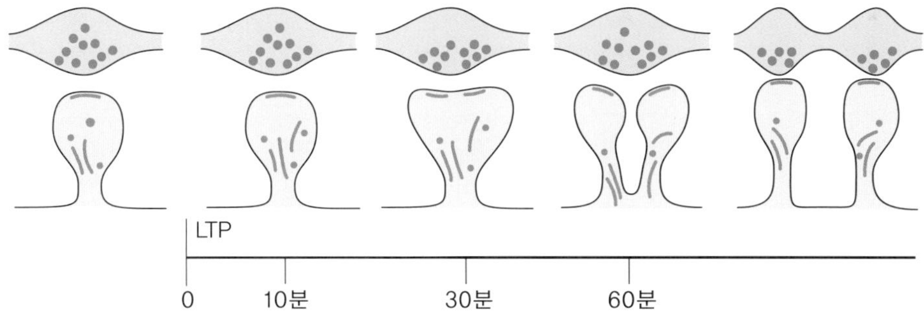

임신 2개월 정도면 신경배가 형성되고 임신 3개월부터 세포증식과 이동이 시작됩니다. 임신 8개월부터 신경세포에 수초화가 시작되지요. 10-4는 나이에 따른 시냅스 생성률의 변화를 나타낸 것입니다. 전전두엽과 언어영역 그리고 감각피질에서 시냅스 밀도의 연령별 분포가 나타나 있지요. 운동계획을 담당하는 전전두엽은 시냅스 밀도가 성인 수준에 도달하는 시기가 다른 영역보다 느립니다.

시각과 청각피질은 생후 3개월, 언어처리 피질은 9개월, 그리고 전전두피질은 2세

10-3
나이에 따른 시냅스 밀도 변화
(출전: Rethinking the Brain, Rima Shore)

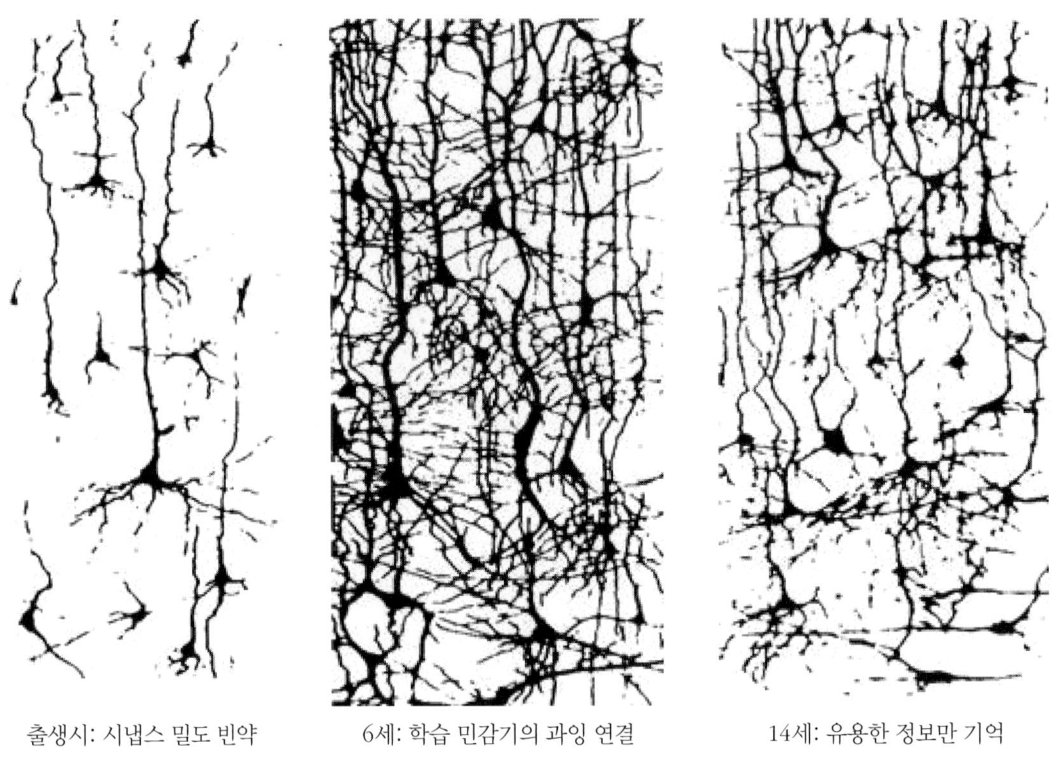

출생시: 시냅스 밀도 빈약 6세: 학습 민감기의 과잉 연결 14세: 유용한 정보만 기억

10-4
뇌 영역별 나이에 따른 시냅스 형성과 제거
(출전: Thompson, R. A. & Nelson, C. A. (2001), American Psychologist, 56(1), 5-15)

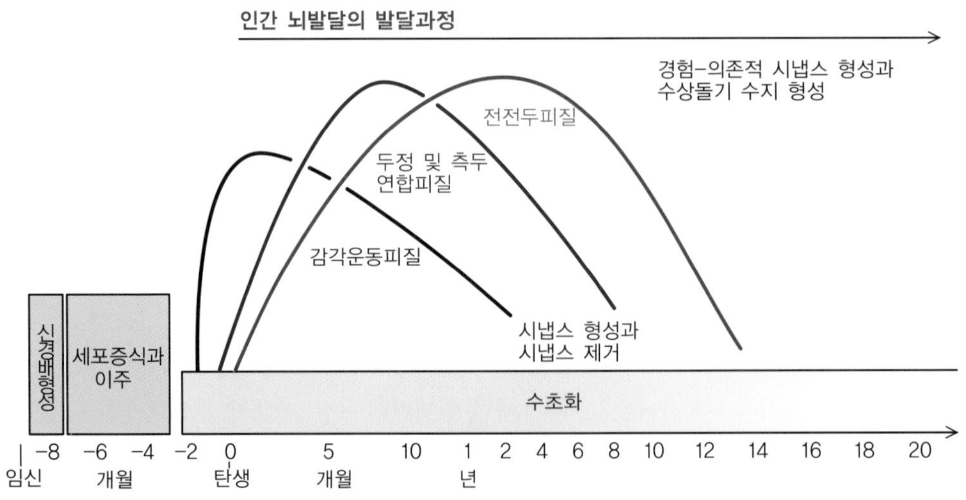

10-5
성장원추의 현미경 사진
초록색 영역은 미세소관, 붉은색 영역은 액틴섬유 형광염색이다.

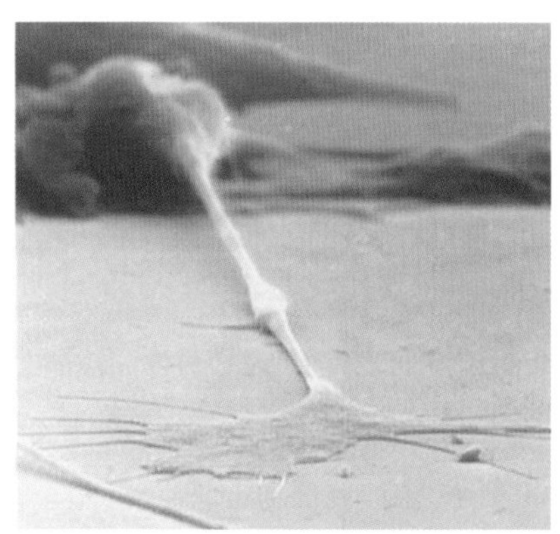
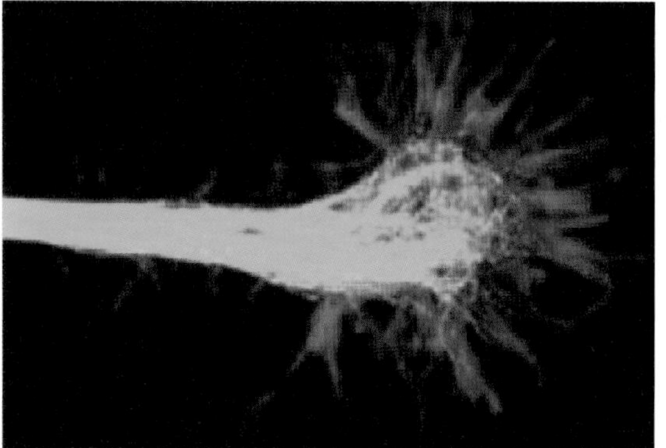

무렵에 시냅스 생성률이 최고에 도달하지요. 축삭이 수초로 감기는 미엘린화는 전전두피질에서는 어른이 되어서도 계속 진행됩니다. 계속 새로운 학습으로 뇌를 자극하면 전전두엽이 발달해서 유연하고 종합적인 사고를 하여 판단력이 높아질 수 있지요.

그런데 시냅스는 어떻게 생길까요? 신경세포의 축삭은 그 신경세포가 어느 부위에 있는 어떤 종류의 것인지에 따라 다르게 이동합니다. 이동 방향은 축삭 말단에 있는 성장원추growth cone(성장원뿔)에 의해 결정되죠. 성장원추의 얇은 막 앞쪽에서 돌기들이 뻗어나와 주변 환경을 탐색하면서 움직입니다. 목표 지점의 세포에서 분비되는 화화물질에 의해 성장원추의 막이 목표 세포를 향해 뻗어나가지요.

그렇게 신경돌기가 앞으로 나아가다가 목표한 신경세포의 수상돌기와 접촉하게 되면 시냅스가 형성돼요. 다른 신경세포의 수상돌기뿐만 아니라 세포체와 축삭에도 시냅스를 형성하지요.

신경전달물질을 담은 소포체들은 축삭말단으로 이동합니다. 그리고 신경전달물질을 받아들이는 이온채널수용체들이 시냅스후세포막에 삽입되어 있죠. 두 신경세포의 시냅스막 사이에는 시냅스전막에서 분비된 신경전달물질이 시냅스후막의 이온채널에 부착되지요. 시냅스후막의 이온채널은 입체 구조가 변화되어 나트륨이온과 칼슘이온이 세포 내로 유입되어 활성전위를 생성하고 단백질을 인산화하여 신경세포 내에서 다양한 단백질 활성 작용을 일으킵니다.

02 생명은 세포의 작용이다

교감신경과 부교감신경, 뇌신경과 척수신경, 뇌와 척수 등으로 복잡해 보이는 신경계의 근원으로 들어가면 하나의 독립된 세계, 신경세포를 만나게 됩니다. 우리 몸은 1조 개쯤 되는 세포로 이루어져 있습니다. 이 세포들의 기능은 너무나도 다양하죠. 기능에 따라 세포들을 구분해보면 상피세포, 시각세포, 적혈구, 지방세포, 민무늬근세포, 정자, 난자 등 그 종류가 무려 200여 가지나 됩니다. 그중 하나가 '세포 간 커뮤니케이터'로 특화된 신경세포죠. 뇌를 세포배양기로 볼 수 있다고 1장에서 강조했지요.

신경세포는 두 층의 인지질로 싸여 있으며, 하나의 세포체와 여러 개의 수상돌기, 하나의 축삭으로 이루어져 있습니다. 축삭이 서너 개인 경우도 있지요. 이 구조는 일반적인 형태이고, 기능에 따라 다양한 형태의 신경세포가 존재합니다. 세포체 안에는 핵이 있고, 소포체 · 리보솜 · 중심체 · 미토콘드리아(사립체) · 골지체 · 니슬소체 등의 세포소기관과 세포액, 미세소관microtubule · 미세섬유microfilament 등의 세포골격으로 나머지 공간이 채워져 있죠.

수상돌기와 축삭은 신경세포에만 있는 독특한 부분입니다. 수상돌기는 다른 신경세포가 보내는 신호를 받는데, 축삭은 전달받은 신호를 다른 신경세포로 보내는

10-6
뇌를 구성하는 신경세포

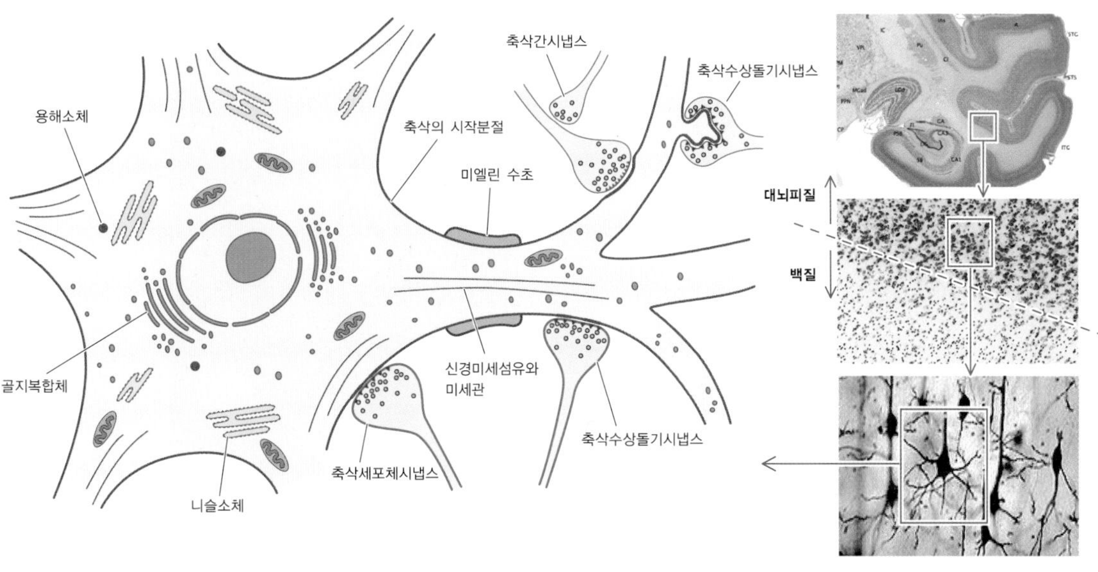

10-7
비대칭시냅스 Gray I(왼쪽 위)과 대칭시냅스 Gray II(오른쪽 위), 축삭말단(A) 분비소포가 수상돌기(D)와의 시냅스공간으로 신경전달물질 분비(아래)

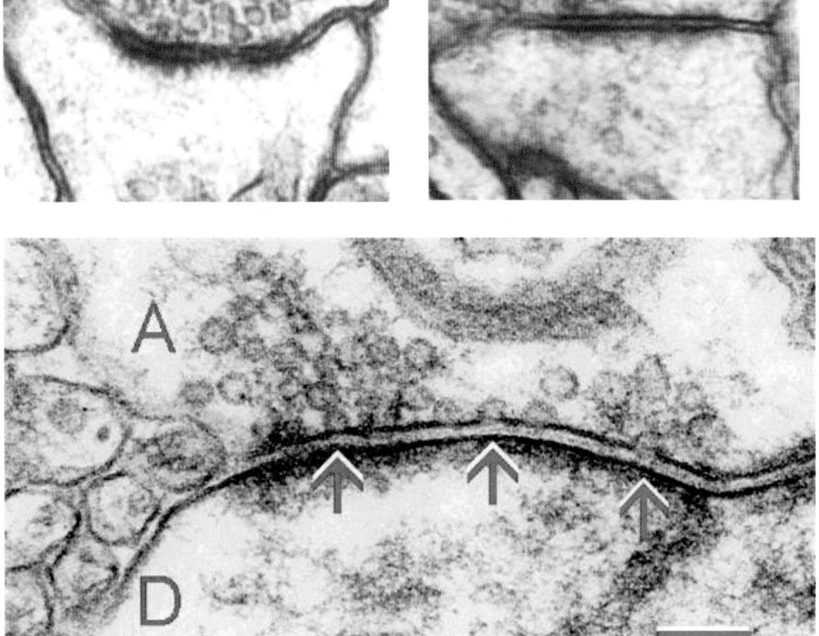

10-8
뇌, 신경세포회로, 신경세포, 시냅스의 단계별 사진

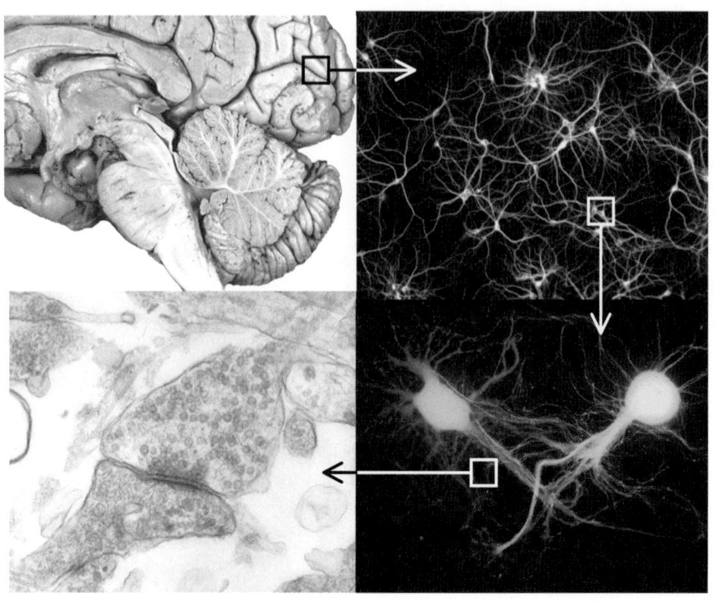

10-9
수상돌기와 시냅스하는 신경돌기

수상돌기와 연접하는 연접전종말에는 연접소포가 가득하고 미토콘드리아가 서너 개 존재한다. 연접하는 두 세포막은 집적 접촉하지 않고 수십 나노미터의 간극이 있다.

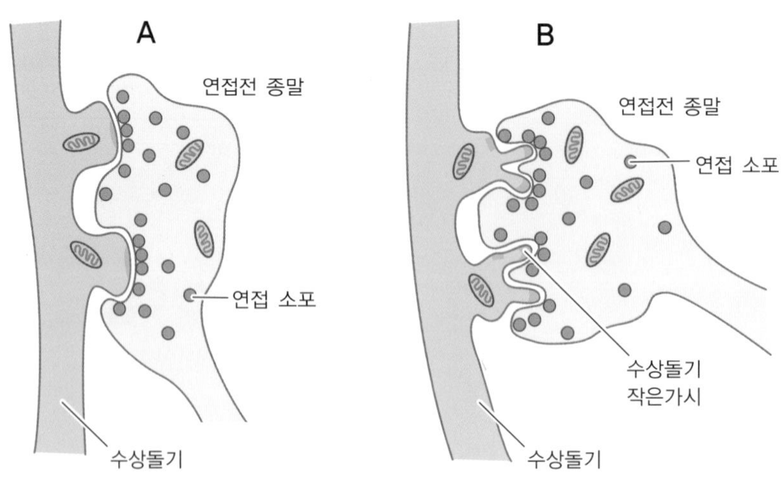

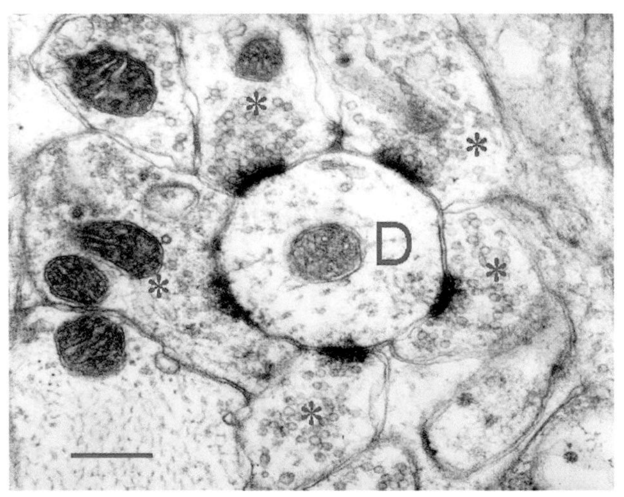

10-10
토끼 소뇌의 축삭말단이 수상돌기를 완전히 둘러싸면서 시냅스한 사진
별표는 축삭말단, D는 수상돌기이다. (출전: Atlas of Ultrastructural Neurocytology, http://synapses.clm.utexas.edu/atlas/)

세포원형질막이 길게 늘어난 돌기구조를 띱니다. 여기서 전달되는 신호는 자극을 받아 일어나는 활동전위action potential(활성전위)라는 디지털화된 전압펄스 신호입니다. 축삭은 다른 신경세포의 수상돌기와 시냅스를 통해 연결되어 시냅스 간극으로 글루탐산, GABA, 도파민과 노르아드레날린, 아드레날린, 세로토닌, 아세틸콜린, 히스타민 등의 화학물질을 분비해 신호를 전달합니다. 이 화학물질이 수상돌기에 있는 수용체와 결합하면 신경세포 원형질막에서 신경흥분 전압파가 생겨납니다.

대뇌피질에는 많은 신경세포가 그물처럼 얽혀 있지요. 한 개의 신경세포에는 수천에서 수만 개의 시냅스 작용에 의한 수많은 미약한 아날로그 형태의 전압파가 축삭돌기 시작 부위에서 디지털화된 전압파의 연속적인 행렬로 변환됩니다. 그래서 신경세포는 미약한 아날로그 전압파를 일정한 크기의 디지털화된 전압파 행렬로 변환하는 일종의 전압 신호변환기입니다.

신경세포의 기원은 태아 발생시 외배엽에서 분화된 신경관과 신경능선에서 분화된 자율신경세포입니다. 신경관과 신경능에서 10종류 이상의 다양한 신경계 구성세포들이 생겨나지요. 신경관의 전방이 크게 확장되어 대뇌가 됩니다. 대뇌의 얇은 피질 아래는 대부분 흰색의 연결 축삭다발로 구성되어 있지요. 축삭은 지방질의 수초로 띄엄띄엄 감긴 유수축삭과 수초가 없는 무수축삭으로 구분됩니다.

10-11은 여러 개의 성장원추가 축삭과 시냅스하는 사진입니다. 뇌의 단면들은

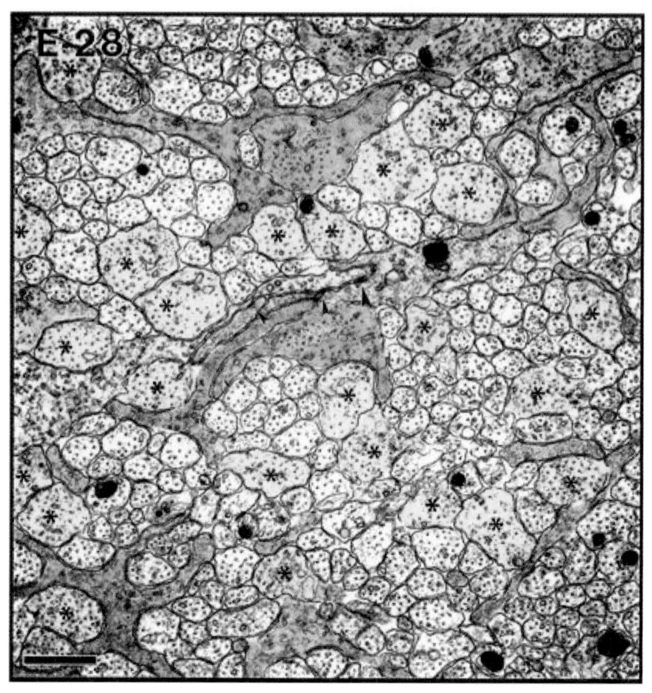

10-11
신경성장원추, 축삭, 신경교세포의 돌기
오렌지색은 신경성장원추, 파란색은 신경교세포의 돌기, 별표는 축삭이다.
(출전: Atlas of Ultrastructural Neurocytology, http://synapses.clm.utexas.edu/atlas/)

수상돌기의 성장원추와 축삭 그리고 이들을 둘러싸는 신경교세포로 빈틈없이 밀집된 구조이지요.

우리 몸의 신경계는 살아 움직이는 신경세포들이 서로 연결되어 전기 신호를 주고받으면서 활성화됩니다. 그로 인해 의식이 일어나고, 몸이 움직이며, 감정이 생기고, 기억이 쌓이고, 생각하고, 판단하고, 결정할 수 있게 되죠. 신경능에서 분화된 10종류 이상의 다양한 신경시스템 관련 세포들의 기능을 이해하여 중추신경계를 세포 수준에서 살펴보아야 합니다.

유수축삭에서 수초로 감겨 있지 않은 부분은 랑비에 결절node of Ranvier(신경섬유마디)이라고 하지요. 랑비에 결절에는 이온채널들이 있죠. 이 통로를 통해 세포막 안팎에 있는 이온들이 이동하면서 활동전위가 만들어집니다. 유수축삭에서 수초로 감긴 부분은 절연체처럼 전기가 밖으로 새나가지 않아 랑비에 결절에서 만들어진 활동전위가 빠른 속도로 축삭 끝까지 전달됩니다. 초속 100미터까지도 전달되지요. 압정을 밟으면 0.1초도 안 되는 사이에 통증을 느끼며 피하는 것도 이때문입니다.

10-12
신경섬유다발과 신경내막

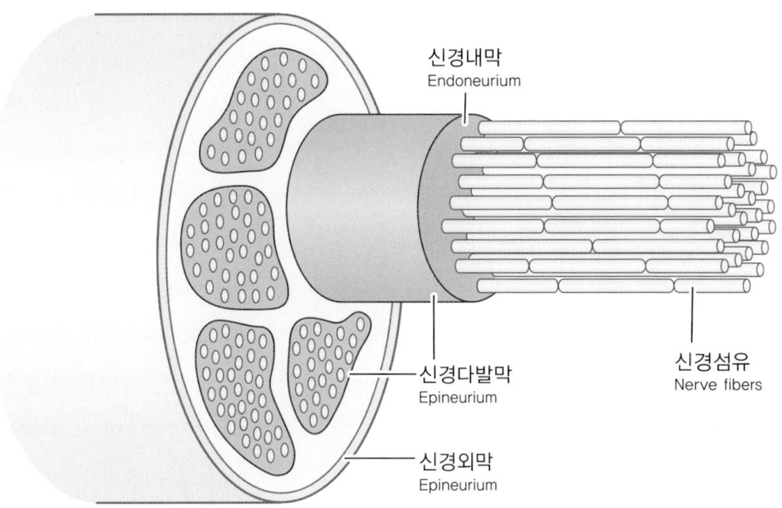

운동신경세포의 축삭은 대부분 유수축삭으로 되어 있습니다. 반면에 무수축삭은 단면적이 작아서 전도 속도가 느리며, 통증을 담당하는 신경은 대부분 무수축삭으로 되어 있습니다.

신경섬유는 신경내막endoneurium(신경섬유막)으로 싸여 있죠. 무수축삭과 유수축삭, 즉 무수신경섬유와 유수신경섬유는 수초로 구분이 됩니다. 신경섬유다발은 신경섬유들이 모이고 신경다발막perineurium으로 싸여 만들어집니다. 신경은 신경섬유다발들이 모이고 신경외막epineurium으로 외피를 형성합니다.

출발과 목표 지점이 같은 신경섬유들끼리는 서로 연결되어 다발을 이뤄 여러 방향으로 뻗어나가지요. 그러면서 거대한 신경망이 만들어집니다. 유아기의 신경세포 수는 청소년기보다 두 배 많지요. 그러나 청소년기의 뇌가 유아기의 뇌보다 더 큰 이유는 신경세포의 수상돌기와 축삭이 계속 자라나기 때문입니다. 새로운 경험들로 시냅스가 새로 생기고, 사용되지 않는 시냅스는 사라지며, 반복 경험을 통해 시냅스 연결망이 점차 확대되고 강화되어 뇌 정보처리 연결망이 생겨나지요.

축삭이 길게 자라고 수상돌기가 신경세포체에서 무성한 가지를 내지요. 신경세포의 세포체에서 발아하는 무수한 돌기들과 만납니다. 그래서 신경세포와 신경세

10-13
장거리 흥분성 신경세포 연결망 그림

축삭다발이 신경세포 그룹 사이의 장거리 신경정보 전달을 한다. 신경세포체서 뻗어나가는 축삭은 길게는 1미터도 될 수 있다. 세포체 자체의 크기는 육안으로 보기 어렵지만 축삭은 길게 성장한다.

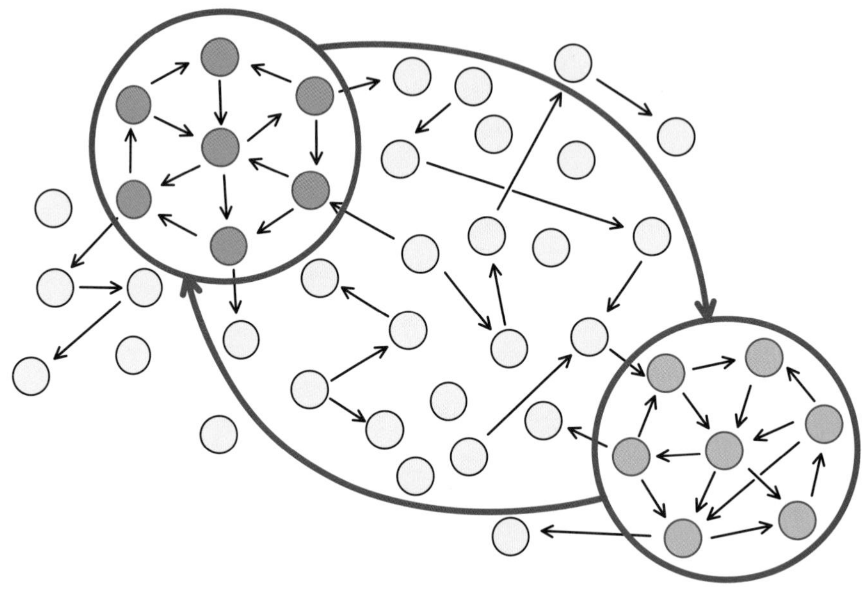

10-14
쥐 해마의 CA1 무수신경축삭이 대뇌피질을 통과하는 모습

약 100개의 전자현미경 사진을 합쳐서 재구성한 것이다.

(출전: Kevin Briggman, Moritz Helmstaedter and Winfried Denk, Max Planck Institute for Medical Research)

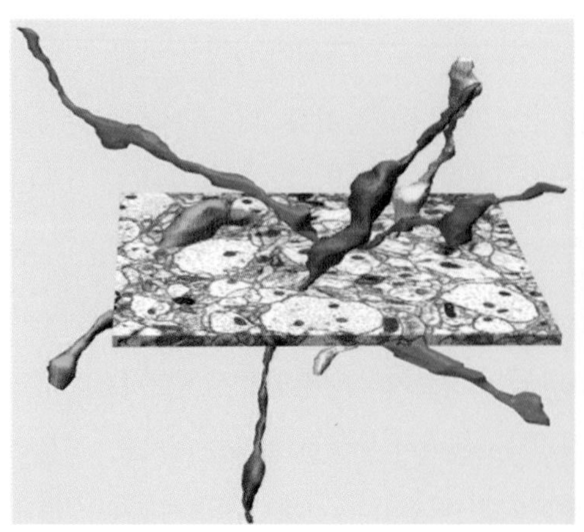

포 사이의 공간은 이러한 신경돌기와 신경교세포로 가득차지요. 신경세포의 돌기들은 다른 신경세포의 돌기들과 시냅스를 형성합니다.

그렇다면 신경세포들은 왜 이렇게 다른 세포들과 무차별적으로 접속할까요? 접속을 하지 않으면 영양을 공급받지 못해 생존하기 힘들기 때문입니다. 실제로 투과전자현미경transmission electron microscopy(TEM)이나 주사전자현미경scanning electron microscope(SEM) 같은 전자현미경으로 신경세포의 스파인들을 확대한 사진을 보면, 영양을 충분히 공급받은 스파인은 통통하고 역동적으로 움직이는데, 그렇지 못한 신경세포는 빈 쭉정이처럼 보이죠.

신경세포는 세포 자체의 독립적인 생명 현상 단위로 보아야 합니다. 해부학자인 요로 다케시(1937~)는 "신경세포가 이리저리 연결해서 '인간적인' 의식을 만들어낸 것이 신기하게 느껴질 수도 있지만, 신경세포들 입장에서 보면 살려고 발버둥 치다가 만들어진 결과"라고 합니다. 기억이라는 현상도 신경세포가 죽고 사는 문제에서 시작된 것이에요. 신경세포를 살아 있는 단세포 생명체로 보면 분명해지지요. 엄밀히 말하면 인간 뇌의 작용은 신경세포라는 독립된 생명체들이 생존을 위해 만들어내는 상호작용의 결과일 수 있어요. 신경계에 의해 우리 몸의 움직임이 생긴다기보다 신경세포라는 독자적인 단세포의 생명 현상으로 인간 뇌 작용을 바라보는

10-15
쥐 해마 CA1 세포의 수상돌기
흰색은 스파인, 붉은색은 흥분성시냅스, 청색은 억제성시냅스이다.
(출전: J.Neurosci. 9:2982-2997, Josef Spacek)

10-16
시냅스와 수용기단백질 사진

왼쪽 위 사진에서 스파인 사이에 형성된 시냅스가 보인다. 스파인을 확대해서 그린 모형도에는 스파인 내부에 소포가 많다. 스파인이 서로 마주하여 시냅스를 형성하는 면에는 무수한 수용체 단백질이 삽입되어 있다. 사진에서 수용체 단백질의 크기는 약 5nm로 보인다.

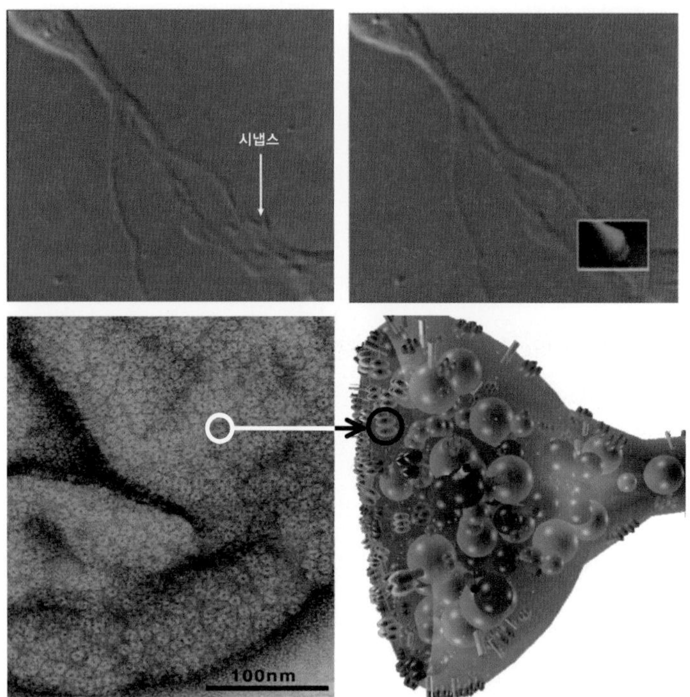

것이 더 실체에 가까울 수 있지요. 따라서 뇌를 살아 있는 독립된 생명체인 신경세포의 배양기로 볼 수 있습니다. 우리는 뇌라는 세포배양기에 호흡과 소화를 통해 산소와 포도당을 끊임없이 공급합니다. 3분만 산소 공급이 중단되면 신경세포에게는 치명적이지요.

03 단기기억 생성에서 초기 장기기억강화까지

기억은 단기기억과 장기기억으로 나눌 수 있습니다. 장기기억은 세 가지 특징으로 구별되죠. 첫째, 선택성입니다. 아무 자극이나 장기기억으로 남지 않아요. 자기에게 중요한 정보만 오래 기억하게 되지요. 당연하지 않냐고 할 수 있지만, 조금만 더 깊이 들여다보면 놀라운 능력임을 깨닫게 될 겁니다. 감각입력이 본능적 욕구에 의해 범주화되어야만 배경잡음에서 생존에 중요한 정보에 주의를 집중할 수 있지요. 그래서 다양한 감각입력에서 의미있는 자극을 구별할 수 있게 되어 맥락에 맞는 운동 출력을 선택할 수 있지요. 그래서 감각기관은 특정한 영역의 자극만을 수신하는 대역통과필터와 기능적으로 비슷하지요.

둘째는 영속성입니다. 고양이는 쥐를 쫓을 때 쥐가 구멍 속으로 들어가서 보이지 않아도 근처를 어슬렁거리면서 살피죠. 하지만 그러기도 잠시, 언제 그랬냐는 듯 다른 데로 가버려요. 쥐를 쫓던 기억이 사라진 거죠. 동물의 기억은 10분을 지속하기 어렵습니다. 하지만 인간은 장기기억이 있지요. 어릴 적 살던 곳, 친구들, 학창 시절 등 몇 십 년 동안 일어난 경험들도 언제든지 기억에서 불러올 수 있습니다. 항상 역동적으로 변화하는 시냅스 연결망들이 수십 년간 장기기억을 유지한다는 것은 인간 뇌의 기적이지요.

셋째 특징은 유전자의 작용입니다. 유전자가 작용해 시냅스막에 단백질로 이루어진 새로운 돌기가 형성되어 단기기억이 장기기억으로 바뀌는 것이죠. 10년 전쯤 한 일본 과학자의 책을 읽다가 마지막 문장에 충격을 받은 적이 있습니다. "기억을 추적하는 길은 30억 년을 거슬러 올라가야 나타나는 유전자의 기원과 맞닿아 있었다." 장기기억은 유전자가 전사되고 번역되어 단백질이 생성되어야만 가능한 현상이지요. 그렇다면 유전자가 기억과 관련되는 과정을, 단기기억에서 장기기억까지 기억이 만들어지는 메커니즘을 통해서 살펴보죠.

미국의 신경과학자 에릭 캔들은 바다달팽이를 대상으로 기억에 대한 실험을 했습니다. 바다달팽이의 꼬리를 툭 쳐서 자극을 '한 번' 가했죠. 그랬더니 '한 번' 자극을 받은 감각뉴런이 흥분하고, 시냅스 말단을 향하여 5-HT, 즉 세로토닌이 든 소포체를 보내 중계뉴런과의 시냅스 간극으로 세로토닌을 분비했습니다. 쥐나 인간의 기억 시스템의 경우는 바다달팽이와는 달리 글루탐산을 내보내죠.

분비된 세로토닌은 중계뉴런 수상돌기 세포막으로 가서 세로토닌 수용체와 결합하죠. 더 정확히 말하면 리간드ligand라고 하는 수용체 단백질의 분자와 결합합니다. 여기서 시냅스후세포막에는 세로토닌 수용체 외에도 여러 신경전달물질에 맞는 수용체가 있지요. 신경전달물질 수용체는 이온채널 수용체와 대사성 수용체로 나뉩니다.

수용체는 아미노산이 직렬로 연결된 단백질입니다. 이온채널 수용체는 한마디로 '이온이 들락거리는 문'이라고 할 수 있어요. 이온채널 수용체는 인지질이 두 층으로 배열된 막에 삽입되죠. 인지질은 하나의 머리와 두 개의 다리로 이루어져 있는데, 친수성 머리는 바깥쪽을, 소수성 꼬리는 안쪽을 향해 있죠. 이렇게 삽입된 이온채널 수용체는 단백질 덩어리로 되어 있습니다. 그 가운데 구멍이 있고, 그 구멍에 빗장이 있어서 이온채널의 특정 부분에 세로토닌이나 글루탐산 같은 신경전달물질의 분자가 이온채널에 부착되면 이온채널이 활성화되어 이온채널의 구조가 달라지면서 구멍이 열리거나 닫히는 겁니다.

장기기억 생성에 작용하는 수용체는 주로 대사성 수용체입니다. 이 수용체에 '대사성'이라는 말이 붙는 이유는 신경세포가 ATP의 결합 에너지를 소비하여 화학 변화를 일으키기 때문이지요. 단백질에 ATP가 결합되면 그 단백질은 활동적이 되

10-17
G-단백질결합수용체와 cAMP 작용

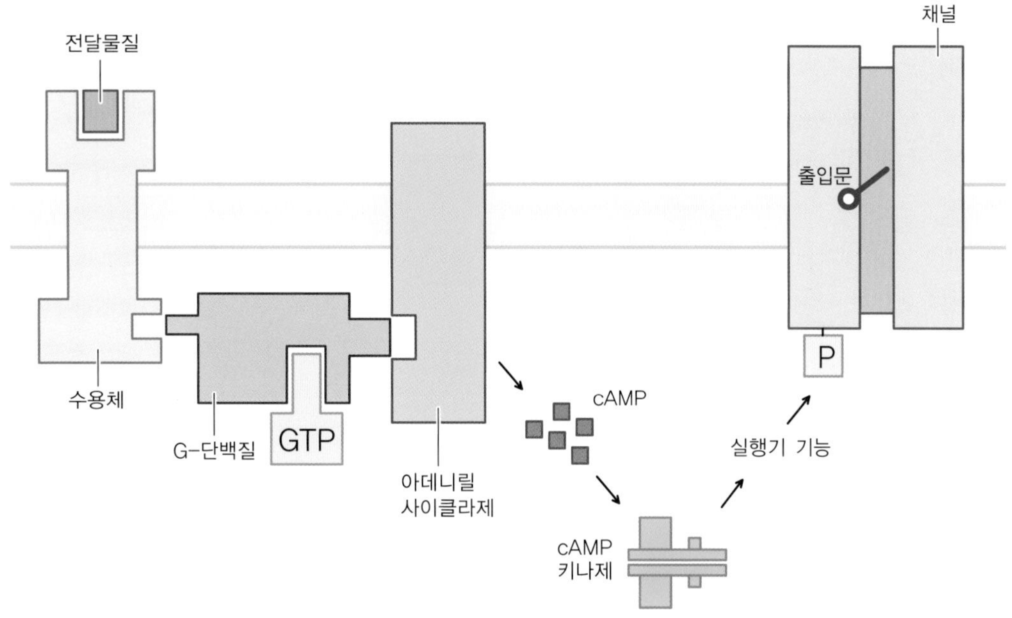

어서 다른 단백질에 작용하게 되죠. 세포 내부에서 일어나는 대사 작용은 이러한 단백질 작용의 연쇄입니다. 그래서 대사성 수용체에 의한 신경흥분은 세포내에서 단백질 연쇄 작용에 의해 증폭됩니다.

바다달팽이의 경우에도 감각뉴런에서 분비된 세로토닌이 중계뉴런의 대사성 수용체에 결합합니다. 대사성 수용체에서는 분자가 채널을 직접 통과하지 않아요. 대사성 수용체를 보면, 세포막 안쪽으로 G-단백질결합수용체G protein-coupled receptor(GPCR)가 있습니다. G-단백질결합수용체는 세 개의 소단위체로 구성되어 있는데, 이 가운데 하나가 에너지원인 구아노신삼인산guanosine triphosphate(GTP)과 결합하여 떨어져 나와 아데닐레이트 고리화효소adenylate cyclase(AC)와 연결됩니다.

G-단백질결합수용체의 연구는 노벨화학상을 수상했을 정도로 중요한 연구입니다. 2012년 노벨화학상은 인체세포가 외부 환경을 감지해 반응하는 원리를 밝혀낸 두 명의 미국 교수에게 수여되었습니다. 로버트 레프코위츠 듀크 대학교 메디컬센터 교수와 브라이언 코빌카 스탠퍼드 대학교 교수이지요. 레프코위츠와 코빌카는

10-18
G-단백질결합수용체의 작용

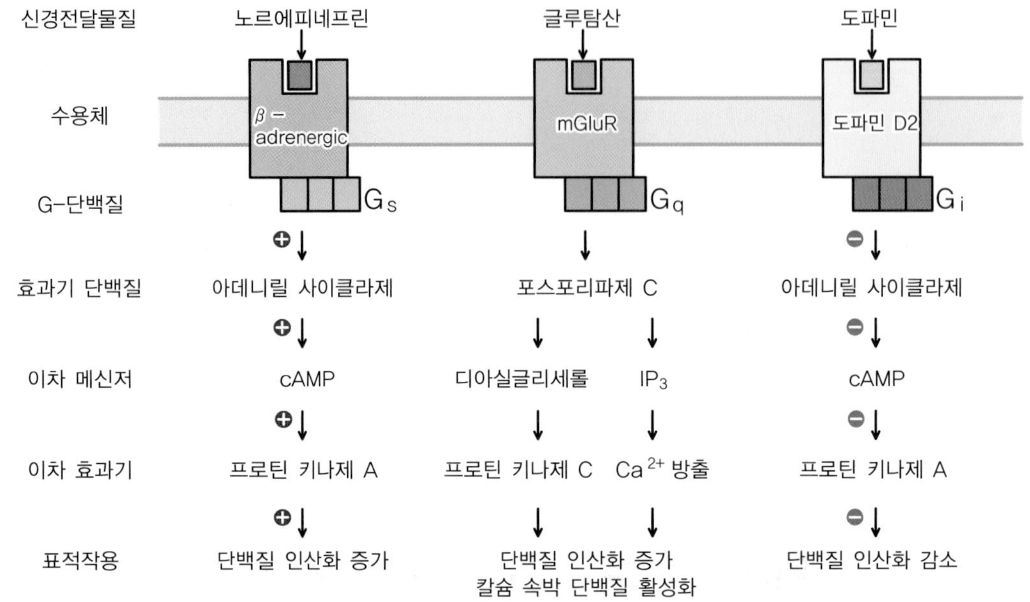

방사능을 이용한 연구로 여러 종류의 세포수용체를 추적하는 데 성공했으며 이를 통해 수용체가 눈에서 빛을 감지하는 것과 비슷하게 작용한다는 사실을 알아냈습니다. 이들은 또 비슷하게 생긴 수용체 가족이 있고, 이들이 같은 방식으로 기능한다는 사실을 발견했는데, 이 수용체 가족이 바로 G-단백질결합수용체G-protein coupled receptor(GPCR)이지요. G-단백질결합수용체는 세포막에 존재하는 단백질의 일종으로, 세포 바깥의 환경과 자극을 감지해 세포 내로 신호를 전달하는 일종의 '센서'입니다. 모든 약의 절반가량은 이 G-단백질결합수용체를 통해 효과를 내게 되지요. 스웨덴 왕립과학원은 두 사람의 연구가 G-단백질결합수용체가 어떻게 기능하는지, 또 의약품의 작용에 세포수용체가 어떻게 관여하는지 이해하는 데 결정적 기여를 했다고 설명합니다.

G-단백질결합수용체의 분리된 소단위체와 결합한 아데닐레이트 고리화효소는 c-AMP(cyclic adenosine monophosphate)가 합성되는 과정의 촉매로 작용하죠. c-AMP는 생명체의 주요 에너지원인 ATP에서 인산기 두 개가 떨어져나가고, 남은 인

10-19
ATP와 cAMP 분자구조식

ATP

cAMP

10-20
G-단백질결합수용체와 PKC 활성화 과정

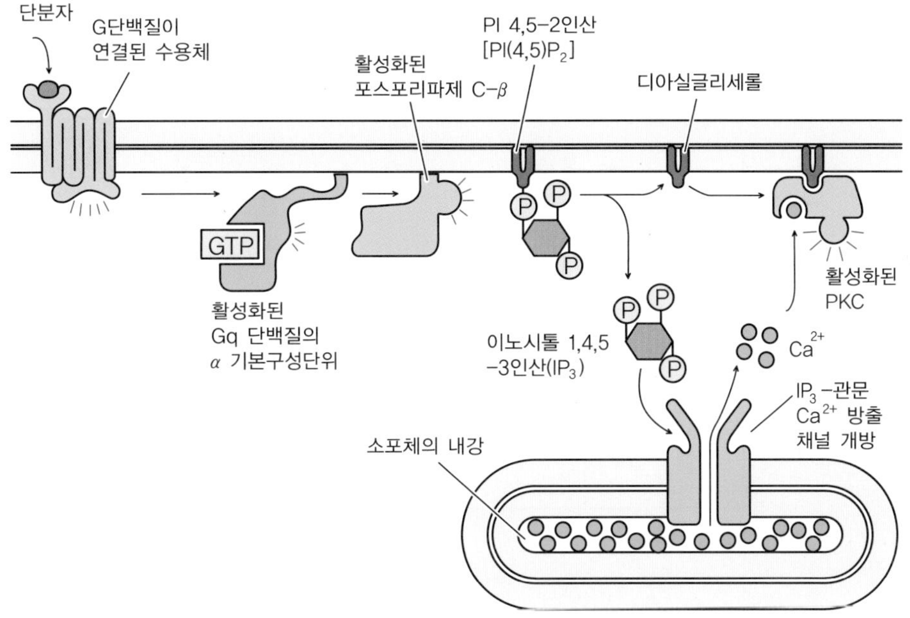

산기 하나가 고리처럼 휘어져서 만들어집니다. c-AMP의 합성 단계는 매우 중요해요. c-AMP는 불과 20초 만에 100배 정도로 증가하는데, 증가된 c-AMP 농도는 세포질 내로 확산되어 2차 전달체계를 작동시켜 단백질 효소들의 다단계 활성으로 최종적으로 장기기억을 형성하지요. 합성된 c-AMP는 단백질키나아제Aprotein kinase

A(PKA)와 결합하여 PKA를 활성화합니다. PKA는 이름처럼 단백질에 에너지를 공급하는 효소 가운데 하나죠. 단백질키나아제 중에서 가장 먼저 발견되었습니다.

G-단백질결합수용체에서 떨어져 나온 G_α는 GTP와 결합하여 인지질가수분해효소 C, 즉 PLC(Phospholipase C)를 활성화시킵니다. 여기서 가수분해가 뭘까요? 유기 화합물에 물이 첨가되어 화합물이 분리되는 것이죠. 이런 반응을 가수분해라 합니다. 반대로 두 화합물에서 물이 분리되어 나오면서 두 화합물이 결합되는 현상을 탈수중합이라 하지요.

활성화된 PLC는 세포막을 따라 움직여 인산화이노시톨(PIP_2)을 디아실글리세롤diacylglycerol(DAG)과 이노시톨삼인산inositol tri-phosphate(IP_3)으로 분해합니다. IP_3를 보면 육각형 벤젠 고리에 인산기 세 개가 붙어 있습니다. 세포막에서 분리된 IP_3는 세포질 속을 이동하다가 소포체로 갑니다. 소포체막 역시 세포막처럼 두 층의

10-21
칼슘이온 신경세포 내 유입에 의한 단기기억 과정

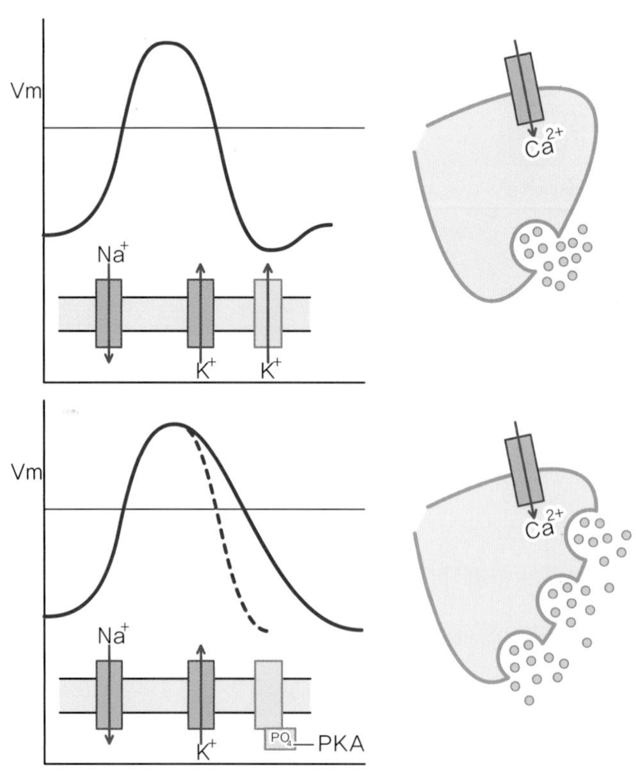

인지질로 되어 있고 수용체들도 있어요. IP_3는 소포체 막의 IP_3 수용체로 가서 결합합니다. 그러면 IP_3 수용체의 통로가 열려 소포체 안에 있던 칼슘이 세포 내로 분출되어 나와 단백질 키나아제 C, 즉 PKC에 결합하고, 그 결과 PKC가 세포막으로 이동하죠. PKC가 세포막에 연결되려면 연결고리가 있어야 하는데, 이때 연결고리 역할을 하는 것이 DAG입니다. 세포막에 있는 DAG에 PKC가 이동하여 결합하죠. PKC가 활성화되면 MAPK도 작동을 시작합니다. MAPK는 핵 속으로 들어가서 전사조절인자를 조절하여 유전자에서 단백질이 생성되게 하지요.

활성화된 PKA의 신경세포축삭 말단에서의 작용은 칼륨 이온채널 밑으로 들어가서 인산기를 붙여주지요. 여기서 인산기는 ATP에서 분리된 것이지요. 인산기가 붙은 칼륨 이온채널은 통로를 닫고 더 이상 칼륨이온을 신경세포 밖으로 통과시키지 않아요. 그러면 양이온인 칼륨 농도가 세포 내에 높아져 전압이 빨리 떨어지지 않고 높은 상태로 상당 기간 유지됩니다. 전압이 높은 상태로 유지되면 칼슘 이온채널이 자극을 받아 열려서 칼슘 이온(Ca^{2+})이 세포 안으로 쏟아져 들어가지요.

그 결과 신경전달물질을 함유한 소낭을 운동뉴런과 시냅스한 축삭의 막 쪽으로 이동시키고, 도킹 단백질과 액틴을 이용하여 시냅스전세포막에 부착시킨 후 소낭를 열어 그 안에 있던 신경전달물질을 시냅스 간극으로 분비합니다. 분비된 신경전달물질은 운동뉴런 수상돌기 막의 수용체와 결합하죠. 이 과정에서 시냅스전·후막이 활성된 상태로 연계되는 현상이 단기기억이에요.

그런데 단기기억의 메커니즘을 설명한 10-21에는 핵이 없습니다. 왜냐하면 단기기억은 유전자와 관련이 없기 때문이죠. 단기기억은 신경전달물질이 일시적으로 분비되고 이온채널의 저항이 줄어들어 전기작용이 빠르게 일어나면서 생깁니다. 이렇게 생긴 단기기억은 10분 안에 사라져버리죠.

잠시 10분간 집중해 한 가지 내용만 여러 번 반복하여 학습해 봅시다. 그 시간 동안 신경세포가 계속 흥분하게 되어 활동전위가 계속 발화되겠지요. 그런데 이때 기억한 내용이 10분이 지나면 사라질까요? 아니죠. 며칠 후에도 기억에 남아 있죠. 그다음부터는 주의를 집중하지 않아도 공부한 내용이 떠오릅니다. 이는 LTPlong term potentiation 현상으로 가능합니다.

지난 30년 동안 신경과학계에서 집중적으로 연구한 분야 중 하나가 LTP 현상입

10-22
해마 CA1 세포의 LTP 현상

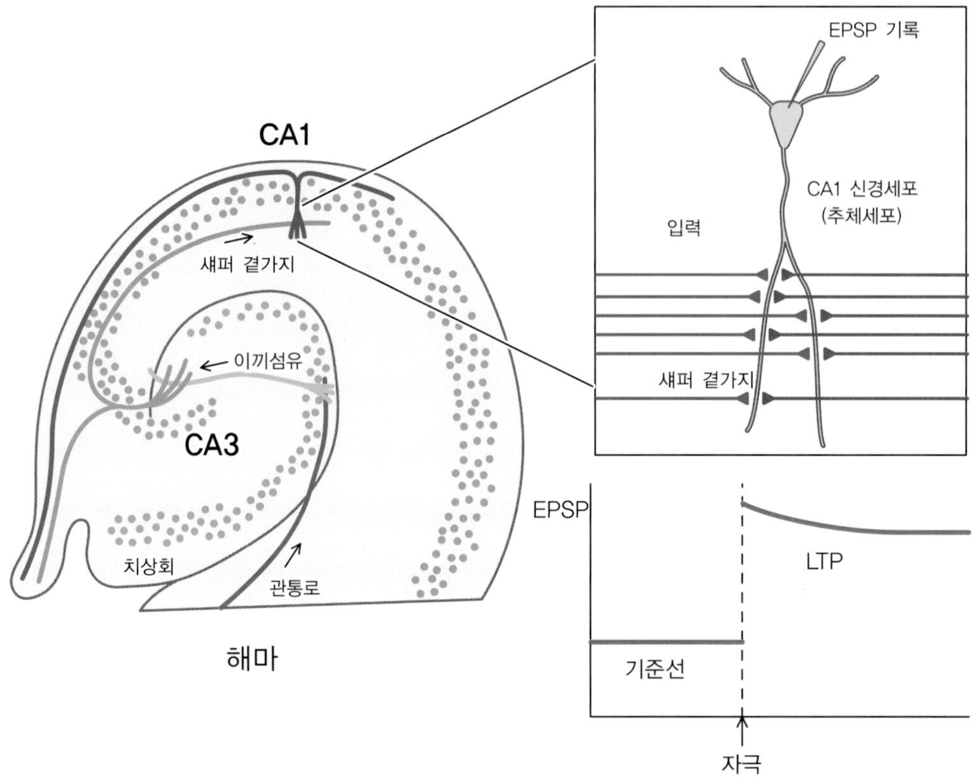

니다. LTP는 '장기전압강화' 혹은 '장기시냅스강화'로 옮기는데, 신경세포 막에서 상승된 전압이 높은 상태로 오랫동안 유지되는 현상을 말하죠. LTP는 시냅스전세포막과 시냅스후세포막의 상호작용으로 일어나며, 그 결과 기억이 오랫동안 유지됩니다. 10-22에서 자극을 준 시점에서부터 CA1 추체세포에서 측정한 흥분성시냅스후막전위가 상승하지요.

단기기억에서 장기기억으로 넘어가려면 어떻게 해야 하죠? 건드린 데를 또 건드려줘야 합니다. 이를 가리켜 '민감화된 반복자극'이라고 해요. 민감화된 반복자극의 결과 LTP가 나타납니다. LTP는 시냅스후세포막에 새로운 AMPA 수용체(α-amino-3-hydroxy-5-methylisoxazole-4-propionic acid receptor)가 삽입되는 현상입니다. 시냅스간극에서 시냅스후세포로 유입된 칼슘이온의 작용으로 촉발된 단백질의 인산화로 세포질의 AMPA 수용체가 신경세포 시냅스 후막에 삽입되는 현상이 장기

10-23
AMPA 채널의 삽입과 제거에 의한 LTP와 LTD 현상

LTP와 반대로 LTD는 장기간 시냅스후막전위가 낮아지는 현상이다. LDT는 시냅스후막에서 AMPA 수용체가 제거되어 세포질 내로 이동하는 현상이다.

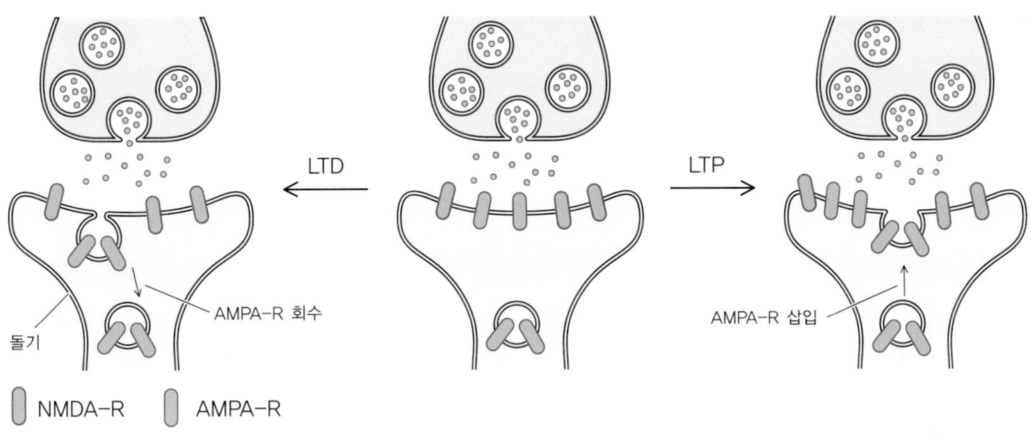

10-24
AMPA 채널 증감과 스파인 크기 변화

LTP는 시냅스후막에 수용기단백질이 많아져 스파인의 부피가 증가하고, LTD는 시냅스후막에 수용기단백질이 줄어들어 스파인의 부피가 감소한다.

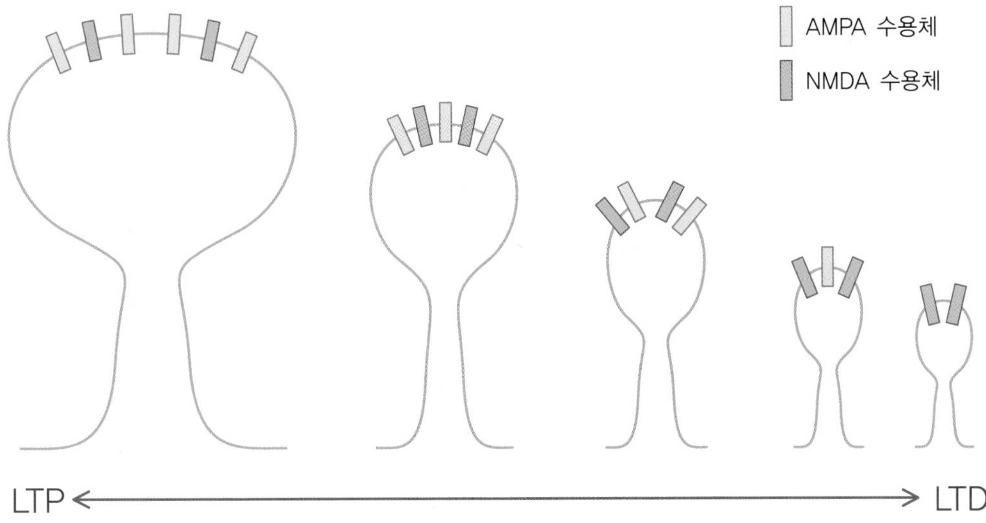

기억의 직접적 원인이 됩니다.

신경세포 내 칼슘이온의 유입으로 촉발되는 여러 종류의 단백질 상호작용으로 장기기억이 형성됩니다. 이 과정을 요약하면 다음과 같습니다.

NMDA 수용체로 칼슘이온 유입 → AC → cAMP → PKA → AMPA 수용체 시냅스후막에 삽입

NMDA 수용체로 칼슘이온 유입 → CaMKII → PLC → IP3 → PKC → AMPA 수용체시냅스후막에서 제거

NMDA 수용체로 칼슘이온 유입 → RasGEF → RAS → Raf → MEK → ERK → 유전자 발현

10-25
AMPA 채널 삽입과 제거에 관여하는 단백질
(출전: Morgan Sheng and Myung Jong Kim, Science 298 (5594): 776-780)

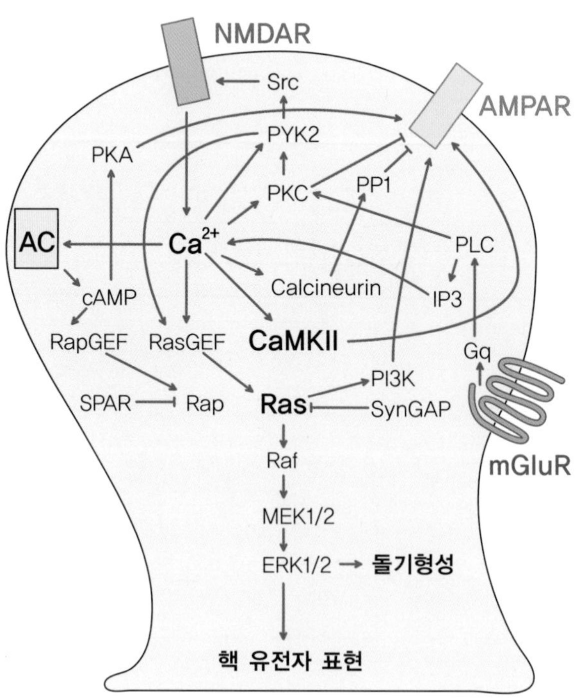

10-26
글루타민 NMDA 수용체와 mGlu 수용체에 연결된 단백질
NMDA 수용체에 결합된 단백질은 CaMKII, mGlu 수용체에 결합된 단백질은 Homer, Shank, IP3 등이다.

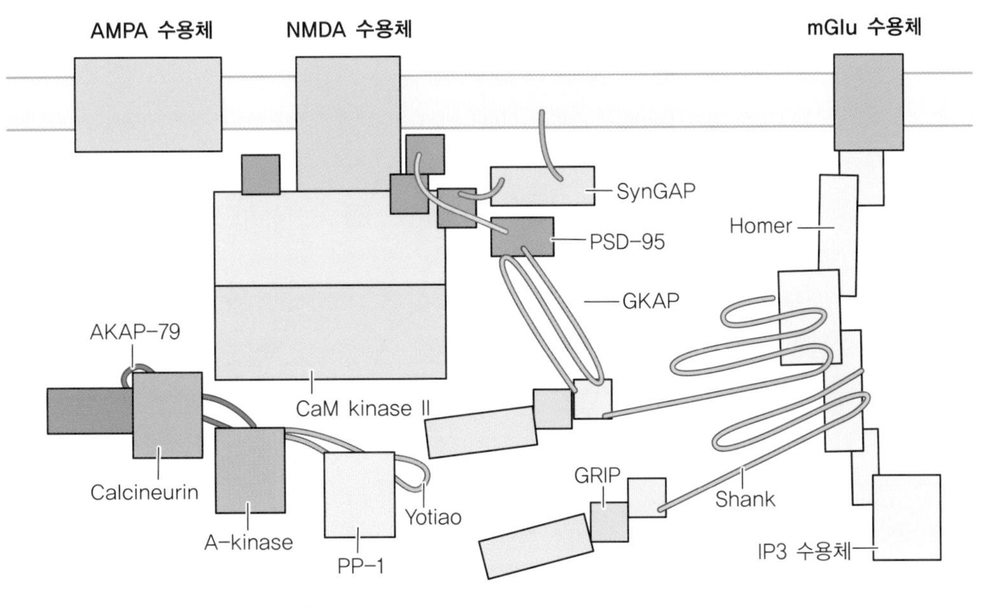

10-27
쥐 해마 신경세포의 수상돌기와 붉은색의 PSD-95(왼쪽), AMPA와 NMDA 수용체(오른쪽)
수상돌기 시냅스후막구조에 PSD-95 단백질이 많이 존재한다. 초록색의 수상돌기가 세포체에서 여러 방향으로 뻗어 있다. (출전: Maria Morabito, Ph.D.)

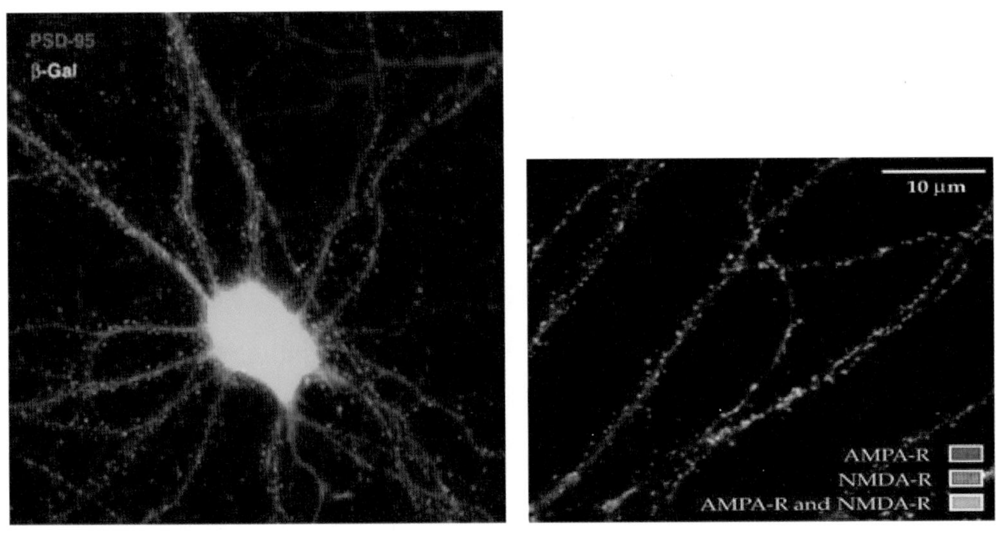

10-28
시냅스 후막 글루탐산 수용체의 삽입과 제거
(출전: Morgan Sheng and Myung Jong Kim, Science 298 (5594): 776-780)

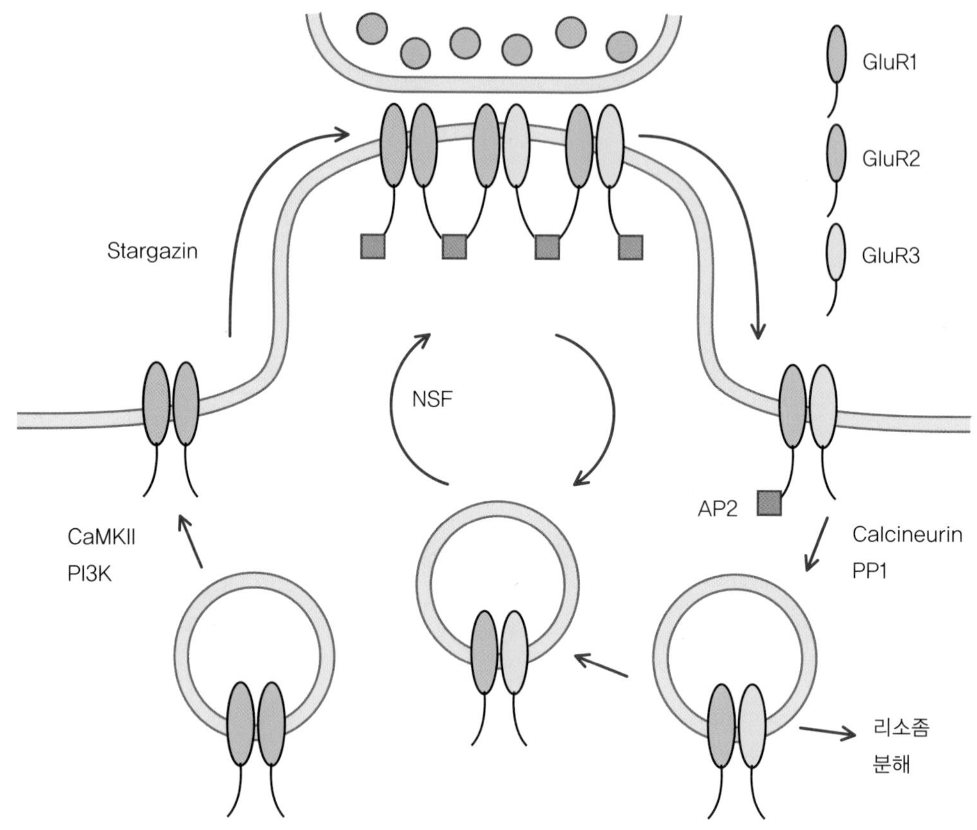

시냅스후막에 이온채널이 삽입되고 빠져나오는 현상을 '트래피킹trafficking'이라 하며 기억 현상은 트래피킹의 동적 상태와 관련됩니다. 글루탐산 대사성수용체의 하부 구성요소인 GluR1와 GluR2가 결합된 소포체막에 삽입된 상태로 세포질에 머물다가 CaMKII와 PI3K 단백질에 의핵 시냅스후막에 삽입됩니다. 그리고 GluR2와 GluR3가 결합된 상태는 Calcineurin과 PP1 단백질에 의해 시냅스후막에서 빠져나와 소포막에 삽입되거나 분해되지요.

10-29를 보면 자극을 받은 시냅스전신경원에서 글루탐산이 쏟아져 나오죠. 시냅스후세포막에는 AMPA 수용체와 NMDA 수용체N-methyl-D-aspartate receptor가 있는데, 둘 다 글루탐산이 부착되는 수용체입니다. 이 가운데 NMDA 수용체는 칼슘이온이 통과하는 중요한 수용체인데, 그 수는 AMPA 수용체에 비해 많지 않아요.

10-29
CaMKII와 AMPA 수용체 삽입에 관한 리스만 이론

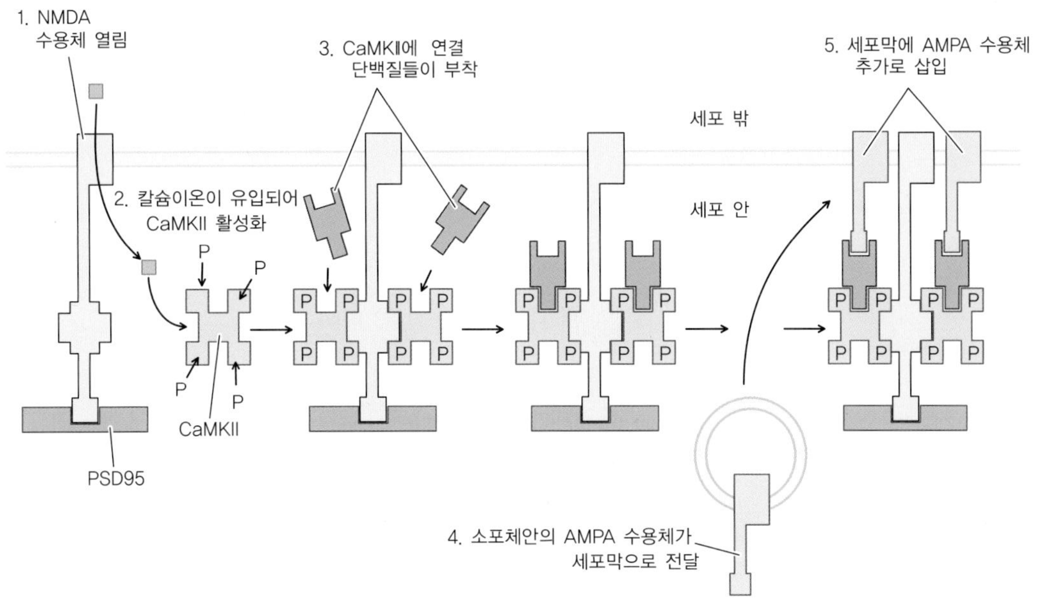

시냅스전세포막에서 쏟아져 나온 글루탐산이 시냅스후세포막의 NMDA 수용체에 결합됩니다. 10-29를 보면 NMDA 수용체가 PSD-95(postsynaptic density protein 95)를 발판 삼아 세포막에 고정되어 있지요. 글루탐산이 NMDA 수용체에 결합되면 NMDA 수용체의 통로를 막고 있던 마그네슘이온이 떨어져 나가 통로가 열리고 칼슘 이온이 세포 안으로 들어갑니다. 세포 안으로 칼슘이온이 유입되면 칼슘과 결합하는 단백질인 칼모듈린이 움직여 칼슘-칼모듈린(Ca^{2+}-calmodulin)이 만들어지죠. 칼슘-칼모듈린은 칼슘-칼모듈린 의존성 단백질 키나아제 II, 즉 CaMKII(Ca^{2+}-calmodulin-dependent protein kinase II)를 활성화합니다.

키나아제는 ATP 분자에 있는 인산기를 다른 단백질로 전달해 붙여주는 효소를 말하죠. CaMK II는 CaMK군 중에서 기억과 관련된 키나아제입니다. 기억에 대한 연구에서 중요성이 드러나고 있는 물질이죠. CaMK II는 놀랍게도 자가 인산화 효소로 작용해요. 여기에 기억의 비밀이 담겨 있습니다.

기억은 시냅스를 통해 일어나는데, 이때 단백질로 이루어진 이온채널이 큰 역할을 합니다. 그런데 자극이 없는 상태에서도 AMPA 채널의 평균 수명은 15분 정도에 불과하죠. 다른 단백질들도 수명이 비교적 짧지요. 단백질을 재활용해서 쓴다고 해도 수명이 2주를 못 넘깁니다. 새로운 단백질로 대부분 바뀌어요. 그러면 논리적으로 생각하면 단백질의 교체와 동시에 모든 기억이 사라져야 하죠? 하지만 우리는 2주가 아니라 몇 달, 몇 년, 몇십 년 동안의 일을 생생하게 기억하고, 그 기억을 바탕으로 살아갑니다. 어떻게 이게 가능할까요? 탈인산화되는 것보다 자가인산화 효소 CaMK II가 더 빨리 생성되면, 다시 말해 단백질이 분해되어 없어지는 대신 CaMK II가 계속 생겨나 작용하여 새로운 단백질이 만들어지면 현재 상태가 계속 유지되기 때문입니다. 그 결과는 장기기억으로 이어지죠.

CaMK II는 10개의 소단위체로 이루어져 있습니다. 각 소단위체는 경첩처럼 생겼는데, 위쪽의 조절 부위와 아래쪽의 촉매 부위가 연결되어 있죠. 촉매 부위가 조절 부위에 의해 닫힌 상태에서는 CaMK II가 동작하지 않습니다. 칼슘-칼모듈린에 의해 활성화되어야 조절 부위가 드러나 촉매 부위가 동작하면서 자가 인산화 작용을 시작하죠.

10-29에서 네모반듯하게 그려진 것이 CaMK II입니다. 네 귀퉁이에 홈이 있는데, 거기에 인산기가 가서 결합하죠. 인산기가 결합된 CaMK II는 NMDA 수용체 아래

10-30
글루탐산 수용체(왼쪽)와 GABA 수용체(오른쪽)의 구조

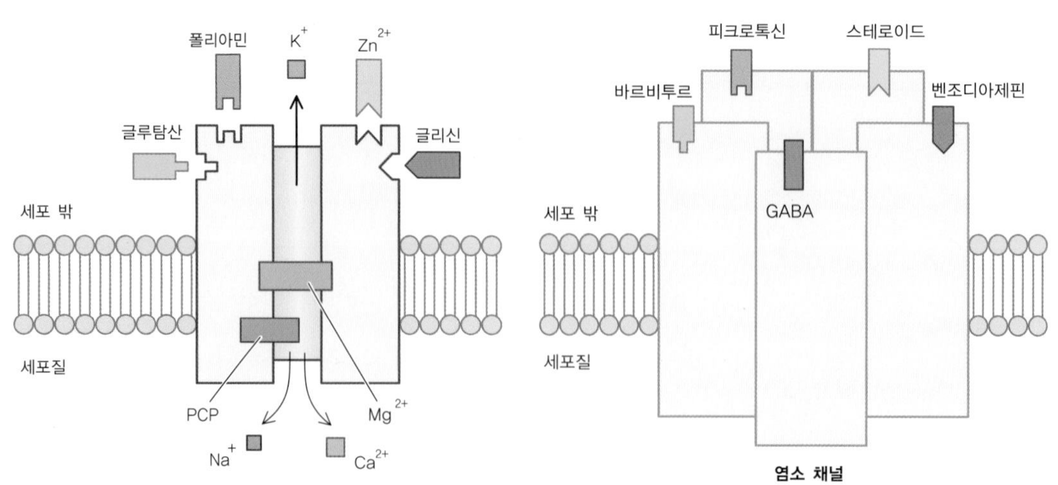

쪽으로 가서 NMDA 수용체 양쪽으로 붙습니다. 그러면 세포질 내에서 소포체 막에 삽입되어 대기하고 있던 AMPA 수용체가 NMDA 수용체 쪽으로 이동하여 NMDA 수용체에 결합된 CaMK II를 발판 삼아 시냅스후세포막으로 들어가 삽입되죠.

AMPA 수용체가 신경세포막에 삽입되는 과정을 요약하면 다음과 같습니다. NMDA 수용체의 채널이 열리어 칼슘이온이 세포 안으로 유입→CaMKII 단백질의 인산화→CaMKII에 연결단백질들이 결합→소포체 안의 AMPA 수용체가 세포막으로 이동→세포막에 AMPA 수용체가 추가로 삽입됩니다. NMDA 수용체의 아랫부분에 PSD95 단백질이 부착되어 든든한 바탕 역할을 합니다. PSD95 단백질은 'post synaptic density 95'의 약자로 95는 이 단백질의 분자량이 9만 5000달톤이란 의미입니다. 1달톤은 대략 수소원자 1개의 질량에 해당합니다. 따라서 PSD95 단백질의 질량은 수소원자 9만 5000개의 질량이지요. 단백질은 아미노산으로 구

10-31
NMDA 글루탐산 수용체

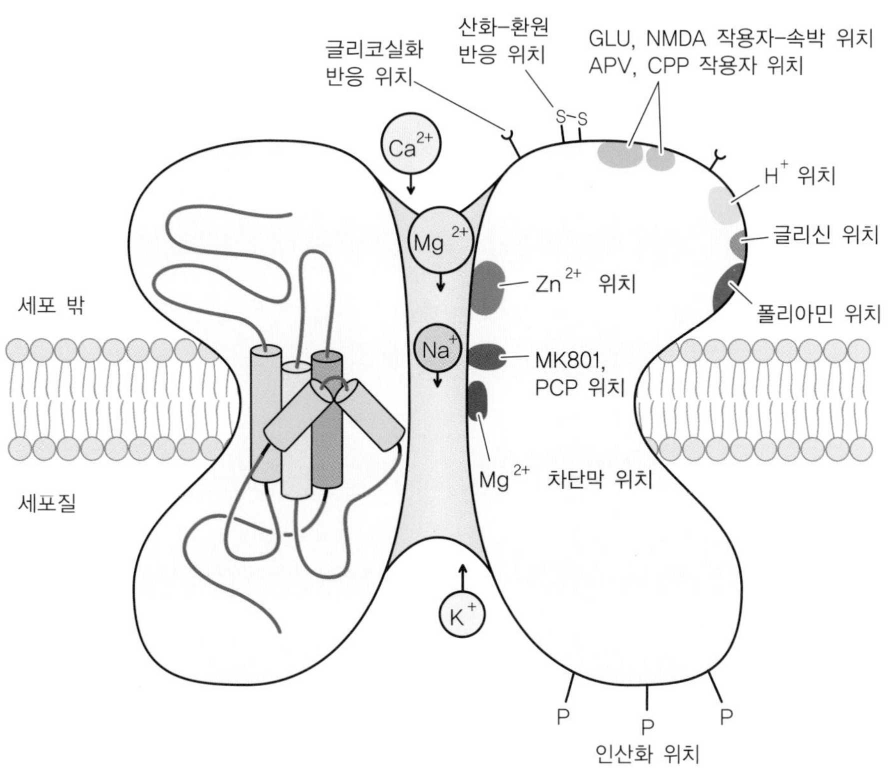

10-32
글루탐산 수용체와 PSD 단백질의 전자현미경 사진과 구조
[출전: C. Geoffrey Lau & R. Suzanne Zukin, Nature Reviews Neuroscience 8, 413-426 (June 2007)]

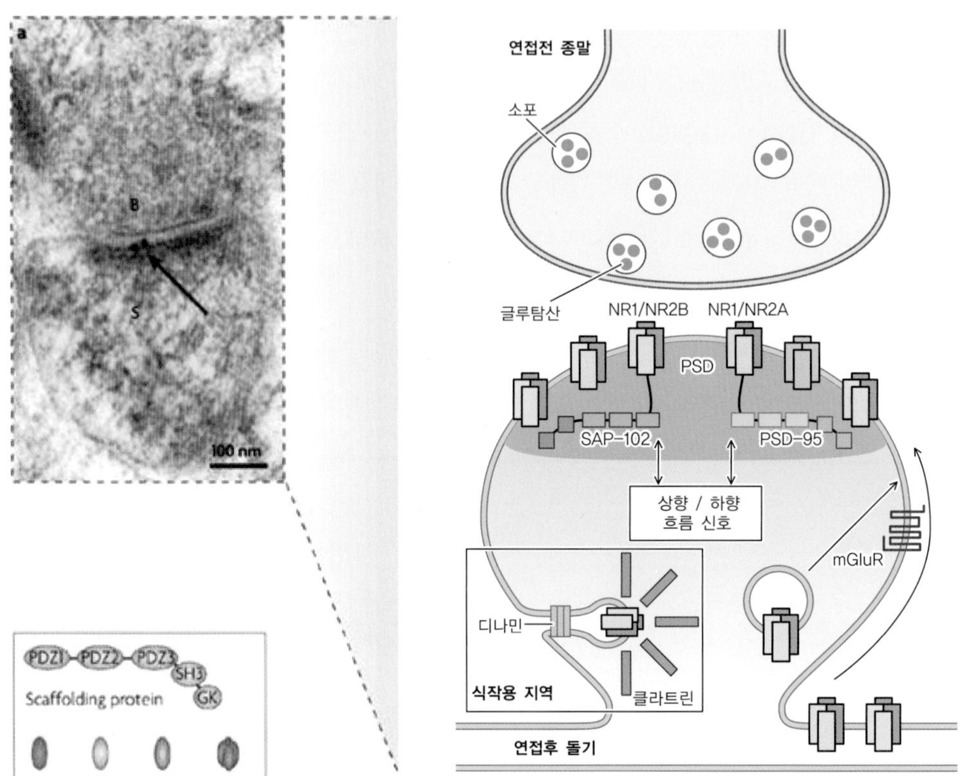

성되고 아마노산의 구성원소는 대부분 수소, 탄소, 질소 그리고 산소로 구성되지요. 그래서 단백질 질량을 달톤으로 표시하면 대략적으로 몇 개의 원자로 구성되었는지 짐작할 수 있지요.

뇌에서 기억과 관련된 중요한 신경전달물은 필수아미노산인 글루탐산과 GABA입니다. 글루탐산은 흥분성 신경전달물질로 수용체는 이온성 수용체로 AMPA와 NMDA 수용체가 있으며, 대사성 수용체는 mGLU 계열이 있지요.

그런데 세포질 내 칼슘의 농도에 따라 AMPA 수용체가 세포막으로 삽입되기도 하고 세포막에서 떨어져나가기도 합니다. NMDA 수용체의 통로가 열리면 세포 안으로 칼슘이 쏟아져 들어오죠. 이때 세포질 내 칼슘의 농도가 높아지면 단백질의 인산화가 일어나 AMPA 수용체가 있는 소포체가 세포막 쪽으로 이동하여 시냅스후막에 삽입됩니다. 소포체막에 있던 AMPA 수용체가 떨어져 나가 세포막에 삽입되죠.

반면 세포질 내 칼슘의 농도가 낮아지면 단백질의 탈인산화로 인해 LTDlong term depression가 일어납니다. 그러면 세포막이 변형되어 세포질 쪽으로 푹 꺼져 들어가면서 AMPA 수용체가 떨어져 나가 세포막의 AMPA 수용체의 수가 줄어듭니다.

그러니까 장기기억은 LTP에 의해 일어나고, LTP는 시냅스후세포막에 AMPA 수용체 수가 많아진 결과로 생기는 겁니다. 이 과정에서 NMDA 수용체로 유입된 칼슘이온에 의해 촉발된 단백질 인산화가 기억 형성에 중요하게 작용하죠. NMDA 수용체에서 시작해 AMPA 수용체 삽입에 이르기까지 일어나는 현상은 초기 LTP로 분류됩니다.

04 후기 장기기억강화로 시냅스 돌기가 생기다

초기 LTP는 칼슘 유입이 단기간의 단백질 인산화효소의 활성을 유도하고, 단백질의 인산화가 AMPA 수용체의 활성과 세포막으로의 삽입을 중재하는 과정입니다. 후기 LTP는 초기 LTP에서 단백질 인산화효소가 지속적으로 작용해 세포외 신호전달 단백질의 활성을 유도하는 과정입니다.

초기 LTP는 NMDA 수용체의 활성으로 칼슘이온 농도가 증가되며 AMPA 수용체의 전기전도도가 증가하는 현상이지요. 후기 LTP는 이온성수용체와 대사성 수용체에 모두 작용하여 단백질 키나아제를 활성화시킵니다. 단백질 키나아제에 의해 자극을 받은 세포외신호조절키나아제extracellular signal-regulated kinases(ERK)작용으로 신호단백질, 세포골격단백질, 핵단백질이 동작하여 유전자 전사인자를 자극합니다. 유전자 전사인자의 작동은 단백질합성을 촉진하여 신경세포막에 삽입되는 수용체 채널을 만들지요. 후기 LTP는 유전자와 관련되지요. 새로운 단백질이 만들어져 새로운 스파인 돌기가 생겨나는 겁니다. 그전까지 일어나는 초기 LTP는 후기 LTP를 위한 준비 과정으로 볼 수 있지요. 후기 LTP에서는 AMPA 수용체, NMDA 수용체, 대사성 글루탐산 수용체metabolic glutamate receptor(mGluR)가 등장합니다.

10-33
초기 LTP와 후기 LTP

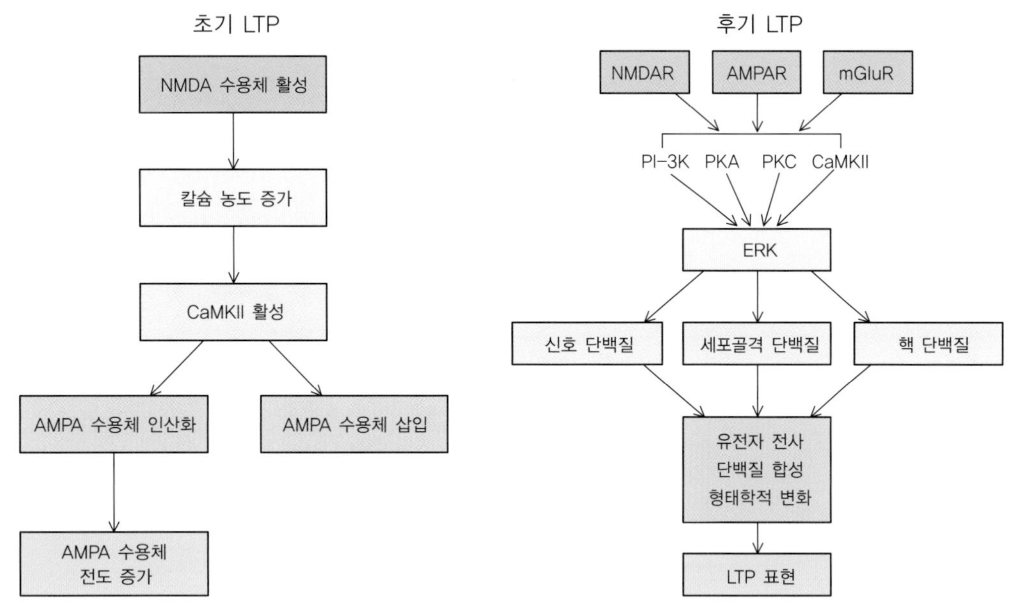

10-34
국소단백질합성과 AMPA 수용체 삽입

NMDA 수용체로 칼슘이온이 세포 내로 유입되면 세포 내 단백질의 연쇄작용이 일어난다. 단백질의 연쇄작용은 핵 내의 유전자를 발현시킨다. 결국 칼슘이온 유입이 촉발한 단백질 연쇄작용으로 신경세포시냅스후막에 AMPA 수용체가 추가된다. 학습과 기억은 이렇게 AMPA 수용체 많아지는 현상이다.

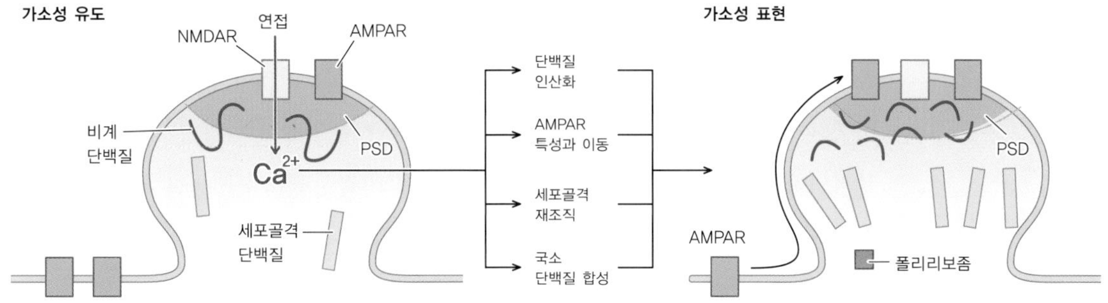

10-35
글루탐산 수용체와 칼슘이온의 작용

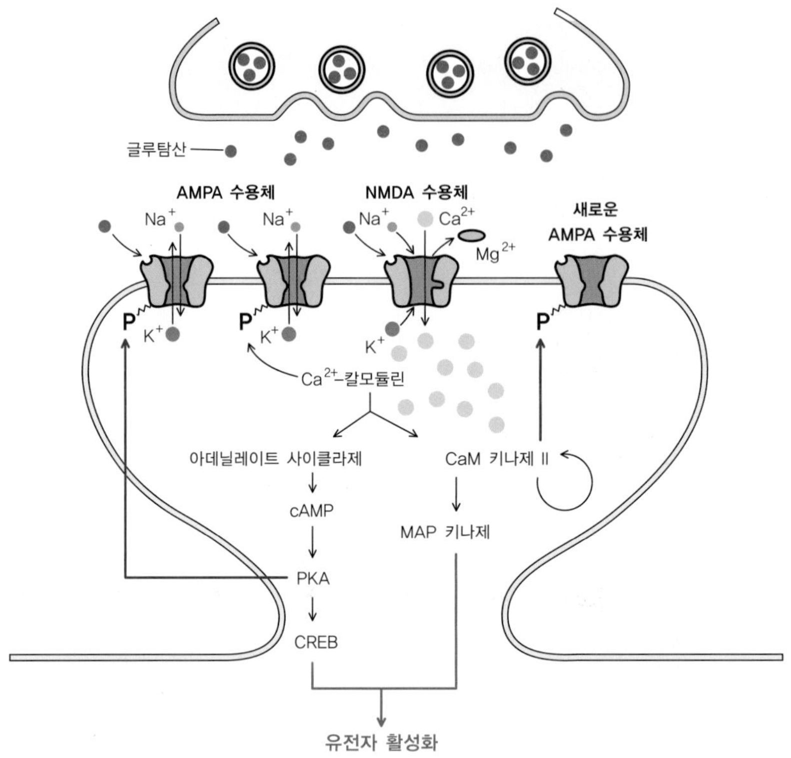

AMPA 수용체, NMDA 수용체 같은 이온채널성 수용체는 기억을 만들며 의식의 내용과 관계가 있습니다. 어떤 자극이 갑자기 들어오면 이온채널성 수용체가 작용하여 재빨리 반응하죠. 반면 대사성 글루탐산 수용체, 세로토닌·도파민·노르아드레날린의 대사성 수용체는 의식의 상태와 관계가 있습니다. 대사성 수용체의 작용은 천천히 일어나죠. 수 분에서 수십 분이 경과한 후 천천히 일어나면서 신경전달물질의 작용이 증폭되죠. 그래서 시냅스후세포의 활성전위가 생성될 확률을 높여 신경자극에 대한 민감도가 증가하지요. 그래서 주로 대사성 수용체와 작용하는 신경물질인 세로토닌, 도파민, 노르아드레날린을 신경조절물질이라 하지요.

NMDA 수용체에 글루탐산이 부착되어 이온채널이 열리면 칼슘이온이 들어가죠. 그러면 칼슘-칼모듈린이 생기며 아데닐레이트 사이클라제(AC)와 CaMK II가 작동합니다. 아데닐레이트 사이클라제는 AC cAMP CREB의 연쇄작용을 촉진하지요. 그다음에 등장하는 효소가 세포외신호조절키나아제(ERK)입니다. 키나아제는 단백질을 인산화하여 활성화시키는 효소이지요. ERK는 세포 밖에서 전달되는 신호를 받아 다른 단백질에 작용하는 효소입니다. MAPK mitogen-activated protein kinase가 ERK의 한 종류이지요. MAPK는 '유사분열 촉진단백질 키나아제'라는 의미처럼 DNA 전사를 억제하는 핵단백질 CREB-2의 작용을 제거하죠. 전사억제 작용이 제거되면 유전자가 전사되어 단백질을 만들지요. 그래서 MAPK가 동작하면 드디어 단백질을 만드는 일이 시작됩니다. 합성된 단백질은 새로운 AMPA 수용체를 만들지요. 이처럼 기억을 추적하는 일은 단백질의 인산화를 추적하는 일이지요.

세포의 신호전달과정과 단백질합성의 구체적인 예가 바로 신경세포에서 기억을 만드는 과정이지요. 그래서 세포막의 수용체 단백질에 의한 세포 내부의 신호전달

10-36
G-단백질 수용체와 수용체 티로신키나아제의 활성화와 세포 내 신호전달

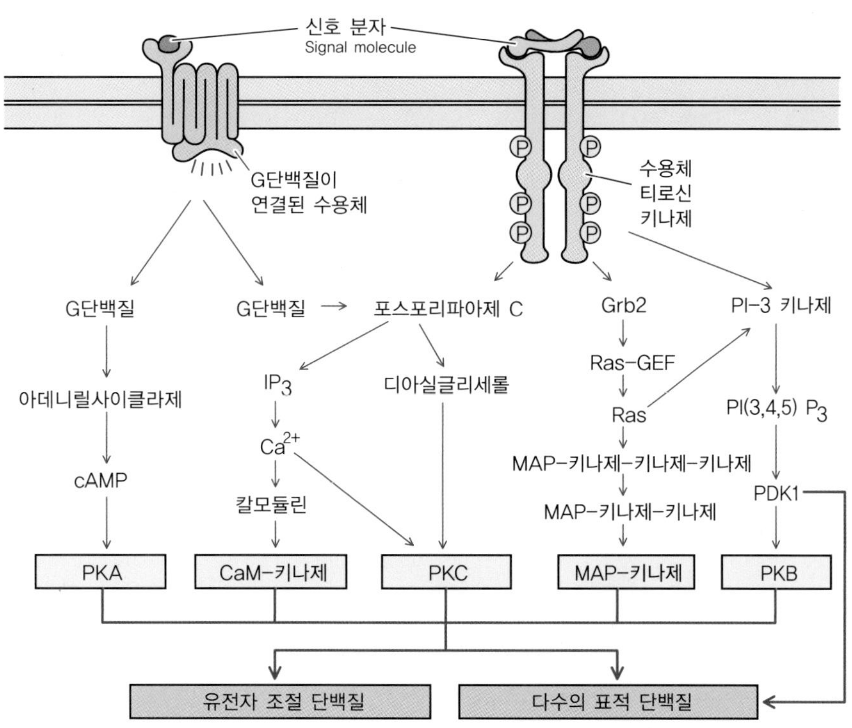

과 유전자 전사조절과정의 이해는 뇌과학에서 중요하지요. G-단백질수용체와 수용체 티로신키나아제의 활성화와 세포 내 신호전달과정을 살펴봅시다.

수용체단백질에 세포간 신호전달물질이 부착되면 수용체가 활성화되지요. 그러면 PI-3K(phosphatidylinositol 3-kinase), PKA(protein kinase A), PKC(protein kinase C), CaMK II, MAPK(mitogen-activated protein kinase), PKB(protein kinase B)가 작동합니다. 이들은 단백질을 활성하는 효소들이지요. 이 효소들은 모두 단백질에 인산기를 붙여주는 효소인 키나아제kinase이지요. 그리고 이 키나아제들이 작용하는 대상은 유전자조절단백질과 표적단백질이지요. 이처럼 기억의 근원을 추적하면 신경

10-37
유전자 발현과 LTP
(출전: ER Kandel, JH Schwartz and TM Jessell (2000) Principles of Neural Science)

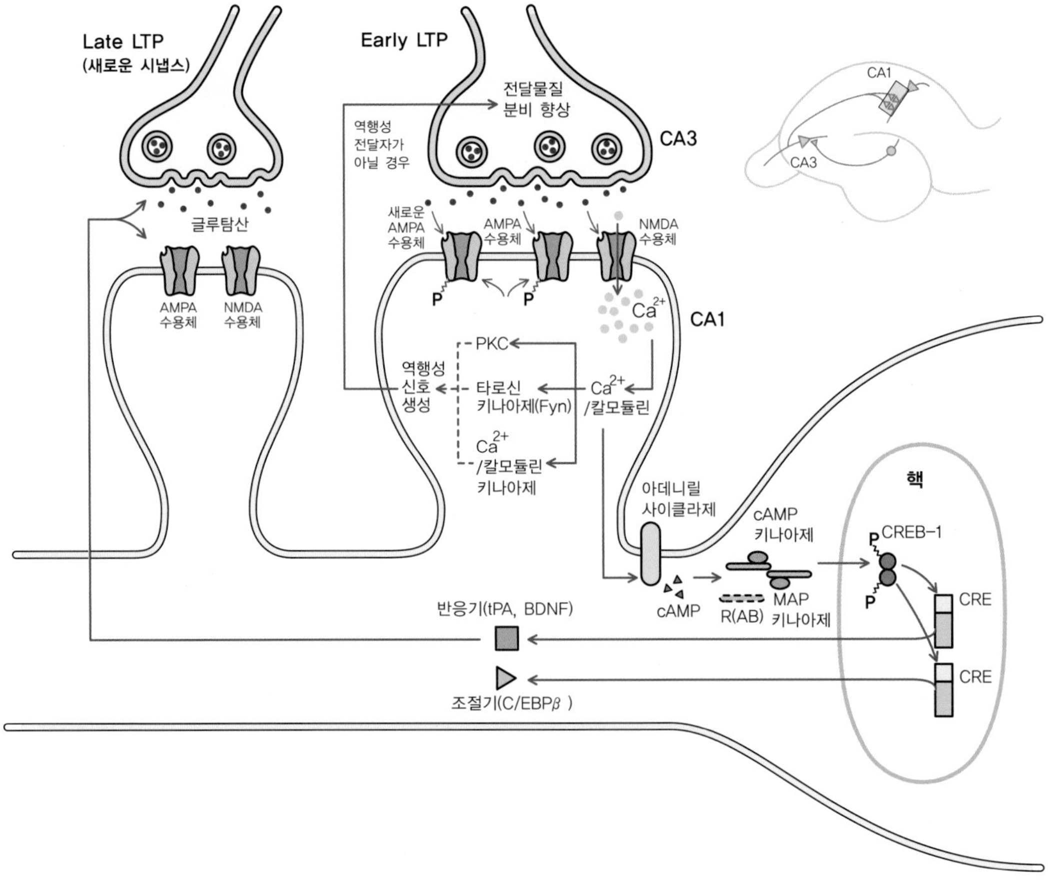

세포막의 수용체단백질을 만나고, 수용체단백질의 근원을 추적하면 유전자를 만나지요. 기억과 유전은 생명 현상의 상호연결된 두 주인공이지요.

에릭 캔들의 바다달팽이 실험으로 돌아가봅시다. 이번에는 바다달팽이의 꼬리를 초당 100회의 빠르기로 다섯 번 자극합니다. 그러면 감각뉴런에서 중계뉴런으로 세로토닌이 더 많이 분비되고, 중계뉴런의 대사성 수용체에 더 많은 세로토닌이 결합하여 더 많은 양의 cAMP가 생성되죠. 그렇게 만들어진 cAMP가 세포 안으로 확산되어가면서 PKA를 만나 PKA를 자극합니다. 많은 양의 cAMP가 생성되고 그 작용으로 활성화된 PKA 농도가 높아지면 PKA는 확산되어 핵 속으로 유입될 수 있지요. PKA는 조절 소단위와 촉매 소단위가 결합된 두 쌍의 소단위체subunit로 이루어져 있는데, 이 조절 소단위에 cAMP가 붙으면 촉매 소단위가 분리되어 핵막에 있는 핵구멍복합체nucleus pores complex를 통해 PKA의 촉매소단위체가 핵 속으로 들어갑니다.

핵 속으로 들어간 PKA는 전사조절인자 CREB-1을 활성화시킵니다. PKA가 많아지면 또 다른 단백질 MAPK가 불려오는데, 이 MAPK는 전사조절인자 CREB-2에 작용합니다. 전사조절인자는 기능성 유전체학에서 중요한 단백질로, 유전자의 전사를 제어하는 DNA 가닥에 결합하는 단백질들이지요.

CREB-1과 CREB-2가 작용하는 메커니즘은 기억의 본질과 관련됩니다. CREB-1은 DNA 가닥을 읽어서 단백질을 합성할 때 전사인자로 작용하여 DNA 사슬에 존재하는 유전자를 RNA로 전사하는 것을 조절합니다. 평상시에는 CREB-2가 CREB-1이 동작하지 못하게끔 억제합니다. 그러다가 핵 속으로 들어간 MAPK에 의해 CREB-2가 탈억제되죠. 동시에 PKA가 CREB-1을 동작시킵니다. 자동차 운전에 비유하면, MAPK로 CREB-2라는 장금장치의 잠금 상태를 해제한 후 PKA로 CREB-1이라는 자동차에 시동을 거는 거죠.

CREB-1에 인산기가 붙어 시동이 걸리면 꽉 잠겨 있던 DNA 두 가닥이 풀리면서 염기서열이 드러나고 전사transcription가 시작됩니다. 전사는 복제replication와 다르죠. 전사는 중요한 단백질을 만들기 위해 DNA 코드 일부만 복사하는 것이고, 복제는 세포분열처럼 DNA 코드 전체가 복사되는 겁니다.

만약 모든 정보가 다 기억된다면 어떻게 될까요? 서로 관련없는 사소한 정보를

10-38
PKA의 작용과 전사조절인자 CREB에 의한 유전자 발현

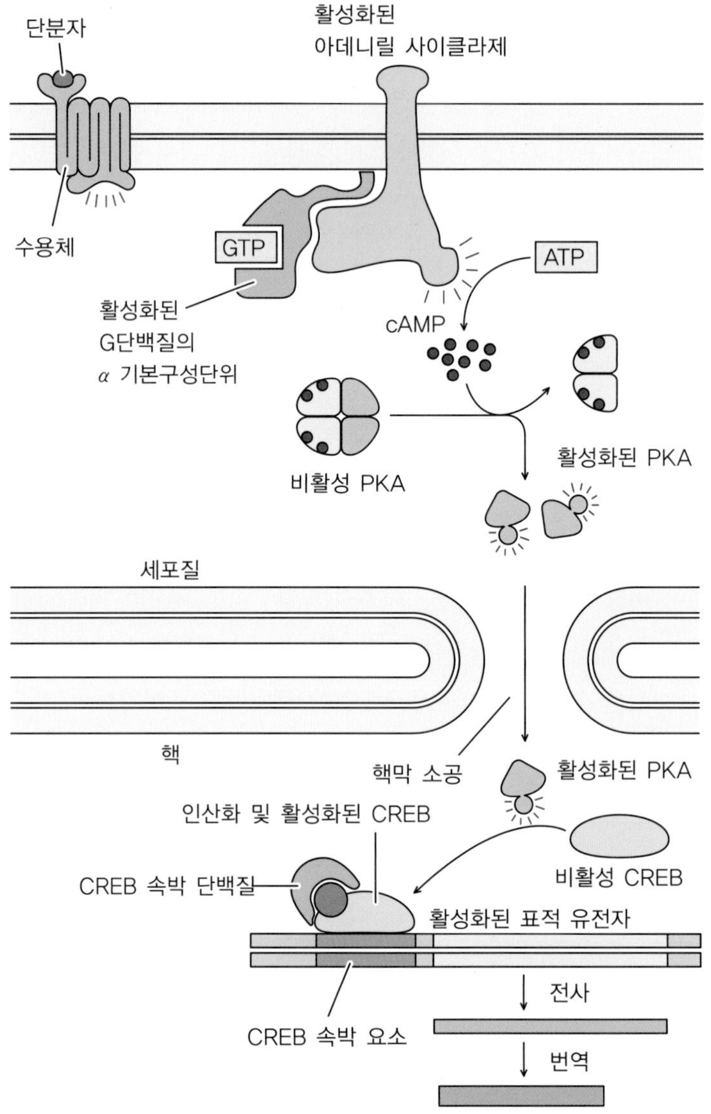

모두 기억하게 되면 그 공통 패턴을 찾기가 어렵게 되죠. 따라서 요점을 파악하기가 힘듭니다. 생존에 중요한 정보를 기억하고 주의를 분산시키는 정보는 무시해야 하죠. 그래서 중요하지 않은 정보는 차단하거나 무시하고, 중요한 정보는 선택하여 오랫동안 기억해야 하죠. 그 역할을 CREB-1과 CREB-2가 나눠 맡고 있습니다.

10-39
CREB1 인산화에 의한 유전자 발현
(출전: 《신경과학》, Mark F. Bear 외, 790)

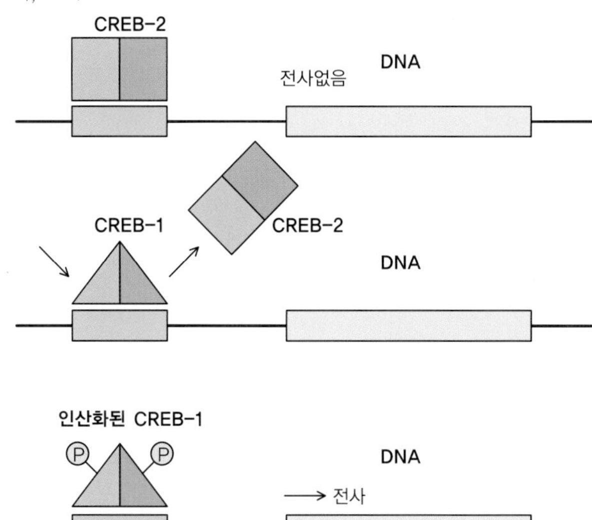

CREB-1은 DNA 코드를 풀어 장기기억이 만들어지도록 하고, CREB-2는 CREB-1가 중요하지 않은 기억에 활성화되지 않도록 억제하고 있어요. 그러다가 생존에 중요한 자극에 의해 CREB-2가 MAPK에 의해 제거되면, PKA가 작동하여 CREB-1가 재빨리 활성화되어 새로운 시냅스를 만드는 일이 시작되죠.

PKA와 CREB-1, MAPK와 CREB-2의 작용을 한마디로 이렇게 말할 수 있습니다. "장기기억의 문턱값을 설정한다." 이 작용은 구체적으로 물리적 반복으로 형성됩니다. "반복이 완벽함을 낳는다." 에릭 캔들이 기억 형성의 원리로 '반복'적 자극을 강조했지요. 기억만이 아니라 많은 생체 메커니즘은 확률의 관점에서 이해하는 것이 중요합니다. 많이 작용하고 많이 분비해야 핵 속으로 들어가서 작용할 단백질이 많아지지요. 핵 속에 들어가서도 100퍼센트 성공하지 않아요. 그래서 성공 확률을 높이려면 민감해진 부분을 물리적으로 반복해야 합니다.

그런데 반복하지 않아도 정보가 장기기억으로 저장될 때가 있어요. 감동적 감정을 불러일으키는 경험을 했을 때 그렇죠. 감동을 하게 되면 CREB-1을 막고 있던 CREB-2가 순간적으로 억제를 풉니다. 그 결과, 경험하는 순간에 사진을 찍듯이 그 장면 그대로 기억할 수 있지요. 그런 기억은 너무나 강렬하죠. 한 번 경험했을 뿐인

데도 평생 기억에 남는 현상은 우리에게 어떻게 공부해야 하는지를 명확히 알려주지요. 오스트레일리아의 사막에서 본 별이 쏟아지던 밤하늘, 몽골 사막 한가운데서 만났던 검푸른 하늘, 그리고 알타이 산맥의 아찔할 정도로 투명했던 광경들은 한 번 보아도 평생 잊히지 않지요. 이처럼 학습할 정보를 정서적 느낌으로 채색하면 의미가 오래 기억됩니다. 결국 공부를 잘하는 사람은 감정이 풍부한 사람입니다. 기억과 감정은 해마와 변연계와 관련되며 기억의 내용적 측면과 감정적 측면을 각각 생성하지요. 따라서 기억과 감정은 서로 밀접하게 연결되어 있습니다.

이번에는 인간의 두 신경세포가 시냅스를 만드는 과정을 살펴봅시다. 시냅스전 신경원, 즉 감각뉴런이 자극을 받으면 글루탐산이 담긴 소포체가 시냅스전세포막 쪽으로 이동해 세포막과 융합하여 소포체가 열리면서 글루탐산이 시냅스 간극으로 분비되어 나오죠. 그러면 글루탐산이 시냅스후신경원, 즉 중간뉴런 세포막에 삽입된 AMPA 수용체에 가서 결합합니다. 글루탐산은 대사성 수용체뿐 아니라 이온채널성 수용체에도 결합해 작용하는 신경전달물질이죠. 그 결과 이온채널이 열려 세포 밖에 있던 나트륨이온(Na^+)이 세포 안으로, 바닷물이 흘러들 듯이 쏟아져 들어갑니다. 생명은 바다에서부터 진화되어왔죠. 바닷물에는 소금인 염화나트륨이 녹아 있지요. 세포 안에서 염화나트륨의 형태가 아니라 나트륨이온과 염소이온으로 분해되어 지금도 우리 몸속에 남아서 신경세포의 활성전위를 생성하여 뇌를 작동시키고, 그 태고의 바다 이야기를 글로 쓰게 하는 겁니다.

시냅스후세포막에는 NMDA 수용체도 있어요. NMDA 수용체에도 글루탐산이 결합됩니다. 그러면 NMDA 수용체 안을 막고 있던 마그네슘이온이 떨어져 나가면서 NMDA 수용체가 활성화되죠. NMDA 수용체의 통로가 열리면 칼슘이온이 세포 속으로 들어갑니다. 세포 속으로 칼슘이온이 들어가면 칼슘이온이 세포 속의 인산기와 결합하여 인산칼슘이 될 수 있어요. 인산칼슘은 뼈의 주성분이지요. 즉 칼슘이 인산기와 결합하면 세포가 뼛조각처럼 뻣뻣해져 활성을 유지할 수 없게 되죠. 그래서 칼슘 이온이 세포 안으로 유입되어 단백질 활성화를 촉발한 후 곧장 세포질 속 칼슘 농도를 낮은 상태로 유지하기 위해 칼슘을 회수하는 메커니즘이 작용합니다.

우선 세포막에 있는 칼슘 이온 펌프가 작동하여 세포 바깥쪽으로 칼슘 이온을 퍼냅니다. 그리고 나트륨이 칼슘과 교환하여 세포 안으로 유입될 때 칼슘이 세포 밖으로 나가죠. 칼슘이 세포 안으로 들어가면 ATP도 투입됩니다. ATP 한 분자가 들어가서 ADP로 바뀌면서 칼슘을 퍼내는 거죠. 소포체도 ATP 에너지를 사용하여 능동적으로 칼슘을 회수해요. 근육세포에서도 형질세망에서 칼슘이온을 신속히 회수하지요. 형질세망에서 가두었다 다시 근육이 움직일 때 칼슘이온을 확 내보내죠. 칼슘을 거두고 내보내는 일이 반복되면서 우리가 움직일 수 있는 겁니다. 소포체로도 부족해서 미토콘드리아 내막에 있는 칼슘이온 펌프까지 돌아갑니다. 역시 ATP가 쓰이죠.

이렇게까지 했는데도 세포 안의 칼슘 농도를 10^{-7}몰로 유지할 수 없으면 최후의 수단이 이용됩니다. 칼모듈린calmodulin이라는 단백질이 대기하고 있다가 칼슘이온을 확 잡아채서 결합해요. 세포 내 잔류 칼슘을 흡수하는 칼모듈린은 세포 안에 있지요.

칼모듈린이 칼슘과 결합해 칼슘-칼모듈린이 만들어지면 두 가지 현상이 일어납니다. 하나는 아데닐레이트 사이클라제adenylyl cyclase, 즉 AC가 동작해 cAMP가 만들어집니다. cAMP가 PKA를 활성화시키고, PKA는 CREB-1을 움직이죠. 또 다른 현상은 칼슘-칼모듈린이 CaMK II를 동작시킵니다. CaMK II가 동작하면 MAPK가 활성화되어 CREB-1의 활성화를 막고 있던 CREB-2의 작용이 억제됩니다.

이 두 경로는 NMDA 수용체 통로로 칼슘이온이 확 들어오는 순간 시작되죠. 그리고 연쇄작용이 차례로 일어납니다. 연쇄작용의 끝은 뭐죠? CREB-1 활성화와 CREB-2 억제로 새로운 단백질이 생성되고 그 결과 새로운 장기기억이 만들어집니다. 그래서 기억의 기원은 유전자와 만나게 된다고 하는 것입니다.

CREB-1의 작용이 장기기억의 핵심이므로 요약해 보겠습니다. 두 층의 인지질로 이루어진 막에 G-단백질 수용체가 삽입되어 있고, G-단백질 수용체로 신경전달물질이 부착됩니다. 이 신경전달물질은 글루탐산이 될 수도 있고, 세로토닌이 될 수도 있고, 도파민이 될 수도 있죠. 신경전달물질이 결합하면 G-단백질 수용체가 활성화됩니다. G-단백질 수용체가 활성화되면 G-단백질 수용체에서 세포질 쪽으로 결합되어 있던 G-단백질 수용체의 소단위체 G_α, G_β, G_γ에서 G_α가 분리되어 GTP와 결합하여 동작하기 시작합니다. ATP가 에너지를 공급해주는데, 감각작용에서도 GTP가 그 역할을 해요.

G_α가 GTP와 만나면 아데닐레이트 고리화 효소, 즉 AC를 활성화시켜 cAMP를

합성합니다. 이렇게 만들어진 cAMP는 PKA의 조절 소단위에 있는 구멍에 가서 붙어요. 그러면 PKA의 촉매 소단위가 분리되죠. 분리된 촉매 소단위는 핵공복합체를 통해 핵 속으로 들어갑니다. 핵 속의 DNA에 전사인자로 작용하는 CREB-1과 CREB-2 단백질이 있죠. PKA의 촉매 소단위가 CREB-1에 인산기를 붙입니다. 이렇게 인산화된 CREB-1은 전사조절인자가 되어 DNA의 유전암호 전사를 시작하게 합니다.

PKC가 활성화되면 MAPK도 작동을 시작합니다. MAPK는 핵 속으로 들어가서 CREB-1을 막고 있던 CREB-2의 작용을 억제합니다. PKA의 촉매 소단위에 의해 인산기가 붙고 CREB-2가 제거되어 활성화된 CREB-1은 드디어 전사인자가 되어 DNA의 유전자를 전사하기 시작합니다. CREB-1은 유전자 영역의 DNA를 핵 속에서 전사하여 RNA 가닥을 만들고, 이 RNA 가닥이 세포질에서 리보솜의 작용을 받아 아미노산 서열로 번역되지요. 그리고 이 아미노산 서열의 직선 구조가 삼차원적 구조를 형성한 것을 단백질이라 하는데, 그 단백질이 시냅스의 이온채널을 구성하여 장기기억을 만듭니다. 단백질은 생명 현상의 주역이지요. 기억이라는 생명 현상도 단백질의 작용입니다. DNA에서 단백질이 만들어지는 과정은 생명 현상의 기본 작용이지요. 이 과정은 기억을 분자 수준에서 이해하는 데 필수적인 내용이므로 살펴보겠습니다.

DNA는 이중나선 형태로 두 가닥이 꼬인 후 단백질인 히스톤 복합체에 돌돌 감겨 있습니다. 히스톤 복합체가 떨어지기 전에는 DNA 두 가닥이 풀리지 않아요. 함부로 풀리지 않도록 유전암호가 보호됩니다. DNA 두 가닥 가운데 하나를 확대해 보면, 뉴클레오티드nucleotide가 보입니다. 뉴클레오티드는 염기, 디옥시리보스deoxyribose, 인산기로 구성된 화학물질입니다. 염기는 아데닌, 티민, 구아닌, 시토신으로 네 가지가 있죠. 디옥시리보스는 다섯 개의 탄소로 이루어진 당의 한 종류이지요. 뉴클레오티드의 인산기는 인접한 또 다른 뉴클레오티드의 당 부분과 인산디에스테르 결합phosphodiester으로 나란히 연결되어 DNA의 긴 사슬 한 가닥을 형성하죠. 뉴클레오티드의 염기는 다른 DNA 가닥의 뉴클레오티드 염기 부분과 수소 결합을 이루고 있어요. 수소 결합을 이룬 염기 부분을 보면 신기하게도 아데닌은 티민, 구아닌은 시토신과만 짝을 짓습니다. 이런 염기들의 수소 결합에 의해 DNA

는 이중나선 구조를 형성합니다.

DNA는 단백질이 아니고 뉴클레오티드로 구성된 핵산nucleic acid의 한 종류죠. 유전물질로 작용하는 고분자 유기화합물이에요. 리보핵산ribonucleic acid(RNA)도 마찬가지로 핵산 가운데 하나입니다. 핵산은 1869년 스위스의 생물학자 프리드리히 미셔Friedrich Miescher가 수술용 붕대에 묻어 있던 고름을 현미경으로 관찰하다가 발견했다고 합니다. 발견 당시 세포의 핵 속에 있었다고 해서 핵산을 뉴클레인nuclein이라고 불렀습니다.

CBP(CREB binding protein)의 작용으로 히스톤 복합체의 아미노산이 아세틸기와 결합해 히스톤 복합체가 떨어져 나가면 DNA 이중나선이 풀리고 전사가 시작됩니다. DNA 이중나선에는 전사의 시작점 역할을 하는 프로모터promoter가 있죠. 이 부분에 RNA 중합효소RNA polymerase가 전사인자를 연결고리로 하여 결합합니다. RNA 중합효소뿐만 아니라 또 다른 전사인자들이 프로모터로 이동해 전사인자와 결합하지요. 이렇게 만들어진 복합체만으로는 전사가 일어나지 않습니다. 프로모터 가까이에 인핸서enhancer라는 강화인자가 있어요. 이 인핸서에 활성을 일으키는 조절인자regulator가 붙어 DNA 이중나선이 휘어지면서 인핸서가 프로모터의 복합체에 가서 결합하죠. 그 결과 복합체의 전사인자들이 떨어지면서 RNA 중합효소가 자유롭게 되어 작동을 시작합니다. 그리고 헬리카제helicase라는 효소가 DNA 이중나선에 결합해 앞으로 움직이면서 수소 결합으로 연결된 DNA 두 가닥의 염기 사이를 끊어 이중나선을 두 가닥으로 풀어냅니다. 그 뒤를 RNA 중합효소가 따라가며 그대로 드러난 DNA의 유전정보를 복사해나가죠. RNA 중합효소는 DNA를 구성하는 디옥시리보뉴클로에오티드deoxyribonucleotide를 주변에서 공급받아, 풀린 DNA 염기 배열과 같게 아데닌과 구아닌, 티민과 시토신의 짝을 맞춰 연결합니다. 유전자, 유전정보, 염기의 관계는 마치 매뉴얼과 매뉴얼을 설명하는 단어, 단어를 이루는 글자 같지요.

복사를 끝낸 DNA 두 가닥은 염기의 수소 결합에 의해 이중나선 형태로 다시 돌아가고, 복사된 아데닌과 구아닌, 티민과 시토신 짝은 한 가닥으로 연결되어 pre-RNA로 합성됩니다. 이후 pre-RNA에서 RNA 중합효소 I에 의해 rRNA(ribosomal RNA), RNA 중합효소 II에 의해 mRNA, RNA 중합효소 III에 의해 tRNA가 만들어지죠.

새로운 단백질을 만들려면 DNA의 유전정보가 핵에서 세포질로 이동해야 하는데 DNA가 핵 밖으로 움직이는 것은 거의 불가능합니다. 그래서 그 역할을 mRNA가 대신하죠. 그런데 DNA의 유전자 곳곳에는 단백질 합성에 무관한 유전정보가 있어요. 이 부분을 인트론intron이라고 합니다. 의미가 있는 유전정보가 담긴 부분은 엑손exon이라고 하죠. DNA에서 복사된 pre-RNA에도 엑손과 인트론이 있어요. 단백질을 합성하려면 불필요한 부분을 없애야겠죠. pre-RNA의 인트론이 시작되는 부분과 끝나는 부분에 스플라이소좀spliceosome의 일부가 결합하여 잘라낼 부분을 표시하면 스플라이소좀의 나머지 부분들이 이동해 붙어서 인트론을 분리하여

10-40
쥐 시상 성상세포 세포체의 조면소포체 단면에 드러난 폴리리보솜 (화살표)

오른쪽 위: 핵구멍(붉은 화살)과 폴리리보솜(속빈 화살)이 보인다. Scale = 400nm
왼쪽 위: 화살표는 폴리리보솜, M은 수초화된 축삭 , N은 세포핵이다. Scale = 0.7㎛
(출전: Atlas of Ultrastructural Neurocytology, http://synapses.clm.utexas.edu/atlas/)

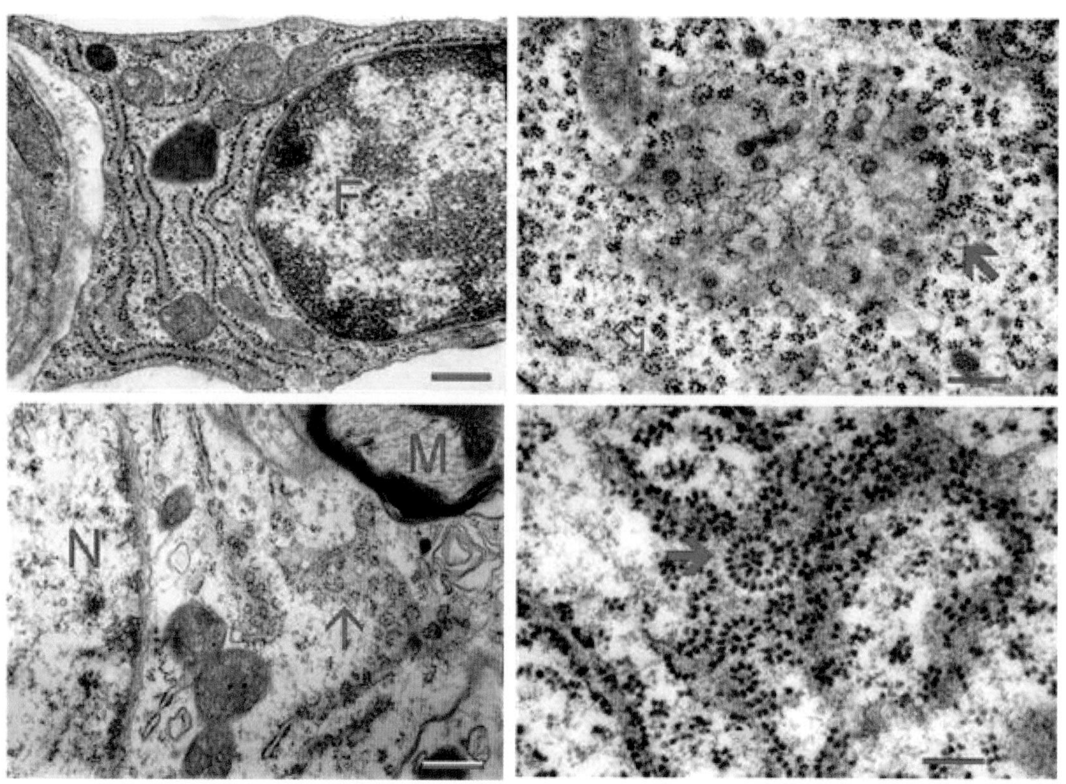

제거합니다. pre-RNA 사이사이에 있던 불필요한 인트론이 제거되고 엑손만 연결되면 mRNA가 만들어지죠.

mRNA의 맨 앞은 선두 표지가 되는 캡 구조cap structure, 맨 끝은 폴리-A 꼬리 구조poly-A tail structure로 되어 있습니다. 캡 구조는 구아노신이 변형되어 만들어진 메틸구아노신에 인산기 3개가 결합된 것이고, 폴리-A 꼬리 구조는 아데닌을 포함한 리보뉴클레오티드가 100개 이상 연결되어 생긴 것이죠. 이 구조까지 완성되어야 비로소 mRNA가 핵 밖으로 나갈 수 있습니다. 여기에 엑스포틴exportin이라는 단백질이 결합하여 mRNA는 핵공복합체를 통과하고 핵 밖으로 나오게 되죠. 엑스포틴은 mRNA가 핵공복합체를 지날 때 분리됩니다. 핵 속에서 세포질로 나온 mRNA는 리보솜ribosome에 결합합니다.

리보솜은 핵 가운데 있는 인nucleolus에서 RNA가 전사되고 전사된 RNA에 단백질이 결합하여 합성되어 나온 것이죠. 특이하게도 이 리보솜은 다른 세포 소기관들과 달리 세포막으로 싸여 있지 않습니다. 핵 밖으로 나온 리보솜은 mRNA와 함께 단백질을 만드는 일에 참여해요. 리보솜의 rRNA가 효소로 작용하는 거죠. 효소로 작용하는 rRNA를 리보자임ribozyme이라고 하지요.

10-41
쥐의 시상복측기저핵의 수상돌기 시냅스와 폴리리보솜의 삼차원 재구성
붉은색은 수상돌기 시냅스, 검은 점은 폴리리보솜이다.
(출전: Atlas of Ultrastructural Neurocytology, http://synapses.clm.utexas.edu/atlas/)

리보솜은 대단면체large ribosome subunit와 소단면체small ribosome subunit로 이루어져 있는데, mRNA는 이 가운데 소단면체로 가서 결합합니다. 그 위로 대단면체가 결합해서 오뚝이 같은 모습이지요. 그렇게 결합된 리보솜은 mRNA의 캡에서 폴리-A 꼬리 방향으로 움직이면서 mRNA의 염기코드를 아미노산 서열로 바꾸지요. 이 과정을 번역이라 합니다.

단백질을 합성하려면 아미노산이 필요하다고 했죠? tRNA가 mRNA의 유전암호에 대응되는 아미노산을 찾아 아미노아실 tRNA 합성효소aminoacyl-tRNA synthetase로 연결하여 단백질 합성 공장인 리보솜으로 운반합니다.

아미노산은 세 개의 염기 배열로 암호화되어 있으며, 10-42의 유전암호표에 정리된 것처럼 종류에 따라 암호가 달라요. 10-42를 보면 맨 왼쪽 행의 첫 번째 염기, 맨 위 열의 두 번째 염기, 맨 오른쪽 행의 세 번째 염기가 합쳐져 각 아미노산의 유전암호가 지정되어 있죠. 여기서 U는 우라실, C는 시토신, A는 아데닌, G는 구아닌을 뜻합니다. DNA에서는 아데닌과 티민, 구아닌과 시토신이 짝을 맺죠? RNA에서는 티민 대신 우라실이 아데닌과 결합합니다. 그러니까 아데닌과 우라실, 구아닌과 시토신이 짝지어지는 거죠.

이렇게 지정된 스무 가지 아미노산의 유전암호를 보면 다음과 같습니다. UUU 또는 UUC는 페닐알라닌phenylalanine에 지정된 유전암호입니다. 페닐알라닌은 Phe로 줄여 쓰거나 F로 표기하기도 하죠. 류신leucine를 지정하는 유전암호는 UUA, UUG, CUU, CUC, CUA, CUG 등 여섯 개나 됩니다. 류신은 Leu 또는 L로 나타내죠. 그다음에 유전암호 AUU, AUC, AUA는 이소류신isoleucine을 지정합니다. 이소류신은 류신과 화학 구성이 비슷한 구조이성체이며, 줄여서 Ile나 I로 표기하죠.

Met이나 M으로 표기하는 메티오딘methionine에 지정된 유전암호는 AUG입니다. AUG가 바로 개시코돈start codon이지요. mRNA 가닥에 AUG가 나오면 리보솜이 아미노산으로 번역을 시작합니다. 개시코돈인 메티오딘의 유전암호는 AUG 하나뿐이지요. 발린valine(Val, V)을 지정하는 유전암호는 GUU, GUC, GUA, GUG 네 가지입니다. 세린serine(Ser, S)을 지정하는 유전암호는 UCU, UCC, UCA, UCG이며 CCU, CCC, CCA, CCG는 프롤린proline(Pro, P)을 지정합니다. ACU, ACC, ACA, ACG는 트레오닌threonine(Thr, T)을, GCU, GCC, GCA, GCG는 알라닌

10-42
유전암호 코드

둘째 문자의 염기 ⟶

첫째 문자의 염기 ↓	U 코돈	U 아미노산	C 코돈	C 아미노산	A 코돈	A 아미노산	G 코돈	G 아미노산	셋째 문자의 염기 ↓
U	UUU	페닐알라닌(F)	UCU	세린(S)	UAU	티로신(Y)	UGU	시스테인(C)	U
U	UUC	페닐알라닌(F)	UCC	세린(S)	UAC	티로신(Y)	UGC	시스테인(C)	C
U	UUA	류신(L)	UCA	세린(S)	UAA	종료	UGA	종료	A
U	UUG	류신(L)	UCG	세린(S)	UAG	종료	UGG	트립토판(W)	G
C	CUU	류신(L)	CCU	프롤린(P)	CAU	히스티딘(H)	CGU	아르기닌(R)	U
C	CUC	류신(L)	CCC	프롤린(P)	CAC	히스티딘(H)	CGC	아르기닌(R)	C
C	CUA	류신(L)	CCA	프롤린(P)	CAA	글루타민(Q)	CGA	아르기닌(R)	A
C	CUG	류신(L)	CCG	프롤린(P)	CAG	글루타민(Q)	CGG	아르기닌(R)	G
A	AUU	이소류신(I)	ACU	트레오닌(T)	AAU	아스파라긴(N)	AGU	세린(S)	U
A	AUC	이소류신(I)	ACC	트레오닌(T)	AAC	아스파라긴(N)	AGC	세린(S)	C
A	AUA	이소류신(I)	ACA	트레오닌(T)	AAA	리신(K)	AGA	아르기닌(R)	A
A	AUG	메티오닌(M)	ACG	트레오닌(T)	AAG	리신(K)	AGG	아르기닌(R)	G
G	GUU	발린(V)	GCU	알라닌(A)	GAU	아스파르트산(D)	GGU	글리신(G)	U
G	GUC	발린(V)	GCC	알라닌(A)	GAC	아스파르트산(D)	GGC	글리신(G)	C
G	GUA	발린(V)	GCA	알라닌(A)	GAA	글루탐산(E)	GGA	글리신(G)	A
G	GUG	발린(V)	GCG	알라닌(A)	GAG	글루탐산(E)	GGG	글리신(G)	G

alanine(Ala, A)을, UAU와 UAC는 티로신tyrosine(Tyr, T)을 지정해요. UAA와 UAG는 종료코돈stop codon입니다. 리보솜이 mRNA의 유전정보를 아미노산으로 번역하다가 종료코돈을 만나면 중지하는 거죠.

히스티딘histidine(His, H)에 지정된 유전암호는 CAU, CAC이고 글루타민glutamine(Gln, Q)에는 CAA, CAG라는 유전암호가 지정되어 있죠. 아스파라긴asparagines(Asn, N)에는 AAU와 AAC, 리신lysine(Lys, K)에는 AAA와 AAG, 아스파르트산asparatic acid(Asp, D)에는 GAU와 GAC, 글루탐산glutamate acid(Glu, E)에는 GAA와 GAG가 지정되어 있습니다. 글루탐산은 신경전달물질로 쓰이는 중요한 아미노산이지요.

시스테인cysteine(Cys, C)은 UGU, UGC라는 유전암호로 지정되어 있습니다. 시스테인 하면 황이 떠올라야 합니다. 단백질은 아미노산이 사슬처럼 연결되어 만들어지죠. 한 아미노산의 카르복실기carboxyl group와 다른 아미노산의 아미노기amino group가 반응하여 화학 결합하는 겁니다. 이를 펩티드 결합peptide bond이라고 하죠. 공유 결합의 일종입니다. 펩티드 결합으로 아미노산 사슬을 이룬 단백질은 다시 수소 결합에 의해 입체적 구조를 형성합니다. 즉 공유 결합은 원자 사이에서, 수소 결합은 분자 사이에서 일어나죠. 수소 결합은 공유 결합에 비해 결합하는 힘이 20분의 1에 불과하기 때문에 온도가 높아지면 결합이 풀려버립니다. 수소 결합이 고온으로 변성되지 않으려면 강한 공유 결합으로 심을 박아줘야 합니다. 이때 나오는 게 이황화결합disulphide bond이죠. 한 시스테인의 황과 다른 시스테인의 황이 공유 결합을 하는 겁니다.

종료코돈이 하나 더 있습니다. UGA죠. UAA, UAG까지 포함하여 종료코돈은 모두 세 가지예요. 그다음에 트립토판tryptophan(Trp, W)은 유전암호 UGG로 지정됩니다. 트립토판이란 말을 들으면 기분의 변화가 느껴져야 합니다. 트립토판에서 세로토닌이 만들어지기 때문이죠. CGU, CGC, CGA, CGG는 모두 아르기닌arginine(Arg, R)입니다. 세린이 다시 한번 나와요. 유전암호 AGU, AGC로 지정되어 있습니다. UCU, UCC, UCA, UCG까지 포함해서 세린을 지정하는 유전암호는 모두 여섯 가지죠. 아르기닌을 지정하는 유전암호도 다시 한번 나옵니다. AGA, AGG이지요. 아르기닌을 지정하는 유전암호는 CGU, CGC, CGA, CGG까지 모두 여섯 가지입니다. 마지막으로 글리신glycine(Gly, G)은 GGU, GGC, GGA, GGG로 네 가지 유전암호로 지정됩니다.

mRNA가 리보솜에 결합하면 단백질 공장 조립 라인의 컨베이어벨트가 작동합니다. tRNA가 마치 화물차처럼 rRNA의 유전암호에 대응하는 아미노산을 붙여 부지런히 리보솜으로 실어나르죠. 모든 유전자는 개시코돈 AUG로 시작됩니다. 유전암호 AUG로 지정된 아미노산은 메티오닌이죠. 메티오닌과 결합한 tRNA가 리보솜으로 이동하여 mRNA의 유전암호 UAC와 결합합니다. 이 결합은 펩티드 전이효소peptide transferase가 매개하죠. 메티오닌을 가지고 왔던 tRNA는 떨어져나갑니다.

그러고 나서 리보솜이 미끄러져 mRNA의 다음 유전암호로 이동해요. AUG 다음에 GCU라는 유전암호가 이어져 있다고 합시다. GCU는 알라닌이죠. tRNA가 알라닌을 붙여 리보솜으로 갑니다. 그리고 mRNA의 GUC와 tRNA가 날라온 알라닌 CAG가 결합하고, 메티오닌을 가지고 왔던 tRNA는 떨어져나갑니다. 리보솜이 다

10-43
리보솜에서 단백질 합성 과정

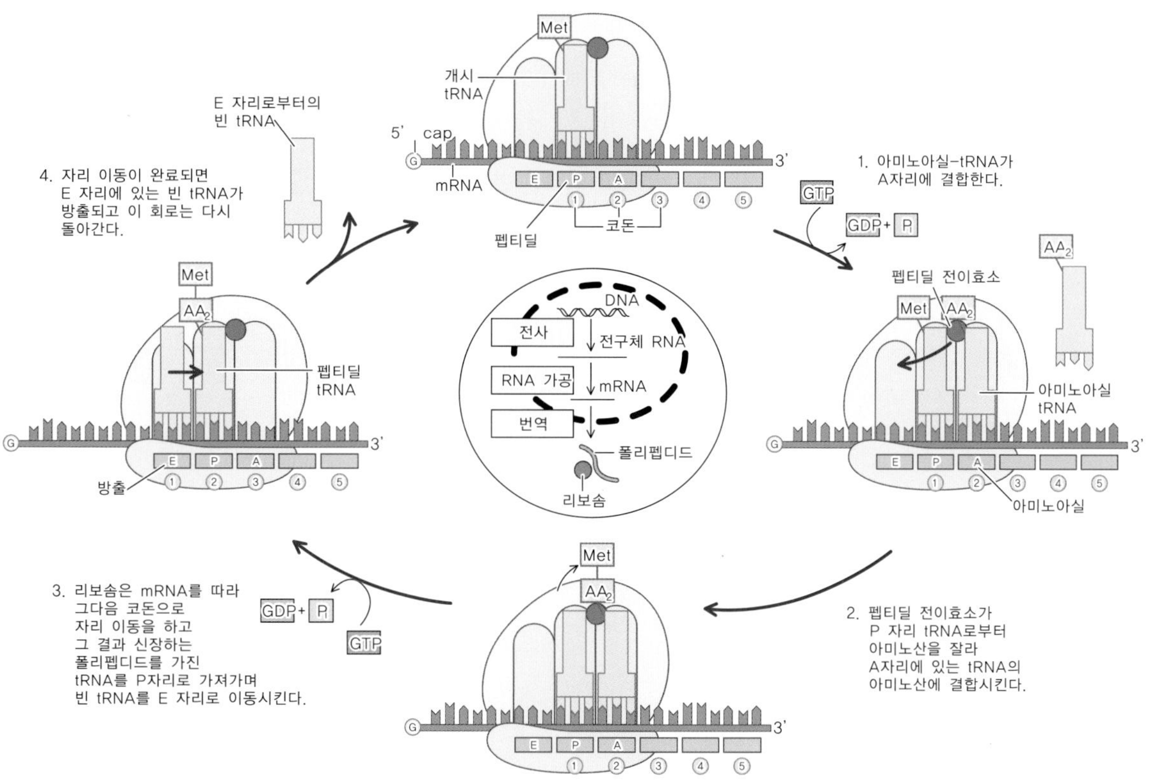

음 유전정보로 이동하고, tRNA가 유전정보에 맞는 아미노산을 붙여 mRNA에 결합하고, 펩티드 전이효소에 의해 아미노산 사슬이 차례로 이어지고, 제 역할을 끝낸 tRNA가 떨어져나가는 이 과정은 종료코돈 UAA나 UAG 또는 UGA가 결합될 때까지 반복됩니다.

완성된 아미노산 사슬이 리보솜 밖으로 나가려면 아미노산 사슬이 리보솜에서 떨어져 나가야 하죠. 이를 위해 방출인자release factor(RF)가 등장합니다. RF 역시 단백질이에요. RF가 mRNA 쪽으로 이동하여 종료코돈에 부착됩니다. RF는 화물을 싣지 않은 빈 화물차죠. 그러면 mRNA, RF 바로 앞에 있던 tRNA, 아미노산 사슬, 리보솜의 소단면체와 대단면체가 모두 분리됩니다.

번역이 종료되면 아미노산 사슬이 만들어집니다. 이렇게 아미노산이 1차 구조로 연결되어 만들어진 사슬을 폴리펩티드polypeptide라고 합니다. 폴리펩티드가 삼차원 구조를 형성하면 단백질되지요.

그래서 생명 현상은 단백질의 입체 구조에서 나온다고 하지요. 가장 짧은 단백질은 아미노산이 몇 개 정도 연결되어 있을까요? 대략 열 개 정도 됩니다. 도널드 보엣, 주디스 보엣, 샬럿 프랫이 쓴《생화학 기초Fundamentals of Biochemistry》에는 특수한 기능을 수행할 수 있도록 해주는 안정적인 형태로 접힐 수 있는 폴리펩타이드 체인을 위한 최소의 아미노산 수를 40개 정도로 추정하지요. 그리고 그 이하는 단백질이 아니라 단순히 펩타이드로 부른다고 기술하고 있지요. 대다수의 단백질은 100에서 1000개 사이의 아미노산으로 이루어져 있지요. 아미노산 1000개가 연결된 단백질이라면 3000개 염기로 구성되지요.

그리고 폴리펩티드는 나선형으로 감기거나 접혀져 안정된 상태가 됩니다. 구겨지다보면 어떤 부분은 나선형 계단처럼 오른쪽으로 돌면서 돌돌 말리기도 하고, 어떤 부분은 병풍처럼 접히면서 이어지기도 하죠. 앞의 것을 알파 헬릭스 구조α-helix structure, 뒤의 것을 베타 시트 구조β-sheet structure라고 합니다. 이 두 구조를 가리켜 단백질의 2차 구조라고 하죠.

알파 헬릭스 구조, 베타 시트 구조 모두 폴리펩티드에서 시작됩니다. 폴리펩티드는 아미노산이 공유 결합에 의해 일차원적인 선으로 연결되어 만들어지죠. 각각의 아미노산은 10-44처럼 구성되어 있습니다. 탄소 원자 C를 중심으로 세 가지 팔이 결합되어 있죠. 세 팔 가운데 하나는 아미노기(-NH3), 또 하나는 카르복실기(-COOH), 다른 하나는 R기(R group)입니다. 아미노기는 질소 원자 N에 수소 원자 H가 세 개 붙어서, 카르복실기는 탄소 원자 C에 산소 원자 O 그리고 수산기 OH가 붙어서 만들어지죠. 곁사슬이라고 하는 R기는 아미노산 20종 모두 다르게 생겼죠.

10-44를 보면, N이 있는 아미노기에서 수소 원자 H와 C가 있는 아미노산 카르복실기에서 수산기hydroxyl group OH가 결합하여 N-C-C, N-C-C로 N-C-C 뼈대가 이어지죠? 이때 수소 원자 H와 수산기 OH가 결합하면서 탈수중합이 일어납니다. H_2O 한 분자가 빠져나오면서 두 분자가 결합하지요. 또한 N-C-C 뼈대에서 가운데 C는 아미노산의 중심에 있는 탄소 원자예요. 중심에 있는 탄소 원자를 알파 탄소 원자α-carbon atom라고 하여 아미노기에 있는 베타 탄소 원자β-corbon atom, 카르

10-44
아미노산 서열에서 단백질 입체구조 형성 과정

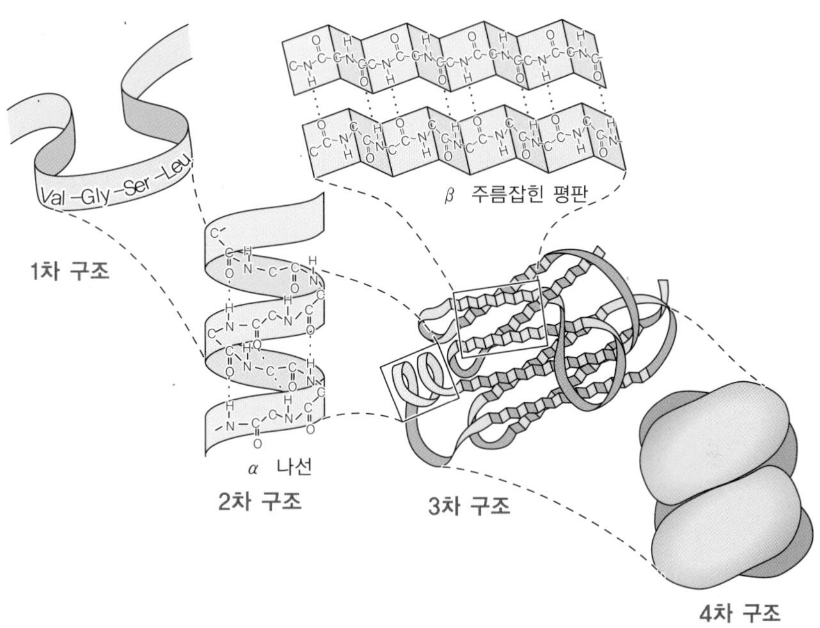

복실기에 있는 카르보닐 탄소 원자carbonyl carbon atom와 구분합니다.

이렇게 만들어진 폴리펩티드는 첫 번째 아미노산의 아미노기에 있는 수소 원자와 네 번째 아미노산의 카르복실기에 있는 산소 원자가 수소 결합을 하고, 이어지는 아미노산들도 수소 결합으로 연결되면서 오른쪽을 향해 올라가는 나선 계단 모양처럼 만들어지며 구겨집니다. 여기서 네 번째 아미노산의 카르복실기에 있는 산소 원자는 탄소 원자와 이중결합으로 연결되어 있죠. 이것이 알파 헬릭스 구조입니다. 시냅스 막에 있는 이온채널 수용체가 바로 알파 헬릭스 구조의 대표적인 예이지요. 알파 헬릭스 구조가 세포막에서 일곱 번 접혀 생겨난 것이 이온채널 수용체입니다.

생명 현상이 뭐냐고 물어본다면 세포내 단백질의 상호작용이라 할 수 있습니다. 하나 더 덧붙이면 수소 결합이라고 이야기하겠습니다. 그만큼 수소 결합은 생명 현상에서 중요한 역할을 합니다. DNA 이중나선도 수소 결합으로 만들어지고, 단백질의 입체 구조도 수소 결합으로 형성됩니다. 알파 헬릭스 그림에서 수소 결합으로 연결된 부분을 보세요. 수소 원자와 산소 원자, 수소 원자와 질소 원자 사이에서 수

10-45
단백질 베타시트 구조

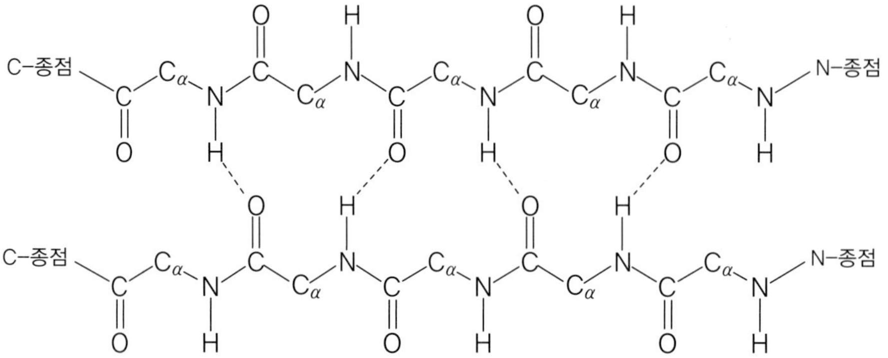

C-종점
N-종점
C-종점
N-종점

소 결합이 일어나고 있죠. 산소와 질소, 두 원자는 전자를 잡아당기는 힘이 강합니다. 그래서 수소 원자를 잡아당겨 수소 원자의 전자를 공유하는 거죠. 그 결과 수소 결합이 발생합니다.

폴리펩티드는 아미노산의 아미노기에 있는 H 그리고 인접한 아미노산의 카르복실기에 있는 탄소와 이중결합한 산소가 수소 결합하여 구겨지기도 합니다. 그러면 폴리펩티드 사슬이 확 휘고, 그다음 폴리펩티드 사슬의 아미노산이 인접한 폴리펩티드 사슬 부분의 아미노산과 수소 결합하죠. 이런 현상은 아미노산 중앙에 있는 알파 탄소 원자 부분이 움직이면서 일어납니다. 10-45 베타 시트의 구조 그림에서 N-C-C, N-C-C 패턴이 보이죠. 아미노산이 펩티드 결합으로 연결된 양쪽 C와 N 부분은 결합 에너지가 커서 회전이 안 됩니다. 하지만 알파 탄소원자 부분, 즉 C-N과 C-C 결합 주위로는 회전이 가능해요. 그림을 보면, 폴리펩티드 사슬의 아미노산 방향이 계속 바뀌죠? 그러면서 아미노기의 H, 카르복실기의 O 사이에서 수소 결합이 계속 이어집니다.

이 과정을 3차원 공간으로 옮겨보세요. 마치 수소 결합으로 만들어지는 아미노산 쌍들이 한 폭 한 폭 병풍처럼 접히는 것 같습니다. 이렇게 생긴 구조를 베타시트 구조라고 하죠. 더 정확히 말하면, 역평행 베타시트 구조antiparallel beta sheet structure입니다. 폴리펩티드는 차곡차곡 접혀가는 게 아니라 결합하는 힘에 의해 3차원 공간에서 무질서하게 구겨지는데, 그러다 보면 역평행 베타시트와 달리 같은 방향으로 진행된 폴리펩티드 사슬 부분이 수소결합으로 연결되기도 합니다. 이렇게 만들어진 구조를 평행 베타시트 구조parallel beta sheet structure라고 하죠. 평행 베타시트 구조에서는 두 폴리펩티드 사슬의 아미노산 방향이 같습니다.

단백질의 2차 구조에서 R기의 결합까지 더해지면 더욱더 많이 구겨집니다. 그러면 단백질의 구조가 한층 더 안정되죠. 이렇게 만들어진 구조를 단백질의 3차 구조라고 합니다. 또한 3차 구조의 독립된 폴리펩티드 소단위체끼리 결합하는 일도 일어나요. 이런 경우 3차 구조보다 안정성이 더 높죠. 이런 구조를 가리켜 단백질의 4차 구조라고 합니다.

폴리펩티드 사슬이 3차 구조로 구겨진 후에야 비로소 효소 기능이 나타나고, 4차 구조에 이르면 단백질의 고유한 기능이 생기죠. 이렇게 단백질은 아미노산 서열의 입체 구조에서 형성되어 만들어집니다. G-단백질 수용체는 알파, 베타, 감마의 소단위체로 이루어져 있습니다. ATP 합성효소 역시 독립된 F_0, F_1 소단위체로 구성되어 있죠. 리보솜도 소단위체 두 개로 독립되어 있다가 mRNA를 아미노산으로 번역할 때 결합해 한 덩어리로 작동해요. 근육을 움직이는 액틴과 미오신도 단백질이죠. 신경전달물질을 담은 소포체가 축삭 말단까지 이동하는 통로인 미세소관도 단백질의 소단위체로 이루어져 있습니다. 미세소관을 비롯해 세포의 골격들인 액틴 섬유actin filament, 중간 섬유intermediate filament 모두 단백질의 소단위체로 구성되지요.

시냅스 돌기에서 DNA 전사로 단백질이 합성되어 또 다른 돌기가 생기는 것은 반복학습으로 새로운 기억이 형성될 때 신경자극을 받아 생길 수 있는 현상이지요. 새로 생겨난 돌기에서도 시냅스가 일어나죠. 결과적으로 시냅스의 수가 많아진 겁니다. 새로운 시냅스가 생겼어요. 기억의 신경회로망에서는 더 많은 전기, 화학작용이 일어나 그 결과 기억이 더 강화되고, 더 강화된 기억은 더 오랫동안 유지됩니다.

05

CPEB, 영원의 키스

장기기억이 만들어지려면 결국 유전자가 작동해야 합니다. 유전자가 작동하면 mRNA가 만들어지고, mRNA가 핵 속에서 나와 모든 시냅스 부위로 확산되어 가죠. 그런데 새로운 돌기는 어느 부위에서 만들어질까요?

에릭 캔들은 바다달팽이를 대상으로 여러 결과를 예측한 후 실험을 했습니다. 실험 결과, 자극을 받은 시냅스에서만 돌기가 생겼어요. 자극을 받으면 감각뉴런 축삭말단에서 중계뉴런 수상돌기와의 시냅스 간극으로 세로토닌이 분비되죠. 그러면 중계뉴런 수상돌기의 세포막에 있는 대사성 수용체에 세로토닌이 가서 붙고, 대사성 수용체가 동작합니다.

시냅스후세포막 부위의 세포질에는 엄청나게 많은 열성 '세포질 폴리아데닌화 인자 결합단백질cytoplasmic polyadenylation element binding protein(CPEB)'이 존재합니다. 대사성 수용체가 활성화되면 시냅스 가까이에 있던 이 열성 CPEB에서 놀라운 일이 일어나죠. 잠자던 열성 CPEB가 발현형질인 우성 CPEB로 바뀌어 유지되는 겁니다. 이 현상을 이렇게 표현할 수 있습니다. 한 번의 접촉으로 열성에서 우성으로 변환되고 오랫동안 바뀐 상태를 유지하지요.

CPEB 역시 단백질인데, 놀랍게도 광우병이나 인간의 경우 크로이츠펠트-야콥병을 일으키는 프리온 단백질과 동일한 성질을 지닙니다. 이 사실을 캔들과 공동 연구를 했던 카우시크 시Kausik Si가 밝혀냈죠. 광우병이나 크로이츠펠트-야콥병이 일어나면 신경세포가 순식간에 파괴됩니다. 그 결과 기억력과 언어 능력이 떨어지고, 균형감각을 잃으며, 환각에 시달리기도 해요. 이 병이 무서운 게 크로이츠펠트-야콥병 환자의 뇌를 들여다보면 뇌에 스폰지처럼 작은 구멍이 뚫려 있고, 이 병이 발병하면 몇 주나 몇 달 만에 사망에 이를 수도 있습니다. 광우병과 크로이츠펠트-야콥병을 일으키는 '죽음의 키스'가 이쪽 시냅스 부위에서는 세로토닌에 의해 장기 기억의 '영원의 키스'가 되는 거죠.

열성에서 우성으로 바뀐 CPEB는 핵 속에서 나와 모든 시냅스로 확산되어가는 mRNA와 결합해 전사인자로 작용하여 단백질을 합성합니다. CPEB가 리보솜과 같은 역할을 하는 거예요. 단백질이 합성되어 쌓이면 시냅스에 새로운 돌기가 만들어지죠. 그런데 일반적으로 단백질은 세포체에서 만들어집니다. 하지만 캔들의 바다달팽이 관찰 결과는 당시까지 지배했던 생물학의 도그마를 깨버립니다. 20년 전쯤 신경세포의 돌기말단에서 국부적으로 단백질이 합성된다는 논문이 발표된 적이 있

10-46
시냅스 후막에 삽입된 수용체와 구조단백질 모양

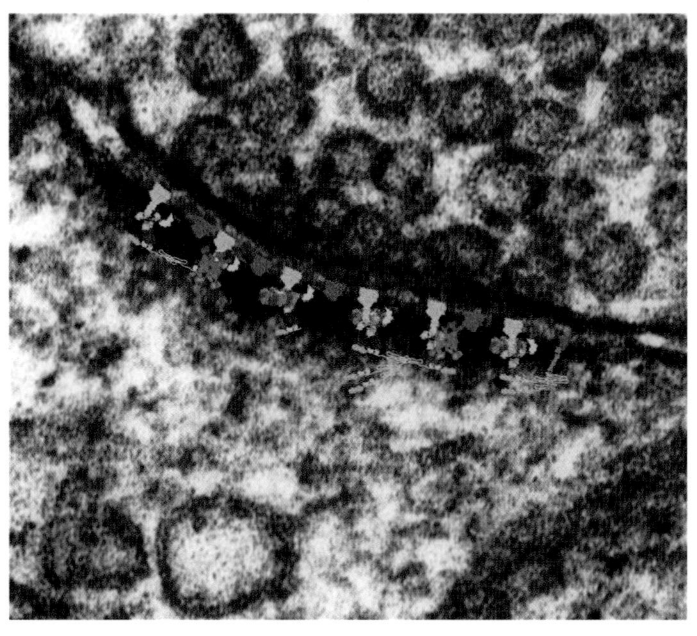

10-47
시냅스후막에 삽입된 AMPA 수용체와 지지대 역할의 PSD-95단백질
(출전: Morgan Sheng,
The postsynaptic NMDA-receptor-PSD-95 signaling complex in excitatory synapses of the brain)

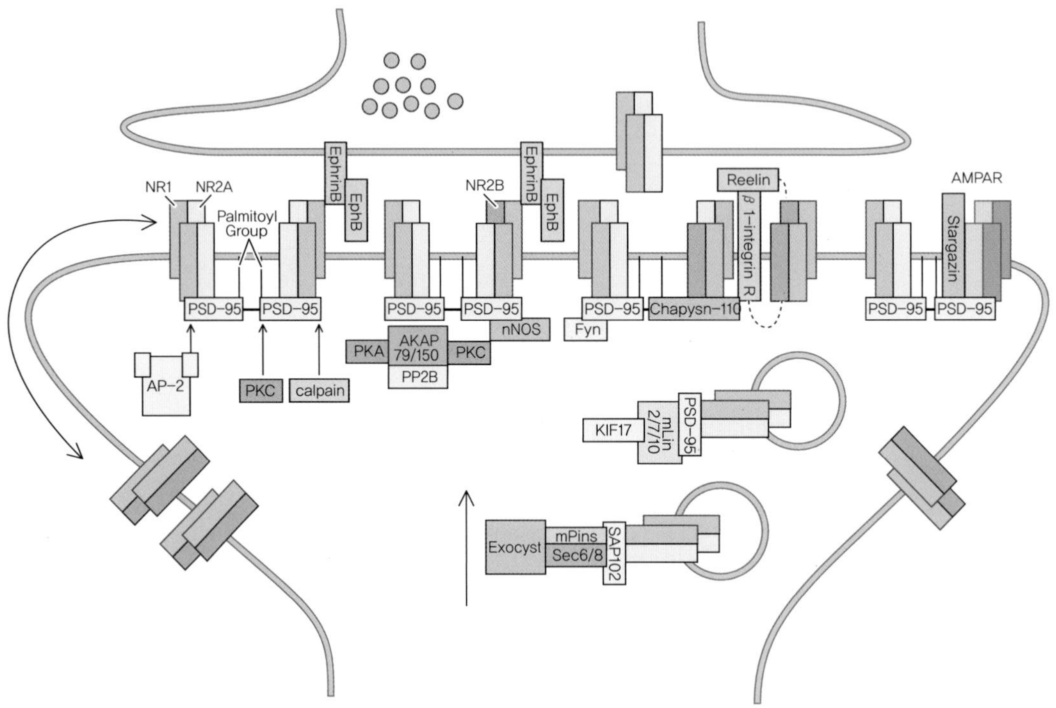

어요. 캔들은 이 논문 내용을 바다달팽이의 시냅스에 적용하죠. 그랬더니 세포체가 아닌 신경세포의 돌기 부위에서도 단백질이 합성되고 있음을 발견한 겁니다.

이 모든 일은 CPEB가 열성에서 우성으로 바뀌면서 일어났죠. 이것으로 기억의 영속성이 보장된 겁니다. 그런데 영속적인 기억, 즉 장기기억은 어디에서 시작되었죠? 바로 반복된 자극입니다. 각각의 시냅스는 개별적으로 동작하는데, 반복된 자극을 받은 시냅스에서만 장기기억이 일어나요. 일회성 자극으로는 단기기억에서 장기기억으로 넘어가기 힘들죠. 다시 한 번 강조합니다. 장기기억의 핵심은 반복입니다. 어려운 문제를 다양한 방식으로 반복해서 해결하려는 노력이 학습의 지름길이죠. 뇌과학이 밝힌 학습법은 실수를 수정하는 반복적 훈련이 완벽함을 낳지요. 반복은 힘이 세지요.

지금까지 분자 수준의 마이크로 세계에서 1000분의 1초 단위로 일어나고 있는 기억의 실체를 봤습니다. 일상을 유지하고, 뭔가를 추구하며, 누군가와 관계를 맺으며, 사회와 문화를 만들어내는 모든 일이 이런 과정을 통해 만들어진 기억에 의해 시작되죠. 기억 형성의 분자적 과정은 상당히 밝혀졌습니다. 생존에 중요한 자극은 유전자를 흔들어 깨워서 단백질을 만들지요. 그 단백질이 생명 현상 그 자체입니다. 지금 이 순간에도 우리 뇌에서 실시간으로 일어나고 있는 단백질이라는 거대 분자의 쉼없는 활동들입니다. 그 단백질의 아미노산 서열로, 아미노산은 염기서열로, 염기는 수소, 탄소, 산소의 역동적 움직임으로 가능해진 현상이지요. 그 원소들은 빅뱅 후 3분간 생성된 수소와 헬륨에서 기원하며, 수소는 빅뱅의 시공과 더불어 출현했죠. 기억의 기원을 추적하면서 유전자와 분자 그리고 원자들을 마주합니다. 결국 자연은 '시공의 춤', '원자의 춤', '세포의 춤'으로 그 본질을 드러냅니다.

11장

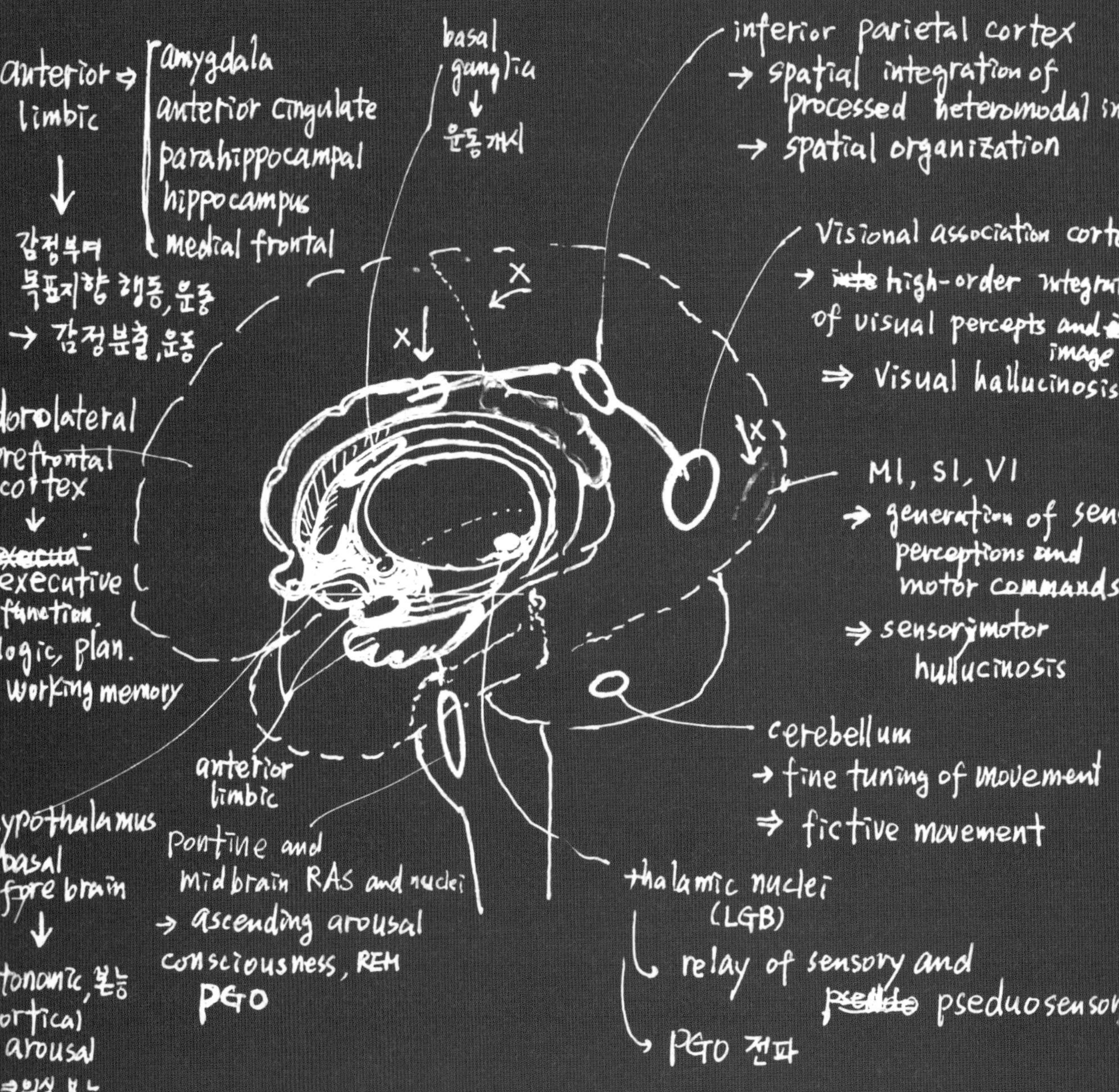

anterior limbic
amygdala
anterior cingulate
parahippocampal
hippocampus
medial frontal
감정부여
목표지향 행동, 운동
→ 감정분출, 운동
basal ganglia
운동개시
inferior parietal cortex
→ spatial integration of processed heteromodal in
→ spatial organization
Visional association corte
→ high-order integrat of visual percepts and image
⇒ Visual hallucinosis
dorolateral prefrontal cortex
executive function
logic, plan.
working memory
MI, SI, VI
→ generation of sens perceptions and motor commands
⇒ sensorimotor hallucinosis
cerebellum
→ fine tuning of movement
⇒ fictive movement
anterior limbic
hypothalamus basal fore brain
tonomic, 본능
cortical arousal
⇒의식, 본능
pontine and midbrain RAs and nuclei
→ ascending arousal
consciousness, REM
PGO
thalamic nuclei (LGB)
relay of sensory and pseduosensor
PGO 전파

꿈으로 움직이다

—각성과 수면, 꿈의 메커니즘

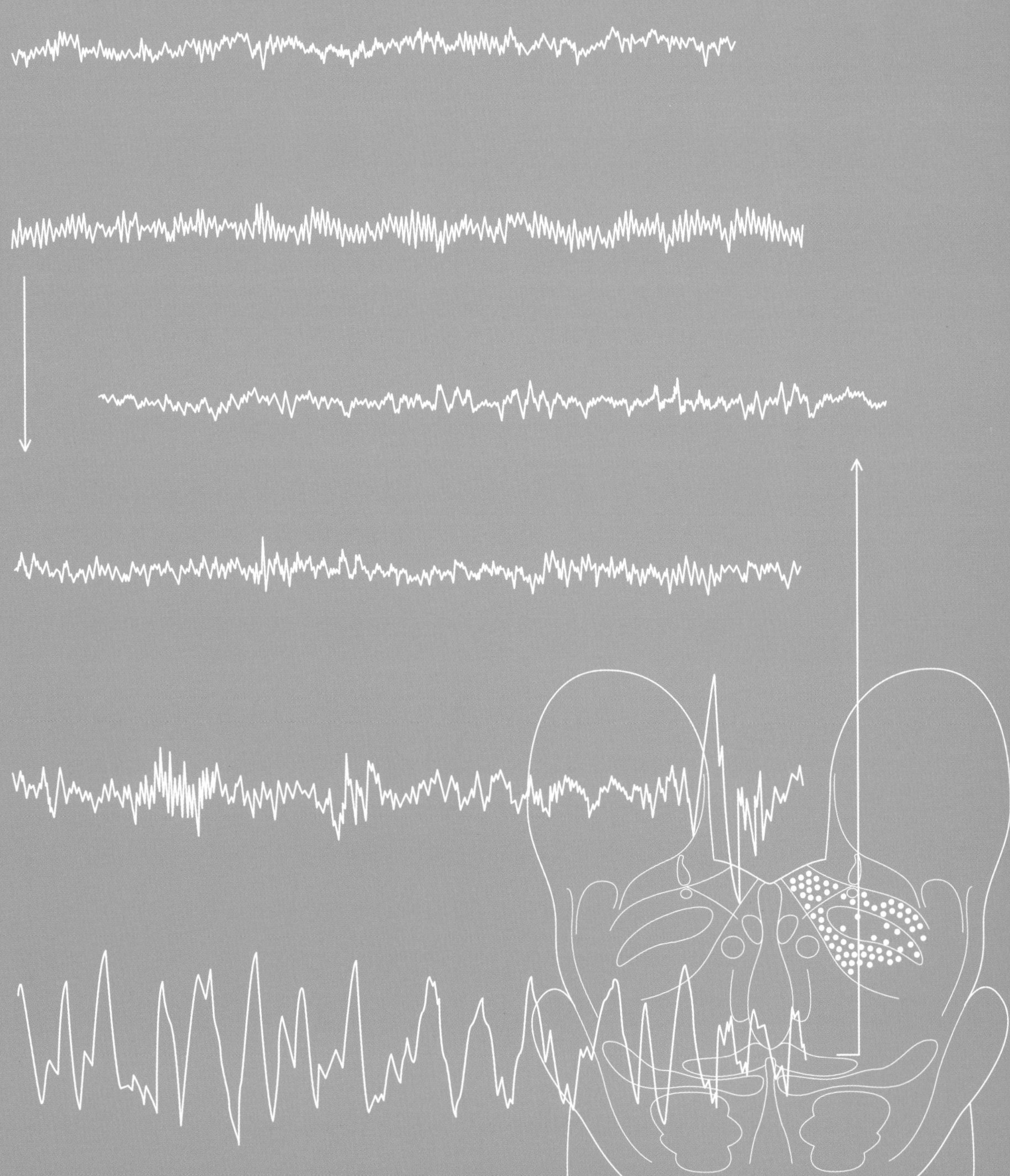

01 수면 연구로 의식, 무의식의 문이 열리다

우리는 일생의 30% 시간을 잠으로 보냅니다. 잠을 자는 동안 감각입력이 차단되고 온몸이 휴식을 취할 수 있게 되죠. 그런데 수면 중 뇌는 휴식과 활동의 두 상태가 가능합니다. 수면은 서파수면과 렘수면으로 구분되는데, 서파수면은 뇌가 휴식하는 상태이고 렘수면에서는 몸이 휴식합니다. 렘수면에서는 골격근에 신경자극이 전달되지 않아서 움직일 수 없지요. 서파수면에서는 대뇌의 포도당 사용량이 각성상태의 75% 정도이기 때문에 에너지 사용이 줄어들고, 뇌파는 뇌가 비활동시 생성하는 델타파가 주로 발생하지요. 렘수면에는 꿈을 꾸는 동안의 뇌파는 각성상태의 뇌파와 비슷합니다. 렘수면은 각성상태를 대비해서 뇌의 활동이 시작되는 수면이지요.

실험을 위해 어둡고 조용한 수면 연구실의 침대에 누워 있다고 상상해봅시다. 수면 동안 뇌전도electroencephalogram(EEG)를 기록하기 위해 머리의 정중앙, 두정엽, 전두엽, 전두엽 앞쪽, 후두엽, 두정엽, 측두엽, 귀 쪽에 금속판 전극을 붙이고 뇌파 기록기와 신호측정기에 연결합니다. 턱에는 근육의 움직임을 보기 위해 근전도electromyogram(EMG) 탐지 전극을 붙이고, 눈 주변에는 안구운동을 살피기 위해 안전도electrooculography(EOG) 탐지 전극을 붙여요. 심장박동이나 피부 전도, 호흡 등

11-1
뇌파 생성 과정
(출전: 《신경과학》, Mark F. Bear 외)

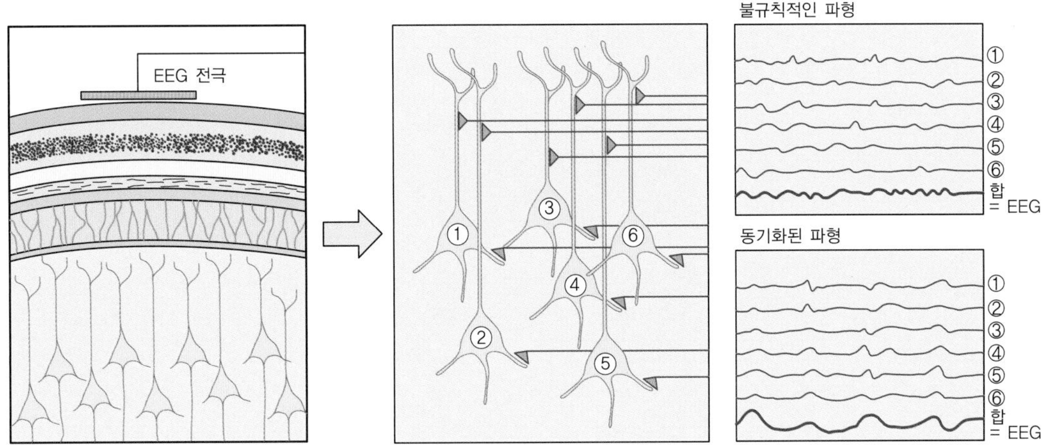

의 변화를 기록하기 위해 다른 여러 부위에도 탐지 전극을 부착합니다. 침대 근처에는 전극 접속 상자가 놓여 있는데, 이 모든 전극에서 나온 전선들이 연결되어 있죠. 몸을 바로 눕히고 온몸의 긴장을 푼 후 눈을 감습니다. 잠들어 있는 동안 뇌전도는 계속 기록됩니다.

뇌전도는 11-1과 같은 원리로 기록됩니다. 그림을 보면, 두피scalp 안쪽으로 뇌를 보호하는 두개골skull이 있습니다. 두개골 안쪽에는 뇌가 있죠. 뇌는 세 층의 막으로 싸여 있어요. 바깥쪽 막이 경질막, 중간에 있는 막이 거미막, 안쪽이 연질막입니다. 거미막과 연질막 사이에는 뇌척수액이 흐르는, 망처럼 짜인 거미막하공간subarachnoid space(지주막하공간)이 있죠. 거미막하공간은 혈압이 높아져 동맥꽈리가 터질 경우 혈액이 새어 들어가는 거미막하출혈이 일어나는 곳이기도 합니다. 연질막 안쪽으로는 대뇌가 있습니다. 대뇌피질에는 쌀알만 한 조직만 관찰해도 신경세포가 대략 10만 개 정도로 많이 모여 있죠. 대뇌피질에는 크기가 큰 피라미드세포가 많습니다.

대뇌피질에는 더블부케세포double bouquet cell, 이중방상세포bitufted cell, 양극세포bipolar cell, 다극세포multipolar cell, 바구니세포basket cell, 신경아교세포neurogliform cell, 축삭간연결세포chandelier cell, 마르티노티세포Martinotti cell, 피라

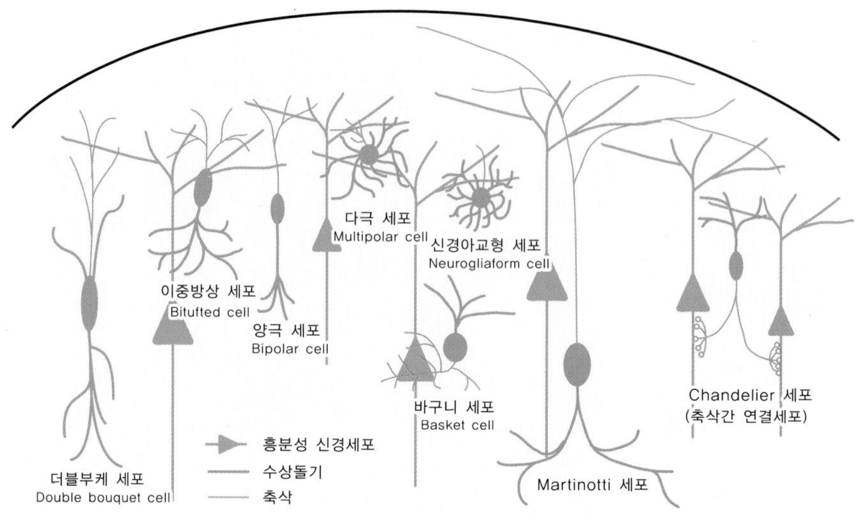

미드세포가 있습니다. 이 가운데 피라미드세포와 마르티노티세포는 세포체도 크고 축삭과 수상돌기도 길게 뻗지요. 다극세포, 신경아교세포는 피라미드세포의 수상돌기 사이를 연결하며, 바구니세포는 피라미드세포의 세포체를 감싸지요. 피라미드세포를 제외한 대뇌피질의 신경세포들은 대부분 억제성시냅스를 합니다. 피라미드세포에서 일부는 세포체도 크고 축삭과 수상돌기가 다른 신경세포에 흥분성 시냅스를 합니다. 그래서 전기적 활동도 강해 뇌파를 생성할 수 있지요.

대뇌피질에서 신경세포 사이에 시냅스가 형성되지요. 시냅스전신경원 말단에서 신경전달물질을 분비하고, 분비된 신경전달물질이 시냅스후막의 이온채널에 부착되어 이온채널이 열리고, 나트륨이온이 세포 안으로 유입되고, 칼륨이온이 세포 밖으로 유출되어 막전위에 변화가 일어나죠. 그 결과 전위차, 즉 전압이 생겨 플러스 방향에서 마이너스 방향으로 전기가 미세하게 흐르고, 이 미세하게 흐르는 전류는 전기장electric field을 만듭니다. 시간에 따라 변하는 전기장은 자기장을 생성하지요. 또한 변화하는 자기장은 전기장을 만들지요. 전기장과 자기장은 교대로 생성되지요. 뇌전도는 이렇게 생기는 미세한 뇌파를 증폭기로 증폭하여 측정한 것입니다. 마이크로볼트(μV) 수준의 전압을 증폭기로 증폭한 후 측정하면 10~50μV의 뇌파가 측정되지요. 이 뇌파는 하나가 아니라 모든 파장을 합쳐 평균을 낸 값이죠. 다섯 개의 피라미드 신경세포 작용만 살펴봅시다.

11-1의 신경세포들을 가지고 왼쪽부터 순서대로 1번부터 6번까지 번호를 붙여 봅시다. 그 뒤 대뇌피질에 자극을 줍니다. 그러면 1번부터 6번까지 피라미드세포들이 활성화되어 파장이 생기죠. 일어나는 파장을 임의로 그리고 파장을 합해 평균을 내봅시다. 실제로는 수많은 개별 뇌파를 합산한 그래프가 뇌전도죠.

그런데 활성화된 피라미드세포들이 산발적으로 발화하면 뇌전도 신호가 약해지고, 동시에 움직이면 뇌전도 신호가 커지죠. 위상이 다른 파들을 합하면 비동기화desynchronization파, 위상이 맞는 파들이 결합하면 동기화synchronization파를 만들지요. 정신 활동이 활발할 때는 비동기화가 일어나요. 이때 나타나는 파장은 진폭이

11-3
뇌파의 종류별 뇌 상태

알파파 – 깨어 있으나 완화 상태

베타파 – 깨어 있음, 활동 상태

세타파 – 어린이들에게서 공통적

델타파 – 깊은 수면

1초 간격

11-4
뇌파의 파형

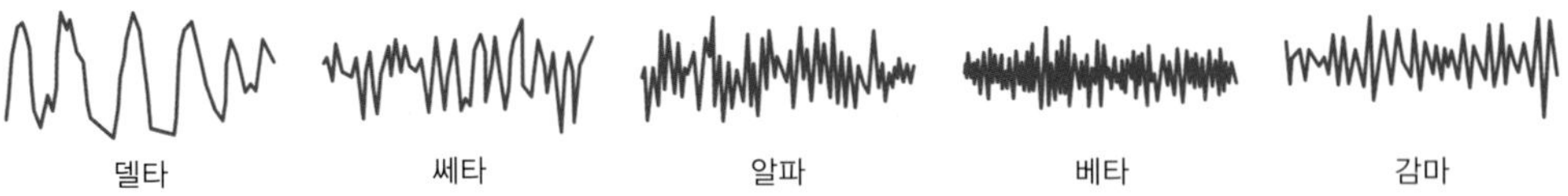

낮고 주파수가 높은 베타파입니다. 깊은 잠이 드는 3단계와 4단계의 서파수면 단계에서는 동기화가 일어나죠. 이때는 진폭이 크고 주파수가 낮은 델타파가 나타납니다. 델타파가 나오는 뇌피질영역에서는 뇌가 쉬고 있지요. 11-1을 보면 서파수면일 때 파장이 어떻게 변하는지 나타나있지요. 여섯 가지 파장을 합친 파형을 보세요. 진폭이 비동기파에 비해서 크며, 파형이 반복하는 빈도인 주파수가 낮은 서파가 되지요.

기록된 뇌전도를 분석해보면 11-3처럼 깨어 있을 때와 잠들어 있을 때의 양상이 다르게 나타납니다. 뇌파는 몇 개의 다른 주파수파로 나뉘는데, 깨어 있을 때는 알파파 또는 베타파의 뇌파가 다른 뇌파들보다 우세하게 나타나요. 알파파는 8~12Hz의 주파수에 폭이 약 10~50μV쯤 되고 비교적 규칙적인 데 반해, 베타파는 13~30Hz 정도의 주파수에 폭이 불규칙적이고 진폭은 낮습니다. 주파수별 파형을 나열하면, 델타파 3.5Hz 이하, 세타파 3.5~7Hz, 알파파 8~12Hz, 베타파 13~30Hz, 감마파 30Hz 이상입니다. 주파수별 뇌파의 특성을 요약하면 다음과 같습니다.

델타파: 깊은 수면, 혼수상태. 진폭이 가장 크고 느리며 각성이 떨어질수록 증가한다.

세타파: 동조하여 발화하는 많은 뉴런이 관련된다. 기억을 회상하거나 명상 등의 조용한 집중 상태에서 관찰된다. 전뇌기저부에서 아세틸콜린이 대뇌피질 전체로 확산되는 현상과 관련되고, 중격핵에서 해마로의 신경신호 입력과 관련된다.

알파파: 대규모의 뉴런들이 동조적으로 발화한다. 휴식 상태의 후두엽에서 주로 발생하며 수면 상태에서는 약해진다.

11-5
전뇌기저부 마이네르트 기저핵의 아세틸콜린 신경축삭과 중격해마신경로
마이네르트 기저핵에서 출력된 신경축삭은 대뇌피질의 광범위한 영역에 시냅스하여 기억 회상을 촉진한다. 기억 연상, 학습, 의식 각성에 관련된 아세틸콜린이 수면 시에도 활발히 분비된다. 아세틸콜린은 렘수면 꿈에서 시각 기억을 활발히 회상하게 한다.

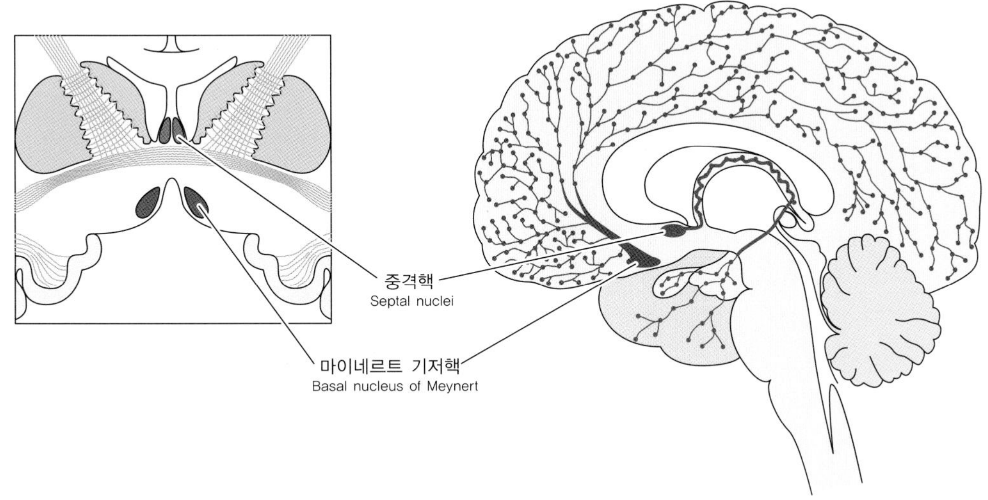

베타파: 각성상태 및 집중적 뇌 활동과 연관된다. 특정 주파수의 리듬과도 같은 베타파는 병리적 현상 및 약물 효과와 관련이 있으며, 양반구에서 대칭적으로 분포한다. 전두엽에서 활발하나 피질의 손상된 부위에서는 감소하거나 사라진다.

감마파: 피질과 피질하영역들 간의 정보교환, 의식적 각성상태와 렘수면시 꿈에서 나타난다. 베타파와 중복되어 나타나기도 한다.

휴식을 취하거나 눈을 감고 있거나 명상상태처럼 마음이 편안한 상태에서는 알파파가 많이 나타납니다. 적극적으로 정신 활동을 하고 있을 때는 베타파가 많이 나오죠. 베타파는 비동기화된 파형이라는 특징을 보입니다. 바깥자극을 받아들일 때 신경세포들이 활발하지만 동기화되지 않아서 진폭이 낮고 주파수는 높은 파가 되지요. 이와 달리 뇌가 이완되어 있을 때는 신경세포가 동기화되어 주파수가 낮고 진폭이 높은 델타파, 세타파 같은 서파slow wave가 주로 나타납니다.

11-6은 각성 단계에서 수면상태로 들어가면 네 단계로 이루어진 주기가 반복되

11-6
비-렘수면과 렘수면의 주기

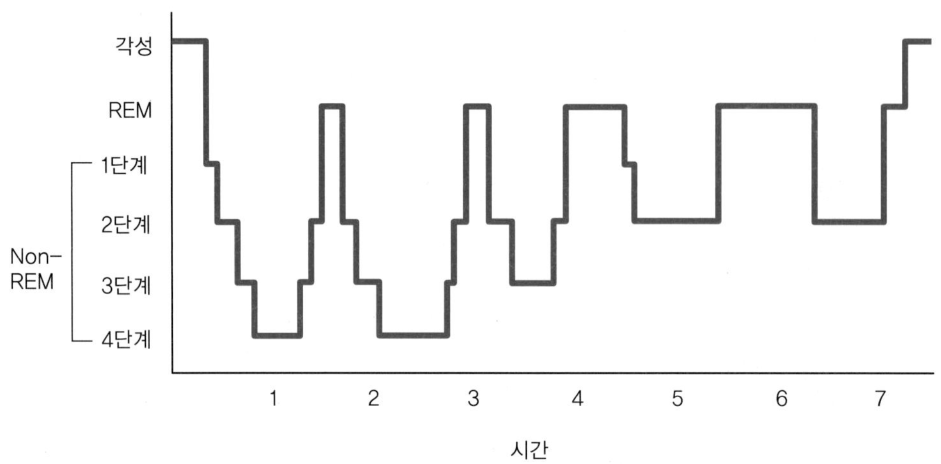

는 모습이 나타납니다. 수면 주기는 유아에서 노인에 이르기까지 변화하지요. 30~40대를 기준으로 수면 주기를 살펴보겠습니다.

수면 주기의 1단계는 잠을 청한 후 대략 10분쯤 지나 일어나죠. 각성상태에서 수면상태로 넘어가는 상태이기 때문에 1단계에는 각성과 수면이 섞여 있어요. 그 이후 수면상태로 들어가면 파장이 약간 길어집니다. 세타파가 나오죠.

1단계 후 수면은 2단계로 내려가 잠시 머물러요. 2단계는 좀 깁니다. 전체 수면 시간의 50% 정도를 차지하죠. 2단계의 뇌전도 기록을 보면, 높은 주파수의 밀집된 파형이 나타났다가 안정된 후 다시 큰 파장이 나옵니다. 여기서 밀집된 파를 수면방추sleep spindle라고 해요. 파형이 방추, 즉 실패처럼 덩어리져 있죠. 수면방추는 주파수가 12~14Hz 정도 됩니다. 수면방추는 1단계에서 4단계까지 모든 수면 단계에서 나타납니다. 1분에 두 번에서 네 번 정도 나타나요. 그래서 수면방추를 보면 수면에 들어갔는지 아닌지 알 수 있습니다. 수면방추로 인해 수면이 유지되는 것이죠. 2단계 뇌전도 기록에서 진폭이 큰 파장은 K-복합K-complex이라고 하는데, 진폭이 상당히 큽니다. 실험 결과에 의하면, K-복합은 잠에서 깨어나는 걸 막아주죠. K-복합으로 인해 바깥에서 큰 소리가 들려도 깨지 않아요. 이런 K-복합은 수면방추와 달리 2단계에서만 나옵니다.

11-7
수면 단계별 뇌파
(출전: Why We Sleep, J. A. Horne)

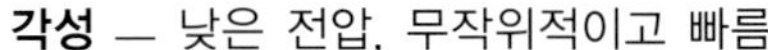

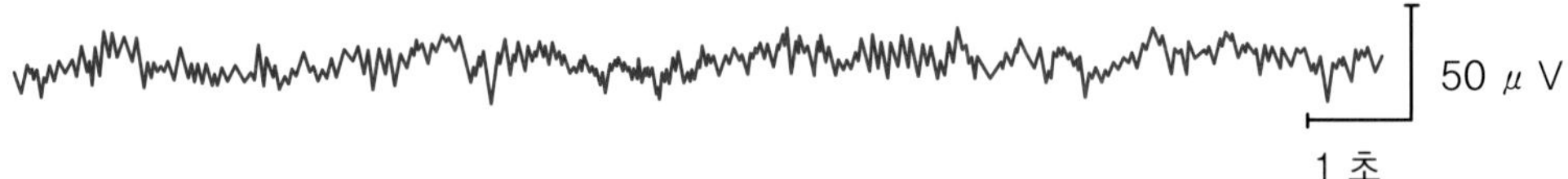

졸음 — 8 ~ 12Hz, 알파파

REM 수면 (D 수면) — 낮은 전압, 무작위적이고 빠름

톱날파

1단계 — 3 ~ 7Hz, 세타파

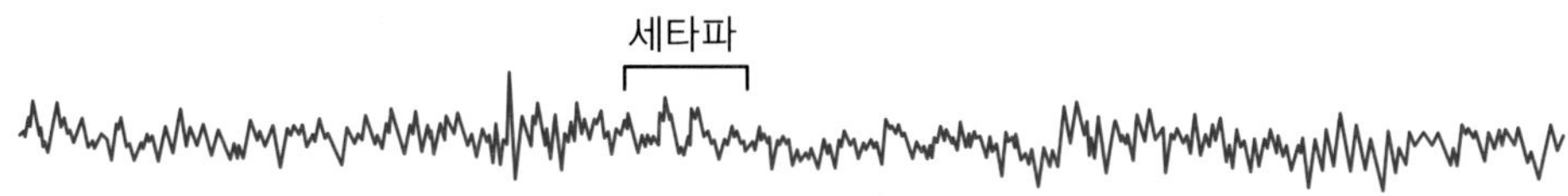

2단계 — 12 ~ 14Hz, 수면방추와 K-복합

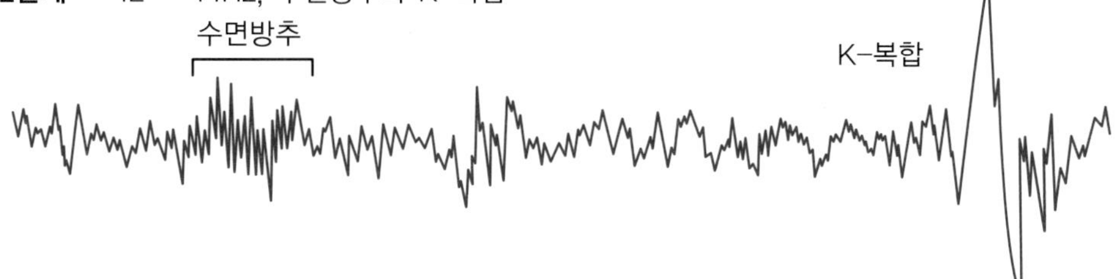

델타 수면 (S 수면) — 0.5 ~ 2Hz, 델타파

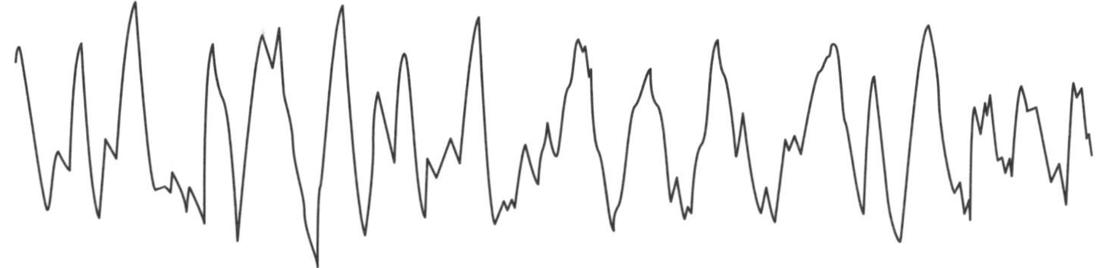

2단계에서 잠시 머무르다가 3단계로 내려가면서 잠이 점점 깊어집니다. 3단계에서는 1, 2단계 패턴과는 다르게 파장이 큰 동기 신호인synchronized signal 델타파가 불규칙하게 나타납니다. 여기서 델타파는 파장이 0.5~3Hz쯤 됩니다. 0.5Hz는 2초에 한 번 파형이 일어나며 3Hz는 1초에 세 번 파형이 생기지요. 3단계에서 일어나는 델타파는 3단계 수면 기간의 20~50% 정도를 차지합니다.

수면은 3단계에서 잠시 머무르다가 가장 깊은 4단계 수면으로 내려갑니다. 4단계에서도 델타파가 나타납니다. 델타파는 4단계 수면 기간의 50% 이상의 시간에서 발생합니다. 활동하는 신경세포의 수가 확 줄어드는 거죠. 이런 델타파가 나타나는 3, 4단계를 서파수면slow wave sleep이라고 합니다. 서파수면일 때는 아주 깊이 잠이 들어 밖에서 들리는 큰 소리에도 쉽게 깨지 않습니다. 1, 2단계에서는 누군가 깨우거나 스스로 잠이 깨면 쉽게 일어나는데 4단계에서는 잠에서 깨더라도 뇌가 쉽게 각성되지 않습니다. 깨워봐도 쓰러지거나 횡설수설하고, 꿈을 꾼 내용을 물어보면 설명을 잘 못하죠. 뇌가 휴식을 취하고 있었던 겁니다.

4단계의 깊은 수면이 15분쯤 유지되다가 3단계를 거치지 않고 2단계의 옅은 잠으로 바뀌지요. 2단계에서 조금 머물다가 1단계로 더 올라가고, 1단계에서 조금 머물다가 2단계로 다시 내려가면서 두 번째 수면 주기가 시작되죠. 매 단계는 10~20분 사이에 바뀝니다.

경험을 떠올려 비교해보면 이 주기가 이해됩니다. 잠자리에 들면 한 시간 이내에 깊은 수면상태에 도달하지요. 그다음부터는 얕은 잠을 잡니다. 수면 시간이 경과할수록 4단계의 깊은 잠에 들기 어렵고 3단계, 2단계, 1단계를 왔다 갔다 하다 보면 아침이 되지요. 마지막으로 1단계에서 각성상태로 변환되어 잠에서 깨죠.

지금까지 살펴본 이 수면 주기는 성인의 평균치라고 생각하면 됩니다. 갓난아이와 노인의 수면 주기는 또 달라요. 갓난아이는 수면에서 렘수면이 70% 정도로 많고, 성인이 되면 렘수면이 15%로 줄어들지요.

갓난아기들은 자다 깨다를 반복합니다. 태아 시기에는 렘수면이 대부분이며 생후 4개월까지는 대략 수면의 반이 렘수면입니다. 신생아는 각성과 수면을 반복합니다. 이것은 뇌의 생리적 작용으로 수면과 각성상태가 상호 교번적으로 변환된다고 볼 수 있지요. 유아기 이후부터는 수면에서 렘수면의 비율은 줄어들어 어른이

11-8
연령에 따른 각성, 렘수면, 비-렘수면 비율 변화

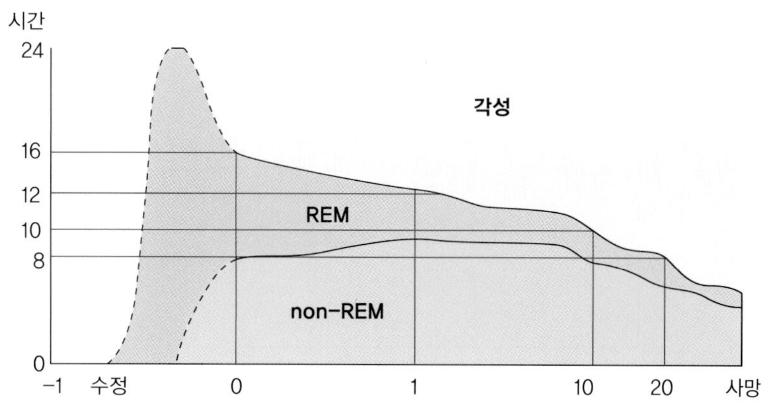

되면 대략 수면 시간의 15% 정도를 차지합니다.

두 번째 수면 주기가 시작되기 전, 1단계에서 머물 때 렘수면이라는 매우 특이한 현상이 일어납니다. 렘REM 수면은 빠른 안구운동을 뜻하는 'rapid eye movement'의 줄임말이지요. 렘수면은 수면현상과 꿈의 본질을 밝히는 데 중요합니다.

렘수면은 1953년 너새니얼 클레이트먼Nathaniel Kleitman과 그의 제자 유진 아제린스키Eugene Aserinsky의 수면 실험에서 발견되었죠. 수면 실험에서 그들은 눈 주변에 안전도 탐지 전극을 붙이고 변화를 측정했습니다. 당시까지 생리학자들은 눈동자의 움직임은 활동량과 비례하기 때문에, 깨어 있을 때는 안구운동이 활발하지만 잠들어 있을 때는 안구운동을 하지 않을 거라고 믿고 있었어요. 실험도 그런 믿음에 따라 진행되었죠. 의식이 또렷할 때는 눈동자가 이리저리 움직이다가 의식이 점점 흐릿해지면 움직임이 느려집니다. 잠이 들면 눈동자가 거의 움직이지 않죠. 그런데 잠이 깊이 든 시간에 기록된 결과를 보니 눈동자가 깨어 있을 때만큼 활발하게 계속 움직인 거에요. 이걸 보고 장비가 오작동하는 줄 알고 몇 번을 다시 실험했는데 결과는 같았습니다. 또다시 몇 번을 더 측정하면서 확실해졌지요. 아주 깊은 잠에 들었을 때의 일정 구간, 즉 1단계에서 눈동자가 급격하게 움직였던 겁니다. 뇌전도 기록도 각성상태에서와 거의 같았어요. 깨어 있을 때처럼 세타파가 약간 나오고 비동기 신호인 베타파가 나타났던 거죠.

렘수면의 발견은 매우 중요합니다. 꿈 연구가인 앨런 홉슨은 렘수면의 발견이

11-9
연령별 수면 변화

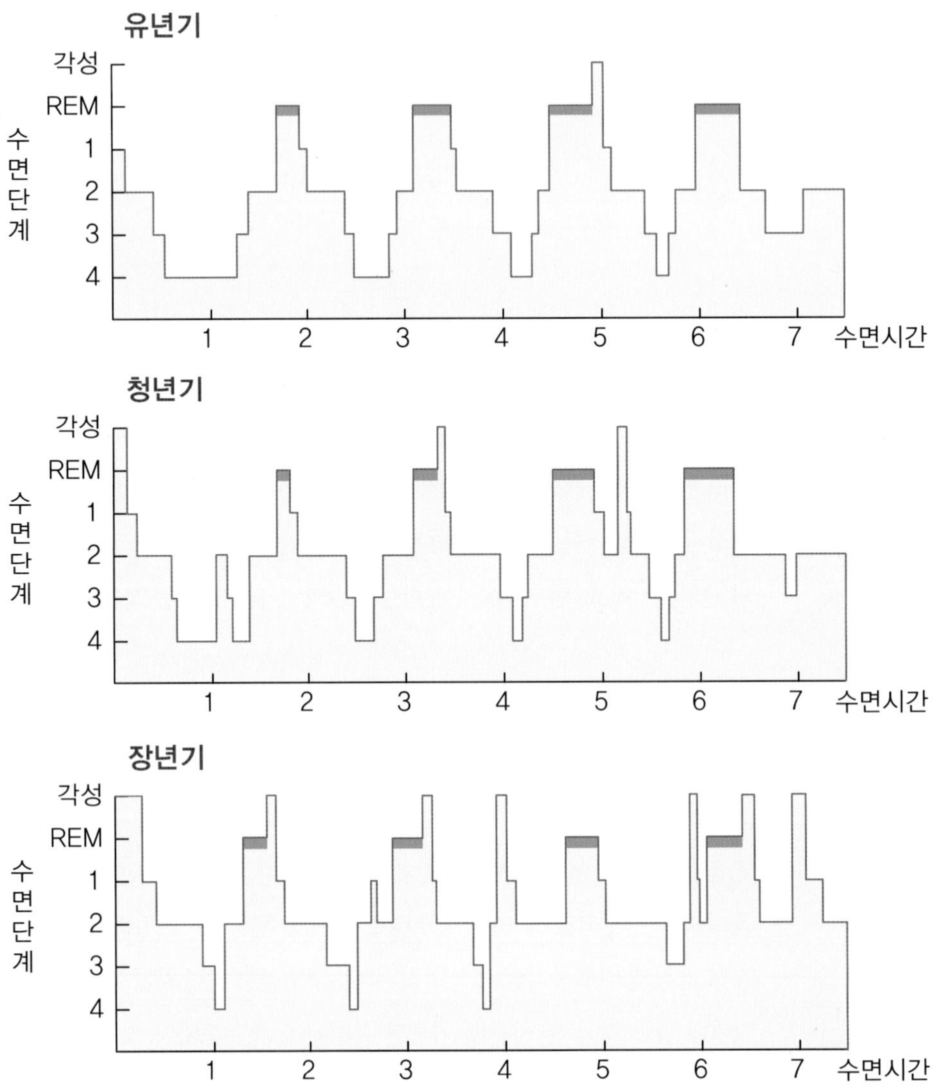

DNA 구조의 발견만큼 중요하다고 말하지요. 수면 연구가들이 렘수면 상태인 사람들을 깨워 관찰하면서 그 의미가 알려지게 되었죠. 렘수면 상태에서 깨어난 사람들의 90% 이상이 꿈을 꾸었다고 보고합니다. 렘수면은 꿈과 관련있지요. 하지만 렘수면과 꿈은 같은 뇌 현상이 아닙니다. 서파수면 단계에서도 드물게 꿈을 꾸지요.

02 각성과 수면의 메커니즘

서파수면의 메커니즘은 서서히 밝혀지고 있지요. 자기공명영상magnetic resonance imaging(MRI)과 양전자방출단층촬영술positron emission tomography(PET)의 정밀도가 더 높아지면서 뇌에서 일어나는 일들을 더 정교하게 파악할 수 있기에 가능했죠. 특히 서파수면 단계에서 매우 중요한 각성 촉진 부위와 수면 촉진 부위가 명확해졌습니다.

전뇌기저핵과 뇌간이 바로 깨어 있는 상태를 만들어 주는 각성 촉진 부위입니다. 전뇌기저영역에는 아세틸콜린이 분비되는 마이네르트 핵이 있지요. 아세틸콜린은 의식의 연상작용에 중요한 신경전달물질입니다.

뇌간에서도 그물형성체와 교뇌 청반핵, 뇌간 뒤쪽 정중앙에 수직으로 위치한 솔기핵에서 각성을 일으키는 세로토닌이 분비되지요. 청반핵에서는 노르아드레날린, 솔기핵에서는 세로토닌이 분비됩니다. 그 핵들은 신경조절물질을 생산하는 그물형성체 신경세포로 구성되어 있죠. 그리고 신경조절물질들은 신경세포의 축삭말단에서 분비됩니다. 그 축삭들은 대뇌피질까지 확산된 매우 길고 광범위하게 분포하는 축삭이지요. 그물형성체의 축삭은 뇌간 피개영역에서 수평으로 길게 상하로 뻗어나가며 많은 곁가지들이 수직 방향의 위와 아래로 분포합니다. 이러한 독특한 신경섬

11-10
각성상태의 신경조절물질을 생성하는 신경핵

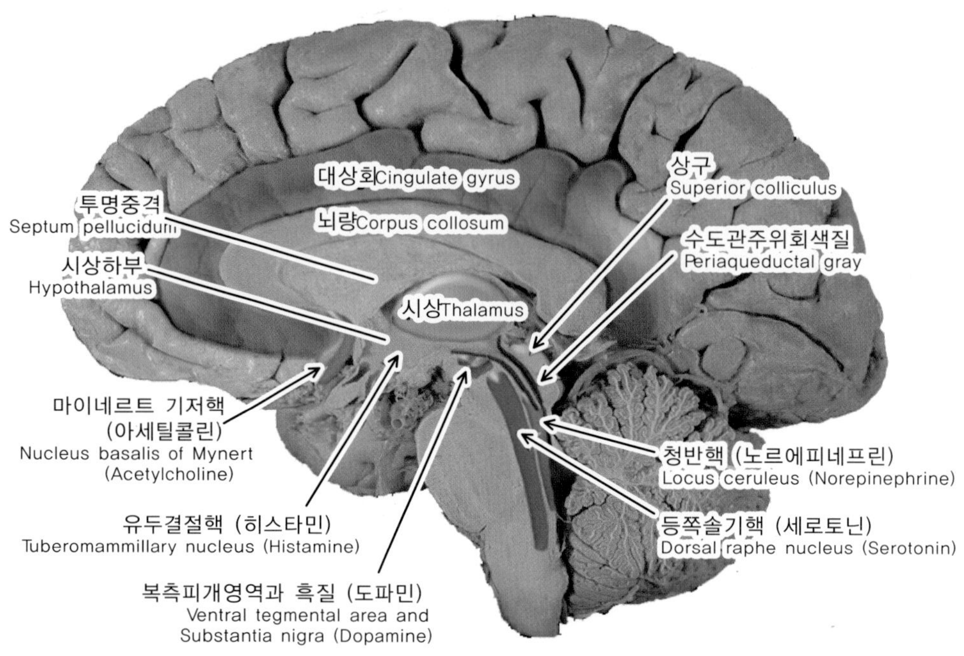
대상회Cingulate gyrus
뇌량Corpus collosum
투명중격
Septum pellucidum
시상하부
Hypothalamus
시상Thalamus
상구
Superior colliculus
수도관주위회색질
Periaqueductal gray
마이네르트 기저핵
(아세틸콜린)
Nucleus basalis of Mynert
(Acetylcholine)
청반핵 (노르에피네프린)
Locus ceruleus (Norepinephrine)
유두결절핵 (히스타민)
Tuberomammillary nucleus (Histamine)
등쪽솔기핵 (세로토닌)
Dorsal raphe nucleus (Serotonin)
복측피개영역과 흑질 (도파민)
Ventral tegmental area and
Substantia nigra (Dopamine)

11-11
그물형성체

R

유의 구조는 상행감각신경과 하행운동신경의 축삭들과 그물형성체의 신경섬유가 서로 시냅스하기에 쉬운 구조죠. 그물형성체의 대뇌피질로 확산되는 상행섬유들이 의식을 조절한다면, 척수로 내려가는 하행성분들은 운동을 조절하지요. 상행성분 그물형성체의 작용을 상행각성 확산 시스템이라 합니다. 그물형성체 신경축삭들에서 분비되는 신경조절물질들이 대뇌피질 신경세포의 대사성 수용체에 작용하여 뉴런들의 발화 확률을 조절하죠. 그물형성체의 작용을 요약하면 다음과 같습니다.

그물형성체 신경세포에서 분비되는 신경조절물질—도파민(DA), 세로토닌(5HT), 노르에피네프린(NE)

그물형성체 상행성분: 대뇌피질의 의식상태 조절—도파민, 세로토닌, 노르아드레날린에 의한 대사성 신경조절

그물형성체 하행성분: 운동조절—그물척수로에 의한 알파운동뉴런 조절

각성 촉진 부위에 속하는 영역이 또 하나 있습니다. 시상하부 유두체 앞쪽에 있는 유두체결절핵tuberomammilary nucleus이죠. 이 신경핵의 세포에서 히스타민histamine이라는 신경전달물질이 분비됩니다. 알레르기 치료제 중에 항히스타민제

11-12
수면 촉진 영역과 각성 시스템의 상호 관계
(출전: 《생리심리학》, Neil R. Carlson)

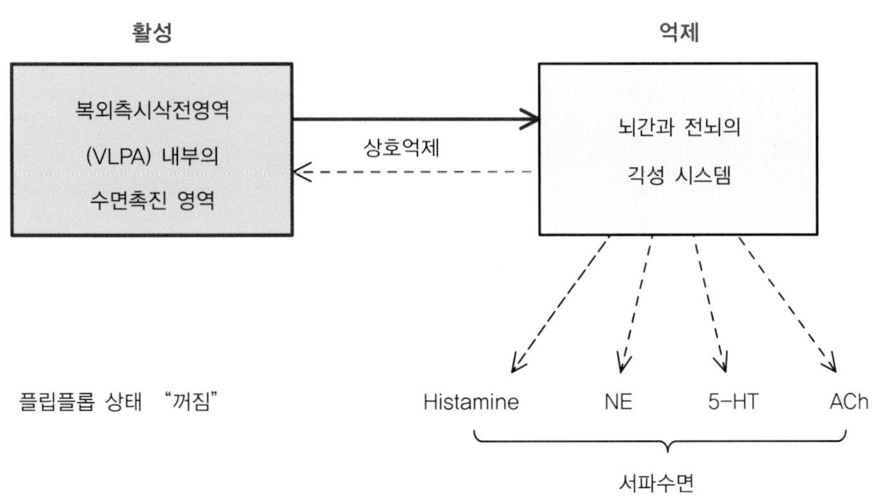

가 있지요. 항히스타민제를 복용하면 히스타민 분비가 억제되어 잠이 옵니다.

대뇌피질의 각성상태는 신경조절물질의 작용으로 유지되지요. 수면 현상도 마찬가지입니다. 돌고래를 대상으로 한 수면 실험 연구에서 새로운 사실이 발견되었죠. 분명히 수면상태에 있던 돌고래를 살펴보니 한쪽 뇌는 자고 한쪽 뇌는 깨어 있었던 겁니다. 이 실험에서 밝혀진 것은 각성과 수면은 전적으로 신경전달물질에 의해 뇌 안에서 일어난다는 겁니다. 각성과 수면은 혈류 시스템과는 관계가 없다는 거죠. 혈액 속의 어떤 물질이 수면을 촉진한다면 혈관은 좌뇌와 우뇌 모두에 분포하므로 두 반구의 뇌가 동시에 수면상태에 빠져야 하죠. 그런데 돌고래에서 좌뇌와 우뇌가 교대로 수면상태로 들어간다는 것은 수면 촉진 물질은 혈관으로 운반되는 것이 아니고 뇌 자체가 생성한 물질이라는 증거이지요. 따라서 수면은 뇌가 스스로 만든 신경조절물질로 뇌의 상태를 각성에서 수면상태로 전환하지요. 몸이 피곤해서 자려고 해도 잠이 오지 않을 때가 있지요. 뇌가 잠잘 수 있는 상태는 몸이 수면

11-13

전뇌기저영역과 뇌간의 각성 시스템의 작용

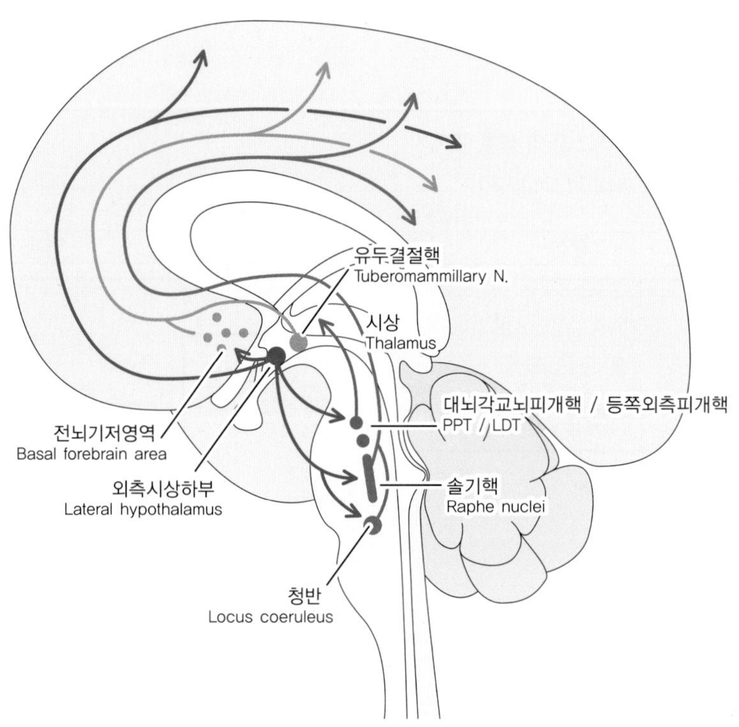

을 요구하는 조건과 일치하지 않지요. 뇌는 스스로 수면의 문을 열고 닫지요.

뇌가 수면과 각성의 상태를 스스로 결정하는 과정을 살펴봅시다. 시상하부에서 앞쪽 부위에 복외측시신경앞구역ventrolateral preoptic area(VLPA)이 있습니다. 이 복외측시신경앞구역과 각성 시스템의 전뇌기저핵과 뇌간은 상호 억제하는 관계죠. 깨어 있을 때는 복외측시신경앞구역이 비활성상태로 각성중추를 억제하지 못해서 전뇌기저핵과 뇌간의 각성 시스템이 작동해요. 그 결과 전뇌기저핵에서 아세틸콜린, 뇌간에서 노르아드레날린과 세로토닌, 유두체결절핵에서 히스타민이 분비되어 각성상태에 있게 됩니다.

깨어 있는 동안에는 외측 시상하부에서 전뇌기저핵, 뇌간, 유두체결절핵으로 하이포크레틴hypocretin이라는 신경전달물질을 계속 분비합니다. 그래서 아세틸콜린, 노르아드레날린, 세로토닌, 히스타민이 계속 나오게 만들죠. 그 결과 각성상태가 유지되어 수면으로 빠져들지 않습니다.

하이포크레틴을 분비하는 신경세포들이 손상되면 하이포크레틴 분비량이 줄어들어 기면증narcolepsy이라는 신경장애가 나타납니다. 기면증은 두 가지 중요한 특징을 보이죠. 하나는 수면발작sleep attack입니다. 깨어 있는 낮 동안에 갑자기 잠이 덮치는 거죠. 아세틸콜린, 노르아드레날린, 세로토닌, 히스타민 분비로 간신히 버티고 있는 각성상태에서 어느 순간 각성상태를 계속 유지해주는 하이포크레틴이라

11-14
하이포크레틴 작용에 의한 각성상태 유지
(출전: 《생리심리학》, Neil R. Carlson)

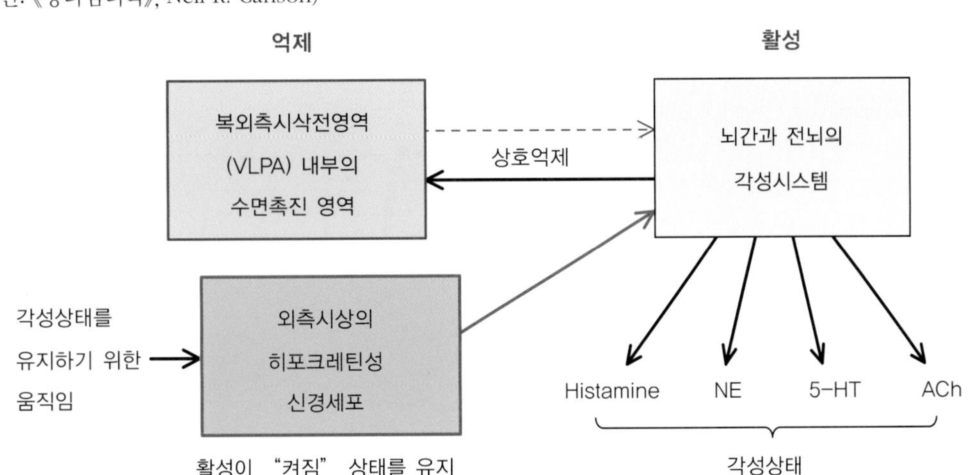

는 지지대가 무너지니까 곧장 수면상태로 빠져버리는 겁니다. 기면증의 또 다른 특징은 탈력발작cataplexy입니다. 감정적으로 극도로 긴장하면 골격근이 갑자기 풀어져버리죠. 그래서 근육이 마비되어 발작적으로 주저앉아버리죠. 수면 단계를 생략한 채 곧바로 렘수면 상태의 근육마비가 발생한 겁니다. 그런데 하이포크레틴은 수면 연구 이전에도 알려져 있었어요. 비만을 연구하던 사람들이 오렉신orexin이라고 말하는 물질이 바로 하이포크레틴입니다.

반대로 수면 촉진 영역인 복외측시신경앞구역(VLPA)이 활성화되면 전뇌기저핵, 뇌간, 유두체결절핵의 작용을 억제하여 신경전달물질 분비가 줄어듭니다. 그 결과 각성작용을 일으키는 아세틸콜린, 노르아드레날린, 세로토닌, 그리고 히스타민 분비가 줄어들어 잠이 들지요. 그런데 왜 우리는 수면 욕구를 느낄까요? 이 현상은 아데노신과 관련이 있습니다.

신경세포는 깨어 있는 동안 영양물질인 글루코스glucose, 즉 포도당을 쓰면서 활

11-15
시삭 전의 수면촉진센터

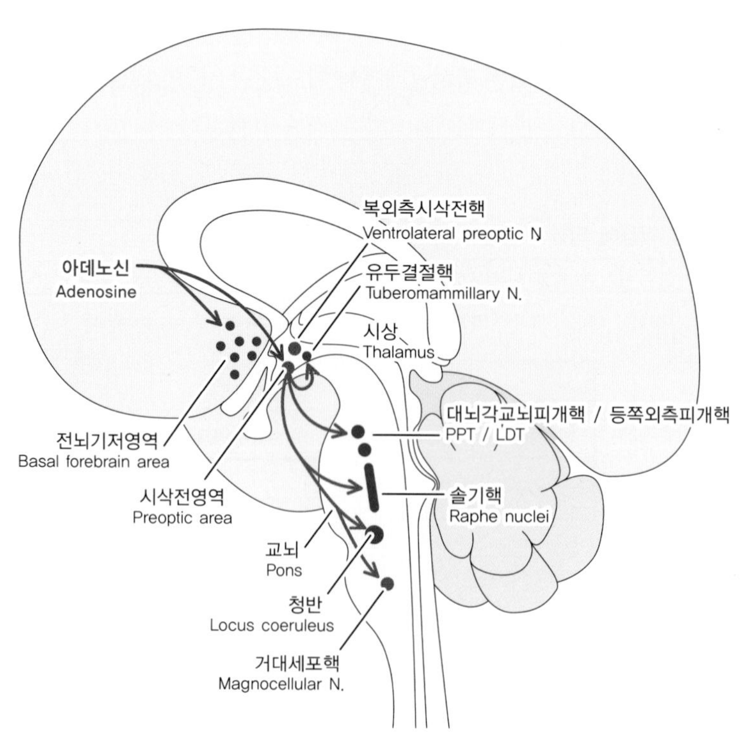

동합니다. 세포 내 미토콘리아의 내막안 기질에서 호흡으로 포도당이 산화되어 에너지가 만들어져 ATP 분자에 저장되는데, 이 ATP를 이용하여 모든 세포들이 활동을 하지요. 신경세포는 특히 더 많은 에너지를 소모하므로 신경세포의 축삭에는 미토콘드리아가 많지요. 미토콘드리아에서 일어나는 호흡작용의 결과 에너지가 생성되죠. 포도당($C_6H_{12}O_6$)이 산화되면 이산화탄소와 물 그리고 에너지가 생깁니다.

$$C_6H_{12}O_6 + 6O_2 \rightarrow 6CO_2 + 6H_2O + 686kcal$$

신경세포로 공급되는 포도당은 어디서 오죠? 외부에서 음식으로 섭취한 탄수화물이 소화기관에서 소화되어 포도당으로 바뀌고, 포도당이 혈액을 통해 순환하면서 뇌로 전달됩니다. 그런데 신경세포들이 활동하면 포도당을 계속 소모하겠지요. 그러면 신경세포를 에워싸고 있는 글리아세포의 한 종류인 성상세포(별모양세포)가 신경세포로 포도당을 공급해줍니다.

성상세포에는 포도당이 글리코겐glycogen의 형태로 저장되어 있어요. 포도당과

11-16
토끼의 소뇌피질
성상세포돌기(A)가 수상돌기(S)를 둘러싸고 있는 모습. 성상세포돌기 내부에 글리코겐 입자가 보인다.
(출전: Atlas of Ultrastructural Neurocytology, http://synapses.clm.utexas.edu/atlas/)

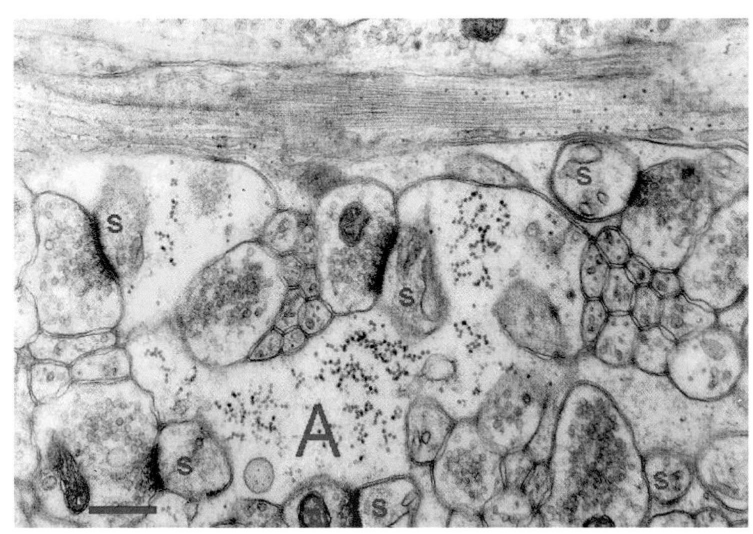

글리코겐의 분자식은 $C_6H_{12}O_6$과 $(C_6H_{12}O_6)_{60000}$이죠. 글리코겐은 포도당이 6만 개나 결합된 형태입니다. 별모양세포가 신경세포에 포도당을 공급하려면 분자식에서 알 수 있듯이 글리코겐을 분해해서 포도당을 만들어여야 하죠. 이 과정에서 에너지가 필요한데 이 에너지는 ATP가 AMP로 분해될 때 방출되는 에너지를 사용하지요. 따라서 신경세포가 오랫동안 활동할수록 AMP가 많이 생기겠지요. 아데노신삼인산이 ATP죠. ATP에서 화학적으로 결합된 인산기가 하나 떨어져나가면 아데노신이인산adenosine diphosphate, 즉 ADP로 바뀌고, ADP에서 인산기가 또 하나 떨어져나가면 아데노신일인산adenosine monophosphate, 즉 AMP가 되고, AMP에서 마지막 남은 인산기가 떨어져나가면 아데노신이 되지요.

결국 뇌가 낮 동안 활동하면 아데노신이 신경세포에 축적되고 그 결과 잠에 대한 욕구가 생긴다고 추정합니다. 결국 잠이란 현상도 세포 수준의 현상이지요. 생물학의 모든 분야는 세포의 작용이란 공통점이 있지요. 동물의 세포는 빛과 소리에도 반응하고, 세포내 골격인 액틴과 미오신 단백질로 움직임을 만들어내고, 주변의 세포들과 서로 소통하려고 시냅스 구조도 만들죠. 포유동물에서 생명 현상은 200여 종의 세포들이 서로 연계되어 만드는 생화학작용이지요. 아데노신은 DNA와 RNA의 염기 가운데 하나인 아데닌adenine과 5탄당인 리보스ribose가 결합된 물질이죠.

11-17
아데노신 축적으로 인한 수면촉진센터의 활성화

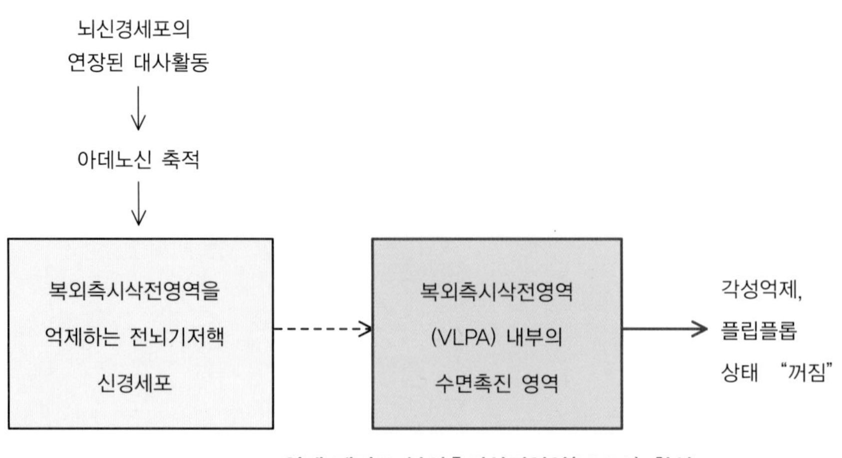

억제 제거로 복외측시삭전영역(VLPA) 활성

아데닌의 기원은 어디일까요? 시안화수소(HCN)라는 맹독성 가스가 있는데, 이 물질을 다섯 배로 희석하면 $(HCN)_5$인 아데닌이 됩니다. 시안화수소는 우주 공간에 존재하는 성간 분자들에서 이미 발견되었어요. 잠이란 현상의 기원을 추적해보면 세포 안의 아데노신이란 물질이 있고, 아데노신의 기원은 별과 별 사이 절대 진공에 가까운 그 희박한 성간분자에서 온 것일 수 있다는 겁니다. 세포의 춤을 보는 시선은 별과 별 사이에 있는 성간물질로 이어지죠. 기원을 추적하는 것은 우리 존재의 뿌리를 밝히는 자연과학적 공부 방법이지요.

아데노신이 뇌 세포 내에서 농축되면 잠이 쏟아집니다. 이런 이유로 아데노신 수용체의 수가 줄어들면 잠도 줄어듭니다. 나이가 들면 잠이 줄어드는 것도 아데노신 수용체의 수가 감소해 아데노신에 대한 민감도가 낮아진 현상과 관련됩니다.

각성과 수면상태는 시소처럼 늘 왔다 갔다 합니다. 이런 현상을 플립-플롭flip-flop이라고 하죠. 갓난아기는 일주기에 상관없이 하루에 16시간 정도 자는데, 30분 단위로 수면과 각성상태를 오가는 플립-플롭 상태를 반복합니다. 그러다가 성장하면서 일주기에 영향을 받아 해가 뜨면 일어나고 낮 동안에는 각성상태를 유지하며 해가 지면 자는 능력을 갖게 되죠. 노인이 되면 또 달라집니다. 새벽잠이 줄어들지요.

03 렘수면 동안 깨어 있는 뇌

수면의 첫 주기부터 3, 4단계에서 서파수면이 일어나고, 그다음 주기부터 1단계에서 렘수면이 나타나지요. 서파수면의 센터가 복외측시신경앞구역에 있다면 렘수면의 센터는 교뇌의 완주변영역에 있습니다. 대뇌피질에서 하행출력이 교뇌핵에서 시냅스하고, 교뇌핵에서 다시 반대쪽 소뇌피질로 들어가는 신경섬유다발이 중소뇌각을 형성하지요. 교뇌 뒤쪽에서 중소뇌각을 보면 마치 팔로 감싸는 모양입니다. 이런 형태 때문에 중소뇌각을 교뇌완brachium pontis(bc)이라고 하죠. 이 교뇌완 가까이에 위치한 각교피개핵pedunculopontine tegmental nucleus(교뇌다리피개핵, PPT)과 배외측피개핵laterodosal tegmental nucleus(등쪽외측피개핵, LDT)에서 렘수면 동안 아세틸콜린 분비가 활발해집니다. 즉 렘수면의 촉진 센터가 교뇌완주변의 PPT와 LDT의 아세틸콜린 분비 신경핵들이지요. 렘수면 시의 꿈에서 시각 이미지들을 지속적 인출하여 꿈의 내용을 만들어가는 과정은 아세틸콜린 분비와 관련이 있지요. 아세틸콜린의 중요한 작용은 기억의 연상작용으로 의식상태를 만들지요. 렘수면 꿈의 특징은 전전두엽에서 세로토닌과 노르아드레날린의 분비가 줄어들고 각교피개핵과 배외측피개핵에서 아세틸콜린의 분비가 활발하다는 것입니다.

렘수면의 특징은 눈동자가 빨리 움직이는 현상을 보인다는 것입니다. 이를 중계

11-18
아데노신 축적으로 인한 수면촉진센터의 활성화

(출전: B. E. Jones and Beauder, Journal of Comparative Neurology, 261, 15-32)

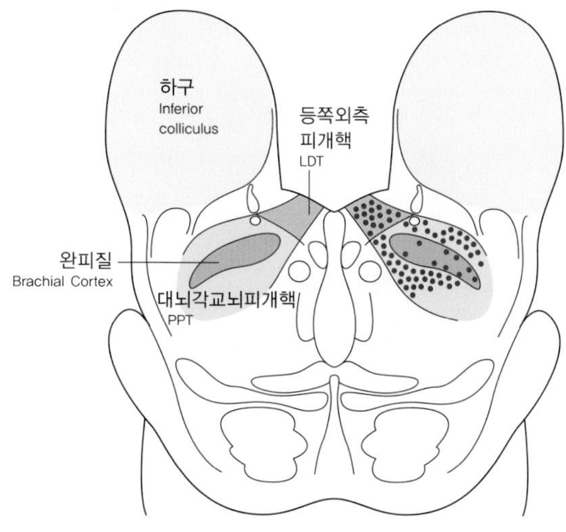

11-19
완주변 렘수면 촉진 센터의 작용

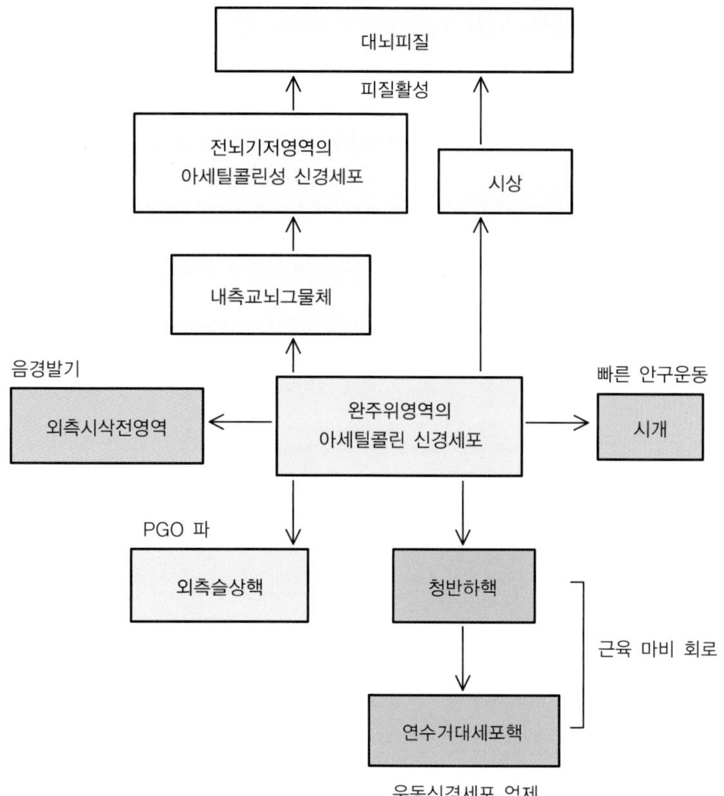

하는 부위가 중뇌의 피개영역입니다. 완주변 영역에서 중뇌 피개영역으로 아세틸콜린이 분비되지요.

렘수면의 두 번째 특징은 성적인 꿈과 상관없이 남성의 몸에서는 음경이 발기되고, 여성의 몸에서는 질액이 분비된다는 것입니다. 이는 완주변 영역의 PPT와 LDT에서 아세틸콜린 분비로 외측전시삭lateral preoptic area(가쪽시각로앞핵)의 시상하부 성중추가 자극을 받아 활성된 거죠.

렘수면이 시작되어 80초쯤 지나면 PGO파ponto-geniculo-occipital spike가 나옵니다. 이것이 렘수면의 세 번째 특징이죠. PGO란 교뇌, 외측슬상체, 후두엽을 뜻하는 각 단어의 첫 글자를 모은 용어이지요. 교뇌의 완주변 영역에서 시작해 외측슬상체, 후두엽으로 PGO파가 전달되어서 안구운동을 일으킵니다. 렘수면 중에는 뇌의 각기 다른 영역에서 일어나는 발작적인 뇌파를 관찰할 수 있지요. PGO파는 뇌간 망상체의 뇌교(PON) 시상의 외측슬상체geniculate body, 후두피질occipital cortex의 뇌파입니다. 이들 뇌파는 깨어 있는 상태에서는 현격하게 감소합니다. PGO파는 몰두상태, 시간과 공간의 비논리적 연결, 공간적 운동 등 꿈속에 나타나는 정신상태의 여러 측면을 전달한다고 볼 수 있지요.

11-20
각성, 서파수면, 렘수면 상태에서 해마, 청반핵, 전두엽의 신경조절물질 변화
(출전: Trends in Cognitive Science)

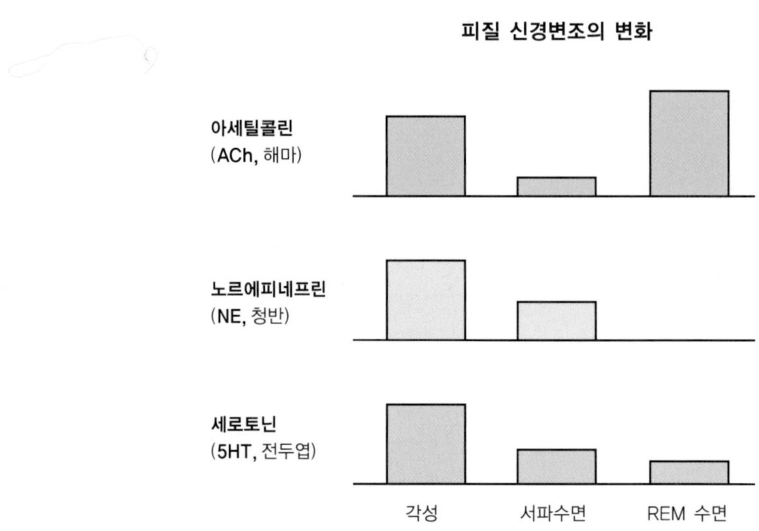

렘수면의 네 번째 특징은 시각 이미지의 과잉 연상입니다. 완주변 영역에서 분비된 아세틸콜린은 시상을 활성화시켜 대뇌피질로 신호를 보내게 합니다. 시상그물핵은 시상감각핵이 감각정보를 대뇌피질로 중계하는 과정을 계속 억제합니다. 다른 신경신호가 시상그물핵을 억제하면 시상감각핵들은 탈억제되어 감각입력을 대뇌피질로 중계하게 됩니다. 또 완주변영역에서 내측교뇌그물형성체medial pontine reticular formation로 아세틸콜린이 분비되지요. 활성화된 내측교뇌 그물형성체는 전뇌기저핵으로 신호를 보냅니다. 전뇌기저핵은 이 신호에 반응하여 아세틸콜린을 전대상회, 해마방회, 편도체, 그리고 내측전두엽으로 분비합니다.

이런 영역들은 감정과 기억회로를 형성하지요. 렘수면시 감정 영역이 강하게 활성되고, 이 감정 영역과 연합시각 영역이 서로 연결되어 꿈의 특징인 '시각 이미지의 정서적 분출'이란 현상을 만들지요. 여기서 중요한 것은 렘수면 상태에서는 아세틸콜린 분비가 각성상태보다 왕성하다는 겁니다. 아세틸콜린은 뇌의 의식 생성과 관련된 신경전달물질이지요. 따라서 렘수면시 꿈은 운동출력이 억제된 상태에서 겪는 생생한 시각적 의식상태인 셈입니다.

꿈에서 의식상태는 작업기억이 동작하지 않은 상태여서 기억들을 맥락적으로 연결할 수 없죠. 그래서 꿈의 내용을 우리가 결정할 수 없는 겁니다. 꿈에서는 세로토닌과 노르아드레날린의 분비가 급격히 줄어들지요. 세로토닌은 상상과 현실을 구분해주고, 노르아드레날린은 주의집중에 필요한 신경조절물질이죠. 이 두 신경물질이 부족하기 때문에 꿈에서는 꿈과 현실을 구분할 수 없고, 시각적 이미지를 의지력으로 연결하지 못해서 맥락없는 이야기가 전개되지요. 렘수면시 꿈을 '의식상태'로 볼 수 있는가는 중요합니다. 의식적 상태에서는 대뇌피질의 여러 영역들이 함께 활성화되는데 '무의식상태'는 동시에 활성화된 뇌 영역이 많지 않아요. 그리고 꿈에서는 전전두엽의 활성이 약하고, 다른 뇌 영역들 역시 활동의 동시성이 약하므로 꿈을 의식상태라고 하기는 어렵지요.

뇌간 그물형성체는 각성시와 렘수면시 상반된 작용을 합니다. 그리고 시상과 피질의 활성도는 각성상태에서는 높지만 서파수면에서는 낮아집니다. 각성상태에서는 세로토닌, 노르아드레날린, 히스타민 분비가 활발하지만 GABA 분비는 억제됩니다. 반면에 렘수면에서는 세로토닌, 노르아드레날린 분비가 억제되며 아세틸콜

11-21
각성, 렘수면, 서파수면의 신경조절물질 활성도

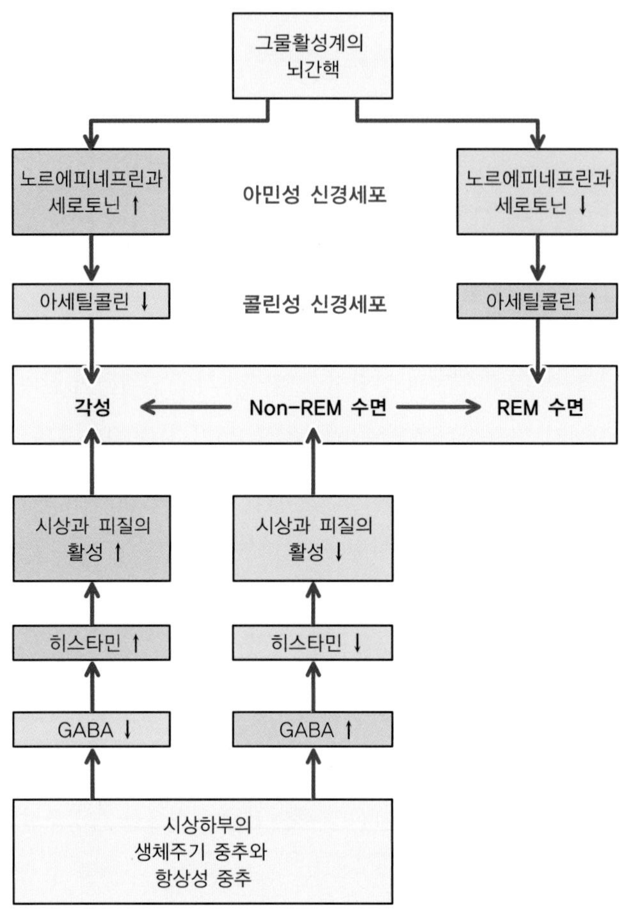

린분비가 활발하지요. 서파수면(비-렘수면)상태에서는 히스타민 분비는 줄어들고 GABA 분비는 활발하여 시상과 피질의 활성이 약해집니다. 시상하부의 생체주기 중추와 항상성중추의 조절작용으로 이러한 신경조절물질의 분비가 조절되지요.

렘수면의 운동 관련 특징은 골격근이 마비되는 것이죠. 완주변 영역에서 출발한 신호는 청반하핵에서 시냅스합니다. 청반하핵에서 연수의 거대세포핵으로 신경자극이 계속 전달되지요. 연수의 거대세포핵이 활성화되면 글리신glycine이라는 신경전달물질이 분비됩니다. 글리신은 척수전각 운동뉴런을 억제해 척수신경의 축삭에 활성전위가 형성되지 않지요. 그래서 렘수면 동안 꾼 꿈의 내용이 골격근 운동으로

11-22
렘수면에서 척수운동 신경세포의 억제 과정

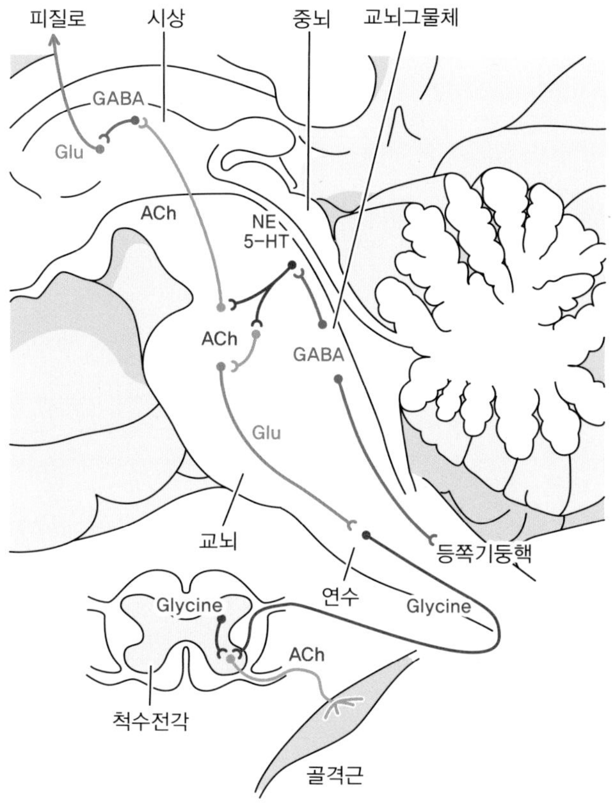

출력되지 않는 겁니다.

렘수면의 특징을 보면 각성상태와 거의 같죠. 눈동자가 빨리 움직이고, 각성상태에서처럼 시각적 연상작용이 일어나지요. 그래서 어떤 학자들은 "수면은 행동"이라고 주장합니다.

04 꿈꾸는 현상은 어떻게 일어나는가

하버드 대학교의 꿈 과학자 앨런 홉슨은 렘수면 상태에서의 꿈을 뇌과학적 관점에서 연구했습니다. 꿈과 뇌 작용의 연관성을 렘수면시 뇌 기능을 바탕으로 논리적으로 설명합니다. 꿈의 약 80%는 렘수면에서 나타납니다. 꿈을 촉발하는 활성전위는 내측교뇌 그물형성체에서 시작되죠. 이곳에서 출발한 상행각성 그물형성체 신경세포 신호가 외측슬상체까지 뻗어가다가 시각연합영역으로 전달됩니다. 교뇌, 외측슬상체, 후두엽. 이것이 바로 PGO파 생성 영역이지요. PGO파가 나타나면 시각연합영역이 활성화됩니다.

동시에 내측교뇌 그물형성체에서 시상하부와 전뇌기저핵으로 상행활성 신경신호가 올라가지요. 시상하부는 본능적 욕구를 생성하며 교감신경을 조절합니다. 전뇌기저핵에서는 아세틸콜린이 분비되어 대뇌피질을 활동적으로 만들지요. 전뇌기저핵에서 신호는 전대상회로 연결되죠. 전대상회는 인지와 감정에 관련됩니다. 그 뒤쪽에 있는 청각과 체감각을 중계하는 후대상회는 렘수면시 활성이 줄어들지요. 그래서 꿈에서는 청각적 자극과 체감각입력이 시상에서 대뇌피질로 전달되지 못한 채 차단되죠. 그러나 전대상회, 해마, 편도체, 그리고 해마방회는 꿈꾸는 동안 활발히 작동합니다. 신경신호는 내측전두엽으로도 전해져 내측전두엽이 활성화되죠.

11-23
렘수면에서 뇌 작용의 활성 영역과 억제 영역(앨런 홉슨의 꿈 이론)

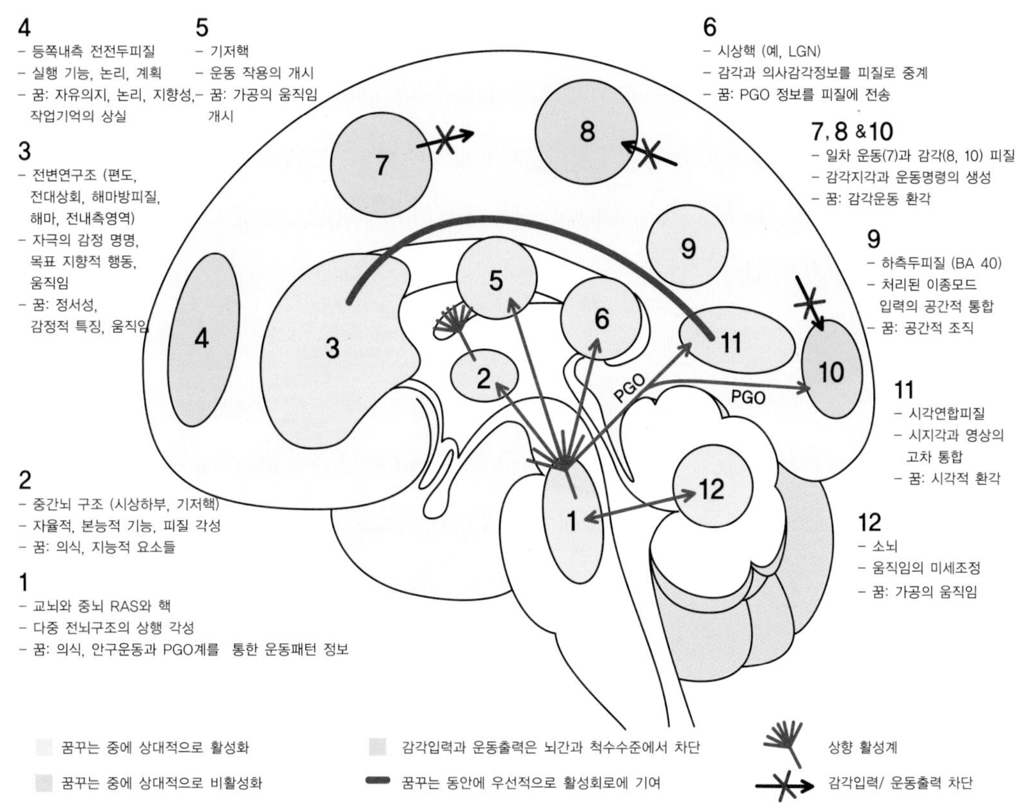

내측전두엽은 사회적 정서와 느낌을 생성하는 피질입니다. 렘수면의 꿈에서는 전전두엽과 일차시각피질의 작용이 약해지며, 앞쪽변연계는 활발해집니다.

전방변연계는 전대상회, 편도, 해마, 측좌핵, 내측전두엽으로 감정과 욕구를 처리하지요. 이 전방변연계가 렘수면에서 활성화되어 꿈 내용은 정서가 주도하지요.

렘수면 꿈은 뇌간과 뇌피질 여러 영역이 활성 상태이며 배외측전전두엽과 일차시각은 비활성상태이지요. 꿈의 특성은 활성 혹은 비활성되는 뇌 영역을 알아야 하지요. 그래서 뇌 공부는 다양한 방향의 뇌 단면 구조에 익숙해야 하지요.

전대상회와 내측전두엽이 활성화되면 감정적 의지력이 표출되지요. 기억에 남는 꿈을 떠올려 보세요. 그 꿈의 주인공은 누구죠? 분명히 '나'입니다. 꿈속에서는

11-24
인간 대뇌 시상단면

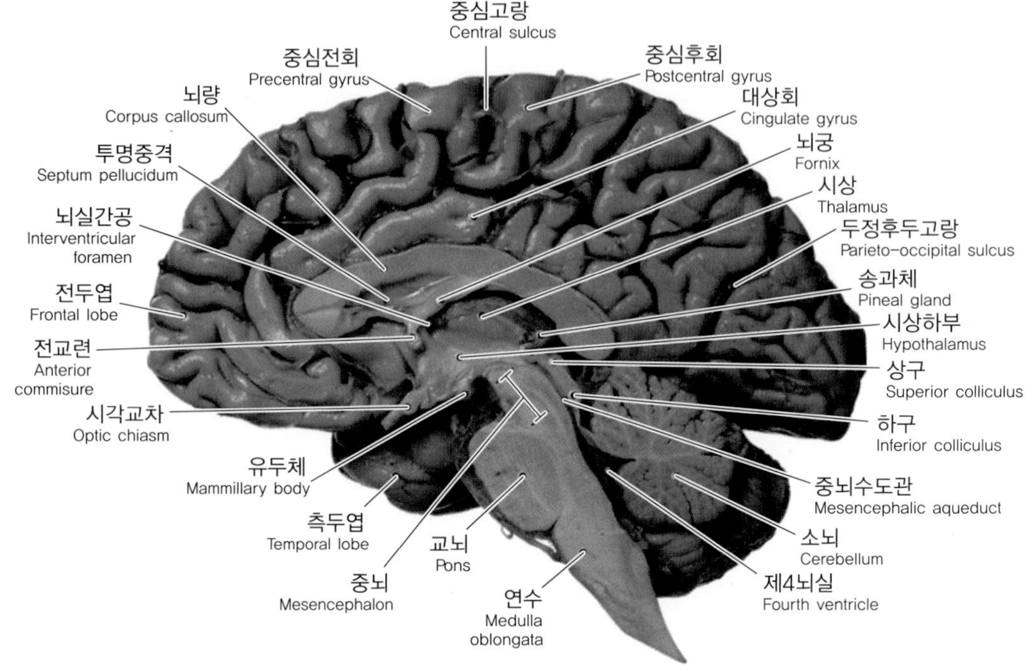

언제나 자아가 존재합니다. 내가 보고 내가 움직이고 있어요. 꿈의 특징인 시각적 이미지의 감정적 분출에서, 그러한 감정을 느끼는 주체인 자아는 배경처럼 항상 존재합니다.

전대상회, 내측전두엽 영역은 시각연합영역과 연결됩니다. 시각연합영역이 활성화되면 눈을 감아도 보입니다. 꿈에서는 시각연합영역에 저장된 기억들을 불러오는 거죠. 그런데 그 기억들은 스냅사진처럼 단편화되어 있습니다. 깨어 있을 때라면 기억들이 연결되어 한 편의 드라마가 되지만, 꿈속에서는 시각 이미지가 맥락 없이 우발적으로 연결되지요. 간혹 전에 꾼 꿈이 떠오를 때가 있죠? 꿈을 꿀 때는 노르아드레날린이 거의 나오지 않아 꿈속에서 놀라운 상황이 벌어졌어도 의도적으로 주의를 집중할 수 없죠. 그래서 꿈의 내용에 집중하기가 어렵고 깨어나서도 꿈의 내용을 불러오기가 힘들죠. 그러나 낮동안 우연한 단서에 의해 꿈이 기억나기도 하죠.

꿈의 특징을 요약하면, 시각연합영역이 활성화되어 시각적 기억들이 인출되고,

11-25
욕망 생성 앞쪽변연영역 신경로

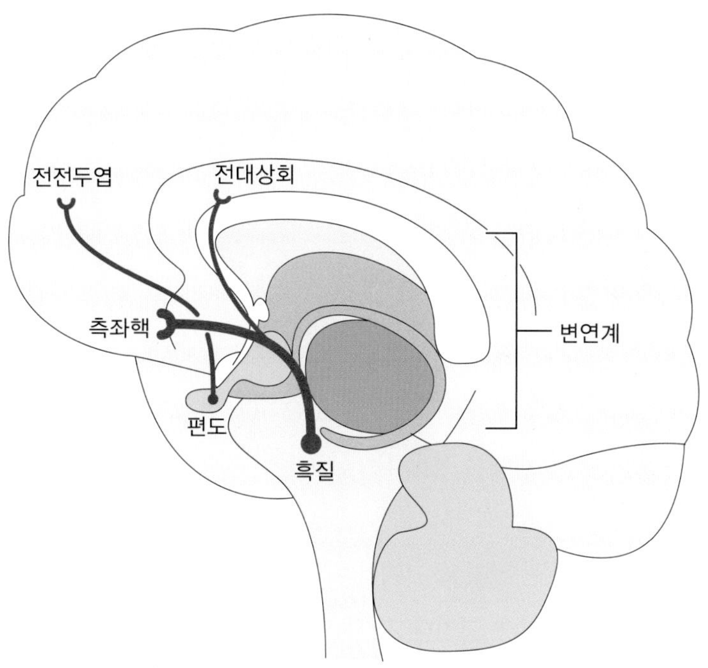

전대상회와 편도체 그리고 내측전두엽이 작용하여 그 기억들을 감정으로 물들이면서 증폭되는 것입니다. 그래서 꿈꾸면서 화도 내고 울기도 하고 무서워서 소리를 지르기도 합니다. 꿈에서는 시각적 내용이 감정적으로 분출됩니다. 또한 꿈에 등장하는 인물들이 무언가를 암시적으로 나타내려고 하지요. 논리적이고 직접적 표현은 드물고 암시적이고 은유적으로 표현하지요. 이것은 인간의 인지체계에서 논리적 특성은 최근에 진화된 능력이며, 인간 진화의 대부분 기간에는 은유적으로 사고했기 때문이라고 볼 수도 있습니다.

꿈을 꾸는 동안에는 배외측전전두엽에서 세로토닌과 노르아드레날린이 거의 분비되지 않습니다. 세로토닌은 체험과 상상을 구분해주고, 노르아드레날린은 생존에 중요한 외부자극에 집중하게 해주죠. 이 두 신경조절물질의 작용이 약해지므로 꿈속에서는 꿈과 현실을 구별하기 힘들지요. 그래서 꿈은 깨어나기 전까지는 결코 꿈인 줄 알 수 없죠. 또한 꿈에서는 자극을 의도적으로 선택하지 못해서 꿈의 내용을 스스로 결정할 수 없습니다. 걸음마 단계의 아이들도 자신의 행동을 스스로 결정하지 못하고 물건들이 동작을 결정하지요. 렘수면의 꿈과 걸음마 단계의 아이들의 공통점은 전전두엽 활동이 미약하다는 겁니다.

배외측전전두엽의 중요한 기능은 작업기억working memory을 이용해 비교, 추론, 예측, 판단을 하는 겁니다. 작업기억이란 현재 일어나는 상황에 대처하는 뇌의 즉시적 처리 과정이지요. 자동차를 운전한다고 해봅시다. 실시간으로 들어오는 정보와 기억을 계속 비교하면서 판단을 내려 일어나는 상황에 대처해나가죠. 순간순간의 판단에 따라 행동을 선택하는 과정에서도 작업기억은 계속 작동합니다. 그런데 꿈을 꿀 때는 작업기억이 작동하지 않아서 다음 상황을 예측하지 못하죠. 꿈에서는 다른 차와 충돌하기도 하고, 도로가 아닌 곳으로 가기도 합니다. 꿈속의 상황이 어디로 전개될지는 알 수 없습니다. 참 흥미롭죠. 전대상회와 내측전두엽이 활성화되어 꿈에서 전개되는 상황에 맞춰 순간순간은 충동적으로 움직이는데, 배외측전전두엽에서 세로토닌과 노르아드레날린이 분비되지 않아 상황에 합리적으로 대처할 수는 없지요. 그래서 어떤 작가도 자신의 꿈속 이야기를 스스로 만들어낼 수는 없습니다. 그러나 자각몽인 경우 배외측전전두엽이 일시적으로 활성화되어 꿈의 내용을 인식하게 되고, 스스로 꿈의 줄거리를 만들어낼 수 있지요. 자각몽을 오랫동안 체험하고 연구한 라베지에 의하면 훈련으로 자각몽을 만들수 있다고 합니다.

꿈과 비슷한 증세가 있죠. 바로 작화증이에요. 작화증의 경우, 이야기를 형성하는 구성 요소 각각의 기억은 실재했던 겁니다. 그런데 기억의 연결이 상황과 전혀 맞지 않아요. 하지만 본인은 거짓말을 하거나 이야기를 꾸며냈다고 생각하지 않죠. 작화증은 코르사코프 증후군 환자들에게서 나타나는데, 놀랍게도 코르사코프 증후군 환자들의 70%가 전전두엽이 손상되어 있었죠.

꿈 현상의 메커니즘에서 또 하나 중요한 부위가 대뇌기저핵입니다. 대뇌기저핵은 내적으로 생성된 수의운동과 관련되지요. 꿈을 꿀 때 이 대뇌기저핵이 활성화됩니다. 그래서 운동이 촉발되지요. 꿈에서 나는 항상 움직이죠. 누구를 쫓든 도망을 가든 뭔가를 하고 있어요. 이 움직임을 잘 살펴보면 맥락없는 산발적 장면들 속에서 각각의 움직임이 존재하죠. 각각의 스냅사진 같은 단속적 운동이 있지요. 즉 꿈에서 운동은 분절된 단일 동작들이 맥락없이 계속됩니다. 그런데 감정 관련 뇌 영역이 활성화되어 꿈 속의 운동은 충동적입니다. 파킨슨병처럼 대뇌기저핵이 손상되면 운동을 시작하기도 어렵고 멈추기도 어렵죠. 그런데 꿈을 꿀 때는 반대로 대뇌기저핵이 활발히 작용하여 과장된 움직임이 표출되죠. 그리고 렘수면 상태에서의 꿈에서 하측두정엽이 활발히 작용하지요.

하측두정엽의 활성으로 꿈에서 움직임이 공간적으로 잘 통합되지요. 그래서 하늘을 날거나 절벽에서 떨어져도 적절한 자세를 유지하는 등 현실에서 불가능한 일을 할 수 있지요. 하측두정엽에는 각회angular gyrus(모서리이랑)와 모서리위이랑supramarginal gyrus의 두 피질 영역이 있지요. 모서리위이랑은 도구들을 다루는 공간적 손 운동과 관련된 피질입니다. 모서리위이랑의 손상은 관념운동상실증을 초래합니다. 꿈에서는 하두정엽이 활성화되므로 공간에서 곡예사처럼 운동할 수 있지요.

꿈을 꿀 때는 소뇌도 동작합니다. 소뇌는 타이밍에 맞게 '잘' 움직이게 하죠. 그래서 꿈속에서도 정교하게 움직일 수 있습니다. 그런데 우리가 꾸는 꿈의 내용을 보면, 최근에 경험한 일과 중 가장 많은 시간을 보내는 일은 대부분 나타나지 않아요. 공포감이 느껴지는 꿈은 많이 꿉니다. 저는 초등학교부터 고등학교 시절까지 바닷가에 살았어요. 파도가 높을 때는 부엌까지 바닷물이 들어올 정도였지요. 바다는 동경의 대상이기도 했지만 공포의 대상이기도 했죠. 지금도 종종 바닷속 풍경이 꿈에 나타나는데, 그럴 때마다 무서움이 느껴집니다. 바닷속에서 먼 곳을 보면 파랗다가 서서히 검어지죠. 그 검은 이미지가 꿈에 나와요. 이렇게 두렵고 무서운 상황은 꿈에 되풀이해서 나타나는 경향이 있습니다. 편도체에서 관장하는 공포 반응은 아주 오래된 본능적 반응이지요. 무의식에 내재된 공포 반응의 메커니즘이 우리의 경험과 맞아떨어져서 두렵고 무서운 꿈을 꾸는 겁니다. 수를 계산하는 일은 꿈에 거의 등장하지 않지요. 그것은 꿈꾸는 동안은 작업기억이 작동하지 않아서 계산을 할 수 없기 때문입니다.

꿈꾸는 동안 배외측전전두엽처럼 동작하지 않는 부위가 또 있습니다. 일차운동영역이죠. 그래서 운동신호가 출력되지 않을 것 같죠. 그런데 실제로는 일차운동피질에서 운동신호가 출력됩니다. 하지만 신호가 나가더라도 척수전각에서 운동뉴런과 연결이 끊어집니다. 렘수면 단계에서 연수의 거대세포핵이 활성화되면 글리신이 분비된다고 했죠? 글리신이 분비되어 운동뉴런을 억제하는 겁니다.

11-26
뇌의 감각입력과 운동출력의 네 가지 양상
감각입력이 운동출력 유발(1), 운동출력이 감각입력에 곁가지를 출력(2), 운동출력이 척수로 가지 않고 곁가지 출력으로만 감각입력을 변조(3), 감각입력이 없는 상태에서 운동명령이 감각피질로 입력(4)

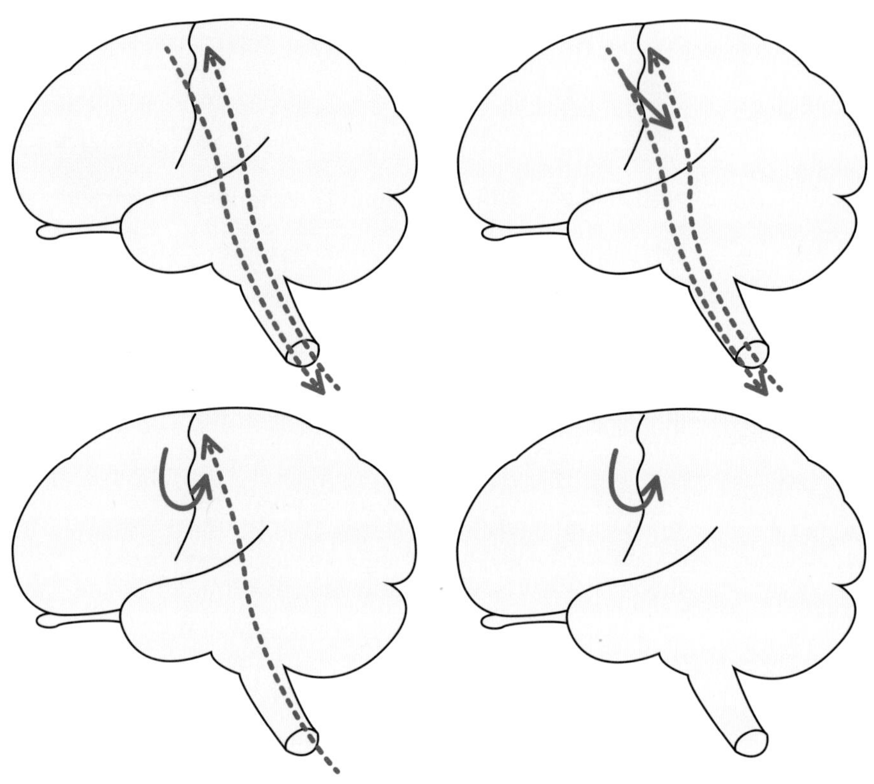

신경축삭이 곁가지를 내는 것을 방계collateral라 하는데, 신경과학에서 중요한 현상이죠. 신경세포를 보면 돌기가 굉장히 많습니다. 그 돌기가 한 방향이 아니라 여러 방향으로 움직이는 겁니다. 일차운동영역에서도 축삭이 곁가지를 내는 방계 현상이 일어나 운동 명령이 척수로 가기도 하고 체감각영역으로 가기도 합니다. 꿈을 꿀 때도 그렇죠. 운동신호가 척수뿐만 아니라 체감각영역으로도 입력되지요. 그런데 척수로 가는 운동출력은 척수운동신경세포와 연결되지 않지만 대뇌 체감각피질로 입력되는 운동신호는 연결되지요. 그 결과 체감각에 운동출력이 입력되어 대뇌피질에서는 운동효과가 나타납니다. 그래서 꿈에서도 운동학습이 가능할 수 있지요.

실제로 설치류에서 렘수면 시간이 길어질수록 운동학습이 향상되었다는 실험 결과가 있지요. 또한 시상감각핵들의 중계작용이 억제되어 일차감각피질로 감각정보의 유입이 없지만 연합감각피질의 작용으로 환청과 환시가 일어나요. 외부자극이 없는데도 소리가 들리고, 허깨비가 보이지요. 이러한 현상을 가리켜 감각-운동 환각sensory-motor hallucination이라고 합니다.

수면 과학이 발전하여 이 정도로 꿈의 메커니즘이 밝혀지기 전까지 우리는 끊임없이 꿈의 내용을 해석하려고 했지요. 20세기까지만 해도 프로이트의 꿈 해석 이론이 널리 유포되었지요. 수면과 꿈 연구가인 앨런 홉슨은 꿈은 프로이트의 이론이 얘기했던 억압된 '무의식적 욕망의 분출'이 아니라 '의미없는 넌센스'라고 말합니다. 꿈은 세로토닌과 노르아드레날린이 거의 작용하지 않은 상태에서 연상작용을 일으키는 아세틸콜린이 강하게 활동하는 상태일 뿐인 거죠. 시각 이미지의 감정적, 비논리적 분출인 겁니다. 그래서 앨런 홉슨은 꿈은 바로 정신분열증과 비슷한 상태라고 주장합니다.

05 현실이 바로 꿈의 변형일 수 있다

감각-운동 환각은 꿈에서만이 아니라 각성상태에서도 나타납니다. 에스컬레이터를 탈 때 이런 일을 겪는 경우가 가끔 있습니다. 약속 장소로 서둘러 가려고 에스컬레이터를 뛰어 올라가다가 이상해서 살펴보면 에스컬레이터가 정지해 있죠. 그런데 참 신기하게도 에스컬레이터에 뛰어 올라가는 처음 그 짧은 시간에는 정지된 상황을 의식하지 못합니다. 에스컬레이터를 타기 전부터 몸은 에스컬레이터가 움직인다고 예측하고 준비하고 있던 거죠. 그래서 뛰어 올라가다가 어느 순간 에스컬레이터가 정지한 것을 의식하고 당황하게 되는 거예요. 무의식적 예측이 깨질 때 우리는 주의 상황을 의식하게 되지요. 만약 얼굴에 코가 두 개인 사람을 보았다면 그 사람에 주목하지 않을 수 없겠지요. 왜냐하면 예측이 빗나간, 즉 예측과 완전히 다른 얼굴이기 때문입니다. 예측이 어긋났을 때 의식적 주의력이 집중을 합니다. 그래서 우리는 새로운 사건이나 사물에 주의를 집중하게 됩니다. 왜냐하면 새롭다는 것은 예측하지 못했다는 의미이기 때문이지요. 새로운 환경을 만나면, 대부분의 상황을 예측하지 못하기 때문에 학습이 잘 되지요. 이것이 바로 새로운 것에 호기심이 작동하는 학습의 원리이지요. 반대로 항상 예측할 수 있는 상황이 바로 현실이죠. 현실이란 반복해서 만나는 동일한 자극 패턴입니다. 시간에 따라 입력되는 비슷한 자극의 연속이 바로 현실이며 우리의 일상이지요. 반대로 꿈의 내용은 우발적이어서 반복 패턴이 드물죠. 따라서 꿈은 예측 불가능하고 바로 그 예측 불가능성 때문에 꿈을 진지하게 생각하지 않고, 꿈같다고 하는 겁니다.

앨런 홉슨는 감각-운동 환각이야말로 우리 뇌의 작동 메커니즘을 밝힐 수 있는 중요한 열쇠라고 강조합니다. 운동신호가 나가는 순간 동시에 감각피질에서 축삭의 곁가지 연결로 운동출력을 입력받아 운동효과가 이러이러할 거라고 예측하죠. 예측이 맞아떨어지면 의식적으로 인식하는 대신에 '내가 무엇을 한다'라는 무의식적 자아감이 생기죠. 예측이 어긋났을 때는 황당한 상황을 뇌가 합리적으로 해석하려 노력합니다. 그래서 외계 존재가 자기를 조종한다는 생각, 처음 방문하는 곳인데도 친숙한 느낌이 드는 기시감을 생성하곤 합니다.

그런데 이보다 자주 겪는 환각이 있죠. 바로 체감각의 환각입니다. 체감각의 환각은 삶을 유지하는 데 꼭 필요합니다. 체감각의 환각작용이 없으면 생존에 불리하죠. 진화적으로 체감각은 통증과 많이 관계되어 있습니다. 발이 못에 찔리는 경우 통증을 느끼는 곳은 뇌 신경계인데 우리는 발바닥에서 통증이 생기는 것으로 착각을 하지요. 체감각의 환각은 생존에 유리한 현상입니다. 왜냐하면 발이 다친 경우 의식적으로 보호해야 할 부위는 뇌가 아니라 다쳐서 감염되기 쉬운 발바닥이기 때문이죠. 우리는 다친 부위에서 통증을 느껴야만 그곳을 집중하여 보호할 수 있습니다.

청각의 환각이 일어날 때도 있죠. 정신분열 상태에서 흔합니다. 시각적 환각은 종교적 체험에서 간혹 나타나지요. 정상적인 청각적 환각도 있지요. 영화관에서 주인공의 목소리가 입술에서 나오는 것처럼 느껴지지만 사실은 벽에 고정된 스피커에서 나오죠.

체감각의 환각작용은 정상적이며 생존에 도움이 되지요. 정신분열 상태가 아니어도 환각이 일어난다면 도대체 현실과 꿈의 구분이 무엇일까 의아해지죠. 이나스는 현실에 대해 이렇게 말합니다. 현실은 꿈과 매우 비슷한 상태이며, 어쩌면 꿈이 더 본질적인 것이고 깨어 있는 동안 보는 현실은 꿈의 변형된 형태일 수 있다고요. 이에 따르면 현실은 감각작용에 도움을 받고 있는 꿈 상태라고 볼 수 있지요. 현실이라는 이미지는 뇌에서 만들어지기 때문입니다. 현실도 꿈도 모두 뇌가 만든 상태죠. 현실이란 가능한 추상의 총합이지요. 그러한 추상은 바로 우리 뇌가 만들어냅니다. 각자가 만드는 추상의 연상인 생각은 현실 그 자체가 아니라 자신에게 가능한 추상의 집합이죠. 그래서 모든 사람의 현실은 각각 다릅니다. 모두가 각자 자기만의 현실을 보게 되는 겁니다.

대뇌피질의 각성상태를 조절하는 세로토닌과 노르아드레날린을 만드는 세포들은 비-렘수면 동안 이러한 화학물질의 생산량을 절반으로 줄이고 렘수면 동안에는 완전히 생산을 중단하지요. 즉, 수면 중 전기적으로 다시 활성화된 뇌는 깨어 있는 상태를 조절하는 이 두 가지 화학물질 없이 작동하지요. 이러한 화학 시스템의 부재는 깨어 있을 때의 기능(주의, 기억, 반성적 사고)이 꿈을 꾸는 동안 사라지는 현상과 정확히 일치합니다. 꿈속에서 정신은 매우 강렬하고 생생하게 볼 수 있고 움직일 수 있고 느낄 수 있지만, 더 이상 제대로 사고할 수도, 기억할 수도, 주의를 집중할 수도 없지요. 꿈속에서는 내부의 자극이 깨어 있는 상태에서보다 훨씬 강렬한 환각적 상상을 불러오지요. 렘수면 중의 꿈은 노르아드레날린과 세로토닌의 농도가 아주 낮은 상태에서 아세틸콜린에 의해 조절된다고 할 수 있습니다.

우리는 아세틸콜린을 가지고 기억의 단편들을 불러일으킬 수 있지요. 그러나 노르아드레날린과 세로토닌 없이는 새로운 기억을 만들어 낼 수 없습니다. 임신 30주 정도의 태아는 안구, 얼굴, 사지 등의 확실한 움직임 패턴을 나타냅니다. 내부에서 만들어지는 운동성은 자아 개념의 본질인 스스로의 움직임을 만들었다는 느낌을 갖게 하지요.

약 4억 년 전 어류의 출현과 동시에 세 종류의 각각 다른 수면 양태가 출현합니다. 그중 제1 수면 상태는 신체의 근육에 약간 가소성이 풍부해진 상태입니다. 예컨대, 자고 있는 메기의 꼬리를 막대기로 건들이면 꼬리가 구부러지고, 그대로 가만히 있지요. 고등동물에서 볼 수 있는 근육마비 상태와 비슷합니다. 제2 수면 상태는 신체 근육이 완전히 굳어진 상태로 휴식하고 있는 상태이지요. 이때는 막대기로 밀면 신체가 그대로 떠밀려갑니다.

제3 수면 상태는 신체의 근육이 완전히 이완되어 있어, 그저 밑바닥에 누워 있기만 한 상태입니다. 이들 세 종류의 수면과 같은 상태를 원시수면이라고 합니다. 원시수면은 양서류에서도 같은 모양으로 관찰되며. 약 3억 년 전에 출현했던 파충류에 계승되어 어느 정도까지 유지되고 있지요. 그런데 제3 수면과 같은 상태, 즉 신

11-27
바늘두더지(왼쪽)와 영장류의 뇌(오른쪽)

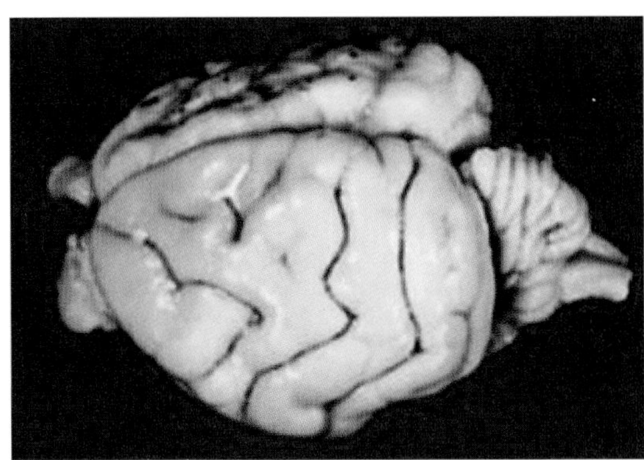

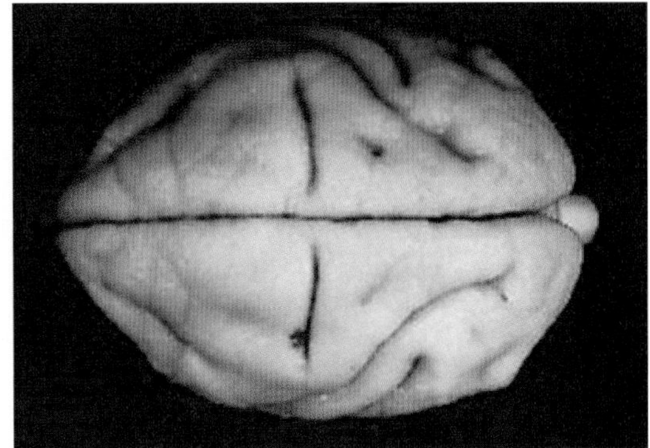

체의 근육을 이완시켜서 휴식하는 방법은 상당히 남아 있습니다.

다른 두 가지도 아직 남아 있지만, 이미 퇴화 과정에 있지요. 이것이 중간수면이라고 부르는 단계입니다. 제1 수면과 제2 수면은 그로부터 7000만 년 전에 출현한 조류나 포유류에서는 거의 퇴화해버렸지만, 제3의 형태가 점차 발달하여 참수면으로 진화합니다. 아마도 근육을 이완시키는 휴식법이 운동 계통을 쉬게 하거나 대뇌를 일로부터 해방시키기에도 가장 적합했기 때문일 겁니다. 제3 수면은 이렇게 하여 렘수면과 비-렘수면으로 변화했을 것으로 추정합니다. 그런데 알을 낳는 원시적 포유류인 단공류(오리너구리, 바늘 두더지)는 중간수면에서 참수면으로 넘어가다가 오늘날까지 이르고 있는 것으로 생각됩니다.

오스트레일리아의 바늘두더지는 렘수면이 진화되지 않은 단공류이지요. 포유류는 단공류, 유대류, 태반류 순서로 진화한다고 합니다. 그런데 바늘두더지는 태반류인 영장류에 비교해서 전두엽이 발달했지요. 바늘두더지는 렘수면이 없어서 낮 동안의 경험을 현장에서 학습해야 하는 뇌의 부담이 전두엽의 발달을 촉진했을 수 있지요. 인간은 학습한 내용을 렘수면 동안 장기기억으로 만든다는 연구결과가 있지요. 렘수면이 학습에 도움이 된다는 연구결과가 점점 많아지고 있지요. 꿈을 진화적으로 연구하는 뇌과학자는 렘수면 없이 인간 정도의 지능을 유지하려면 뇌를 짐수레에 싣고 다녀야 할 만큼 뇌가 커져야 한다고 추정하지요. 수면은 동물이 발달시킨 능력이지요. 특히 렘수면은 단공류 이후의 포유동물이 획득한 놀라운 뇌 기능입니다.

12장

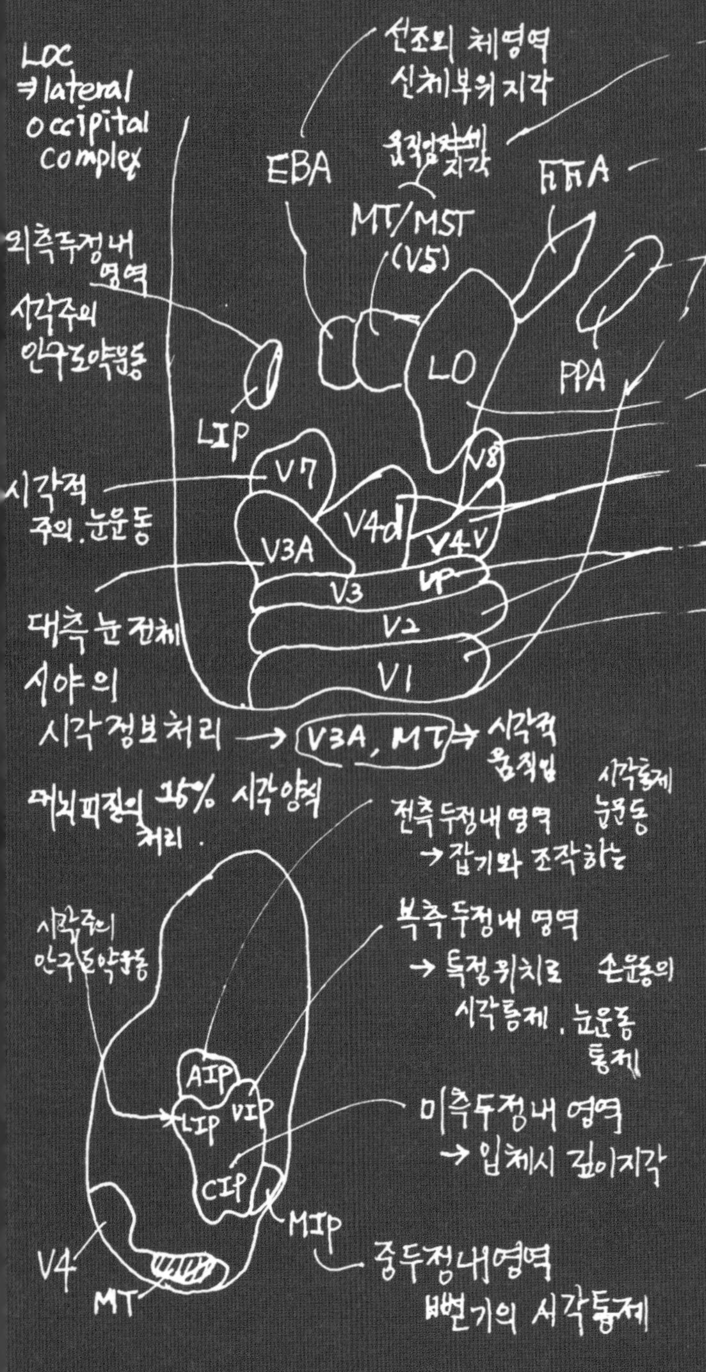

내측측두/내측상측두
→ 인간 손상 → 동작맹

방추상 얼굴영역 fusiform fac
are

해마주변 위치영역 (특정 장소와 장면 재인)
parahippocampal place area

외측 후두 복합영역 (사물의 재인)
LO ⇒ LOC

색채지각 ≒ TEO

형태분석. 색채항상성 처리

V1 에서 온 정보의 추가적 분석

방향. 운동. 공간주파수. 망막부동
색채분석 소모듈

V4 장애 ⇒ 색채식별 가능 but
색채 항상성 장애

두정엽의 손상은 눈과 사지의 움직임을
통제하지 못하게 한다.

두정내구 ⇒ intraparietal 은 5개 영여
IPS ⇒ CIP, MIP, VIP, LIP, AI

↳ 시각주의 와 안구도약운동 ⇒ LIP, VIP

(배측 흐름 ⇒ 공간적 위치의 지각 보다
행위를 유발 한다

감각, 감정, 생각 아래 거대한 바다

— 의식의 세계

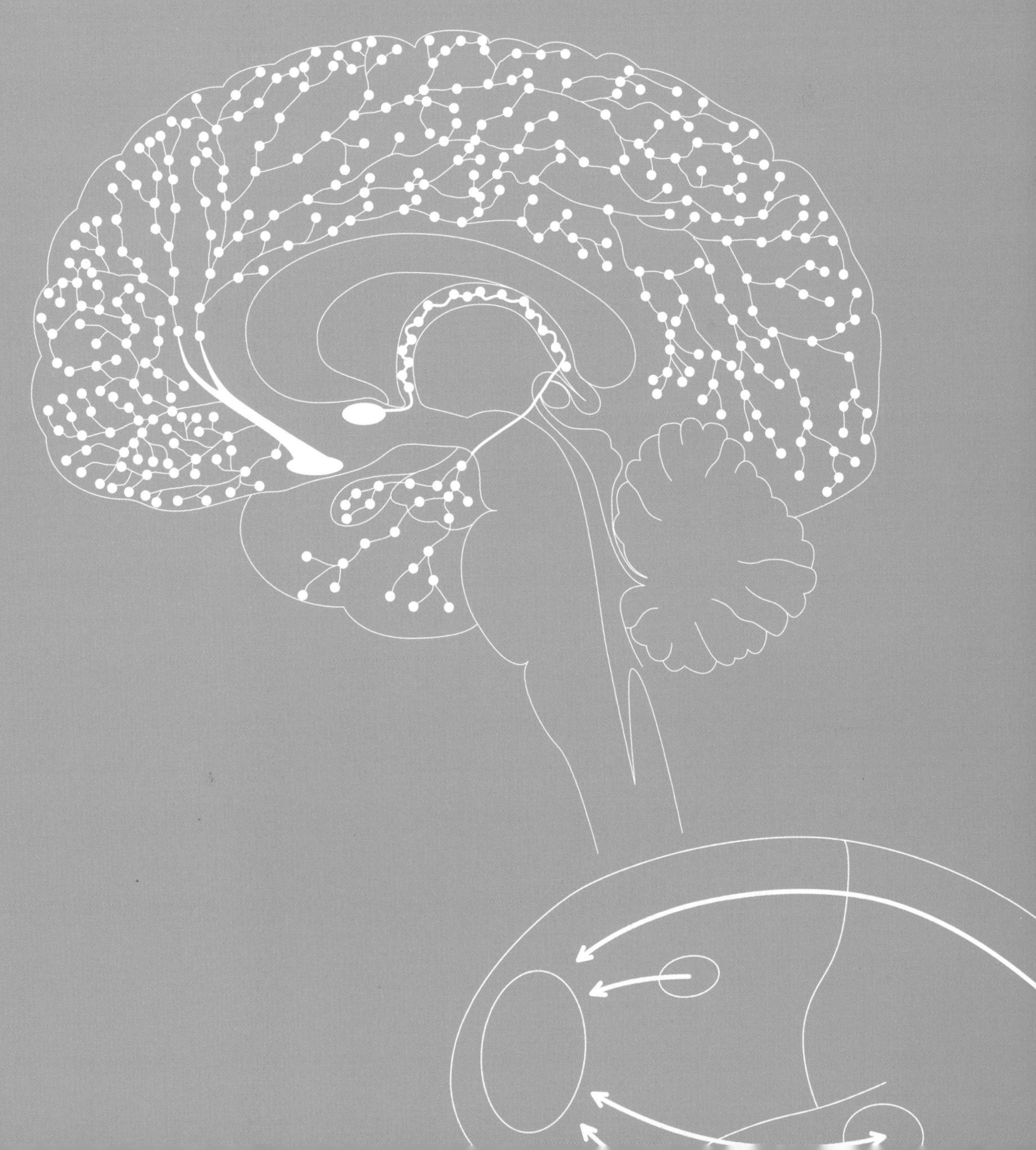

01 인간에 도달하여 비로소 의식적 존재가 되었다

의식은 뇌과학의 마지막 질문입니다. 뇌 스스로 자신이 어떤 상태인지 알 수 있는 의식상태는 진화가 낳은 기적 같은 현상이지요. 무의식상태는 의식화되지 않은 뇌의 상태입니다. 뇌의 처리 과정이 의식화되기 위해서는 동시에 연결되어 함께 동작하는 피질영역이 일정 크기 이상으로 확대되어야 하지요. 함께 활성된 피질영역이 소규모이거나 동시성이 결여되면 의식화되기가 어렵지요. 그래서 의식상태는 무의식상태보다 더 큰 규모의 뇌 영역이 함께 작용한 결과이지요. 무의식이 의식에 미치는 영향보다 의식이 무의식에 더 큰 영향을 줄 수 있습니다.

그런 관점에서 심리학자 올튼은 창의적 사고에서, 대개 무의식적 처리의 탓으로 돌려지는 효과들이 사실은 어떤 문제에 관한 생각을 멈추었다고 가정되는 시간 동안 그에 관해 의식적으로 생각한 결과라고 주장합니다. 피질영역을 많이 사용하면 뇌의 처리 과정이 더 의식화됩니다. 감정, 느낌, 사고작용은 뇌가 스스로 그러한 상태에 있음을 자각할 수 있지요. 의식은 뇌 신경처리과정을 뇌가 스스로 알아차리는 상태이지요.

뇌 상태의 각성 정도를 비교하면 느낌은 좀 더 뚜렷한 의식상태이며, 감정은 느낌이 더 분명한 상태이지요. 감정이 배제된 논리적 생각은 상징으로 구성된 의식상

12-1
뇌의 의식적 상태와 무의식

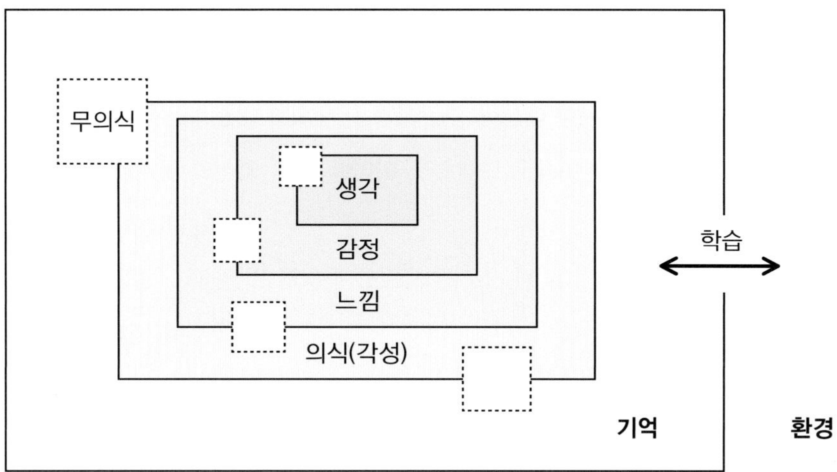

태입니다. 이러한 의식상태의 각 단계마다 무의식이 의식상태에 무작위로 출현할 수 있습니다. 무의식은 억눌린 본능의 발현이 아니라 의식단계로 도달하지 못한 뇌 상태라고 볼 수 있지요. 의식상태에 도달하려면 상당한 규모의 피질영역이 동시 발화로 상호연결되어야 합니다. 의식상태에서 주의력이 분산되면 곧장 무의식상태가 됩니다. 의식상태는 신경조절물질의 작용으로 대뇌피질의 각성상태가 유지되는 능동적 상태이며, 무의식은 대뇌피질의 각성이 낮아진 상태입니다.

의식은 감각, 감정, 기억, 생각 같은 뇌 현상이 발현되는 바탕입니다. 의식이 바다라면 나머지 뇌 작용들은 의식의 바다 위 물결에 불과할 수 있지요. 텅 빈 그릇, 잔잔한 바다처럼 의식도 내용 없이 그 자체로 존재할 수 있지요. 그래서 의식은 무의식보다 더 광범위하게 통합된 가변적 상태입니다.

잠에서 깨어나는 순간은 무의식에서 의식상태로 전환되고, 처음 생성된 의식은 상태만 존재하고 내용은 채워지지 않아서 속이 빈 나무에 비유될 수 있지요. 의식을 설명하는 가설들은 무척 많습니다. 한번 나열해보겠습니다.

1. 대니얼 데닛: 다초고이론 Multiple Drafts theory

2. 존 설: 생물학적 자연주의Biological Naturalism, 통일장이론Unified Field Theory
3. 데이비드 찰머스: 자연주의적 이원론Naturalistic Dualism, 원-범신론Proto-Panpsychism
4. 로젠탈, 리컨, 카루더스: HOT / HOP 이론HOT / HOP theories
5. 장 매챙제: 주관성의 자아 모델 이론The self-model theory of subjectivity
6. 프레드 드레츠케, 마이클 타이: 의식의 표상주의자 이론Representationalist theories of consciousness
7. 대인턴, 스터벤베르크: 러셀의 일원론(Russelian) monism, "simple" conception of experience, "단순한" 경험의 이론
8. 오리건과 노에: (가상) 의식의 감각운동성 이론Sensorimotor theory of (visual) consciousness
9. 바렐라, 러츠, 톰슨: 신경현상학Neurophenomenology
10. 맥스 벨먼: 반성적 일원론Reflexive monism
11. 바스: 통합작업공간이론Global Workspace Theory (GWT)
12. 레하르: 게슈탈트 버블 모델The Gestalt Bubble Model
13. 맥파튼, 포켓: 전자기장 이론Electromagnetic Field Theories
14. 크릭, 코흐: 신경생물학적 체계Neurobiological framework
15. 토노니, 에델만: 역동적 핵The Dynamic Core
16. 제키: 마이크로의식-이론Microconsciousness-theory
17. 램: 반복 프로세스 이론Recurrent processing theory
18. 이나스: 시상피질 반복 이론Thalamocortical Loop Theory
19. 다마지오의 신경생물학적 이론Damasio's neurobiological theory
20. 레본주오: 생물학적 실제론Biological Realism, 세계-가상 은유World-Simulation Metaphor, 마스터 루프 가설Master Loop Hypothesis

느낌은 의식의 단일한 상태이고, 전전으로 의식적이지요. 생각은 언어를 바탕으로 인과적이며 논리적으로 표현되는 의식상태의 내용이지요. 생각은 혼자 말하기로 행동을 연습하는 과정으로 볼 수 있습니다. 우리는 행동할 수 없을 때 생각을 하

지요. 그래서 생각은 표출하지 않는 행동입니다.

본능욕구에 의해 감각경험이 분류되어 지각이 범주화되지요. 범주화된 지각 작용은 해마복합체에서 맥락적 속성의 일화기억이 생성되고, 대뇌연합피질과 해마복합체의 상호작용으로 개념의 범주화가 발생합니다. 사건기억의 반복으로 그 공통패턴이 드러나면 에델만이 주장하는 가치-범주 기억이 출현합니다. 가치-범주 기억이 다시 감각피질과 상호연결되면서 현재 감각입력을 지각범주화와 개념범주화 관점에서 해석합니다. 전경과 함께 배경을 연합학습하여 하나의 장면이 생성되지요. 이러한 일차의식 과정과 더불어 언어능력이 진화하면서 감각경험에 대한 상세한 기억이 가능해집니다. 그래서 연합피질에 저장된 경험기억과 현재 감각입력을 비교하는 작업기억이 생기지요. 현재 감각입력과 과거 경험기억의 흔적을 비교하면서 변화하는 환경에 대한 인식작용으로 시간을 의식할 수 있는 고차의식이 출현합니다. 고차의식은 언어, 자의식, 시간의식을 갖게 되지요. 시간에 대한 의식으로 과거의 관점에서 현재 진행되는 상황을 판단하고, 미래에 대한 전망을 갖게 되는, 예측하려는 인간 뇌가 작동하지요. 그래서 시간상에서 연속적인 행위의 주체에 대한 느낌인 자아에 대한 의식이 생겨나지요.

02 의식의 12가지 속성

의식은 정의하기가 어렵습니다. 미묘하고 많은 것을 담고 있기 때문에 언어로는 표현하기 어렵지요. 그래서 개별 속성만을 가지고 어렴풋이 느낄 수밖에 없습니다. 에델만은 이런 의식을 열두 가지 속성으로 구분하여 설명합니다.

첫째 속성은 통일성과 일원성입니다. 우리는 어떤 풍경을 볼 때 풍경의 구성요소들을 따로따로 볼 수도 있지만 하나의 그림으로 통합적으로 인식하고 하나의 느낌으로 받아들입니다. 얼굴을 볼 때도 그렇지요. 세부 패턴만 보는 게 아니라 전체를 봐요. 동물의 경우에는 인간과 다르지요. 동물들은 여러 감각입력을 하나의 통합된 대상으로 만들어낼 정도로 대뇌연합피질이 크지 않아요. 의식의 통일성과 일원성이라는 능력으로 우리는 단일한 의식의 흐름을 일정 기간 유지할 수 있지요.

둘째로 의식은 다양성과 분화성을 띱니다. 분화는 다른 속성으로 분류되는 다른 가지를 만든다는 것이죠. 숲속에서 풍경을 바라보고 있다고 상상해봅시다. 바람에 나뭇잎이 흔들려요. 흔들리는 나뭇잎들 사이로 햇살이 비치다가 구름이 천천히 지나갑니다. 의식이 항상 유동적으로 새로운 감각입력을 계속 따라가고 있죠. 새로운 정보가 들어오면 지각적 의식이 계속 바뀝니다. 또한 다양한 정보를 쫓아 끊임없이 분화하고 있지요. 둘째 속성인 분화성은 첫째인 통일성과 상반됩니다. 반대의 두

12-2
의식의 12가지 속성 (에델만 이론)

구분	속성
일반적 속성	통일성, 일원성 다양성, 분화성 순차성, 변화성 감각양식 통합 구성적 (채워 넣기)
정보적 속성	지향성, 접근성, 연합성 중심, 주변, 경계 집중, 분산
주관적 속성	퀄리아(qualia) 세계 속 위치와 상황에 민감 친숙함과 친숙함의 경계

속성이 동시에 일어나요. 상반된 속성을 동시에 가질 수 있다는 것이 의식의 놀라운 능력입니다.

의식의 셋째 속성은 순차성과 변화성입니다. 에델만에 의하면 의식에는 일차의식이 있고 고차의식이 있습니다. 일차의식만 가진 동물은 순차성에 대한 의식이 희박하지요. 사건을 순서대로 나열하지 못합니다. 그래서 현재 상황까지 도달하게 된 일련의 사건들을 연결하지 못하지요. 과거에서 이어져서 도달한 현재가 아니라 현재 그 자체만이 존재하는 강한 현전성이 동물의 특질이지요. 하지만 고차의식을 가진 인간은 '시간에 대한 의식'이 가능합니다. 역순으로 거슬러 올라가 무엇이 문제고 어떻게 해결할지 생각해내죠. 인간의 의식이 순차성과 변화성을 띠기 때문에 가능한 일입니다. 인간에게는 시간에 대한 개념이 있는 거죠.

시각이 발달하면서 아이의 눈앞에 전개된 방 안의 여러 사물이 동시에 그 존재를 드러내지요. 시각적 대상이 펼쳐진 시각장은 이처럼 즉시적이면서 전체적으로 사물을 노출시킵니다. 아이가 말을 배우면서 방 안의 여러 물건들 중에서 젖병을 보고 '찌찌'라고 발음합니다. 그러면 발음된 단어의 지시작용으로 여러 사물의 배경에서 젖병이 전경으로 떠오르며 아이는 그 물건에 주의를 기울이지요. 이때서야 전체적 '시각장'에서 언어의 지시작용에 의한 '주의장'이 생성됩니다. 단어의 나열에

12-3
시상의 감각자극 전달과 상행그물활성계의 비상경보 전달 비교

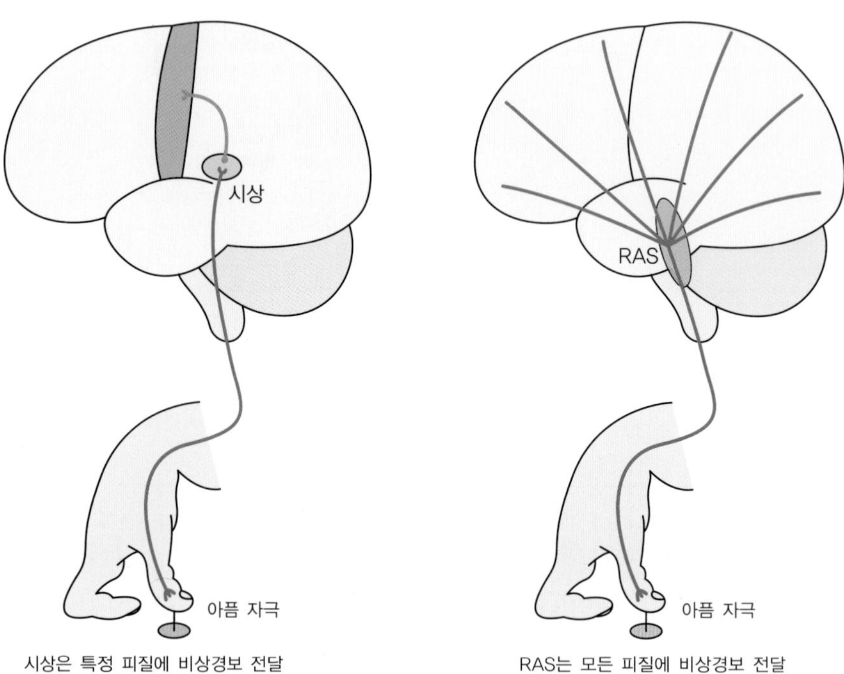

시상은 특정 피질에 비상경보 전달

RAS는 모든 피질에 비상경보 전달

개별 사물이 대응하면서 주의초점이 연속적으로 아이의 움직임을 유도합니다. 전개되는 주의장 속에서 아이의 운동선택이 연속성을 갖게 되고 주의장 속에서 사물의 움직임이 순차성을 갖게 되어 순서에 대한 개념이 생기지요. 결국 순서와 시간에 대한 의식도 단어의 지시작용을 매개로 하여 생성되지요.

넷째, 의식은 감각양식을 통합합니다. 시각, 청각, 체감각 정보가 내측두엽에 들어가서 하나로 모이죠. 그래서 대화를 할 때 표정, 발음, 느낌이 어우러져 정보를 통합적으로 전달합니다. 감각양식의 통합은 첫째 속성인 통일성과는 다릅니다. 통일성은 의미를 통합하는 것이고, 이것은 감각을 통합하는 것이지요.

시각, 청각, 체감각의 개별 감각은 여러 개의 하위처리 단위로 구성됩니다. 시각에는 형태, 색채, 움직임을 처리하는 각각의 피질영역이 있지요. 연합시각피질에서 시각의 단계들이 통합되어 전체적인 시각상을 구성하지요. 개별 감각양식이 통합된 상태로 감각입력이 해마로 유입됩니다. 그래서 인간은 개별 감각이 통합된 하나의 표상에 대한 이미지를 생성합니다. 생성된 이미지를 소리부호로 대응시킴으로서 언어가 출현했죠. 언어적 상태는 전적으로 의식상태이며, 의식상태는 언어적 상태를 포함합니다. 따라서 의식이 감각양식을 통합할 수 있지요.

다섯째, 의식은 구성적입니다. 개별 정보들로는 의미가 없는데, 이 정보들이 하나로 모이는 순간 의미가 생겨요. 12-4의 왼쪽 그림에서 우리는 풍경 속에서 실제로 존재하지 않는 얼굴을 만들어냅니다. 주변 사물의 부분적 윤곽을 통일적으로 구성하여 무의식적으로 얼굴을 산출해내는 거지요. 오른쪽 그림은 세부 패턴은 무의미하지만 그 패턴이 시각처리의 다음 단계에서는 인간 얼굴을 임의적으로 확 드러냅니다. 시각적 의식이 부분적 패턴을 통일된 얼굴로 구성하지요. 의식의 구성적 능력으로 우리는 사물과 사건을 재구성하여 다양한 의미를 부여할 수 있습니다.

의미 자체도 계층 구조를 갖습니다. 단순한 의미 요소로 구성된 전체는 다른 차원의 더 깊이 있는 의미를 갖지요. 영화를 볼 때 한 장면 한 장면 따로 인식하나요? 아니죠. 엄청난 양의 정보를 받아들여 하나의 스토리를 구성하면서 재미를 느끼고 감동합니다. 어떻게 이런 일이 가능할까요? 우리 눈은 계속 깜박입니다. 깜박이는

12-4
의식의 구성적 속성

시간을 모두 모으면 하루에 90분쯤은 깨어 있는 동안에도 눈을 감고 있다고 해요. 그러면 시각정보가 계속해서 짧은 기간 끊기지요. 그런데도 의식의 작용으로 시각 단절 부분을 채워 넣어서 연속적인 내용으로 인식합니다.

지금까지 살펴본 통일성과 일원성, 다양성과 분화성, 순차성과 변화성, 감각양식 통합, 구성적이라는 속성은 의식의 일반적 속성으로 분류됩니다. 다음의 네 가지는 의식의 정보적 속성으로 분류되지요.

의식의 여섯째 속성은 지향성입니다. 지향성을 한마디로 표현하면, 의식은 대부분 무엇을 의식한다는 겁니다. 즉 의식에는 내용이 있지요. 내용이 없이 텅 빈 상태로 의식 자체만 존재할 수도 있죠. 하지만 우리 의식은 거의 항상 무엇을 지향하고 있지요. 추상적 공간이든 물리적 공간이든 의식이 향하는 방향이 있습니다. 목표를 추구하는 성향도 이런 속성이 반영된 것이죠. 의식의 지향성이 인간에서는 더욱 확장되어 의식은 '의식 그 너머 상태'를 가리킬 수 있어요. 그래서 우리는 의식화되기 힘든 무한이나 영원 같은 초월적 상태를 상정할 수 있고, 자연에 존재하지 않은 상상의 동물을 형상화할 수 있지요.

일곱째, 의식은 접근성과 연합성을 띱니다. 의식은 의도와 상관없이 지속적으로 뇌의 기억저장영역에 접근하고 연결하려고 합니다. 의식이 어떤 상황에 집중하다가 다른 자극이 들어오면 그쪽으로 주의를 전환하지요. 그러면 그 상황에 관련된 기억과 연결되어 다양한 의식의 갈래들을 만들지요. 그러다가 주제에서 벗어났음을 깨닫고 다시 처음 상황으로 의식이 집중되지요. 의식은 언제든 다른 쪽으로 갈 수 있습니다. 즉, 다양한 경험기억과 연합하기도 하고 어떤 분야의 기억 집합에 접근할 수도 있죠. 그래서 의식의 흐름은 변화무쌍하지요. 의식이 관심을 옮겨가는 과정을 스스로 예측하기란 쉽지 않지요.

여덟째, 의식에는 중심과 주변부가 있습니다. 그리고 중심과 주변을 구분하는 경계도 있습니다. 중심에서 떨어진 주변부는 희미하게 의식되죠. 그러다가 어떤 단서로 인해 의식이 경계로 이동하는 순간 경계지대에 있던 정보가 연결되면서 중심으로 들어오죠. 주의의 초점이 이동할 수 있지요.

아홉째, 집중에서 분산으로 의식이 조절됩니다. 흥미로운 이야기를 들을 때는 집중하다가 시간이 조금 지나면 흐트러지죠. 집중과 분산으로 의식의 집중도가 조절될 수 있다는 것이지요.

마지막 세 가지는 의식의 주관적 속성에 속합니다. 하나는 '감각질'이라고 번역되는 퀄리아Qualia와 세계 속에서의 위치와 상황에 민감한 속성, 그리고 친숙한 상태와 친숙함이 결여된 상태입니다. 이 세 가지 속성은 모두 의식의 상태를 말합니다.

색깔과 맛에 대해서는 각자의 고유한 느낌이 있습니다. 다른 사람에게 전달하기 힘들지만 본인은 독특하게 인식하는 지각적 의식을 감각질이라 하지요. 새록새록, 따끔따끔, 시큼시큼, 새콤달콤, 알록달록의 형용사처럼 의식은 퀄리아를 통해 아주 미묘한 수준까지 대상을 주관적으로 느낄 수 있죠. 자신에게는 자명한 주관적 느낌이 이러한 감각을 표현한 언어에 담기죠. 이것이 바로 의식의 열째 속성인 퀄리아입니다.

퀄리아에는 묘한 특성이 있어요. 나는 내 퀄리아를 분명히 느낄 수 있는데 다른 사람의 퀄리아를 느끼기는 힘들어요. 이는 뇌과학에서 환원 불가능한 어려운 문제이지요. 과학으로 분석하지 못하는 부분이니까요. 퀄리아는 자신에게는 고유하지만 타인에게 전달하기 힘든 각자의 영역입니다. 의식이 뇌과학의 궁극적 질문인 것은 감각질의 문제가 환원하기 어려운 문제이기 때문입니다.

그런데 에델만의 주장에 의하면 퀄리아는 환원 불가능하지만 인간 사회에서 중요하지 않을 수도 있습니다. 신호등은 빨강, 파랑, 노랑의 세 가지 색깔로 되어 있지요. 빨간등, 노란등, 파란등이 아니라 삼각형, 사각형, 오각형으로 바꾼다고 해서 문제가 되지는 않습니다. 이런 상징 기호의 형식은 사회 구성원들이 합의하면 가능하지요. 형식은 조작 가능합니다. 하지만 빨간색을 보고 정열을 떠올리는 사람도 있고 공산주의를 떠올리는 사람도 있겠죠. 받아들이는 사람마다 내용, 즉 퀄리아가 달라요. 각자의 퀄리아가 다르니 교환할 수 없으며, 통용하기도 불가능하고, 조작하기도 힘듭니다. 인간관계는 언어와 감정 등을 교환하면서 생기는 정서적 응집력으로 유지되는데, 퀄리아는 교환하기가 어려워요. 나의 빨강은 나의 빨강이고, 너의 빨강은 너의 빨강일 뿐입니다. 그래서 퀄리아는 자기 자신에게는 영향을 주지만 타인과의 관계에는 영향을 미치지 않아요. 관계에 영향을 미치는 건 퀄리아가 아니라 퀄리아를 담고 있는 형식이죠. 그래서 감각질은 자신에게는 구체적인 느낌이지만 타인과 교환하기는 힘든 뇌의 작용이지요. 따라서 인지작용의 교환에 의해 형성된 인간 사회 그 자체에는 감각질의 영향이 크지 않다는 겁니다.

열한째, 의식상태는 세계 속의 위치와 상황에 민감합니다. 고층 건물에 올라갔을 때처럼 물리적 위치에 민감할 수도 있고, 조직의 서열에 민감할 수도 있지요. 또 상황에 민감하여 분위기 파악도 잘하죠. 그래서 부드럽고 편안한 분위기에서는 시원찮은 유머에도 웃음을 터뜨리고 냉랭한 분위기에서는 타고난 코미디언이라도 뻣뻣해지게 되는 겁니다.

의식의 마지막 속성은 친숙한 상태와 친숙함이 결여된 상태가 있다는 거죠. 어떤 사람에게서는 친밀감이 느껴지는데, 또 다른 사람과는 서먹해질 수 있지요. 의식의 상태가 그렇다는 겁니다.

의식의 열두 가지 속성을 보면 의식이 어떤 것인지 어렴풋하게 느낌이 오죠? 우리가 무언가를 의식한다는 것은 인간만이 갖는 고유한 뇌의 능력일 수 있어요. 생각은 내용과 시간적 변화를 갖는 의식상태입니다.

시각의식

시각의 경우 의식중심과 주변부가 분명해집니다. 시각의 주의집중을 받는 의식중심부와 대상이 시야의 초점을 벗어나지만 의식에 머물 수 있는 의식주변부가 존재하지요. 의식중심부의 시각은 대부분 의식할 수 있지요. 인간은 시각주도 사고를 하지요. DNA 구조 발견으로 노벨상을 수상한 크릭은 분자생물학에서 뇌과학으로 연구 분야를 바꾸었지요. 크릭이 뇌과학에서 주로 연구한 분야가 바로 시각을 통한 의식의 규명입니다. 시각은 두정엽을 가는 무의식적 시각정보와 측두엽으로 전달되는 의식적 시각이 있지요. 그래서 의식과 무의식상태를 비교하면서 의식을 밝혀내기 적합한 감각의식이지요.

일부 도마뱀에서 송과체는 실제적인 시각 역할을 하는 송과안(두정안)으로 작동하지요. 시각은 망막에서 시상을 거쳐 대뇌피질과 송과체 그리고 시개로 전달됩니다. 인간의 송과체는 빛에 민감한 멜라토닌 호르몬을 만들지요. 전두안구영역에 도달하는 시각자극은 대상을 의식적으로 추적하게 합니다. 인간은 망막에서 시각자

12-5
파충류의 시각처리 영역

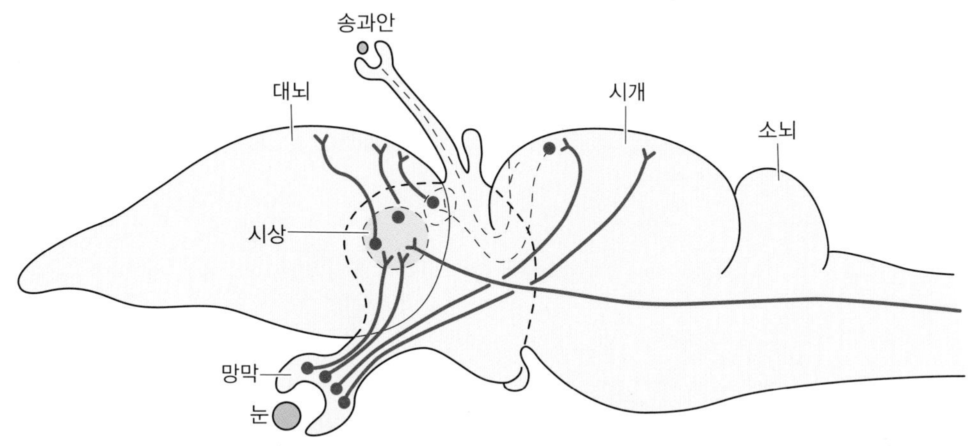

12-6
인간 시각의 다양한 처리 영역

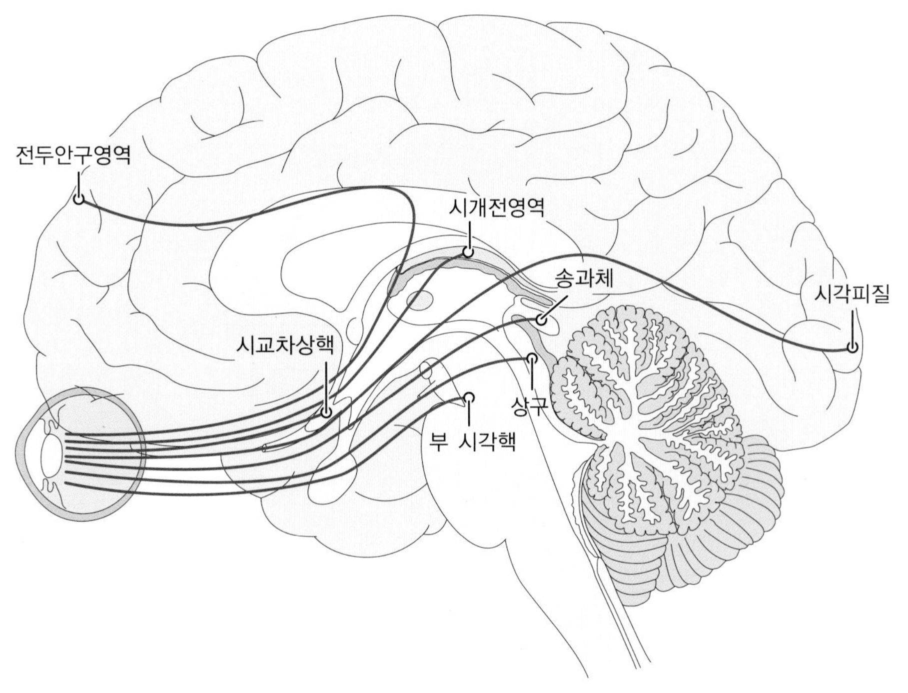

12-7
시각피질의 기능적 구분

상구, 송과체, 시개전영역으로 전달되는 시각은 의식되지 않는다. 외측슬상체를 통해 대뇌일차시각피질로 전달되는 시각도 무의식시각이다. 중간측두엽(MT)은 물체의 움직임에 민감하다.

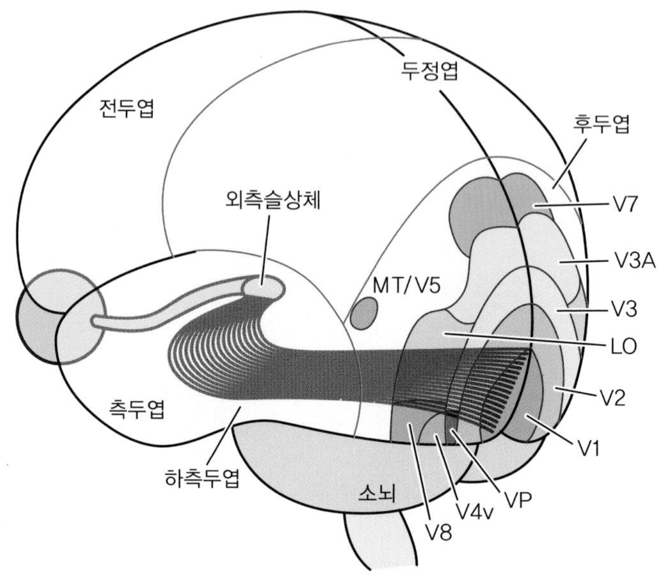

12-8
시각의 두정엽과 측두엽이 시각로

(출전: The Human Central Nervous System, R. Nieuwenhuys, J. Voogd and C. van Huijzen)

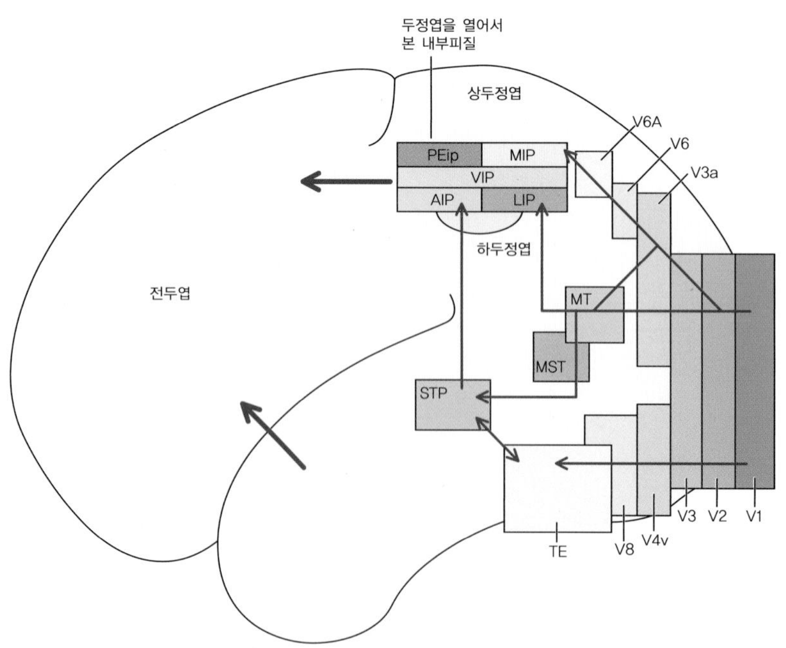

극은 부시각핵, 상구, 송과체, 시각피질, 시개전영역pretectum area 전두안구피질 orbitofrontal cortex로 전달됩니다.

도마뱀에서처럼 인간의 시각로도 시상을 통하지 않고 송과체, 부시각핵, 상구로 직접 전달되는 경로가 있지요. 그래서 인간의 상구는 파충류의 시개와 상동기피질입니다. 안구전두영역과 시각피질은 시상의 중개작용으로 시각이 전달됩니다.

대뇌일차피질(V_1)에서 V_2, V_3까지는 V_1의 처리 결과에 추가적 분석을 하지만, 이

12-9

시각처리 피질의 기능구분

(출전: Astafiev et al., Journal of Neuroscience, 2003, 23, 4689-4699; Tootell et.al., Journal of Neuroscience, 2003, 23, 3981-3989)

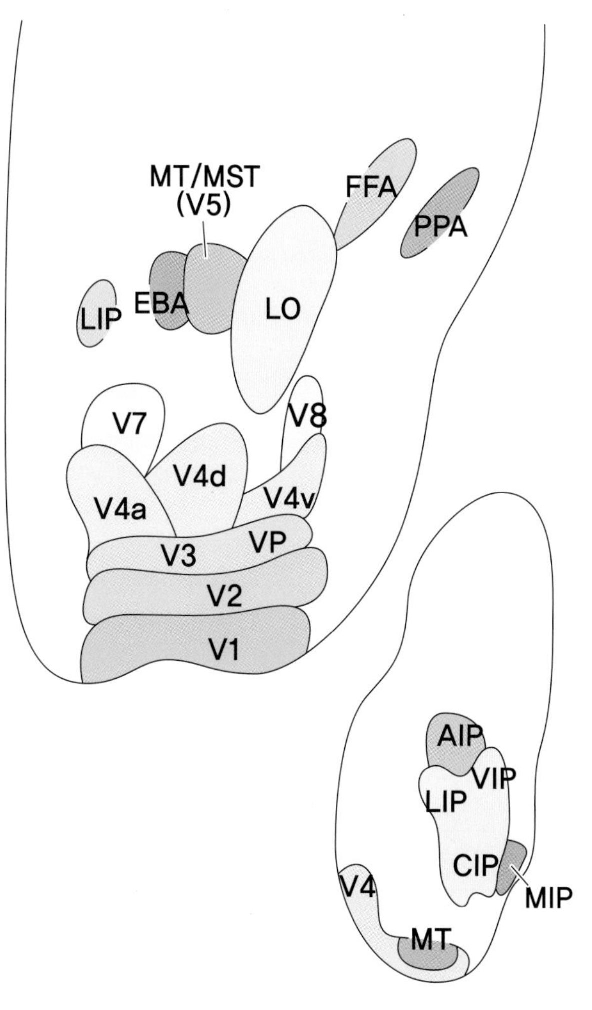

인간의 시각피질영역	영역이름	기능
V1	선조피질	방향, 운동, 공간주파수, 망막 부등 및 색채를 분석하는 작은 모듈들
V2		V1 에서 온 정보의 추가 분석
복측 흐름		
V3와 VP		V2에서 온 정보의 추가 분석
V3A		대측 눈 전체 시야의 시각정보 처리
V4d/V4v	V4 등쪽/복측	형태 분석
		생채 향상성 처리
		V4v = 상위 시야,
		V4d = 하위 시야
V8		색채 지각
LO	외측 후두 복합	사물 재인
FFA	방추상 얼굴영역	전문가에 의해 얼굴과 사물의 재인 ("가변적 방추상 영역")
PPA	해마주변위치영역	특정 장소와 장면 재인
EBA	선조의 체영역	얼굴보다 신체 부위에 대한 지각
등쪽 흐름		
V7		시각적 주의
		눈 운동 통제
V5 (MT/MST 또는 MT+로 불림)	내측두/내상측두 (원숭이 뇌에서의 위치 이름)	자세 지각
		특수 하위영역에서 생물학적 자세와 시각 흐름의 지각
LIP	외측 두정내영역	시각 주의
		경련성 눈 운동 통제
VIP	복측 두정내영역	특정 위치로 손 운동의 시각 통제
		눈 운동 통제
		지적하는 것에 대한 시각 통제
AIP	전측 두정내영역	잡기와 조작하는 손 운동의 시각 통제
MIP	중두정내영역	뻗기와 시각 통제
	두정 뻗기 영역(원숭이)	
CIP	꼬리쪽 두정내영역	입체시에서 깊이 지각
	꼬리쪽 두정 부등영역	

후로는 두정엽으로 전달되는 시각정보와 측두엽으로 전달되는 시각으로 분리됩니다. 두정엽은 두엽을 열어서 드러나는 내부피질인 두정내엽에 시각피질이 세분화되어 있지요. 영장류의 시각 연구에서 이 두정내엽의 시각기능은 상세히 밝혀졌습니다.

배쪽시각흐름은 대상의 정체를 인식하고 등쪽시각흐름은 대상의 크기를 인식하지요. 시각의 등쪽흐름과 배쪽흐름 간의 상호연결은 중요합니다. 아이들은 이 연결이 성숙되지 않았을 수 있다는 연구 결과가 있지요. 두정내엽의 꼬리쪽(CIP)은 입체에서 깊이를 지각하고, 두정내엽의 앞쪽(AIP)은 잡기와 조작하는 손 운동의 시각을 통제하지요. 이처럼 두정내엽의 시각작용은 손 운동의 안내와 조절에 관여하여 몸동작을 유발합니다. 반면에 배쪽시각흐름인 외측후두피질(LO)은 사물을 재인식하지요. 방추상얼굴영역(FFA)은 얼굴 재인식에 민감하며 해마주변위치영역(PPA)는 특정 장소와 장면을 재인식합니다.

시각 처리는 일차시각피질에서 두정엽으로 향하는 무의식적 시각 처리와 측두엽으로 가는 의식적 시각 처리 과정으로 구분됩니다. 두정엽에서 시각 처리는 손동작을 유발하는 의식화되지 않은 많은 동작과 관련됩니다. 컵을 잡는 손동작을 단계별

12-10
시각 처리 과정과 시상침의 역할

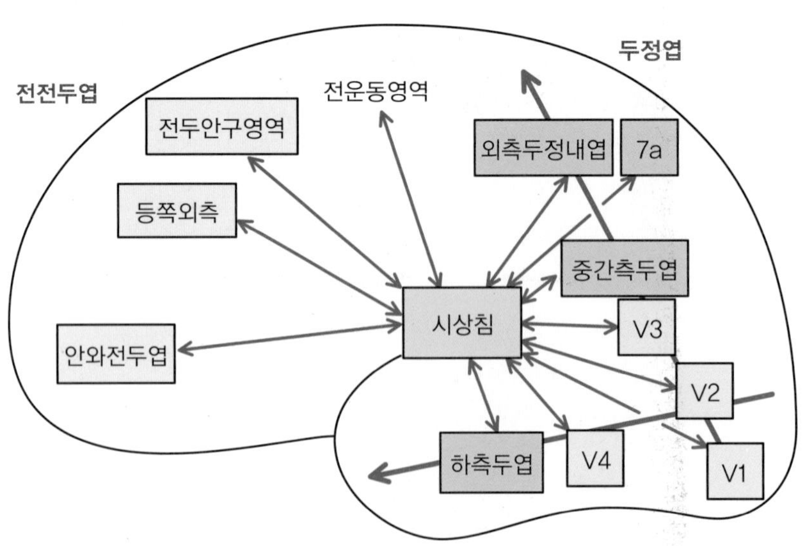

로 살펴보면, 처음에는 손바닥을 펴서 컵으로 가까이 옮겨 둥근 컵을 잡을 수 있게 적절히 무의식적으로 손가락을 안으로 모으죠. 시각으로 사물을 인식하면 그에 맞춰 많은 손동작이 자동적으로 조절되는 능력은 두정엽에서 처리되는 시각작용입니다. 일차시각피질(선조피질, V_1)은 선분과 각도, 그리고 모서리를 처리하며, V_2는 V_1에서 입력되는 정보의 추가 분석을 합니다. V_4는 색채, MT는 움직임을 처리하지요.

일차시각피질에서 하측두엽으로 전달되는 시각정보는 사물의 형태와 색깔을 처리하여 개별 사물에 대한 기억을 형성합니다. 하측두엽에서 형성된 시지각은 전두엽과 연결되어 의식화됩니다. 시각의 두 갈래 정보는 시상침과 상호연결됩니다. 시상침은 전두시각피질, 배외측전전두엽 그리고 안와전전두엽과 연결되어 시각 정보를 바탕으로 주의를 집중하거나 주의집중을 전환시킵니다. 한 사물을 의식하다가 다른 사물로 주의를 전환하는 능력으로 인지작용이 연속성과 유연성을 갖게 되었지요.

망막의 시각자극은 외측슬상체를 통해서 일차시각피질로 전달되지요. 시각대상

12-11
시각자극에서 손 운동출력까지의 처리 단계

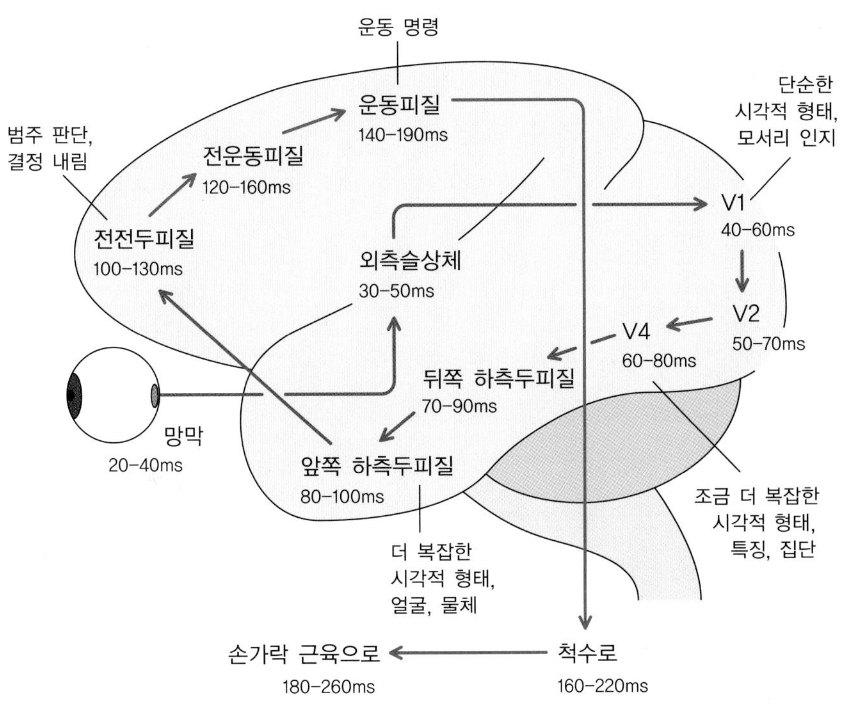

12-12
영장류와 인간의 시상침의 진화
(출전: Principles of Brain Evolution, G. F. Striedter)

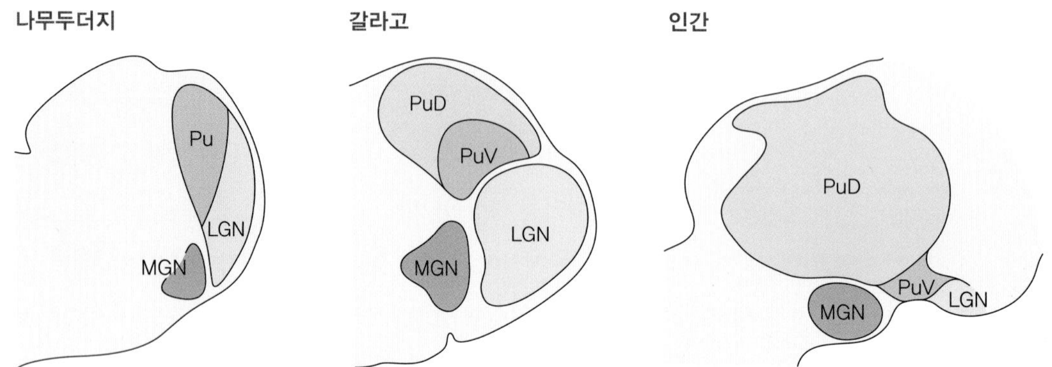

MGN : 내측슬상핵, LGN : 외측슬상핵, Pu : 시상침, PuD : 등쪽시상침, PuV : 복측시상침

을 재인식하는 측두엽의 시각정보전달은 V_4에서 앞쪽 하측두엽에 도달합니다. 앞쪽 하측두엽에서는 시각대상이 의식적으로 인식할 수 있지요. 앞쪽 하측두엽에서 전전두피질로 전달되어 운동출력을 계획합니다. 일차운동피질에 도달한 운동계획은 척수를 통하여 손가락 근육을 제어하지요. 전전두질에서 일차운동피질까지 신경전달은 의식화되지 않아요. 시각정보처리 과정에 하측두엽의 일부와 전전두엽에서만 의식적으로 인식하며, 나머지 과정은 무의식상태입니다. 이처럼 뇌 작용에서 의식 수준의 정보처리는 전전두엽과 관련됩니다. 전전두엽의 의식화 능력은 시각처리에서는 시상침과 두정엽이 관여합니다. 특히 시상침의 진화는 시각의식의 발달을 촉발했지요.

시상침은 시각적 주의집중과 관련됩니다. 시상침 아래에 시각을 중계하는 외측슬상체lateral genuculate nuclieus(LGN)와 청각을 중계하는 내측슬상체medial genuculate nuclieus(MGN)가 있지요. 나무두더지는 비교적 작고 단일한 시상침이 존재하지만, 초기 영장류인 갈라고는 시상침이 등쪽과 배쪽으로 분화됩니다. 인간의 시상침은 등쪽시상침PuD이 크게 발달하며 전전두엽과 강하게 상호연결됩니다. 인간의 배쪽시상침과 외측슬상체는 시각을 중개하지만 등쪽시상침은 전전두엽과 연결되어 시각 자체보다는 시각의식과 주의력을 발달시키지요. 이처럼 전전두엽과

12-13
주의집중과 주의이동 뇌 구조

후두정엽은 현재 주목하는 대상에 대한 집중상태에서 벗어나게 하고, 상구는 새로운 대상으로 시선을 옮겨주며, 시상침은 새로운 대상에 대한 주의집중상태를 강화시킨다.

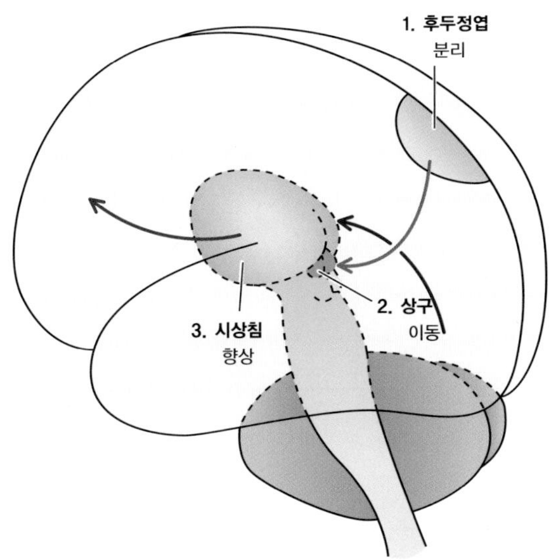

12-14
기억, 주의집중, 작업기억 사이의 뇌 연결망

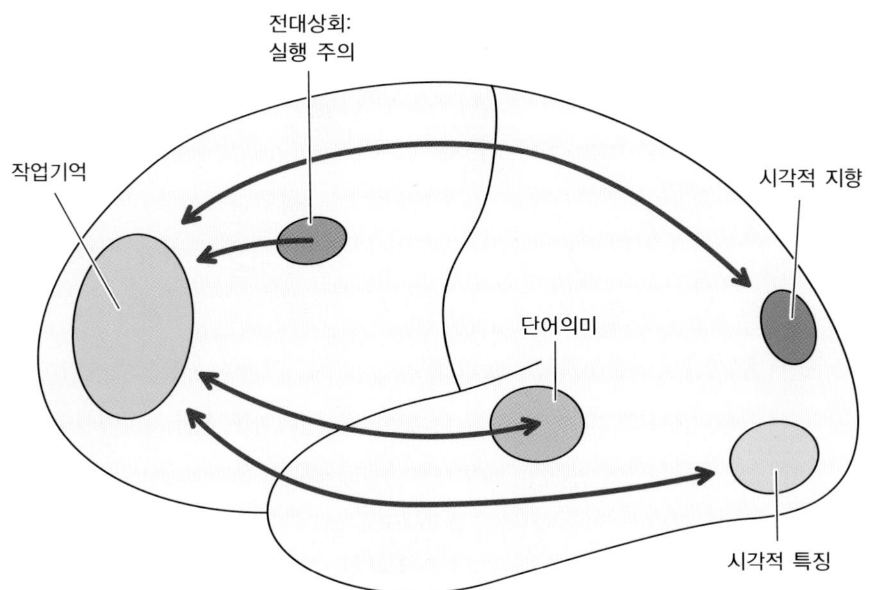

12-15
자극입력에서 반응출력의 정보처리 과정에 대한 위켄스의 모델

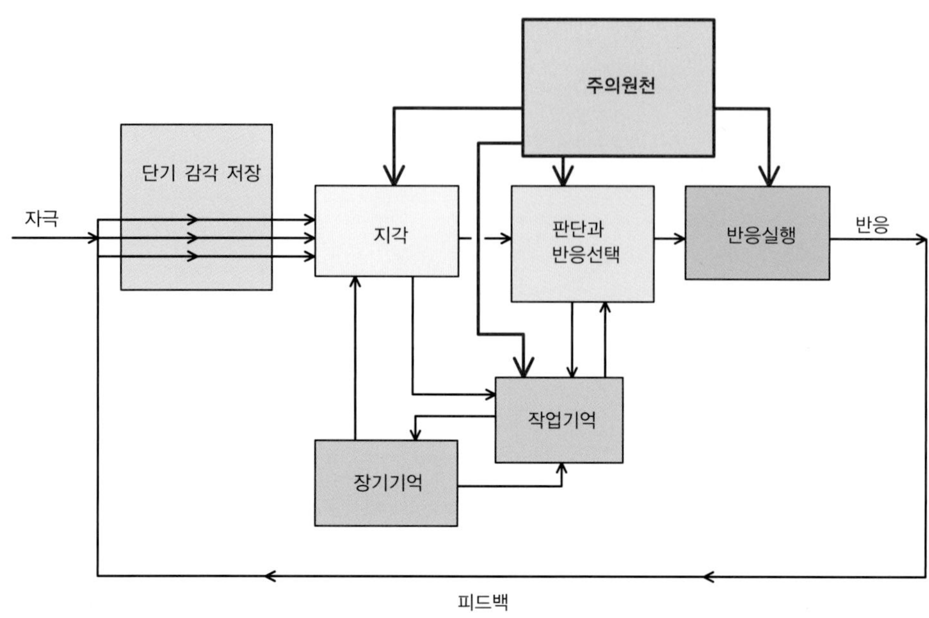

시상침의 상호연결은 인간에게 시각주도적 의식상태를 출현하게 했습니다.

의식상태가 정해진 후에야 비로소 감각정보가 들어와 인지작용이 동작하면서 의식내용이 만들어지죠. 생각은 내용으로 채워진 의식상태이지요. 그리고 생각의 내용은 주로 언어로 구성됩니다.

뇌가 의식상태에서 행하는 구체적인 활동이 작업기억입니다. 작업기억은 전전두엽이 시각피질, 전대상회, 베르니케영역과 연결되어 환경자극을 즉시적으로 처리하지요. 그래서 작업기억은 현재의식 그 자체입니다.

의식적 주의대상인 주의원천이 바로 기억의 대상이 됩니다. 주의대상은 지각되어 반응을 유발하지요. 단기감각이 장기기억을 참고하여 지각으로 변화되며 지각은 판단과 반응선택의 근거가 됩니다. 선택된 반응을 운동으로 출력하면 감각입력 상황이 바뀌어 변화된 자극이 입력됩니다. 이러한 연속된 과정에서 지각, 반응선택 그리고 반응실행 단계는 의식의 주의상태에서 처리되지요.

목표 처리 과정의 뇌 영역 상호연결에 의한 기능을 정리하면 다음과 같습니다.

12-16
후두엽, 두정엽, 전두엽의 장거리 신경연결과 측두엽이 신경연결

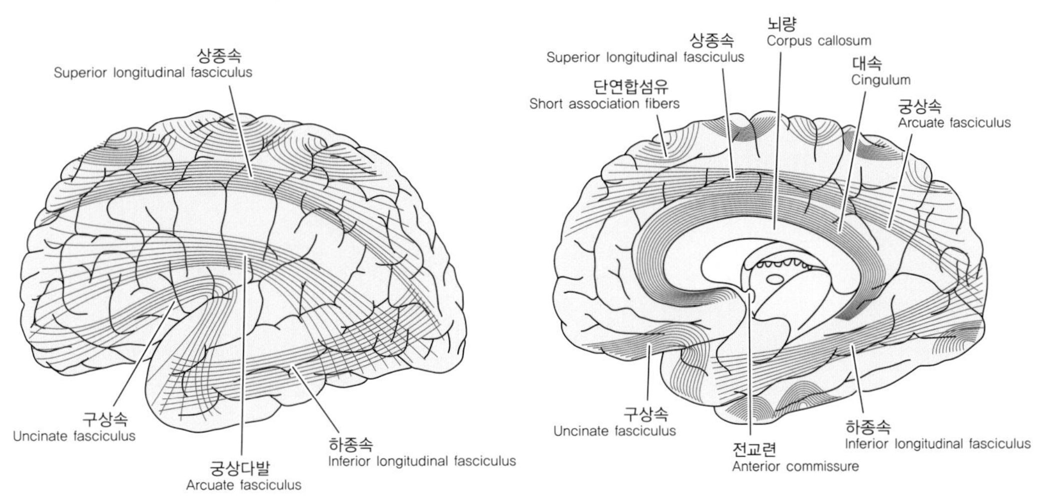

12-17
시각연합피질, 두정엽, 전전두피질의 신경연결

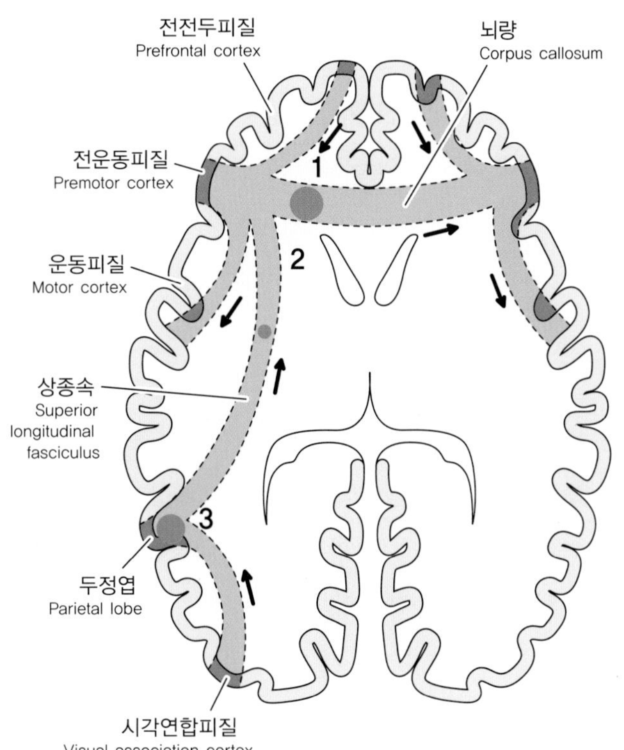

12-18
배외측전전두엽의 목표처리 과정에 연결된 뇌 영역
(출전: Schneider, Chein, 2003)

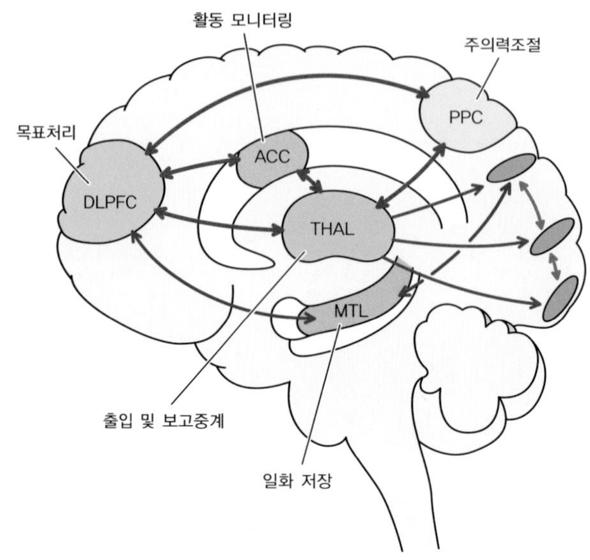

시상의 중계: 감각정보를 일차피질로 전달

감각피질의 상호연결: 감각연합

연합된 감각과 내측두엽의 상호연결: 일화기억형성

해마와 배외측전전두엽의 상호연결: 현재 전개되는 상황 파악

시상과 배외측전전두엽의 상호연결: 주요한 감각을 대뇌피질로 선별적 중개

전대상회와 배외측전전두엽의 상호연결: 상황에 동기부여와 인지분석을 통한 활동모니터링

후두정피질과 배외측전전두엽의 상호연결: 주의력 조절

배외측전전두피질은 목표를 처리하지요. 전대상회는 목표 사이의 갈등과 실수를 추적하여 조절합니다. 후두정엽은 주의조절에 관여하며 내측두피질은 일화기억을 형성합니다. 시상은 감각을 중계하고 상황을 전전두엽에 보고하지요. 갈등과 실수를 하는 동안 전대상피질이 높은 활성을 보이지요. 배외측전전두엽과 전대상회는 인지작용을 유연하게 하지요.

03 자아와 바깥 세계를 잇는 의식

그렇다면 의식은 어떻게 만들어질까요? 의식이 있으려면 우선 몸, 즉 신체적 자아self가 존재해야 하죠. 이 자아는 생존에 긴요한 신호를 보내는 교감신경과 부교감신경의 자율신경계, 뇌간, 그리고 시상하부의 활동으로 유지되죠. 식욕과 자손을 남기고 싶은 욕구에서 항상성을 유지하려는 본능적 자아가 생겨나죠. 그리고 어른이 되면서 타인을 가족과 사회구성원으로 의식하며 점차 사회적 자아가 형성되고 공고해집니다.

자아와 마주하는 것으로 외부 환경이 있습니다. 비자아non-self의 물리적 세계죠. 시각, 청각, 체감각의 일차피질과 이차피질에서 외부 세계상을 재구성하죠. 뇌가 만드는 세계상을 형성하는 과정이 바로 지각의 범주화perceptional categorization입니다. 범주화는 사물을 분류하는 틀이 생긴다는 뜻이죠. 예를 들어 청각피질에서 지각이 범주화되면 어떤 말을 들을 때 단어가 분리돼서 들립니다. 그렇지 않으면 말이 배경잡음처럼 무의미하게 흘러가 버리죠. 영어를 듣는 데 익숙하지 않으면 문장에서 단어들이 구분되지 않고 밋밋한 덩어리로 흘러가버리지만, 듣기 훈련을 충분히 한 뒤에는 대화 속의 단어들이 각각 구별되어 문장의 의미를 알게 되죠. 청각 자극이 구별 가능한 일정한 패턴으로 인식되는 것이 바로 청각 지각의 범주화입니다.

체감각피질에서 바깥 세계를 촉각으로 지각하고, 근육과 관절을 통해 근육의 긴장도가 인식되어, 두정엽에서 우리 신체의 공간적 위치를 의식하지요. 그래서 우리는 눈을 감고도 손가락으로 코 끝을 빗나가지 않고 건드릴 수 있지요. 근육과 관절에서 대뇌체감각피질로 유입되는 의식적 고유감각을 통해 매순간 우리 신체의 존재감을 느끼는 것이죠.

해마를 중심으로 한 내측두엽, 그리고 공포나 분노 같은 감정과 관련된 편도체가 상호작용해 자아 욕구와 바깥 세계의 정보를 그물처럼 엮어 기억합니다. 해마와 편도체는 서로 연결되어 있죠. 내측두엽과 대뇌피질의 상호작용으로 공고화된 기억은 두정엽과 측두엽의 연합피질에서 저장되어 장기기억이 되지요. 연합피질에서 경험기억의 흔적들이 반복적으로 자극되면서 그 공통 패턴이 형성되면, 지각의 범주화가 일어나죠. 결국 지각의 범주화란 시간적으로 되풀이되는 감각자극의 공통 패턴입니다. 감각정보가 감각연합피질에서 전두엽, 두정엽, 측두엽 연합피질로 이어져 회로가 돌아가면서 지각의 범주화에 의해 구체화되었던 지각적 세계상이 추

12-19
에델만의 일차의식 모델

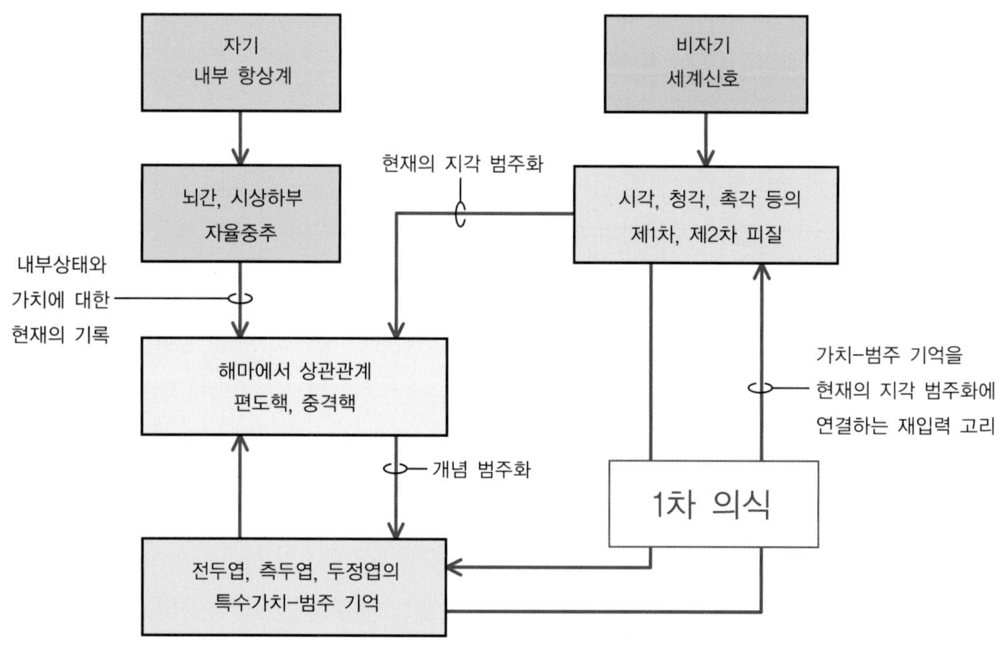

상적 관계의 속성으로 변환되어 개념의 범주화conceptual categorization가 생성되지요. 감각입력에서 기억 형성으로 흐르는 정보의 흐름은 상향적 정보처리, 기억된 정보가 일차감각피질로 전달되는 것은 하향적 정보처리라 합니다.

에델만의 이론에 의하면, 피질이 세계의 범주화와 관계가 있고, 변연-뇌간 시스템이 가치와 관련이 있다면, 학습은 가치라는 배경 위에서 범주화가 가치를 만족할 수 있도록 지각이 범주화되는 과정이 됩니다. 그래서 학습은 행위에 적응적 변화를 낳게 하는 수단으로 간주될 수 있지요.

확장된 신피질를 가지고 있는 인간은 인과적으로 연관이 없는 세계의 각 부분들에 대한 범주화 작업을 상호 연관시킬 수 있고, 또 하나의 장면으로 묶을 수 있죠. 장면을 만들어내는 것은 생존에 중요한 감각자극을 배경 신호와 함께 연결하는 해마의 기능에서 시작됩니다. 장면은 시공간적으로 배열된 일련의 낯선 사건과 사물들이 맥락적 관계로 범주화된 것이죠. 하나의 장면이 만들어내는 장점은 외부세계에서는 인과적으로 연관되어 있지 않았을지라도 과거의 경험을 바탕으로 새로운 사건에 연결될 수 있다는 것이죠.

이런 의미에서 학습된 사건의 특징은 개별 동물이 과거 경험에서 학습의 결과로 획득한 상대적 가치에 따라 결정됩니다. 지각의 범주화와 개념의 범주화로 대뇌연합피질에서 가치-범주 기억이 생기고, 이런 범주화된 기억과 현재 진행 중인 감각입력이 상호연결되면서, 동물이 생존하는 환경입력에 대한 하나의 장면이 생성되는 것이죠. 결론적으로 일차적 의식의 출현을 이끄는 것은 바로 이런 장면을 창조해내는 능력의 진화론적 발생이라고 에델만은 주장하지요.

개념의 범주화로 만들어진 추상세계에서는 정보가 패턴, 즉 은유로 인식됩니다. 은유는 공통점이 없는 사물이나 사건 사이에서 공통점을 발견해 연결하는 것이죠. 공통점이 없는 현상 사이에서 공통점을 발견해 연결하는 능력은 학습과 창의성을 가능하게 합니다.

그런데 추상의 세계에서는 의식의 범위를 확장하기 위해 필요한 경우 구체성을 희생하기도 하지요. 템플 그랜딘은 《동물과의 대화》라는 책에서 "일반적 지능은 특수한 지능의 희생으로 성립된다."라고 합니다. 엄밀하게 따져 특수한 지능, 즉 천재성은 인간 이외의 동물들에게서 흔히 찾아볼 수 있다고 합니다. 새는 공간지각의 천재죠. 독수리는 시각의 천재이고, 개는 후각의 천재입니다. 그러나 동물의 천재성은 구체적인 감각에만 한정되어 있어요. 자폐증 환자 중에도 천재성을 가진 사람이 있지요. 구체적 세계에 머물러 있으면 추상의 세계로 들어가기 힘들지요.

추상의 세계는 전전두엽이 만들어내는 상징의 영역이죠. 이나스는 《꿈꾸는 기계의 진화》에서 "사고는 진화적으로 내면화된 운동"이라고 말합니다. 5억 년에 걸쳐 물고기에서 인간으로 진화하는 동안 팔다리와 손발의 부속지 운동이 척수신경을 통해 뇌로 올라가면서 추상적 사고가 생겨났다는 거죠. 그 결과로 출현한 인지능력이 상징체계입니다. 언어로 표현되는 상징 능력이 추상적 사고작용으로 뇌 작용이란 가상공간에서 무한대의 자유도를 획득한 것이죠. 새처럼 날 수도 있습니다. 비행기를 설계할 수도 있죠. 생각해보세요. 상징공간에서 우리는 무한한 자유를 얻었어요. 진화의 경이로운 능력이지요.

하지만 개념의 범주화로 올라가지 못하고 지각의 범주화에 머물러 있는 사람들도 있지요. 지각이 만들어내는 구체의 세계에 매몰된 사람들은 추상적 사고에 익숙하지 않아서 구체적 사실만을 이야기하죠. 그러면 감각적 지각에 갇혀 더 큰 상위 구조의 패턴을 인지하지 못합니다. 사회 시스템을 알 수 없고, 자연의 구조적 패턴을 볼 수 없고, 미래를 예측할 수 없어요. 물론 구체성의 세계도 필요합니다. 구체성이 없는 추상의 세계는 사상누각이며 공허한 언어의 구조물일 수 있어요. 그래서 구체적 세계상을 바탕으로 추상 세계를 세워야 비로소 개념의 범주화가 감각입력을 하나의 장면으로 통합하여 일차의식이 생성되는 것이죠. 추상성을 구체적 사물이나 사건을 통해 전달하면 오래 지속할 수 있죠. 속담이나 격언은 주로 구체적 사실에 추상적 정보를 담아서 전달합니다. '아니 땐 굴뚝에 연기가 나랴'라는 속담은 모든 상황에는 그 나름의 이유가 있다는 추상적 내용을 불과 연기의 구체적인 인과관계로 표현합니다. 상황의 구체적 인과관계가 바로 사건의 맥락을 형성하지요.

이렇게 해서 의식의 세계는 맥락적으로 연결된 장면의 흐름을 만듭니다. 일차의식을 갖게 된 존재는 의미있는 장면으로 구성된 세계상을 생성하지요. 일차의식은 대부분의 포유동물들이 어느 정도 갖고 있는 뇌 기능입니다. 그러나 과거-현재-미래로 구분되는 시간 의식과 자아 의식은 인간만이 가능하지요. 가치-범주 기억과 감각피질의 상호연결로 일차의식이 생성되며, 이러한 일차의식이 계속 작동하면서

12-20
에덜만의 고차의식 모델

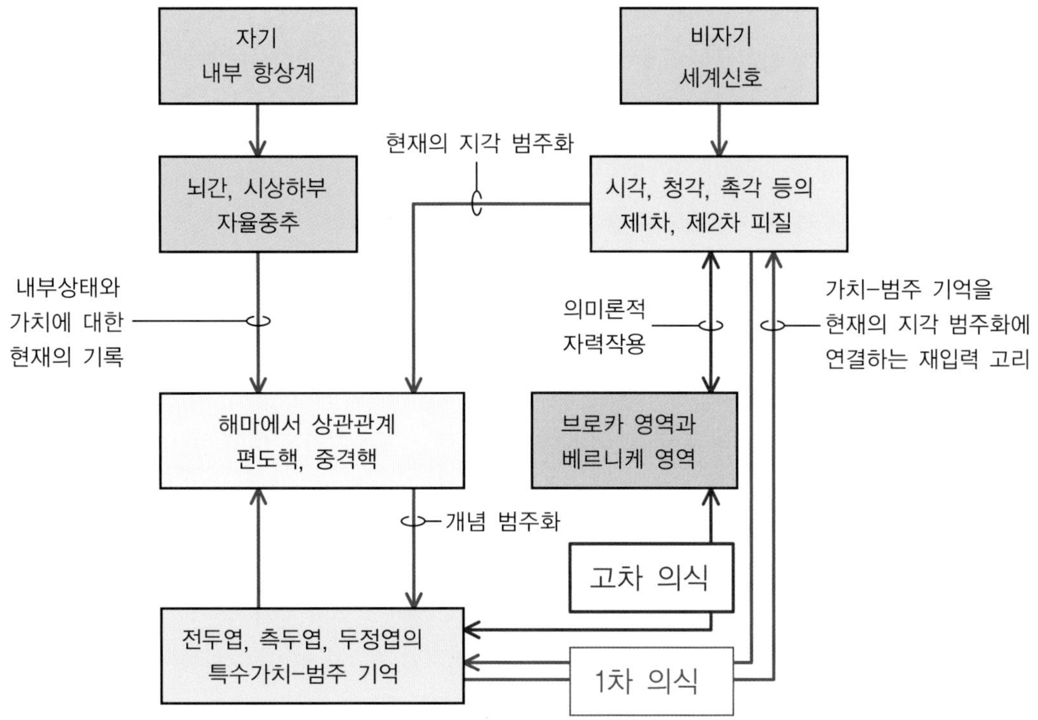

언어가 출현해 상징능력이 추가되었지요.

인간의 뇌는 에델만이 '범주화 기계'라고 말했을 정도로 효율적인 범주화를 일으킵니다. 대상을 그냥 보는 게 아니라 무의식중에 범주화하죠. 대상의 형태가 바뀌어도 마찬가지죠. 자동적으로 범주화하다 보면 때로는 과잉범주화가 일어나기도 합니다.

과잉범주화는 선입견과 편견이라는 두 가지 부작용으로 나타나죠. 과잉범주화가 일어나면 단편적 기억을 바탕으로 삼아 대상을 확정적으로 인식하게 되는데, 이 현상이 바로 선입견이지요. 편견은 편향된 지각으로 개념이 범주화된 경우이지요. 확인되지 않은 정보로 상황을 판단하면 편향된 결정을 할 수 있죠. 정보를 제한적으로 받아들이면 제한적 세계를 구성하지요. 수직의 창살에 갇힌 고양이는 수직적 시야를 형성하고, 결국 수평의 세계를 인식하지 못하게 됩니다.

언어에 의해 가능해진 대규모의 기억능력으로 경험기억과 현재입력의 비교가 가능해졌지요. 과거의 경험기억을 회상하여 '그때 그 상황에 그렇게 대처했지'라는 기억을 바탕으로 비슷한 현재 상황에 대해서 미래를 예측할 수 있습니다. 그래서 현재 감각입력에 종속되지 않고 미래를 예측하는 관점에서 환경입력에 대한 운동출력을 선택할 수 있죠. 경험기억이 시간적으로 쌓여 자전적 회상이 가능해진 의식, 즉 자아의식이 출현한 것이고, 수동적 지각에서 능동적 행위가 가능해진 것입니다. 일차의식에서 고차의식으로의 발전은 언어의 사용이 가져온 인간 뇌 진화의 결과죠.

인간 뇌의 특징적 기능인 고차의식과 목적지향성, 그리고 예측은 대부분 전전두피질의 신경처리 과정과 관련되므로 전전두의 기능을 다시 살펴봅시다. 전전두피질은 행동을 주시하고, 감독하고, 이끌고, 집중시키는 대뇌피질의 영역입니다. 목표지향적이고, 사회적으로 책임이 있고, 상황에 적절한 행동을 만들어줍니다. 특히 주의를 지속하는 능력, 판단, 충동 통제, 자기 감찰과 감독, 문제 해결, 선견적 사고, 정서를 느끼고 표현하는 능력, 변연계와의 상호작용, 공감대 형성 능력이 전전두엽이 다른 여러 뇌 영역과 어우러져 서로 신호를 처리한 결과죠.

전전두피질의 기능이 빈약한 사람은 경험으로부터 학습하는 데 어려움을 보이며, 그래서 실수를 반복합니다. 경험에 근거하지 않고, 순간적인 판단과 자신의 즉각적인 욕구에 근거해 행동하기 때문이죠. 전전두피질은 다양한 뇌 영역과의 연결을 통해 과제를 달성할 때까지 주의를 기울이도록 도와줍니다. 이런 목표지향적 실행 능력을 뇌 과학자 골드버그는 '내적경로'를 유지하여 미래에 상정한 목표를 달성하게 해주는 전전두엽의 주요 기능으로 생각하지요.

전전두피질은 집중해야 할 필요가 있을 때 실제로 뇌의 변연계와 감각영역에 억제 신호를 보내고, 다른 뇌 영역으로부터 들어오는 방해자극을 감소시킵니다. 그리고 전두엽은 변연계의 작업을 사랑, 열정, 미움 같은 감정을 인식 가능한 느낌, 정서 그리고 단어로 바꿔줍니다.

결국 전전두피질이 제대로 기능하지 않으면 일관성 있고 신중하게 행동하기가 어렵고, 충동에 압도당하고 말죠. 전전두피질은 변연계를 통제하는 억제 메시지를 보내요. 이는 우리가 '정서와 더불어 사고하도록' 해줍니다. 전전두피질의 권위자인 퍼트리샤 골드먼-라키시는 다음과 같이 지적합니다. "만일 사고 과정이 정보를 사용해서 결정을 내리는 과정이라면, 전두엽은 사고 과정에 절대적인 역할을 한다. 전두엽 없이 우리는 환경이 하라는 대로 하는 수밖에 없다. 전두엽이 없다면 아무 생각도 하지 않고 사건들에 그냥 반응만 할 뿐이다. 미래의 일을 계획할 수도 없다. 인간을 다른 동물들과 구별해주는 것이 바로 미래를 설계하는 능력이고, 이 능력은 전두엽이 있음으로써 가능하다."

전전두엽 손상 환자들이 강박적으로 행동을 모방하는 이유는 전전두엽에서 다른 뇌 영역들에 미치는 억제력이 사라졌기 때문입니다. 이와 같은 억제가 없어지면 두정엽의 활동이 촉진되죠. 그래서 환자들은 외부세계의 사건들에 강박적으로 반응하여 외부자극들의 지배를 받게 되죠.

환자가 지각하는 어떤 움직임은 그 움직임을 모방하라는 명령으로 작용합니다.

12-21
전전두엽의 기능
(출전: Moss et al., 2005)

일반적인 전전두 기능
1. 계획하기, 목표 설정, 행동 개시
2. 결과 조사, 에러 보정
3. 어려운 목표를 추구할 때의 정신적 노력
4. 목표 달성을 위해 다른 영역들과 (기저핵, 시상핵, 소뇌, 운동피질) 상호작용
5. 행동에 참여하려는 의지 행위, 동기를 갖는 것
6. 언어와 시각 심상을 시작함
7. 다른 사람들의 목표를 인식하기, 사회적 협동과 경쟁에 관여
8. 감정적 충동을 조절
9. 정서를 느낌
10. 작업 기억을 저장하고 갱신함
11. 활동적 사고
12. 의식적 경험을 가능하게 함 (Deheane, 2001)
13. 산만해지는 상황에서 주의집중 유지하기
14. 의사 결정, 주의 환기, 전략 수정
15. 활동을 계획하고 순서를 만들기
16. 언어의 소리, 구문, 의미를 통합하기
17. 계획들 사이의 경쟁을 해결하기

12-22
배외측전전두엽, 복외측전전두엽, 앞쪽전전두엽, 내측두엽의 상호연결
(출전: Simon, Spiers, 2003)

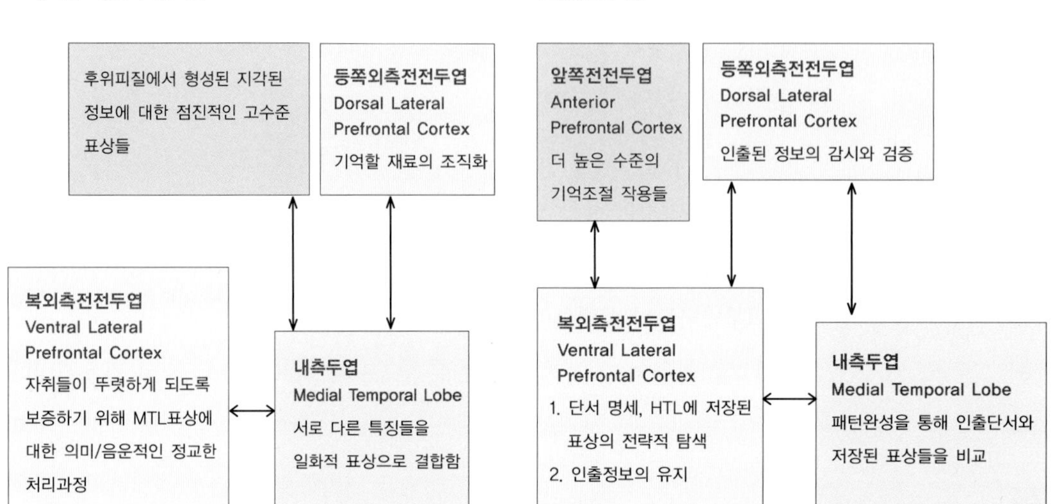

또 어떤 대상을 보는 것은 곧 그 대상을 사용하라는 명령의 역할을 하지요. 그래서 전두엽의 이러한 기능장애를 전두엽증후군이라 하는데, 전두엽의 비교, 예측, 판단 기능이 약화되어 생기지요. 전두엽증후군은 다음과 같이 요약할 수 있습니다.

1. **적절한 행동을 개시하지 못하거나 먼저 말을 하는 경우가 거의 없다. → 자기 주변의 세상에 대해 흥미를 보이지 않고 무관심하며, 자신의 무관심에 대해서조차도 무관심하다.**
2. **어떤 행동을 한번 시작하면 이를 중단하거나 궤도 수정을 잘 못한다. → 상황 변화에 둔감하여 변화하는 패턴을 인식하기 힘들다.**
3. **환경의존성 → 광범위한 사회적 맥락에서 나온 것이 아니라 그 당시의 순간적인 상황에서 비롯된 환경 단서에 의해 특정 반응이 맥락없이 유발된다.**

뇌과학자 피스Pees는 전전두피질을 복외측, 배외측, 전방부분의 세 부분으로 구분했습니다. 이 영역들의 특성에 대해서는 논의가 계속되고 있는데, 어느 정도 구

12-23
로스앤젤레스 타르 연못에 빠진 동물 및 상상도

별되는 기능을 하지요. 해마를 포함하여 전전두엽의 세 가지 영역의 상호작용을 12-22에 나타냈습니다.

10년 전 미국 로스 앤젤리스에 있는 타르 연못tar pit이란 곳을 우연히 알게 되었습니다. 그곳은 캘리포니아 유전 지대에서 생성된 타르가 웅덩이를 형성한 곳으로, 수 만 년 동안 많은 동물들이 그 점성 높은 연못에 빠지는 바람에 지금도 대규모로 동물 뼈들이 발굴되는 현장입니다. 바로 그곳에서 다른 동물과 구별되는 인간 전전두엽 기능에 대한 확실한 개념을 갖게 되었습니다. 왜냐하면 1만 년 전까지도 그 연못에 동물이 빠져 죽었는데 발굴된 유물에서 인간이 만든 도구들은 있었으나 인간의 뼈는 없었던 거죠. 왜 그 많은 짐승들은 곧 위험한 상황이 벌어질 수 있다는 것을 예측하지 못했을까요? 오직 인간만이 죽음의 늪에서 벌어질 상황을 예측하고 빠져죽지 않았지요. 그것은 전전두엽의 발달 정도가 동물과 다르기 때문입니다.

지난 200만 년 동안 호모 사피엔스로 진화하는 과정에서 인간 뇌의 의식적 작용은 여러 가지 기능적 모듈로 정착되었으며, 이러한 인지적 모듈의 작용은 진화심리학에서 심층적으로 논의되었습니다. 의식의 모듈화된 자동적 기능을 인지적 오퍼레이터라고 하며, 이를 통해 의식이 구체적으로 작동되는 양상을 이해할 수 있지요.

04

8가지 인지 오퍼레이터로 의식이 작동하다

인간의 의식에 큰 영향을 미치는 것 가운데 하나가 언어입니다. 그런데 뇌에서는 언어 이전에 개념이 먼저 생기죠. 그래서 언어 능력보다 개념화 능력이 더 오래된 뇌 기능일 수 있습니다. 개념을 형성하는 능력은 인지적 명령, 즉 인지 오퍼레이터 cognitive operator가 작동하기 때문에 가능한 일이죠.

미국의 신경과학자 앤드류 뉴버그Andrew Newberg는 정신과 전문의 유진 다킬리 Eugene G. D'Aquili와 함께 펴낸 《신은 왜 우리 곁을 떠나지 않는가Why God Won't Go Away: Brain Science and the Biology of Belief》라는 책에서 인지 오퍼레이터를 '외부 세계를 경험하고 생각하고 느낄 수 있도록 하는 뇌 구조들의 집단 기능'이라고 정의합니다. 매순간 바깥 세계에서 쏟아져 들어오는 감각입력정보를 인지 오퍼레이터는 무의식적으로 처리하여 항상 존재하는 배경신호에서 생존에 중요한 정보를 분리하여 전경을 만들지요. 본능적 욕구로 생존환경에 매순간 가치를 부여하여 생존에 중요한 의미로 채색된 환경을 구축합니다. 그래서 우리 앞에 의미로 가득한 공간이 펼쳐져 행동을 유인하고 안내하지요. 이런 환경 속에서는 위험을 예측하여 앞으로 일어날 상황에 대처할 수 있습니다. 왜냐하면 사물과 사건이 의미를 획득한 공간이기 때문에 그 의미가 목적지향적 행동을 항상 가능하게 하기 때문이지요. 인지 오퍼레이터로는 다음의 여덟 가지가 소개되고 있습니다.

첫째는 전체론적 오퍼레이터입니다. 인간의 의식은 나무보다 숲을 먼저 볼 수 있는 능력이 있습니다. 전체를 보는 거죠.

둘째는 환원론적 오퍼레이터입니다. 전체론적 오퍼레이터와 반대로 나무만 보려고 하는 것이죠. 즉 어떤 현상에서 구성 요소를 보려는 관점이지요. 환원론적 오퍼레이터와 전체론적 오퍼레이터는 동시에 작동하기도 합니다.

셋째는 인과적 오퍼레이터입니다. 우리는 늘 질문을 던지고 원인을 찾죠. 원인을 못 찾으면 궁금해서 계속 적절한 이유를 찾아 헤매지요. 그러다가 원인을 이해하는 순간 불안의 스위치가 내려갑니다. 원인과 결과의 연결인 '인과'라는 것이 원래 있었나요? 자연을 구성하는 최소 단위인 소립자의 세계는 인과적이지 않아요. 인과는 생물의 세계에서 일어나는 현상이며, 생존 본능에 기반한 가치계value system가 진화하면서 출현한 인지적 현상일 수 있어요.

자아의 내부 욕구와 바깥의 세계 정보가 해마와 편도체에서 만나 결합한다고 했죠. 그 결과로 감각 자극이 감정적 욕구로 물든 배고픔, 갈증, 성적 자극 같은 본능적 행동이 나타나기 시작합니다. 그런한 본능적 욕구들과 전전두엽에서 도달한 외부감각 입력이 결합하죠. 그래서 본능에 물든 세계상이 만들어지고 행동에 목적성 생기죠. 에델만은 이렇게 본능적인 인식체계에 비친 세계상을 '가치계'라고 합니다.

인간의 의식이 인과적이지 않을 때도 있습니다. 의식이 만들어지는 과정은 원인과 결과로 설명할 수 있죠. 뇌 작용은 분자적 수준에서는 전기화학 반응으로 생성되지요. 전기화학적 작용과 우리의 구체적 감각 인식에는 물리적 연결이 단절된 감각질 문제라는 해명되지 않는 틈이 있어요. 따라서 인과적 오퍼레이터는 자연 자체의 속성이라기보다는 뇌가 만들어낸 유용한 착각일 수 있지요.

넷째는 이분법적 오퍼레이터입니다. 논쟁이 생기면 꼭 좋은 편과 나쁜 편으로 나뉘죠. 논쟁이 아니어도 우리는 늘 이것 아니면 저것으로 나눠요. 왜 그럴까요? 200만 년 전 아프리카로 가봅시다. 호모 에르가르테르Homo ergaster가 맹수가 먹고 남은 가젤을 발견했어요. 부족이 있는 곳으로 돌아가 동족들을 고기가 있는 장소로 데려옵니다. 언제 어디서 고기를 발견했는가를 설명하려면 기억을 해야 하지요. 어떻게 기억하죠? 특정한 뭔가를 기준점으로 삼아서 시간과 공간을 둘로 나누죠. 해 뜨기 전과 후, 특정한 바위 앞과 뒤처럼 둘로 나누는 겁니다. 이것이 이분법적 오퍼레이터죠. 이분법적 오퍼레이터는 가장 단순한 시공간 분류법입니다. 수백만 년 동안 생존을 위해 환경에 적응하는 과정에서 생성된 뇌 속의 자동화된 반응 모듈이기 때문에 우리는 여기서 자유로울 수 없습니다.

다섯째는 존재론적 오퍼레이터입니다. 우리가 존재한다는 인식도 뇌가 매순간 만들어내는 현상이지요. 사물과 사건의 시작과 지속 그리고 소멸 과정에 대한 의식이 존재론적 인식작용에서 생성되죠. 사후세계에 대한 의식도 존재의 속성에 대한 사고작용의 결과이며 존재론적 느낌의 기원은 우리의 신체감각에서 시작합니다. 내장, 근육, 그리고 관절에서 항상 올라오는 고유감각으로 우리 몸의 체감각적 존재감이 생성되지요. 척수 손상에서 몸 자체에 대한 지각이 사라지거나 왜곡될 수 있지요.

여섯째는 감정적 오퍼레이터입니다. 감정은 영향을 받지만 명령을 받지 않는다고 했지요? 감정은 뇌의 자원을 한순간에 감정 상태로 몰아갈 수 있지요. 특히 공포와 분노 같은 일차적 감정은 감정상태가 소멸될 때까지 뇌의 전체적 작용을 장악하지요.

일곱째는 계량적 오퍼레이터입니다. 계량적 오퍼레이터는 수를 헤아리고, 양을 비교할 수 있는 능력입니다. 인간 지능의 기본 요소는 패턴을 비교하여 분류하는 능력과 사물의 갯수를 헤아릴 수 있는 능력이지요. 추론, 예측 그리고 논리는 패턴을 분류하는 능력, 그리고 사물이나 사건을 비교할 수 있는 능력이 다양하게 중첩한 결과일 수 있습니다.

여덟째는 목적론적 오퍼레이터죠. 목적의식은 전두엽에서 생겨납니다. 배외측 전전두엽의 작업기억은 현재의 감각입력과 대뇌연합피질의 장기기억을 비교해서 현재 상황을 판단하고 예측하고 추론합니다. 운동출력이 지향하는 방향성이 목적의식이 되죠. 목적에 맞는 운동이 일차운동영역에서 출력되지요. 하지만 전두엽 전체에서 처리되는 감각입력과 운동출력은 의식되지만, 감각입력에서 운동출력이 나오는 과정 자체는 의식되지 않지요. 이렇게 의식되지 않는 입출력이 순차적으로 처리되는 과정 그 자체가 바로 목적의식입니다. 입력에서 출력까지의 과정이 우리의 행동을 만들기 때문에 행동은 무의식적으로 매순간 목적성을 갖죠.

우리는 목적의식에서 벗어날 수 없어요. 이런 목적의식은 인과적 사고의 출발점이 됩니다. 우리가 원인과 결과로부터 자유롭지 못한 이유가 바로 목적의식 때문이죠. 어린 시절 우리는 타인의 행동을 모방하는 단계가 있는데, 모방하는 것은 타인의 단순한 몸동작이 아니라 그 움직임의 목적입니다. 원인과 결과를 연결하는 주체가 바로 '행위자'입니다. 다른 행위자가 하는 행동의 목적을 모방하는 겁니다. 지금부터 딱 10분만 움직여 보세요. 그리고 그런 몸의 움직임에서 목적 없는 움직임이 가능한지를 살펴보세요. 놀랍게도 정상적인 사람은 거의 한순간도 목적없는 움직임을 보이지 않아요. 목적없이 행동할 수 있다면 그 사람은 정신분열증 상태인 거죠.

아홉째는 추상적 오퍼레이터입니다. 추상적 오퍼레이터는 개념적 범주화를 연결하여 의식의 흐름을 만들죠. 예를 들어 '시장경제', '엔트로피', 그리고 '개념'과 같은 추상명사를 생각해봅시다. 추상명사들은 물리적 실체보다는 주변 상황의 배경을 나타내는 경우가 대부분이지요. 인간들이 함께 공유하는 정서들은 추상명사로 범주화되지 않으면 구체적인 심상으로 변환되기 어렵고 따라서 서로 소통하기가 힘들지요. 그래서 추상적 범주화는 인간이 파악하기 힘든 개념적 상황에 형태와 성격들을 부여하여 교환 가능한 구체성을 갖게 하죠. 추상적 오퍼레이터 기능이 진화한 덕에 인간은 철학적, 종교적 사상 체계를 만들 수 있게 되었습니다. 인간의 인지능력으로 구성되는 현실이라는 개념도 사실은 가능한 모든 추상성의 총화이지요.

전체론적, 환원론적, 인과적, 이분법적, 존재론적, 감정적, 계량적, 목적론적, 그리고 추상적 오퍼레이터는 인지 시스템이 작동하는 방식들입니다. 이러한 인지 오퍼레이터가 진화되어온 원인이 있죠. 자연환경이라는 방향성 없는 가치 중립적인 환경을 의미와 목적으로 가득 찬 세계로 바꾸기 위한 겁니다. 그래서 뇌 내부에서 의미로 가득 찬 세계상을 구현한 거지요. 자연 그 자체는 무의미할 수 있어요. 인간이 의미를 만들어낸 겁니다. 청각 에너지에 의미가 있나요? 시각과 체감각 에너지에 의미가 있나요? 그런데도 인간은 들리는 것, 보이는 것, 느껴지는 것을 의미 있는 것으로 변환시키지요. 즉 생존 욕구에 의해 감각입력이 기억과 결합하여 지각이 범주화된 것이지요. 분리된 독자적인 시간과 공간은 특수상대성이론에서 보면 존재하지 않지요. 이 모두가 인지 오퍼레이터를 작동하여 뇌가 만들어낸 것이죠.

인지적 오퍼레이터와 관련된 기능들은 생존 적응상의 이점 때문에 인간 뇌기능

12-24
인지적 오퍼레이터 작용의 예

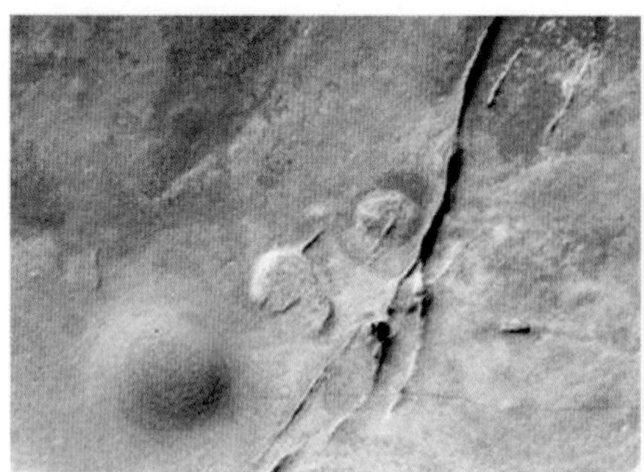
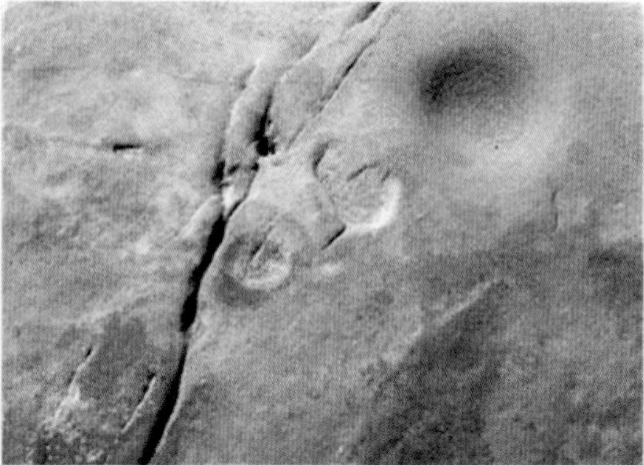

의 본질적 특징이 되었지요. 인지적 오퍼레이터는 매순간 무의식적으로 작용하는 '인지적 명령'이지요. 그래서 의식이 작동되지 않는 무념무상의 상태가 도달하기 그토록 어려운 이유입니다. 사람의 의식은 그런 식으로 만들어져 있지 않지요. 인지적 명령은 인간 전두엽의 진화된 기능으로 생각을 분석하고, 그것을 의미와 목적으로 가득 찬 세계로 변형시키지요. 무의미한 자연환경입력에서 의미를 생성하기 위해 인지적 명령이 계속 작용하지요. 그러한 인지적 명령으로 자연환경을 뇌 속의 가상세계로 변환합니다. 목적지향성이라는 가치를 갖는 가상세계가 출현합니다.

05 의식의 진화

인간의 의식은 대뇌피질이 진화한 결과이므로 인간 뇌의 시상은 대뇌피질로 감각과 운동을 중계하지만 진화 초기에는 시상이 대뇌피질과 비슷한 기능을 한 것으로 추정됩니다. 시상은 시각, 청각, 체감각을 감각판에서 축삭다발을 통해 일차감각피질로 전송하지요. 이는 통신선로처럼 전용 라인에 의한 채널식 전송이지요. 그래서 일차감각피질은 지도화된 모듈식 구성으로 배열되어 있지요. 모듈성은 진화적인 관점에서 볼 때 오래된 신경세포의 집합인 시상에 가장 잘 적용되며, 개별 감각의 독립성이 보장되지요. 반면에 비교적 최근에 일어난 뇌의 진화적 혁신인 신피질, 즉 일명 이종양식 연합피질이라고 하는 가장 최근에 확장된 뇌피질에서 개별 감각을 연합하는 뇌 작용이 일어나지요. 골드버그에 의하면 파충류는 피질이 거의 발달되지 않은 '시상적' 동물이지요. 그러나 포유류는 시상 위에 중첩된 피질이 발달되어 있지요.

시상과 신피질은 밀접하게 상호연결되며 시상은 종종 신피질의 전구체로 간주될 수 있지요. 시상과 신피질은 기능적으로 밀접하게 관련되지만 해부학적 구조는 근본적으로 서로 다르지요. 시상은 서로 간의 통신경로로, 제한된 수의 통로를 가진 구분된 핵들로 이루어집니다. 하지만 신피질은 영역의 대부분이 다른 영역과 풍

12-25
시상핵들과 상호연결된 대뇌피질영역

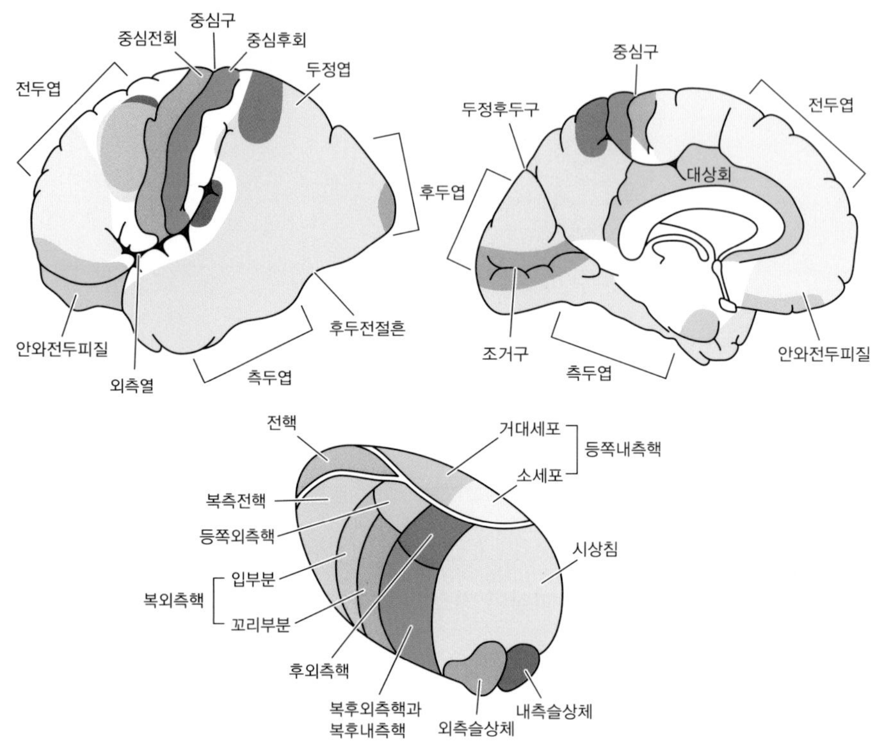

부하게 연결되어 상호연결된 뚜렷이 구별되는 내부 경계가 없는 판 구조입니다. 일차감각피질까지는 시각, 청각, 체감각이 신경로를 전용선처럼 사용하지요. 감각판과 대뇌일차피질이 일대일로 연결되었습니다.

진화 과정에는 어떤 것이 이미 존재하는 신경 구조를 개량하지 않고 기본적으로 새로운 신경 조직의 방식이 출현하기도 합니다. 생존 환경이 복잡해지면서 큰 핵으로 구성된 시상형태의 신경조직보다 넓은 판 형태의 신피질이 생겨나기 시작했지요. 뇌간의 상행각성 시스템과 변연계의 기억회로 시스템처럼 대뇌신피질의 판형 구조는 신경세포집단의 새로운 조직 형태입니다. 생존 환경의 복잡성이 낮은 상태에서는 시상처럼 모듈화 방식이 효과적이지요. 그러나 생존 환경이 복잡해지면 적응하기 위한 운동선택의 가짓수가 많아집니다. 동일한 자극에 대해서도 다양하게 반응할 수 있다면 생존에 유리하지요. 전두엽 전문가인 골드버그는 진화를 통해 융

12-26
상구와 청각피질에서 모듈식 신경 구성

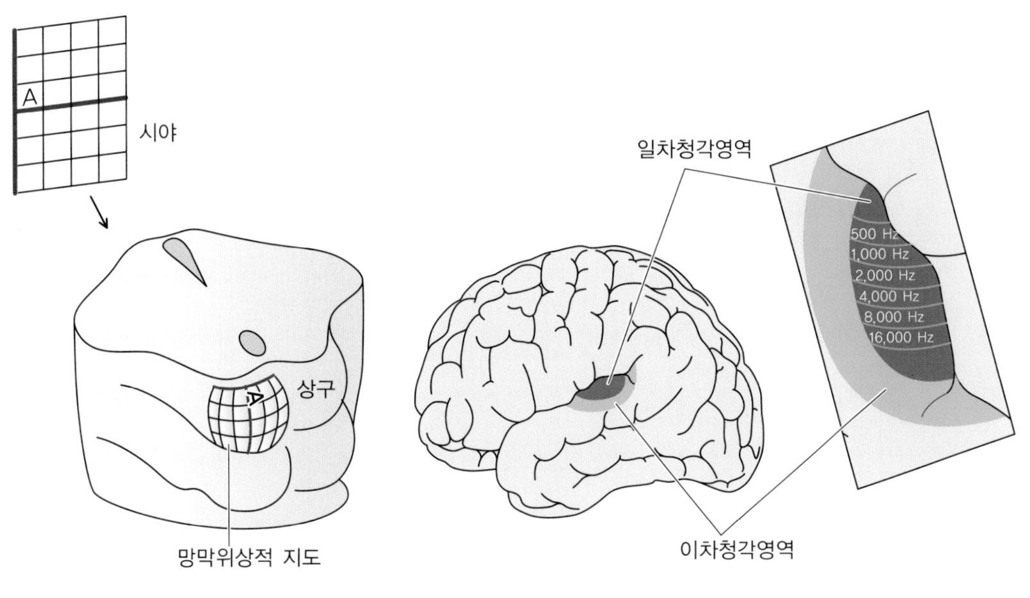

12-27
시각의 채널방식으로 모듈화 신경정보 처리

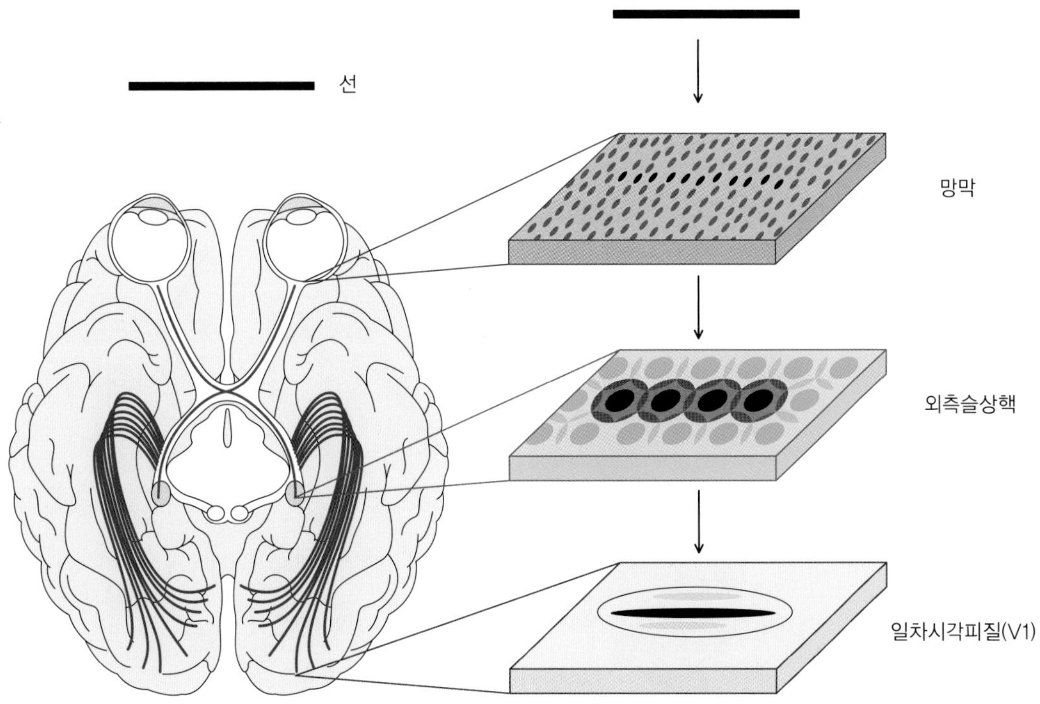

12-28
신체감각의 신호전달의 채널방식

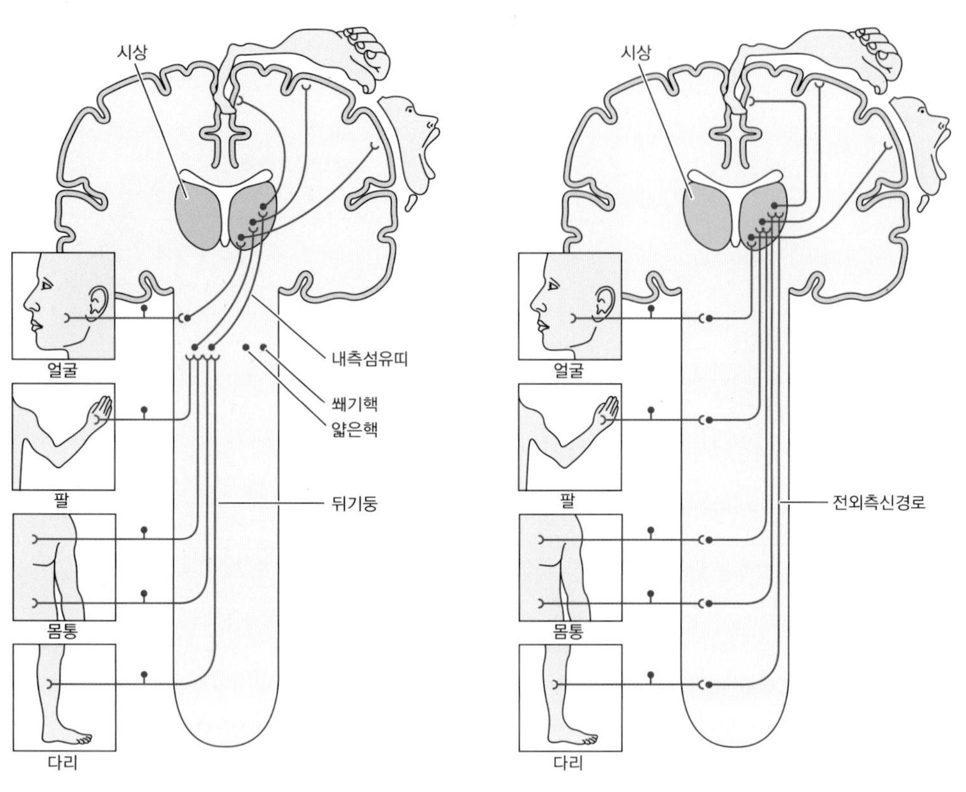

12-29
일차감각피질과 운동 피질의 지도화된 처리 영역 피질 배열

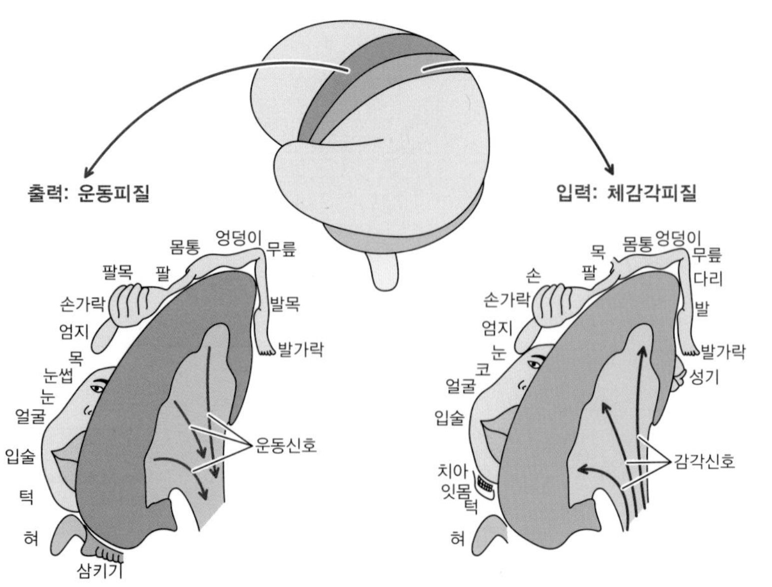

통성 없고 고정된 기능을 갖는 시상 뇌에서 유연하게 적응할 수 있는 피질 뇌로 옮겨졌다고 주장합니다. 이는 포유류에서 폭발적으로 나타난 신피질 진화에서 잘 드러나 있지요.

12-30
시각, 청각, 체감각의 일차감각피질까지 채널형식 정보처리
(출전: Brain Evolution and Cognition, G. Roth and M. F. Wullimann)

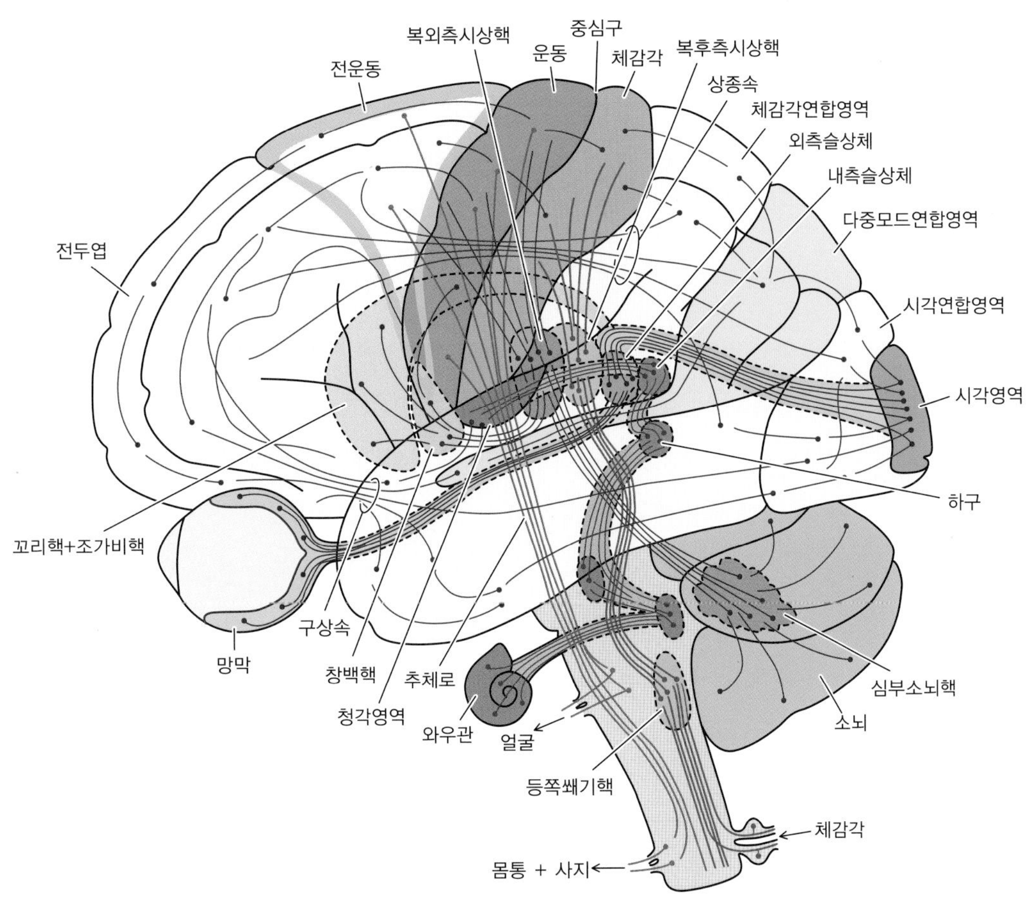

06 대뇌피질의 조직 형태와 입출력신호

모듈화 원칙에 따라 구성된 체계보다 신피질은 특정 연결 패턴을 가진 단위로 더 많아져 훨씬 더 복잡한 수준의 처리를 할 수 있게 되었습니다. 더욱이 하나의 연결 패턴에서 다른 연결 패턴으로의 이행이 신피질에서 급속하게 일어날 수 있기 때문에 뇌 정보 처리 과정이 신속하고 유연해질 수 있게 되었죠.

뇌 조직의 시상 원칙에서 피질 원칙으로의 전환은 서로 다른 뇌 구조물, 신경세포 그룹 그리고 개별적 신경세포 사이의 가능한 모든 상호작용을 극적으로 증가시켰습니다. 이러한 상호작용을 통해, 특정한 상황에서 가장 효과적인 패턴을 선택하는 능력이 특히 중요한 요소가 되었죠.

대뇌피질의 신경세포연결은 일차피질에서의 모듈 방식에서 전전두엽의 점과 점 사이의 연결인 다중연결로 바뀌지요. 골드버그는 시상의 모듈 원칙에 비해 전두엽 대뇌피질의 대규모 상호연결에서는, 연결 패턴을 선택하는 것이 중요한 진화의 요인으로 작용한다고 주장합니다.

그것은 원칙적으로 뇌에서 증가하고 있는 자유도는 어떤 순간에도 이를 제한하는 효과적인 메커니즘과 균형을 이루어야 하며, 그렇지 않은 경우 신경계의 혼란이 발생할 수 있기 때문이지요. 전두엽의 발달이 늘어난 선택의 부담을 해결해 줍니

12-31
대뇌신피질의 신경세포의 입력과 출력

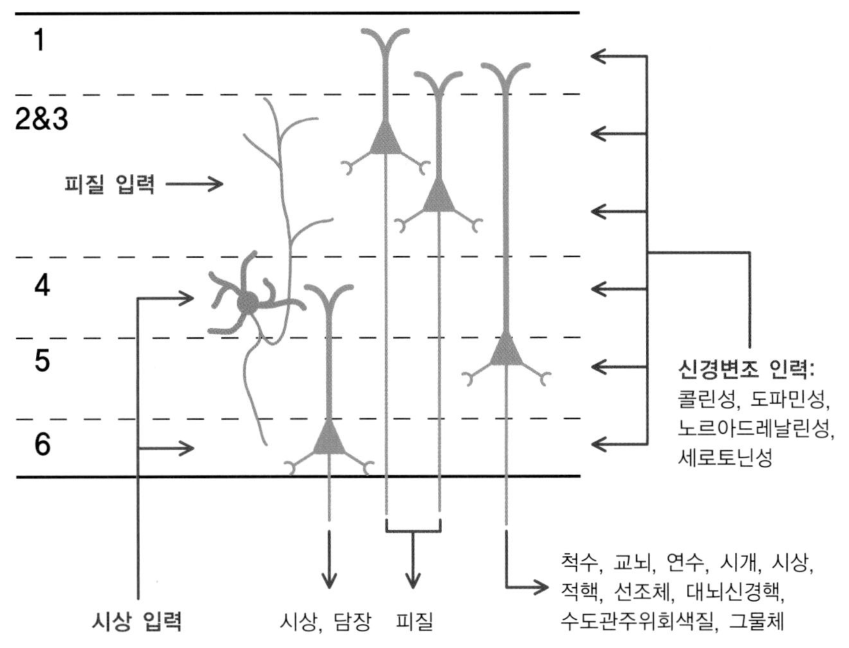

12-32
도파민과 노르에피네프린의 대뇌피질 신경변조입력

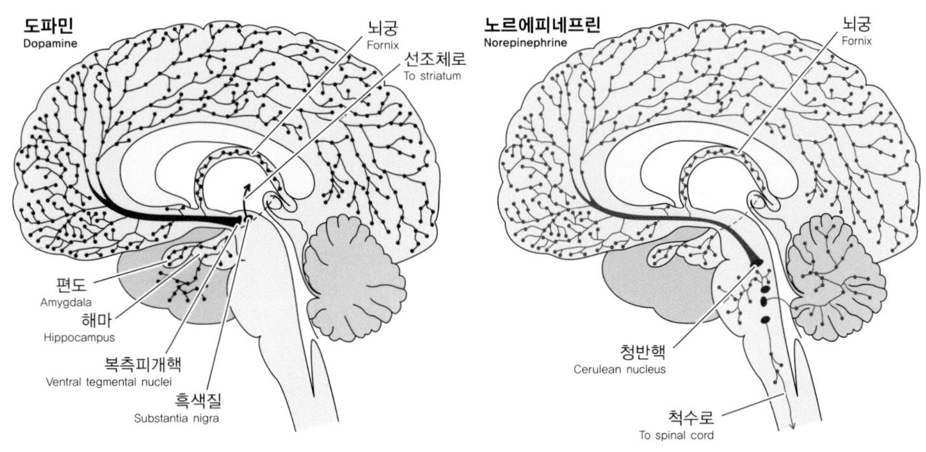

12-33
대뇌피질의 각층별 신경출력

대뇌 신피질의 여섯 층은 각각 신경축삭을 출력한다. 하행운동신경축삭은 시상, 적핵, 교뇌핵, 연수핵으로 보낸다. 신피질의 일부 축삭은 다른 반구로 출력되거나 인접한 피질로 보낸다. (출전: Principles of Brain Evolution, G. F. Striedter)

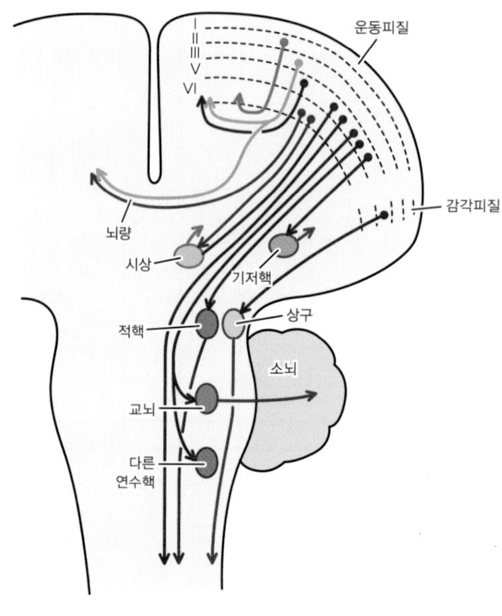

12-34
대뇌신피질의 신경출력

신피질의 5번 층에서는 피질외구조로 출력되며 시상에서 감각입력은 신피질의 4번층에 입력된다. 신피질의 2번과 3번 층은 다른 피질기둥과 연결된다. 신피질의 모든 층으로 뇌간 그물형성체의 축삭이 시냅스하여 신경조절물질을 분비한다. 이러한 신경조절물질에 의한 신경변조작용으로 피질의 각성상태를 조절한다.

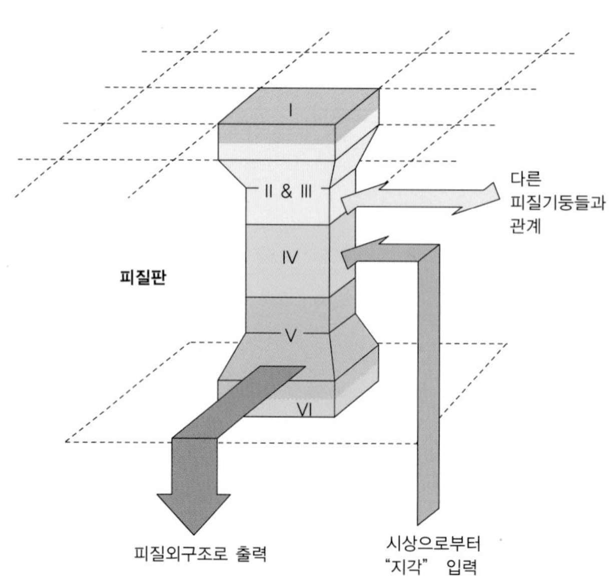

12-35
마이네르트기저핵의 아세틸콜린분비와 피질각성

전뇌기저부의 마이네르트기저핵의 신경축삭은 아세틸콜린 분비로 전두엽과 후두정엽 피질을 각성시킨다. 그리고 마이네르트기저핵의 신경축삭은 시상을 활성화하여 후두정엽과 후두엽으로 감각신호 전달을 활발하게 한다.

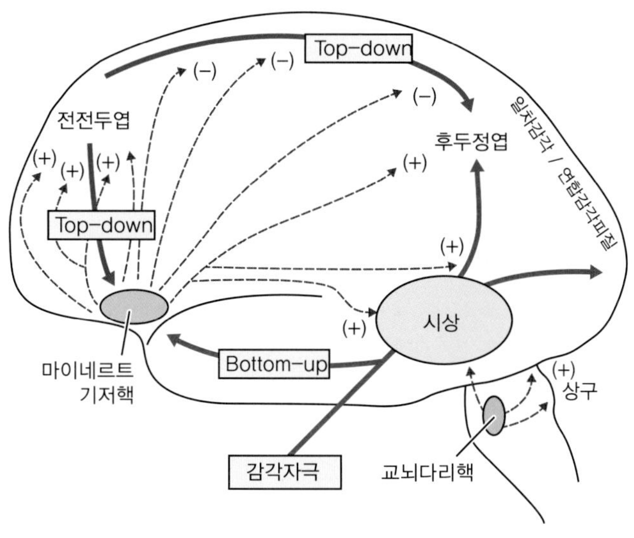

12-36
전뇌기저핵과 시상수질판내핵에 의한 피질각성

시상수질판내핵은 전뇌기저핵의 자극을 받고, 전뇌기저핵은 대뇌신피질을 각성시킨다. 전뇌기저핵의 아세틸콜린 분비로 연합피질에 저장된 경험기억의 회상이 촉진된다. 따라서 아세틸콜린은 신피질을 각성시키고 기억의 연상을 활발하게 한다.

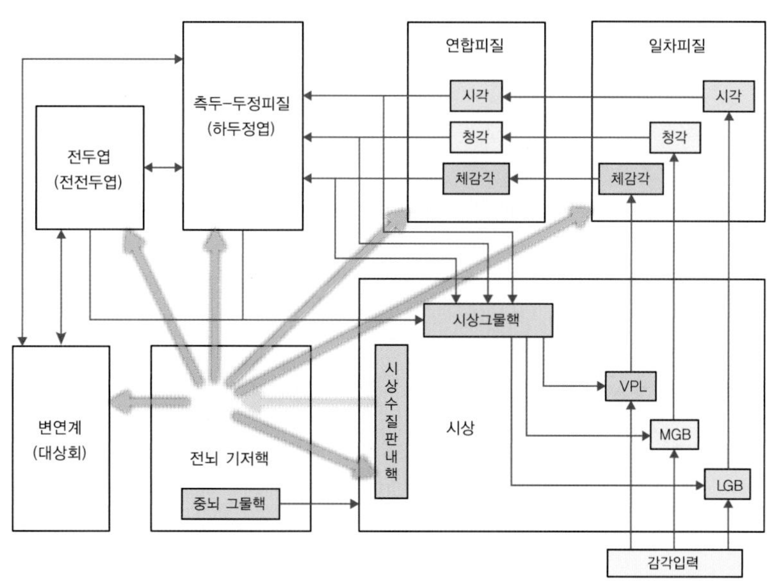

12-37

시상, 선조체, 내낭의 구조

대뇌피질로 상행하는 감각로와 하행하는 운동로는 내낭구조를 만든다. 피질교뇌섬유, 피질교뇌섬유, 피질척수로는 운동신경섬유다발이며, 치상시상피질섬유와 시상방사는 감각신경섬유이다.

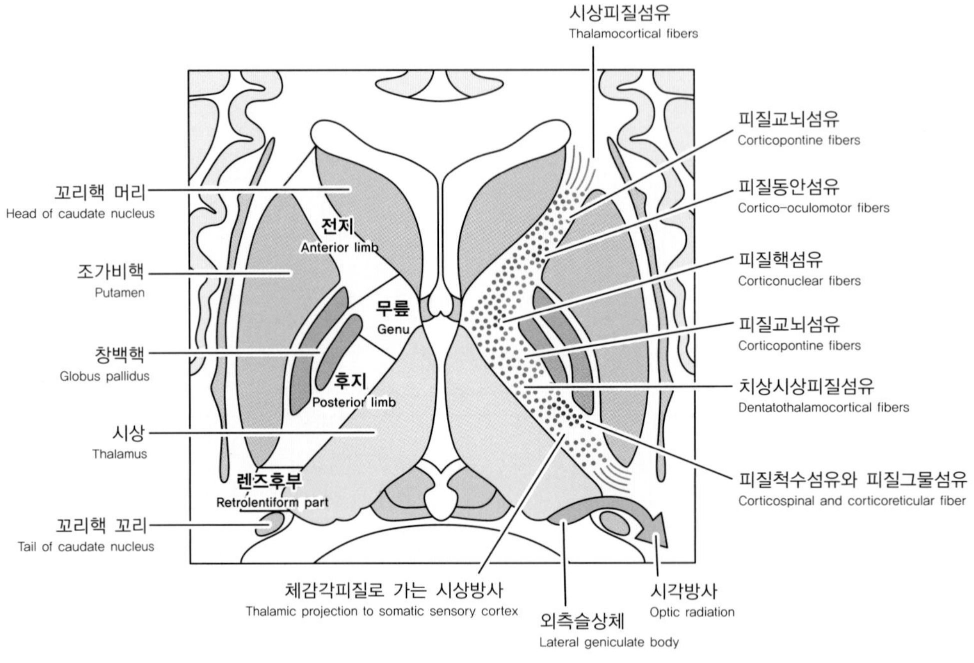

12-38

내낭신경섬유 다발

내낭은 전지, 슬부, 후지, 내낭렌즈후섬유로 구분된다. 뇌량의 섬유다발은 위로 확산되어 방사관의 투사섬유다발을 형성한다.

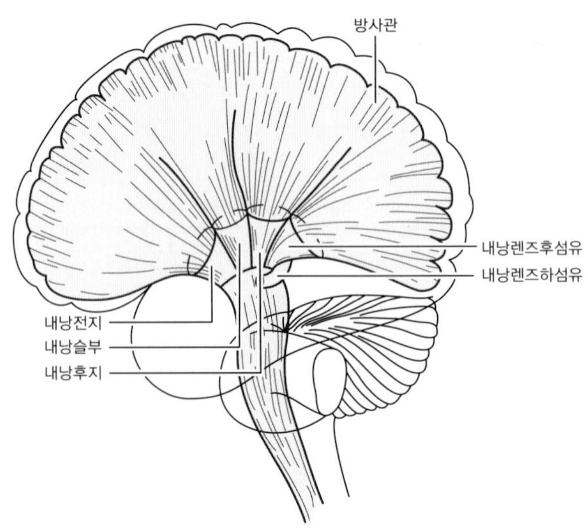

다. 전두엽은 어떤 주어진 시간에 그리고 그 시간을 초과하여 신경 구조의 광범위한 부분의 활동을 조정하고 억제하는 '전반적'인 역할을 하며, 새로운 입력에 대처하기 위한 전문 지식을 저장하는 뇌 영역을 필요에 따라 새롭고 독특한 구성으로 함께 묶는 능력을 갖고 있지요. 창의성이 필요한 일들은 평소에 익숙한 기억의 조합으로 문제가 해결되지 않은 예측하기 힘든 새로운 현상들이지요. 창의성이란 이처럼 학습된 기억을 새롭고 독특한 방식으로 조합하여 불확실한 상황에 대처하는 전전두엽의 진화한 능력이지요.

변온동물인 파충류는 외부 온도가 낮아지면 활동하기가 어렵죠. 따라서 체온을 유지할 수 있는 제한된 환경에서만 생존합니다. 생존 환경이 일정하므로 정해진 환경자극에 반응하는 방식으로 뇌가 적응합니다. 그래서 대부분의 움직임이 자극에 대한 수동적 반사로 표출됩니다. 반면에 체온을 일정하게 유지하는 능력을 획득한 포유동물은 생존 환경이 크게 확대되어 다양한 상황에 적응할 수 있죠. 따라서 포

12-39
시상원칙의 모듈화와 피질원칙의 상호연결망

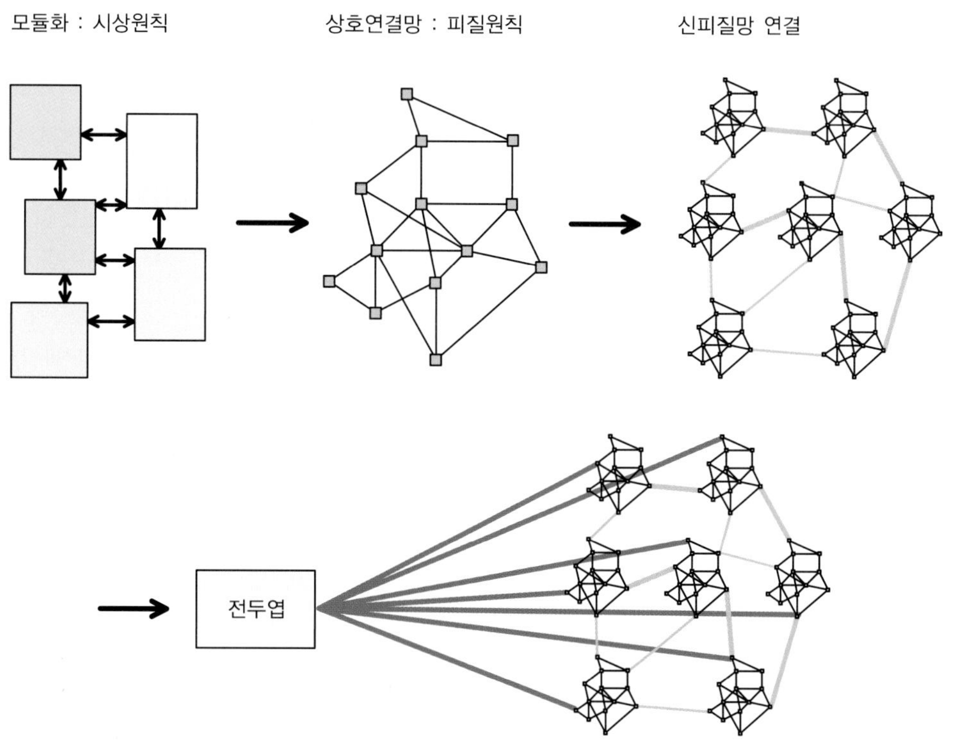

12-40
파충류의 뇌와 신피질이 발달한 포유류의 뇌

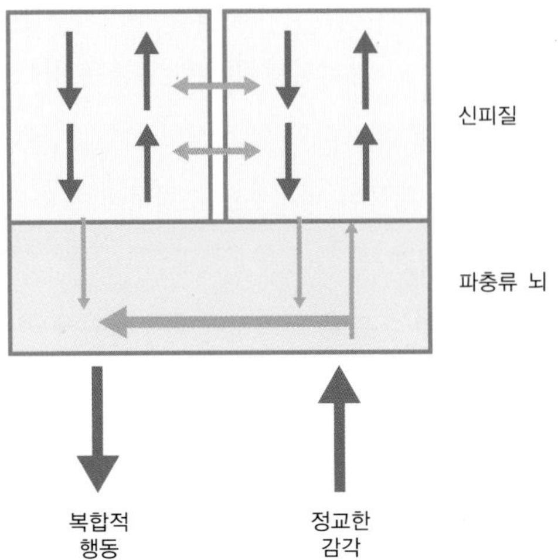

유동물은 파충류의 뇌 위에 새롭게 신피질이 확장되어 환경입력을 처리하기 시작합니다. 그리고 새롭게 판형으로 조직된 연합피질의 대규모의 상호연결로 가능한 행동의 조합이 많아져 변화하는 환경에 적응하게 됩니다.

파충류는 대부분의 시간 동안 가만히 먹이를 기다리지요. 먹이가 접근하면 신속하게 반사적으로 공격합니다. 감각자극이 즉시 운동출력을 촉발하기 때문에 유연한 행동이 어렵지요. 파충류는 먹이를 기다리지만 신피질이 발달한 포유류는 먹이를 찾아 나섭니다. 포유동물은 포착한 먹이에 대한 다양한 공격 방법을 선택할 수 있지요. 신피질의 발달로 포유동물은 다양하고 유연한 행동을 하지요.

진화된 포유동물에서는, 반사적 동작 중심인 시상하부와 뇌간 형태의 파충류 뇌에서 신피질이 진화하여 의식적 각성상태가 가능한 뇌가 됩니다. 시상하부와 뇌간에서는 신경핵들 사이의 전용 채널 형식의 신경정보 전달로 신속하고 강력한 반사적 동작이 출력됩니다. 반면에 대뇌연합피질이 발달한 인간은 상황에 따라 유연하고 능동적으로 행동을 조절할 수 있지요. 전전두엽의 신경세포들이 대규모로 상호연결되어 운동출력을 선택하는 경우의 수가 늘어납니다. 따라서 상황에 맞는 행동을 선택할 가능성이 높아집니다.

새롭고 불확실한 문제를 만났을 때 인간 뇌는 의식과 무의식의 두 가지 방식을

12-41
채널방식의 무의식적 뇌와 신피질에 의한 의식적 뇌

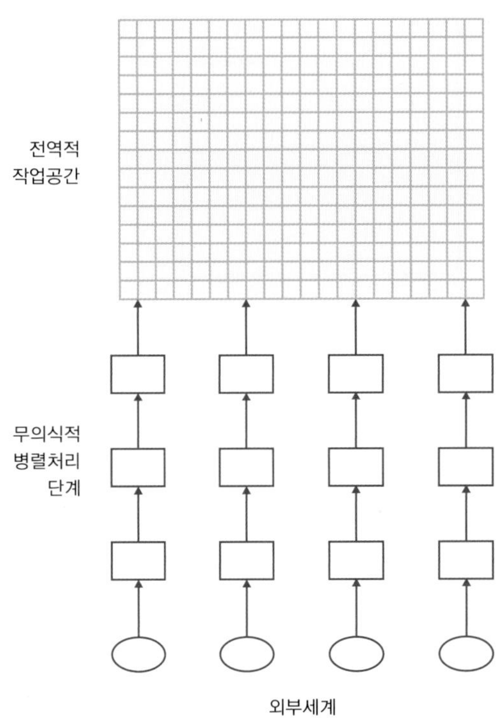

모두 사용합니다. 즉, 파충류 뇌 방식의 무의식적 병렬처리단계와 포유류의 의식적 수단을 함께 작용합니다. 어려운 문제를 만나면 의식적으로 그 문제에 주의집중하지요. 그러면 무의식의 여러 처리모듈이 그 문제를 한꺼번에 병렬로 처리하여 그 결과를 의식상태에 통보합니다. 꿈속에서 문제해결의 단서를 발견할 수 있지요. 렘수면 꿈에서는 전전두엽의 의식 수준에서 통제가 약화되어 기억에 자유롭게 접근되지요. 그래서 해결하기 어려운 문제의 정답에 접근할 확률이 높아집니다. 새롭고 불확실한 문제는 기존의 기억 연결이 효과가 없는 상황이지요. 그래서 의식의 통제 없이 무작위적 기억의 조합을 기대하는 상황이지요.

12-42의 육면체를 느긋이 바라봅시다. 잠시 후 의식적으로 무엇인가 전환됨을 느끼지요. 파란색면이 뒤에 있다가 갑자기 앞면으로 튀어나오지요. 이처럼 인간은 결정된 하나의 상태만을 의식합니다. 파란색 면이 존재하는 두 가지 상태에서 한 상태만 의식적으로 제시합니다. 두 상태가 전환되는 과정은 의식화되지 않지요. 전전

12-42
네크의 육면체

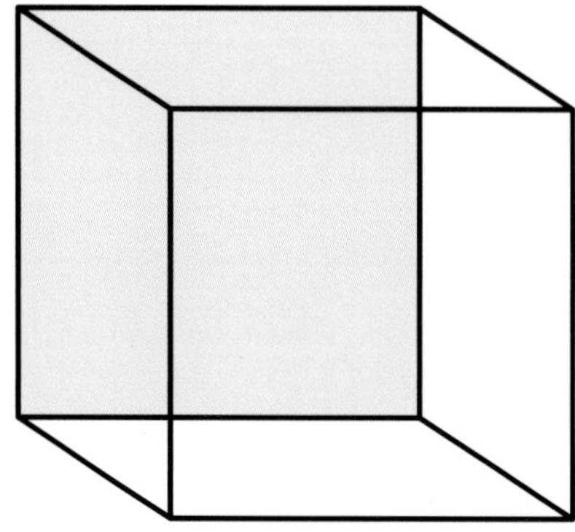

두엽의 운동계획은 의식화되지만 운동출력까지의 과정은 무의식으로 처리되지요.

에델만의 의식진화 이론은 두 종류의 신경계 조직의 결합에 주목하지요. 에델만 주장의 요점은 두 가지로 요약할 수 있지요.

첫째는 뇌간-변연계인데, 이 시스템의 회로들은 신체 기능을 돌보기 위해 일찍이 진화했습니다. 이것은 식욕, 성욕, 완료 행동과 진화된 방어적 행동 유형과 관계되어 있죠. 이 시스템은 일종의 가치계로써 여러 가지 다양한 신체기관, 호르몬 시스템들이 어우러져서 수면이나 성에 관계된 신체 주기를 조절합니다.

둘째로 시상-피질계가 있습니다. 시상-피질계는 동시에 작용하는 시상과 피질로 구성되어 있으며, 이 시스템은 감각 수용판으로부터 신호를 받아들이고, 수의근에 신호를 보내는 식으로 진화합니다.

진화적으로 뇌간-변연계와 시상-피질계가 연결됩니다. 본능욕구처리영역과 신피질의 학습영역이 결합되었지요.

시상-피질계

번연-뇌간 시스템과는 달리 대뇌피질은 대규모의 재입력 연결로 이어져 층을 이루고 있는 국소 구조처럼 고리를 포함하지 않지요. 점점 복잡해지는 운동행위와 세

12-43

대뇌피질과 시상신경세포와 상호연결

시상과 피질은 발생 과정에 신경세포축삭이 서로를 향해 뻗어가서 상호결합한다. 시상과 피질의 상호연결은 하나의 루프를 만든다.

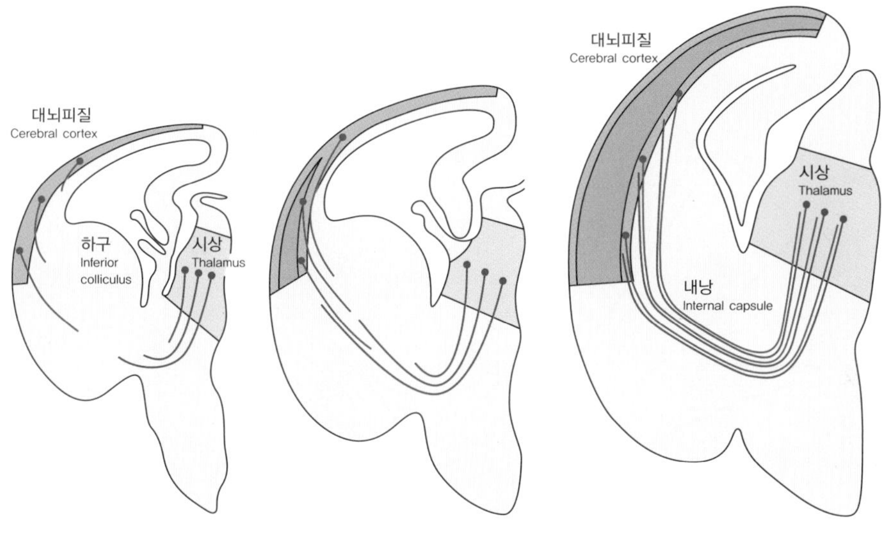

12-44

시상핵과 대뇌피질의 상호연결

대뇌피질의 한 영역 신경세포그룹과 시상핵의 신경세포그룹은 상호연결되어 함께 동작한다. 이렇게 상호연결된 상태가 환경입력에 적응하면서 계속 바뀌는 과정은 의식의 흐름이 된다.

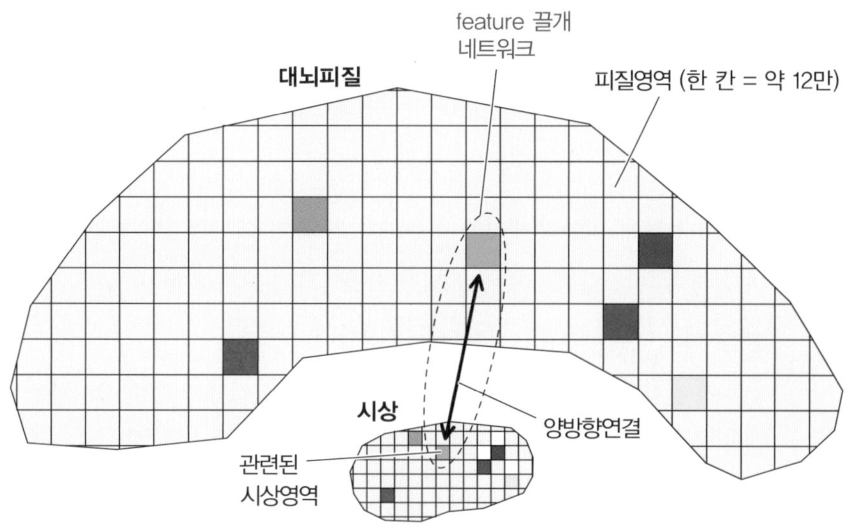

12-45
시상핵들과 대뇌피질의 상호 신경연결
(출전: The Human Central Nervous System, R. Nieuwenhuys, J. Voogd and C. Van. Huijzen)

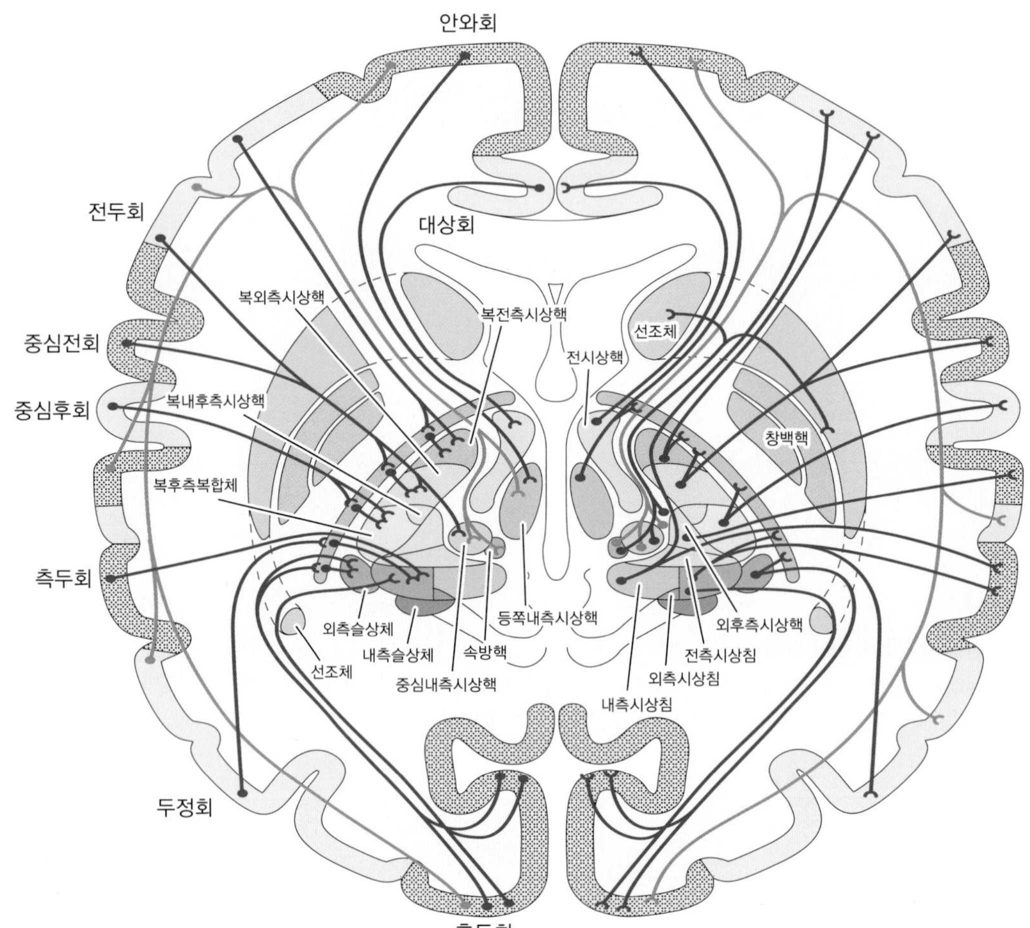

계의 사건들에 대한 범주화를 허용하기 위해 이 대뇌피질이 변연-뇌간 시스템보다 훨씬 늦게 진화했으며 변연-뇌간 시스템과 시상피질계, 이 두 시스템은 진화과정 중 서로 연결되었다고 에델만은 주장합니다.

후에 진화한 피질계는 점점 복잡해지는 주변환경에 적합한 학습행위에 도움이 되었고, 초기 변연-뇌간 시스템에 의해 조정되는 생리적 욕구와 가치에 도움이 되도록 선택되기 위해 두 시스템이 활동의 조화를 이룰 수 있는 방식으로 연결되어야만 했지요.

동물이 일차의식에만 머무는 것은 현재의 감각입력에 종속되었기 때문이지요. 그래서 인간과 동물의 차이는 시간에 대한 의식 유무이며, 인간은 시간의 독재에서 벗어났죠.

어떻게 하면 이 기억된 현재의 독재에서 벗어날 수 있을까요? 새로운 형태의 기호 기억의 진화에 의해서, 그리고 사회적인 커뮤니케이션과 사회적 전달에 의해서 가능합니다. 분명히 인간 자아를 의식하는 기반은 자기나 비자기로 분류되는 다른 대상들 사이의 차이에 대한 의식의 출현을 필요로 하지요.

에델만에 의하면 언어 중추가 개념들을 함유하고 있다거나 개념들이 언어에서 생겨나는 것이 아니며, 의미는 가치-범주 기억이 개념 영역과 말 영역이 결합된 활동과 상호작용함으로써 생겨나지요. 이렇게 특수화된 일련의 기억들과 개념적인 가치-범주 기억 사이의 상호작용이 세계를 모형화 할 수 있게 하지요. 그리고 그런 개념적-기호적 모형과 현재 진행 중인 지각 경험을 구별하는 능력이 나타나면, 과거라는 개념이 발생합니다. 따라서 인간은 즉각적인 시간 규제 혹은 실제 시간에서 발생하는 지속적인 사건들에 얽매이지 않게 되어 기억된 현재는 과거와 미래의 틀 안에 놓이게 됩니다.

더 나아가 에델만은 언어에 의한 고차의식이 자기와 세계를 모형화한다고 주장합니다. 가치-범주 기억과 지각 사이의 재입력 연결에 의해 의미와 지시의 체현이 실제 대상이나 사건에 연결되는 동안, 동시 발생적인 상호작용이 또한 기호기억과 동일한 개념중추 사이에서 일어날 수 있지요. 단일 언어 공동체에서는 언어의 출현에 기반을 두는 내면적인 삶이 가능해집니다. 이것은 지각 구조와 개념 구조에 연결되지만 지극히 개별적이며, 영향과 보상에 강하게 연결되지요. 이것이 바로 과거와 현재, 미래, 자기와 세계를 모형화할 수 있는 고차의식입니다.

13장

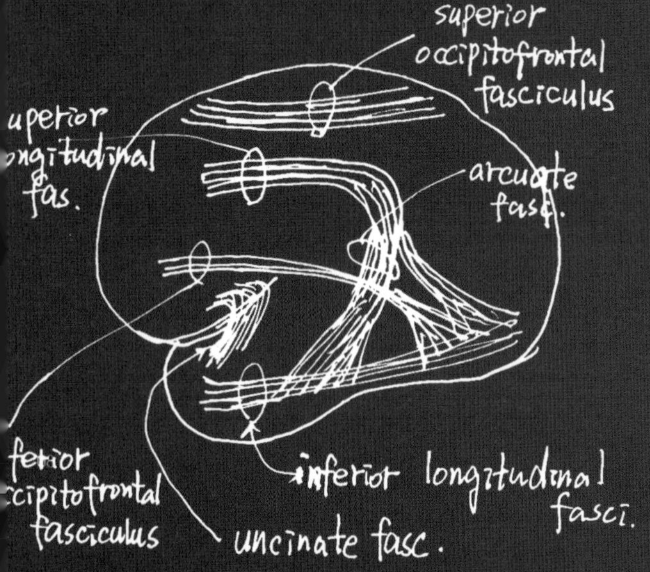

superior occipitofrontal fasciculus
uperior longitudinal fas.
arcuate fasc.
ferior occipitofrontal fasciculus
inferior longitudinal fasci.
uncinate fasc.

posterior language area
B
W
지각 이해
소리 재인
시각 재인

aphasia ⇒
- Broca ⇒
  - 발음 장애 (lipstick → likstip)
  - 실명칭
  - 실문법
- Wernike ⇒
  - 소리 재인
  - 단어 의미
  - 생각 → 단어
- transcortical sensory aphasia → 이해할 수 없는 단어 반복 가능
- conduction aphasia → 의미 있고 유창한 말 매우 빈약한 반복

WA = PWD + TSA

Broca
expressive melodic area
c.c.
B
uperior longitudinal asciculus
right amygdala
anterior commussure
A1
A1
c.c.
auditory association area
W
c.c.
Wernicke
angular gyrus
arcuate fasciculus
corpus callosum c.c.

supramarginal gyrus
전측분절
angular gyrus
Broca 영역
긴분절
후측분절
베르니케 영역
arcuate fasciculate
superior temporal lobe ⇒ 단어소리 재인
middle tempora

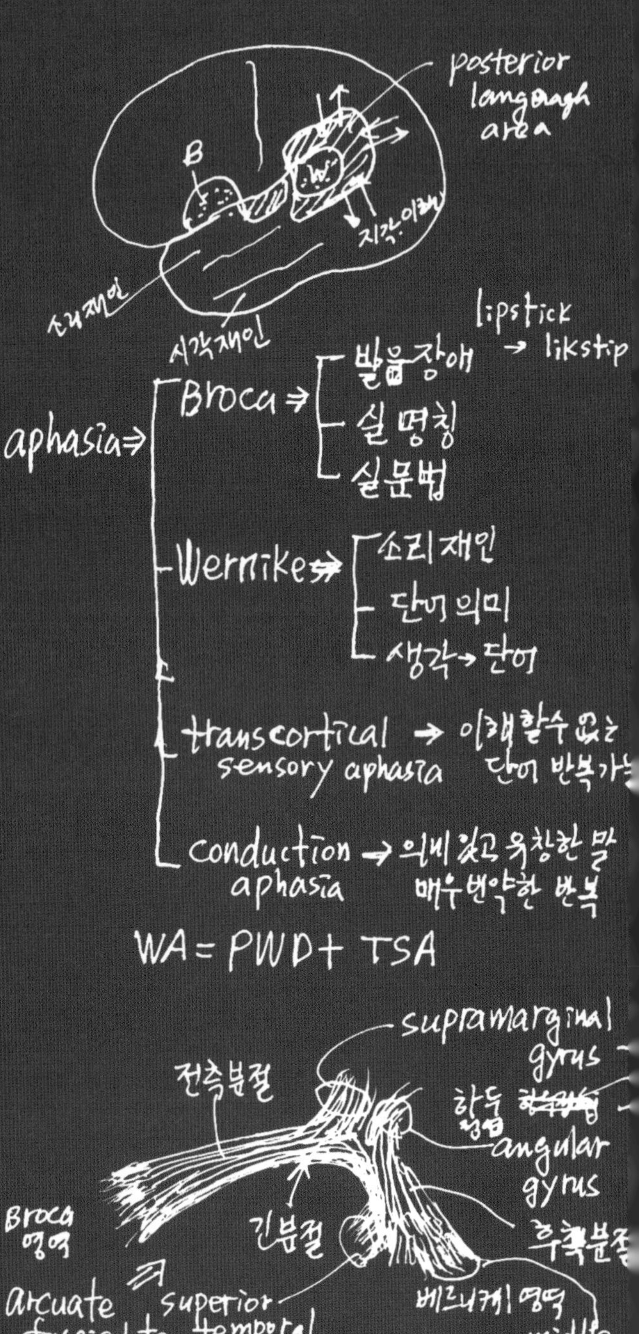

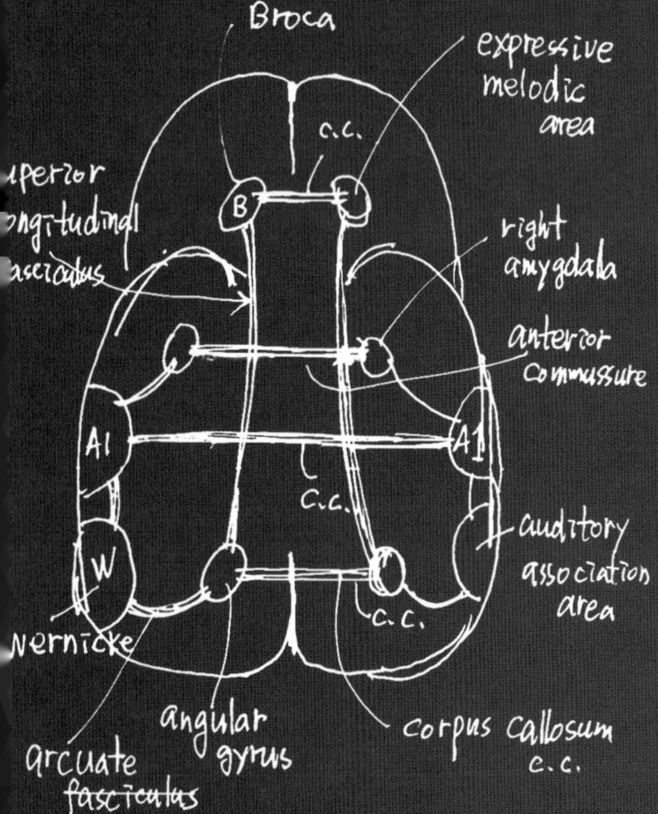

언어로 만들어진 고차의식의 세계

— 언어와 고차의식

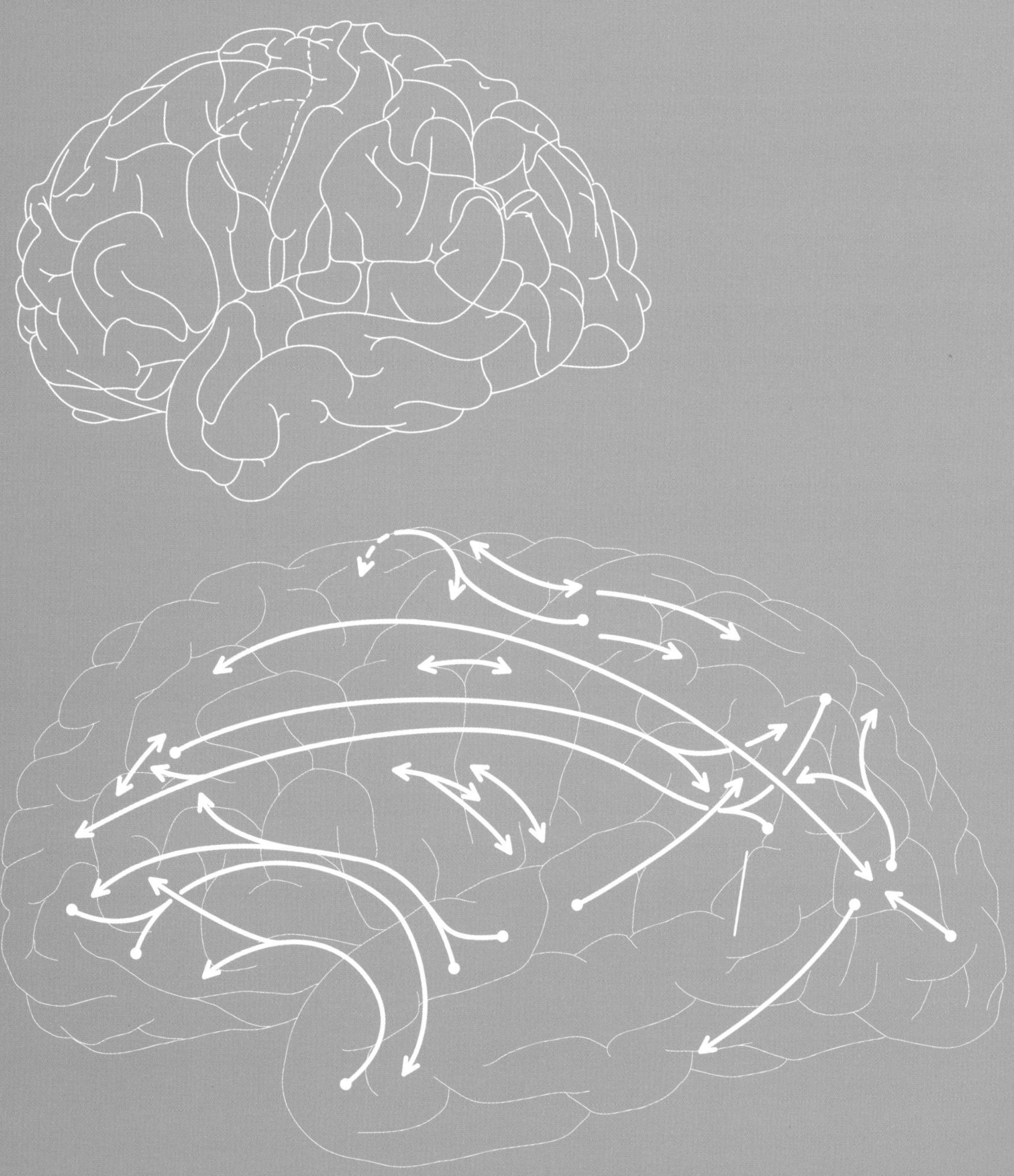

01 의도적 행동은 언어에서 시작된다

인간은 언어를 습득하여 동작을 내면화한 후에야 비로소 단순한 동물의 동작에 머물지 않고 동작을 의도적으로 연결하여 능동적 행동을 합니다. 말을 배우기 전의 유아는 사물에 의해 행동이 유도되는 반사적 동작을 하지요. 언어를 습득한 후에는 언어를 통해 행동이 계획되고 조절되어 동작이 내면화되지요. 행동은 목적을 갖는 동작이지요. 어린 시절로 거슬러 올라가봅시다. 이제 막 혼자서 걸을 수 있게 되어 책상 위의 곰 인형을 잡으려고 팔을 뻗고 있어요. 손이 닿지 않죠. 이때 우연히 옆에 있던 엄마가 팔을 뻗은 나를 보고 곰 인형을 내려줍니다. 팔을 뻗는 동작을 하자 엄마가 움직였고 원하는 것을 얻었죠. 이때부터 어린 나는 '갖고 싶은 게 있으면 다른 사람이 볼 때 팔을 뻗으면 되는구나' 하고 생각하게 됩니다. 손가락으로 원하는 사물을 가리키는 행위가 출현한 것이지요. 무의미한 손놀림에서 '사회적 의미를 획득한 몸짓'인 제스처가 시작되는 순간이죠. 학습의 '결정적 순간'인 겁니다.

비고츠키는 《마인드 인 소사이어티Mind in Society》라는 책에서 이렇게 말합니다. "아동이 사물과 통하는 길은 언제나 다른 인간이 매개한다." 나의 동작이 제스처라는 몸 운동 언어로 바뀌어 뇌신경계에 내면화됩니다. 언어가 뭡니까? 생각이나 느낌, 의도를 드러내거나 타인에게 전달할 때 작용하는 뇌 기능입니다. 그다음부터 어린아이는 뭔가를 갖고 싶을 때마다 팔을 뻗는 제스처, 즉 의도가 담긴 행동을 하게 됩니다. 그전에 또 다른 중요한 사건이 있습니다. 언어를 습득하면서 대상을 지각하게 되는 거죠.

하지만 사물을 보는 것과 대상을 지각하는 행위는 뇌의 처리 과정이 다릅니다. 대상을 지각하려면 먼저 범주화된 대상에 대한 기억이 있어야 합니다. 지각적 범주화는 감각입력의 기억된 패턴이 형성되어야 가능하죠. 갓난아기는 엄마를 무수히 반복하여 보고, '엄마'라는 말을 반복해서 듣고 따라 하면서, 서서히 엄마라는 대상을 지각합니다. 또한 엄마가 '맘마', '찌찌'와 같은 의성어를 반복해서 말하면, 그걸 듣고 머릿속으로 발음이 가리키는 대상의 시각적 이미지에 대응하는 엄마라는 대상을 만들게 되죠. 즉 이름 붙이기를 시작한 겁니다. 사물과 사건이 단어로 표상될 때 그 사물과 사건은 대상이 됩니다. 이렇게 언어를 배우면서 아이에게 시지각 대상들로 구성된 시각장이 만들어지고, 이 시각장에 존재하는 특정 사물에 주목하면서 관심 대상에 시선이 머무는 행위인 주의집중이 가능하게 되죠.

시각장에는 시간이 멈춘 순간적 광경이 펼쳐져 있습니다. 하지만 청각은 달라요.

13-1
대뇌피질의 기능적 구분

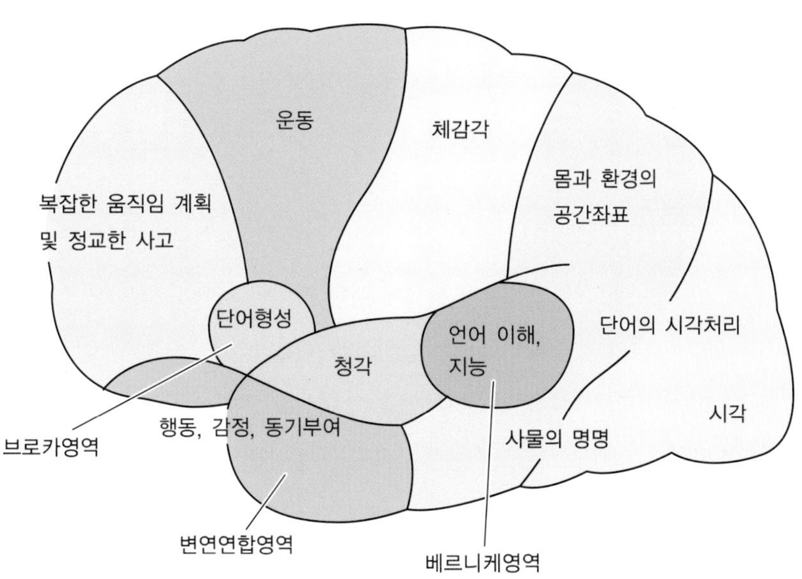

말소리에는 시간적 속성이 있죠. 말소리가 시작되면 주의를 집중시키는 청각신호들이 특이점을 형성하여 청각적 주의장이 만들어집니다. 그런데 청각적 신호가 가지는 특성 때문에 청각장에서는 시간이 순차적으로 흐르게 되죠. 노래말을 기록하는 악보의 음표는 본질적으로 시간의 기호이지요. 그리고 문장을 읽는 행위는 단어를 시간적 순서대로 인지하는 과정이지요. 이처럼 시각과 청각의 언어는 순차적으로 시간의 영역을 채워가는 과정이지요. 그래서 언어는 시간장을 생성합니다. 청각의 주의장에서는 과거, 현재, 미래로 구성된 시간장이 만들어집니다. 이렇게 시간장이 만들어지면 '시간이 흘러가는구나', '또 봄이 왔네' 하며 시간을 의식할 수 있게 되죠.

어린 시절 사물에 이름 붙이기로 시작된 언어의 사용으로 시각장과 청각장을 거쳐 시간에 대한 의식이 생겨납니다. 비고츠키는 이렇게 말하죠. "주의장이 지각장에서 분리되어 시간 속에 펼쳐진다." 주의장이 지각장에서 분리되어 시간장에서 펼쳐지는 것, 이것이 바로 시간의식입니다.

시간의 흐름에 대한 인식이 생기면 인과율이 작동하면서 아이는 목적지향적 행동을 할 수 있게 됩니다. 시간장이 없으면 순간밖에 없어서 기억의 스냅사진들이 드라마처럼 이어지지 않죠. 렘수면의 꿈에서 인간은 순서와 맥락을 무시한 기억의 스냅사진을 만나지요. 그러나 언어를 습득한 아이는 경험기억을 인과관계에 따라 맥락에 맞게 재구성하여 환경자극에 의미를 부여할 수 있지요. 비로소 아이들은 사물에 의해 행동을 결정하는 것이 아니라 스스로 행동을 선택할 수 있게 되죠. 언어의 순차성과 시간성에 의해 사물과 사건을 인과관계 속에서 파악할 수 있게 된 것입니다. 언어를 통해 시간의 흐름에 대한 의식이 생겨났기 때문에 과거의 경험기억을 바탕으로 현재의 감각입력을 비교하여 자신의 행동을 선택할 수 있게 되지요. 그리고 행동선택의 주체에 대한 의식인 자아가 서서히 공고해집니다. 언어가 인간의 행동을 유발하고 시간의식과 자아의식을 생성한 거지요.

인간이라는 독특한 종을 출현시킨 언어는 대뇌피질의 베르니케 영역Wernicke's area과 브로카 영역Broca's area을 중심으로 생성됩니다. 베르니케 영역은 문자를 듣거나 읽어서 해독할 수 있게 하는 감각언어 영역이고, 브로카 영역은 발음을 할 수 있도록 하는 운동언어 영역입니다.

13-2
언어 관련 대뇌 피질영역(오른쪽)과 발성관련 신경로(왼쪽)

(출전: The Human Central Nervous System, R. Nieuwenhuys, J. Voogd and C. van Huijzen)Jurgens, Ploog)

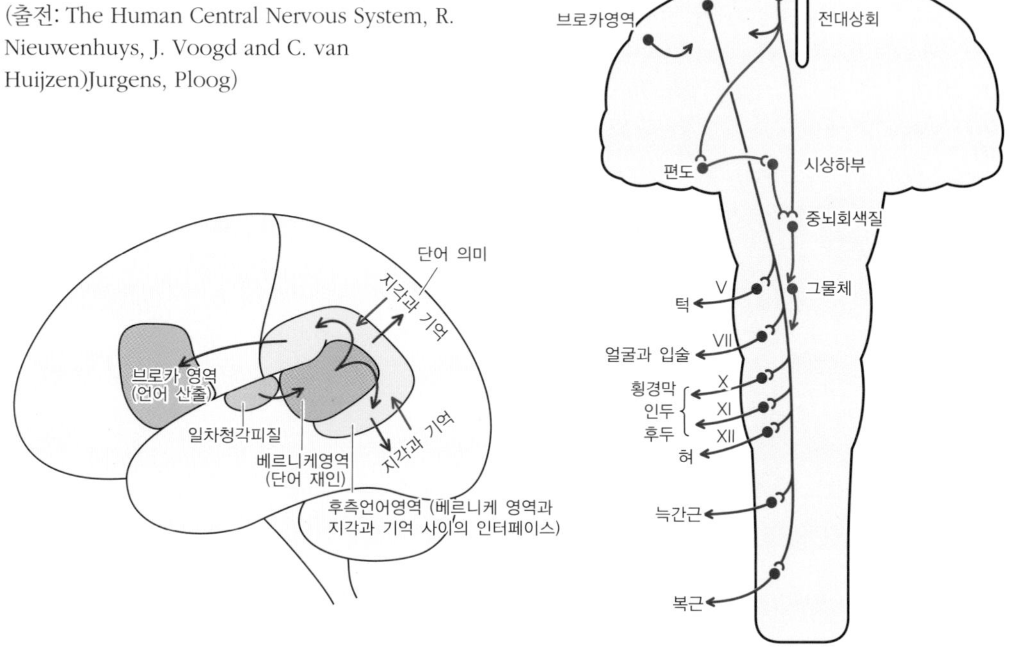

브로카 영역은 하전두엽 바깥쪽에 위치하고, 베르니케 영역은 상측두엽 뒤쪽과 하두정엽에 걸쳐 있습니다. 두 영역은 궁상다발(궁상속)로 연결되어 말을 할 때 함께 작동하지요. 이 두 영역의 활동으로 우리는 어떤 단어를 듣고서 그것이 무슨 뜻인지 알게 되며, 단어를 읽고 발음하며 의미를 이해할 수 있습니다.

어떤 문자를 소리 내어 읽는다고 생각해 봅시다. 시각영역에서 처리된 시각정보는 베르니케 영역으로 전달되지요. 동시에 청각영역으로 들어간 청각정보는 마찬가지로 베르니케 영역으로 입력되어 이 영역을 활성화시킵니다. 따라서 베르니케 영역에서 문자의 시각적 이미지와 그 문자에 해당하는 소리가 연결되죠. 베르니케 영역에서 합쳐진 시각 정보와 청각 정보는 문자의 뜻과 연결시키는 후측언어영역 posterior language area으로 전달됩니다. 베르니케 영역을 뒤에서 감싸고 있는 피질영역을 가리켜 후측언어영역이라 합니다. 후측언어영역의 기억회로와 베르니케 영역이 연결되어 기억에 저장된 단어의 의미와 시각적 단어의 이미지가 결합되어 비

13-3
들은 단어를 발음할 때와 읽은 단어를 발음할 때 신경처리 과정

단어를 듣거나 읽어서 발음할 때 관련된 신경로는 다음과 같다. 들은 단어 말하기: 일차청각피질 → 각회 → 브로카영역 → 일차운동피질. 읽은 단어 말하기: 시각피질 → 각회 → 브로카영역 → 일차운동피질(보완운동영역)

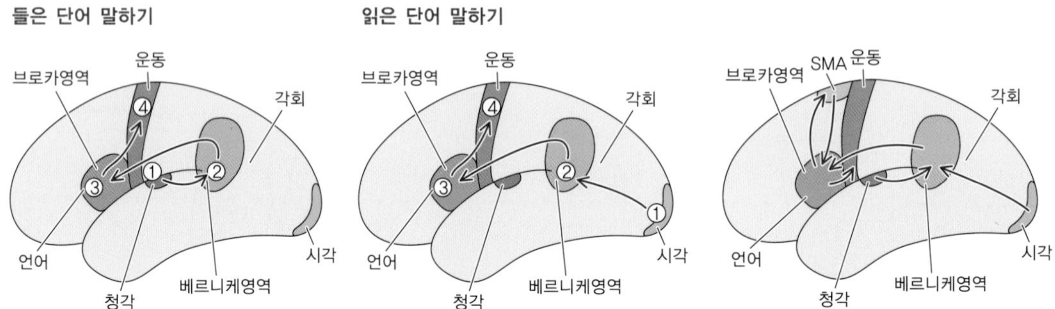

로소 단어를 인식할 수 있지요. 다시 말해 시각과 청각으로 글자를 읽어내는 일과 글자의 뜻을 이해하는 일이 다른 영역에서 일어나는 겁니다.

후측언어영역에서 의미와 결합한 단어는 궁상다발을 따라 브로카 영역으로 전달됩니다. 브로카 영역은 단어를 발음할 수 있게 만드는 운동언어영역이죠. 이 영역에서 운동정보가 출력되어 보완운동영역을 거쳐 일차운동영역으로 이동하여 하위운동신경원을 통해 발음 운동으로 출력됩니다. 그 결과 후두, 혀, 입술이 움직이면서 발음을 하게 되죠.

베르니케 영역, 브로카 영역, 궁상속, 후측언어영역 가운데 어느 하나라도 손상되면 실어증이 나타납니다. 베르니케 실어증 환자의 말은 발음은 유창한데 일정한 내용과 맥락이 없어 의미를 이해하기가 힘들지요. 구사하는 단어도 명사나 동사 같은 내용 문자가 아니라 접속사나 전치사 같은 기능 문자가 대부분이고, 단어의 의미를 이해하거나 생각을 단어로 전환하여 전달하는 능력도 떨어집니다. 의미를 모르니 이야기를 할 때 감정이 실리지도 않죠. 그래서 베르니케 실어증 환자는 타인과 의사소통에 곤란을 겪으며, 자신도 자신이 한 말을 이해하지 못하죠.

브로카 실어증 환자는 베르니케 실어증 환자와는 달리 발음은 어눌하지만 의미를 어느 정도 전달할 수 있습니다. 기능 문자가 아니라 내용 문자를 어눌하게 발음해 의사소통을 합니다. 브로카 실어증은 세 단계로 진행됩니다. 처음에는 발음 장애가 나타나고, 그다음에는 단어를 잊어버리는 실단어증으로 진행되고, 이어서 실문법증이 발병하여 문법을 잊어버리죠. 실문법증은 주어와 목적어의 순서를 구분하지 못하는 것인데, 더 진행되면 결국 상황에 대한 인식에도 곤란을 겪게 됩니다.

궁상속이 손상되면 전도성 실어증이 나타납니다. 전도성 실어증 환자는 외부에서 들은 말소리 가운데 자신에게 의미 있는 단어만 반복할 수 있습니다. 의미없는 비단어非單語나 처음 학습하는 단어는 반복하기 힘들어 합니다. 궁상속은 손상되었지만 표면의 연결피질이 정상이라면 피질을 통한 연결로 말의 의미를 이해할 수 있지요. 그래서 의미있는 문장을 따라 발음하게 하면 그 문장 내의 명사들을 동의어로 대체하여 발음하지요. 뇌 손상은 대개 다른 언어 영역의 손상을 동반하는 경우가 많습니다. 따라서 이와 같은 다양한 실어증이 확연히 구분되는 경우보다는 상호연계되어 복합적으로 나타나는 경우가 더 많습니다.

청각영역(AC)에서 분석된 소리는 베르니케 영역(W)에서 언어로 이해되며, 시각영역(VC)에서 분석된 영상, 즉 글자 역시 베르니케 영역에서 언어로 이해됩니다. 베르니케 영역과 브로카 영역(B)은 상세로다발(s.l.f)로 연결되어 있지요. 브로카 영

13-4
베르니케 영역으로 정보를 전달하는 피질영역들

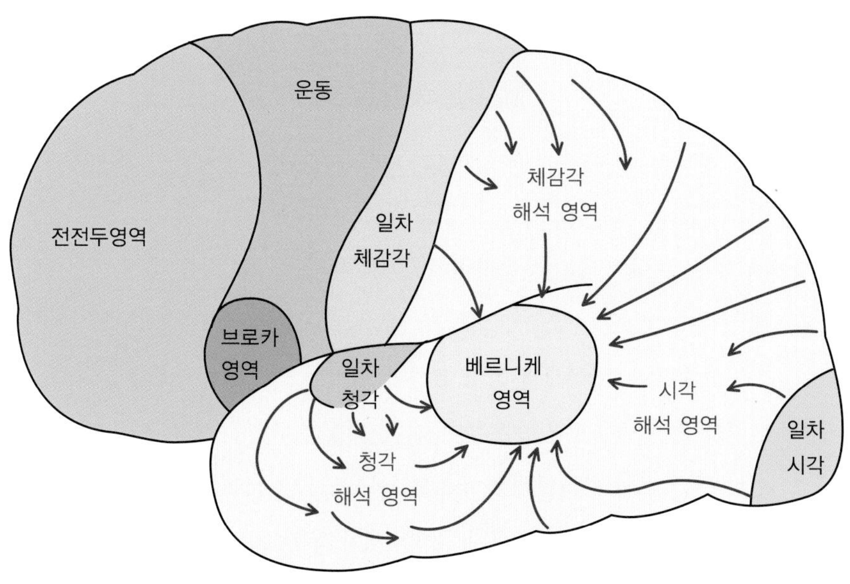

13-5

대뇌피질 언어영역들의 연결(위 왼쪽), 언어활동관련 뇌피질 활성영역(위 오른쪽), 궁상속의 실제사진(아래 왼쪽), 궁상속을 구성하는 신경섬유다발(아래 오른쪽)

오른쪽 아래 사진: 1-상측두엽(superior temporal lobe), 2-중측두엽(medial temporal lobe), 3-하전두엽(inferior frontal lobe)과 중심전회(precentral gyrus), 4-중전두엽과 중심전회, 5-모서리위이랑(supramarginal gyrus), 6-각회 (angular gyrus). (출전: Catani et al., 2005)

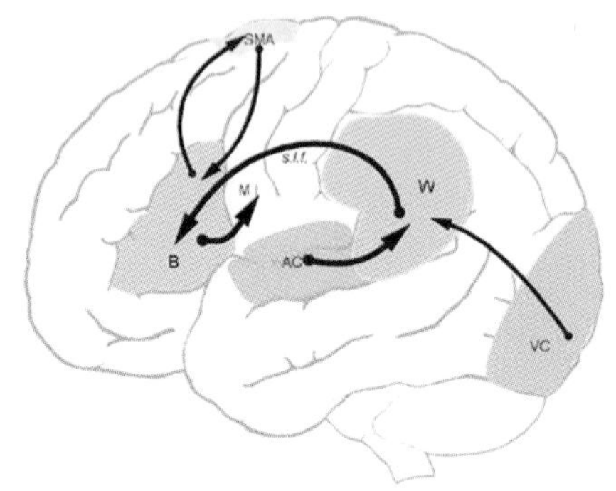

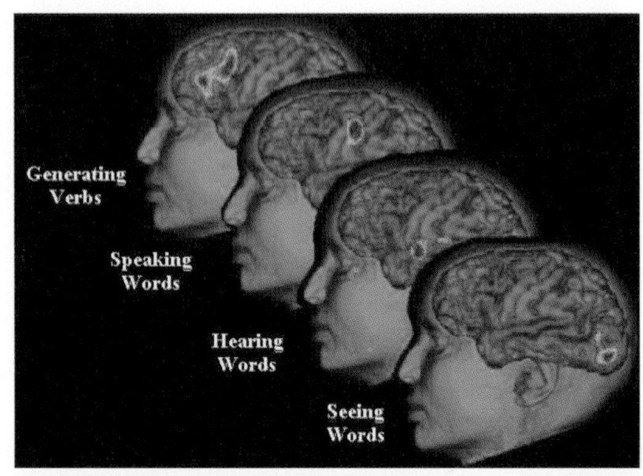

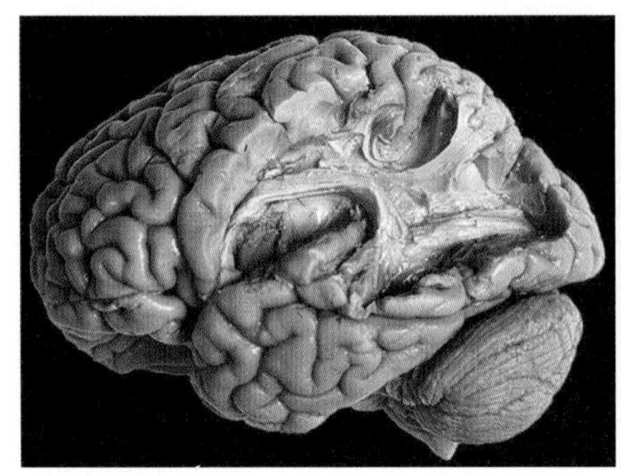

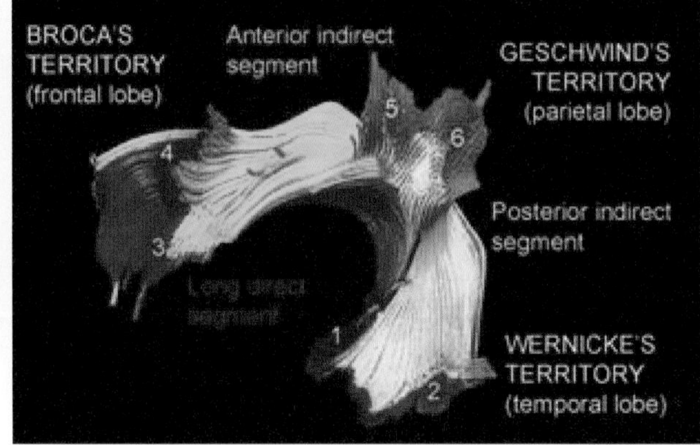

역은 보완운동영역(SMA)의 도움을 받아 최종 언어 표현 프로그램을 일차운동영역(M_1)으로 보내며, 일차운동영역에서는 후두와 인두, 구강의 근육을 움직여 말을 하게 됩니다.

언어 학습은 반복해서 읽고 듣다가 생기는 뇌 활동의 패턴을 기억하는 겁니다. 이와 관련한 개념으로 음운루프phonological loop라는 용어가 있습니다. 전화번호는 의미 없는 숫자의 나열에 불과하죠. 전화번호를 기억하려고 우리는 무의식적으로 중얼거리게 됩니다. 그러다가 음운루프가 형성되어 전화번호가 기억되죠. 음운루

13-6
뇌의 언어 생성 영역들의 연결구조

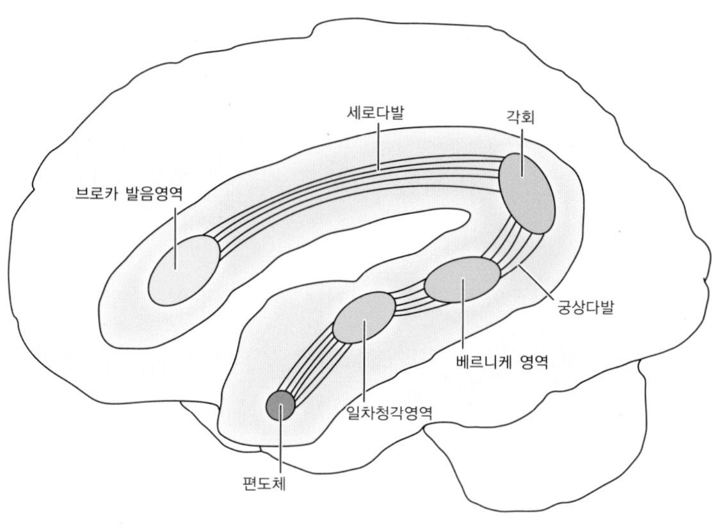

13-7
배들리의 작업기억 체계

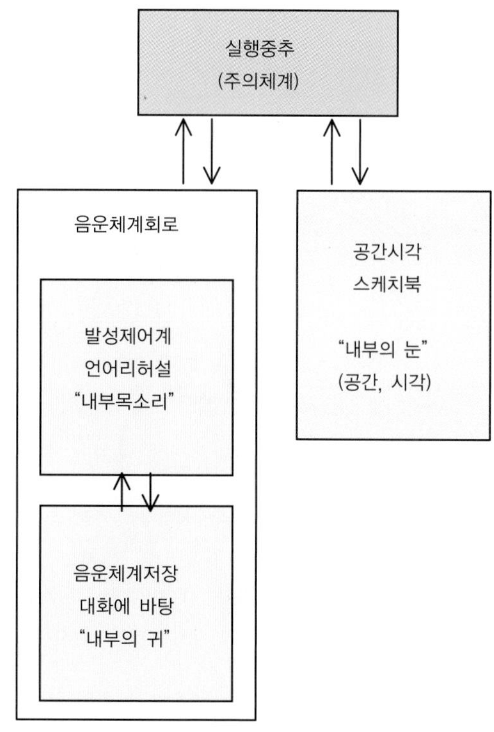

프는 브로카 영역과 측두엽에 위치한다고 알려져 있습니다. 음운루프는 영국의 심리학자 앨런 배들리Alan Baddeley의 작업기억 모델에서 나오는 개념입니다. 작업기억 모델은 소리와 언어정보 기억과 관계 있는 음운루프 외에도 시각과 공간 정보 기억과 관련된 시공간잡기장visuaspatial sketchpad, 그리고 음운루프와 시공간잡기장에 기억된 정보를 통합하고 판단하여 결정하는 중앙통제기central executive로 이루어져 있습니다. 시공간잡기장은 두정엽에, 중앙통제기는 전두엽에 있다고 추정되지요.

그래서 궁상속의 연결이 끊어지면 비단어의 발음을 따라하기 어려워지는 거죠. 왜냐하면 우리가 처음 만나는 단어와 외국어는 의미를 획득하지 못한 상태이므로 모두 의미가 없는 비단어에 해당합니다. 그래서 외국어를 배울 때 발음부터 익히는데, 이 과정 동안 반복해서 새로운 소리를 익히는 연결신경섬유다발이 궁상속이죠. 기억하기 위해 무의식적으로 중얼거리는 행위는 소리의 발음을 익히는 과정이지요. 그리고 단어의 청각적 인식영역인 베르니케영역과 실제 발음하는 브로카영역을 연결하는 궁상속과 관련이 있지요. 측두엽에서 상측두엽은 말소리를 인식하는

13-8
말소리, 시각 문자, 점자판의 언어를 처리하는 과정
일차시각, 일차청각피질에서 시각 문자와 발음 소리가 베르니케 영역으로 입력된다. 점자판의 촉각정보도 일차체감각피질에서 베르니케 영역으로 입력된다. 베르니케 영역과 브로카 영역은 궁상다발로 연결된다.

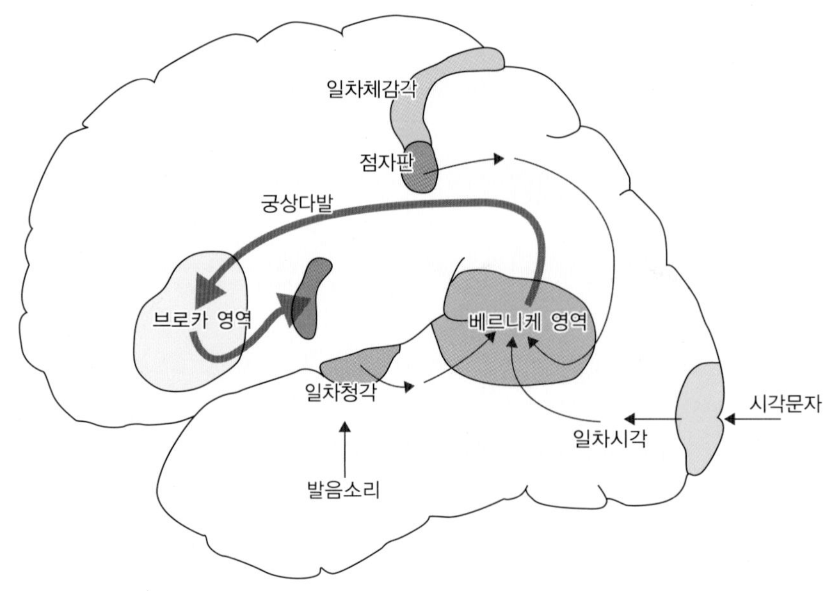

청각인식 피질이며, 하측두엽은 시각적 이미지를 알아보는 시각인식 피질이지요.

단어를 발음하고 듣고 이해하는 과정은 대뇌피질의 영역별 기능과 관련됩니다. 대뇌피질의 중요한 역할은 기억을 저장하는 것이죠. 장기기억은 대뇌피질 뉴런들의 대단히 많은 시냅스 연결망의 형태로 구체화되며, 계속적으로 변화하는 동적 과정입니다. 그래서 인간은 반도체의 기억장치와 달리 항상 변화하는 역동적 기억이죠. 인간의 기억과 반도체 기억 장치의 기억은 방식이 다릅니다. 반도체 기억은 입력주소와 출력주소가 미리 전자회로로 설정되어 기억이 저장되는 주소와 저장되는 기억 내용이 서로 독립된 실체입니다. 그러나 인간의 기억은 기억 내용이 기억이 저장되는 주소가 되는 '주소내용기억' 방식이지요. 기억의 주소와 기억 내용이 동일한 신경정보입니다. 주소내용기억 방식으로 저장되기 때문에 인간은 한 생각이 다른 생각을 불러와서 기억의 연쇄인 생각의 흐름이 가능해집니다. 반도체 기억은 기억이 저장되는 주소와 기억이 출력되는 주소가 전자적으로 설정되기 때문에 항상 정확한 기억이 유지됩니다. 그러나 인간의 기억은 정확한 기억이 아닌 동적으로 변화하는 기억이지요. 인간 기억의 유동적 속성으로 인해 유사성을 바탕으로 경험

13-9
언어생성영역 간의 신경연결

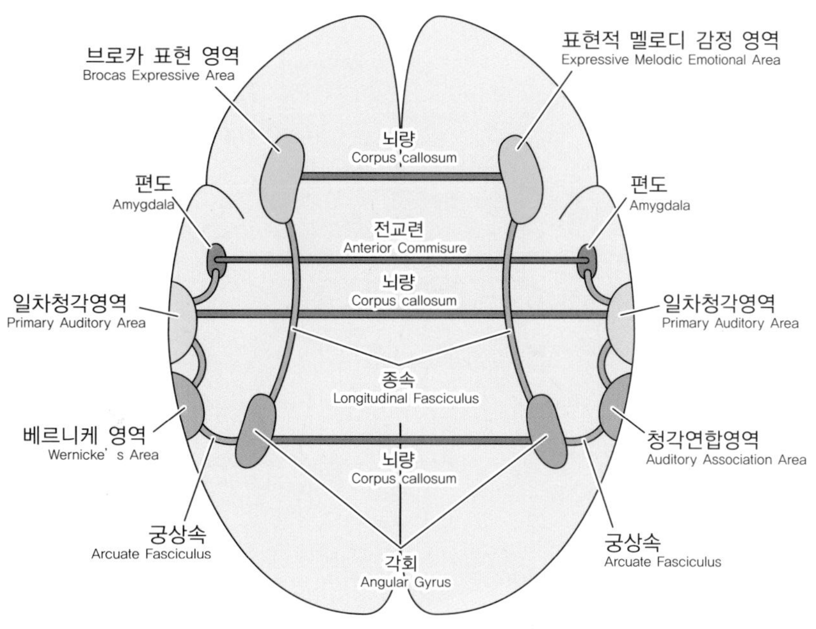

기억의 범주화가 일어납니다. 특히 감각연합피질에서 지속적으로 유지되는 지각경험의 범주화는 비슷한 상황에 처했을 때 우리에게 적절한 행동을 선택하게 해줍니다. 즉 기억을 바탕으로 전개될 상황을 예측할 수 있다는 것이죠. 감각입력이 내측두엽으로 입력되어 경험을 기억할 수 있다는 것은 인간 뇌의 특징이지요.

대뇌피질은 일차피질, 이차피질, 삼차피질로 단계적으로 감각입력을 처리합니다. 운동피질도 일차피질과 이차피질로 구분하며 삼차운동피질은 전전두엽에 해당합니다. 시각, 청각, 체감각이 모두 모이는 하두정엽에서 감각이 분석됩니다. 모서리위이랑과 각회로 구성되는 하두정엽에서 단어와 의미가 결합되지요. 하두정엽과 전두엽은 상호연결되어 언어가 의식적으로 조절됩니다. 전두엽과 하측두엽의 상호연결로 사물에 대한 기억과 언어가 결합되지요. 언어생성피질과 전두엽의 상호연결로 언어에 의한 행동 계획과 행동 조절이 가능해집니다.

작업기억에서, 시각정보는 시각피질의 전문화된 영역들과 배외측 전전두피질의 상호작용에 의해 처리됩니다. 전문화된 시각피질 영역들은 전전두피질에 '무엇'이

13-10
대뇌피질의 상호연결

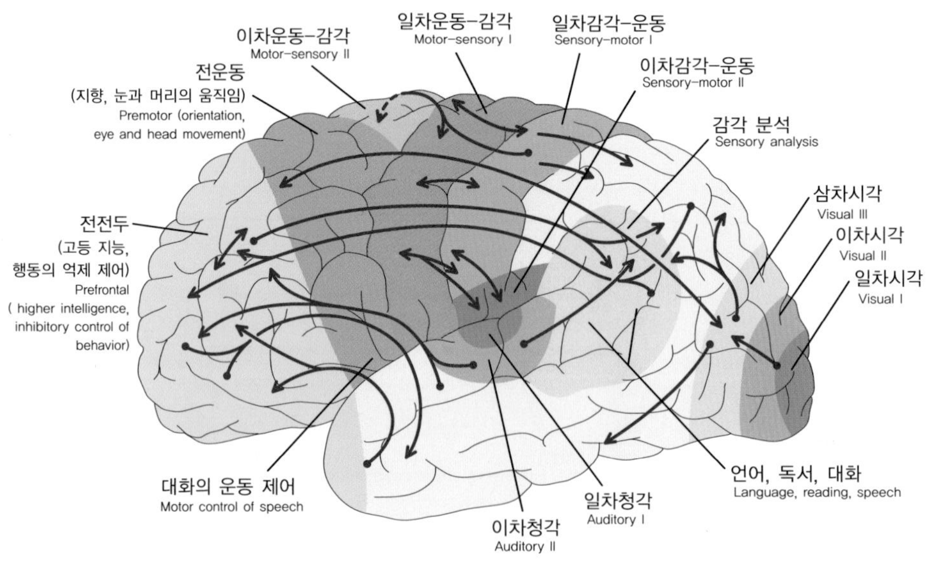

13-11

대뇌 신경섬유다발의 구조

대뇌피질의 영역들은 비교적 장거리 상호연결하는 신경섬유다발은 대상속, 상종속, 궁상속, 하후두전두속, 구상속이 있으며 단거리로 피질과 피질을 연결하는 섬유다발은 단연합섬유가 있다. 이러한 연결신경섬유로 대뇌피질이 상호 연결되어 언어와 목표지향적 인간 행동이 가능해진다.

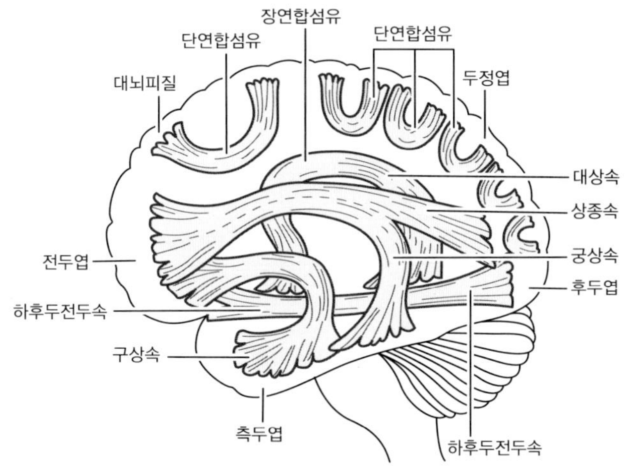

13-12

연결 장애로 인해 나타나는 언어 장애 증상

언어관련 대뇌피질의 상호연결이 손상되면 다양한 실어증이 생긴다. 각회와 모서리위이랑과 연결된 시각영역이 손상되면 순수실독증과 시각실인증이 생긴다. 일차청각영역과 베르니케영역의 연결손상은 순수단어농이 생긴다. (출전: The Human Central Nervous System, R. Nieuwenhuys, J. Voogd and C. van Huijzen)

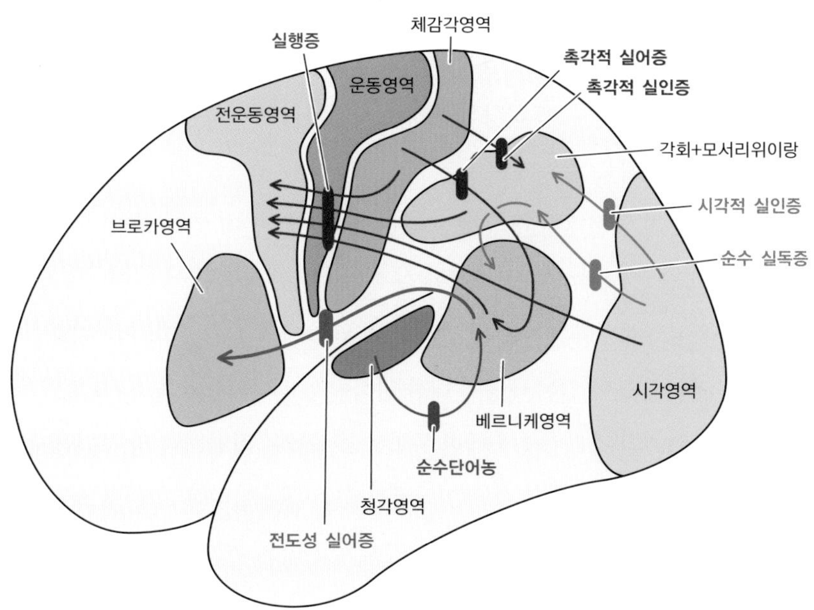

13-13
게슈빈트의 분리 증후군
감각-변연 분리증후군, 감각-운동 분리증후군, 감각-베르니케 영역 분리증후군
(출전: Brain(2005), 128)

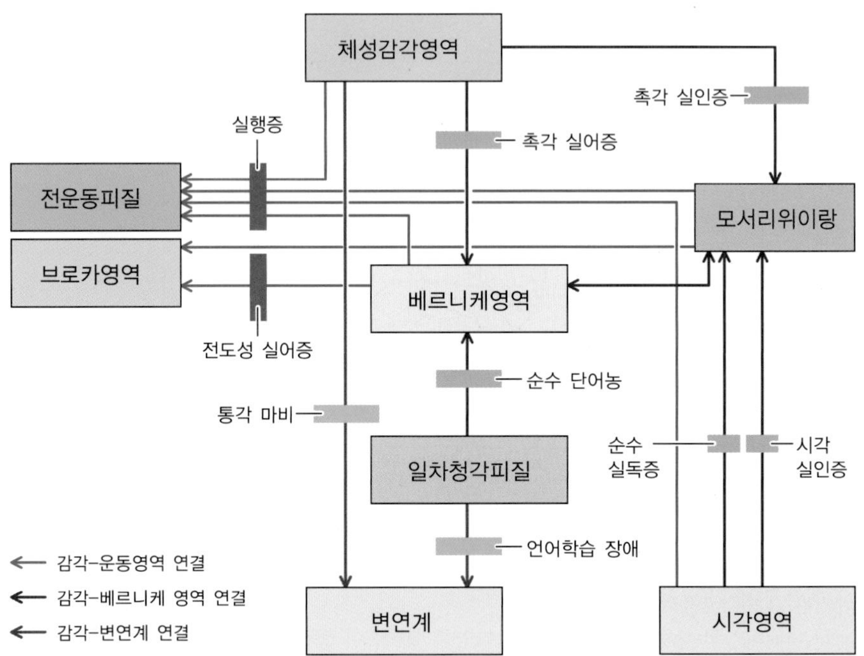

'어디'에 있는지를 알려주고(상향식 정보처리), 전전두피질은 시각계가 어느 물체와 어느 위치에 주의를 집중해야 할 것인지에 대한 명령을 내리죠(하향식 정보처리). 감각계에 대한 이런 하향식 처리는 작업기업의 집행적 통제 기능이 가지는 중요한 요소입니다.

우리가 현재에 대해 아는 것은 작업기억 안에 있는 것입니다. 작업기억은 '지금 이 순간 여기서'라는 자각이 실제로 '지금 이 순간'에 일어나고 있으며, 그 장소는 바로 '여기'라는 사실을 말해줍니다. 그래서 많은 현대 인지학자들은 의식을 작업기억에 들어 있는 내용에 대한 인식이라고 정의합니다.

현재의 감각입력에 대한 통합된 표상들은 작업기억 안에 머물게 되죠. 작업기억의 내용 자체는 그 순간 인식하고 있는 내용입니다. 그래서 의식이란 순간적인 작업기억의 일종이라 볼 수 있죠. 그리고 많은 이론가들은 집중된 주의가 바로 의식

이라는 주장에 동의하며, 작업기억 이론에서 언급하는 집행적 혹은 관리적 기능을 통해 집중된 주의가 가능하다고 생각합니다.

후측언어영역의 손상은 감각피질 실어증으로 이어집니다. 감각피질 실어증 환자는 실어증 환자들 가운데서도 언어 능력이 심하게 손상된 사람이죠. 자기가 의도한 바를 표현할 수 없습니다. 궁상속이 연결되어 있어서 비단어는 학습할 수 있지만, 후측언어영역의 연결이 끊어져서 기억을 불러올 수 없으니 의미를 물으면 대답을 하지 못합니다.

대뇌피질의 언어영역은 뇌 수술시 확인할 수 있죠. 간질이 일어나 괴사한 세포조직을 찾아 잘라내기 위해 뇌의 여러 부위를 탐침으로 자극하여 대뇌피질의 언어 지도를 그릴 수 있죠.

02 사람마다 다른 언어회로

단어가 저장된 대뇌피질 영역은 사람마다 다릅니다. 언어가 카테고리별로 저장되는 경향은 있는데, 언어가 저장되는 부위와 언어 회로의 구체적 내용은 개인마다 다르죠. 어떻게 그럴 수 있을까요? 여기에는 세 가지 원인이 있습니다.

세 가지 원인 가운데 첫째는 발생선택이죠. 언어와 관련하여 가족마다 조상으로부터 유전되는 기본 패턴이 있습니다. 고유한 어감이 있다거나 목소리가 너무 크거나 혹은 작은 것이죠. 특이한 언어 관련 유전질환으로 동사의 시제를 구분하지 못하고, 어휘 분절에 문제가 있는 경우도 있습니다.

유전학자 앤소니 모나코Anthony Monaco는 발음이 정확하지 않은 언어장애 환자의 가계를 조사하던 중 비슷한 언어장애가 3대째 발생하고 있음을 알았습니다. 그는 곧 이 가계의 유전자를 분석했고, 그 결과 FoxP2 유전자를 발견했죠. FoxP2 유전자는 2001년 그가 논문으로 발표하면서 세상에 알려지기 시작했습니다.

FoxP2 유전자가 인간에게만 있는 것은 아닙니다. 인간과 침팬지의 이 유전자를 비교해보니, FoxP2 유전자를 구성하는 아미노산 서열이 두 개가 달랐습니다. 인간에 와서 돌연변이를 일으킨 거죠. 돌연변이로 기능이 달라져 인간의 뇌에서 언어 관련 신경회로가 발달하는 데 중요한 역할을 하게 된 겁니다.

13-14
문장을 구성할 때 뇌회로의 가상성 연결
(출전: Fuster)

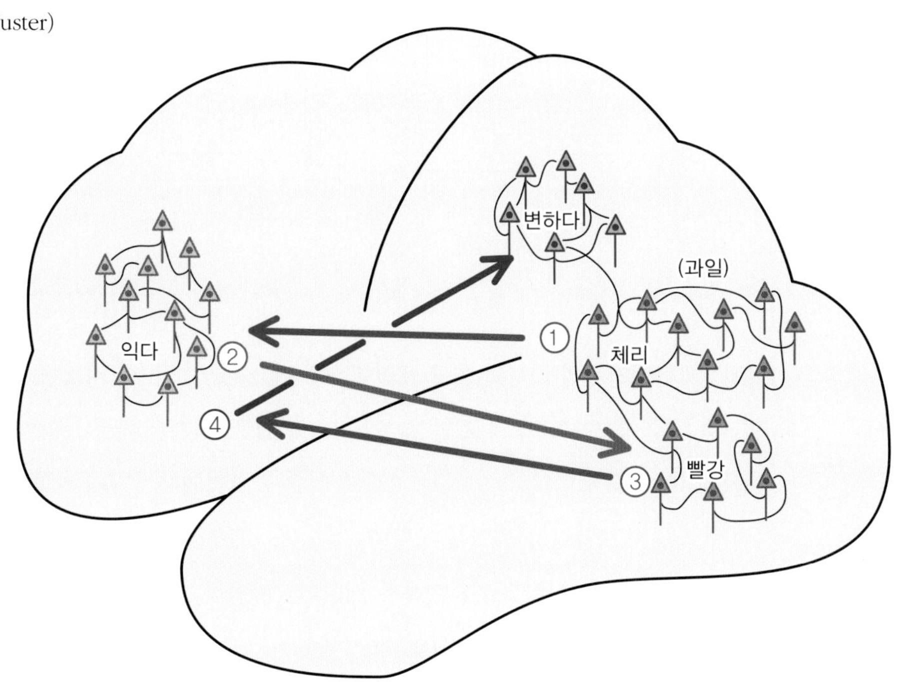

"체리가 익어갈수록 빨갛게 변한다."

FoxP2 유전자는 언어의 기원을 설명해주는 중요한 열쇠이기도 합니다. 분자생물학자들이 FoxP2 유전자의 염기서열이 바뀐 시점을 통계적으로 측정해봤어요. 그 결과 17만 년 전 아프리카의 어느 부족에게서 FoxP2 유전자의 돌연변이가 일어난 것으로 밝혀졌죠. 이는 고고학자들이 그동안 언어의 기원으로 추정했던 시점과 거의 비슷합니다.

이렇게 생겨난 언어는 사회 속에서 계속 발달하면서 다양해지게 됩니다. 고고학자 스티브 미슨Steve Mithen은 《마음의 역사》와 《노래하는 네안데르탈인》이라는 책에서 인간 지능의 발달 과정을 설명하면서 언어지능의 발달과 인식의 유동성을 연결시킵니다. 인간은 자연사지능, 사회지능, 기술지능, 언어지능을 지니고 있죠. 각 지능은 독립적으로 발달하다가 사회적 의사소통이 빈번해지면서 사회지능에서 언어가 출현한 것이죠.

13-15
인간 지능들과 인식의 유동성

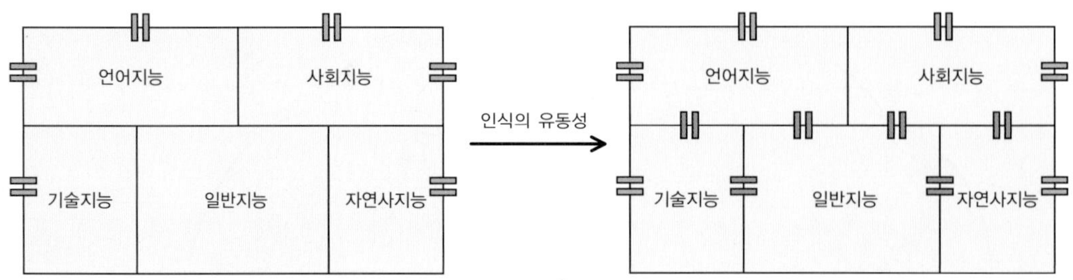

그런데 현생인류의 조상인 호모 사피엔스에 이르러 인지 처리 과정에 변화가 생겼습니다. 네 가지 지능이 서로 연결되기 시작한 거죠. 미슨은 이를 가리켜 '인식의 유동성'이라고 표현합니다. 언어가 사회적 언어에서 자연사지능과 기술지능의 비사회적 지능 속으로 확산되면서, 인간의 지능에 유동성이 생겼다는 것이죠. 이를 뒷받침하는 근거로 사람속屬에 속하는 네안데르탈인Homo neanderthalensis과 호모 사피엔스Homo sapiens를 비교하지요.

네안데르탈인은 유럽, 서아시아, 아프리카, 중앙아시아에서 지역에 따라 차이가 있지만 25만 년 전에 출현하여 3만 년까지 존속했다고 합니다. 호모 사피엔스는 15~25만 년 전에 나타난 것으로 추정됩니다. 둘은 매우 긴 시간 동안 공존하다가 호모 사피엔스만 살아남아 현생인류로 번성하고 네안데르탈인은 멸종했죠. 두뇌 용량에서도 별 차이가 없었고, 심지어는 육체적으로는 네안데르탈인이 더 강했는데도 사라졌죠. 그 원인에 관해 수많은 이론들이 있는데, 그중에서도 네안데르탈인이 '상징의 문턱'을 넘어서지 못했기 때문이라는 이론이 있습니다.

상징의 문턱은 분절음, 비분절음과 관계가 있습니다. '안녕하십니까?', '아름답습니다'라는 말에서처럼 우리는 주로 분절음을 사용하죠. 자음과 모음으로 구성된 분리된 분절음을 사용하기 때문에 발음 하나하나가 분명히 구분됩니다. 반면 비분절음은 주로 모음으로만 이루어져 음들이 명확하게 구분되지 않습니다. 아기의 옹알이, 엄마가 아기를 달래는 소리, 연인들 사이의 대화, 판소리, 서러운 울음소리를 들어보세요. 길게 발음하는 모음 중심으로 감정을 표현하지요. 모음의 한 음이 노래의 한 소절에 해당할 정도로 유연하고 호소력이 있지요. 판소리 음절처럼 길게

13-16
침팬지와 유인원의 뇌 용량 비교
네안데르탈인의 뇌 용량은 호모 사피엔스와 비슷하거나 조금 더 크다고 알려져 있다. 지능은 뇌 용량의 크기보다는 사용한 언어의 특성과 상징적 능력의 존재 유무가 더 중요하다.

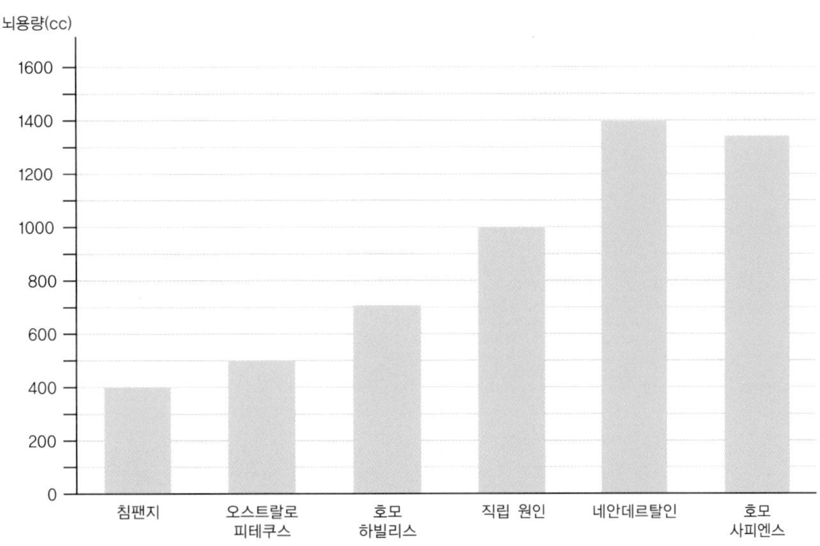

늘어진 비분절음입니다. 네안데르탈인이 이런 비분절음을 사용했을 거라고 미슨은 추정합니다. 마치 노래를 하는 것처럼 비분절음을 사용했을 것으로 추정합니다.

네안데르탈인의 두개골을 호모 사피엔스의 것과 비교해보면, 분절음의 사용을 확실히 알 수 있습니다. 우선 입천장의 모양이 달라요. 네안데르탈인은 입천장이 평평하고 호모 사피엔스는 움푹 들어가 있죠. 인두와 기관 사이에 있는 후두의 위치도 다릅니다. 후두를 통해서 발성을 하고 호흡을 하는데, 네안데르탈인의 후두는 호모 사피엔스의 것보다 더 위에 있어요. 마지막으로 후두에서 목구멍 사이의 관이 진동하면서 소리가 만들어지는데, 네안데르탈인은 관이 더 짧아서 비분절음을 사용하여 의사소통을 한 것으로 추정하지요.

호모 사피엔스 역시 초기에는 비분절음을 사용했을 거라고 추측합니다. 이러한 상황과 더불어 FoxP2 유전자 돌연변이가 발음 관련 근육을 제어하는 신경작용에 변화를 일으킨 것으로 추정하지요. 호모 사피엔스는 사냥 능력이 뛰어났습니다. 그러다 보니 집단이 점점 커졌어요. 집단이 커지면 정교한 의사소통을 해야 할 일이

13-17
네안데르탈인과 호모사피엔스의 발음기관 비교

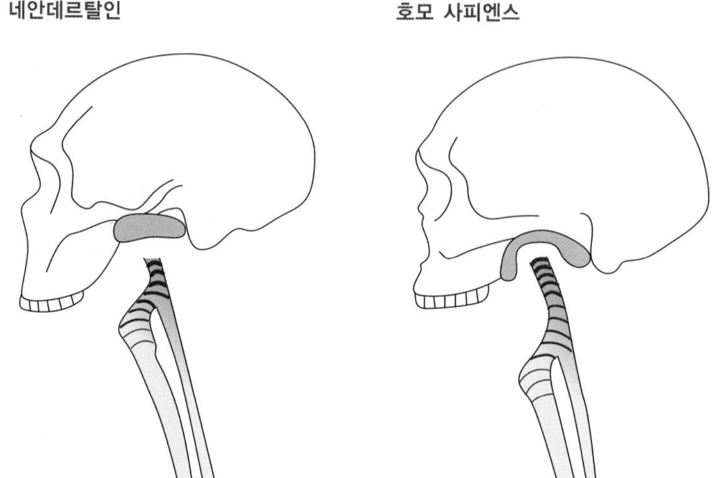

많이 생기죠. 옹알거리는 소리만 가지고는 의사 전달을 제대로 할 수 없습니다. 그래서 정확한 말을 써야 했죠. 이런 필요성이 있는 상황에서 무작위적 FoxP2 유전자 돌연변이가 우연히 생존에 유리한 작용을 했을 거라고 추정됩니다.

분절음 사용으로 구별 가능한 단어의 수가 증가하면서 호모 사피엔스는 상징의 문턱을 넘어 인식의 유동성을 갖게 됩니다. 인간이 초기부터 상징을 사용한 구체적 증거로 호모 사피엔스의 무덤에서 발굴된 조가비 목걸이를 들 수 있습니다. 조가비 목걸이는 아주 중요한 의미를 담고 있죠. 바로 타인에게 느낌을 전달할 수 있는 추상적인 상징을 사용하게 되었다는 겁니다. 도구에 관한 기술지능이 사회적 정서를 교환하는 데 사용된 거죠. 이렇게 사회적 지능이 기술지능과 만날 수 있게 된 것은 바로 인식의 유동성이 낳은 결과이지요.

조가비 목걸이 외에도 호모 사피엔스는 상징을 아주 효과적으로 이용했습니다. 네안데르탈인의 무덤에서는 온갖 동물의 뼈가 발굴되지만 호모 사피엔스의 무덤에서는 주로 붉은 순록의 뼈가 발견됩니다. 그리고 일정한 간격으로 빗금이 새겨진 순록의 뼈도 발견되었지요. 이것이 바로 붉은 순록이 절벽을 지나가는 날짜를 기록한 호모 사피엔스의 달력으로 추정됩니다. 이 시기에 벌써 시간이라는 상징적 개념이 나타난 거죠. 호모 사피엔스는 이 달력을 이용해 붉은 순록이 지나갈 때를 알고

13-18
에델만의 발생선택, 경험선택, 입력지도화 과정

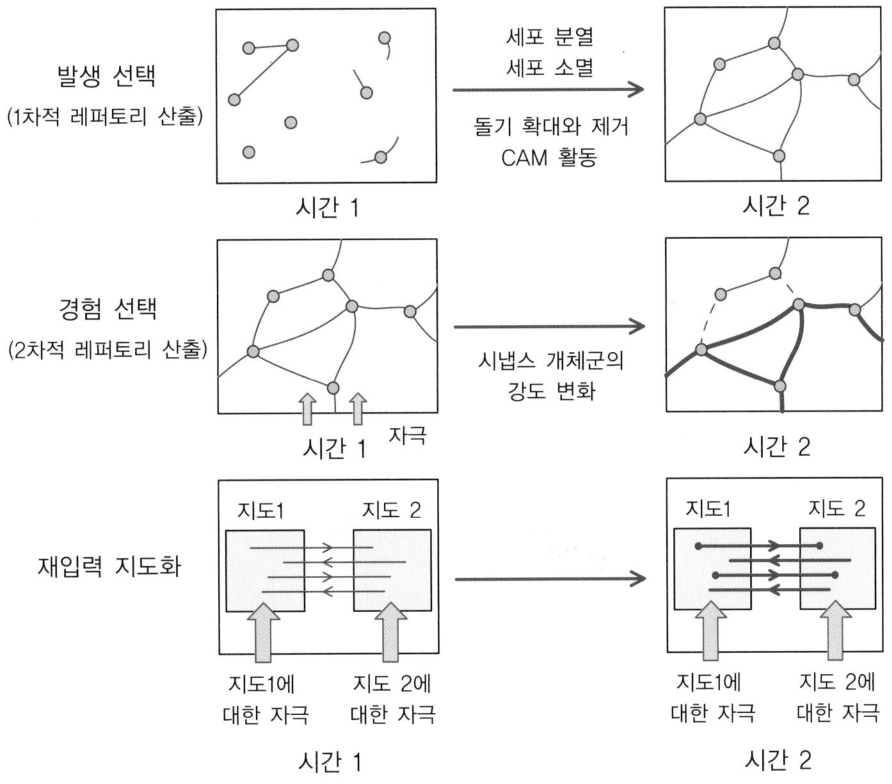

기다렸다가 계획적으로 사냥을 했을 겁니다. 호모 사피엔스는 이렇게 상징을 이용하여 빙하기에 효과적인 사냥을 했고, 그 결과 네안데르탈인과 달리 살아남을 수 있었죠.

사람마다 언어 회로가 달라지는 두 번째 원인은 경험 선택입니다. 사람은 생후 1~2년 동안 엄청난 양의 언어 학습을 합니다. 그 정도에 따라 언어 회로의 내용에 개인차가 나타나게 되죠.

마지막 원인은 학습입니다. 초등학교에서 대학까지 우리는 학교에서 여러 과목을 학습하죠. 이 시기에 수많은 상징기호를 습득하고 여러 번 반복하여 기억으로 저장합니다. 그 기억들을 통해 남들과 다른 자기만의 언어 기억 연결망이 형성되지요. 세 가지 원인 가운데 학습을 통해 언어 회로의 내용이 완성되지요. 나머지는 발생 선택과 경험 선택으로 만들어지는 거죠.

03 지각을 물들이는 언어

언어를 습득하면서 시간의식이 형성되고, 시간의식이 형성되면 시간의 경과에 따라 과거를 인식하게 됩니다. 그리고 과거의 기억을 통해 현재를 이해하여 매순간 행동을 선택하지요. 또한 예측을 통하여 현재 행동의 결과가 나타날 미래에 대한 개념을 가질 수 있죠. 결국 과거와 현재 그리고 미래라는 시간의 흐름이 생성되고, 비로소 인간은 현재에 고착된 동물 상태에서 벗어날 수 있게 됩니다. 에델만은 '시간이라는 독재자'라는 표현을 썼죠.

인간은 스냅사진처럼 응고된 시간인 '현재'라는 굴레에서 벗어나 기억에 의해 형성된 '과거-현재-미래'의 유동적인 흐름을 갖는 시간의식을 갖게 되었죠. 자연에 결부된 즉시적 현재만 존재하는 상태에서 미래에 대한 전망이 가능해진 세계상이 펼쳐진 겁니다. 반면에 동물은 시간의식이 미약해서 현재 상태에 구속되지요. 감각자극을 지연하여 처리하지 못하여 반사적 동작을 하는 겁니다. 동물은 감각에 구속되었다고 볼 수 있지요. 인간은 언어를 통해 시간의식을 획득했지만 그 결과 자연과의 직접적 연결이 끊어졌죠. 그래서 시간의 독재에서 벗어나 뇌가 만든 가상의 세계상을 통한 문화적 진화를 하게 되지요. 왜냐하면 사회적 지능에서 출현한 언어는 본질적으로 인간종 사이에서 통용되며, 따라서 인간 문화에 종속되죠. 언어는

13-19
내부발언과 숨긴발언

내부발언은 성대구조가 억제된 상태에서의 정상적 발언으로 여길 수 있다.(위) 내부발언 과정에서 뇌가 활성화된다.(왼쪽 아래) 숨긴 발언은 좌반구의 발음 영역들을 사용한다.(오른쪽 아래) (출전: Heslow)

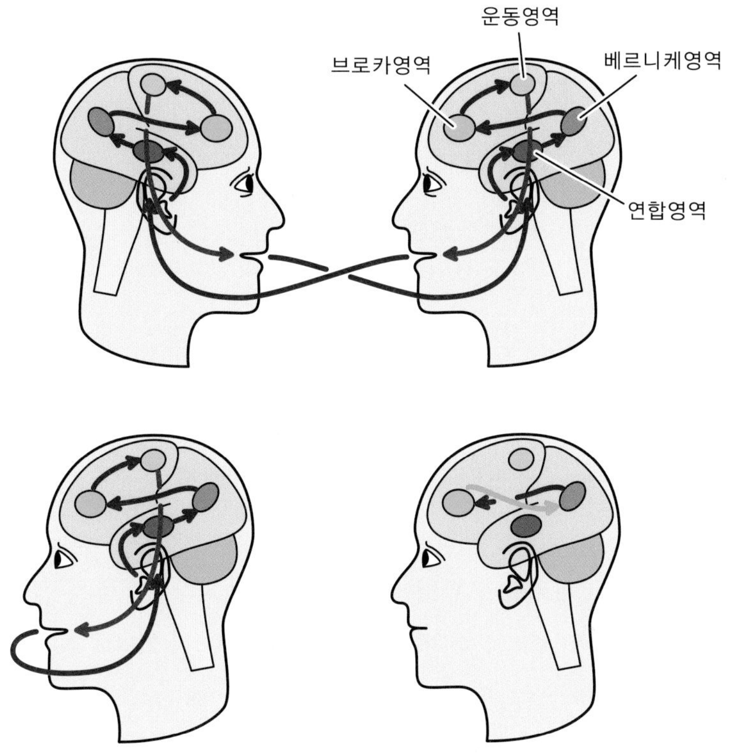

자연에 작용하는 것이 아니라 인간에만 작용하는, 뇌가 만든 상징적 도구인 겁니다. 그리고 뇌가 만든 세계상에 갇히면서 자연과의 직접적 연결은 단절되었죠.

비고츠키는 언어를 배우는 순간 지각이 언어에 물들어 가상세계에 갇히게 된다고 말합니다. 닫힌 정도는 성인이 될수록 더 강해지죠. 게다가 말을 배우기 전과 처음 배울 때의 기억이 없으니 가상세계에 갇혀 있는지도 모릅니다. 가상세계에 갇히면 빛과 소리로 이루어진 실재로서의 자연을 만날 수 없죠. 그래서 빛과 소리의 자극에 반응하는 것이 아니라 시각, 청각, 체감각이 결합하여 만들어진 대상을 지각하고 거기에 언어적 상징으로 이름을 부여하지요. 자연의 직접적 감각입력이 기억과 상징에 의해 처리됩니다. 즉 가상세계의 출현이죠.

우리는 자연을 대상으로 지각하게 됩니다. 대상으로 지각한다는 말은 자연을 있

13-20
뇌 속의 뇌구조인 전전두엽과 인위적 자극인 상징

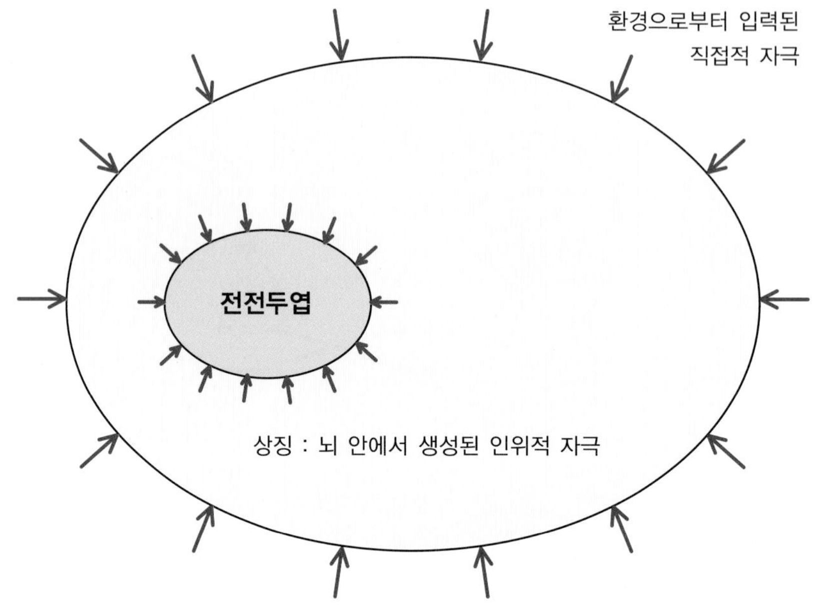

는 그대로 볼 수 없다는 거죠. 왜냐하면 지각적 인식 과정은 항상 무의식적으로 기억과 결부되기 때문입니다. 지각은 범주화된 기억에 현재의 감각입력을 비교하는 과정이지요. 이에 반해 인간은 행동과 그 행동의 목적이 언어로 내면화되면서 단어와 의미로 전환되지요. 언어에 의한 대규모 기억이 가능해지고 그 언어의 의미에 갇히게 됩니다. 요약하면 동물은 '감각장에 구속된 상태'이고 '인간은 의미장에 구속된 상태'라 볼 수 있죠.

언어를 사용하는 순간부터 이름 붙여진 사물, 즉 대상에 의해 행동이 결정됩니다. 눈앞에 보이는 사물들을 나열해보세요. 책상, 책, 공책, 연필, 달력, 시계, 휴대전화 등 주변에 이름이 없는 사물이 있나요? 거의 없습니다. 사물에 이름을 붙이고 이름이 붙은 사물들 속에서 산다는 것, 이것이 바로 인간이 언어에 의해 의미가 부여된 가상세계에 갇혀 있다는 의미이지요.

유명한 사례를 하나 살펴보죠. 마이크 메이라는 시각장애인이 있었습니다. 폭발사고로 시력을 잃었고, 43년 만에 줄기세포 이식법을 이용한 개안수술을 받게 됩니다. 시간은 걸렸지만 그는 수술 후 시력을 되찾아 모양과 색깔을 구분할 수 있게

13-21
연골어류의 뇌 크기 변화

만타레이는 대형 가오리로 메가마우스와 함께 연골어류에 속한다. 만타레이는 메가마우스보다 몸집은 작지만 뇌는 훨씬 더 크며, 종뇌와 소뇌가 크게 발달했다. 이 차이는 만타레이는 사회성 생활을 하지만 메가마우스는 혼자서 생활한다는 차이에서 기인한다. 사회적 상호작용이 뇌 발달의 주요 원인임을 보여준다. (출전: Ito, 1999)

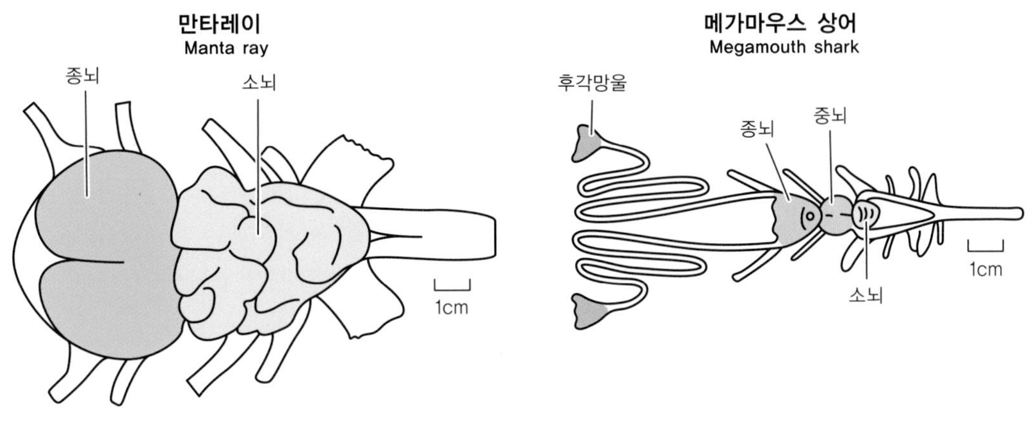

13-22
호모종의 체중과 뇌 용량 변화

호모종의 체중과 뇌 용량은 약 170만 년 전에 크게 증가했다. 약 20만년 전 호모 사피엔스의 체중은 오랑우탄이나 고릴라에 비해 줄어들었지만 뇌 용량은 오히려 증가했다. 단위 체중당 뇌 용량은 인간이 가장 크다. 인간 뇌 용량의 급격한 증가는 사물과 사건을 언어로 저장하는 능력의 진화와 관련된다. 단어와 문장에 의한 행동의 계획과 조절이 인간종의 특징이다. 혼자 말하기는 적절한 행동을 찾는 운동선택의 준비단계이다. 혼자 속으로 말하는 것은 행동의 출력되지 않는 연습 과정이며 바로 우리의 생각이다.

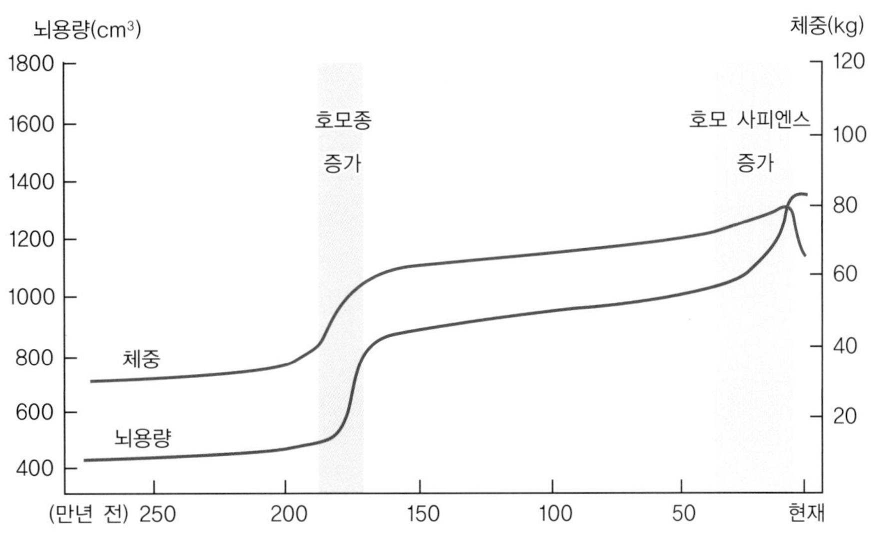

되었죠. 그런데 생각지도 못한 문제가 나타났습니다. 대상을 인식하는 데 어려움을 겪기 시작한 겁니다. 어린 시절 시각 학습을 막 시작하는 시기에 시력을 잃었기 때문에 보이는 것들에 대한 정보가 없어 시각적 인식을 할 수 없었던 거죠. 대상을 인식하는 일은 학습과 범주화를 거친 후에 가능해요. 그래서 메이는 낯선 세상의 것들을 하나씩 배워가야 했습니다. 그동안 민감해진 청각 중심의 생활에서 시각 훈련을 통해 주변 상황을 인식해가는 수년 동안의 과정을 인터넷에 일기 형식으로 묘사했죠.

메이의 경우 세상에 적응하는 길을 택했지만, 개안 수술 후에도 시각을 포기한 채 수술 전에 의지했던 청각과 촉각 중심의 삶으로 되돌아간 사람들도 있습니다. 그만큼 이미 형성된 외부 인식작용의 틀과 범주화된 지각의 세계에서 벗어나기가 어려운 겁니다. 올리버 색스의 《화성의 인류학자》에 메이의 사례가 자세하게 소개

13-23
인간의 미소 및 웃음 표현과 초기 영장유 및 포유류의 이빨 드러내기 비교
(출전: van Hooff)

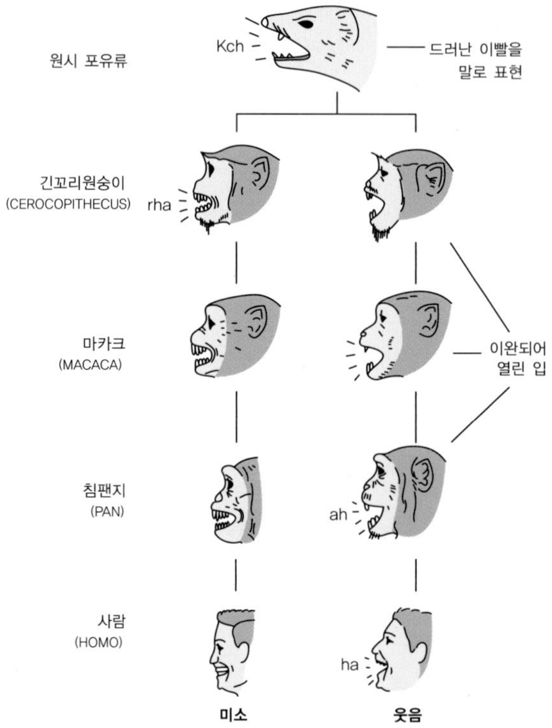

13-24
대뇌피질과 발성신경로 연결
(출전: Holstege, 2004)

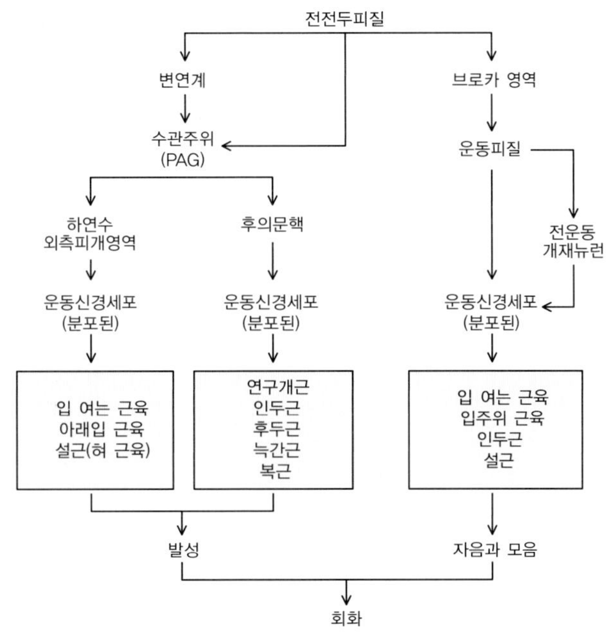

되어 있습니다.

감정과 의미가 결합된 인간의 발생은 대뇌 전전두엽, 변연계, 브로카영역이 관련됩니다. 발성은 감정적 경로와 운동적 경로라는 이중경로로 조절됩니다. 감정적 경로는 전전두엽의 발성 관련 신호는 변연계와 중뇌수도관주위회색질(PAG)로 전달되어 하연수와 후의문핵을 통해서 감정적 발성을 하지요. 중뇌수도관주위회색질은 동물들이 어미와 새끼가 격리되어 비통한 울음소리를 낼 때 관련된 영역이지요. 운동적 경로는 브로카영역에서 혀, 인두, 입주위근육을 통하여 자음과 모음을 발음하지요.

감정표현도 눈물샘의 분비샘, 창작의 민무늬근, 얼굴표정근으로 결국 운동으로 표출되지요. 그래서 감정과 운동을 모두 근육운동의 조절작용이라 볼 수 있지요. 근육의 제어라는 관점에서 수의운동과 감정표현을 내측과 외측의 신경로로 구분할 수 있지요. 내측신경로는 운동에서는 자세와 근위부를 조절하며 감정표현에서는 리듬으로 표출됩니다. 외측신경로는 원위부 미세조절과 감정적 행동으로 나타나지요. 내측신경로는 뇌간그물형성체의 조율작용을 받게 되지요. 신경로에서 외측과

13-25
운동의 내측경로와 외측경로

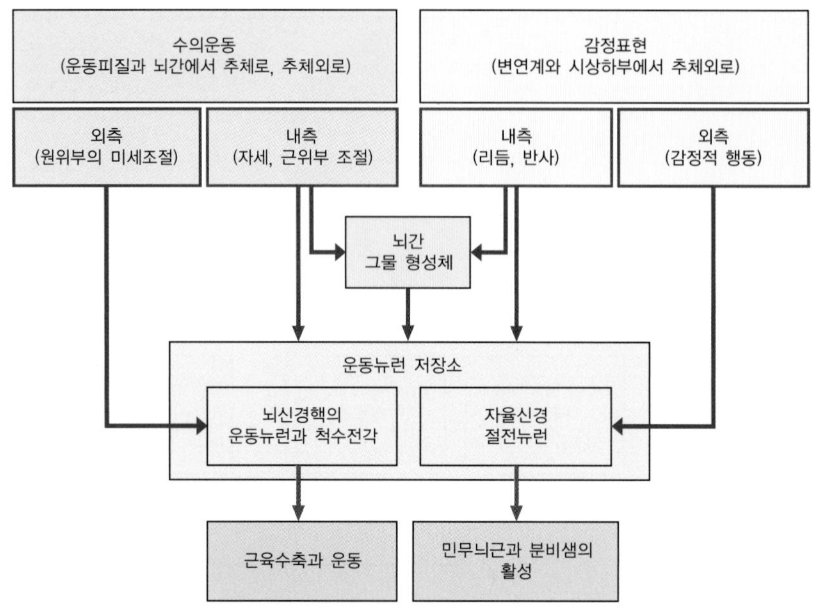

내측의 개념은 신경계의 진화 과정과 관련됩니다.

인간과 영장류의 발음 생성 신경회로의 주요한 차이점은 신피질의 관여 정도입니다. 인간은 혀영역신피질이 설하신경을 자극하여 혀의 움직임을 직접 통제하지요. 후두영역에서 의문핵으로 직접 연결됩니다. 혀와 호흡 과정을 신피질이 통제하면서 대뇌피질에 저장된 단어의 발음이 정교하게 발달하지요.

영장류의 뇌간과 척수운동뉴런의 발음 생성 영역은 중뇌와 연수에서 대부분의 입력을 받지요. 그러나 신피질에서 발음 운동 뉴런으로의 직접 연결은 상대적으로 약하거나 거의 존재하지 않습니다. 반면에 인간은 신피질에서 주요 발음 영역으로의 직접 신경연결이 강합니다. 그래서 신피질의 손상이 영장류에서는 발음에 중요한 영향을 미치지 않지만, 인간은 매우 커서 신피질이 손상을 입으면 거의 발음을 할 수 없게 됩니다. 그러나 웃음과 울음은 신피질 손상에 영향을 받지 않죠.

개별 감각입력을 처리하는 대뇌의 감각피질이 발달하면서 시각, 청각, 체감각의 개별감각을 통합하는 연합감각피질의 확장이 인간에서 신피질의 확장을 초래합니다. 호킨스는 신피질 확장으로 감각입력의 패턴 서열 저장이 가능해졌고, 신경자극

13-26
영장류와 인간의 발음생성 신경회로
(출전: Jurgens and Alipour, 2002)

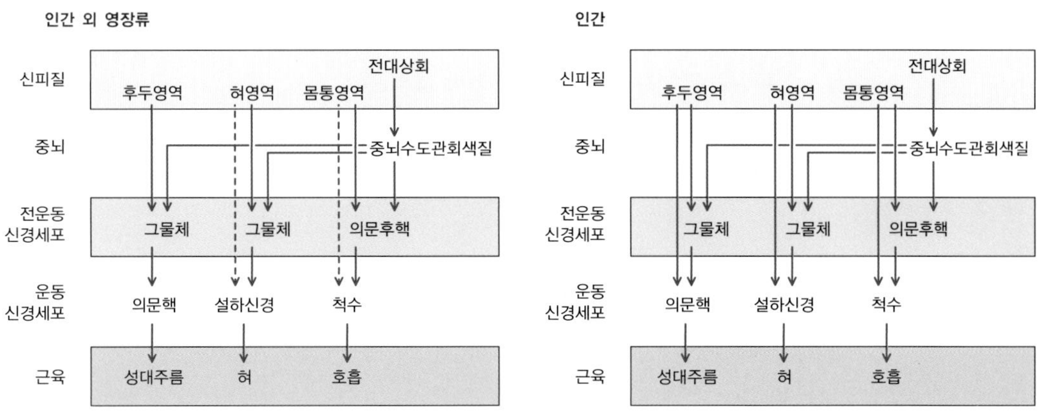

13-27
마카커 원숭이 발성영역과 인간 대뇌피질 언어영역의 비교
마카크 원숭이의 44, 45번 피질영역은 인간 브로카 영역과 상동피질이며, 측두두정 청각영역(Tpt)은 인간 베르니케 영역과 상동영역으로 추정된다. 39, 40번 영역인 인간의 하두정엽에 해당하는 원숭이 피질 부위는 명확하지 않다.

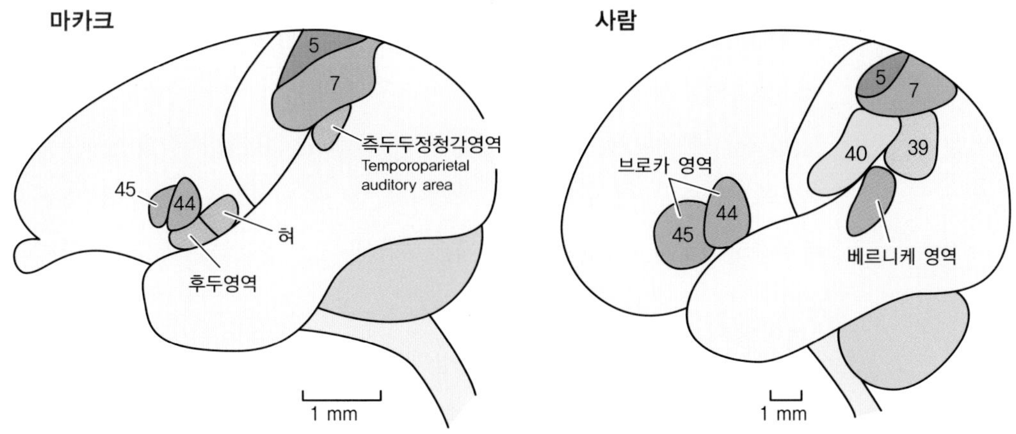

패턴의 서열이 인간 기억의 본질이라고 주장합니다. 신피질은 패턴의 서열을 저장하여 미래의 사건을 예측하지요. 그리고 과거패턴과 유사한 패턴이 자동연상으로 떠오르는 과정이 바로 기억의 회상이지요. 패턴의 기억은 새로운 상황을 처리할 수 있도록 불변형태로 저장됩니다.

호킨스의 뇌 기억이론을 요약하면 다음과 같습니다.

신피질은 패턴들의 서열을 저장한다.

신피질은 패턴들을 자동연상을 통해 불러낸다.

신피질은 패턴들을 불변형태로 저장한다.

신피질은 패턴들을 계층 구조에 저장한다.

피질의 상위 영역들이 시각적 이미지의 큰 표상을 유지하는 동안 하위 영역들은 세부적 표상들을 동시에 관찰할 수 있지요. 그래서 인간은 구조 속의 구조를 찾는 데 익숙합니다.

피질영역은 그 서열에 대한 지속적인 표상, 즉 기억을 형성하며, 패턴들이 시간별로 펼쳐지는 양상을 정확히 예측할 수 있다는 것을 깨닫는 순간 뇌는 그것을 인과적인 관계로 해석합니다. 패턴들의 시간적 반복이 바로 세계에 있는 실재 대상이며, 현실의 정의는 바로 예측 가능성입니다.

그렇습니다. 우리의 일상생활이 현실감의 기준이 되는 이유는 일상이 대부분 매일 반복되는 정해진 상황이기 때문입니다. 그처럼 비슷하게 반복되는 현실에서는 바로 다음에 일어날 일들의 서열이 미리 정해져 있죠. 따라서 우리는 패턴의 일부만을 감지하고도 이후 전개될 사건의 양상을 예측할 수 있는 겁니다. 이러한 예측 가능한 패턴들의 연쇄를 우리는 인과관계로 파악하죠. 인간의 인식작용은 거의 대부분은 이전에 학습한 사물과 사건들의 인과관계를 무의식적으로 참조하는 과정이라 할 수 있습니다.

호킨스의 이론에 의하면 예측 가능성의 정도가 바로 현실감을 규정합니다. 그리고 예측 가능한 패턴 서열은 실제로 존재하는 더 큰 대상의 일부임이 분명하지요. 따라서 신뢰할 수 있는 예측 가능성은 세계의 서로 다른 사건들이 물리적으로 이어져 있다는 것을 아는 확실한 방법이 됩니다.

우리가 각 노래의 제목을 알고 있듯이, 비슷한 방식으로 대뇌피질영역은 자신이 아는 서열마다 이름을 붙이죠. 이러한 '이름'이란 서열을 부호화하는 신경세포들이

13-28
쥐, 고양이, 사람에서 일차감각피질 영역

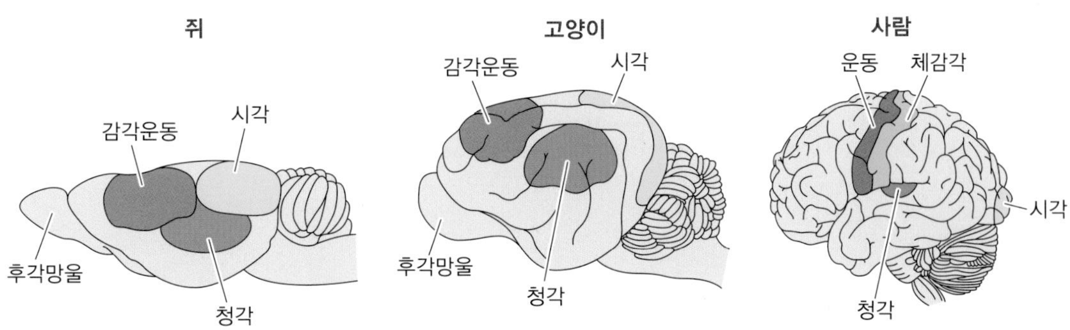

발화함으로써 서열을 통해 대상들의 집합을 표현하는 세포집단을 가리키게 됩니다. 즉 사물의 반복 출현으로 예측 가능한 내적 자극신호를 생성하는 신경세포들의 집단이 바로 사물의 명칭이 됩니다.

반복하여 만나게 되는 동일한 사물을 소리로 부호하여 그 사물을 대신하는 능력이 바로 언어의 지시작용입니다. '사과'라는 단어는 사과의 시각적 형태, 색깔, 사과의 냄새 그리고 사과를 손으로 만질 때의 촉각이 함께 어우러진 다감각적 체험이 '사과'라는 기호로 대체된 것입니다. 이처럼 감각을 연합하는 기능은 언어의 출현에 필수적인 요소입니다. 쥐와 고양이 그리고 사람의 대뇌피질은 이러한 연합감각영역의 확장을 확연히 보여줍니다. 쥐와 고양이는 체감각과 운동이 분화되지 않은 감각운동영역이 존재합니다. 이 감각운동영역이 인간에서는 일차운동영역과 일차체감각영역으로 구분됩니다. 그리고 13-28에서 표시된 체감각, 청각, 그리고 시각은 모두 일차영역입니다. 그외 표시되 않은 영역이 바로 감각연합영역과 운동연합영역입니다. 인간에서 대뇌피질 대부분 영역은 연합피질이지요. 감각연합피질에서 처리한 신경자극패턴이 언어적 표지와 대응관계를 형성하면 감각적 사물이 지각적 대상이 됩니다. 대상에 부여한 발음 패턴의 서열이 단어가 되며 전두연합영역에서는 상징적 기호인 단어를 사용하여 목적지향적 행동을 생성합니다.

호킨스의 주장에 의하면 계층 구조의 각 영역에서 예측 가능한 서열들이 '이름을 지닌 대상들'로 전환됨으로써, 상위로 갈수록 점점 더 안정성을 획득하죠. 그러면서

13-29
시각정보의 상향처리와 하향처리과정

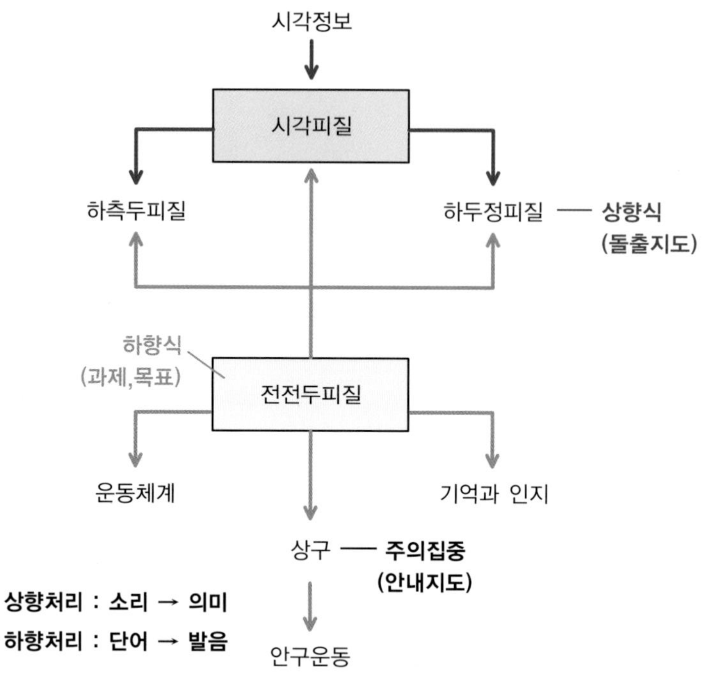

불변 표상들이 형성되어 점차 공고해집니다. 반대로 계층 구조를 따라 내려오는 경우는 안정한 패턴들이 서열에 따라 '펼쳐지는' 과정입니다. 대뇌피질 고차영역으로 계층 구조를 따라 올라가면서, 소리 서열이 음소가 되며, 음소의 서열이 단어로, 단어의 서열이 구절로 모입니다. 반대로 대뇌 전두엽에서 의식적 문장을 발음하는 과정은 단어의 서열이 청각피질과 운동피질로 내려가면서, 운동피질에서는 음소의 서열로 전환되며 최종적으로 근육신경발화의 서열이 되죠. 그래서 인간 뇌의 정보처리 과정은 감각에서 기억으로 향하는 상향 처리와 기억에서 발음 운동으로 내려가는 하향 처리 과정이 동시에 작용합니다.

시각정보처리도 상향식과 하향식으로 구별됩니다. 시각적으로 중요한 자극이 입력되면 하측두엽으로 의식적 시각정보 흐름과 하두정피질로 무의식적 시각정보 흐름이 출력됩니다. 하두정엽으로 진행되는 상향정보는 손발의 움직임을 반사적으로 촉발하여 무의식적으로 위험을 피하게 합니다. 이러한 상향식 시각정보는 갑작

스러운 자극의 돌출지도를 생성하지요. 시각의 하향식정보전달은 과제와 목표지향적이며 상구와 안구운동을 통하여 주의집중을 안내하지요.

진화를 통해 비교, 추론, 예측 그리고 판단하는 고차원적 사고가 인간에게 출현합니다. 전두엽을 통해 주의 집중에 성공할 수 있다면, 우리의 생각은 외부세계보다 더 진짜 같은 현실이 됩니다. 골드버그의 《내 안의 CEO, 전두엽》에 의하면 진화를 통해 융통성 없고 고정된 뇌 기능을 갖는 '시상-뇌'에서 유연하게 적용할 수 있는 '피질-뇌'로 옮겨졌으며, 이는 포유류에게 있었던 폭발적인 신피질 진화에서 유래한 것이라고 합니다. 하나의 연결패턴에서 다른 연결패턴으로의 이행이 신피질에서 급속하게 일어난 것이죠.

상호작용의 급격한 증가로 특정한 상황에서 가장 효과적인 패턴을 선택하는 능력이 중요해졌습니다. 뇌에서 선택의 자유도가 증가할수록 효과적인 운동 선택을 위한 통합 조절 기능이 발달해야 했죠. 즉각적인 반응에서 예측과 판단을 수반한 지연된 반응이 생존에 중요한 자리를 차지함에 따라 전두엽의 진화를 촉발했습니다. 전두엽은 전문지식을 기억하는 뇌 영역을 찾아내고 필요에 따라 맥락적으로 상호 연계된 구성으로 이들을 함께 그룹화하지요. 무수한 많은 선택 가능성에 질서를 부여하는 능력이 있는 전두엽의 출현으로, 적절한 행동을 선택할 수 있는 능력도 커졌습니다. 다양한 수준으로 분산되어 상호작용하는 뇌 영역들을 전두엽이 통합하여 목표지향적 행동을 만들죠.

04 목적지향적 인간의 탄생

"인간의 특질은 의도적 행동이다." 러시아의 심리학자 레프 비고츠키는 이렇게 말합니다. 동물은 자극에 반응하여 움직일 뿐 인간처럼 의도에 따라 행동하는 경우는 드뭅니다.

목적을 갖는 몸 운동인 행동은 어떤 과정을 거쳐서 나올까요? 감각입력을 처리하는 과정을 살펴보면, 바깥 세계의 정보가 시각, 청각, 체감각이라는 감각자극이 되어 시상의 중계작용을 거쳐 대뇌피질의 일차감각 영역으로 들어옵니다. 대뇌의 중심열을 기준으로 전두피질은 운동출력, 후두피질은 감각입력을 처리하죠. 인간 뇌의 정보처리 과정은 감각입력을 내측두엽에서 경험기억으로 변환하고, 전두엽에서 이 경험기억을 바탕으로 운동출력을 계획하고 집행하는 것이라고 요약할 수 있습니다. 운동출력을 집행하는 전두엽의 기능은 언어를 사용하는 고차의식이지요. 왜냐하면 인간의 운동은 의도적 행동이고, 의도성은 목적의식을 전제해야 가능하기 때문이죠. 목적의식을 이해하려면 감각입력과 운동출력의 전 과정에 대해서 자세히 공부해야 합니다. 목적의식과 언어는 함께 진화해온 인간 뇌의 특질이지요. 언어에 의해 가능해진 고차의식이 목적 지향을 수반하지요. 동작의 목적이 전두엽에서 단어와 단어의 의미로 전환되었지요.

13-30
에델만의 고차의식 모델

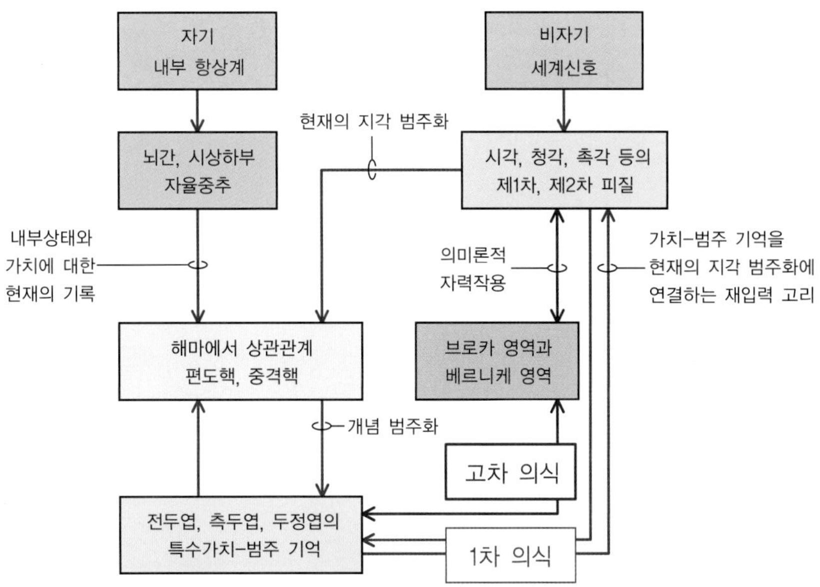

에델만의 의식모델에서 동물의 일차의식과 인간의 고차의식을 구분하는 기능은 바로 언어입니다. 브로카와 베르니케영역의 발달로 언어를 통한 의미론적 자력작용이 생성되면 기억의 확장되지요. 언어를 통한 사물과 사건의 기억이 축적되면서 현재의 경험과 과거의 경험을 비교하는 시간의식이 생기지요. 과거의 경험을 바탕으로 미래의 행동을 계획하고 이러한 과정에 변하지 않은 주체의식인 자아감이 생성됩니다. 결국 인간의 고차의식은 언어를 통해서 출현하지요. 과거경험을 참고하여 행동을 선택하는 과정에서 행동의 맥락성과 방향성이 생겨나며 행동에 목표가 설정되지요. 현재를 과거의 기억과 비교하여 목적을 갖는 운동을 계획하는 영역이 전전두엽prefrontal lobe이지요.

전전두엽의 목적지향적 운동출력 과정을 이해하기 위해 대뇌피질의 감각 영역부터 살펴봅시다. 감각입력 경로상 시각정보는 후두엽 맨 뒤쪽의 일차시각영역과 그 앞에 위치한 시각연합영역에서 처리됩니다. 시각영역에서 처리되는 시각 정보는 두 가지로 경로로 나뉩니다. 하측두엽으로 향하는 의식적 시각 경로와 두정엽으로 가는 무의식적 시각 경로죠. 의식적 시지각은 색깔과 모양이며, 이 정보는 측두

13-31
감각입력과 일차감각정보 처리 대뇌피질영역

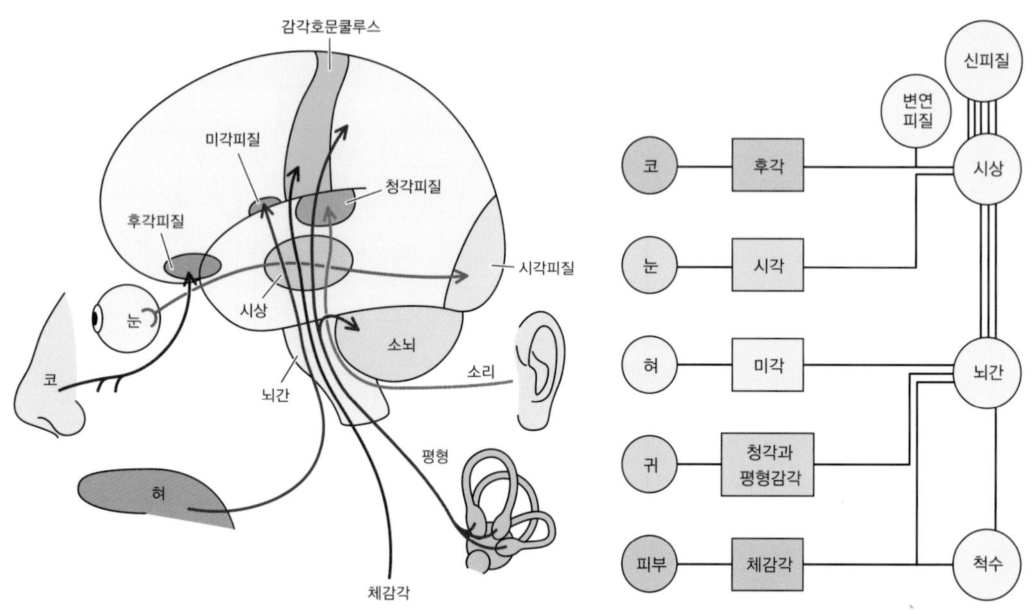

엽의 색깔을 식별하는 영역과 모양을 식별하는 피질영역에서 처리되지요. 무의식적 시지각은 위치와 움직임을 처리하지요. 움직임과 관련된 시각정보는 두정엽 뒤쪽 부위를 거쳐 각각 전운동영역과 전두안구운동영역으로 이동합니다. 움직임에 대한 정보는 색깔과 모양에 대한 지각과 달리 의식되지 않죠.

청각정보는 상측두엽피질에 있는 일차청각영역과 그 위쪽에 위치한 각회 부근의 청각연합영역에서 처리되죠. 일차청각영역은 저주파부터 고주파까지 주파수에 따라 차례로 배열되어 있습니다. 체감각 정보는 일차체감각영역과 체감각연합영역에서 처리됩니다.

시각, 청각, 체감각은 감각입력판에서 일차감각피질까지 감각입력 정보가 일대일 대응 관계에 따라 피질로 투사되지요. 감각입력판이란 감각이 입력되는 곳을 말하는데, 시각에 대해서는 망막, 청각은 달팽이관의 기저막, 그리고 체감각은 피부와 근육과 관절에서의 정보입니다. 특히 체감각은 일차체감각피질에서 호문쿨루스를 형성하지요. 운동피질인 경우도 일차운동피질에서 신체 부위별 운동에 관한 운

13-32
일차감각피질과 일차운동피질의 호문쿨루스

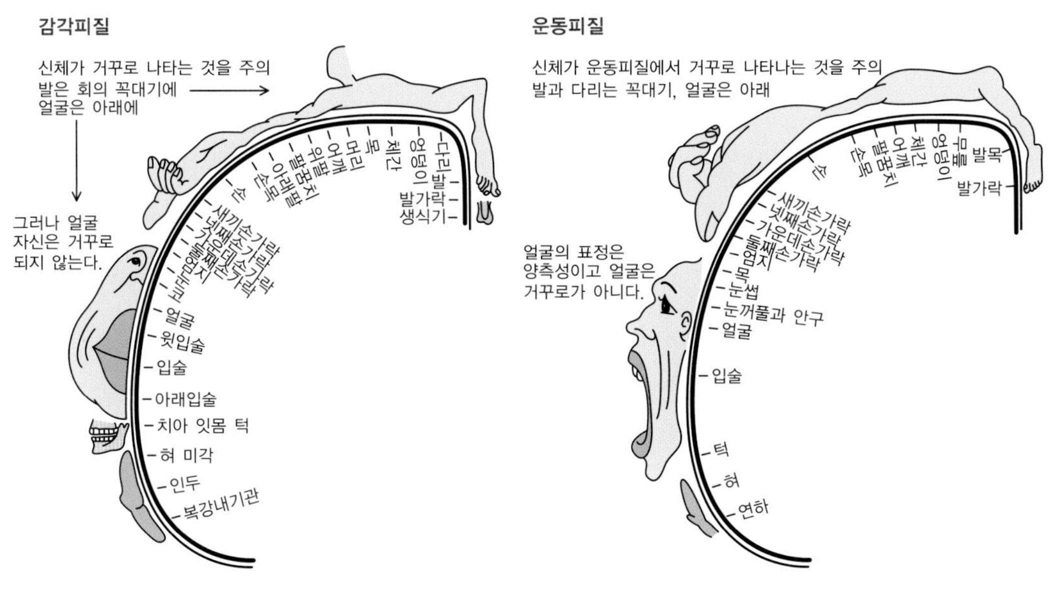

동 호문쿨루스가 존재합니다.

피부 표면의 여러 부위에서는 오는 흥분 충동이 13-31의 일차체감각피질에 있는 해당 영역의 관상면에 나타나 있습니다. 수용 영역의 크기는 신체의 각 말초 영역에 있는 감각수용기의 수에 비례합니다. 인체의 특수한 부분에 대응하는 운동피질의 양은 운동의 크기에 대해서가 아니라 그 운동을 조절할 수 있는 섬세함에 비례하며, 각각의 대뇌반구는 신체의 반대편 근육을 조절하지요. 전운동영역의 아래에 위치한 브로카 영역은 언어에 대한 운동중추가 됩니다.

시각연합영역, 청각연합영역, 체감각연합영역에서는 과거 기억과 현재의 감각입력을 비교하여 지각을 범주화할 수 있지요. 감각연합영역에서 개별 감각입력은 하측두엽의 다중감각연합영역으로 전달되죠. 다중감각연합영역으로 감각정보가 모여야 비로소 사물이 통합된 형태로 인식됩니다. 하지만 여기서 대상이 인식되지는 않죠. '대상'이란 배경에서 분리되어 전경으로 드러나 언어로 지시될 수 있는 사물이나 사건입니다. 대상이란 보는 순간 그것이 무엇인지 아는 거죠. 사과를 보면 사과라고 인식합니다. 이때 사과는 대상이 됩니다. 대상은 단어의 지시작용으로 지칭

할 수 있는 존재죠. 망막에 자극된 신경흥분 패턴은 사과라는 시각적 형태이지만 뇌는 저장된 기억에서 '사과'라는 범주화된 표상으로 지각하게 되지요. 이처럼 현재 감각에서 대뇌피질로 올라오는 신경정보를 '상향흐름'이라 하고, 대뇌피질에서 이전에 학습된 범주화된 기억 내용이 인출되어 내려오는 것을 '하향흐름'이라 합니다.

연합피질에서는 감각입력판과 직접연결이 드물어 일대일 신경연결 관계가 아닌 상호다중연결이 우세하지요. 전두엽 전문가인 골드버그는 일차피질은 모듈화 원리, 연합피질은 분산된 피질의 다중연결인 경사원리로 설명합니다.

대상을 인식하려면 전전두엽에서 현재 감각입력과 대뇌피질에 저장된 과거 경험기억이 비교되어야 하지요. 이 비교·판단하는 과정이 작업기억입니다. '대상에 대한 인식'은 바로 우리가 무언가를 안다고 할 때 일어나는 뇌 작용이지요. 이 과정은 0.1초 정도로 순식간에 무의식적으로 처리됩니다. 작업기억에서 요구되는 경험

13-33

대뇌반구 외측피질의 영역별 기능

대뇌반구의 영역별 기능은 후두엽의 시각, 두정엽의 신체공간지각, 측두엽의 청각의식, 전두엽의 운동기술로 요약할 수 있다. 감각과 운동피질에서 일차영역들은 대부분 유전적으로 결정되어 인간 사이에 차이가 작지만 연합피질의 기능은 학습에 따라 변화되어 사람들마다 조금씩 다르다.

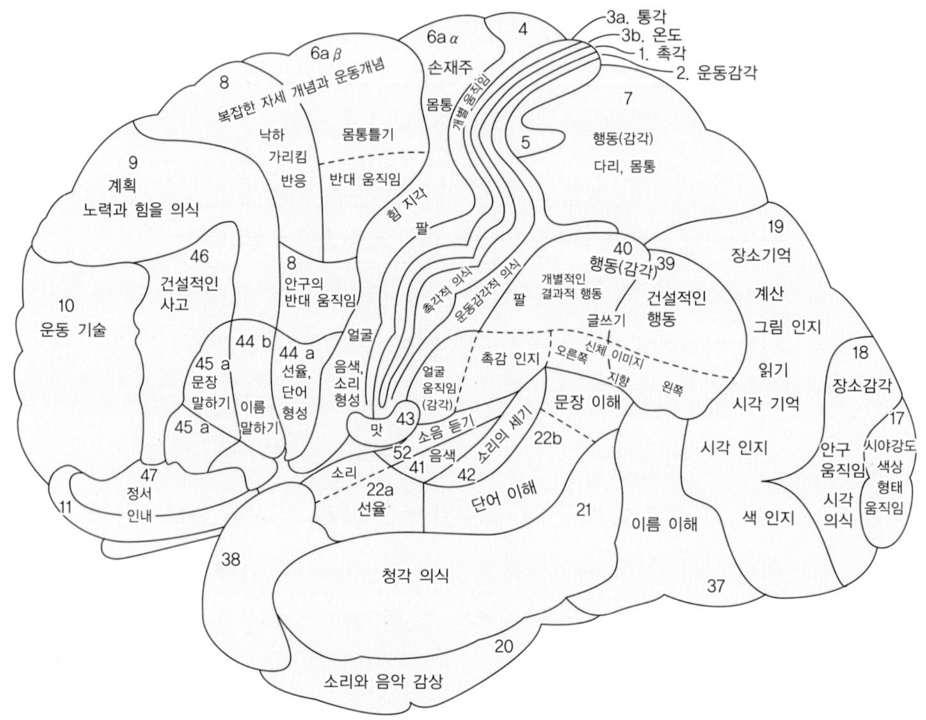

13-34
대뇌반구안쪽피질의 영역별 기능
(출전: Kleist)

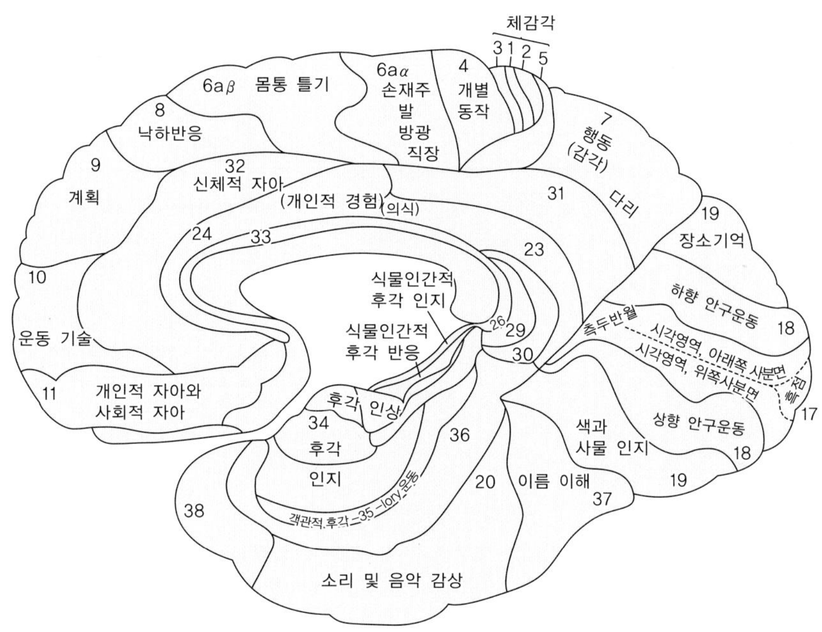

기억들은 신피질에 부위별로 특화된 기능을 갖는 기억으로 저장되지요.

대뇌반구안쪽피질의 기능은 대상회의 신체적 자아, 내측전전두피질의 사회적 자아, 내측두엽의 일화기억으로 구별할 수 있지요. 후각적 인지작용과 관련되는 편도체와 해마영역은 감정과 기억의 중추이지요. 내측두엽의 해마형성체를 중심으로 생성되는 일화기억은 다른 동물에서는 찾아보기 힘든 인간 기억의 특징이지요. 해마복합체는 편도체와 서로 연결되어 있어요. 편도체는 공포 감정과 관련된 부위이며 사건의 감정적 정보를 저장합니다. 해마와 편도체의 연결을 통해 사건과 관련된 느낌이 자극되면 그 사건 자체가 회상되지요.

내측두엽과 감각연합영역들도 연결되어 있어서 파페츠회로에서 만들어진 기억이 시각연합영역, 청각연합영역, 체감각연합영역으로 다시 입력되어 저장됩니다. 그런데 바깥 환경의 변화를 감지할 때마다 새로운 감각정보가 입력되기 때문에, 이 회로가 작동함에 따라 감각연합피질에 저장되는 경험기억이 지속적으로 변화하게 되고, 이런 변화하는 감각입력 자극에서 공통 패턴이 생성되어 지각의 범주화가 생

13-35
편도체와 해마의 신경 연결로과 감정의 의식적 회상
(출전: Kleist)

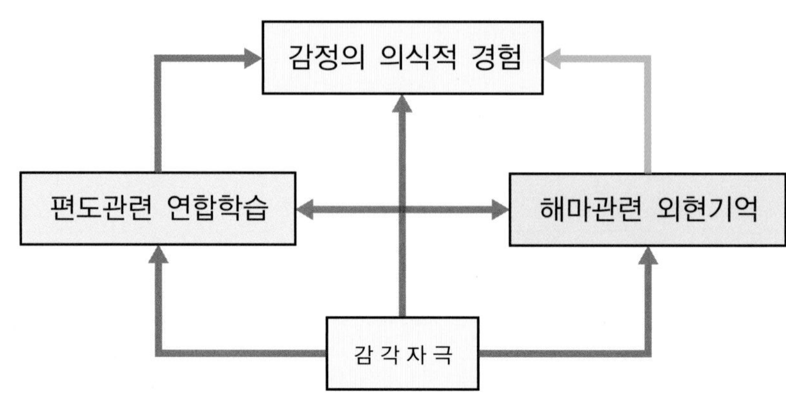

13-36
포유동물의 대뇌피질에서 감각영역, 운동영역, 연합영역의 변화
쥐와 고양이는 감각과 운동피질이 대뇌의 대부분을 차지하여 연합피질이 크지 않지만 영장류와 인간의 대뇌피질은 연합영역이 확장된다. 인간은 연합영역의 확장으로 개별감각을 연합할 수 있게 된다. 두정연합영역은 체감각과 공간지각, 측두엽합영역 사물의 기억, 전두엽합역의 운동계획을 한다.

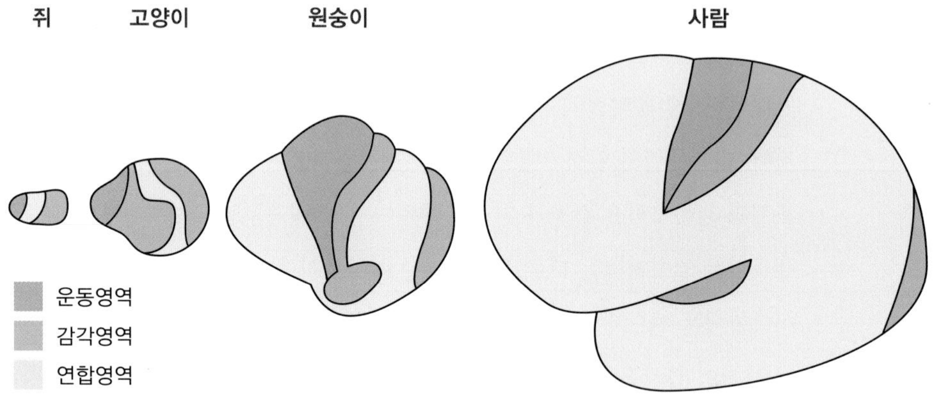

겨나지요.

뇌의 기능을 세가지로 요약하면 감각과 운동 그리고 기억이지요. 기억은 우리의 지각과 생각 그리고 자아를 만드는 인간 존재 그 자체입니다. 그래서 뇌의 여러 작용에 기억이 어떻게 관련되는지를 반복해서 공부하는 것이 뇌라는 시스템의 작동 방식을 이해하는 데 중요합니다.

다중감각영역에서 파페츠회로로 유입된 감각정보는 전전두엽으로 전달됩니다. 전전두엽에서는 작업기억이 작동합니다. 작업기억은 일상에서 매순간 상황에 맞게 행동하는 인간 기억의 특징이지요. 작업기억은 단순히 기억의 한 형태라기보다는 우리의 의식 그 자체라고 여겨집니다.

침팬지도 작업기억이 있지만, 인간에 이르러 전전두엽 발달로 인해 그 능력이 급격히 진화했습니다. 렘수면시 꿈에서 계산이나 논리적 사고가 힘든 이유는 작업기억을 담당하는 배외측전전두엽에서 노르아드레날린과 세로토닌의 분비가 각성상태에 비해 급격히 줄어들기 때문이지요. 계속적으로 변하는 외부환경의 패턴을 감지하는 곳이 바로 배외측전전두엽이며, 작업기억을 처리하는 영역이지요.

작업기억의 작동은 일차의식과 관련 있지요. 일차의식은 '기억된 현재'라고 할 수 있습니다. 렘수면의 꿈에서는 시각연합영역에서 인출한 시각적 기억으로 스냅사진과 같은 현재 장면이 생겨나지요. 그런데 전전두엽은 일차감각피질과는 직접적 연결이 안 되며 연합감각피질, 연합운동피질과 연결되어 있지요. 경험기억을 현

13-37
정서와 집행기능을 처리하는 뇌의 영역들
A: 안와내측전전두엽, B: 배외측전전두엽, C: 편도체, D: 전대상회

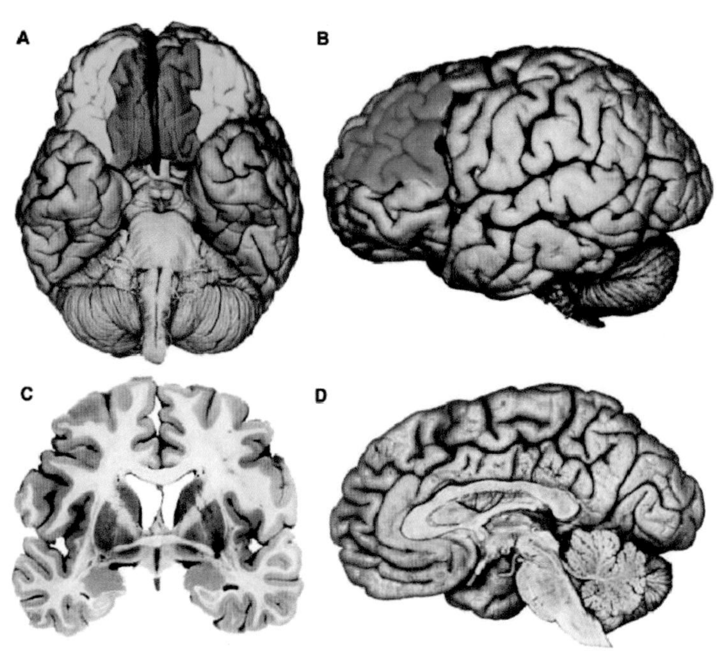

재 상황에 맞게 연결하여 적절히 대처하는 전전두엽의 역할이 바로 작업기억입니다. 이처럼 전전두엽은 여러 피질영역과 다중으로 연결되어 있어 현재 전개되고 있는 상황과 관련된 장기기억들을 인출하여 적절한 행동을 위한 운동을 계획할 수 있지요. 비교, 판단, 그리고 예측을 통해 미래의 불확실한 상황에 대비하게 되는 것이죠. 그래서 전전두엽의 진화로 인간은 미래에 달성할 목표에 따라서 행동을 선택하고, 그 선택에 집중할 수 있지요. 전전두엽의 가장 중요한 기능은 목표에 도달하려는 의지의 생성입니다.

우리가 언제 화를 내는지 살펴보세요. 우리는 목표 달성을 방해받았을 때 화를 냅니다. 원하는 행동을 방해할 때 본능적으로 표출되는 감정이 '성냄'이지요. 목표 지향성은 전두엽에 각인되어 있습니다. 전두엽 전문가 골드버그는 인간의 전전두엽이 잘 발달하면 장기적 목적을 추구할 수 있고, 전전두엽 기능이 약해지면 주의력이 '느슨해지고 옆으로 샌다'고 합니다. 전두엽의 집행 기능은 목표에 집중하게 하죠. 목표 달성을 향한 의지력이 약해지면 느슨하고 옆으로 새게 되지요. 또한 외부에서 들어온 자극에 대해서만 반응만 하는 게 아니라 비교, 판단, 예측까지 하기 때문에 상황에 따라 융통성 있게 행동할 수 있죠. 목적의식이 작동하여 행동을 만드는 집행 기능은 전두엽의 여러 영역이 관련된 기능이죠.

다양한 집행 기능에 관여하는 전두엽 영역들을 요약하면 다음과 같습니다.

배외측전전두엽: 작업기억, 시간적인 순서와 출처 기억, 행동 계획과 개념 형성
내측전두엽: 변연계와 직접 연결을 통해 지각 표상에 정서적 색채를 가미함
전측대상회: 외부 사건이나 내부에서 만들어진 생각과 계획에 주의를 집중시키거나 감시하며 적합한 반응을 선택
안와 영역: 사회적 맥락에서 부적절한 반응을 억제

이런 전전두엽이 손상되면 반복 패턴에서 쉽게 벗어나지 못합니다. 끝말잇기를 해보면 그 증세가 금방 드러납니다. 예를 들어 '손가락'이라는 말을 들으면 '락'으로 시작하는 다른 단어를 이야기해야 하는데 손목, 손바닥, 손가락, 엄지손가락으로 하나의 패턴을 반복합니다. 융통성이 없어진 겁니다. 반면에 내측전전두엽에 문

13-38
전전두엽의 작업기억과 운동계획에 관련된 뇌 연결

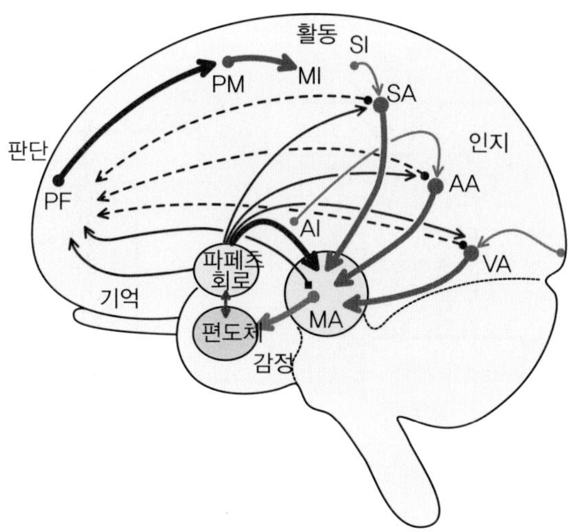

제가 생기면 욕설과 성적인 이야기 같은 반사회적인 말과 행동을 거리낌 없이 하게 됩니다. 내측전전두엽은 변연계에서 올라오는 일차 감정을 최종적으로 처리하여 정서와 느낌을 만드는 피질이지요.

집행 기능 장애는 융통성 없고 고착된 사고 패턴을 유지하려고 합니다. 위스콘신 카드분류검사Wisconsin card sort test(WCST)는 개념형성 능력과 보속 반응 경향을 이겨내는 능력을 검사할 수 있죠.

전두엽 손상이 있는 사람들은 정상인에 비해 분류 기준을 파악하는 데 더 오랜 시간이 걸리며, 특히 더 많은 보속 오류를 보이는데, 이는 이들이 이미 부적절한 것으로 밝혀진 분류 기준을 계속 적용하기 때문입니다.

집행 기능에 영향을 미치는 중요한 세 가지 요소는 기억장애, 억제를 통한 사회적 정서 통합성, 그리고 주의 감독 체계입니다.

동물과 사람을 대상으로 한 영상 연구들을 통해 새로운 정보 혹은 뇌의 후측 영역에서 인출된 정보를 온라인 상태로 유지함으로써 단기적인 정보처리를 하는 곳이 배외측전전두피질(DLPFC)임이 밝혀졌지요. WCST의 규칙을 기억하지 못하거나 이전의 규칙을 무시하고 지금 유효한 규칙을 온라인 상태로 유지하는 것은 모두 작업기억 기능과 관련이 있지요. 작업기억과 직접적인 관련이 없으면서도 집행 기능

13-39
외부자극에 반응하는 운동회로인 소뇌-전운동영역-두정엽 연결과 내부생성 운동회로인 전전두엽-보완운동영역-대뇌기저핵의 연결

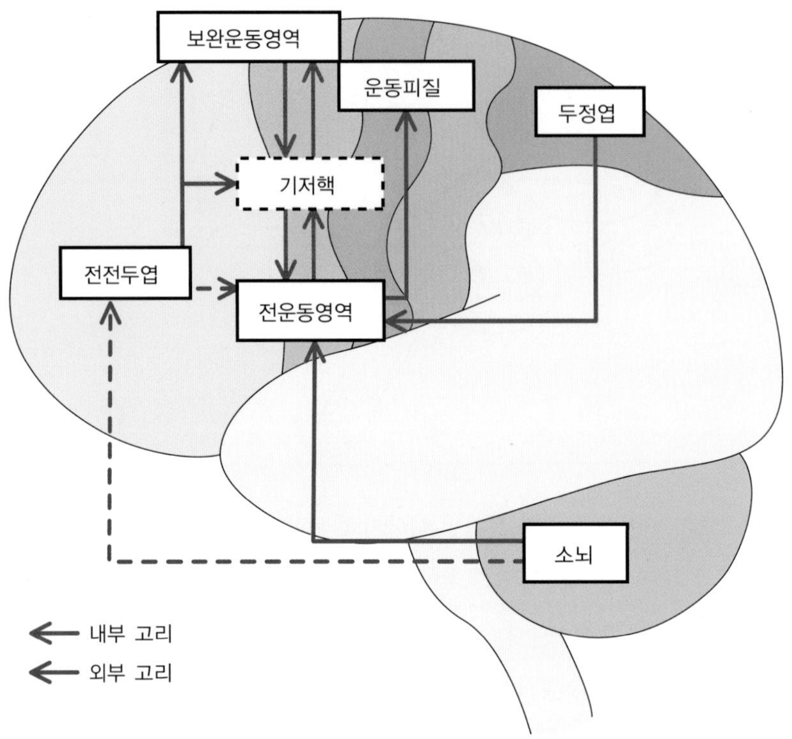

장애에서 종종 발견되는 기억장애는 시간기억과 출처기억 장애가 있지요.

전두엽 손상 환자들의 기억 정확도는 정상인과 비슷하지만, 그 사실을 언제 어떤 경로로 알게 되었는지에 관해서는 흔히 오답을 하지요. 출처에 대한 기억 부분은 특정 자극 그 자체에 대한 기억보다 그 자극을 학습했던 맥락의 기억에 더 밀접하게 관련됩니다. 신경심리학자인 루리아는 대뇌의 기능을 중심열을 중심으로 뒤쪽 피질은 감각, 앞쪽 피질은 운동이라 주장했지요. 앞쪽의 전두엽에서 특히 전전두엽은 운동을 계획하는 영역이며 전전두엽의 후방에 있는 보완운동영과 전운동영역은 두정엽, 소뇌, 기저핵과 연결되어 신체내부와 환경에서 촉발되는 운동을 생성하지요.

전전두엽에서 처리된 정보는 보완운동영역과 전운동영역으로 이동합니다. 보완운동영역과 전운동영역은 운동을 계획하고 실행하는 데 중요한 역할을 합니다. 보완운동영역은 대뇌기저핵과 연결되어 언어와 몸 자세처럼 내적으로 생성된 수의운

13-40
공간지각, 청각지각, 시각지각과 운동계획

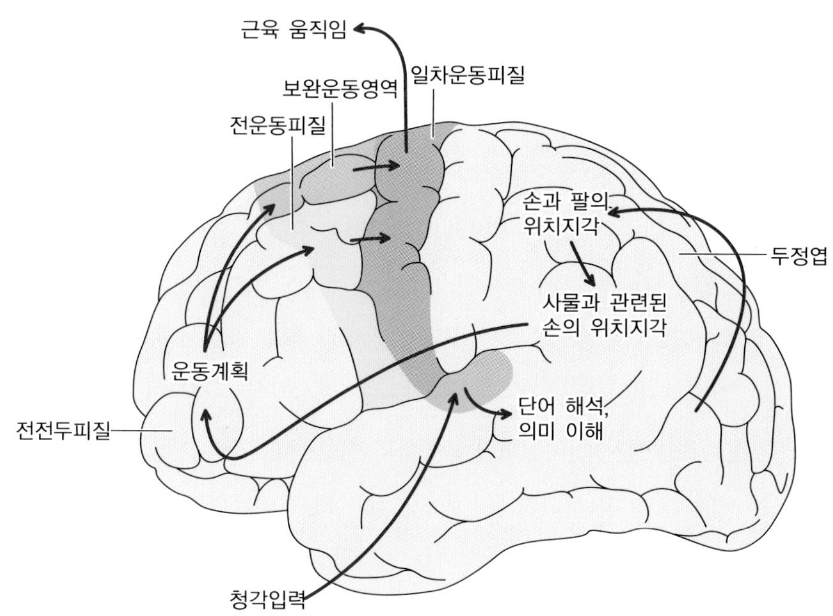

동과 관련되지요. 이에 반해서 전운동영역은 소뇌와 연결되어 외부에서 오는 자극에 반응하여 운동을 만들지요.

보완운동영역과 전운동영역에서 처리된 운동출력신호는 일차운동영역으로 전달됩니다. 감각과 기억은 행동 계획의 참조 정보가 되지요. 기저핵 관련 운동의 네 가지 회로는 수의운동회로, 인식회로, 감정회로, 안구운동회로가 있다고 앞서 말했습니다. 이러한 기저핵 신경회로들은 시상의 중계 기능으로 전두엽과 작용하여 운동을 학습하고 선택하죠. 여기서 운동회로는 일차운동영역에서 시작해 조가비핵, 창백핵 내절, 시상핵들(복외측핵, 전복측핵 그리고 중심정중핵)과 보완운동영역을 거쳐 다시 일차운동영역으로 들어간 후 피질척수로로 내려가 하위운동신경원으로 나가죠. 여기서 시상의 중심정중핵은 소뇌와 서로 연결되어 있습니다.

전전두엽은 하두정엽의 공간지각과 사지의 위치지각, 청각지각, 시각지각으로부터 신체와 환경에 관한 신경정보를 전달받아 운동계획을 만들지요. 전전두엽의 운동계획은 전운동피질 혹은 보완운동피질로 전달되며 최종적으로 일차운동피질을 활성화시킵니다. 일차운동피질에서 척수로 내려간 운동명령은 골격근을 수축하여 목표지향적 행동을 만들지요.

행동의 네 가지 회로를 다시 기억해보세요. 인식회로에서 전전두엽이 활성화되고 그 결과 우리는 의도적인 운동학습을 하게 되지요. 인식작용으로 행동의 결과를 예측할 수 있습니다. 예측은 감각에 앞서 나가죠. 그래서 감각입력과 예측이 결합하면서 지각이 됩니다. 원인과 결과를 연결하여 인과관계를 의식하게 되고, 그와 비슷한 입력이 들어오면 이전의 경험기억을 참고로 결과를 예측하죠. 이러한 예측이 행동을 안내하게 됩니다. 인간 행동은 예측을 먼저 하고, 그 예측을 달성하기 위한 과정이라고 볼 수 있죠. 그래서 행동은 예측에 의해 설정된 목적성을 갖게 됩니다. 앞에서 정신분열증 환자가 아닌 이상 합목적적인 행동만 한다고 했지요. 또한 감정회로를 통해 전대상회가 활성화되어 행동에 감정이 실리게 됩니다. 전대상회는 개인의 인지와 정서적 특징을 드러내지요. 전대상회는 인지적 유연성 그리고 정서적 색채와 관련되며, 후대상회는 청각과 체감각 연합피질에서 입력되는 정보를 처리합니다.

05 가상세계에 갇히다

어린 시절로 돌아가보죠. 말하기를 배우기 전 아이들에게는 의미보다 사물이 더 우선입니다. 감각적 사물이 아이의 움직임을 유도하죠. 그래서 감각과 동작이 거의 동시에 생겨납니다. 물건들이 행동을 촉발합니다. 그래서 자유롭게 움직이면서 만나는 사물마다 행동을 초래하여 감각적 반사행동을 합니다. 아이 때는 행동을 먼저 하고 의미가 나중에 생겨나지요. 예를 들어 아이들이 처음 그림을 그릴 때는 먼저 그림부터 그려놓고 나중에 설명을 하지요. 행동이 먼저 있고 의미가 뒤에 옵니다. 제스처를 고정하는 것이 아이들이 그림을 그리는 행위이지요. 문자는 몸의 행동을 연필로 고정시키는 것이지요. 2~3세 이전 아이들은 자동적 움직임 그 자체입니다. 그 이후에는 움직임과 말을 함께 하지요. 아이들이 장난감 가지고 놀 때 중얼거리는 것을 볼 수 있습니다. 그러나 어른이 되면 말이 내면화되어 더 이상 중얼거리지 않습니다. 말과 행위가 분리되면서 행위는 속으로 말하기를 통하여 내면화되지요. 결국 말과 행위는 동일한 목적을 달성하기 위해 나온 두 가지 메커니즘이지요. 즉 행위가 먼저 있고 그다음 말이 출현하면서 말에 의해 행위가 촉발되기 시작하고, 그다음 단계로 말이 안으로 내면화됩니다. 말이 사라진 게 아니라 안으로 내면화되어 생각이 되지요.

그러나 말을 배우게 되면서 아이들은 소꿉놀이, 전쟁놀이, 병원놀이 같은 놀이를 통해서 사물과 의미를 구분하기 시작하죠. 사물과 의미가 분리되고 그 결과 의미가 다른 사물로 의도적으로 옮겨질 수도 있어요. 그래서 아동의 놀이에서 막대기가 말이 되기도 하고 기차가 되기도 하죠. 사물과 의미를 구분하기 시작하면서 아이들은 추상적 사고를 할 수 있게 됩니다. 사물에서 분리된 의미들의 집합이 추상적 심상을 형성하지요. 추상은 생각을 일으키죠. 생각은 사물에서 벗어나 자유롭게 움직입니다. 물리적 자극이 없어도 생각은 끊임없이 생겨나죠.

인간은 이처럼 사물에서 의미가 분리되어 구성된 가상세계에서 살아가기 때문에 자연을 직접 만나기 어렵지요. 인간의 지각은 자연과 단절되어 있고, 인간이 지각하는 자연은 기억에 의해 해석된 자연이지요. 토마토 하면 붉은색이 떠오르죠? 붉은 토마토를 먼저 인식하면 파란 조명 아래서도 붉게 보입니다. 이런 예 말고도 조작된 인식 때문에 감각이 착각을 일으키는 경우는 많죠.

이런 가상의 세계가 흠집이 나지 않는 이상 우리는 순수한 자연을 볼 수 없죠. 정신이 분열되면 가능할지도 몰라요. 하지만 그 상태에서는 순수한 실체를 보고 정확하게 표현해낼 수 없을 겁니다. 표현은 언어의 영역이고 우리는 표현하는 순간 가상세계에 갇히고 말죠. 선사禪師들이 '입을 열면 틀린 것이다'라고 했던 것은 바로 이런 상황을 의미하는 것으로 볼 수 있습니다.

동물과 인간의 차이에 관한 유명한 경구가 있습니다.

동물은 감각장에 구속되어 있고,
인간은 의미장에 구속되어 있다.

의미장이란 무엇일까요? 우리를 에워싸고 있는, 우리가 거주하고 있는 이 공간을 인간적 상황에 따라 본다면 자연적 상황에 따라 보는 것과 근본적으로 무엇이 다를까요? 의미는 공기처럼 우리를 에워싸고 있습니다. 한순간도 의미로부터 자유로운 적이 없었죠. 상징 기호를 사용하는 정상 인간이기 때문에 스스로 끊임없이 의미를 만들고, 의미를 가지고 주변 환경을 해석합니다. 목적지향적 행동이 선택되는 개념적 공간이 바로 의미장입니다.

13-41
동물의 감각장 구속과 인간의 의미장 구속

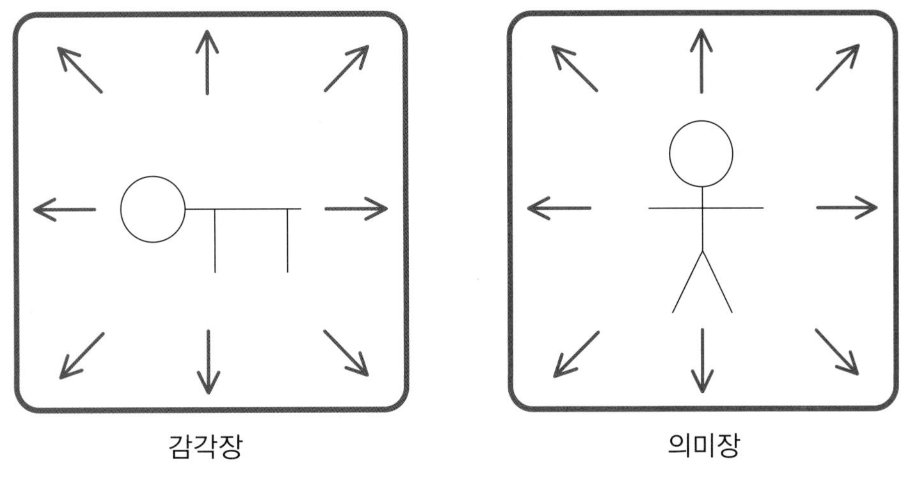

13-42
동물과 인간의 감각-운동 반응

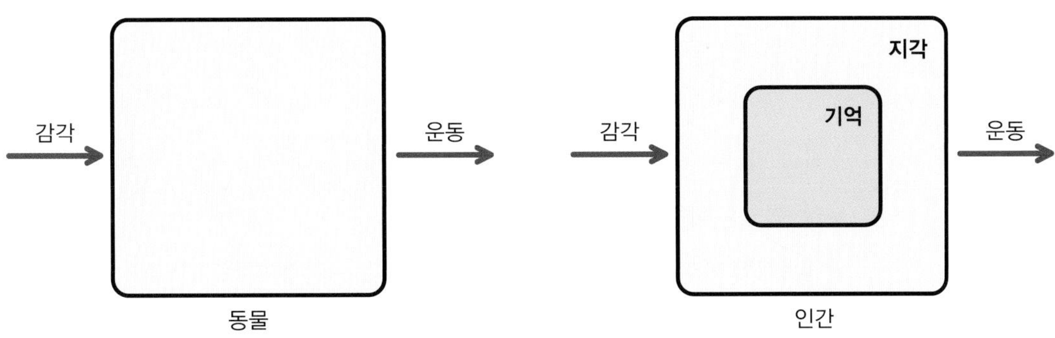

목적 없는 행동이 허용되지 않기 때문에 인간은 의미장에 구속되지요. 가치, 의미, 목적지향성은 모두 같은 의미이지요. 그래서 인간의 고유한 특질은 '의도적 행동'입니다.

인간은 엄청난 기억력을 가지고 있습니다. 언어나 감정의 핵심은 기억의 용량을 폭발시킨다는 것이죠. 인간은 감각이 기억으로 먼저 들어갑니다. 시각, 청각, 체감각 입력이 기억과 연결되죠. 기억과 감각은 다른 현상입니다. 감각이 기억을 참조

13-43
뇌1(일차감각피질)과 뇌2(전전두피질)

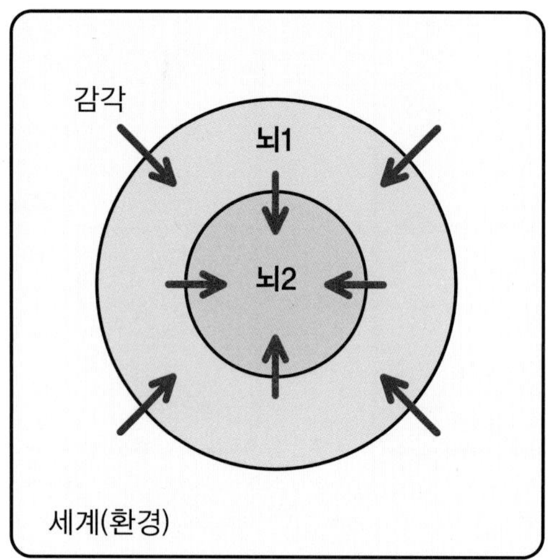

해 운동으로 나아가는 것이죠. 이것이 지각입니다. 즉 기억에 참조된 감각인 것이죠. 펜을 보고 '어 이거 펜이네'라고 할 수 있는 것은 펜에 대한 기억이 있기 때문입니다. 우리가 언어를 쓰는 이상 우리 앞에 마주서는 것은 대상밖에 없습니다. 이것이 비고츠키의 철학이죠. 언어 이전에는 감각(빛, 소리)의 자극밖에 없었어요. 빛, 소리의 자극이 모여 상징의 옷을 입는 순간 이것은 대상이 되죠. 대상이란 이름을 붙일 수 있는 사물과 사건입니다.

대뇌피질의 일차감각영역으로 모인 개별감각은 연합피질로 전달됩니다. 일차영역을 뇌1이라하면 연합피질은 뇌2로 볼 수 있지요. 특히 뇌2인 전전두피질로 전달되는 정보는 상징으로 표상되지요. 상징은 뇌가 만든 인위적인 자극이지요. 따라서 뇌 속의 뇌인 뇌2는 직접적으로 자연에서 자극을 받는 것이 아니라 일차피질에서 자극을 받지요. 그래서 뇌2가 생성하는 세계상은 뇌가 재구성한 세계상인 가상세계이지요. 본능적 욕구에 의해 가치가 평가된 의미의 가상세계이지요.

우리가 학습한 총화가 기억이 되어 우리의 감각 현상을 재해석합니다. 먼저 학습한 기억을 바탕으로 감각을 재해석하여 지각이 생깁니다. 그래서 해석된 자연만 존재하지요. 뇌1이 주도적인 동물은 자연을 만나지요. 인간은 환경과 직접 만날 수 없고 오직 의미로서만 만날 수 있습니다. 인간이 인식하는 자연은 전전두엽인 뇌2가 언어를 통해 생성해내는 가상의 세계이지요. 사물/의미, 행동/의미에 있는 두 개의 의미 공간이 의미장을 구성하며, 이후로 인간은 의미장에서 벗어나기 힘들지요. 의미장 속에서는 한 사물이 다른 사물을 대치할 수 있고, 한 행동이 다른 행동을 대치할 수 있지요. 그래서 우주에 있는 모든 물체가 중력장에 구속되어 있듯이 인간은 언어에 의해 생성된 의미장에 구속됩니다. 의미와 목적은 인간에서 상호 교환 가능한 용어이지요.

인간은 끊임없이 의도적 행동주체인 행위자를 의식하지요. 우리가 무엇을 관찰한 것은 행위자를 보는 것이지요. 우리는 언어를 사용하기 때문에 인간은 행위자가 됩니다. 행위자는 사건을 만드는 존재이고 행위자는 원인과 결과를 결부시킬 수 있는 존재이지요. 원인과 결과를 연결하여 인과율이 생성됩니다. 어떤 행위를 보는 것은 그 어떤 행위의 목적을 보는 것이지요. 그래서 우리는 항상 목적의 결과를 예견하면서 움직입니다.

의미장은 언어에서 나오지요. 본능적 감정에 의한 목적성은 끊임없이 우리가 가는 방향을 제시합니다. 자연 현상은 방향성이 없지만 생명 현상의 본질은 방향을 가진 지향성이 있습니다.

14장

전전두엽
글루탐산
+베타엔돌핀
-NAALADase
+NAAG
시상하부 궁상핵
+베타엔돌핀
시상그물핵
+GABA
전뇌기저핵
Ach
상후두정엽
해마
편도체
외측시상하부
등쪽 솔기핵
+세로토닌
송과체
+멜라토닌
+DMT
교감신경계

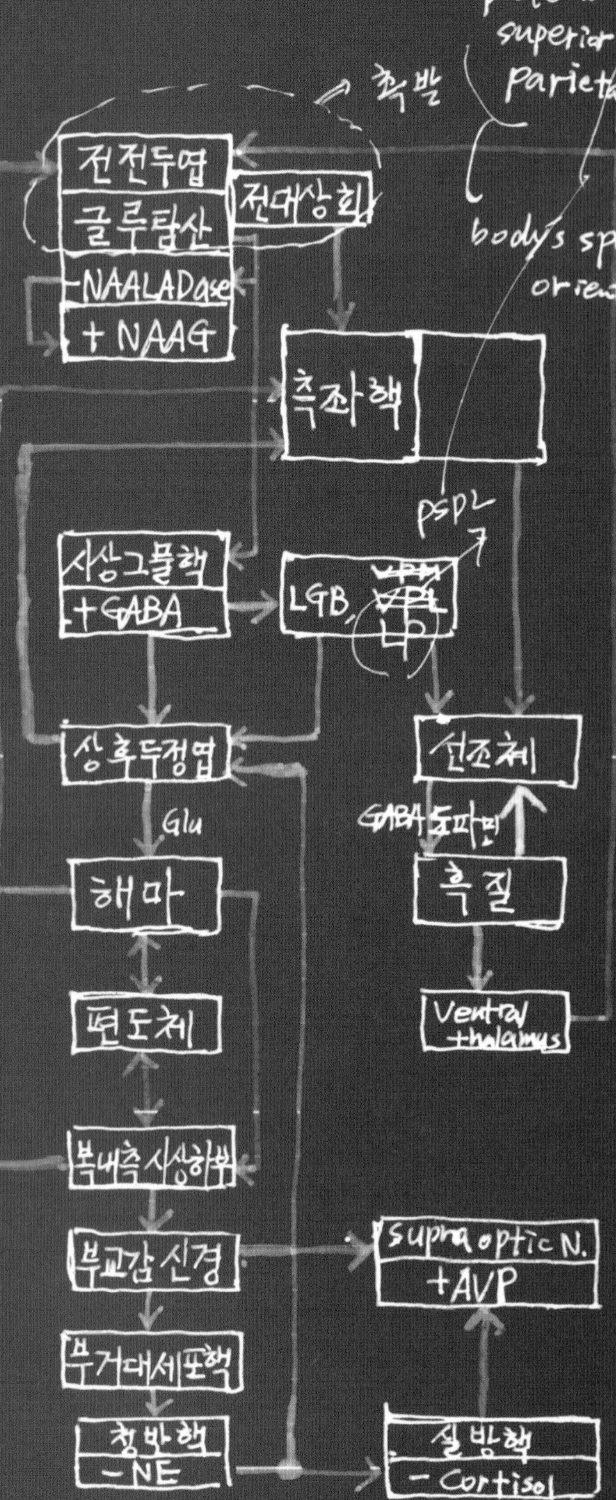

의식을 보다

—절대적 일체상태의 메커니즘

01 의식에서 자아와 세계의 구분이 사라진 순간

의식은 렘수면의 꿈상태, 각성상태, 초월적 의식상태로 구분할 수 있습니다. 렘수면의 꿈상태는 맥락없이 분산된 상태이고, 각성상태는 작업기억과 인지작용이 작동해 감각입력에 반응할 수 있는 상태죠. 초월적 의식상태는 증강현실처럼 실재감이 압도적이고 세계와 자아가 분리되지 않은 상태입니다.

우리에게 익숙한 각성상태의 의식부터 살펴봅시다. 각성상태에서는 환경입력을 바탕으로 지각과 생각이 생겨납니다. 세계상이 시각, 청각, 체감각을 통해 감각기관에 입력되면, 시상과 해마 그리고 변연계의 상호연결회로가 감정으로 평가된 기억을 형성합니다. 해마에서 형성된 기억은 대뇌 신피질인 감각연합피질에 저장되어 장기기억이 됩니다. 각성상태에서는 작업기억이 작동하여 신피질에 저장된 장기기억을 인출하여 매순간 환경입력에 반응합니다. 그래서 각성상태는 작업기억이 항상 동작하는 상태죠. 렘수면의 꿈상태는 배외측전전두엽의 활성이 약해서 작업기억이 어렵지요.

작업기억은 지각된 대상에서 즉각적으로 처리해야 할 입력에 주의를 집중하게 합니다. 그리고 작업기억이 작동하는 의식상태에서는 의미기억과 일화기억을 항상 참조하죠. 이처럼 의식상태를 구분할 때 작업기억의 작동 여부가 중요합니다. 작업

14-1
환경입력으로 가상의 세계상을 형성하는 뇌 구조

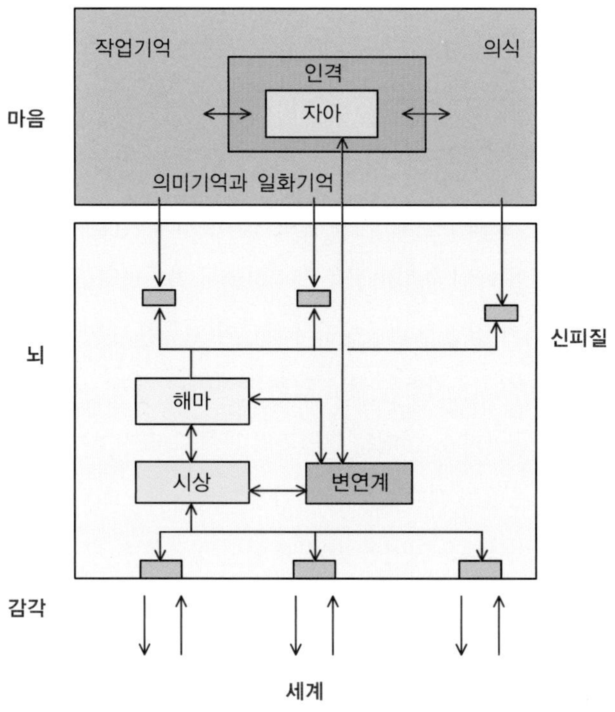

14-2
작업기억

외부환경자극의 일부만이 지각되며 지각입력의 일부분만 주의집중한다. 주의집중된 의식이 작업기억이며 이 작업기억은 장기기억과 상호연계된다.

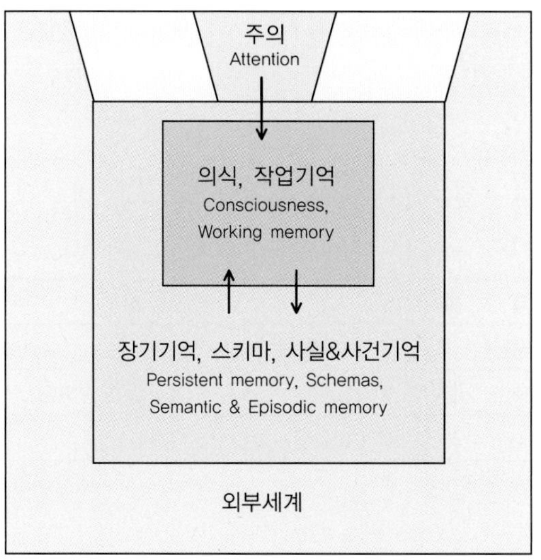

기억은 인간이 인식하는 현재 그 자체이기 때문입니다.

자아의식과 더불어 우리는 바깥 세계와 자신의 내면 세계를 구분하게 되죠. 보는 자와 보이는 대상이 출현하는 것이죠. 자아는 일생 동안 몇 단계를 거치면서 점차 발전합니다. 갓난아기는 거울에 비친 자신의 모습을 보면서도 무엇인지 모르다가 언어를 배우는 시기쯤 이르러 자아를 인식하기 시작하죠. 그때부터 누가 자기 물건을 가지려고 하면 "내 거야"라고 하며 자기 물건에 대한 애착을 보이기 시작합니다. 청소년기에는 갑작스럽게 일어나는 신체적, 정신적 변화 때문에 혼란을 겪기도 하고 자기와 타인의 차이점을 인식하면서 자기만의 고유한 속성인 자아를 만들어 갑니다. 과거 경험을 회상하면서 개인의 고유한 내면 세계가 형성되는 것이죠. 청소년기 이후에는 직업을 갖고 결혼을 하면서 청소년기의 자아에서 확장된 사회적 자아가 만들어지죠. 이때는 타인과의 관계 속에서 자기를 보게 됩니다.

그런데 우리는 때때로 이런 자아를 초월하기도 합니다. 사랑에 빠진다거나 예술 작품이나 아름다운 자연을 만날 때 이런 경험을 할 수 있죠. 그 순간 나라는 존재가 사라지고 나보다 더 큰 존재와 일체가 된 느낌을 받게 됩니다. 전율하는 울림이 척수를 순식간에 서늘하게 합니다. 경외감이 온몸을 감싸죠. 이런 일체상태는 종교적 의식에서 강렬하게 나타납니다. 호흡에 집중하거나 주문을 암송하거나 십자가를 보면서 기도에 몰입하다가 초월적 절대자의 환영을 보기도 하고 환청을 듣기도 하고, 주체도 객체도 사라진 상태를 느끼기도 합니다. 초월적 일체상태는 현실보다 더 생생하다고들 하죠. 초월적 절대자와 일체가 된다는 느낌을 주는 종교 체험은 뇌의 특이한 작용입니다. 이렇게 주체와 객체의 구분이 사라진 순수한 인식 상태를

14-3
의식상태에서 뇌 작용의 특징
꿈, 각성상태, 초월적 일체상태 등 의식상태에 따라 뇌의 활성영역, 불활성영역, 의식 내용이 달라진다.

의식상태	활성영역	불활성영역	의식내용
렘수면 꿈	전대상회, 시각연합피질	전전두엽	분산적 시각이미지
각성상태	전전두엽, 대뇌피질	감각피질, 운동피질	작업기업, 자아의식
초월의식	전전두엽, 시상하부	상후두정엽	자아와 세계구분 사라짐

앤드류 뉴버그는 '절대적 일체상태'라고 말합니다.

뉴버그의 논문에 의하면 절대적 일체상태에 도달하는 뇌 작용의 메커니즘은 일곱 가지 중요한 단계로 요약할 수 있습니다.

전두엽의 의지적 명령

시상그물핵의 수입로 차단 작용

해마의 역변조

교감, 부교감 활성화

시상하부 부교감 억제의 붕괴

환각물질의 작용

그는 자신의 팀과 함께 단일광자단층촬영 single photon emission computed tomography (SPECT)이라는 뇌측정 장비로 티베트 승려들의 평상시와 명상에 몰입했을 때의 뇌 영상을 촬영했습니다. 즉 종교체험 과정에서 뇌가 어떻게 변화하는지를 관찰한 것이죠. SPECT는 누워 있는 사람의 몸 특정 부위 주변으로 감마카메라가 회전하면서 촬영하는 장비입니다. 촬영 전에는 감마선을 방출하는 방사성 물질을 정맥에 주사

14-4
평상시(좌)와 명상 시(우) 상후두정엽 SPECT 사진

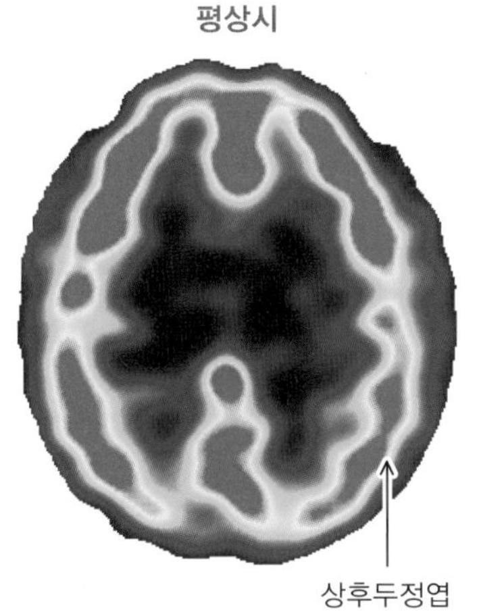

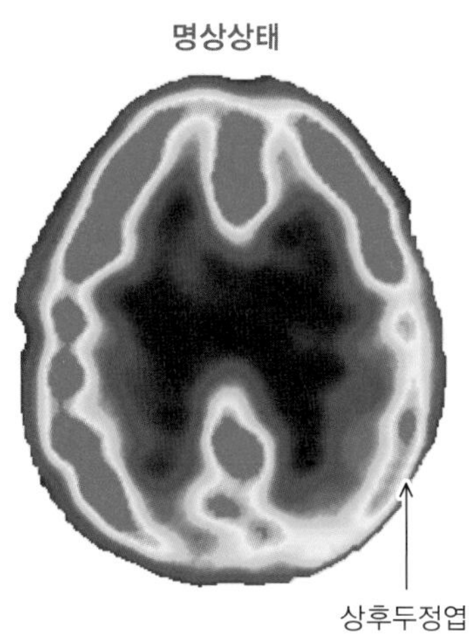

하죠. 정맥을 통해 들어간 방사성 물질은 혈액을 따라 여러 부위로 퍼져 잠시 세포들에게 포획되어 머물러 있는데, 그 사이에 여러 방향으로 사진을 찍는 거죠. 이렇게 만들어진 투사 영상을 재구성하면 뇌 측정인 경우 14-4와 같은 단면 사진이 나옵니다.

SPECT로 촬영한 뇌 사진을 보면 활동이 증가한 부위는 붉은색과 노란색의 밝은 색깔, 활동이 감소한 부위는 녹색과 파란색의 어두운 색깔로 구분되어 보입니다. 활동이 증가하면 혈류가 많이 모이고, 활동이 감소하면 혈류가 줄어들기 때문에 이렇게 보이죠. 사진에서 화살표가 가리키는 쪽을 보세요. 평상시 붉은색과 노란색을 나타내던 상후두정엽 부위가 명상에 빠지자 녹색과 파란색으로 변했습니다. 상후두정엽의 활동이 급격히 감소한 거죠. 상후두정엽 외에도 전전두엽, 시상그물핵, 해마, 시상하부에서도 눈에 띄는 변화가 나타납니다.

02 전두엽의 의지적 명령으로 시작되다

배외측전전두엽은 작업기억과 의지력이 생기는 영역입니다. 뇌에서는 바깥 세계에서 끊임없이 감각자극이 들어오기 때문에 항상 잡음, 잡념이 생깁니다. 이는 정상적인 뇌활성 상태죠. 탈감각 실험으로도 알려졌듯이 오랫동안 아무 감각이 들어오지 않으면 우리 뇌는 스스로 환청, 환시, 환각을 일으킵니다. 아무런 자극이 없는 상태를 뇌는 견디기 힘들어하죠. 그런데 절대적 일체상태에서는 전전두엽의 의지력으로 배경잡음 상태에서 수행하는 대상에 전념하는 전일적 몰입상태로 변환됩니다. 강한 의지로 명상에만 주의를 집중하여 끊임없이 일어나는 온갖 잡념을 집요하게 제거합니다.

잡념을 재우지 않고서는 명상에 들 수 없습니다. 하지만 잡념을 끊기는 쉬운 일이 아니죠. 1분 동안 아무 생각도 하지 않고 고요하고 텅 빈 상태를 유지해보세요. 잘 안 되죠. 소리가 들리면 소리를 따라가고, 생각이 떠오르면 생각을 따라가게 됩니다. 왜냐하면 뇌 신경세포는 자극에 반응해야 생존하기 때문이죠. 그게 힘들면 머릿속으로 100까지 숫자를 세어봅시다. 이것 역시 어렵습니다. 20까지 가기도 전에 놓쳐버리기 일쑤입니다. 헤아린 숫자를 또 세기도 하고 건너뛰기도 하죠. 이렇게 하나의 목표를 위해 잡음, 잡념을 제거하는 일에는 상당한 집중력 필요합니다.

그래서 모든 수행에서는 일관된 의지력이 중요하지요.

우리는 전전두엽의 의지력에서 시작된 인지명령으로 주의집중상태를 유지할 수 있습니다. 명상상태에서의 이런 집중력은 시상하부에서 교감신경, 부교감신경의 자율신경계까지 내려가죠. 반대로 감각작용에서 시작하여 대뇌피질로 올라가는 경우도 있습니다. 의식의 전일적 흐름은 원시부족의 종교의식처럼 타악기의 반복되는 리듬에 맞춰 오랜 시간 격렬하게 춤을 출 때 일어나죠. 이때는 인지작용이 아니라 리듬이 먼저 생깁니다. 반복되는 리듬이 몸의 움직임과 더불어 신경시스템을 지속적으로 자극하지요. 반복되는 리듬 운동으로 자율신경계가 서서히 흥분을 일으키다 절정에 이르는 순간 자율신경계에서 과도한 억제작용의 한계를 초과하여 폭발적 방출작용이 일어나 무아지경 상태가 됩니다.

섹스를 통해서도 비슷한 경험을 하죠. 반복되는 리듬 운동으로 서서히 흥분의 억제상태가 지속되다가 임계 상황을 넘어서는 순간 방출되는 절정의 오르가슴을 느낍니다. 종교적 제의 과정에서는 집단적으로 초월적 존재와의 접속을 위해 점차로 강해지는 단계적 과정들을 억제하지만, 반복되는 제의적 리듬이 주는 흥분작용이 시상하부에서 억제 수준을 넘어서면 폭발적인 흥분의 분출을 만들죠. 과도한 억제가 해제되는 순간 과도한 흥분으로 바뀌지요.

집단적 일체감은 리듬 있는 몸 동작에서 시작하지만 수행 과정에서 만나는 절정의 체험은 전전두엽의 의지력에서 시작됩니다. 따라서 종교적 초월상태는 전전두엽의 의도적 집중력에서 시작된다고 볼 수 있죠. 전전두엽이 초월적 상태에 도달하려는 강한 의지력을 발휘하지요. 그러한 전전두엽의 목적지향적인 의지력이 시상하부와 자율중추를 계속적으로 자극하면서 뇌 신경시스템은 초월의식이라는 특수한 의식상태에 도달합니다.

우리 몸은 좌우 대칭으로 이루어져 있죠. 뇌 역시 연수, 중뇌, 교뇌, 간뇌, 대뇌에 이르기까지 좌우 대칭으로 되어 있습니다. 대뇌피질도 좌우 대칭으로 되어 있죠. 좌뇌의 대뇌피질은 오른쪽 몸을 움직이고, 우뇌의 대뇌피질은 왼쪽 몸을 지배하는데, 모양뿐만 아니라 몇 가지 차이점 빼고는 기능도 비슷합니다. 좌뇌의 대뇌피질은 언어를 처리하고 분석적이며 논리적인 사고작용을 합니다. 우뇌의 대뇌피질은 정서 및 느낌과 관련 있고 종합적이며 추상적인 사고를 일으키죠. 이런 좌뇌와 우뇌의 대뇌피질은 신경섬유다발로 서로 연결되어 있어 신속한 커뮤니케이션을 합니다.

좌뇌와 우뇌 대뇌피질을 연결하는 신경섬유다발은 바로 뇌량입니다. 좌우의 대뇌피질은 전교련과 후교련으로도 이어져 있죠. 대뇌피질만이 아니라 왼쪽과 오른쪽의 해마, 시상, 시상하부도 서로 연결되어 있습니다. 절대적 일체상태에서는 좌뇌의 전전두엽과 우뇌의 전전두엽에서 서로 신호를 주고받고 우뇌의 시상하부에서 좌뇌의 시상하부로 신호가 전달되면서 양쪽 전전두엽과 시상하부가 서로 연결됩니다. 절대적 일체상태는 좌우의 전전두엽에서 시작되는데, 특히 오른쪽 전전두엽에서 출발할 수 있죠. 자세를 바르게 하고 명상 대상을 향해 의식을 지속적으로 집중하면 우뇌의 전전두엽에서 글루탐산이 지속적으로 분비됩니다. 글루탐산은 활성 신경전달물질이죠. 시냅스 전막에서 글루탐산이 분비되면 시냅스 후막에 흥분성 전압파가 생성됩니다.

우뇌 전전두엽에서 집중하려는 의욕을 전달하는 출력 신경 신호는 우뇌의 전대상회와 우뇌의 시상그물핵에서 시냅스하지요. 전대상회는 정서적 인지작용과 관계가 있죠. 우뇌의 전대상회로 이동한 신경신호는 우뇌의 중격의지핵(측좌핵)에서 시냅스합니다. 중격의지핵은 도파민이 분비되는 습관과 중독의 센터죠. 전두엽, 선조체, 해마가 중격의지핵과 연결되지요. 중격의지핵의 신경세포들은 축삭말단에서 도파민을 분비하여 선조체영역의 뇌신경세포를 활발하게 만들지요. 선조체에서 흑질을 통해 시상과 연결되며 시상에서 전전두엽과 연결되어 신경회로를 형성합니다. 이러한 전전두엽–전대상회–측좌핵–선조체–시상–전전두엽에 회로는 도파민으로 전전두엽의 작용을 강하게 활성화하여 수행 과정에 점차 깊어가는 깨달음에 대한 의욕을 심화시키지요.

전전두엽으로 유입되고 유출되는 신호의 강약은 중격의지핵의 작용으로 조절됩니다. 그리고 우뇌 중격의지핵에서 신경신호가 시상그물핵으로 입력됩니다. 시상을 껍질처럼 감싸는 시상그물핵은 감각입력의 관문이라고 할 수 있죠. 이 시상그물핵에서 시상감각핵으로 GABA가 분비되어 시상감각핵의 억제작용이 일어납니다. 자극이 없을 때 신경세포 내부는 세포 외부에 대해 –70mV 정도의 마이너스 전압을 보입니다. 활동전위가 일어나려면 여기서 전압이 올라가서 대략 –50mV 정도가 되어야 합니다. 그런데 시상그물핵에서 GABA가 분비되어 시냅스후세포막의 이온

14-5
초월적 의식상태 생성에 대한 앤드류 뉴버그의 모델
(출전: Medical Hypothesis (2003) 61(2), 282-291, A. B. Newberg, J. Iversen)

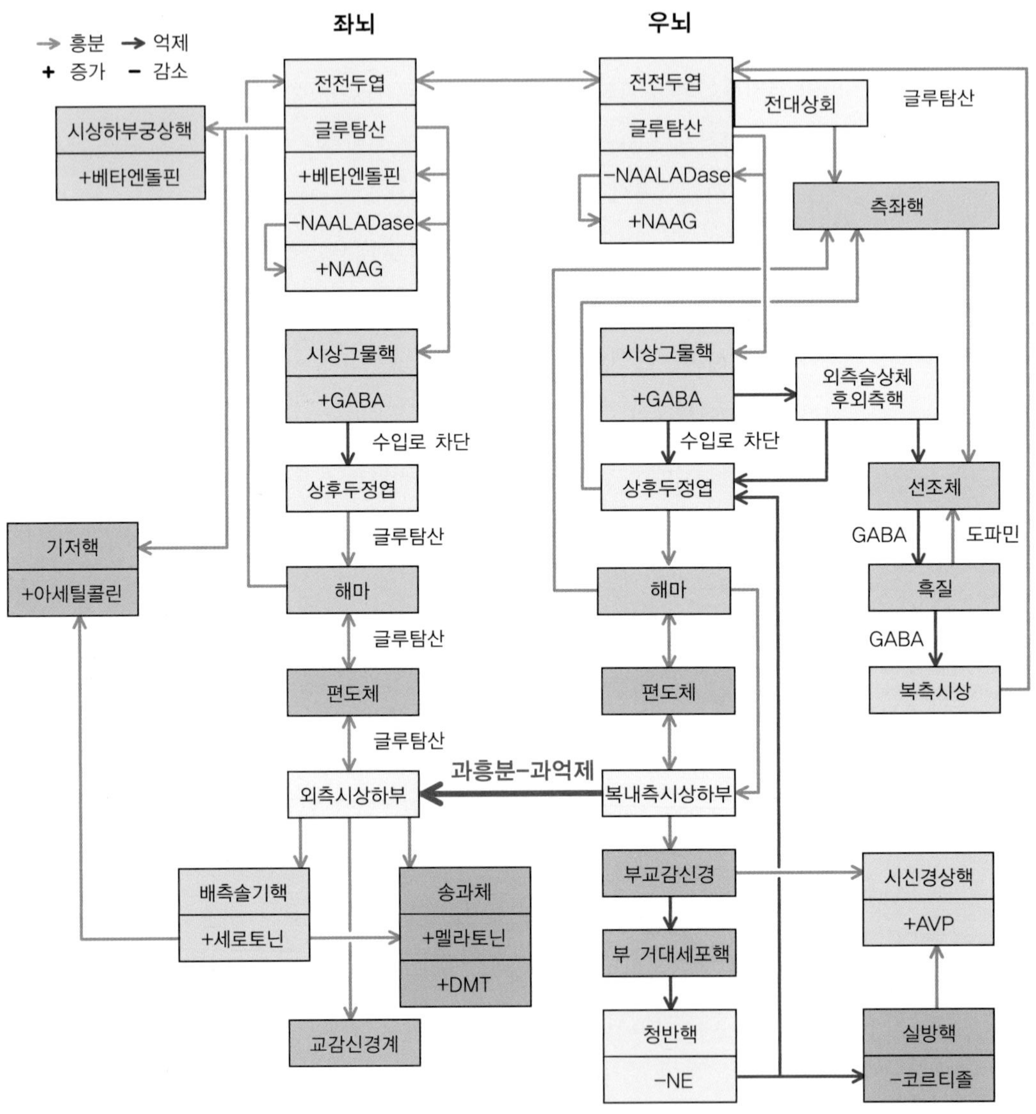

채널에 GABA가 결합되면 염소이온채널이 열려 마이너스 이온인 염소이온이 세포 안으로 유입됩니다. 그 결과 전압이 -75mV로 더 떨어져 활성전위가 생성되기 어려운 억제가 일어나죠. 시상그물핵의 억제작용으로 시상감각핵에서 상후두정엽으로 들어가는 체감각 신경신호의 감각 수입로가 줄어드는 것이지요.

03 시상그물핵의 수입로 차단 작용

시상그물핵은 시상을 껍질처럼 싸고 있는 구조입니다. 모양과 위치에서 그 역할을 유추할 수 있듯이 시상그물핵은 대뇌피질과 시상핵 사이에서 들어오고 나가는 신호를 감지하고 조절합니다. 시상그물핵은 대뇌피질과 시상 사이의 조절 관문 역할을 하지요. 절대적 일체상태를 생성하는 신경회로에서 시상그물핵은 상후두정엽으로 전달되는 감각신호를 억제합니다.

시상은 간뇌의 뇌실벽에 인접하고 있지요. 위로는 외측뇌실의 바닥과 맞닿아 있고, 아래로는 중뇌와 연결되고 소뇌에서 들어오는 신경섬유가 이어지며, 바깥쪽으로는 내낭후지posterior limb of internal capsule가 지나가고, 안쪽으로는 셋째뇌실과 접해 있지요. 앞쪽 아래로는 시상하부가 있죠. 시상 내부에 Y자 모양으로 생긴 내수질판internal medullary lamina(속섬유판)이 있는데, 내수질판을 기준으로 앞쪽은 시상전핵군, 안쪽은 시상내측핵군, 바깥쪽은 시상외측핵군으로 구분됩니다. 시상전핵군에는 전핵anterior nuclei이 있고, 시상내측핵군에는 배내측핵이 있죠. 시상외측핵군에는 앞쪽 바깥부터 전복측핵(VA), 복외측핵(VL), 복측후외측핵(VPL), 안쪽으로 배외측핵(LD), 후외측핵(LP), 복후내측핵(VPM)이 위치합니다. 시경섬유다발로 형성된 내수질판 가운데에는 수질판내핵이 있고 중심외측핵(CL), 중심내측핵(CM),

14-6
시상의 단면 구조

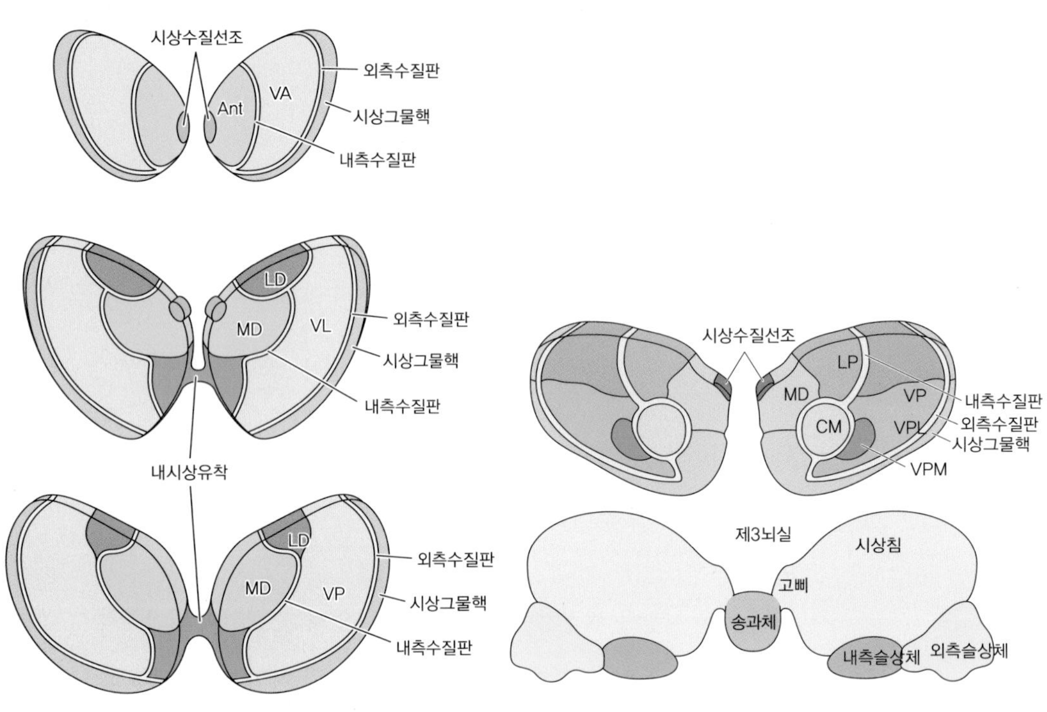

14-7
시상핵의 분류

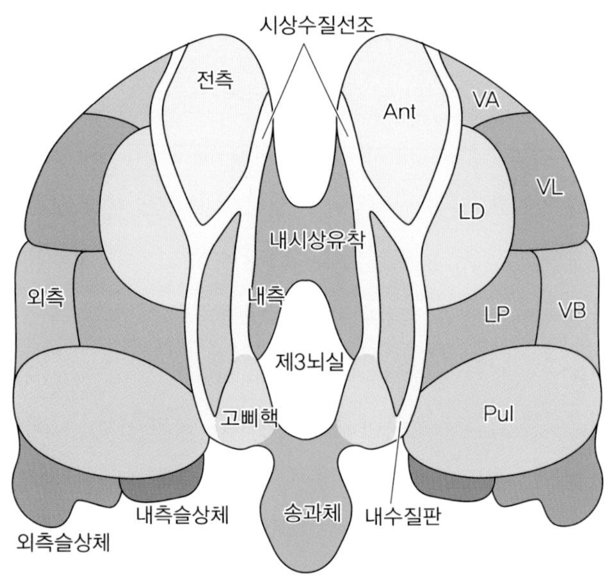

14-8
태아의 제3뇌실과 신경상피로부터 형성된 시상과 시상하부의 세부 영역
(출전: Altman and Bayer, 1979)

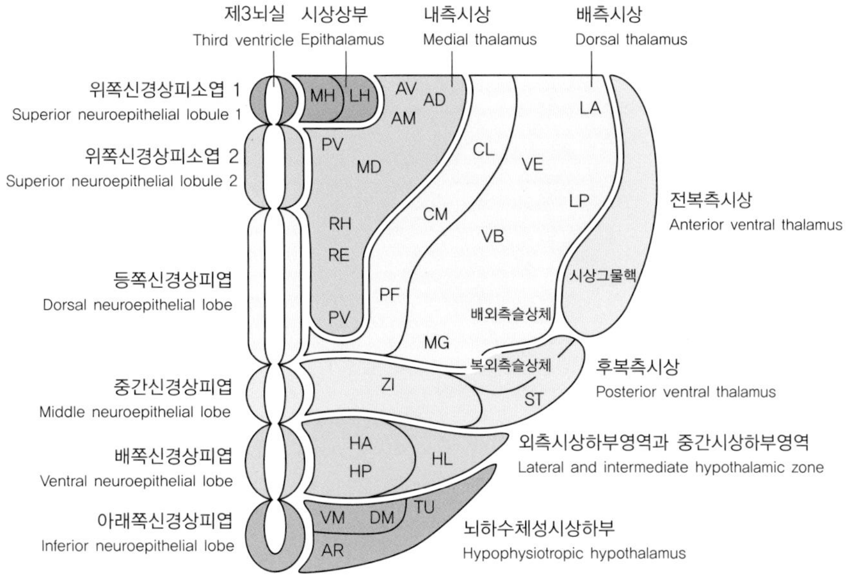

중심옆핵, 중심정중핵midline, 다발옆핵(PF)이 이 수질판내핵에 포함되어 있어요. 시상 뒤쪽 부분에는 시상침pulvinar(시상베개)이 넓게 위치해 있죠. 시상침 뒤로는 외측슬상체(LGB)와 내측슬상체(MGB)가 무릎처럼 툭 튀어나와 있죠. 배내측핵, 전복측핵, 복외측핵, 중심정중핵은 대뇌기저핵의 운동회로를 연결하는 핵들입니다. 의식의 특수한 상태인 초월의식에 대한 뇌 신호 처리 과정을 이해하는 데는 시상과 해마 그리고 시상하부가 전두엽과 함께 상호연결되어 진행하는 작업들이 중요합니다. 특히 시상이 대뇌피질로 전달되는 감각입력을 조절하는 작용은 신체적 자아와 세계상의 생성과 소멸에 직접 관련됩니다. 따라서 시상의 구조와 기능에 대한 철저한 학습이 필요하지요.

그림 14-9를 보면, 시상중계핵과 연결된 대뇌피질영역이 동일한 색깔로 나타나 있죠. 맨 뒤 시각중계의 외측슬상체와 후두선조피질이 청색으로 표시됩니다. 내측슬상체와 일차청각피질, 시상침과 하두정엽, 복후내측핵(VPM)과 일차체감각피질, 외측후핵(LP)과 두정엽, 외측등쪽핵(LD)와 연합체감각피질, 시상전핵과 대상회, 등

14-9
시상중계핵들과 연결된 대뇌피질영역

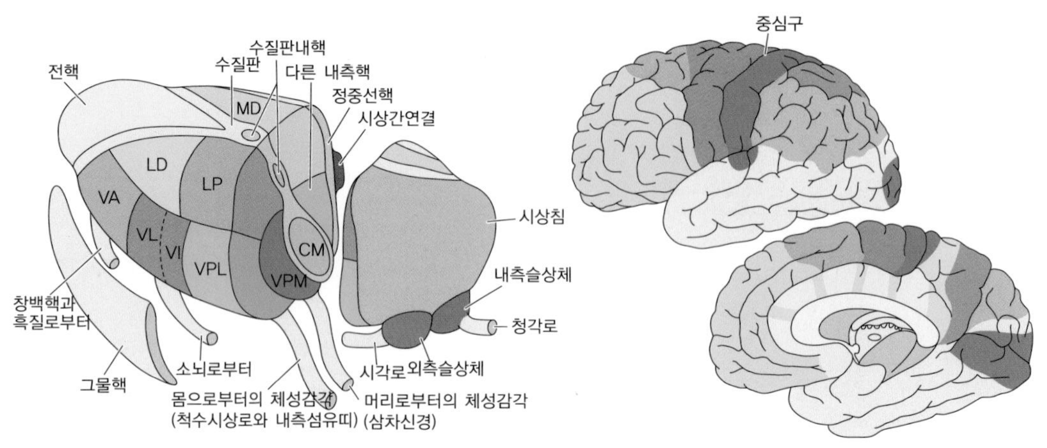

쪽내측핵(LD)와 전두엽, 복외측핵(VL)과 일차운동피질, 복측전핵(VA)과 보완운동피질의 상호연결이 서로 같은 색으로 표시됐지요.

시상은 감각입력을 대뇌피질로 중계하고 척수, 소뇌, 그리고 기저핵으로부터 운동출력을 받아서 전전두엽과 대뇌운동피질과 연결하여 감정회로, 인지회로, 운동회로를 형성합니다. 시상과 대뇌피질의 상호 연결을 요약하면 다음과 같습니다.

전시상다발: 전두엽과 대상회 연결 → 내낭전지

상시상다발: 전운동피질, 일차운동피질, 체감각피질 → 내낭후지

하시상다발: 안와전두피질, 측두극, 편도핵 → 후각, 감정처리

후시상다발: 두정엽, 후두엽, 측두엽 → 시각, 청각, 체감각 전달

시상그물핵은 대뇌피질과는 연결되지 않고 시상중개핵을 억제합니다. 그래서 감각정보가 대뇌피질로 전달되거나 운동출력이 소뇌와 선조체로 연결되려면 시상그물핵의 억제가 해제되어야 합니다.

시상그물핵은 뇌간그물형성체로부터 흥분성 입력을 받으며 배측시상핵을 억제합니다. 그리고 시상수질판내핵(판속핵)은 척수, 상구, 창백핵, 그리고 뇌간 그물

14-10
시상과 대뇌피질 연결

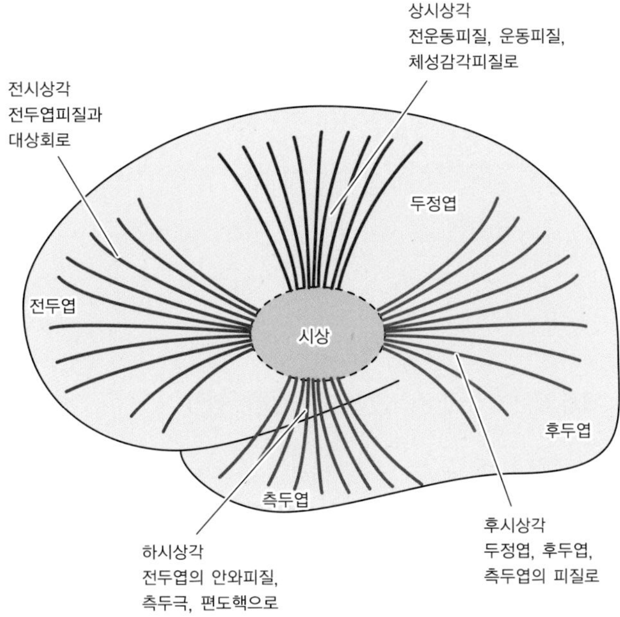

14-11
시상그물핵 및 수질판내핵(왼쪽)과 시상그물핵에 의한 시상중개작용의 조절(오른쪽)

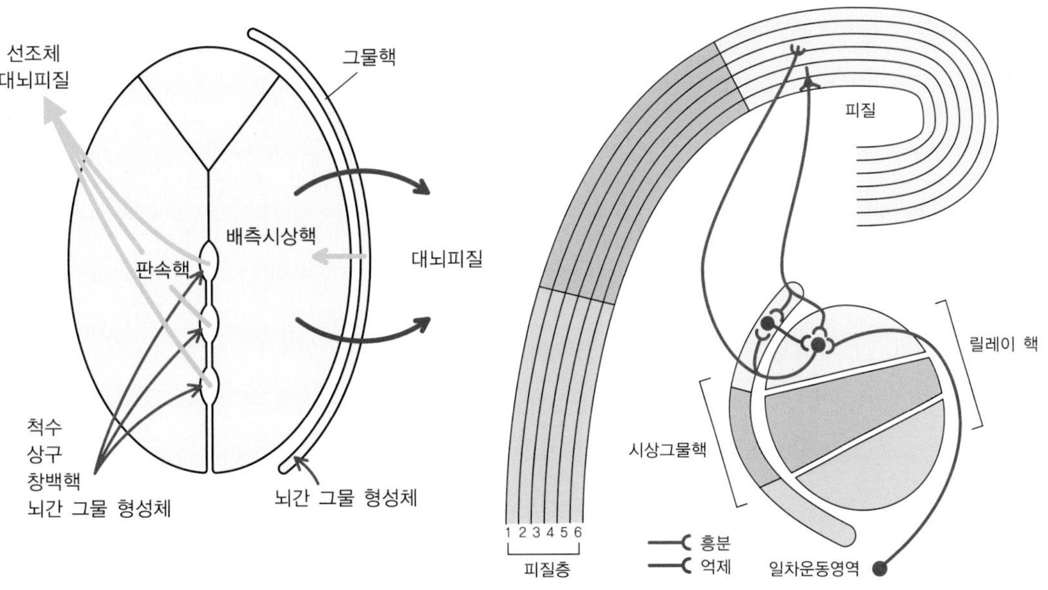

형성체에서 흥분성 신경자극이 입력되면 선조체와 대뇌피질의 신경작용을 억제합니다.

일차감각신호가 시상감각핵과 시냅스한 후 일차감각피질의 제4층으로 입력되지요. 그리고 동일 영역의 대뇌피질 제6층에서 다시 시상그물핵을 통해서 신호가 출발한 그 시상핵으로 흥분성시냅스를 합니다. 따라서 시상그물핵은 전방향 피드백과 후방향 피드백 신호를 함께 받게 되며, 해당 시상감각중계핵으로 억제신호를 보내지요.

실체와 자아에 대한 지각을 만드는 상후두정엽

상후두정엽은 공간적 위치와 신체 부위에 대한 체감각을 만드는 부위입니다. 앤드류 뉴버그는 이런 상후두정엽을 정위연합영역orientation association area으로 구분하죠. 정위연합영역은 전전두엽이 속한 주의연합영역attention association area, 언어개념연합영역, 시각연합영역과 함께 대뇌피질의 주요 연합영역이지요.

상후두정엽은 시상그물핵의 통제를 받아 시상감각핵에서 신체 감각을 올려보내는데, 좌뇌의 상후두정엽과 우뇌의 상후두정엽이 각각 맡은 역할이 다릅니다. 좌뇌의 상후두정엽은 신체에 대한 감각, 즉 신체적 자아를 생성하고, 우뇌의 상후두정엽은 자아가 3차원 공간 안에 존재할 수 있도록 물리적 공간지각을 만들어냅니다. 이렇게 다른 기능의 좌뇌의 상후두정엽과 우뇌의 상후두정엽은 서로 연결되어 있죠. 그래서 몸 감각에서 생성된 신체적 자아가 세계와 결합됩니다. 관찰자와 관찰대상이 결합하는 거죠. 절대적 일체상태일 때 상후두정엽은 입력되는 신호가 차단되기 때문에 상후두정엽 피질의 활동이 급격히 줄어듭니다. 시신경의 축삭이 시각로를 형성하고 외측슬상체에서 시냅스하죠. 외측슬상체에서 시신경 다발이 시각방사를 형성하여 일차시각피질로 투사됩니다. 체감각신호는 척수후섬유단에서 축삭다발이 배측기둥핵(얇은핵과 쐐기핵)에 시냅스하고 배측기둥핵에서 출력되는 축삭다발이 내측섬유띠를 형성하여 시상복후외측핵을 통하여 일차체감각피질로 투사됩니다. 이 과정에서 시상그물핵의 억제 기능이 탈억제되어야 하죠.

14-12
대뇌피질 네 곳의 연합영역

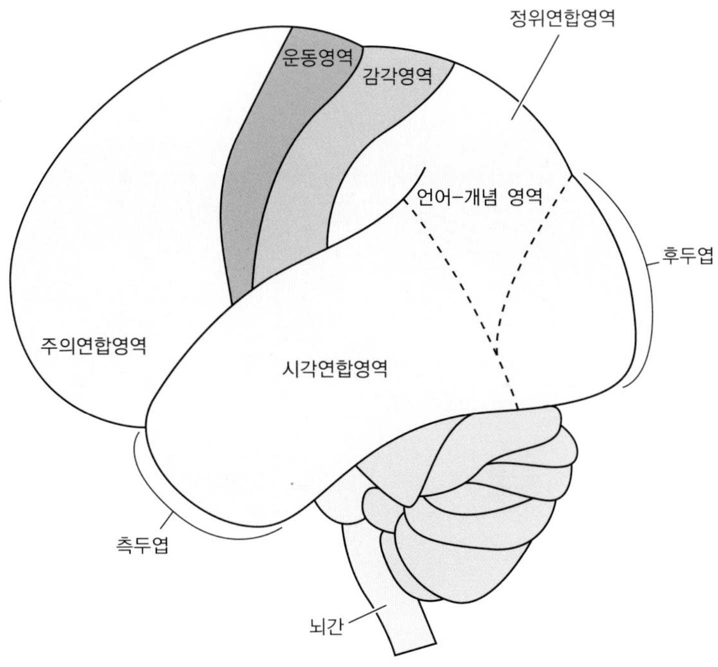

우뇌의 시상그물핵에서 분비된 GABA의 영향으로 우뇌 시상의 후외측핵과 외측슬상체의 활동이 억제됩니다. 시상의 복후측은 내측핵과 외측핵으로 구분됩니다. 복후내측핵(VPM)은 삼차시상로를 통하여 입력이 시상으로 들어오며, 얼굴의 근육과 피부에서 오는 체감각을 일차체감각 피질로 전달합니다. 복후외측핵(VPL)은 척수시상로를 통해 신호가 유입되며, 몸의 근육과 피부에서 올라오는 감각신호를 일차체감각피질로 전달하지요. 이러한 얼굴과 몸에서 입력되는 감각신호의 전달 과정은 시상그물핵이 복후측핵(VP)을 억제하는 정도와 관련되지요.

체감각이 복후외측핵을 통해 상후두정엽으로 입력되어 좌뇌에서 신체감각이 생기지요. 시상침 아래에 붙어 있는 외측슬상체는 시각을 중계하는 시상감각중계핵이지요. 결국 복후외측핵과 외측슬상체에 대한 시상그물핵의 억제 조절 작용으로 체감각에 의한 신체 감각과 시각에 의한 공간 지각이 명상 수행 단계에서 변형될 수 있죠. 왜냐하면 전전두엽에 의한 수행 의지력이 시상그물의 억제작용을 강화하여 시각과 체감각의 감각입력이 상후두정엽에 전달되는 과정을 억제할 수 있기 때

14-13
시상그물핵과 감각피질 연결

X 표시는 좌뇌와 우뇌의 신경섬유교차 지점이다.
(출전: The Human Central Nervous System, R. Nieuwenhuys, J. Voogd and C. Van. Huijzen)

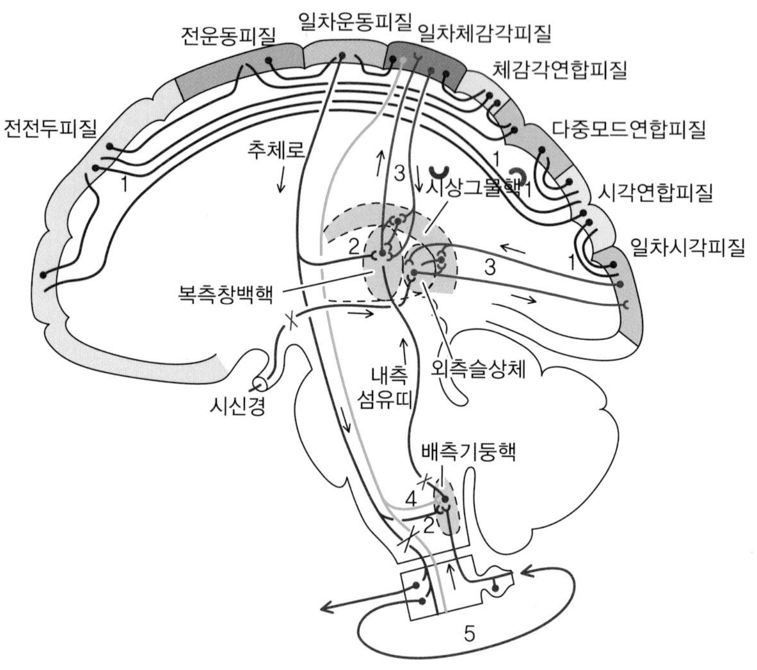

문이죠. 결국 수행의 과정도 무의식이 아닌 의식으로 강화되는 겁니다.

빛은 안구 앞쪽에 위치한 각막을 통해 들어오죠. 빛은 굴절되어 수정체와 유리체액을 통과하고, 망막의 중심와fovea에서 위아래가 바뀐 상을 맺습니다. 빛이 망막으로 이동하면 명암을 감지하는 간상세포와 색깔을 감지하는 원추세포가 빛을 받아들여 신경신호로 바꾸죠. 시각자극은 시신경에서 망막의 신경절세포로 전달되고, 신경절세포의 축삭이 모여 시각 신경을 형성하여 외측슬상체로 연결되죠.

좌우의 시각신경은 시교차에서 좌우로 서로 교차하여 방향을 바꿔 나아가죠. 그중 일부는 방향을 바꾸지 않고 동일 방향으로 진행하여 외측슬상체에서 시냅스합니다. 시각의 중계핵인 외측슬상체를 거친 시각정보는 시신경방사optic radiation를 통해 후두엽의 일차시각영역으로 입력됩니다. 그런데 우뇌 외측슬상체가 시상그물핵의 작용으로 억제되죠. 그러면 당연히 우뇌 일차시각피질로 전달되는 신경신호가 줄어듭니다. 억제가 더 강해지면 우뇌 일차시각피질로 가는 시각정보가 줄어들다가 끊어져버릴 수도 있어요.

체감각도 시상그물핵의 억제작용으로 감각수입로가 차단되지요. 몸과 얼굴에서 유입되는 체감각이 시상복후측핵에서 대뇌체감각피질로 중개되는 과정에서 시상그물핵이 관문 조절 역할을 합니다.

복후외측핵과 외측슬상체에서 우뇌의 상후두정엽으로 유입되는 감각입력신호는 시상그물핵의 억제작용 때문에 급격히 줄어듭니다. 우뇌의 상후두정엽을 보면 입력신호가 억제되어 활성이 줄어든 것을 확인할 수 있습니다. 그러면 자신의 신체에 대한 감각이 사라질 수 있지요.

우뇌 시상그물핵의 억제 작용은 전전두엽의 신호로 지속됩니다. 수행자가 명상 대상에 몰입할수록 억제 과정은 지속되어 결국 우뇌 상후두정엽의 공간을 생성하는 감각입력은 완전히 사라질 수 있지요. 우뇌 상후두정엽은 감각정보를 가지고 3차원의 공간지각을 생성하는데, 신경신호가 원활하게 입력되지 않으면 우리 몸이 움직일 공간에 대한 감각이 희미해지기 시작합니다. 신체가 활동하는 공간의 경계가 아득해져 결국 공간을 구성하는 경계가 사라질 수 있지요. 동시에 신체 감각이 사라져 천지와 내가 구별 없이 하나가 되는 상태에 도달할 수 있습니다.

해마의 역변조 작용

해마는 기억을 만드는 기관이죠. 해마에서 만드는 기억은 관계적이고 맥락적이며 연합적이죠. 씨줄과 날줄로 촘촘하게 짜인 직물처럼, 기억은 의미 있는 맥락으로 서로 연결되어 있습니다. 해마는 단독이 아니라 여러 요소가 결합되어 해마형성체로 구성됩니다. 해마형성체는 중격영역, 편도체, 그리고 대상회와 연결되어 있습니다. 그리고 해마형성체는 하측두엽의 다중감각연합영역, 감각의 연합피질, 전전두엽과 상호연결되어 있습니다.

절대적 일체상태에 이르는 과정에서 해마는 감각입력을 조절하는 역할을 합니다. 전전두엽이 지나치게 활성화되면 전전두엽으로 들어가는 신경 정보의 흐름을

14-14
해마형성체의 출력영역

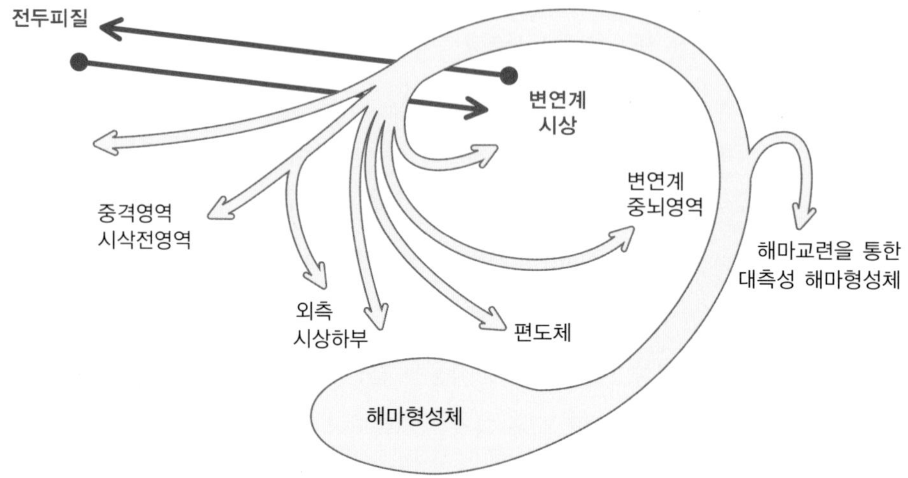

줄이고, 전전두엽이 강하게 억제되어 있으면 전전두엽으로 들어가는 신경 정보의 흐름을 활발하게 바꾸죠. 그 결과 전전두엽에서 인지작용의 항상성이 유지됩니다. 이러한 해마에 의한 정보 흐름의 조절을 해마의 '역방향 변조 작용'이라 합니다.

신경신호는 좌뇌의 상후두정엽에서 좌뇌의 해마로 이어집니다. 해마는 편도체와 상호연결되어 있죠. 좌뇌 편도체는 좌뇌 시상하부 외측핵과 서로 신호를 주고받습니다. 해마에서 이어지는 신경신호는 좌뇌의 전전두엽으로도 입력되지요. 여기서 해마의 중요한 특성이 나타납니다. 해마는 감각정보를 맥락에 따라 받아들여 처리한 후 적당히 조절하여 전전두엽으로 다시 신호를 내보냅니다. 전전두엽이 지나치게 활성화되어 있으면 신호를 줄이거나 중단해 진정시키고, 전전두엽이 지나치게 정체되어 있으면 신호의 흐름을 높여 활성화시키죠. 해마가 전전두엽으로 입력되는 신경신호를 조절하면 전전두엽이 인지작용을 상황과 맥락에 맞게 계속 유지할 수 있게 됩니다. 이 상황은 일상생활이 아니라 몰입 중인 수행자의 뇌 신호 처리 과정입니다. 따라서 잡념이 거의 제거되고 도달하려는 궁극의 상태에 대한 미세한 느낌을 현악기의 줄을 조율하듯이 다룰 수 있게 되죠. 자극이 미약하면 집중력이 흩어져 혼침에 빠지고, 너무 의욕이 강해지면 적절한 상태를 지속하기 힘들죠. 이 과정에서 해마가 전전두엽과 신호를 주고 받아 적절한 몰입상태를 지속할 수 있도

14-15
측좌핵의 위치

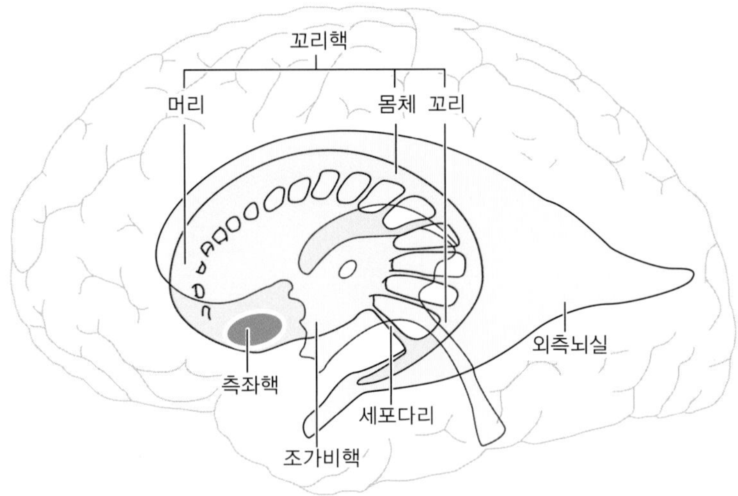

록 도와주는 겁니다.

동물들은 측좌핵에 도파민을 주사하면 활동성이 강화되고 고무되지요. 이 현상은 도파민이 측좌핵에서 창백핵으로 가는 시냅스 전달을 더욱 촉진시켜, 창백핵과 연결된 피질과 뇌간의 운동조절영역들이 활성화되기 때문입니다. 창백핵의 출력이 증폭되면 운동영역들이 강하게 활성화되므로 동물이 움직이기 시작하죠. 이러한 행동의 안내는 편도체에서 처리되는 조건화된 강화자극에 의존합니다. 편도체의 기저핵은 외측핵으로부터 입력되는 조건화된 강화자극에 대한 정보를 받아들이죠. 그다음 이 정보를 측좌핵으로 전달합니다. 측좌핵에 도파민을 분비하는 도파민 뉴런들이 편도체 중심핵에 의해 활성화되어 도파민이 측좌핵에서 증가할 때, 편도체 기저핵에서 측좌핵으로 강화자극이 도달하여 측좌핵 세포들을 더 크게 활성화시키고, 측좌핵의 하류에 위치한 복측 창백핵에 있는 뉴런들도 활성도가 더 크게 증가합니다. 따라서 행위에 대한 보상은 도파민 분비를 유도하고, 강화자극은 행동을 고무시키며 행동의 동기를 유발하는 데 도파민은 효과적이지요.

이러한 동기회로의 작용에서 전전두피질은 측좌핵으로 연결을 보내고, 측좌핵은 복측창백핵을 통해 다시 전전두피질로 연결됩니다. 전전두피질에 대한 측좌핵의 활성화가 해마와 편도체에 의해 조절되지요. 즉 해마나 편도체로부터 측좌핵으로 연결된 시냅스가 활성화될 때는 전전두피질이 측좌핵 세포들을 발화시킬 수 있지만 해마나 편도체로부터 자극이 약할 때는 발화시킬 수 없지요. 따라서 해마나 편도체 세포들은 측좌핵에 대한 전전두피질의 활성을 조절하는 수문 역할을 할 수 있죠. 그리고 편도체와 해마는 시상하부와 연결됩니다. 특히 편도체는 시상하부에 직접적인 영향을 미쳐서 감정을 행동으로 표출하게 합니다.

04 시상하부의 교감, 부교감 활성화

초월적 의식상태에서 신체의 생리적 변화에는 시상하부의 실방핵, 시교차상핵, 외측핵, 복내측핵, 궁상핵이 관여합니다. 그래서 시상하부에 대한 상세한 구조와 기능을 숙지해야 초월적 상태에서 신체감각과 지각의 변화를 이해할 수 있지요. 시상하부는 생식, 섭식, 혈압, 체온 유지, 수면과 각성 주기 조절 등 인체의 항상성을 유지하고 성장하는 데 관여하는 부위입니다. 시상하부는 이름처럼 시상 앞 아래쪽에 위치하며, 크기는 아몬드 하나 정도에 불과하지만 여러 핵이 들어 있습니다.

시상하부의 앞쪽에는 시각로전핵preoptic nucleus이 있고, 그 뒤로 시상하부전핵anterior nucleus이 있으며, 전핵 아래로 시각로상핵supraoptic nucleus과 시교차상핵suprachiasmatic nucleus이 위치해 있습니다. 그 아래로 깔대기핵infundibular arcuate nucleus이라고도 하는 궁상핵arcuate nucleus(활꼴핵)이 있죠. 궁상핵에서는 베타엔돌핀이 나와요. 시상하부에서 방출되는 신경호르몬의 기능은 체온 조절과 혈당량 조절 그리고 수분 조절 기능으로 몸의 항상성을 유지하며 초월상태의 생리학에 깊이 관련되므로 자세히 공부할 필요가 있습니다.

시각전핵은 남성의 음경 발기와 사정에 관여해요. 시각로상핵에서는 바소프레신이 분비됩니다. 바소프레신은 항이뇨 호르몬antidiuretic hormone(ADH)입니다. 정

14-16
시상하부의 구조

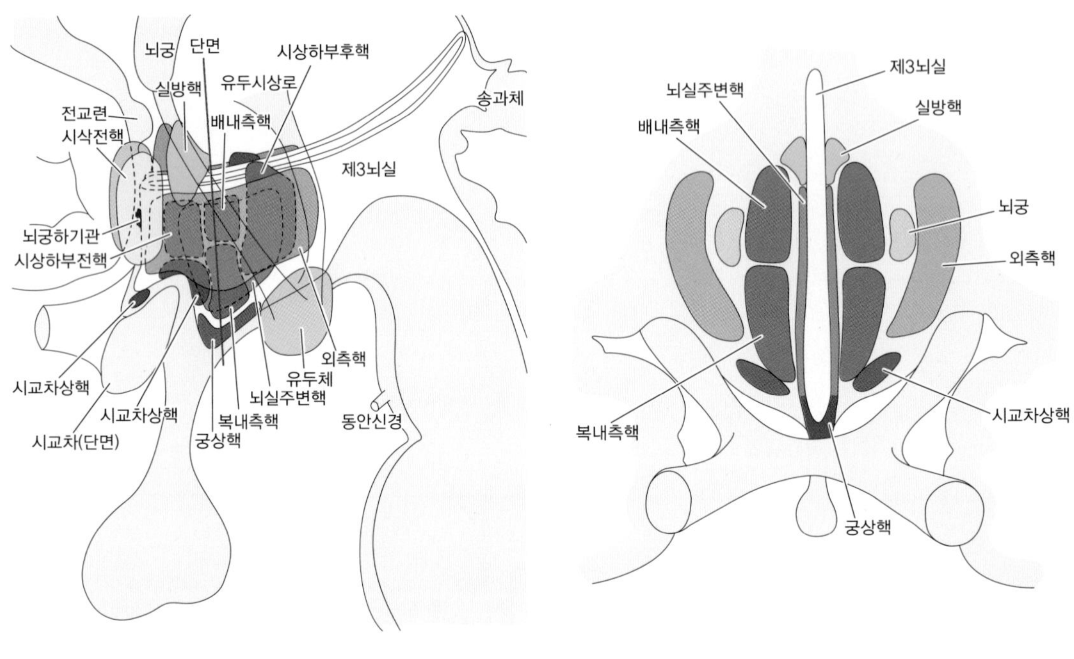

14-17
제3뇌실 주변의 시상하부핵들

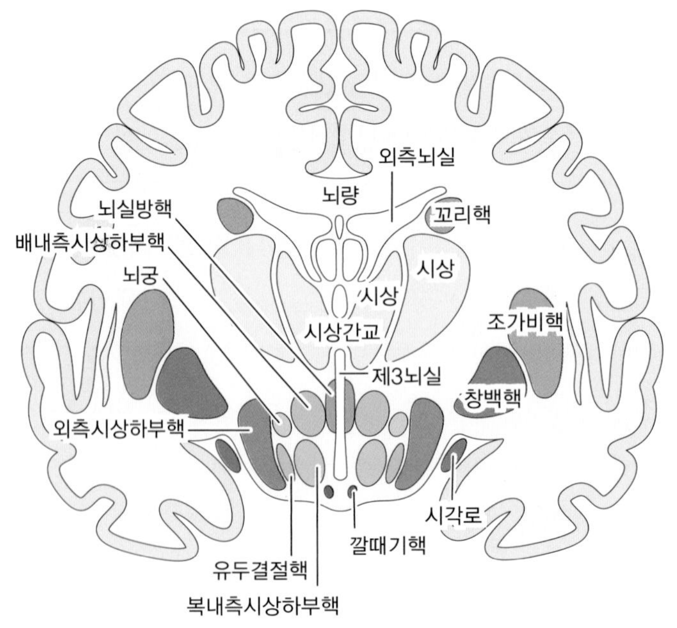

14-18
신경전달물질의 아미노산 서열

알파-엔돌핀 Tyr Gly Gly Phe Met Thr Ser Glu Lys Ser Gln Thr Pro Leu Val Thr

베타-엔돌핀 Tyr Gly Gly Phe Met Thr Ser Glu Lys Ser Gln Thr Pro Leu Val Thr
Leu
Phe
Lys
Gln Gly Lys His Ala Asn Lys Val Ile Ala Asn

P 물질 Arg Pro Lys Pro Gln Gln Phe Phe Gly Leu Met

갑상선 자극 호르몬 (TRH) Glu His Pro

아르기닌 바소프레신(AVP) Cys Tyr Phe Gln Asn Cys Pro Arg Gly

옥시토신(OXT) Cys Tyr Ile Gln Asn Cys Pro Leu Gly

소수성
극성, 전하를 띠지 않음
산성
기본

확히 말하면 아르기닌바소프레신이죠. 아르기닌바소프레신은 아홉 개의 아미노산으로 이루어져 있는데, 그 가운데 여덟째 아미노산이 아르기닌입니다. 다른 동물의 바소프레신은 아르기닌이 아미노산 리신으로 구성되지요.

이뇨작용은 콩팥에서 혈액의 노폐물을 걸러 소변으로 내보내는 것이고, 항이뇨는 노폐물이 걸러진 후 수분과 나머지 물질들이 혈액으로 재흡수되는 것이죠. 항이뇨작용으로 수분이 재흡수되지 않으면 수분 조절이 되지 않아 생존의 위협을 받게 됩니다. 약 3억 7000만 년 전 고생대 데본기에 양서류가 건조한 육지로 올라왔을 때 몸의 균형 유지와 더불어 생존에 중요한 기능이 바로 수분 유지였죠. 시각로상핵에서 분비되는 바소프레신이 이런 수분 유지를 가능하게 합니다. 또한 바소프레신은 혈압을 증가시키고, 체온과 공격성을 조절하기도 하죠. 시교차상핵은 일주기를 결정하는 생체 시계의 역할을 합니다. 시교차상핵은 빛에 민감한 세포들의 집합으로, 동물의 일주기 신호를 생성하지요.

시상하부의 중간 부분에는 실방핵paraventricular nucleus, 배내측핵dorsomedial nucleus, 복내측핵ventromedial nucleus, 외측핵lateral nucleus이 있습니다. 실방핵은 단기 스트레스에 대항하는 코르티솔의 분비를 조절합니다. 실방핵에서는 부신피질

14-19
시상하부와 뇌하수체의 연결

뇌하수체전엽은 선뇌하수체호르몬이 분비성세포에서 분비되어 혈류로 이동한다. 뇌하수체후엽은 시상하부 시삭상핵과 실방핵의 축삭말단에서 바소프레신과 옥시토신이 직접 분비되어 모세혈관을 통해 전달된다.

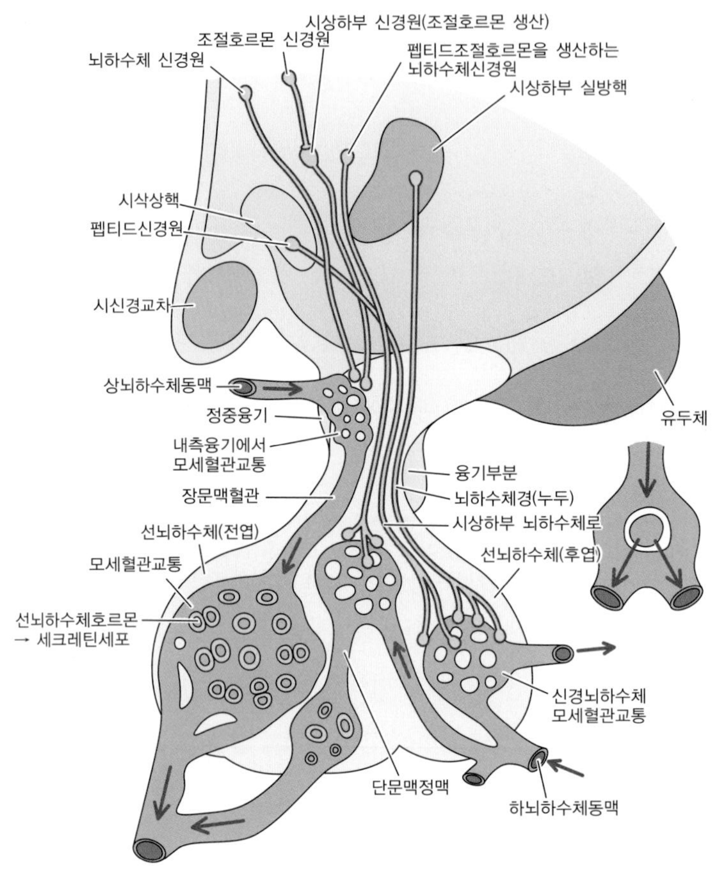

자극호르몬방출호르몬이 나오는데, 이 부신피질자극호르몬방출호르몬이 신경축삭 말단에서 분비되어 뇌하수체를 자극하면 뇌하수체에서 부신피질자극호르몬이 분비됩니다. 분비된 부신피질자극호르몬은 혈액을 통해 부신피질로 이동해 부신피질을 자극하고, 부신피질에서 코르티솔이 분비되죠. 스트레스를 받으면 코르티솔 수치가 증가하는데, 명상을 하면 부교감신경의 작용으로 코르티솔 수치가 줄어들죠. 실방핵에서는 옥시토신도 분비됩니다. 옥시토신은 자궁 근육을 수축시켜 분만을 유도하고, 유선mammary gland(젖샘)의 근육을 수축시켜 젖의 분비를 촉진하는 호르몬이지요. 배내측핵은 내장과 관련되어 있습니다. 복내측핵은 식욕 억제작용

14-20
분비세포의 분비작용
분비세포에 의한 호르몬 단백질의 분비가 매우 활발하다. 분비성 소포가 핵 주위에 밀집되어 있다.

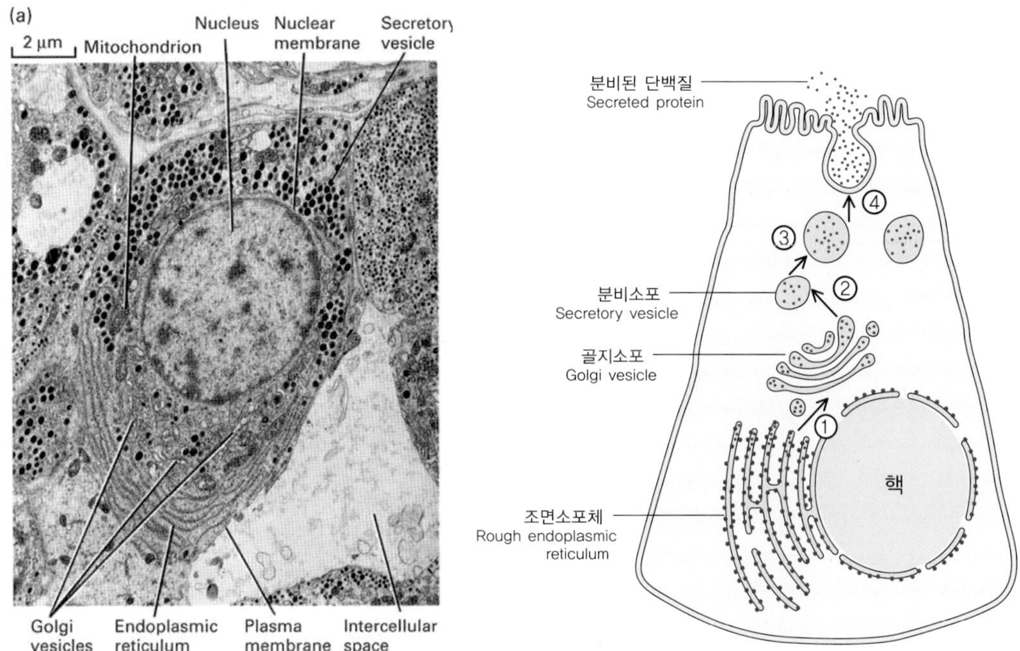

을 하죠. 복내측핵이 손상되면 비만으로 이어집니다.

시상하부의 뒤쪽에는 후핵posterior nucleus이 있으며, 융기유두핵tuberomammillary nucleus에는 히스타민 분비 세포가 있지요. 그리고 시상하부의 유두체mammillary body는 기억의 파페츠회로가 지나는 부위입니다.

시상하부를 통과하는 신경로는 뇌궁, 유두시상로, 그리고 내측전뇌속이 있지요. 뇌궁은 해마의 출력신경다발로, 유두체로 입력되지요. 유두체에서 시상전핵으로 입력되는 신경다발이 유두시상로를 형성합니다. 내측전뇌속은 복측피개영역(VTA)에서 출발하여 측좌핵에 시냅스하며, 측좌핵에서 안와내측전전두엽과 연결되는 도파민성 보상중추의 신경로입니다. 내측전뇌속은 시상하부 외측핵을 통과하죠.

유두체는 뇌활을 통해 해마형성체와 연결되며, 유두시상로를 통해 시상전핵과 연결되어 있어요. 시상하부 아래쪽으로 뇌하수체가 매달려 있죠. 뇌하수체는 전엽anterior lobe과 후엽posterior lobe으로 이루어져 있는데, 전엽에서는 멜라닌세포자극

14-21
시상하부와 뇌하수체
(출전: Netter's Atlas)

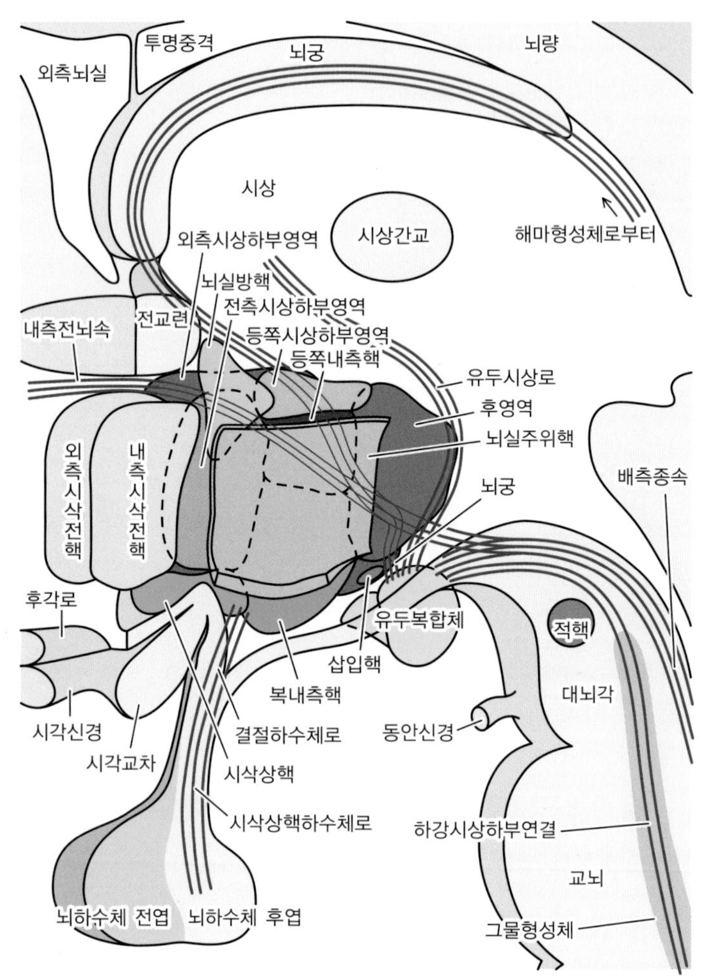

호르몬, 부신피질자극호르몬, 갑상선자극호르몬, 성장호르몬, 황체호르몬, 난포자극호르몬이 만들어져 분비됩니다. 시삭상핵(시각로상핵, 시교차상핵)에서 만들어진 바소프레신과 실방핵에서 합성된 옥시토신이 후엽에서 분비되어 혈액을 통해 전달되지요.

절대적 일체상태에 이르는 과정에서 시상하부는 두 가지 작용을 합니다. 복내측핵은 부교감신경을 활성시키며 외측핵은 교감신경을 흥분시키지요. 시삭상핵과 궁상핵은 바소프레신과 베타엔돌핀을 분비하여 몸의 상태와 의식상태를 변화시키죠.

14-22
내측전뇌속과 해마, 편도체, 중격의 연결회로
내측전뇌속은 중격영역, 해마, 시상하부와 연결되며, 신체의 본능적 욕구와 중독과 관련되는 중요한 신경로이다.

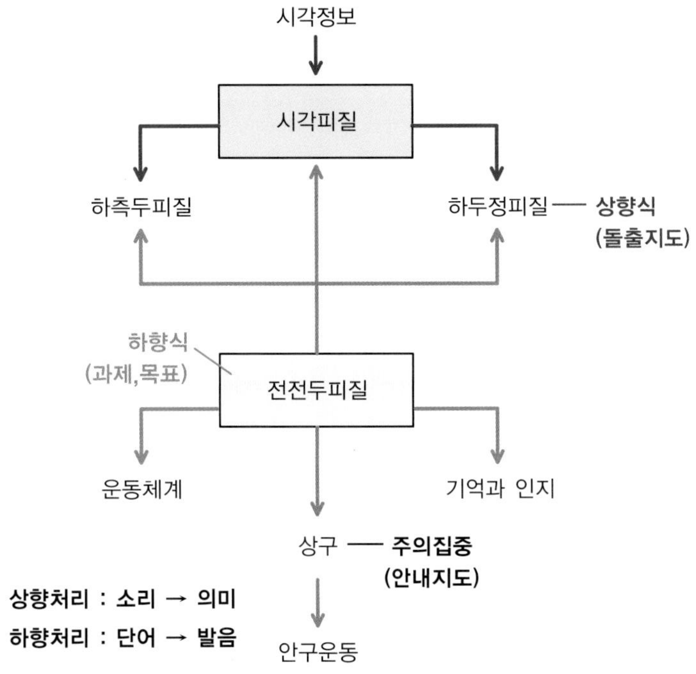

바소프레신은 통증을 완화시키고 생생한 기억작용을 촉진하죠. 그래서 명상 수행자들이 오랜 몰입상태에서 육체적 고통을 참을 수 있으며, 초월상태에서 체험한 내용을 일생 동안 생생히 기억할 수 있게 됩니다. 궁상핵의 베타엔돌핀은 깨달음 상태에서 오는 지고한 행복감을 만들지요.

절대적 일체상태를 만드는 호르몬이 하나 더 있죠. 송과체에서 분비되는 멜라토닌입니다. 송과체는 시상상부에 속하며, 중뇌의 상구 쪽을 향해 돌출되어 있죠. 멜라토닌은 수면물질이며 편안한 심적 상태를 만들지요. 초월상태는 신경시스템에 의해 촉발된 바소프레신, 베타엔돌핀, 그리고 멜라토닌의 작용으로 고요한 심적 상태가 유지됩니다. 그런 명료한 평정 속에서 의식은 자각된 초월적 인지상태에 대한 또렷한 기억과 깨달음에 대한 환희로 가득 차게 됩니다.

절대적 일체상태가 어떤 과정을 거쳐 일어나는지 전전두엽, 상후두정엽, 해마,

시상그물핵, 시상하부의 상호작용을 그런 관점에서 살펴봅시다.

우뇌 상후두정엽은 우뇌 해마로 신경신호를 보냅니다. 해마는 시상그물핵과 중격의지핵과도 흥분성 신경연결이 되어 있지요. 그래서 감각입력을 조절해 전전두엽의 활성도가 적절히 유지되도록 해줍니다. 해마는 편도체와 상호연결되지요. 우뇌 편도체에서 신경신호는 우뇌 시상하부로 이어집니다. 편도체와 시상하부 역시 상호작용하죠. 여기서는 시상하부의 섭식중추인 복내측핵과 연결됩니다. 시상하부 복내측핵에서 출력한 신경신호가 자율신경계의 부교감신경을 활성화시킵니다. 자율신경계의 억제계가 바로 부교감신경이죠. 부교감신경은 교뇌의 청반핵과 우뇌 시상하부의 시각로상핵에 작용합니다. 우측전전두엽의 수행에 대한 의지적 집중력은 해마와 편도 그리고 시상하부에 작용합니다. 우측 시상하부 복내측핵은 부교감신경에 신경자극을 보내 신체를 안정한 상태로 유지하게 하지요.

청반핵에서는 노르아드레날린이 분비되죠. 노르아드레날린은 청반핵이 흥분했

14-23
시상하부-뇌하수체-부신피질 연결

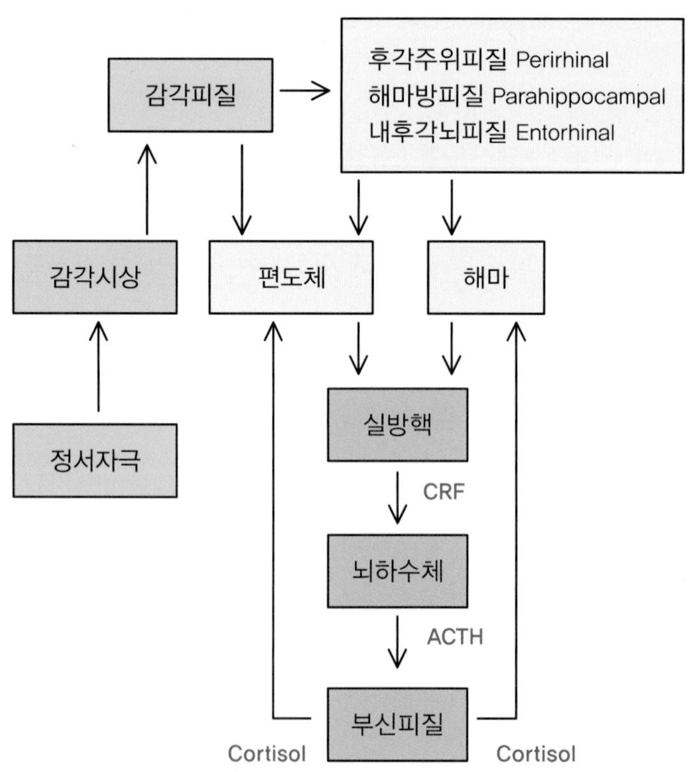

을 때 분비되는데, 지금은 부교감신경계의 작용으로 청반핵의 활동이 억제된 상태죠. 그래서 노르아드레날린 분비가 줄어듭니다. 청반핵이 억제된 결과 청반핵과 연결된 시상하부의 실방핵도 억제됩니다. 실방핵에서는 부신피질자극호르몬방출호르몬이 분비되죠. 이 호르몬이 뇌하수체로 들어가 뇌하수체 전엽을 자극하면 부신피질자극호르몬이 나와요. 부신피질자극호르몬은 혈류을 따라 부신피질로 전달되어 스트레스에 대항하는 코르티솔을 분비시키죠. 실방핵이 억제되면 코르티솔 분비량이 감소하죠. 코르티솔은 스트레스에 대항하여 신체를 흥분시키는 작용을 합니다. 따라서 코르티솔 분비량이 줄어들면 마음이 가라앉고 평온해집니다.

시각로상핵에서는 바소프레신이 신경분비되지요. 바소프레신은 항이뇨호르몬입니다. 항이뇨호르몬은 혈압을 높여 신장에서 노폐물이 걸러진 후에 나오는 수분과 나머지 물질들이 혈액으로 재흡수되도록 해주지요. 부교감신경의 작용으로 코르티솔의 분비량이 줄어들면 혈관이 늘어나 혈압이 떨어지고, 바소프레신의 분비량이 증가합니다. 그로 인해 혈관이 수축되어 혈압이 다시 상승합니다.

바소프레신이 통증을 완화하고 기억력을 향상시킨다는 연구 결과가 있습니다. 명상을 하며 지속적으로 의식을 집중해 일체상태에 도달한 수행자들의 기록을 보면, 몸과 마음이 편안하고 의식이 또렷하다고 합니다. 부교감신경계에 의해 자극을 받아 바소프레신이 분출한 결과 육체적 고통이 사라지고 의식에 떠오르는 느낌이 새벽별처럼 선명하게 기억 나는 것이죠.

다시 우뇌의 시상하부 복내측핵의 작용을 수행 체험 관점에서 생각해봅시다. 절대적 일체상태의 회로가 끊임없이 활성화되어 복내측핵에서는 흥분신호가 계속 입력되지요. 시상하부 복내측핵의 흥분으로 부교감신경이 억제작용을 계속하면 어떻게 될까요? 폭우로 강물은 계속 불어나는데 댐이 물을 흘려보내지 않으면 수압 때문에 결국 댐이 붕괴하고 말 겁니다. 복내측핵도 마찬가지죠. 회로는 계속 작용하는데 억제가 계속되어 과도하게 억제되다가 어느 순간 억제의 한계치를 넘어서면, 폭발적으로 흥분이 일어나지요. 자율신경계의 억제작용이 붕괴되어 한순간에 과도한 흥분으로 바뀔 수 있지요.

자율신경계를 이루는 교감신경계와 부교감신경계는 서로 길항작용을 합니다. 교감신경계가 활성화되면 심장박동이 빨라지고 동공이 커지고 땀이 나고 체온이 낮아지고 소화 능력도 떨어지는 반면에, 부교감신경계가 활성화되면 심장박동이 느려지고 동공이 줄어들고 체온이 높아지고 소화 능력도 활발해집니다. 그런데 억제신호가 극단에 이른 순간 어떻게 됐죠? 두 신경계의 길항작용이 조절 한계를 초과하면 억제계인 부교감신경계 대신 흥분계인 교감신경계가 갑자기 엄청난 자극을 받게 되죠. 그 결과 느리던 심장박동이 갑자기 빨라집니다.

우뇌 시상하부의 복내측핵에서 이렇게 폭발한 신경신호의 강한 흐름은 좌뇌 시상하부의 외측핵을 자극하여 강하게 활성화시킵니다. 그런데 시상하부 외측핵으로는 중요한 신경섬유다발이 통과하지요. 바로 내측전뇌속medial forebrain bundle입니다. 내측전뇌속은 중뇌의 복측피개영역에서 간뇌 쪽으로 올라와 시상하부를 지나 대뇌기저부의 중격의지핵에서 시냅스합니다. '욕망의 하이웨이'라고 할 수 있는 내측전뇌속은 쾌감을 느끼게 하는 도파민성 자극을 전전두엽까지 전달하죠.

사람의 뇌에서 기쁨을 자각해 행동의 동기를 유발하는 부위를 '대뇌보상계'라고 하는데, 전기나 약물로 이곳을 자극해도 쾌감을 느끼게 되지요. 캐나다의 신경과학자 올즈와 밀너는 쥐를 상자 안에 넣어두고 쥐가 스스로 레버를 누를 때마다 뇌에

14-24
시상하부 외측핵을 통과하는 내측전뇌속의 신경섬유 다발

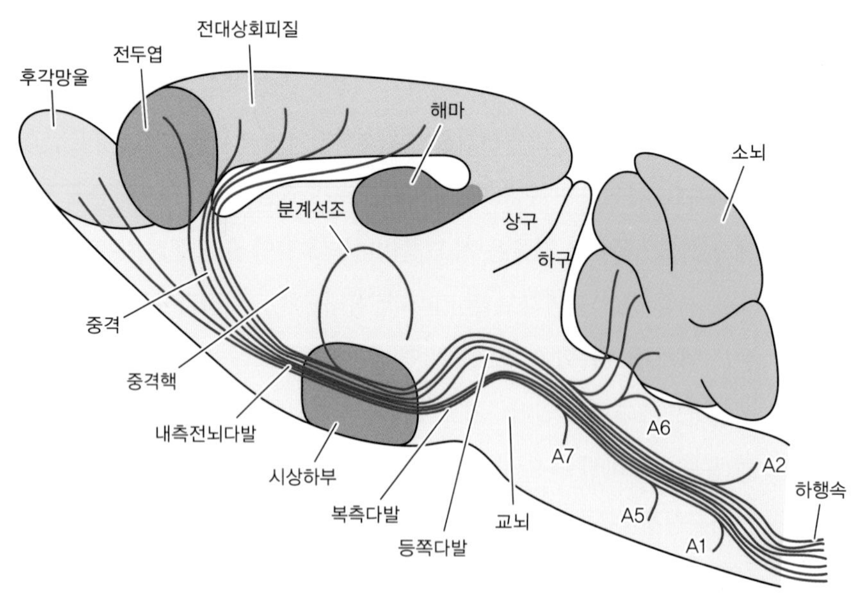

전기자극을 받게 함으로써 동물의 뇌에 쾌감을 매개하는 부위가 있음을 알아냈지요. 뇌의 특정 부위에 전극을 연결하여 레버를 눌러 자극을 하도록 하니, 쥐가 쾌감을 얻고자 자꾸 레버를 눌렀던 겁니다. 그 후 사람에게도 같은 역할을 하는 부위, 즉 대뇌보상계가 있음이 밝혀져 인간의 중독 현상을 이해하는 단서를 제공하였죠.

좌뇌 시상하부 외측핵이 활성화되면 두 신경핵에서 흥분작용이 일어납니다. 그중 하나가 솔기핵이죠. 솔기핵에서는 세로토닌이 활발히 분비됩니다. 측두엽 간질 환자들이 종교적 환각을 경험했다는 보고가 있죠. 세로토닌은 종교적 환각과 관련됩니다. 활성화된 솔기핵은 좌뇌의 전뇌기저핵을 자극합니다. 전뇌기저핵에서 나오는 신경전달물질이 뭔가요? 아세틸콜린이죠. 아세틸콜린의 영향으로 의식의 연상작용이 활발히 일어났다고 했습니다. 그리고 아세틸콜린의 작용으로 기억된 시각 이미지의 자발적 인출이 일어납니다. 위기의 순간에 일생의 중요한 기억들이 순간적으로 펼쳐지는 현상도 가능하지요. 수행 과정에서 이처럼 아세틸콜린이 과다하게 분비되는 것은 다양한 장기기억을 수행 목적의 맥락에 맞는 시각적 이미지의 자유연상을 가져올 수 있지요. 초월적 상태에서 종교적 성상의 시각적 이미지를 경

14-25
약물중독과 관련된 신경회로
신경회로는 약물 중독과 관련이 있다. 측좌핵은 중독의 메커니즘에서 중심적인 역할을 한다.

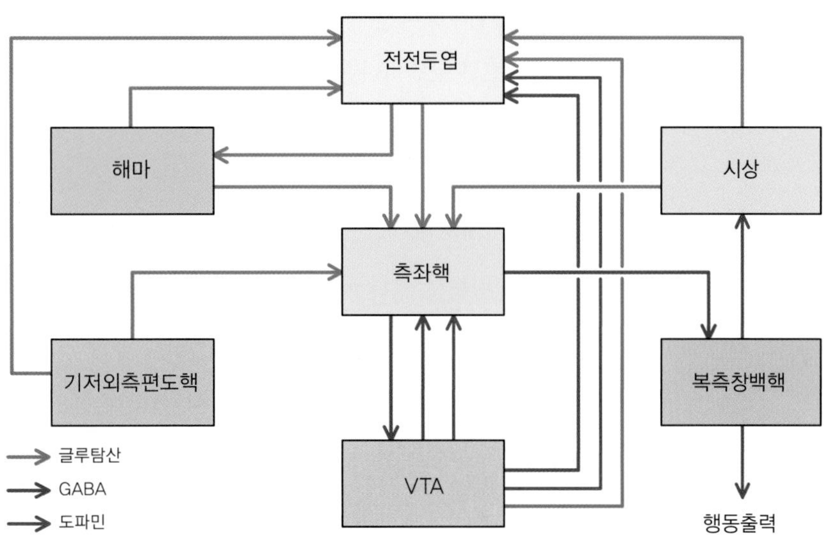

험했다는 기록들이 있지요.

측좌핵이 변연계와 운동 시스템 사이를 중계하여 중독회로의 중심 역할을 하죠. 목표지향적 행동은 변연계와 대뇌피질에서 측좌핵으로 흥분성 글루탐산이 분비되어 촉진되고, 측좌핵에서 운동영역으로 출력을 보내 행동 실행을 일으키죠. 그리고 복측피개영역의 뉴런이 측좌핵과 전전두엽피질로 도파민을 분비하죠. 도파민과 글루탐산의 분비작용이 모이는 영역은 기저외측 편도체입니다.

의지적 몰입상태가 지속되면서 우뇌 시상하부 복내측의 과도한 억제가 순간적으로 과도한 흥분으로 바뀌어 좌뇌 시상하부 외측핵을 강하게 흥분시킵니다. 좌뇌 시상하부 외측핵의 활성화는 좌뇌의 송과체에도 영향을 줍니다. 송과체에서는 멜라토닌 호르몬이 다량으로 분비됩니다. 멜라토닌이 분비되면 잠에 빠져드는데, 절대적 일체상태라는 극단적 상황에서는 완전한 평정심을 만들어줍니다. 또한 멜라토닌은 바소프레신처럼 통증을 완화시켜주죠. 그런데 절대적일체상태가 더 극단으로 치달으면 멜라토닌에서 DMT(dimethyltryptamine)라는 물질이 합성됩니다. DMT는 마약류로 분류되는 환각을 일으키는 물질인데, 이 물질은 유체이탈out-of-body이나 임사체험과 같은 환상 체험을 가능하게 하고, 시간과 공간을 왜곡시키며, 통증을 완화시킵니다.

좌뇌 시상하부 외측핵은 좌뇌의 편도체와 상호연결되어 있습니다. 좌뇌의 편도체는 좌뇌의 해마와 연결되어 있죠. 좌뇌 시상하부 외측핵에서 일어난 흥분의 물결은 좌뇌의 편도체와 해마를 거치며 계속 이어집니다. 좌뇌의 해마는 좌뇌의 전전두엽으로 신경신호를 보냅니다. 활성화된 좌뇌의 전전두엽은 시상그물핵으로 활발하게 글루탐산을 분출합니다. 자극을 받은 시상그물핵에서는 GABA가 분비되지요. 그러면 GABA의 영향으로 좌뇌 상후두정엽으로 들어가는 감각입력신호가 줄어들어 감각수입로 차단 현상deafferentiation이 발생합니다. 좌뇌 상후두정엽의 수입로 차단으로 공간 좌표에 대한 지각작용이 사라집니다. 우뇌 상후두정엽의 수입로가 차단되면 신체에 대한 감각이 사라집니다. 여기서 명상 수행자의 몰입이 더 집중되면서, 신경회로에 자극 전달이 가속되면 입력되는 감각신호가 더 줄어들다가 극단에 이르는 순간 감각입력이 완전히 차단되죠. 앤드류 뉴버그는 불과 100분의 1초 사이에 좌우의 상후두정엽에 유입되는 감각입력이 완전히 사라질 수 있다고 주장합니다.

신체 감각의 상실과 더불어 신체가 존재하는 공간 지각도 함께 사라집니다. 이러한 상태를 '모든 경계가 사라져 천지가 나와 한 몸이 되었다'라고 표현하죠. 공간이란 객관적 세계와 신체감각에 의한 자아라는 주관적 세계가 함께 사라져 버린 상태를 말합니다. 세계와 자아의 구분이 사라지고 오로지 의식만 명징하게 남은 상태죠. 의식의 내용은 사라지고 의식의 상태만 또렷이 남아 있습니다.

이 부분에서 기독교의 능동적 수행과 불교의 수동적 수행이 구분됩니다. 기독교에서 행하는 절대적 일체상태에서는 자아는 사라지지만 세계상은 남죠. 세계상이 뭐죠? 예수이고, 성모마리아고, 십자가죠. 앤드류 뉴버그에 의하면 일신교의 수행자들도 지쳐서 쓰러질 정도의 상태가 되면 그런 세계상도 사라져 자아와 세계상이 함께 사라진 완전한 일체상태를 경험할 수 있다고 주장합니다. 불교의 삼매 Samadhi(사마디)에 도달한 상태죠.

환각물질의 작용

해마에서 들어간 신경신호로 좌뇌의 전전두엽이 활성화되면 글루탐산이 활발히 분출하죠. 글루탐산은 맹독성을 띤 물질입니다. 글루탐산 농도가 일정 수준 이상이면 주변의 세포들이 그 독성으로 죽게 됩니다. 그래서 글루탐산은 분비가 적절히 조절되지 않으면 독성물질이 됩니다. 앤드류 뉴버그의 초월상태 도표에 NAAG(N-acetyl aspartyl glutamate)라는 신경전달물질이 있습니다. 우리 몸에서 세 번째로 많이 분비되는 신경전달물질이죠. NAAG가 NAALADase(N-Acetylated-alpha-linked-acidic dipeptidase)라는 효소에 의해 NAA(N-acetyl aspartate)와 글루탐산으로 분해됩니다. 이때 NAALADase의 작용이 줄어들면 글루탐산의 과도한 생성이 억제되지요. 글루탐산이 적당한 수준으로 생성되면 NAAG의 일부가 분해되지 않은 채 남게 되지요. 절대적 일체상태에서는 분해되지 않고 남아 있는 이 물질로 인해 환각 작용이 일어날 수 있습니다.

좌뇌 전전두엽에서 글루탐산이 활발히 분비되면 좌뇌 시상하부의 궁상핵이 흥

14-26
정신분열증, 정상인, 초월적 일체상태의 실체감

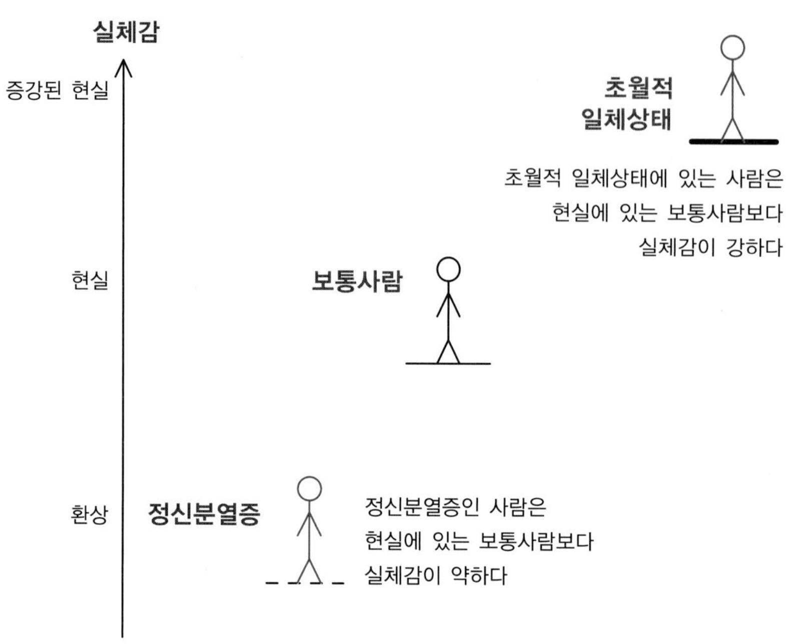

실체감
증강된 현실
현실
환상
초월적
일체상태
초월적 일체상태에 있는 사람은
현실에 있는 보통사람보다
실체감이 강하다
보통사람
정신분열증
정신분열증인 사람은
현실에 있는 보통사람보다
실체감이 약하다

분됩니다. 좌뇌의 전뇌기저핵에서도 궁상핵을 자극하지요. 시상하부와 연결된 자율신경계에서 우뇌의 과억제에 연계되어 좌뇌의 과흥분이 일어나 좌뇌의 솔기핵에서 분비된 세로토닌에 자극을 받아 전뇌기저핵에서 아세틸콜린이 분비되고, 시상하부 궁상핵에서 이에 자극을 받아 베타엔돌핀이 분비되죠. 이러한 아세틸콜린과 베타엔돌핀의 분비는 전전두엽으로 연결됩니다. 베타엔돌핀은 쾌감을 느끼게 하는 호르몬입니다. 절대적 일체상태에 도달한 순간 평생토록 못 잊을 정도의 강렬한 황홀감을 느낀다고 하죠. 이와 동시에 좌뇌 전전두엽과 우뇌 전전두엽이 연결됩니다. 그리고 상호연결된 좌우의 전전두엽은 명상상태의 몰입이라는 목적지향적 행위를 실행하기 위해 뇌의 다른 여러 부위를 자극하게 됩니다. 전전두엽과 측좌핵 그리고 창백핵의 연결회로와 중격핵, 시상하부, 중뇌변연계는 상호연결되어 있죠. 이 과정에서 시상하부는 전전두엽과 강한 상호작용을 할 수 있습니다.

이 회로가 계속 작동해 어느 순간에 도달하면 자아가 사라지고 세계상도 사라질 수 있죠. 몸의 고통도 사라지고 편안한 상태만 온전히 남습니다. 동시에 의식의 연상작용이 폭발적으로 일어나고, 황홀감이 온몸을 감싸죠. 이때 전전두엽은 깨어 있어 의식만은 새벽별처럼 또렷하고 생생하죠. 현실에서보다 더 견고한 증강된 현재성을 느끼는 겁니다. 이 경지에 이른 사람들의 기록을 보면 깨닫기 전에 살아온 현실이 꿈과 같고, 보통의 인간들은 마치 꿈속에서 살아가는 것처럼 표현하죠. 그런데 이런 초월적 일체상태에서 보는 세계는 정신분열증 상태에서 보는 꿈같은 세계와는 확연히 다릅니다. 정신분열 상태에서는 환각이 보이든 환청이 들리든 한 가지 감각 채널만 열려 있고, 의식은 분산적으로 통합되지 않지요. 반면 절대적 일체상태에서는 시각, 청각, 체감각의 모든 감각이 동시에 작동하며 증강현실처럼 너무나 생생할 수 있지요. 절대적 일체상태에서 깨어나도 정신분열증과는 다르게 그 상태에서 보고 느낀 것들을 생생히 기억하죠. 그리고 정신분열증은 매일 발생할 수 있지만 초월적 일체상태의 경험은 일생에 한두 번만 가능할 정도로 도달하기 어렵다고 합니다.

다시 절대적 일체상태의 뇌를 봅시다. 가만히 들여다보면 전두엽의 목적지향적 실행 시스템, 본능적 욕구의 시상하부와 신체의 항상성을 유지하는 자율신경계의 호르몬이 회로의 중심에 있고, 인간의 활동에서 중요한 다른 시스템들이 회로에서 빠져 있죠. 우선 감정회로와의 관련성이 미약합니다. 일차감각과 연합감각도 들어가지 않죠. 운동회로도 빠져 있어요. 절대적 일체상태는 십자가를 보든 좌선을 하든 생각과 감각과 움직임을 모두 억제하고 오로지 특별한 의식상태에 도달하기 위해 의식에만 집중하는 것입니다. 의식을 집중하는 힘이 얼마나 강한지, 심지어는 상후두정엽으로 들어가는 수입로가 차단되어도 초월적 상태에 도달하려는 전전두엽의 의지적 명령이 물리적 제한을 뛰어넘어 계속됩니다. 그래서 내적 폭발이 일어날 수 있는 거죠. 의식에서 내용이 완전히 제거되어 투명한 의식만 남고 마침내 그런 의식의 상태에 대한 경계조차 사라져버린 경지가 되지요. 그래서 그런 상황을 '확연하다'라고 표현합니다.

05 신경전달물질의 기원

절대적 일체상태의 생성에는 데는 글루탐산과 GABA, 도파민과 노르아드레날린, 아드레날린, 세로토닌, 아세틸콜린의 신경전달물질과 신경조절물질이 중요한 역할을 합니다. 신경세포에서 글루탐산의 흥분작용과 GABA의 억제작용이 상호조율되어 매순간 의식의 내용이 만들어지죠. 도파민과 노르아드레날린, 아드레날린, 세로토닌, 아세틸콜린은 의식의 상태를 결정합니다. 수면상태, 각성상태, 상상상태처럼 의식의 상태는 천천히 생성되며 오래 지속됩니다.

그런데 이러한 신경전달물질들에는 기원이 있습니다. 글루탐산은 알파케토글루타레이트alpha-ketoglutarate라는 물질이 변형되어 만들어집니다. 공통적으로 아미노산의 기본 패턴 'N-C-C'가 반복됩니다. 그리고 아미노기 NH_2와 탄소 C, 카르복실기 COOH에 수소 H, 작용기 R이 결합되어 있어요. 여기서 작용기 R이 변화를 일으켜 글루탐산이 합성됩니다. 글루탐산에서 글루탐산탈카르복실화효소glutamic acid decarboxylase가 작용해 카르복실기가 떨어져 나가고 수소 H가 붙으면 바로 GABA가 합성되죠.

글루탐산이나 GABA라는 용어만 보면 어떤 물질인지 제대로 느껴지지 않지만, 분자 구조를 보면 분명해집니다. 결국 탄소, 질소, 수소, 산소 원자뿐이지요. 빅뱅

14-27
티로신과 트립토판에서 생성되는 신경전달물질

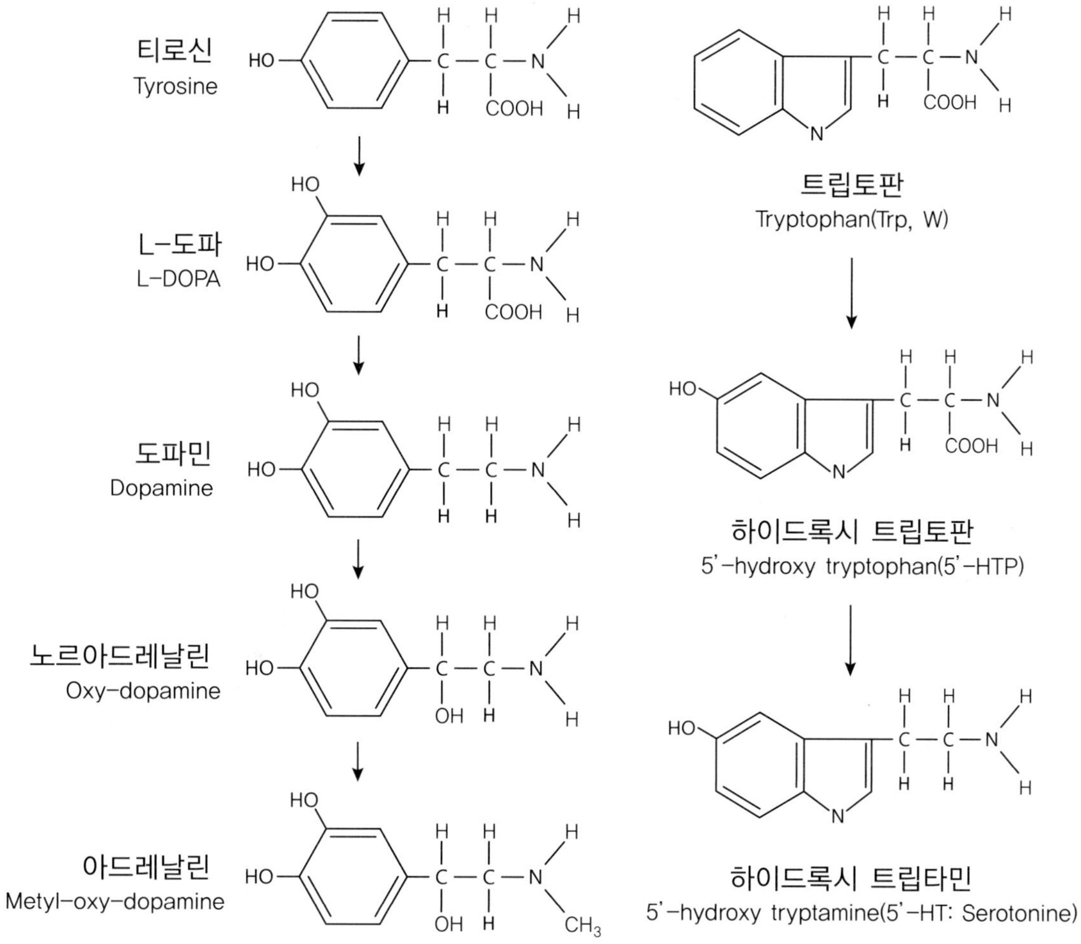

에서 생겨난 수소와 헬륨으로 별이 생기고, 별 내부의 핵융합 과정에서 탄소, 질소, 산소, 칼슘, 나트륨 같은 생체를 만들어주는 원소들이 생성되지요. 별과 은하의 물질 구성은 수소가 70%, 헬륨이 25%이며, 이 두 원소가 우주 물질 구성의 대부분을 차지합니다. 신경세포에서는 칼슘과 인산이 중요한데, 고에너지 인산기가 결합하면 생체 단백질이 활발한 분자적 작용을 하지요.

글루탐산은 신경전달물질들 가운데서 아미노산계에 속합니다. 도파민, 노르아드레날린, 아드레날린, 세로토닌, 아세틸콜린은 아민계로 분류되죠. 도파민은 '도파dopa의 아민' 이며 비타민은 '비타vita의 아민'이지요. 도파민과 비타민에서처럼 아민은 생명 현상에 활기를 줍니다. 이 가운데 도파민, 노르아드레날린, 아드레날린은 알파아미노산alpha amino acid의 하나인 티로신tyrosine에서 기원합니다.

14-27에서 티로신의 분자 구조를 보면 N-C-C 패턴이 기본 골격을 형성하죠. 수소와 카르복실기 COOH, 이중 결합으로 이루어진 벤젠 고리가 결합손으로 연결되어 있습니다. 글루탐산의 분자구조와 구분이 되지요. 글루탐산과 GABA는 대뇌피질에서 주로 분비되며 벤젠 고리를 갖는 신경조절물질들은 뇌간의 그물형성체를 구성하는 신경세포에서 분비되지요.

티로신에서는 아미노산수산화효소amino acid hydroxylase가 효소작용을 하지요. 아미노산수산화효소는 말 그대로 아미노산에 수산기, 즉 OH기를 붙이는 역할을 하죠. 그러면 정신분열증 치료제로 잘 알려진 L-도파 L-dopa가 합성됩니다. L-도파에 도파 디카르복실라제dopa decarboxylase가 작용하여 카르복실기 COOH가 떨어져 나가고 그 자리를 수소이온이 결합하면 도파민이 만들어집니다. 도파민 베타수산화효소dopamine β-hydroxylase의 촉매작용으로 OH기가 도파민에 결합하면 옥시도파민, 즉 노르아드레날린이 생성되죠. OH기, 즉 수산기가 2개에서 3개로 증가한 노르아드레날린은 도파민보다 더 강력합니다. 도파민은 단순히 흥분을 일으키지만 노르아드레날린은 흥분에서 더 나아가 행동하게 만들어요. 노르아드레날린에 펜톨아민N-메틸화효소phentolamine N-methyltransferase가 작용하여 노르아드레날린의 아민기, 즉 NH_2에서 수소이온이 떨어져 나가고 메틸기인 CH_3가 그 자리에 결합하면 노르아드레날린보다 더 강력한 메틸옥시도파민, 즉 아드레날린이 합성됩니다. 아드레날린은 맹독성 물질이죠.

도파민에 OH기가 하나 더 붙어서 강력해진 옥시도파민, 즉 노르아드레날린이 만들어지고, 옥시도파민에 메틸기가 결합하여 맹독성을 띤 메틸옥시도파민, 즉 아드레날린이 생성되었어요. 도파민은 복측피개영역과 흑좌핵에서 분비되고, 노르아드레날린은 청반핵, 아드레날린은 부신수질에서 나옵니다. 분비되는 위치가 다르며 작용도 다릅니다. 긴급한 상황에서는 아드레날린이 분비되고, 노르아드레날린은 생존에 중요한 정보에 집중하게 하며, 도파민은 전전두엽을 활성화하여 의지력이 생기게 하지요. 아드레날린 생성은 신경조절물질 중에서 효소작용을 많이 필요로 합니다. 그래서 인간으로 진화하는 과정에서 분자량이 많은 효소를 하나씩 탈락하여 그 결과 아드레날린에 이르기까지의 중간 단계 물질들인 노르아드레날린과 도파민을 주요한 신경조절물질로 사용하게 되었다는 효소탈락 가설이 있지요.

세로토닌도 필수 아미노산인 트립토판에서 기원합니다. 트립토판에서 트립토판 수산화효소tryptophan hydroxylase가 작용하면 5′-수산화트립토판(5′-HTP)으로 바뀌죠. 5′-수산화트립토판은 트립토판의 탄소부분에 수산기인 OH기가 붙은 겁니다. 그리고 5′-수산화트립토판은 5′-수산화트립토판디카르복실라제5′-hydroxytryptophan decarboxylase에 의해 COOH가 떨어지고 H가 붙어서 5′-수산화트립타민5′-hydroxytryptamine(5′-HT)으로 변형됩니다. 5′-HT가 바로 세로토닌이죠.

세로토닌에서 세로sero는 혈청을 뜻합니다. 혈청에서 추출해서 세로토닌이라고 하지요. 세로토닌은 의식의 상태를 안정시키는 기능을 하며, 부족하면 우울증이 나

14-28
신경시스템의 단계별 구성요소

1장에서 제시한 신경시스템의 단계 구성과 조금 다른 그림이다. 뇌 작용은 신경회로, 신경세포, 시냅스의 세 단계를 공부해야 한다. 이러한 뇌 작용에 대한 단계별 이해를 통합하여 인간행동을 이해하는 것이 뇌 공부의 방법이다.

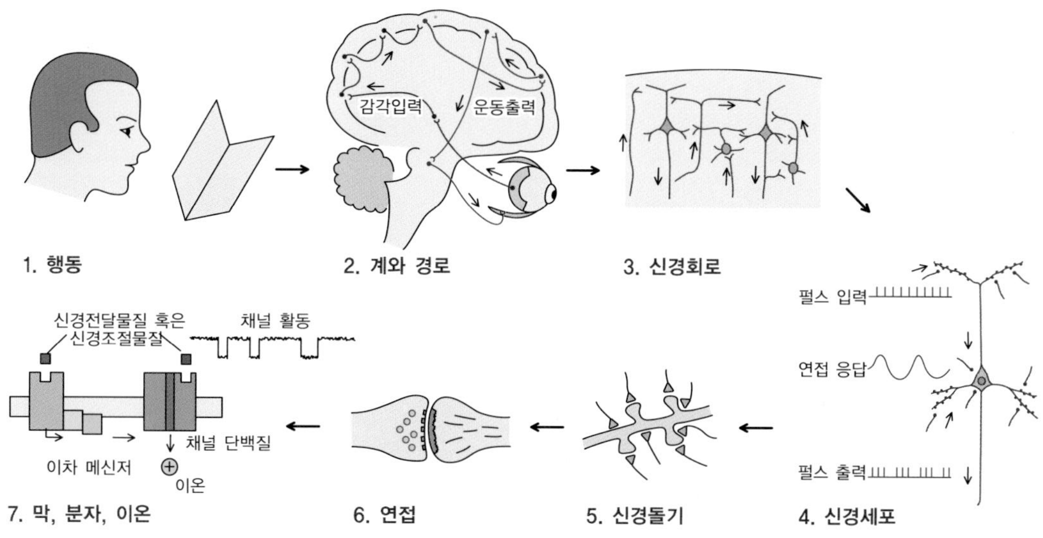

타나지요. 세로토닌에서 합성되는 물질이 멜라토닌이고 절대적 일체상태에서 평정심을 만들지요. 이 과정이 더 강해지면 멜라토닌에서는 환각을 일으키는 물질인 DMT가 합성되죠. 신경전달물질에서 시냅스 그리고 신경세포로 단계를 확장해가면 인간의 행동을 만나지요.

06 자아와 세계의 구분이 사라진 뒤

역동적으로 움직이는 절대적 일체상태의 신경회로를 자세히 보면 의문이 하나 생깁니다. 절대적 일체상태는 어떻게 나타났을까요? 이를 이해하기 위해서는 뇌과학, 발생생물학, 유전학, 고고학, 종교학, 신화학 지식을 바탕으로 네안데르탈인 시대로 거슬러 가야 합니다.

네안데르탈인과 호모 사피엔스가 공존했던 시대의 것으로 추정되는 무덤들이 고고학자들에 의해 발견되었습니다. 무덤과 무덤 주변의 흔적을 보면 장례문화가 있었음을 알 수 있죠. 장례문화에는 특별한 의미가 담겨 있어요. 매장 풍습에는 고대인의 상징의식과 사후 세계관이 담겨 있죠. 동물적 일차의식만으로는 도달하기 힘든 고차원의 뇌 작용입니다.

그런데 죽음과 사후세계는 종교와 연결됩니다. 영혼불멸, 천국과 지옥, 윤회와 열반, 환생, 카르마 등 내용만 조금씩 다를 뿐 거의 모든 종교의 바탕에는 사후세계가 있죠. 유대교, 이슬람교, 불교, 도교, 힌두교를 떠올려보세요. 대부분의 종교는 신의 말씀이 담긴 경전과 신과 하나가 되는 의식을 통해 현세의 구복과 사후의 구원을 기원합니다. 네안데르탈인과 초기 호모 사피엔스 시대와 우리는 종교로 이어져 있습니다.

어떻게 이런 일이 일어날 수 있을까요? 그 시작은 언어에서 찾을 수 있을 겁니다. 우리는 전체론적, 환원론적, 인과적, 이분법적, 존재론적, 감정적, 계량적, 목적론적 그리고 추상적 인지 오퍼레이터를 바탕으로 자아와 바깥 세계를 구분하고 바깥 세계의 사물과 사건들을 분류합니다. 그리고 언어를 통해 세계상을 만들어내죠. 삶과 죽음, 사후세계에 대한 의식도 마찬가지입니다. 이렇게 바깥 세계를 재구성하여 세계상을 만들 수 없었다면 삶과 죽음을 의식하고, 죽음에 의미를 부여하고, 현실에 존재하면서 죽음과 사후세계를 상상할 수 없었겠죠. 또한 인간 뇌의 전전두엽이 더 발달하지 않았다면 종교의식에서 비롯된 초월적 세계상도 감지할 수 없었을 겁니다.

이 세계는 어떤 세계인가요? 자연에서 온 감각신호가 인간의 본능적 욕구작용으로 의미와 목적으로 변형된 세계입니다. 본래는 아무런 방향이 없는 자연이 있었지요. 절대적 일체상태에서 본 세계는 의식의 상태만 있고 내용은 아무것도 없을 수 있습니다. 우리가 자아라고 생각하는 것, 세계라고 믿고 있는 것 모두 뇌가 만들어낸 가상의 세계일 수 있지요. 이를 대칭과 대칭이 깨진 세계로 표현할 수 있습니다. 아무것도 생성하지 못하는 대칭의 세계, 의미와 목적으로 가득 찬 세계는 대칭이 깨진 세계인 거죠. 다시 말해 우리는 본질에서는 대칭이지만 드러난 현상으로는 대칭이 깨진 세계 안에 존재하는 거지요. 여기서 우리는, 대칭이 깨진 적이 없지만 현상적으로 깨진 것처럼 느껴져서 세계가 출현했다고 볼 수 있지요.

뇌과학을 바탕으로 철학을 연구하는 독일의 철학자 토마스 메칭거Thomas Metzinger는 "우리는 누구도 아닌 존재로 세상에 왔다가 누구도 아닌 존재로 죽으며, 출생과 죽음 사이에서 겪는 혼동 때문에 누군가로 착각하게 된다"라고 했습니다.

저는 '시공의 사유, 기원의 추적, 패턴의 발견'이라는 공부 방법을 따라, '지구라는 행성에서 인간이란 현상을 규명한다'는 목표에 도달하려는 과정에서 뇌과학을 만났습니다. 결국 '세계의 출현'과 '생각의 출현'은 하나의 대칭상태에서 생성된 대칭의 다른 두 얼굴이며, 마주보면서 서로를 생성합니다.

참고문헌

· 《1만 년의 폭발》, 그레고리 코크란 · 헨리 하펜딩 지음, 김명주 옮김, 글항아리, 2010.
· 《40억 년 간의 시나리오》, 존 메이나드 스미스 지음, 한국동물분류학회 옮김, 전파과학사, 2001.
· 《DNA : 생명의 비밀》, 제임스 D. 왓슨 · 앤드루 베리 지음, 이한음 옮김, 까치, 2003.
· 《Martini 핵심 해부생리학》, Martini · Bartholomew 지음, 윤호 외 옮김, 바이오사이언스, 2011.
· 《Stryer 생화학》, Jeremy M. Berg 지음, 박인원 옮김, 범문에듀케이션, 2012.
· 《감각과 지각》, E. Bruce Goldstein 지음, 김정오 외 옮김, Cengage Learning, 2010.
· 《걷는 행복》, 이브 파칼레 지음, 하태환 옮김, 궁리, 2001.
· 《게놈》, 매트 리들리 지음, 하영미 외 옮김, 김영사, 2001.
· 《곤충생리학》, Marc J. Klowden 지음, 김용균 외 옮김, 지코사이언스, 2009.
· 《곰에서 왕으로》, 나카자와 신이치 지음, 김옥희 옮김, 동아시아, 2003.
· 《공룡, 인간을 디자인하다》, NHK 공룡 프로젝트팀 지음, 이근아 옮김, 북멘토, 2007.
· 《공생자 행성》, 린 마굴리스 지음, 이한음 옮김, 사이언스북스, 2007.
· 《그곳은 소, 와인, 바다가 모두 빨갛다》, 기 도이처 지음, 윤영삼 옮김, 21세기북스, 2011.
· 《극단의 생명》, 존 포스트게이트 지음, 박형욱 옮김, 코기토, 2003.
· 《글자로만 생각하는 사람 이미지로 창조하는 사람》, 토머스 웨스트 지음, 김성훈 옮김, 지식갤러리, 2011.
· 《기억을 찾아서》, 에릭 캔델 지음, 전대호 옮김, 랜덤하우스, 2009.
· 《기초임상신경과학》, Paul A. Young 외 지음, 한재희 옮김, E PUBLIC, 2008.
· 《꿈》, 앨런 홉슨 지음, 임지원 옮김, 아카넷, 2003.
· 《꿈꾸는 기계의 진화》, 로돌포 R. 이나스 지음, 김미선 옮김, 북센스, 2007.
· 《꿈꾸는 뇌의 비밀》, 안드레아 록 지음, 윤상운 옮김, 지식의숲, 2006.
· 《나는 그림으로 생각한다》, 템플 그랜딘 지음, 홍한별 옮김, 양철북, 2005.
· 《나는 침대에서 내 다리를 주웠다》, 올리버 색스 지음, 김승욱 옮김, 알마, 2012.
· 《나이 들수록 왜 시간은 빨리 흐르는가》, 다우베 드라이스마 지음, 김승욱 옮김, 에코리브르, 2005.
· 《내 안의 CEO, 전두엽》, 엘코논 골드버그 지음, 김인명 옮김, 시그마프레스, 2008.
· 《내 안의 물고기》, 닐 슈빈 지음, 김명남 옮김, 김영사, 2009.
· 《내분비학》, Mac E. Hadley · Jon E. Levine 지음, 내분비학교재연구회 옮김, 바이오사이언스, 2008.
· 《노래하는 네안데르탈인》, 스티븐 미슨 지음, 김명주 옮김, 뿌리와이파리, 2008.
· 《놀라운 가설》, 프란시스 크릭 지음, 과학세대 옮김, 한뜻, 1996.

·《뇌과학과 철학》, 패트리샤 처칠랜드 지음, 박제윤 옮김, 철학과현실사, 2006.
·《뇌로부터 마음을 읽는다》, 오키 고스케 지음, 김수용 외 옮김, 전파과학사, 1996.
·《뇌 속의 신체지도》, 샌드라 블레이크슬리·매슈 블레이크슬리 지음, 정병선 옮김, 이다미디어, 2011.
·《뇌와 내부세계》, 마크 솜즈 외 지음, 김종주 옮김, 하나의학사, 2005.
·《뇌의 마음》, 월터 프리먼 지음, 진성록 옮김, 부글북스, 2007.
·《눈의 탄생》, 앤드루 파커 지음, 오숙은 옮김, 뿌리와이파리, 2007.
·《데카르트의 오류》, 안토니오 다마지오 지음, 김린 옮김, 중앙문화사, 1999.
·《동물과의 대화》, 템플 그랜딘·캐서린 존슨 지음, 권도승 옮김, 샘터, 2006.
·《동물생리학》, Sherwood 외 지음, 강봉균 외 옮김, 라이프사이언스, 2007.
·《라마찬드란 박사의 두뇌 실험실》, 빌라야누르 라마찬드란·샌드라 블레이크스리 지음, 신상규 옮김, 바다출판사, 2007.
·《레닌저 생화학 – 상, 하》, David L. Nelson 외 지음, 백형환 외 옮김, 월드사이언스, 2010.
·《마음이 태어나는 곳》, 개리 마커스 지음, 김명남 옮김, 해나무, 2005.
·《마이크로코즘》, 칼 짐머 지음, 전광수 옮김, 21세기북스, 2010.
·《마인드 인 소사이어티》, L. S. 비고츠키 지음, 정회욱 옮김, 학이시습, 2009.
·《마인드 해킹》, 탐 스태포드·매트 웹 지음, 최호영 옮김, 황금부엉이, 2006.
·《면역의 의미론》, 타다 토미오 지음, 황상익 옮김, 한울, 2007.
·《몰입의 즐거움》, 미하이 칙센트미하이 지음, 이희재 옮김, 해냄, 2007.
·《무어 임상해부학》, Keith L. Moore 외 지음, 김강련 외 옮김, 신흥메드싸이언스, 2010.
·《미생물학 길라잡이》, Kathleen Park Talaro 외 지음, 현형환 외 옮김, 라이프사이언스, 2009.
·《미토콘드리아》, 닉 레인 지음, 김정은 옮김, 뿌리와이파리, 2009.
·《발생생물학》, Scott F. Gilbert 외 지음, 강해묵 옮김, 라이프사이언스, 2011.
·《분자생물학 입문서》, Lizabeth A. Allison 지음, 최원재 외 옮김, 월드사이언스, 2009.
·《붉은 여왕》, 매트 리들리 지음, 김윤택 옮김, 김영사, 2006.
·《브레인 스토리》, 수전 그린필드 지음, 정병선 옮김, 지호, 2004.
·《산소》, 닉 레인 지음, 양은주 옮김, 파스칼북스, 2004.
·《색칠하는 발생학 실습》, George Matsumura·Marjorie A. England 지음, 12개대학교수 옮김, 계축문화사, 1997.
·《생각의 탄생》, 로버트 루트번스타인·미셸 루트번스타인 지음, 박종성 옮김, 에코의서재, 2007.
·《생각하는 뇌, 생각하는 기계》, 제프 호킨스·샌드라 블레이크슬리 지음, 이한음 옮김, 멘토르, 2010.
·《생리심리학》, Neil R. Carlson 지음, 정봉교 외 옮김, 박학사, 2008.
·《생명 최초의 30억 년》, 앤드류 H. 놀 지음, 김명주 옮김, 뿌리와이파리, 2007.
·《생명 생물의 과학》, William K. Purves 지음, 이광웅 외 옮김, 교보문고, 2007.
·《생명, 그 경이로움에 대하여》, 스티븐 제이 굴드 지음, 김동광 옮김, 경문사, 2004.
·《생명과학》, Campbell 외 지음, 전상학 외 옮김, 바이오사이언스, 2008.
·《생명이란 무엇인가?》, 린 마굴리스·도리언 세이건 지음, 황현숙 옮김, 지호, 1999.
·《생화학》, Reginald H. Garrett·charles M. Grisham 지음, 곽한식 옮김, 라이프사이언스, 2011.
·《성격의 탄생》, 대니얼 네틀 지음, 김상우 옮김, 와이즈북, 2009.

· 《세컨드 네이처》, 제럴드 에델만 지음, 김창대 옮김, 이음, 2009.
· 《세포라는 대우주》, L. 토마스 지음, 강만식 옮김, 범양사출판부, 1981.
· 《세포신호 전달 일러스트 맵》, 야마모또 타다시 · 센바 켄 지음, 오세관 옮김, 월드사이언스, 2006.
· 《세포의 반란》, 로버트 와인버그 지음, 조혜성 · 안성민 옮김, 사이언스북스, 2005.
· 《스넬 임상신경해부학》, Richard S. Snell 지음, 박경한 옮김, 신흥메드싸이언스, 2010.
· 《스트레스》, 로버트 새폴스키, 이재담 · 이지윤 옮김, 사이언스북스, 2008.
· 《스피노자의 뇌》, 안토니오 다마지오 지음, 임지원 옮김, 사이언스북스, 2007.
· 《시냅스와 자아》, 조지프 르두 지음, 강봉균 옮김, 소소, 2005.
· 《신경과학》, Mark F. Bear 외 지음, 강봉균 외 옮김, 바이오메디북, 2009.
· 《신경과학》, Dale Purves 외 지음, 김상정 외 옮김, 월드사이언스, 2007.
· 《신경과학과 마음의 세계》, 제럴드 에델만 지음, 황희숙 옮김, 범양사, 2006.
· 《신경심리학입문》, John Stirling 지음, 손영숙 옮김, 시그마프레스, 2006.
· 《신경해부학실습》, Porisky Freeman 지음, 이한기 옮김, 현문사, 2004.
· 《신은 왜 우리 곁을 떠나지 않는가》, 앤드루 뉴버그 외 지음, 이충호 옮김, 한울림, 2001.
· 《아내를 모자로 착각한 남자》, 올리버 색스 지음, 조석현 옮김, 이마고, 2006.
· 《앎의 나무》, 움베르또 마뚜라나 · 프란시스코 바렐라 지음, 최호영 옮김, 갈무리, 2007.
· 《어류생리학》, 카츠미 아이다 지음, 강석중 외 옮김, 바이오사이언스, 2007.
· 《에덴의 진화》, 앨런 터너 · 마우리시오 안톤 지음, 안소연 옮김, 지호, 2007.
· 《역동적 기억》, Roger C. Schank 지음, 신현정 옮김, 시그마프레스, 2002.
· 《왓슨 분자생물학》, Watson 외 지음, 양재섭 외 옮김, 바이오사이언스, 2010.
· 《요리 본능》, 리처드 랭엄 지음, 조현욱 옮김, 사이언스북스, 2011.
· 《우리는 어떻게 생각하는가》, 질 포코니에 · 마크 터너 지음, 김동환 · 최영호 옮김, 지호, 2009.
· 《우리 아이 머리에선 무슨 일이 일어나고 있을까》, 리즈 엘리엇 지음, 안승철 옮김, 궁리, 2004.
· 《유뇌론》, 요로 다케시 지음, 김석희 옮김, 재인, 2006.
· 《유전자 사냥꾼》, 제리 비숍 지음, 김동광 외 옮김, 동아출판사, 1995.
· 《유전학의 이해》, Benjamin A. Pierce 지음, 전상학 외 옮김, 라이프사이언스, 2009.
· 《의식의 재발견》, 마르틴 후베르트 지음, 원석영 옮김, 프로네시스, 2007.
· 《의식의 탐구》, Christof Koch 지음, 김미선 옮김, 시그마프레스, 2006.
· 《의학신경해부학》, 이원택 · 박경아 지음, 고려의학, 2008.
· 《이보디보》, 션 B. 캐럴 지음, 김명남 옮김, 지호, 2007.
· 《인문학에게 뇌과학을 말하다》, 크리스 프리스 지음, 장호연 옮김, 동녘사이언스, 2009.
· 《인지, 뇌, 의식》, Bernard J. Baars · Nicole M. Gage 지음, 강봉균 옮김, 교보문고, 2010.
· 《인체발생학》, Keith L. Moore · T. V. N. Persaud 지음, 대한체질인류학회 옮김, E PUBLIC, 2008.
· 《인체신경해부학》, John A. Kiernan 지음, 박경한 외 옮김, E PUBLIC, 2006.
· 《일류의 조건》, 사이토 다카시 지음, 김윤희 옮김, 루비박스, 2006.
· 《자연의 신성한 깊이》, 어슐러 구디너프 지음, 김현성 옮김, 수수꽃다리, 2000.
· 《재능은 어떻게 단련되는가?》, 제프 콜빈 지음, 김정희 옮김, 부키, 2010.
· 《조상 이야기》, 리처드 도킨스, 이한음 옮김, 까치, 2005.
· 《조직학》, Michael H. Ross 외 지음, 이왕재 외 옮김, 군자출판사, 2007.

·《지상 최대의 쇼》, 리처드 도킨스 지음, 김명남 옮김, 김영사, 2009.
·《지워진 기억을 쫓는 남자》, 알렉산드르 로마노비치 루리야 지음, 한미선 옮김, 도솔, 2008.
·《진화학》, Monroe W. Strickberger 지음, 김창배 외 옮김, 월드사이언스, 2004.
·《창의성》, 로버트 W. 와이스버그 지음, 김미선 옮김, 시그마프레스, 2009.
·《처음 읽는 진화심리학》, 앨런 S. 밀러 · 가나자와 사토시 지음, 박완신 옮김, 웅진지식하우스, 2008.
·《척추동물 비교해부학》, George C. Kent · Robert K. Carr 지음, 이원구 외 옮김, 한미의학, 2011.
·《크레이그 벤터 게놈의 기적》, 크레이그 벤터 지음, 노승영 옮김, 추수밭, 2009.
·《클루지》, 개리 마커스 지음, 최호영 옮김, 갤리온, 2008.
·《탤런트 코드》, 대니얼 코일 지음, 윤미나 옮김, 웅진지식하우스, 2009.
·《통합강의를 위한 임상신경해부학》, FitzGerald 외 지음, 천명훈 외 옮김, E PUBLIC, 2008.
·《포유류》, 줄리엣 클러턴-브록 지음, 이충호 옮김, 두산동아, 2005.
·《풀하우스》, 스티븐 제이 굴드 지음, 이명희 옮김, 사이언스북스, 2002.
·《필수 세포생물학》, Alberts 외 지음, 박상대 옮김, 교보문고, 2010.
·《필수유전학》, Daniel L. Hartl 지음, 권오식 외 옮김, 월드사이언스, 2012.
·《한 치의 의심도 없는 진화 이야기》, 션 B. 캐럴 지음, 김명주 옮김, 지호, 2008.
·《행복에 걸려 비틀거리다》, 대니얼 길버트 지음, 서은국 외 옮김, 김영사, 2006.
·《허리 세운 유인원》, 에런 G. 필러 지음, 김요한 옮김, 프로네시스, 2009.
·《현대 우주론을 만든 위대한 발견들》, 찰스 세이프 지음, 안인희 옮김, 소소, 2005.
·《현대천체물리학 - Ⅰ, Ⅱ, Ⅲ》, Bradly W. Caroll · Dale A. Ostlie 지음, 강영운 외 옮김, 청범출판사, 2009.
·《화성의 인류학자》, 올리버 색스 지음, 이은선 옮김, 바다출판사, 2005.
·《환경 화학》, 피터 오닐 지음, 문희정 옮김, 한국경제신문사, 1998.

찾아보기

ㄱ

ㄴ

ㅅ

ㅇ

ㅈ

ㅊ

ㅋ·ㅌ

ㅍ

ㅎ

그림으로 읽는 뇌과학의 모든 것

1판 1쇄 발행일 2013년 4월 1일
1판 14쇄 발행일 2023년 12월 11일

지은이 박문호

발행인 김학원
발행처 (주)휴머니스트출판그룹
출판등록 제313-2007-000007호(2007년 1월 5일)
주소 (03991) 서울시 마포구 동교로23길 76(연남동)
전화 02-335-4422 **팩스** 02-334-3427
저자·독자 서비스 humanist@humanistbooks.com
홈페이지 www.humanistbooks.com
유튜브 youtube.com/user/humanistma **포스트** post.naver.com/hmcv
페이스북 facebook.com/hmcv2001 **인스타그램** @humanist_insta

편집주간 황서현 **편집** 전두현 정일웅 **일러스트** 김양겸 조성재 **디자인** 민진기디자인
조판 새일기획 **용지** 화인페이퍼 **인쇄** 청아디앤피 **제본** 경일제책

ISBN 978-89-5862-595-7 03400

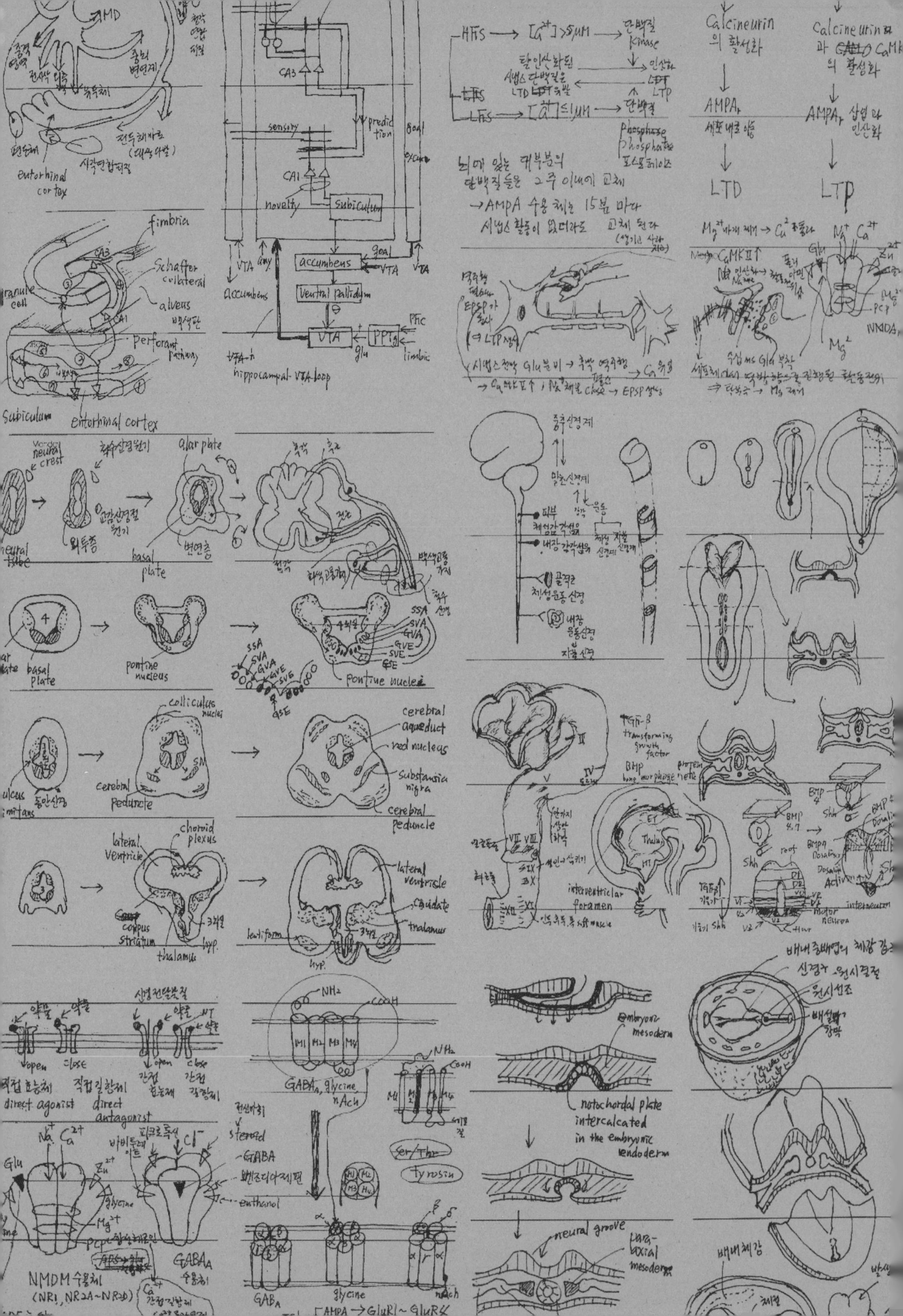

MD
entorhinal cortex
fimbria
CA3
Schaffer collateral
alveus
CA1
perforant pathway
subiculum
entorhinal cortex
sensory
prediction
novelty
subiculum
accumbens
ventral pallidum
VTA
PPTg
PFC
limbic
hippocampal-VTA loop
HFS
LFS
단백질 kinase
LTD
LTP
phosphatase
포스포타아제
Calcineurin
AMPA
LTD
LTP
CaMKII
NMDA
neural crest
alar plate
basal plate
neural tube
SSA
SVA
GVA
GVE
SVE
GSE
pontine nucleus
pontine nuclei
colliculus nuclei
cerebral peduncle
cerebral aqueduct
red nucleus
substantia nigra
cerebral peduncle
choroid plexus
lateral ventricle
corpus striatum
thalamus
hyp.
lateral ventricle
caudate
thalamus
lentiform
TGF-β
transforming growth factor
BMP
bone morphogenetic protein
interventricular foramen
embryonic mesoderm
notochordal plate intercalated in the embryonic endoderm
neural groove
paraaxial mesoderm
open
close
direct agonist
direct antagonist
NH2
COOH
M1 M2 M3 M4
GABAA, glycine, nAch
steroid
GABA
enthanol
Ser/Thr
Tyrosin
Glu
glycine
GABAA 수용체
NMDA 수용체
(NR1, NR2A~NR2D)
GABAA
glycine
nAch
AMPA → GluR1 ~ GluR4
Shh
BMP 4
motor neuron
interneuron